数 学 史 概 论

（第六版）

AN INTRODUCTION TO
THE HISTORY OF MATHEMATICS

[美] 霍华德·伊夫斯 (Howard Eves)　著

欧阳绛　译

哈爾濱工業大學出版社
HITP　HARBIN INSTITUTE OF TECHNOLOGY PRESS

图书在版编目(CIP)数据

数学史概论/(美)伊夫斯著;欧阳绛译.—哈尔滨:
哈尔滨工业大学出版社,2008.12(2024.8 重印)
 ISBN 978-7-5603-2798-3

 Ⅰ.数… Ⅱ.①伊…②欧… Ⅲ.数学史-概论 Ⅳ.O11

中国版本图书馆 CIP 数据核字(2011)第 209294 号

Howard Eves

An Introduction to the History of Mathematics, 6th edition

EISBN:0-0302-9558-0

Copyright © 1990 by Brooks/Cole, a part of Cengage Learning.

Original edition published by Cengage Learning. All Rights reserved. 本书原版由圣智学习出版公司出版。
版权所有,盗印必究。

Press of Harbin Institute of Technology is authorized by Cengage Learning to publish and distribute exclusively
this simplified Chinese edition. This edition is authorized for sale in the People's Republic of China only (ex-
cluding Hong Kong, Macao SAR and Taiwan). Unauthorized export of this edition is a violation of the Copyright
Act. No part of this publication may be reproduced or distributed by any means, or stored in a database or re-
trieval system, without the prior written permission of the publisher.

本书中文简体字翻译由圣智学习出版公司授权哈尔滨工业大学出版社独家出版发行。此版本仅限在中
华人民共和国境内(不包括中国香港、澳门特别行政区及中国台湾)销售。未经授权的本书出口将被视
为违反版权法的行为。未经出版者预先书面许可,不得以任何方式复制或发行本书的任何部分。

Cengage Learning Asia Pte. Ltd.

5 Shenton Way, # 01-01 UIC Building, Singapore 068808

版权登记号   黑版贸审字   08-2008-099

策划编辑   刘培杰   张永芹
责任编辑   王勇钢
封面设计   孙茵艾
出版发行   哈尔滨工业大学出版社
社　　址   哈尔滨市南岗区复华四道街 10 号   邮编 150006
传　　真   0451－86414749
网　　址   http://hitpress.hit.edu.cn
印　　刷   哈尔滨市石桥印务有限公司
开　　本   787 mm×1 092 mm   1/16   印张 52.5   字数 1 000 千字
版　　次   2009 年 5 月第 1 版   2024 年 8 月第 4 次印刷
书　　号   ISBN 978-7-5603-2798-3
定　　价   98.00 元

霍华德·伊夫斯

中译本序[*]

得知我的 AN INTRODUCTION TO THE HISTORY OF MATHE-MATICS（第 6 版）由欧阳绛教授翻译成中文出版，使得本书有机会与汉语读者见面，我十分高兴。能与欧阳绛教授这样的学者结交，倍感荣幸。我深信：对知识的探求能使"四海之内皆兄弟"成为现实；因此，与世界各国的学者们合作会把我们的地球变得更加美好。

H·伊夫斯

---

* This "Preface"是 Howard Eves 在 1990 年 11 月 23 日的来信中寄给我的。——译者注

献给亲爱的妈妈[*]

收集无穷无尽的这类趣事
好像是
稀疏小雨，
荡舟湖上，
与您共餐冰激凌。

---

[*] 原文是 Mimse,作者伊夫斯及其兄弟孩童时对母亲的昵称。在他小时候,母亲常和他们一块放风筝,玩石弹戏,远足和游泳。作者把这本书献给他母亲。

利用出第六版的机会,我对原书中许多章节作了补充和修改。这包括:拓宽历史背景,新增或扩展了某些章节,另外,还加进了许多新的例证资料,并且,对女数学家给予了相当的注意。

在本书的十五章中几乎都得到了拓宽和充实,改进之处很多,在这里不能一一列举。其中,作了重大改进的地方有:第5章对欧几里得《原本》内容的讨论;第7章对中国数学的整个处理;第9章,对于对数的处理;第12章关于阿涅泽和杜查泰莱特的整个新的一节;第13章讲到阿甘特和韦塞尔对复数的几何表示法的贡献;第13章为热曼和萨默魏里增添的新的一节;第13章为波尔查诺增添的新的一节;第13章关于19世纪几何学的解放的资料有显著扩展;第14章关于微分几何的一节完全重写并扩展了;第14章补充了关于奇斯霍姆和斯考特的资料;在本书的最后增添的新的一节,预测数学的前景。

本书的一个重大补充是 Jamie Eves 写的文明背景。这是为了满足本书的那些早期的使用者的要求而写的,他们认为:把不同时代和时期的数学史放到更加深厚的文明背景上去考察,将有助于学生的理解。聪明的学生在着手探讨某些章节的历史资料之前,应该仔细地阅读其文明背景。

本书增添了10张新的图片资料和16张数学家的照片。最后,参考文献也大为扩展了。

I

为了更详细地讲述本书的许多特点,在第一章的前面增添了绪论。

和前几版一样,对于热情地接受本书的学校教师和学院教授们,我愿再一次表示由衷的感谢。我特别需要感谢所有那些不嫌麻烦花时间写信鼓励我,并为本书的改进提出建议的人们。每一次新版之所以能以这样的面貌出现在读者的面前,主要是由于认真、仔细地收集、整理了这些建议。

还有许多人曾给予特别的帮助。其中有:Ball State University 的 Duane E. Deal, Sidwell Friends School 的 Florence D. Fasanelli, Miami University 的 David E. Kullman, University of Maine 的 Gregorio Fuenes,以及每一个对正文的改进提出了有价值建议的人。在这些评论者中,我特别感谢 Deal 教授,他提供给我最后的学术性资料,使本书的许多部分增添了光彩。中国的欧阳绛和张良瑾提出了有益的建议并提供了关于古代中国数学的有价值的资料。Machias 的 University of Maine 的书店和图书馆和 Orono 的 University of Maine 的 Article Retrieval Service 都曾给予我很大帮助。

尤其使我高兴的是:在这里感谢我的儿子 Jamie H. Eves,他写的文明背景更是锦上添花。这得益于他在历史领域宽广、深厚的知识和热心的学者风度。

最后,我还要感谢 Saunders College 出版社的同事们,他们的工作效率很高,他们给予了极好的帮助和合作。

H·伊夫斯

1989 年夏于缅因

目 录

Ⅰ

文明背景Ⅳ：文明世界(波斯帝国——公元前500年—公元前300年；希腊化时代——公元前336年—公元前31年；罗马帝国——公元前31年—公元476年) ………………………………… 135

第五章 欧几里得及其《原本》 ……………………………… 140

问题研究 ……………………………………………………………… 154

文明背景Ⅴ:亚细亚诸帝国(中国在 1260 年之前;印度在 1206 年之前;伊斯兰文化的兴起——622 至 1258 年) ……… 203

第七章 中国、印度和阿拉伯数学 ……………………… 208

问题研究 ……………………………………………………………… 232

文明背景Ⅵ:农奴、领主和教皇(欧洲中世纪——476 至 1492 年)

第八章　从 500 年到 1600 年的欧洲数学 ……………… 251

问题研究 ………………………………………………… 273

第二部分　17世纪及其以后

绪　　论

本书有别于许多现有的数学史,在于:它主要的不是放在参考书架上的著作,它是使大学数学系学生熟悉数学史的一本书。所以,在历史叙述之外,还有为帮助学生、引起学生兴趣和激励学生所作的教学上的安排。现将本书的这类安排和其他特点讲述如下。

1.深信:数学史这门大学的课程主要的应该是一门数学课,所以,在本书中竭力注入相当分量真正的数学。希望使用本书的学生能从中学到不少数学和历史。

2.本书为教学所作的安排中最主要的是,在每章结尾列出的问题研究。每一章的问题研究包括与该章的某部分资料有关的若干论点和问题,可以在课堂上讨论这些问题研究中的若干个,而把其他的指定为家庭作业,这么一来,这门课对学生来说就更加有意义了,而且学生对若干历史上的重要概念的理解与掌握也具体化了。例如,学生用某种记数制实际地进行演算就会得到对该记数制的更好的理解。又如,学生在读了古希腊人用几何方法解二次方程那一节后,能用希腊方法解某些题,在这样做的过程中,他将对希腊的数学成就取得更深的理解。一些问题研究与历史上的重要问题和方法有关,另一些为未来的教学教师提供有价值的资料,还有一些纯粹是娱乐性的,并且有许多能引导学生去做简短的"粗浅的"研究论文。中学和大学的许多教师曾利用问题研究中的资料把他们所教的各种课程讲活、讲得充实。问题研究曾被大学的数学俱乐部和中学的数学集会广泛地采用。

3.还有许多问题研究能讲一至两个学期,它们有不同的难度。教师可以依他(或她)的学生的能力作不同的选择,并且每年调整其安排。

4.在本书的末尾,对许多问题研究的解给出了提示和建议。希望这些提示和建议没有宽到那种程度,以致"损伤了"这些问题。一个好的问题应该不仅是一个练习,它还应该对学生具有挑战性:不太容易解,并且需要"幻想的"时间。

5.由于问题构成数学的心脏[①],有的大学专靠本书的问题研究开问题课。

6.许多数学史的教师喜欢让学生做论文;所以,在每章的末尾,紧跟在问题研究的后面,列出与该章讲到的资料有关的论文题目。提出的这些题目仅供参考。教师自己能容易地设计出他(或她)自己的更为丰富的论文题目表。学生

---

① 参看 P. R. Halmos, "The heart of mathematics". The American Mathematical Monthly 87 (1980):519-524.

写论文不能只读这本课本,还必须在该章的参考文献中挖掘有关的资料。在这些论文题目的指引下曾做出不少优秀的学期论文,有的成为硕士论文,还有几篇学生论文被数学和教学杂志发表。

7.对某门学科本身没有最低限度的了解,就不能对该学科的历史作出恰当的评价:这是天经地义的事①。因此,我竭力把所讲述的资料说明白,尤其是在最后几章中,因为那些题比较深。低年级学生能通过学习本书学到相当分量的数学和历史,这不失为解决这个两难的一种方法。

8.读者会注意到:在正文中被定义的术语,均以黑体字或楷体字标出。

9.历史资料基本上依年代次序讲,偶尔也有偏离,那是因为教学上和逻辑上的考虑,或者是出于某些读者和教师的愿望。每逢我们偏离年代次序讲述时,在该讲它的那个年代里也要点到它。

10.读者将发现:要正确地理解前九章,有简单算术,中学的代数、几何和三角的知识,一般说就够了;第10章需要平面解析几何的初步知识;其余几章(从11章到15章)则需要掌握微积分的基本概念。对于在本书中出现的较为高深的概念,都在讲到它们的地方尽量地给予说明。一定分量的数学知识是要有的,而是讲9章、10章、11章,还是讲整个15章,则可依上课的时间和学生的先知知识而定。在这里,问题研究是有伸缩性的,许多问题是否被考察可依教学时间的多少和怎么样方便而定。

11.说实在的,在每周三小时的一学期的课程中讲从古代到现代的数学史,是不容易的;这样安排,学生就要用太多的时间于读书,而几乎完全忽略掉问题资料。理想的情况是:为这门学科安排一年的课程:在第一个学期讲第一部分(前八章),或者讲第一部分连同9,10和11章的某些节;在第二个学期讲第二部分,或者所剩下的全部资料。高材生和准备从事数学研究的学生应该上两个学期,初等生和未来的中学数学教师则可以只学一个学期。

12.数学史是如此之宽广,对大学低年级学生讲这门课程,即使是用两个学期的时间,也只能是个简介,因此,在每章后面附有参考文献,它们论及该章的资料。紧跟在最后一章的后面,列有总参考文献,它们应用于所有或几乎所有的章。必须认识到:总参考文献尽管规模有这么大,但是还远谈不上完全,只不过能作为进一步研究的起点。许多参考的杂志在适当地方的脚注中标出。优秀杂志被列在总参考文献接近末尾的地方,这类的重要参考资料多得很,爱追根究底的学生将在进一步探讨的过程中遇到它们。为了一般大学生的方便,参考文献中所列出的一般是可以找到的并且是英文的。

---

① 有趣而且中肯的是:反之,对数学的某个分支的历史没有某种程度认识,想对数学该分支作出正确的评价也是不可能的;因为数学大多是概念的研究,而不对概念的起源作分析,要想得到对该概念的真正理解也是不可能的。能说明此观点的最明显的例子是非欧几何的研究。J·W·L·格雷舍说得好:"任何企图将一门学科和它的历史割裂开来,我确信:没有哪一门学科比数学的损失更大"。

13.写这样一本书的最大困难在于:该包括进去的资料很多,而课程的时间有限:作者掌握的关于他(或她)的资料简直太多了。在篇幅的长与短之间做到精细的平衡诚非易事,也许这只能通过教学实践来达到。有谁知道,作者为了照顾本书的读者不得不怠慢或删去许多课题时是多么为难。如果一位教师深感某处被删去的资料应该包括进他的课程,只要能安排就该介绍它。一本教材绝不意味着取代教师或者干涉创造性的教学,它只不过是提供帮助。

14.由 Jamie H. Eves 提供的文明背景,讲与不讲,可由教师选择。有些人认为这些背景知识很重要,因为数学不是在真空中发展的;这些内容就是应他们的要求插入的。有些在文明背景中出现的资料在正文中又重复出现,这是为了那些把文明背景删去不讲的教师们的方便。

第一部分 17 世纪以前

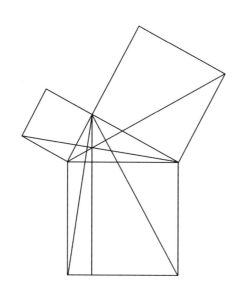

大草原的狩猎者们

石器时代——大约公元前5000000年—公元前3000年

（伴随第1章）

文明背景Ⅰ

原始人是小禽兽的狩猎者和果实和根茎的收集者。他们大部分生活于长满了长草的空阔的大草原上，也就是非洲、南欧、南亚和中美洲的大部分宜于居住的地区。他们流动的人群，经常从一个地方转移到另一个地方，为的是寻找食物和适应气候的变化。他们的文明受到残酷的、敌对的世界的考验，在那里生命是短暂的并且要不断地寻找食物。每件事物都是为了狩猎的需要：他们的石头、木头和骨头的工具以及遮身避体的屋架都是为狩猎和保存食物设计；他们控制了火，把它用来烹煮食物和取暖；他们的艺术描写狩猎的情景；他们的宗教是理解和控制在他们周围的未开化的荒野的忧虑重重的尝试，并且只不过是模糊地把握了最终命运的概念。

我们不能肯定地说石器时代何时开始。也许早在公元前5000000年，四英尺高的人类的祖先——*南方古猿*（*Australop-ithecus*）生活于非洲，他们可能会用一块石头砸另一块石头，制造石斧和石刀。肯定在大约公元前400000年，*直立人*（*Homo erectus*）能熟练地制造石刀、石片和刮刀。直立人还离开了空旷的大草原的暴风雪，穴居于现代北京的附近。他们的同种*尼安德特人*（*Homo neanderthalensis*）在大约公元前110000年—公元前35000年间生活于中东和欧洲，继续革新。尼安德特人用火烧热他们的洞穴，并且烹煮在草原上获得的小禽兽，他们保存其狩猎记录于精巧的壁画上。在公元前3000年，*智人*（*Homo sapiens*）

6

以木制斜顶、兽皮覆盖的可移动的房屋取代洞穴,他们能在狩猎时带上它们。大约同时,他们还开始在石头上雕刻丰富多彩的图像和其他宗教的偶像。

我们不能明确地肯定石器时代终于何时。石器时代的文化在世界的某些部分保持到 19 和 20 世纪。南非、澳洲和美洲的大部分人一直像石器时代狩猎者/收集者那样生活,在 16,17 世纪遇到欧洲的探险者们后才有所改变。20 世纪中叶,伐木工人意外地遇见在此之前"未被发现的"塔萨代人(Tasaday),他们是生活于菲律宾群岛之一的内地深处的石器时代的森林部落。历史学家们为了方便,姑且把石器时代末定在公元前 3000 年,那时,冶金的城市文明出现在中东、印度和中国。

像所有的历史时代一样,石器时代不是静止的。社会和文明在时间的长河中变化,以适应变化着的世界。历史学家们已把石器时代分为三个时期来刻画这种变化。旧石器时代(Paleolithic period,大约公元前 5000000 年—公元前 10000 年)时,智人从动物进化而来,并且发展了石器时代的基本的社会经济结构。在中石器时代(Mesolithic period,大约公元前 10000 年—公元前 7000 年),石器时代的狩猎者/收集者经济典型化了。在新石器时代(Nealithic period,大约公元前 7000 年—公元前 3000 年),石器时代开始向铜器和铁器时代转变,那时人们开始把狩猎者/收集者的社会转变为最古老形式的农业和畜牧业的社会。旧石器时代是从人类存在以前的世界向狩猎者社会的过渡。新石器时代则是从狩猎者社会向农业社会的过渡。

因为有那么一段时间,几乎所有的人都是流动的狩猎者,石器时代这个时期,科学和智力的进展很有限。这并不是因为石器时代的人脑子笨。在公元前 20000 年,大草原的狩猎者们在发展包括工具制造、语言、宗教、艺术、音乐和商业在内的文明上费了不少的功夫。数学和科学的进步,无论如何都曾受到那时候的社会和经济结构的制约。因为在石器时代从事狩猎比从事农业的人多。他们不得不依据兽类的流动和自然成长的果实和硬果的季节可利用性在季节变化时迁徙。他们只能把小的、易于运输的工具、衣服和其他个人的东西带走。在狩猎者/收集者的社会里,没有放冶金用的大设备和大量藏书的房子;因此,石器时代的人不发展金属工具和书写语言。没有城市,因为在大草原上,每一百平方英里只能为四十人左右提供可以充饥的食物。在一个很短暂的狩猎者的生命中,总是忙忙碌碌,没有空暇去思考哲学和科学的问题。确实,有些很基本的科学成就是石器时代取得的。石器时代的人彼此交易,并且他们需要记载在狩猎中得到的那份;这两种活动都需要计算和初步的科学思考。有些石器时代的人,像北美印第安人(Sioux Indians)就曾用绘画文字历法记录了几十年的历史。他们只有最原始的记数制,直到大规模的农业发展起来了,才需要复杂得多的算术。

在石器时代的最后一个千年中,在新石器时代,人类从单纯地收集自然成长的野生果实、硬果、根茎和蔬菜,改变为实际地播种、收割。新石器时代的男人和女人们仍然主要是狩猎者和收集者,他们的小的、杂乱不堪的田地可能很像没有除草的菜园,而不像今天的耕地。这些石器时代晚期的田地也许很像美洲的印第安人种的玉蜀黍地,正如16世纪的欧洲探险者所描写的:几种不同的作物杂乱无章地种在同一块地里。

8

简言之,石器时代延续了几百万年,也许早在公元前5000000年就开始了,直到公元前3000年。在广阔的草地和大草原里,那时候的人太忙了,不可能停下来发展科学。在公元前3000年以后,人口密集的农业公社出现在非洲的尼罗河、中东的底格里斯河和幼发拉底河,以及中国的黄河的两岸。这些公社发展文明,科学和数学在这里才得以开始发展。

9

第一章 数 系

1.1 原始记数

在依年代次序讲述数学发展史之前,首先遇到的问题是:从哪里开始。我们该从在几何上进行演绎推论的第一个倡导者开始写,按传统把它归功于生活于公元前 600 年左右的、米利都的泰勒斯? 还是往上追溯,以属于美索不达米亚和埃及的前希腊文明的,从经验导出的某些测量公式为起点呢? 抑或进一步追溯,从史前的人在系统化大小、形状和数所作的最初的摸索性的努力开始呢? 我们能说数学起源于前人类时代某些动物、鸟类和昆虫的贫乏的数的意识和认知模式的能力吗? 抑或进一步往前追溯,从植物的数和空间的关系开始? 或者,再早些,把旋涡星云、行星和彗星的运行过程,和有机物没有产生之前的矿物的结晶作为起点? 或者,如同柏拉图所相信的:数学永恒地存在,只不过期待着人们去发现? 上面说到的每一种可能的起源,都能找到为自己辩护的理由。[①]

因为人类在把大小、形状和数的概念系统化方面所作的最初的也是最基本的努力,被普遍认为是最古老的数学,我们将从那里开始,并且以有数的概念和懂得计数方法的原始的人出现为起点。

10

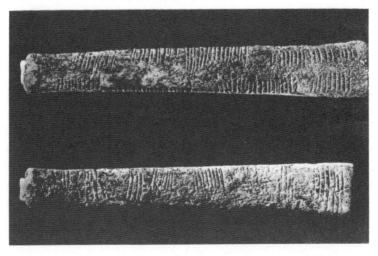

这是两块伊尚戈骨的照片,是 8 000 年以前的遗物,发现于伊尚戈(在刚果扎伊尔爱德华湖畔);这上面用刻的槽来表示数(de Heinzelin 博士供稿)

---

① 参看 K. E. Smith, History of Mathematics, vol, 1, chap, 1 和 Howard Eves, In Mathemarical Circles (ltems1°,2°,3°,4°),它被列于本书末尾的总参考文献中。

这是一张秘鲁印第安人的人口统计照片,上面有用绳结表示的数。大结是小结的倍数,绳的颜色区别男性和女性(巴黎 Collection Musée de L'Homme 供稿)

数的概念和计数方法还在有文字记载以前就发展起来了(考古学家提供的证明表明,人类远在 50 000 年前就采用了某种记数方法),但是,关于其发展方式则多半是揣测的。虽然如此,想象它大概会是怎样发生的并不困难。我们有相当的理由说,人类在最原始的时代就有数的意识,至少在为数不多的一些东西中增加几个或从中取出几个时,能够辨认其多寡。因为研究表明:有些动物也具有这种意识。随着社会的逐步进化,简单的计算成为必不可少的了。一个部落必须知道它有多少成员、有多少敌人;一个人也感到需要知道他羊群里的羊是否少了。或许最早的计数方法是使用简单算筹以一一对应的原则来进行的。例中,当数羊的只数时,每有一只羊就扳一个指头。还能够用下述方法计数:集攒小石子或小木棍;在土块或石头上刻道道;在木头上刻槽;或在绳上打结。后来,逐渐产生了一族各种各样的语言,作为对应于为数不多的东西的数目的语言符号,以后,随着书写方式的改变,逐渐形成一族代表这些数目的书写符号。人类学家关于现代原始人的研究报告表明了上述想象中的发展过程是合理的。

在语音记数的较早阶段,例如,对于两只羊和两个人所用的语音(词)是不同的。(例如,在英语中有, *team* of horses (共同拉车,拉犁的两匹马), *yoke* of

11

oxen（共轭的两头牛），*brace of partridge*（一对鹧鸪），*pair of shoes*（一双鞋））把 2 这种共同性质加以抽象,并采用与任何具体事物都无关的某个语音来代表它,这或许是很长时间以后才实现的。我们现在的数词,起初很可能是指一些具体事物的;但是二者之间的这种关系,也许除了 5 与手的关系之外,我们现在都不知道了。[①]

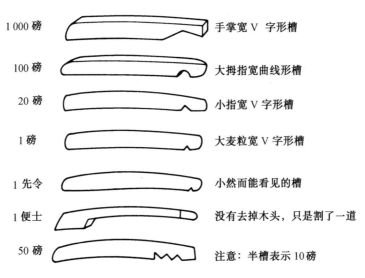

1 000 磅		手掌宽 V 字形槽
100 磅		大拇指宽曲线形槽
20 磅		小指宽 V 字形槽
1 磅		大麦粒宽 V 字形槽
1 先令		小然而能看见的槽
1 便士		没有去掉木头,只是割了一道
50 磅		注意:半槽表示 10 磅

本图显示的是:12 世纪英国皇家国库记载欠款或付款数目用的木条,这里是法定的刻槽体制。这样的木条一直使用到 1826 年

1.2 数 基

当需要进行更广泛的记数时,就必须将记数的方法系统化。当时是这样做的:把数目排列成便于考虑的基本群;群的大小多半以所用的匹配方式而定。简单一点说,这种方法好像是:选取某一数 b 作为记数的基(base)(也叫做**记数根**(radix)或**进位制**(scale))并定出数目 $1,2,3,\cdots,b$ 的名称。这时,大于 b 的数目用已选定名称的数目的组合表示。

由于人的手指提供了一个方便的匹配工具,所以,人们大多选用 10 这个数作为基 b,这是不奇怪的。例如,考虑到我们现在用的数词,它们就是以 10 为基而形成的。$1,2,\cdots,10$ 这十个数,英语中均有其特殊的名称:*one*，*two*，…，*ten*。当我们数到 11 时,我们说"*eleven*"(11);语言学家告诉我们,它是从 *ein li-*

---

① 有趣的是,有一种与对于无文字的民族的传统的进化的观点相对立的观点,请参看 Marcia and Robert Ascher, "Euthomathemalics" History of Science 24. no. 2（June 1980）: 125-144.

fon 导出的,意思是剩下或比 10 多 1。类似地,*twelve*(12)是从 *twe lif*(比 10 多 2)导出的,还有,*thirteen*(13,即 3 和 10),*fourteen*(14,即 4 和 10),一直到 *nine-teen*(19,即 9 和 10)。然后有 *twenty*(20,即 *twe-tig*,或两个 10),*twenty-one*(两个 10 和 1)等。有人告诉我们:*hundred*(100)这个字当初的意思是 10 个 10。

有证据表明:2,3 和 4 会被当做原始的数基。例如,澳洲东部昆士兰的土人就是这么记数的:1,2,2 和 1,两个 2,多;一些非洲矮人对 1,2,3,4,5 和 6 就是这么数的:*a*,*oa*,*ua*,*oa-oa*,*oa-oa-a* 和 *oa-oa-oa*。阿根廷火地岛的某部落,头几个数的名称,就是以 3 为基的;与此相似,南美的一些部落用 4 为基。

可以设想:**五进制**即以 5 为基的数系,是最初用得很广泛的记数法。到现在,一些南美的部落还是用手记数——"1,2,3,4,手,手和 1"等。西伯利亚的尤卡吉尔人用的是混合基记数法:"1,2,3,3 和 1,5,两个 3,多 1 个,两个 3 + 1,10 去 1,10。"德国农民日历,一直到 1800 年还以 5 为数基。

也有证据表明,在有史以前 12 曾被用做数基,即采用**十二进制**,这主要与量度有关,使用这样一个数基,可能是由于一年大约有 12 个朔望月;也可能是由于 12 能被许多整数整除。例如,1 英尺是 12 英寸,古代的一英磅是 12 盎斯,1 先令是 12 便士,1 英寸是 12 英分,钟有 12 个小时,一年有 12 个月。dozen(打),gross(箩)这些词在英语中还用作更高级的单位(注:一打是 12 个,一箩是 12 打)。

二十进制即以 20 为基的数系,曾被广泛应用,它使人想起人类的赤脚时代。这种记数法,曾经由美洲印第安人使用,并以其用于高度发达的玛雅(Maya)数系中而著称。法语中用 *quartevingt*(四个 20)代替 *huitante*(80),用 *quatre-vingt-dix*(四个 20 加 10)代替 *nonante*(90),从这里可以看出克尔特人以 20 为基数的痕迹。在盖尔人、丹麦人和威尔士人的语言中也能发现这种痕迹。格陵兰人就用"一个人"代表 20,"两个人"代表 40 等。英国人也常用 *score*(20)这个字。

古代巴比伦人用**六十进制**,即以 60 为基的数系,直到现在,当以分、秒为单位计量时间和角度时,仍被使用。

1.3 手指数和书写数

除了口头说的数以外,**手指数**(*finger number*)在一个时期曾被广泛应用。事实上,用手指和手的不同位置表示数,大概比使用数的符号或数的名称还早。例如,最早的表示 1,2,3 和 4 的书写符号是适当数目的竖的或横的笔画,它们代表竖起或平伸的手指数目;*digit*(即手指)这个词也可以用来表示数字(从 1

13

到 9),这也能追溯到同一来源。

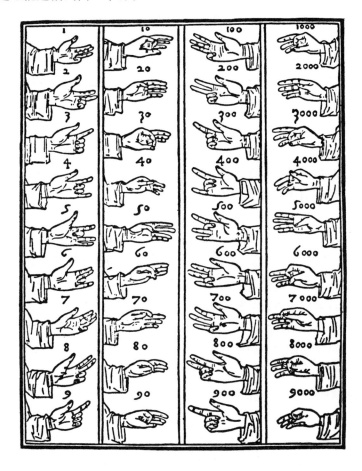

选自帕奇欧里的《摘要》(1494)。前两列表示左手,后两列表示右手

14 有一段时间,手指数曾被扩展到包括出现在现在商业交易中的最大的数,并且在中世纪,已为国际通用。发展到后来,1,2,…和 10,20,…,90 这些数用左手来表示,100,200,…,900 和 1 000,2 000,…,9 000,这些数用右手来表示。用这种方法,10 000 以内的任何数能用两只手表示。手指数的样式,在文艺复兴时期的算术书上有记载。例如,用左手,部分曲折的小指表示 1,部分曲折的小指和无名指表示 2,部分曲折的小指、无名指和中指表示 3,曲折的中指和无名指表示 4,曲折的中指表示 5,曲折的无名指表示 6,完全曲折的小指表示 7,完全曲折的小指和无名指表示 8,完全曲折的小指、无名指和中指表示 9。

虽然手指数起源于很古老的年代,在今天,在非洲的某些原始种族中,在阿拉伯人中,在伊朗人中仍被采用。在北美和南美,某些本地的印第安人和爱斯基摩人的部落中仍然采用手指数。

手指数有超脱语言上差异的好处,但是它和口头说的数一样,缺乏持久性,并且不宜用于计算。我们已经说过:早期用记号或刻痕作为记数的方法,这种方法也许就是人类书写数的最初尝试。无论如何,各种各样的书写数系,就是为了把数目永久记录下来逐步发展起来的。一个书写数就称做一个**数字**(numeral)。现在,我们来谈谈早期数系的简单分类问题。

1.4 简单分群数系

最早发展的一类**数系**(numeral system)可能就是**简单分群数系**(simple grouping system)。在这样的数系中,选取某个数 b 作为数基;并且,采用一些符号来代表 $1, b, b^2, b^3$ 等。于是,任何数都可以通过把这些符号加法地相结合来表达,而每一个符号常常更重复需要的次数。下述例证可以说明这种数系的基本原则。

简单分群数系,还在公元前 3400 年埃及象形文字中就有了。埃及人在石头上刻的碑文,主要就是用的这种文字。虽然象形文字有时不是刻在石头上,而是写在其他材料上,但是埃及人早就发明了两种在纸草片、木头和陶器上写起来更快的书写形式。其中较早的一种是起源于象形文字,为僧侣所用的草书,称为**僧侣体**。这种僧侣体后来演变成一般通用的**民用体**。僧侣体和民用体的数系不属于简单分群型。

埃及象形文字数系是以十进制为基础的。用来表示 1 和 10 的头几次方的称号是: *15*

1　　│　　一根垂直棒或一竖(笔画)

10　　∩　　一根踵骨或足械,或轭

10^2　　℗　　一卷轴,或一圈绳

10^3　　　　一朵莲花

10^4　　　　一个伸着的手指

10^5　　　　一条鳕鱼,或蝌蚪

10^6　　　　一个受惊的人,或一个支撑宇宙的神

任何数现在都可以用这些符号相加来表示了;其中,每一个符号重复必要的次数。于是

$$13\ 015 = 1(10^4) + 3(10^3) + 1(10) + 5 =$$

虽然,埃及人比较习惯于从右往左写,而我们写这个数,还是从左往右。

早期巴比伦人,没有纸草片,甚至连便于刻画的石头也不容易找到,他们主要是用黏土作书写工具,用一支硬笔把碑文压印进湿的黏土书板中,硬笔的笔尖可能是一种锐利的等腰三角形,把硬笔稍稍偏斜,就能在黏土板上印上这个等腰三角形的顶角或一个底角,形成两种**楔形文字**(cuneiform),然后把写好的书板晒干,使其坚硬耐久,便于长期保存。从公元前 2000 年到公元前 200 年的楔形文字书板上,小于 60 的数是用以 10 为基的简单分群数系表达的;令人感兴趣的是,这种写法常用一个减号来简化。减号以及表示 1 和 10 的符号分别为

在这里,表示 1 的符号和构成减号的两部分都是用等腰三角形的顶角而得到的,表示 10 的符号是用等腰三角形中的一个底角而得到的。用这些符号书写的数的例子,有

$$25 = 2(10) + 5 =$$

和

$$38 = 40 - 2 =$$

巴比伦人书写较大数目的方法,将在 1.7 节中讲述。

雅典人或黑罗迪人的希腊数系,是在公元前 3 世纪以前发展起来的,它们构成一种由数字名称的头一个字母组成的以 10 为基的简单分群数系。除了表示 $1, 10, 10^2, 10^3, 10^4$ 的符号 I,$\triangle$,H,X,M 之外,还有一个表示 5 的特殊符号。这个特殊符号是老式的 π——希腊字 *pente*(5)的第一个字母,而 $\triangle$ 是 *deka*(10)①的第一个字母。对其他符号,也可以类似地加以解释。表示 5 的符号,既能单独用,也能与其他符号合起来用,以简化数的表示法。这种数系的例子,有

---

① hekaton(100),kilo(1 000)和 myriad(10 000).

$$2\ 857 = \times\times\ulcorner\vdash\vdash\vdash\ulcorner\ulcorner\Vert$$

在这里,我们看到:表示5的特殊号有一次的是单独出现的,还有两次是与其他符号结合在一起的。

作为也是以10为基的简单分群数系的最后一个例子,是我们熟悉的罗马数字。在这里,表示 $1, 10, 10^2, 10^3$ 的基本符号为 I, X, C, M;再加上表示5,50和500的 V, L, D。减法原则是:在一个较大单位的符号之前放一较小单位的符号,就表示这两个单位之差。这个原则在古代和中世纪很少使用;直到现代,才得以比较充分地应用。这种记数系的例子,有

$$1\ 944 = MDCCCCXXXXIIII$$

在现代,减法原则通用以后,也就可以表示为

$$1\ 944 = MCMXLIV$$

在运用减法原则时,要遵守下列规则:I 只能在 V 或 X 的前面,X 只能在 L 或 C 的前面,C 只能在 D 或 M 的前面。

对罗马数字符号起源的解释,已经有不少了。在一些较为合理的解释中,为拉丁历史和碑文学的许多权威所采纳的一种是:$I, II, III, IIII$,起源于伸出的手指,符号 X 也许是两个 V 组合起来的,也可能是由手或拇指交叉的启示而采用的,也可能起源于每逢数到10时画上一个十字交叉符号的普通做法。有一个证据表明,50,100和1 000的原始符号分别是希腊送气音 Ψ(普西)、θ(西塔)和 Φ(斐)。Ψ 的较老的形式是

$$\downarrow, \perp, \perp, \llcorner,$$

在早期的碑文中,这些符号都曾用来表示50。表示100的符号 θ 可能以后变得有点像符号 C,因为拉丁字母的 $Centum$(100)的第一个字母是 C。早期通用的表示1 000的符号 $\subset\mid\supset$,可能是 Φ 的一种变形,M 是拉丁字 $mille$(1 000)的第一个字母,由于这种影响,表示1 000的符号就成了 M。500是1 000的一半,用 $\mid\supset$ 表示,它后来变成了 D。一直到1715年,还发现有用 $\subset\mid\supset$ 表示1 000,用 $\mid\supset$ 表示500的。

1.5　乘法分群数系

有这样的例子:一个简单的分群数系演变成**乘法分群数系**(multiplicative grouping system)。在这样的数系中,在选定基数 b 之后,用一组符号表示 $1, 2, \cdots, b-1$,再用第二组符号来表示 $b, b^2, b^3, \cdots$。这两组符号用乘法结合起来,表示需要多少个更高级的群。于是,我们假如用通常的符号表示前九个数,

而用 a, b, c 表示 10, 100, 1 000, 在乘法分群数系中, 则有

$$5\ 625 = 5c6b2a5$$

传统的中国－日本数系就是以 10 为基的乘法分群数系。竖着写, 这两个基本群的符号和 5 625 这个数的符号分别为

例如 5 625

1	一	10	十		五
2	二	10^2	百		千
3	三	10^3	千		六
4	四				百
5	五				二
6	六				十
7	七				五
8	八				
9	九				

古代的中国人和日本人没有似纸的书写材料,把他们的发现记在竹简上,把两个结之间的一块竹茎,纵长地劈成薄片。在这些竹片干燥并刮平后,一个挨一个地,用四根绳横亘地连结在一起。由于竹片很窄,不得不从顶到底竖着写;在竹简被丝绸和纸这些方便得多的书写材料取代后,仍然保持这种书写习惯。

1.6　字码数系

在一个**字码数系**(ciphered numeral system)中,选定一个基数 b 以后,要采用若干组符号表示 $1, 2, \cdots, b-1; b, 2b, \cdots, (b-1)b; b^2, 2b^2, \cdots, (b-1)b^2$ 等。虽然,在这样一个数系中,要记许多符号,但数的表示很紧凑。

所谓爱奥尼亚人的(即用字母表示)希腊数系,就是字码数系。它可以追溯到公元前 450 年左右。这个数系以 10 为基,用了 27 个文字——24 个希腊字母和表示已作废的 digamma(迪盖马)koppa(考帕), sampi(桑皮)的符号(原来用的是大写字母,小写字母只是很久之后才改用的)。在这里,我们就用小写字母来说明此数系,要记住下列的对等关系

1	α	阿尔法	10	ι	约塔	100	ρ	柔
2	β	贝塔	20	κ	卡帕	200	σ	西格马
3	γ	伽马	30	λ	拉姆达	300	τ	陶
4	δ	德耳塔	40	μ	米尤	400	υ	宇普西龙
5	ϵ	伊普西隆	50	ν	纽	500	φ	斐
6		作废的 digamma	60	ξ	克西	600	χ	喜
7	ζ	截塔	70	o	奥米克戎	700	ψ	普西
8	η	艾塔	80	π	派	800	ω	奥米伽
9	θ	西塔	90		作废的 koppa	900		作废的 sampi

使用符号的例子,有

$$12 = \iota\beta, \quad 21 = \kappa\alpha, \quad 247 = \sigma\mu\zeta$$

用加上一横或重音符号的办法表示更大的数。

表示已过时作废的 digmma,koppa 和 sampi 的符号分别为

$$\varsigma, \quad \varphi, \quad \lambda$$

此外,埃及僧侣体和民用体用的,科普特人的,印度婆罗门教的,希伯来人的,苏里安人的和早期阿拉伯的数系也是字码数系。后三种数系和希腊爱奥尼亚人的数系一样,是用字码写成的数系。

1.7 定位数系

我们现在所用的数系就是以 10 为基的**定位数系**(positional numeral system)。这种数系,是在选定数基 b 之后,采用一些基本符号来表示 $0, 1, 2, \cdots, b-1$。因此,在该数系中有 b 个基本符号,在我们常用的数系中通常称为**数码**(digits)。任何整数 N 都能够唯一地写成

$$N = a_n b^n + a_{n-1} b^{n-1} + \cdots + a_2 b^2 + a_1 b + a_0$$

这里,$0 \leq a_i < b$,$i = 0, 1, \cdots, n$,于是,在以 b 为基的数系中,数 N 用下列基本符号序列来表示

$$a_n a_{n-1} \cdots a_2 a_1 a_0$$

在任一给定的数字中,一个基本符号表示基的某一幂的倍数;其幂指数决定于基本符号所在的位置。在我们所用的印度 – 阿拉伯数系中,例如,206 中的 2 代表 $2(10^2)$ 即 200,而在 27 中,2 则代表 $2(10)$ 即 20。必须注意:为了清楚地表示可能缺少的基的幂,就要用表示零的符号。定位数系虽然不一定是乘法分群数系的历史必然发展,但却是其逻辑上的自然产物。

在公元前 3000 到公元前 2000 年之间,巴比伦人发展了应用定位原则的六 *20*

十进位制的数系。但是,这种数系实际上是混合数系。一方面,60 以上的数目依定位原则写出;另一方面,在作为基的 60 以内的数则按照以 10 为基的简单分群数系写出,如在 1.4 节中所叙述的。兹举一例

$$524\ 551 = 2(60^3) + 25(60^2) + 42(60) + 31 = \nabla\nabla\langle\langle\nabla\nabla\nabla\nabla\nabla\nabla\nabla\nabla$$

一直到公元前 300 年以后,定位数系还苦于没有零的符号去代表没有 60 的某次幂,结果造成现存黏土书板含意不清。这个符号终于被引进,它由两个小的斜楔形符号组成,但是,此符号只被用于表示在 60 进位制的数内缺某次幂,而对于 60 进位制的数尾缺时不能采用。也就是说,它只是局部的零而不是真正的零,因为真正的零是既可以用于数内也可以用于数尾的,就像我们的 304 和 340 一样。因而,在巴比伦数系中,10 804 该表示为

$$10\ 804 = 3(60^2) + 0(60) + 4 = \nabla\nabla\nabla\triangle\nabla\nabla\nabla$$

而 11 040 表为

$$11\ 040 = 3(60^2) + 4(60) = \nabla\nabla\nabla\nabla\nabla$$

而不是

$$\nabla\nabla\nabla\nabla\nabla\triangle$$

16 世纪初,西班牙探险家来到墨西哥的尤卡坦,发现了远古时代玛雅人的有趣的数系,却不知其起源于何时。这一数系本质上是二十进位制,只是第二个数群是 $(18)(20) = 360$,而不是 $20^2 = 400$。更高次的数群,其形式为 $(18)(20^n)$。为什么会有这个矛盾呢?也许是由于这一事实:就是法定玛雅年包括 360 天。下表给出的零的符号或此符号的某种变形,始终一贯地在使用。按照以下简单的分群方案,用点表示 1,用短横线表示 5,对于 20 以内的数,都能简单地用点和短线(卵石或枝条)来表示。

1	●	6	—	11	≡	16	≡
2	●●	7	—	12	≡	17	≡
3	●●●	8	—	13	≡	18	≡
4	●●●●	9	—	14	≡	19	≡
5	—	10	=	15	≡	0	◯

对于一个较大的数,玛雅人采用竖写的方法,例如

$$43\ 487 = 6(18)(20^2) + 0(18)(20) + 14(20) + 7 =$$

我们叙述过的混合基数系是僧侣阶层用的。有报告说,普通人是使用纯二十进位制的,但没有以书写形式保存下来。

1.8 早期计算

今天用于初等算术中的许多计算模式,例如,进行长乘法和长除法的那些计算模式,是后来在 15 世纪才发展起来的。为什么进展得如此缓慢呢?通常认为有两个原因,就是在这项工作上遇到了智力上的困难和物质上的困难。

其中第一个困难即智力上的困难并不那么大。人们似乎有这样的印象:古代数系就是用来进行最简单的计算也不容易。然而,这主要是由于对它们不够熟悉。很清楚,在一个简单分群数系中运用加法和减法,只要求能够数出各项数目符号有多少,然后把它们转化成更高次的单位就行了;用不着记住数目的组合。① 在一个字码数系中,如果记住了足够的加法表和乘法表,就能像今天那样运算了。法国数学家 P·唐内里(Paul Tannery)能相当熟练地用希腊爱奥尼亚数系进行乘法运算,甚至得出了结论:那个数系比起我们现在用的数系来,在某些方面有它的长处。

物质上遇到的困难,倒是很现实的,不能大量而方便地得到某些适用的书写材料,算术程序的发展就必然会受到障碍。必须记住:我们常用的机制纸浆纸的历史只有一百多年。过去,以破布做纸浆的高级纸是手工做的,因而,既昂贵又难得到,而且即使是这种纸也是直到 12 世纪才传到欧洲,虽然中国远在 1 000 年前就知道怎么造纸了。

一种早期类似纸的书写材料,称为**纸草片**(Papyrus),是古代埃及人发明的,而且,公元前 650 年左右,已经传入希腊。它是用一种叫做纸草(*papu*)的芦苇做的。把芦苇的茎切成一条条细长的薄片,并排合成一张,一层层地往上放,完全用水浸湿,再将水挤压出来,然后放到太阳地里晒干。也许由于植物中天然胶质,几层粘到了一起了。在纸草干了以后,再用圆的硬东西用力把它们压平滑,这样就能书写了。用纸草片打草稿,就是一小片,也要花不少钱。

另一种早期的书写材料是羊皮纸,是用动物(通常是羊和羊羔)皮做的。自然,这是稀有的、难得的。更昂贵的是犊皮纸,是一种用牛犊皮做的仿羊皮纸。

22

---

① 关于用罗马数码作长乘法和长除法运算,可参看 James G. Kennedy. "Arithmetic with Roman numerals". The American Mathematical Monthly 88 (1981):29-33.

事实上,羊皮纸真够贵的,以致中世纪出现一种习惯:洗去老羊皮手稿上的墨迹,然后再用。这样的手稿,现在被称做**重写羊皮纸**(palimpsests, palin = 再,psao 括平)。有这样的情况:在若干年后,重写羊皮文件上最初写的原稿又模糊地出现了。一些有趣的"修复"就是这样做成的。

大约两千年以前罗马人的书写用品是涂上薄薄一层蜡的小木板和一支硬笔。在罗马帝国之前和罗马帝国时代,常用沙盘进行简单的计算和画几何图形。自然,人们很早就用石头和黏土做书写记录了。

发明**算盘**(abacus,希腊文 abax = 沙盘)是克服这些智力上和物质上的困难的一种方法;算盘也许可以称为人类最早使用的机械计算装置。在古代和中世纪的不同地域,出现过许多不同式样的算盘。我们描述一种萌芽形式的算盒,并举例说明怎样用它对罗马数字进行加法和减法运算。画四条竖着的平行线,从左到右标以 M,C,X 和 I;找来一批方便的筹码(算筹)(比如,跳棋子或便士)。当把一个筹码放在 I,X,C 或 M 线上时,相应地表示 1,10,100 或 1 000 个单位。为了减少一条线上堆放的筹码,我们约定可以在一条线的左边空间处添上一个筹码,用来代替这条线上的 5 个筹码。这样,任何小于 10 000 的数就都能在我们的线标架上用筹码表示出来,其中任何一条线上的筹码不超过四个,并且在那条线左边空间处放的筹码不超过一个。

现在,我们把下面两个数加起来

MDCCLXIX 和 MXXXVII

先用筹码把第一个数在标架上表示出来,如图 1 左图所示。然后,从右到左加上第二个数。先加 VII,在 X 线和 I 线中间放一个筹码,并在 I 线上添两个筹码。现在,I 线上有六个筹码,移去其中五个,而在 X 线和 I 线中间放另一个筹码;然后,把处于 X 线和 I 线中间的三个筹码中的两个"进位"为 X 线上的一个筹码。再来加上 XXX,在 X 线上再放上三个筹码。因为现在 X 线上总共有五个筹码,就可用 C 线和 X 线中间的一个筹码来代替它们;再把位于这里的两个筹码"进位"为 C 线上的一个筹码。最后,加上 M,在 M 线上放另一个筹码。于是,标架上最后的数如图 1 右图所示,其和可读做 MMDCCCVI。这么一来,用不着什么算草纸,也不必背记任何加法表,只要简单的机械操作就可以得到两个数的和。

图 1

23

减法可用类似方法进行运算。但不同的是:不是向左边"进位",而是从左边"借位"。

印度－阿拉伯定位数系表示一个数的方法很简单,就是把属于算盘上不同的线的数目,按次序记下来。符号0表示在一条线上没有筹码。我们现在的加法和减法的模式,连同:"进位"或"借位"的概念,可能就起源于在算盘上进行这些操作的程序。由于在印度－阿拉伯数系中,我们计算用的是符号,不是筹码,因此有必要熟记简单的数的组合或求助于一个初等的加法表。

1.9 印度－阿拉伯数系

印度－阿拉伯数系之所以用印度和阿拉伯命名,是因为它可能是印度人发明的,又由阿拉伯人传到西欧。保存下来现在所用的数字符号的最早样品是在印度的一些石柱上发现的,这些石柱是公元前250年左右乌索库王建造的。至于其他在印度的早期样品,如果解释正确的话,则是从大约公元前100年在靠近浦那的一座山上的窑洞墙上刻下的记录中和从大约公元200年在纳西克窑洞中刻下的一些碑文中发现。这些早期样本是既没有零,也没有采用位置记号。然而位置值(positional value)和零,必定是公元800年以前的某个时刻传到印度的,因为波斯数学家花拉子密在公元825年写的一本书中曾描述过这样的一种完整的印度数系。

这些新的数字符号,最初是在"何时"和"如何"引进欧洲的,还没有弄清:十之八九是由地中海沿岸的商人和旅行家们带过来的。在10世纪西班牙手稿中发现有这些符号,它们可能是由阿拉伯人传到西班牙的。阿拉伯人在711年侵入了这个半岛,直到1492年还在那里。通过花拉子密的专著的12世纪拉丁文译本以及后来欧洲人的有关著作,这一完整的数系得到更广泛的传播。*24*

在10世纪以后的四百年中,提倡这个数系的珠算家与算法家展开了竞争,到1500年左右,我们现有的计算规则获得优势。在这以后的一百年中,珠算家几乎被人遗忘,到了18世纪在西欧就见不到算盘的踪迹了。算盘作为一个奇妙的东西再次出现于欧洲,是法国几何学家J·V·庞色列(Poncelet)在拿破仑讨伐俄国的战争中当了俘虏,被释放后,把一个样品带回了法国。*25*

这些数字符号曾多次变异,只是由于印刷业的发展,才开始稳定下来。英语中的 zero(零)这个词可能是从阿拉伯文 sifr 的拉丁化形式 zephirum 演变过来的,而阿拉伯文 sifr 又是从印度文中表示"无"和"空"的词 sunya 翻译过来。阿拉伯文 sifr 在13世纪由奈莫拉里乌斯(Nemorarius)引进到德国,写做 cifra,由此我们得到现在的字 cipher(零)。

珠算家和算法家

（选自 Gregor Reisch，*Margarita philosophica*，Strassbourg，1504.）

1.10　任意的基

我们记得，在以 b 为基的数系中表示一个数，就需要代表从 0 到 $b-1$ 所有整数的基本符号。基数 $b=10$，虽然在我们的文化中占相当重要的位置，实际上，选择 10 是十分随意的，而且，其他的基，在实践上和理论上也都很重要。如果 $b \leqslant 10$，我们就可以用通用的阿拉伯数字符号。例如，我们可以把 3 012 看做是以 4 为基并用基本符号 0，1，2，3 表达的一个数，我们把它们记作 $(3012)_4$ 当不加下标时,就认为这个数是以常用的基 10 来表示的。如果 $b > 10$,除阿拉伯数字外,还要添一些新的基本符号,因为,总要有 b 个符号才行,例如,假如 $b = 12$,我们可以取 $0,1,2,3,4,5,6,7,8,9,t,e$ 作为基本符号;在这里 t 和 e 分别是代表 10 和 11 的符号。因此我们可以 $(3t1e)_{12}$ 作为一个例子。

把一个数由给定的某一个基转换为常用的基 10,是容易的。例如

$$(3012)_4 = 3(4^3) + 0(4^2) + 1(4) + 2 = 198$$

和

$$(3t1e)_{12} = 3(12^3) + 10(12^2) + 1(12) + 11 = 6\ 647$$

如果有一个以普通记数法表示的数,我们可以按如下办法以 b 为基来表示它。令 N 为这个数,我们要确定下列表达式中的整数 $a_n, a_{n-1}, \cdots, a_0$,即

$$N = a_n b^n + a_{n-1} b^{n-1} + \cdots + a_2 b^2 + a_1 b + a_0$$

这里,$0 \leqslant a_i < b$。将上述等式除以 b,得到

$$N/b = a_n b^{n-1} + a_{n-1} b^{n-2} + \cdots + a_2 b + a_1 + a_0/b = N' + a_0/b$$

即 N 用 b 除所得余数为所求表达式中最后一个数字 a_0。以 b 除 N',得到

$$N'/b = a_n b^{n-2} + a_{n-1} b^{n-3} + \cdots + a_2 + a_1/b$$

这次除法运算的余数是所求表达式中倒数第二个数字 a_1。按这个方法继续下去,我们便得到所有数字 $a_0, a_1, \cdots, a_n$。这个程序能够十分方便地系统化,例如,假我们要以 4 为基来表示 198 就可以这样做

```
4|198
4|49        余数 2
4|12        余数 1
 4|3        余数 0
  0         余数 3
```

所求表达式为 $(3012)_4$。再假定,我们要以 12 为基来表示 6 647,这里还是用 t 和 e 分别表示 10 和 11,可以这样做

```
12|6647
12|553        余数 e
12|46         余数 1
 12|3         余数 t
   0          余数 3
```

所求表达式为 $(3t1e)_{12}$。

我们在对常用数系中的数进行加法或乘法运算时,常常容易忘记:实际工作是用心算完成的;而数的符号只是用于保存心算结果的记录。我们在这样的算术运算中所取得的成功与高效率,凭的是用脑子牢记加法表和乘法表。我们在低年级学这两个表,可花了不少时间。对于一个给定的基数 b 作出相应的加法和乘法表,利用这些表,我们同样能在这种新数系中进行加法和乘法运算,不必任何时候都恢复到常用数系。

我们可以举以 4 为基的例子来说明。首先对于基 4 作下列加法表和乘法

表。

加法表	0	1	2	3
0	0	1	2	3
1	1	2	3	10
2	2	3	10	11
3	3	10	11	12

乘法表	0	1	2	3
0	0	0	0	0
1	0	1	2	3
2	0	2	10	12
3	0	3	12	21

根据表,2 加 3 是 11,2 乘 3 是 12。正如我们习惯用以 10 为基的加法表和乘法表一样,利用这两个表,我们就可以进行加法和乘法运算了。例如,$(3012)_4$,乘以$(233)_4$,得(省去下标 4)

$$
\begin{array}{r}
3\ 0\ 1\ 2 \\
2\ 3\ 3 \\
\hline
2\ 1\ 1\ 0\ 2 \\
2\ 1\ 1\ 0\ 2 \\
1\ 2\ 0\ 3\ 0 \\
\hline
2\ 1\ 0\ 1\ 1\ 2\ 2
\end{array}
$$

要进行其逆运算——减法和除法,就必须十分熟悉这些表。当然,对于数基 10,也是这样;在低年级讲逆运算时遇到很大困难,其原因正在于此。

问 题 研 究

1.1 数 字

试给出下列原始数字的解释:

(a)对于居住于东南新几内亚的土人来说,圣说中 John5:5 那一节所说:"某病人 30 又 8 岁"该释译成:"某病人,一个人,两只手,5 又 3 岁。"

(b)在(英属)新几内亚,数 99 是这么说的:"四个人死,两只手终止,一只脚终止,还有四。"

(c)南美的卡马尤鲁部落用最长的手指作为他们代表 3 的字,并且把"3 天"说成是:"最长的手指天。"

(d)南非的步禄人利用下列的相等关系:6("举拇指"),7("他瞄准")。

(e)西苏丹的马林克人用 *dibi* 这个字代表 40。这个字的意思是:床垫。

(f)西非的曼丁戈人用 *kononto*(小鸟)这个字代表 9。这个字的意思是:"腹中的那个"。

1.2 书 写 数

试用下列记数法写出 574 和 475:(a)埃及象形文字,(b)罗马数字,(c)雅典人的希腊数字,(d)巴比伦楔形文字,(e)传统的中国 – 日本数字,(f)用字母表示的希腊数字,(g)玛雅数字。

以罗马数字记:(h)MCXXVIII 的 1/4,(i)XCIV 的 4 倍。

以希腊字码记:(j)$\tau\delta$ 的 1/8,(k)$\rho\kappa\alpha$ 的 8 倍。

1.3 用希腊字码表示的数系

28

(a)用希腊字码写出小于 1 000 的数,必须记住多少不同的符号? 用埃及象形文字呢? 用巴比伦楔形文字呢?

(b)在希腊字码数系中,常用 1,2,… 的符号加上一撇表示 1 000,2 000,…。例如,1 000 可表示为 α',10 000 或一万用 M 表示。对于 10 000 的倍数利用乘法原则,例如,20 000,300 000 和 4 000 000 表为 βM,λM 和 νM。试用希腊字码数系写出 5 780,72 803,450 082,3 257 888。

(c)对于希腊字码数系作 10 + 10 的加法表和 10 × 10 的乘法表。

1.4 古老的和假设的数系

(a)作为楔形记数符号的代替物,古代巴比伦人有时用圆形(circular)记数符号;之所以这样称呼,是由于它们是用圆头硬笔(代替三角形头硬笔)刻在黏土书写板上的圆形痕迹。在这里,表示 1 和 10 符号是 ☽ 和 ○。试用巴比伦人圆形记数法写出 5 780,72 803,450 082,3 257 888 这几个数。

(b)试述以埃及象形文字表示的一个数乘以 10 的简单规则。

(c)**中国的科学的**(即**算筹**)**数系**也许有超过两千年的历史。这种数系,本质上是以 10 为基数的定位数系。图 2 说明:当数字 1,2,3,4,5,6,7,8,9,出现在奇数位(个位、百位等)上时,是怎样表示的。但是,当它出现在偶数位(十位、千位等)上时,表示法如图 3 所示。

在这个数系中,用一个圆圈○表示零,时间在宋朝(960—1279)或稍后些。试用算筹记数法写出数:5 780,72 803,450 082,3 257 888。

$$| \quad || \quad ||| \quad |||| \quad ||||| \quad ||||| \quad \top \quad \top\top \quad \top\top\top \quad \top\top\top\top$$

图 2

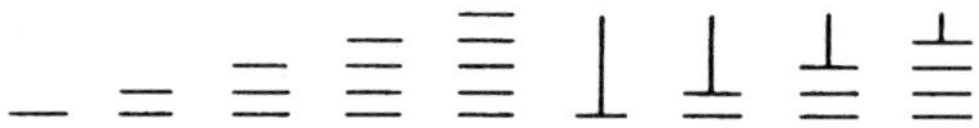

$$\underline{\quad} \quad \equiv \quad \overline{\overline{\equiv}} \quad \overline{\overline{\overline{\equiv}}} \quad \overline{\overline{\overline{\overline{\equiv}}}} \quad \bot \quad \underline{\bot} \quad \overline{\underline{\bot}} \quad \overline{\overline{\underline{\bot}}}$$

图 3

(d)在以 5 为基的简单分群数系中,以 /, *,), (, 表示 $1, 5, 5^2, 5^3$。试用此记数法写出数 $360, 252, 78, 33$。

(e)在以 5 为基的定数系中,以 #, /, *,), (, 表示 $0, 1, 2, 3, 4$。试用此记数法写出数 $360, 252, 78, 33$。

1.5 手 指 数

(a)手指数被广泛使用了许多世纪,并且从使用中发展出了用手指进行简单计算的方法。有一种方法可以避免记忆乘法表,而给出 5 到 10 之间的每两个数的乘积。例如,7 乘以 9:在一只手上伸出 $7 - 5 = 2$ 个手指;在另一只手上,伸出 $9 - 5 = 4$ 个手指;把伸出的手指加起来 $2 + 4 = 6$,作为这个乘积的十位数;把弯着的手指乘起来 $3 \times 1 = 3$,作为这个乘积的个位数,结果为 63。这个方法,有些欧洲的农民至今还在使用。试证明:此方法给出正确的答案。

(b)9 世纪有这么一个谜语,据说是阿尔克温(Alcuin,大约 775 年)提出来的:"我看见一个人手中握着 8,他从 8 中取 7,余下 6。"试解释之。

(c)在朱维纳耳(Juvenal)的第十部讽刺作品中有这么一段话:"他实在高兴,由于他把死的时间推后了这么久;最后,他的岁数在他的右手上。"

1.6 基数分数

在常用记数法中,分数可用小数点后面的数字表示。对于其他的基数也可采用同样的表示法。就像用表达式:.3012 表示

$$3/10 + 0/10^2 + 1/10^3 + 2/10^4$$

一样,用表达式 $(.3012)_b$ 表示

$$3/b + 0/b^2 + 1/b^3 + 2/b^4$$

像 $(.3012)_b$ 这样的表达式称为以 b 为基的**基数分数**(radix fraction)。以 10 为基数的基数分数,普通称为**十进分数**(decimal fraction)。

(a)说明如何把一个以 b 为基的基数分数变换成十进分数。

(b)说明如何把一个十进分数变换成以 b 为基的基数分数。

(c)将 $(.3012)_4$ 和 $(.3t1e)_{12}$ 表示成十进分数。

(d)将 $.4402$ 先表示成以 7 为基的基数分数,然后,再表示成以 12 为基的基数分数。

1.7 其他进位制中的四则运算

(a)作以 7 为基和以 12 为基的加法表和乘法表。

(b)把 $(3406)_7$ 和 $(251)_7$ 先加起来,然后乘起来;先用(a)中的表来运算,然后通过变换到以 10 为基的数来运算。类似地,先把 $(3t04e)_{12}$ 和 $(51tt)_{12}$ 加起来;然后乘起来。

(c)我们可以把以 12 为基的加法表和乘法表,应用于涉及英尺英寸的简单求积运算。例如,如果我们取 1 英尺为单位,则 3 英尺 7 英寸成为 $(3.7)_{12}$,试求长为 3 英尺 7 英寸、宽为 2 英尺 4 英寸的长方形的面积(以平方英寸计)。我们可以将 $(3.7)_{12}$ 乘以 $(2.4)_{12}$,然后,再把计算结果变换为以平方英尺和平方英寸计。试完成此例题。

1.8 关于不同进位制的换算

(a)试以 8 为基数来表示 $(3012)_5$。

(b)试问以什么数为基,$3 \times 3 = 10$? 以什么数为基,$3 \times 3 = 11$? 以什么数为基,$3 \times 3 = 12$?

(c)在某种进位制中,27 能表示成偶数吗? 37 能吗? 在某种进位制中,72 能表示奇数吗? 82 能吗?

(d)已知 $79 = (142)_b$,求 b。已知 $72 = (2200)_b$,求 b。

(e)有一个以 7 为基的三位数,当表示为以 9 为基的数时其数字顺序颠倒,试求这三个数字。

(f)将 301 表示成一个整数的平方,其最小的基是什么?

(g)如果 $b > 2$,证明 $(121)_b$ 是一个整数的平方;如果 $b > 4$,证明 $(40001)_b$ 能被 $(221)_b$ 整除。

1.9 二进制的游戏

二进制的定位数系在许多数学分支中得到应用。有许多数学游戏和谜语

(例如,著名的尼姆(Nim)和中国环① (Chinese rings)之谜)靠这种数系可以解答。下面讲两个比较容易解释的谜语。

(a)某物重 W(整数)磅,现有一组砝码:1 磅、2 磅、2^2 磅、2^3 磅等各一个。问:如何在一个简单的等臂天平上称它?

(b)在下面四张卡片上,包括从 1 至 15 的所有数。

1	9		2	10		4	12		8	12
3	11		3	11		5	13		9	13
5	13		6	14		6	14		10	14
7	15		7	15		7	15		11	15

当换成二进制时:在第一张卡片上的所有数,最后一个数字均为 1;在第二张卡片上的所有数,倒数第二个数字均为 1;在第三张卡片上的所有数,倒数第三个数字均为 1。在第四张卡片上的所有数,倒数第四个数字均为 1。现在,只要你告诉我,你所认定的那个数 $N(1 \leqslant N \leqslant 15)$,在哪几张卡片上能找到;我们就能猜出你所认定的数 N 是几。事实上,只要把出现那个数的卡片左上角的数加起来,就能容易地指出该数 N。为了查出从 1 到 63 中的任何数,可以类似地做六张卡片。如果这些数依照已讲过的方法写在左上角标有 $1, 2, 4, \cdots$ 的卡片上,则 N 这个数就能通过这种形式的卡片自动地表示出来。

1.10 一些数字游戏

有许多要"猜一个选定的数"简单的数字游戏,能靠我们自己的进位制作出解释。试揭开下述游戏的秘密:

(a)要你先认定一个二位数。然后,要你将该数的十位数乘以 5 加上 7,二倍之,加上该数的个位数,并告诉最后的结果。我悄悄地从此结果中减去 14,就得原数。

(b)要你先认定一个三位数,然后将其百位数乘以 2,加上 3,乘以 5,加上 7,加上其十位数,乘以 2,加上 3,乘以 5,加上其个位数,并告诉最后结果。我悄悄地从这个结果减去 235,就得到原数。

(c)要你先认定一个三位数(其个位数和百位数应不同),然后,要你求出这个数与将其数字顺序颠倒后所得三位数之差。你只要告诉我这个差的最后一个数字,我就能猜出整个差。这个哄人的把戏,究竟是怎么回事?

----

① 译者注:请参看《中国科学技术史》第三卷数学 P.249"中国九连环之谜"。

31

论 文 题 目

1/1 动物世界中可能有的数的意识。

1/2 在某些时候用 10 以外的其他数为数基的语言上的证据。

1/3 用 10 以外的数为数基的利和弊。

1/4 书写材料的历史。

1/5 算盘家与算法家之争。

1/6 手指数和手指算术。

1/7 在算盘上的算术。

1/8 古代的结绳文字。

1/9 玛雅算术。

1/10 算筹。

1/11 巴比伦人的零。

1/12 三为多。

1/13 数的禁忌。

1/14 肯辛顿(Kensington)石的奥秘。

1/15 我们现在的数字符号的某些想象的起源。

1/16 算盘和台式电动计算机的比赛。

参考文献*

ANDREWS, F. E. *New Numbers*[M]. New York：Harcourt, Brace & World, 1935

ASCHER, MARCIA, and ROBERT ASCHER *Code of the Quipu：A Study in Media, Mathematics, and Culture*[M]. Ann Arbor, Mich.: University of Michigan Press, 1981.

BALL, W. W. R.,and H. S. M. COXETER *Mathematical Recreations and Essays*[M]. 12th ed. Toronto: University of Toronto Press, 1974. Reprinted by Dover, New York.

CAJORI, FLORIAN *A History of Mathematical Notations*[M]. 2 vols. Chicago：OPen Court Publishing, 1928 – 1929.

CLOSS, M. P., ed. *Native American Mathematics*[M]. Austin, Tex.: Universi-

---

* 作为本章和以后各章参考文献的补充，请参看"总参考文献".

ty of Texas Press, 1986.

COHEN, P. C. *A Calculating People*: *The Spread of Numeracy in North America* [M]. Chicago: University of Chicago Press, 1983.

CONANT, L. L. *The Number Concept*: *Its Origin and Development* [M]. New York: Macmillan, 1923.

DANTZIG, TOBIAS *Number*: *The Language of Science* [M]. New York: Macmillan, 1946.

FLEGG, GRAHAM *Numbers*: *Their History and Meaning* [M]. Glasgow: Andrew Deutch Ltd., or New York: Schocken Books, 1983.

FREITAG, H. T., and A. H. FREITAG *The Number Story* [M]. Washington, D.C.: National Council of Teachers of Mathematics, 1960.

GALLENKAMP, CHARLES *Maya* [M]. New York: McKay, 1959.

GATES, W. E. *Yucatan Before and After the Conquest*, *by Friar Diego de Landa*, *etc* [M]. Translated with notes. Maya Society Publication No. 20, Baltimore: The Maya Society, 1937.

GLASER, ANTON *History of Binary and Other Nondecimal Numeration* [M]. Published by Anton Glaser, 1237 Whitney Road, Southampton, Pennsylvania 18966, 1971.

HILL, G. F. *The Development of Arabic Numerals in Europe* [M]. New York: Oxford University Press, 1915.

IFRAH, GEORGES *From One to Zero*: *A Universal History of Numvers* [M]. Translated by Lowell Bair. New York: Viking Press, 1985.

KARPINSKI, LOUIS CHARLES *The History of Arithmetic* [M]. New York: Russell & Russell, 1965.

KRAITCHIK, MAURICE *Mathematical Recreations* [M]. New York: W. W. Norton, 1942.

LARSON, H. D. *Arithmetic for Colleges* [M]. New York: Macmillan, 1950.

LOCKE, L. LELAND *The Ancient Quipu or Peruvian Knot Record* [M]. New York: American Museum of Natural History, 1923.

MENNINGER, KARL *Number Words and Number Symbols*, *A Cultural History of Numbers* [M]. Cambridge, Mass.: The M.I.T. Press, 1969.

MORLEY, S. G. *An Introduction to the Study of the Maya Hieroglyphs* [M]. Washington, D. C.: Government Printing Office, 1915.

——*The Ancint Maya* [M]. Stanford, Calif.: Stanford University Press, 1956.

ORE, OYSTEIN *Number Theory and Its History* [M]. New York: McGraw-Hill,

1948.

PULLAN, J.M. *The History of the Abacus* [M]. New York: Praeger, 1968.

RINGENBERG, L. A. *A Portrait of 2* [M]. Washington, D.C.: National Council of Teachers of Mathematics, 1956.

SCRIBA, CHRISTORHER *The Concept of Nember* [M]. Mannheim: Bibliographisches Institut, 1968.

SMELTZER, DONALD *Man and Number* [M]. New York: Emerson Books, 1958.

SMITH, D. E. *Number Stories of Long Ago* [M]. Washington, D.C.: National Council of Teachers of Mathematics, 1958.

——, and JEKUTHIEL GINSBURG *Numbers and Numerals* [M]. Washington, D.C.: National Council of Teachers of Mathematics, 1958.

——, and L. C. KARPINSKI *The Hindu-Arabic Numerals* [M]. Boston: Ginn, 1911.

SWANIN, R. L. *Understanding Arithmetic* [M]. New York: Holt, Rinehart and Winston, 1957.

TERRY, G. S. *The Dozen System* [M]. London: Longmans, Green, 1941.

——*Duodecimal Arithmetic* [M]. London: Longmans, Green, 1938.

THOMPSON, J. E. S. "Maya arthmetic." *Contributions to American Anthropology and History* [M]. vol. 36:37 – 62. Washington, D. C.: Carnegie Institution of Washington Publication No. 528, 1941.

——*The Rise and Fall of Maya Civilization* [M]. Norman, Okla.: University of Oklahoma Press, 1954.

VON HAGEN, VICTOR M. *Maya*: *Land of the Turkey and the Deer* [M]. Cleveland: World Publishing, 1960.

YOSHINO, Y. *The Japanese Abacus Explained* [M]. New York: Dover, 1963.

ZASLAVSKY, CLAUDIA *Africa Counts*: *Number and Pattern in African Culture* [M]. Boston: Prindle, Weber & Schmidt, 1973. Republished by Lawrence-Hill & Company, Westport, Conn.

农业革命

文明的发源地——大约公元前 3000 年—公元前 525 年
（伴随第 2 章）

文明背景 II

接近石器时代末,在世界的某些部分,由于世界气候的变化,人们被迫转向从事大规模的密集农业。养育石器时代狩猎者们的广阔繁茂的大草原,到了新石器时代开始衰退,就像它们今天还在继续衰退一样。在某些地方,这样的大草原被扩展的森林占领;在另外的地方,它们则成了不毛之地,变成了沙漠。环境变化了,他们尽可能地适应新的环境。在欧洲、南非、东南亚,以及东北和南美洲,人们移进新的森林中成为林地狩猎者,这是比较容易的一种适应。

在北非、中东和中亚的增长的沙漠中,改变生活方式以适应新的环境则不那么简单。草枯萎了,河流干枯了,广大的沙丘从沙漠的中心向外扩展,曾一度生活于这些地区的野兽们避开它,挤到绿洲中去,然后在绿洲也干枯的时候才彻底离开它。在这次逃跑中,人们总是跟在野兽的后面,赶在大沙丘的前面,最后定居于沙漠边缘的类似绿洲的沼泽地。这些新的地方对包括人在内的所有生命颇有吸引力。大量的男人和女人在他们逃离沙漠之后来到这里生活。在非洲,在曾经一度是草浪翻滚的大草原的撒哈拉沙漠向前推进时,尼罗河谷为迁移来的野兽和狩猎者们提供水。在中东,底格里斯和幼发拉底河流域,对于从阿拉伯沙漠逃出来的野兽和狩猎者来说,成了最有吸引力的地方。印度塔尔沙漠周围的印度河流域,处于戈壁沙漠前沿的中国的黄河流域都成了富有吸引力的地方。在美洲,这样的变化来得较迟：大西洋海岸平原变得干枯，人们爬上墨西哥和中美的马德雷山脉和秘鲁和哥伦比亚的安第斯山的高峰；在那里，最高的山冲破了云层见到了雨。今日，在非洲类似的沙漠化进程仍在以惊人的规模进行，在那里，撒哈拉沙漠再度向前推移，从荒芜的草地逃离的人们成了聚集于奈及尔河和上尼罗河两岸的难民群。

在这些吸引人的流域出现的文明与石器时代的狩猎者或收集者社会有很大的差别。在这些沼泽地上人口很密集，每个人都不能像原来那样当狩猎者和收集者了。这些地方的人想要免于饥饿，不得不另寻取得食物的途径。对于他们转向密集农业没什么可奇怪的，因为只有这样才能维持每平方英里四十个人的人口密度。这是一场"农业革命"，并且因此引起了文明的深刻变化。

书写语言的创造是这样的变化中的一项。在缺雨、少雨的北非和中东的谷地发展农业，必须灌溉；在黄河、尼罗河、底格里斯河和幼发拉底河这些季节性泛滥的流域发展农业，更需要修堤。灌溉和修堤不仅需要合作和工程技术技巧，还需要保存记录的一套方法。农民们需要知道什么时候泛滥，什么时候雨季来临，因而就要有历法和历书。土地所有者要把农业产量记录下来，并且画出标有灌溉渠道位置的地图。农民们向偶像祈祷，希望洪水和雨按时到来，并且为此守候着星的移动。所有这些活动促使一系列新的受过教育的阶层兴起：僧侣、书记和占星者们。

有了阅读书写能力，又产生了对新技术的需求。古时候的工程师们设计堤防和筹划灌溉。金属的犁优于木制的犁；人们在公元前3000年左右学会炼铜，在公元前1100年左右学会炼铁。专业化工具的需要激发了熟练技工这一新的社会阶层的产生。

另一个重要的变化是定居的生活方式的采用。与狩猎者和收集者们不同，农民们不需要跑很远去寻找食物。他们建设永久性的村庄和小镇，并且，小的城市也在河岸兴起。在公元前2500年左右，孟斐斯和底比斯成为埃及的首要城市；没有多久，法老佩皮二世（？—大约公元前2200）建都于伊拉克利波利斯。在接近公元前3000年，在底格里斯和幼发拉底河流域，乌尔城最早出现。虽然按现代的标准看还小，但这些古老的城市却使新石器时代的村庄大为逊色。这些城市为农民们和工匠们提供交换货物的中心市场，为了使手续变得简便易行，商人阶层也应运而生。

有些人有空闲时间，这在历史上是第一次。在农业革命中，农民们构成人口的主体，他们一般地说整天在劳动，另一些人，国王、僧侣、商人和书记们在每天的末尾有时间思考自然和科学的奥秘。最后，促使科学进步的诸因素汇集到一起，它们是：书写语言，对新技术的需求，城市环境和空闲时间。因而，用不着奇怪：历史学家们把古埃及、印度、中国和中东称做"文明的发源地"。（美洲的沙漠比东半球的出现得迟;因而,在西方,农业革命也来得迟。现在历史学家们承认:墨西哥和秘鲁,在玛雅人、印卡人和他们的祖先的日子里,也是真正的"文明的发源地")

从事农业的人们还发展了新形式的政治组织。在石器时代,"政府"曾经是部落或宗族——一小群男人和女人依血统关系联系在一起,由一个首领作为名义上的领导。伴随着农业有复杂的活动(种植普通的田地,建筑谷仓,挖灌溉渠道,管理市场以保护未提防的买主,安抚观众),需要更加集中的管理系统。部落被城邦、王国和小的帝国所取代,部落首领被大规模的官吏所取代。

在文明的发源地,城邦是最普通的统治的形式,它由一个城(或镇)和其周围的乡村地方组成。城邦,依现代标准看来是够小的,中国的哲学家老子在春秋战国末期曾这样描述它们,说相邻的城邦"鸡犬之声相闻"。每一个文明的发源地,或迟或早,被分成城邦:埃及,在公元前 2200 年到公元前 2050 年之间,再一次在公元前 1786 年到公元前 1575 年之间;底格里斯和幼发拉底河流域,在大约公元前 3000 年到公元前 2150 年之间;中国,在公元前 600 年(或者更早)到公元前 221 年之间。更多见的情况是:城邦是由一小撮有钱的人管理的寡头政治;少数是多头政治;还有些是混合多神为一神的统治(即,由一群僧侣统治)。极少数是广大市民参加城邦事务的共和政体。我们将在文明背景Ⅲ和文明背景Ⅳ介绍在希腊、罗马和迦太基的几个共和政体。

在每一个文明的发源地,城邦都在被扩展的帝国排挤掉。按照传统的说法,埃及在公元前 3100 年,在农业革命开始的时候,被统一于一个单一的法老,虽然这个王国看来在公元前 2200 年左右曾分裂为若干小的公国,它们被称做多头政治(nomarchs)的小领主统治。在公元前 1575 年,埃及重新统一在一个单一的、绝对的统治者手中,一直保持到公元前 525 年才被波斯侵占。和埃及一样,传统上认为:古代的中国是神秘的夏朝统治下的统一的国家,关于它确实知道得很少。在公元前 1500 年和公元前 1027 年之间,黄河两岸的土地被建都安阳的商朝统治;在这以后,是周朝。在公元前 600 年左右,周朝的势力衰落,那时的中国实际上是城邦群,直到公元前 221 年才被秦王朝统一。十五年后,秦朝又被汉朝取代,它建立了一个帝国,延续到公元 220 年。对于埃及和中国,我们不能确切地说是哪个先建立中央集权的帝国,或者只不过是统治其邻邦的强的城邦,但是,往后的王朝确实以强有力的独裁者的身份统治着大范围的、有内聚力的帝国。中东的底格里斯和幼发拉底河流域是最先被萨尔冈一世(大约公元前 2276 ~ 公元前 2221 年)统一为一个帝国,虽然他的帝国在他死后不久就分裂了。直到公元前 2000 年,这个流域被阿莫里特人统一并建立巴比伦帝国,才有了长时间的持久的统一。不知道在印度河流域存在什么样的政治体制。

新农业文明的成果,并不是每个人得到均等的享受。这里有严格的等级划

37 　分,大部分人也许超过百分之九十,是贫穷的农民。他们不能读或写。他们通常并不占有他们在其上辛勤劳动的土地。他们持续不断地耕作,没有时间休息和享受。虽然他们的工作最多,可是他们得到的物质财富和安慰却很少。财富集中在领主、僧侣、战士(历史上记录的第一次战争是大约公元前 2000 年在中东发生的,争夺灌溉渠道的战争)、商人和工匠这些少数的属于上等人的阶层手中。社会地位比农民还低下的奴隶,它们通常是战利品;女人们,除了很少例外,只不过是干活的和带小孩的,没有表现其智力的机会。

　　所有的新的农业社会并不是都一样的。在文明的流域的边缘生活的游牧部落周期性地施加战争于他们的种地的邻居们。在印度,中亚细亚的亚利安游牧部落可能彻底毁灭了印度河的文明。在中东,侵略者的军队此起彼伏,有来自阿拉伯沙漠的骑士们,也有来自萨拉戈萨山脉的野蛮的勇士们。每一个新的入侵者都把自己建成新的统治阶级,并采用他们所取代的民族的习惯和生活方式。在接近公元前 2000 年侵占底格里斯和幼发拉底河流域的阿莫里特人就是这样的侵略者之一,他们学习了当地的文化,还制订了汉谟拉比法典。阿莫里特人建立了巴比伦城,并从那里统治一个大帝国达千年之久。亚述人在接近公元前 600 年的一次叛乱中被推翻,叛乱者们创立了尼布加尼撒的新巴比伦帝国。中国受到来自戈壁沙漠的侵略者的威胁,但是每一次都以侵略者的被同化结束。

　　总之,从公元前 3000 年到公元前 525 年,目睹由农业革命激发的新的人类文明的诞生。在尼罗河、黄河、印度河和底格里斯和幼发拉底河新的社会奠基于石器时代末出现的农业经济之上。这些新的社会创造了书写语言、冶金、建设城市;凭经验发展测量、工程和商业用的基础数学;并且产生了有足够的闲暇时间,停下来思考自然的奥秘的上层阶级。在很多年后,人类终于踏上了通向科学成就之路。

第二章 巴比伦和埃及数学

2.1 古代东方

早期数学的发展,需要有实践的基础,随着社会向较进步的形态演变,这样一个基础逐渐形成。沿着非洲和亚洲的一些大河,新型的社会出现了。这些大河是:非洲的尼罗河,西亚的底格里斯河和幼发拉底河,中南亚的印度河和恒河,东亚的黄河和长江。用沼泽地排水,控制洪水和灌溉等方法,能够使这些河流两岸变成富饶的农业区。这种广泛的计划不仅把以前分散的各个地区结合起来,而且把搞工程、理财务、进行经营管理拧成了一股绳。而要达到这些目的,需要相当多的技术知识以及有关的数学。因此,可以说早期数学是用于农业和水利工程研究的一种实用科学,起源于古代东方(希腊的东方)的某些地区。这些工作要求:推算适用的历法,制定用于收获、保存和分配粮食的度量衡体制,创造用于挖沟修渠、建蓄水池、分配土地的测量方法,开展用于征收赋税、发展财政和商业的业务。[①]

如上所述,数学最初着重于实用的算术和计量。研究、应用和传授这门实用科学,就成为一种特殊的行业。然而,抽象化的各种倾向还一定会发展;而且人们研究数学在某些程度上也是由于这门学科本身的需要。这样,从算术最终演化出代数,从测量逐渐产生最初步的理论几何学。

但是,应该指出,在古代东方的全部数学中甚至找不到一个我们今天称之
为"证明"的例子;代替论证的,只有程序的描述,所讲授的内容只是"如此这般地做",而且也不是以一般规则的形式提出的(可能除了个别例外),只不过是一系列特殊情况下的应用方法。因此,如果是讲二次方程的解法,我们既看不出所用程序是怎么推算出来的,也找不到描述这个程序所用的一般术语,而只是给我们许多特殊的二次方程,告诉我们怎样一步一步地解这些方程。我们对"如此这般地做"的程序可能会感到不满足,但这并不奇怪,因为我们自己在讲授小学和中学数学的部分内容时,对常用的程序多半也是这样讲的。

要确定古代东方科学发现的年代,是有困难的。困难之一在于社会结构的静止性质以及某些地区与世界的长期隔离;另一个困难是由于记录这些发现的

---

① 另有一种说法:认为数学起源于宗教仪式,后来才用于农业、商业和测量。参看 A. Seidenberg,"The ritual origin of geometry." Archive for History of Sciences 1(1962):488-527,和"The ritual origin of counting." Archive for History of Exact Sciences 2(1962):1-40。还有另一种说法,认为数学起源于艺术——人类的通用语言。

书写材料大都难以保存。巴比伦人用的是经久不坏的焙烧过的黏土书板,埃及人用的是石头和纸草片——后者之所以幸运地保存了这么久,是由于这个地区气候干燥。但是古代中国人和印度人用的是树皮和竹子之类,这些是很容易毁坏的材料。正是由于这个原因,关于古代巴比伦的科学和数学,我们掌握了大量确定的资料。而关于中国和印度,则没有掌握多少具有某种程度的确定性的资料,因此,本章所讲述的希腊时期以前的数学,只局限于巴比伦和埃及的早期数学。

巴比伦

2.2 原始资料

从 19 世纪前期开始,在美索不达米亚工作的考古学家们进行了系统的挖掘工作,发现了大约五十万块刻写着文字的黏土书板,仅仅在古代尼普尔旧址就挖掘出五万多块。在巴黎、柏林和伦教的大博物馆中,在耶鲁、哥伦比亚的宾夕法尼亚大学的考古展览馆中,都珍藏着许多这类书板。书板有大有小,小的只有几平方英寸,最大的和一般教科书大小差不多,中心大约有一英寸半厚。有的书板只一面有字,有的两面都有字,往往在其四边上也刻上字。

在五十万块书板中,约有 400 块已被鉴定为载有数字表和一批数学问题的纯数学书板。我们能有关于古代巴比伦[①] 的数学知识,应当感激学者们对许
40 多数学书板所作的释意和说明。

一直到公元 1800 年前不久,还没有谁对楔形文字作出成功的破译。在今天的伊朗的西北部,在贝希斯通村附近的大石灰石绝壁上离地面 300 英尺处刻的碑文,是欧洲的旅行者们发现的。1846 年打开这些书板刻写文字之谜的是罗林森(Rawlinson, 1810—1895),他把格罗特芬德(Grotefend, 1775—1853)早先提示的解释法完善起来。碑文和浮雕是刻在十三块长 150 英尺,宽 100 英尺左右,有光滑表面的长方形石壁上的,用的是古波斯、埃拉米特和阿卡德的三种古代文字,他们采用的都是楔形符号。这是根据古波斯王达里乌斯大帝的命令在公元前 516 年刻上的。

当我们读懂了挖出的巴比伦书板上的楔形文字后,发现这些书板的内容涉
41 及那个时代的各种行业和生活的不同侧面,并且跨越巴比伦历史的许多时期。保存至今的数学原稿可以分为三组:第一组大约在公元前 2100 年苏美尔

① 注意:这里用"巴比伦"这个词只是为了方便,巴比伦人之外的,例如,苏美尔人、阿卡德人、卡尔迪安人、亚述人及其他在该地区居住的古代人,都被归入"巴比伦"人。

尼尼韦

●贝希斯通

幼发拉底河

辰格里斯河 苏萨

巴比伦●

尼普尔

乌尔

古代巴比伦的区域

(Sumer)文化末期；第二组数量很大，从汉谟拉比时代即第一代巴比伦王朝开始，直到大约公元前1600年；第三组内容丰富，大约从公元前600年直到公元300年，包括内布恰德内扎尔(Nebuchadnezzar)的新巴比伦帝国与随后的波斯和塞流西得(Seleucid)时代。第二组和第三组之间出现一段空白，正是巴比伦历史上的一个特殊的动乱时期。我们对这些数学书板的内容在1935年以前了解很少；现在已有了一些了解，这主要归功于O·诺伊格包尔(Otto Neugebauer)和F·吐娄-当冉(F. Thureau-Dangin)的著名发现。由于解释这些书板的工作还在继续进行，在不久的将来，也许会有同样值得注意的新发现。

2.3 商业数学和农用数学

甚至在最古老的书板上都显示了高水平的计算能力，表明很早就有了六十进位制。有许多早期的书板内容是田地转让和处理这些事务的算术计算。这些书板又表明：古代苏美尔人熟悉各种法定的和家务的契约，像账单和收条、期票、账目、单利和复利、抵押、卖货单据和保证书等。有一些书板是商号的记录，另一些是有关度量衡的。

许多算术程序是借助各种各样的表来实现的。在400块数学书板中，有一多半是表，有乘法表、倒数表、平方表和立方表，甚至还有指数表。指数表可能是和插值法一起用来解决复利问题的。倒数表则用于把除法化为乘法。

下述事实证明巴比伦人很早就已使用日历。他们的年是从春分开始的，并且一月是以金牛座命名的。由于在公元前 4700 年左右春分时太阳在金牛座。因此说巴比伦人远在公元前四、五千年就有了某种历法推算，似乎不无道理。

关于巴比伦数学用表的造法和巴比伦商业事务用表的用法，请参看问题研究 2.1 和 2.2。

2.4 几何学

巴比伦几何学是与实际测量有密切联系的。从许多具体例子可以看到，巴比伦人在公元前 2000 年到公元前 1600 年，就已熟悉了计算长方形面积、直角三角形和等腰三角形（也许还知道一般三角形）面积，有一边垂直于平行边的梯形面积、长方体的体积，以及以特殊梯形为底的直棱柱体积的一般规则。他们知道取直径的三倍为圆周，取圆周平方的 1/12 为圆面积（两者对于 $\pi = 3$ 都是正确的），还用底和高相乘的方法求得直圆柱的体积。错误地认为圆锥或方棱锥的平头截体的体积是两底之和的一半与高的乘积。他们也知道，两个相似的直角三角形的对应边成比例，过等腰三角形顶点所作的底边的垂线平分底边，内接于半圆的角是直角。他们还知道毕达哥拉斯定理（参看 2.6 节）。在一个最近发现的书板上，是用 $3\frac{1}{8}$ 作为 π 的估计值（参看问题研究 2.5(b)）。

巴比伦几何学的主要特征是它的代数性质。一些比较复杂的问题虽然是以几何术语来表达的，但实质上还是一些特殊的代数问题。问题研究 2.3 和 2.4 就是典型的例子。有许多问题涉及平行于直角三角形的一条边的横截线，它们就引出二次方程；还有一些问题引出了联立方程组，其中一例就给出了含十个未知数的十个方程。有一块耶鲁书板，大概是公元前 1600 年的，在那上面有一个一般三次方程，是在讨论棱锥的平截头体的体积时出现的。它们是从下列形式的方程组中消去 z 得到的

$$z(x^2 + y^2) = A, z = ay + b, x = c$$

我们现在把圆周分成 360 等分，无疑应当归功于古代巴比伦人。为什么选定这个数？有几种解释，但是比较起来还是 O·诺伊格包尔提倡的那种说法似乎更有道理。他认为，在苏美尔文化初期，曾有一种大的距离单位——巴比伦里（Babylonian mile），差不多等于现在的英里的七倍。由于巴比伦里被用来测量较长的距离，很自然，它也成为一种时间单位，即走一巴比伦里所需的时间。后来，在公元前一千年内，当巴比伦天文学达到了保存天象系统记录的阶段时，巴比伦时间——里，就是用来测量时间长短的，因为发现一整天等于 12 个时间——里，并且一整天等于天空转一周；所以，一个完整的圆周被分为 12 等分，但是，为了方便起见，把巴比伦里分为 30 等分。于是我们便把一个全的圆周分为 (12)(30) = 360 等分。

2.5 代数学

大约在公元前 2000 年,巴比伦算术已经演化成为一种高度发展的用文字叙述的代数学。他们既能用相当于代入一般公式的方法,又能用配方法来解二次方程,还讨论了某些三次方程和双二次(四次)方程。已经发现了一块书板,它给出的数表不仅包括从 1 到 30 的整数的平方和立方,还包括这个范围的整数组合 $n^3 + n^2$。从若干给定的问题引出这样的三次方程 $x^3 + x^2 = b$,利用 $n^3 + n^2$ 表就能解出。问题研究 2.4 本身就很可能是用了这个特殊的表。

在某些属于公元前 1600 年左右的耶鲁书板上,列着成百个没有解决的包含联立方程组的问题,它们又引出待解的双二次方程。兹举一例

$$xy = 600, 150(x - y) - (x + y)^2 = -1\,000$$

在耶鲁书板中还有另外一个实例,即一对下列形式的方程

$$xy = a, bx^2/y + cy^2/x + d = 0$$

它们引出一个 x 的六次方程,但它是 x^3 的二次方程。

诺伊格包尔在卢佛尔博物馆(Louvre)的一块书板上发现了两个有趣的级数问题,这块书板是公元前 300 年左右的。其中一个级数是

$$1 + 2 + 2^2 + \cdots + 2^9 = 2^9 + 2^9 - 1$$

另一个是

$$1^2 + 2^2 + 3^2 + \cdots + 10^2 = \left[1\left(\frac{1}{3}\right) + 10\left(\frac{2}{3}\right)\right]55 = 385$$

人们很想知道,究竟巴比伦人是否熟悉下面的公式

$$\sum_{i=1}^{n} r^i = \frac{r^{n+1} - 1}{r - 1}$$

和

$$\sum_{i=1}^{n} i^2 = \frac{2n+1}{3} \sum_{i=1}^{n} i = \frac{n(n+1)(2n+1)}{6}$$

同时代的希腊人是知道第一个公式的,而且,阿基米德实际上发现了与第二个公式等价的公式。

巴比伦人对非平方数的平方根给出一些有趣的近似值,例如,对于 $\sqrt{2}$ 有 17/12;对于 $1/\sqrt{2}$ 有 17/24。也许巴比伦人曾经用过近似公式

$$(a^2 + h)^{1/2} = a + h/2a$$

大约在公元前 1600 年的第 7289 号耶鲁(数表)书板上发现了对于 $\sqrt{2}$ 的一个非常值得注意的近似值(参看问题研究 2.7)

$$1 + 24/60 + 51/60^2 + 10/60^3 = 1.414\,215\,5$$

在公元前 3 世纪的天文书板上,明确地使用了乘法中的符号法则。

总之,可以得出结论:古代巴比伦人是数表的辛勤制作者,是具有高度计算技巧的计算家,并且在代数方面肯定比几何方面强。他们考虑问题的深度与广度确实惊人。

2.6 普林顿322号

在已分析过的巴比伦数学书板中,最引人注意的也许是普林顿 322 号(*Plimpton* 322),即在哥伦比亚大学普林顿(G. A. Plimpton)收藏馆的第 322 号收藏品。该书板是用古代巴比伦字体写的,时间在公元前 1900 年到公元前 1600 年。诺伊格包尔和萨克斯(Sachs)于 1945 年首先对它作了描述。[1]

图 4 绘出了该书板的大体形状。不幸的是,左边掉下的那块已经下落不明,这块书板靠近右边中间有一个很深的缺口,左上角也剥落了一片,通过验查,发现书板左边破处有现代胶水的结晶。这表明,这块书板在挖掘时大概是完整的,后来破了,人们曾试着用胶水把它们黏合到一起,以后它们又分离了。

普林顿 322

(Columbia University 供稿)

---

[1] Joran Friberg 最近对该书板作了仔细的研究。请参看 "Methods and traditions of Babylonian mathematics," Historia Mathematics 8.no. 3(August 1981):277-318。

因此,不知去向的那块碎片也许现在还在,但是像干草堆中一根针那样,它散失在这些收藏的古代书板之中。如果这块下落不明的碎片能够找到的话,那一定会引起人们很大的兴趣。

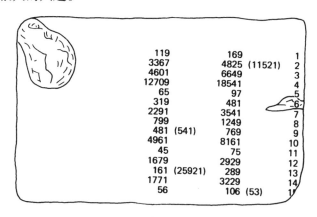

图 4

普林顿 322 号包括基本上完整的三列数字;为了方便起见,用我们自己的十进位符号改写了,如图 4 所示。沿着破碎的边缘有第四列数字,但残缺不全了,我们以后将按原样修复它。

显然,靠右边的那一列只不过是用来表示行数的。另外两列,乍一看,好像是杂乱无章。可是认真研究后,就会发现:两列中的对应数字(除了四个例外)构成一个边长为整数的直角三角形的斜边和一个直角边。那四个例外,在图 4 中将原来的数字加上括号放在正确数字的右边。关于第二行那个例外的解释,众说纷纭①,但是,其他三个例外,还是容易说明的。第九行上,481 和 541 看来像是六十进位制中的 $(8,1)$ 和 $(9,1)$。显然 9 代替 8 的这种情况,在用楔形文字写这些数字时,可能是硬笔尖滑了一下。第十三行上的数是正确值的平方,最后一行末的数是正确值的一半。 *45*

现在,人们把像 $(3,4,5)$ 这样一组能作为一个直角三角形的边的正整数称为毕氏三数(*Pythagorean triple*)。这样一组数,如果除了 1 以外,没有其他公因子,就称它为素毕氏三数(*Primitive Pythagorean triple*),因此,$(3,4,5)$ 是素毕氏三数,而 $(6,8,10)$ 则不是。在书写普林顿书版的日子的一千多年之后,数学的成就之一是:证明所有的素毕氏三数 (a,b,c) 能用下列参数式表达 *46*

$$a = 2uv, b = u^2 - v^2, c = u^2 + v^2$$

这里,u 和 v 互素,奇偶性不同,并且 $u > v$。例如,$u = 2, v = 1$,则得素毕氏三数

① 参看 R. J. Gillings, The Australian Journal of Science, 16(1953):34-36, 或 Otto Neugebauer. The Exact Sicences in Antiquity, 2d ed, 1962 年第二版。

$a = 4, b = 3, c = 5$。

假定我们用普林顿书板上给出的斜边 c 和直角边 b 来确定那个边为整数的直角三角形的另一边,则得下列毕氏三数

a	b	c	u	v
120	119	169	12	5
3 456	3 367	4 825	64	27
4 800	4 601	6 649	75	32
13 500	12 709	18 541	125	54
72	65	97	9	4
360	319	481	20	9
2 700	2 291	3 541	54	25
960	799	1 249	32	15
600	481	769	25	12
6 480	4 961	8 161	81	40
60	45	75	2	1
2 400	1 679	2 929	48	25
240	161	289	15	8
2 700	1 771	3 229	50	27
90	56	106	9	5

我们注意到:上列毕氏三数中,除第 11 行和第 15 行外,都是素毕氏三数。为了便于讨论,我们也列出了这些毕氏三数的参数值。看来很明白:如上所示,古代巴比伦人早就知道毕氏三数的一般参数表达式。当我们注意到,不仅 u 和 v,并且从而 a(因为 $a = 2uv$)都是正则的(regular)六十进位数(参看问题研究 2.1)时,这个证据就更有力量了。书板上的这个表,是为参数 u 和 v 特意选择小的正则数构成的。

u 和 v 的这种选择,很可能是由于包括除法在内的后来的一些计算程序引起的,因为正则数出现于倒数表中,并且被用来把除法化为乘法。检查一下部分损坏了的第四列,就得到了答案,因为这一列包括不同三角形的 $(c/a)^2$ 值。为了演算这个除法,a 边以至 u 和 v 的数值必须是正则数。

47　　稍微细致一点检查 $(c/a)^2$ 这一列的数值,那是值得的。当然,这一列是直角三角形中 b 边所对的角之正割的平方表。因为 a 边是正则的,所以 $\sec B$ 有一个有限的六十进位制展开式。此外,还弄清了上述三角形的这种特殊选择:

从表的上一行到下一行，各行 sec B 值形成一个令人惊奇的正则序列，差不多正好减少 1/60，其对应的角从 45° 减少到 31°。于是，我们得到从 45° 到 31° 的角的正割表，办法是用边长为整数的直角三角形：在这个表中，与其说是对应角作有规则的变动，倒不如说是函数值是有规则变动的。所有这些，的确是了不起的。看来，很可能另外还有给出从 30° 到 16° 和从 15° 到 1° 的类似信息(三角函数)的表。

分析普林顿 322 号表明，应该对巴比伦的数学书板作仔细的检查。以前可能认为这样的书板不过是一些商业上的表格或记录而没有理会它们。

埃　　及

2.7　原始资料与年代

古代巴比伦和古代埃及在政治历史方面有相当大的差别。前者敞开大门任凭邻近的民族侵犯，结果是：每当帝国交替之际，总是处于混乱状态。另一方面，古代埃及与外界处于隔离状态，因而得到保护，不受外来的侵略，统治很稳定，在朝代更替时也不间断。这两个社会本质上是僧侣政治，是由有钱有势的官僚与寺庙的僧侣亲密合作统治的。大多数手工操作由人数众多的奴隶阶级去做。奴隶的来源不大一样，在巴比伦，总是在一个帝国被外来侵略者推翻的时候；在埃及，则来自蓄意入侵的外国军队。巴比伦的奴隶阶级主要从事的工作是挖掘和维护灌溉系统和建筑宝塔；在埃及，则是建立寺庙和金字塔。基础的测量和工程实施，连同伴随它们的数学，被人们创造出来，用以帮助工程的设计与制造。

同很流行的说法相反，古代埃及的数学并没有达到巴比伦数学那样的水平。这可能是由于巴比伦经济的发展速度较快。巴比伦处于许多大型商队的必经之地，而埃及则与外界接触较少。比较平静的尼罗河，用不着像很不稳定的底格里斯河和幼发拉底河那样必须施以巨大的工程，加以精心的管理。

尽管如此，直到最近辨认出这么多巴比伦数学书板之前，在很长时期内，埃及曾是古代历史研究的最丰富的宝库。其原因就在于埃及人对他们的死者怀着崇敬的心情，以及这个地区的气候异常干燥。前者使得他们修建了经得起时间考验的坟墓和庙宇，其壁画与雕刻极其丰富多彩，后者则在保存许多纸草片和实物方面起了主要作用，要不然这些东西早就腐朽了。

古代埃及一些仪器的略图：

A：现存最古老的天文仪器(铅垂线的标尺)，藏于柏林博物馆。借助于铅垂线，观察者能使标尺与过给定点的铅垂线垂直，并且，其延长线过某对像(比

48

如,北极星)。

B.水平线(展览于开罗博物馆)。

C.现存最古老的日晷,藏于柏林博物馆。早晨,横档转向东方,下午转向西方。

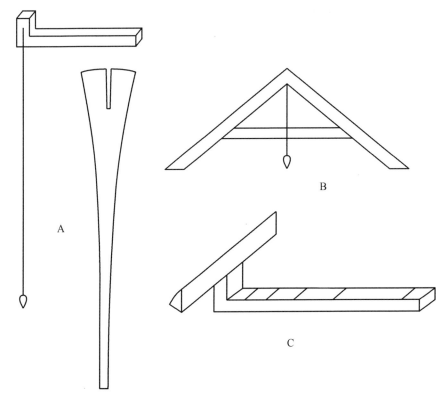

下面是有关古代埃及数学的一些实物项目的年表。除了这些项目以外,还有大批碑壁雕刻和少数纸草片,也为我们提供了资料。

1.公元前3100年。在牛津的一个博物馆中陈列着一个当时埃及王室的权标。这个权标上用埃及象形文字写着几个以百万和十万计的数目,记载着一次胜仗的战绩。

2.公元前2600年。吉泽(Gizeh)的宏伟的金字塔建立于公元前2600年左右,它必然要涉及一些数学和工程问题。这个建筑物占地13英尺,用石头2 000 000块以上,每块平均重2.6 t,非常仔细地砌在一起。这些石块是从尼罗河对岸的砂岩采石场运过来的。室顶是用54 t重的花岗石做成的,27英尺长,4英尺厚。这些花岗石是从600英里以外的采石场拉回来的,又放到离地面200英尺高的地方。据调查报告称:金字塔正方形底边的相对误差不超过1/14 000,四个直角的相对误差不超过1/27 000。但是,当我们知道这个工程是

49

50

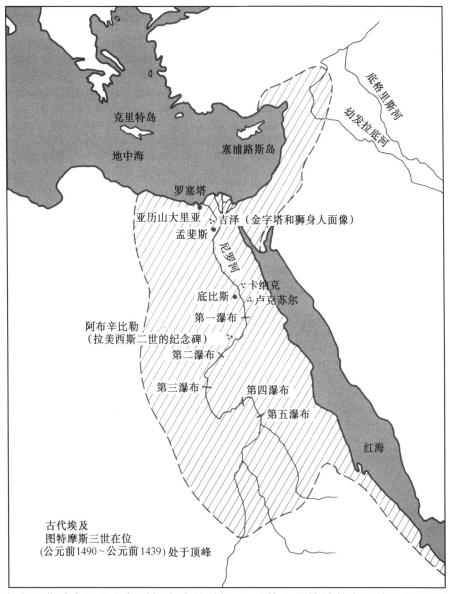

克里特岛

地中海

塞浦路斯岛

底格里斯河

幼发拉底河

罗塞塔

亚历山大里亚

孟斐斯

吉泽（金字塔和狮身人面像）

尼罗河

卡纳克

底比斯

卢克苏尔

第一瀑布

阿布辛比勒

（拉美西斯二世的纪念碑）

第二瀑布

第三瀑布

第四瀑布

第五瀑布

红海

古代埃及
图特摩斯三世在位
（公元前1490～公元前1439）处于顶峰

由十万劳动大军花十年时间完成的时候，上述惊人的统计数字所暗示的工程技巧就大为逊色了。

宏伟的金字塔是坐落在吉泽沙漠中的三个金字塔中最大的一个。吉泽就在今天的开罗南面不远。这些巨大的建筑物都是王室的坟墓。埃及人相信：只要尸体保存得好，来世就会好。尸体防腐技术因此得以发展；把贵重的珍宝和日常生活用品放进坟墓也是为了来世用。

宏伟的金字塔（原来约有 481 英尺高）是为埃及国王胡夫（Pharaoh Khufu，即

Cheops，在位期约为公元前 2900～公元前 2877 年）建造的坟墓。在吉泽的另外两个较小的金字塔是海夫拉（即 Chephren）和门卡乌拉（即 Mycerinus）的坟墓。现在差不多还保存着八十个金字塔。宏伟的金字塔被人们称做古代七大奇迹之一。①

3．**公元前 1850 年。**这是莫斯科纸草书的大致年代。这个数学原件包含 25 个问题，这些问题在编辑时就早已是老问题了。这份纸草书，于 1893 年在埃及被俄国收藏家戈兰尼彩夫（Golenischev）买得，因而又称做戈兰尼彩夫纸草书；现在被保存于莫斯科美术博物馆（Moscow Museum of Fine Arts）中。该纸草书的内容连同其编辑说明于 1930 年发表。它大约有 18 英尺长，1 英尺宽。关于该纸草书的问题样本，可参看问题研究 2.14，2.15。问题研究 2.14 中讨论的问题尤其值得注意。

4．**公元前 1850 年。**在柏林博物馆收藏的一套铅垂线和标尺为这一时期的遗物，它是现存的最古老的天文仪器。

5．**公元前 1650 年。**兰德（Rhind）纸草书（即阿默士纸草书）大约产生于这个年代，上面的数学原文带有实用手册的性质，并且包括抄写者阿默士（Ahmes）用僧侣字体从更早的著作中抄写下来的 85 个问题。这一纸草书是苏格兰的埃及学家兰德（A. Henry Rhind）于 1858 年在埃及购买的，后来又为英国博物馆获得。这一纸草书和莫斯科纸草书是我们汲取古代埃及数学知识的主要来源。兰德纸草书发表于 1927 年，大约有 18 英尺长，1 英尺宽。在此纸草书到英国博物馆时，它没有原来那么长而且成了两片（实际上中间那片遗失了）。在兰德买他的纸草书大约四年以后，美国埃及学家 E·史密斯（Smith）1906 年在埃及买到一份纸草书（他是把它当做医学纸草书买到手的）。1932 年，史密斯把它交给了纽约历史学会；在那里，古物收藏家们发现：它是东拼西凑的、骗人的东西，并且在那些骗人的东西下面覆盖遗失了的那片阿默士纸草书。该学会于是把该纸卷交给英国博物馆，使阿默士的著作得以完整。

兰德纸草书是古代埃及数学的主要来源，内容很丰富。它讲述了包括：埃及的乘法和除法、埃及人的单位分数的用法、试位法、求圆面积的问题的解和数学在许多实际问题中的应用。读者在本章后继的几节以及问题研究 2.9，2.11，2.12 和 2.13 中将会找到更多这类资料。

6．**公元前 1500 年。**现存最大的方尖塔，它比底比斯（Thebes）的太阳神庙修建得还早，经过考证，大约是这个时期的建筑。它有 105 英尺高，其正方形底的边长为 10 英尺，重约 430 t。

---

① 古代七大奇迹是：(1)埃及的宏伟的金字塔，(2)巴比伦的空中花园，(3)希腊奥林匹亚的宙斯塑像，(4)中亚细亚以弗所的戴安娜庙，(5)在小亚细亚西南部的为卡里亚国王修的华丽陵寝，(6)土耳其罗德斯岛上巨大的阿波罗神像，(7)亚历山大里亚的灯塔。现在只有宏伟的金字塔仍然存在。

罗塞塔石板(公元前 196 年)

（British Museum 供稿）

7.**公元前 1500 年**。柏林博物馆有一个埃及的日晷,它是这个时期的遗物,也是至今尚存的最早的日晷。

8.**公元前 1350 年**。公元前 1350 年左右的罗林(Rollin)纸草书,现在保存在卢佛尔博物馆,载有一些精心制作的伙食账,表明当时实际上曾使用过大的数目。

9.**公元前 1167 年**。这是哈里斯(Harris)纸草书产生的年代。它是拉美西斯四世(Rameses IV)为他登基准备的一个文件,其中表彰了他父亲拉美西斯三世的伟大功绩。这个当时的寺庙财产一览表,为我们提供了古埃及实际账目的最好例证。

52

古代埃及还有一些蕴涵工程技巧的伟大建筑:拉美西斯二世的纪念碑在阿布辛比勒,狮身人面像竖立在吉泽的宏伟的金字塔附近,太阳神庙在卡纳克(拉美西斯二世于公元前1200年后完成该庙之大殿,该大殿的柱子有78英尺高,这是人类曾建筑的最大的柱式大厅)。

比上述年代晚一些的古埃及的原始资料表明,无论在数学知识上或是在数学技巧上都没有多大进展。事实上,这些实际表明确实还存在着退步现象。

我们阅读古埃及象形文字和简化的古埃及象形文字的能力,来自J·F·坎波连(Champollion,1790—1832)对罗塞塔石板上的文字的成功的破译。这是块表面光泽的玄武岩板,是在1799年,拿破仑的不幸的埃及之战时,法国的工程师们在尼罗河三角洲靠近罗塞塔支流处挖炮台地基时发现的。这块石板有3英尺7英寸长,2英尺6英寸宽,并且碑文以埃及象形文字、简化的埃及象形文字和希腊文给出。因为学者们能读懂希腊文,这块石板就为人们破译古代埃及的文字提供了线索。此石板刻于公元前196年,在法国被英降服时,作为战利品的一部分,被送到英国,现放在英国博物馆内。

2.8 算术及代数学

在莫斯科纸草书和兰德纸草书中发现的一百一十个问题全部都是数值问题,其中许多是很简单的。虽然大多数问题都起源于实践,但也具有一定的理论性。

由埃及数系建立起来的算术具有加法特征,由于任何一个数都可以组成2的各次幂的和,因此乘法和除法通常可用连续加倍的运算来完成。作为乘法的例子,我们来求26和33的积。因为26 = 16 + 8 + 2,我们只要把33的这些倍数加起来即可。其作法如下

1	33
*2	66
4	132
*8	264
*16	528
	858

把那些星号(即有"＊")的33倍数加起来,即得答案858。如果要将753除以26,那么,可以连续地把除数26加倍,一直到再加倍就超过被除数753为止。其程序如下

$$
\begin{array}{rr}
1 & 26 \\
2 & 52 \\
*\ 4 & 104 \\
*\ 8 & 208 \\
\underline{*\ 16} & 416 \\
28 &
\end{array}
$$

因为

$$753 = 416 + 337 = 416 + 208 + 129 = 416 + 208 + 104 + 25$$

注意上列标有星号的各项,我们便得出,其商为 $16 + 8 + 4 = 28$,余数为 25。埃及的乘法和除法在计算过程中不仅不需要乘法表,而且便于用算盘计算。这种算法在算盘通行的时候一直使用着,甚至在废除算盘以后仍在使用。

埃及人力求避免在分数计算上的某些困难,他们把所有的分数都以所谓**单位分数**(unit fraction,即分子为 1 的分数)的和来表示,唯一的例外是 2/3。把具有 $2/n$ 形式的分数编成单位分数的数表,这是由埃及乘法的二进性(*dyadic nature*)决定的。兰德纸草书首先对从 5 到 101 的所有奇数 n,列出了这样的表。

例如,我们见到:$\dfrac{2}{7} = \dfrac{1}{4} + \dfrac{1}{28}, \dfrac{2}{97} = \dfrac{1}{56} + \dfrac{1}{679} + \dfrac{1}{776}, \dfrac{2}{99} = \dfrac{1}{66} + \dfrac{1}{198}$,对任一特殊分数只有唯一的一个分解式。纸草书中的某些问题就是利用这个表计算的。

单位分数,在埃及象形文字中是这样表示的:在分母的数字上面放一椭圆形符号。$\dfrac{2}{3}$ 例外,用一个特殊的符号表示,$\dfrac{1}{2}$ 有时也用另一个符号表示。这些符号如下所示。关于埃及人是如何求得单位分数分解式的,现在有不少有趣的理论(参看问题研究 2.9)。

$$
\ominus_3 = \frac{1}{3} \qquad \ominus_4 = \frac{1}{4}
$$

$$
\ominus_2 \ \text{或} \ \sqsupset = \frac{1}{2}
$$

$$
\oplus = \frac{2}{3}
$$

在兰德纸草和莫斯科纸草书上的 110 个问题中,有许多表明来源于一些实际问题:考虑面包的成分和啤酒的浓度,牛和家禽的饲料混合比例及谷物贮藏。其中许多问题只要用一个简单的线性方程就能解决,或者运用后来在欧洲称为**试位法**(rule of false position)的方法来解决。例如,为了解方程

$$x + x/7 = 24$$

先给 x 选定一个简便的值,譬如说 7,于是 $x + x/7 = 8$ 而不是 24。因为 8 必须乘以 3 才是 24,所以,x 的正确值一定是 7 乘以 3 即 21。

有一些理论问题含有算术级数和几何级数(参看问题研究 2.12(c)和 2.10 节)。在卡洪(Kahun)发现的一份大约公元前 1950 年的纸草书中,包括下述问

兰德纸草书的一部分

（British Museum 供稿）

55 题："将给定的 100 单位的面积表示为两个正方形面积的和,两者边长之比为 1:3/4。"这时,我们有 $x^2 + y^2 = 100$ 和 $x = 3y/4$。消去 x,得到一个只包含 y 的二次方程。可是,我们也可以用试位法解这个问题。例如,取 $y = 4$,则 $x = 3$, $x^2 + y^2 = 25$,而不是 100;所以,我们必须修正 x 与 y,把原数值加倍,得到 $x = 6$, $y = 8$。

埃及代数学中有一些符号,在兰德纸草书中,我们发现加号(plus)和减号(minus)。加号像两条腿,从右向左走,这是埃及书法的正常方向;减号也像两个腿,从左向右走,这与埃及书法方向相反。也有用来表示相等(equals)和未知数(unknown)的符号。

2.9 几何学

在莫斯科纸草书和兰德纸草书中的 110 个问题里面,有 26 个是几何问题。其中大部分是从计算土地面积和谷物体积所必需的测量公式产生出来的。圆的面积等于$\frac{8}{9}$直径的平方;直圆柱的体积为底面积和高的乘积。最近的研究似乎表明,古代埃及人知道任何三角形的面积均为底与高的乘积的一半。其中一些问题涉及棱锥的一个面与其底构成二面角的余切(参看问题研究 2.11),另一些问题说明他们的熟悉比例的基本理论。与一再传闻的显然无根据的说法相反,没有发现任何文字记载能够证明埃及人哪怕知道一个有关毕达哥拉斯定理的实例。在埃及的晚期原始资料中,有一个求任意四边形(其边长依次为 a,b,c,d)的面积的错误公式:$K = (a + c)(b + d)/4$。

很值得注意的是,在莫斯科纸草书中使用正确公式计算方棱锥平头截体体积的例子(参看问题研究 2.14(a))。在古代东方数学中没有发现关于这个公式的其他确定无疑的例证;并且关于这个公式是如何发现的,现已有几种推测。贝尔(E. T. Bell)把这个古代埃及的例子恰当地称之为"最宏伟的埃及金字塔。"①

2.10 兰德纸草书中一个奇妙的问题

显然,在辨认和解释兰德纸草书的大部分问题时,没遇到多大困难;可是,对有一个问题(第 79 号问题)的解释是不那么肯定的。在这个问题中,出现下列一组奇妙的数据,这里我们意译如下:

56

个人的全部财产

房子	7
猫	49
老鼠	343
麦穗	2 401
杂物(以赫克特② 为单位)	16 807
	19 607

人们容易看出,这些数是 7 的前 5 次幂以及它们的和,正因为这一点,最初的设想是,作者也许以房子、猫等象征性的术语表示一次幂(*first power*)、二次幂(*second power*)等。

然而,历史学家康托尔(Moritz Cantor)在 1907 年对此作了一种似乎更加有趣、更加合理的解释。他把它看做是中世纪民间流行的一个问题的古代先导;而这个问题曾由 L·斐波那契(Leonardo Fibonaci)③ 于 1202 年在他的《算盘书》

① 译者注:棱锥与埃及金字塔在英语中都是 pyramid。
② 译者注:赫克特(hekat)是古代容量单位。
③ 译者注:斐波那契是 12 世纪末、13 世纪初的意大利数学家,他 1202 年著的《算盘书》曾是讲代数的和算术的标准著作,他提倡用阿拉伯符号。1220 年著《几何实用》汇集整理了当时的几何学和三角学的材料。

(Liber abaci)中作了描述。他写道:"有七个老妇人在罗马的路上。每个人有七匹骡子;每匹骡子驮七条口袋;每只口袋装七个大面包;每个面包带七把小刀;每把小刀有七层鞘。在去罗马的路上,妇人、骡子、口袋、面包、小刀和刀鞘,一共有多少?"这个问题,在后来还有一个人们较熟悉的说法,这就是一首古老的英国童谣:

> "我赴圣地爱弗西(Ives),
>
> 途遇妇女数有七,
>
> 一人七袋手中提,
>
> 一袋七猫数整齐,
>
> 一猫七子紧相依,
>
> 妇与布袋猫与子,
>
> 几何同时赴圣地?"

康托尔对上述兰德草书中的问题作如下解释:"一份财产包括七间房;每间房子有七只猫;每只猫吃七只老鼠,每只老鼠吃七个麦穗,每个麦穗能生产七赫克特谷物。问在这份财产中,房子、猫、老鼠、麦穗和谷物(以赫克特计)总共有多少?"

这也许就是世界上被保序下来的口传谜语之一。显然,这在阿默士抄下它之前就是个老问题了,并且比斐波那契把它编入他的《算盘书》的时间要早将近三千年。今天,我们正在把它的另一种说法讲给我们的孩子们听。人们不禁会想到英国古诗中的一个惊人的绕口令是否也是出自古代埃及的问题。

在我们今天的杂志中不时出现的许多难题,有很多与中世纪的相似,其中的一些问题能追溯到多远的历史时代,现在还不能确定。①

问题研究

2.1 正则数

如果一个数(正整数)的倒数有一个有限的六十进位的展开式(即以 60 为基数的单位分数的有限展开式),则这个数被称做(六十进位制的)**正则数**(regular);除了耶鲁收集馆中的一块单个的书板外,所有的巴比伦的倒数表都只包括正则数的倒数。卢佛尔博物馆的一块大约公元前 300 年的书板包括一个 7 位(六十进位的)正则数和它的倒数(有 17 位(六十进位的))。

---

① 参看 D. E. Smith "On the origin of certain typical problems", The American Mathematical Monthly 24 (February 1917):64-71。

(a)证明 n 为正则数的必要条件是 $n = 2^a 3^b 5^c$,其中,a,b,c 为非负整数。

(b)用有限的六十进位展开式表示下列的数:$\frac{1}{2}$,$\frac{1}{3}$,$\frac{1}{5}$,$\frac{1}{15}$,$\frac{1}{360}$,$\frac{1}{3\,600}$。

(c)将(a)推广到以 b 为基数的一般情况。

(d)列出所有小于 100 的六十进位的正则数;然后,列出所有小于 100 的十进位的正则数。

(e)证明 $\frac{1}{7}$ 的十进位表达式有六位循环。$\frac{1}{7}$ 的六十进位表达式有多少位循环。

2.2 复 利

在柏林、耶鲁和卢佛尔的收藏品中有包括复利问题的书板,并且,有些伊斯坦布尔书板显示出当时就有 a^n 表(n 从 1 到 10,$a = 9, 16, 100$ 和 225)。用这样一些数表,我们就能够解 $a^x = b$ 这种类型的指数方程。

(a)卢佛尔博物馆有一块大约公元前 1700 年的书板,上面有这样一个问题:计算依年利为 20% 的复利,一定数额的钱多长时间会加倍? 试用现代的方法解此问题。

(b)依下列程序解问题:由(a)先算出 $(1.2)^3$ 和 $(1.2)^4$,然后用线性插值法求 x,使得 $(1.2)^x = 2$。试证明这样的解法与用巴比伦解法其结果一致,即 $3;47, 13, 20$(六十进位)。[①]

2.3 二次方程

(a)一个巴比伦问题是:如果某正方形的面积减去其边长得 $14,30$(六十进位),问其边长为多少? 该题的解如下:"取 1 的一半,为 $0;30$;以 $0;30$ 乘以 $0;30$,得 $0;15$;把 $0;15$ 加在 $14,30$ 上,得 $14,30;15$,最后的结果是 $29;30$ 的平方。然后,把 $0;30$ 加到 $29;30$ 上,结果是 30,即该正方形的边长。"证明这个巴比伦解法完全等于以代入公式的方法。解二次方程

$$x = \sqrt{(p/2)^2 + q} + p/2$$
$$x^2 - px = q$$

(b)另一个巴比伦原件是解二次方程

$$11x^2 + 7x = 6;15$$

首先,等式两边都乘以 11,得

---

① 作为例证的说明:表示法 $9, 20, 8, 30, 10, 23$ 意指 $9(60)^2 + 20(60) + 8 + 30/60 + 10/(60)^2 + 23/(60)^3$。

$$(11x)^2 + 7(11)x = 1,8;45$$

令 $y = 11x$，得"范式"

$$y^2 + py = q$$

为解此方程，代入公式

$$y = \sqrt{(p/2)^2 + q} - p/2$$

再换回来：$x = y/11$，即得其解。

证明：任何二次方程 $ax^2 + bx + c = 0$，都可用类似的变换，化为下列"范式"之一

$$y^2 + py = q, \quad y^2 = py + q, \quad y^2 + q = py$$

其中 p 和 q 都是非负数。解这样的有三项的二次方程看来已超出了古代埃及人的能力。

2.4 代数型的几何学

(a)巴比伦几何问题的代数特征可以下述问题为例来说明，它被发现于一块大约公元前 1800 年的施特拉斯堡书板上。"两个正方形面积的和为 1 000；其中一个正方形的边比另一个正方形边的 $\frac{2}{3}$ 少 10。求这两个正方形的边。"试解之。

(b)在卢佛尔博物馆里有一块大约公元前 300 年的书板，上面有四个问题是关于矩形面积及其半周长的。令其边长为 x, y，其半周长为 a，则

$$xy = 1, \quad x + y = a$$

用消去 y 的方法解这组方程；于是，得到一个 x 的二次方程。

(c)用下列恒等式解(b)中的方程组

$$\left(\frac{x-y}{2}\right)^2 = \left(\frac{x+y}{2}\right)^2 - xy$$

这实质上是卢佛尔博物馆书板中用的解法。有趣的是，这个恒等式与欧几里得《原本》第二卷的命题 5 出现于同一时代。

(d)一个古老的巴比伦问题："某直角三角形的一个直角边为 50，平行于另一个直角边并与该直角边的距离为 20 的直线截得的直角梯形的面积为 5,20，求该梯形两底之长。"试解之。

(e)另一个古老的巴比伦问题："两底分别为 14 和 50，腰为 30 的等腰梯形之面积为 12,48。"试证之。

(f)还有另一个古老的巴比伦问题是关于一个竖靠着墙的长为 0;30 的梯子。问的是："如果梯子的上端沿着墙往下滑 0;6 的距离，那么，其下端应离墙多远？"试解此题。

(g)有一块比前者迟 1 500 年的塞流西得(Seleucid)书板,它提出一个类似于(f)的问题:有一根芦苇直立地靠着墙。如果芦苇的下端离开墙 9 个单位长,则其上端往下滑 3 个单位长。求该芦苇的长度。给出的答案为 15 单位。这是否正确?

2.5 苏萨书板

(a)1936 年,在离巴比伦大约 200 英里的苏萨(Susa)出土一批古代巴比伦书板。书板之一,将 3,4,5,6 和 7 边的正多边形的面积与其边上的正方形的面积作了对比。对于五边形、六边形和七边形,给出其比值为 1;40;2;37,30 和 3;41,试校正这些数值。

(b)在(a)中的那块书板上,给出正六边形的周长与其外接圆周长的比值为 0;57,36,试证明这一比值能引导出以 3;7,30 或 $3\frac{1}{8}$ 作为 π 的一个近似值。

(c)在一块苏萨书板上载有这样一个问题:"求边长为 50,50 和 60 的三角形之外接圆半径。"试解此题。

(d)另一个苏萨书板给出一个矩形的两边 x 和 y 的关系及 x 与对角线 d 的关系

$$xy = 20,0 \text{ 和 } x^3 d = 14,48,53,20$$

求该矩形的两边 x,y,试解之。

2.6 三次方程

(a)在一块已被发现的巴比伦书板中给出了从 $n = 1$ 到 30 的 $n^3 + n^2$ 的值。试作一个这样的表(对于 $n = 1$ 到 10)。

(b)用上面的表求三次方程 $x^3 + 2x^2 - 3\ 136 = 0$ 的根。

(c)有一个大约公元前 1800 年的巴比伦问题,要求解下列联立方程组 $xyz + xy = 7/6, y = 2x/3, z = 12x$,利用(a)中的表解这个方程组。

(d)诺伊格包尔认为:巴比伦人很可能懂得把一般三次方程化为"范式" $n^3 + n^2 = c$,虽然还没有充分证据表明他们确实是这样简化的。试说明这样的简化大概是怎样进行的。

(e)与(a)中的表相联系,诺伊格包尔指出:巴比伦人可能已经对于 n 的不同值看出了关系式

$$\sum_{i=1}^{n} i^3 = \left(\sum_{i=1}^{n} i\right)^2$$

试用数学归纳法证明此关系式。

2.7 平方根的近似值

人们知道:用二项定理展开$(a^2+h)^{1/2}$得到的无穷级数收敛于$(a^2+h)^{1/2}$,如果$-a^2<h<a^2$的话。

(a)建立近似公式

$$(a^2+h)^{1/2}=a+\frac{h}{2a} \quad 0<|h|<a^2$$

(b)用(a)的近似公式,取$a=\frac{4}{3},h=\frac{2}{9}$,求巴比伦人对$\sqrt{2}$的有理近似值。取$a=2,h=1$,求$\sqrt{5}$的有理近似值。

(c)建立更好的近似公式

$$(a^2+h)^{1/2}=a+\frac{h}{2a}-\frac{h^2}{8a^3} \quad 0<|h|<a^2$$

像在(b)中那样取a和h的值,求$\sqrt{2}$和$\sqrt{5}$的近似值。

(d)在(a)的公式中取$a=\frac{3}{2}$和$h=-\frac{1}{4}$,求出巴比伦人对$\sqrt{2}$的近似值为$\frac{17}{12}$。

(e)在(a)的公式中取$a=\frac{17}{12}$和$h-\frac{1}{144}$,求出耶鲁7289号书板给出的$\sqrt{2}$的近似值为$1;24,51,10$。

2.8 双倍和调停

埃及人的乘法程序不断发展,到后来,改进了的方法称为**双倍和调停法**(duplation and mediation)。这种方法是:机械地抽取因子之一所需要的倍数,把它们加起来,即可得到所求的积。一个原始材料上的例子,假定我们要以33乘26,就可以连续地减半26并双倍33;这样

$$
\begin{array}{rl}
26 & 33 \\
13 & 66 \quad * \\
6 & 132 \\
3 & 264 \quad * \\
1 & \underline{528 \quad *} \\
& 858
\end{array}
$$

于是,我们把倍列中的那些与半列中奇数相对应的33的倍数加起来,即66加264加528便得到乘积858。今天,双倍和调停法已被应用在高速电子计算机上。

(a)用双倍和调停法计算以137乘424。

(b)证明:用双倍和调停法作乘法运算,能求得正确的结果。

(c)用埃及人的方法求1 043除以28所得之商和余数。

2.9 单位分数

(a)证明 $z/pq = 1/pr + 1/qr$,其中 $r = (p + q)/z$,这种把一个分数分解(如果可能的话)为两个单位分数的方法,是在一片用希腊文写的纸草书中记载的,该纸草书产生于 500 ~ 800 年间,是在尼罗河畔的阿赫米姆城发现的。

(b)取 $z = 2, p = 1, q = 7$,即可得到兰德纸草书中给出的 2/7 的单位分数分解式。

(c)用三种不同的方法,将 2/99 表示为两个不同的单位分数之和。

(d)在(a)的关系式中,取 $z = 1, p = 1, q = n$,求得更特殊的关系式
$$1/n = 1/(n + 1) + 1/n(n + 1)$$
并且证明:当 n 为奇数时,这导致 2/n 作为两个单位分数和的表达式。用此方法可以求得兰德纸草书中的许多结果。

(e)证明:如果 n 是 3 的倍数,则 2/n 可被剖成两个单位分数之和,其中之一为 $1/2n$。

(f)证明:如果 n 是 5 的倍数,则 2/n 可被剖成两个单位分数之和,其中之一为 $1/3n$。

(g)证明:对于任何正整数 n,2/n 可被表成 $1/n + 1/2n + 1/3n + 1/6n$ 的和(在兰德纸草书的 2/n 表中,只有 2/101 被表成这种分解式)。

(h)证明:如果一个有理数能以一种方式表成单位分数的和,则它能以无限种方式表成单位分数的和。

62

2.10 西尔维斯特方法

英国数学家 J·J·西尔维斯特(Sylvester,1814—1897)给出了将 0 与 1 之间的任何有理分数表成单位分数的下列程序:

1.求小于给定分数的最大的单位分数(即,有最小分母的那个单位分数)。

2.从给定分数中减去此单位分数。

3.求小于所得差的最大的单位分数。

4.继续减,并且继续此程序。

5.为了求小于给定分数的最大的单位分数,以给定分数的分子除该分数的分母,并且取大于该商的次一个整数作为所要找的单位分数的分母。

(a)用西尔维斯特方法把 2/7 表成单位分数的和。注意:该分解式与兰德纸草书中的 2/n 表中所给的相同。

(b)用西尔维斯特方法把 2/97 表成单位分数的和。注意：该分解式与兰德纸草书中的 $2/n$ 表中所给的不同。

(c)证明西尔维斯特方法的第五步中给出的规则。

2.11　金字塔的陡度

(a)埃及人用"进程"和"升高"的比值(即给出每一单位高度、斜面离开垂直面的水平距离)测量金字塔的一个面的陡度。以一肘(腕尺，cubit)为垂直单位，以一手(hand，四英寸)为水平单位。这里，一肘为七手。利用这些测量单位，按上述方法测得的斜度被称做金字塔的**陡度**(seqt)。证明：金字塔的陡度是金字塔的底和面构成的二面角的余切的七倍。

(b)在兰德纸草书的第 56 个问题中，要我们求的是一个高 250 寸，其方底边长为 360 寸的金字塔的陡度。其给出的答案为每肘 $5\frac{1}{25}$ 手，是否正确？

(c)胶普斯(Cheops)的宏伟的金字塔具有边长为 440 肘的方底及 280 肘高。此金字塔的陡度有多大？

(d)兰德纸草书的第 57 个问题问的是：某方金字塔的陡度为每肘五手又一指，具有边长为 140 肘的底，试求其高(这里一手等于五指)。

2.12　埃及代数学

下列问题来自兰德纸草书：

(a)"如果问你；$\frac{1}{5}$ 的 $\frac{2}{3}$ 是多少？取其双倍和六倍，即得其 $\frac{2}{3}$。人们可以对其他任何分数进行同样的运算。"试解释之并证明其一般陈述。

(b)"一个量，其 $\frac{2}{3}$，$\frac{1}{2}$ 和 $\frac{1}{7}$，加起来为 33。这个量是多少？"试用试位法解此题。

(c)"将 100 个面包分给 5 个人：各人得到的部分成算术级数，最多的三部分之和的 $\frac{1}{7}$ 等于最少的两部分和。"试用现代方法解此题。

2.13　埃及几何学

(a)在兰德纸草书中，圆的面积被一再地取作直径 $\frac{8}{9}$ 的平方。这导出 π 的值是什么？

(b)作一个八边形:将一边长为 9 单位的正方形,三等分其各边,然后割去其四个三角形的隅角。恁眼看,此八边形的面积与该正方形的内切圆的面积相差不多。证明:此八边形的面积为 63 平方单位,因此该内切圆的面积与边长为 8 单位的正方形面积相近。在兰德纸草书的第 48 个问题中有证据说明(a)中给出的圆面积的公式可能是由上述方法得到的。

(c)证明:在所有给定了两个边的三角形中,两边构成直角的三角形的面积为最大。

(d)设四边形 $ABCD$ 的边 AB, BC, CD, DA 的长度各为 a, b, c, d;令 K 表示这个四边形的面积。证明 $K \leqslant (ad+bc)/2$,当且仅当∠A 和∠C 为直角时上述等式成立。

(e)在(d)中的假设下,证明:$K \leqslant (a+c)(b+d)/4$;当且仅当 $ABCD$ 为长方形时上述等式成立。因此,2.9 节中,埃及人求四边形面积的公式,对于非长方形面积给出的答数太大。

(f)一个从埃弗(Edfu)出土的比兰德纸草书迟 1 500 年左右的残存原件,用了埃及人的求四边形面积的不准确的公式。原件的作者由此公式导出一个推论:三角形的面积是两边之和的一半乘以第三边的一半。说明此推论是怎样导出的。该推论是否正确。

(g)凭眼看,圆的面积可能正好在其内接正方形和外切正方形二者的面积的当中。证明:此等价于取 π = 3。

2.14 最宏伟的金字塔[①]

(a)在莫斯科纸草书的第 14 个问题中,发现下列数值例题:"如果告诉你,一个截顶金字塔垂直高度为 6、底边为 4、顶边为 2。4 的平方得 16,4 的二倍为 8,2 的平方是 4,把 16,8 和 4 加起来,得 28;取 6 的三分之一,得 2;取 28 的二倍为 56。看,它是 56。你算对了。"说明此题正是高为 h,底边长为 a 和 b 的方棱锥的平头截体的体积公式

$$V = \left(\frac{1}{3}\right) h(a^2 + ab + b^2)$$

的例证。

(b)如果 m 和 n 均为正整数,$m \geqslant n$;我们定义 m 和 n 的**算术平均值**(arithmeticmean)、**希罗平均值**((heronian mean)以希腊数学家希罗(Heron)命名)和**几何平均值**(geometric mean)分别为 $A = (m+n)/2$, $Q = (m+\sqrt{mn}+n)/3$,   *64*

---

① 译者注:这是一语双关。

和 $G = \sqrt{mn}$。证明：$A \geq R \geq G$，当且仅当 $m = n$ 时，等式成立。

(c)假定我们熟悉求任一棱锥体积的公式(体积等于底和高乘积的三分之一)；证明：棱锥平头截体的体积等于平头截体的底边的希罗平均值与其高的乘积。

(d)令 a, b 和 h 分别表示一个方棱锥的平截头体 T 的下底边长、上底边长和高。将平截头体 T 分成：(1)上底 b^2 和高 h 的长方形平行六面体 P，(2)四个直棱柱 A, B, C 和 D，每个的体积为 $b(a-b)h/4$，(3)四个方棱锥 E, F, G, H，每个的体积为 $(a-b)^2 h/12$。于是得到(a)给出的关于 T 的体积的公式。

(e)考虑(d)中的剖开的平头截体。水平地将 P 分为三个相等的部分，每个高为 $h/3$；把这样的一块称做 J，把 A, B, C, D 拼成底为 $b(a-b)$，高为 h 的长方形平行六面体 Q；并且水平地将 Q 分为三个相等的部分，每个高为 $h/3$。以底为 $(a-b)^2$，高为 $h/3$ 的长方形平行六面体 R 取代 E, F, G, H。把 P 的一块，Q 的两块和 R 并到一起，成为底为 a^2，高为 $h/3$ 的长方形平行六面体 L，于是 T 的体积等于 J, K, L 这三个长方形平行六面体的体积的和。用此定理，求(a)的求 T 的体积的公式。可以设想：埃及人的公式(a)就是依这样的方式得到的。对于正方棱锥体积的公式，也可以作类似的假定。

莫斯科纸草书第 14 个问题，连同僧侣体象形字译本

2.15　莫斯科纸草书中的一些问题

下面两个问题是在莫斯科纸草书中发现的,试解之:

(a)某长方形的面积为 12,其宽是长的 3/4,求其长和宽。

(b)某直角三角形的一个直角边是另一个直角边的 $2\frac{1}{2}$ 倍,其面积为 20,求其两个直角边之长。

2.16　3,4,5 三角形

某研究报告中说:古代埃及的测量员,用 11 个结把一根绳分成 12 等分,构成一个边为 3,4,5 的三角形来作直角。因为找不到关于埃及知道毕氏定理的文字证据,所以,就产生了下面这个纯学术问题[1],不用毕氏定理,其逆定理或任何推论,证明 3,4,5 三角形是直角三角形。试用人们熟知的中国最古老的数学著作《周髀算经》(它可以追溯到公元前 1100 年左右)中出现的图 5 解此题。

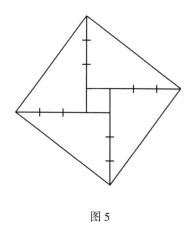

图 5

2.17　开罗数学纸草书

所谓开罗数学纸草书,于 1938 年被挖掘出来,并于 1962 年受到认真的研究。书写此纸草书的时间在公元前 300 年左右,它包括四十个数学问题:有九个问题独到地论及毕氏定理,并且表明:那个时候的埃及人不仅知道 3,4,5 三

---

[1]　参看 Victor Thebault, "A note on the Pythagorean theorem" The Mathematics Teacher 43 (October 1950):278。

角形是直角三角形,而且知道 5,12,13 三角形和 20,21,29 三角形也是直角三角形。下列问题来自开罗数学纸草书,试解之。

(a)一个梯子有 10 腕尺① 长,梯足至墙 6 腕尺。求梯子达到的高度。

(b)一长方形的面积为 60 平方腕尺,其对角线为 13 腕尺。求此长方形的长和宽。

(c)一长方形的面积为 60 平方腕尺,其对角线为 15 腕尺。求此长方形的长和宽。

在该纸草书中,解(b)和(c)的方法是这样的:令长方形的两边、对角线和面积分别为 x,y,d 和 A,则

$$x^2 + y^2 = d^2 \ \text{并且} \ xy = A$$

由此推出

$$x^2 + 2xy + y^2 = d^2 + 2A, \ x^2 - 2xy + y^2 = d^2 - 2A$$

或

$$(x + y)^2 = d^2 + 2A, \ (x - y)^2 = d^2 - 2A$$

在(b)中,$d^2 + 2A$ 和 $d^2 - 2A$,是完全平方,所以,可以很方便地求得 $x + y$ 和 $x - y$ 的值。在(c)中,$d^2 + 2A$ 和 $d^2 - 2A$ 不是完全平方,所以,此纸草书的作者利用近似公式

$$\sqrt{a^2 + b} \approx a + b/2a$$

得到

$$\sqrt{345} = \sqrt{18^2 + 21} \approx 18 + \frac{21}{36} = 18 + \frac{1}{2} + \frac{1}{12}$$

和

$$\sqrt{105} = \sqrt{10^2 + 5} \approx 10 + \frac{5}{20} = 10 + \frac{1}{4}$$

论 文 题 目

2/1 在今天初等数学的教学中的"如此这般地做"的程序。

2/2 归纳的(或经验的)数学与演绎的(或证明的)数学。

2/3 归纳数学的教学法价值。

2/4 归纳程序在数学发现中的重要性。

2/5 比较天文学的兴趣和测量的需要对古代几何学兴起的影响。

67 2/6 古代的宗教仪式对几何学起源的重要性。

2/7 格罗特芬德(Grotefend)、罗林森(Rawlinson)和贝希斯通石壁。

2/8 拿破仑(Napoleon)、坎波连(Champollion)和罗塞塔石碑。

2/9 某些典型问题的起源。

2/10 单位分数的表示法。

---

① 译者注:腕尺,古时的一种量度,约十八英寸到二十二英寸。

2/11 埃及的数学原件。

2/12 耶鲁的巴比伦收藏馆,7289 号巴比伦书板。

2/13 金字塔学。

参考文献

AABOE, ASGER *Episodes from the Early History of Meathematics*〔M〕. New Mathematical Library no. 13. New York: Random House and L. W. Singer, 1964.

BALL, W. W. R., and H. S. M. COXETER *Mathematical Recreations and Essays*〔M〕. 12th ed. Toronto: University of Toronto Press, 1974.

BRATTON, FRED *A History of Egyptian Archaeology*〔M〕. New York: Thomas Y. Crowell, 1968.

BUDGE, E. A. W. *The Rosetta Stone*〔M〕. Rev. ed. London: Harrison and Sons, 1950.

BUNT, L. N. H.; P. S. JONES; and J. D. BEDIENT *The Historical Roots of Elementary Mathematics*〔M〕. Englewood Cliffs, N.J.: Prentice-Hall, 1976.

CHACE, A. B.; P. S. JONES; and J. D. BEDIENT *The Historical Roots of Elementray Mathematics*〔M〕. Englewood Cliffs, N.J.: Prentice-Hall, 1976.

CHACE, A. B.; L. S. BULL; H. P. MANNING; and R. C. ARCHIBALD, eds. *The Rhind Mathematical Papyrus*〔M〕. 2 vols. Buffalo, N. Y.: Mathematical Association of America, 1927 – 1929. Republished, in large part, by the National Council of Teachers of Mathematics, 1979.

CHIERA, EDWARD *They Wrote on Clay*〔M〕. Chicage: University of Chicago Press, 1938.

COOLIDGE, J. L. *A History of Geometrical Methods*〔M〕. New York: Oxford University Press, 1940.

GILLINGS, R. J. *Mathematics in the Time of the Pharaohs*〔M〕. Cambridge, Mass.: The M.I.T. Press, 1972.

KRAITCHIK, MAURICE *Mathematical Recreations*〔M〕. New York: W. W. Norton, 1942.

NEUGEBAUER, OTTO *The Exact Sciences in Antiquity*〔M〕. 2d ed. New York: Harper and Row, 1962. Reprinted by Dover, New York.

——, and A. J. SACHS, eds. *Mathematical Cuneiform Texts*〔M〕. American Oriental Series, vol. 29. New Haven: American Oriental Society, 1946.

ORE, OYSTEIN *Number Theory and Its History* [M]. New York: McGraw-Hill, 1948.

PARKER, R. A. *The Calendars of Ancient Egypt* [M]. Chicago: University of Chicago Press, 1950.

SANFORD, VERA *The History and Significance of Certain Standard Problems in Algebra* [M]. New York: Teachers College, Columbia University, 1927.

VAN DER WAERDEN, B. L. *Science Awakening* [M]. Translated by Arnold Dresden. New York: Oxford University Press, 1961. Paperback ed. New York: John Wiley, 1963.

—— *Geometry and Algebra in Ancient Civilizations* [M]. New York: Springer-Verlag, 1983.

市场上的哲学家们

古希腊时代——大约公元前800年—公元前336年

（伴随第3章和第4章）

文 明 背 景 Ⅲ

正如我们提到的那样,开始于大约公元前3000年的农业革命,鼓舞了长时期的智力和科学的进步。在称做"文明发源地"的农业区域人们建立了最初的城市,在那里,布满了灌溉设施,高耸着像金字塔、狮身人面像和巴比伦的空中花园这样的有纪念意义的建筑物。就是这些人发明了书写、早期数学、天文学和冶金术。复杂的管理系统、城邦和帝国取代了部落,成为政治组织的主要形式。也许农业革命的最引人注目的文明成就,发生于古希腊时代(大约公元前800年～公元前336年)的希腊,和古典时期(大约公元前600年～公元前221年)的中国。我们将在"文明背景Ⅴ:亚细亚的帝国"中仔细地查明中国的这段历史。往下几页,我们将认真地探讨古希腊的社会和文明。

毫无疑问,古代世界上最伟大的科学家们生活在小小的希腊城邦。在中东文明的最边缘,在地中海的东头,有一群多岩石的岛屿和半岛,希腊就是高居于其上的城邦群。在阿莫里特人建立巴比伦帝国后不久,在大约公元前2000年,农业革命从埃及和中东发展到希腊。在300年内,在希腊的克利特岛,一个神秘的、高度先进的能读会写的文明发展起来了。历史学家们称此文明为迈诺斯文明，它兴盛于公元前1700～公元前1200年。那时，希腊的主要地区居住着进步不大、比较尚武但也有些文化的民族，这指的是：美锡尼人；据说，他们发动了特洛伊战争。在公元前1200年到公元前1150年之间，这些文明被来自亚细亚的侵略者多利斯人（Doris）突然毁灭，他们是与印欧人有密切联系的游牧部落；关于印欧人，我们在前面说过：印度和印度河文明就是被它们取代的。多利斯人定居于他们侵占的土地上，并且继承了原来居民的大部分农业文明。在公元前800年左右，在迈斯诺文明和美锡尼文明崩溃后失去的书写语言，被腓尼基的商人们从中东重新引进。随后就进入了希腊历史时期（大约公元前800～公元前336年），历史学家称之为古希腊时代，这是个令人振奋的智力和科学进步的时代，是人类历史上成就最为显著的时代之一。

古希腊是东拼西凑的城邦和小的、分散的农场。这里没有像埃及、巴比伦那样的穿过广阔的平原和浩大而混浊的河流，代替它们的是：一个国家被陡峭的山脉和从海一直延伸到内地的蜿蜒的海湾分割开。狭窄的谷地布满石头，水流细小而土地干枯。城邦间常有悬崖陡壁，田地间有裸露的石头和像补丁一样的一片片荒地。由于各城邦互相孤立，也由于其邻居规模较小，古希腊的小城市和农场才得以安全无恙。确实，古希腊进行过多次战争，但是很少有以一个城邦兼并一个城邦而告终的。一些富有的希腊农场主们成功地积累了大量财富，但是找不到像埃及或巴比伦那样大的财主。由于这里财富和势力被分散，才有可能创造民主共和政体；在雅典城俯瞰岛屿星罗棋布的萨罗尼克海湾，希腊人所作所为也正是这样。

希腊城邦有几十个，其中有一些比较著名。科林斯和阿哥斯都是海港，是繁忙的商业中心。美里塔斯和士麦拿是爱奥尼亚海岸的贸易市场，在今天的土耳其境内。罗德斯、德洛斯和萨摩斯是岛屿的渔业和商业集市。特耳菲、太阳神阿波罗的神殿就在那里。西那库斯是希腊在意大利的殖民地中最大的一个。贵族政治的底比斯（不要与埃及的底比斯弄混）是重要的农业中心。奥林匹亚乃奥林匹克运动的东道主。无论如何，古希腊最重要的城市是以商业为主的雅典和以军事为主的斯巴达。

斯巴达位于远离海洋的内陆，在埃弗罗塔斯河的狭窄的谷地，也就是希腊称做拉科尼亚的地方。公元前8世纪初，斯巴达受到食物短缺的困扰，人口增长得太快，埃弗罗塔斯流域的贫瘠和多石的土地上生产出来的可怜的那点粮食，不能继续维持他们的生活了。斯巴达为了摆脱饥饿，在两次流血的战争中，吞并了与之相邻的、人口更多的城邦梅森内，它位于塔菲陀山的另一边的一个较小谷地。斯巴达人强迫梅森内人做奴隶，称之为农奴（helots），令其种地生产粮食以满足他们这些新的领主的需要。农奴们一次又一次地组织叛乱，但是每次都被镇压下了。斯巴达族男童们,从童年开始就进了军营,他们的大部分生命是在军队里度过的。斯巴达的军队野蛮、强悍,整个希腊人中无疑地名列前茅,可是,兵营对于学问来说是贫瘠的土地,斯巴达在文化方面的成就简直不值一提。

虽然斯巴达具有古希腊时最强有力的军队,但是,希腊商业和文化中心在雅典这个城邦。位于能俯瞰大海的窄小、贫瘠、多石的平原的雅典,像斯巴达一样,也只有贫乏的农业,并且,在公元前 600 年,曾遭受长期食物短缺的困扰。社会因贫富悬殊而动荡不安。在公元前 594 年,小小的雅典中产阶级(商人、工匠和一些农民)把思想解放的梭伦(Solon,公元前 639? ~ 公元前 599?)选为执政官(archon)。梭伦宣布解放债务奴隶① (虽然其他形式的奴隶依然保持);给予外国工匠以公民权,为的是让他们把技术传授给雅典本地人;鼓励农民们放弃无利可图的小麦种植而去培植橄榄和葡萄;并且,设立人民大会,制订法律。且不说这么多改革,在雅典倡导民主就不是件容易事,到了次一个世纪还几度让暴君们通过政变掌握住权力。在公元前 510 年,在一次这样的政变之后,制订了新的宪法。这个宪法甚至比梭伦的还民主,给予所有成年的男性公民以选举权。这不是完善的民主(妇女没有选举权,占人口将近四分之一的奴隶也没有选举权),但是,在那时候已经是难能可贵的了。

在梭伦之后,雅典随着它的民主气氛日益兴盛。雅典的橄榄油和葡萄酒被认为是地中海地区的最优产品。它们被包装在由技术高超的工匠精制的华丽的瓶子内,销售到全希腊和国外。该城的市场(agora)成为东地中海的主要商业中心。雅典人的文化生活也集中在市场周围。农民、商人、工匠和水手都聚集到这里进行交际和娱乐。像苏格拉底(公元前 469? ~ 公元前 399?)和柏拉图(公元前 427? ~ 公元前 347)这样的哲学家们,像亚里士多德(公元前 384 ~ 公元前 322)这样的科学家们和像阿里斯多芬(公元前 445? ~ 公元前 385?)这样的剧作家们也来到市场的荫凉处,在学生们、拥护者们和有兴趣的公民们的簇拥下,交流思想。虽然雅典的市场在古希腊是最大的,但是,在其他的商业城市也能看到类似的情景,如科林斯、罗德斯和米利都。随着希腊人口的继续增长,在远离意大利和塞浦路斯的黑海之滨,也建立了新的城邦。像意大利的西那库斯和内亚波利斯(Neapolis,Naples 可直译为"New City",新城市),法国的马赛和现代土耳其的锡诺普那样的殖民地也有市场——仿照雅典的,但比较小,哲学家们和科学家们也常在那里聚会。

在公元前 432 年,雅典在其卓越的领导者佩里克利斯(Pericles,公元前 490? ~ 公元前 429)的带领下,声望和势力达到了顶峰。其强大的海军,曾两次

70

---

① 译者注:债务奴隶指的是因债务而成的奴隶。

反击波斯的侵略,一次是在公元前 490 年,另一次在十年以后。德里联盟 (Delian League)是包括一打或者更多的希腊城邦的政治和商业网络;雅典处于这个联盟的中心并控制该联盟的财富。

71   兴旺没有持续多久。波斯为其失败复仇,侵占米利都、士麦拿和爱奥尼亚海岸的其他希腊城市。更糟的是,斯巴达对雅典的日益强大的海军产生嫉妒,两个城邦之间也经常发生战争。于公元前 431 年,他们开战,一直延续到公元前 404 年,使得两个战邦都衰败了,并且影响到大多数其他希腊城邦。战争此起彼伏,直到公元前 336 年,此时,亚历山大大帝(公元前 356—公元前 323)把整个希腊并入其马其顿帝国(Macedonian Empire)。

尽管政治上不统一,长期食物短缺,人口超负荷,战争频繁,古希腊人(大约公元前 800 ~ 公元前 336 年)仍然在科学和文化方面取得了引人注目的成就。在雅典和其他城邦的市场(*agora*)上,哲学家们教授学生,并且激发新思想。这时候书写了第一部现实的历史:有希罗多德(Herodotus,公元前 484? ~公元前 424?)对于希腊人抗击波斯人侵略的光荣历史的优秀记载,和修昔底德(公元前 460? ~公元前 400?)对于斯巴达和雅典之间的内乱的卓越叙述。米利都的泰勒斯(Thales,公元前 640? ~公元前 564?)和毕达哥拉斯(Pythagoras,公元前 586? ~公元前 500?)在数学上应用演绎推理,科斯的希波克拉底(Hippocrates,公元前 460? ~公元前 377?)为现代医学奠定了基础(著名的希波克拉底医生誓言,就是他留给后人的),亚里士多德把逻辑系统化的工作,都出于这个时代。在 2 000 多年以前,在这里,在地中海的东头这些多石少地的小城邦里,为现代文明的发展打下了良好的基础。

第三章   毕达哥拉斯学派的数学

3.1   证明数学的诞生

在公元前 11 世纪,发生了许多经济上和政治上的变化。有一些民族文化销声匿迹了,埃及和巴比伦的势力衰落了,而新的民族,尤其是希伯来人、亚述人、腓尼基人和希腊人,进入了社会的前列。铁器时代的到来,使武器和所有需要用工具的工作发生了根本的变化;创造了字母,引进了货币,贸易的发展与日俱增;地理的发现层出不穷。世界为一种新型的文化作好了准备。

新文化,先出现于小亚细亚海岸的新兴商业城市,然后,出现于希腊本土、西西里岛和意大利海滨。古代东方的静止观点行不通了。由于唯理论的气氛浓厚起来,人们不但问"如何"(how),而且开始问"为什么"(why),即不但要知其然,而且要知其所以然。

在数学中,就像在其他领域中一样,人们第一次提出这样的基本问题"为什么等腰三角形的两底角相等?""为什么圆的直径将圆二等分?"古代东方的以经验为根据的方法,对于解答"如何"这个问题,是十分充分的;然而,要答复更为科学的提问"为什么",就不那么充分了,为了答复这个问题,就得在证明方法上作一定的努力。于是演绎性(现在学者认为它是数学的基本特征)显得突出了。也许,现代意义上的数学,就诞生于这小亚细亚西岸的新兴商业城市之一,就诞生于这种唯理论的气氛之中。据传说,证明几何学是米利都的泰勒斯开创的[①];他是古代七贤之一,是公元前 6 世纪前半期的人。

看来,泰勒斯先是商人,积累了足够的财富,才有可能在他的后半生从事研究和旅行。据说,他有一个时期住在埃及,并且,在那里由于利用影子计算金字塔的高而为人们称道(参看问题研究 3.1)。回到米利都,他的多方面的才华,使他享有政治家、律师、工程师、实业家、哲学家、数学家和天文学家的声誉。泰勒斯是以数学上的发现而出名的第一个人。在几何学中,下列基本成果归功于他:

1.圆被任一直径二等分;

2.等腰三角形的两底角相等;

---

① 有一些古代史学家,尤其是诺伊格包尔,不赞成对于证明数学的产生的这种传统的说法,而认为,它也许是由 $\sqrt{2}$ 的无理性的发现引起的革命性发展。

3.两条直线相交,对顶角相等;

4.两个三角形,有两个角和一条边对应相等,则全等(也许泰勒斯确定船与岸的距离就是凭这一条(参看问题研究 3.1));

5.内接于半圆的角必为直角(巴比伦人在这以前大约 1 400 年就知道这条结论了)。

这些成果的意义不在这些定理本身,而在于泰勒斯对它们提供了某种逻辑推理(不是凭直观和实验)。

例如,"两条直线相交,对顶角相等"这件事。在图 6 中,我们希望证明$\angle a = \angle b$。在古希腊之前,这两个角相等也许曾当做十分明显的事被考虑过;并且,如果谁对这件事表示怀疑,我们就可以把一个角裁下来,叠置于另一个上,让他信服。泰勒斯,不那么办,而是用逻辑推理的方法证明$\angle a$ 与 $\angle b$ 相等;他用的方法也许和我们今天在初等几何课本中用的方法是一样的。在图 6 中,$\angle a$ 加$\angle c$ 等于平角,$\angle b$ 加$\angle c$ 也等于平角。因为所有的平角是相等的,所以,$\angle a$ 等于$\angle b$(等量减等量,余量相等)。证明$\angle a$ 和$\angle b$ 相等,靠的是:从更基本的原理开始的,一个演绎推理的短链。

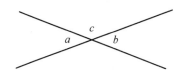

图 6

像其他伟人一样,对于泰勒斯也有许多有趣的传说,这些传说即使不是真实的,也至少是与他本人相称的。泰勒斯曾利用一个机会,证明致富是何等地容易。他预见到橄榄油必定丰收,就把该地区所有榨油设备弄到手,然后认准时机把它们租出去。有一个故事是埃索普(Aesop)说的,讲的是:有个难对付的骡子,它在驮盐过河时发现打滚能减轻负担,泰勒斯为了改变它这种令人讨厌的习性,就让它驮海绵。梭伦问他为什么一辈子不结婚,他第二天让人给梭伦送去个假消息,说梭伦心爱的儿子遇到意外,突然被杀身死。然后,他又向这位异常伤心的父亲讲明原委:"我只不过想要告诉你我为什么一辈子不结婚。"

研究表明:人们常说的故事:泰勒斯预见到公元前 585 年的一次日食,是没有根据的。

3.2 毕达哥拉斯及其学派

希腊数学前 300 年的历史被欧几里得《原本》的伟大冲淡了,因为这部著作是如此完整,遮掩了许多在这之前的希腊数学作品,它们从那时以后被忽视,并

且我们再也见不到了。正如 20 世纪著名数学家希尔伯特指出的：一部科学著作的重要程度可用被废弃的较早著作的数量来衡量。

要知道：与古代埃及数学和巴比伦数学的情况不同，我们没有希腊数学早期的原始资料因而不得不依靠比原论述要迟几百年的抄本和记载。尽管有这些困难，古典文籍(classicism)学者对古代希腊数学史还是能首尾一致地（虽然在一定程度上是假设的）讲述，并且，已经似乎合理地恢复了许多希腊原著。这项工作需要惊人的才能和耐心，通过对衍生文稿进行艰难地、认真地比较，仔细查阅后来的许多数学家、哲学家、注释者① 所写的数不尽的书面片断及零星注释来完成的。

古希腊数学受了古代东方数学多大的影响难以评价，并且，对于从一个到另一个传递的渠道，至今还没有令人满意的解释。随着 20 世纪对巴比伦和埃及的原始记录的研究，较为可信的是：这种影响相当大。希腊著作家们本人就表示过对东方的智慧的佩服，并且，每一个到埃及和巴比伦旅行过的人都能从中得至教益。古希腊数学家中的神秘主义就带着强烈的东方气味，并且有些希腊著作向我们表明：东方的算术传统对古希腊持续不断起着影响。再则，在希腊和美索不达米亚的天文学之间，还存在着很强的联系。

最早的希腊数学的知识，主要源于普罗克拉斯(Proclus)的所谓《欧德姆斯概要》。此概要包括普罗克拉斯给欧几里得《原本》第一卷作的注释，这是从原始时代到欧几里得的希腊几何学发展过程的简短概述。普罗克拉斯虽然生活于 5 世纪，比希腊数学的开创要迟上几千年，但他参考了若干史料和评论性著作。这些史料和著作除了由他和其他人保留下来并引用了其中的片断以外，现在都已丢失。看来，在这些丢失了的著作中，有一部相当完整的希腊几何学历史概略（包括公元前 335 年之前的整个时期），是亚里士多德（公元前 384—公元前 322）的学生欧德姆斯(Eudemus)写的，在普罗克拉斯的时代已经丢失了。《欧德姆斯概要》一书之所以取这样的名称，是因为它是以欧德姆斯写的这部较早的著作为基础的。在前一节中讲过的对泰勒斯的数学成就的评价就是以《欧德姆斯概要》一书为根据的。

在《欧德姆斯概要》中讲到的第二个杰出的数学家是毕达哥拉斯。由于他的追随者给他罩上了一层神话之雾，我们对他的了解几乎谈不上什么肯定性。看来，他是在公元前 572 年左右出生于爱琴海的萨摩斯岛(Samoa)。他大约比泰勒斯小五十岁，住在离泰勒斯的故乡米利都城不远的地方，也许曾就学于这位长辈。他可能在埃及寄居过一个时期，并曾到各处旅行，回家以后，他发现萨摩斯岛的波利克腊特人(Polycrates)和爱奥尼亚人(Ionia)处于波斯统治者的暴

75

————————————

① 在这方面，应该归功于唐内里(Paul Tanney)，海思(T. L. Heath)，佐森(H. G. Zeuthen)，罗姆(A. Rome)，海伯格(J.L. Heiberg)和弗兰克(E. Frank)这些人所作的渊博并有学者风度的调查研究工作。

政之下,因此他创办了著名的毕达哥拉斯学校。这不仅是一所研究哲学、数学和自然科学的专科学校,而且发展成了一个有秘密仪式和盟约的、组织严密的团体。这个团体明显地倾向于贵族政治,并且在社会上的影响越来越大,以致南意大利的民主力量摧毁了该学校的建筑并迫使该团体解散。据说,毕达哥拉斯逃到了梅塔庞通(Metapontum)并死在那里,也许是在 75 岁到 80 岁的高龄时被杀的。该团体虽然形式上解散了,但实际还继续存在至少二百年之久。

毕达哥拉斯
(David Smith Collection 收藏)

76

毕达哥拉斯哲学是以这样一个假定为基础的,即整数是人和物质的各种各样的性质之起因。这就导致对于数的性质的阐述与研究,并且同算术(作为数的理论)、几何学、音乐、球面学(天文学)一起,构成毕达哥拉斯研究计划的基本课程,称为四艺(quadrivium);再加上文法、逻辑和修辞学三学科(trivium),是中世纪受教育的人必修的七门课。

因为毕达哥拉斯的讲授全是口头的,并且,该团体照例将所有发现都归功于其领导者,所以,现在很难确切地知道哪个发现是毕达哥拉斯本人的,哪个是该团体其他成员的。

3.3 毕氏学派的算术

古代希腊人把关于数的抽象关系的研究与用数进行计算的实际技能区别开。前者称为算术(arithmetic)后者称为算术计算术(logistic)。这种分类法,从中世纪延续下来一直用到 15 世纪;15 世纪末,在教科书中才用单一的名称——算术(arithmetic)来论述数的理论方面和实用方面。有趣的是,今天在欧

洲大陆,*arithmetic* 有其原始意义;而在英国和美国,普通说的 *arithmetic* 是古代 *Logistic* 的同义词,并且,在这两个国家,使用描述性的术语 *number theory*(数论)来表示对于数的研究的抽象方面。

一般认为,毕达哥拉斯及其后继者,连同这个团体的哲学,是数论发展的先驱,是后来数神秘主义的基础。例如,亚姆利库(Iamblichus),这位 320 年左右有影响的新柏拉图派哲学家,就曾把亲和数(amicable numbers)的发现归功于毕达哥拉斯。两个数是亲和的,即每一个数是另一个数的真因子① 的和。例如,284 和 220(被认为是毕达哥拉斯提出的一对数),就是亲和的。因为,220 的真因子是 1,2,4,5,10,20,22,44,55,110,其和为 284;而 284 的真因子为 1,2,4,71,142,其和为 220。后来又增添了神秘的色彩和迷信的意思,即分别写上这两个数的护符会使两数的佩带者保持良好的友谊。这种数在魔术、法术、占星学和占卦上,都起着重要的作用。奇怪的是,好像很长一段时间再没有发现新的亲和数。直到 1636 年,法国大数论学家费马宣布 17 296 和 18 416 为另一对亲和数。最近得知这只不过是重新发现;这对亲和数在 13 世纪末、14 世纪初就曾被阿拉补·阿尔 – 斑纳(Arab al-Banna,1256—1321)发现过,并且,也许曾被泰比特·伊本柯拉用于其公式。(关于该公式,请参看问题研究 7.11)又过了两年,法国数学家笛卡儿给出了第三对。瑞士数学家欧拉着手于系统地寻找亲和数,在 1747 年,给出了一个 30 对亲和数的表,后来又扩展到超过 60 对。在这种数的历史中,还有一件奇怪的事:一个十六岁的意大利男孩 N·帕加尼尼② (Nicolo Paganini)在 1886 年发现了被人们忽视的、比较小的一对亲和数:1 184 和 1 210。

其他与占卦臆测有神秘联系的数,有时也归功于毕氏学派。它们是:**完全数**(perfect numbers)、**亏数**(deficient numbers)和**过利数**(abundant numbers)。如果一个数等于其真因子的和,则称为完全数;如果一个数大于其真因子的和,则称为亏数;如果一个数小于其真因子的和,则称过剩数。6 就是个完全数,因为 $6 = 1 + 2 + 3$。另一方面,阿尔克温说:整个人类是诺亚方舟上的神灵下凡,这一创造是不完善的,8 是个亏数,因为 8 大于 $1 + 2 + 4$。直到 1952 年,才知道 12 个完全数,它们都是偶数,其头三个是 6,28 和 496。欧几里得《原本》(大约公元前 300 年)第九卷的最后一个命题,证明:如果 $2^n – 1$ 是一个素数③,则 $2^{n-1}(2^n – 1)$ 是一个完全数。

由欧几里得公式给出的完全数是偶数,并且,欧拉曾证明:每一个偶完全数必定是这种形式的。奇完全数的存在与否是数论中著名的未解决的问题之一。

---

① 正整数 N 的真因子是除了 N 本身外的全部正整数因子。注意:1 是 N 的真因子。
② 不要与意大利著名小提琴家和作曲家 Nicolo Paganini (1782—1840)弄混。
③ 素数是大于 1 并且除了 1 和它本身外没有其他正整数因子的正整数。大于 1 而非素数的整数被称为合数,例如 7 是素数,12 是合数。

1952 年,借助于 SWAC 数字计算机,又发现了五个完全数,它们对应于欧几里得公式中的 $n = 521, 607, 1\ 279, 2\ 203$ 和 $2\ 281$。1957 年,用瑞士的 BESK 计算机,发现了另一个,它对应于 $n = 3\ 217$。1961 年,用 IBM7090 计算机又发现了两个,它们分别对应于 $n = 4\ 253$ 和 $4\ 423$,对于 $n < 5\ 000$,再没有别的偶完全数了。$n = 9\ 689, 9\ 941, 11\ 213, 19\ 937, 21\ 701, 23\ 209, 44\ 497, 86\ 243, 132\ 049$ 和 $216\ 091$,也生成完全数,从而使已知的完全数达到 30 个。最后一个是科学家们 1985 年在 Chevron 用价值 10 000 000 美元的 Cray X – MP 巨型计算机找到的。

完全数的概念激发了现代数学家们作某种推广的灵感。如果令 $\sigma(n)$ 表示 n 的所有(all)因子(包括 n 本身)的和,则 n 是完全数当且仅当 $\sigma(n) = 2n$。一般地说,如果我们有 $\sigma(n) = kn$(在这里,k 是自然数),则 n 被称做 **k 倍完全数**(k-tuply perfect)。例如,我们能证明:120 和 672 是 3 倍完全数。是存在无穷多的多倍完全数,还是仅有这么一种:我们还不知道。是否存在是奇数的多倍完全数,也不知道。1944 年,创立了 **超过剩数**(superabundant numbers)的概念。一个自然数 n 是超过剩的(superabundant)当且仅当 $\sigma(n)/n > \sigma(n)/k$,对于所有的 $k < n$。已经知道:存在无穷多超过剩数。与完全数、亏数和过剩数有关的其他数,最近被引进的有:实用数(practical numbers),拟完全数(quasiperfect numbers)、半完全数(semiperfect mumbers),怪完全数(weird numbers)。我们讲这些概念只不过为了例证地说明:古代的对于数的探讨对今天的数学研究有多么大的帮助。

并不是所有的数学家都认为亲和数和完全数的发现可以归功于毕氏学派;然而把 **形数**(figurate numbers)追溯到该团体的最早成员,则是一致同意的。这些数被看做是某些几何图形中的点的数目,它们成了几何学和算术之间的纽带。图 7,8,9 说明 **三角形数**(triangular numbers);**正方形数**(square numbers),**五边形数**(pentagonal numbers)等的几何命名法。

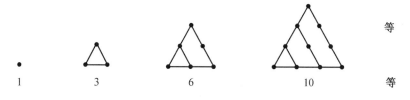

				等
1	3	6	10	等

图 7

许多关于形数的有趣的定理,能以纯几何的方法来证明。例如,定理 I:任何一个正方形数都是两个相继的三角形数之和。

我们注意到:一个正方形数(以几何形式表示)可以被剖分如图 10 所示。图 11 则说明了定理 II:第 n 个五边形数等于第 $(n-1)$ 个三角形数的三倍加上 n。

图 12 在几何上说明了定理 III:从 1 开始,任何个相继的奇数之和是完全平方。

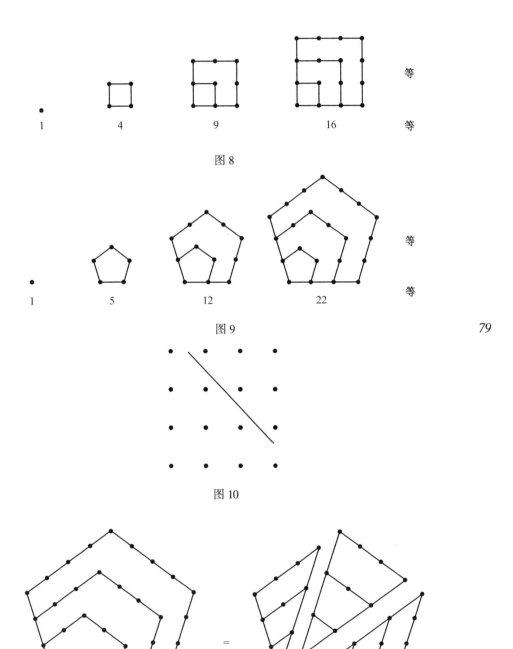

图 8

图 9

图 10

图 11

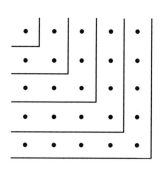

图 12

80　　　当然,一旦我们得到了一般三角形数,正方形和五边形数的代数表达式,这些定理也能用代数方法推出。显然,第 n 个三角形数 T_n 是一个算术级数的和①

$$T_n = 1 + 2 + 3 + \cdots + n = \frac{n(n+1)}{2}$$

并且,显然第 n 个正方形数 S_n 是 n^2。我们的第一个定理,现在可以通过一个恒等式用代数方法重新证明如下

$$S_n = n^2 = \frac{n(n+1)}{2} + \frac{(n+1)n}{2} = T_n + T_{n-1}$$

第 n 个五边形数 P_n 也是一个算术级数的和

$$P_n = 1 + 4 + 7 + \cdots + (3n-2) = \frac{n(3n-1)}{2} = n + \frac{3n(n-1)}{2} = n + 3T_{n-1}$$

于是,第二个定理得证,第三个定理,可以通过对下列算术级数求和,用代数方法推出

$$1 + 3 + 5 + \cdots + (2n-1) = \frac{n(2n)}{2} = n^2$$

音阶对于数值比的依赖关系,可以说是毕氏学派最后的并且是很值得注意的关于数的发现。毕氏学派发现:对于有同样张力的绳,为了使音高 8 度,长度要从 2 变为 1,高 5 度要从 5 变为 2,高 4 度要从 4 变为 3。这些成果是数学物理中最初的有记载的事实,这使毕氏学派成为音阶的科学研究之鼻祖。

3.4　毕氏定理和毕氏三数

　　　传统上一致认为:关于直角三角形定理的独立发现应归功于毕达哥拉斯,
81　现在这个定理通常以他的名字命名。这个定理是:一个直角三角形斜边的平方,等于其两个直角边的平方和。我们已经看到:一千多年前汉谟拉比时代的

---

① 算术级数的和等于项数同首尾两项和的一半之积。

巴比伦人就发现了这一定理,而对这一定理的第一个证明则是毕达哥拉斯给出的。关于毕达哥拉斯可能曾提出的证明,有过许多猜侧,一般认为也许是图 13 这种类型的剖分式证明①。令 a, b, c 分别表示直角三角形的两个直角边和斜边,并考虑两个边长为 $a+b$ 的正方形。第一个正方形被分成六块,即两个以直角边为边的正方形和四个与给定的三角形全等的三角形。第二个正方形被分成五块,即以斜边为边的正方形和四个与给定直角三角形全等的三角形。等量减等量其差相等。于是得知:以斜边为边的正方形等于以直角边为边的正方形之和。

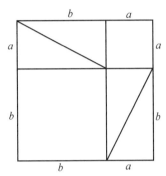 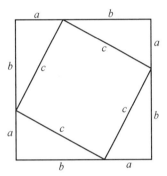

图 13

为了证明第二种剖分的中间那块确实是边长为 c 的正方形,我们需要利用"直角三角形三个角的和等于两个直角"这一事实。但是,《欧德姆斯概要》把这个关于一般三角形的定理归功于毕氏学派。由于这一定理的证明又需要关于平行线的性质的一些知识,从而,平行线理论的发展也被归功于早期毕氏学派。

从毕达哥拉斯时代到现在,对毕氏定理提出了许多不同的证明。在卢米斯(E. S. Loomis)《毕氏命题》(The Pythagorean Proposition)一书第二版中,作者收集了这个著名定理的 370 种证明,并把它们分了类。

求整数 a, b, c,要它们能表示一个直角三角形的两个直角边和斜边。这个问题是与毕氏定理密切相关的。这三个数被称为**毕氏三数**(Pythagorean triple),在 2.6 节中,我们已经见到:普林顿 322 号的分析充分地证实,古代巴比伦人就知道如何计算这三个数。一般认为,毕氏学派已发现公式

$$m^2 + (\frac{m^2-1}{2})^2 = (\frac{m^2+1}{2})^2$$

对任何奇数 m,这三项就是毕氏三数。类似的公式

$$(2m)^2 + (m^2-1)^2 = (m^2+1)^2$$

(在这里,m 可以是奇数或偶数)是为同一目的而提出的;它应归功于柏拉图

82

① 还可参看 Daniel Shanks, Solved and Unsolved Problems in Number Theory,第一卷:124-125。

（大约公元前380年）。这两个公式,都不能给出全部毕氏三数。

3.5　无理数的发现

整数是在对于对象的有限集合进行计算的过程中产生的抽象概念。日常生活要求我们,不仅要计算单个的对象,还要量度各种量,例如长度、重量和时间。为了满足这些简单的量度需要,要用分数。例如长度,就很少正好是单位长的整数倍。于是,如果我们定义**有理数**(rational number)为两个整数的商 $p/q,q\neq0$,那么由于有理数系包括所有整数和分数,所以对于进行实际量度是足够的。

有理数有一个简单的几何解释。在一条水平线上标出两个不同的点 O 和 I,I 在 O 的右边,并选线段 OI 作为单位长。如果我们令 O 和 I 分别表示数 0 和 1,则可用这线上的间隔为单位长的点的集合来表示正整数和负整数,正整数在 O 的右边,负整数在 O 的左边。以 q 为分母的分数,可以用每一单位间隔分成 q 等分的点表示。于是,每一个有理数都对应着直线上的一个点。古代数学家们认为,不言而喻,这样能把直线上所有的点用完。但说到在直线上存在不对应任何有理数的点,这对于他们来说,简直是一个打击。这个发现是毕氏学派的最伟大成就之一。特别是,毕氏学派证明了:在这条直线上不存在对应于点 P 的有理数,这里,距离 OP 等于边长为单位长正方形之对角线(图14)。新的数必定是为了对应这样的点而发明的;并因为这些数不可能是有理数,它们只好称为**无理数**(irrational numbers)。无理数的发现是数学史上重要的里程碑。

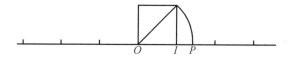

图 14

为了证明以单位长为边的正方形的对角线之长不能用有理数来表示,只要证明了 $\sqrt{2}$ 是无理数就够了。为此目的,我们首先看到:对于一个正整数 s,s^2 是偶数当且仅当 s 是偶数。然后,为了论证,假定 $\sqrt{2}$ 是有理数,即 $\sqrt{2}=a/b$,在这里 a 和 b 是互素的整数。[①] 于是

$$a = b\sqrt{2}$$

---

① 两个整数是互素的,如果它们除 1 以外没有其他正整数公因子的话。例如,5 和 18 是互素的,而 12 和 18 则不是互素的。

或
$$a^2 = 2b^2$$

因为 a^2 是个整数的二倍,可知 a^2 从而 a 必定是偶数。令 $a = 2c$,于是,最后的等式成为

$$4c^2 = 2b^2$$

或
$$2c^2 = b^2$$

由此可知:b^2 从而 b 必定是偶数。但这是不可能的,因为已假定 a 和 b 是互素的。于是,由 $\sqrt{2}$ 是有理数的假定引出了不可能的情况,因而这个假定必被否定。

无理数之发现,使毕氏学派感到惊讶和困惑。首先,对于全部依靠整数的毕氏哲学,这像是一次致命的打击。其次,看来与常识相矛盾,因为直觉地感到:任何量都可以被表示为某个有理数。在几何上的对应情况同样也是令人惊讶的,因为,谁会怀疑,对于任何两条给定线段总能找到某第三线段(也许非常小),以它为单位线段能将这两条给定线段中的每一条划分为整数段。但是,取正方形的边 s 和其对角线 d 为这两条线段,如果能将 s 和 d 划分为整数段的第三线段 t,则 $s = bt$ 和 $d = at$,这里,a 和 b 是正整数。然而,$d = s\sqrt{2}$,从而 $at = bt\sqrt{2}$,即 $a = b\sqrt{2}$,或 $\sqrt{2} = a/b$ 是有理数。于是,与直观相反,存在**不可通约的** (incommensurale)线段,即没有公共的量度单位的线段。

我们通讨证明正方形的边和对角线是不可通约的,来简述 $\sqrt{2}$ 的无理性的另一个几何学上的证明。假定此二者是可通约的。由此假定,可知:存在一条线段的 AP(图15),使得正方形 $ABCD$ 的对角线 AC 和边 AB 均为 AP 的整数倍,即 AC 和 AB 对于 AP 是可通约的。在 AC 上,截取 $CB_1 = AB$,并作 B_1C_1 垂直于 CA,人们可以容易地证明:$C_1B = C_1B_1 = AB_1$。于是 $AC_1 = AB - AB_1$ 和 AB_1 对于 AP 是可通约的。但是,AC_1 和 AB_1 是比原来那个正方形的一半还要小的正方形的对角线的边。从而,重复此过程,我们可以最终得到一个正方形,其对角线 AC_n 和边 AB_n 对于 AP 是可通约的,并且,$AC_n < AP$,由此矛盾,定理得证。

84

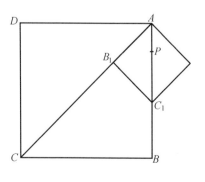

图 15

头一个证明早为亚里士多德所知。√2的无理性的发现在毕氏学派中引起某种震惊。它不仅推翻了"每一事物都依赖于整数"这个基本假定;而且,因为毕氏学派关于比例的定义假定了任何两个同类量是可通约的,所以毕氏学派比例理论中的所有命题都局限在可通约的量上,这样,他们的关于相似形的一般理论也失效了。"逻辑上的矛盾"是如此之大,以至于有一段时间,他们费了很大的力,将此事保密,不准外传。据说,毕氏学派的希帕苏斯(也许是别的人),由于泄密被扔到海里;另一说法是被开除出毕氏团体,把他当做死人,还为他建了一个墓。

有一段时间,人们只知道√2这一个无理数①。后来,据柏拉图说,昔兰尼的狄奥多普斯(Theodorus of Cyrene,大约公元前 425 年),证明√3,√5,√6,√7,√8,√10,√11,√12,√13,√14,√15,√17也是无理数。然后,在大约公元前 370 年,这个"矛盾"被柏拉图的同辈也是毕氏学派阿契塔(Archytas)的学生、杰出的欧多克斯(Eudoxus),通过给比例下新定义的方法解决了。欧多克斯处理不可通约量的方法,出现在欧几里得《原本》中,并且和戴德金(Richard Dedekind)于 1872 年给出的无理数的现代解释基本一致。

在 20 世纪初的中学几何课本中,对比和比例、对相似三角形的处理,仍然反映出由不可通约量而带来的某些困难和微妙之处。在那里,常常把可通约的和不可通约的作为两种情况分别考虑(参看5.5 节和问题研究 5.6)。最新的课本以使用复杂得多的公设绕过这个困难。

3.6 代数恒等式

由于古代希腊人完全是用长度表示数,根本没有任何适当的代数符号。为了进行代数运算,他们设计了灵巧的几何程序。这种几何的代数,大部分被后人归功于毕氏学派,并且在欧几里得《原本》前几卷中可以零星地见到。例如,《原本》第二卷有几个命题实际上是以几何术语表达的代数恒等式。看来,可以确信无疑,这些命题是古代毕氏学派用剖分法证明的。我们现在以第二卷中的几何命题为例讲讲这种方法。

第二卷命题4,把边长为 $a + b$ 的正方形分成面积分别为 a^2, b^2, ab, ab 的两个正方形和两个矩形(图16),在几何上证明代数恒等式

$$(a + b)^2 = a^2 + 2ab + b^2$$

欧几里得对此命题的陈述是:

如果一条线段被分成两部分,则以整个线段为边的正方形等于分别以这两

---

① 有某种可能性:正五边形的边与对角线之比($\sqrt{5} - 1$)/2 是最先知道的无理数。

部分为边的正方形以及以这两部分为边的矩形的二倍之和。

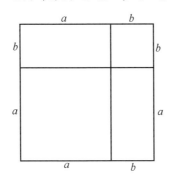

图 16

86

第二卷命题 5 的陈述是：

如果一线段既被等分又被不等分，则以不等分为边的矩形加上以两分点之间的线段为边的正方形等于以这一线段的一半为边的正方形。

令 AB 为给定的线段，并等分于 P，不等分于 Q，则此命题可写作

$$(AQ)(QB) + (PQ)^2 = (PB)^2$$

如果我们令 $AQ = 2a$，$QB = 2b$，则导出代数恒等式

$$4ab + (a - b)^2 = (a + b)^2$$

或者，如果令 $AB = 2a$，$PQ = b$，导出恒等式

$$(a + b)(a - b) = a^2 - b^2$$

《原本》中为证明此定理而给出的剖分法比图 17 中所表示的对命题 4 的证明要复杂得多。在图 17 中，$PCDB$ 和 $QFLB$ 分别是以 PB 和 QB 为边的正方形。于是

$$(AQ)(QB) + (PQ)^2 = AGFQ + HCEF = AGHP + PHFQ + HCEF =$$
$$PHLB + PHFQ + HCEF =$$
$$PHLB + FEDL + HCEF = (PB)^2$$

第二卷命题 6 的陈述是：

如果一线段被平分并被延长到任何一点，则以整个延长了的线段和其延长部分为边的矩形加上以原线段的一半为边的正方形，等于以由原线段的一半加上延长部分构成的线段为边的正方形。

在这里（图 18），如果给定的以 P 为中点的线段 AB 被延长到 Q，则我们要证明的是

$$(AQ)(BQ) + (PB)^2 = (PQ)^2$$

如果我们令 $AQ = 2a$，$BQ = 2b$，则再一次导出恒等式

87

$$4ab + (a - b)^2 = (a + b)^2$$

并且，这里用的剖分法与命题 5 所用的剖分法相类似。

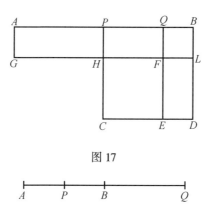

图 17

图 18

如图 19 所示,令 $AB = a$, $BC = b$,提示恒等式

$$4ab + (a - b)^2 = (a + b)^2$$

的一个较为省事的证明。

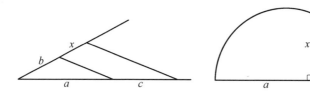

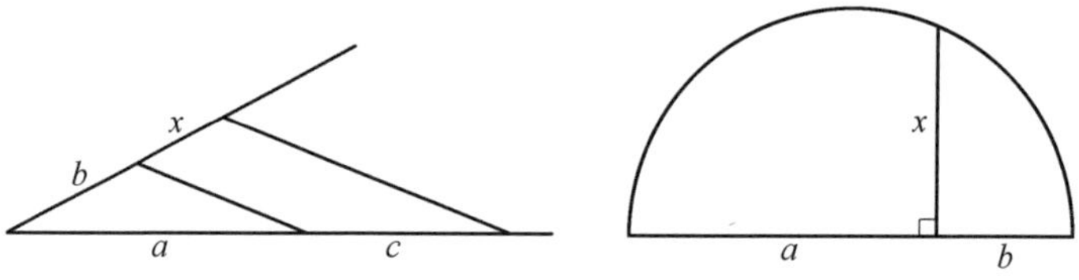

图 19

3.7 二次方程的几何解法

希腊人在他们的几何代数中,主要用两种方法解某些简单二次方程,即比例的方法和面积贴合的方法。有充分证明说明,这两种方法都是毕氏学派提出的。

比例的方法允许我们作出(正如现在中学几何课程中所做的那样,参看图20)满足 $a:b = c:x$ 或 $a:x = x:b$ 的线段 x(这里,a,b,c 是给定线段)。这就是说,比例法可以提供下列方程的几何解

$$ax = bc \quad 和 \quad x^2 = ab$$

为了说明面积贴合的方法(图21),考虑线段 AB 和以沿着 AB 的 AQ 为其一边的平行四边形 $AQRS$。如果 Q 不在点 B 上,则取 C 使得 $QBCR$ 为一平行四边形。当 Q 在 A 与 B 之间时,平行四边形 $AQRS$ 称为线段 AB 上亏缩了平行四边形 $QBCR$ 的平行四边形。

88

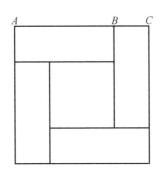

图 20

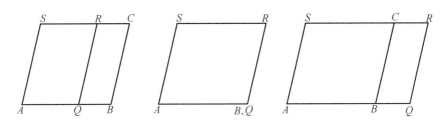

图 21

当 Q 与 B 重合时,平行四边形 $AQRS$ 称为线段 AB 上扩大了平行四边形 $QBCR$ 的平行四边形。

欧几里得《原本》第一卷命题 44 解作图题:

把有给定面积和给定底角的平行四边形贴合于给定线段 AB 上。

考虑给定底角为直角的特殊情况,使得被贴合的平行四边形为矩形。令 AB 长为 a,被贴合的矩形的高为 x,并且此矩形的面积等于以 b 和 c 为边的被贴合的矩形的面积。于是

$$ax = bc \quad \text{或} \quad x = \frac{bc}{a}$$

《原本》第六卷命题 28 解作图题:

把与给定的直线形 F 面积相等的平行四边形 $AQRS$ 贴合于给定的线段 AB 上,并使得亏缩的平行四边形 $QBCR$ 相似于给定的平行四边形,F 的面积不大于在 AB 的一半上作的相似于亏量 $QBCR$ 的平行四边形的面积。

考虑给定的平行四边形为正方形的特殊情况。令 AB 长为 a,所作的平行四边形(它现在是矩形)的底为 x,与所作的矩形面积相等的正方形 F 的边长为 b,则

$$x(a - x) = b^2 \quad \text{或} \quad x^2 - ax + b^2 = 0 \tag{1}$$

第六卷命题 29 解作图题:

把与给定的直线形 F 面积相等的平行四边形 $AQRS$ 贴合于给定线段 AB

89 上,且使其扩大的平行四边形 *QBCR* 相似于给定的平行四边形。

考虑给定的平行四边形是正方形的特殊情况。令 *AB* 长为 *a*,所作的平行四边形(它现在是矩形)的底 *AQ* 为 *x*,并且,与所作的矩形面积相等的正方形 *F* 的边长为 *b*,则

$$x(x-a)=b^2 \quad \text{或} \quad x^2-ax-b^2=0 \tag{2}$$

由此得知:命题 I44 给出线性方程 *ax* = *bc* 的几何解,而命题 VI28 和 29 分别给出二次方程 $x^2-ax+b^2=0$ 和 $x^2-ax-b^2=0$ 的几何解。

要为命题 VI28 和 29 的上述的特殊情况设计出比《原本》中给出的较一般的作图法简单的程序,是容易的。

例如,考虑命题 VI28 的特殊情况。在这里,我们要作一矩形贴合于给定线段,使其亏缩图形为一正方形。从(1)的第一个方程,我们得知:可以将问题重述如下:

将给定线段划分为两段,使得以这两线段为边的矩形的面积等于给定的正方形(此正方形不大于给定线段一半上的正方形)的面积。

为了把问题弄清楚,令 *AB* 和 *b* 为两条线段,*b* 不大于 *AB* 的一半。以点 *Q* 分 *AB*,使得 $(AQ)(QB)=b^2$,为了找出点 *Q*,在 *AB* 的中点 *P* 上作一垂线,截取 *PE* = *b*,以 *E* 为圆心,以 *PB* 为半径,作一弧截 *AB* 于所求点 *Q*(图22)。这时,其证明由命题 II5 给出(毕氏学派提出这一命题也许就是为了在这里用);因为,根据这个命题

$$(AQ)(QB)=(PB)^2-(PQ)^2=(EQ)^2-(PQ)^2=(EP)^2=b^2$$

令 *AB* 长为 *a*,*AQ* 长为 *x*,则二次方程 $x^2-ax+b^2=0$ 得解,其根由 *AQ* 和 *QB* 来表示。[①] 二次方程

$$x^2+ax+b^2=0$$

的根由 *AQ* 和 *QB* 的长度之负值来表示。

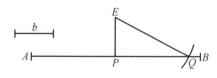

图 22

90 对于命题 VI 29 的特殊情况,我们要作一矩形贴合于给定线段,使其扩大的图形为一正方形。从(2)的第二个方程,我们得知,可以将问题重述如下:

延长一给定线段,使得以整个延长了的线段和其延长部分为边的矩形等于

---

① 如果 *r* 和 *s* 是二次方程 $x^2-ax+b^2=0$ 根,那么我们从初等代数得知 *r* + *s* = *a* 和 *rs* = b^2。但是,在这里,*AQ* 和 *QB* 的和为 *AB*,或 *a*,它们的积为 b^2。

给定的正方形。

再则,令 AB 和 b 为两条线段。我们要延长 AB 到点 Q,使得 $(AQ)(QB) = b^2$。为此目的,在点 B 作 AB 的垂线,截 $BE = b$,以 AB 的中点 P 为圆心,以 PE 为半径,作圆弧,截 AB 的延长线于所求点 Q(图 23)。这时证明就由命题 II6 给出,因为,根据这个命题

$$(AQ)(BQ) = (PQ)^2 - (PB)^2 = (PE)^2 - (PB)^2 = (BE)^2 = b^2$$

和前面一样,我们看到:AQ 和 QB(取前者为正,后者为负)是二次方程

$$x^2 - ax - b^2 = 0$$

的根,a 为 AB 的长,且

$$x^2 + ax - b^2 = 0$$

的根和 $x^2 - ax - b^2 = 0$ 的根相同,只不过所带的符号变了。

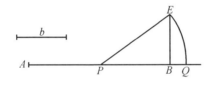

图 23

毕氏学派的几何式代数虽然巧妙,但哪比得上现代的代数符号既简单又方便。

3.8 面积的变换

毕氏学派对于把一个直线形变成与它面积相等的另一个直线形的问题很感兴趣。"作一个与给定的多边形面积相等的正方形",这个基本问题的解,在欧几里得《原本》第一卷命题 42,44,45 和第二卷命题 14 中可以找到。毕氏学派也许已经知道下面这个比较简单的解法。考虑任一多边形 $ABCD\cdots$(图 24)。作 BR 平行于 AC,截 DC 于 R。于是,三角形 ABC 和 ARC 有公共的底边 AC 和在公共底边上的相等的高,这两个三角形面积相等。由此得出:多边形 $ABCD\cdots$ 与 $ARD\cdots$ 有相等的面积。但是,导出的多边形比给定的多边形少一个边。重复此程序,我们最终得到一个与给定多边形等面积的三角形,于是,如果 b 是此三角形的任一边,h 是 b 上的高,则与此三角形面积相等的正方形的边长为 $\sqrt{(bh)/2}$,即为 b 与 $h/2$ 的比例中项。因为此比例中项易于用直尺和圆规作出,整个问题也就用这些工具解决了。

许多有趣的面积问题能用这种作平行线的简单程序来解决(参看问题研究 3.11)。

91

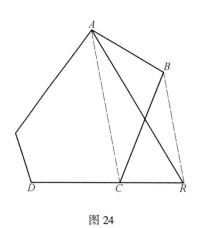

图 24

3.9 正多面体

一个多面体称为正多面体(regular),如果其各面都是全等的正多边形,其各多面角都是全等的。虽然有许多种正多边形存在,但只能构成五种不同的正多面体(参看问题研究 3.12)。正多面体是依其面数命名的。例如,存在具有四个三角形面的四面体,具有六个正方形面的六面体或立方体,具有八个三角形面的八面体,具有十二个五边形面的十二面体,和具有二十个三角形面的二十面体(参看图 25)。

图 25

我们对这些正多面体的早期研究历史还不清楚。关于它们的数学论述起源于欧几里得《原本》第八卷。此书的第一个附注指出:该书"将处理所谓柏拉图体。这个命名是不正确的,因为其中三个(四面体、六面体和八面体)应归功于毕氏学派,而十二面体和二十面体则应归功于狄埃泰图斯(Thesetetus)"。情况很可能是这样的。

无论如何,对于所有五种正多面体的描述是柏拉图给出的,在其《蒂迈欧篇》(Timaeus)中,他讲到如何把三角形、正方形和五边形放到一起来构造这些立体的模型。柏拉图书中的蒂迈欧是毕氏学派,洛克里人;柏拉图也许在他访问意大利时遇见过此人。在柏拉图的著作中,蒂迈欧将四种容易作的立体(四面体、八面体、二十面体和六面体)与恩波多克尔的四个原始"元素"(火、气、水、

92

土)神秘地联系在一起。把第五种立体(十二面体)算上,就不好办了;于是,将它与包罗万象的宇宙联系在一起。

开普勒(Johann Kepler, 1571—1630)是一位优秀的天文学家、数学家和占卦家,对蒂迈欧的联系作出了天才的解释。关于正多面体,他直观地假定四面体对于它的表面来说包有最小的体积,而二十面体则包有最大的体积。然后,令这些体积 – 表面关系分别为干性和湿性;因为火是四元素中最干的,而水是最湿的,所以四面体代表火,二十面体代表水。六面体与地相联系,是因为:将六面体的一个正方形面安放在地面上,有最大的稳定性。另一方面,用食指和拇指轻轻地按住八面体的两个相对顶点,易于旋转并且有空气的不平稳性。最后,将十二面体与宇宙相联系是因为:十二面体有十二个面,而黄道有十二个宫。

四面体、六面体和八面体在自然界中就有,许多晶体就是这样,例如硫代锑酸盐(M_3SbS_4)、普通的盐结晶和铬矾结晶就分别是这三种多面体。另外两种多面体不是以晶体形式出现,但是已经见到称做放射目动物(radiolaria)的微小的海洋动物的骨架。1885 年,在离帕杜啊(Padua)不远的蒙提娄法(Monte Loffa)发掘出的埃特鲁斯坎(Etruscan)人的正十二面体玩具,是大约公元前 500 年的东西。

3.10 公理的思想

在公元前 600 年的泰勒斯和公元前 300 年的欧几里得之间的某些时候,就具备了逻辑推理的概念,即从一些原始的并且有明确陈述的假设出发,作一系列严谨的演绎推理。这种程序,即所谓**公理方法**(postulal method),已经成了现代数学的核心,并且几何学顺着这条路子得到的许多进展,无疑地应该归功于毕氏学派。确实,公理方法的发展,是古代希腊人的伟大贡献之一。在后面我们将对此课题作较为充分的讨论(参看 5.7 节和 15.2 节)。

问题研究

93

3.1 泰勒斯的实际问题

(a)关于泰勒斯如何根据影子计算金字塔的高,有两种说法。较早的说法是亚里士多德的学生希罗尼穆斯(Hieronymus)提出的;他说:泰勒斯在他的影子和他自己一样长的时候记下金字塔影子之长。较迟的说法是普鲁塔克(Plutarch)提出的,他说:泰勒斯立下一根竿,然后利用相似三角形。两种说法都没提到问题的症结:在任一场合,金字塔的影子(即从影子的顶点到金字塔底的中心)的长度是怎么得到的。

试设计一种以相似三角形为基础且与纬度和季节无关的,依据两个影子的观察值确定金字塔高的方法。

(b)前面说过,泰勒斯测量船与岸的距离时利用了这么一个实例:如果两个三角形,其中一个的两角及其夹边分别相等,则它们全等。希思(Heath)曾作如下猜测:也许他用的是包括 AC 和 AD 两根杆的仪器(图 26)。AD 杆垂直处于点 B 上方,同时 AC 臂指向船 P,然后,不改变角 DAC,让仪器绕 AD 转,再把 AC 臂指向的地面上的点 Q 记下。要找出从点 B 到不可达到的点 P 的距离,必须测量什么距离?

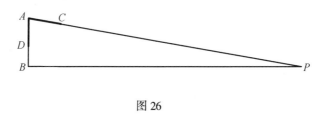

图 26

3.2 完全数和亲和数

(a)证明:在欧几里得关于完全数的公式中,n 必须是素数。

(b)由欧几里得公式得出的第四个完全数是什么?

(c)证明:完全数的所有(all)因子的倒数之和等于 2。

(d)证明:如果 p 是素数,则 p^n 是亏数。

(e)证明:N·帕加尼尼的数 1 184 和 1 210 是亲和数。

(f)证明:过剩数或完全数的任何倍为过剩数。

(g)找出 21 个小于 100 的过剩数。你将会注意到:它们都是偶数。为了说明过剩数不都是偶数,证明 $945 = 3^3 \cdot 5 \cdot 7$ 是过剩数。这是头一个奇过剩数。

(h)估计对应于(1) $n = 7$,(2) $n = 127$ 的完全数的位数。

(i)一个包括三个(或多于三个)数的循环数列,其每一个数的真因子的和等于次一个数,被称做**亲和数链**。现在只知道两个在 1 000 000 以下的亲和数链(sociablechain):其一是从 12 496 开始,五个"环节"(法国人波利(P. Poulet)发现的);另一个是 14 316 开始,有 28 个环节。请找出这两个亲和数链。只有三个环节的亲和数链被称做**伙**(crowd),至今还没有发现一个伙。

(j)证明:120 是三倍完全数。

(k)12 是否超过剩数。

3.3 形数

(a)列出前四个六边形数。

(b)**长方形数**(oblong number)是:列数比行数多1的长方阵列的点数。用几何方法和代数方法证明:前 n 个正偶数之和是长方形数。

(c)证明(既用几何方法,又用代数方法):任何长方形数是两个相等的三角形数之和。

(d)证明(既用几何方法,又用代数方法):任何三角形数的八倍加上一,是正方形数($n-1$)个三角形数,即,$P_n = S_n + T_{n-1}$。

(e)以 O_n 代表 $n(n+1)$,证明(既用几何方法;又用代数方法):$O_n + S_n = T_{2n}$ 和 $O_n - S_n = n$。

(f)证明:每一个偶完全数都是三角形数。

(g)证明:每一个偶完全数都是三角形数。

(h)证明:m 边形数的序列由下式给出
$$an^2 + bn \quad n = 1, 2, \cdots$$
(对于固定的一对有理数 a 和 b)。

(i)$m = 7$ 时,求出(h)中的 a 和 b 的值。

3.4 平均值

《欧德姆斯概要》说:在毕达哥拉斯时代,有三种平均值,即:**算术平均**(arithmetic)、**几何平均**(geometric)和**小反对关系平均**(subcontrary mean);后来,阿契塔(Archytas)和希帕苏斯(Hippasus)把"小反对关系平均"改成了**调和平均**(harmonic)。我们可以把两个正整数 a 和 b 的三种平均值分别定义为
$$A = \frac{a+b}{2}, \ G = \sqrt{ab}, \ H = \frac{2ab}{a+b}$$

(a)证明:$A \geqslant G \geqslant H$,当且仅当 $a = b$ 时等式成立。

(b)证明:$a : A = H : b$。这个式子称为:音乐比例。

(c)证明:如果一个数 n,使得 $a = H + a/n$,并且 $H = b + b/n$,则 H 是 a 和 b 的调和平均。这就是毕氏学派为 a 和 b 的调和平均所下的定义。

(d)证明:$1/(H-a) + 1/(H-b) = 1/a + 1/b$。

(e)由于 8 是 12 和 6 的调和平均,所以毕氏学派的菲娄劳斯(Philolaus,大约公元前 425 年)就称此立方数为"几何的调和"。试解释之。

(f)证明:如果 a, b, c 构成调和级数,则 $a/(b+c), b/(c+a), c/(a+b)$

95

也构成调和级数。

(g)如果 a 和 $c(a < c)$ 是两个正整数,则 a 和 c 之间的任何数 b,在某种意义上,都是 a 和 c 的一个**平均值**(a mean)或**平均数**(average)。晚期毕氏学派考虑 a 和 c 的十种平均值 b,定义如下:

1. $(b-a)/(c-b) = a/a$
2. $(b-a)/(c-b) = a/b$
3. $(b-a)/(c-b) = a/c$
4. $(b-a)/(c-b) = c/a$
5. $(b-a)/(c-b) = b/a$
6. $(b-a)/(c-b) = c/b$
7. $(c-a)/(b-a) = c/a$
8. $(c-a)/(c-b) = c/b$
9. $(c-a)/(b-a) = b/a, \quad a < b$
10. $(c-a)/(c-b) = b/a, \quad a < b$

假定 $0 < a < c$,证明:在所有十种情况下,$a < b < c$。

(h)证明:(g)的(1),(2)和(3),分别给出 a 和 c 的算术平均、几何平均和调和平均。

3.5 毕氏定理的剖分法证明

(a)(b)两个面积(或两个体积)P 和 Q 被称为**依加法全等**(congruent by addition),如果它们能剖分成相应的若干对全等片(或块)。它们被称为**依减法全等**(congruentby Subtraction),如果把相应的若干对全等片(或块)加在 P 和 Q 上,得到的两个新图形依加法全等。毕氏定理的许多证明是这么得到的,即证明:直角三角形斜边上的正方形要么依加法,要么依减法全等于直角三角形的直角边上的两个正方形的和。珀里盖尔(H. Perigal)于 1873 年给出的[①] 和杜德尼(H. E. Dudeney)于 1917 年给出的毕氏定理的证明,如图 27 和 28 所示。试将这两个"依加法全等"的证明完整地写出来。

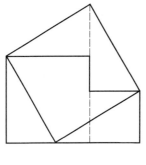

图 27

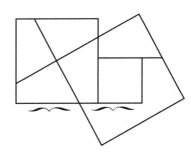

图 28

(c)据说,达·芬奇(Leonardo da Vinci,1452—1519)曾设计出毕氏定理的"依

---

① 这是对人们归功于泰比特·伊本柯拉(Tabit ibn Qorra, 826—901)的剖分法的重新发现。

减法全等"的证明(图 29)。试将该证明完整地写出来。

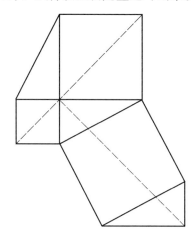

图 29

有趣的是:任何两个面积相等的多边形均依加法全等,并且其剖分总能用圆规和直尺实现。另一方面,在 1901 年,M·德恩(Dehn)证明了:两个体积相等的多面体不一定依加法或减法全等。特别是,要把一个正四面体剖分成若干多面体块重新组合起来构成一个立方体是不可能的。德恩获得这些成果,从而解决了希尔伯特(1862—1943)提出的二十三个问题中间的一个(参看 15.8 节最后一句话)。

3.6 毕氏三数

(a)考察由 3.4 节的毕氏公式给出的整数边直角三角形,在其斜边与较长的直角边之间存在什么关系?

(b)按 3.4 节的毕氏公式,求出斜边不超过 100 的毕氏三数.

(c)证明:不存在边为整数的等腰直角三角形。

(d)证明:不存在这样的毕氏三数,其中一个数是另两个数的比例中项。

(e)证明:(3,4,5)是唯一的,包括三个相继的正整数的毕氏三数。

(f)求 b 为偶数且 $c < 100$ 的 16 组素(*primitive*)毕氏三数(a,b,c)。然后,证明:$c < 100$ 的毕氏三数正好有 100 组不同的。

(g)证明:如果($a,a+1,c$)是毕氏三数,则

$$(3a + 2c + 1, 3a + 2c + 2, 4a + 3c + 2)$$

也是毕氏三数。并且由此得出:从一组给定的,其直角边为相继二自然数的毕氏三数,我们能得到这样的、有较大边的毕氏三数。

(h)从毕氏三数(3,4,5)开始,再找五组直角边为相继二自然数且其边渐次

97

增大的毕氏三数。

(i)证明:在每一组毕氏三数中,(1)至少有一个直角边是 4 的倍数,(2)至少有一个直角边是 3 的倍数,(3)至少有一个边是 5 的倍数。

(j)证明:对任一自然数 $n > 2$,存在一个直角边等于 n 的毕氏三数。

(k)证明:具有一条给定的直角边 a 的毕氏三数只有有限组。

(l)证明:对于任一自然数 n,和 $k = 0, 1, 2, \cdots, n - 1$,有

$$\left[2^{n+1}, 2^k(2^{2n-2k} - 1), 2^k(2^{2n-2k} + 1) \right]$$

为毕氏三数。由此得知:对于每一自然数 n 至少存在 n 组不同的毕氏三数,它们有相同的直角边 $a = 2^{n+1}$。能够证明(不过比较困难):对每一自然数 n,至少存在 n 组不同的有一个共同直角边的素毕氏三数。

(m)设 (a_k, b_k, c_k) $(k = 1, 2, \cdots, n)$ 为 n 组不同的素毕氏三数。令

$$s_k = a_k + b_k + c_k$$

并且

$$s = s_1 s_2 \cdots s_n$$

然后,令 $a'_k = a_k s / s_k$, $b'_k = b_k s / s_k$, $c'_k = c_k s / s_k$,对于 $k = 1, 2, \cdots, n$。证明:(a'_k, b'_k, c'_k) 是毕氏三数,并且

$$a'_k + b'_k + c'_k = s$$

然后,由此得出:对于每一自然数 n,至少有 n 组不全等而有同样周长的毕氏三数。

3.7 无理数

(a)证明:通过点 $(0,0)$ 和 $(1,\sqrt{2})$ 的直线,除了 $(0,0)$ 以外,不通过其他坐标格点。

(b)试说明如何利用坐标格点求 $\sqrt{2}$ 的有理近似值。

(c)如果 p 是素数,证明 $\sqrt{p}$ 是无理数。

(d)证明:$\log_{10} 2$ 是无理数。

(e)试将(d)推广,即证明:如果 a 和 b 是正整数,并且其中之一包含的一个素因子不为另一个所包含,则 $\log_n b$ 是无理数。

(f)作一 $60 - 30$ 直角三角形,以 $30°$ 角的顶点为起点在斜边上画出较长的直角边,并且从该分点作斜边的垂线。利用此图形,叙述 $\sqrt{3}$ 的无理性的几何证明。

(g)证明:一个非零有理数和一个无理数的和(积)是无理数。

3.8 代数恒等式

试用几何方法证明下列代数恒等式:

(a) $(a - b)^2 = a^2 - 2ab + b^2$。

(b) $a(b + c) = ab + ac$。

(c) $(a + b)(c + d) = ac + bc + ad + bd$。

(d) $a^2 - b^2 = (a + b)(a - b)$。

(e) 欧几里得《原本》第二卷命题 9 的陈述是：

如果一直线被等分和不等地划分为两部分,则以两个不等部分为边的二正方形之和,等于以直线的一半为边的正方形加上以两个分点间的线段为边的正方形之和的两倍。

从这个定理得到代数恒等式

$$(a + b)^2 + (a - b)^2 = 2(a^2 + b^2)$$

3.9   几何型的代数

99

画三条不等的线段,令最长的为 a,中间的为 b,并取最短的为一个单位。用直尺和圆规作下列线段：

(a) $a + b$ 和 $a - b$。

(b) ab。

(c) a/b。

(d) $\sqrt{a}$。

(e) a/n,n 为正整数。

(f) $\sqrt{ab}$。

(g) $a\sqrt{n}$,n 为正整数。

(h) $(a^3 + b^3)/(a^2 + b^2)$。

(i) $a[1 + \sqrt{2} + \sqrt{3}]^{1/2}$。

(j) $(abcd)^{\frac{1}{4}}$,在这里,c 和 d 是另外给定的两条线段。

(k) $x = (a^2 + b^2 - ab)^{\frac{1}{2}}$,我们以 a,b,x 为边作一三角形,试问边 a 和边 b 的夹角有多大？

(l) 证明：$x = ab/(a^2 + b^2)^{\frac{1}{2}}$ 等于以 a 和 b 为直角边的直角三角形的高。

3.10   二次方程的几何解法

(a) 给定一个单位线段,试用毕氏方法解二次方程 $x^2 - 7x + 12 = 0$。

(b) 给定一个单位线段,试用毕氏方法解二次方程 $x^2 + 4x - 21 = 0$。

(c) 用直尺和圆规把线段 a 分成两部分,使得其平方差等于其乘积。

(d)证明:在(c)中,较长的线段是较短的线段和整个线段的比例中项,这通常称为线段的**外内比分割**(extreme and mean ratio)或**黄金分割**(golden section)。

(e)给定一个二次方程 $x^2 - gx + h = 0$。在笛卡儿直角坐标系中画出点 $B(0,1)$ 和点 $Q(g,h)$,以 BQ 为直径,作一圆,设它割 x 轴于点 M 和 N,证明:OM 和 ON 的带有正负号的长度表示此给定二次方程的根。关于二次方程的几何解法,在 S·J·莱斯利(Leslie)的《几何原理》(*Elements of Geometry*)中,有这么几句话:"我现在写在本书中的这一重要问题的解法,是 T·莱尔(Thomas Carlyle)先生提示给我的;他是一位天才的青年数学家,以前是我的学生。"

(f)用卡莱尔方法解二次方程 $x^2 - 7x + 12 = 0$ 和 $x^2 + 4x - 21 = 0$。

(g)再一次给定二次方程 $x^2 - gx + h = 0$。在笛卡儿直角坐标系中画出点 $(h/g,0)$ 和 $(4/g,2)$,并且设这两点的连线割以 $(0,1)$ 为圆心的单位圆于点 R 和 S。从点 $(0,2)$,把 R 和 S 投影到 x 轴上的点 $(r,0)$ 和 $(s,0)$。证明:r,s 是给定的二次方程的根,二次方程的这种几何解法是德国几何学家冯·斯陶特(Karl Georg Christianvon Staudt,1798—1867)给出的。

(h)试用斯陶特方法解二次方程 $x^2 - 7x + 12 = 0$ 和 $x^2 + 4x - 21 = 0$。

(i)证实二次方程 $x^2 - gx + h = 0(h > 0)$ 的下述几何解法:首先,作为 1 与 h 的比例中项作出 $\sqrt{h}$,然后,以 $AB = |g|$ 为直径作一半圆,并且作垂直的半弦 $CD = \sqrt{h}$;D 在 AB 上,则 AD 和 BD(均取和 g 一样的符号)为该二次方程的根。试用此法解二次方程 $x^2 - 7x + 12 = 0$。

(j)证实二次方程 $x^2 - gx + h = 0(h < 0)$ 的下述几何解法:以 $AB = |g|$ 为直径作一圆,并且作切线 $AC = \sqrt{-h}$;过 C 作径割线割该圆于 D 和 E;则 CD 和 CE(取相反的符号,并且 CE 的符号和 g 的符号相同)表示该二次方程的根。试用此法解二次方程 $x^2 + 4x - 21 = 0$。

3.11 面积的变换

(a)作一个不正的六边形,并且用直尺和圆规作一个正方形与之等面积。

(b)用直尺和圆规,以过顶点 A 的两直线将四边形 $ABCD$ 分成三个面积相等的部分。

(c)过梯形的小底上一点 P,作一直线,将梯形二等分。

(d)变换三角形 ABC,使得 $\angle A$ 不动,而 $\angle A$ 的对边变成与给定的直线 MN 平行。

(e)将一个给定的三角形变换成具有给定顶角的等腰三角形。

3.12　正多面体

(a)证明:正多面体不可能超过五种。

(b)求一个边长为 e 的正八面体的体积和表面积。

(c)对五种正多面体的每一种,计算其顶点数 v,边数 e 和面数 f;然后计算 $v-e+f$ 之值。关系到任何凸多面体(或更为一般的任何单连通的多面体)的最有趣的定理之一是 $v-e+f=2$。阿基米德(大约公元前 225 年)可能已经知道这一定理,但笛卡儿约在 1635 年第一次对它作了明确陈述。后来由于欧拉在 1752 年独立地宣布了它,我们通常称它为欧拉－笛卡儿公式。

(d)**立方八面体**(cuboctahedron)指的是这样的立体:其边为立方体的邻边中点的连线,试计算立方八面体的 v,e 和 f。

(e)考虑一个正立方体,带有以其一对相对的面为底的两个正棱锥。然后,在这个立体上开一个具有正方形横截面而其轴为两棱锥顶连线的孔。试计算此环形体 $v-e+f$ 之值。[①]

101

3.13　涉及正多面体的一些问题

(a)在 3.9 节中,正多面体的定义包含三个性质:正多边形的面、全等的面、全等的多面角。在许多立体几何的课本中,这三个定义性质没有全部给出。试用反例证明:这三个性质都是必要的。

(b)从(a)中列举的三个定义性质,我们能推出所有多面角都是正多面角。然后证明:这三个定义性质可用正多边形的面和正多面角来代替。

(c)缺少基本知识的人常常直观地认为:一个正十二面体(有十二个面的立体)和一个正二十面体(有二十个面的立体),内接于同一球面,则该二十面体有较大的体积。试证明:实际情况正好相反;并且证明:如果一个正方体(有六个面的立体)和一个正八面体(有八个面的立体)内接于同一球面,则正方体有较大的体积。

(d)证明:一个正十二面体和一个正二十面体内接于同一球面,则它们有一个共同的内切球面。

(e)在 3.9 节中,我们说过,开普勒直观地假定:在五种正多面体中,对于给定的表面积,二十面体包有最大的体积。是这样的吗?

(f)一个正十二面体,一个正二十面体和一个正方体内接于同一球面。证

---

① 在哈特利(Miles C. Hartley)著的《多面体的模式》(Patterns of Polyhedrons. Edwards Brothers. 1957 年修订版)一书中可以找到 100 种不同的立体的构造模式。

明:十二面体与二十面体的体积之比,等于正方体的边长与二十面体的边长之比。

3.14 黄金分割

我们说一线段被一点分成**外内比**(extreme and mean ratio)或**黄金分割**(golden section),是指分成的两条线段中的较长线段为较短线段与整个线段的比例中项。较短线段与较长线段之比称为**黄金比**(golden ratio)。毕氏学派对黄金分割和黄金比很感兴趣。

(a)证明:黄金比是$(\sqrt{5}-1)/2$。

(b)毕氏学社的标记是**五角星**(pentagram),即由正五边形的五条对角线构成的五点星。证明:五角星的五条边中的每一条均被另外两条黄金分割。

(c)设点 G 将线段 AB 黄金分割;在这里,AG 是较长的线段。在 AB 上,作 $AH = GB$。证明:H 将 AG 黄金分割。

(d)用直尺和圆规作一有给定边的正五边形。

(e)用直尺和圆规作一有给定对角线的正五边形。

(f)仅用直尺和圆规作内接于给定圆的正五边形。

3.15 狄奥多鲁斯提出的$\sqrt{n}$的作图法

(a)昔兰尼的狄奥多鲁斯(大约公元前 470 年)把$\sqrt{n}$作为:斜边为 $n+1$,一个直角边为 $n-1$ 的直角三角形的另一个直角边的一半来作图。试证明此作图法。

(b)狄奥多鲁斯曾如此设想:作一系列有公共顶点的直角三角形:在此序列中第一个是直角边为 1 的等腰直角三角形;在每一个后继的直角三角形中,一个直角边是前一个三角形的斜边,另一个直角边(对着公共顶点)的长为 1。这么样,就作出了螺旋状的图形;然后,凭此图形得到$\sqrt{n}$($2 \leqslant n \leqslant 17$)。试证明:在此序列中的第 n 个三角形的斜边,长为$\sqrt{n+1}$。

(c)试解释:狄奥多鲁斯为什么把他的关于$\sqrt{n}$的作图的考虑,在 $n=17$ 切断。

3.16 一个有趣的关系式

试用几何方法证明:$1^3 + 2^3 + \cdots + n^3 = (1 + 2 + \cdots + n)^2$。

论 文 题 目

3/1　希腊人把演绎法引进数学的(可能的)理由。

3/2　关于泰勒斯在工程和天文学方面的卓越才能的故事,及其可靠程度。

3/3　毕氏学派的数的神秘主义。

3/4　以现代物理学的公式证实毕氏学派的观点。

3/5　毕达哥拉斯以为:万事万物皆与数学有关。

3/6　不可公度量的发现,怎么样使得数学的发展中产生了危机。

3/7　黄金分割在艺术和建筑学中的地位和作用。

3/8　为初等几何课提几个应用几何的例子。

3/9　正多面体(连同它们的构造模式)的历史。

3/10　希腊数学受到古代美索不达米亚和古代埃及的影响。

3/11　把算术计算术(logistic)和算术(arithmetic)当做没有关系的学科的理由。

3/12　希腊人以几何的观点处理算术的方法的利与弊。

参考文献

AABOE, ASGER *Episodes from the Early History of Mathematics* [M]. New Mathematical Library. no. 13. New York: Random House and L. W. Singer, 1964.

ALLMAN, G. J. *Geek Geometry from Thales to Euclid* [M]. Dublin: University Press, 1889. Reprinted by Bell & Howell, Cleveland, Ohio.

BELL, E. T. *The Magic of Numbers* [M]. New York: McGraw-Hill, 1946.

BUNT, L. N. H.; P. S. JONES; and J. D. BEDIENT *The Historical Roots of Elementary Mathematics* [M]. Englewood Cliffs, N.J.: Prentice-Hall, 1976.

COOLIDGE, J. L. *A History of Geometrical Methods* [M]. New York: Oxford University Press, 1940.

COURANT, RICHARD, and H. E. ROBBINS *What is Mathematics?* [M]. New York: Oxford University Press, 1941.

DANTZIG, T. *Number: The Language of Science* [M]. 3rd ed. New York: Macmillan, 1939.

—— *The Bequest of the Greeks* [M]. New York: Charles Scribner's, 1955.

FRIEDRICHS, O. *From Pythagoras to Einstein* [M]. New Mathematical Libary, no. 16. New York: Random House, 1965.

GOW, JAMES *A Short History of Greek Mathematics*[M]. New York: Hafner, 1923. Reprinted by Bell & Howell, Cleveland, Ohio.

HEATH, T. L. *History of Greek Mathematics*, Vol. 1[M]. New York: Oxford University Press, 1921. Reprinted by Dover, New York, 1981.

—— *A Maunal of Greek Mathematics*[M]. New York: Oxford University Press, 1931.

—— *The Thirteen Books of Euclid's Elements*[M]. 2d ed., 3 vols. New York: Cambridge University Press, 1926. Reprinted by Dover, New York.

HERZ-FISCHLER, ROGER *A Mathematical History of Division in Extreme and Mean Ratio*[M]. Waterloo, Canada: Wilfrid Laurier University Press, 1987.

KLEIN, JACOB *Greek Mathematical Thought and the Origin of Algebra*[M]. Translated by Eva Brann. Cambridge, Mass.: M. I. T. Press, 1968.

LESLIE, SIR JOHN *Elements of Geometry, Geometrical Analysis, and Plane Trigonometry*[M]. Edinburgh: Oliphant, 1809. Reprint available from Bell & Howell, Cleveland, Ohio.

LOOMIS, E. S. *The Pythagorean Proposition*[M]. 2d ed. Ann Arbor, Mich.: Edwards Brothers, 1940. Reprinted by the National Council of Teachers of Mathematics, Washington, D. C., 1968.

MAZIARZ, EDWARD, and THOMAS GREENWOOD *Greek Mathematical Philosophy*[M]. Cambridge, Mass.: M.I.T. Press, 1968.

MESCHKOWSKI, HERBERT *Ways of Thought of Great Mathematicians*[M]. Translated by John Dyer-Bennet. San Francisco: Holden-Day, 1964.

MUIR, JANE *Of Men and Numbers*[M]. New York: Dodd, Mead, 1961.

PROCLUS *A Commentary on the First Book of Euclid's Elements*[M]. Translated by G. R. Morrow. Princeton, N. J.: Princeton University Press, 1970.

SHANKS, DANIEL *Solved and Unsolved Problems in Number Theory*[M]. Vol 1. Washington, D.C.: Spartan Books, 1962.

SIERPINSKI, WACLAW *Pythagorean Triangles*[M]. Scripta Mathematica Studies Number Nine. Translated by Ambikeshwar Sharma. New York: Yeshiva University, 1962.

SZABO, ARPAD *The Beginnings of Greek Mathematics*[M]. Dordrecht, Holland: D. Reidel, 1978.

THOMAS, IVOR, ed. *Selections Illustrating the History of Greek Mathematics*[M]. 2 vols. Cambridge, Mass.: Harvard University Press, 1939-1941.

104

TURNBULL, H. W. *The Great Mathematicians* [M]. New York: New York University Press, 1961.

VAN DER WAERDEN, B. L. *Science Awakening* [M]. Translated by Arnold Dresden. New York: Oxford University Press, 1961. Paperback edition. New York: John Wiley, 1963.

WENNINGER, M. J. *Polyhedron Models for the Classroom* [M]. National Council of Teachers of Mathematics, Washington, D.C., 1966.

—— *Polyhedron models* [M]. New York: Cambridge University Press, 1970.

第四章 倍立方体、三等分角和化圆为方问题

105

4.1 从泰勒斯到欧几里得的时期

希腊数学的头三个世纪，约从公元前 600 年泰勒斯在证明几何方面所做的最初努力开始，到约公元前 300 年著名的欧几里得《原本》问世达到顶点，成为一个成就辉煌的时期。前一章，我们讲了一些毕氏学派对此成就所作的贡献。除了泰勒斯在米利都（Miletus）创立的爱奥尼亚（Ionian）学派和克罗托内（Crotona）的早期毕氏学派之外，许多数学中心在希腊政治历史背景控制时期的一些地方产生和兴旺起来了。

大约在公元前 1200 年，古代的多里安（Dorian）部落，为了占领更多的肥沃土地，离开他们的北山要塞，向南移到希腊半岛。他们的主要部落斯巴达（Spartans）建立了斯巴达城，而被占领地区原来的居民，为了生存，大部分逃到小亚细亚和爱琴海的爱奥尼亚岛；这些居民在那里建立了希腊的商业殖民地。公元前 6 世纪，在这些殖民地创立了爱奥尼亚学派，希腊哲学在那里开了花，证明几何在那里诞生了。

与此同时，波斯已经形成一个大军事帝国。由于奴隶制经济引起的不可避免的扩张主义，波斯在公元前 546 年，占领了爱奥尼亚城和小亚细亚的希腊殖民地。因此，许多希腊哲学家，像毕达哥拉斯和色诺芬（Xenophanes），离开他们的故乡，迁到繁荣的希腊在南意大利的殖民地。在克罗托内由于毕达哥拉斯的影响，在埃利亚由于色诺芬、芝诺（Zeno）和巴门尼德（Parmenides）的影响，创立了哲学和数学学派。

要在被占领的爱奥尼亚城保持专制并不容易，公元前 499 年，那里爆发了一次起义。雅典是当时政治上倾向于民主的西方文化中心，派遣了军队支持这次起义。起义被波斯镇压下去了，但被激怒了的波斯王达里乌斯（Darius）决定痛击雅典。公元前 492 年，他组织庞大的陆军和海军攻击希腊本土。但是，他们的船队在一次风暴中毁灭了；同时，他的陆军也遇到长途跋涉的困难。两年后，波斯军队侵入阿提卡（Attica），在那里被雅典人彻底击败于马拉松（Marathon）。雅典人掌握了希腊的领导权。

公元前 480 年，达里乌斯的儿子希尔克塞斯试图入侵希腊的另一块土地和

海域。雅典人与波斯船队展开了萨拉米斯(Salamis)大海战,并且获胜。斯巴达人领导的希腊陆军虽然战败了,并在塞莫皮莱(Thermopylae)被消灭,但是,第二年希腊人却在普拉塔亚(Plataea)打败了波斯人,并把侵略者赶出了希腊。雅典人的盟主地位巩固了,得到随后半个世纪的和平,这是雅典历史上的辉煌时期。佩里克利斯(Pericles)和苏格拉底所在的城邦成了民主和智慧发展的中心。数学家们从希腊的各个角落被吸引到了这里。爱奥尼亚学派的最后一位著名人物阿那克萨哥拉(Anaxagoras)就定居在这里;许多分散的毕氏学派成员都到雅典来了;埃利亚学派的芝诺和巴门尼德也到雅典来任教。希波克拉底(Hippocrates)[①] 也常从希俄斯(Chios)的爱奥尼亚岛来雅典访问,许多古代作者都认为他在这里发表了第一部系统的几何学著作。

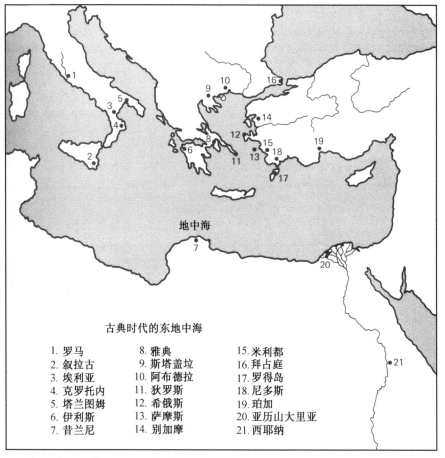

古典时代的东地中海

1. 罗马	8. 雅典	15. 米利都
2. 叙拉古	9. 斯塔盖垃	16. 拜占庭
3. 埃利亚	10. 阿布德拉	17. 罗得岛
4. 克罗托内	11. 狄罗斯	18. 尼多斯
5. 塔兰图姆	12. 希俄斯	19. 珀加
6. 伊利斯	13. 萨摩斯	20. 亚历山大里亚
7. 昔兰尼	14. 别加摩	21. 西耶纳

公元前431年,和平时期终止了,开始了雅典人和斯巴达人之间的伯罗奔

---

① 不要和科斯(Cos)的希波克拉底混淆,那是古希腊的著名医生。

尼撒战争。这是一场时间拖得很长的战争。雅典人最初战胜了;后来由于瘟疫死去了四分之一的人口,最后,在公元前 404 年,不得不承认失败。斯巴达人取得了政治上的领导权,但是,到公元前 371 年,因为败于叛乱的城邦联盟,又失去了领导权。在这些战争年代中,雅典的几何学没有多大进展。它的再一次的发展来自马格纳·格拉西亚的比较和平的地区。南意大利的毕氏学派在割断政治联系后已被允许回来;并且,一个新的毕氏学派,在享有盛名的天才的阿契塔的影响下,又在塔兰图姆(Tarentum)产生了。

伯罗奔尼撒战争结束,雅典虽然政治势力缩小了,然而却重新获得了文化上的领导权。在大瘟疫流行的年代,即公元前 427 年,柏拉图出生于雅典或靠近雅典的地方。他在那里跟苏格拉底学哲学,然后开始在智慧海洋中漫游,既在非洲海岸昔兰尼跟狄奥多鲁斯(Theodorus)学数学,并成为著名的阿契塔的知心朋友。大约公元前 387 年,他回到雅典,创办他的著名学园,这是一所为系统地研究哲学和科学而开设的高等院校。晚年他主持这个学园,公元前 347 年,他以八十岁的高龄死于雅典。几乎所有公元前 4 世纪的重要数学著作都是柏拉图的朋友或学生写的。他的学园成为早期毕氏学派与后来长期活跃的亚历山大里亚数学学派之间联系的纽带。柏拉图在数学上的影响不是由于他在数学上做出的任何发现,而是由于他深信:从事数学研究能培养人的思维能力,并因此是哲学家和那些要治理他的理想国的人所必须具备的基本素养。他的学园门口写着他的著名格言:

不懂几何的人,不得入内

由于数学的逻辑特色和在研究它的过程中得到的清晰思想,柏拉图认为数学是极其重要的,因此,在他的学园里数学在课程中占重要位置。有些人认为:可以把柏拉图的某些话看做是在数学哲学方面最初的认真尝试。

欧多克斯(Eudoxus),既跟阿契塔学习又跟柏拉图学习。他在北小亚细亚的昔齐库斯(Cyzicus)创立了一所学校。梅纳科莫斯(Menaechmus)是柏拉图的同事,欧多克斯的学生,他发现了圆锥曲线。梅纳科莫斯的兄弟——狄诺斯特拉德斯(Dinostratus),是一位能干的几何学家,也是柏拉图的学生。狄埃泰图斯(Theaetetus)是一位杰出的天才,欧几里得《原本》第十卷和第十三卷的大部分材料,也许主要是他的功劳;他是狄奥多鲁斯的另一个雅典学生。亚里士多德虽然不是一位职业数学家,但应该说他是演绎逻辑的系统化者,是关于自然科学课题的著作者,他的《后分析篇》(Analytica posteriora)表明他对数学方法掌握得异常熟练。

古典时代的一些希腊人名

标出重音		
Anaxag'oras	Eudox'us	Phi'lon
An'tiphon	Euto'cius	Pla'to
Apoll'nius	Her'on	Polyc'rates
Archime'des	Hippar'chus	Ppro'clus
Archy'tas	Hippa'sus	Ptol'emy
Aristae'us	Hip'pias	Pythag'oras
Aristar'chus	Hippoc'rates	Simpli'cius
Ar'istotle	Hypa'tia	Soc'rates
Co'non	Hyp'sicles	So'les
Democ'ritus	Iam'blichus	Tha'les
Dinos'tratus	Menaech'mus	Theaete'tus
Di'ocles	Menela'us	Theodo'rus
Diophan'tus	Metrodor'us	Theodo'sius
Dosi'theus	Nicom'achus	The'on
Eratos'thenes	Nicome'des	Thymar'idas
Eu'clid	Pap'pus	Xenoc'rates
Eude'mus	Philola'us	Ze'no

柏拉图

（David Smith 收藏）

4.2 数学发展的路线

我们可以指出:希腊数学的头三百年,有三条主要的互不相同的发展路线。第一条路线是:被编入欧几里得《原本》的那些材料。毕氏学派先开了个好头,后来,希波克拉底、欧多克斯、狄奥多鲁斯、狄埃泰图斯等人都作了补充。我们已经研究过这一条发展路线的若干部分。在下一章还要作进一步讨论。第二条路线的是:有关无限小、极限以及求和过程的各种概念的发展。这些概念,一直到现代——发明了微积分之后,才得到最后的澄清。芝诺的悖论,安提丰(Antiphon)和欧多克斯的穷竭法,与德谟克利特的名字相联系的原子论,均属于第二条发展路线。这些将在后面讲微积分的起源的第 11 章再来讨论。(想要严格地弄清楚年代顺序的学生或教师可参看 11.2 节和 11.3 节)

第三条发展路线是:高等几何学即圆和直线之外的曲线以及球面和平面之外的曲面的几何学发展路线。高等几何学中的大部分起源于对解三个著名的作图问题的研究。本章就讨论这三个著名的问题。

亚里士多德

(Brown Brothers 供稿)

4.3 三个著名的问题

这三个著名的问题是:

1.倍立方体(*The duplication of the cube*),即求作一立方体的边,使该立方体的体积为给定立方体的两倍。

2．三等分角(The trisection of an angle)，即分一个给定的任意角为三个相等的部分。

3．化圆为方(The quadrature of the circle)，即作一正方形，使其与一给定的圆面积相等。

这三个问题的重要性在于：虽然用直尺和圆规这两样工具能够成功地解决那么多其他作图问题，可是对这三个问题却不能精确求解，而只能近似求解。对这三个问题的深入探索给希腊几何学以巨大的影响，并引出大量的发现。例如，圆锥曲线、许多二次和三次曲线以及几种超越曲线的发现等；后来又有关于有理域、代数数和群论的方程论若干部分的发展。这三个作图题，只用圆规和直尺来求解的不可能性，直到 19 世纪，即距第一次提出这三个问题的两千年之后，才被证实。

为解这三个古代的著名问题所作的继续努力，对新数学的发展与创造起了很大的促进作用。这例证地说明了：引人入胜的、未解决的问题对数学的启发价值。

4.4　欧几里得工具

确切理解直尺和圆规的用处，这一点很重要：

使用直尺，我们能过任何给定的不同两点作一条无限长的直线；使用圆规，我们能以给定点为圆心过任何给定的第二点作一圆。

用直尺和圆规作图，可以看做是：依据这两条规则进行博弈，它已证明是曾设计出来的最引人入胜的博弈之一。人们感到惊讶：能以这种方式实现的作图竟会如此复杂，并且使人更难以相信：4.3 节中介绍的看来简单的三个问题竟不能解决。

由于欧几里得《原本》的公设，限定按上述规则使用直尺和圆规，所以被这样使用的直尺和圆规称为**欧几里得工具**(Euclidean tools)。应该注意：直尺是没有标记的。我们将会看到，用有标记的直尺，能够三等分给定的角。还有，欧几里得圆规和我们现代圆规不同。用现代圆规，我们能够以任何点 C 为圆心，以任何线段 AB 为半径作圆。换句话说，我们能将圆规用作两脚规，把距离 AB 移到圆心 C。而欧几里得圆规，则不管哪条腿离开了纸，便散了。有人可能会认为，与欧几里得圆规(即易散的圆规)相比，现代圆规是较为得力的工具。但说来奇怪，这两种圆规是等价的(参看问题研究 4.1)。

4.5　倍立方体

有证据表明：倍立方体的问题可能很早就有了。有一位没学过数学又不出名的古希腊诗人(也许是欧里皮得),他讲了这样一个故事:神话中的米诺王(King Minos)对儿子格劳卡斯(Glaucus)给他建造的坟墓不满意,米诺王命令把那坟墓扩大一倍。然后,这位诗人又替米诺王添上了下面的话(不正确的话):这只要把那坟墓的每边扩大一倍就能完成。正是这位诗人的错误数学,给几何学者们提出了如何能使一给定立方体保持同样形状而体积扩大一倍的问题。这一问题,在希波克拉底(约公元前400年)给出著名的简化(见下段)之前,似乎没多大进展。传说,后来德利安人(Delians)为了摆脱某种时疫,遵照神谕,必须把阿波洛(Apollo)的立方体祭坛扩大一倍。据说,这个问题提到柏拉图那里,柏拉图又把问题交给了几何学家。正是由于最后这一传说,倍立方体问题常常称为德利安问题(Delian problem)。不管这个传说是不是真的,倍立方体问题确实曾在柏拉图的学园里研究过;并且,欧多克斯,梅纳科莫斯,甚至柏拉图本人(虽然也许是错误的)都给出了高等几何的解法。

倍立方体问题的第一个真正的进展,无疑是希波克拉底对此问题的简化:作两给定线段 s 和 $2s$ 的两个比例中项。如果我们令 x 和 y 表示这两个比例中项,则

$$s : x = x : y = y : 2s$$

在这几个比例式中:$x^2 = sy$,$y^2 = 2sx$,消去 y 得 $x^3 = 2s^3$,于是,以 x 为边的立方体的体积就等于以 s 为边的立方体的体积的二倍。

在希波克拉底作出了简化之后,倍立方体问题就成为作两给定线段的两个比例中项了。这种形式的最早的而且确实是最值得注意的高等几何解法之一,是阿契塔(约公元前400年)给出的。他的解法建立在求一个直圆柱、一个内直径为零的圆环曲面(torus)和一个直圆锥的交点之上。这种解法,使我们感到在那么早的年代,几何学就已发展到了多么不寻常的地步。欧多克斯(约公元前370年)的解法遗失了。梅纳科莫斯(约公元前350年)给出了这个问题的两种解法,并且就我们所知,他由此而发现了圆锥截线。用机械装置的较迟的解法应该归功于埃拉托塞尼(Eratosthenes,约公元前230年);约在此同时,尼科梅德斯(Nicomedes)给出了另一种解法,再靠后些,阿波洛尼乌斯(Apollonius,约公元前225年)又给出了一种解法。丢克莱斯(Diocles,约公元前180年)在解决这个问题时,发现了蔓叶线。当然,在近代,已经得到许多利用高次平面曲线的解法。

上面提到的许多解法,在本章末尾的问题研究中可以找到。为了说明这些探讨的精神实质,让我们重演一下欧托修斯(Eutocius)认为是属于柏拉图的解法。由于这种解法要用机械工具,而人们知道柏拉图是反对这类方法的,看来,把它归功于柏拉图是错误的。

112

考虑两个三角形(参看图30的第一部分)*CBA* 和 *DAB*,处于共同的直角边

的同一侧，前一个三角形中∠B 是直角，后一个三角形中∠A 是直角。令两个三角形的斜边 AC 和 BD 垂直地交于 P，从相似三角形 CPB，BPA，APD，得知

$$PC : PB = PB : PA = PA : PD$$

因此，PB 和 PA 是 PC 和 PD 的两个比例中项。从而，如果能作出一个图形，使 PD = 2(PC)，问题就解决了。图 30 的第二部分表明这样的图形是怎样用机械工具做出来的。作两条交于 P 的垂线，在上面截 PC 和 PD，使得 PD = 2(PC)，然后，在图形上放上木匠用的方尺（其内边为 RST），使得 SR 过点 D 并且直角顶点 S 处于 CP 的延长线上。让直角三角形 UVW 在 ST 上滑动（直角边 VW 在 ST 上），直到直角边 VU 过点 C。最后，调整工具[①]的位置，使 V 落在 DP 的延长线上。

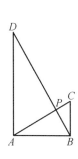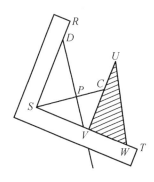

图 30

4.6 三等分角

古希腊三个著名问题之一的三等分角，现在美国就连许多没学过数学的人也都知道。美国的数学杂志社和以教书为职业的数学会员，每年总要收到许多"角的三等分者"的来信；并且，在报纸上常见到：某人已经最终地"解决了"这个不可捉摸的问题。这个问题确实是三个著名的问题中最容易理解的一个，因为二等分角是那么容易，这就自然会使人们想到三等分角为什么不同样的容易呢？

用欧几里得工具，将一线段任意等分是件简单的事；也许古希腊人在求解类似的任意等分角的问题时，提出了三等分角问题；也许（更有可能）这问题是在作正九边形时产生的，在那里，要三等分一个 60°角。

在研究三等分角问题时，看来希腊人首先把它们归结成所谓**斜向问题**

113

---

① 对于此工具的一种改进形式，参看库兰特（R. Courant）和罗宾斯（H. E. Robbins）著《数学是什么？》（What is mathematics）。（原文 147 页，此书有中译本：《数学是什么？》，科学出版社，1985 年版）

(verging problem)。任何锐角 ABC(图 31)可被取作矩形 $BCAD$ 的对角线 BA 和边 BC 的夹角。考虑过点 B 的一条线,它交 CA 于 E,交 DA 之延长线于 F,且使得 $EF = 2(BA)$。令 G 为 EF 之中点,则

$$EG = GF = GA = BA$$

从中得到

$$\angle ABG = \angle AGB = \angle GAF + \angle GFA = 2\angle GFA = 2\angle GBC$$

并且 BEF 三等分 $\angle ABC$。因此,这个问题被归结为在 DA 的延长线和 AC 之间,作一给定长度 $2(BA)$ 的线段 EF,使得 EF 斜向点 B。

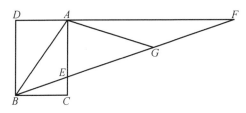

图 31

如果与欧几里得的假定相反,允许在我们的直尺上标出一线段 $E'F' = 2(BA)$,然后调整直尺的位置,使得它过点 B,并且,E' 在 AC 上,F' 在 DA 的延长线上;则 $\angle ABC$ 被三等分。对直尺的这种不按规定的使用,也可以看做是:插入原则(the insertion principle)的一种应用。这一原则的其他应用,参看问题研究 4.6。

为了解三等分角归结成的斜向问题,有许多高次平面曲线已被发现。这些高次平面曲线中最古老的一个是尼科梅德斯(约公元前 240 年)发现的蚌线。设 c 为一条直线,而 O 为 c 外任何一点,P 为 c 上任何一点,在 PO 的延长线上截 PQ 等于给定的固定长度 k。于是,当 P 沿着 c 移动时,Q 的轨迹是 c 对于极点 O 和常数 k 的**蚌线**(conchoid)(实际上,只是该蚌线的一支)。设计个画蚌线的工具并不难[①],用这样一个工具,就可以很容易地三等分角。这样,令 $\angle AOB$ 为任何给定的锐角,作直线 MN 垂直于 OA,截 OA 于 D,截 OB 于 L(图 32)。然后,对极点 O 和常数 $2(OL)$,作 MN 的蚌线。过点 L 作 OA 的平行线,交蚌线于 C。则 OC 三等分 $\angle AOB$。

借助于二次曲线可以三等分一个一般的角,早期希腊人还不知道这一方法。对于这种方法的最早证明是帕普斯(Pappus,约公元 300 年)。利用二次曲线三等分角的两种方法在问题研究 4.8 中可以找到。

有一些超越(非代数的)曲线,它们不仅能够对一个给定的角三等分,而且

---

① 参看 T. L. Heath, A Manual of Greek Mathematics, p.150。

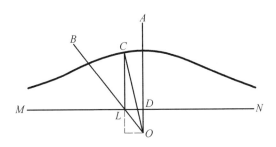

图 32

能任意等分。在这样的曲线中有:伊利斯的希皮阿斯(Hippias,约公元前 425
年)发明的割圆曲线(quadratrix)和阿基米德螺线(spiral of Archimeds)。这两种
曲线也能解圆的求积问题。关于割圆曲线在三等分角和化圆为方问题上的应
用,见问题研究 4.10。

多年来,为了解三等分角问题,已经设计出许多机械装置、联动机械和复合
圆规。[①] 其中有一个有趣的工具叫做战斧,不知道是谁发明的,但是在 1835 年
的一本书中讲述了这种工具。要制作一个战斧,先从被点 S 和 T 三等分的线
段 RU 开始,以 SU 为直径作一半圆,再作 SV 垂直于 RU,如图 33 所示。用战斧
三等分∠ABC 时,将这一工具放在该角上,使 R 落在 BA 上,SV 通过点 B,半圆
与 BC 相切于 D。于是证明:△RSB,△TSB,△TDB 都全等,所以,BS 和 BT 三
等分给定的角。可以用直尺和圆规在描图纸上绘出战斧,然后调整到给定的角
上。在这种条件下,我们可以说用直角和圆规三等分一个角(用两个战斧,则可
以五等分一个角)。

115

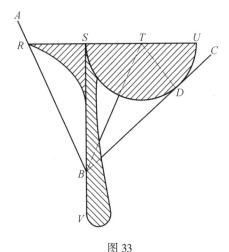

图 33

---

① 参看 R. C. Yates. The Trisection Prolem。

欧几里得工具虽然不能精确地三等分任意角,但是用这些工具的作图方法,能作出相当好的近似的三等分。一个卓越的例子是著名的蚀刻师、画家 A·丢勒(Albrecht Durer)于 1525 年给出的作图方法。取给定的 $\angle AOB$ 为一个圆的圆心角(图 34),设 C 为弦 AB 的靠近点 B 的三等分点。在点 C 作 AB 的垂线交圆于 D。以 B 为圆心,以 BD 为半径,作弧交 AB 于 E。设令 F 为 EC 的靠近点 E 的三等分点,再以 B 为圆心,以 BF 为半径,作弧交圆于 G。那么,OG 就是 $\angle AOB$ 的近似的三等分线。我们能够证明:三等分中的误差随着 $\angle AOB$ 的增大而增大;但是,对于 $60°$ 的角大约只差 $1''$,对于 $90°$ 角大约只差 $18''$。

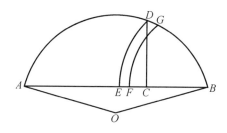

图 34

问题研究 4.9 描述了使用欧几里得工具的一种近似三等分法,用这种方法可以做到要多么精确就多么精确。

116

4.7 化圆为方问题

也许没有别的问题比作一个与给定的圆面积相等的正方形这个问题具有更大或更长久的吸引力。远在公元前 1800 年,古代埃及人就取正方形的边长等于给定圆的直径之 8/9 的方法"解决"了这个题。后来,的确有成千上万的人对此问题作过研究,并且尽管已经证明了用欧几里和工具①作此图的不可能性,但每年总有些人自称是"化圆为方者"。

人们都知道第一个与此问题有联系的希腊人是阿那克萨哥拉(Anaxagoras,约公元前 499—公元前 427 年),但是不知道他的贡献是什么。希俄斯的希波克拉底(阿那克萨哥拉的同时代人),成功地求出了某些特殊的由两个圆弧围成的月形面积,也许是想通过他的研究来解决化圆为方问题。后来,伊利斯的希皮阿斯(约公元前 425 年)发明了一种曲线,称为割圆曲线(*quadratrix*)。这个曲线既能解三等分角问题,又能解化圆为方问题。关于谁首先把它用于化圆为方问

① 例如,参看 Howard Eves 著的 A Survey of Geometry. vol. 2. pp.30-38.

题,有不同传说。很可能是希皮阿斯把它用于三等分角,迪诺斯特拉德斯(Dinostratus,约公元前350年)或以后的几何学家将它应用于化圆为方问题。在问题研究 4.12 中,讲述希波克拉底的某些月形;在问题研究 4.10 中,讲述割圆曲线的双重作用;在问题研究 4.11 中,讲述几种近似的化圆为方法。

用**阿基米德螺线**(spiral of Archimedes)能成功地解决化圆为方问题,方法很简单。据说阿基米德(约公元前225年)确实曾用他的螺线解决了这个问题。我们可以用运动的方式来定义阿基米德螺线:当某射线围绕其原点在一个平面上作匀速转动时,沿着该射线作匀速转动的点 P 的轨迹。如果,我们把当 P 与射线原点 O 重合时转动射线的位置 OA 取为极坐标系的极轴,则 OP 与 $\angle AOP$ 成正比例,并且,阿基米德螺线的极坐标方程为 $r = a\theta$(a 是比例常数)。

我们以点 O 为圆心,以 a 为半径作一圆。于是,OP 之长与 OA 和 OB 两条直线之间的那段圆弧相等,因为它们都是由 $a\theta$ 给出的(图35)。由此得出:如果取 OP 垂直于 OA,则 OP 之长等于圆周的 1/4。由于圆的面积 K 等于其半径和圆周的乘积的一半,所以

$$K = \left(\frac{a}{2}\right)(4OP) = (2a)(OP)$$

因此所求正方形的边是 $2a$ 与 OP 的比例中项,即圆的直径与垂直于 OA 的螺线的矢径之长的比例中项。

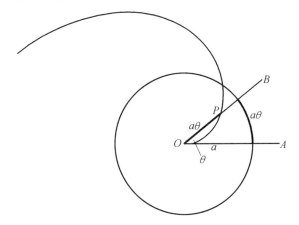

图 35

我们可以用阿基米德螺线三等分(或任意等分)$\angle AOB$。设 OB 交螺线于点 P,并且点 P_1 和 P_2 三等分线段 OP。如果以 O 为圆心,分别以 OP_1 和 OP_2 为半径作两圆,分别与螺线交于 T_1 和 T_2,则 OT_1 和 OT_2 三等分 $\angle AOB$。

117

4.8 π 的年表①

π(圆的周长与其直径的比)的计算与化圆为方问题密切相关。我们已经知道:在古代东方,常取 3 为 π 的值。②兰德纸草书中给出的埃及人的化圆为方问题,取:π = (4/3)⁴ = 3.160 4…。然而,计算 π 的第一次科学的尝试看来应归功于阿基米德,并且我们将以他的成就作为我们的年表的开始。

约在公元前 240 年。为了简便起见,假定我们选一个以单位长度为直径的圆。于是,圆的周长在任何内接正多边形的周长和任何外切正多边形的周长之间。由于计算内接和外切正六边形的周长比较简单,我们容易得到 π 的上下界。有一些公式,可以从给定的内接和外切正多边形的周长得出边数扩大一倍时内接和外切正多边形的周长(参看问题研究 4.13)。从内接和外切正六边形开始,按这个程序逐次进行下去,我们能计算出 12,24,48,和 96 边的内接和外切正多边形的周长,这样,就得到越来越接近 π 的上、下界。实际上,阿基米德就是用这个方法最后得到 π 在 223/71 和 22/7 之间,或者,取两位小数,给定 π 为 3.14。这一方法和数值是在阿基米德《圆的量度》(*Measurement of a Circle*)(一篇只包括三个命题的论文)中找到的。现在我们见到的这篇论文已经不是原来的样子了,并且可能是其中的一个片断。想象到当时所用的笨拙数系,一个不可避免的结论是:阿基米德是一位很能干的计算家。在这一著作中,我们发现一些无理平方根的值得注意的有理近似值。

上述的用内接和外切正多边形计算 π 的方法,称为计算 π 的**古典方法**(classical method)。

大约 150 年。在阿基米德的 π 值之后,第一个值得注意的 π 值是亚历山大里亚的 C·托勒密(Claudius Ptolemy)在其著名的《数学汇编》(*Syntaxis mathematica*)(其阿拉伯文书名《大汇编》(*Almagest*)更是人所共知的)中给出的,这是古希腊最伟大的天文学著作。在这一部著作中,π 是以六十进位数制符号给出的,写作 3;8′,30′,就是 377/120,或 3.141 6。无疑,这个值是由上述著作中的弦表推出的。此表给出圆心角(每间隔一度和半度)所对的圈的弦长。如果把 1° 圆心角所对的弦长乘以 360,再以圆的直径除之,则得到上述的 π 值。

约在 480 年。古代中国数学家祖冲之给出了有趣的有理近似值 355/113 = 3.141 592 9…。到小数点后第六位都是准确的。参看问题研究 4.11(c),其中有这个比值在化圆为方问题上的应用。

---

① 有一个超过 120 项的较完全的 π 的年表,参看谢波勒(H. C. Schepler)著的:"π 的年表"(The chronology of pi),Mathematics magazine 1950 年 1~2 月号,pp. 165-170;1950 年 3~4 月号,pp, 216-228;1950 年 5~6 月号,pp,279-283。
② 参看圣经注:IKings 7:23;II Chron. 4:2.

约在 530 年。早期印度数学家阿利耶波多($\overline{\text{Aryabhata}}$)给出 62 832/20 000 = 3.141 6 作为 π 的一个近似值。不知道这个结果是怎样得到的。也许是来源于更早些时候希腊人的推算,也许是由计算内接正 384 边形的周长而得到的。

约在 1150 年。印度数学家婆什迦罗($\overline{\text{Bhaaskara}}$)给出了 π 的几个近似值。他给出 3 927/1 250 作为"准确"的值,22/7 作为"非准确"值,$\sqrt{10}$ 作为常用值。第一个值,可能阿利耶波多已经采用过。婆什迦罗给出的另一个值 754/240 = 3.141 6,不知其由来;它与托勒密给出的一样。

1429 年。阿尔·卡西以古典方法计算 π 值到(十进制)十六位,他是撒马尔罕的乌卢·贝格的皇室天文学家。

1579 年。著名的法国数学家韦达(Francois viete)根据古典方法,用 6(2^{16}) = 393 216 边形,求 π 的值,精确到小数点后第九位。他还发现了有趣的无穷乘积的表达式(参看问题研究 4.13)

$$\frac{2}{\pi} = \frac{\sqrt{2}}{2} \frac{\sqrt{(2+\sqrt{2})}}{2} \frac{\sqrt{\{2+\sqrt{(2+\sqrt{2})}\}}}{2} \cdots$$

1585 年。A·安梭尼宗(Adriaen Anthoniszoon)重新发现了古代中国的比值 355/113。这显然是碰巧得到的,因为他所证明的不过是 377/120 > π > 333/106,然后把分子和分母分别平均,得到 π 的这个"准确"值。有证据表明:V·奥透(Valentin Otho)可能在 1573 年以前已经把 π 的这个比值介绍到了西方世界,他是早期数表编制者雷提库斯(Rhaeticus)的学生。 *119*

1593 年。荷兰人阿德里恩·范·罗梅(Adriaen van Roomen)(通常归功于阿德利安乌斯·罗芒乌斯(Adrianus Romanus)),根据古典方法用 2^{30} 边形求 π,准确到小数点后第 15 位。

1610 年。德国人路多耳夫·范·科伊伦(Ludolph van Ceulen)根据古典方法,用 2^{62} 边形,计算 π 到小数点后第 35 位。他把他一生的大部分时间花在这项工作上。他的成就确实异乎寻常,以致这个数被刻在他的墓碑上;到今天,在德国,还常常称这个数为"路多耳夫数"。

1621 年。荷兰物理学家威累布罗尔德·斯内尔(Willebrord Snell),因发现折射率而闻名,对计算 π 的古典方法应用三角学进行了改进,可由按古典方法得到的 π 的每一对上、下界,推出接近得多的上、下界。依他的方法,只要用 2^{30} 边形就能得到范·科伊伦的 35 位小数。用这样的多边形,古典方法只能求到 15 位小数。用 96 边形,古典方法能得到 2 位小数,而斯内尔的"改进"方法则能得出 7 位数。对斯内尔的精巧方法的正确证明,是 1654 年由荷兰数学家和物理学家克里斯提安·惠更斯(Christiaan Huygens)作出的。

1630 年。格林贝尔格(Grienberger)利用斯内尔的加细方法计算 π 到 39 位小数。这是用周长法计算 π 的最后的较重要的尝试。

1650 年。英国数学家约翰·沃利斯(John Wallis)得到下列奇妙的表达式

$$\frac{\pi}{2} = \frac{2 \cdot 2 \cdot 4 \cdot 4 \cdot 6 \cdot 6 \cdot 8 \cdots}{1 \cdot 3 \cdot 3 \cdot 5 \cdot 5 \cdot 7 \cdot 7 \cdots}$$

洛尔德·布龙克尔(Lord Brouncker),皇家学会第一任主席,把沃利斯的结果变成连分数

$$\frac{4}{\pi} = 1 + \frac{1^2}{2} + \frac{3^2}{2} + \frac{5^2}{2} + \cdots$$

然而这两个表达式都没有广泛用于 π 值的计算。

1671 年。苏格兰数学家詹姆斯·格雷哥里(James Gregory)得到无穷级数

$$\arctan x = x - \frac{x^3}{3} + \frac{x^5}{5} - \frac{x^7}{7} + \cdots \quad (-1 \leqslant x \leqslant 1)$$

格雷哥里没有注意到:当 $x = 1$ 时此级数变为

$$\frac{\pi}{4} = 1 - \frac{1}{3} + \frac{1}{5} - \frac{1}{7} + \cdots$$

这个收敛得很慢的级数是莱布尼茨在 1674 年得到的。格雷哥里曾试图证明化圆为方问题的欧几里得解是不可能的。

1699 年。亚伯拉罕·夏普(Abraham Sharp)利用格雷哥里级数计算 π 值,令 $x = \sqrt{1/3}$,精确到 71 位小数。

1706 年。约翰·梅钦(John Machin)利用格雷哥里级数以及关系式(参看问题研究 4.13)

$$\frac{\pi}{4} = 4\arctan\left(\frac{1}{5}\right) - \arctan\left(\frac{1}{239}\right)$$

计算 π 值得到 100 位小数。

1719 年。法国数学家代·拉尼(De Lagny)利用格雷哥里级数计算 π 道,令 $x = \sqrt{1/3}$,得到 112 位正确的小数。

1737 年。早期的英国数学家威廉·奥特雷德(William Oughtred)、伊萨克·巴罗(Isaac Barrow)和截维·格雷哥里(David Gregory)用 π 这个符号表示圆周。第一个用此符号表示圆周与直径的比值的是英国作者威廉·琼斯(William Jones)(发表于 1706 年)。然而,在欧拉于 1737 年采用它之前,这个符号一般不在这个意义上使用。

1754 年。一位早期的法国数学史家季安·厄提内·蒙蒂克拉(Jean E'tienne Montucla)写了一本化圆为方问题的历史。

1755 年。法国科学院拒绝再审查化圆为方问题的解。

1767 年。兰伯特(Johann Heinrich Lambert)证明 π 是无理数。

1777 年。蒲丰(Comte de Buffon)设计出他的著名的**投针问题**(needle problem)。依靠它,可以用概率方法得到 π 的近似值。假定在水平面上画上许

多距离为 a 的平行线,并且,假定把一根长为 $l < a$ 的同质均匀的针随意地掷在此平面上。蒲丰证明:该针与此平面上的平行线之一相交的概率[①] 为

$$p = \frac{2l}{\pi a}$$

把这一试验重复进行多次,并记下成功的次数,从而得到 p 的一个经验值。然后用上述公式计算出 π 的近似值。用这种方法得到的最好结果是意大利人拉泽里尼(Lazzerini)于 1901 年给出的。他只掷了 3 408 次针,就得到了准确到 6 位小数的 π 的值。他的试验结果比其他试验者得到的结果准确多了,甚至准确到使人们对它有点怀疑。还有别的计算 π 的概率方法。例如,1904 年,查尔特勒斯(R. Chartres)就写出了应用下列实例的报告:如果写下任意两个整数,则它们互素的概率为 $6/\pi^2$。

1794 年。勒让德(Adrien-marie Legendre)证明 π^2 是无理数。

1841 年。英国的威廉·卢瑟福(William Rutherford)利用格雷哥里级数以及关系式

$$\frac{\pi}{4} = 4\arctan\left(\frac{1}{5}\right) - \arctan\left(\frac{1}{70}\right) + \arctan\left(\frac{1}{99}\right)$$

计算 π 到 208 位(后来发现其中 152 位是正确的)。

1844 年。一位杰出的计算家——达瑟(Zacharias Dase)利用格雷哥里级数以及关系式

$$\frac{\pi}{4} = \arctan\left(\frac{1}{2}\right) + \arctan\left(\frac{1}{5}\right) + \arctan\left(\frac{1}{8}\right)$$

计算 π 值准确到 200 位。达瑟 1824 年出生于汉堡,37 岁就死了。他也许是前所未有的天才的心算家。他能在 54 秒内心算两个 8 位数的乘积,在 6 分钟内心算两个 20 位数的乘积;在 40 分钟内心算两个 40 位数的乘积;在 8 小时 45 分钟内心算两个 100 位数的乘积。他在 52 分钟内心算出了一个 100 位数的平方根。达瑟在制作从 7 000 000 到 10 000 000 的 7 位自然对数表和因数表时,充分地发挥了他的技能。

1853 年。卢瑟福重新考虑这个问题,计算 π 值准确到 400 位小数。

1873 年。英国的香克斯(William Shanks)用梅钦公式计算 π 到 707 位小数。长时间来,一直保持为最惊人的计算。

1882 年。如果一个数是某有理系数多项式的根,则该数被称做**代数数**(algebraic),否则,它被称做**超越数**(transcendental)。林德曼(F. Lindemann)证明 π 是超越数。这个事实证明(参看 14,2 节):化圆为方问题不能用欧几里得工具求解。

---

① 如果一个给定事件发生的情况有 h 个,不发生的情况有 f 个,并且这 $h + f$ 个情况发生的可能性是相等的,则该事件发生的概率为 $p = h/(h + f)$。

1906 年。还有涉及 π 的这类趣闻:已想出了许多帮助记忆 π 到多位小数的记忆法。下面这段在《文摘》(*Literary Digest*)中刊登的记忆法,是欧尔(A. C. Orr)写的。只要把每个字换成它包含字母的个数,就能得到 π 的准确到 30 位小数的值。

> Now, I, even I, would celebrate
>
> In rhymes unapt, the great
>
> Immortal Syracusan, rivaled nevermore,
>
> Who in his wondrous lore,
>
> Passed on before,
>
> Left men his guidance
>
> How to circles mensuate.

几年以后到 1914 年,在《科学美国人增刊》(Scientific American Supplement)中,有下面这段类似的帮助记忆的诗歌:"See, I have a rhyme assisting my feeble brain, its tasks ofttimes resisting."另外两段这样的帮助记忆的诗歌是:"How I want a drink, alcoholic of course, after the heavy lectures involving quantum mechanics,"和"May I have a large container of coffee?"

1948 年。弗格森(D. F. Ferguson)1946 年发现香克斯的 π 值从第 528 位开始错了;并于 1947 年 1 月给出了 710 位的正确值。在同一个月,美国的小伦奇(J. W. Wrench, JR.)发表了 808 位的 π 值,但弗格森不久发现在 723 位上的一个错误。1948 年 1 月,弗格森和伦奇联合发表了 808 位准确的、校正过的 π 值。伦奇用的是梅钦公式,而弗格森则用的是公式

$$\frac{\pi}{4} = 3\arctan\left(\frac{1}{4}\right) + \arctan\left(\frac{1}{20}\right) + \arctan\left(\frac{1}{1\,985}\right)$$

1949 年。马利兰德在阿伯丁(Aberdeen)的军队弹道研究所,用电子计算机 ENIAC,计算 π 到 2 037 位。

1959 年。裴努埃(Francois Genuys)在巴黎,用 IBM704 计算 π 到 16 167 位。

1961 年。华盛顿的伦奇和丹尼耳·香克斯从头开始用 IBM7090 计算 π 到 100 265 位。

1965 年。ENIAC 已过时,被撤销,并作为古董搬到史密斯研究所(Smithsonian Institution)。

1966 年 2 月 22 日。吉劳(M. Jean Guilloud)及其合作者在巴黎原子能委员会(Commissariat a I' Energie Atomique)用 STRETCH 计算机将 π 的似值扩展到 250 000 位。

1967 年。正好是一年之后,上述工作者用 CDC6600 将 π 的值计算到 500 000 位。

1973 年。吉劳及其合作者在 CDC7600 计算机上将 π 的值计算到 1 000 000 位。

1981 年。日本筑波大学(University of Tsukuba)的两位数学家鹿角理三吉 (Kazunori Miyoshi)和和久仲山(Kazuhika Nakayama)在 FACOM M – 200 计算机上用 137.30 小时将 π 的值计算到 2 000 038 位有效数字。他们用的公式是

$$\pi = 32\arctan\left(\frac{1}{10}\right) - 4\arctan\left(\frac{1}{239}\right) - 16\arctan\left(\frac{1}{515}\right)$$

并且,用梅钦公式进行了核对。

1986 年。1986 年 1 月,California 的 NASA Ames Research Center 的 D·H·贝利 (Bailey)在 Cray – 2 巨型计算机上用 28 个小时计算 π 值达 29 360 000 位。他用的方法是以 Dalhousie University 的 J·M·和 P·D·博尔文(Borwein)的方法为基础的。贝利把这两位博尔文的方法与一种较慢的方法(这也是两位博尔文给出的)相对照,并且证实了其结果的准确性。稍迟一点,东京大学(University of Tokyo)的廉正蒲田(Yasumasa Kanada)在一台 NEC SX – 2 巨型计算机上用博尔文的方法,计算 π 值达 134 217 700 位。

123

在上述 π 的年表中,我们没有讲圆方病患者(morbus cyclometricus)提供的大量文献。这些著作常常是有趣的,有时简直不能令人置信,然而,要把它们全写出来,得单独出一本书。为了说明这点,举个例子:一位作者于 1892 年在《纽约论坛》(New York Tribune)上宣布重新发现了一个长期丢失的秘密,该秘密导出 3.2 为 π 的准确值。随着这一宣布而引起的热烈讨论,使许多人赞成用这个 π 值。再则,自 1931 年作出这项宣布后,这位热心的作者,为了证明 $\pi = 3$ 又 13/81,搞了一大厚本抄件,散发给全美国的大多数学院和公共图书馆。并且,印第安纳州法第 246 号法案(1897)年,试图以法律形式确定 π 的值。在该法案的第一节中说:印第安纳州的众议院议案肯定下述事实已被发现,即一个圆的面积等于以其周长的 1/4 为边的正方形的面积,就如同等边矩形等于以其一边为边的正方形面积一样……,"尽管由于该州公共教育局长是那样地奋力支持,使该法案通过了,但是由于一些报纸的嘲笑,被参议院搁置起来了。[①]

除了比赛之外,将 π 的值计算到更多的位还有别的意义。在 1767 年(那年,π 被证明是无理数)之前,理由之一是谋求弄清楚:π 的数字是否从某处起开始重复,如果是那样的话,则得知 π 是有理数,只不过是分母很大。最近,人们又有兴趣于:从统计上获悉 π 是否具有"正态性"。如果一个实数在其十进制展开式中所有数码以等频率出现的话,则这个实数被称为**单纯正态的**(simply

---

[①] 参看 W. E. Edington, "House Bill No. 246 Indiana State Legislature, 1897," Proceedings of the Indiana Acade my of Science 45(1935 年):206-10. 还参看 A. E. Hallerberg. "Indiana's squared circle," Mathematics Magazine, 50. no. 3(May 1977):136-140.

normal);如果所有同样长的数码块均以等频率出现的话,它称为**正态的**①(normal)。不知道 π(或者甚至 $\sqrt{2}$)是不是正态的,以至是不是单纯正态的。从 1949 年在 ENIAC 上计算 π 值以来,就想从统计上来探讨它是否具有这种性质。从 π 的这些很长的展开式看,它也许是正态的。从 1873 年香克斯算出的 π 错误的 707 位近似值看来,π 甚至不是单纯正态的。

124   将 π 计算到十进制的很多位,还有其他理由。首先,因为这样一种大规模的计算服务的程序的设计导致大得多的程序设计能力,这对计算机科学是有价值的。再则,一旦一个程序曾被成功地用于一台计算机,它就能用来核对另一台新计算机是否运转正常。

在许多场合,需要随机数表,例如:在涉及马尔可夫链的问题中,把门特卡罗方法应用于数学物理的问题时,和在统计学取随机样本时,π 的数字并不真正随机,因为其每一个数字是唯一地被决定的。π 的数字也许够"杂乱的",当做随机数表用还是可以的;试验(例如,"扑克试验")似乎就表明这一点。

与 π 的可能的正态性相联系,有趣的是:π 的最初的六位数 314159,在 π 的十进制展开式的前一千万个数字中出现六次,而 0123456789 则从不出现。

e(自然对数的底)的前六位数字 271828,在其十进制展开式的前一千万个数字中出现八次。

问 题 研 究

4.1 欧几里得圆规与现代圆规

第一次读欧几里得《原本》的学生,可能对第一卷开始的一些命题有点感到惊讶。头三个命题是作图题:

1.在一给定的线段上作一等边三角形。

2.从一给定点,画一线段,使之等于给定线段。

3.在两条给定的线段中,取较长的一条,截去一部分,使之等于较短的一条。

这三个作图题,用直尺和现代(modern)圆规来作,是轻而易举的;但是,用直尺和欧几里得(Euclidean)圆规来作,则需要点技巧。

(a)用欧几里得工具解命题 1。

(b)用欧几里得工具解命题 2。

---

① 数的正态性的概念是 E·波莱尔(Borel,1871—1956)提出的,他证明:"几乎所有的"数是正态的。

(c)用欧几里得工具解命题 3。

(d)试用命题 2 证明直尺和欧几里得圆规与直尺和现代圆规是等价的。

4.2 用阿契塔和梅纳科莫斯的方法解倍立方体问题

(a)阿契塔(约公元前 400 年),这位毕氏学派的哲学家、数学家、将军和政治家,是意大利塔兰图姆(Tarentum,现在是 Taranto)的最受人尊敬的、最有影响的公民之一。据说他曾七次当选为塔兰图姆军队的首领,并且由于他对塔兰图姆儿童的幸福与教育的关心而闻名。他悲惨地溺死于塔兰图姆附近的一次船只失事中。下面是他对在两条给定的线段之间插入两个比例中项的解法。

设 a 和 $b(a > b)$ 为两条给定的线段。在平面上,以 $AD = a$ 为直径作一圆,并作弦 $AB = b$,延长 AB,与圆在点 D 处的切线相交于 P。以半圆 ABD 为底竖立一个直半圆柱(上半);将 AP 围绕 AD 旋转,生成一个直圆锥;将以 AD 为直径的垂直圆围绕半圆柱的过 A 的母线旋转,生成一个零内径的环面。以 K 表示半圆柱、圆锥和环面的公共点,并且设 I 为半圆柱的过 K 的母线在半圆 ABD 上的垂足。证明:AK 和 AI 是 a 和 b 之间两个比例中项。即证明:$AD : AK = AK : AI = AI : AB$。

(b)梅纳科莫斯(约公元前 350 年)对倍立方问题给出了下列两种解法。他利用某些圆锥曲线——它们显然是梅纳科莫斯为了解决这个问题而发明的。

(1)作两条有公共顶点的、其轴互相垂直的抛物线,并且使得其中一个的正焦弦为另一个的二倍。设 x 表示从两条抛物线的另一个交点向较小的抛物线的轴所作垂线之长。于是,以 x 为边的立方体的体积等于以较小的正焦弦为边的立方体的体积的二倍。试用现代解析几何证明这种作图法是正确的。

(2)作一正焦弦为 s 的抛物线;然后作一横截轴等于 $4s$ 且以抛物线之轴为其渐近线的等轴双曲线;并且过抛物线顶点作其切线。设 x 为从两条曲线的交点向抛物线的轴所作垂线之长,则 $x^3 = 2s^3$。试用现代解析几何证明这种作图法是正确的。

4.3 用阿波洛尼乌斯和埃拉托塞尼的方法解倍立方体问题

阿波洛尼乌斯(约公元前 225 年)解决了倍立方体问题,如下所述:作矩形 $OADB$;然后作一与矩形同心的圆,与 OA 的延长线相交于 A',与 OB 的延长线相交于 B',使得 A',D,B' 共线。实际上,用欧几里得工具作这个圆是不可能的,但是阿波洛尼乌斯给出了一种机械作图的方法。

(a)证明:BB' 和 AA' 是 OA 和 OB 两个比例中项。

(b)如果 $OB = 2(OA)$,试证明 $(BB')^3 = 2(OA)^3$。

(c)埃拉托塞尼(约公元前 230 年)设计了一种机械的"求比例中项的工具",它是由三个相等的矩形标架组成的,并带有一组对应的对角线,三个标架能在槽上滑动(第二个标架能滑到第一个的下面,第三个标架能滑到第二个的下面)。假定标架像图 36 所示的那样滑动,使得 A', B', C' 三点共线。证明: BB' 和 CC' 是 AA' 和 DD' 的两个比例中项。这种"求比例中项的工具"容易用一组相等的矩形纸板做成;并且能够推广,以便在两个给定的线段之间插入 n 个比例中项。[1]

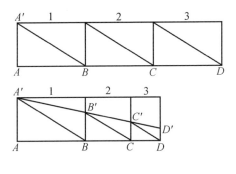

图 36

4.4　丢克莱斯的蔓叶线

丢克莱斯(约公元前 180 年)为了解倍立方体问题发明了**蔓叶线**(cissoid)。一般的蔓叶线可定义如下:设 C_1 和 C_2 为两条给定的曲线,并且 O 为一固定点。令 P_1 和 P_2 为过 O 点的动直线与给定曲线的交点。在此动直线上使得 $OP = OP_2 - OP_1 = P_1P_2$ 的点 P 的轨迹称为 C_1 和 C_2 对极点 O 的蔓叶线(cissoid of C_1 and C_2 for the pole O)。如果 C_1 是一个圆,C_2 是 C_1 的在点 A 处的切线,且点 O 是 C_1 上的与 A 直径地相对的点;则 C_1 与 C_2 对极点 O 的蔓叶线是**丢克莱斯的蔓叶线**(cissoid of Diocles)。

(a)取 O 为原点,OA 为正 x 轴,证明:丢克莱斯蔓叶线的笛卡儿坐标方程为 $y^2 = x^3/(2a - x)$,其中 a 是 C_1 的半径。试证明:对应的极坐标方程为 $r = 2a\sin\theta\tan\theta$。

(b)在正 y 轴上截取 $OD = n(OA)$,作 DA 截蔓叶线于 P。设 OP 截直线 C_2 于 Q。试证明:$(AQ)^3 = n(OA)^3$。当 $n = 2$ 时,我们得到倍立方体问题之解。

(c)牛顿告诉我们怎样用木匠的丁字尺生成丢克莱斯的蔓叶线。设丁字尺

---

① 关于最新的机械装置,参看 George E. Martin, "Duplicating the cube with a mira," The Mathematics Teacher (March 1979):204-208.

的外边为 *ACB*,*AC* 为短臂。作一直线 *MN*;标出一点 *R*,与 *MN* 之距离为 *AC*。移动方形,使得 *A* 总是在 *MN* 上,*BC* 总是过点 *R*。试证明:*AC* 之中点 *P* 描出丢克莱斯的蔓叶线。

(d)两个同心圆对他们的公共圆心的蔓叶线是什么? 一对互相平行的直线对于不在这两条直线上任何一点的蔓叶线是什么?

(e)如果 C_1 和 C_2 相交于 *P*,试证明 *OP* 是 C_1 和 C_2 对极点 *O* 的蔓叶线在点 *O* 的切线。

4.5 17 世纪提出的解倍立方体问题的一些方法

许多 17 世纪著名的数学家,例如惠更斯、笛卡儿、圣文森特和牛顿,都设计过倍立方体的作图方法。下面是其中的两种。

(a)圣文森特(Crégoire de Saint-Vincent)(1647)以下述定理为基础给出了求两条给定线段的两个比例中项的作图方法:

过一矩形之一顶点,作一双曲线,使其渐近线为该矩形与此顶点相对的两个边,此双曲线与矩形的外接圆相交于一点,则此点与两条渐近线之距离是矩形的两个邻边的两个比例中项。

试证明此定理。

(b)笛卡儿(1659 年)指出曲线

$$x^2 = ay, \quad x^2 + y^2 = ay + bx$$

交于点(x,y),使得 *x* 和 *y* 为 *a* 和 *b* 的两个比例中项。试证明之。

4.6 插入原理之应用

我们给定两条曲线 *m* 和 *n*,以及一点 *O*。假设允许在给定的直尺上标出线段 *MN*,再调整直尺的位置,使得它过 *O* 且与 *m* 交于 *M*,与 *n* 交于 *N*。这时,沿直尺所画的直线称为应用**插入原理**(insertion principle)而画出的。如果允许使用插入原理,那么原来不能用欧几里得工具解决的问题,也能用这些工具来解决。试证实下述作图(其中的每一个都用了插入原理)的正确性:

(a)设 *AB* 为一给定的线段。作 $\angle ABM = 90°$,$\angle ABN = 120°$。然后,作 *ACD* 交 *BM* 于 *C*,交 *BN* 于 *D*,且使得 *CD* = *AB*。于是,$(AC)^3 = 2(AB)^3$。实质上,这种作图方法是韦达(1646)和牛顿(1728)发表过的。

(b)设 *AOB* 为一给定圆的任一圆心角。过 *B* 作直线 *BCD* 交圆于 *C*,交 *AO* 延长线于 *D*,且使得 *CD* = *OA*——圆的半径。则 $\angle ADB = \frac{1}{3} \angle AOB$。三等分角的问题的这种解法是阿基米德(大约公元前 240 年)给出的一条定理提示的。

4.7 尼科梅德斯的蚌线

关于尼科梅德斯(大约公元前 240 年),除了知道他发明了**蚌线**(conchoid)之外,其他方面知道得很少。蚌线既能用来解三等分角问题,又能用来解倍立方问题。一般的蚌线可以定义如下:设 c 为一给定曲线,O 为一固定点。在从 O 到 c 上一点 P 的向径 OP 上截 $PQ = \pm k$(在这里,k 是一个常数)。这时,点 Q 的轨迹称为曲线 c 对极点 O 和常数 k 的蚌线。完全的曲线包括两支:其中一支对应于 $PQ = +k$,另一支对应于 $PQ = -k$。如果 c 是一条直线,而 O 是 c 外任何一点,我们就得到**尼科梅德斯蚌线**(conchoid of Nicomedes)。

128 (a)取 O 为原点,取过点 O 平行于给定直线 c 的直线为 x 轴;试证明:常数为 k 的尼科梅德斯蚌线的笛卡儿坐标方程为 $(y - a)^2 (x^2 + y^2) = k^2 y^2$(其中,$a$ 是 O 到 c 的距离)。

(b)试说明:如何用尼科梅德斯蚌线解倍立方体问题。

(c)一个圆对于其上一固定点的蚌线称为帕斯卡螺线(Limacon of Pascal)(发明者是著名的布莱斯·帕斯卡(Blaise Pascal)的父亲埃廷内·帕斯卡(Etienne Pascal, 1588—1640);虽然丢勒(1471—1528)在 16 世纪早期已经作出此曲线)。如果 $k = a$——给定圆的半径,我们得到一条特殊的螺线(称为**三等分角线**(trisectrix))。为了用三等分角线三等分一个角,提出下述作图法。令 $\angle AOB$ 为以 O 为圆心,以 OA 为半径的圆中的任何圆心角。对该圆,以 A 为极点,作三等分角线,且设 BO 的延长线交三等分角线于 C。于是,$\angle ACB = \frac{1}{3} \angle AOB$。

(d)试证明:曲线 c 对于极点 O 与常数 k 的蚌线之两支为 c 和 s 对于极点 O 之蔓叶线,其中,s 是以 O 为圆心,以 k 为半径的圆。(参看问题研究 4.4)

4.8 用圆锥曲线三等分角

借助于圆锥曲线,一般角很容易被三等分。下面给出这种作图法:

(a)设 $\angle AOB$ 为给定的角。作以 O 为中心,以 OA 为渐近线的等轴双曲线之一支,交 OB 于 P。以 P 为圆心,以 $2(PO)$ 为半径,作一圆,交双曲线于 R。作 PM 平行 OA,作 RM 垂直于 OA,相交于 M。于是,$\angle AOM = \frac{1}{3} \angle AOB$。

(b)设取 $\angle AOB$ 为一个圆的圆心角。OC 为 $\angle AOB$ 的角平分线。作离心率为 2,以 A 为焦点,OC 为对应准线的双曲线之一支;且设此支交弧 AB 于 P,于是,$\angle AOP = \frac{1}{3} \angle AOB$。这种作图法是帕普斯采用的(大约公元 300 年)。

(c)不用圆锥曲线,只用直圆锥本身,就能完成任意角的三等分,这很灵巧。作这样的圆锥(譬如说,用木头做):其斜高等于其底的半径的三倍。在圆锥底面的圆周上标出与我们要三等分的那个角相等的圆心角 $\angle AOB$ 的弧 AB。然后,将一张纸绕在此锥体上,并在此纸上标上点 A,点 B 和顶点 V 的位置。证明:当把纸展平时,$\angle AVB$ 是 $\angle AOB$ 的三分之一。这个新颖的程序,奥布里(Aubry)于1896年描述过。[①]

4.9　渐近的欧几里得作图

用欧几里得工具,但需要无限次操作的作图,被称做**渐近的欧几里得作图**(asymptotic construction)。在下面给出对于解决三等分角和倍立方体问题的两个这种类型的作图[②]。

(a)设 OT_1 为 $\angle AOB$ 的角平分线,OT_2 为 $\angle AOT_1$ 的、OT_3 为 $\angle T_2OT_1$ 的、OT_4 为 $\angle T_3OT_2$ 的、OT_5 为 $\angle T_4OT_3$ 的角平分线等,则 $\lim\limits_{i \to \infty} OT_i = OT$ 为 $\angle AOB$ 的三等分线之一。(这种作图法是斐耳科斯基(Fialkowski)于1860年给出的)

(b)在线段 AB_1 的延长线上,截 $B_1B_2 = AB_1$,$B_2B_3 = 2(B_1B_2)$,$B_3B_4 = 2(B_2B_3)$ 等。以 $B_1,B_2,B_3,\cdots$ 为圆心,作圆 $B_1(A),B_2(A),B_3(A),\cdots$,设 M_1 为 AB_2 上半圆之中点。作圆 B_2M_1 交圆 $B_2(A)$ 于 M_2,作 B_3M_2 交圆 $B_3(A)$ 于 $M_3\cdots$。设 N_i 为 M_i 在点 A 上的各圆的公切线上之射影。这时,有 $\lim\limits_{i \to \infty} AN_i =$ 圆 $B_1(A)$ 的四分之一。

4.10　割圆曲线

希皮阿斯(约公元前425年)发明了称做**割圆曲线**(quadratrix)的超越曲线,我们能用这种曲线任意等分角和化圆为方。割圆曲线可以定义如下:设一个圆的半径 OX,绕其圆心 O,从 OC 到 OA 作匀速转动,转一直角。同时,设平行于 OA 的 MN 线,平行于其自身,从 CB 到 OA 作匀速移动。OK 和 MN 的交点 P 的轨迹即为割圆曲线。

(a)取 $OA = 1$。且正 x 轴沿着 OA,试证明割圆曲线的笛卡儿坐标方程为 $y = x\tan(\pi y/2)$。

(b)试证明:如何用割圆曲线任意等分一个角。

---

① 最新的机械装置,参看 W. Lott and Iris Mack Dayoub,"What can be done with a mira?" The Mathematics Teacher (May 1977):394-99。
② 关于倍立方体问题的渐近的欧几里得解,请参看 T. L. Heath, History of Greek Mathematics, vol. 1. pp. 268-270。

(c)求割圆曲线的 x 轴截距,并说明:如何用此曲线化圆为方。

4.11 近似求长法

已经给出求与一给定圆的圆周等长的线段的许多近似作图法。于是,只要求出圆的半径和与半圆周等长的线段的比例中项,并以其为边作正方形,就容易得到化圆为方问题的近似解。

(a)试证明:圆的周长可由圆的直径的三倍加上内接正方形边长的 1/5 近似地给出。这导出 π 的一个什么近似值?

(b)设 AOB 为给定圆的直径。试求过点 B 的切线上的点 C,使得 $\angle COB = 30°$,在切线上截 CBD,使 CBD 等于圆的半径的三倍。于是,$2(AD)$ 近似地等于圆的周长。这导出 π 的什么近似值? 这种作图法是波兰的耶索伊特·科献斯基(Jesuit Kochanski)于 1685 年给出的。

(c)设 $AB = 1$ 为给定圆的直径。作 $BC = 7/8$,与 AB 垂直于 B,在 AB 延长线上截 $AD = AC$。作 $DE = 1/2$,与 AD 垂直于 D;且设 F 为从 D 向 AE 所作垂线之垂足。作 EG 平行于 FB,交 BD 于 G,于是 GB 近似地为 π 的小数部分。试求 GB 的长度到七位小数。这种作图法是格尔德(Gelder)在 1849 年给出的。

4.12 希波克拉底的月形

希俄斯的希波克拉底(约公元前 440 年),求出了某些月形的面积,也许是想通过他的研究给化圆为方问题打开思路。下面是希波克拉底的月形求积中的两个:[①]

(a)设 AOB 为一个圆的四分之一。以 AB 为直径在这四分之一圆的外面,作一个半圆。试证明:以这四分之一圆和这个半圆所围的月形,与 $\triangle AOB$ 面积相等。

(b)设 $ABCD$ 等于以 AD 为直径的圆的内接正六边形的一半。作该圆与以 AB 为直径的半圆之间的月形。试证明:梯形 $ABCD$ 的面积等于该月形面积的三倍加上以 AB 为直径的半圆的面积。

4.13 π 的计算

(a)证明:$\pi/4 = 4\tan^{-1}\left(\dfrac{1}{5}\right) - \tan^{-1}\left(\dfrac{1}{239}\right)$。梅钦在 1706 年,就是用这个公式

---

① 关于月形求积的现代发展,请参看 Tobias Dantzig. The Bequest of the Greeks. Chap. 10。

将 π 算到 100 位小数的。

(b)验证 4.8 节中,韦达于 1579 年给出的公式。

(c)证明:

$$\pi/6 = \sqrt{1/3}\{1 - 1/(3)(3) + 1/(3^2)(5) - 1/(3^3)(7) + \cdots\}$$

(d)在中世纪,有一个通用的求平方根近似值的公式:$\sqrt{n} = \sqrt{a^2 + b} = a + b/(2a + 1)$。取 $n = 10 = 3^2 + 1$,说明:为什么经常用 $\sqrt{10}$ 作为 π。

(e)证明:印第安纳州法案(1897 年)第 246 条中的那条定理(参看 4.8 节)做出下述错误的假定:一个圆和一个正方形,如果它们具有相等的周长就具有相等的面积。此假定导出 π 的什么值?

(f)如果 s_k 表示内接于半径为 R 的圆的正 k 边形的一个边,试证明:

$$s_{2n} = \{2R^2 - R(4R^2 - s_n^2)^{1/2}\}^{1/2}$$

(g)如果 S_k 表示外切于半径为 r 的圆正 k 边形的周长,试证明

$$S_{2n} = \frac{2rS_n}{2r + (4r^2 + S_n^2)^{1/2}}$$

(h)如果 p_k 和 P_k 分别表示内接和外切于同一圆的正 k 边形的周长,试证明

$$P_{2n} = \frac{2p_nP_n}{p_n + P_n}, p_{2n} = (p_nP_{2n})^{1/2}$$

(阿基米德在其《圆的量度》一书中,从 p_6 和 P_6 开始,陆续地计算 $P_{12}, p_{12}, P_{24}, p_{24}, p_{48}, p_{48}, P_{96}, p_{96}$ 就是用的这两个公式)

(i)如果 a_k 和 A_k 分别表示内接和外切于同一圆的正 k 边形的面积,试证明

$$a_{2n} = (a_nA_n)^{1/2}, A_{2n} = \frac{2a_{2n}A_n}{a_{2n} + A_n}$$

4.14 斯内尔的近似法

设 $\angle AOP$ 为单位圆中的锐圆心角(图 37)。延长直径 AOB 到点 S,使得 $BS = AO$,作 SP 交过点 A 的切线于 T。斯内尔指出:如果 $\angle AOP$ 充分地小,则切线段 AT 近似地等于弧 AP 的长。

(a)试求当 $\angle AOP = 90°$ 时,斯内尔近似法的误差。

(b)以 θ 表示 $\angle AOP$,以 ϕ 表示 $\angle AST$,试证明

$$AT = \frac{3\sin\theta}{2 + \cos\theta} = 3\tan\phi$$

(c)试证明 $\phi < \theta/3$,从而

$$\frac{\sin\theta}{2 + \cos\theta} < \tan\left(\frac{\theta}{3}\right)$$

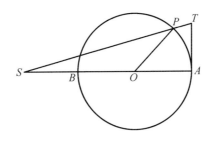

图 37

132

(d)说明：如何用斯内尔近似法任意等分角。

(e)说明：如何用斯内尔近似法将圆周分成 n 等分。

(f)说明：如何用斯内尔近似法求圆的面积。

4.15 帮助记忆 π 的诗歌

(a)下列的帮助记忆 π 的诗歌产生多少位准确值？

> Sir, I bear a rhyme excelling
>
> In mystic force and magic spelling
>
> Celestial spries elucidate
>
> All my own striving can't relate.

(b)说明下列的法文诗给出的 π 值准确的二十六位：

> Que j'aime à faire apprendre
>
> Un nombre utile aux sages
>
> Immortel Archimède artiste ingénieur
>
> Qui de ton jugement peut priser la valeur
>
> Pour moi ton problème
>
> A les pareils avantages!

(c)下列的优美的西班牙诗能帮助我们记忆 π 值到多少位？

> Sol y Luna y Mundo Proclaman al Eterne Autor del Cosmos.

(d)为了记住 π 的十进位制的展开式，在课本上给出的最成功的帮助记忆的诗歌，能够给出 30 位准确的十进位数；但是不能编出产生超过 31 位准确值的帮助记忆的诗歌。为什么？

(e)π 这个数能由有理数给出近似值。例如：

$$22/7 = 3.14|28$$

$$355/133 = 3.141\ 592|92$$

$$104\ 348/33\ 215 = 3.141\ 592\ 653|92\ 142$$

833 719/265 381 = 3.141 592 653 58|108

这就依次给出 π 准确到 2,6,9 和 11 位小数的值。说明下列帮助记忆的诗歌可被用来记忆最后两个分数：

calculator will get fair accuracy
but not to π exact

dividing top lot through（a nightmare）
by number below，you approach π

已经证明：对于一位、两位、三位、五位和六位的分母，π 的最优有理近似值分别准确到 2,3,6,10 和 11 位。用四位数做分母，不可能做出超过 6 位准确数。

133

论 文 题 目

4/1　柏拉图对数学的影响。

4/2　亚里士多德对数学的影响。

4/3　未解决的问题在数学中的重要性。

4/4　圆锥曲线历史中最早的几步。

4/5　把欧几里得作图看做几何学的单人游戏。

4/6　现代圆规与欧几里得圆规。

4/7　古希腊对高次平面曲线的研究。

4/8　可变为方形的月形。

4/9　正态数。

4/10　初等数学中帮助记忆的诗歌。

4/11　柏拉图的"教育之间相互渗透"的思想。

4/12　伪数学。

参考文献

ALLMAN, G. J. *Greek Geometry from Thales to Euclid*［M］. Dublin：University Press, 1889.

BALL, W. W. R., and H. S. M. COXETER *Mathematical Recreations and Essays*［M］. 11th ed. New York：Macmillan, 1939.

BECKMANN, PETR *A History of Pi*［M］. Boulder, Colo.：Golem, 1970.

BOROFSKY, SAMUEL *Elementary Theory of Equations*［M］. New York：Macmillan, 1950.

BRUMBAUGH, R. S. *Plato's Mathematical Imagination*；*The Mathematical*

Passages in the Dialogues; and their Interpretation[M]. Bloomington, Ind.: Indiana University Press, 1954.

BUNT, L. N. H.; P. S. JONES; and J. D. BEDIENT *The Historical Roots of Elementary Mathematics*[M]. Englewood Cliffs, N.J.: Prentice-Hall, 1976.

COOLIDGE, J. L. *The Mathematics of Great Amateurs*[M]. New York: Oxford University Press, 1949.

COURANT, RICHARD, and HERBERT ROBBINS *What Is Mathematics?*[M]. New York: Oxford University Press, 1941.

DANTZIG, TOBIAS *The Bequest of the Greeks*[M]. New York: Charles Scribner's, 1955.

DEMORGAN, AUGUSTUS *A Budget of Paradoxes*[M]. 2 vols., 2d ed., ed. D. E. Smith. Chicago: Open Court, 1915.

DICKSON, L. E. *New First Course in the Theory of Equations*[M]. New York: John Wiley, 1939.

DUDLEY, UNDERWOOD *A Budget of Trisections*[M]. New York: Springer-Verlag, 1987.

EVES, HOWARD *A Survey of Geometry*[M]. 2 vols. Boston: Allyn and Bacon, 1963 and 1965. Vol. I revised in 1972.

EVES, HOWARD *Foundations and Fundamental Concepts of Mathematics*[M]. 3rd ed. Boston: PWS-KENT Publishing Company, 1990.

FOWLER, D. H. *The Mathematics of Plato's Academy. A New Reconstruction*[M]. Oxford: Clarendon Press, 1987.

GOW, JAMES *A Short History of Greek Mathematics*[M]. New York: Hafner, 1923.

HEATH, T. L. *History of Greek Mathematics*, vol. 1[M]. New York: Oxford University Press, 1921. Reprinted by Dover, New York, 1981.

—— *A Manual of Greek Mathematics*[M]. New York: Oxford University Press, 1931. Reprinted by Dover, New York, 1963.

—— *Mathematics in Aristotle*[M]. New York: Oxford University Press, 1949.

HOBSON, E. W. *"Squaring the Circle": A History of the Problem*[M]. New York: Chelsea, 1953.

KNORR, WILBUR *The Ancient Tradition of Geometric Problems*[M]. New York: Springer-Verlag, 1986.

LEE, H. D. P., ed. *Zeno of Elea*[M]. New York: Cambridge University Press, 1935.

134

LOVITT, W. V. *Elementary Theory of Equations* [M]. Englewood Cliffs, N.J.: Prentice Hall, 1939.

PHIN, JOHN *The Seven Follies of Science* [M]. 3rd ed. Princeton, N.J.: D. Van Nostrand, 1911.

THOMAS, IVOR, ed. *Selections Illustrating the History of Greek Mathematics* [M]. 2 vols. Cambridge, Mass.: Harvard University Press, 1939 and 1941.

VAN DER WAERDEN, B. L. *Science Awakening* [M]. Translated by Arnold Dresden. New York: Oxford University Press, 1961. Paperback edition. New York: John Wiley, 1963.

WEDBERG, ANDERS *Plato's Philosophy of Mathematics* [M]. Stockholm: Almqvist & Wiksell, 1955.

WEISNER, LOUIS *Introduction to the Theory of Equations* [M]. New York: Macmillan, 1938.

YATES, R. C. *The Trisection Problem* [M]. Ann Arbor, Mich.: Edward Brothers, 1947. Reprinted by the National Council of Teachers of Mathematics, Washington, D. C., 1974.

文明世界①

波斯帝国——公元前 550 年—公元前 300 年；
希腊化时代——公元前 336 年—公元前 31 年；
罗马帝国——公元前 31 年—公元 476 年
（伴随第 5 章和第 6 章）

文
明
背
景
IV

在公元前 3 世纪后半叶的某段时期,埃拉托塞尼(公元前 276～公元前 196?)决定绘制一幅新的世界地图(参看 6.3 节,关于地图的制作)。他是一位数学家、科学家、地理学家,同时又是亚历山大里亚大图书馆的馆长。自希腊历史学家希罗多图斯(Herodotus)绘制其世界地图以来,已经过去了二百多年,而且在这个时期内发现了许多新的地方。埃拉托塞尼知道:探险家皮提阿斯(Pythias)在大约公元前 300 年曾两次到大西洋旅游,他访问了不列颠群岛、斯堪的纳维亚、日耳曼、甚至还到了一个严寒的、太阳永远不落的、神秘的地方。皮提阿斯相信这个冻死人的地方是世界的边缘,并且称之为世界最北的地区(*Ultima Thule*);它可能是今天的冰岛。迦太基国王哈诺(Hanno)在大约公元前 470 年,曾沿着非洲西海岸向南航行,并且,埃拉托塞尼有关于他曾经看见到什么的报告。在他的图书馆里还有关于佩特罗克斯(Partrocles)到里海远足旅行的记载。商船和商人们每天带着遥远的地方的故事来到亚历山大里亚的车水马龙的市场。这确实是绘制新地图的好时机。

135

---

① oikoumene,译作:文明世界;实际上是:当时希腊人心目中的文明世界。

埃拉托塞尼断然地展开一卷新的纸草书,并且开始绘制。他把亚历山大里亚这个有 500 000 居民的、世界上最大的城市,放在地图的中心。在这个城市的两旁绘上几条重要的商业通道。埃拉托塞尼和其他的希腊演说者们称希腊、埃及和中东为文明世界(*oikoumene*),而亚历山大里亚就是其商业和文化中心。在亚历山大里亚的深水港口里常常停泊着从远方而来的船只;有宏伟的灯塔为它们导航,很安全;这灯塔是世界七大奇迹之一。亚历山大里亚的商人们络绎不绝地穿行在从不列颠群岛经地中海到印度的航路上,在这座城市的市场上,人们能够买到:来自印度和阿拉伯的香料,来自非洲的木材和象牙,来自泰尔①的布,来自希腊的橄榄和来自罗马的盐和奴隶。国王托勒密四世菲罗帕特(Philopater,在位期间为公元前 222—公元前 205 年)的皇宫处于该城的显要位置,其次是大学和那个有 600 000 卷纸草书的、藏书丰富的图书馆。

当然,埃拉托塞尼也知道亚历山大里亚的建设的历史。在一百多年前,在公元前 338 年,正当希腊的城邦在经过将近一百年的内战之后都精疲力竭的时候,马其顿的菲利普二世(公元前 382—公元前 336 年)把整个希腊统一于其统治之下,菲利普死后,他的新帝国由他的儿子亚历山大大帝(公元前 356 年—公元前 323 年)统治。两年以后,在公元前 334 年,亚历山大大帝带领他的军队迎击强大的波斯帝国的大胆的侵略。波斯帝国当时是世界上最大、最强的国家。在亚历山大大帝之前二百年,在公元前 550 年,波斯的第一个国王塞鲁士大帝(死于公元前 529 年)战胜了巴比伦;在二十五年之后,其第二个国王甘比西士(死于公元前 522 年)兼并埃及,建立了世界上第一个真正的多元文明的帝国。在公元前 330 年,在经过六年战争之后,亚历山大手下的马其顿人进占波斯首都波斯波利斯;这个古老的帝国于是灭亡。在波斯波利斯陷落的前两年,亚历山大大帝建成亚历山大里亚城,并把它当做其西部的首都。

埃拉托塞尼在他的地图上,在亚历山大里亚的四周,绘上了三个帝国和几个较小的城邦(它们是在波斯灭亡之后,才出现于文明世界(*oikoumene*)的)。在打了这次胜仗之后,亚历山大大帝把波斯和希腊都置于自己的统治之下,形成了一个唯一的、世界性的帝国。他在波斯的土地上创设希腊的殖民地,在中东和埃及建立希腊的贵族政治,并且把波斯的士兵并入马其顿的军队。希腊、埃及和中东,被统称为文明世界(*oikoumene*),也就是希腊人心目中的文明世界。统一的尝试失败于公元前 323 年,这年,亚历山大大帝才三十三岁,还很年轻就死去了;从此,他的帝国被他的继承人们分割。

埃及(连同其首都亚历山大里亚)是亚历山大死后出现的三个国家之一。它从地中海沿着尼罗河的两岸向南伸展,经过古埃及的孟斐斯② 和底比斯,经

①　译者注:泰尔是古腓尼基南部的一个海港,在今天的黎巴嫩境内。
②　译者注:埃及尼罗河畔一座古城。

过昔兰尼,甚至经过靠近现代喀士穆的梅罗伊城①。埃及受希腊托勒密王朝的统治,这个王朝是托勒密一世索泰尔(Soter,公元前 367? ~公元前 283)于公元前 323 年建立的。他把亚历山大里亚转变为希腊贵族政治管辖的世界上最大的商业城市。

在埃及的东面,有塞流西得王国,这是亚历山大的帝国的最大的后继者。塞流西得王国从它的首都——地中海上的、美丽的安提阿向东伸展,包括现在的巴勒斯坦、叙利亚、伊拉克和伊朗。和埃及一样,塞流西得帝国受希腊上层阶级的统治,并且,号称有六十多个希腊城——由政府建立的殖民地。文明世界的第三个重要势力是马其顿本身,它包括大多数旧希腊城邦。

希腊人把在"文明世界"之外居住的人们视为野蛮人。东面有神秘的、奇特的印度,亚历山大大帝曾和他们打过他的最后一仗。西面,在意大利和北非,有罗马和迦太基两个希腊城邦,虽然还是共和制,实质上是未发育成熟的帝国。在南意大利,有很少几个希腊殖民地,其中最著名的是西那库斯,虽然名义上归罗马控制,实际上还是独立的。除了这些地方之外,则都是还处于石器时代的未开化的狩猎者们和没有文化的农民们。在遥远的地方有文明的中国;商人们通过一条细长的商业通道把货物从中国带到这个"文明世界",但是中国没有出现在埃拉托塞尼的地图上。

这个"文明世界"受到希腊人政治上和文化上的统治,被历史学家称之为希腊化的世界(Hellenistic world),并且,把从亚历山大大帝到罗马人占领亚历山大里亚城这段时间(公元前 336—公元前 31)称做希腊化时代。来到像亚历山大里亚和安提阿这样的新城市生活的希腊人,在原来那里的古老的中东文明的顶上镶嵌上一层希腊文明。他们建设城市和市场,中学和大学,博物馆和图书馆。现在,在这个庞大的政治和经济帝国的中心,希腊的学者们能够以空前大的规模获得关于新的人、地和物的信息。尤其是,它们给我们的朋友埃拉托塞尼以创造新的地理科学的灵感。

在希腊化时代开始时,希腊科学以一个个分离的学科出现,不再被当做是哲学的子学科。虽然,雅典的学者们仍然集中注意力于哲学、历史、和文学,但是,亚历山大里亚的思想家们更加强调科学和数学。他们的研究受到埃及政府的鼓励。托勒密二世菲拉德弗斯(公元前 308? ~公元前 246?)给大学以大量资助,建立博物馆、动物园和一系列引人入胜的、服务于科学的建筑物。况且,国王还给学者们个人的小天地和学术的自由,而不干涉他们的研究。

希腊科学,在希腊化时代的前一个半世纪,在公元前 300 年到公元前 150 年间,在亚历山大里亚的发展达到了顶峰时期。自那以后,有一个长时间的慢

137

---

① 译者注:非洲尼罗河畔一个古都,在白尼罗河和兰尼罗河的汇合处。

下坡,到公元前 46 年则尤为严重;那时,亚历山大里亚大学的大部分(包括图书馆)被烧;到公元 529 年,雅典学校关闭,这个文明才最终完成了其使命。造成这个滑坡,有技术的、政治的、经济的和社会的几方面的因素。

技术的因素(Technological Factors)。天文学、生物学和地理学已经进展到这样的地步:没有望远镜、显微镜和时钟,就不可能进步了。理论和假说有待于检验,必要的工具还没有发明。

政治的因素(Political Factors)。在公元前 149 年,在地中海地区兴起的罗马帝国利用它强大的势力征服了迦太基,注意力已经转向文明世界。罗马人于公元前 148 年兼并了马其顿,15 年后侵占富饶的帕加马(Pergamum),公元前 66 年又征服了强大的本部(Pontus)。为了保住其侵略者的特权,罗马的社会和政治生活开始衰退,并导致一系列的内战。凯撒(Julius Caesar,公元前 102—公元前 44)抗击庞培(Cneius Pompey,公元前 106—公元前 48),以后者的失败而告终;是这些内乱之一。庞培逃到埃及,凯撒紧追不舍,但只是找到了他的尸体;而凯撒本人又在亚历山大里亚落入托勒密十三世(死于公元前 44 年)的重重包围之中。狡诈的罗马人为了解脱自己,放火烧埃及的舰队,不料火势很大,烧到了城里。亚历山大里亚的大部分被烧。最使凯撒寒心的是:连那座最大的图书馆也毁于一旦。凯撒就在他的妻子——埃及皇后克娄巴特拉(Cleopatra,公元前69~公元前30)为他生下第一个儿子后不久逃之夭夭;两年后,在公元前 44 年,在罗马被仇敌暗杀。另一次内战,凯撒的侄子奥古斯特(Augustus,公元前 63—公元 14)于公元前 31 年最终获胜。奥古斯特宣布他自己是独裁者,把罗马留下的那点共和制度也彻底毁掉了。他又兼并埃及,作为对庇护其一个敌对者的惩罚。罗马继续统治着文明世界的大部分,直到这个帝国在公元 476 年被野蛮的侵略者攻占为止。

不像埃及的国王,罗马的皇帝大部分以军事为自己的职业,拒绝用国家的财富支持科学事业。罗马帝国(公元前 31 ~ 公元 476)以军事独裁为核心;并且,像大多数军事政权一样对独立的学术活动不给予同情(参看文明背景Ⅲ关于斯巴达的叙述)。成为帝国的罗马,并不是在智力的所有方面都没有成就;它孕育了一些好的历史剧和优美的文学,但是,事实证明:对于科学来说,这是个贫瘠的环境。

经济的因素(Economic Factors)。罗马人使用奴隶劳动达到了空前的程度,尤其是在奥古斯特于公元前 31 年建立帝国之后。帝国的居民有一半以上是奴隶。大多数劳累的工作由奴隶去做,因而没有必要考虑节省劳动的办法:像西那库斯的阿基米德(公元前 287—公元前 212)所发明的滑轮和杠杆;这么一来,科学家们也就失去了创造发明的动力。

社会的因素(Social Factors)。撇开其最初的成就不说,对于希腊化时代的罗马学者来说,对科学的兴趣,远不如对哲学、文学和宗教的兴趣大。希腊化时代,在哲学上,有斯多亚主义和享乐主义的发展;在宗教上,罗马帝国目睹基督教的兴起(此外,还有些较小的宗教和时尚,例如,密斯拉教——现已失传),并且,325 年,康斯坦丁大帝一世(288? ~337)把基督教定为国教。宗教的首领常与科学的追根究底的精神互相对立,尤其是在科学的模式与宗教的教条相抗衡时。且不说,在 325 年以前,有的基督教徒曾成为野蛮镇压者的牺牲品,基督教会内的少数极端主义者也难于容忍科学家。亚历山大里亚的最后一位科学家希帕奇娅,于 415 年被基督教的狂热分子野蛮地杀害;并且,希腊的基督教首领于 529 年劝诱拜占庭皇帝查士丁尼一世(483—565)关闭雅典的学校,借口:学校里搞异端邪说。

摘要

在公元前 550 年至公元 476 年之间,西方世界由一系列大帝国统治。波斯帝国持续到公元前 330 年被亚历山大大帝战胜;在公元前 323 年到公元前 31 年,托勒密的埃及、塞流西得和马其顿这三个希腊帝国瓜分了它,并分别控制着自己的势力范围;罗马帝国则从公元前 31 年统治到公元 476 年。在波斯陷落之后,希腊向亚细亚和非洲扩张,把希腊的文明和科学传递到这个世界的新的部分。在埃及的亚历山大里亚,希腊的国王们建设大学并给予他们大力的资助,在公元前 300 年到公元前 150 年之间,学术繁荣了大约 150 年。自那以后,在科学方面的努力大为减弱,原因是多方面的:缺少设备;在公元前 31 年罗马战胜埃及之后,政府的支持减少;奴隶劳动使用的增加;兴趣转向哲学和宗教以及某些宗教首领的对立。在 529 年,最后一所希腊学校——雅典学校关闭,希腊人在科学上的探索宣告结束。等过了将近一千年,科学才在西方世界重新繁荣起来。

139

第五章　欧几里得及其《原本》

5.1　亚历山大里亚①

伯罗奔尼撒战争之后,是希腊诸国政治上分裂的时期。这给北方新兴的、强大的马其顿王国的入侵提供了方便。马其顿的菲利普王逐步向南扩张其势力,而狄摩西尼(Demosthenes)大声疾呼提出警告,但无人理睬。由于希腊人联合防御过迟,结果随着雅典人公元前 338 年在凯隆尼亚(Chaeronea)的失败,希腊便沦为马其顿帝国的一部分。

希腊诸国沦陷两年以后,野心勃勃的亚历山大大帝继承他父亲菲利普未竟的事业,发动了空前的侵略战争,将文明世界的大部分区域并入新兴的马其顿帝国之版图。在他的军队取得胜利的地方,他选择了良好的位置,建造了一系列的城市。当亚历山大大帝进入埃及以后,在公元前 332 年建筑的亚历山大里亚就是这样的一座城市。

据说,亚历山大里亚的规划、施工和移民,都是亚历山大大帝亲自指挥的。而直接负责该项工程的则是著名的建筑师狄诺克拉底(Dinocrates)。亚历山大里亚从开始就显示出它的光辉前景。在极短的时间里,便奇迹般地成为富有而壮丽的世界性的城市。关键在于它是许多重要的贸易渠道的交叉点。在公元前 300 年左右,它就有 50 000 居民。

公元前 323 年亚历山大大帝死后,他的帝国被其军事首领所瓜分,最终形成三个帝国,但仍然联合于希腊文化的约束之下。大约公元前 306 年,托勒密开始统治埃及。他把亚历山大里亚定为首都。为了吸引有学问的人到这个城市来,便立即着手建立了著名的亚历山大大学。这所大学是这一类大学的第一所,并且就其规模和建制来说,可同现代大学相媲美。据记载,建立它花费不小。它的吸引人的、精心制定的计划包括教室、实验室、花园、博物馆、藏书设备及生活区。该大学的中心是大图书馆。这座图书馆在很长时间内被当做是收集世界各地学术著作最多的宝库,在其创建的四十年内,号称拥有超过六十万卷纸草书。该大学大约建成于公元前 300 年,它使亚历山大里亚成为希腊民族的精神文明首府,并持续了将近一千年。

---

① 参看 R. E. Langer "Alexandria—shrine of mathematice." The American Mathematical Monthly 48 (February 1941):109-25.

为了把知名的学者延聘到大学里任职，托勒密向雅典聘请了著名的法勒琉斯（Demetrius Phalereus）主持大图书馆。一些有才能的的人被选拔出来，研究各种学术问题。欧几里得，可能是从雅典来的，在这里主持数学系。

5.2 欧几里得

遗憾的是，人们除了知道他是亚历山大大学的数学教授和大名鼎鼎的、历时长久的亚历山大学派的奠基人之外，对于他的生活和性格知道的很少，甚至连他的出生年月与地点都不清楚，估计他很可能在雅典的柏拉图学园受过数学训练。许多年后，当人们将欧几里得和阿波洛尼乌斯相比而贬抑后者时，帕普斯赞许欧几里得的谦虚谨慎和关怀他人。普罗克拉斯（Proclus）在其《欧德姆斯概要》中增添了一个常说的欧几里得的故事：当托勒密向欧几里得询问学习几何知识的捷径时，他答道：“在几何学中没有王者之路。”也有的说，当梅纳科莫斯做亚历山大大帝的老师时，有过这么一回事。斯托贝乌斯（Stobaeus）讲过另一个关于欧几里得教学生学几何的故事，说的是：当一个学生问他学这门学科会得到什么时，欧几里得便命令一个奴隶给他一个便士。他说：“因为他总要从他学习的东西中得到好处。”

5.3 欧几里得的《原本》

欧几里得虽然是一个至少有十部著作的作者，而且其中五部被相当完整地保存下来，但是使他声名显赫的主要是《原本》（Elements）一书。这部杰出的著作完全取代了所有以前的数学原理之类的书，事实上，在他以前的著作几乎没有留下什么痕迹。这部著作刚一出现，就受到最大的重视：从欧几里得的继承人直至现代，在论证一个特殊的定理和作图时，只要说根据欧几里得著作中的第几个命题就够了。除了圣经之外，没有任何著作像它这样被广泛地使用和研究；并且，没有别的著作对科学思想有如此巨大的影响。从 1482 年的第一个版本出版到现在，已出现一千多个版本；两千多年来，这部著作在几何教学中占统治地位。

实际上，欧几里得的《原本》在作者那个时代的抄本已经找不到了。《原本》的现代版本都是以原著写成后约 700 年亚历山大里亚的泰奥恩（Theon）的修订本为依据，直到 19 世纪初，我们才见到《原本》的更早的版本。1808 年，拿破仑命令把有价值的书稿从意大利的图书馆运往巴黎；佩腊尔德（F. Peyrard）在梵蒂冈图书馆发现欧几里得的《原本》的 10 世纪的版本，这比泰奥恩的修订本早。从对这个老版本的仔细研究中得知：原著的定义、公理和公设与后来的修订本有些区别，但是命题及其证明基本上保留了欧几里得写的原样。

143

144

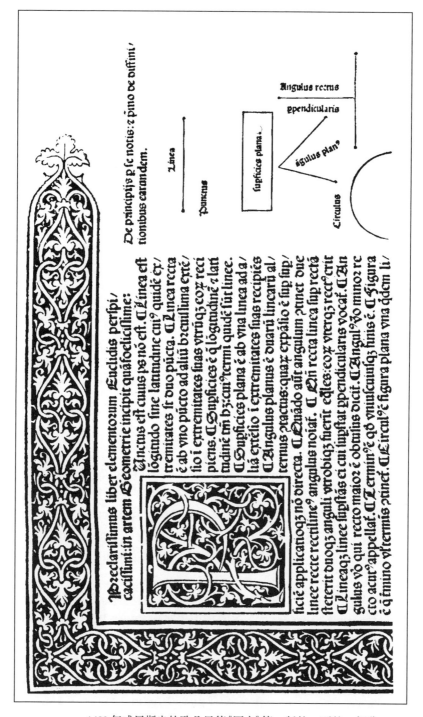

1482 年威尼斯出的欧几里德《原本》第一版的一页的一部分

比林斯利译的欧几里得《原本》(1570)的封面

　　《原本》的第一个完整的拉丁文译本,不是从希腊文译的,而是从阿拉伯文译的。在 8 世纪,希腊著作的一些拜占庭(Byzantine)手抄本被阿拉伯人译出;而在 1120 年,英国学者巴思(Bath)的阿德拉特(Adelard)从这些较老的阿拉伯文译本之一翻译出《原本》的拉丁文译本。另一些拉丁译本是由克雷莫纳(Cremona)的格拉多(Gherardo,1114—1187)以及比阿德拉特迟 150 年由约翰尼斯·坎伯努斯(Johannes Campanus)从阿拉伯文翻译的。《原本》的第一个版本是 1482 年在威尼斯出版的,它包括坎帕努斯的译文。这部罕有的书制作精美,并且是第一部被出版的、有重要意义的数学书。一个重要的拉丁文译本是康曼丁那(Commandino)在 1572 年从希腊文译过来的。此译本成为以后许多译本(包括罗伯特·西摩松(Robert Simson)的很有影响的工作)的基础,也就是说许多英文版都是从它转译出的。《原本》的第一个完整的英文译本是 1570 年出版的不朽的比利斯利(Billingsley)译本①。

讲清楚在欧几里得的著作之前,还曾经有过其他《原本》,丝毫不影响欧几里得著作的光辉。根据《欧德姆斯概要》,在这方面作过努力的第一个人是希俄斯的希波克拉底,第二个人是利昂(Leon),他生活于柏拉图和欧多克斯之间的某些时候。据说,利昂的著作,较之希波克拉底的,包括经过更加仔细精选的命题;并且,他书里的命题既比较多又比较适用。柏拉图学园的课本是马格内西亚的修迪乌斯(Theudius)写的,人们称赞说,这是一部极佳的基本原理汇集。修迪乌斯的几何学看来曾是欧几里得的著作的直接先驱,并且,无疑是欧几里得可以利用的书;尤其是,如果他在柏拉图学园学习过的话。欧几里还熟悉狄埃泰图斯和欧多克斯的著作。因此,欧几里得的《原本》也许,就其大部分来说,是对于早期作者的著作的高度成功的编纂和系统的整理。无疑,欧几里得必须提供大量的证明,并对许多其他证明加以完善;但是,他的著作的主要功绩还在于:对命题的巧妙选择,和把它们排列进由少数初始假定出发演绎地推导出的合乎逻辑的序列中。

5.4 《原本》的内容

和普遍的想法相反,欧几里得《原本》不是单讲几何的,它还包括相当多的数论和初等(几何的)代数。这部书有十三卷,共计 465 个命题。美国中学的平面几何和立体几何的课本包括第一、三、四、六、十一和十二卷中的大量材料。

第一卷很自然地是从必要的初步的定义、公设和公理开始;我们将在 5.7 节中回过头来讲这些。第一卷的 48 个命题分为三类:头 26 个主要是讨论三角形的性质,包括三个全等定理;从命题 I 27 到命题 I 32 建立平行线的理论,并证明三角形的三个内角之和等于两个直角;这卷书其余的命题讨论平行四边形、三角形和正方形,特别注意面积关系;命题 I 47 是毕氏定理,附有证明(一般认为是属于欧几里得本人的);最后一个命题,即命题 I 48,是毕氏定理的逆定理。本卷书的内容是早期毕氏学派发展的。

---

① 参看 R. C. Archibald, "The first translation of Euclid's Elements into English and its source," The American Mathematical Monthly 57 (August – September 1950):443-52, and W. F. Shenton, "The first English Euclid," The American Mathematical Monthly 35 (December 1928):505-12.

145 (左侧边注)

对第一卷的少数命题进一步加以评述,是值得的。前三个命题是作图题,它们证明:如何能利用直尺和欧几里得圆规将一线段从给定的位置转移到任何其他想到的位置(参看问题研究 4.1)。由此我们能把欧几里得圆规当做现代圆规,以简化作图程序。

命题 I 4 证明:若两个三角形的两边和夹角对应相等,它们就全等。此证明用的是叠合法,在这里,证明:一个三角形,可用置这个三角形的给定角于另一个三角形的对应角之上的方法,叠合于另一个三角形,使得对应的相等的边也重合。数学家们后来对用叠合法给出的证明提出了反对意见(参看 15.1 节)。

命题 I 5 证明:等腰三角形两底角相等。这个命题之所以有趣,是因为:据说,这个证明把许多初学者弄糊涂了,并且,他们因此中断对几何学的进一步学习。此命题曾被称为"愚人的桥"(Pons asinorum),因为这个命题的图形很像一座简单的支架桥,它深到了新手们难以越过的程度。欧几里得的证明中包括一些初等的作图,并且,我们复制了 Issac Barrow 的 Euclid 的一页作为该图形的实例。在此图形中,给定的等腰△BAC 的等边 AB 和 AC 被延长同样长到 D 和 F,并且,画出 CD 和 BF。由此得出(根据命题 I 4):△AFB 与△ADC 全等,使得 BF = DC 和∠BDC = ∠CFB。然后得出(再一次根据命题 I 4):△BDC 与△CFB 全等,保证∠DBC = ∠FCB,并且,因此,∠ABC = ∠ACB。实际上,此证明可被显著地缩短,正如帕普斯后来(大约 300 年)所指出的:可以直接应用命题 I 4 于△ABC 和△ACB,在这里,AB 与另一个三角形的 AC 相等,AC 与另一个三角形的 AB 相等,并且,一个三角形中的∠BAC 与另一个三角形中的∠CAB 相等。

命题 I 6 证明命题 I 5 的逆。在此例中,在△BAC 中,∠ABC = ∠ACB 是给定的,而我们想要证明的是 BA = CA。欧几里得用归谬法进行证明:假定 BA > CA,则 BM = CA 可被置于 BA 上。根据命题 I 4,△CBM 和△BCA 全等,但是,这是矛盾的,因为△CBM 是△BCA 的真部分。由此得出:BA ≯ CA。类似地,CA ≯ BA,并且,由此得出 BA = CA。这是《原本》中第一次使用归谬法或间接法。在此处之后,欧几里得常用此法。

从命题 I 9 到命题 I 12 是作图题:其头两个是作给定角的平分角线和求给定线段的中点。这类作图题的一个目的是作为存在证明;例如,证明存在给定角的平分角线的最好办法也许是把那条平分角线作出来。

命题 I 47 是毕达哥拉斯定理。欧几里得的关于此命题的图形和其漂亮的证明的摘要,可在问题研究 5.3(b)中找到。

第二卷是只有 14 个命题的一个薄本,讨论面积的变换和毕氏学派的几何式代数。在第三章中,我们已经讲过这卷书中的一些命题。就是在本卷书中我们发现一些代数恒等式的几何等价关系。例如,我们在 3.6 节中曾说明,命题

147

Liber I.

lcm, ſub æqualibus rectis lineis contentium, & ba-
ſim BC baſi EF æqualem babebunt; eritque tri-
angulum BAC triangulo EDF æquale, ac reli-
qui anguli B, C reliquis angulis E, F æquales
erunt, uterque utri ue, ſub quibus æqualia lalera
ſubtenduntur.

Si punctum D puncto A applicetur, & recta
DE rectæ AB ſuperponatur, cadet punctum E
in B, quia DE^a = AB. Item recta DF cadet a *byp.*
in AC, quia ang. A^a = D. Quinetiam pun-
ctum E puncto C coincidet, quia AC^a = DF.
Ergò rectæ EF, BC, cùm eoſdem habeant ter-
minos, ^{b} congruent, & proinde æquales ſunt. b 14. *ax.* ✳
Quare triangula BAC, EDF; & anguli B, E;
itemq; anguli C, F etiam congruunt, & a-
quantur. Qod erat Demonſtrandum.

PROP. V.

Iſoſcelium triangulorum ABC
qui ad baſim ſunt anguli ABC,
ACB inter ſe ſunt æquales. Et
productis æqualibus rectis lineis
AB, AC qui ſub baſe ſunt an-
guli CBD; BCE inter ſe æ-
quales erunt.

^{a} Accipe AF = AD, & *a* 3 1.
junge CD, ac BF. *b* 1. p ſt.
Quoniam in triangulis *c byp.*
ACD, ABF, ſunt AB^c = AC, & AF^d = AD, *d conſtr.*
angulusq; A communis, ^{e}erit ang. ABF = ACD; *e* 4. 1.
& ang. AFB^e = ADC, & bas. BF^e = DC;
item FC^f = DB. ergò in triangulis BFC, *f* 3 *ax.*
BDC ^{g}erit ang. FCB, = DBC. Q. E. D. Item *g* 4. 1.
ideo ang. FBC = DCB. atqui ang. ABF^h = *h* pr.
ACD. ergò ang. ABC^k = ACB. Q. E. D. *k* 3. *ax.*

Corollarium.

Hinc, Onne triangulum æquilaterum eſt
quoq; æquiangulum.

PROP.

巴罗（Isaac Barrow）的《欧几里得》给出的命题Ⅰ5（等腰三角形的底角相等）
的欧几里得的证明

Ⅱ4,Ⅱ5 和 Ⅱ6 是如何证明下列等式的

$$(a + b)^2 = a^2 + 2ab + b^2$$
$$(a + b)(a - b) = a^2 - b^2$$
$$4ab + (a - b)^2 = (a + b)^2$$

尤其有趣的是命题 Ⅱ12 和 Ⅱ13,这两个命题合并在一起用现代语言来说,即:

在一个钝角(锐角)三角形中,该钝角(锐角)对边的平方等于三角形其余两边的平方和加上(减去)这两边之一与另一边在其上的投影之积的二倍。

这两个命题是毕氏定理的推广,我们现在称之为"余弦定理"。

今天有一些数学史家,不顾长期保持的信念,热烈地争论着:第二卷的这些命题是否真的旨在于几何式的代数。

第三卷有三十九个命题,包括中学几何课本中许多关于圆、弦、割线、切线及有关角的量度的定理。第四卷只有十六个命题,讨论用直尺和圆规作正三角形、正四、五、六和十五边形;以及在给定圆内(外)作这些内接(外切)正多边形。由于在毕氏学派的著作中很少见到《原本》第三卷和第四卷中给出的圆的几何学,也许这两卷书的材料是早期诡辩派和第四章中讨论的三个著名问题的研究者提供的。

第五卷是对欧多克斯比例理论的精彩的阐述。正是这个既可应用于可通约的量又可应用于不可通约的量的理论,消除了由于毕氏学派发现无理数而产生的"逻辑悖理"。欧多克斯的比例定义(即两个比的相等)是很重要的,值得在这里重复一下:

如果有四个量,取第一量和第三量的任何相等的倍数,取第二量和第四量的任何相等的倍数,当第一个量的倍数大于、等于或小于第二个量的倍数时,相应地有第三个量的倍数大于、等于或小于第四个量的倍数,那么我们就说,第一量与第二量的比等于第三量与第四量的比。

换句话说,如果 A, B, C, D 是四个不分正负的量,A 和 B 为同类量(均为线段、或角、或面积、或体积),C 和 D 为同类量,且对于任意正整数 m 和 n,相应于 $mA \gtreqless nB$ 有 $mC \gtreqless nD$,则 A 与 B 的比等于 C 和 D 的比。欧多克斯的比例理论为数学分析的实数系提供了一个基础,后来又被戴德金(Dedekind)和魏尔斯特拉斯(Weierstrass)发展了。

第六卷把欧多克斯的比例理论应用于平面几何。其中有:关于相似三角形以及比例第三项、比例第四项和比例中项的作图的基本定理;在第三章中考虑过的二次方程的几何解;命题:三角形的一个角的平分线,分其对边为两线段,这两线段之比等于另外两边之比;毕氏定理的推广,其中以直角三角形三个边上的相似形代替正方形,及许多其他定理。本卷书中的定理,几乎没有一个是早期毕氏学派不知道的,但是对于其中许多定理,欧多克斯之前的证明是错误

148

的;因为它们是以不完全的比例理论为根据的。

第七、八、九卷总共包括 102 个命题,讲的是初等数论。第七卷从求两个或两个以上整数的最大公约数的方法(今称为**欧几里得算法**(Euclidean algorithm))开始,并用它检验两个整数是否互素(参看问题研究 5.1),其中还有关于数值的(或毕氏学派的)比例理论的一个解释。在本卷书中确立了数的许多基本性质。

第八卷大部分讲的是连比和有关的几何级数。如果我们有连比 $a:b=b:c=c:d$,则 a,b,c,d 构成一个几何级数。

在第九卷中有一些重要的定理。命题 IX 14 等价于重要的**算术基本定理**(fundamental theorem of arithmetic),即任何大于 1 的整数能以一种(且本质上仅有一种)方法表示成素数的乘积。命题 IX 35 给出几何级数前 n 项和的公式的几何方法的推导。最后一个命题,即 IX 36,建立了完全数的著名公式,这在 3.3 节中已经讲过。

命题 IX 20(素数有无限多个)的欧几里得证明,已被数学家们普遍地认为是数学的典范,此证明用的是间接方法① 即归谬法(reduction ad pabsurdum),现简述如下。假如只有有限个素数,我们用 $a,b,\cdots,k$ 表示之。设 $P=a,b,\cdots,k$,则 $P+1$ 要么是素数,要么是合数。但是,因为 $a,b,\cdots,k$ 是全部素数,而 $P+1$ 大于 $a,b,\cdots,k$ 中的任何一个数,所以不可能是素数。另一方面,如果 $P+1$ 是合数,它必定能被某素数 p 整除。但是 p 必定是全部素数 $a,b,\cdots,k$ 的集合中的一个元素,这就是说,p 是 P 的一个因子,结果 p 不能整除 $P+1$,因为 $p>1$。于是我们最初的假设(素数只有有限个)不能成立,则此定理得证。

第十卷讨论无理数,即讨论与某给定线段不可通约的线段。许多学者认为本卷书也许是《原本》中最重要的一卷。一般认为这卷书的大部分题材来源于狄埃泰图斯;但是使其充分完整、精心分类和最后完成则通常归功于欧几里得。我们很难相信,不借助于任何方便的代数符号,单凭抽象的推理就得出这卷书中的结论。开始的命题(X 1)是后面在第十二卷中采用穷竭法的基础,即

如果从任一量中减去不小于它的一半的部分,再从余下的部分中减去不小于它的一半部分,继续下去,则最后余下的量将小于任何指定的这种量。

本卷书还有生成毕氏三数的公式;古代巴比伦人可能比这早一千多年就知道了这几个公式(参看 2.6 节)。

余下的三卷书:第十一、十二、十三卷,讲立体几何,除了关于球体的论述外,其大部分内容在中学课本中通常都能找到。关于空间中的直线和平面的定义、定理,以及关于平行六面体的定理,可在第十一卷中找到。穷竭法在第十二

① 不用间接方法,将证明系统地作出也很容易。

卷,论述体积时起重要作用,将在本书第十一章中细讲。在第十三卷中叙述球的五种内接正多面体的作图法。

常有这样的说法,即欧几里得《原本》实际上只是想探讨五种正多面体。这个评价看来是很不全面的。一个比较适当的评价是:它是想要在当时起初级普通数学课本的作用。欧几里得还写了关于高等数学的课本。

最后,谈谈"elements"(原本)这个术语的意思。普罗克拉斯(Praclus)曾告诉过我们:演绎研究的"elements",古代希腊人指的是在该学科中具有广泛的和一般的应用的最重要的定理。其作用可同字母表中的字母对语言的作用相比:事实上,希腊文中的"字母"就是这个词。亚里士多德在他的《形而上学》(Metaphysics)一书中说:"在几何命题中,我们把这样一些命题称为'elements',这些命题的证明包含于所有或大多数几何命题的证明之中。"选择作为学科的"elements"的定理,需要有相当的判断力;在这方面,欧几里得的《原本》比所有较早的著作要高明的多。

因此,另一个常说的评语:欧几里得《原本》是想将他那个时代知道的全部平面和立体几何概括无遗,这显然是错误的。欧几里得知道的几何学比写在他的《原本》上的要多得多。

150

5.5　比例理论

注意到在毕氏学派、欧多克斯学派和现代课本对于包含比例的简单命题的证明之间存在差别是有趣的。我们选择命题Ⅵ 1 为例,它的陈述是:

等高的三角形面积之比等于它们的底的比。

我们可以运用命题Ⅰ 38,它说:

等底且等高的三角形的面积相等。

以及命题Ⅰ 38 的推论:

等高的两个三角形,其底较大者,面积亦较大。

来证明它。

设两个三角形为 ABC 和 ADE,其底 BC 和 DE 在同一直线 MN 上,如图 38 所示。毕氏学派在发现无理数之前,不言而喻地假定任何两条线段是可通约的。于是假定 BC 和 DE 具有共同的量度单位,也就是说 BC 为其 p 倍,DE 为其 q 倍。在 BC 和 DE 上将这些分点标出,并将它们与顶点 A 连接。这样,$\triangle ABC$ 和 $\triangle ADE$ 分别被分成 p 个和 q 个较小的三角形(根据Ⅰ 38,全具有同样的面积)。由此得出,$\triangle ABC : \triangle ADE = p : q = BC : DE$;于是,此命题得证。考虑到后来的发现:两线段不一定是可通约的,则此证明(连同其他的证明)便成为不妥当的,令人不安的"逻辑悖理"产生了。

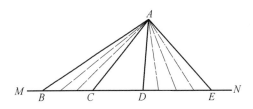

图 38

欧多克斯的比例理论巧妙地消除了这个"悖理",作为例证,我们将依《原本》中见到的样子重新证明 Ⅵ 1。在 CB 延长线上,接着 B,标出 $m-1$ 条等于 CB 的线段,并将这些分点:$B_2, B_3, \cdots, B_m$ 与顶点 A 边接,如图 39 所示。类似地,在 DE 延长线上,接着 E,标出 $n-1$ 条等 DE 的线段,并将这些分点:E_2,$E_3, \cdots, E_n$ 与顶点 A 连接。于是 $B_mC = m(BC)$,$\triangle AB_mC = m(\triangle ABC)$,$DE_n = n(DE)$,$\triangle ADE_n = n(\triangle ADE)$。又根据 I 38 及其推论,相应于 $B_mC \gtreqless DE_n$ 有 $\triangle AB_mC \gtreqless \triangle ADE_n$。即相应于 $m(BC) \gtreqless n(DE)$,有 $m(\triangle ABC) \gtreqless n(\triangle ADE)$;从而根据欧多克斯的比例定义,$\triangle ABC : \triangle ADE = BC : DE$,并且该命题得证。这根本不涉及可通约或不可通约量,因为欧多克斯的定义对于这两种场合都适用。

151

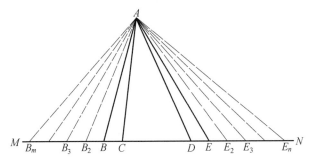

图 39

许多现代的中学数学课本主张:相应于 BC 与 DE 可通约还是不可通约,此定理分两种情况证明。可通约的情况,像上述的毕氏学派解法那样处理;对于不可通约的情况,则用简单的极限概念。这样,假定 BC 和 DE 是不可通约的。将 BC 分成 n 个相等部分,BR 为其一部分(图 40)。在 DE 上标出相继的等于 BR 的线段,最后达到 DE 上的点 F,使得 $FE < BR$。根据可通约的情况已证明 $\triangle ABC : \triangle ADF = BC : DF$,现在令 $n \to \infty$,于是 $DF \to DE$,$\triangle ADF \to \triangle ADE$。因此,取极限后,$\triangle ABC : \triangle ADE = BC : DE$。这种方法利用了任何无理数都可看做有理数序列的极限这一事实;即在现代由康托尔(Georg Cantor,1845—1918)严格地论述的一种程序。

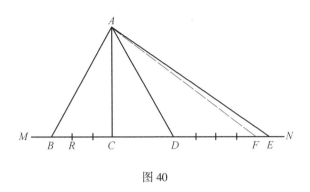

图 40

5.6 正多边形

我们已经说明:欧几里得在他的《原本》第四卷中讨论用直尺和圆规作正三、四、五、六和十五边形的方法。通过连续地二等分角或弧,我们就可以用欧几里得工具作具有 $2^n, 3(2^n), 5(2^n)$ 或 $15(2^n)$ 个边的正多边形。差不多直到 19 世纪才知道:用这两种被限制的工具还能作别的正多边形。1796 年,著名的德国数学家高斯(Carl Friedrich Gauss)发展了这个理论,证明:一个具有 素数 (prime)个边的正多边形可以用欧几里得工具作出,当且仅当其边数可以写成 $f(n) = 2^{2^n} + 1$ 这样的形式。对于 $n = 0, 1, 2, 3, 4$,我们有 $f(n) = 3, 5, 17, 257, 65$ 537,均为素数。这样,正 17, 257 和 65 537 边形能用直尺和圆规作出,这是希腊人所不知道的。除了上面列出的 n 值以外,对于其他的 n 值还不知道 $f(n)$ 是不是素数。

正十七边形的许多欧几里得式的作图法已经给出。黎仄罗(Richelot)于 1832 年发表了对正 257 边形的研究;林根(Lingen)的赫尔梅斯(Hermes)教授用一生中的十年时间研究正 65 537 边形的作图问题。据说,高斯在 19 岁发现正十七边形可用圆规和直尺作出,这决定了他献身于数学。他显然以此发现而自豪:他要求将正十七边形刻在他的墓碑上。虽然这个要求未被满足,但是在高斯的出生地布鲁斯维克(Brunswick)为他建立的纪念碑的底座上有这样一个多边形。

5.7 《原本》的表现形式

《原本》的内容固然重要,但也许那些内容借以表现的形式更为重要。事实上,欧几里得《原本》已成为现代数学形式的原型。

诚然,古代希腊数学的最伟大的成就之一乃是思想的公理形式的确立。为了在演绎体系中建立一个陈述,必须证明这个陈述是前面建立的某些陈述的一个必然的逻辑结论;而那些陈述又必须由更早建立的一些陈述来建立等。因为这个链条不能无限地继续往前推,开始总要接受有限个不用证明的陈述,否则就要犯循环推理的错误,即从陈述 B 推出陈述 A 然后又从陈述 A 推出陈述 B,这是不可饶恕的。这些最初假定的陈述称为该学科的**公设**(postulates)或**公理**(axioms),而该学科的所有其他陈述应该逻辑地隐含于它们之中,当一学科的陈述被这样排列时,我们就说这一学科被表示为公理的形式。

欧几里得《原本》的表现形式对后代产生了如此深刻的影响,以致这部著作成了合格的数学证明之典范。尽管 17,18 世纪欧几里得形式在相当程度上被抛弃,但是公理的方法在今天已经几乎渗透于数学的每一个领域,而许多数学家坚信:不仅数学思想是公理的思想,而且反之,公理的思想是数学思想。一个相当现代的成果是一个称为**公理学**(axiomatics)的研究领域的产生,旨在考察公理的集合及公理思想的一般性质。对此,我们将在 15.2 节中再来讨论它。

大多数古代希腊数学家和哲学家把"公设"和"公理"加以区别。至少有三点区别是各方面都赞成的。

1.公理是关于某事物的自明的、假定的陈述;公设是某事物的自明的、假定的作图。这样,公理和公设彼此之间的关系就很像定理和作图问题之间存在的关系。

2.公理是对于所有科学通用的假设;公设是所研究的特殊科学所特有的假设。

3.公理是对于学习者既明显又可接受的假设;公设是对于学习者既不一定明显又不一定可接受的假设(这最后一条实质上是亚里士多德所作的区别)。在现代数学中既不区分它们,也不考虑作为自明的或明显的性质。有些古代希腊人也倾向于这种观点。

我们既不能确切地知道欧几里得本人假设哪些陈述作为他的公设和公理,也不知道他在这方面究竟有多少公设和公理,以及后继的作者们又作了多少修改和补充。然而,有很好的证据说明,他坚持第一条区别,并且他也许假设了和下列十条陈述(五条"公理"或普通概念,五条几何的"公设")的等价陈述:

A1 与同一件东西相等的一些东西,彼此也是相等的。

A2 等量加等量,总量仍相等。

A3 等量减等量,余量仍相等。

A4 彼此重合的东西彼此是相等的。

A5 整体大于部分。

P1 从任一点到另外任一点作一条直线是可能的。

P2 把有限直线不断循直线延长是可能的。

P3 以任一点为圆心和任一距离为半径作一圆是可能的。

P4 所有直角彼此相等。

P5 如果一直线与两直线相交,且同侧所交两内角之和小于两直角,则两直线无限延长后必相交于该侧的一点。

公设 P1 和 P2 确立由两点决定的直线的存在;公设 P3 确立有给定圆心和半径的圆的存在。由此(正如早在 4.4 节中所讲的),无标记的直尺和易散的圆规成为欧几里得几何中解作图题所允许的仅有的工具。

《原本》旨在从这十条陈述出发推出所有的 465 个命题! 从已知的和比较简单的推出未知的和比较复杂的,这种推理称为**综合**(synthetic)。无疑,其逆过程,即把未知的和比较复杂的归结到已知的和比较简单的,这种归结称为**分析**① (analysis);分析,在发现许多定理的证明的过程中起作用,而对该学科的阐发不起作用。

5.8 欧几里得的其他著作

欧几里得除了《原本》以外,还写了几部专著,其中一些幸存到今天。较迟的一部称为《数据》(Data)与《原本》前六卷的内容有关。一个**数据**(datum)可以定义为一个图形的几个部分或关系,使得:如果除了其中一个以外其余都给定了,则这一个也可确定。例如一个三角形的 A, a, R(在这里,A 是一个角,a 是其对的边,R 是外接圆半径)构成一个数据,因为如果给定其中任何两个,则第三个就确定了。无论从几何上或从关系式 $a = 2R\sin A$ 来看,这都是明显的。显然,在我们解一个作图题或一个证明题时,一批这样的数据能帮助我们进行分析;并且,这无疑是这部著作的目的。

欧几里得另一部关于几何学的著作是《论剖分》(*On Divisions*),以阿拉伯文体流传到现在。在这里我们发现这类作图题:要求用一条有限制的直线将一图形剖分,使得各部分的面积比是给定的。一个例子是:过给定三角形内的一个给定点画一直线,分该三角形为面积相等的两部分。在问题研究 3.11(b)和(c)中有别的例子。

欧几里得的其他几何著作,现在失传了,我们只是从后来的评注中知道的。它们是:《辨伪术》(*Pseudaria*)——一部关于几何上的谬误的著作,《衍论》(*Porisms*)——关于它已经有相当多的推测②;《二次曲线》(Conics)——一部共

---

① analysis 和 analytic(分析)这两个字,在数学上用于几种意义。例如,我们有:解析几何(analytic geometry)数学的一个大分支;分析(analysis),解析函数(analytic functions)等。

② "porism"现在指的是给出某问题有解和该问题有无穷多解的条件的命题。例如,如果 r 和 R 是两个圆的半径,d 是它们的圆心距离,求作半径为 R 的圆的一个内接三角形外切半径为 r 的圆这个问题是可解的,当且仅当 $R^2 - d^2 = 2Rr$,并且,因而有无穷多所要的这种三角形。我们不确切地知道欧几里得在什么意义上用此术语。

154

四卷的专著,它完成的较迟,并且后来由阿波洛尼乌斯进行了补充;《曲面轨迹》(*Surface Loci*)——关于它没有什么确实的了解。

欧几里得的其他著作是讲应用数学的,其中两部保存到现在:《现象》(*Phaenomena*),讨论天文观测所需要的球面几何学;《光学》(*Optics*)关于透视的初等论著。人们猜想欧几里得还写过一部《音乐的基本原理》(*Elements of Music*)。

问 题 研 究

5.1 欧几里得算法

求两个整数的最大公约数(g. c. d)的程序称为**欧几里得算法**(Euclidean algorithm)。这是因为在欧几里得《原本》第七卷开始有这种算法,虽然人们知道这种算法无疑要比这早得多。此种算法为现代数学中几个推论的基础。它表达成一种法则的形式,其程序是:

以两个整数中较小的一个除较大的一个,然后以余数除除数。把这个过程继续下去,直到没有余数时为止。这最后的除数就是要求的原来两个正整数的最大公约数。

(a)用欧几里得算法求 5 913 和 7 592 的最大公约数。

(b)用欧几里得算法求 1 827,2 523 和 3 248 的最大公约数。

(c)试证明:用欧几里得算法确实能求出最大公约数。

(d)设 h 为两个正整数 a,b 的最大公约数。试证明:存在整数 p 和 q(不一定是正的),使得 $pa+qb=h$。

(e)对于(a)中的两个正整数,求 p 和 q。

(f)试证明:a 和 b 是互素的,当且仅当存在整数 p 和 q,使得 $pa+qb=1$。

5.2 欧几里得算法的应用

(a)试用问题研究5.1(f)证明:如果 p 是素数并能整除乘积 uv,则不是 p 整除 u 就是 p 整除 v。

(b)试依据(a)证明算术基本定理:

每一个大于 1 的整数都能被唯一的分解为素数的乘积。

(c)求整数 a,b,c,使得 $65/273=a/3+b/7+c/13$。

5.3 毕氏定理

（a）欧几里得对毕氏定理的巧妙证明依赖于图 41 中的图，这个图有时称为僧人的头巾（the Franciscan's cowl），或新娘的椅子（the bride's chair）。现将此证明概述如下：$(AC)^2 = 2\triangle JAB = 2\triangle CAD = ADKL$，类似地 $(BC)^2 = BEKL$ 等。试补入此证明之细节。

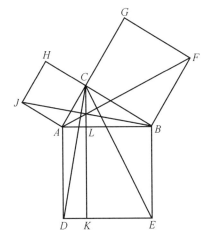

图 41

（b）试说明图 42 怎样给出毕氏定理的一个动态的证明；它可由活动电影形成，在其中直角三角形斜边上的正方形被连续地变换成直角边上两正方形之和。

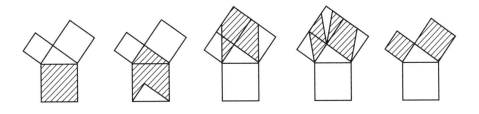

图 42

（c）美国总统中有几个与数学略有联系。华盛顿（George Washington）是一位著名的测量员。杰斐逊（Thomas Jefferson）在鼓励在美国讲授高等数学方面做了不少工作。林肯（Abraham Lincoln）被认为是以研究欧几里得《原本》来学习逻辑的倡导者。更有创造性的是加菲尔德（James Abrarn Garfield，1831—1881），这位美国的第二十位总统，在他的学生时代，就显示了其对初等数学的浓厚兴趣

156

和卓越才能。1876 年,即在他成为美国总统的前五年(当时他是美国众议院议员),他独立地发现了毕氏定理的一个很好的证明,他在和别的议员讨论数学时想到了这个证明;这个证明后来发表于《新英格兰教育月刊》(New England Journal of Education)上。这个证明依靠用两种不同的方法计算图 43 的梯形的面积:先用梯形的面积公式,然后作为(该梯形所剖分成的)三个直角三角形之和。试详细地完成这个证明。

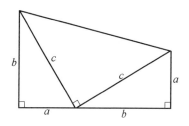

图 43

(d)陈述和证明毕达哥拉斯定理的逆定理。

157

5.4 欧几里得《原本》的第二卷

(a)下述命题是欧几里得的命题 Ⅱ 1:

如果有两条线段,其中一条被截成任何多条小线段;则以这两条线段为长和宽而构成的矩形,等于由未截断的线段与每一小线段构成的各小矩形之和。

这个几何命题对应于哪条熟悉的代数定律?

(b)试证明:命题 Ⅱ 12 和 Ⅱ 13 实质上是余弦定理。

(c)试证明:毕氏定理如何能被看做是余弦定理的特殊情况。

5.5 算术基本定理的应用

算术基本定理说:对于任何给定的正整数 a,存在唯一的一些非负整数 $a_1, a_2, \cdots$(其中只有有限多个不等于零),使得

$$a = 2^{a_1} 3^{a_2} 5^{a_3} \cdots$$

其中,$2, 3, 5, \cdots$ 是相继的素数。这使我们想起一个有用的符号,即

$$a = (a_1, a_2, \cdots, a_n)$$

其中,a_n 是最后的非零指数。于是 $12 = (2, 1)$,$14 = (1, 0, 0, 1)$,$27 = (0, 3)$ 和 $360 = (3, 2, 1)$。

试证明下列定理:

(a) $ab = (a_1 + b_1, a_2 + b_2, \cdots)$。

(b) b 是 a 的因子,当且仅当对于每一个 i 有 $b_i \leq a_i$。

(c) a 的因子的个数为 $(a_1 + 1)(a_2 + 1)\cdots(a_n + 1)$。

(d) 数 n 为一个完全平方的充分必要条件是:n 的因子的个数为奇数。

(e) 当 $a_i \neq b_i$ 时,设 g_i 等于 a_i 和 b_i 中的较小的;当 $a_i = b_i$ 时,设 g_i 等于 a_i 或 b_i,则 $g = (g_1, g_2, \cdots)$ 是 a 和 b 的最大公约数。

(f) 如果 a 和 b 互素,且 b 整除 ac,则 b 整除 c。

158

(g) 如果 a 和 b 互素,并且 a 整除 c,b 也整除 c;则 ab 整除 c。

(h) 试证明:$\sqrt{2}$ 和 $\sqrt{3}$ 是无理数。

5.6 欧多克斯的比例理论

(a) 试用欧多克斯方法和现代课本的方法,证明命题 IV 33:

在同一圆或相等圆中,圆心角之比等于它们所截弧之比。

(b) 试用毕氏方法和现代课本的方法证明命题 IV 2:

平行于三角形一条边的直线,以同样的比例分另外两条边。

(c) 试用命题 IV 1 证明命题 IV 2(参看 5.5 节)。

5.7 正多边形

(a) 假定 $n = rs$,其中 n, r, s 都是正整数。试证明:如果正 n 边形能用欧几里得工具作出,则正 r 边形和正 s 边形也能用欧几里得工具作出。

(b) 试证明:用欧几里得工具作正二十七边形是不可能的。

(c) 假定 r 和 s 是互素的正整数,并有正 r 边形和正 s 边形可用欧几里得工具作出;试证明:正 rs 边形也可用欧几里得工具作出。

(d) 在少于 20 个边的正多边形中,能用欧几里得工具作出的有正三、四、五、六、八、十、十二、十五、十六和十七边形。试实际作出这些正多边形(正十七边形除外)。

(e) 试用下述方法作正十七边形(H. W. Richmond, "To Construct a Regular Polygon of Seventeen Sides", Mathematische Annalen, 67(1909), p.459)。

设 OA 和 OB 为给定的以 O 为圆心的圆的两个互相垂直的半径。求 OB 上的点 C,使得 $OC = OB/4$。然后求 OA 上的点 D,使得 $\angle OCD = \angle OCA/4$。再求 AO 延长线上的点 E,使得 $\angle DCE = 45°$。以 AE 为直径作圆,交 OB 于 F;然后,作圆 $D(F)$,交 OA 和 AO 延长线于 G_4 和 G_6。过 G_4 和 G_6 作 OA 之垂线,交给定圆于 P_4 和 P_6。这最后两个点是以 A 为第一顶点的正十七边形的第四个和

第六个顶点。

(f)试证明命题 XⅢ10:

同一圆的内接正五边形、正六边形、正十边形的边构成一个直角三角形的三个边。

(g)试证明:直角边为 3 和 16 的直角三角形中较小的锐角非常接近正十七边形的一边所对圆心角的一半。利用这一事实,给出正十七边形的近似的欧几里得作图。

5.8 三角形的内角和

假设一对平行线被一条直线横截所形成的内错角相等,证明下述命题:

(a)三角形的内角和等于一个平角。

(b)n 边凸多边形内角和等于($n-2$)个平角。

5.9 关于面积的演绎推论

假设矩形的面积等于其长与宽之乘积,证明下面一系列定理:

(a)平行四边形的面积等于其底与高的乘积。

(b)三角形的面积等于任何一边与那边上的高的乘积的一半。

(c)直角三角形的面积等于其两个直角边乘积的一半。

(d)三角形的面积等于其周长与其内切圆半径的乘积的一半。

(e)梯形的面积等于其高与其两底和的一半的乘积。

(f)正多边形的面积等于其周长与其边心距的乘积的一半。

(g)圆的面积等于其周长与半径的乘积的一半。

5.10 关于角的演绎推论

假设:(1)圆心角以其所截弧来度量;(2)三角形的内角和等于一个平角;(3)等接三角形的两底角相等;(4)圆的切线垂直于过切点的半径。试证明下面一系列定理:

(a)三角形的外角等于其不相邻两内角之和。

(b)圆周角以其所截弧的一半来度量。

(c)内接于半圆的角是直角。

(d)圆内两个相交弦形成的角,以其所截的两个弧之和的一半来度量。

(e)一个圆的两条相交割线形成的角,以其所截的两弧之差的一半度量。

(f)圆的切线和过切点的弦形成的角以其所截弧的一半来度量。

(g)圆的切线和截圆的割线形成的角以其所截的两个弧之差的一半来度量。

(h)圆的两条相交切线形成的角以其所截的两个弧之差的一半来度量。

5.11 基本定理

(a)如果要你在下列定理中选两个作为平面几何课程的"基本定理",你选择哪两个?

1.三角形的三个高(必要时可以延长)交于一点。

2.三角形的三内角的和等于两个直角。

3.圆周角以其所截弧的一半来度量。

4.从两个相交圆的公共弦的延长线上任何一点对该两个圆作的切线长度相等。

(b)一个几何教师正在班上讲平行四边形这个论题。在讲了平行四边形(*parallelogram*)的定义之后,这位教师该把关于平行四边形的哪些定理作为此课题的"基本定理"?

(c)一位几何教师准备讲相似形这个论题,她想要讲一两节课的比例理论。她应当选哪几条定理作为其论述的"基本定理",她应当按什么次序排列它们?

5.12 数据

设 A, B, C 表示一个三角形的角; a, b, c 表示其对边; h_a, h_b, h_c 为这些边上的高; m_n, m_b, m_c 为这些边上的中线; t_a, t_b, t_c 为画到这些边上的角的平分线; R 和 r 为外接圆和内切圆的半径; b_a 和 c_a 为 b 和 c 在 a 边上的投影; r_a 为与边 a 和 b 及 c 的延长线相切的圆的半径。试证明:下列的每一组都构成三角形的一个数据。

(a) A, B, C (b) $a/b, b/c, c/a$

(c) b, A, h_c (d) $b + c, A, h_b + h_c$

(e) $b - c, A, h_c - h_b$ (f) $h_a, t_a, B - C$

(g) $h_a, m_a, b_a - c_a$ (h) $R, B - C, b_a - c_a$

(i) $R, r_a - r, a$ (j) h_a, r, r_a

5.13 利用数据的作图

如果一个数据的任何一部分可从其他部分作出,则这一数据在解作图题中可能是有用的。给定下列数据(关于符号,参看问题研究 5.12):

$(a)\, a, A, h_b + h_c$

$(b)\, a - b, h_b + h_c, A$

$(c)\, R, r, h_a$

试作三角形。

5.14 剖分

(a)过△ABC 内一给定点 D 作一直线,分别交 BA 和 BC 于 G 和 H,并且使得△GBH 和△ABC 面积相等(图 44)。实质上此作图题的解,在欧几里得著作《论剖分》(*On Divisions*)中就有。试完成此题之细节。

作 DE 平行于 CB,交 AB 于 E。分别以 h 和 k 表示 DE 和 EB 的长度,以 x 表示 GB 的长度,则 $x(BH) = ac$。但是 $BH/h = x/(x - k)$,消去 BH,我们得 $x^2 - mx + mk = 0$,其中,$m = ac/h$ 等。

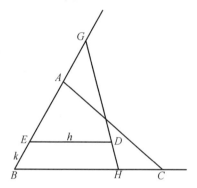

图 44

(b)解下列问题:即欧几里得的《论剖分》一书中的命题 28:在图 45 中,过圆弧 BC 的中点 E 作直线二等分面积 ABEC。

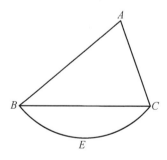

图 45

(c)在欧几里得的《论剖分》中有这么一个问题:以一条平行于给定梯形的

底的直线,将该梯形的面积二等分。试用直尺和圆规解此题。

论 文 题 目

5/1 公理方法的起源,同时考虑进化的和革命的两个方面。

5/2 亚里士多德和普罗克拉斯与公理方法。

5/3 实质公理学与形式公理学。

5/4 欧几里得的生平、著作和影响。

5/5 欧几里得写作其《原本》时掌握的资料。

5/6 欧几里得《原本》中的代数。

5/7 欧几里得《原本》中的数论。

5/8 应用欧多克斯的比例理论于平面几何。

5/9 在几何学中有没有"王者之路"?

5/10 数学史上最著名的一句话(欧几里得的平行公设)。

5/11 加菲尔德(James Abram Garfield,1831—1881)与数学。

5/12 比林斯利(Sir Henry Billingsley)。

5/13 毕氏定理的平面推广。

5/14 德瓜(De Gua)定理。

参考文献

AABOE, ASGER *Episodes from the Early History of Mathematics* [M]. New Mathematical Library, no. 13. New York: Random House and L. W. Singer, 1964.

ARCHIBALD, R. C. *Euclid's Book on Division of Figures* [M]. New York: Cambridge University Press, 1915.

BELL, E. T. *The Magic of Numbers* [M]. New York: McGraw-Hill, 1946.

BUNT, L. N. H.; P. S. JONES; and J. D. BEDIENT *The Historical Roots of Elementary Mathematics* [M]. Englewood Cliffs, N.J.: Prentice-Hall, 1976.

COHEN, M. R., and I. E. DRABKIN *A Source Book in Greek Science* [M]. New York: McGraw-Hill, 1948. Reprinted by Harvard University Press, Cambridge, Mass., 1958.

COOLIDGE, J. L. *A History of Geometrical Methods* [M]. New York: Oxford University Press, 1940.

DANTZIG, TOBIAS *The Bequest of the Greeks* [M]. New York: Charles Scribner,

1955.

DAVIS, H. T. *Alexandria, the Golden City* [M]. 2 vols. Evanston, Ill.: Principia Press of Illinois, 1957.

DUNNINGTON, G. W. *Carl Friedrich Gauss: Titan of Science* [M]. New York: Hafner, 1955.

EVES, HOWARD *Foundations and Fundamental Concepts of Mathematics* [M]. 3rd ed. Boston: PWS-KENT Publishing Company, 1990.

FORDER, H. G. *The Foundations of Euclidean Geometry* [M]. New York: Cambridge University Press, 1927.

FRANKLAND, W. B. *The Story of Euclid* [M]. London: Hodder and Stoughton, 1901.

—— *The First Book of Euclid's Elements with a Commentary Based Principally upon that of Proclus Diadochus* [M]. New York: Cambridge University Press, 1905.

GOW, JAMES *A Short History of Greek Mathematics* [M]. New York: Hafner, 1923. Reprinted by Chelsea, New York.

HEATH, T. L. *History of Greek Mathematics*, vol. 1 [M]. New York: Oxford University Press, 1921. Reprinted by Dover, New York, 1981.

—— *A Manual of Greek Mathematics* [M]. New York: Oxford University Press, 1931. Reprinted by Dover, New York, 1963.

—— *The Thirteen Books of Euclid's Elements* [M]. 2d ed., 3 vols. New York: Cambridge University Press, 1926. Reprinted by Dover, New York, 1956.

JAMES, GLENN, ED. *The Tree of Mathematics* [M]. Pacoima, Calif.: The Digest Press, 1957.

KNORR, WILBUR *The Evolution of the Euclidean Elements* [M]. Dordrecht, Holland: D. Reidel, 1985.

PROCLUS *A Commentary on the First Book of Euclid's Elements* [M]. Translated by G. R. Morrow. Princeton, N.J.: Princeton University Press, 1970.

SARTON, GEORGE *Ancient Science and Modern Civilization* [M]. Lincoln, Neb.: The University of Nebraska Press, 1954.

SMITH, D. E. *A Source Book in Mathematics* [M]. New York: McGraw-Hill, 1929.

THOMAS, IVOR, ed. *Selections Illustrating the History of Greek Mathematics* [M]. 2 vols. Cambridge, Mass.: Harvard University Press, 1939-1941.

THOMAS-STANFORD, CHARLES *Early Editions of Euclid's Elements* [M].

163

London: Bibliographical Society, 1926.

VAN DER WAERDEN, B. L. *Science Awakening* [M]. Translated by Arnold Dresden. New York: Oxford University Press, 1961. Paperback edition. New York: John Wiley, 1963.

第六章 欧几里得之后的希腊数学

6.1 历史背景

得天独厚的亚历山大里亚与世界其他地方不同,仅就长时期的持久和平这一点,就很值得羡慕。在持续了将近三百年的托勒密统治期间,这个城市虽然始终存在着内部斗争,但却避免了与外界的冲突。在埃及成为罗马帝国的一部分时,有过一场短期的战争。战争结束后,这里又出现了罗马帝国统治下的和平时期。无疑,亚历山大里亚成了学者们的天堂。在长达五百年的时期内,许多古代学术成就出自这座城市。本章讨论的数学家几乎都是亚历山大里亚大学的教授或学生。

古代史的末期是罗马统治时代。公元前212年罗马控制了叙拉古;公元前146年迦太基落入罗马帝国的势力范围。同年,最后的一个希腊城市科林思也陷落了。于是希腊便成了罗马帝国的一个省。到公元前65年美索不达米亚也被征服。但是,到公元前30年埃及还归托勒密管辖。希腊文化渗入整个罗马生活,尤其是基督教开始在奴隶和穷苦人民中间传播。罗马的行政人员征收重税,但是,并不怎么干预东方殖民地的基础经济组织。

第一个信奉基督教的罗马皇帝是君士坦丁大帝(Constantine the Great),他宣布基督教为国教。330年,把首都从罗马迁到拜占庭,并改名为君士坦丁堡。395年,罗马帝国分成东西两部分,希腊成为东罗马帝国的一部分。

两个帝国的经济结构本质上都是以广泛使用奴隶的农业为基础的经济结构。这对创造性的科学工作是不适应的,丰富的思想也逐渐衰退了,特别是在大量使用奴隶的西部尤为显著。奴隶市场的最终衰退连同它在罗马经济上的灾难性影响,使得科学降到平庸的水平。亚历山大里亚的学校,随着古代社会的瓦解,逐渐衰落。创造性的思想,让位给了编辑和注释。继基督教反抗导致的战争之后,尽是些多灾多难的日子,最后在641年,亚历山大里亚被阿拉伯人占领。

6.2 阿基米德

阿基米德是整个历史上最伟大的数学家之一,且的确是古代最伟大的数学家。他大约在公元前287年出生于西西里岛上的希腊城市叙拉古,公元前212年罗马入侵叙拉古时被害。他是一位天文学家的儿子,很受叙拉古的希伦王(King Hieron)的宠爱(也许有亲戚关系)。有一份报告说,他曾去过埃及,多半是在亚历山大里亚大学,因为他把科诺(Conon)、多西托斯(Dositheus)和埃拉托塞尼(Eratosthenes)算作自己的朋友;前两位是欧几里得的继承人,最后一位是该大学的图书馆长。阿基米德的许多数学发现,都曾与这些人交换过意见。

罗马的历史学家已详细叙述过许多关于阿基米德的有趣故事。其中人们最熟悉的是关于在保卫叙拉古反击罗马将军马塞路斯指挥的围攻中,阿基米德帮助设计灵巧的机械装置的传说。有可调整射程且带活动射杆的弩炮,能把重物射到很靠近城墙的敌舰上;有可把敌舰从水中吊起的大型起重机。传说,他用大的反射镜使敌舰着火。这个传说的来源较迟,或许真有其事。还有一个传说,说他怎样使人相信他的话:"给我一个立足之处,我就能够移动地球。"因他用一组复合滑轮,凭一只手就能不费力地移动一只重载的船,而这船原来让大队人马来拖也有困难。

阿基米德能做到专心致志。有个故事讲他全神贯注于一个问题时,忘却了周围环境。最典型的是关于希伦王的王冠和可疑的首饰匠的故事。据说希伦王有个金王冠,他怕这个王冠里偷掺了银子,便求教于阿基米德。有一天,阿基米德在洗澡时,通过发现流体静力学第一定律解决了这个问题。他连衣服也没有穿,就从浴室出来,跑到街上大喊"我知道了,我知道了!(Eureka eureka!)"他把这个王冠放在天平的一个盘,把等重的金放在另一个盘上,然后,把整个东西置于水中。有王冠的盘升起,这表明:此王冠包含比重小于金的杂金属。

阿基米德
(Culver 供稿)

阿基米德在几何学上的许多工作,有的就是来自画在灰盘中或涂在他身上的浴后用油中的图形。据说当叙拉古陷落被掠时,他正在专心考察沙盘上的几何图形,他命令一个抢劫的罗马士兵远离他的图形,这个发怒的抢劫者就一枪刺死了这位老人。

由于阿基米德的防卫器械,叙拉古抵抗罗马的攻击,守了三年之久。这个城市最终被攻破,只是因为:城里的人都在欢庆,他们过于自信,放松了防守。马塞路斯(Marcellus)对其有才能的对手无比地尊敬,并且在攻破城后下了个严格的命令:不准伤害这位杰出的数学家。马塞路斯以最高的礼仪将这位著名的学者葬于该城的公墓中。阿基米德,以其伟大的几何发现(在后面讲)而自豪,曾表示过这样的愿望:将显示球形和外接直圆柱的图形刻在其墓碑上。马塞路斯注意到这事,并让阿基米德的要求得以实现。

许多年之后,在公元前 75 年,西塞罗担任罗马驻西西里的检察员时,探询:阿基米德的墓究竟在那里?令他奇怪的是:叙拉古的人都不知道。西塞罗细查了许许多多的墓碑,颇费辛苦。最后,他在长满荆棘和灌木的地方发现了一块石碑,上面刻着一个球形和其外接圆柱;这样,这位伟大的叙拉古人的墓,在经过长时间的忽视和遗忘之后,又被发现了。西塞罗令人们用镰刀把杂草和灌木清除掉,并且要求自此以后保护好墓四周的地。这么样保持了多长时间,我们不知道;这个墓再一次完全消失。后来在 1965 年,在叙拉古的一个旅馆挖地基时,这个长时间消失的坟墓出人意料的再度被发现。

关于阿基米德的死,哈密顿(Sir William Rowan Hamilton)曾如此评说:"谁不认为:阿基米德的名声比他的战胜者马塞路斯的名声高?"怀特黑德(Alfrde North Whitehead)以同样的语气说过:"没有一个罗马人死于对几何图形的沉思中"。20 世纪的英国数学家哈代(G. H. Hardy)说:"阿基米德将被人记住,而哀斯奇勒斯① (Aeschylus)将被遗忘,因为语言会死,而数学思想则不。"伏尔泰② (Voltaire)也曾类似地评述过:"阿基米德头脑中的想象力比荷马头脑中的要多。"

阿基米德的著作是数学阐述的典范,在一定程度上类似于现代杂志的论文,写得完整、简练、显示出巨大的创造性、计算技能和证明的严谨性。有十来篇论文传到现在,对于其失传了的著作也有各种线索。他对数学的最大贡献,也许是某些积分学方法的早期萌芽。我们将在后面回过来讲它。

现存的阿基米德著作中,有三本是讲平面几何的。它们是《圆的量度》(*Measurement of a Circle*)、《抛物线的求积》(*Quadrature of the Parabola*)和《论螺线》(*On Spirals*)。在第一本书中,阿基米德开创了计算 π 的古典方法,即在 4.8

---

① 译者注:哀斯奇勒斯(公元前 525 ~ 公元前 456),希腊悲剧诗人。
② 译者注:伏尔泰(1694—1778),哲学家、剧作家和历史学家。

节中已讲过的。在第二本书中，包括 24 个命题，证明了抛物线弓形的面积等于立于其底边上的某一内接三角形的面积的 $\frac{3}{4}$，这一三角形底边所对之顶点乃是抛物线上平行于底边的切线之切点；其中还有收敛的几何级数的求和法。第三本书中包括 28 个命题，讲的是现在称之为阿基米德螺线的一种曲线（极坐标方程为 $r = k\theta$）的性质。特别是，求出了阿基米德螺线和它的两个向量径所围成的面积，正如现在我们在微积分练习中所看到的那样。有些迹象表明阿基米德的许多关于平面几何的著作失传了，但是我们有理由相信，这些著作中的某些定理已保存在《选集》（*Liber assumptorum*）一书中，这是一本由阿拉伯人传下来的汇集（参看问题研究 6.4）。阿拉伯学者阿尔 – 比鲁尼（Al-Biruni，973—1048）断言：阿基米德是下面这个以三角形的三个边表示其面积的著名公式的发明者

$$K = \sqrt{s(s-a)(s-b)(s-c)}$$

这个公式至今归功于亚历山大里亚的希罗。

现存的阿基米德著作中，有两部是讲立体几何的，即《论球和圆柱》（*On the Sphere and Cylinder*）及《论劈锥曲面体和球体》（*On Conoids and Spheroids*）。第一部有两卷，包括 53 个命题。在第一卷中，有给出球形的面积以及具有一个底的球带（球冠）的面积的定理，还有给出球体的体积以及具有一个底的球截形（球缺）的体积的定理（参看问题研究 6.2）。在第二卷中，有这样的问题：用一平面截一球体，使其所成两个球缺体积之比为给定的比。这个问题引出了一个三次方程，但在流传至今的版本中我们没有看到它的解；而欧托修斯在阿基米德的片断遗文中发现了它的解。还讨论了一个三次方程有正实根的条件。在欧洲数学界，在此后的一千多年中没作过类似的考虑。这部著作的末尾有两个有趣的定理：

(1)如果 V, V' 和 S, S' 分别是一个球体被一个非径平面截得的两个球缺的体积和两个球冠的面积，其中 V 和 S 是较大的，则

$$S^{3/2} : S'^{3/2} < V : V' < S^2 : S'^2$$

(2)在有相等球带面积的所有球冠中，以半球的面积为最大。

在《论劈锥曲面体和球体》一书中，有 32 个命题，主要是研究旋转二次曲面体。帕普斯把 13 个半正多面体归功于阿基米德；但是不幸，阿基米德自己的研究却失传了①

阿基米德写了两篇论述算术的随笔，其中之一失传了。尚存的这篇标题为"数沙术"（*The Sand Reckoner*），是写给希伦王的儿子盖伦的一封信，他应用一个表达大数的算术体系找充满以地球为球心，以到太阳的距离为半径的球体的沙粒数的上限。就是在这里，在关于天文学的附注中，我们得知：阿利斯塔克

168

---

① 关于阿基米德体的作图模式，可参看 Miles C. Hartoey, *Patterns of Polyhedra* 的修订版。

(Aristarchus，大约公元前 310—公元前 230)已经提出了太阳系的哥白尼学说。除了两篇算术论文之外，阿基米德在和埃拉托塞尼的通信中提出了所谓家畜问题（cattle problem）。这是一个难解的不定方程，它包含八个未知整数——它们受七个线性方程和两个附加条件的约束；两个附加条件是：某一对未知数的和是一个完全平方，某另一对的和是一个三角形数。把这两个附加条件去掉，这些未知数的最小值也要以百万计；带上这两个附加条件，未知数之一必定是一个超过 206 500 位的数。

有两部尚存的阿基米德的著作是关于应用数学的：《论平板的平衡》（On Plane Equilibriums）和《论浮体》（On Floating Bodies）。其中第一部有两卷，包括 25 个命题。这里在进行了公设处理之后，给出了各种平面图形的形心的基本性质以及形心的确定方法，其中甚至包括抛物线弓形以及一条抛物线与其两平行弦所围成的图形的形心。《论浮体》也有两卷，包括 19 个命题，是第一次将数学用于流体静力学。这部著作首先基于两个公设推出了现在初等物理学课程中讲的那些熟知的流体静力学定律。然后，又考虑了一些相当困难的问题，包括对浮在一种流体中的旋转抛物面的正截段（right segment）之静止位置和稳定性的研究。阿基米德写的另外一些关于数学物理的著作，现在失传了。帕普斯提到一部著作《论杠杆》（On Levers）；亚历山大里亚的泰奥恩（Theon）从另一部大意是讲镜子的性质的著作中引用了一条定理。也许原来阿基米德有一部大著作，而这两卷《论平板的平衡》就是这部著作的一部分，在 16 世纪 S·斯蒂文（Stevin）的著作之前，静力学这门科学和流体静力学理论，比起阿基米德来，都没有什么显著的进展。

在数学史方面，现代最惊人的发现之一是：海伯格（Heiberg）于 1906 年在君士坦丁堡发现的阿基米德的长期失传的标题为《方法谈》（Method）的论文。这篇著作是以给埃拉托塞尼的信的形式写的。它之所以重要，是由于它提供了阿基米德用来发现他的许多定理的一种"方法"。虽然，今天我们能用现代的积分程序对这种"方法"作出更为严谨的阐述，但是阿基米德用此"方法"只是为了发现他后来用穷竭法严格地证实的结果，由于这种"方法"与微积分的概念有十分紧密的联系，我们将在后面专讲微积分学的起源和发展的第 11 章再来讨论。

想要严格地依照年代次序学习的学生或教师，在这里，可转到11.4节上去。

人们认为：还有两部书是阿基米德写的，现在失传了；一部是《论历法》（On the Calendar），另一部是《论制作球》（On Sphere Making）。在后者中，阿基米德讲述他制造的星球仪，那是他用来说明太阳、月亮和他那时知道的五个行星的转动的。这种机械装置也许是用水运转的。西塞罗见过它，并作过描述。至于把十四个各色各样的多边形拼成正方形的难题，人们称之为阿基米德难题（Loculus Archimedius）只不过是想说明它巧妙、困难，可能不是阿基米德设计的。

169

螺旋抽水机是阿基米德的最著名的机械发明、他当时是设计来灌溉农田、排沼泽地的水和从船中抽出水的。这种机械装置在埃及今天还用。

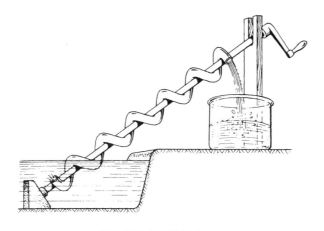

阿基米德的螺旋抽水机

6.3 埃拉托塞尼

埃拉托塞尼出生于地中海南岸的昔兰尼,只比阿基米德小几岁。他早年在雅典生活了不少年,大约四十岁时,接受埃及的托勒密三世的邀请,来到亚历山大里亚当他儿子的家庭教师,同时担任那里的大学的图书馆馆长。据说他老年时,大约是公元前194年,他由于眼炎几乎瞎了而故意饿死的。

埃拉托塞尼在当时所有的知识领域里都是奇才。他是一位杰出的数学家、天文学家、地理学家、历史学家、哲学家、诗人和运动员。据说,亚历山大里亚大学的学生们常称他为五项运动员(*Pentathlus*)。他还被称做 *Beta*(希腊文第二个字母,意思是第二号)。对于这个绰号的来源有多种推测。有的认为:这是由于他的博学和所取得的辉煌成就,而被看做是第二个柏拉图。另一种解释是:虽然他在许多领域里都是杰出的,但在任何一个领域中与他的同辈相比都不居首位;换句话说,他总是第二个最好的。人们知道:某天文学家阿波洛尼乌斯(很可能就是珀加的阿波洛尼乌斯)曾被称做 *Epsilon*(希腊文第五个字母),这又怎么解释呢? 为此,历史学家 J·高(Gow)曾提出:Beta 和 Epsilon 出现也许就是来自与这两个人有特别联系的大学某办公室的希腊号数(2 和 5)。另一方面,海菲斯细奥(Ptolemy Hephaestio)主张:阿波洛尼乌斯被称为 Epsilon 是因为他研究月亮,而字母 ε 是月亮的记号。

埃拉托塞尼的许多工作都被后来的作者们提到。在问题研究 4.3(c)中,我们已经看到他的倍立方问题的机械解。他的最大的科学成就——地球的测

170

量,将在问题研究 6.1(c)中提到。

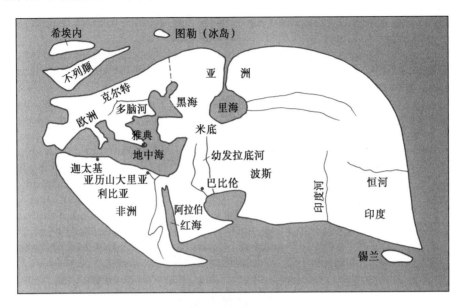

埃拉托塞尼的世界地图

在数论中,埃拉托塞尼以提出求小于给定的数 n 的所有素数的下述方法,即所谓埃拉托塞尼筛而著称;先从 3 开始按次序写出所有小于 n 的奇数,再从这个序列中划去所有 3 的倍数、5 的倍数、7 的倍数、11 的倍数等。在此程序中,有些数被划掉不止一次。所有留下的数,连同数 2,组成小于 n 的素数表。

6.4 阿波洛尼乌斯

欧几里得、阿基米德和阿波洛尼乌斯是公元前 3 世纪的三个数学巨人。阿波洛尼乌斯比阿基米德约小 25 岁,大约公元前 262 年生于南小亚细亚的珀加。关于阿波洛尼乌斯的生平人们知道得很少。讲起来很简单,他年轻的时候曾到亚历山大里亚就学于欧几里得的后继者,并且在那里待了很长时间。后来,他访问西小亚细亚的别迦摩,在那里,有按亚历山大里亚的式样新建的大学和图书馆。以后他又回到亚历山大里亚,约在公元前 190 年死于该城。

虽然阿洛尼乌斯是一位有名望的天文学家,他写过多种数学著作,但是他之所以出名,主要是由于它的非凡的《圆锥曲线》(Conic Sections)一书,以此在同辈中赢得了"伟大的几何学者"的称号。阿波洛尼乌斯的《圆锥曲线》共分八卷,约有 400 个命题,是对于这种曲线的全面研究,并且完全取代了梅纳科莫斯、阿利斯蒂乌斯和欧几里得关于这个课题的早期的著作。现存前七卷,前四卷是希腊文的,后三卷有 19 世纪的阿拉伯文译本。前四卷中的一、二、三卷可能以欧

171

几里得以前的著作为基础写成的,讲的是圆锥曲线的一般基本理论,而以后的各卷则作了较为深入的研究。

在阿波洛尼乌斯之前,希腊人从三种形式的圆锥曲面(依锥顶角小于、等于或大于直角而分)导出圆锥曲线。以垂直于一条母线的一个平面截上述三种锥面之一,分别得椭圆、抛物线和双曲线,这里只考虑了双曲线的一支。而阿波洛尼乌斯在第一卷书中,依现在熟悉的方法从一个直圆对顶锥或斜圆对顶锥得到所有的圆锥曲线。

椭圆(ellipse)、**抛物线**(parabola)和**双曲线**(hyperbola)这些名称就是阿波洛尼乌斯提出来的,并且从早期毕氏学派贴合面积时所使用的术语中借来的。当毕氏学派把一个矩形贴合于一线段(即把矩形的底放在线段上,令其底的一个端点与线段的一个端点重合)时,他们说:依所贴合矩形短于、重合于或超过该线段,得到"ellipsis"、"parabole"和"hyperbole"三种情况。① 现在令 *AB*(图46)为圆锥曲线的主轴,*P* 为圆锥曲线上的任何一点,*Q* 为从点 *P* 向 *AB* 所作垂线的垂足。过圆锥曲线的顶点 *A* 作 *AB* 的垂线,截 *AR* 等于我们现在所说的圆锥曲线的正焦弦(*latus rectum*)或参数(*parameter*)*p*。对于线段 *AR*,贴合以 *AQ* 为其一边且其面积等于 $(PQ)^2$ 的矩形。依此矩形短于、重合于或长于线段 *AR*,阿波洛尼乌斯称该圆锥曲线为 *ellipse*(椭圆)、*parabola*(抛物线)或 *hyperbola*(双曲线)。换句话说,如果我们把该曲线放在 *AB* 为 *x* 轴,*AR* 为 *y* 轴的直角坐标系上,且取点 *P* 的坐标为 *x*,*y*,则该曲线为椭圆、抛物线或双曲线,依 $y^2 \lesseqgtr px$ 而定。实际上,在椭圆和双曲线的情况下

$$y^2 \lesseqgtr px \mp \frac{px^2}{d}$$

这里的 *d* 是过顶点 *A* 的直径之长。阿波洛尼乌斯从这些笛卡儿方程的几何等价物中导出圆锥曲线的大量几何性质。这些事实使一些人不得不承认:解析几何学是希腊人的发明。

阿波洛尼乌斯《圆锥曲线》的第二卷,讨论渐近线和共轭双曲线的性质以及切线的作图。第三卷包括一些定理。例如:

若一条圆锥曲线上的任意两点 *A* 和 *B* 处的切线交于 *C*,并与过 *B* 和 *A* 的直径交于 *D* 和 *E*,则△*CBD* 和△*ACE* 面积相等。

还有极点和极轴的调和性质(类似于我们在射影几何初等教程中见到的那些课 题)以及关于相交弦线段乘积定理。作为后者的一个例子(现在,有时称之为牛顿定理):

如果平行于两个给定方向的弦 *PQ* 和 *MN* 相交于 *O*,则(*PO*)(*OQ*)/(*MO*)(*ON*)是一常数而与 *O* 的位置无关。

---

① 英文中以 ellipse, parabola, hyperbola 称呼这三种图形,就来源于此。

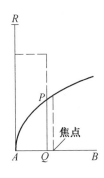

焦点

图 46

在第三卷末叙述了有心二次曲线的著名的焦点性质。在整个著作中,既没有讲到圆锥曲线的焦点准线性质,也没有讲到抛物线的焦点。这是难以理解的,因为据帕普斯说,欧几里得就已知道这些性质。古希腊没用"焦点"的专门术语,此术语是开普勒(1571—1630)后来引进的。在第四卷中,证明了第三卷中的极点和极轴的某些命题的逆命题。此外,还有一些关于一对对相交的圆锥曲线的定理。第五卷是尚存在几卷书中最值得注意的、最有独创性的。他把法线当做从一点往该曲线作的最大和最小线段来处理。讨论过一给定点的法线的作图和计算。此课题被推进到这个地步:人们能写出三种圆锥曲线的渐屈线(法线的包络线)的笛卡儿方程。第六卷包括关于相等的和相似的圆锥曲线的定理和作图问题:讲述如何在一个给定的直锥上求一个得到给定的圆锥曲线的截面。第七卷包括一批涉及共轭直径的定理,例如:关于在一对共轭直径的端点对有心圆锥曲线所作切线形成的平行四边形的面积恒等的定理。

　　《圆锥曲线》是一部巨著,但是,由于内容广泛、解释详尽以及对许多复杂命题叙述奇特,读起来是相当吃力的。从以上介绍的内容概述看,我们甚至可以说:这部论著比目前有关这方面的大学课程还要完善得多。

　　帕普斯曾对阿波洛尼乌斯的其他六本著作的内容作过简短的描述。它们是:《论比例截点(或截线、截面)》(*On Proportional Section*),181 个命题;《论特殊截点(或截线、截面)》(*On Spatial Section*),124 个命题;《论确定的截点(或截线、截面)》(*On Determinate Section*),83 个命题;《相切》(*Tangencies*),124 个命题;《斜向》(*Vergings*),125 个命题;《平面轨迹》(*Plane Loci*),147 个命题。只有《论比例截点(或截线、截面)》保存下来了,并且是阿拉伯文的。它处理这样的一般问题(图 47):给定两条直线 a,b,a 上的一个固定点 A,b 上的一个固定点 B,过给定点 O 作直线 $OA'B'$ 交 a 于 A',交 b 于 B',使得 $AA'/BB' = k$(k 为给定的常数)。这一论述是多么详尽无遗,只要看这个事实就知道了:阿波尼乌斯考虑了 77 种不同的情况。第二本书讨论了一个类似的问题,只不过在这里要令 $(AA') \cdot (BB') = k$。第三本书考虑这个问题:给定一条直线上的四个点 A,B,C,D,求

174

该直线上的一个点 P,使 $(AP)(CP)/(BP)(DP)=k$。《相切》这本书讨论作一圆与三个给定圆(允许独立地退化成直线或点)相切的问题。这个问题,现在称为**阿波洛尼乌斯问题**(problem of apollonius),曾引起包括韦达、欧拉和牛顿在内的许多数学家的兴趣。首先用新的笛卡儿几何学给出其一种解法的是笛卡儿的学生,波希米亚(Bohemia)的弗雷德里克五世(Frederick V)的女儿伊丽莎白(Elizabeth)公主。也许最完美的解法还是法国炮兵军官和数学教授 J·D 热尔冈纳(Gergonne,1771—1859)给出的。《斜向》一书中讨论的一般问题是:在两给定的轨迹之间插入一条线段,使该线段所在的直线过给定点。

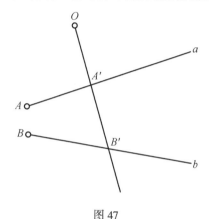

图 47

他的最后一部著作《平面轨迹》,除了许多别的内容外,包括这样两条定理:

1.如果 A 和 B 是两个固定点,k 是一给定的常数,则使 $AP/BP=k$ 的点 P 的轨迹是一个圆(知果 $k\neq 1$)或是一条直线(如果 $k=1$)。

2.如果 A,B,… 是一些固定点,a,b,…,k 是一些给定的常数,则使得 $a(AP)^2+b(BP)^2+\cdots=k$ 的点 P 的轨迹是一个圆。

上述第一条定理中的圆,在现代大学几何课本中,被称为**阿波洛尼乌斯圆**(circle of Apollonius)。

为复原上面所说的六本书,曾作了不少努力:E·哈雷(Halley)于 1706 年复原前两本;R·西摩松(Simson)于 1749 年复原第三本;F·韦达于 1600 年复原第四本;M·盖塔尔提(Ghetaldi)于 1607 年和 1613 年,A·安德森(Anderson)于 1612 年,S·荷尔斯利(Horsley)于 1770 年复原第五本;费马(Fermat)与 1637 年,复原最后一本,西摩松于 1746 年使其更加完善。除了这六本书之外,阿波洛尼乌斯的许多其他著作之所以能被我们知道,应该归功于古代的著作家们。

175

6.5 希帕克、梅理劳斯、托勒密和希腊的三角学

关于三角学的起源还说不清。在兰德纸草书中有一些涉及棱锥体底上二

面角的余切的问题,并且正如在2.6节中见到过的,巴比伦楔形书板普林顿322号实际上包括一个重要的余割表。也许现代对古代美索不达米亚数学的研究将揭示实用三角学的显著进展。公元前4,5世纪的巴比伦天文学家已经收集了大量的观察数据,现在知道,其中大部分传到了希腊。这就是说古代的天文学产生了球面三角学。

也许最著名的古代天文学家是希帕克(Hipparchus),他生活在大约公元前140年。虽然希帕克于公元前146年在亚历山大里亚作过春分的观察,但是他最重要的观察是在罗得岛商业中心的著名的天文台进行的。希帕克是一位十分仔细的观察者,他所确定的平均太阴月与现在测得数值相比,其误差不超1″。他准确地计算了黄道的倾角,发现并估计了秋分点的岁差。这些业绩使他在天文学上享有盛誉。有人说他还计算过太阴视差,确定过月亮的近地点和平均移动,并且曾编过850个恒星的目录。把圆分成360°的划分法介绍到希腊的也是希帕克(也许是希普西克(Hipsicles,大约公元前180年))。据说,他曾提倡过用纬度和经度来定地球上地点的位置。我们对于这些成果的知识来自第二手材料,因为几乎没有希帕克的任何原著被保存下来。

然而,对我们来说,希帕克有比在天文学上更重要的成就,那就是他在三角学的发展中所起的作用。4世纪的评论家亚历山大里亚的泰奥恩曾把十二本讨论**弦表**(table of chords)设计的论著归功于希帕克。托勒密作的另一个表,一般认为是仿效希帕克的著作;它给出一个圆从$(\frac{1}{2})°$至180°每隔半度的所有圆心角所对的弦的长度。圆的半径被分为60等份,弦长以每一等份为单位,以六十进位制表达。这样,以符号 crd α 表示圆心角α所对的弦长,例如

$$\text{crd } 36° = 37°4'55''$$

意思是:36°圆心角的弦等于半径的37/60(或37个小部分),加上一个小部分的4/60,再加上一个小部分的55/3 600。从图48看出,弦表等价于正弦函数表,因为

$$\sin \alpha = \frac{AM}{OA} = \frac{AB}{\text{圆的直径}} = \frac{\text{crd } 2\alpha}{120}$$

这样,托勒密的弦表实质上给出了从0°到90°每隔15′的角的正弦。这些被托勒密天才地解释的计算弦长的方式,似乎希帕克就已知道。有证据表明:希帕克系统地使用过他的表,并且知道与现代解球面直角三角形所用的一些公式等价的公式。

泰奥恩曾提到过:普鲁塔克的同辈、亚历山大里亚的梅理劳斯写的关于圆中的弦的六本论著。这部著作和梅理劳斯的许多其他著作失传了。但幸运地,梅理劳斯的三卷《球面几何》(*Sphaerica*)以阿拉伯文保存下来了,这部著作在希腊三角学的发展中起重要作用。在第一卷中,第一次给出了球面三角形

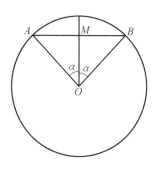

图 48

（*spherical triangle*）的定义。这卷书,对球面三角形证明了许多欧几里得在平面三角形中证明过的命题,例如,通常的全等定理、关于等腰三角形的定理等等。除此之外,还证明了:两个球面三角形,如果其对应角分别相等,则全等(在平面上不存在类似的命题)。以及这样一个事实:球面三角形的三内角之和大于二直角。对称的球面三角形被当做是全等的。第二卷中包括天文学中一些有趣的定理。第三卷展示当时的球面三角学,多半是从大学几何课中学生所熟知的强有力的命题——**梅理劳斯定理**(Menelaus' theorem)之球面的情况导出的;该定理为:

如果一直线分别交△*ABC* 的三边 *BC*,*CA*,*AB* 于 *L*,*M*,*N*,则

$$\left(\frac{AN}{NB}\right)\left(\frac{BL}{LC}\right)\left(\frac{CM}{MA}\right) = -1$$

在球面中的一个类似的命题是:一个大圆分别交一个球面三角形 *ABC* 的三边 *BC*,*CA*,*AB* 于点 *L*,*M*,*N*,则相应的结论等价于

$$\left(\frac{\sin \widehat{AN}}{\sin \widehat{NB}}\right)\left(\frac{\sin \widehat{BL}}{\sin \widehat{LC}}\right)\left(\frac{\sin \widehat{CM}}{\sin \widehat{MA}}\right) = -1$$

梅理劳斯假定平面情况是已知的,并用来证明球面的情况。大量的球面三角学命题可以用取特殊的三角形和特殊的横截线的方法从此定理导出。此定理在平面情况和球面情况的逆定理都成立。

希腊的天文学的权威性著作是亚历山大里亚的托勒密(Claudius Ptolerny)在大约 150 年写的。这部很有影响的著作称为《数学汇编》(*Syntaxis mathematica*)是以希帕克的著作为基础的,且以其文笔简洁和隽永而著称。为了和其他篇幅较小的天文学著作区别开,后来的评论家把它称之为《大汇编》(*the superlative magiste* 或"*greatest*"(最大的))。再靠后些,阿拉伯译者以阿拉伯文冠词 al 添在词头,因此这部著作被称为 Almagest。这部论著共十三卷。第一卷除了一些初级的天文学资料之外,还包括了上面讲的弦表,并且扼要解释从一个含义丰富的几何命题,来推导弦表的方法,这个命题现在称为**托勒密定理**

177

(Ptolemy's theorem):

在圆内接四边形中,两对角线之积等于两对对边之积的和(参看问题研究 6.9)。

第二卷是研究与地球的球面性有关的现象。第三、四、五卷用本轮解释天文学的地心学说。第四卷中有测量学的**三点问题**(three-point problem):确定这样的点,使这一点与给定的三个点中每两点的连线所成之角分别为给定的角;并且有解。这个问题已经有很长的历史,被称做斯内尔(Snell)问题(1617)或波西诺特(Pothenot)问题(1692)。第六卷讲述日、月食的理论,其中有 4.8 节中提到过的 π 的四位值。第七卷和第八卷是 1 028 个恒星的目录。其余几卷是研究行星的。《大汇编》一书,在哥白尼和开普勒之前一直是标准的天文学著作。

托勒密写过关于地图射影(参看问题 6.10)、光学和音乐的著作。他还试图从《原本》的其他公理和公设推出欧几里得的第五(平行)公设,使之把它从欧几里得的一系列原始假定中去掉,然而没有成功。

6.6 希罗

这个时期在应用数学方面的另一位著作家是亚历山大里亚的希罗(Heron of Alexandria)。他的生卒年代不详,可能在公元前 150 年到公元 250 年之间,最近认为在 1 世纪下半叶可能性较大。他的关于数学和物理学课题的著作,数量是那么多,范围是那么广,人们通常称他是这些领域中的一位渊博的著作家。有理由假定他是受过希腊教育的埃及人。无论如何,在他的著作中对实际效用比对理论上的完整性更重视。这些著作展示了希腊和东方奇妙的融合。他的工作奠定了工程学和土地测量学的科学基础。他的著作大约有 14 本保存到现在,其中有的显然是被大大改编了,此外,还有一些援引他的失传著作。

希罗最重要的几何学著作是《度量学》(Metrica),分三卷,是 R·舍内(Schone)1896 年才在君士坦丁堡发现的。《度量学》的第一卷讲述各种图形的面积度量,包括:正方形、矩形、三角形、梯形和许多其他的特殊的四边形;正多边形(从正三角形到十二边形);圆和其弓形;椭圆、抛物线弓形;以及柱面、锥面、球面和球带。就在这本书中,我们见到希罗对于以一个三角形的三个边表其面积的著名公式的巧妙的推导(参看问题研究 6.11(d))。在这本书中,还有特别有趣的:求非完全平方的整数平方根近似值的希罗方法,是现在计算机常用的一个计算程序,即,如果 $n = ab$,则 $\sqrt{n}$ 的近似值由 $(a + b)/2$ 给出(其近似程度随着 a 与 b 的接近而改进)。此方法允许逐步近似。例如,如果 a_1 是 $\sqrt{n}$ 的最初近似值,则是较好的近似值,则

178

$$a_2 = \frac{a_1 + \dfrac{n}{a_1}}{2}$$

是较好的近似值,且

$$a_3 = \frac{a_2 + \dfrac{n}{a_2}}{2}$$

更好等。第二卷讲述各种立体图形的体积度量,包括:锥体、柱体、平行六面体、棱锥、圆锥和棱锥的平截头体;球体球截形、锚环,五种正立方体和某些旁面三角台(参看问题研究 6.11(g))。第三卷讲述把一定的面积和体积依给定的比例分成两部分的问题。我们在问题研究 3.11(b)和(c)中已见到过这样的问题。

希罗在《压缩空气的理论和应用》(*Pneumatica*)中,描述了上百种机械和玩具,例如:虹吸管、救火车,用祭坛上的火开庙门的装置和风琴。他在《经纬仪》(*Dioptra*)中,讲的是古代形式的经纬仪在工程上的应用。在他的《反射光学》(*Catoptrica*)中,有反射镜的基本性质和涉及满足一定要求的反射镜的构造的问题。譬如,让一个人能见到自己头的后面,或让上边的东西出现在下边等。希罗在他的力学的著作中表明他对此学科的重要的基本原则掌握得很好。

6.7 古希腊的代数学

1842 年,G·H·F·内塞尔曼(Nesselmann)恰当地划分出代数学符号历史发展的三个阶段。第一个阶段,称为**文字叙述代数**(Rhetorical algebra),即对问题的解,不用缩写和符号,而是写成一篇论说文;第二阶段,称为**简化代数**(Syncopated algebra),即对某些较常出现的量和运算采用了缩写的方法;最后一个阶段,称为**符号代数**(Symbolic algebra),即对问题的解,多半表现为由符号组成的数学速记,这些符号与其所表现的内容没有什么明显的联系。如果说丢番图(将在 6.8 节中讲)之前的所有代数学都是文字叙述代数,那是完全正确的。丢番图在数学上的杰出贡献之一是希腊代数学的简化。然而,文字叙述代数,在除了印度以外的世界其他地方,还十分普遍地持续了好几百年。尤其是在西欧,一直到 15 世纪,大多数代数学仍然是文字叙述代数。符号代数在西欧第一次出现是在 16 世纪,然而,直到 17 世纪中叶,还没有普及。人们常常不知道:我们初等代数课本中的大部分符号化的内容还没有四百年的历史。

古希腊代数学的最好来源之一是称为《选集》(*Palatine* 或 *Anthology*)的汇编。这是以警句形式写的一组 46 个问题,是语法学家梅特多鲁斯(Metrodorus)于 500 年收集的。虽然某些问题可能是作者提出的,但是有充分理由相信,其中许多内容起源于很早的古代。这些问题显然是柏拉图曾提到过的那些形式的再创造,并且与兰德纸草书中的某些问题十分相似。其中半数问题导出简单的一元线性方程,有十几个问题导出容易求解的二元联立方程,有一个问题导出三元三次方程,另一个问题导出四元四次方程,还有两个是一次不定方程。其中的许多问题和现代初等代数课本中的内容很相像。《选集》中的一些例子,将在问题研究 6.13 和 6.14 中给出。虽然这些问题用现代的代数符号容易求解,但必须承认:一个文字叙述的解则需要十分周密的思考。已经讲过,这些问题中有许多能不费力地用几何的代数解出;但是,人们相信:当时实际上是用算术(也许是用试位法(the rule of false position)——参看 2.8 节)解的。希腊代数学究竟是什么时候从几何式转变为算术式的,不得而知;但这也许早在欧几里得时代就已经出现。

6.8 丢番图

亚历山大里亚的丢番图对代数学的发展起了极其重要的作用,对后来的数论学者有很深的影响。丢番图,像希罗一样,生卒年代与国籍都不可考,虽然有些证据表明他可能是希罗同时代的人,但是大多数历史学家们倾向于他是 3 世纪的人。我们除了知道他曾活跃于亚历山大里亚之外,别的什么都不清楚;虽然在《选集》中有个问题提供了他生活的一些情况(参看问题研究 6.15(a))。

丢番图写了三部书。《算术》(Arithmetica),是他最重要的一部,十三卷中尚存六卷;《论多边形数》(On Polygonal Numbers),只保存下一个片断;《衍论》(Porisms),失传了。《算术》一书,有许多人注释过;雷琼蒙塔努斯(Regiomontanus)[1] 于 1463 年就对现存的希腊原稿的拉丁文译本作了注释。一个值得称赞的带注释的译本是昔兰德(Xylander)(此希腊名字是海德堡大学教授 W·霍尔兹曼(Holzmann)采用的)1575 年译的。这又被法国人梅齐利亚克(Bachet de Meziriac)利用,他于 1621 年出版了第一个希腊文版本,并带有拉丁文译文及注释。1670 年出了仔细校订过的第二版,这在历史上有它的重要性,因为它包括费马著名的页边注释,这促进了广泛的数论研究。后来相继出现法文、德文和英文译本。

《算术》是代数数论的解析处理,表明作者在这个领域中是个天才。这部著作的尚存部分是大约 130 个各种各样的、导出一次和二次方程的问题的解法。其中还解出了一个很特殊的三次方程。其中,第一卷讲述一元的确定方程;余下的几卷讲述二元和三元,二次或高次的不定方程。值得注意的是:书中缺少一般方法,而只是反复讲述为每一特殊问题的需要而设计的巧妙方法。丢番图

---

① 译者注:这是德国数学家 Johnnes Mueller 的拉丁文笔名,他是 Konigsberg 人,Regiomonfanus 是 Konigsgerg 的拉丁文译名。

只承认正有理数解,并且,在许多场合,满足于对一个问题只求出一个解。

在《算术》一书中讲述了一些深刻的数的定理。例如,我们发现,他谈到《衍论》中的一个定理,未证明,即

两个有理数立方的差也是两个有理数立方的和。

此定理,后来韦达、梅齐利亚克、费马等都研究过。还有许多涉及把一个数表示成两个,三个或四个数的平方和的命题,此研究领域后来由费马、欧拉和拉格朗日完成了。下面列出《算术》一书中的几个有趣的、诱人的、很能引人入胜的问题。但须注意:这里的"数"是指"正有理数"。

第二卷,问题 28①:求两个平方数,使得它们的乘积加到任一个上给出一个平方数(丢番图的答案:$(3/4)^2$,$(7/24)^2$)。

第三卷,问题 6:求三个数,使得它们的和为平方数,且任何两个数的和为平方数(丢番图的答案:$80,320,41$)。

第三卷,问题 7:求成算术级数的三个数,使得其中任何两个数的和为平方数(丢番图的答案:$120\frac{1}{2}$,$840\frac{1}{2}$,$1\,560\frac{1}{2}$)。

第三卷,问题 13:求三个数,使得其中任何两个数的乘积加上第三个数为平方数(参看问题研究 6.16(d))。

第三卷,问题 15:求三个数,使得其中任何两个数的乘积加上这两个数的和为平方数(参看问题研究 6.16(d))。

第四卷,问题 10:求两个数,使得它们的和等于它们的立方和(丢番图的答案:$\frac{5}{7}$,$\frac{8}{7}$)。

第四卷,问题 21:求成几何级数的三个数,使得其中任何两个数的差为平方数(丢番图答案:$\frac{81}{7}$,$\frac{144}{7}$,$\frac{256}{7}$)。

第六卷,问题 1:求一组毕氏三数,使其斜边减去每一个直角边均为立方数(丢番图的答案:$40,96,104$)。

第六卷,问题 16:求一组毕氏三数,使其一个锐角的平分线的长度为有理数(参看问题研究 6.15(c))。

只准求有理解的不定代数问题,已经称为**丢番图问题**(Diophantine problems)。事实上,这个术语的现代用法往往意味着把解限定为整数。但是,这一类问题并不是丢番图提出的。他既不是在不定方程上做工作的(然而有时却这么说)第一个人,也不是用非几何的方法解二次方程的第一个人;然而,却可能是采用代数符号的第一个人。他所采取的步骤具有速记缩写的性质。

丢番图给出了未知数,未知数的幂(直到六次)、减、相等和倒数的缩写。英

---

① 问题的号码是 T. L. Heath's Diophantus of Alexandria 一书第二版中所加的。

字"*arithmetic*"（算术）是从希腊字"*arithmetike*"来的，它是 *arithmlos*（数）*techne*（科学）二字的合成词。希思曾经相当有把握地指出：丢番图的未知数符号也许是由 arithmos 这个字的头两个希腊字母 α 和 ρ 导出的。这看来又像最后一个希腊字母 σ。关于这一点，固然存在疑问，但未知数幂的符号与意义则是十分清楚的。例如，"未知数的平方"用 Δ^{Υ} 表示，这是希腊字 dunarnis（$\Delta\Upsilon NAMI\Sigma$）（幂）的头两个字母。再则，"未知数的立方"用 K^{Υ} 表示，这是希腊字 kubos（$K\Upsilon BO\Sigma$）（立方）的头两个字母。接着的未知数 $\Delta^{\Upsilon}\Delta$（平方 – 平方），ΔK^{Υ}（平方 – 立方）和 $K^{\Upsilon}K$（立方 – 立方）就更好解释了。丢番图的减号像倒写的 V，还画上角平分线。这曾解释为 Λ 和 I 的合字词，而 Λ 和 I 是希腊字 leipis（$\Lambda EI\Psi\Sigma$）（缺少）中的字母。在表达式中的所有的负项聚到一起，前面放个减号。加，用并列表示；未知数任何次幂的系数，用把希腊数字（参看 1.6 节）放在该幂符号后面表示。如果有一个常数项，就用 M——希腊文 monades（$MONA\Delta AE\Sigma$）（单位）的缩写——和适当的系数。例如，$x^3 + 13x^2 + 5x$ 和 $x^3 - 5x^2 + 8x - 1$ 应表示为

$$K^{\Upsilon}\alpha\Delta^{\Upsilon}\iota\gamma\zeta\varepsilon \text{ 和 } K^{\Upsilon}\alpha\zeta\eta\Lambda\Delta^{\Upsilon}\varepsilon M\alpha$$

它们可被读作

> 未知数立方 1，未知数平方 13，未知数 5

和

> （未知数立方 1，未知数 8）减（未知数平方 5，单位 1）

就这样，文字叙述代数成了简化代数。

6.9 帕普斯

欧几里得、阿基米德和阿波洛尼乌斯的直接继承人将伟大的希腊几何传统延长了一个时期；但是后来它逐渐衰退，并且新的发展局限于天文学、三角学和代数学。到 3 世纪末，即阿波洛尼乌斯之后五百年，出了个热心的、有能力的人——亚历山大里亚的帕普斯，他努力重新点燃对此课题的新的兴趣。

帕普斯给欧几里得的《原本》和《数据》，以及托勒密的《大汇编》和《球极平面投影》作过注释；但是所有这些都是由它们对后来注释者的作品影响得知的。帕普斯的真正伟大的著作是他的《数学汇编》（Mathematical Collection）——对他那个时代存在的几何著作的综述评论和指南。这部著作传播了大批原始命题及其进展、扩展的历史注释。这八卷书的第一卷和第二卷的一部分失传了。

根据剩下的部分判断，《数学汇编》的第二卷讨论阿波洛尼乌斯为记载和运算大数而发展的方法。第三卷分四段：前两段讨论平均的理论（例如，参看问题研究 6.17(a)），尤其注意研究在两条给定线段之中插入两个比例中项的问题；第三段是讲关于三角形的一些不等式；第四段是讲一个给定的球体中五种正多

面体的内接性。

第四卷中有:帕普斯对毕氏定理的推广(在问题研究 6.17(c)中给出);关于鞋匠刀(arbelos)形的"古代命题";(在问题研究 6.4 的末尾讲到);对阿基米德螺线、尼科梅德斯蚌线和狄诺斯特拉德斯的割圆曲线的描述,及其起源、性质及其在三个著名问题上应用;对在一个球上所作的特殊螺线的讨论。

第五卷多半是讲**等周问题**(isoperimetry),即比较等周形的面积和比较等边界面立体的体积。这卷书还包括关于蜜蜂和蜂房格子的最大 – 最小性质的有趣段落。此外,还有帕普斯对阿基米德的 13 个半正多面体的摘录(在 6.2 节中讲到过)。第六卷是关于天文学的,可以当做托勒密的《大汇编》的介绍来读。

第七卷在历史上非常重要,因为它对组成《解析宝典》(*Treasury of Analysis*)的一些著作作了说明。《解析宝典》是欧几里得《原本》之后的一部丛书,资料很丰富,目的是作为职业数学家必需的工具书。这卷书讨论到的十二部著作是:欧几里得的《数据》、《衍论》和《曲面轨迹》;阿波洛尼乌斯的《圆锥曲线》和在 6.4 节末尾提到过的六部著作;阿利斯蒂乌斯的《立体轨迹》(*Solid loci*)以及埃拉托塞尼的《论平均值》(*On Means*)。在这卷书中,我们能够找到古尔丹形心定理的古代锥形(参看问题研究 6.18)。还对著名的"关于三线或四线的轨迹"进行了讨论,即

如果从点 P 向给定四直线所引的并与其分别构成给定角的四线段的长度为 p_1, p_2, p_3, p_4,并且如果 $p_1 p_2 = k p_3^2$ 或 $p_1 p_2 = k p_3 p_4$(k 为常数),则点 P 的轨迹为圆锥曲线。

阿波洛尼乌斯解决的这个问题,在历史上是重要的,因为笛卡儿于 1637 年试图将它推广到 n 条直线,从而导致建立坐标方法,帕普斯的同辈们曾试图推广此问题,但没有成功。大学几何课本中有的所谓**斯图尔特定理**(Stewart's theorem)的四点成一直线的情况,在这本书中也能找到,即

如果 A, B, C, D 为一条直线上的任何四个点,则

$$(AD)^2(BC) + (BD)^2(CA) + (CD)^2(AB) + (BC)(CA)(AB) = 0$$

这里的线段是带正负号的。

实际上,R·西摩松在斯图尔特之前就发现了这条定理的更为一般的情况(D 可以在直线 ABC 外)。四个共线点 A, B, C, D 的**非调和比**((anharmonic)或**交比**)(AB, CD)可定义为:(AC/CB)/(AD/DB),即 C 分 AB 线段的比与 D 分 AB 线段的比之间的比。在《数学汇编》第七卷中,帕普斯证明了:如果四条共点射线(图 49)被两条截线所截,给出相应的两列截点: A, B, C, D 和 A', B', C', D' 则两个交比(AB, CD)和(A'B', C'D')相等。换句话说,四个共线点的交比在射影下保持不变。这是射影几何的基本定理。第七卷还有下述问题的解,即在一给定的圆中作一内接三角形,求它的三个边(如果需要,可以延长)通过三

184

个给定的共线点。人们把这个问题称为**卡斯奇伦－克拉默**(Castillon-Cramer)**问题**,因为在 18 世纪克拉默把它推广到三个点不一定共线的情况,并且推广问题的一个解是卡斯奇伦于 1776 年发表的。拉格朗日、欧拉、鲁易里(Lhuilier)、富斯(Fuss)和莱克塞耳(Lexell)于 1780 年也给出了它的解。几年以后,一位十六岁的天才的意大利少年,叫乔丹诺(Giordano)的,把这问题推广到作圆的内接 n 边形的情形——其各边将通过 n 个给定点,并且他提供了一个天才的解。蓬斯莱又把这个问题进一步推广:把圆换成任意的圆锥曲线。第七卷中还有关于三种圆锥曲线的焦点－准线性质的第一次有记录的陈述。

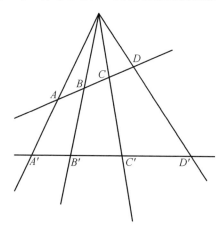

图 49

第八卷和第七卷一样,其中大部分内容可能就是帕普斯本人的研究。这里,我们还可看到关于过给定的五点作一圆锥曲线的问题的一个解。一个有趣的命题将在问题研究 6.17(e)中给出。

帕普斯的《数学汇编》是名副其实的几何宝库。如果可能的话,作一下比较,便能说明包括在此著作中的历史述评是靠得住的。我们的关于希腊几何学的大部分知识是靠这部巨著,它引用和参考了三十多位古代数学家的著作。它可以称为是希腊几何学的安魂曲。

185

6.10 注释者们

在帕普斯之后,希腊数学处于停滞状态,只有一些较小的作家和注释者,其中有在亚历山大里亚的泰奥恩,他的女儿希帕提娅(Hypatia),普罗克拉斯(Proclus),辛普里休斯(Simplicius)和欧托修斯(Eutocius)。

泰奥恩生活于接近 4 世纪的骚乱时期,为托勒密《大汇编》的十一卷有注释的版本的作者。还应该记得:欧几里得《原本》的现代版本所根据的就是泰奥恩的校订版。

泰奥恩的女儿希帕提娅,在数学、医学和哲学上都是杰出的,并且据说她曾为丢番图的《算术》和阿波洛尼乌斯的《圆锥曲线》作过注释。她是第一个被载入数学史的女数学家。她于415年3月被狂热的基督教暴徒野蛮地杀害。她的生平后来被写进 *Charles Kingsley* 的小说中①。

希帕提娅受教于她的父亲,他在亚历山大里亚大学有行政职位。她旅行了许多年,然后,在该大学(也许是亚历山大里亚城公开地)讲授数学和哲学。她的讲课吸引了广泛的听众并受到普遍的赞誉。昔兰尼的辛内修斯(后来成为普托利迈斯的主教)听过她的课,是她的主要朋友和拥护者之一。她的大部分著作,现在失传了;但是,她对丢番图的一部著作的注释的抄本,15世纪在梵蒂冈的图书馆中被发现。她还曾协助其父出版欧几里得《原本》的校订本。她从未结婚,正如她所说的:"和真理结了婚"。

希帕提娅,作为哲学上新柏拉图学派的领袖,在反对基督教,为异教辩护方面起了突出的作用。这引起了亚历山大里亚的西里尔(Cyril)这位新主教的愤怒;他带着疯狂的热诚,反对并压制所有的"持异端邪说者"。希帕提娅是几种宗教的研究者这件事,尤其使西里尔愤怒。有一天,正当希帕提娅驱车回家的时候,他把她从车上拉下来,把头发扯脱,还惨无人道地用牡蛎壳把她的皮肉刮下来,再将余下的躯体放火焚烧。就这样,颇有名望的亚历山大里亚大学的有创造力的日子一去不复返了。

数学史学家们感谢新柏拉图派哲学家和数学家普罗克拉斯在注释欧几里得《原本》第一卷上的功绩。这本书是我们关于初等几何学早期历史资料的主要来源之一。普罗克拉斯曾见到过现在失传了的历史的和评论的著作(或那些著作的注释),主要有:欧德姆斯(Eudemus)的《几何学史》(四卷),米努斯(Geminus)的内容丰富的《数学科学的理论》。普罗克拉斯对柏拉图的《共和国》(Republic)所作的注释中也包括关于数学史的有趣的章节。普罗克拉斯就学于亚历山大里亚,做过雅典学校的校长,于485年在大约75岁时死于雅典。

亚里士多德的注释者辛普里休斯也作出了贡献。是他向我们说明了:安提丰对于化圆为方问题所做的努力;希波克拉底的新月形,以及欧多克斯为了解释太阳系成员的视动而发明的同心球体系。他还给欧几里得《原本》第一卷作了注释,后来,阿拉伯文的摘录就是以此为依据的,辛普里休斯生活于6世纪上半叶,就学于亚历山大里亚和雅典。

欧托休斯与辛普里休斯是同时代的人,他注释过:阿基米德的《论球和圆柱》、《圆的度量》、《论平板的平衡》以及阿波洛尼乌斯的《圆锥曲线》。

186

---

① Hypatia, or New Foes with an Old Face. New York:E. P. Dutton,1907.

雅典学校在反抗基督教徒日益激化的对立中挣扎,直到最后,于 529 年得到罗马皇帝杰斯丁宁(Justinian)的永远关闭学校的命令。辛普里休斯和其他哲学家、科学家们逃往波斯,在那里他们受到霍斯劳王一世(King Khosran Ⅰ)的礼遇。他们在那里建立的学校称得上是波斯的雅典学校。希腊科学的种子此后在穆斯林的赞助下兴旺了好几百年。①

亚历山大里亚的学校在基督教手中日子也不好过,但是开办到 641 年亚历山大里亚被阿拉伯人攻陷时。阿拉伯人将尚未被基督教徒毁掉的文献付之一炬。希腊数学的悠久而又光荣的历史,从此结束了。

问题研究

6.1 阿利斯塔克和埃拉托塞尼的测量工作

萨摩斯的阿利斯塔克(大约公元前 287 年)将数学用于天文学。因为他发展了太阳系的日心假说,所以被称为古代的哥白尼。

(a)阿利斯塔克用粗糙的仪器观察到:月亮在第一象限里与太阳的角距是一个直角的 $\frac{29}{30}$。以此测量值为基础,他不用三角学而证明了地球到太阳的距离是地球到月亮的距离的 18 至 20 倍。用阿利斯塔克的观察结果证明之(所考虑的角实际上大约是 89°50′)。

(b)阿利斯塔克在他的《论太阳和月亮的大小与距离》的小册子中,用到与下列事实等价的结果

$$\frac{\sin a}{\sin b} < \frac{a}{b} < \frac{\tan a}{\tan b}$$

(在这里,$0 < a < b < \pi/2$),试用关于 $\sin x$ 和 $\tan x$ 的函数图象的知识来证明:$(\sin x)/x$ 随着 x 从 0 增大到 $\pi/2$ 而减小(decreases),$(\tan x)/x$ 随着 x 从 0 增大到 $\pi/2$ 而增大(increases),并建立上面的不等式。

(c)埃拉托塞尼(大约公元前 230 年)对地球作了一次著名的测量。他作过这样的观察:在西耶纳,夏至中午,垂直杆没有影子;而在他认为与西耶纳处于同一条子午线上的亚历山大里亚,太阳光倾斜了一个整圆的 $\frac{1}{50}$。然后,他从已知的亚历山大里亚与西耶纳之间的距离 5 000 斯泰德② (stade)算出地球的周长为 250 000 斯泰德。有理由假定一个斯泰德等于 559 英尺(1 英尺 =

---

① 参看 Geouge Sarton, The History of Science, Vol. 1. p.400.
② 译者注:stade 是古代长度单位。

0.304 8 米)。假定如此,试从上述结果计算出地球的极直径是多少英里(地球的实际极直径是 7 900 英里(1 英里 = 1.609 344 千米))。

6.2 关于球体和柱体

(a)试证阿基米德在《论球和圆柱》这部著作中确立的两个命题:

1.该球体体积是该外切圆柱体积的 $\frac{2}{3}$。

2.该球面的面积是该外切圆柱总面积的 $\frac{2}{3}$。

(b)试定义球带(*spherical zone*)(一个底的和两个底的)、球截形(*spherical segment*)(一个底的和两个底的)和球心角体(*spherical sector*)。

(c)假设球带的面积等于大圆周长与球带的高的乘积这一定理成立,试推出大家熟悉的球面积的公式,并证明定理:

具有一个底的球带(球冠)的面积等于以其生成弧的弦长为半径之圆的面积。

(d)假定球心角体的体积等于其底面积与球的半径之积的 $\frac{1}{3}$,试推出下列结果:

1.设从半径为 R 的球上截下一个球截,其高为 h,其底的半径为 a;则其体积是

$$V = \pi h^2 \left(R - \frac{h}{3} \right) = \pi h \left(\frac{3a^2 + h^2}{6} \right)$$

2.高为 h,两个底的半径分别为 a 和 b 的球截形的体积为

$$V = \frac{\pi h(3a^2 + 3b^2 + h^2)}{6}$$

3."2"中的球截形相当于以 $h/2$ 为半径的一个球以及以 $h/2$ 为高且分别以 a 和 b 为半径的两个圆柱之和。

(e)阿基米德在《论球和圆柱》第二卷中讲述:以一平面割一给定的球,使得分开的两块的体积成给定比例的问题。证明:以现代的符号,此导致三次方程

$$n(R - x)^2(2R + x) = m(R + x)^2(2R - x)$$

在这里,R 是该球的半径,x 是横截面与球心的距离,$m/n < 1$ 是给定的比例。

(f)说明:如何以两个平行平面将一给定球的表面积分成三个相等的部分。

6.3 王冠问题

阿基米德的著作《论浮体》第一卷命题 7 是著名的流体静力学定律:

188

浸入液体的物体受到的浮力等于其所排开的液体的重量。

(a)有一重 w 磅(1 磅 = 0.453 6 千克)的王冠是由 w_1 磅金,w_2 磅银做成的。设 w 磅纯金在水中失重 f_1 磅,w 磅纯银在水中失重 f_2 磅,而这个王冠在水中失重 f 磅。试证明

$$\frac{w_1}{w_2} = \frac{f_2 - f}{f - f_1}$$

(b)假定(a)中的王冠投入水中排开 v 立方英寸(1 立方英寸 = 16.387 1 立方厘米)水,与王冠等重的纯金块和纯银块投入水中分别排开 v_1 立方英寸和 v_2 立方英寸水,试证明

$$\frac{w_1}{w_2} = \frac{v_2 - v}{v - v_1}$$

6.4 鞋匠刀形与盐窖形

《定理汇编》(Liber Assumptorum)——其阿拉伯文译本至今尚存,包括属于阿基米德的一些天才的几何定理,其中有一些是关于**鞋匠刀形**(arbelos)的性质。设 A, C, B 为一条直线上的三个点,C 处于 A, B 之间,分别以 AC, CB, AB 为直径在直线的同一侧作半圆。鞋匠刀形就是由这三个半圆围成的图形。在点 C 作 AB 的垂线交最大的半圆于 G。令两个较小的半圆之外公切线与两半圆相切于 T 和 W。以 $2r_1, 2r_2, 2r$ 分别表示 AC, CB, AB。试证明:鞋匠刀形的下列基本性质。

(a) GC 和 TW 相等,且互相平分。

(b)鞋匠刀形的面积等于以 GC 为直径的圆的面积。

(c) GA 和 GB 分别通过点 T 和 W。

鞋匠刀形有许多性质不容易证明。例如,据说阿基米德证明了:曲线三角形 ACG 与 BCG 的内切圆相等,其直径为 $r_1 r_2 / r$;与这两个圆相切的最小的外切圆等于 GC 上的圆,因而与鞋匠刀形积相等。在该鞋匠刀形内考虑与 AB 和 AC 上的半圆相切的一系列圆 $c_1, c_2, \cdots$,在这里,c_1 也与 BC 上的半圆相切,c_2 又与 c_1 相切等。于是,如果 r_n 表示 c_n 的半径,h_n 表示其中心到 ACB 的距离,则 $h_n = 2nr_n$。最后一个命题出现在帕普斯的《数学汇编》第四卷中,在那里被称为"古代命题"。

(d)《定理汇编》的命题 14 涉及一个称为**盐窖形**(salinon)的图形,如图 50 所示,在那里,四个半圆是以线段 AB, AD, DE 和 EB 为直径画出的($AD = EB$)。这个命题断言:盐窖形(被半圆弧围成的部分)的总面积等于以图形的对称轴 FOC 为直径的圆的面积。试证明之。

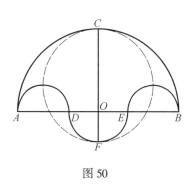

图 50

6.5 折弦定理

阿拉伯学者把所谓**折弦定理**(theorem of the broken chord)归功于阿基米德，这个定理断言：如果 AB 和 BC 组成一个圆的折弦(在这里 $BC > AB$)，如图 51 所示，并且，如果 M 是弧 ABC 的中点，则从点 M 向 BC 所作垂线之垂足 F 为折弦 ABC 的中点。

190

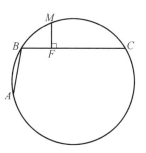

图 51

(a)试证明：折弦定理。

(b)令弧 $MC = 2x$，弧 $BM = 2y$，试相继证明 $MC = 2\sin x$，$BM = 2\sin y$，$AB = 2\sin(x - y)$，$FC = 2\sin x\cos y$，$FB = 2\sin y\cos x$，然后证明：由折弦定理可以得到恒等式

$$\sin(x - y) = \sin x\cos y - \sin y\cos x$$

(c)试利用折弦定理，得到恒等式

$$\sin(x + y) = \sin x\cos y + \sin y\cos x$$

6.6 焦点 – 准线性质

(a)虽然希腊人把圆锥曲线定义为圆锥的截线，但是，在大学里的解析几何

课程中,还是习惯于用焦点－准线性质定义它们。试证明引理 1,然后,完成下述引理 2 中的简单证明,即直圆锥的任何截线都具有焦点－准线性质。

1.从一点到一平面的任何两线段的长度同它们和平面构成的两个角的正弦成反比。

2.以 p 表示直圆锥的截面。设一球与此圆锥的切点构成一圆,此圆所在平面称为 q,且此球又在点 F 与 p 相切(图 52)。设平面 p 和 q 交于直线 d。从圆锥曲线上的任意点 P,作直线 d 的垂线 PR。设圆锥的过点 P 的母线交 q 于点 E,最后,设 α 为 p 与 q 的夹角,β 为圆锥的一条母线与 q 构成的角。试证明:$PF/PR = PE/PR = (\sin \alpha)/(\sin \beta) = e$——一个常数。于是,$F$ 是焦点,d 是其对应的准线,e 是该圆锥截线的离心率(这个简单的、天才的方法是在大约 19 世纪前四分之一的年代里,由两位比利时数学家:A·盖特莱(Quetelet,1796—1874)和 G·唐台朗(Dandelin,1794—1847)发明的)。

191

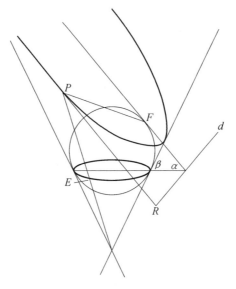

图 52

(b)试证明:如果 p 与一叶圆锥的每一条母线相截,则 $e < 1$,如果 p 平行于且仅平行于圆锥的一条母线,则 $e = 1$;如果 p 与两叶圆锥相截,则 $e > 1$。

6.7　相切性

阿波洛尼乌斯在他的一本失传了的关于相切性(*Tangencies*)的论著中,讨论过这样一个问题:作一圆与三个给定的圆 A,B,C 相切,三个圆中的每一个可以独立地假定为退化的点或直线。这个问题已被称为**阿波洛尼乌斯问题**

(problem of Apollonius)。

(a)试证明:依 A,B,C 为点、线或圆,阿波洛尼乌斯问题有十种情况。试问对于每一种一般情况,解的数目是多少?

(b)当 A,B,C 为两点和一线时,解此问题。

(c)把 A,B,C 为两线和一点的情况归结为(b)的情况。

(d)给定一条抛物线 p 的焦点,准线和一直线 m,用欧几里得的工具求 p 和 m 的交点。

6.8 阿波洛尼乌斯提出的问题

(a)试解阿波洛尼乌斯在他的著作《斜向》(*Vergings*)一书中考虑过的、容易求解的斜向问题:在一给定的圆中作一具有给定长的弦,使其斜向一给定的点。

192

阿波洛尼乌斯所考虑的较难的斜向问题是:给定一菱形,将其一边延长,在其外角内插入一给定长的线段,使其斜向对顶。这个问题的几种解法是惠更斯(1629—1695)给出的。

(b)用解析几何证明 6.4 节中讲到的与阿波洛尼乌斯的著作《平面轨迹》有关的问题 1、2。

(c)综合地证明(b)中第一个问题和(b)中第二个问题的下述特殊情况:到两个固定点的距离的平方和为一常数的点的轨迹是圆,其中心是连接此两点的线段的中点。

6.9 托勒密的弦表

(a)试证明托勒密定理:

圆的内接四边形中,对角线的乘积等于两对对边乘积的和。

(b)从托勒密定理导出下列关系式:

1. 如果 a 和 b 是单位圆的两个弧所对的弦,则

$$s = \frac{a}{2}(4 - b^2)^{1/2} + \frac{b}{2}(4 - a^2)^{1/2}$$

是两弧之和所对的弦。

2. 如果 a 和 $b(a \geqslant b)$ 是单位圆的两个弧所对的弦,则

$$d = \frac{a}{2}(4 - b^2)^{1/2} - \frac{b}{2}(4 - a^2)^{1/2}$$

是两弧之差所对的弦。

3. 如果 t 是单位圆的一弧所对的弦,则

$$s = (2 - (4 - t^2)^{1/2})^{1/2}$$

是该弧之半所对的弦。

在单位圆中,crd 60° = 1,并且可以证明:crd 36° = 把半径分为外中比时的较大线段[参看问题研究 3.10(d)] = 0.618 0。根据 2,crd 24° = crd(60° − 36°) = 0.415 8。根据 3,我们可以算出 12°,6°,3°,90′ 和 45′ 所对的弦,得 crd 90′ = 0.026 2,crd 45′ = 0.013 1。根据问题研究 6.1(b),crd 60′/crd 45′ < 60/45 = 4/3,或crd 1° < (4/3)(0.013 1) = 0.017 5。还有,crd 90′/crd 60′ < 90/60 = 3/2 或 crd 1° > (2/3)(0.026 2) = 0.017 5。所以,crd 1° = 0.017 5。根据 3,我们可以求得 crd (1/2)°。现在我们能作一间隔为(1/2)°的弦表了,这是托勒密造弦表的方法之要点。

(c)试证明(b)的关系式 1,2,3 等价于关于 sin (α + β), sin (α − β)和 sin (θ/2)的三角学公式。

(d)依据托勒密定理,证明下列的有趣的结果:

1.如果 P 在等边△ABC 的外接圆之弧 AB 上,则 PC = PA + PB。

2.如果 P 在正方形 ABCD 的外接圆之弧 AB 上,则(PA + PC) PC = (PB + PD) PD。

3.如果 P 在正五边形 ABCDE 的外接圆之弧 AB 上,则 PC + PE = PA + PB + PD。

4.如果 P 在正六边形 ABCDEF 的外接圆之弧 AB 上,则 PD + PE = PA + PB + PC + PF。

6.10 球极平面射影

托勒密在他的《球极平面射影》中论述了**球极平面射影**(stereographic projection),即把球面上的点通过从南极向赤道平面上射影而表示在这个平面上。在此映射下(图 53)。

(a)纬线的圆成为什么?

(b)经线的圆成为什么?

(c)球面上过南极的小圆成了什么?

可以证明:在球面上不过南极的任何圆,映射为平面上的一个圆。这样一条性质很重要:球极平面射影是一种保角映射,即保持曲线之间的夹角不变的映射。当把地球表面的一小部分向一平面映射时,此性质为什么是重要的? 在 J. P. H. Donnay《根据蔡查罗方法的球面三角学》(*Spherical Trigonometry after the Cesaro Method* , *New York* , *Interscience* , 1945)一书中给出了通过球极平面射影从平面三角学到球面三角学的有趣的发展。

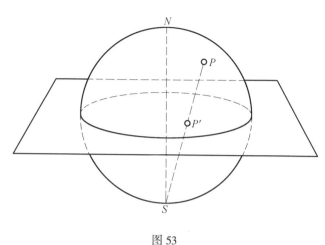

图 53

6.11 希罗提出的问题

(a)正七边形不能用欧几里得的工具作出。希罗在他的著作《度量学》中认为:可取有同样的外接圆的正六边形的边心距作为正七边形的边来作近似的图。试问此作图近似程度如何?

(b)希罗在《反射光学》(*Catoptrica*)中证明:假定光线走最短的路径,则在反 *194*
射镜中入射与反射角相等。

(c)一个人想要出家门到(直的)河边提一桶水,然后走到他的牛棚(和他家在河的同一边)。求河岸上的点,使他走的路程最短。

(d)完成希罗的以△ABC 的三个边 a , b , c 表示其面积△的公式的推导。

1.设以 I 为圆心,以 r 为半径的内切圆与 BC , CA , AB 相切于 D , E , F ,如图 54 所示。在 BC 的延长线上取点 G ,使 $CG = AE$ 。作 IH 垂直于 BI ,交 BC 于 J ,并交 BC 的过点 C 的垂线于 H 。

2.如果 $s = (a + b + c)/2$,则△ $= rs = (BG)(ID)$ 。

3. B , I , C , H 在同一圆上, $\angle CHB$ 是 $\angle BIC$ 的补角,所以等于 $\angle EIA$ 。

4. $BC/CG = BC/AE = CH/IE = CH/ID = CJ/JD$ 。

5. $BG/CG = CD/JD$ 。

6. $(BG)^2/(CG)(BG) = (CD)(BD)/(JD)(BD) = (CD)(BD)/(ID)^2$ 。

7.△ $= (BG)(ID) = \{(BG)(CG)(BD)(CD)\}^{1/2} = (s(s-a)(s-b)(s-c))^{1/2}$ 。

(e)依下列程序推导(d)中的公式:设 h 为 c 边上的高, m 为 b 边在 c 边上的投影。(1)试证明: $m = (b^2 + c^2 - a^2)/2c$ 。(2)以这个 m 值代入 $h = (b^2 - m^2)^{1/2}$ 。(3)以这个 h 值代入△ $= (ch)/2$ 。

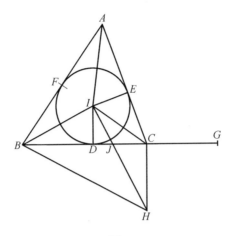

图 54

(f)用希罗的方法,逐步地求$\sqrt{3}$和$\sqrt{720}$的近似值。

(g)一个**旁面三角台**(prismatoid)是所有顶点都在两个平行平面上的多面体。处于平行平面上的两个面称为它的**底**(bases),两平行平面之间的垂直距离称它的**高**(altitude),平行于这两个平面且处于二者中间的截面称为它的**中截面**(midsection)。设 V 表示旁面三角台的体积,U,L,M 表示其上底、下底和中截面的面积,以 h 表示其高,如图 55 所示。在立体几何中证明了

$$V = \frac{h(U + L + 4M)}{6}$$

在《度量学》第二卷中,希罗给出两底为矩形且其对应边相互平行(尺寸分别为a,b 和 c,d)的旁面三角台的体积

$$V = h\left[\frac{(a+c)(b+d)}{4} + \frac{(a-c)(b-d)}{12}\right]$$

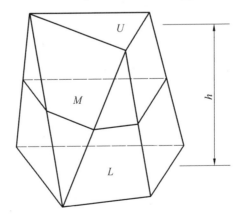

图 55

试证明:此式等价于由上述的旁面三角台公式所给出的结果。

(h)证明:"伟大的埃及棱锥"(译者注:此处有双关语,参看问题研究 2.13 (a))是(g)的旁面三角台公式的特殊情况。

6.12　联立方程

(a)公元前 4 世纪,一个小数学家塞马力达斯(Thymaridas)给出了下述的求解某一 n 元联立线性方程组的规则。这一规则是如此闻名,人们称之为**塞马力达斯之花**(bloom of Thymaridas):

如果已知 n 个量的和,以及包括某一特殊的量的每一对量之和,则这个特殊的量多于这些对量的总和与 n 量的和之差的 $1/(n-2)$。

试证明此规则。

196

(b)在希罗汇集的一些问题中有下面的公式

$$a,b = \frac{(r+s) \pm ((r+s)^2 - 8rs)^{1/2}}{2}$$

其中,a 和 b 是周长为 $2s$,内径为 r 的直角三角形之直角边。试推出这两个公式。

6.13　《希腊选集》中的问题

(a)如果六个人中的四个人得到的苹果分别占总苹果数的 $\frac{1}{3}$,$\frac{1}{8}$,$\frac{1}{4}$ 和 $\frac{1}{5}$,第五个人得十个,只剩下一个给第六个人,试问苹果总数是多少?

(b)德莫查尔斯一生的四分之一是童年,五分之一是青年,三分之一是中年,还有 13 年是老年,试问他有多大年纪?

(c)在弄脏了正义女神的项链之后,我才可能见到你——主宰一切的黄金,价值增长得如此之快,以致我一无所有;因为在各种各样的凶兆下,我把 40 塔兰(货币单位)白白地送给我的朋友们。啊! 变化多端的厄运。我看见我的敌人们拥有我的财产的 $\frac{1}{2}$,$\frac{1}{3}$ 和 $\frac{1}{8}$。试问这位不幸的人原来有多少塔兰?

(d)温雅的三女神各拿着一篮苹果,每篮苹果数目一样,九位诗神遇见她们向每位女神要苹果;她们给每位诗神同样数目的苹果,于是,这九位诗神和三位女神都有同样多的苹果。告诉我:她们给了多少和怎样才有同样多的苹果(此问题有许多解,求最小的允许解)。

6.14 《希腊选集》中的典型问题

在现代初等代数课本中,有一些古时候就有的典型问题。例如,《希腊选集》中有的"工作"问题,"水池"问题和"混合"问题。

(a)制砖师,我急于建房子。今天,风和日丽,并且,我不需要更多的砖,仅要三百块。你单独一天就能完成,但是,你的儿子完成了二百块砖就不干了,你的女婿完成二百五十块就不干了。你们一齐工作,多少天能完成这些?

(b)我是一个无耻的狮子,我的两双眼、嘴和右脚心,都是我的口。我的右眼,两天需一瓶(1 天 = 12 小时);我的左眼则三天一瓶;我的右脚心则四天一瓶,我的嘴六小时一瓶。告诉我,四个口全都用上,多长时间填一瓶?

(c)用金、铜、锡和铁做了一个重 60 米纳克(古代金币)的王冠,其中金和铜占 $\frac{2}{3}$,金和锡占 $\frac{3}{4}$,金和铁占 $\frac{3}{5}$,求金、铜、锡、铁的重量(这是塞马力达斯的数值例,参看问题研究 6.12(a))。

6.15 丢番图

(a)关于丢番图的个人生活,我门所知道的一切几乎全包括在《希腊选集》中给出的下列墓志铭摘要中:"丢番图一生的 1/6 为童年,1/12 为青年,1/7 为单身汉,结婚五年之后,生了个儿子,儿子在他最终年龄的一半时,比他父亲早四年死去。"试问丢番图活了多少年?

(b)丢番图《算术》第一卷 17 题:求四个数,其每三个的和为 22,24,27 和 20。

(c)《算术》第六卷第 16 题:在直角 $\triangle ABC$ 中,C 为直角顶点,AD 平分角 A。求 AB,AD,AC,BD,DC 的一组最小整数,使得 $DC:CA:AD = 3:4:5$。

(d)生活于 19 世纪的 A·德·摩根(De Morgan)提出这样一个谜语:"x^2 年我 x 岁。"他是哪年生的?

6.16 《算术》中的一些数论

(a)试证明恒等式
$$(a^2 + b^2)(c^2 + d^2) = (ac \pm bd)^2 + (ad \mp bc)^2$$
并利用这些公式以两种不同方法把 $481 = (13)(37)$ 表示成两个平方数的和。

这两个恒等式是 1202 年斐波那契在他的《算盘书》中给出的。它们说明:

如果两个数都能表示成两个平方数的和,那么,它们的乘积也能表示成两个平方数的和。可以证明:这两个恒等式包含正弦和余弦加法公式。这两个恒等式后来成为算术二次型的高斯理论以及现代代数中某些发展的起源。

(b)以四种不同的形式将 $1\ 105 = (5)(13)(17)$ 表示为两个平方数的和。

在下列两个问题中,"数"指的是正有理数。

(c)如果 m 和 n 是不等于1的数,并且,如果 x, y, a 是使得 $x + a = m^2$, $y + a = n^2$ 的数,试证明:$xy + a$ 是一个平方数。

(d)如果 m 是任何数,且 $x = m^2$, $y = (m + 1)^2$, $z = 2(x + y + 1)$,试证明 $xy + x + y, yz + y + z, zx + z + x, xy + z, yz + x, zx + y$ 都是平方数。

6.17 帕普斯提出的问题

(a)在帕普斯的《数学汇编》第三卷中,我们见到某些平均值的下述有趣的几何表示。在线段 AC 上取点 B, B 不是 AC 的中点 O。在点 B 作 AC 的垂线交 AC 上的半圆于 D,并且设 F 为从 B 向 OD 所作垂线的垂足。试证明:$OD, BD,$ FD 表示 AB 和 BC 的算术平均,几何平均和调和平均,并且证明,如果 $AB \neq$ *198* BC,则

算术平均 > 几何平均 > 调和平均

(b)在《数学汇编》第三卷中,帕普斯对于两个给定线段 OA 和 OB 的调和平均给出下述的精致作图,如图56所示。在点 B 作 OB 的垂线,截 $BD = BE$,并且设过点 A 所作的 OB 的垂线交 OD 于 F。作 FE,截 OB 于 C,于是 OC 就是所求的调和平均。试证明之。

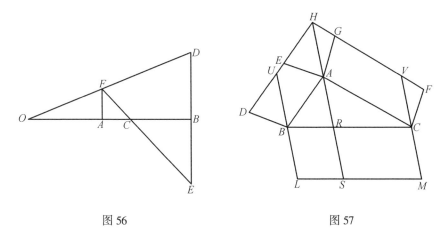

图 56   图 57

(c)试证明:帕普斯《数学汇编》第四卷中给出的毕氏定理的下述推广。

设 ABC（图 57）为任意三角形；$ABDE$，$ACFG$ 为 AB 和 AC 上向外所作的任意平行四边形；设 DE 和 FG 相交于 H，再作 BL 和 CM 相等且平行于 HA。则

$$□BCML = □ABDE + □ACFG$$

（d）将（c）的定理推广到三维空间，即以四面体代替三角形，以在四面体面上的三棱柱代替三角形边上的平行四边形。

（e）在《数学汇编》第八卷中，帕普斯证明了下述定理：

如果 D，E，F 是 $\triangle ABC$ 的边 BC，CA，AB 上的三点，使得 $BD/DC = CE/EA = AF/FB$，则 $\triangle DEF$ 与 $\triangle ABC$ 具有共同的形心。

试综合地或分析地证明此定理。

6.18 形心定理

在《数学汇编》第七卷中，帕普斯已预见到一条形心定理（有时归功于 P·古尔丹（1577—1642））。这些定理可陈述如下：

1. 如果一个平面弧围绕其所在平面上的一个不与此弧相交的轴旋转，则这样形成的旋转面的面积等于弧长与弧的形心经过的路径长度之积。

2. 如果一个平面图形围绕其所在平面上的一个不与此图形相交的轴旋转，则这样形成的旋转体的体积等于此图形的面积与其形心经过路径长度之积。

试用这两个定理来求：

（a）半径为 r 的圆围绕其所在平面上的一个与圆心的距离为 $R > r$ 的轴旋转，这样形成的锚环的体积和表面积。

（b）半圆弧的形心。

（c）半圆面积的形心。

帕普斯预见到的是上述定理的第二个，从而使这个包含微积分思想的最普通定理的发现时间提前到了古希腊时代。

6.19 椭圆的椭圆规作图

下述定理会被认为是普罗克拉斯的：

如果有定长的线段，其端点在两条相交直线上移动，则该线段（或其延长线）上的固定点描出椭圆的一部分。

（a）选定一对直角坐标轴 Ox 和 Oy 作为普罗克拉斯定理中的两条直线，并且设 AB 为有定长的线段。在 AB 上（如果必要，在其延长线上）选取一点 P，并以 a 表示 AP，以 b 表示 BP。试证明：当 A 在 y 轴上移动，B 在 x 轴上移动时，P

描出椭圆

$$\frac{x^2}{a^2} + \frac{y^2}{b^2} = 1$$

（b）为描绘一有给定半轴 a 和 b 的椭圆，在结果（a）的基础上，设计一简单机械（**椭圆规**（ellipsograph））。

6.20 梅理劳斯定理

200

在三角形的一条边上不与三角形的顶点重合的点被称为三角形对于这条边的**梅理劳斯点**（Menelaus point）。试证明下面一系列定理。在这里，所有线段和角都是有向线段和有向角。

（a）**梅理劳斯定理**（Menelaus' theorem）：$\triangle ABC$ 的边 BC，CA，AB 的三个梅理劳斯点 D，E，F 共线的必要充分条件是

$$\left(\frac{BD}{DC}\right)\left(\frac{CE}{EA}\right)\left(\frac{AF}{FB}\right) = -1$$

（b）如果把 $\triangle BOC$ 的顶点 O 与直线 BC 上一点 D（不是 B 或 C）相连，则

$$\frac{BD}{DC} = \frac{OB\sin BOD}{OC\sin DOC}$$

（c）设 D，E，F 为 $\triangle ABC$ 的边 BC，CA，AB 上的梅理劳斯点，并且设 O 为不在 $\triangle ABC$ 的平面上的空间中的一点，则点 D，E，F 共线，当且仅当

$$\left(\frac{\sin BOD}{\sin DOC}\right)\left(\frac{\sin COE}{\sin EOA}\right)\left(\frac{\sin AOF}{\sin FOB}\right) = -1$$

（d）设 D'，E'，F' 为球面三角形 $A'B'C'$ 的边 $B'C'$，$C'A'$，$A'B'$ 上的三个梅理劳斯点，则 D'，E'，F' 处于该球的一个大圆上，当且仅当

$$\left(\frac{\sin \overparen{B'D'}}{\sin \overparen{D'C'}}\right)\left(\frac{\sin \overparen{C'E'}}{\sin \overparen{E'A'}}\right)\left(\frac{\sin \overparen{A'F'}}{\sin \overparen{F'B'}}\right) = -1$$

这是梅理劳斯定理的球面情况，梅理劳斯在他的《球面几何》（*Spherica*）中使用过它。

6.21 更多的平均值

如果 a 和 b 是两个实数，a 和 b 的下列平均值是有用的。

1.算术平均值：$A = (a + b)/2$。

2.几何平均值：$G = \sqrt{ab}$。

3.调和平均值：$H = 2ab(a + b)$。

4. 希罗平均值：$h = a + \sqrt{ab} + b$。

5. 反调和平均值：$C = (a^2 + b^2)/(a + b)$。

6. 均方根：$r = \sqrt{(a^2 + b^2)/2}$。

7. 形心均值：$g = 2(a^2 + ab + b^2)/3(a + b)$。

201

(a) 如果 $a \neq b$，试证明

$$c > r > g > A > h > G > H$$

(b) 如果 a^2, b^2, c^2 构成算术级数，则 $b + c, c + a, a + b$ 构成调和级数。

(c) 如果 a, b, c 构成调和级数，则 $a/(b + c), b/(c + a), c/(a + b)$ 也构成调和级数。

(d) 如果在 a 和 b 之间存在两个插入的算术平均值 A_1 和 A_2，两个几何平均值 G_1 和 G_2，两个调和平均值 H_1 和 H_2，则 $G_1 G_2 : H_1 H_2 = A_1 + A_2 : H_1 + H_2$。

(e) 设 a 和 $b(a > b)$ 表示梯形的下底和上底的长，则平行于梯形的两底且与其两腰相交的线段为 a 和 b 的某种平均值（*mean*）。试证明：

1. 算术平均值二等分梯形的两腰梯形。

2. 几何平均值将该梯形分成两个相似梯形。

3. 调和平均值通过对角线的交点。

4. 希罗平均值在从算术平均到几何平均的距离的 $\frac{1}{3}$ 处。

5. 反调和平均比算术平均低的距离和调和平均比算术平均高的距离相等。

6. 均方根二等分梯形的面积。

7. 形心均值通过梯形面积的形心。

(f) 试画出以 a 和 b 为底的梯形，并作 (e) 中的那些线段。然后，用几何方法证明 (a) 的不等式。

(g) 数 $(a + wb)/(1 + w), w > 0$，称为 a 和 b 的，对于权 w 的**加权平均**（weighted mean）。试证明：a 和 b 的下列平均值具有指出的权：

1. 算术平均值：$w = 1$。

2. 几何平均值：$w = \sqrt{a/b}$。

3. 调和平均值：$w = a/b$。

4. 希罗平均值：$w = -(\sqrt{ab} + b - 2a)/(\sqrt{ab} + a - 2b)$。

5. 反调和平均值：$w = b/a$。

6. 均方根：$w = -(\sqrt{a^2 + b^2} - a\sqrt{2})/(\sqrt{a^2 + b^2} - b\sqrt{2})$。

7. 形心均值：$w = -(a^2 + ab - 2b^2)/(b^2 + ab - 2a^2)$。

(h) 设 PT 和 PS 为给定圆外一点 P 向该圆所作的两条切线，TS 交径割线 PBA 于 C。试证明：PC 是 PA 和 PB 的调和平均值。

(i)设 CD 和 CE 为△ABC 的∠C 的内角平分线和外角平分线。试证明：AB 是 AD 和 AE 的调和平均值。

(j)设 s 为内接于三角形且其一边在三角形底上的正方形的边。试证明：s 是该三角形的底和其底上的高之调和平均值的 $\frac{1}{2}$。

(k)设 s 为内接于直角三角形且其一角与直角三角形的直角重合的正方形 *202* 的边。试证明：s 是该三角形两个直角边的调和平均值的 $\frac{1}{2}$。

(l)设△ABC 的∠B 为 120°，BT 为∠B 的角平分线。试证明：BT 是 BA 和 BC 的调和平均值的 $\frac{1}{2}$。

(m)设 s,a,b 为圆周的 $\frac{1}{7},\frac{2}{7},\frac{3}{7}$ 的圆弧的弦。试证明：s 是 a 和 b 的调和平均值的 $\frac{1}{2}$。

(n)一辆汽车以每小时 r_1 英里的速度从 A 驶向 B，然后，返回来，以每小时 r_2 英里的速度从 B 驶向 A。试证明：整个行程的平均速度为 r_1 和 r_2 的调和平均值。

(o)用于等臂天平(当怀疑其臂不完全相等时)称东西的普通的预防措施是称两次，即所谓**双称法**(double weighing)。这就是，先把要称的东西放在左边秤盘上，并以砝码 w_1 平衡之；然后，把该物放在右边秤盘上，并以砝码 w_2 平衡之。试证明：该物的质量是 w_1 和 w_2 的几何平均值。

(p)试证明：a 和 b 的形心均值等于 a^2 和 b^2 的希罗平均值除以 a 和 b 的算术平均值。

(q)试证明：$g = (H + 2c)/3 = (2A + c)/3$。

论 文 题 目

6/1　为什么说阿基米德是古代最伟大的数学家？

6/2　阿基米德立体及其作图模式。

6/3　作为积分学发明者的阿基米德。

6/4　作为解析几何发明者的梅纳科莫斯和阿波洛尼乌斯。

6/5　埃拉托塞尼的著作。

6/6　希腊天文学家们对数学的贡献。

6/7　希罗对应用数学发展的影响。

6/8　第一位女数学家。

6/9 亚历山大里亚数学学派。

6/10 平均值。

6/11 数学在罗马文明中。

6/12 《希腊选集》。

6/13 赫卡泰奥斯(Hecataeus),埃拉托塞尼和托勒密绘制的世界地图。

参考文献

AABOE, ASGER *Episodes from the Early History of Mathematics* [M]. New Mathematical Library, no. 13. New York: Random House and L. W. Singer, 1964.

APOLLONIUS OF PERGA *Conics* [M]. 3 vols. Translated by R. Catesby Taliaferro. (Classics of the St. John's program). Annapolis, Md.: R. C. Taliaferro, 1939.

BARON, MARGARET *Origins of the Infinitesimal Calculus* [M]. New York: Pergamon, 1969. Reprinted by Dover, New York, 1987.

BUNT, L. N. H.; P. S. JONES; and J. D. BEDIENT *The Historical Roots of Elementary Mathematics* [M]. Englewood Cliffs, N. J.: Prentice-Hall, 1976.

CLAGETT, MARSHALL *Archimedes in the Middle Ages* [M]. 2 vols. Madison, Wis.: University of Wisconsin Press, 1964.

—— *Greek Science in Antiquity* [M]. New York: Abelard Schuman, 1955. Paperback edition. New York: Collier Books, 1963.

COHEN, M. R., and I. E. DRABKIN *A Source Book in Greek Science* [M]. New ork: McGraw-Hill, 1948. Reprinted by Harvard University Press, Cambridge, Mass., 1958.

COOLIDGE, J. L. *History of the Conic Sections and Quadric Surfaces* [M]. New York: Oxford University Press, 1945.

—— *History of Geometric Methods* [M]. New York: Oxford University Press. Paperback edition. New York: Dover, 1963.

DANTZIG, TOBIAS *The Bequest of the Greeks* [M]. New York: Charles Scribner's 1955.

DAVIS, HAROLDT. *Alexandria, the Golden City* [M]. 2 vols. Evanston: Principia Press of Illinois, 1957.

203

DIJKSTERHUIS, E. J. *Archimedes*[M]. New York: Humanities Press, 1957.

EVES, HOWARD *A Survey of Geometry*, vol. 1[M]. Boston: Allyn and Bacon, 1972.

GOW, JAMES *A Short History of Greek Mathematics*[M]. New York: Hafner, 1923. Reprinted by Chelsea, New York.

HARTLEY, MILES C. *Patterns of Polyhedra*[M]. Rev. ed. Ann Arbor, Mich.: Edwards Brothers, 1957.

HEATH, T. L. *Apollonius of Perga*, *Treatise on Conic Sections*[M]. New York: Barnes and Noble, 1961.

—— *Aristarchus of Sama* [M]. New York: Oxford University Press, 1913. Reprinted by Dover, New York, 1981.

—— *Diophantus of Alexandria*[M]. Rev. ed. New York: Cambridge University Press, 1910. Reprinted by Dover, New York, 1964.

—— *History of Greek Mathematics* vol. 2 [M]. New York: Oxford University Press, 1921. Reprinted by Dover, New York, 1981.

—— *A Manual of Greek Mathematics* [M]. New York: Oxford University Press, 1931.

—— *The Works of Archimedes* [M]. New York: Cambridge University Press, 1897. Reprinted by Dover, New York.

JOHNSON, R. A. *Modern Geometry*, *an Elementary Treatise on the Geometry of the Triangle and the Circle* [M]. Boston: Houghton Mifflin Compay, 1929. Reprinted by Dover, New York.

MESCHKOWSKI, HERBERT *Ways of Thought of Great Mathematicians* [M]. Translated by John Dyer-Bennett. San Francisco: Holden-Day, 1964.

ORE, OYSTEIN *Number Theory and Its History*[M]. New York: McGraw-Hill, 1948.

PETERS, C. H. F., and E. B. KNOBEL *Ptolemy's Catalogue of Stars*; *A Revision of the Almagest* [M]. Washington, D. C.: Carnegie Institution, 1915.

SARTON, GEORGE *Ancient Science and Modern Civilization* [M]. Lincoln, Neb.: The University of Nebraska Press, 1954.

STAHL, W. H. *Ptolemy's Geography*: *A Select Bibliography* [M]. Lincoln, Neb.: University of Nebraska Press, 1954.

—— *Roman Science*[M]. Madison, Wis.: University of Wisconsin Press, 1962. *204*

THOMAS, IVOR *Selections Illustrating the History of Greek Mathematics* [M]. 2 vols. Cambridge, Mass.: Harvard University Press, 1939-41.

VAN DER WAERDEN, B. L. *Science Awakening* [M]. Translated by Arnold Dresden. New York: Oxford University Press, 1961. Paperback edition. New York: John Wiley, 1963.

亚细亚诸帝国

中国在 1260 年之前;
印度在 1206 年之前;
伊斯兰文化的兴起——622 至 1258 年
(伴随第 7 章)

文
明
背
景
V

大在文明背景 Ⅲ 和 Ⅳ 中,我们仔细考察了地中海地区文明、社会、政治和经济生活的早期成长和发展。就在希腊和罗马人铸造西方社会的许多基本建制时,东方的文明也正在诞生:在中国、在黄河流域周围的高原上;在印度、在喜马拉雅山麓有榕树遮荫的地方。在 7 世纪,随着伊斯兰教的兴起,阿拉伯人从西方世界分离出来,筹划着他们自己的文明道路。下面要讲的就是:中国、印度和阿拉伯这三个文明。

205

中国

中国历史可分为四个时期:古代中国(大约公元前 2000 ~ 公元前 600),古典中国(大约公元前 600 ~ 公元 220),中国帝国(221 ~ 1911)和现代中国(1911 年至今)。据传说,黄河贯穿于其中的北中国的土层厚的平原(这个地区,中国人称之为中土(*Middle Kingdom*),因为他们相信:它处于世界的中心)统一于半神秘的夏(约公元前 2070 ~ 公元前 1600)、商(公元前 1600 ~ 公元前 1046)和周(公元前 1046 ~ 公元前 256)的统治之下。① 这些古代的王朝是否确实曾经相继地建立强大的、中央集权的政府，不清楚；但是，在大约公元前 600 年中国古典时代开始的时候，周朝的统治已经名存实亡，实权已落入许多统治小国的小诸侯手中；诸侯们则进行着数不清的你争我夺的战争，课其臣民以重税，不考虑穷人们的困难处境。

针对古典中国的社会混乱，孔夫子(公元前 551—公元前 479)这位哲学家提倡政治和社会的重建。孔夫子讲授一套重要的规则：尊重君主，关心穷人，崇尚谦恭，讲究伦理。虽然孔夫子有几个弟子进入了统治阶层，他本人在世之日则大半未受重视，未能说服君主改变其政策。大约同时，有另一位中国哲学家——老子，人们设想：道教是他创立的；虽然，老子其人是谁还无定论。道教宣称宇宙存在自然的秩序或和谐，并且力主无为、和平和仁慈的统治。稍迟，"阴阳"的概念被道教吸收。这种思想坚持：在一切事物中存在对立面的辩证的斗争，而且任何事情只有通过这些对立面的融合才能得到解决。道教和儒教②，在许多方面，是小诸侯错误的政策和他们的臣民的贫困状态的反应。

公元前 221 年，由有才能的国君秦始皇(字面上的意思是：秦朝的第一个皇帝)统治的秦国，把彼此交战的诸国统一为一个帝国。十五年后，秦朝被汉朝取而代之；汉朝，除了小的间断之外，一直延续到 220 年；中国的古典时代于是结束。汉朝使中国的领土大为扩张；向南延伸到南中国的多雨多山的林区和越南北部，向西到中亚细亚的沙漠，东北直到现东三省和朝鲜。汉朝的皇帝们接受了孔夫子的治国的思想；在这位圣人死了三百年之后，他的哲学在全国范围内得以传播，这有点像几百年后，在西方，基督教被罗马皇帝最终接受。在大约 60 年，佛教从印度越过喜马拉雅山传到中国。对于中国人来说，佛教与道教相似，并且这两种思想趋于融合。开始，佛教在中国居于少数地位，到 800 年，才引起了农民们的广泛兴趣。儒教则在上层受到普遍的认可。在我们讲印度历史和文明时，将进一步介绍佛教的思想。

汉朝于 220 年瓦解，此后有超过 350 年，中国处于分崩离析的状态；直到 618 年，李渊统一中国，建立唐朝。唐朝诸帝，以及相继的宋、元诸帝，都爱好并支持艺术和文学；他们的朝代是中国帝国时期的黄金时代。在这三个朝代，中国的领土最广，影响最大，并且沟通了东西方的贸易。

把中国帝国和罗马帝国作一比较，是有意思的。两个帝国都强大，都维持了长时间的统治；而中国的统一还比罗马持续的长。罗马帝国只持续了大约 500 年(公元前 31 ~ 公元 476)，中国帝国，除了在汉、唐两朝之间有 397 年间断外，存在了超过 1 500 年，直到 1911 年中国辛亥革命兴起才告结束。罗马皇帝

---

① 译者注：英文原著夏、商、周的年代有误，我们直接改过来了。
② 译者注：作者称我国的儒学、儒家、孔孟之道为儒教，我们不赞成，但为了前后文一致又不作较大更动，暂时保留这个词。

们多半是军事独裁者,缺少文化,其短暂的统治常以流血的政变而告终;中国皇帝,像李渊和忽必烈汗(即元世祖)(1216—1294),都曾对艺术给予过支持。古典中国和中国帝国产生了丰富的文化和坚实的思想基础。尽管如此,中国的学者们对哲学、艺术和文学的兴趣高于科学;因而,这个时期中国的数学和科学落后于其他学问。

欧洲与中国的交往很有限,直到 1275 年,意大利旅行家马可·波罗(Marco Polo,1254—1323)访问元朝忽必烈汗的朝廷,情况才有所改变,马可·波罗在中国居住了十七年(1275～1292),旅行了许多的地方,并向中国介绍了西方的文明。但是,经常交往是 1600 年左右的事。这时,欧洲的商人和基督教传教士们才不时访问中国,这当中,影响最大的是利玛窦(Matteo Ricci,1552—1610)。这位意大利人,是到中国活动最早的耶稣会传教士之一,他于 1582 年旅华,携带一些西方科技书籍和贡品,如世界地图、自鸣钟、天文仪器以及数学书籍等。后来,他还与徐光启(1562—1633)合译了欧几里得《原本》的前六卷。从这时起,中国科学和数学的历史才与欧洲相融合,在"文明背景 X:原子和纺车"中,我们还要回过来讲中国的文明。

印度

在政治方面,印度和中国相反。最初的中国人,黄河流域的农民们,接连不断地创造大帝国,统治了东亚细亚的大部分。最初的印度人,在大约公元前 1500 年,被入侵的游牧民族彻底消灭。在历史上,中国统一于单一的帝国;印度则很少统一,而分裂为许多小公国。中国人通常能使入侵者转变。印度曾多次被入侵者征服;雅利安人、波斯人、希腊人、阿拉伯人和英国人都曾穿行于其森林和平原。中国在最终落入其敌人(蒙古人)手中时,入侵者很快就被同化了。印度的大多数成功的入侵者把印度的其他人置于一旁。中国常能保持内部和平,而印度则战争频繁。尽管如此,印度人在似乎恶劣的学术环境中,还是发展了丰富多彩的文明并保持了好几百年。

在公元前 3000～公元前 1500 年间,在印度的塔尔沙漠的边缘,在印度河流域,有城市居民和农业人口居于其中。仅有的证据是:考古学家们发现了他们的一些城市;最大的一个城市是在哈拉帕的莫恒卓达罗发掘出来的。可能是由于战争环境难以支持如此高度的文明。更有可能是:雅利安人毁灭了他们。亚利安人这个游牧部落于公元前 1500 年左右从中亚细亚移入印度。

在公元前 500 年左右,雅利安人牢固地建立了自己的国家,虽然还有其他民族(比如,南印度的坦米尔人)也在这里居住。雅利安人政治上的统一很短暂,很快就分为许多小的、相互争斗的王国。在公元前 1500 年至公前 500 年之间,雅利安人发展印度教,这是宗教、哲学和社会结构的组合,它形成他们的文明的基石。印度教有一套复杂的信仰和制度,它们多半奠基于下列三个主要思想之上:崇拜众神,在他们的后面有一个单一的统一者;轮回说,人的灵魂是永恒的,并一再以不同的方式投生;种姓制,把印度社会严格地划分为四个不同的社会阶层,即,僧侣(*Brahamana*),勇士(*Kshatriya*),商人、工匠(*vaisya*)和贱民(*Sudra*)。

在公元前 500 年左右,出现多种改革运动,其中最著名的是佛教;据说,佛教是巡游的修道者释迦牟尼(公元前 563 ~ 公元前 483 年)倡导的,释迦牟尼责难过分的自我沉溺和过分的自我禁欲,认为它们都必然导致痛苦;他提倡走节制、知识和宁静的"中间道路"。他告诉他的听众,这将引向极乐世界(*nirvana*),它打破了使灵魂陷入无休止的痛苦的、无穷尽的轮回系列。佛教强调宇宙的基本一致,这个思想有点像中国的道教;和道教、儒教一样,也是针对那个时代的混乱说的。那时,佛教曾发展到中国、日本和东南亚,并深深地扎下了根。印度教今天仍然是印度最流行的宗教。

在公元前 320 年,北印度的一个小国的国王——摩利亚王朝的旃陀罗岌多(大约公元前 320 ~ 公元前 296 年在位)对其邻邦建立了宗主权,并且建立了摩利亚帝国;到他的孙子阿育王(公元前 272—公元前 232)手中,包括了印度大部分。尽管缺少政治上的统一,在摩利亚王朝衰落后的一个时期,还是以丰富的文化生活和印度文学、艺术、科学和哲学的兴盛而自豪。在 320 年,印度的大部分再一次统一于旃陀罗笈多一世(320 ~ 340? 在位)和笈多帝国之下。新帝国持续到 470 年,这个时期被称做印度的古典时代,它以梵文文学、艺术和医学的复兴为特征。

几百年来,许多侵略者从西面越过印度的库什山强行进入印度。他们是:雅利安人、波斯人、希腊化人(采用希腊语的非希腊人)、萨卡族、帕细亚人、库沙人、厌哒人和阿拉伯人。阿拉伯人于 8 世纪将伊斯兰教引进印度,并且,在 8,9,10 世纪,占领了西印度的大部分。1206 年,阿拉伯将军乌特·乌丁阿巴克在北印度建立德里穆斯林帝国,保持杰出的印度王国,直到 1526 年;这时,土耳其探险者巴布尔(Babur,1483—1530)建立更大的蒙古帝国,他也是回教徒。在德里和蒙古统治时期,印度受穆斯林的上层阶级统治(虽然伊斯兰教在印度的这些部分(包括今天的巴基斯坦和巴格达)成了主要宗教)。1206 年以后,印度的科学和数学才与阿拉伯的相融合。

伊斯兰教的兴起① *209*

日本和东南亚

在回过来讲欧洲之前,我们应该知道:亚细亚的文明并不仅限于中国、印度和阿拉伯。在石器时代,就有人从亚细亚大陆移往日本。远在公元前4500年,在那里就有狩猎者/收集者的文明。大约在4世纪开始,日本被统一于一个单一王国;佛教在10世纪传到这里。日本维持其强盛的、中央集权的王国,直到7世纪;自那以后,权力开始落入皇室的手中。到12世纪,皇室势力衰落,日本进入封建时代,天皇只留下个名义,全国分为许多小的领地,政治和军事的权力落入称做幕府的中央军事司令部之手。东南亚,在中国和印度的影响下,也发展了给人印象深刻的文明。印度教、佛教和伊斯兰教也由传教士带到东南亚。在1600年左右,佛教在大陆(泰国、高棉和越南)扎下了根,而伊斯兰教则成为岛屿(印度尼西亚)上的主要势力。居于现在的马来亚和印度尼西亚部分地区的马来人,渡过印度洋到非洲(在那里,他们定居于马达加斯加),并且进入大西洋。

---

① 译者注:这一段内容略。

第七章　中国、印度和阿拉伯数学

中国①

7.1　原始资料与年代

虽然古代中国长江和黄河流域的文明,也许没有尼罗河流域的埃及文明和底格里斯和幼发拉底河流域的巴比伦文明古老,但是流传下来的东西却很少。这是由于古代中国人把他们的发现记录在不耐久的竹板上。秦始皇于公元前213年搞了一场臭名昭著的焚书,把事情弄得更复杂了。虽然他的法令并没有完全被执行,并且许多被烧的书后来又凭记忆恢复了,但是我们对那些早于那个不幸年代的事情,还有待进一步考证。由此可见,我们关于古代中国数学中的秦朝以前部分,差不多完全是传闻。

直到最近,学者们仍然不怎么熟悉中国语言,这是个双重障碍;因而不得不主要依靠日本数学家三上义夫(Yoshio Mikami)1913年发表的著作《中国和日本的数学之发展》(*The Denelopment of Mathematics in China and Japan*),和19世纪欧洲人写的零散的论文。1959年李约瑟发表的《中国的科学和文化》(*Science and Civilization in China*)很有水平,这部书出版后情况才有了显著改进。还有一些德文写的关于中国数学的记载。1987年,杭州大学的沈康身以中文发表了一本很好的介绍中国数学史的书,但愿这本书能早一点有其英译本。

让我们先来简略地叙述一下1644年前中国历史的主要时期。就从商朝讲起,它建立于公元前1500年左右。商朝是中国有史记载的第一个朝代,其疆界因战争的胜败而变动,于公元前1027年崩溃。继之而起的是封建的周朝,人们把它看做是中国古典时代的开始。随后秦朝统一当时的中国,但只从公元前221年保持到公元前206年。秦朝被一个强大的汉朝(公元前206—公元220)所取代;跟着有一个后汉,延续到大约600年。后汉时期,佛教盛行于中国。然后,有一个新的统一的朝代——唐朝(618—907),印刷术就是这个时候发明的。接着有五代(907—960),宋朝(954—1279),元朝(1206—1368)和明朝(1368—

---

① 下面关于中国的几节的材料多半选自 D. J. Struik, "On acient Chinese mathematics." The Mathematics Teacher 56(1963):424-432,并且,中国的欧阳绛和张良瑾慷慨地提供了学术札记。

1644)。后面这三朝代都统治一个统一的中国。欧洲对中国在数学方面的影响,就像在其他方面一样,是从明朝基督教传入开始的。

马可·波罗自 1275 年至 1292 年访问中国;忽必烈汗(1216—1294),于 1279 年完成了他对中国的征服,将这个国家归于元朝的统治。

7.2 从商朝到唐朝

古代中国数学史的记载始于商朝。商朝刻(龟)甲、(兽)骨记事,就是后来所称的甲骨文。甲骨文中的数目是十进位的,很像 1.5 节中讲的传统的中国 – 日本乘法数系。我们发现,在中国,在如此古老的年代,就有十进制位置数系的萌芽。在汉朝,也许更早些,如问题研究 1.4(c)所采用摆竹棍的办法建立了算筹记数系,空位置表示零。在当时,十进制位置数系是世界上最先进的记数制,对中国数学的以计算为中心的特点的形成起了很重要的作用。初等的算术运算,是用算筹在算板上进行的。大家所熟悉的现在的中国**算盘**(suanpan),是由可平行的竹棍或金属细杆上移动的算珠组成的。在 1436 年的一部著作中第一次讲到算盘,但它的使用可能比这要早得多。

《易经》是一部中国最古老的数学著作,相传是周文王(公元前 1182—公元前 1135 年)写的。卦爻用两种符号表示:"—"是阳爻," – – "是阴爻。把两爻按不同的次序排列变成"四象"、"八卦":

四象 ▬▬ ▬ ▬ ▬ ▬ ▬ ▬

八卦 ▬ ▬ ▬ ▬ ▬ ▬ ▬ ▬

对这八个符号可以作不同的解释。它被用于占卜。如果把—和 – – 用记号 1 和 0 代替,则上面的八个符号(从右面开始)就可分别表示为 000,001,010,011,100,101,110,111;这就是现代的二进制记数法。在《易经》中还能找到幻方最早的例子(参看问题研究 7.3)。

所有的中国古代数学书中最重要的一部是《九章算术》,成书于汉朝,并且很可能包括比汉朝早得多的资料。它是古代中国数学知识的缩影;中国古代数学,以计算为中心,在一系列应用问题中把理论和实际结合起来的特点,就是它建立起来的。这是一部包括 246 个问题的汇编,这些题涉及农业、商业、工程、测量、方程的解法以及直角三角形的性质。书中给出了解法的规则,但没有希腊意义上的证明。第一章问题 36,对于具有底 b 和矢长(弓深)s 的圆弓形,给出其面积为 $s/(b+s)/2$。如图 58 所示,所画的割线做成的等腰三角形的面积,凭眼看像是等于该圆弓形的面积,这两条线割该底线所延长的距离也似乎

是 $s/2$。对于半圆,由此导出的 π 值为 3。有的问题导出联立线性方程组,它们是用现在的矩阵方法解的。该书中某些问题的实例,可在问题研究 7.1 和 7.2 中见到。

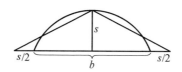

图 58

214 　　现将《九章算术》的内容略述如下:

　　1.土地测量。这里有下列各种平面图形的正确的面积公式:三角形、梯形和圆形($(\frac{3}{4})d^2$ 和 $(\frac{1}{12})c^2$,即把 π 当做 3)。

　　2.百分法和比例。

　　3.合股问题和三项法。

　　4.处理当图形面积及一边长度已知时求其他边长的问题,以及求平方根和立方根。

　　5.体积。

　　6.行程和合理解决征税的问题。

　　7.盈不足术。(即试位法)

　　8.齐次线性方程和矩阵程序。

　　9.直角三角形。

　　另一部著名的经典著作(甚至可能比《九章算术》还早)是《周髀算经》,它只是部分地讲数学。我们最感兴趣的是它根据图 59 对毕氏定理的讨论(但是没有证明)。

　　引起人们兴趣的是:汉简《算数书》,1984 年 1 月,于湖北江陵张家山汉墓出土。《算数书》约成书于战国时期,出土的这部书简抄写于西汉初年(约公元前

215 2 世纪)。全书采用问题集形式,共有九十多个问题,包括整数和分数四则运算,比例问题、面积和体积问题。它是目前可以见到的最早的中国数学著作。

　　到了汉朝,有个数学家孙子,写了一部书,其中包括很多类似于《九章算术》内容的题材。就是在这部著作中,我们遇到中国的第一个不定分析问题:"今有物,不知其数。三、三数之,剩二;五、五数之,剩三;七、七数之,剩二。问物几何?"在这里,人们见到初等数论的著名的中国剩余定理的起源。

　　在后汉时期,许多数学家致力于 π(圆的周长与直径之比)的计算。人们曾把 π 的有理近似值 $\frac{142}{45}$(由此得到 π = 3.155)归功于 3 世纪普遍闻名的王蕃。与

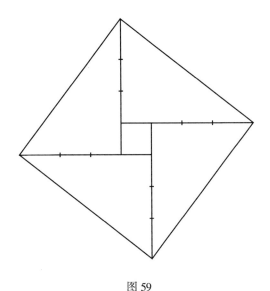

图 59

王蕃同时代的刘徽为《九章算术》写了一个简短的评注,称为《海岛算经》。在这部书中,我们见到一些关于测量的新资料,其中有关系式

$$3.141\ 0 < \pi < 3.142\ 7$$

大约二百年后,祖冲之(430—501)和他的儿子合著了一部书,现在失传了,他们发现

$$3.141\ 592\ 6 < \pi < 3.141\ 592\ 7$$

和著名的有理近似值$\dfrac{355}{113}$(由此得到的 π 值精确到六位小数)。在欧洲,一直到 1585 年,才重新发现这个有理近似值(参看 4.8 节)。看来,在伊朗天文学家卡西(Jamshid Al-Kashi,大约死于 1436 年)于大约 1425 年发现 π 的精确到 16 位的近似值之前,祖冲之父子达到的 π 的精确程度未曾被超过。西方的数学家们直到大约 1600 年以前,没有超过祖氏的近似值。

7.3 从唐朝到明朝

在唐朝,为了官方在科举中使用,将最重要的一些数学书汇编成集,在 8 世纪开始付印。但是,就我们所知,直到 1084 年,方印出第一部。在王孝通于大约 625 年写的一部著作中,有中国数学中第一个比《九章算术》中的 $x^3 = a$ 复杂的三次方程。

《九章算术》的一个重要版本,出版于宋朝的 1115 年。从宋朝末期到元朝初期,是中国古代数学有重大发展的时期。许多重要的数学家很活跃,出版了许多有价值的数学书。有这样一些数学家：秦九韶(他的书完成于1247年)，李冶(他的书分别完成于1248年和1259年)，杨辉(他的书分别完成于1261年和1275年)，以及其中最卓越的朱世杰(他的书分别完成于1299年和1303年)。

秦九韶把孙子遗留下来的不定方程又重新拾起。他还是为零规定了一个单独的符号○(圆圈)的第一个中国人，又是将求平方根的方法(如在《九章算术》中给出的)推广到解高次方程，并导出我们今天称做霍纳方法的求解代数方程的数值方法的数学家之一。我们如此称呼这种方法，是由于它被英国教师W·G·霍纳(Horner，1786—1837)独立地发现，并发表于1819年。他完全不知道这件事；他是重新发现了一个古代中国的计算方法。对李冶之所以有特殊的兴趣，是由于他为负数引进了一个符号；当在中国的算筹记数系中书写负数时，在右边的那个数字上斜着画一杠。例如，−10 724 记为

杨辉的一些著作是《九章算术》的某种扩展，他实质上用了我们现在的方法灵活地运算十进制的小数。杨辉还给出了所谓帕斯卡三角形(参看9.9节)的最早的、保存至今的表示法，这在后来朱世杰于1303年写的一部著作中又出现了。朱世杰说该三角形在他那时代也是古已有之。看来，二项式定理，在中国也早就知道了。朱世杰的著作极其精彩地叙述了中国的算术–代数方法，这些方法一直流传至今。他采用现在人们熟悉的矩阵方法，并且他的消元法和代入法可与西尔维斯特(J. J. Sylvester，1814—1897)的方法比美。

后宋时期继续产生不少数学家，他们常为天文学家们服务，但是，他们在数学工作中基本上没有什么新东西。就像在唐朝初期人们能发觉印度的影响那样，在元朝末期，人们能找到阿拉伯的痕迹。在古代中国数学中，很少见到希腊或拉丁的直接影响。只有明代数学，在基督教传教士进入中国后，西方的影响才是显著的。

7.4 小结

在古希腊数学衰落之后，中国数学成为世界上最兴旺的之一。当西欧进入其黑暗时代时，中国数学在腾飞，其许多成就比后来欧洲在文艺复兴和文艺复兴之后取得的同样成就早得多。要指出的是，下列几个成就都是中国首先取得的：(1)创造十进位制。(2)承认负数。(3)得到 π 的精确值。(4)得到代数方程的数值解法(西方称之为霍纳方法)。(5)展现出贾宪算术三角形(西方称之为帕斯卡三角形)。(6)知道二项式定理。(7)用矩阵方法解线性方程组。(8)用

217

所谓中国剩余定理解齐次同余式组。(9)发展十进制分数(即小数)。(10)三项法(即比例算法)。(11)盈不足术(西方称之为双试位法)。(12)展开高次算术级数,并把它们应用于插值。(13)画法几何。[①]

218

《詳解九章算法》

折抵地爲弦以句及股弦并求股故先令句自乘見矩

羃令如高而一凡爲高一丈爲股弦并之以除此羃得

差所得以減竹高而半其餘即折者之高也此率與係

索之類更相返覆也亦可如上術令高自乘爲股弦并

羃去本自乘爲矩羃減之餘爲實倍高爲法則得折之

高數也

去根如句折處
如股折稍如弦
通長如股弦和

股弦和與句求股法曰句自乘爲實變股弦較乘股弦

和如股弦和而一正除得股弦較以減股弦和餘二段

"折竹问题",原件引向杨辉1261年的著作

---

① 年希尧的《视学》发表于1729年,修订于1735年。而 Gaspard Monge(蒙日)的 Descriptive Geometry (画法几何)在1799年才发表。译者注:此书有中译本:《蒙日画法几何学》,湖南科技出版社,1984年版。

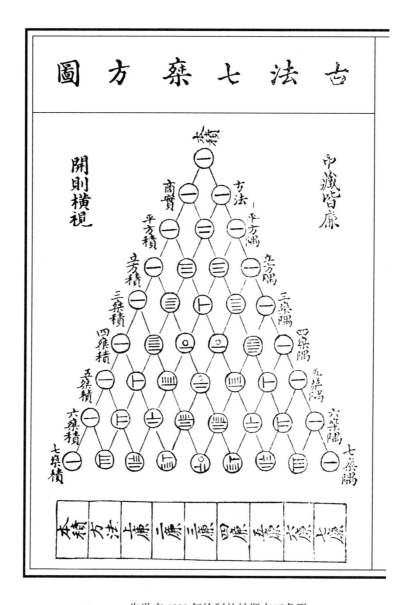

朱世杰 1303 年绘制的帕斯卡三角形

219　　中国数学上的许多发现,最终经由印度和阿拉伯传到欧洲。另一方面,在明朝基督教传教士进入中国之前,中国数学没有受到西方的影响。意大利人利玛窦(1552—1610),在徐光启(1562—1634)的帮助下,把欧几里得《原本》的前六卷译成中文;这对中国数学家后来的发展起了重要作用。

欧阳绛(Ouyang Jiang)和张良瑾(Zhang Liangjin)在他们的学术札记中列举了 19 世纪以前的二十六部中国的数学著作(有的内容很丰富)。

印度

7.5 概述

由于缺少可靠记录,对古代印度①(Hindu)数学的发展知道得很少。在莫恒卓达罗(位于今天巴基斯坦卡拉奇的东北)发现5 000年前一座城市废墟上保存着印度最早的历史遗迹。种种迹象表明,它曾有过较宽的街道、砖房和有砖铺的洗澡间的公寓、布满城市的排水系统和公共游泳池。这说明,那里有着与古代东方其他地区同样先进的文化。那些古时候的人有了书写、计算和度量衡的体系,并且他们挖掘了灌溉用的渠道。所有这些需要很基本的数学的工程学,至于这些人后来的情况就不知道了。

大约4 000年前,长途旅行队从中亚细亚的大平原越过喜马拉雅山进入印度。这些人被称做雅利安人(Aryans),"Aryans"是从一个意为"贵族"或"土地所有者"的梵文字来的。他们当中的许多人留下来了,另一些人漫游到欧洲成了印欧人的祖先。雅利安人的影响逐渐扩展到整个印度。在头一个千年中,他们完成了书写和口语的梵文。他们对种姓制度的引进也是起过作用的。在公元前6世纪,达里乌斯(Darius)的波斯军队入侵印度,但没有长久占领。在这个时期,有两位伟大的印度学者:语法学家普宁宁(Panini)和宗教教师释迦牟尼(Buddha)。这也许就《绳法经》(Sulvasutras)产生的时代。它们是在数学史上有意义的宗教作品,在讲到拉绳设计祭坛时体现了几何法则,并且表明作者是熟悉毕氏三数的。

在亚历山大大帝于公元前326年暂时征服西北印度后,建立了莫尔雅帝国(Maurya Empire),并立即扩展到全印度以及中亚细亚的一些地区。最著名的莫尔雅统治者是乌索库(King Asoka,公元前272—公元前232),他在当时印度的每一个重要城市立了大石柱,有些至今还在。我们对这些石柱很感兴趣,正如1.9节所述,它们是现代数字符号保存下来的最早样本。 *220*

在乌索库之后,印度遭到一系列的侵略,直到笈多王朝(Gupta dynasty),才处于这个印度皇帝的统治之下。笈多时代是梵文复兴的黄金时代;印度成了学术、艺术和医学研究、发展的中心。富有的城市兴起了,还建立起一些大学。头等重要的天文学著作,无名氏著的《苏利耶历数全书》②(梵文是 *221*

---

① 由于western Indian和eastern Indian容易弄混,著作家们常用Hindu代替(eastern)Indian。这样做,是为了避免误解,并不是很准确的。
② 译者注:相传为太阳神苏利耶所著,故得名。

Sūrya Siddhānta,意思是:太阳的知识)就是在这个时期即大约 5 世纪所写的。印度数学从这个时期开始对天文学比对宗教更有用。6 世纪,乌贾因天文学家费腊哈米希拉(Varāhamihira)的著作五卷《历数全书》(Pānca Siddhāntika[①])完成。它是以较早的《苏利耶历数全书》一书为基础的,其中包括早期印度三角学的一个很好的概述,以及显然是从托勒密的弦表导出的正弦表。

印度人名发音表

对于难发音的印度人名可参考下列相应的发音。

a 像 but 中的 u,ā 像 father 中的 a

e 像 they 中的 e

i 像 pin 中的 i,ī 像 pique 中 i

o 像 so 中的 o

u 像 put 中的 u,ū 像 rule 中的 u

c 像 church 中的 ch

s 像 English 中的 sh

如果倒数第二个音节是长音,就是重音;如果它是短音,倒数第三个音节是重音。

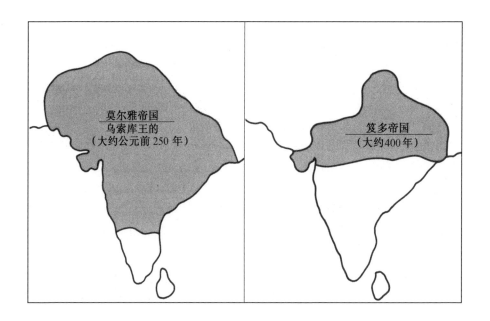

① 译者注:Siddhāntika 是 Siddhānta 的复数形式,意译为"究竟理",即"知识体系"。

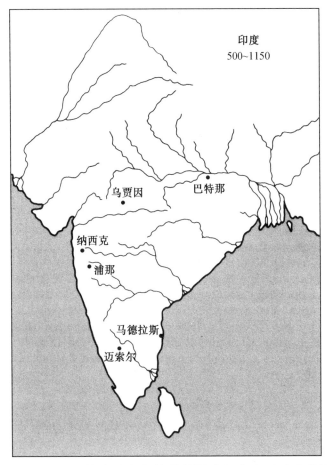

印度
500~1150

乌贾因 巴特那

纳西克
浦那

马德拉斯
迈索尔

　　希腊、巴比伦和中国数学对印度数学的影响程度和反过来的影响程度，仍然说不清楚；但是，有充分的证据表明，这两方面的影响都是存在的。罗马帝国统治下的和平时期的重大好处之一是东西方之间的学术交流，并且从很早的时代起，印度就既和西方也和远东交换使节。

　　大约在 450 年到 14 世纪末，印度又受到许多次外来的侵略。匈奴人先来；然后在 8 世纪，阿拉伯人来了；到 11 世纪，又有波斯人的入侵。在这个时期，有几位著名的印度数学家。其中有：两个阿利耶波多（Āryabhata），婆罗摩笈多（Brahmagupta），摩诃毗罗（Mahāvira），婆什迦罗（Bhāskara）。大阿利耶波多活跃于 6 世纪，出生在恒河岸边离现在巴特那不远的地方。他写了一部称做《阿利耶波多书》的天文学著作，其中第三章讲的是数学。两个阿利耶波多常被混淆，也许他们的著作没有被正确地区分开。婆罗摩笈是 7 世纪最著名的印度数学家，他生活和工作于中印度的乌贾天文中心。在 628 年，他写了《婆罗摩笈多修订体系》（*Brahmasphuta-sidd' hānta*）。这是一部有二十一章的天文学著作，其中

222

第十二章和第十八章讲的是数学。摩诃毗罗来自南印度的迈索尔，他活跃于850年前后，并写过关于初等数学的书。婆什迦罗生活于费腊哈米希拉和婆罗摩笈多的家乡乌贾因。他的著作《天文系统极致》(Siddhānta S' iromani)写于1150年，比早500多年的婆罗摩笈多的著作改进不大。《丽梦娃提》[①](Lilāvati)和《算法本源》(Vijaganita)是婆什迦罗著作的重要的数学部分[②]；它们分别是讲算术和代数的。婆罗摩笈多和婆什迦罗著作的数学部分于1817年被H·T·科尔布鲁克(Colebrooke)译成英文。《苏利耶历数全书》于1860年被E·伯吉斯(Burgess)译出，摩诃毗罗的著作于1912年由M·让迦卡利阿(Rangācārya)发表。

印度数学在婆什迦罗之后确实倒退了，直到现代，才又有起色。1907年，印度数学学会成立，两年之后《印度数学学会杂志》创刊于马德拉斯。《印度统计学杂志》(Sankhya)创办于1933年。

也许最引人注目的现代印度数学家是没有受过训练的天才——贫穷的办事员——S·拉曼纽扬(Ramanujan, 1887—1920)，他具有快速并且深刻地看出复杂的数的关系的惊人能力。著名的英国数论专家哈代(G. H. Hardy, 1877—1947)于1913年"发现"了他，并于第二年把他带到英国，入剑桥大学。他们两个之间有着最著名的数学上的友谊。

也许讲一两件表明拉曼纽扬的惊人才能的轶事，是值得的。有一次，哈代教授到医院看望拉曼纽扬，偶然想起：在出租汽车上遇到1 729这么个没有多大意思的数。拉曼纽扬毫不踌躇地答道：不是这么回事，它是个很有趣的数，因为它是能以两种方式表成立方和的最小数：$1^3 + 12^3 = 1\ 729 = 9^3 + 10^3$。还有一次，不用任何计算器，仅凭脑子，他就看出了：$e^{\pi\sqrt{163}}$"非常接近"一个整数：它确实是这么一个整数，在十二个零之后，才出现另一个数字。

223　　在拉曼纽扬20世纪20年代的札记及其随后的著作中，谈了许多说明这个人的非凡天才的故事。

关于数学史的课本在讨论到印度时，有一些矛盾和混乱。这也许在不小程度上由于印度学者们的著作比较晦涩，比较难懂。对印度数学史尚有待于进一步扎扎实实地、深刻地探讨。

7.6　数的计算

在1.9节中，我们简略地讨论到印度人对我们现在位置数系的发展所起的

---

① 译者注：原意是"美丽"，是他女儿的名字。
② 难以肯定：《丽罗娃提》和《算术本源》是婆什迦罗某著作的两个部分，它们也许是两个独立的著作。

作用。我们现在对用这样的数系进行计算的印度方法作一些说明。理解这种费力的算法的关键在于:弄清当时计算家们用的书写材料。根据德国历史学家汉克尔(H.Hankel)的意见,他们一般是这么写的:用一钢笔蘸上稀薄的(容易擦去的)白涂料写在一块小黑板上,或用一根小棍写在小于一平方英尺、撒有红粉的白写字板上。无论在哪一种情况下,写的地方都很小,而且为了达到清楚易读,要求把字写得相当大,但是,很容易被擦去和更正。因此,把计算程序设计成这样:在一个数起到了它的作用后就擦掉,以保留书写空地。

古代印度加法也许是从左往右进行的,和今天从右往左不一样。例如,345和488相加就可能是这么写的:一个写在另一个下面,离开书写板的上端一些;计算者说3 + 4 = 7,就把7写在最左一列的上头;然后,4 + 8 = 12,把7改成8,后面写个2,因此7被擦去,而写上了8和2。这里,是把7划去,把8写在上边。然后,5 + 8 = 13,把2改成3,后面写个3。实际上,用手指很快一擦就能更正,并且,最后结果833就出现在书写板的上端。现在,345和488也能擦去了,就留下可作进一步计算的书写板。

$$
\begin{array}{ccc}
8 & & 3 \\
\not7 & \not2 & 3 \\
3 & 4 & 5 \\
4 & 8 & 8 \\
\end{array}
$$

在婆什迦罗的《丽罗娃提》的一个没有标明年代的注释中,我们找到另一种方法,把345和488相加是这样进行的:

个位数的和	$5 + 8 = 13$
十位数的和	$4 + 8 = 12$
百位数的和	$3 + 4 = 7$
几个和的和	$= 833$

做乘法有几种方法。比如,569乘以5是这样进行的,仍是从左到右:在书写板上,比顶端稍低些,写上569;在同一行上写上乘数5。首先,$5 \times 5 = 25$,25就写在569上面。其次,$5 \times 6 = 30$,把25中的5改成8;后面写个0,然后,$5 \times 9 = 45$,把0改成4,后面写个5。于是最终乘积2 845便出现在书写板的顶端。

224

$$
\begin{array}{cccc}
 & 8 & 4 & \\
2 & \not5 & \not0 & 5 \\
5 & 6 & 9 & 5 \\
\end{array}
$$

一个比较复杂的乘法运算,例如135×12,可以这样来完成:先像上面那样求$135 \times 4 = 540$,然后$540 \times 3 = 1\ 620$;或把$135 \times 10 = 1\ 350$和$135 \times 2 = 270$加起

来,得到 1 620。根据汉克尔的意见,还可能是这样完成的:在书写板顶端稍下处写上被乘数 135 和乘数 12,要让被乘数中的个位数落在乘数中最左边那个数字的下面。然后,把 $135 \times 1 = 135$ 写在书写板的顶端。其次,用擦去的办法,把被乘数 135 往右挪一位,并乘以 12 中的 2。这样,$2 \times 1 = 2$,把部分乘积中的 3 改成 5。然后,$2 \times 3 = 6$,把部分乘积中的两个 5 改成 61。最后,$2 \times 5 = 10$,把部分乘积中的 1 改成 2:后面写个 0,于是最终结果 1 620 就出现在书写板的顶端。

$$
\begin{array}{cccc}
& 6 & 2 & \\
& \not5 & \not1 & \\
1 & \not3 & \not5 & 0 \\
& 1 & 2 & \\
\not1 & \not3 & \not5 & \\
1 & 3 & 5 &
\end{array}
$$

另一种计算乘积的方法,阿拉伯人是知道的,并且也许来自印度人,与我们现在的程序很相近。我们还是用 135 乘以 12 为例来说明这个计算程序,先画出格网图,并依对角线进行加法运算。注意:由于此方法每一格被一条对角线分成两个,在乘法运算中用不着搬动。

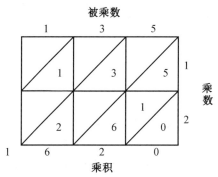

阿拉伯人后来借用了一些印度程序,然而没有对它们进行改进;因为,把它们用于"纸上"作业,不那么容易擦去,就只好把不需要的数字划掉,而把新的数字写在老数字的上面或下面,就像我们前面做过的那样。

现代初等算术运算方法的发展,起始于印度,可能在大约 10 世纪或 11 世纪,它被阿拉伯人采用,后来传到西欧,在那里,它们被改造成现在的形式。这些工作受到 15 世纪欧洲算术家们的充分注意。

225

7.7 算术和代数

印度有不少有才华的算术家,并且对代数作过重大的贡献。

许多算术问题是用试位法(*false position*)解的。另一种令人满意的方法是反演法(*inversion*),即从已知条件逐步往回推。例如,考虑婆什迦罗在《丽罗娃提》中给出的下述问题:"带着微笑眼睛的美丽少女,请你告诉我,按照你理解的正确反演法,什么数乘以 3,加上这个乘积的 $\frac{3}{4}$,然后除以 7,减去此商的 $\frac{1}{3}$,自乘,减去 52,取平方根,加上 8,除以 10,得 2?"根据反演法,我们从 2 这个数开始回推。于是,$((2)(10) - 8)^2 + 52 = 196$,$\sqrt{196} = 14$,$(14)(\frac{3}{2})(7)(\frac{4}{7})/3 = 28$,即为答案。注意:这个问题告诉我们在哪个地方除以 10,我们就乘以 10;在哪个地方加上 8,我们就减去 8;在哪个地方取平方根,我们就自乘;等。就是因为对每一个运算都以其逆运算来代替,所以称为反演法。然而,这正是我们解此问题所用的现代方法。例如,如果设 x 表示所求的数,则我们有

$$\frac{\sqrt{\left[\frac{(\frac{2}{3})(\frac{7}{4})(3x)}{7}\right]^2 - 52} + 8}{10} = 2$$

为解此方程,我们用 10 乘(multiply)两边,然后对每一边都减(subtract)去 8,再把两边平方(square)等。这问题也说明了印度人实际上是怎样用诗的形式来表达算术问题的。他们的学校课本常常被写成诗,并且这类问题常用于社交娱乐。

印度人计算过算术级数和几何级数的和,解决过单利与复利、折扣以及合股之类的商业问题。他们还解决过类似于现代课本中的混合(*mixture*)和水池(*cistern*)问题。在问题研究 7.4,7.5,7.6 中可以找到印度算术问题的几个实例。

我们对于印度算术导源的知识多半来自婆什迦罗的《丽罗娃提》。据说,关于这部著作,有一个浪漫的故事:司命星预言,如果婆什迦罗的女儿不在某一个吉利日子的某一个时辰结婚,不幸的命运就会降临。到了那天,正当新娘子等待着"时刻杯"中的水平面下沉时,一颗珍珠不知什么原因从她的头饰上掉下来,停在杯孔上,水不再流出了,因而幸福的时刻未被注意地过去了。女儿为此而不愉快,为了安慰女儿,婆什迦罗以她的名字命名这本书。

印度人缩写了他们的代数,像丢番图那样,通常用并列表示加法。减法是在减数上面点个点;乘法是在因子后面写个"bha"(bhavita(乘积)这个字的头一个音节);除法是在除数后面写 divisor;平方根是在该数的前面写 ka(来自 karana

(无理数)这个字)。婆罗摩笈多用 yā(来自 yāvattāvat(那么多)这个字)表示未知数。已知的整数,前面冠以 rū(来自 rūpa(绝对数)这个字)。其他的未知数,用意思为不同颜色的那些字的头一个音节来表示。例如,第二个未知数就可以用 ka(来自 kālaka 黑色的)这个字)表示,而 $8xy + \sqrt{10} - 7$ 可写成

$$yā\ kā\ 8\ bha\ ka\ 10\ rū\ 7$$

印度人承认负数和无理数,并且知道具有实解的二次方程有两种形式的根。他们用熟悉的配方法统一了二次方程的代数解。这种方法今天常称为**印度方法**(Hindu method)。婆什迦罗给出了两个著名的恒等式

$$\sqrt{a \pm \sqrt{b}} = \sqrt{(a + \sqrt{a^2 - b})/2} \pm \sqrt{(a - \sqrt{a^2 - b})/2}$$

在我们的代数课本中有时用它求二项不尽根的平方根。这两个恒等式,在欧几里得《原本》第十卷中也有,但是在那里,是以难以理解的、复杂的语言给出的。

印度人在不定分析中显示出卓越的能力,也许是在数学的这个分支中首先提出一般方法的。不像丢番图那样,对一个不定方程只求任何一个有理解,印度人致力于求所有可能的整数解。阿利耶波多和婆罗摩笈多求过线性不定方程 $ax + by = c(a, b, c$ 是整数)的整数解。不定二次方程 $xy = ax + by + c$,是用欧拉后来重新发现的那种方法来解的。婆罗摩笈多和婆什迦罗在求解所谓佩尔方程[①]:$y^2 = ax^2 + 1(a$ 为非平方整数)上,被一些人高度评价。他们证明:如何从一个解 $x, y, (xy \neq 0)$,找出其他无穷多的解。佩尔方程的完整理论,在 1766 ~ 1769 年由拉格朗日最终完成。印度人在不定方程上的工作,传到欧洲太迟了,以致没有产生什么重要的影响。

7.8 几何学和三角学

印度人对几何学并不精通,严格的证明也不常有,公理的体系是不存在的。他们的几何学多半是凭经验的,并且一般是与测量相联系的。

古代的《绳法经》表明:古代印度应用几何学于祭坛的建造,并且,用到毕氏关系式。这些规则告诉我们怎么求等于两个正方形的和或差的一个正方形,以及等于一个给定矩形的正方形。这里也有圆方问题的解,它等价于:取 $d = (2 + \sqrt{2})s/3, s = 13d/15$,其中 d 为圆的直径,s 为相等的正方形的边。这里还有表达式

---

① 这是错安名字的一例。名字是欧拉安错的,他错误的认为:解这个方程的方法是英国人 Jhon Pell(1611—1685)给出的,其实是 Pell 的同国人 Lord Brouncker(大约 1620—1684)给出的。

$$\sqrt{2} = 1 + \frac{1}{3} + \frac{1}{(3)(4)} - \frac{1}{(3)(4)(34)}$$

有趣的是:所有的分数都是单位分数,而且表达式准确到五位小数。

波罗摩笈多和婆什迦罗都不仅给出以三角形的三个边表示其面积的希罗公式,还对它作出了重要的推广[①]

$$K = [(s-a)(s-b)(s-c)(s-d)]^{1/2}$$

边长为 a, b, c, d, 半周长为 s 的四边形的面积。看来,后来的注释未能正确地认识该四边形的限制条件。在一般情况下,这个公式是

$$K^2 = (s-a)(s-b)(s-c)(s-d) - abcd\cos^2(\frac{A+C}{2})$$

其中 A 和 C 是四边形的一对相对的顶角。

印度几何学中最值得注意的是十分完美的婆罗摩笈多定理:各边依次为 a, b, c, d 的联圆四边形,其对角线为 m 和 n,则

$$m^2 = \frac{(ab+cd)(ac+bd)}{ad+bc}$$

$$n^2 = \frac{(ac+bd)(ad+bc)}{ab+cd}$$

并且,如果 a, b, c, A, B, C 都是正整数,且使 $a^2 + b^2 = c^2$,且 $A^2 + B^2 = C^2$,则各边依次为 aC, cB, bC, cA 的联圆四边形(称做 **婆罗摩笈多不规则四边形** (Brahmagupta trapezium))具有有理面积和有理对角线,且其对角线互相垂直(参看问题研究 7.9 和 7.10)。婆罗摩笈多知道托勒密的关于联圆四边形的定理。

印度的测量公式有许多不正确之处。例如,阿利耶波多给出:棱锥的体积为底与高之积的一半;球的体积为 $\pi^{3/2} r^3$。印度人给出了一些 π 的较精确的值,但也常用 $\pi = 3$ 和 $\pi = \sqrt{10}$。

大多数在中学学过几何的学生已经见过毕氏定理的婆什迦罗剖分证明;在斜边上的正方形被剖分成四个三角形(每一个都与给定的三角形全等)加上一个以其两个直角边的差为边的正方形(图60)。它们很容易拼成两个直角边上的正方形之和。婆什迦罗画了此图形,只写了一个字"瞧!",未作其他解释。然而用不了多少代数上的东西就可以给出证明。因为,如果 c 是该三角形的斜边,而 a 和 b 是两直角边,则

$$c^2 = 4(\frac{ab}{2}) + (b-a)^2 = a^2 + b^2$$

这一剖分证明,在中国很早就有。婆什迦罗还通过画出斜边上的高,给出了毕氏定理的第二个证明。从图61的相似直角三角形中得知

---

① 关于此公式的推导,可参看,例如:E. W. Hobson, A Treatise on Plane Trigonometry. 第四版,P. 204,或 R. A. Johnson, Modern Geometry, p. 81.

$$\frac{c}{b} = \frac{b}{m}, \frac{c}{a} = \frac{a}{n}$$

229 或

$$cm = b^2, cn = a^2$$

相加,即得

$$a^2 + b^2 = c(m+n) = c^2$$

这个证明在 17 世纪被 J·沃利斯(Wallis)重新发现。

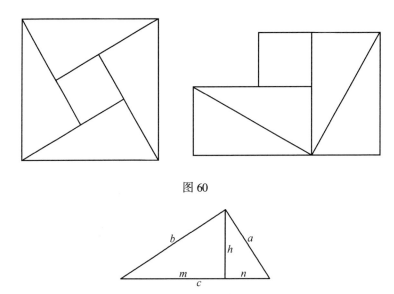

图 60

图 61

印度人和希腊人一样,把三角学当做他们的天文学的工具。他们用我们熟悉的度、分、秒划分法,并制作了正弦表(他们作的是半弦表,而不是希猎人所作的弦表)。印度人采用正弦、余弦和正矢(versin $A = 1 - \cos A$)的等价概念。他们用关系式 versin $2A = 2\sin^2 A$ 计算半角的正弦。在其天文学中,他们解平面的和球面的三角形。他们当时的天文学本身水平很低,在观察、收集、核对事实以及导出规律方面都很拙劣。三角学则是从算术上,并不是从几何上来描述的。

7.9 希腊和印度数学之间的差异

在希腊和印度数学之间存在许多差别。首先,搞数学的印度人原来把他们自己当做天文学家,这样,印度数学多半只充当天文学的"侍女";而对于希腊人来说,数学则独立存在,并且是为了它本身而进行研究的。其次,由于种姓制度,在印度,数学教育几乎全属于僧侣;在希腊,数学的大门对任何一个认真研究它的人都是敞开的。还有,印度人是有造诣的计算家,却是拙劣的几何学者,希腊人在几何学方面十分出色,而对计算工作不那么认真。甚至印度三角学(在这方面,他们是有贡献的)实质上也属于算术,而希腊三角学则具有几何的性质。印度人用诗的形式来写作数学,并且他们的著作语言含糊而且神秘;希腊人则致力于表达的清楚和逻辑性。印度数学多半是经验的,很少给出证明和推导;希腊数学的突出特征是它坚持严格的证明。印度数学缺乏选择性,高质量和低质量的数学往往同时出现,而希腊人看来具有区别高质量与低质量以及保持前者、抛弃后者的天性。正如穆斯林著作家阿尔·比鲁尼(al-Biruni)在其名著《印度》中说的,与一致高质量的希腊数学相反,印度数学是:"珍珠和酸枣的混合"。

希腊数学与印度数学之间的差异,今天仍存在于我们的初等几何和代数课 *230* 本中;前者是演绎的,后者则常是规则的汇集。

阿拉伯

7.10 穆斯林文化之兴起

阿拉伯人在掌握希腊和印度的数学方面,在保存大量世界文化方面,是卓有成效的。巴格达的哈里发们不仅善于管理,而且提倡学术研究,邀请杰出的学者到他们的宫廷来。许许多多的希腊和印度的天文学、医学、数学著作被辛 *231* 勤地译成阿拉伯文,于是,这些著作被挽救了,后来,欧洲的学者们才有可能把它们重新译成拉丁文和其他文字。没有阿拉伯学者的工作,大量希腊和印度的科学就会在漫长的黑暗时代(中世纪)中无可挽回地损失掉。

阿拉伯人名发音表

下列的类比有助于阿拉伯人名的发音。

a 像 ask 中的 a,ā 像 father 中的 a

e 像 bed 中的 e

i 像 pin 中的 i,ī 像 pique 中的 i

o 像 obey 中的 o

u 像 put 中的 u,ū 像 rule 中的 u

d 像 that 中的 th,t 像 thin 中的 th

h 和 kh 像德语 nach 中的 ch

q 像 cook 中的 c 或 k

最后一个音节中的长元音,或者两个辅音前面的元音均为重音。否则,重音落在第一个音节。

在曼苏尔哈里发统治时期,婆罗摩笈多的著作大约于 766 年被带到巴格达,在皇室的支持下,译成阿拉伯文。前已论述:印度数字就是以这种方式引入阿拉伯数学的。后一个哈里发是哈龙·兰希(Harun al-Rashid, Aaron the Just),他从 786 年到 808 年统治巴格达,他因《天方夜谭》而为人们所熟知。在他的赞助下,几部希腊科学上的经典著作被译成阿拉伯文,其中有欧几里得《原本》的一部分。在他统治时期,不断将印度的文化传入巴格达。哈龙·兰希的儿子马姆(al-Mamun)从 809 年统治到 833 年,他也是个爱学问的人,并且他本人就是一位天文学家。他在巴格达建立了一座天文台,并从事地球子午线的测量。根据他的命令,把希腊经典著作翻成令人满意的译本这项困难的工作继续进行,《大汇编》被译成阿拉伯文,《原本》的翻译工作也完成了。希腊手稿,作为和平条约的一个条件,从拜占庭帝国的皇帝手里得到,然后由被请到马姆宫廷的叙利亚基督教学者们译出。在他统治时,许多学者写了关于数学和天文学和著作,其中最著名的是花拉子密(Mohammed ibn Musa al-Khowarizmi)写的关于代数学的论著和关于印度数字的书,它们于 12 世纪被译成拉丁文,在欧洲产生了巨大的影响。一位后来的学者泰比特·伊本柯拉(Tabit ibn Qorra, 826—901),作为物理学家、哲学家、语言学家和数学家而闻名。他完成了欧几里得《原本》的第一个真正令人满意的译本。由他翻译的阿波洛尼乌斯、阿基米德、托勒密、狄奥多修斯等人的著作,被列为优秀译本。尤其重要的是,他翻译的阿波洛尼乌斯的《圆锥曲线》第五、六、七卷,因为我们是靠他的译本才见到这部书的。他还撰写了关于天文学、圆锥曲线、初等代数、幻方和亲和数的著作(参看问题研究 7.11)。

10 世纪最著名的穆斯林数学家或许是阿卜尔·维法(Abul-Wefa, 940—998),他生于波斯山区霍拉桑(Khorasan)。他以翻译丢番图著作、把正切函数引进三角学、以及对间隔为 15′ 的正弦表和正切表的计算而闻名。他完全掌握托勒密的方法,得出的 sin 30′,准确到第九位小数。他写过许多关于数学课题的著作。阿布·卡密耳和卡尔黑的著作写于 10 和 11 世纪,他们由于在代数方面作出功绩而闻名。阿布·卡密耳受花拉子密的影响,而他自己又影响到欧洲数学家斐波那契(1202)。卡尔黑是丢番图的学生,写了一部叫做《发赫里》(*Fakhri*)的书,这在穆斯林的代数著作中算最有水平的了。对最深奥和最新颖的代数学作出贡献的也许是海牙姆(Omar Khayyam, 大约 1100 年)给出的三次方程的几何解;海牙姆是霍拉桑的另一位数学家,作为著名的《鲁拜集》①(Rubaiyat)一书的作者而闻名西方世界。海牙姆还以他的很准确的历法改革而著称。

纳瑟尔·埃德一丁(Nadir ed-din, 在 1250 年前后)是古代较晚的一位学者,他也是霍拉桑人。他写了独立于天文学和第一部关于平面和球面三角学的著

---

① 译者注:此书由郭沫若译成中文。

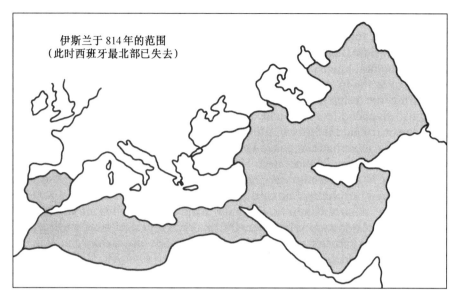

作。萨谢利(Saccheri,1677—1733)以纳瑟尔·埃德一丁的关于欧几里得平行公设的著作为基础,写了一本关于非欧几何的著作。约翰·沃利斯于17世纪把这些著作译成拉丁文,并将其中的内容用于他在牛津所作的几何学讲演中。最后,有一位15世纪的波斯皇族天文学家——乌卢·贝格(Ulugh Beg),他编制了著名的间隔为1′的正弦表和正切表(精确到八位或八位以上小数)。我们在7.2节中谈的阿尔·卡西给出的 π 的准确近似值,就是在其撒马尔罕(Samarkand)的宫廷中做出的。阿尔·卡西在十进制分数(即小数)方面做过重要的工作,并且是我们知道的以"帕斯卡三角形"形式处理二项式定理的第一位阿拉伯作者。

7.11　算术和代数

　　阿拉伯人因为要对所占领的那么广的地盘进行管理,这便在一定程度上促使他们引进简洁的符号。他们有时采用位值制;但有一个时期,普遍使用像希腊爱奥尼亚人那样的字母数系。用的是28个阿拉伯字母。这些符号又被印度数字代替,它们首先被商人和搞算术的人采用。十分奇怪,在东部帝国一些后来的算术中,竟然还拒绝使用印度数字。10至11世纪,阿卜尔·维法和卡尔黑在写算术时所有的数字还全都用文字写,而不用印度数字。这些后来的阿拉伯学者,受希腊方法的影响,远离印度数学。在古代阿拉伯人中,没有发现过使用算盘的迹象。

　　我们知道的第一部阿拉伯算术是花拉子密写的;后来许多阿拉伯算术书的作者都以它为依据。这些算术书,一般是解释模仿印度算法的计算法则。他们

233

还给出称为去 9 法(casting out 9s)的一种程序,用于核对算术计算,以及试位法(falseposition)和双试位法(double false position),用来非代数地求解某些代数问题(参看问题研究 7.12 和 7.14)。在这些书中还常常解释平方根、立方根、分数和三项法(rule of three)。

三项法,像许多其他初等算术法则一样,看来起源于印度;并且,这个名字实际上就是婆罗摩笈多和婆什迦罗给出的。这个规则,在头几百年中,曾被商人们高度评价,但它只是被机械地陈述过,从未说明理由,直到 14 世纪末才认识其与比例的关系。请看,婆罗摩笈多是如何陈述这个规则的:

在三项法中,宗项(Argument),果项(Fruit),征项(Requisition)是一些项的名称。第一项和最后一项必须是同类事物。征项乘以果项并除以宗项是产项(Produce)。

婆什迦罗给出下述问题:如果两普路半(pala,重量单位)藏红花用 $\frac{3}{7}$ 尼库(niska,货币单位),试问用 9 尼库能买多少普路? 这里 $\frac{3}{7}$ 和 9 的量纲一样,分别是宗项和征项,而 $\frac{5}{2}$ 是果项。于是,答案即产项是:$(9)(\frac{5}{2})/(\frac{3}{7}) = 52\frac{1}{2}$。现在,我们可把这问题看做比例的简单应用

$$x:9 = \frac{5}{2}:\frac{3}{7}$$

古代欧洲的算术作者们在三项法上花了不少篇幅,其规则的机械性质能在打油诗中见到,并且常用简单的图解来说明它。

花拉子密的代数学没有多大独创性。解释了四种基本运算,解出了线性方程和二次方程,后者既用了算术方法又用了几何方法。这部书包括一些几何测量和一些关于继承遗产的问题。

穆斯林的数学家们,在几何法代数领域中作出了他们的最好的贡献,以海牙姆的三次方程的几何解为其顶峰。在这里,三次方程被系统地分类,并且一个根是作为一个圆和一个等轴双曲线的交点或两个等轴双曲线的交点的横坐标而得到的(参看问题研究 7.15)。海牙姆排斥负根,并且常常没有找到所有的正根。三次方程是从对这样一些问题进行考虑提出来的:例如,正七边形的作图问题,阿基米德的依给定比例截球为两部分的问题。阿卜尔·维法给出了某些特殊二次方程的几何解法。

一些穆斯林数学家对不定分析感兴趣。例如,给出了下述定理的一个证明(也许不完全并且失传了):不可能找到两个正整数,使其立方和等于第三个正整数的立方。这是费马著名的最后"定理"(last "theorem")的一个特殊情况,我们将在第十章来讨论它。已经谈过的泰比特·伊本柯拉的求亲和数的规则,据说是阿拉伯人做的第一件有创造性的数学成果。卡尔黑是给出并证明求从 1

234

开始的若干个自然数的平方和及立方和的一些定理的第一个阿拉伯作者。

阿拉伯代数(除了后来西部阿拉伯代数以外)是文字叙述的。

7.12 几何学和三角学

阿拉伯人在几何学上所起的重要作用,主要是他们所做的保存工作而不是有所发现。全世界都感谢他们为译出大量令人满意的希腊经典著作所作的不屈不挠的努力。

阿卜尔·维法写了一篇漂亮的几何论文,其中,他说明了:如何在一个球面上用固定开量的圆规确定其内接正多面体的顶点的位置。我们已经谈到过三次方程的海牙姆的几何解法和纳瑟尔·埃德一丁在平行公设上所做的有影响的工作。纳瑟尔·埃德一丁发表了海牙姆的一部较早的题为《欧几里得体系中困难的讨论》的著作的一部分,附有注释和"更正"。在这部较早的著作的这一部分中,有后来被萨谢利称为三种选择(即锐角、钝角和直角的假定)的最初的考虑,参看 13.6 节。毕氏定理的一个独创的证明也应归功于纳瑟尔·埃德一丁,这个证明,在问题研究 6.17(c)的注释中讲述毕氏定理的帕普斯推广时,曾提到过。

阿尔哈岑(al-Haitam, Alhazen, 大约 965 ~ 1039)的名字,因与所谓**阿尔哈岑问题**相联系而载入数学史。这个问题是:从一给定圆所在的平面上的两个给定点,各作一条直线,相交于圆上的一点,使得在该点上与圆构成相等的角。该问题引出一个二次方程,这个方程被依希腊方式用双曲线和圆相交解出。阿尔哈岑出生于南伊拉克的巴士拉(Basra),并且也许是最杰出的穆斯林物理学家。上述问题的提出与他的《光学》一书有关,这部论著后来在欧洲产生巨大的影响。

关于阿尔哈岑有一个悲惨的传说。他曾不幸地自夸:他能造一部会控制和调节尼罗河每年一度的泛滥的机械。因此他被哈奇姆(Hakim)哈里发召集到开罗说明和验证其想法。他知道了自己的设计非常脱离实际,怕哈里发发怒,只好装疯,因为那时对精神病患者特别保护。阿尔哈岑不得不小心翼翼地装疯直到哈奇姆死去(1021)。

和印度人一样,阿拉伯数学家们一般把他们自己看做天文学家,因此,对三角学显示了很大兴趣。我们已经讲到过穆斯林在编制三角函数表方面的一些成就。使用所有六种三角函数和对球面三角学公式推导的改进,也可以归功于他们。关于钝角球面三角形的余弦定理

$$\cos a = \cos b \cos c + \sin b \sin c \cos A$$

是阿尔巴塔尼(拉丁文为 Albategnius, 大约 920 年)给出的,并且对于具有直角

235

∠*C* 的球面三角形 *ABC*(图 62),公式

$$\cos B = \cos b \sin A$$

有时称为格伯定理(Geber's theorem),这个定理是由活跃于塞维利亚的西穆斯林天文学家亚比·伊本阿夫拉(Jahir ibn Aflah,常称做 Geber)大约 1130 年提出的。

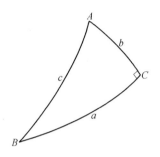

图 62

7.13 某些语源

许多直到今天还沿用的名称和字可追溯到阿拉伯时期。例如,任何一个对观测天文学感兴趣的人都知道:许许多多星的名字,尤其是那些较微弱的星的名字是阿拉伯文。著名的例子有:在亮星中的毕宿五(金牛座 α),织女一(天琴座 α)和参宿七(猎户座 β);在弱星中的大陵五(英仙座 β),辅(大熊座 ζ₂),开阳北斗六(大熊座 ζ)。许多星的名称原来是表示它们在星座中的位置。这些描述性的表示法,在从托勒密的星表改写为阿拉伯文时,变成了单字。例如,Betelgeuse(中央那颗星的腋窝),Fomalhaut(鱼口),Deneb(鸟尾),Rigel(巨人的腿)等。早先,在 6.5 节中,我们追溯过 Almagest 这个阿拉伯名称的来源,托勒密的巨著通常用这个名称。

236   *algebra* 这个字来自花拉子密关于此学科的论著的标题"*Hisâb al-jabrw' al-muqâ-balah*",这是很有趣的。这个标题曾被直译为"重新结合和对立的科学"或意译为"移项和消去的科学"[①]。这部书保存至今,其拉丁文译本为欧洲所熟知,并且使得 *al-jabr* 或 *al-gebra* 这个字成为关于方程的科学的缩写。自 19 世纪中叶以来;*algebra* 这个字的意义自然丰富多了。

在非数学意义下使用的 *al-jabr* 这个阿拉伯字,是通过西班牙的摩尔人引入欧洲的。*algebrista* 是指接骨匠,那时,理发师们也常称他们自己为 *algebrista*,

---

① 为了得到较深的分析,参看 Solomon Gandz. "The origin of the term 'algebra'." The American Mathematical Monthly 33(1926):437-40.

因为接骨和放血是中世纪理发师的副业。

花拉子密的关于印度数字的著作,也往数学词汇中引进了一个字。这本书没按原样保存下来,但是在 1857 年发现了它的一个拉丁文译本,开头就是:"Spokenhas Algoritmi,……"。在这里 *al-Khowârizmî* 已经成了 *Algoritmi*,从它又导出我们现在用的字"*algorithm*",其意义是:依任何特定的方法计算的技巧。

当把一个角放在单位圆的圆心时,由这个角的三角函数的几何表示便可看出这些函数(除正弦(sine)外)的现代名称的意义。例如,在图 63 中,如果圆的半径是一个单位,则 tan θ 和 sec θ 的量度由切线线段(*tangent segment*)CD 和割线线段(*secant segment*)OD 的长度给出。当然,余切(*cotangent*)不过是指余角(complement)的正切(tangent)等。正切、余切、正割、余割这几个三角函数都曾有过许多其他名称,这些特殊的名称是 16 世纪末才出现的。

237

正弦(*sine*)这个字的来源是奇妙的。阿利耶波多称之为 ardhā-jyā(半弦),或 jyā-ardhā(弦半),然后被简化为 jyā(弦)。阿拉伯人从 jyā 的发音导出 jiba,根据阿拉伯人略去母音的习惯,又被写面 jb。现在,jîba,除了它的技术意义以外,在阿拉伯文中是个没意思的字。后来的学者们认为 jb 不会是无意义的字 jîa 的缩写,决定代之以 jaib,它包含同样的字母而是一个真正的阿拉伯字,意思是"cove"(小海湾)或"bay"(海湾)。再往后,克雷莫纳(Gremona)的格拉多(Gherardo,大约 1150 年),当他从阿拉伯文翻译成拉丁文时,把阿拉伯文 jaib 换成拉丁文中等价的字 sinus,从这里产生我们现在的 *sine*。

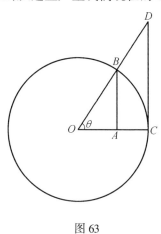

图 63

7.14　阿拉伯的贡献

对阿拉伯人在数学发展中的贡献的评价决不会是一致的。有些人认为:穆斯林学者们有很高的创造性和天才,尤其是在代数学和三角学方面。另外一些人认为:这些人也许很有学问,但缺少创造性,并且他们的工作,无论在数量上或质量上,都比希腊或现代学者逊色。公正的评价应当是:一方面,必须承认他们至少作了小的改进,另一方面,当考虑到那个时代世界其他地方在科学上的贫瘠背景,他们的这些成就又显得比较大了。权衡他们的好处,还有这么个突出的事实:值得赞美的是他们充当了世界上的大量精神财富的保存者:在黑暗时代过去之后,这些精神财富得以传给欧洲人。

问题研究

7.1 来自《九章算术》的一些问题

解在《九章算术》中出现的下列问题。

(a)第四章问题 11:"给定一块田,其宽为 $1, \frac{1}{2}, \frac{1}{3}, \frac{1}{4}, \frac{1}{5}, \frac{1}{6}, \frac{1}{7}, \frac{1}{8}, \frac{1}{9},$ $\frac{1}{10}, \frac{1}{11}$ 和 $\frac{1}{12}$ 步。已知这块田的面积为 1 亩。这田有多长?"(一"步"是双步;1 亩 = 240 方步;这块田的宽为 $1 + \frac{1}{2} + \frac{1}{3} + \cdots + \frac{1}{12}$ 步)

(b)第四章问题 14:"给定一块 71 824 方步的方田。正方形的边是多少?"

(c)第一章,问题 16:"给定一块弓形的田,其底为 $78\frac{1}{2}$ 步,其弓深为 $13\frac{7}{9}$ 步。其面积是多少?"(用近似公式 $A = s(b + s)/2$)

(d)第八章,问题 1:"3 捆好庄稼,2 捆次庄稼,1 捆坏庄稼,打 39 斗。2 捆好的,3 捆次的,1 捆坏的,打 34 斗。1 捆好的,2 捆次的,3 捆坏的,打 26 斗。问一捆好庄稼、次庄稼、坏庄稼各打多少粮?"

7.2 毕氏定理

(a)《九章算术》第九章,问题 11:"一个门,其高比宽多 6 尺 8 寸,两对角的顶点之间的距离为 1 丈。求此门之高和宽。"(1 丈 = 10 尺,1 尺 = 10 寸)

(b)解下列问题(由《九章算术》中的一个问题改编的):"在直径为 10 英尺的圆池中央长着一根芦苇,露出水面 1 英尺。搬倒它,上端正好碰到池边。问水有多深?"

(c)解折竹问题(*problem of the broken bamboo*)(在《九章算术》和后来杨辉的著作中有):"今有竹高一丈,末折抵地,去本三尺。问折者高几何?"

(d)试利用图 59 的推广,给出毕氏定理的一个证明。

238

(e)试推出圆的弓形面积以该弓形的底 b 和弓深 s 表达的正确公式。

7.3 幻方

哪怕简短点,可不能不谈古代中国数学中的所谓《洛书》幻方。

《易经》① 是中国最古老的数学经典之一。在这部书中有称做洛书的数学图表,后来画像图 64 的样子。洛书是幻方的已知的最古老的例子,并且传有神话:大禹首先见到装饰在黄河岸边神龟背上的洛书。图 64 所表示的是用绳结做的数学方阵——黑结表示偶数,白结表示奇数。

(a)一个 n 阶幻方(*nth order magic square*)是前 n^2 个不同的整数排列成的方阵,使得沿着任何行、列和主对角线的 n 个数有同样的和——所谓幻方常数(*magic constant*)。如果这 n^2 个数是前 n^2 个正整数,则所构成的幻方称为正规的(*normal*)。试证明:n 阶正规幻方常数为 $n(n^2+1)/2$。

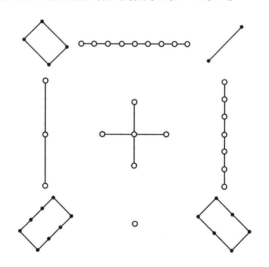

图 64

(b)卢培(De la Loubere)当他于 1687 ~ 1688 年作为路易十四的使节到暹罗(Siam)时,学到求任何奇数阶正规幻方的一种简单方法。让我们作一个五阶幻方来说明这种方法。画一正方形,并分成 25 格(图 65),在上边和右边,再加上一层格子,并把右上角所加的格子画上阴影。把 1 写在原来正方形上头中间的一格里。然后按一般规则进行,即沿对角线逐次在右上角一格写上相继的整数。这个一般规则也有例外情况出现,即当这种操作超出了原正方形,或者遇到已经有了数字的一格时。在前一种场合,则根据情况,或者从上边改到最底

239

① 译者注:原书中用的一译名为 Book on Permutation(关于排列的书)。

下那一格，或者从右边改到左边那一格，并依一般规则继续进行。画上阴影的一格也看做是有了数的。

	18	25	2	9	▨
17	24	1	8	15	17
23	5	7	14	16	23
4	6	13	20	22	4
10	12	19	21	3	10
11	18	25	2	9	

图 65

例如，在这个例子中，按一般规则，沿对角线向上，2 就该放在上边第四格中。所以，把 2 放到原正方形底下那行的第四格。当进行到 4 时，它先落在右边第三格中。所以，必须把它改到原正方形第一列的第三格中。按一般规则，6 就该放在 1 已经占了的一格中。因此，就把它写在最后写下的数 5 的下面等。

试作七阶正规幻方。

(c)试证明：三阶正规幻方中央一格必定被 5 占有。

(d)试证明：在三阶正规幻方中，1 总不可能出现在隅角上的一格中。

7.4 一些古代印度问题

(a)下述的问题是从婆罗摩笈多(大约 630 年)给出的一个问题推广的：两个苦行僧生活于高为 h 的悬崖顶上，其底与邻村的距离为 d。一个下悬崖，步行到村，另一个是个奇才，他向上飞高 x，然后顺着直线飞进村。两个人经过的距离是一样的。试求 x。在原问题中，$h = 100$，$d = 200$。试解此问题。

(b)下述的折竹问题也是婆罗摩笈多给出的，试解之："18 腕尺① 高的竹子被风折断，其顶点在离根 6 腕尺处与地面接触。问两段竹子的长。"

(c)一部称做《巴卡舍里原稿》②(Bakhshāli manuscript)的无名氏写的算术，1881 年，出土于西北印度的巴卡舍里。它是由 70 页贝叶组成的。对于它的起源和年代有许多猜测，估计在 3 至 12 世纪。试解这部原稿中的下列问题"一个商人在三个不同的地方为某批货物交税：在第一个地方，交该货物的 1/3；在第

---

① 译者注：腕尺，古代长度单位，约为 18～22 英寸。
② 参看：H. O. Midonick, The Treasury of Mathematics. New York：Philosophical Library. 1965. pp. 92-105.

二个地方,付余下的 1/4;在第三个地方,付再余下的 1/5。总计交税 24。问原来货物的总数是多少?"

7.5　来自摩诃毗罗的问题

许多算术问题的性质可从下列根据摩诃毗罗(大约 850 年)的著作改写的问题来判断。试解这些问题:

(a)一条长 80 安古拉的强有力的、不可征服的、极好的黑蛇,以 $\frac{5}{14}$ 天爬 $7\frac{1}{2}$ 安古拉的速度爬进一个洞,而蛇尾每 $\frac{1}{4}$ 天长 $\frac{11}{4}$ 安西拉。算术家们,请告诉我:这条大蛇何时全部进洞。

(b)在一堆芒果中,国王取 $\frac{1}{6}$,王后取余下的 $\frac{1}{5}$,三个王子逐次取余下的 $\frac{1}{4}$, $\frac{1}{3}$ 和 $\frac{1}{2}$,最年幼的小孩取剩下的三个芒果。您对解各种各样的分数问题是很聪明的,告诉我芒果的总数吧!

(c)9 个香橼和 7 个苹果的价钱是 107;再则,7 个香橼和 9 个苹果的价钱是 101。算术家们,请很快地告诉我一个香橼的价钱和一个苹果的价钱。

(d)一群骆驼,它的 $\frac{1}{4}$ 在树林里,骆驼头数的平方根的二倍跑到山坡上去了,三个 5 头留在河边。问这群骆驼有多少头?

7.6　来自婆什迦罗的问题

印度算术问题常涉及二次方程、毕氏定理、算术级数和排列。考虑下列根据婆什迦罗(大约 1150 年)的著作改编的问题:

(a)在蜂群中,蜂数的一半的平方根已经飞进茉莉花丛, $\frac{8}{9}$ 留在后面,一只雌蜂环绕着一只在莲花里嗡嗡叫的雄蜂飞舞,那雄蜂是夜里被花的香味引诱进去的,现在被关在里面了。请告诉我蜜蜂数!

(b)柱脚下有一蛇洞,柱高 15 腕尺。柱顶有一双孔雀,它看见一条蛇向洞口爬,与洞口的距离还有三倍柱高,这时,它向蛇猛扑过去。请迅速说出:在离蛇洞多远处,它们相遇(假定它们前进同样的距离)?

(c)一个国王在捕捉敌人的大象的远征中,第一天,走了 2 约居奴①。聪明的计算者,你说说,以天计,要多大加速度,在一周内能达到距离为 80 约居奴的

①　译者注:yojana,古代长度单位。

敌城。

(d)在湿婆神的几只手中,互换地掌握下列十件东西:绳、象钩、毒蛇、小鼓、头盖骨、三叉戟、床架、短剑、箭、弓。试问有多少种交换方式。在诃利神的几只手中,互换地掌握下列四件:权杖、铁饼、莲花、贝壳。试问有多少种交换方式?

(e)阿周那在一次战斗中被触怒了,为了杀卡那,他射了一筒箭。其中一半挡开他对手的箭;该筒箭数的平方根的四倍杀了他对手的马;六箭射死萨离耶(卡那的战车驭者);三箭折毁了保护伞、军旗和弓,一箭折断敌人的头。试问阿周那射了多少箭?

7.7 二次不尽根

一个数值根,如果其中被开方数是有理的,而它本身是无理的,则称为**不尽根**(surd)。一个不尽根称为**二次的**(quadratic),**三次的**(cubic)等,依其指数为二、三等而定。

(a)试证明:一个二次不尽根不能表成一个非零实数与一个二次不尽根之和。

(b)试证明:如果 $a + \sqrt{b} = c + \sqrt{d}$。其中 $\sqrt{b}$ 和 $\sqrt{d}$ 是不尽根,a 和 c 是有理数,则 $a = c, b = d$。

(c)试证明 7.6 节中给出的婆什迦罗的恒等式,并用其中之一把 $\sqrt{7 + \sqrt{240}}$ 表成两个二次不尽根之和。

7.8 一次不定方程

印度人解过求线性不定方程 $ax + by = c$(a, b, c 为整数)的所有整数解的问题。

242

(a)如果 $ax + by = c$ 有一组整数解,试证明 a 和 b 的最大公因数是 c 的一个因子。(这个定理表明:如果我们把 a 和 b 看做是互素的,不会失去其一般性)

(b)如果 x_1 和 y_1 组成 $ax + by = c$(a, b 互素)的一个整数解,试证明其所有整数解可表示成 $x = x_1 + mb, y = y_1 - ma$,其中 m 是任意整数。(此定理表明:只要能找到一组整数解,就知道所有的整数解。通过问题研究 7.8(c)可以知道怎样先求出一组整数解)

(c)求 $7x + 16y = 209$ 的正整数解。

(d)求 $23x + 37y = 3\,000$ 的正整数解。

(e)以角币和二角五分币付五元,有多少种不同的方法?

(f)求下列的摩诃毗罗不定问题的最小允许解:"有一个明亮、凉爽的林区, 那里有各种各样的树,它们的树枝都被花、果压弯了,有蒲桃树(jambu)、酸橙 树、大蕉树、槟榔树、面包果树、海枣树、欣达拉树(hintala)、蒲那加树(punnaga) 和芒果树。在这个林区中,到处能听到一群鹦鹉和杜鹃的声音。春天快到了 ,有蜜蜂在荷花上采蜜。有许多困乏的旅行者到这里来玩。把63堆数目相等的 大蕉果放到一起,再加上7个同样的果子,平均分给23个旅行者,结果没有剩 下。请你告诉我这堆果子的数目。"

7.9 联圆四边形的对角线

试证明下面这一串定理:

(a)一个三角形的两个边的乘积等于第三边的高与其外接圆直径的乘积。

(b)设 $ABCD$ 是直径为 δ 的联圆四边形。以 a,b,c,d 表示其边 AB, BC, CD, DA 的长度,以 m 和 n 表示对角线 BD 和 AC 的长度,设一对角线与另一对 角线的垂线交角为 θ,试证明

$$m\delta\cos\theta = ab + cd, \quad n\delta\cos\theta = ad + bc$$

(c)试证明:在上述四边形中

$$m^2 = \frac{(ac+bd)(ab+cd)}{ad+bc}$$

$$n^2 = \frac{(ac+bd)(ad+bc)}{ab+cd}$$

(d)如果在上述四边形中,对角线彼此垂直,则

$$\delta^2 = \frac{(ad+bc)(ab+cd)}{ac+bd}$$

7.10 婆罗摩笈多四边形

(a)婆罗摩笈多给出公式 $K^2 = (s-a)(s-b)(s-c)(s-d)$,其中 K 是边 为 a,b,c,d,半周长为 s 的联圆四边形的面积。试证明:关于三角形的面积的 希罗公式是此公式的一个特殊情况。

(b)试用(a)中的婆罗摩笈多公式证明:一个既有内切圆又有外接圆的四边 形的面积等于其各边乘积的平方根。

(c)试证明:一个四边形有互相垂直的对角线,当且仅当一对对边的平方和 等于另一对对边的平方和。

(d)婆罗摩笈多证明:如果 $a^2 + b^2 = c^2$,并且 $A^2 + B^2 = C^2$,则任一个邻边为 aC, cB, bC, cA 的四边形有互相垂直的对角线。试证明之。

(e)试求两个毕氏三数组$(3,4,5)$和$(5,12,13)$确定的婆罗摩笈多不规则四边形(参看 7.7 节)的边、对角线、外接圆直径和面积。

7.11 泰比特·伊本柯拉、阿尔·卡黑和纳瑟尔·埃德－丁

(a)泰比特·伊本柯拉(Tâbit ibn Qorra,826—901)发明了下列求亲和数的规则:如果 $p = 3 \cdot 2^n - 1$, $q = 3 \cdot 2^{n-1} - 1$, $r = 9 \cdot 2^{2n-1} - 1$ 是三个素数,则 $2^n pq$ 和 $2^n r$ 是一对亲和数。试对于 $n = 2$ 和 4,验证此规则。(参看 3.3 节)

(b)泰比特·伊本柯拉给出了毕氏定理的下述推广;若△ABC 是任意三角形,并且,如果 B' 和 C' 是 BC 上的两点,使得∠$AB'B$ = ∠$AC'C$ = ∠A,则

$$(AB)^2 + (AC)^2 = BC(BB' + CC')$$

试证明:当∠A 是直角时,此定理就成了毕氏定理。

244

(c)阿拉伯人断言阿基米德写了一部著作《论圆中的七边形》。阿基米德的这部著作没有传下来。但是当泰比特·伊本柯拉将下列著名的定理传给我们时,便使这种说法增添了可靠性。这个定理是:如果 C 和 D 是线段 AB 上的两点,使$(AD)(CD) = (DB)^2$, $(CB)(DB) = (AC)^2$,并且,如果求出点 H,使 $CH = AC$, $DH = DB$,则 HB 是内接于△AHB 的外接圆的正七边形的边;再则,如果 HC 和 HD 分别交画于 F 和 E;则 A, F, E 是正七边形的相继的顶点。试证明此定理。

(d)阿尔·卡黑(大约 1020 年)写了一部称为《发赫里》(Fakhri)(以其赞助人,那时的巴格达大臣 Fakhr al-Mulk 的名字命名)的代数书。书中第五节问题 1 要求我们求两个有理数,使它们的立方和等于一个有理数的平方。换句话说,求有理数 x, y, z,使

$$x^3 + y^3 = z^2$$

卡黑实质上取

$$x = \frac{n^2}{1 + m^3}, y = mx, z = nx$$

其中,m 和 n 是任意有理数。试证明此定理,并对于 $m = 2$, $n = 3$ 求 x, y, z。

(e)试证明归功于纳瑟尔·埃德－丁的容易的定理:两个奇平方数的和不可能是一个平方数。

7.12 去 9 法

(a)试证明:一个自然数的各位数字之和除以 9 所得的余数,与它本身除以 9 所得的余数相等。

把一个给定的自然数用 n 除求得其余数的运算,称为**去 n 法**(casting outn's)。上述定理表明:去 9 法最方便。

(b)我们把一个给定的自然数除以 9 所得的余数,称为该数的超出量。试证明下列定理:

1.和的超出量等于各加数的超出量之和的超出量。

2.两个数之积的超出量等于两个数的超出量之积的超出量。

这两个定理为用"去 9 法"验算加法和乘法提供了根据。

(c)把 478 和 993 相加、相乘、并用去 9 法检验之。

(d)试证:如果把一个自然数的各位数字以另一种方式排列,得到一个新数,则老数和新数差能用 9 整除。

这为**会计检验**(bookkeeper' check)提供了根据。如在复式簿记中收入一方之和与支出一方之和不平衡,并且两个和之差能用 9 整除,则差错很可能是由于把收入或支出记入账簿时,把某些数字调换了位置。

(e)试解释下述数字游戏:要求某人想定一个数,调换其各位数字来造一个新数;从较大的数中减去较小的数;以任何一个数乘其差,勾销乘积中的任何一个非零数字,并且宣布余下的是什么数。变戏法的人算出宣布的结果的超出量,然后,从 9 中减去此超出量,便求得勾销的数字。

(f)将(a)定理推广到任意底 b。

7.13 去 11 法

(a)试证明下述的关于去 11 法的三条定理;

1.设 s_1 为任何自然数 n 的奇数位数字之和,s_2 为偶数位数字之和,则 n 的"11 的超出量"等于差 $s_1 - s_2$ 的"11 的超出量"(在这里,如果 $s_1 < s_2$,就在 s_1 上加 11 的倍数)。

2.为了求任何自然数的"11 的超出量",可以这样进行:从左起第二位数减左起第一位数,从左起第三位数减去此差,继续下去;每当减数大于被减数时,把被减数加上 11。

3.在去 11 法中,我们可以抛掉任何一对相同的相邻数字。

(b)利用(a)中 1 的定理求 180 927 和 810 297 的"11 的超出量"。利用(a)中 2 的定理求同样这两个数的"11 的超出量"。求 148 337 的"11 的超出量"。

(c)证明下列四个定理:

1.和的"11 的超出量"等于各加数的超出量之和的超出量。

2.被减数的"11 的超出量"等于差和减数的超出量之和的超出量。

3.两个数之积的"11 的超出量"等于两个数的超出量之积的超出量。

4.被除数的"11 的超出量"等于除数和商数超出量的积的超出量加上余数的超出量。

(d)用去 11 法,检验加法 104 + 454 + 1 096 + 2 195 + 3 566 + 4 090 = 11 505。

(e)用去 11 法,检验减法 23 028 − 8 476 = 14 552。

(f)用去 11 法,检验乘法(8 205)(536) = 4 397 880。

(g)用去 11 法,检验除法 62 540/207 = 302 + 26/207。

246

7.14 双试位法

(a)求一个方程的实根的近似值的最古老的方法之一,是称为**双试位法**(rule of double false position)的一种规则。这一方法看来起源于印度,并被阿拉伯的人利用。用现代语言简单地说,该方法是:设 x_1 和 x_2 为在方程 $f(x) = 0$ 的根 x 的两边并且很接近 x 的两个数,则连接$(x_1, f(x_1))$和$(x_2, f(x_2))$的弦与 x 轴的交点给出所求根的一个近似值 x_3(图 66)。试证明

$$x_3 = \frac{x_2 f(x_1) - x_1 f(x_2)}{f(x_1) - f(x_2)}$$

现在又可把上述程序应用于 x_1, x_3 或 x_3, x_2 中适当的一对。

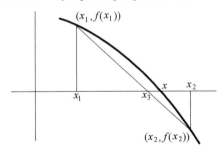

图 66

(b)用双试位法计算 $x^3 - 36x + 72 = 0$ 位于 2 与 3 之间的根,要求准确到三位小数。

(c)用双试位法计算 $x - \tan x = 0$ 位于 4.4 与 4.5 之间的根,要求准确到三位小数。

7.15 三次方程的海牙姆解法

(a)给定长度为 a, b, n 的三线段,试作一长度为 $m = a^3/bn$ 的线段。

(b)海牙姆首先处理了具有正根的每种类型的三次方程。下面简略地描述三次方程

$$x^3 + b^2 x + a^3 = cx^2$$

(a, b, c, x 均看做线段的长度)的海牙姆的几何解法,试说明其细节。海牙姆把这种三次方程用文字陈述为:"一个三次方,一些边和一些数等于一些平方。"

247

在图 67 中,作 $AB = a^3/b^2$(按照(a))及 $BC = c$,以 AC 为直径作半圆,过点 B 作 AC 的垂线与半圆相交于 D。在 BD 上截 $BE = b$,并且过 E 作 EF 平行于 AC。在 BC 上求出一点 G,使 $(BG)(ED) = (BE)(AB)$。并且,作矩形 $DBGH$。通过 H,作以 EF 和 ED 为渐近线的等轴双曲线,并且,设它割半圆于 J。过 J 作 DE 的平行线交 EF 于 K,交 BC 于 L。试逐步证明:

1. $(EK)(KJ) = (BG)(ED) = (BE)(AB)$;
2. $(BL)(LJ) = (BE)(AL)$;
3. $(LJ)^2 = (AL)(LC)$;
4. $(BE)^2/(BL)^2 = (LJ)^2/(AL)^2 = LC/AL$;
5. $(BE)^2(AL) = (BL)^2(LC)$;
6. $b^3(BL + a^3/b^2) = (BL)^2(c - BL)$;
7. $(BL)^3 + b^2(BL) + a^3 = c(BL)^2$。

于是,BL 是给定的三次方程的一个根。

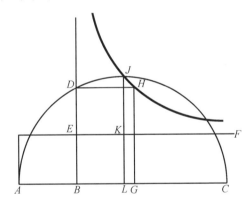

图 67

(c)依据海牙姆的方法,用几何方法求三次方程 $x^3 + 2x + 8 = 5x^2$ 的正根。对此方法稍加扩展,求其负根。

7.16 三次方程的几何解

(a)证明:不完全三次方程

$$ax^3 + bx + c = 0$$

可被几何地解出,因为:只要在笛卡儿直角坐标系上画出三次曲线 $y = x^3$,再画直线 $ay + bx + c = 0$,就能得到其实根。

(b)用(a)中的方法解三次方程 $x^3 + 6x - 15 = 0$。

(c)用几何方法解三次方程 $4x^3 - 39x + 35 = 0$。

(d)证明:任何完全三次方程

248

$$ax^3 + bx^2 + cx + d = 0$$

可以用替代式 $x = z - b/3a$ 得到变量 z 的不完全三次方程。

(e)用几何方法解三次方程

$$x^3 + 9x^2 + 20x + 12 = 0$$

有趣的是:无论是不完全的还是完全的三次方程所具有的复虚根,也能用几何方法求出。(参看,例如, Arthur Schultze, Graphic Algebra. New York: Macmillan Company, 1922, Sections 58, 59, 65)

7.17 在球面上的几何作图

阿拉伯人对在球形表面上作图感兴趣。考虑下列问题,用欧几里得工具和适当的平面作图法求解之。

(a)给定一个实心球,求其直径。

(b)在一给定实心球上,确定其内接正立方体顶点的位置。

(c)在一给定的实心球上,确定其内接正四面体顶点的位置。

论 文 题 目

7/1 公元前 213 年中国的焚书事件。

7/2 1200 年前中国的数学著作。

7/3 《海岛算经》。

7/4 马可波罗访问中国。

7/5 利玛窦(Matteo Ricci, 1552—1610)。

7/6 盈不足术(即西方所谓双试位法)。

7/7 中国和印度数学对欧洲数学的影响。

7/8 1200 年前印度的数学著作。

7/9 二位阿利耶波多。

7/10 摩诃毗罗及其著作。

7/11 拉曼纽杨(Srinivasa Ramanujan, 1887—1920)。

7/12 巴格达学派。

7/13 花拉子密(Al-Khowârizmi)的《代数学》(Al-jabr)。

7/14 阿卜尔－维法(Abûl-Wefâ, 940—998)。

7/15 海牙姆(Omar Khayyam)对数学的贡献。

7/16 阿尔·卡西(Al-Kashi)对数学的贡献。

7/17 由阿拉伯保存下来的,曾经失落的希腊数学著作。

7/18 阿拉伯数学的兴衰。

7/19 古代日本数学史。

7/20 由马其顿人、穆斯林人和罗马人的胜利引起的数学知识的传播。

参考文献

BERGGREN, J. L. *Episodes in the Mathematics of Medieval Islam* [M]. New York: Springer-Verlag, 1986.

CAJORI, FLORIAN *A History of Mathematical Notations* [M]. 2 vols. Chicago: Open Court, 1928 – 29.

CLARK, W. E., ed. *The Aryabhatiya of Aryabhata* [M]. Chicago: Open Court, 1930.

COOLIDGE, J. L. *A History of Geometrical Methods* [M]. New York: Oxford University Pess, 1940.

—— *The Mathematics of Great Amateurs* [M]. New York: Oxford University Press, 1949.

DATTA, B. *The Science of the Sulba: A Study in Early Hindu Geometry* [M]. Calcutta: University of Calcutta, 1932.

——, and A. N. SINGH *History of Hindu Mathematics* [M]. Bombay: Asia Publishing House, 1962.

HARDY, G. H. *A Mathematician's Apology* [M]. Foreword by C. P. Snow. Cambridge: The University Press, 1967.

HEATH, T. L. *A Manual of Greek Mathematics* [M]. New York: Oxford University Press, 1931.

HILL, G. F. *The Development of Arabic Numerals in Europe* [M]. New York: Oxford University Press, 1915.

HOBSON, E. W. *A Treatise on Plane Trigonometry* [M]. 4th ed. New York: Macmillan, 1902. Reprinted by Dover, New York.

JOHNSON, R. A. *Modern Geometry* [M]. Boston: Houghton Mifflin Company, 1929. Reprinted by Dover, New York.

KAKHEL, ABDUL-KADER *Al-Kashi on Root Extraction* [M]. Lebanon: 1960.

KASIR, D. S., ed. *The Algebra of Omar Khayyam* [M]. New York: Columbia Teachers College, 1931.

KARPINSKI, L.C., ed. *Robert of Chester's Latin Translation of the Algebra of al-Khowarizmi* [M]. New York: Macmillan, 1915.

—— *The History of Arithmetic*[M]. New York: Russell & Russell, 1965.

KRAITCHIK, MAURICE *Mathematical Recreations* [M]. New York: W. W. Norton, 1942.

KÛSHYÂR IBN LABBÂN *Principles of Hindu Reckoning* [M]. Translated by Martin Levey and Marvin Petruck. Madison, Wis.: The University of Wisconsin Press, 1965.

LAMB, HAROLD *Omar Khayyam, A life*[M]. New York: Doubleday, 1936.

LARSEN, H. D. *Arithmetic for Colleges*[M]. New York: Macmillan, 1950.

LEVEY, MARTIN *The Algebra of Abú Kâmil* [M]. Madison, Wis.: The University of Wisconsin Press, 1966.

LI YAN and DU SHIRAN *Chinese Mathematics: A Concise History* [M]. Translated by J. N. Crossley and A. W.-C. Lun. Oxford: Clarendon Press, 1987.

LOOMIS, E. S. *The Pythagorean Proposition*[M]. 2d ed. Ann Arbor, Mich.: Edwards Brothers, 1940. Reprinted by the National Council of Teachers of Mathematics, Washington, D. C., 1968.

MACFALL, HALDANE *The Three Students* [M]. New York: Alfred A. Knopf, 1926.

MIKAMI, YOSHIO *The Development of Mathematics in China and Japan* [M]. New York: Hafner, 1913. Reprinted by Chelsea, New York, 1961.

NEEDHAM, J., with the collaboration of WANG LING *Science and Civilization in China*, vol. 3[M]. New York: Cambridge University Press, 1959.

ORE, OYSTEIN *Number Theory and Its History*[M]. New York: McGraw-Hill, 1948.

SAYILL, AYDIN *Logical Necessities in Mixed Equations by ' Abd al Hamid ibn Turk and the Algebra of His Time*[M]. Ankara: 1962.

SMITH, D. E., and L. C. KARPINSKI *The Hindu-Arabic Numerals* [M]. Boston: Ginn, 1911.

SMITH, D. E., and YOSHIO MIKAMI *A History of Japanese Mathematics*[M]. Chicago: Open Court, 1914.

STORY, W. E. *Omar Khayyam as a Mathematician*[M]. (Read at a meeting of the Omar Khayyam Club of America, April 6, 1918). Needham, Mass.: Rosemary Press, 1919.

WINTER, H. J. J. *Eastern Science*[M]. London: John Murray, 1952.

WOLFE, H. E. *Introduction to Non-Euclidean Geometry*[M]. New York: Holt, Rinehart and Winston, 1945.

250

农奴、领主和教皇

欧洲中世纪——476 至 1492 年
（伴随第 8 章）

文
明
背
景
Ⅵ

从 5 世纪开始，罗马落入侵略者之手，欧洲就从古代文明转到中世纪。我们在"文明背景Ⅳ：文明世界"中讲过，西方的古代农业社会，在波斯于公元前 525 年征服埃及之后，政治上、社会上和经济上也被吞并了。诚然，从未整个地融合：埃及文明总与希腊的有区别，罗马的也不同于阿拉伯的或犹太的。尽管如此，在波斯帝国建立和罗马衰落之间的上千年间，西方文明存在很真实的统一，这个统一通过下列事实显示出来：共享的商业网络，类似的经济体制，有关连的宗教，并且常有一个唯一的政治盟主。在这里生活的人意识到这种共性，并且在地名上显示出来：希腊人把希腊、意大利、埃及和中东这个集体称为文明世界。

古代西方不仅在许多方面形成一个独特的文明，而且是一个扩展的文明。在上千年的历史进程中，相继的帝国把西方文明带到新的地方。波斯帝国把中东和埃及的文明带到今天的伊朗；希腊人把塞浦路斯、利比亚、意大利和法兰西的地中海沿岸和土耳其、俄罗斯的黑海沿岸作为自己的殖民地；罗马人把西方文明延伸到意大利和法兰西的其余部分、北非、西班牙和英格兰。在 5 世纪初，西方文明通过宗教扩展到这么大的范围：从冰天雪地的北海到茫茫沙漠的埃及，从直布罗陀海峡到波斯湾。

251

在罗马帝国倾覆于 476 年之后,西方文明在多方面有所变化。西方被分为两个很不相同的文化地域:阿拉伯 – 伊朗世界和欧洲。(读者会记得:我们曾在"文明背景Ⅴ:亚细亚诸帝国"中讲过伊斯兰教和阿拉伯 – 伊朗文明的兴起)再则,欧洲又被分为西部的日耳曼 – 拉丁和东部希腊 – 斯拉夫(虽然有差别但不大显著),这个分裂直到 20 世纪还可以觉察到。还有,欧洲的政治和文化中心略向北移:从地中海盆地(希腊和罗马)迁到北海和波罗的海附近:法兰西、英格兰、荷兰、日耳曼、斯堪的纳维亚、波兰和俄罗斯。古代世界的大帝国最后让位给封建的诸领地。奴隶们和成为自由民的农民们同样被农奴取代。学者们和发明家们不再对纯科学和数学发生兴趣,而日益转向工程和宗教。

为什么古代西方文明走到了尽头?我们能设想几个原因:罗马政治体制的崩溃;日耳曼和斯拉夫人的狂风恶浪(于 5 世纪侵占罗马帝国的大部分并建立封建王朝的,就是他们);在罗马政权倾覆之后,基督教教会的地位日益重要。尽管如此,我们绝不是说:西方的古代文明毁于一旦;它是逐渐消失的,经历了好几百年,并且,间或由其征服者复兴。希腊 – 罗马文明并没有完全消逝;它与其他文明和社会融合,产生一个新的文明,它是希腊、罗马、日耳曼、斯拉夫和其他人的文明的综合。

罗马政治体制的崩溃

纵观罗马帝国的历史,它存在着两个致命的弱点:一则,太大、难管理;二则,这是个产生平庸领导者的政治体制。除了很少几个例外,大多数罗马皇帝是通过军事政变取得权力的,并且只统治了几年,就又被另一个有较强军队的军事首领所取代。反叛不断发生,皇帝们不得不把国事置于一旁,而把精力用于压服叛乱。罗马人不说想个办法保证自己有个好皇帝,而把事情归结为:领土太大,需要皇帝去管理。305 年戴克里先(245—313 年,于 284~305 年为罗马皇帝)将帝国分为两半。自此以后,西部皇帝统治罗马,东部皇帝统治称为拜占庭的希腊城市(后来,以东部皇帝康斯坦丁一世(272~337)的名字命名)。东部皇帝比西部的年长,按理说也该有较大的政治权力,这更促使西方领导权的衰落。在西半个帝国于 5 世纪受到侵略时,西部的皇帝就更没有迎接挑战的能力了。

侵略者的入侵

4 世纪末,北欧和东欧被匈奴人入侵,这是个来自中亚细亚的野蛮的勇士们的部落。匈奴骑士们强行进入欧洲,把生活于北部和东部森林的狩猎者们赶走。哥德人和艾伦人从乌克兰来,佛兰克人和勃艮地人从日耳曼的莱茵河东来,汪达尔人从喀尔巴阡山脉来,斯拉夫人从中俄罗斯的普里皮亚特沼泽地来:都到了罗马,联合起来对付匈奴。 253

一旦他们到了罗马的领土,这些保卫者们就又成了战胜者。西哥德人于大约 350 年为了躲避匈奴人逃离乌克兰,在穆西亚(现在的罗马尼亚)的罗曼省定居了一段时间,并于 376 年包围君士坦丁堡。被击退后,他们又在其首领阿拉列(Alaric,大约 370~410 年)的率领下,疯狂地袭击希腊和意大利,仅因阿拉列死于 410 年而结束。大约在 406 年,匈奴人把汪达尔人从其中欧故土赶走。汪达尔人于 407 和 408 年进到高卢的罗曼省,对那里进行了惨无人道的掠夺,以致现在"汪达尔人"成了"强盗"的同义语。他们于 409 年进入西班牙,废除罗马的统治者,建立他们自己的王国;于 5 世纪二三十年代,又转到北非。佛兰克人的队伍跟在汪达尔人的后面,进入高卢,并在那里定居。不列颠(从这个帝国的余下部分中割出)被盎格鲁人和撒克逊人侵略和占领。在西哥德人掠夺完意大利(他们转移到西班牙去骚扰汪达尔人)后,东哥德人来到这里生活,后来又来了伦巴底人。

匈奴人在其著名国王阿提拉(大约 406~453 年)率领下于 451 年侵略罗马,在查隆(Chalons)败于罗马统帅艾提乌斯(Aetius,大约 396~454 年)指挥的罗马-佛兰克联合军队。这是一次撤底的胜利。阿提拉将注意力转向意大利,毁灭了许多村庄,只在食物耗尽时才离开这里。阿提拉的队伍进到罗马的中心地带,在西哥德人入侵之后,将近四十六年,这个国家灭亡。在 476 年,东哥德人没费多大劲就把最后一个皇帝废除了,西部帝国于是崩溃。

希腊-斯拉夫人的东部

十五年后,东罗马帝国皇帝查士丁尼一世(483—565)发动了一次勇敢的,但是注定要失败的反击。在 530 年至 550 年间,查士丁尼的大将贝利沙鲁斯(大约 505~565)和纳塞斯(大约 478~573)再一次从东哥德人和汪达尔人手中夺回意大利和北非。东部帝国的人们不久发现他们自己处于使人头昏脑晕的来自亚细亚和东欧的一系列入侵之中:首先,来自一个重建的波斯帝国(Parthian);然后是斯拉夫的保加利亚人;640 年后,来自强盛的新阿拉伯帝国;600 年左右,东部帝国被迫把意大利让给伦巴底人;700 年左右,北非又落入阿拉伯人之手;随后,阿拉伯人又兼并了埃及和巴勒斯坦。失去了大部分领土,实际上东罗马帝国只不过是一个中等规模的希腊王国了,虽然它在 1453 年败于土耳其之前仍保持独立。

虽然,在政治上,拜古庭政府(东部帝国后来被这样称呼)在 700 年以来,不比罗马帝国的影子强多少,君士坦丁堡这个主要的希腊城市仍保持为重要的商业和文化中心,在许多方面,很像后期的亚历山大里亚。与生活于东欧的斯拉夫人的贸易特别活跃,他们从拜占庭商人手中买走许多象征希腊文化的东西。例如,俄文字母以希腊字母为基础,以希腊东正教形式出现的基督教扩展到东欧的绝大部分,拜占庭的希腊人最大的成就是神学和法律。查士丁尼颁布的法典被认为是一部杰作,是欧洲法理学发展的基石。尽管如此,拜占庭的希腊人一般是拙劣的学者。他们的历史只不过是对活着的皇帝的歌颂。他们继续走罗马的路:令宗教高于科学,而未能使二者谐调。529 年,在宗教首领的压力下,把保留下来的、仅有的讲授西方科学和哲学的雅典学校封闭的,就是查士丁尼本人。

中世纪的西欧

在西罗马帝国衰落之后,西欧的政治势力转到北方的高卢人(现在的法国)手中,佛兰克人在那里建立了一个强盛的王国。佛兰克人原来是几个不同种族的日耳曼狩猎者部落,于 481 年被军阀克洛维一世(大约 466～551)统一。佛兰克人采用基督教和本地的高卢克尔特人的农业经济,并且与他们融合,筹建一个联合佛兰克、拉丁和克尔特文化的社会。

在 8 世纪 70 年代,意大利的伦巴底王和天主教皇争执不下的时候,佛兰克人从边上插进去,兼并了意大利的大部分。当佛兰克的查理曼王(742—814)于 800 年恢复罗马教皇利奥三世(死于 816 年)的主教职权时,他自己也被加冕为"新罗马"(还称做神圣罗马帝国)的皇帝。查理曼还与其他日耳曼人、撒克逊人、阿瓦尔人和文德人进行了长时间的战争,并强迫他们信基督教。他在亚琛① 建造了一座宫殿:虽然与古罗马的大厦相比是适度的,要用中世纪的标准看,简直太雄伟了。虽然他本人几乎没什么阅读能力,但是他支持艺术和文学。作为文化中心,亚琛不如君士坦丁堡;查理曼谋求在佛兰克人的赞助下,使拉丁文明重新充满活力,也未能实现。在这位伟大的君主死后,他的帝国被他的三个儿子瓜分,佛兰克王国的重要地位于是显著下降。

在查理曼死了 150 年之后,第二个神圣罗马帝国被日耳曼国王鄂图一世(912—973)并入日耳曼,他把中欧的大部分统一于其统治之下。第二个神圣罗马帝国,不包括法兰西,比起古代的伟大的统一的帝国来,差远了。比中心的王国小的,有几十个日耳曼公国,第二个神圣罗马帝国是中世纪国家的原型。除了鄂图和很少几个例外,其皇帝都是由各种各样的公国或侯国树立起来的傀

---

① 译者注:Aachen,德国莱茵省的一城市。

偏。这些较小的领主都分别统治着其自己的小领地;公侯们掌握着实权。尽管如此,这个神圣罗马帝国把日耳曼建成中世纪西欧的文化和商业中心,并且,至少在名义上,一直延续到 1806 年拿破仑打破它的时候。

中世纪欧洲发展称做封建主义(*feudalism*)的一种独特社会结构。大多数人是贫穷的农民和农奴,他们法律上被束缚于领主的财产——农田之上,交纳一部分谷物作为地租。理论上,领主们是神圣罗马皇帝的家臣,事实上,没有几个皇帝有实权。还有一个小的都市中产阶级,包括商人和工匠。向上变动的可能性很小,能否进入贵族,一出生就定下来了。

虽然个别领主在他们自己的土地上,有显著的权力,但是他们不能控制其邻居。所以,有野心的公侯们出入于皇帝的宫廷,寻找兼并和交战的机会。国王们靠的是为他们提供金钱和战士,并愿为任何君主献身的贵族;但贵族们因此得罪了领主们,实为不智之举。当英国的一个国王约翰(John,1167? ~1216)谋求建立更有效率的英国法制(当然,把他自己放在其中心)时,英国的领主们联合起来制止他。在兰尼米德之战(1215)后,领主们强迫这位受了磨炼的君主签署《大宪章》,保证坚持英国的传统法制(大半是不成文法)。甚至到今天,它还是英美两国法制的基础。

这样的有势力的贵族,一般是孤立的乡村贵族,并不以大都市的宫廷为中心。大多数公侯们没受过多少教育,至多是勇敢的将军和聪明的管理者,很少是有学问的学者。因为国王和皇帝的权力很小,在他们的质朴的宫廷四周没有兴起大都市。商业也很有限,中世纪的欧洲就没什么大城市。因为其最大的城市(天主教会上层管理机构的驻地罗马例外)并不比特别大的村镇大多少;一般地说,中世纪西欧没什么都市文明。

在国家社会机构的旁边,还有一个天主教会,它受在罗马城办公的教皇的控制,而教皇是得到综合各方为一体的官僚政治的支持的。主教监督主要的城镇(例如,科隆、美因茨,威尼斯和图尔)的教会事务。所以,住在罗马城的教皇的势力很大,周围的乡村都是在他统治下的独立王国。教会在全西欧是最富有的,并且,有的教皇参与神圣罗马皇帝的推选,直到 16 世纪初,皇帝加冕还由教皇执行。修道院的修士、修女们参加分散在乡村的教会的工作。修道院成了中世纪西欧仅有的研究学术的场所,修士、修女们当然把宗教和哲学置于科学之上;像拜占庭那样,他们常认为这两种研究是不能两立的。中世纪产生了几个值得纪念的神学家,他们是:圣·本尼迪科特(死于大约 547 年),他首先提议过集体修道生活,强调手工劳动,简朴和知识的保存;和阿西西的圣·弗朗西斯(1182? ~1226),他提倡和善,关心穷人和尊重动物的生活。这时,也有几位数学家和科学家。

中世纪的人显示工程上的技巧。泥瓦位和木匠设计和建造了大而优美的

256

教堂：布满错综复杂的美丽的有色玻璃窗和飞支柱。铁匠造出了计时准确的钟。磨坊主做成了水车，挖掘了很长的灌溉渠道；甚至在最宽的河上也建造了石桥；在沼泽地里修沟、排水。中世纪的工程师不是在大学里受过教育的"纯"科学家；他们是没有受过多少教育的工匠和机械工人（他们的工作常不被受过教育的学者们知道）。事实上，纯科学和技术的结合，直到20世纪才实现。

文艺复兴

在14,15世纪，在罗马衰落了差不多一千年之后，中世纪欧洲文明才让位于现代文明。出乎意料地，通向现代的道路是由重新燃起对古代艺术和科学的兴趣开始。与穆斯林和拜占庭希腊的商业往来，使意大利的几个城市在1300年得以兴起，这指的是：威尼斯、热那亚和佛罗伦萨。这个贵族统治的国家不仅与东方的生产，而且与东方的学术产生了错综复杂的联系。阿拉伯人和拜占庭希腊曾经小心谨慎地保存了大量的古希腊和罗马的艺术和科学，现在把这些知识传递给意大利商业。有钱的意大利贵族家庭，例如，埃斯蒂斯家族和博吉亚家族，资助那些深深地爱上了古希腊和罗马的名家们的著作的艺术家和诗人。这些艺术家们常常也涉猎古代科学。文艺复兴时期的意大利学者有：斐波纳契（Leonardo Fibonacci，大约1175—1250）、达·芬奇（Leonardo da Vinci，1452—1519），米开朗琪罗（Michaelangelo，1475—1564）和柴利尼（1500—1571）。古代西方文化的复活很快扩展到北欧，在那里引起了对科学和艺术的新兴趣；波兰天文学家哥白尼（Nicholea Copernicus，1473—1543）和其后继者布腊（Tycho Brahe，丹麦人，1546—1601）的工作就是在这样的激励下做出的。

不幸的是，文艺复兴时期的学者们难于让他们的科学思想与天主教会的宗教教义相谐调，这个时期的大量科学著作与教会尖锐地对立。文艺复兴的许多学者们，怕犯异端邪说罪，推辞发表他们的理论，尤其是天文学方面的。因为这门科学与教会特别对立。在现代欧洲逐步从中世纪欧洲走出来后，天主教会越来越显得保守：教会非难现代欧洲科学家们的许多发现，科学家们则谋求以比较民主的统治方式取代封建主义，以政治革新者的身份反对教会。这些历史将在"文明背景Ⅶ：清教徒和海员们"和"文明背景Ⅷ：中产阶级的叛乱"中讲。

257

第八章 从 500 年到 1600 年的欧洲数学

8.1 黑暗时代

从 5 世纪中叶西罗马帝国灭亡开始到 11 世纪这个时期称为欧洲的黑暗时代,因为在这个时期西欧文化处于低潮:学校教育名存实亡,希腊学问几乎绝迹,连许多从古代传下来的艺术和技艺也被忘记了。只有天主教修道院的修士们和少数有文化的俗人维系着不绝如缕的一点希腊和拉丁学问。这个时期的特点是残酷的暴力和强烈的宗教信仰。旧的社会秩序已破坏,封建主和基督教会统治了社会。

罗马人始终没有走向抽象数学,仅仅满足于数学在商业和民用工程上的应用。然而,随着罗马帝国的衰亡以及由此导致的东、西方贸易的中断和国家工程计划的撤销,就连在这些方面应用的兴趣也减少了。毫不夸大地说:在整个500 年的黑暗时代中,西方除制定教历外,在数学上没有什么成就。

在黑暗时代,在数学史上起到重要作用的人,可以勉强地提到:殉道的罗马公民博埃齐(Boethius),英国的教士学者比德(Bede)和阿尔克温(Alcuin),著名的法国学者、教士热尔拜尔(Gerbert)——他后来成了教皇西尔维斯特二世(Pope Sylvester Ⅱ)。

博埃齐(大约 475～524)在数学史上的重要性在于:他的著作《几何学》和《算术》在好几百年中一直作为教会学校的标准课本。这些思想贫乏的著作竟被当做高水平的数学成就,这充分表明:在黑暗时代,在基督教的欧洲,数学这门学科已经可怜到什么程度。在博埃齐的《几何学》(Geometry)一书中,除了对欧几里得《原本》第一卷的命题和第三、四卷的少数几个命题的陈述,及其在初等测量中的某些应用外,就再没有什么东西了,而《算术》(Arithmitic)一书,则基于四百年前尼科马库斯(Nicomachus)写的那本乏味的、半神秘的、但一度曾给予高度评价的著作(有些人认为:至少《几何学》中的有些部分是错误的)。博埃齐以他的这些著作和他关于哲学的著作而成为中世纪经院哲学的奠基人。他的高尚理想和刚强正直给他带来了政治上的麻烦,并遭到悲惨的结局,因此,被教会宣布为殉道者。

比德(大约 673～735),后来被尊为比德大师(Bede the Venerable):他出生于英国的诺森伯兰,是中世纪最大的教会学者之一。他的许多著作中有不少是讲数学的,其中主要的是关于历法和指算的论著。阿尔克温(735—804),出生于约克郡,是另一位英国学者。他被请到法国帮助查理大帝完成其宏伟的教育计划。阿尔克温写过关于许多数学课题的著作。几百年来一直影响教科书作者的一部难题汇编(参看问题研究 8.1)也有可能是他搞的。

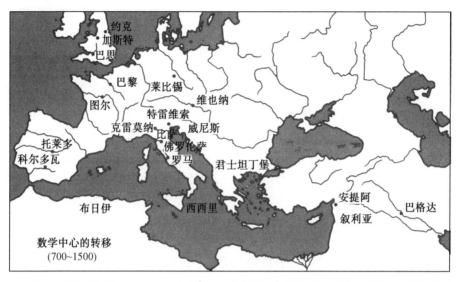

热尔拜尔(大约 950~1003)出生于法国的奥弗涅省,幼年时就显示出非凡的能力。他是第一个在西班牙穆斯林学校学习的基督教徒,并且有证据表明,他可能曾把没有包含零的印度–阿拉伯数字带回到基督教的欧洲。据说,他做过算盘、地球仪和天球仪、钟、也许还有风琴。这些成就使他的同辈中有些人怀疑他将灵魂出卖给了魔鬼。尽管如此,他在教会中逐步提升,并最后于 999 年被选为教皇西尔维斯特二世。他被认为是一位知识渊博的学者,并且写了关于占星学、算术和几何学著作等((参看问题研究 8.1(f)),虽然他的数学著作没多大价值。

8.2 传播时期

大约在热尔拜尔时代,希腊的科学和数学的经典著作开始传入西欧。接着,有一个传播时期,由穆斯林保存下来的古代学术传到西欧。这是通过到穆斯林学术中心旅行的基督教学者进行的拉丁文翻译,通过西西里的诺曼王国与东方的联系,以及通过西欧与地中海东部诸国和阿拉伯世界的商业联系而实现的。这些翻译多半是从阿拉伯文到拉丁文,也有些是从希伯来文到拉丁文和从拉丁文到希伯来文,甚至还有些是从希腊文到拉丁文。

摩尔人于 1085 年在托莱多败于基督教徒。接着,基督教学者们涌入该城

260

获得穆斯学问,他们还涌入西班牙的摩尔人的其他文化中心。12 世纪在数学史上成了翻译者的世纪。巴思的英国修士阿德拉特(Adelard,大约 1120 年)是参加这样工作的最早的基督教学者之一。他在 1126 至 1129 年间曾在西班牙学习并到希腊、叙利亚和埃及旅行、欧几里得的《原本》和花拉子密的天文表的拉丁文译本被认为是阿德拉特的功劳。阿德拉特为获得阿拉伯学问而冒生命危险的故事是很感人的。他为了得到被保守得很严密的知识,假装成伊斯兰教的学生。另一位早期翻译者是意大利人,蒂沃利的柏拉图(大约在 1120 年),他翻译了巴塔尼的《天文学》和狄奥多修斯的《球面几何》以及其他著作。犹太数学家亚伯拉罕·巴希亚(Abraham bar Hiyya)以萨瓦索达(Savasorda)著称,常与柏拉图并列。他以希伯来文写了一本《实用几何学》,柏拉图也许与他合作把这本书译成了拉了文。西方就是从这本书首次学到二次方程的完全解的。这本书影响很大。这个时期最辛苦的翻译者是克雷莫纳的格拉多(Gherardo,1114—1187),他把 90 多部阿拉伯文著作译为拉丁文,其中有:托勒密的《大汇编》、欧几里得的《原本》和花拉子密的《代数学》。这肯定不是他一个人做的。在托莱多(Toledo)陷落后不久,唐拉芒多(don Raimundo)总主教就建立了一所翻译学校,这个学校的成员参与了他的工作。我们已经在 7.12 节中提到过克雷莫纳的格拉多,他在"正弦"(sine)这个字的发展中起过作用。12 世纪的其他重要的翻译者是:塞维利亚的约翰(John)和切斯特的罗伯特(Robert)。

261

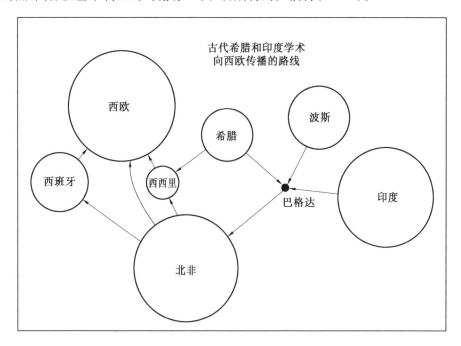

古代希腊和印度学术
向西欧传播的路线

西欧

波斯

希腊

西班牙

西西里

巴格达

印度

北非

西西里的地理位置和政治历史使这个岛成为东方和西方天然的会合地,西西里开始是希腊的殖民地,后来成了罗马帝国的一部分,在罗马陷落后又与君士坦丁堡建立关系,在 9 世纪大约有五十年属于阿拉伯人,后被希腊人夺回,最后又被诺曼人接收。西西里在诺曼统治时,希腊语、阿拉伯语和拉丁语同时使用。外交官们也常到君士坦丁堡和巴格达去旅行,许多希腊和阿拉伯的科学和数学手稿被他们获得并译成拉丁文。这项工作受到两位统治者并且又是科学保护者——弗雷德里克二世(Frederick Ⅱ 1194—1250)和他的儿子曼弗雷德(Manfred,大约 1231～1266)的很大支持。

和阿拉伯世界建立贸易关系的第一批城市是意大利的商业中心:热那亚、比萨、威尼斯、米兰和佛罗伦萨。意大利商人与东方文化接触,吸收了有用的算术和代数知识。这些商人在印度－阿拉伯数系的传播中起到重要作用。

在上述的传播时期,西班牙成了伊斯兰和基督教世界之间的重要纽带。

8.3 斐波那契和 13 世纪

L·斐波那契(Fibonacci,"Leonardo Bonaccio 之子",1175～1250?)是中世纪最杰出的数学家。斐波那契也称比萨的莱昂纳多(Leonardo of Pisa),1175 年出生于比萨的商业中心,其父在那里经商。那时,许多意大利大商行在地中海区域的许多地方拥有仓库。就是在他的父亲担任海关管理员时,年轻的莱昂纳多被带到非洲北岸的布日伊(Bougie)。他父亲的职业早就唤起了这个小孩对算术的兴趣。后来,他们旅行到埃及、西西里、希腊和叙利亚,他又接触到东方和阿拉伯的数学实践。斐波那契完全确信印度－阿拉伯计算方法在实用上的优越性,1202 年,在他回到家里不久,发表他的著名著作《算盘书》(*Liber abaci*)。

> Incipit primum capitulum
>
> Nouem figure indorum he sunt
>
> 　　9 8 7 6 5 4 3 2 1
>
> Cym his itaque nouem figuris. et cum hoc signo 0, quod arabice zephirum appellatur, scribitur quilibet numerus. ut inrerius demonstratur.
>
> （下列是印度人的九个数字
>
> 　　9 8 7 6 5 4 3 2 1
>
> 下面将证明:用这九个数字连同阿拉伯人称做零的符号 0,就能写出任何数)

斐波那契《算术书》(1202)的卷首语

（得到 West Virginia University Library 的允许）

我们见到的《算盘书》是 1228 年的第二版,这部书是讲算术和初等代数的。这部书虽然实质上是独立的研究,但也表现出受花拉子密和阿布·卡密耳(Abû 262

斐波那契

(David Smith 收藏)

Kâmil)的代数学的影响。这部书对印度 – 阿拉伯符号的详尽叙述和强烈支持是有助于将这些数字引进欧洲的。在这部十五章的著作中包括:新数字的读法和写法,整数和分数的计算方法,平方根和立方根的计算方法,线性和二次方程的用试位法和代数程序的解法等。他不承认方程的负根和虚根。其中的代数学部分是文字叙述的。书中给出了代数在实物交易、合股、比例法和测量几何上的应用。这部书包括一大批问题,成为后来好几百年中学者们的宝库。我们 263
在 2.10 节中已经提到过取自《算盘书》的一个有趣的问题,它显然是从兰德纸草书中一个更老的问题发展而来的。另一个问题,导致重要的**斐波那契序列**(Fibonacci sequence):$1,1,2,3,5,\cdots,x,y,x+y,\cdots$;以及《算盘书》中的一些其他问题,均可在问题研究 8.2、8.3 和 8.4 中找到。

斐波那契的《实用几何》(*Practica gemetriae*)于 1220 年问世,这一巨著以欧几里得式的严谨和某种独创性熟练地处理了大量的几何学和三角学的题材。约在 1225 年,斐波那契写出《象限仪书》(*Liber quadratorum*)这部关于不定分析的光辉的、有独创性的著作,使他成为丢番图和费马之间这一领域的杰出的数学家。这些著作说明:他的才能超出了绝大多数同时代的学者。

斐波那契的才能受到学术保护者弗里德里希二世的重视,因而被邀请到宫廷参加数学竞赛。皇帝的一名随从——巴勒莫的约翰(John)提出三个问题。第一个问题是:求一个有理数 x,使得 $x^2 + 5$ 和 $x^2 - 5$ 都是有理数的平方。斐波那契给出答案 $x = 41/12$,这是正确的,因为 $(41/12)^2 + 5 = (49/12)^2$,$(41/12)^2 -$

$5 = (31/12)^2$。在《象限仪书》一书中有这个解。第二个问题是求三次方程 $x^3 - 2x^2 + 10x = 20$ 的解。斐波那契用 $\sqrt{a + \sqrt{b}}$ 的无理性论证了此方程无根,换句话说,没有能用直尺和圆规作出的根。然后他给出准确到小数点后第九位的近似解,$x = 1.368\ 808\ 107\ 5$。这个答案,在斐波那契的著作《开花》(Flos)中可以找到,但未作任何讨论,对此曾引起某种疑问。第三个问题也纪录在《开花》中,比较容易,在问题研究 8.4 中可以看到。

曾有这样的议论,斐波那契的水平显得比他实际水平高,这是因为没有与他匹敌的同时代人。的确,13 世纪水平高的数学家就没几个。同时代的约敦纳斯·尼摩拉略斯(Jordanus Nemorarius),次于斐波那契,人们常把他与德国修士约敦纳斯·萨克索(Joradanus Saxus)看成一个人(很明显是弄错了)。萨克索在 1222 年被选为发展很快的黑袍教团第二首领,他写了有关算术、代数、几何、天文学,也许还有统计学的几部著作。这些冗长的著作,其中有一些曾一度享有盛名,但现在看来多半是无足轻重的。尼摩拉略斯或许首先广泛地使用字母表示一般数,然而他的实践对后来的学者们的影响并不大。斐波那契使用字母表示数仅有一例。尽管 13 世纪数学给我们留下的是一幅荒凉的画面,这个世纪的早期还是目睹:在算术、几何和代数方面,达到中世纪成就的高峰。

也许还应该提到萨克罗巴斯科(Sacrobosco,霍利伍德的约翰或哈利法克斯的约翰)、坎帕努斯(Campanus)和 R·培根(Bacon)。萨克罗巴斯科在巴黎教数学,并写了一组算术法则和依据托勒密的《大汇编》和阿拉伯天文学家们的著作缩写的通俗读物。坎帕努斯以他的欧几里得《原本》拉丁文译本而闻名,这在 5.3 节中提到过。R·培根是有独创精神的天才,虽然在数学方面才能并不高,但是他熟悉许多希腊的几何学和天文学的著作,正如人们赞扬的,他对数学这门学科的价值有充分的认识。

数学在巴黎、牛津、剑桥、帕多瓦和那不勒斯等地的一些大学的兴起,是 13 世纪前期的事。这些大学后来成为数学发展中的重要基地,许多数学家都与一个或几个这样的学院有联系。

8.4 14 世纪

14 世纪相对地是数学上的不毛之地。这是黑死病流行的世纪,扫荡了欧洲三分之一以上的人口,并且,使北欧在政治上和经济上发生动乱的"百年战争"就始于这个世纪。

这时期最大的数学家是 N·奥雷斯姆(Oresme)。他大约在 1323 年出生于诺曼底。他在经历了从大学教授到主教的生涯之后,死于 1382 年。他写了五部数学书,翻译了一些亚里士多德的著作。在他的一本小册子中,第一次使用分

264

数指数(自然,不是用现代的符号);在另一本小册子中,他用坐标确定点的位置,预示了现代坐标几何学,在一个世纪之后,这本小册子得到多次印刷。他还可能影响到文艺复兴时期的数学家,甚至包括笛卡儿。在一篇未发表的手稿中,他还得到了级数和

$$\frac{1}{2} + \frac{2}{4} + \frac{3}{8} + \frac{4}{16} + \frac{5}{32} + \cdots$$

这使他成为无穷小分析的先驱者之一。

中世纪的欧洲数学主要是实用数学,但是纯理论的数学并没有全窒息。烦琐哲学家们的沉思导致关于转动、无穷、连续的概念精妙的理论化,所有这些都是现代数学中的基本概念。几百年的烦琐争论和诡辩,在某种程度上,堪称是从古代到现代数学思想转变的重要起因,并且,像 E·T·贝尔(Bell)所提议的,可以构成亚数学分析(*submathemaitcal analysis*)。从这个观点看,T·阿奎那(Aquinas,1226—1274)也许具有十三世纪最敏锐的思想,在数学的发展中起了作用。布雷德华丁(Thomas Bradwardine,1290—1349)肯定是个更接近于常规数学家的学者,他逝世前曾任坎特伯雷的大主教。除了关于连续和离散的基本概念及关于无穷大和无穷小的考察以外,布雷德华丁还写了四本关于算术和几何的小册子。

8.5　15 世纪 265

15 世纪开始了欧洲的文艺复兴。随着拜占庭帝国的瓦解(最终于 1453 年君士坦丁堡落入土耳其之手),难民们带着希腊文化的财富流入意大利。许多希腊经典著作,原来只是通过不怎么好的阿拉伯译本传播的,现在能从原始资料进行学习和研究了。再则,大约在这个世纪中叶,改进了印刷术,撤底变革了书籍的生产条件,从而使知识有可能以史无前例的速度来传播。在这个世纪末,发现了美洲,不久,完成了环球航行。

15 世纪的数学活动多半是以意大利城市和中欧城市纽伦堡、维也纳、布拉格为中心,而且集中在算术、代数和三角学方面。在商业、航海、天文学和测量学的影响下,数学主要活跃于新兴的商业城市。

按照年代的次序,我们先讲 N·库萨(Nicholas Cusa)。1401 年他出生于摩泽尔的库萨城,并以这座城的名字作为他的名字。这个贫苦渔民的儿子,在教会中升得很快,最终成为红衣主教。1448 年,他当了罗马总督。他只是偶然地成为一个数学家,并且成功地写了几本关于这门学科的小册子。他的主要功绩是在历法改革方面以及化圆为方问题和三等分任意角方面所作的努力(参看问题研究 8.6)。他死于 1464 年。

波伊尔巴赫(Georg von Peurbach, 1423—1461)是一位较好的数学家,他认为 N·库萨是自己的教师之一。他在意大利作过数学讲演之后,定居于维也纳,使那里的大学成为他那个时代的数学中心。他写了一部算术和一些关于天文学的著作,还编了一个正弦表。这些著作的大多数,在他逝世前没有发表。他还曾着手把托勒密《大汇编》从希腊文译成拉丁文。

这个世纪最有能力,最有影响的数学家是 J·缪勒(Müller, 1436—1476),人们以其出生地 Königsberg(柯尼斯堡)这个字的拉丁形式 Regiomontanus(雷琼蒙塔努斯)来称呼他。他年轻的时候,在维也纳就学于波伊尔巴赫,后来被委任完成他老师对《大汇编》的翻译工作。他还把阿波洛尼乌斯、希罗和阿基米德的著作从希腊文翻译成拉丁文。他的论著《三角全书》(De triangulis omnimodis)大约写于 1464 年,但是直到 1533 年才发表,这是他最大的著作,而且是欧洲人对平面和球面三角学所作的独立于天文学的第一个系统的阐述。雷琼蒙塔努斯到意大利和德国旅行了相当长时间,最后在 1471 年定居于纽伦堡。在那里,他建立了一个观象台,开办了一个印刷所,还写了一些关于天文学的小册子。据说他还制造了一个有振动翅膀的机械鹰,这在当时被认为是一个奇迹。1475 年,雷琼蒙塔努斯被罗马教皇四世邀请到罗马参加历法改革。不久,他突然死去,年仅四十岁。他的死是个谜:虽然许多报道说他可能死于时疫,但也有传闻说他是被仇人毒死的。

266

雷琼蒙塔努斯

(David Eugene Smith Collection, Rare Book and Manuscript Library, Columbia University 供稿)

雷琼蒙塔努斯的《三角全书》分为五卷,前两卷讲平面三角学,后三卷讲球面三角学。他对确定满足三个给定条件的三角形,发生了很大兴趣。在几种不同场合中应用了代数:例如,第二卷命题 12 和 23:(II 12)给定一条边,边上的高和另两条边的比,确定一个三角形;(II 23)给定两边之差,第三边上的高和该高将第三边分成的两个线段之差,确定一个三角形。书中的代数是用文字叙述的,图形的未知部分是作为二次方程的根求出的。他曾打算用他的方法处理一般情况,但他总是对已知部分给出特定的数值。在《三角全书》中用到的三角函数,只有正弦和余弦。后来,雷琼蒙塔努斯还算出一个正切表。在另一部著作中,他应用代数学和三角学解决给定四个边作一联圆四边形的问题。

15 世纪最杰出的法国数学家是 N·丘凯(Chuquet),他出生于巴黎,在里昂生活和行医。1484 年他写了一部《算术三编》(*Triparty en la science des nombres*),但直到 19 世纪才出版。这部著作分三部分:第一部分讲有理数的计算,第二部分讲无理数的计算,第三部分讲方程论。丘凯承认正的和负的整数指数,并在他的代数中采用了一些缩写。他的著作,在当时来说内容太深,以致对他的同辈人未产生多大影响。他死于 1500 年左右。在问题研究 8.9 中可以看到丘凯探讨过的一些问题。

1494 年,《算术、几何及比例性质之摘要》(*Summa de arithmdtica*, *geomdtrica*, *proportioni et proportionalita*),通常简称摘要(Sūms),第一版问世,这是意大利修道士 L·帕奇欧里(Pacioli,大约 1445—1509)写的。这部不受限制地参考了许多资料而编成的书,旨在作为当时算术、代数和几何的摘要。它不仅包括斐波那契《算盘书》中没有的东西,而且还采用优越的记号——它的重要性,正在于此。

《摘要》的算术部分,从基本运算和平方根的算法开始,表示得很完整。例如,单是乘法运算,就不少于八个方案。商业算术得到充分讨论,并以许多问题作为例证;还有关于复式簿记的重要论述;试位法则也被讨论和应用。尽管有许多数值错误,但这部著作的算术部分仍是当时实用的标准的典籍。《摘要》的代数部分论述二次方程,并包括许多导出这种方程的问题。其代数是这样被简化的:p(来自 piu,"多")代表加;m(来自 meno,"少")代表减;co(来自 cosa,"事物")代表未知数 x;ce(来自 censo)代表 x^2;cu(来自 cuba)代表 x^3;cece 来自 censocenso)代表 x^4;有时用 ae(来自 aequalis)表示相等;常在缩写上加横杠,表示省略,例如,用 sūma 代替 summa。这部著作对几何兴趣不大。和雷琼蒙塔努斯一样,代数被用于解几何问题。《摘要》出版之后,被忽视二百年的代数,在意大利蓬勃兴起,在德国、英国和法国也进步很快。

帕奇欧里曾到各处旅行,在许多地方教过书,写了不少其他著作,没有都印出来。1509 年,他发表了《神妙的比例》(De divina proportione)一书,其中包括被

267

认为是达·芬奇所画的正立方体的木刻画。

我们现在用的"＋"号和"－"号,是在 J·维德曼(Widman,大约 1460 年出生于波希米亚)1489 年于莱比锡出版的一本算术书中第一次出现的。在该书中这些符号并不是作为运算符号使用的,而只是表示剩余和不足。加号很像常常用来表示加法的拉丁字 et 的缩写,减号也许是从 minus 的缩写 m̄ 缩约而成的。还有一些其他的似乎合理的解释。"＋"号和"－"号,于 1514 年被荷兰数学家 V·赫克(Hoecke)用作代数运算符号,也可能比这还早些就被采用过。①

8.6 早期的算术书

由于文艺复兴引起的对教育的兴趣和商业活动的增加,一批普及的算术读本开始出现。17 世纪以前,在欧洲这样的书出版了不下三百种。这些课本多半是属于两种类型:一种是由常常属于教会学校的第一流学者用拉丁文写的课本;另一种是以培养搞商业的学生为目的的、注重实用的由教师用本国文字写的课本。这些教师还常常担任市镇的测量员、公证人和收税官,并且包括受到汉萨同盟(Hanseatic League)——在托伊托地区商业城镇的有势力的保护贸易同盟——支持的有权威的计算师。

最早印刷的算术书是无名氏写的,现在很少见到的《特雷维索算术》(*Treviso Arithmetic*),在 1478 年出版于特雷维索城,该城处于连结威尼斯与北部的通商路线上。这部书的内容多半是一种商业算术,即解释数字写法、数的计算及其在合股和换货上的应用。和 14 世纪的较早的"算法"一样,它也包括一些数学游戏。这是西方世界第一部印刷的数学书。

P·博尔吉(Borghi)写的商业算术书在意大利的影响比《特雷维索算术》大得多。这部用处很大的著作,1484 年出版于威尼斯,至少出了十七版,最后一版是 1557 年出的。E·卡兰德利(Calandri)1491 年在佛罗伦萨出版了一部不太重要的算术书,我们之所以对它感兴趣,是由于:我们现在用的长除法第一次印在书上,同时它又是意大利出版的第一批有插图的书。我们已经讲到过 1494 年发表的帕奇欧里的《摘要》,它主要是讲算术。关于那时意大利商业惯例的许多知识,可以从这本书的问题中查到。

在德国最有影响的是 1489 年在莱比锡出版的维德曼的算术书。另一部重要的德国算术书是海德尔堡的计算家 J·克贝耳(Jacob Kobel,1470—1533)写的,于 1514 年出版。这部算术书至少出了二十二版,从这一事实即可看出这本书

① 参看 J. W. L. Glaisher. On the early history of the signs + and – and on early German arithmeticians, Messenger of Mathematics 51(1921～1922):1-148.

《特雷维索算术》(1478)中(缩小了)的一页。这里的印度－阿拉伯数码已经有了比较完善的形式

(Houghton Library, Harvard University 供稿)

普及的程度。但是,也许最有影响的德国商业算术书还是 A·里泽(Riese,大约 1489～1559)在 1522 年出版的。这部著作得到如此高的评价,以致今天在德国 "nach Adam Riese"(根据 A·里泽的算术书)这一成语仍被用来表示正确的计算。

关于 A·里泽,有一个有趣的传说。一天,里泽和一名绘图员参加友谊比赛,看谁在一分钟内能用圆规和直尺画出更多的直角。绘图员画一条直线,然后,采用在中学时老师教的标准作图法,在该直线垂直地作垂线。A·里泽在一条直线上作一半圆,然后很快作出大量内接直角。他轻而易举地在竞赛中获

胜。

英国也出版了一些值得注意的早期算术书。英国的第一部专讲数学的著作是 C·汤斯托耳(Tonstall,1474—1559)写的算术。这部书以帕奇欧里的《摘要》为基础,出版于 1522 年,是用拉丁文写的。汤斯托耳在他多变的一生中,担任过基督教的和外交方面的许多职务。他的同僚们对他的学问的评价可以从这个事实看出:欧几里得《原本》的第一个希腊文版(1533)是献给他的。但是,16 世纪的最有影响的英国课本作者是 R·雷科德(Recorde,大约 1510～1558)。雷科德的著作是用英文写的,采取教师和学生对话的形式。他至少写了五本书,第一本有一个富于幻想的标题《技艺的根据》(The Ground of Artes),大约发表于 1542 年。这部书至少出了二十九版。雷科德就学于牛律,然后在剑桥获得医学学位。他在剑桥时,在两个学校的私立班教数学。离开剑桥后,担任爱德华六世和玛丽皇后的医师。晚年,他任爱尔兰矿山和铸币厂的总监。他的最后几年是在监狱里度过的,这可能是由于他在爱尔兰工作中的某种过失。

270

8.7 代数的符号表示之开端

雷科德除了写了上一节提到的那本算术书外,还写过一本天文学、一本几何学、一本代数学和一本关于医学的书,也许还有一些现已失传了的其他著作。关于天文学的书,出版于 1551 年,称为《知识的城堡》(The Castle of Knowledge),是把哥白尼体系介绍给英国读者的最早著作之一。雷科德的几何学《知识的捷径》(The Pathewaie to Knowledge)也出版于 1551 年,其内容为欧几里得《原本》的节略。具有历史意义的是雷科德的代数学,题名为《智力的磨石》(The Whetstone of Witte),1557 年出版,在这本书中,首次使用了我们现代的等号。雷科德对于用一对等长的平行线段作为等号是这样解释的:"bicause noe 2 thynges can be moare epualle"(再也没有别的两件东西比它们更相等了)。

另一个现代的代数符号——大家熟悉的根号(采用它也许是由于它很像 radix 中的小 r)是 C·鲁道夫(Rudolff)1525 年在他的题为《求根术》(Die Coss)的代数书中引进的。这本书在德国影响很大;M·施蒂费尔(Stifel,1486—1567)于 1553 年又发表了这部著作的修订本。施蒂费尔曾被认为是 16 世纪最大的德国代数学家。他最著名的数学著作是 1544 年出版的《综合算术》(Arithmetica integra)。这本书包括三部分,分别讲有理数、无理数和代数。在第一部分中,施蒂费尔指出把算术级数和几何级数相联系的好处,从而预示了近一百年后对数的发明。他还在这部分中给出直至十七次的二项式系数。这部书的第二部分实质上是欧几里得《原本》第十卷的代数表示。第三部分讨论方程。方程的负根被丢弃,但是使用了符号 + , – , $\sqrt{}$,并且常常用字母表示未知数。

271

雷科德《智力的磨石》(1557)中的一页。在这里,他引进了等号

272

8.8 三次和四次方程

也许 16 世纪最壮观的数学成就是意大利数学家们发现的三次和四次方程的代数解法。关于这一发现的故事,用最丰富多彩的文笔描述时,比得上 B·塞利尼(Cellini)的作品的任何一页。简单地说,事情是这样的。大约 1515 年,波洛尼亚大学数学教授 S·del 费尔洛(Ferro,1465—1526)用代数方法解了三次方程 $x^3 + mx = n$——他的工作是以更早的阿拉伯资料为基础的。他可能没有发表他的成果,但是,把这个秘密透露给了他的学生菲奥(Antonio Fior)。布雷西亚的尼古拉(Nicolo),由于童年受伤影响了说话能力,通常被称做塔尔塔里亚①(Tartaglia,原意为"口吃者")。他在大约 1535 年宣布:他发现了三次方程的代数解法。菲奥认为此项声明纯属欺骗,向塔尔塔里亚挑战,要求来一次解三次方程的公开比赛。于是,后者费了很大劲才在比赛前几天找到了缺二次项的三次方程的代数解法。竞赛安排了两种类型的三次方程、而菲奥只能解其中的一种类型,塔尔塔里亚全胜。后来,G·卡尔达诺②——在米兰既教数学又行医的一个不讲道德的人物,从塔尔塔里亚那里骗得解三次方程的诀窍,发誓保守秘密。1545 年,卡尔达诺在德国纽伦堡发表了一部关于代数学的拉丁文巨著《大衍术》(Ars magna),其中就有三次方程的塔尔塔里亚解法。塔尔塔里亚的强烈抗议遭到卡尔达诺(Cardano)的最有能力的学生 L·费尔拉里(Ferrari)的反对,他说卡尔达诺曾通过第三者从费尔洛那里得知此法,控告塔尔塔里亚偷窃费尔洛的成果。在这场尖刻的争论中,也许塔尔塔里亚幸而得以逃生。

273

上述这场闹剧,其参加者并不都是追求真理者,在细节上也许有多不同的说法。

卡尔达诺在他的《大衍术》中给出的三次方程 $x^3 + mx = n$ 的解法实质上如下所述。考虑恒等式

$$(a - b)^3 + 3ab(a - b) = a^3 - b^3$$

如果选取 a 和 b,使

$$3ab = m, a^3 - b^3 = n$$

则 x 由 $a - b$ 给出。解最后两个(对 a 和 b 的)联立方程,我们得到

$$a = \sqrt[3]{(n/2) + \sqrt{(n/2)^2 + (m/3)^3}}$$
$$b = \sqrt[3]{-(n/2) + \sqrt{(n/2)^2 + (m/3)^3}}$$

于是,x 被确定。

---

① g 不发音,还可以写作:Tartalea。
② 卡尔达诺的名字还有:Hieronymus Cardanus, Geronims Cardano 和 Jerone Cardan。

在三次方程被解决后不久,一般四次方程(或双二次方程)的代数解法也发现了。1540 年,意大利数学家 Z·de T·达科伊(Da Coi)向卡尔达诺提出了一个导致四次方程的问题(参看问题研究 8.15)。虽然,卡尔达诺不能解该方程,他的学生费尔拉里成功了,并且卡尔达诺还高兴地在他的《大衍术》中发表了这个解。

现将费尔拉里解四次方程的方法,用现代符号扼要地叙述如下。以一个简单的变换(参看问题研究 8.14(a))将完全的四次方程简化成为这样的形式

$$x^4 + px^2 + qx + r = 0$$

从这个方程,我们得到

$$x^4 + 2px^2 + p^2 = px^2 - qx - r + p^2$$

或者

$$(x^2 + p)^2 = px^2 - qx + p^2 - r$$

因此,对于任意的 y

$$(x^2 + p + y)^2 = px^2 - qx + p^2 - r + 2y(x^2 + p) + y^2 =$$
$$(p + 2y)x^2 - qx + (p^2 - r + 2py + y^2)$$

然后,让我们选择 y,使上述方程的右边成为完全平方[①],当

$$4(p^2 + 2y)(p^2 - r + 2py + y^2) - q^2 = 0$$

时即可。这就成了 y 的三次方程,并且可用前面讲过的方法求解。y 的这样一个值,把原问题简化为:只不过是求平方根。

一般三次和四次方程的其他代数解法也曾被给出。在下节中,我们将讨论 16 世纪法国数学家 F·韦达(Viete)想出的方法。笛卡儿在 1637 年给出的四次方程的解法,可以在关于方程论的大学标准课本中找到(参看问题研究 10.4 (e))。

由于解一般四次方程依赖于解一个相联系的三次方程,欧拉(Euler)在大约 1750 年试图把解一般五次方程类似地归结为解相联系的四次方程。在此尝试中,他失败了;大约三十年后拉格朗日(Lagrange)作了类似的尝试,也失败了。一位意大利物理学家 P·鲁菲尼(Ruffini,1765—1822)于 1803,1805 和 1813 年对我们大家想知道的一个事实提供了证明。这个事实就是:一般的五次或五次以上的方程的根不可能用方程系数的根式表出。后来,著名的挪威数学家 N·H·阿贝尔(Abel,1802—1829)又在 1824 年独立地完成此证明。1858 年,埃尔米特(Charles Hermite,1822—1901)用椭圆函数给出了一般五次方程的解。埃尔米特后来又用富克斯函数成功地导出:以一般 n 次方程的系数表示其根。方程论方面的现代进展是引人入胜的,但是要讲述那些对我们来说是太深了。在这里,只提几个数学家的名字,即:布林(Bring),杰兰德(Jerrard),契尔恩豪森

---

① 二次式 $Ax^2 + Bx + c$ 是线性函数的平方的必要充分条件是判别式 $B^2 - 4AC$ 为零。

274

(Tschirnhausen)，伽罗瓦(Galois)，若尔当(Jordan)及许多其他人。

卡尔达诺是数学史上具有异常性格的人物之一。1501年，他作为一个法官的私生子出生于帕维亚。他是一个易动感情的人。他的职业生活是多变的：当医生，搞业余研究，当教授和写数学书。他一度远到苏格兰旅行，回到意大利后，相继主持帕维亚和波洛尼亚大学的重要讲座。因为他发表了基督命运的星占，以邪说罪被监禁了一个时期。他辞去波洛尼亚的讲座，逃到罗马，成为杰出的占星学家，并以教皇宫庭的占星学家接受年金。传说他于1576年自杀于罗马，为的是使他对他的死期的预卜得以实现。关于他的坏脾气有许多传说，例如，一次大怒，他割掉了他小儿子的耳朵。有些传说，可能是他的仇人有意夸大的，结果被过分地恶意中伤。在他的自传中自然支持这种观点。

卡尔达诺是那个时代的最有才华的、多才多艺的人物之一。他写了许多关于算术、天文学、物理学、医学和其他学科的著作。他的最大的著作是《大衍术》——专讲代数的第一部拉丁文巨著。值得注意的是：方程的负根被采用，并讲到虚数的计算。此外，还有求解任意次方程根的近似值的一种不成熟的方法。有证据表明，他熟悉问题研究10.3中解释的"笛卡儿符号规则"。卡尔达诺作为一个积习很深的赌徒，写了一本赌徒手册，其中讨论到一些有趣的概率问题。

卡尔达诺
(New York Public Library 收藏)

塔尔塔里亚有一个艰苦的童年。他大约1499年出生于布雷西亚，双亲很穷。1512年，法国占领布雷西亚时，发生了暴力行动，塔尔塔里亚和他的父亲（布雷西亚的一名邮递员），同许多其他人一起逃到大教堂避难，但是，兵士们追去进行了大屠杀。他的父亲被杀，他当时还是个小孩，头盖骨被劈，并且头部也被锋利的军刀劈开了,差点死去。当这孩子的母亲后来到教堂去寻找他的一家时才发现他还活着,就设法把他带走。没钱治病,她想起受伤的狗常常舔其伤处,于是她就用这种方法使塔尔塔里亚活了下来。颚上的伤使他一辈子咬字不真,并因此得了个塔尔塔里亚(即口吃者)的绰号。他母亲攒够了学费把他送进学校。他只学了 15 天,就趁机偷了一本习字帖,随后便用它来自学读和写。据说,由于没钱买纸,他只好以公墓的墓碑当石板。后来,他在意大利的许多城市传授科学和数学以维持生活。他于 1557 年死于威尼斯。

276

塔尔塔里亚是一位有才华的数学家。我们曾转述过他的关于三次方程的著作。他还是第一个把数学用于火炮科学的人。他写了一般认为是 16 世纪最好的意大利算术,对于数值运算和当时的商业惯例作了充分讨论的两本论著。他还发表了欧几里得和阿基米德著作的新版本。

塔尔塔里亚
(David Smith 收藏)

1572 年,卡尔达诺死前几年,R·邦别利(Bombelli)发表了一本代数学,对三次方程的解法作了重大贡献。在关于方程论的课本中,证明了:如果 $(n/2)^2 + (m/3)^3$ 是负的,则三次方程 $x^3 + mx = n$ 有三个实根,但是在此情况下,在卡尔达诺－塔尔塔里亚公式中,这些根被表成复虚数(*complex imaginary numbers*)的两个三次根之差。这看来很异常,被称做**三次方程的不可约情况**(irreducible case in cubics)并且使早期代数学家相当费解。邦别利指出,在不可约情况中,事实上存在明显的虚根。邦别利还改进了流行的代数记号。例如,复合表达式 $\sqrt{7 + \sqrt{14}}$ 曾被帕奇欧里写作 RV7pR14——在这里,RV(radix universalis)表示对后面整个式子取平方根;邦别利曾将此式写作 R⌊7pR14⌋。邦别利用 Rq 和 Rc 区别平方根和立方根,并且用 di m R q 11 表示 $\sqrt{-11}$。

8.9 韦达

16 世纪最大的数学家是 F·韦达,人们常以他的半拉丁名字 Vieta 称呼他。他是个律师和议员,而把绝大部分闲暇贡献给数学。他 1540 年出生于丰特内,1603 年死于巴黎。

韦达

(Brown Brothers 供稿)

关于韦达,有些有趣的轶事,例如,有这么一个故事:一个低地国(指比利时、荷兰、卢森堡等国)大使向国王亨利四世夸口说,法国没有一个数学家能解决他的同国人 A·罗芒乌斯(Romanus,1561—1615)1593 年提出的需要解 45 次方程的问题。于是,韦达被召,让他看这个方程。他认出了潜在的三角学上的联系,几分钟内就给出了两个根,后来,又求出了 21 个根。他把负根漏掉了。反过来,韦达向罗芒乌斯挑战,看谁能解阿波洛尼乌斯提出的问题(参看问题研究 6.4),但是罗芒乌斯用欧几里得工具得不到解。后来,当他得知韦达的天才解法后,长途跋涉到丰特内拜访韦达,他们俩从此建立了亲密的友谊。还有这么一个传说:韦达成功地破译了一份西班牙的数百字的密码,因此法国用两年功夫打败了西班牙。国王菲力普二世对密码不可能被破译是那么肯定,以致他向教皇控告说,法国在对付他的国家时采用了魔术,"与基督教信仰的惯例相矛盾"。据说,当韦达被数学吸引住时,他总是一连数日关在家里搞研究。

韦达写了许多关于三角学、代数学和几何学的著作,其中主要有:《三角学的数学基础》(*Canon mathematicus seu ad triangula*,1579),《分析方法入门》(*In artem analyticam isagoge*,1591),《几何补篇》(*Supplementum geometriae*,1593),《有

效的数值解法》(*De numerosa potestarum resolutione*, 1600)和《论方程的整理与修正》(*De aequtionum recognitione et emendatione*, 直到 1615 年才发表)。这些著作，除了最后一本外，都是韦达自费出版和发行的。

在《三角学的数学基础》中，包含一些对三角学的值得注意的贡献。系统地讲述用所有六种三角函数解平面和球面三角形，这在西欧也许是第一部书。该书对于解析三角学给予了密切的注意(参看问题研究 8.17)。韦达得到了 $\cos n\theta$ 的作为 $\cos\theta$ 的函数的表达式(对于 $n = 1, 2, \cdots, 9$)，并且后来提出了三次方程不可约情况的一个三角学的解法。

韦达的最著名的著作是他的《分析方法入门》，这本书对符号代数学的发展有不少贡献。在这里，韦达引进了用母音表示未知数，用子音代表已知量的习惯做法。我们现在用字母表中后面的字母表示未知，用头前的字母表示已知数的习惯做法是笛卡儿于 1637 年引进的。在韦达之前，一般用不同的字母表示一个量的各种幂；韦达用同一个字母，并适当地加以说明。韦达把我们现在的 x, x^2, x^3 写作 A, A quadratum, A cubum；后来的学者们进一步简化为 A, Aq, Ac。韦达还对多项式方程的系数加以修饰，以便使方程成为齐次的。他使用过我们现在的"+"号"－"号，但是他没有等号。这样，他就得把

$$5BA^2 - 2CA + A^3 = D$$

写成

B 5 in A quad $- C$ plano 2 in $A + A$ cub aequatur D solido.

注意：系数 C 和 D 是这样描述的，以致方程的每一项成了三维的。韦达在两个量之间用 = 号，不是表示这两个量相等，而是表示它们的差。

在《数值解法》(*De numerosa*)一书中，韦达给出用逐步近似的方法求解一个方程的根的系统的程序，大约直到 1680 年才被普遍使用。对于高次方程，用这个方法相当麻烦，以致一位 17 世纪的数学家称之为"对基督教徒不适合的工作"。应用于二次方程

$$x^2 + mx = n$$

此方法如下所述。假如 x_1 是该方程的一个根的一个已知近似值，使所求的根可以写成 $x_1 + x_2$。代入给定的方程，得到

$$(x_1 + x_2)^2 + m(x_1 + x_2) = n$$

或

$$x_1^2 + 2x_1x_2 + x_2^2 + mx_1 + mx_2 = n$$

假定 x_2 很小，使 x_2^2 可以忽略不计，我们得到

$$x_2 = \frac{n - x_1^2 - mx_1}{2x_1 + m}$$

然后，可以从改进了的近似值 $x_1 + x_2$ 用同样的方法去求更好的近似值 $x_1 +$

279

$x_2 + x_3$ 等。韦达用此方法求出了六次方程

$$x^6 + 6\,000x = 191\,246\,976$$

的根的近似值。

韦达死后发表的著作包括方程论中许多有趣的内容。在这里,我们见到方程的根增加一个常数或扩大常数倍的熟悉的变换。韦达曾把直到五次的多项式的系数表成其根的对称函数,并且他知道使一般多项式去掉仅次于最高次的项的变换。在他的著作中有三次方程 $x^3 + 3ax = b$ 的下述天才解法,而任何三次方程都能归结成这种形式。令

$$x = \frac{a}{y} - y$$

给定的方程成为

$$y^6 + 2by^3 = a^3$$

这是 y^3 的二次方程。于是,我们求出 y^3,然后求 y,再求 x。韦达的四次方程解法类似于费尔拉里的解法。考虑一般的被化简的四次方程

$$x^4 + ax^2 + bx = c$$

也可以写成

$$x^4 = c - ax^2 - bx$$

两边加上 $x^2y^2 + y^4/4$,得到

$$(x + \frac{y^2}{2})^2 = (y^2 - a)x^2 - bx + (\frac{y^4}{4} + c)$$

280 然后,我们选取 y,使右边成为完全平方。条件是

$$y^6 - ay^4 + 4cy^2 = 4ac + b^2$$

这是 y^2 的三次方程。这样,只要取平方根,就可以求得 y 的值了。

韦达是一位卓越的代数学家——只要了解到他把代数学和三角学应用于几何学这一点,对此就不会怀疑了。他对古代的三个著名问题也有贡献:证明三等分角问题和倍立方体问题都依赖于解三次方程;在 4.8 节中,我们曾提到过韦达的 π 的计算,以及他的令人感兴趣的收敛于 $2/\pi$ 的无穷乘积;并且,在 6.4 节中,我们提到过:他曾在复原阿波洛尼乌斯失传的著作《相切》上,做了不少努力。

1594 年,韦达由于他在关于格雷哥里的历法改革上与克拉维乌斯大肆争吵,名声败坏。韦达在这件事上的态度是十足地非科学的。

8.10 16 世纪的其他数学家

要评价 16 世纪的数学,如果不把别的贡献者简单地介绍一下,那就不完全了。他们是:数学家克拉维乌斯(Clavius),卡塔耳迪(Cataldi)和斯蒂文(Stevin),

以及数学天文学家哥白尼（Copernicus），雷提库斯（Rhaeticus）和彼提库斯（Pitiscus）。

克拉维乌斯 1537 年出生于德国班贝格，1612 年死于罗马。他在数学上的贡献不多，但是，也许在繁荣数学这门学科上，他做的工作超过那个世纪的任何其他德国学者。他是一位有才能的教师，并且写出了高水平的算术（1583）和代数（1608）课本。1574 年，他发表了欧几里得《原本》的一种版本，此书以其广博的例证著称。他还写了关于三角学和天文学的著作，在格雷哥里历法改革中起重要的作用。作为一个耶稣会修士，他为该会增添了声誉。

克拉维乌斯
（David Smith 收藏）

卡塔尔迪（Pietro Antonio Cataldi），1548 年出生于波洛尼亚，在佛罗伦萨、佩鲁贾、波洛尼亚教数学和天文学，1626 年死于他出生的城市。他写了许多数学著作，其中有：一本算术、一本关于完全数的论著；欧几里得《原本》前六卷的一种版本；关于代数的一篇短论文。在连分数的理论上所采取的最初步骤，该归功于他。

16 世纪，在低地国家中的最有影响的数学家是斯蒂文（Simon Stevin，1548—1620）。他曾是荷兰军队的军需总监，并且领导许多公共建筑工程。在数学史中，他是十进制分数理论的最早阐述者之一。在他那个时代的学者们中间，他以其关于防御工事和军事工程的著作而著称。他发明了用帆的四轮车使他在当时的广大群众之中享有盛名，用这种车载上 28 个人沿着海岸行驶，轻而易举地胜过了一匹奔驰的马。

天文学长期以来一直在促进数学的发展。事实上，有一个时期，"数学家"

281

的称号指的就是天文学家。在鼓励、支持发展数学的天文学家中,最著名的是波兰的哥白尼(Nicolas Copernicus,1473—1543)。他曾在克拉科夫大学学习,还在帕多瓦和波洛尼亚学过法律、医学和天文学。他的宇宙理论完成于 1530 年,但是直到 1543 年去世时才发表。哥白尼为了从事他的研究,需要改进三角学,并且他自己写了一篇关于三角学的论文。

哥白尼

(American Museum 供稿)

雷提库斯(Georg Joachim Rhaeticus,1514—1576)是哥白尼的学生,是 16 世纪的第一流的条顿族数学天文学家。他雇用了一批计算人员,花了十二年工夫编制了两个著名的、至今尚有用的三角函数表。其中:一个是间隔为 10″,十位的六种三角函数表;另一个是间隔为 10″,十五位的正弦函数表(附有第一、第二和第三差)。雷提库斯是把三角函数定义为直角三角形的边与边之比的第一人。由于雷提库斯的强求,哥白尼临死之前戏剧性地发表了他的巨著。

雷提库斯的正弦表是在 1593 年由彼提库斯(Bartholomaus Pitiscus,1561—1613)编辑和修订的。后者是一位偏爱数学的德国牧师,他的关于三角学的论著很令人满意,是第一部以"三角学"为标题的著作。

总结 16 世纪的数学成就,我们能说:符号代数学有了一个良好的开端;用印度-阿拉伯数字计算变得标准化了;十进位小数有了发展;三次和四次方程得到解决;方程论一般地取得进展,负数被接受;三角学更加完善和系统化;计算出一些优秀的数表。这一时期为下世纪的阔步进展创造了条件。

有一个令人感兴趣的事实是:新世界(指美洲)出版的第一部数学著作于 1556 年在墨西哥城出版,即 J·迪兹(Diez)编的"商用小手册"。

问题研究

8.1 黑暗时代提出的问题

约克的阿尔克温(大约775年)可能是标题为《活跃思想的问题》的拉丁文选集的编者。试解此选集中的下列七个问题:

(a)把一百蒲式耳谷物分配给一百个人。每一个男人3蒲式耳,每一个女人2蒲式耳,每个小孩1/2蒲式耳。试问有多少男人、女人和小孩?

(b)有30个瓶子:10个满的、10个全空,10个半空,把他们分配给三个儿子。试问怎样分才能让每个儿子分得的瓶子和容纳的东西都相等?

(c),一条狗追一只兔子,它们开始距离150英尺,每次狗跳9英尺,兔子跳7英尺。试问跳多少次,狗追上兔子?

(d)一匹狼、一只山羊和一颗洋白菜,一个船夫要把它们放到船上渡过河 283 去;这条船每次除了船夫只能带一样。试问船夫怎样带才不会让山羊吃了白菜,也不让狼吃了羊?

(e)一个快死的人在遗嘱中说:如果他的已怀孕的妻子生儿子,则儿子得遗产的3/4,寡妇得1/4;如果生女儿,则女儿得7/12,寡妇得5/12。结果生了双胞胎,一儿一女,试问怎样分法才不违背遗嘱?(这个问题起源于罗马;阿尔克温选集中给出的解是不能接受的)

(f)热尔拜尔在他的《几何学》一书中,解出了一个当时很难解的问题:一个直角三角形的斜边和面积是给定的,确定其两个直角边。试解此题。

(g)热尔拜尔把一个边长为 a 的等边三角形的面积表为 $(a/2)(a-a/7)$。试证明:这等价于取 $\sqrt{3}=1.714$。

8.2 斐波那契序列

(a)试证明《算盘书》中发现的下列问题产生斐波那契序列:$1,1,2,3,5,8,\cdots,x,y,x+y,\cdots$

如果一对兔子每月生一对兔子,一对新生的兔子从第二个月又开始生兔子,试问一对兔子一年能繁殖多少对兔子?

(b)如果 u_n 表示斐波那契序列的第 n 项,试证明

1. $u_{n+1}u_{n-1}=u_n^2+(-1)^n, n\geqslant 2$。

2. $u_n=[(1+\sqrt{5})^n-(1-\sqrt{5})^n]/2^n\sqrt{5}$。

3. $\lim\limits_{n\to\infty}(u_n/u_{n-1})=(\sqrt{5}-1)/2$。

4. u_n 和 u_{n+1} 互素。

已有涉及斐波那契序列的大量文献。关于他在分析难题、技术、叶序和对数螺线上的一些较为深奥的应用，可参看 E. P. Northrop 的《数学中的谜语》(*Riddles in Mathematics*)。

8.3 《算盘书》中提出的问题

试解在《算盘书》(1202)中找到的下列问题:第一个问题是君士坦丁堡的一位地方长官向斐波那契提出的;第二个是为了举例说明三项法而设计的;第三个是在丘凯和欧拉的较迟的著作中再次出现的遗产问题的一个例子。

(a)如果 A 从 B 得到 7 个银币,则 A 的和是 B 的 5 倍;如果 B 从 A 得到 5 个银币,则 B 的和是 A 的 7 倍。试问 A 和 B 各原有多少银币?

(b)某国王派 30 个人到他的果树园去植树。如果他们 9 天能植 1 000 株树,试问 36 个人多少天能植 4 400 株树?

284

(c)有一个人,留给他的长子一个金币和余下的 1/7;从剩余中,次子得两个金币和余下的 1/7;从再次剩余中,三子得三个金币和余下的 1/7。这样继续下去:每个儿子比前面那个多得一个金币,再加上余下的 1/7。这样分,到最后一个儿子得余下的全部,并且所有的儿子分得的一样多。试问这个人有多少个儿子,有多少金币?

8.4 来自斐波那契的其他问题

(a)试证明:数 $a^2 - 2ab - b^2$, $a^2 + b^2$, $a^2 + 2ab - b^2$ 的平方成算术级数。如果 $a = 5$, $b = 4$,则公差是 720,第一个和第三个平方是 $41^2 - 720 = 31^2$ 和 $41^2 + 720 = 49^2$,以 12^2 除之,我们得斐波那契对第一个比赛问题的解,即求一有理数 x,使 $x^2 + 5$ 和 $x^2 - 5$ 都是有理数的平方(参看 8.3 节)。如果 5 被 1,2,3 或 4 取代,则此问题不能解。斐波那契证明:如果 x 和 h 是整数,使 $x^2 + h$ 和 $x^2 - h$ 是完全平方,则 h 必被 24 整除。作为两个例子,则 $5^2 + 24 = 7^2$, $5^2 - 24 = 1^2$ 和 $10^2 + 96 = 14^2$, $10^2 - 96 = 2^2$。

(b)求下述问题的解,它是斐波那契解的第三个竞赛题:三个人有一堆钱,他们分别占有 $\frac{1}{2}$, $\frac{1}{3}$, $\frac{1}{6}$。每个人从这堆中取一些钱,直到什么也没剩下。然后,第一个人归还他取的 $\frac{1}{2}$,第二个 $\frac{1}{3}$,第三个 $\frac{1}{6}$。当这样归还的总数被平均地分给三个人时,发现每个人所有的钱正好是他们各自占有的钱数。试问原来那堆钱一共是多少? 每个人从中取了多少?

(c)试解斐波那契在《算盘书》中给出的下列问题。这个问题曾以多种不同的形式出现。它包括年金概念的实质。

一个人经过七道门进入果园,在那里,他摘取了若干苹果。在他离开果园时,给第一个守门人一半加一个;给第二个守门人,余下的一半加一个;对其他五个守门人,也同样这么办;最后带着一个苹果离开果园。试问他在果园里一共摘了多少苹果?

8.5 星多边形

一个**正星多边形**(regular star-polygon)是这样的图形;n 个点把圆周分成 n 个相等部分,从某一个分点开始,把各分点与其后第 a 个点用直线相连,并继续下去(在这里,a 与 n 互素。且 $n > 2$)。这样一个星多边形,用 $\{n/a\}$ 表示,也称为**正 n 角星形**(n-gram)。当 $a = 1$ 时,就是正多边形。正星多边形是在古代毕氏学社中首先出现的。$\{5/2\}$ 星多边形,或五角星形,被用做毕氏学社的徽章。正星多边形也出现在博埃齐的几何学与阿德拉特和坎帕努斯从阿拉伯文译过来的欧几里得著作的译本中。布雷德华丁研究过它们的某些几何性质。雷琼蒙塔努斯,布埃累斯(Charles de Bouelles, 1470—1533)和开普勒(Johann Kepler,1571—1630)也研究过它们。

285

(a)用量角器作正 n 角星形 $\{\frac{5}{2}\}$,$\{\frac{7}{2}\}$,$\{\frac{7}{3}\}$,$\{\frac{8}{3}\}$,$\{\frac{9}{2}\}$,$\{\frac{9}{4}\}$,$\{\frac{10}{3}\}$。

(b)设 $\phi(n)$(称为**欧拉 ϕ 函数**(Euler ϕ function))表示比 n 小且与 n 互素的数的个数。试证明:存在 $[\phi(n)]/2$ 个正 n 角星形。

(c)试证明:如果 n 是素数,则有 $(n-1)/2$ 个正 n 角星形。

(d)试证明:正 $\{n/a\}$ 角星形各顶角之和为 $(n-2a)\cdot 180°$(此结果是布雷德华丁给出的)。

8.6 约敦纳斯和库萨

(a)坎帕努斯在他的欧几里得《原本》的译本第四卷末尾叙述了一种三等分角的方法,这和约敦纳斯在其《三角形》一书中给出的正好一样。《三角形》,这部几何著作,分四卷包括 72 个标准命题,同时讲到一些别的课题。例如:三角形的重心、曲面及相似弧。这个三等分法采用了插入原则(参看问题研究4.6),如下所述:令 $\angle AOB$ 为一个圆的圆心角,就是我们想三等分的角;通过 A 作弦 AD 割垂直于 OB 的直径于 E,使得 $ED = OA$,则平行于 DA 的直线 OF 三等分 $\angle AOB$。试证明此作图之正确性。

(b)约敦纳斯在他的《论若干分法》中有将一个给定数按所述方式划分的问题。例如,此著作中的一个古老问题是:将一个给定数分成两部分,使这两部分的平方和等于另一个给定数。当两个给定数分别为 10 和 58 时,试解此题。

(c)库萨给出许多求给定圆的圆周的近似值的方法。他的最好的方法如下所述:设 M 为等边三角形 ABC 的中心,D 为 AB 边的中点,E 为 DB 的中点,则库萨宣称:$(\frac{5}{4})ME$ 为圆周等于等边三角形周长的圆的半径。然后以 $RS = (\frac{5}{4})ME$ 和 $RT = (\frac{3}{2})AB$ 为直角边,画一直角三角形,并且作一"玻璃的或木头的"角 α 等于角 RST。为了求给定圆的周长,作两条互相垂直的直径 UOV 和 XOY;将该角安放得以 U 为顶点,以 UOV 为其一边;则该角之另一边割 XOY 延长线于 Z 使得 OZ 为所求的圆的周长的一半。试证明:库萨的方法以 $(\frac{24}{35}) \cdot \sqrt{21} = 3.142\ 337\cdots$ 为 π 的近似值。

286

8.7 丢勒和双偶阶幻方

287

在丢勒(Albrecht Durer)的著名图版"忧郁"(Melancholia)中有四阶幻方,如图 68 所示,雕刻的年代"1514"就分别写在最下行的中间两格内。除了通常的"幻方"性质之外,试证明:

(a)顶上两行数的平方和等于底下两行数的平方和。

(b)第一行和第三行数的平方和等于第二行和第四行数的平方和。

(c)对角线上的数的和等于不在对角线的数的和。

(d)对角线上的数的平方和等于不在对角线上的数的平方和。

(e)对角线上数的立方和等于不在对角线上的数的立方和。

16	3	2	13
5	10	11	8
9	6	7	12
4	15	14	1

图 68

作双偶阶幻方(即阶数为 4 的倍数的幻方)有一种容易的方法。首先,考虑一个四阶方阵,并划上两条对角线,如图 69 所示。从左上角开始,从左向右,从上一行到下一行,依次计数,而只在没有被对角线割开的格中记上数;然后,从右下角开始,从右向左,从下一行到上一行,依次计数,而只在被对角线割开的格中记上数。所得到的幻方和丢勒的方阵没有区别。同样的规则也可应用于任何 $4n$ 阶幻方,如果我们画出有所有 n^2 个主 4×4 子方块中的对角线。图 70 表示:用此规则作一 8×8 幻方。

288

丢勒的"忧郁"
（大英博物馆供稿）

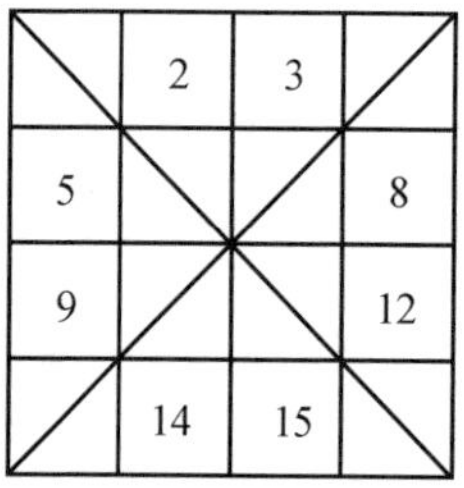

	2	3	
5			8
9			12
	14	15	

16	2	3	13
5	11	10	8
9	7	6	12
4	14	15	1

图 69

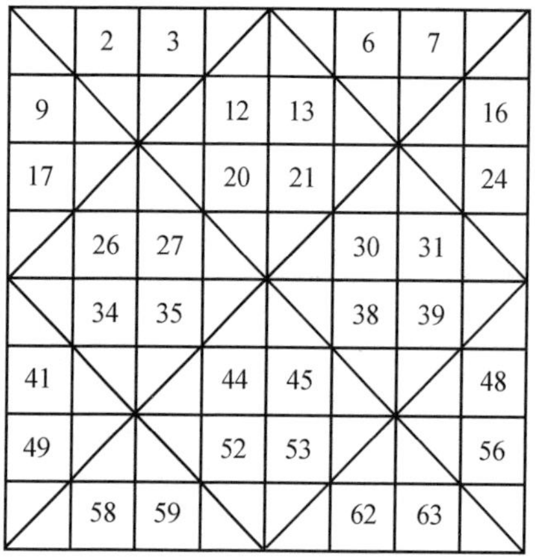

	2	3			6	7	
9			12	13			16
17			20	21			24
	26	27			30	31	
	34	35			38	39	
41			44	45			48
49			52	53			56
	58	59			62	63	

64	2	3	61	60	6	7	57
9	55	54	12	13	51	50	16
17	47	46	20	21	43	42	24
40	26	27	37	36	30	31	33
32	34	35	29	28	38	39	25
41	23	22	44	45	19	18	48
49	15	14	52	53	11	10	56
8	58	59	5	4	62	63	1

图 70

(f)试作一 12 阶的幻方。

8.8 来自雷琼蒙塔努斯的问题

试解下面三个问题,其中前两个是在雷琼蒙塔努斯的《三角全书》(1464)中找到的:

(a)给定两个边的差,第三边上的高,及该高把第三边分成的两个线段之差,确定一三角形(雷琼蒙塔努斯给定的数值是 3,10 和 12)。

(b)给定一个边,此边上的高及另外两边的比值,确定一三角形(雷琼蒙塔努斯给定的数值是 20,5 和 $\frac{3}{5}$)。

(c)给定四个边作一联圆四边形。

8.9　来自丘凯的问题

下列的问题是由丘凯的《算术三编》(1484)改编的。

(a)一个商人赶了三次集。第一次，双倍他的钱，并花了 30 元；第二次，三倍他的钱，并花了 54 元；第三次，四倍他的钱，并花了 72 元；最后，余下 48 元。试问开始他有多少钱？

(b)一个木工答应在这样的条件下工作：他工作一天，应该支付给他 5.50 元；他一天没有工作，他必须付出 6.60 元。在 30 天结束时，他发现他付出的和收到的一样多。试问他工作了多少天？

(c)两个酒商进入巴黎，其中之一买了 64 桶酒，另一个买了 20 桶酒。因为他们钱没带够，交不了关税。第一个交出 5 桶酒和 40 法郎，第二个交出 2 桶酒找回 40 法郎。试问每一桶酒的价钱和每一桶酒的关税是多少？

(d)丘凯给出平均值法则(*regle des nombres moyens*)。他说：如果 a, b, c, d 是正数，则 $(a+b)/(c+d)$ 处于 a/c 与 b/d 之间。试证之。

8.10　来自帕奇欧里的问题

下列两个问题是在帕奇欧里的《摘要》(1494)中找到的。第二个问题是通俗的"青蛙入井问题"的精心制作，并且曾有许多种变样的提法。

(a)一个三角形的内切圆半径是 4，其一边被切点分成 6 和 8，确定另外两个边。

(b)一只老鼠在 60 英尺高的白杨树顶上，一只猫在树脚下的地上，老鼠每天下降 $\frac{1}{2}$ 英尺，晚上又上升 $\frac{1}{6}$ 英尺；猫每天往上爬 1 英尺，晚上又滑下 $\frac{1}{4}$ 英尺。这棵树在猫和老鼠之间每天长 $\frac{1}{4}$ 英尺，到了晚上，又缩 $\frac{1}{8}$ 英尺。试问猫要多久能捉住老鼠？

8.11　早期商业问题

下列问题是在早期欧洲算术中找到的。

(a)此问题，来自 1559 年的彪特的《算术》，是以古代罗马航海者所碰到困难为基础的。

相距 20 000 视距尺的两只船起锚相向而行。第一只船天亮起航时遇到北风，快黄昏走了 1 200 视距尺，又起了西南风。此时另一只船起航，并且在夜间航行了 1 400 视距尺。第一只船由于顶风往回走了 700 视距尺。而早晨的北风,使第一只船像平常出航那样向前走,另一只船则往回走 600 视距尺。黑夜和白天如此交替:遇到顺风往前行,遇到逆风往回走。试问:两只船在相遇之前,一共航行了多少路?

(b)这个问题是塔尔塔里亚为了例证地说明重要的兑换业务而给出的。

如果莫尔登钱的 100 里拉等于威尼斯的 115 里拉;如果威尼斯的 180 里拉顶科弗的 150 里拉;又如果科弗的 240 里拉值内格罗蓬特的 360 里拉。试问内格罗蓬特的 666 里拉值多少莫尔登钱?

(c)早期算术给出许多涉及关税的问题。下列问题是从 1583 年版的克拉维乌斯的《算术》改编的。

一个商人在葡萄牙用 10 000 斯库弟① 买 50 000 磅胡椒,交税 500 斯库弟。然后,他把胡椒带到意大利,花费 300 斯库弟,另交税 200 斯库弟,走海路运到佛罗伦萨花 100 斯库弟,他还要交 100 斯库弟的进口税。最后,政府还要每个商人交 1 000 斯库弟的税。问:每磅按什么价格卖,才能得每磅 $\frac{1}{10}$ 斯库弟的利润?

(d)在佛罗伦萨人伽里盖于 1512 年写的商人实用手册中有下列涉及利润和亏损的问题。

290　　　一个人在伦敦买了若干包羊毛,每包重 200 磅,每包花了 24 磅,他把羊毛运到佛罗伦萨,花运费及其他费用,总共每包 10 磅。他想在佛罗伦萨以这样的价格卖出,从而得到的利润为 20%。试问:一吨(译者注:合 112 磅)应讨价多少,如果 100 伦敦磅等于 133 佛罗伦萨磅的话?

(e)有一些很普及的有趣问题。这里是从斐波那契的 1202 年的《算盘书》中找到的一个。

某人拿出一个银币,按照以下利率生利:五年后,翻一翻。试问:到一百年的时候,他从这一个银币可得到多少银币?

(f)下列的问题是从贝克(Humphrey Baker)的《科学的好春天》(*The Well Spring of Sciences*,1568)中找到的,它涉及合股问题。

两个商人合股做买卖。第一个,1 月 1 日投入 640 粒② 的股金;第二个,直到 4 月 1 日才交股金。试问:第二个人投入多少股金,才能在最后取得总收入的一半(假定从第一个人投资之日起,到一年终了结算)?

(g)这里又从塔尔塔里亚 1556 年的《选集》中找到一个年金问题。应该指出:此问题是在发明对数之前提出的。

---

　　① 译者注:Scudi,古货币名称。
　　② 译者注:粒(li),货币单位。

一个商人给一个大学 2 814 都卡①,言明:每年归还 618 都卡,要还 9 年,到最后,这 2 814 都卡被认为是本利皆清。试问:这相当于以什么样的复利计算?

8.12 格栅算法和长条算法

(a)15 和 16 世纪的算术包括基本运算算法的描述。在为进行长乘设计的许多图表中,所谓**格栅法**(gelosia 或 grating)也许是最普及的。如图 71 所示,9 876 和 6 789 相乘得到 67 048 164,例证地说明此方法。这是最老的办法,也许是印度最先有的(参看 7.5 节),因为在《丽罗娃提》的评注和其他印度著作中就有。以后,从印度又传到中国、阿拉伯和波斯。这是阿拉伯人长时间喜爱的方法,从他们那里,又传给西欧人。这种方法用起来简单,但要不是印起来麻烦,还要画线网,可能到现在还会用它。它的式样很像某种窗格。这些线网以“格栅”(gelosia)著称;最后成了“jalousie”(法文字,意思是“百叶窗”)。试用格栅法求 80 342 和 7 318 的乘积。

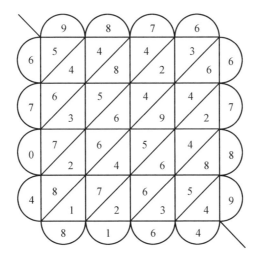

图 71

(b)1600 年前最通用的长除算法是所谓**帆船**(galley)或**勾画**(scratch)算法,它可能起源于印度。为了弄明白这种方法,现用 37 除 9 413 为例。

1.把除数 37 写在被除数下面。依通常的方法得商数的第一个数字 2,并把它写在被除数的右边,如下所示。

$$9413 \mid 2$$
$$37$$

---

① 译者注:ducat,过去曾在欧洲许多国家流通的金币。

2. 想:$2 \times 3 = 6, 9 - 6 = 3$, 勾画掉 9 和 3, 在 9 上写 3。想:$2 \times 7 = 14, 34 - 14 = 20$。勾画掉 7, 3, 4, 并把 2 写在 3 的上面, 把 0 写在 4 的上面, 如下所示。

$$
\begin{array}{l}
2 \\
\not{3}0 \\
\not{9}\not{4}13 \quad | \quad 2 \\
\not{3}\not{7}
\end{array}
$$

3. 往右挪一位, 像画对角线那样写除数 37。第二个步骤留下的被除数是 2 013, 得商数的第二个数字 5。想:$5 \times 3 = 15, 20 - 15 = 5$。勾画掉 3, 2, 0, 并在 0 上写 5。想:$5 \times 7 = 35, 51 - 35 = 16$。勾画掉 7, 5, 1 并把 1 写在 5 上面, 把 6 写在 1 上面, 如下所示。

$$
\begin{array}{l}
1 \\
2\not{5} \\
\not{3}0\not{6} \\
\not{9}\not{4}\not{1}3 \quad | \quad 25 \\
\not{3}\not{7}\not{7} \\
\not{3}
\end{array}
$$

4. 再往右挪一位, 像画对角线那样写上除数 37。第三个步骤留下的被除数是 163, 得商数的次一个数字 4。想:$4 \times 3 = 12, 16 - 12 = 4$。勾画掉 3, 1, 6 并把 4 写在 6 上。想:$4 \times 7 = 28, 43 - 28 = 15$, 勾画掉 7, 4, 3 并把 1 写在 4 上, 把 5 写在 3 上, 如下所示。

$$
\begin{array}{l}
\not{1}1 \\
2\not{5}4 \\
\not{3}0\not{6}5 \\
\not{9}\not{4}\not{1}3 \quad | \quad 254 — \\
\not{3}\not{7}\not{7}\not{7} \\
\not{3}\not{3}
\end{array}
$$

5. 商数是 254, 余数是 15。

292 通过这么个小例子, 我们见到:这个勾画法也是很别扭的。但其普及性在于:能在沙盘上使用;在那上面, "勾画" 实际上只是 "抹掉" (一抹就复原了)。"帆船" 这个名字指的是:完成了的问题外廓, 看起来很像一只船:从记录的底看, 该商数像船首斜桅;从记录的左边看, 该商数像桅杆。从第二个角度看, 余数 (上面所显示的) 像桅杆上的一面旗。

试用勾画法, 以 594 除 65 284。(依此法解此题, 发表于 1478 年的《特雷维索算术》)

8.13　数字算命术①

8.14　三次方程

(a)证明：$x = z - a_1/na$。这个变换使 n 次方程

$$a_n x^n + a_1 x^{n-1} + a_2 x^{n-2} + \cdots + a_n = 0$$

变成缺 $(n-1)$ 次项的 z 的方程。

(b)用(a)中的变换 $x = z - b/3a$，把三次方程 $ax^3 + bx^2 + cx + d = 0$ 变成 $z^3 + 3Hz + G = 0$，求以 a, b, c, d 表达 H 和 G。

(c)推导卡尔达诺 – 塔尔塔里亚公式

$$x = \sqrt[3]{(n/2) + \sqrt{(n/2)^2 + (m/3)^3}} - \sqrt[3]{-(n/2) + \sqrt{(n/2)^2 + (m/3)^3}}$$

解三次方程 $x^3 + mx = n$(参看8.8节)。

(d)既用卡尔达诺 – 塔尔塔里亚公式，又用韦达的方法，解 $x^3 + 63x = 316$，求其一个根。

(e)作为三次方程不可约情况的一个例子,用卡尔达诺 – 塔尔塔里亚公式解：$x^3 - 63x = 162$。然后证明：$(-3 + 2\sqrt{-3})^3 = 81 + 30\sqrt{-3}$ 和 $(-3 - 2\sqrt{-3})^3 = 81 - 30\sqrt{-3}$，由此，根据公式给出的根是 -6 的隐蔽形式。

8.15　四次方程

(a)卡尔达诺用在等式两边加 $3x^2$ 的方法解决特殊的四次方程 $13x^2 = x^4 + 2x^3 + 2x + 1$。这样做，并求此方程的所有四个根。

(b)达科伊于1540年向卡尔达诺提出下列问题："把10分成三部分,使它们成连比,并且前两数的乘积为6"。如果命 a, b, c 表示这三部分,则

$$a + b + c = 10, \quad ac = b^2, \quad ab = 6$$

证明：当 a 和 c 被消去时,我们得到四次方程

$$b^4 + 6b^2 + 36 = 60b$$

试用卡尔达诺的学生费尔拉里发现的一般方法解此四次方程。

(c)既用费尔拉里的方法,也用韦达的方法,求与(b)的四次方程有联系的三次方程。

①　译者注：此题译文略。

8.16　16 世纪的记号

(a)用邦别利的记号写表达式

$$\sqrt{\left[\sqrt[3]{\sqrt{68}+2}-\sqrt[3]{\sqrt{68}-2}\right]}$$

(b)用现代符号,写邦别利著作中出现的下列表达式

$$Rc\lfloor 4\ p\ di\ m\ R\ q\ 11\rfloor p\ R\ c\lfloor 4\ m\ di\ m\ R\ q\ 11\rfloor$$

294

(c)用韦达的记号写

$$A^2 - 3BA^2 + 4CA = 2D$$

8.17　来自韦达的问题

(a)试证明:韦达在他的《三角学的数学基础》(*Cannon mathematicus seu ad triagula*)(1579)中给出的下列恒等式

$$\sin \alpha = \sin(60° + \alpha) - \sin(60° - \alpha)$$

$$\csc \alpha + \cot \alpha = \cot \frac{\alpha}{2}$$

$$\csc \alpha - \cot \alpha = \tan \frac{\alpha}{2}$$

(b)将 $\cos 5\theta$ 表成 $\cos \theta$ 的函数。

(c)从 $x_1 = 200$ 开始,用韦达方法,求 $x^2 + 7x = 60\ 750$ 的一个根的近似值。

(d)用韦达的逐次逼近法,对三次方程 $x^3 + px^2 + qx = r$,求 x_2(参看 8.9)。

(e)韦达导出下列式

$$\sin x + \sin y = 2\sin \frac{x+y}{2} \cos \frac{x-y}{2}$$

这来自图 72 的图解,在那里,$\angle x = \angle DOA$,$\angle y = \angle COD$ 作为单位圆的圆心角出现。下面是韦达的证明的概述:

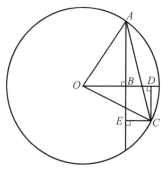

图 72

$$\sin x + \sin y = AB + CD = AE = AC\cos\frac{x-y}{2} =$$

$$2\sin\frac{x+y}{2}\cos\frac{x-y}{2}$$

试补充此证明之细节。

8.18 来自克拉维乌斯的问题

下面娱乐问题是从 1608 年版克拉维乌斯的代数学改编的。

(a)父亲为了鼓励儿子学习算术,答应:每正确地解出一道题,给儿子 8 分钱;做错一道题,罚 5 分钱。做完了 26 道题,谁也不用给谁钱。问这孩子做对了多少道题?

(b)如果我给每一个上门的乞丐 7 分钱,还剩 24 分。要是给他们每个 9 分钱,就还差 32 分钱。试问:有多少乞丐? 我有多少钱?

(c)一个仆人被约定:一年的工资是 100 元和一件外套。7 个月后,他不干了,得到了 20 元和一件外套,作为他的应得的报酬。试问外套值多少钱?

8.19 一些几何问题

(a)在邦别利的《代数学》第 Ⅳ 卷和第 Ⅵ 卷中,有一些用代数方法解的几何问题。在一个问题中,邦别利求内接于 △ABC($AB = 13, BC = 14, CA = 15$),且其一边在 BC 上的正方形的边长。试解此题。

(b)J·韦内尔(Werner,1468—1528)于 1522 年在纽伦堡出版了一部拉丁文著作,标题是《圆锥曲线的基本原理》,共 22 卷。在该书中,韦内尔给出:用圆规和直尺为有给定顶点 V,轴 VW 和正焦弦 p 的抛物线作点的方法:在 WV 的延长线上截 $VA = p$。以 AW 上某点为圆心,以大于 $p/2$ 的长为半径,过 A 作一圆。令此圆交 AW 于 B,交在点 V 所作的 AW 的垂线于 C 和 C'。截在 B 所作的 AW 的垂线,令 $BP = BP' = VC$。则 P 和 P' 是该抛物线上的点。作充分多的圆,我们就能得到该抛物线上的尽可能多的点。试证明韦内尔的作图。

(c)丢勒(Albrecht Dürer)给出了以 O 为圆心的给定圆的内接正九边形的近似作图法:以给定圆的半径的三倍为半径作其同心圆,并且令 $AC'BA'CB'$ 为第二个圆的内接正六边形。以 B' 和 C' 为圆心,以 OA 长为半径,作联接 O 和 A 的弧,与第一个圆交于 F 和 G。则 FG 很接近地等于所求正九边形的边。能证明:∠FOG 比 40° 只小 1°,试用丢勒方法近似地作出给定圆的内接正九边形。

关于丢勒的近似地三等分任意角的方法,参看 4.6 节的倒数第二段。

(d)坎帕努斯(Campanus)在其欧几里得《原本》的译本第 Ⅳ 卷的末尾,给出

296 了三等分任意角的方法:将给定角 *AOB* 的顶点置于任选定的半径 *OA* = *OB* 的圆的圆心。从 *O* 作一半径 *OC* 垂直于 *OB*。过 *A*,放直线 *AED*,使得 *ED* = *OA*。最后,作半径 *OF* 平行于 *DEA*,则 ∠*FOB* = $\frac{1}{3}$∠*AOB*,试证明此作图的正确性(允许使用插入原则(*insertion principle*))。参看问题研究 4.6。

论 文 题 目

8/1 欧洲在中世纪的大部分时间,数学处于低潮的理由。

8/2 中世纪的数学游戏。

8/3 Rithmomachia 数学游戏。①

8/4 摩尔人于 1085 年在托莱多败于基督教徒,对欧洲数学的影响。

8/5 热尔拜尔及其对数学的影响。

8/6 古希腊和印度学术在黑暗时代之后向西欧的传递。

8/7 无所不在的斐波纳契序列。

8/8 弗雷德里克二世和他的儿子曼弗雷德对科学的赞助。

8/9 文艺复兴时期数学发展的重要因素。

8/10 帕奇欧里(Luca Pacioli,大约 1445—1476)。

8/11 达·芬奇(Leonardo da Vinci)与数学。

8/12 雷琼蒙塔努斯(Regiomontanus,1436—1476)。

8/13 丢勒(Albrecht Dürer)与数学。

8/14 哥白尼(1473—1543)。

8/15 三次方程的解在虚数发展中的重要作用。

8/16 雷科德(Robert Recorde)的生平和著作。

8/17 利玛窦(Matteo Ricci,1552—1610)。

8/18 韦达——第一个真正的现代数学家。

8/19 十进制小数的历史。

8/20 15 世纪出版的第一流数学著作。

8/21 15 世纪后半叶商业算术处于突出地位的理由。

8/22 计算大师们。

8/23 数字算命术。

8/24 长乘法。

8/25 长除法。

---

① 参看 D. E. Smith's History of Mathematics.

参考文献

ADAMCZEWSKI, JAN *Nicholas Copernicus and His Epoch*［M］. Philadelphia：Copernican Society of America, 1973.

ARMITAGE, ANGUS *The World of Copernicus*［M］. New York：The New Library (a Mentor Book), 1947.

CAJORI, FLORIAN *A History of Mathematical Notations*［M］. 2 vols. Chicago：Open Court, 1928-1929.

CARDAN, JEROME *The Book of My Life*［M］. Translated from the Latin by Jean Stoner. New York：Dover, 1963.

CARDANO, GIROLAMO *The Great Art, or the Rules of Algebra*［M］. Translated by Richard Witmer. Cambridge, Mass.：M.I.T. Press, 1968.

CLAGETT, MARSHALL *The Science of Mechanics in the Middle Ages*［M］. Madison, Wis.：The University of Wisconsin Press, 1959.

—— *Archimedes in the Middle Ages*［M］. The Arabo-Latin Tradition, vol. 1. Madison, Wis.：The University of Wisconsin Press, 1964.

COOLIDGE, J. L. *The Mathematics of Great Amateurs*［M］. New York：Oxford University Press, 1949.

CROSBY, H. L., JR. *Thomas of Bradwardine His Tractatus de Proportionibus：Its Significance for the Development of Mathematical Physics*［M］. Madison, Wis.：The University of Wisconsin Press, 1955.

CUNNINGTON, SUSAN *The Story of Arithmetic, A Short History of Its Origin and Development*［M］. London：Swan Sonnenschein, 1904.

DAVID, F. N. *Games, Gods and Gambling*［M］. New York：Hafner, 1962.

DAY, M. S. *Scheubel as an Algebraist, Being a Study of Algebra in the Middle of the Sixteenth Century, Together with a Translation of and a Commentary upon an Unpublished Manuscript of Scheubel's Now in the Library of Columbia University*［M］. New York：Teachers College, Columbia University, 1926.

DE MORGAN, AUGUSTUS *A Budget of Paradoxes*［M］. 2 vols. New York：Dover, 1954.

FIERZ, MARKUS *Girolamo Cardano* (1501 – 1576)［M］. Translated by Helga Niman. Boston：Birkhaüser, 1983.

GRANT, EDWARD, ed. *Nicole Oresme：De proportionibus proportionum and Ad*

297

pauca respicientes[M]. Madison, Wis.: The University of Wisconsin Press, 1966.

HAMBRIDGE, JAY *Dynamic Symmetry in Composition*[M]. New Haven: Yale University Press, 1923.

—— *Practical Applications of Dynamic Symmetry*[M]. Edited by Mary C. Hambridge. New Haven: Yale University Press, 1932.

HAY, CYNTHIA, ed. *Mathematics from Manuscript to Print*[M]. Oxford: Oxford University Press, 1987.

HILL, G. F. *The Development of Arabic Numerals in Europe*[M]. New York: Oxford University Press, 1915.

HOGGATT, V. E., JR. *Fibonacci and Lucas Numbers*[M]. Boston: Houghton Mifflin, 1969.

HUGHES, BARNABAS *Regiomontanus on Triangles*[M]. Madison, Wis.: The University of Wisconsin Press, 1964.

—— *De Numeris Datis*[M]. University of California Press, 1983.

INFELD, LEOPOLD *Whom the Gods Love*, *The Story of Evariste Galois*[M]. New York: McGraw-Hill, 1948.

JOHNSON, R. A. *Moden Geometry*[M]. Boston: Houghton Mifflin Company, 1929.

KARPINSKI, L. C. *The History of Arithmetic*[M]. New York: Russell & Russell, 1965.

KRAITCHIK, MAURICE *Mathematical Recreations*[M]. New York: W. W. Norton, 1942.

MESCHKOWSKI, HERBERT *Ways of Thought of Great Mathematicians*[M]. San Francisco: Holden-Day, 1964.

MOODY, E. A., and MARSHALL CLAGETT *The Medieval Science of Weights*[M]. Madison, Wis.: The University of Wisconsin Press, 1952.

MORLEY, HENRY *Jerome Cardan*, *The Life of Girolamo Cardano of Milan*, *Physician*[M]. 2 vols. London: Chapman & Hall, 1854.

NICOMACHUS OF GERASA *Introduction to Arithmetic*[M]. Translated by M. L. D'Ooge, with *Studies in Greek Arithmetic*, by F. E. Robbins and L. C. Karpinski. Ann Arbor, Mich.: University of Michigan Press, 1938.

NORTHROP, E. P. *Riddles in Mathematics*[M]. Princeton, N. J.: D. Van Nostrand, 1944.

298

ORE, OYSTEIN *Number Theory and Its History* [M]. New York: McGraw-Hill, 1948.

—— *Cardano, The Gambling Scholar* [M]. Princeton, N. J.: Princeton University Press, 1953.

—— *Niels Henrik Abel, Mathematician Extraordinary* [M]. Minneapolis: University of Minnesota Press, 1957.

ORESME, NICOLE *An Abstract of Nicholas Oréme's Treatise on the Breadths of Forms* [M]. Translated by C. G. Wallis. Annapolis, Md.: St. John's Book Store, 1941.

PISANO, LEONARDO *The Book of Squares* [M]. Annotated translation by L. E. Sigler. Orlando, Fla.: Academic Press, 1987.

ROSE, PAULI *The Italian Renaissance of Mathematics* [M]. Geneva: Libraire Droz, 1975.

SMITH, D. E. *Rara Arithmetica* [M]. Boston: Ginn, 1908.

—— *A Source Book in Mathematics* [M]. New York: McGraw-Hill, 1929.

——, and L. C. KARPINSKI *The Hindu-Arabic Numerals* [M]. Boston: Ginn, 1911.

STIMSON, DOROTHY *The Gradual Acceptance of the Copernican Theory of the Universe* [M]. Gloucester, Mass.: Peter Smith, 1972.

SULLIVAN, J. W. N. *The History of Mathematics in Europe, from the Fall of Greek Science to the Rise of the Conception of Mathematical Rigour* [M]. New York: Oxford University Press, 1925.

SWETZ, F. J. *Capitalism and Arithmetic*: *The New Math of the* 15*th Century* [M]. Chicago: Open Court, 1987.

TAYLOR, R. EMMETT *No Royal Road. Luca Pacioli and His Time* [M]. Chaple Hill, N. C.: University of North Carolina Press, 1942.

WATERS, W. G. *Jerome Cardan, a Biographical Study* [M]. London: Lawrence & Bullen, 1898.

WHITE, W. F. *A Scrap-Book of Elementary Mathematics* [M]. Chicago: Open Court, 1927.

WILSON, CURTIS *William Heytesbury, Medieval Logic and the Rise of Mathematical Physics* [M]. Madison, Wis.: The University of Wisconsin Press, 1956.

YATES, R. C. *The Trisection Problem* [M]. Ann Arbor, Mich.: Edwards

Brothers, 1947.

ZELLER, SISTER MARY CLAUDIA *The Development of Trigonometry from Regiomontanus to Pitiscus* [M]. Ph. D. thesis. Ann Arbor, Mich.: University of Michigan, 1944.

第二部分 17 世纪及其以后

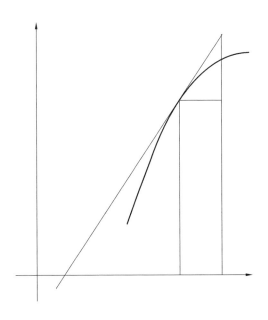

清教徒和水手们
欧洲的扩张——1492 至 1700 年
(伴随第 9,10,11 章)

文 明 背 景 Ⅶ

一个繁星闪耀的、银色的黄昏来到了阿兹特克帝国的首都——伟大的石城特诺奇蒂特兰。这是 1520 年的六月中旬的一个炎热的夜晚。在由科尔特斯(Hernán Cortés,1485 ~ 1547)率领的一小队西班牙探险者用作临时总部的建筑外面的街上,聚集了一群凶悍的暴徒。几天前,科尔特斯的军队,在阿兹特克皇帝莫克特朱玛(Moctezuma,1480? —1520)的默许下,杀了二百个阿兹特克贵族。现在,莫克特朱玛,为了使这些暴徒安静下来而孤注一掷,从楼里来到阳台上露面。他的愤怒的臣民们投之以石。在他蹒跚地往里走时,一块石块击中他的头部。三天后,莫克特朱玛因伤致死;科尔特斯的军队发狂地投入与这个激怒了的帝国的战斗。

我们猜侧不到:莫克特朱玛在他狼吞虎咽地吞咽那炎热的、干燥的夜的空气时想些什么,想在那个最后时刻对他的臣民说些什么。我们不知道他是否想到会被杀,还是认为:会受到科尔特斯的保护(科尔特斯被莫克特朱玛当做是魔鬼转世的人)。不管怎样,在他的头被石块击中的时候,他一定会惊问:"为什么?"

300

这曾是一个深刻的疑难问题。1520年夏,陌生的白种人,科尔特斯的征服者们,坐上大船上从东海来到这里。他们骑在奇异的兽上,说外国话,玩弄神秘的大炮:发出雷声,冒烟,还从远处杀人。他们行进到特诺奇蒂特兰时,已经征服了许多乡村的农民(在那里,他们被当做神);夏末,这些陌生人就征服了阿美利加的大多数强盛的帝国,破坏了特诺奇蒂特兰这座大城市,并且,宣称他们自己是整个墨西哥的统治者,几百年来,墨西哥高原上的这块沙地,曾由一系列以华丽和残暴的混合来管理的,本民族的帝国统治;他们到处修建石城,用以纪念其文明的活力。对于墨西哥人来说,科尔特斯的胜利标志着本民族的光辉灿烂的文明的时代的结束:那个文明曾把灌溉的农业,野兽的驯养,各种社会阶级的出现,和老练的管理,带到中美。对于征服他们的欧洲人来说,阿兹特克帝国的

301 灭亡,在那个探险的年代里,只不过是许多篇章的一章,纵令血流成河,欧洲人从欧洲大陆向世界的每一个角落扩张的兴趣不减。

探险的年代开始于商业旅行。在14,15世纪,欧洲的商人开始通过穆斯林的联络与亚洲通商,正如在文明背景Ⅵ中所说,它促进了文艺复兴。意大利的城市,例如:威尼斯、热那亚、佛罗伦萨和那不勒斯,对于这种新的商业来说,有很好的地理位置:东方的货物,如香料和布匹,由船经地中海来到这里。大西洋海岸的城市,地理位置稍差。这些商人,得到他们政府的支持,改变商业路线。15世纪中叶,葡萄牙的里斯本的运货者们,在王弟探险家亨利王子(1394—1460)的赞助下,开始寻求绕非洲到印度的水路。这次寻求以达伽马(Vasco da Gama,大约1469~1524)从1497年到1499的成功的探险告终。意大利基督教徒哥伦布(1451? ~1506)在1492年到1493年间,在西班牙政府的支持下,试图正直往西航行,过大西洋到印度。幸运得很,他没有到达印度,而到了美洲。

竞赛开始了。西班牙,英国和法国的商人们(像哥伦布这样的)到北非和南非的大西洋海岸探险,寻找通向中国和印度的路。更加讲究现实的荷兰商人们,跟在葡萄牙人的后面绕非洲。俄罗斯人冲向西伯利亚,寻找通往中国的陆路。

探险时代的第一阶段,以商业为特征;次一阶段,则以征服和兼并为标志。像科尔特斯这样的西班牙征服者们(conquistadores),以暴力攫取了墨西哥的阿兹特克人(1520),秘鲁的印卡人(1530~1535),哥伦比亚的奇布查人(1536)等土人帝国,和西印度群岛(1492~1511),阿根廷(16世纪30年代),智利(16世纪40年代)和菲律宾群岛的不统一的社区,对它们建立了宗主权。葡萄牙人在印度(1510),东印度群岛(1511),波斯湾的岛屿(1515)和中国(1557)这些外国的土地上,建立了堡垒。在1600年左右,葡萄牙人的力量还扩展到:非洲海岸,印度的几个城市,东印度群岛的帝汶岛,和巴西的大部分。在1608至1703年间,法国人在北非的圣劳伦斯和密西西比河流域,建立了一连串炮台,与此同时,英国

人在东海岸做同样的事：后来，联邦（United States）就是以之为基础建立的。在1602年至1700年之间，荷兰人在非洲、印度、东印度群岛和台湾修建炮台；包括巴塔维亚的主要领土（1619），现在的雅加达（在爪哇岛上），和非洲南端的开普敦。在1462年后，俄罗斯向东扩展到西伯利亚，于1689年兼并其绝大部分。

绝大部分地区，在探险的年代被欧洲国家征服或兼并，既没有用什么军事实力，也不是靠政治上或技术上的先进。阿兹特克和印卡帝国还处于农业革命的初级阶段，虽然人口相当密集，但还没有像西班牙人的火炮、火枪那样的先进武器。非洲海岸，西伯利亚和美洲的绝大部分，居住着一些部落，人口还相当稀少（非洲某些岛屿的密集人口，直到19世纪，还保持着与此相独立的状态），并且，也没有枪炮。欧洲之外的许多强盛国家，例如穆斯林诸国、中国和日本，则保持着闭关自守的状态。探险时代欧洲人的扩张，多半由于被侵占的国家过度虚弱。

探险时代的第三阶段是殖民，是欧洲人向其他大陆的实际转移。欧洲人在美洲、非洲和亚洲的殖民地，有几种。有些殖民地以夺取原料为中心，像西班牙人在秘鲁的银矿殖民地，和英国人在纽芬兰的渔业殖民地，有的是商业前哨，像英国和法国在加拿大的驻外代理商。有些殖民地是为保护重要水路而建的军事要塞，像荷兰的开普敦；有的是农业殖民地，像英国人的弗吉尼亚，西班牙人的古巴和葡萄牙人的巴西。再有的是作为宗教的和政治的少数派的避风港，像英国人在宾夕法尼亚和新英格兰的殖民地。大部分殖民地兼有几种功能。例如，新英格兰的殖民者们，捕鱼、伐木和印度人做毛皮生意，还种田；当然，更加重要的目的是，建立模范的宗教社区，指望它成为"世界上的灯塔"。大多数场合，当地的土著居民被外来侵略者所控制，或因人多或因火力强，并且，落到下层的地位；开普敦的黑人和秘鲁的印第安人的命运就是如此。非洲黑人多半沦为奴隶，或在非洲的殖民地充当低贱的劳动者，或由船运到美洲，因为那里缺少劳动力。每一个重要的欧洲殖民势力（俄罗斯除外）都使大量的非洲黑人沦为奴隶，西班牙人还让印第安人充当奴隶。

在这场寻求海外财富的竞赛中，欧洲人还彼此交战。英国的海军陆战队抢夺西班牙的船只。法国人在佛罗里达和巴西的殖民地被西班牙和葡萄牙的军队夺走，并且，法国人和英国人，在北美的橡树和松树林中，常有小冲突。前哨站经常易手。英国人尤其是换旗游戏的能手：他们从荷兰人手里夺走开普敦和新阿姆斯特丹，从西班牙人手中夺西印度群岛中的几个岛屿。

我们已经讲过：1492至1704年间，欧洲人向海外扩张的形式和主旨。现在让我们回到莫克特朱玛的"为什么？"欧洲人知道世界地理的一般样式，已经有许多个世纪。我们在"文明背景Ⅳ"中遇到的亚历山大里亚的数学家和地理学家埃拉托塞尼是公元前3世纪的人；他们知道世界是球形的，知道其大体情况，

302

并且对欧洲、非洲和亚洲的一般形状有所了解。斯堪的纳维亚人在大约 1000

303 年，就到过北美洲，他们想在格陵兰和纽芬兰律立殖民地，但未成功。爱尔兰、英吉利、法国和巴斯克的渔民们肯定在 1492 年前正式访问了北美，那是为了到远离海岸的水域里去捕鲸；无论如何，他们的活动没有导致与海外的通商，更没有导致永久性的征服和殖民。那么，为什么在 16,17 世纪欧洲文明突然扩张，并且，如此戏剧般地改变了生活于美洲、非洲和亚洲的人们的生活方式？

我们首先必须理解：探险的年代是 14,15 世纪欧洲文艺复兴的自然发展。与穆斯林世界的贸易激发了有钱的欧洲人对亚洲的消费品（像香料和细布）的日益增长的需求。欧洲人从他们的穆斯林邻居那里得到的相对小量的这类货物，已经满足不了他们的要求。于是，欧洲的商人们开始到处寻找其他的供应者。

中世纪末在欧洲出现的一些国家，为探险、征战和殖民提供必要的资助。正如我们在文明背景Ⅵ中见到的，中世纪欧洲缺少有强有力的中央政权的大国家。有的只是：国王没有多大势力，大部分权力归于贵族的弱国。1500 年左右，法兰西、西班牙、英格兰和葡萄牙的君主从他们诸公国手中夺得一些权力并且把政治和经济的控制权集中于自己手中。通过征税，这些独裁君主获得大量的资金，用以资助漂洋过海的探险。

西班牙和葡萄牙在这次海外扩张中，处于领先地位，因为它们在那些国家中是最强盛的，并且，因为它们是已在扩张的进攻型的军事实力。伊比利亚半岛的大部分，包括西班牙和葡萄牙的地区，在中世纪开始时，曾被阿拉伯帝国兼并。在这个半岛的北部，有几个小的公国，几百年来经过一连串的战争，尽管领土在缩小，仍然保持独立，最后，还是被西班牙和葡萄牙兼并了。这个过程，称做再征服(*Reconquista*)，完成于 1492 年；此时，这个半岛上的最后一个穆斯林国家——格拉那达王国，被斐迪南和伊萨伯拉的军队攻破。简言之，西班牙人和葡萄牙人在其几百年的军事传统推动下，在继续追求向非洲和美洲的扩张。

15 世纪初还目睹对欧洲人的扩张起决定性作用的几项技术进步。航海设备和轮船设计被改进。更重要的是，欧洲人的武器：枪和炮，比世界上其他任何地方的都先进得多，使大规模的侵略成为可能。

304 16 世纪的宗教改革看来也与欧洲的扩张有密切关系，虽然这是件很难说的事。改革向西方基督教社区的天主教的最高权力挑战。宗教改革者要求：以圣经为基础，恢复信仰，给各地教堂自主权。宗教改革运动只在北欧兴旺。一方面是急进的清教徒和其他喀尔文教徒，他们相信只有少数选定的几个，被派往天堂，另一方面，是稳健的路德教派和荷兰的宗教改革者；还有，像教友派这样的赞成平等主义的小教会：他们之间不大团结。宗教改革对非宗教世界的影响是多方面的。它激发了英国、尼德兰和斯堪的纳维亚这些单民族国家的发展;为君主找到了一条避开罗马教皇的干涉并把教会土地收归国有的途径。宗教力量很强的日耳曼,到 19 世纪,还没有发展现代的单民族国家(普鲁士是在那里出现的第一个);而天主教的西班牙、葡萄牙和法兰西,则都成了单民族国家。宗教改革削弱了天主教会对北欧的影响,使其与科学探索的对立没起多大作用,并且一般地说,宗教改革者比较愿意接受科学。宗教课题的公开辩论,也许触发非宗教问题(包括科学)的讨论。最后,英国的不同教派之间的严重对立,导致最急进的活动者:清教徒和教友派,于 1620 至 1700 年间作为殖民者向非美迁移。

还有,我们必须认识到:欧洲的扩张一旦开始了,这过程就不能控制自己了! 从南美和中美发现更多的金和银,从亚洲买进的香料和丝绸产生更多的财富,在新大陆找到更多的好农田,欧洲还发现更多的其他财富。探险时代最赚钱的两种买卖是皮毛贸易和奴隶贸易,这是欧洲扩张的结果。第一种探险已经达到适当的规模,然而,人们和军队的移动还在与日俱增。1524 年还只是远方海岸边的一些小货站,到 1700 年左右,就成了农民、捕猎者和商人的住处环绕于其四周的热闹的、殖民的城镇。

探险的年代对欧洲产生了巨大影响。资本突然流入大陆,以西班牙为最(由于从美洲掠夺到金和银,其贸易很快就越级上升),虽然,法兰西、葡萄牙、英格兰和荷兰也很幸运。1500 年前大西洋沿岸的海港城市,已经比特大的村镇大,发展得很快。西班牙的加的斯,葡萄牙的里斯本,法兰西的拉罗歇尔,英格兰的布里斯托尔和荷兰的阿姆斯特丹成了有热闹的市场的重要的商业中心。还有,大量的新的财富找到了其流入首都、进入皇宫之路;这指的是:伦敦、巴黎和马德里。就像古代的亚历山大里亚有过的情景,探险者们从新地方带回新知识,从而推翻了原先的数据。艺术家们受亚洲模式的影响。艺术家、科学家和哲学家们,有的受到皇家的赞助,有的则受雇于新成长起来的经营商业的中产者,他们奔往首都和海港,在那里有用武之地。探险的年代触发了欧洲的文化和科学的革命。其特征在于:对新思想和新地方的浓厚兴趣,艺术的繁荣,理解到对新技术的需求,尤其是航海。欧洲处于新时代的黎明。

305

第九章 现代数学的开端

9.1 17 世纪

17 世纪在数学史上是很引人注目的。这个世纪初,纳皮尔发表他对对数的发现,哈里奥特和奥特雷德致力于代数的记号和编撰,伽利略创立动力学,开普勒宣布他的行星运动定律。这个世纪后叶,笛沙格和帕斯卡开辟纯几何的一个新领域,笛卡儿创立现代解析几何学,费马为现代数论奠基,惠更斯在概率论和其他领域中作出了杰出的贡献。后来,接近这个世纪末,在一大批 17 世纪数学家做好准备之后,牛顿和莱布尼茨创造了微积分这一划时代的业绩。这样,我们看到:在 17 世纪,许多新的、宽广的领域为数学研究敞开了大门。

17 世纪给予数学的巨大推动,是与其他一切知识领域分享的,并且无疑地,这种推动主要是由于那时的政治、经济和社会的进展。17 世纪,在争取人权的斗争方面取得巨大胜利,机械的使用有了显著进步,从希罗时代制造供人消遣的玩具发展到制作经济意义日益增加的实物。北欧较为令人满意的政治空气和由于供热、发光技术的大力发展而使得漫长冬季的寒冷和黑暗得以克服,这与 17 世纪数学研究从意大利向法国和英国北移有关。

应该在这里指出,下述两个事实使我们在本书第二部分中对数学史的处理显得不那么平衡。第一个事实是:数学活动发展得如此快,以致许多人的名字必须被略去,而要是在成果比较少的时期,他们是一定会被考虑的。第二个事实是:展开 17 世纪的画面,出现了越来越多的不能被一般读者理解的数学研究成果,因为我们曾正确地主张,没有该学科本身的知识就不可能很好地认识这一学科的历史。

在本章和下章中,我们将讲述那些不用微积分知识就明白的 17 世纪数学的发展。第十一章包括微积分发展的概述:从古希腊时代发展的开始,直到牛顿和莱布尼茨做出的重要贡献,以及 17 世纪下半叶的那些对微积分有直接贡献的先驱者。本书最后几章描述向 20 世纪的过渡;这最后几章只好写得不那么完全,因为这个时期的大部分数学,只有专家才能理解。

9.2 纳皮尔

在许多领域中,数值计算是重要的,例如,天文学、航海学、贸易、工程和军事,它们对计算速度和准确性的要求与日俱增。这些增长的要求由于下列四项重要发明而逐步满足:印度－阿拉伯记号,十进制小数、对数和现代计算机。现在只考虑这些大为节省劳力的设计中的第三个,即 17 世纪早期由纳皮尔完成的对数的发明。第四个发明,将在 15.9 节中讲述。

纳皮尔(John Napier, 1550—1617)出生时他父亲才 16 岁,他大部分时间生活于苏格兰首府爱丁堡附近的豪华的贵族庄园梅尔契斯顿堡(Merchiston Castle)中,并把大部分精力花在那个时代政治和宗教的论争中。他强烈地反对天主教,拥护清教徒领袖约翰·诺克斯和英王詹姆斯一世的事业。1593 年,他发表了标题为《清晰地看到圣徒约翰整个显现》一书,对罗马教会进行了深刻而广泛的攻击;在该书中,他努力证明:教皇是反基督的,并且,创世者提出过把世界终了于 1688 到 1700 年之间。这本书一直出了 21 版,至少有 10 版是作者在世时出的。纳皮尔深信:他在子孙后辈中的荣誉主要是靠这本书。

308

纳皮尔
(Culver 供稿)

纳皮尔还预言将来会有许多种穷凶极恶的军事机械,并附有计划和示意图。他预言将来会造出一种枪炮,它能"清除四英里圆周内所有超过一英尺高的活着的动物";会生产"在水下航行的机器";并且,会创造一种战车,它有"一个栩栩如生的大嘴",它能"毁灭前进路上的任何东西"。在第一次世界大战期间,他的这些理想实现了:有了机关枪、潜水艇和坦克车。

无疑,他引人注目的天才和想象力使得一些人认为他精神不正常,而另外一些人则认为他是一个妖术贩子。许多不一定有根据的传说,支持这些观点。譬如:有那么一次,他宣称他的黑毛公鸡能为他证实:他的哪一个仆人偷了他的东西。仆人们被一个接一个地派进暗室,要他们拍公鸡的背,仆人们不知道纳皮尔用烟墨涂了公鸡的背。自觉有罪的那个仆人,怕挨着那公鸡,回来时手是干净的。还有一次,纳皮尔因他邻居的鸽子吃他的粮食而感到烦恼。他恫吓道:如果他邻居不限制鸽子,让它们乱飞,他就要没收这些鸽子。邻居认为他的鸽子是根本不可能被捉住的,就告诉纳皮尔,如果他能捉住它们,尽管捉好了。第二天,邻居看到他的那些鸽子在纳皮尔的草坪上蹒跚地走着,十分惊讶,纳皮尔镇静自若地把它们装进一只大口袋。因为,纳皮尔在他的草坪上各处撒了些用白兰地酒泡过的豌豆,使这些鸽子醉了。

　　纳皮尔在进行政治和宗教的论争之外,喜爱研究数学和科学,以其天才的四个成果被载入数学史。即(1)对数的发现;(2)解直角球面三角形公式帮助记忆的方法,称为圆的部分的规划(*rule of circular parts*);(3)用于解非直角球面三角形的一组四个三角公式称做纳皮尔比拟(*Napier's analogies*)中的至少两个;(4)所谓纳皮尔尺(*Napier's rods*)的发明,它是用于机械地进行数的乘法运算、除法运算和求数的平方根的。我们先讲四个贡献中的第一个,也是最重要的一个;对于其余三个的讨论,参看问题研究 9.2 和 9.3。

9.3　对数

　　正如我们今天所知道的,对数作为一种计算方法其优越性就在于:应用对数,乘法和除法被归结为简单的加法和减法运算。这种想法的起源,从纳皮尔时代人们所熟知的公式

309

$$2\cos A\cos B = \cos(A + B) + \cos(A - B)$$

就可明白看出。在这里,$2\cos A$ 和 $\cos B$ 两个数的乘积被 $\cos(A + B)$ 和 $\cos(A - B)$ 两个数的和取代。此公式易于扩展到:从任何两数的积转变成另外两数的和。例如,假定我们想求 437.64 和 27.327 的乘积。从余弦表中找(如果必要的话,利用插值)$\angle A$ 和 $\angle B$,在这里

$$\cos A = (0.437\,64)/2 = 0.218\,82\quad 和\quad \cos B = 0.273\,27$$

然后,再利用余弦表(如果必要的话,利用插值),找 $\cos(A + B)$ 和 $\cos(A - B)$,并且,把这两个数加起来。于是,我们就得到了 0.437 64 和 0.273 27 的乘积。然后,适当地调整小数点的位里,就得到所要求的 437.64 和 27.327 的乘积。求乘积(437.64)(27.327)的问题,就这样聪明地归结为简单的加法问题。

　　与上述的三角恒等式相联系,有下列三个恒等式:

$$2\sin A\cos B = \sin(A + B) + \sin(A - B)$$
$$2\cos A\sin B = \sin(A + B) - \sin(A - B)$$
$$2\sin A\sin B = \cos(A - B) - \cos(A + B)$$

这四个恒等式有时被称做**韦内尔的公式**(Werner's formulas),因为看来德国人韦内尔(Johannes Werner,1468—1528)曾利用它们简化由天文学引起的长计算。

此公式在 16 世纪末被数学家和天文学家们广泛地用于把积变成和与差。此方法以**加和减**(prosthaphaeresis)著称。长除法可以类似地处理。再一次利用第一个韦内尔公式,我们有

$$\frac{2\cos A}{\csc B} = 2\cos A \sin b = 2\cos A \cos(90° - B) =$$
$$\cos[A + (90° - B)] + \cos[A - (90° - B)]$$

我们知道:纳皮尔通晓加和减的方法,并且,可能他受了这种方法的影响,因为否则就难以说明他为什么最初把对数限制于角的正弦的那些数上。但是,纳皮尔的消除长乘法和长除法的主要困难的办法,与加和减的方法有显著区别;并且,依靠于下列事实,即:如果我们把一个几何级数的诸项

$$b, b^2, b^3, b^4, \cdots, b^m, \cdots, b^n, \cdots$$

与算术级数

310

$$1, 2, 3, 4, \cdots, m, \cdots, n, \cdots$$

相联系,则对于前一个级数的两项积(product) $b^m b^n = b^{m+n}$,有后一个级数的两个对应项的和(sum) $m + n$ 与之相联系。为了让这个几何级数的诸项充分地彼此靠近,使得插值法可被用来充填上述联系的诸项间的间隙,b 这个数必须被选得非常接近于 1。纳皮尔因此选 $1 - 1/10^7 = 0.999\,999\,9$ 作为 b。为了避免小数,他以 10^7 乘每一个幂。于是,如果

$$N = 10^7(1 - 1/10^7)^L$$

他称 L 为 N 这个数的"对数"。因此,纳皮尔的 10^7 的对数是 0,而 $10^7(1 - 1/10^7) = 9\,999\,999$ 的对数是 1。如果我们以 10^7 分 N 和 L 二者,我们就实际上得到了一个以 $1/e$ 为底的对数系统,因为

$$(1 - 1/10^7)^{10^7} = \lim_{n \to \infty}(1 + 1/n)^n = 1/e$$

当然,我们必须记住:纳皮尔并没有对数系统的底的概念。纳皮尔在他的理论上至少花了二十年;最终以几何术语说明该原理如下。考虑线段 *AB* 和无穷射线 *DE*,如图 73 所示。令点 *C* 和点 *P* 同时分别从 *A* 和 *D*,沿着这两条线,以同样的初始速度开始移动。假定 *C* 总是以数值等于距离 *CB* 的速度移动,而 *F* 以匀速移动。于是,纳皮尔定义 *DF* 为 *CB* 的对数。也就是说,$DF = x$ 和 $CB = y$,即

$$x = \text{Nap} \log y$$

为了免去分数的麻烦,纳皮尔取 *AB* 的长为 10^7,因为当时最好的正弦表有七位数字。从耐普尔的定义,再用上纳皮尔还不会的知识,可导出①

311

---

① 此结果,借助于很少微积分的知识,容易被证明。因为我们有 $AC = 10^7 - y$,由 C 的速度 $= -\mathrm{d}y/\mathrm{d}t = y$,即 $\mathrm{d}y/y = -\mathrm{d}t$,或积分之,$\ln y = -t + C$,将 $t = 0$ 代入,计算积分常数,得 $C = \ln 10^7$,由此 $\ln y = -t + \ln 10^7$,现在 F 的速度 $= \mathrm{d}x/\mathrm{d}t = 10^7$,因此,$x = 10^7 t$,所以 $\text{Nap} \log y = x = 10^7 t = 10^7(\ln 10^7 - \ln y) = 10^7 \ln(10^7/y) = 10^7 \log_{1/e}(y/10^7)$。

$$\text{Nap log } y = 10^7 \log_{1/e}\left(\frac{y}{10^7}\right)$$

因此,通常说纳皮尔对数是自然对数,实际上是没有根据的。人们注意到,纳皮尔对数随着数的增加而减少,与在自然对数中发生的情况相反。进一步发现,经过一系列相等的时间,在 x 依算术级数增加(*increases in arithmetic*)时,y 依几何级数减少(*decreases ingeometric*)。这样,我们就有了对数体系的基本原则:几何级数和算术级数的这种联系。例如,若 $a/b = c/d$,则

$$\text{Nap log } a - \text{Nap log } b = \text{Nap log } c - \text{Nap log } d$$

纳皮尔证明了的许多结论之一。

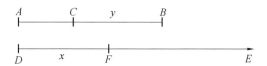

图 73

纳皮尔 1614 年在一本标题为《奇妙的对数定理说明书》(*Mirifici logarithmorumcanonis descriptio*)的小册子中发表了他关于对数的讨论。这部著作包括以分弧为间隔的角的正弦的对数表。《说明书》一书立即引起了人们广泛的兴趣。在此书发表之后,伦敦格雷沙姆学院(Gresham College)几何学教授(后来又在牛津当教授)布里格斯(Henry Briggs, 1561—1631)专程到爱丁堡向这位伟大的对数发现者表示敬意。就是通过这次访问,纳皮尔和布里格斯商定:如果把对数改变一下,使得 1 的对数为 0,10 的对数为 10 的适当次幂,造出来的表就会更有用。于是,也就有了今天的**常用**(common)**对数**(所谓**布里格斯**(Briggsian)**对数**)。这种对数实质上是以 10 为底的对数,由于我们的数系是以 10 为基数的,在数值计算上具有优越的效用。对于以别的数 b 为基数的数系,为了计算方便,自然也该造个以 b 为底的对数表。

布里格斯以其全部精力依新方案造表,在 1624 年发表了他的《对数算术》(Arithmetica logarithmica)——包括从 1 到 20 000 和 90 000 到 100 000 的 14 位常用对数表。后来,又依靠一个荷兰书商和出版者弗拉寇(Adriaen Vlacq, 1600—1666)的帮助,把从 20 000 到 90 000 的缺欠补上了。1620 年,布里格斯的一位同事冈特(Ecmund Gunter, 1581—1626)发表了间隔为分弧的角的正弦和正切的常用对数表。给 *cosine*(余弦)和 *cotangent*(余切)这两个字定名的是冈特,他以"冈特之链"被工程师们熟知。布里格斯和弗拉寇发表了四个基本对数表,直到 1924 年和 1949 年,才被为了纪念对数的发现三百周年在英国算出的 20 位对数表所代替。

312

logarithm(**对数**)这个字意思是"比数"(ratio number);纳皮尔最初用的是artificial number(人造数),后来才用 logarithm 这个字。布里格斯引进 mantissa 这个字,它是起源于伊特拉斯坎语的一个晚期拉丁名词,原来的意思是"附加"(addition)或补缺(makeweight),到 16 世纪意为"加尾数"(appendix)。characteristic(首数)这个术语也被布里格斯提出,并被弗拉寇使用。难以理解的是:在早期的常用对数表上习惯于既印首数(characteristic)也印尾数(mantissa),直到 18 世纪,才使现在的习惯固定下来,只印尾数。

纳皮尔的惊人发明被整个欧洲热心地采用。尤其是天文学界,简直为这个发现沸腾起来了。拉普拉斯就认为:对数的发现"以其节省劳力而延长了天文学者寿命。"我们将在第 11 章进一步介绍卡瓦列利(Bonaventura Cavalieri),是他使对数在意大利传播开的。开普勒(Johann Kepler),在德国,文加特在法国做了同样的工作。开普勒的工作将在 9.7 节中详细地讲。文加特(Wingate)有许多年在法国,他成为 17 世纪英文初等算术课本的最著名的作者。

在谁最先发现对数这个问题上,纳皮尔只遇到一个对手,他就是瑞士仪器制造者比尔吉(Jobst Burgi, 1552—1632)。比尔吉于 1620 年(在纳皮尔发表其发现后六年)独立设想并造出了对数表。现今,对数普遍地被认为是指数。例如,如果 $n = b^x$,我们就说 x 是 n 的以 b 为底的对数。从此定义出发,对数定律直接来自指数定律。对数的发现早于指数的应用这个事实,是数学史上的反常情况之一。

1971 年,尼加拉瓜发行了一套邮票,尊崇世界上"十个最重要的数学公式",每张邮票以显著位置标出一个特殊公式,并配以例证,还在其反面,以西班牙文对该公式的重要性作简短说明。有一张邮票是显示纳皮尔的对数发明的。科学家们和数学家们见到他们的公式受到如此的尊重,一定会高兴;因为这些公式对人类发展的贡献,肯定比常出现在邮票上的国王和将军的功劳大。[①]

若干年来,用对数计算曾是高中和大学低年级的教学内容,再则,若干年来,放在皮盒里挂在身上的对数计算尺,成了大学校园里学工程的学生的标志。今天,发明了令人惊异并且越来越便宜的袖珍计算器,每一个神智健全的人都再也不会用对数计算尺进行计算了。学校里再也不讲对数计算尺的原理了,制造精确的计算尺的厂家也停止了这项生产,在数学用表的手册中也删去了对数表。由于纳皮尔的伟大发明而造出的这些产品,现在都进了博物馆。

313

---

① 这套邮票上标出的其他公式是:基本算式 $1 + 1 = 2$,毕达哥拉斯关系式 $a^2 + b^2 = c^2$,阿基米德的杠杆定律,$w_1 d_1 = w_2 d_2$,牛顿的万有引力定律,麦克斯韦的四个著名的电磁方程;波耳兹曼的气体方程,康斯坦丁·奇奥柯夫斯基的火箭方程;爱因斯坦的著名的质能方程 $E = mc^2$,德布罗格利的革命性的物质波方程。

但是,对数函数活力未减,理由是:对数和指数的变差,既是对数函数的关键部分,又是分析的关键部分。因此,对数函数及其逆(指数函数)的学习,仍然保留其在数学教育中的重要地位。

9.4 萨魏里和卢卡斯数学讲座

由于许多的卓越的英国数学家,或在牛津担任过萨魏里数学讲座教授,或在剑桥担任过卢卡斯数学讲座教授,简略地提一下这两个数学讲座是必要的。

亨利·萨魏里(Henry Savile)爵士曾一度担任牛津默顿学院(Merton College)院长,后来又当了伊顿公学的院长和牛津的关于欧几里得著作的讲师。1619年,他在牛津设立了两个专业讲座席位:一个是几何学的,一个是天文学的。亨利·布里格斯(Henry Briggs)是担任萨魏里几何学讲座教授的第一人。在英国设立的最早的数学讲座席位是托马斯·格雷沙姆(Thomas Gresham)爵士1596年在伦敦格雷沙姆学院设立的几何学讲座席位。布里格斯曾光荣地成为担任这个讲座的第一人。17世纪担任过萨魏里数学讲座教授的还有:沃利斯(John Wallis),哈雷(Edmund Halley),伍伦(Wren)爵士。

卢卡斯(Henry Lucas)在1639—1640年代表剑桥大学参加议会,该大学之所以于1663年设立以他的名字命名的数学讲座席位,原因正在于此。巴罗(Barrow)爵士于1664年被选为这个讲座的第一人,六年以后,由牛顿爵士继任。

9.5 哈里奥特和奥特雷德

哈里奥特(Thomas Hsrriot,1560—1621)是主要生活于16世纪的数学家,他的杰出作品发表于17世纪。美国人对他特别感兴趣,因为1585年腊莱(Walter Raleigh)爵士派他参加格林魏里的探险到新大陆去测量,并绘制出后来被称做弗吉尼亚即今北卡罗来纳的地图。作为一位数学家,哈里奥特常被认为是英国代数学家学派的奠基人。他在这个领域的巨著《实用分析术》(*Artis analyticae praxis*),直到他去世十年之后才发表。此书主要讲的是方程论,包括一次、二次、三次和四次方程的处理,具有给定根的方程的建立方法,方程的根与系数的关系,把一个方程变成其根与原方程的根有特定关系的方程的变换,以及方程的数值解。自然,这些资料中的大部分,在韦达的著作中可以找到,哈里奥特按照韦达的方法,用元音代表未知数,辅音代表常数;但是,他用小写字母比用大写字母多。他改进了韦达的乘幂的记号,用 aa 表示 a^2,用 aaa 表 a^3 等。他还是第一次用 >(大于)和 <(小于)符号的人,但是,没有立即被其他作者接受。

314

数学上还有几个另外的新方法和新发现,曾被错误地认为是属于哈里奥特的。例如,具有完备形式的解析几何(在笛卡儿 1637 年发表之前),关于任何 n 次多项式有 n 个根的表述,以及"'笛卡儿'符号规则"。这些错误之所以发生,看来是由于:后来的作者们在哈里奥特保存下来的手稿中插入了一些文字。例如,在大英博物馆保存有八册哈里奥特手稿,其中讨论解析几何的部分已由 D·E·史密斯证明是后人添上去的。

哈里奥特以独立于伽利略并与他几乎同时发现太阳黑点和观察到木星的卫星而成为著名的天文学家。1621 年他死于左鼻的似癌的溃疡,这是他吸烟过多的后果。在他 1586 年在美洲时,有一位本地的印第安人医生曾建议他不要吸烟,他没有听。这样,他就成了第一个记录在案的因吸烟致死的人。

315

哈里奥特   奥特雷德

(David Smith 收藏)   (David Smith 收藏)

1631 年,在哈里奥特死后,他的关于代数的著作发表了。同年,奥特雷德(William Oughtred)通俗的《数学入门》(Clavis mathematicae)的第一版也出版了,这本关于算术和代数的著作对在英国普及数学知识起了很大作用。奥特雷德(William Oughtred,1574—1660)是 17 世纪最有影响的英国数学作者之一。他担任主教派的牧师,给几个对数学有兴趣的学生义务讲授数学课。这些学生中有:沃利斯(John Wallis),伍伦(Wren)和瓦尔德(Seth Ward)。后来,他们分别以数学家、建筑师和天文学家而闻名。

316

奥特雷德看来忽视了保持身体健康的通常规矩,也许他整个一生都是如此。据说,奥特雷德是由于听到查理二世复位的消息,高兴过度死去的。对于这件事,德·摩尔根曾经说过:"必须再指出一点,即他已经八十六岁了。"

奥特雷德在其著作中很重视数学记号,给出了超过 150 个记号。其中只有三个一直用到现在,即表示乘法的记号(×),在比例中用的四个点(::),表示两者之差的记号(~)。乘法的记号没有很快被采用,因为莱布尼茨反对,说它太像 x。虽然哈里奥特有时用(·)表示乘法,但是,这个记号在莱布尼茨采用之后才被迅速使用。莱布尼茨还用(∩)表示乘法,这个记号,现在被用来表示集合论中的乘法。英、美的除法记号(÷)起源于 17 世纪,最初见于瑞士腊恩(Johann Heinrich Rahn,1622—1676)在 1659 年发表的一本代数学中,几年以后,这本书被译成英文,这个符号才为英国人所熟知。符号(÷)在欧洲大陆长期被用来表示减法。在几何学中,我们熟知的记号:以(~)表示相似,以(⌣)表示全等,起源于莱布尼茨。

除了《数学入门》之外,奥特雷德还发表《比例的圆》(*The Circle of proportion*,1632)和《三角学》(*Trigonometrie*,1657)。第二部著作具有一定的历史意义,由于它对引进三角函数的简写法作了早期的尝试。第一部著作讲述圆形滑尺。尽管奥特雷德不是第一个在出版物上讲圆形尺的;但是,人们认为发明的优先权该属于他或他的一个学生德拉门(Richard Delamain)。奥特雷德大约于 1622 年曾发明直对数滑尺。1620 年,冈特(Gunter)作出对数刻度尺,即一带有数字的直线,其上的距离与所标数字的对数成正比(图 74),并且,借助于一对分隔器,通过对这一刻度进行加和减来机械地完成乘法和除法。以两个具有同样对数刻度的尺,一个沿着另一个滑动。如图 75 所示,以此来实现这里所说的加法和减法:这个思想起源于奥特雷德。虽然,奥特雷德早在 1622 年就发明了这样一种简单的滑尺,但是直到 1632 年才在他的著作中讲述它。滑尺上的游标,是牛顿在 1675 年就想到的,但是,直到差不多一百年后,才实际上被做出。几种服务于特殊目的的滑尺,例如,商业交易用的,量木材用的等,是在 17 世纪设计出来的。log log 刻度是在 1815 年发明的,并于 1850 年由法国军官芒埃姆(Amedee Mannheim,1831—1906)使现代的滑尺标准化。

一般认为:奥特雷德是赖特所编 1618 年英文版的纳皮尔的《说明书》的 16 页附录的作者。在这里,第一次使用(×)表示乘法;第一次发明计算对数的根值法(参看问题研究 9.1(c));第一次制订自然对数表。奥特雷德还写了一部关于**计量**(gauging)(计算木桶和琵琶桶容量)的科学著作,并且翻译和编辑了一部法文的关于数学游戏的著作。

Notæ ſeu ſymbola quibus in ſequen-
tibus utor :

Æquale ⊐
Majus ⊏ .
Minus ⊐ˌ
Non majus ⊏ .
Non minus ⊐ .
Proportio , ſive ratio æqualis :::
Major ratio ⁻˙⁻ . Minor ratio ⌐⌐ .
Continuè proportionales ⋰
Commenſurabilia ⊓ .
Incommenſurabilia ⊓ .
Commenſurabilia potentiâ ⨆ .
Incommenſurabilia potentiâ ⨆ .
Rationale, ῥητὸν, R, vel ℞ .
Irrationale, ἄλογον, ℞ .
Medium ſive mediale 𝑚
Linea ſecta ſecundum extremam
 & mediam rationem ⫷ˢ
Major ejus portio σ
Minor ejus portio τ .
Z eſt A + E.   𝖟 eſt a + e.
X eſt A - E.   𝖝 eſt a - e

Simile *Sim.*
Proxime majus ⊏⁻ .
Proxime minus ⌐⊓ .
Æquale vel minus ⊏˙
Æquale vel majus ⊐ˌ

A 2   Z eſt

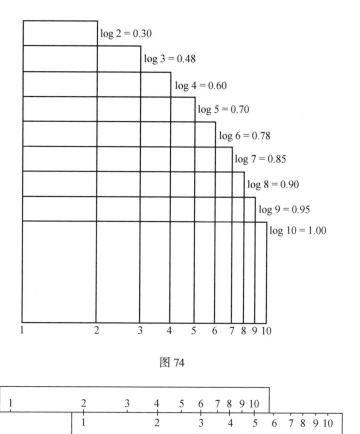

图 74

图 75

9.6 伽利略

17世纪上半叶有两位杰出的天文学家对数学作出了重要贡献,他们是:意大利人伽利略(Galileo Galilei)和德国人开普勒。

319　　伽利略在1564年米开朗琪罗死的那天出生于比萨①,是佛罗伦萨破产贵族之子。十七岁,他的双亲送他到比萨大学去学医。他被悬挂在高高的天花板上的大铜灯弄得心烦意乱。为了点起来方便,常要把这灯拉到一边,然后,放开它,由它以逐渐减小的振幅来回摆动。他用其脉搏计时,发现了:摆动的周期与摆动的弧的大小无关。② 后来,又通过实验证明了:摆动的周期也与振子锤的

---

① 译者注:Michelangelo,1475—1564,意大利雕刻家、画家、建筑家及诗人。
② 这只是近似的成立,在小振幅的情况下是相当准确的。

质量无关,只与摆长有关。据说,伽利略对科学的兴趣就是由这个问题引起的,进一步激发他的,则是他在大学里得到的听几何学演讲的好机会。于是,他请求双亲允许(并得到认可)他放弃医学而献身于科学和数学,因为他在这些领域是颇有天才的。

二十五岁时,伽利略被聘任为比萨大学数学教授,据说在他任教授时,就落体问题进行了公开实验。故事是这么说的:当着一群学生、专家和牧师的面,他从斜塔顶上往下降落两块金属,一块的质量为另一块质量的十倍。亚里士多德说,重物体比轻物体降落得快;实际情况与之相反,两块金属同时落地。伽利略得到这么一条定律:物体下落的距离与下落时间的平方成正比,合乎我们现在熟悉的公式 $s = gt^2/2$,尽管目睹伽利略的实验,也未能动摇这个大学的其他教授对亚里士多德的观点的信仰。该大学的权威们认为:伽利略对亚里士多德的粗野无礼不可容忍,因而对他持不欢迎态度,迫使伽利略不得不于 1591 年辞去其教授职位。后来,他又任帕多瓦大学教授,该校有比较好的探讨科学的气氛。在那里工作了将近十八年,伽利略继续他的实验并担任教学工作,得以留名千古。

伽利略
(David Smith 收藏)

大约在 1607 年,荷兰磨透镜工人约翰·里珀希(Hans Lippershey)的一个学徒,在用他师傅的透镜玩时,发现:如果他让两个透镜片保持适当的距离,通过这对透镜片看到的东西变大了。这个学徒的发现引起了他师傅的注意,这位师傅就把两个透镜片放在一个筒子里,做成玩具放在他商店的橱窗里。这个玩具被一个政府官员看见了,就买下了它,并献给了拿梭① 的摩利士(Maurice)王

---

① 译者注:拿梭(Nassau)欧洲之一皇族,自 1815 年迄今君临荷兰。

子。作为荷兰联邦的军队司令的摩利士王子，看出了这个玩具用作军事上的小型单管望远镜的可能性。

320　　在大约 1609 年，伽利略得知发明单管望远镜的消息，不久，就做了一个比里拍希的单管望远镜强得多的望远镜。应人们的要求，他到威尼斯显示他的仪器，把它放在该城最大教堂的顶层。威尼斯的议员们，有了它，能凭肉眼看到要航行两个多小时才能到达的船只。伽利略又向威尼斯总督显示其模型；他和摩利士王子一样，认识到此仪器在航行和军事活动中广泛应用的可能性，并且给伽利略增加了颇多的薪金。

　　伽利略又进一步造了四个望远镜（telescope）（telescope 这个字来自希腊文 *tele*（远）和 *skopos*（望））。每一个都比前一个强。第五个望远镜能放大到三十倍。1610 年元月 7 日，伽利略用它观察到：木星东面的两颗小星和西面的一颗小星；次夜，他惊奇地发现：三颗小星都到了这个行星的西面；三夜之后，他又发现了另一颗绕着木星转的小星。他发现了木星的四颗明亮的卫星；他的观察进一步证实了哥白尼的小星体绕较大的星体运转的理论。伽利略用他的望远镜观察到太阳黑点，月亮上的山、金星的相和土星的环。但是，这些发现只不过再一次引起许多承认亚里士多德的权威的牧师们的强烈反对，亚里士多德曾主张：太阳没有瑕疵，并且，地球，因而人是宇宙的中心。有一个牧师甚至控告伽利略，说他把木星的四个卫星事先放在望远镜里了。

　　最后，在 1633 年，在伽利略发表了一本支持哥白尼理论的著作后一年，他被传唤到宗教裁判所；在那里，一个多病的老人，在拷问的威胁下，被迫公开撤321　回他的科学发现。他的著作被列入禁书目录达二百年，伽利略虽然被迫写了"悔过书"，但这位老人的内心是不屈服的。他被允许写"无害的"科学著作，但是 1637 年他就双目失明了，并死于 1642 年元月。死时，他还是宗教裁判所的被保释回家的犯人。①

　　有一个传奇故事，说的是：伽利略在他被迫撤销自己的观点并否认地球的运动后，轻轻地跺了一下地，自言自语地说："地球照样在运动"。且不讲这个故事有什么根据，它至少向我们说明了真理永胜的道理。时光如流水，1642 年目睹伽利略在软禁中死去，1642 年还目睹牛顿的出生。

　　实验和理论之间的和谐这个现代科学精神，应归功于伽利略。他建立了自由落体的力学定律，并为一般动力学奠定了基础；有了这样一个基础，后来的牛顿才有可能建立这门科学。他是认识到真空中弹道的抛物线性质的第一个人，首先推出关于动量的定律的也是他。第一个现代形式的显微镜和一度很通用的扇形圆规（参看问题研究 9.6）是他发明的。具有历史意义的是：伽利略所作

---

　　① 1980 年，在伽利略被判罪之后的 347 年，由于用望远镜证明了地球绕太阳转，梵蒂冈的教皇宣布取消伽利略的邪说罪。

的陈述,表明他掌握无限集的等价的概念(参看问题研究 9.7)。这是康托尔的 19 世纪集合论中的一个基本观点(它对现代分析的发展很有影响)。这些陈述和伽利略的大部分动力学上的概念,在他 1638 年于莱顿发表的《关于两门新科学的探讨和数学证明》(Discorsie dimonstrazioni matematiche intorno a due nuove scienze)中可以找到。伽利略的一句话常被引用,即:"在科学上一千人的权威也抵不上一个卑贱的人的充分的论据。"

看来,伽利略妒忌他的著名同僚开普勒,虽然开普勒曾于 1619 年宣布其著名的行星运动三定律,但这些定律完全被伽利略忽视了。

伽利略毕其一生是一个信奉宗教的人,是一个虔诚的天主教徒。因此,他作为一个科学家由其观察和推理导出的必然结论,和他作为一名忠诚的教徒应该坚信的宗教教义之间的矛盾,总是困扰着他;他总是在科学和教义之间徘徊。许多科学家时常落入这样的处境。例如,19 世纪中叶的达尔文的进化论与圣经上关于创造生物的记事相矛盾,也出现过这种情况。

9.7　开普勒

开普勒(Johann Kepler)1571 年出生于离斯图加特不远的地方,就学于图宾根大学(University of Tubingen),原来是想成为一个路德教教士的。他在天文学上的浓厚兴趣,使他改变了计划。1594 年,他在二十多岁时,就接受了奥地利的格莱茨大学讲师的职位。1599 年,他成了著名的,但喜好争吵的丹麦 – 瑞典天文学家布腊(Tycho Brahe)的助手。那时,布腊迁到布拉格任凯撒·鲁道夫二世的宫廷天文学家。在 1601 年,布腊突然死去。开普勒既继承了他老师的职位,也接受了其关于行星运动的广泛而准确的天文学数据。

俗话说得好:有志者事竟成。正如爱迪生所说:发明是百分之一的灵感,百分之九十九的毅力。也许开普勒在解决行星绕太阳运动问题时的难以置信的韧劲,是科学史上最能清楚地证明这一点的了。哥白尼的理论认为:行星在以太阳为中心的轨道上运转,开普勒对此深信不疑,开始,他在缺少数据的情况下,作了许多次高度想象力的尝试;此后,开普勒继承了布腊的关于行星运动的大量十分准确的观察数据。余下的问题是:求一个行星运动的模式,要让它与布腊的大量的观察数据准确地相符;布腊的数据是如此之可靠,以致与布腊的观察位置稍有偏离(即使是月亮的视直径的四分之一)的解也要当做不正确的略去。于是,伽利略首先需要用其想象力(imagination)猜测某些可能的解,然后以艰苦的毅力(perseverance)去攀登冗长计算的高峰,以确证或否证他的猜想。他做了成百次无结果的尝试,作了成令纸的计算,以经久不衰的热诚坚持了二十一年。终于在 1609 年陈述了行星运动的前两条定律,并且于十年之后

323

开普勒

（David Smith 收藏）

的 1619 年,又陈述了他的第三条定律。

这三条行星运动定律是天文学史和数学史上的里程碑,因为牛顿正是在证明这些定律的正确性的过程中创造出现代天体力学的。这三条定律是:

Ⅰ.行星在以太阳为一个焦点的椭圆形轨道上绕太阳运动。

Ⅱ.连接行星与太阳的矢径,在相等的时间间隔内扫过相等的面积。

Ⅲ.一个行星在其轨道上运动的周期的平方与该轨道的半长轴的立方成正比。

从布腊的大量数据中发现这些经验规律,是科学上曾做过的最值得注意的归纳之一。

我们永不知道一段纯数学在什么时候会得到意想不到的应用。休厄尔（William Whewell）说过:"如果希腊没有创造出圆锥曲线,开普勒就不能取代托勒密。"令人十分感兴趣的是:在希腊人导出圆锥曲线的性质之后 1 800 年,才出现这一光辉的实际应用。开普勒在其 1619 年出版的《世界的和谐》(*Harmony of the Worlds*)的序言中,理应骄傲地作了下列议论:

这本书是给我的同时代人,或者(那也没关系)给我的后裔写的。也许我的书要等一百多年才能等到一位读者。上帝不是等了 6 000 年才等到一个观察者吗?

开普勒是微积分的前驱者之一,为了计算在他的行星运动第二条定律中涉及的面积,他不得不采取粗糙形式的积分学。他还在其《测里酒桶体积的科学》(*Stereometria doliorum vinorum*,1615)中,应用粗糙的积分方法求出 93 种立体的体积。这些立体是圆锥曲线的某段围绕它们所在平面上的轴旋转而成的。其

324

中有环形圆纹曲面和被他称做**苹果**(the apple)和**柠檬**(the lemon)的两种立体；后两种立体是以圆的大弧和小弧的弦为轴转动而成的。开普勒是在见到当时的酒的计量者采用拙劣的方法时，对此事发生兴趣的，十分可能，卡瓦列利后来以他的不可分元法使微积分精确化，就是受了开普勒这部著作的影响。我们将在第 11 章中再讨论这些。

开普勒对多面体这个课题作出了值得注意的贡献。可能他是认识**反棱柱** (antiprism)的第一个人。反棱柱是使棱柱的上底在自己的平面内转动，使得其顶点与下底的边对应，然后以之字形连结两个底的顶点而成的。他还发现了立方八面体(*cuboctahedron*)，斜方十二面体(*rhombic triakontahedron*)和斜方三十面体① (*rhombic triakontahedron*)，其中第二种多面体在自然界中是作为柘榴石晶体出现的。四种可能的正星形多面体中，有两种是开普勒发现的；而另外两种是路易·泊素特(Louis Poinsot, 1777—1859)在 1809 年发现的。后者是几何力学的一位先驱者。开普勒 – 泊素特正星形多面体是平面上的正星形多边形(参看问题研究 8.5)在空间中的对应图形。开普勒还对用正多边形(不一定都一样)填满平面和以正多面体填满空间的问题感兴趣(参看问题研究 9.9)。

开普勒解决了在给定顶点、过此顶点的轴和任意切线及其切点的条件下确定圆锥曲线的类型问题，并且，他把 *focus*(焦点)这个字引进了圆锥曲线的几何学中。他以公式 $\pi(a+b)$ 近似地给出了半轴为 a 和 b 的椭圆的周长。他还建立了所谓连续性原理(principle of continuity)，实质上是提出了一个公设：在平面上无穷远处存在某些理想点和一条理想线，它们具有寻常点和线的许多性质。于是，他说明了：一条直线可被认为闭合于无穷远处，两条平行直线应被认为相交于无穷远处，抛物线可看做是椭圆或双曲线的一个焦点退到无穷远处的极限情况。此概念于 1822 年被法国几何学者蓬斯莱大为推广。那时他致力于：对数学上到处出现的虚量，在几何中找一个"实的"存在理由。

开普勒的著作常是神秘的、富于想象力的臆测和对科学真理的真正深刻的掌握的混合物。可悲的是：他在个人生活中遇到了许多难以忍受的不幸。四岁时，因患天花，视力受到严重损害。加之，毕生身体虚弱，年轻时没有欢乐，其婚姻使他很不愉快，他最喜爱的儿子死于天花，他的妻子疯了、死了；当格拉茨城落到天主教手中时，他的讲师职务被格拉茨大学解除；他的母亲被控告搞妖术，并且，他想让她从刑事中解脱，未成；他自己被谴责为反正统；而且，他的薪金经常被拖欠。据说，他的第二次婚姻比第一次更不幸，在十一个少女中谨慎仔细地挑选，结果选差了。他被迫靠占星算命增加收入。他死于 1630 年，那时他正在前去领取拖欠已久的薪金的途中。

325

---

① 关于这些立体的构造式样，可在 Miles C. Hartley 的《Patterns of Polyhedron》一书修订版中找到。

9.8 笛沙格

在开普勒死后九年的 1639 年,一篇关于圆锥曲线的很有独创性但不被人注意的论文在巴黎问世①,它是笛沙格(Gérard Desargues)写的,他是一位工程师、建筑师,还一度任法国军官。他 1593 年出生在里昂,大约 1662 年死于同一城市。这篇著作被其他数学家普遍忽略了,以致不久就被忘记了,并且所有出版过的本子都丢失了。二百年后,法国几何学家夏斯莱(Michel Chasles,1793—1880)写他的称得上第一流的几何学史时,也没评价笛沙格的著作。又过了六年,在 1845 年,夏斯莱偶然碰见这篇论文的一份手抄本,那是笛沙格的学生拉伊雷(Philippe de La Hire,1640—1718)抄下的。自此以后,这部著作被认为是综合射影几何学早期经典著作之一。

有几个理由能进一步说明笛沙格的小册子最初为什么被忽略。一个原因是它被两年前笛卡儿引进的更容易使人接受的解析几何掩盖了;几何学者们普遍致力于发展这一新的、有力的工具,或是试图把无穷小应用于几何学。另一个原因是,笛沙格所采用的写作形式很古怪。他引进了 70 多个新术语,其中有许多来源于深奥的植物学,只有一个"involution"(对合)被保留下来。有意思的是,这一个术语之所以被保留只是因为它是被评论者批评和嘲笑得最尖锐的一个奇怪术语。

笛沙格除了这一本关于圆锥曲线的书外,还写了别的书。有一本是关于如何教小孩唱歌的论文。但是,他之所以被认为是 17 世纪对综合几何最富于创造性的贡献之一,还是由于这本关于圆锥曲线的小册子。这部著作从开普勒的连续性学说开始,导出许多关于对合(involution)、调和变程(harmonic ranges)、透射(homology)、极轴、极点,以及透视的基本原理。这些课题是今天学过射影几何这门课程的人所熟悉的②。看来,笛沙格只知道几种二次曲面;在欧拉 1748 年全部列举出来之前,许多这样的曲面没有人知道。在别处,我们还找到笛沙格的两三角形基本定理:

如果两个三角形(在同一平面或不在同一平面上)是这样放置的,即使得对应顶点的连线共点,则对应边的交点共线;并且,反之亦然(图 76)。

笛沙格三十多岁时在巴黎生活,曾通过一系列免费讲演,给他的同辈以深刻的印象。笛卡儿欣赏他的工作,帕斯卡曾一度把笛沙格看做是他的大部分灵感的来源。拉伊雷花了相当大的劲试图证明:阿波洛尼乌斯所有的关于圆锥曲

---

① Brouillon, projet d'une atteinte aux ecenements des rencontres d'un cone acec A. plan(试论锥面截一平面所得结果)。

② 在第六章中曾指出过:这些概念中的某些已为古代希腊人所知。

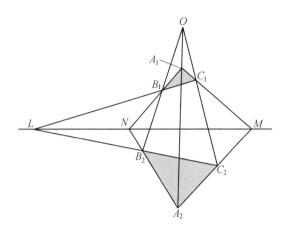

图 76

线的定理能用笛沙格的中心射影法从圆导出。尽管如此,这门新几何学在 17
世纪没有什么地位;一直潜伏到 19 世纪上半叶,下列这些人才使这一学科得到
令人感兴趣的、大幅度的进展,他们是:热尔岗纳(Gergonne),蓬斯莱(Poncelet),
布里安桑(Brianchon),杜班(Dupin),夏斯莱(Chasles)和史坦纳(Steiner)。就在笛
沙格受到建筑师和绘图员对射影几何的需求的激发的地方,这些后来的作者
们,从射影几何的内在潜力出发促进了该学科的发展。

9.9　帕斯卡

　　帕斯卡这位高水平的数学天才是笛沙格的同僚,他对笛沙格的工作做出了
真实评价。帕斯卡于 1623 年出生在法国的奥弗涅省,很早就显出他在数学上
的才能。有几个说他在年轻时就取得成就的故事,是他姐姐吉尔贝塔(Gilberta)
讲的;她后来成了珀里埃夫人(Madame Périer)。由于他体质脆弱,被留在家里,
为的是不致累着。他父亲决定其儿童时期的教育仅限于学习语文,不准学数
学。禁止他学数学,反而引起了他对数学的好奇心,并请求他的家庭教师给他
讲几何学的道理。教师告诉他,这是对准确的图形和图形的各个部分的性质的
研究。他从教师对这门学科的描述和父亲反对这门学科的禁令,得到鼓励,放
弃自己的游戏时间,几周秘密地从事这门学科的研究,没靠任何帮助,发现了几
何图形的许多性质,尤其是三角形内角和等于平角这个定理。他用的是折纸三
角形的办法:也许是把三角形的顶点折到其内切圆的圆心上,如图 77 所示,或
者,把顶点折到垂足处,如图 78 所示。他父亲发现后,震惊于他的几何才能,送
给他一部欧几里得《原本》,帕斯卡如获至宝,很快就掌握了它。

帕斯卡

（Brown Brothesr 供稿）

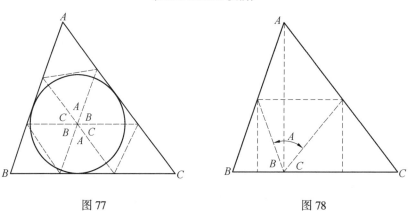

图 77   图 78

　　帕斯卡十四岁就参加了一群法国数学家的每周聚会，1666 年成立的法国
科学院就是从它发展起来的。十六岁，他写了一篇关于圆锥曲线的论文，竟使
笛卡儿断定是他父亲代笔。十八、九岁，他发明了第一架计算机，这是为了帮助
他父亲查账而设计的。帕斯卡制造了超过五十种计算机，有些至今仍保存于巴
黎的艺术和技术博物馆（Conservatoire des Arts et Métier）中。二十一岁时，他对托
里拆利关于空气压力的著作发生了兴趣，并开始应用其非凡的才能于物理学。
帕斯卡的流体动力学原理为今天每一个学过中学物理的人所熟知。再过几年，
在 1648 年，他写了一份内容很丰富的关于圆锥曲线的（未发表的）手稿。

　　这惊人的、早熟的活动能力，于 1650 年，突然停止；由于身体虚弱，帕斯卡
决定放弃其在数学和科学上的研究，而致力于宗教上的冥想。短暂的三年之

328

后,他又回到了数学上。这时他写了《三角阵算术》(*Traité du triangle arithmétique*),做了几个关于液体压力的试验;并且和费马通信、帮助建立概率的数学理论基础。但是在1654年,他又说什么:受到一个很强的提示,这些重新开展的科学活动是不受上帝欢迎的。这次神的启示,是在他的失去控制的马冲过纳伊桥的栏杆,而他自己仅仅是由于缰绳突然奇迹般地断了而得救的时候出现的。他把这件偶然的事写在小片上等纸上一直放在胸前,让自己从今以后牢牢记住这一启示,他顺从地回到宗教冥想中去了。

只是在1658年,帕斯卡才再一次回到数学上。他牙痛时想到几个几何概念,突然牙不痛了,这又被认为是神的意愿的象征。他顺从地、勤勉地花了八天时间推演他的这些概念,并对旋轮线的几何作了充分的说明,解决了一些后来难倒其他数学家的竞赛题。著名的《外地短扎》(Letters provincials)和《思想录》①(Penspées)——今天被当做法国文学的典范,是他在快结束其短暂生命前写的。他1662年死于巴黎,当时才三十九岁。

在这里补充一点:他的父亲 Etienne Pascal(1588—1640)也是一位有才能的数学家,帕斯卡螺线(参看问题研究4.7(c))就是以他父亲的名字命名的。

帕斯卡曾被描述为数学史上最伟大的"轶才"(might have been)。以他那样非凡的天才和那样深刻的几何直觉,要是条件好些,本来应该作出更多的贡献;但是,他的绝大部分生命是在疾病的折磨下度过的,并且从早年就在精神上受到一种宗教的神经过敏的折磨。

帕斯卡关于圆锥曲线的手稿,是以笛沙格的工作为基础的,现在失传了,但是笛卡儿和莱布尼茨看到过。这里有射影几何中的帕斯卡著名的**神秘的六线形**(mystic hexagram)定理:

如果一个六边形内接于一圆锥曲线,则其三对对边的交点共线,并且,逆命题成立。(图79)

他也许是用笛沙格方法证明这个定理的,先证明它对圆正确,然后再用射影法转到圆锥曲线。虽然此定理是整个几何中最丰富的一个(参看问题研究9.12),我们还是不能轻易地相信那个常说的传说:帕斯卡本人从它导出了超过400条推论。这手稿从未发表,也许根本没有完成,但是,在1640年,帕斯卡出版了标题为《略论圆锥曲线》(*Essay pour lesconiques*)的一张大幅印刷品,宣布了他的一些发现。这张著名的活页只有两份抄件保存到现在:一份在汉诺威莱布尼茨的论文中间;另一份在巴黎的国立图书馆中。帕斯卡的"神秘的六线形"定理被包含于此活页的第三个引理中。

帕斯卡的《三角阵算术》写于1653年,直到1665年才出版。他构造的"三

329

330

——————————
① 译者注:《思想录》有中译本,属商务印书馆汉译世界学术名著丛书。

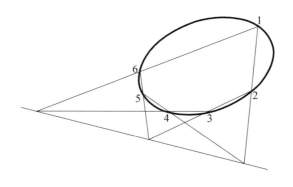

图 79

角阵算术"如图80所示。任一元素(在第二行或随后的行中),是上一行中正好在它上面的元素及其左边的元素的和。例如,在第四行中

$$35 = 15 + 10 + 6 + 3 + 1$$

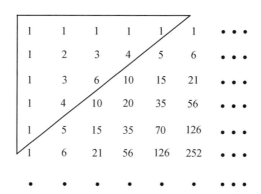

图 80

这种三角阵(不管是多少阶的),如图所示的那样,画对角线就得到了。学过高等代数的学生会知道:在这样一条对角线上的数正是二项展开式中的逐次系数。例如,第五条对角线上的数,即,1,4,6,4,1,是$(a + b)^4$的展开式中的逐次的系数。求二项式系数是帕斯卡摆其三角阵的用途之一,尤其是当他讨论到概率时,他还应用它求 n 件中一次取 r 件的组合数(参看问题研究 9.13(g)),他正确地表达为

$$\frac{n!}{r!\,(n-r)!}$$

在这里,$n!$ 是我们今天表示乘积

$$n(n-1)(n-3)\cdots(3)(2)(1)$$

的记号①。有许多涉及三角阵算术的数的关系式,其中有几个是帕斯卡推出来的(参看问题研究 9.13)。帕斯卡不是三角阵算术的创始人,因为这样一个数学方阵早好几百年就有中国作者用过(参看 7.3 节)。之所以称之为**帕斯卡三角阵**(Pascal's triangle),是由于他推出了此三角阵的许多性质,并找到了这些性质的多种应用。在帕斯卡的关于此三角阵的论文中有数学归纳法的最早的、可被接受的陈述。

虽然古代的希腊哲学家讨论过必然性和偶然性,然而,我们这么说也许是正确的:直到 15 世纪下半叶才有概率的数学处理,到 16 世纪上半叶,才有一些意大利数学家试图估计像骰子之类的博弈的机会。如本书 8.8 节中指出的,卡尔达诺写了一本博弈者入门的小册子。但是一般公认:所谓**得分问题**(problem of the points)可以看做是概率科学的起源。这个问题是:已知在一场机会博弈中两个博弈者在中断时的得分以及赢得博弈需要的分数,假定这两个博弈者有同等的熟练程度,求赌金该如何划分。帕奇欧里在他 1494 年发表的数学著作《摘要》(Sūma)中第一次介绍得分问题。卡尔达诺和塔尔塔里亚也讨论过这个问题,但是,在默勒向帕斯卡提出这个问题之前,一直没有真正的进展。默勒(Chevalier de Méré)是一位既有能力又有经验的博弈者,他对此问题的理论性论述与他的观察不一致。帕斯卡对这个问题有兴趣,并且把自己的意见告诉费马。这里两个人不谋而合②:各人提出不同的解法而又都是正确的。帕斯卡解决一般情况,并用算术三角阵推出许多结论。就这样,帕斯卡和费马通过他们的通信为概率论奠了基③。

帕斯卡的最后一部数学著作是关于**旋轮线**(cycloid)的,这条曲线是一个圆的圆周上一点,当该圆沿着直线滚动时的轨迹(图 81)。这条有很丰富的数学性质和物理性质的曲线,在微积分方法的早期发展中起到重要作用。伽利略是最先注意到此曲线的人之一,曾建议用之于桥拱。过后不久,求得在此曲线的一个拱下的面积,并且发现对此曲线作切线的方法。这些发现引导数学家们考虑:旋轮线绕各种不同的线转动得到的回转曲线和回转体。这样的问题,以及其他涉及所形成的图形的形心的问题,由帕斯卡解决了;他还把一些这类结果作为与其他数学家竞赛的问题发表。帕斯卡的解法用的是微积分以前的不可分元法,它等价于今天微积分课上遇到的许多算定积分值的方法。旋轮线有那么多引人注目的性质,并且还会引起许多争吵,以致曾被称做"几何学中的美人"(the Helen of geometry)和"争吵的祸根"(the apple of discord)。

有趣的是:独轮手车的发明曾归功于帕斯卡。三十五岁时,他还设计了一

321

332

----

① *n*! 这个符号,称做 *n* 的阶乘,是施特拉斯堡的克拉姆(Kramp,1760—1826)于 1808 年引进的;他选择此符号是为了避免以前用的符号在印刷上的困难,为了方便起见,人们定义 0! = 1。
② 这个"不谋而合"在 D. E. Smith 的"A Source Book in Mathematics"中讲到。
③ 帕斯卡和费马解得分问题的方法,将在 10.3 节中讲到。

图 81

种马车,并很快就付诸实践,那是由五匹马拉的。帕斯卡有时用笔名 Lovis de Monate,或其字母变移名 Amos Dettonville。

问题研究

9.1 对 数

(a)用熟悉的指数法则,证实对数的下列有用性质:

1. $\log_a mn = \log_a m + \log_a n$;

2. $\log_a(m/n) = \log_a m - \log_a n$;

3. $\log_a(m^r) = r\log_a m$;

4. $\log_a \sqrt[s]{m} = (\log_a m)/s$。

(b)试证明:

1. $\log_b N = \log_a N/\log_a b$(用此公式,我们能用以 a 为底的对数表算出以 b 为底的对数)。

2. $\log_N b = 1/\log_b N$。

3. $\log_N b = \log_{1/N}(1/b)$。

(c)取 10 的平方根,然后再求得到的结果的平方根,以此类推,得下表

$$10^{1/2} = 3.162\ 28 \qquad 10^{1/256} = 1.009\ 04$$
$$10^{1/4} = 1.778\ 28 \qquad 10^{1/512} = 1.004\ 51$$
$$10^{1/8} = 1.333\ 52 \qquad 10^{1/1\ 024} = 1.002\ 25$$
$$10^{1/16} = 1.154\ 78 \qquad 10^{1/2\ 048} = 1.001\ 12$$
$$10^{1/32} = 1.074\ 61 \qquad 10^{1/4\ 096} = 1.000\ 56$$
$$10^{1/64} = 1.036\ 63 \qquad 10^{1/8\ 192} = 1.000\ 28$$
$$10^{1/128} = 1.018\ 15$$
$$\cdots$$

用这个表,我们能计算 1 到 10 之间任何数的常用对数,因此能用校正首数的办

333

法计算任何正数的对数。这样,令 N 为 1 至 10 之间的任何数,以表中不超过 N 的最大数除 N。假定除数是 $10^{1/p_1}$,并且,此商数是 N_1,则等于 $10^{1/p_1}N_1$,依同样方式处理 N_1,并继续此过程,得到

$$N = 10^{1/p_1}10^{1/p_2}\cdots 10^{1/p_n}N_n$$

当 N_n 与 1 的差只在小数点后第六位时,我们停止此程序。于是,对于五位

$$N = 10^{1/p_1}10^{1/p_2}\cdots 10^{1/p_n}$$

并且

$$\log N = \frac{1}{p_1} + \frac{1}{p_2} + \cdots + \frac{1}{p_n}$$

此程序被称做计算对数的**根值法**(radix method)。试用这样的方法计算 $\log 4.26$ 和 $\log 5.00$。

9.2 纳皮尔和球面三角学

(a)有对解直角球面三角形有用的十个公式,没有必要记住它们,因为,用纳皮尔设计的两条规则很容易再现这些公式。在图 82 中,画一个直角球面三角形,依习惯用法标上字母。在该三角形的右边有一个被分成五部分的圆,除 C 外,包括和该三角形同样的字母,且依同样次序排列。c, B, A 上的一杠,指其"余"(例如,$\bar{B}$ 指 $90° - B$)。角量 $a, b, \bar{c}, \bar{A}, \bar{B}$ 被称做**圆的部分**(circular parts)。在这个圆中,有两个圆的部分与任何一给定部分相邻,有两个部分不与它相邻。让我们称此给定的部分为**中部**(middle part),两个相邻的部分为**邻部**(adjacent parts),两个不相邻的部分为**对部**(opposite parts)。纳皮尔的规则可叙述如下:

1. 任何中部的正弦等于两个对部余弦的乘积;

2. 任何中部的正弦等于两个邻部正切的乘积。

334

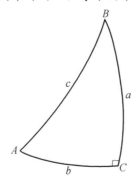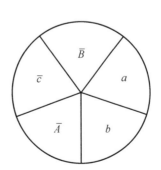

图 82

对圆的每一个部分,应用这两个规则,便得到对解直角球面三角形有用的十个公式。

(b)联系直角球面三角形的边 a,b,c 的公式被称做该三角形的**毕氏关系**（Pythagorean relation,勾股关系）。试求直角球面三角形的毕氏关系。

(c)下列公式被称为**纳皮尔比拟**（Napier's analogies）（比拟这个词,在其古义"比例"上使用）

$$\frac{\sin\frac{1}{2}(A-B)}{\sin\frac{1}{2}(A+B)}=\frac{\tan\frac{1}{2}(a-b)}{\tan\frac{1}{2}c}$$

$$\frac{\cos\frac{1}{2}(A-B)}{\cos\frac{1}{2}(A+B)}=\frac{\tan\frac{1}{2}(a+b)}{\tan\frac{1}{2}c}$$

$$\frac{\sin\frac{1}{2}(a-b)}{\sin\frac{1}{2}(a+b)}=\frac{\tan\frac{1}{2}(A-B)}{\cot\frac{1}{2}C}$$

$$\frac{\cos\frac{1}{2}(a-b)}{\cos\frac{1}{2}(a+b)}=\frac{\tan\frac{1}{2}(A+B)}{\cot\frac{1}{2}C}$$

这些公式与平面三角学中的正切定律相似;它们可以用来解斜角球面三角形（已知两边及夹角或两角及夹边）。

1.对于一个球面三角形,已知 $a=125°38'$, $c=73°24'$, $B=102°16'$,求 A,C,b。

2.对于一个球面三角形,已知 $a=93°8'$, $b=46°4'$, $C=71°6'$,求 A,B,c。

335

9.3 纳皮尔标尺

在大数的乘法运算中普遍体验到的困难,导致实现此过程的机械方法。在那个时候有口皆碑的是纳皮尔的发明——**纳皮尔标尺**（Napier's rods）。发明者在他1617年发表的《尺算法》（*Rabdologiae*）中作了叙述。原则上,这个发明和我们在7.5节中讲的阿拉伯格子或格栅法一样;不同的是,在这里用的是长条的骨,金属,木板或卡片。对于十个数字的每一个应该有个长条像图83左方对6做的那样（其上有该数字的各种倍数）。为了例证地说明使用这些条作乘法运算,让我们用纳皮尔在《尺算法》中的例子,1 615乘以365,把头上标着1,6,1,5的长条一个挨着一个地摆成图83右边的样子。1 615乘以365的5,6,和3的结果就容易读出（遇到对角线上有两个数字时就加到一起）,为8 075,9 690和4 845。

(a)做一套纳皮尔标尺,并作一些乘法运算。

(b)说明如何用纳皮尔标尺进行除法运算。

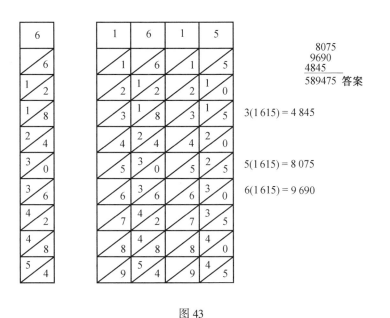

图 43

9.4 滑尺

(a)借助于对数表,设计作为 D 尺(约 10 英寸长)的刻度尺。用此刻度尺,连同一对分隔器,做一些乘法和除法运算。

(b)做同样大小的称做 C 尺和 D 尺的两个对数刻度尺。用使 C 尺沿着 D 尺滑动的方法做一些乘法和除法运算(提示:参看对数法则(问题研究 9.1))。

(c)作长度为上述 D 尺一半的对数刻度尺,把两个这样的短的刻度尺首尾相接,称之为 A 尺。试说明:如何用 A 尺和 D 尺求平方根。

(d)做一个什么样的刻度尺,就能用它和 D 尺求立方根?

(e)做和 C 尺,D 尺一样的刻度尺,不同的只是,把 C 翻过来,称之为 CI(反 C)尺。说明如何用 CI 尺和 D 尺做乘法运算。同样地用于此目的,CI 尺和 D 尺,比起 C 尺和 D 尺来,好处在哪里?

9.5 自由落体

假定所有物体以同样的常加速度 g 落下,伽利略证明:物体下落的距离 d 与下落的时间 t 的平方成正比。证实伽利略论证的下列步骤:

(a)如果 v 是时间 t 终了时刻的速度,则 $v = gt$。

(b)如果 v 和 t 是对一个落体说的,V 和 T 是对第二个落体说的,则 $v/V =$

t/T,从而,两个直角边的长度为 v,t 的直角三角形,相似于两个直角边的长度为 V,T 的直角三角形。

(c)因为速度的增加是均匀的,落下的平均速度为 $v/2$,从而 $d = vt/2 =$ 两个直角边的长度为 v,t 的直角三角形的面积。

(d)$d/D = t^2/T^2$,还证明 $d = gt^2/2$。

伽利略通过观察物体在斜面上滚下的时间,说明了这最后一条定理的正确性。

9.6 扇形圆规

1597 年左右,伽利略完成扇形圆规,这个仪器通用了二百多年。仪器包括用一旋轴在一头连接起来的两条臂,如图 84 所示。在每一条臂上,有简单刻度(从旋轴开始,以旋轴为零)。除了这些简单刻度外,也常用其他刻度,其中一些将在下面讲。许多问题能用这个简单刻度的圆规求解,唯一需要的理论就是相似三角形的理论。

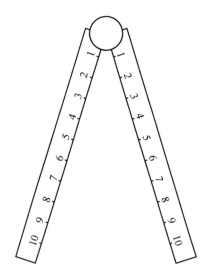

图 84

(a)说明如何用扇形圆规分已知线段为五个相等的部分。

(b)说明如何用扇形圆规变更绘图的比例。

(c)说明如何用扇形圆规求已知量 a,b,c 的第四比例量(即求 x,使得 $a : b = c : x$),并且应用于外汇问题中。

337　　(d)伽利略举例说明了如何用扇形圆规求解下述问题:年复利 6%,5 年后总和为 150 斯库弟,当时投资多少? 试用扇形圆规解此问题。

还有令其一臂以数的平方刻度的(面积尺),可用来求数的平方和平方根;也有令其一臂以数的立方刻度的(体积尺),可用来求数的立方和立方根。也有给出单位圆的特定度数的弧的弦的;工程师们可拿它当量角器用。另外,还有标着中世纪的金、银、铜、铁等类似符号的(称做金属尺),上面标有这些金属的比重,可用来求与已知铜球重量相等的铁球的直径。

扇形圆规既不如滑尺准确,也不如滑尺方便。

9.7 伽利略的《对话》中提出的一些简单的悖论

试解释伽利略在他 1638 年的《对话》中考虑的下列两个几何悖论。

(a)假定图 85 的大圆沿直线从 A 向 B 滚动,使得 AB 等于大圆的圆周。则固定在大圆上的小圆也转一圈,使得 CD 等于小圆的周长。这么一来,两个圆的周长一样了!

图 85

古希腊的亚里士多德曾讲过此悖论,因此有时称之为**亚里士多德轮** 338
(Aristotle's wheel)。

(b)设 ABCD 为一正方形,并且 HE 为平行于 BC 的任一直线,截对角线 BD 于 G,如图 86 所示。设圆 B(C) 截 HE 于 F,并且画 H(G),H(F),H(E) 三个圆。先证明圆 H(G) 等于圆 H(F) 和 H(E) 之间环的面积,然后,令 H 趋于 B,

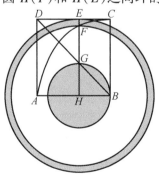

图 86

使圆 $H(G)$ 的极限为点 B,而环的极限为圆周 $B(C)$。于是我们得到结论:单个点 B 等于整个圆周 $B(C)$。

(c)试解释《对话》中的注解:"平方数的个数不小于所有数的总数,所有数的总数也不大于平方数的个数"。

9.8 开普勒定律

(a)一个行星在它轨道的哪个地方速度最大?

(b)用下列现代数字,近似地核对开普勒第三定律(A.U.是**天文单位**(astronomical unit)的缩写,即地球轨道半长轴的长度)。

行星	时间(以年计)	半长轴
水星	0.241	0.387A.U.
金星	0.615	0.723A.U.
地球	1.000	1.000A.U.
火星	1.881	1.524A.U.
木星	11.862	5.202A.U.
土星	29.457	9.539A.U.

(c)半长轴为100A.U.的行星的周期会是多少?

(d)周期为125年的行星的半长轴会是多少?

(e)两个假定的行星沿具有相等的半长轴的椭圆轨道绕太阳运动。其一的半短轴为另一个的一半。如何比较这两个行星的周期?

(f)月亮沿半长轴为地球半径60倍的椭圆轨道绕地球转,27.3天一圈。一个假定的卫星,其轨道非常接近地球的表面,问其周期是多少?

9.9 镶嵌问题

很有趣的镶嵌问题是用全等的正多边形填满平面。设 n 为每一多边形的边数,则这样一个多边形在每一顶点上的内角是 $(n-2)180°/n$。试证明这一命题。

(a)如果我们不允许把一个多边形的顶点放在另一个多边形的边上,证明每一顶点上的多边形的个数为 $2+4/(n-2)$。因此,我们必须有 $n=3,4$ 或 6。作镶嵌的例子。

(b)如果我们一定要把一个多边形的顶点放在另一个多边形的边上,证明集结在每顶点上的多边形数为 $1 + 2/(n-2)$。因此,我们必须有 $n = 3$ 或 4。作镶嵌的例子。

(c)作合乎下列条件的镶嵌:(1)包括两种大小的等边三角形,较大的边长为较小的二倍,使得同样大小的三角形的边不重合;(2)包括两种大小的正方形,较大的边长为较小的二倍,使得同样大小的正方形的边不重合;(3)包括全等的等边三角形和全等的正十二边形;(4)包括全等的等边三角形和全等的正六边形;(5)包括全等的正方形和全等的正八边形。

(d)假定我们有一镶嵌形式,由在每一顶点上三种不同的正多边形组成。如果这三种正多边形分别有 p, q, r 个边,试证明

$$\frac{1}{p} + \frac{1}{q} + \frac{1}{r} = \frac{1}{2}$$

$p = 4, q = 6, r = 12$ 为此方程的一组整数解。作这样一种镶嵌形式,即由全等的 340 正方形、全等的正六边形和全等的正十二边形构成的。

9.10 用射影法证明定律

(a)如果 l 是给定平面 π 上的给定直线,并且,O 是给定的射影中心(不在 π 上),试说明:如何求一平面 π',使得 l 在 π' 上的投影是 π' 上在无穷远的线(选一适当的射影中心 O 和射影平面 π',使得给定平面上的给定直线射影到 π' 上在无穷远的线,这种操作被称做:"将给定直线射影到无穷远")。

(b)试证明:在(a)的射影下,π 上在无穷远的线会射影到 π' 与过 O 平行于 π 的平面之交线上。

(c)设 UP, UQ, UR 为三条共点共面线,分别与 OX 和 OY 交于 P_1, Q_1, R_1 和 P_2, Q_2, R_2(图87)。试证明:Q_1R_2 与 Q_2R_1,R_1P_2 与 R_2P_1,P_1Q_2 与 P_2Q_1 的交点共线。

(d)试证明:如果 $A_1B_1C_1$ 和 $A_2B_2C_2$ 是两个共面三角形,使得 B_1C_1 和 B_2C_2 交于 L,C_1A_1 和 C_2A_2 交于 M,A_1B_1 和 A_2B_2 交于 N,且 L, M, N 共线,则 A_1A_2, B_1B_2, C_1C_2 共点(这是9.8节中给出的笛沙格的两三角形定理的陈述的逆的部分)。

(e)试证明:用平行射影法(射影中心在无穷远),一个椭圆总可以射影成一个圆。

(f)1678年,意大利人塞瓦(Giovanni Ceva,大约1648—1734)发表一部著作, 341 包括下列定理(图88)——现在以他的名字命名。$\triangle ABC$ 的边 BC, CA, AB 上的三个点 L, M, N 与其对顶点 A, B, C 三条连线是共点的,当且仅当

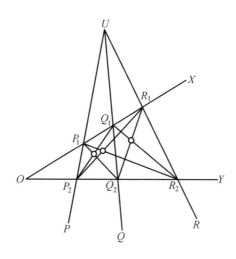

图 87

$$\left(\frac{AN}{NB}\right)\left(\frac{BL}{LC}\right)\left(\frac{CM}{MA}\right) = +1$$

这是 6.5 节中讲的梅理劳斯定理的伴生定理。用塞瓦定理证明:连接一个三角形的顶点与内切圆在对边上切点的线是共点的。然后,借助(e),试证明:联接一个三角形的顶点与内接椭圆在对边上切点的连线是共点的。

(g)拉伊雷(La Hire)发明了平面到它本身的下列有趣的映射(图 89):作任意两条平行线 a 和 b,并且选它们平面上的一点 P,通过平面内任何第二点 M,画一直线交 a 于 A,交 b 于 B;则把过点 B 作的 AP 的平行线与 MP 的交点取作 M 的映象 M'。

342　　　1.试证明:M' 与用来确定它的过点 M 的特殊直线 MAB 无关;

2.把拉伊雷的映射推广到 a 和 b 不必平行的一般情况。

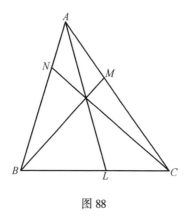

图 88

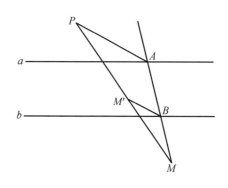

图 89

9.11 帕斯卡的青年时的经验"证明"

试补充图 77 和图 78 所示的经验"证明"的细节。

9.12 帕斯卡定理

帕斯卡的神秘的六线形定理的推论很多,并且引人入胜。对这个构形作过的探讨,几乎多到了难以相信的地步。由圆锥曲线上的六个点形成六边形,有 60 种可能的方法;并且,根据帕斯卡定理,与每一六边形对应,有一帕斯卡线(*pascal line*)。这 60 条帕斯卡线每三条有一公共点,共 20 个点,这些点被称做史坦纳点(*Steiner points*)。它们又四个四个地在 15 条线上,这些线称做普吕克线(*Plucker lines*)。帕斯卡线还依另一种点的集合三条三条地共点,它们被称做克科门点(*Kirkman points*)有 60 个点。对应于每一史坦纳点,有三个克科门点,使得所有四点在同一线上,这种线被称做凯利线(*Cayley line*)。有 20 条凯利线,它们四条四条地过 15 个点,这些点被称做萨蒙克(*Salmon points*)。此构形还有许多进一步的扩展和性质;并且,对"神秘六线形"本身曾提出的不同证明多得不计其数。在本问题研究中,我们将考虑"神秘六线形"定理的许多推论中的几个,它们可从使六个点中有些彼此重合而得到。为了简单起见,我们给点编上号 1,2,3,4,5,6,则帕斯卡定理是说 12,45;23,56;34,61 这三对线的交点共线当且仅当此六点在一圆锥曲线上。

(a)如果一个五边形 1 2 3 4 5 内接于一圆锥曲线,试证明:12,45;23,51;34 和 1 点上的切线交于三个共线点。

(b)给定五个点,在它们中的任意一个上作由这五个点确定的圆锥曲线的切线。

(c)给定一圆锥曲线的四个点和它们的任意一个点上的切线,作此圆锥曲线上更多的点。

(d)试证明:内接于一圆锥曲线的四角形的两对对边,连同对着的顶点的两对切线,交于四个共线点。

(e)试证明:如果一个三角形内接于一圆锥曲线,则其顶点上的切线与对边交于三个共线点。

(f)给定圆锥曲线上的三个点和其中两点上的切线,作第三点上的切线。

9.13 帕斯卡三角阵

建立涉及算术三角阵的数的下列关系式,它们都是帕斯卡推导出来的。

343　　　　(a)算术三角阵的任一元素(不在第一行和第一列的)等于正好在它上面的元素和正好在它左边的元素的和。

　　　　(b)算术三角阵的任一给定元素减去 1,等于这行上面包括给定元素的列的左边的所有元素的和。

　　　　(c)第 n 行的第 m 个元素是 $(m+n-2)!\ /(m-1)!\ (n-1)!$ ——在这里,根据定义,$0!\ =1$。

　　　　(d)在第 m 行,第 n 列的元素等于在第 n 行、第 m 列的元素。

　　　　(e)任一对角线上的元素和是上一对角线上的元素和的二倍。

　　　　(f)第 n 条对角线上的元素和为 2^{n-1}。

　　　　(g)让我们给定一组 n 个物体。这些物体的任一 r 个的集合,被称做 n 件中一次取 r 件的组合,或更简短地说,n 件的 r 组合。我们用符号 $C(n,r)$ 表示这种组合数。这样,a,b,c,d 四个字母的 $2-$ 组合是

$$ab,ac,ad,bc,bd,cd$$

从而,$C(4,2)=b$。在高等代数课本中,有下列这个式子的证明

$$C(n,r)=\frac{n!}{r!\ (n-r)!}$$

试证明 $C(n,r)$ 在算术三角阵的第 $n+1$ 条对角线和 $r+1$ 列上。

论 文 题 目

9/1　17 世纪数学上升的理由。

9/2　纳皮尔作为他那个时代的科幻作家。

9/3　纳皮尔标尺和伽利略扇形圆规的用途。

9/4　尼加拉瓜 1971 年的科学公式邮票。

9/5　以 e 为对数的底和以弧度为角的量度的理由。

9/6　现代方程论之父——哈里奥特。

9/7　哈里奥特在美洲。

9/8　奥特雷德的数学符号。

9/9　宗教裁判所的恶劣影响。

9/10　科学和宗教能和解吗?

9/11　开普勒与连续性原理。

344　9/12　艺术对射影几何的促进作用。

9/13　帕斯卡之前的帕斯卡三角形。

9/14　旋轮线的历史。

参考文献

BARLOW, C. W. C., and G. H. BRYAN *Elementary Mathematical Astronomy* [M]. London: University Tutorial Press, 1923.

BELL, E. T. *Men of Mathematics* [M]. New York: Simon and Schuster, 1937.

BISHOP, M. G. *Pascal, The Life of Genius* [M]. New York: Reynal & Hitchcock, 1936.

BIXBY, WILLIAM *The Universe of Galileo and Newton* [M]. New York: Harper & Row, 1964.

BRASCH, F. F., ed. *Johann Kepler, 1571 – 1630. A Tercentenary Commemoration of His Life and Work* [M]. Baltimore: Williams & Wilkins, 1931.

CAJORI, FLORIAN *A History of the Logarithmic Slide Rule and Allied Instruments* [M]. New York: McGraw-Hill, 1909.

—— *William Oughtred, A Great Seventeenth-Century Teacher of Mathematics* [M]. Chicago: Open Court, 1916.

—— *A History of Mathematical Notation* [M]. 2 vols. Chicago: Open Court, 1929.

CASPAR, MAX *Kepler* [M]. Translated by C. Doris Hellman. New York: Abelard-Schuman, 1959.

COOLIDGE, J. L. *A History of Geometrical Methods* [M]. New York: Oxford University Press, 1949.

—— *The Mathematics of Great Amateurs* [M]. New York: Oxford University Press, 1949.

COXETER, H. S. M. *Regular Polytopes* [M]. New York: Pitman, 1949.

DAVID, F. N. *Games, Gods and Gambling* [M]. New York: Hafner, 1962.

DE SANTILLANA, GIORGIO *The Crime of Galileo* [M]. Chicago: University of Chicago Press, 1955.

DRAKE, STILLMAN *Galileo at Work, His Scientific Biography* [M]. Chicago: University of Chicago Press, 1978.

DREYER, J. L. E. *Tycho Brahe: A Picture of the Scientific Life and Work in the Sixteenth Century* [M]. New York: Dover, 1963.

EDWARDS, A. W. F. *Pascal's Arithmetic Triangle* [M]. Oxford: Oxford University Press, 1987.

FAHIE, J. J. *Galileo, His Life and Work*[M]. London: John Murray, 1903.

FERMI, LAURA, and BERNADINI FERMI *Galileo and the Scientific Revolution* [M]. New York: Basic Books, 1961.

GADE, J. A. *The Life and Times of Tycho Brahe* [M]. Princeton, N. J.: Princeton University Press, 1970.

GALILEI, GALILEO *Dialogues Concerning Two New Sciences*[M]. Translated by Henry Crew and Alfonso de Salvio. Introduction by Antonio Favaro. New York: Macmillan, 1914. Reprinted by Dover, New York.

—— *Discourses on the Two Chief Systems* [M]. Edited by Stillman Drake. Berkeley, Calif.: University of California Press, 1953.

—— *Discourses on the Two Chief Systems*[M]. Edited by Giorgio de Santillana. Chicago: University of Chicago Press, 1953.

GRAY, J. V., and J. J. FIELD *The Geometrical Work of Girard Desargues*[M]. New York: Springer-Verlag, 1987.

HACKER, S. G. *Arithmetical View Points*[M]. Pullman, Wash.: Mimeographed at Washington State College, 1948.

HARTLEY, MILESC. *Patterns of Polyhedrons*[M]. Ann Arbor, Mich.: Edwards Brothers, 1957.

HOOPER, ALFRED *Makers of Mathematics* [M]. New York: Random House, 1948.

IVINS, W. M., JR. *Art and Geometry* [M]. Cambridge, Mass.: Harvard University Press, 1946.

KNOTT, C. G. *Napier Tercentenary Memorial Volume*[M]. London: Longmans, Green, 1915.

KOESTLER, ARTHUR *The Watershed, a Life of Kepler* [M]. New York: Doubleday, 1960.

KRAITCHIK, MAURICE *Mathematical Recreations* [M]. New York: W. W. Norton, 1942.

MCMULLIN, ERNAN, ed. *Galileo: Man of Science* [M]. New York: Basic Books, 1967.

MESNARD, JEAN *Pascal, His Life and Works* [M]. New York: Philosophical Library, 1952.

MORTIMER, ERNEST *Blaise Pascal: The Life and Work of a Realist*[M]. New York: Harper and Brothers, 1959.

MUIR, JANE *Of Men and Numbers, The Story of the Great Mathematicaians*[M].

345

New York: Dodd, Mead, 1961.

NORTHROP, E. P. *Riddles in Mathematics* [M]. Princeton, N. J.: D. Van Nostrand, 1944.

PEARCE, PETER, and SUSAN PEARCE *Polyhedra Primer* [M]. New York: Van Nostrand, 1978.

RONAN, COLIN *Galileo* [M]. New York: C. P. Putnam's Sons, 1974.

SMITH, D. E. *A Source Book in Mathematics* [M]. New York: McGraw-Hill, 1929.

SULLIVAN, J. W. N. *The History of Mathematics in Europe*, *From the Fall of Greek Science to the Rise of the Conception of Mathematical Rigour* [M]. New York: Oxford University Press, 1925.

TODHUNTER, ISAAC *A History of the Mathematical Theory of Probability*, *From the Time of Pascal to that of Laplace* [M]. New York: Chelsea, 1949.

TURNBULL, H. W. *The Great Mathematicians* [M]. New York: New York University Press, 1961.

346 第十章　解析几何和微积分以前的其他发展

10.1　解析几何

在笛沙格和帕斯卡开辟射影几何这个新领域的同时,笛卡儿和费马就在构想现代解析几何的概念。这两项研究之间存在一个根本区别;前者是几何学的一个分支(*branch*)后者是几何学的一种方法(*method*)。学习大学基础课的学生在刚学习处理几何问题的这个新的、强有力的方法时,总觉得非常兴奋,比对别的功课的感受深。应该记住,对于平面情况,这个概念的实质是:在平面上的点和有序实数对之间建立对应关系,从而使平面上的曲线和两个变量的方程之间的对应成为可能,使得对平面上每一曲线存在一确定的方程 $f(x, y) = 0$,并且,对每个这样的方程,存在平面上的一条曲线或一组点。类似地,在方程 $f(x, y) = 0$ 的代数和解析性质与相联系的曲线的几何性质之间也有对应关系。几何学中证明定理的工作被灵巧地归结为在代数和解析中证明对应的定理。

对于是谁发明的解析几何,甚至对于这项发明起源于什么年代,都存在不同的意见;事实上,就连解析几何究竟包含什么内容,也未能取得一致意见。我们已经知道,古希腊人热衷于搞几何式的代数,并且我们还知道,坐标的概念在古代被埃及人和罗马人用于测量,被希腊人用于绘制地图。对希腊人最有利的是这样一个事实,阿波洛尼乌斯从圆锥曲线的某些等价于笛卡儿方程的几何性质(看来是起源于格梅纳科莫斯的概念)导出了他那内容丰富的圆锥曲线的几何学。在 8.4 节中,我们还指出过当奥雷斯姆(Nicole Oresme)在 14 世纪以图线表示:当自变量被允许取小的增量时,因变量(*Latitudo*)与自变量(*Longitudo*)的关系,来表达某些规律时,就预先指出了解析几何的另一个方面的作用。赞成奥雷斯姆是解析几何的发明者的人的着眼点,在其著作中有这类成就:最先明确地引进直线的方程,和此学科的某些概念向高维空间推广。在奥雷斯姆的课 *347* 本写了一百年之后,还多次再版;它就这样对后来的数学家们产生影响。

应该说,这门学科的实质在于:把几何研究转换成对应的代数研究。无论如何,在解析几何采取现在的高度实用的形式之前,它必须等待代数符号的发展。因此,大多数历史学家的意见也许是比较正确的。他们重视笛卡儿和费马这两位法国数学家在 17 世纪作出的决定性的贡献,认为那至少是现代意义上这门学科的必不可少的起源。

10.2 笛卡儿

笛卡儿(Rene Descartes)1596 年出生于离图尔不远的地方。他八岁进拉弗莱什的耶苏会学校。在那里,他养成了(最初是由于他的虚弱的体质)早上睡懒觉的习惯。后来,笛卡儿说,他的大部分成果出自早上休息的那段适宜沉思的时间。1612 年,笛卡儿离开了学校,不久就到了巴黎。他曾在那里和梅森(Mersenne)、迈多治(Mydorge)(参看 10.6 节)一起专门研究数学。从 1617 年起,他在奥朗日的莫里斯亲王的军队里当了几年兵。在离开军队之后,他花了四、五年工夫外出旅行,到过德国、丹麦、荷兰、瑞士和意大利。在巴黎住了两年,在那里他继续进行数学研究和哲学探索,还一度从事光学仪器的制造。然后,在荷兰势力最大的时候,他迁到了荷兰,在那里生活的二十年中,他从事哲学、数学和自然科学的研究。1649 年,他勉强地接受克利斯蒂娜女王的邀请到了瑞典。几个月后,在 1650 年初,他因患肺炎死于斯德哥尔摩。这位伟大的哲学家 – 数学家葬于瑞典,原来想将他的遗体运回法国,未成。在笛卡儿死了十七年后,他的尸骨被运回法国,改葬于巴黎。

笛卡儿是在居住于荷兰二十年中完成其著作的。头四年,写《世界体系》(*Le monde*)对宇宙作物理的考虑;但是当笛卡儿听到伽利略受到教会的谴责时,为了谨慎起见,把这部著作抛开了,后来再也没有完成它。他转过来写一部关于一般科学的哲学论著,标题是《更好地指导推理和寻求科学真理的方法论》(*Discours de la methode pour bien conduire sa raison et chercher la verite dans les sciences*),并有三个附录,即《折光》(*La dioptrique*)、《气象学》(*Les meteores*)和《几何学》(*La geometrie*)。《方法论》连同附录发表于 1637 年。笛卡儿对解析几何的贡献,就在第三个附录中。1641 年,笛卡儿发表《沉思录》,对《方法论》中的哲学观点作了冗长的说明。1644 年,他出版了《哲学原理》(*Principia philosophiae*),其中包括一些对自然规律的不正确的认识和自相矛盾的宇宙漩涡论。

《几何学》——著名的《方法论》的第三个附录,在整个著作中大约占 100 页,它本身又分为三部分。第一部分包括对一些代数式几何的原则的解释,比希腊人有明显的进展。对于希腊人来说,一个变量相当于某线段的长度,两个变量的乘积相当于某个矩形的面积,三个变量的乘积相当于某长方体的体积。三个以上变量的乘积,希腊人就没法处理了。笛卡儿不这么考虑,他认为:与其把 x^2 看做面积,不如把它看做比例式 $1:x = x:x^2$ 的第四项,从而,只要 x 是已知的,x^2 就可以用适当长度的线段来表达。这样,只要给定一个单位线段,我们就能用线段的长度表达一个变量的任何次幂或任意多个变量的乘积;而当变量的值被指定时,我们就能用欧几里得工具确实地作出那么长的线段来。在《几何学》的第一部分中,笛卡儿把几何算术化了;在一给定的轴上标出 x 在与

348

该轴成固定角的线上标出 y，并且，作出其 x 的值和 y 的值满足给定关系的点（图 90）。例如，如果我们有关系式 $y = x^2$，则对于 x 的每一个值，我们能作出对应的 y——上述比例式的第四项。笛卡儿最感兴趣的是：对按运动学定义的曲线求出这样的关系式。作为其方法的一个应用，他讨论下述问题：如果 $p_1, \cdots,$ $p_m, p_{m+1}, \cdots, p_{m+n}$ 是从点 P 向 $m+n$ 条给定直线所引的，与这些直线形成一些给定角的 $m+n$ 条线段的长度，并且，如果

$$p_1 p_2 \cdots p_m = k p_{m+1} p_{m+2} \cdots p_{m+n}$$

在这里，k 是常数，试求点 P 的轨迹。古希腊人对于 m 和 n 不超过 2 的一些情况，解决了此问题（参看 6.9 节）。但是，没有解决一般问题，笛卡儿容易地证明：对于 m 或 n 超过 2 的情况，这个问题导致次数高于 2 的轨迹，并且在某些情况下，他确实能用欧氏工具作出该轨迹的点（参看问题研究 10.2(a)）。笛卡儿的解析几何能解决这个一般问题，这充分显示了新方法的优越性。据说，他之所以发明解析几何，正是由于试图解这个问题。

笛尔儿

（David Smith 收藏）

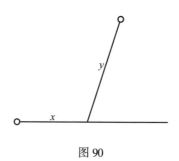

图 90

《几何学》的第二部分论及一种现在过时了的曲线分类法,以及作曲线的切线的有趣方法。作切线的方法如下所述(图 91)。设给定曲线的方程为 $f(x,y)=0$,而 (x_1,y_1) 为我们想要在其上作切线的点 P 的坐标。设坐标为 $(x_2,0)$ 的点 Q 为 x 轴上一点,则以 Q 为圆心过点 P 的圆的方程为

$$(x-x_2)^2 + y^2 = (x_1-x_2)^2 + y_1^2$$

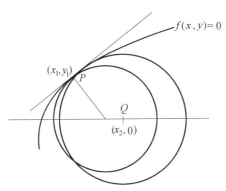

图 91

如果我们将此方程与 $f(x,y)=0$ 联立消去,就得到关于 x 的一个变量的方程,由此方程可推出该圆与给定曲线交点的横坐标。然后,我们确定 x_2,使得这个只包含 x 一个变量的方程有一对等于 x_1 的根。曲线在点 P 上的法线与 x 轴的交点即点 Q,因为这时该圆切给定曲线于点 P。一旦作出此圆,我们可以容易地作所求切线。作为这个方法的一个例子,考虑抛物线 $y^2=4x$ 在点 $(1,2)$ 上的切线。在这里,我们有

$$(x-x_2)^2 + y^2 = (1-x_2)^2 + 4$$

消去 y,给出

$$(x-x_2)^2 + 4x = (1-x_2)^2 + 4$$

或

$$x^2 + 2x(2-x_2) + (2x_2-5) = 0$$

此二次方程有两个相等的根的条件是其判别式为零。即

$$(2-x_2)^2 - (2x_2-5) = 0$$

或

$$x_2 = 3$$

现在能作以 $(3,0)$ 为圆心、过曲线上的点 $(1,2)$ 的圆了,并且最后可以作出所求的切线。这个作切线的方法被笛卡儿应用于许多不同的曲线,包括以他的名字命名的四次卵形线[①],在这里,我们有一个一般程序,它确切地告诉我们解这类问题该做些什么。但是必须承认:在比较复杂的情况下,要进行的代数运算通常是极其麻烦的。初等解析几何有一个大家都知道的缺点:我们常知道要做什

---

① 笛卡儿卵形线是这样一个动点的轨迹:它与两个定点的距离 r_1 和 r_2 满足关系式 $r_1 + mr_2 = a$(在这里,m 和 a 是常数)。有心圆锥曲线被当做它的特殊情况。

352 　么,但没有做的技能。当然,有许多方法比上面讲的求曲线切线的方法好。

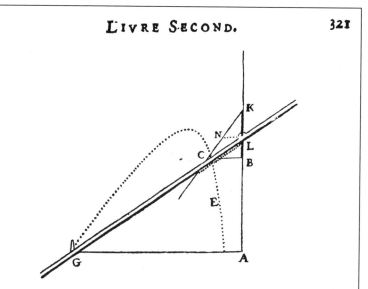

笛卡儿的《几何学》(1637)中的一页

《几何学》的第三部分涉及高于二次的方程的解法。它用到现在所谓**笛卡儿符号规则**(Descartes' rule of signs),即确定一个多项式具有的正根和负根的个数的最大限额的规则(参看问题研究 10.3)。在《几何学》中,笛卡儿确立了用前几个字母代表已知数,用末后的字母代表未知数的习惯用法。他还引进了我们现在的指数系统(例如,a^3,a^4,等),比起韦达表示幂的方法有很大改进。他还认识到:字母可以表示任何量,正的或负的。在这里,我们还见到**待定系数法**(method of undetermined coefficients)的最初使用。例如,在上节的例题中,我们用判别式为零确定 x_2 的值,使得二次方程

$$x^2 + 2x(2 - x_2) + (2x_2 - 5) = 0$$

有两个等于 1 的根。作为待定系数法的一个例证,我们可以这么完成它:要求

$$x^2 + 2(2 - x_2)x + (2x_2 - 5) = (x - 1)^2 = x^2 - 2x + 1$$

于是,从比较同次项系数,得到

$$2(2 - x_2) = -2 \quad 及 \quad 2x_2 - 5 = 1$$

从这两个等式的每一个都导出 $x_2 = 3$。

《几何学》,无论从什么意义上讲,都不是解析方法的系统讲述,读者自己必须从某些孤立的陈述中花费很多时间去想出这个方法来。原书中有 32 个图形,但是我们找不到一个明确地摆出了坐标轴的图。笛卡儿写这部著作时有意地使用含糊的笔法,致使读起来十分困难。1649 年,德博内出了一个带注释的拉丁文译本,小弗朗斯·范·朔滕又作了详细的评注。此书和它的 1659 ~ 1661 年的修订本流传甚广。这门学科达到我们现在课本中熟悉的形式是一百多年后的事。*corrdinates*(坐标),*abscissa*(横坐标)和 *ordinate*(纵坐标),这几个术语,像今天在解析几何中那样使用,是莱布尼茨于 1692 年出的主意。

关于导出笛卡儿的解析几何思想的最初一闪念,有几个传说。其中一种说,它出现于梦中。在 1619 年 11 月 10 日圣马丁节前夕,在多瑙河畔扎营的时候,他做了三个异常生动并且连贯的梦;笛卡儿宣称:这几个梦改变了他生命的整个进程。他说,这些梦向他揭示了"一门了不起的科学"和"一项惊人的发现",从而使他的生活目标明朗化并决定将来献身于什么事业。笛卡儿从不明确地展示:这了不起的科学,这惊人的发现是什么;但是,人们相信那就是解析几何,或代数在几何学中的应用,并且,进而把所有科学归为几何学。十八年后,他在其《方法论》中阐述了他的某些思想。

另一种能与牛顿看见苹果落地的故事相媲美,说最初一闪念是在他注视一只苍蝇在天花板的一角爬行时出现的。他认为:只要知道苍蝇与相邻两墙的距离之间的关系,就能描述苍蝇的路线。虽然后一种传说也不足凭信,但它对于教学还是很有用的。

《方法论》的其余两个附录:一个是讲光学的,另一个是解释许多气象的或

353

大气的现象(包括虹)的。

笛卡儿还最先宣布了凸多面体的顶点数 v、边数 e 和面数 f 之间存在关系：$v - e + f = 2$(参看问题 3.12)。他又是最先讨论所谓笛卡儿叶形线(*folium of Deseartes*)的,那就是在许多微积分课本中可以找到的有结点的三次曲线,但是他没有把这种曲线的图画完全。在通信中,他考虑过高次抛物线($y^n = px$, $n > 2$)并且给出了作旋轮线的相当精巧的方法。

10.3　费马

在笛卡儿系统地阐述现代解析几何基础的同时,另一位法国数学天才费马(Pierre de Fermat)也注意到这门学科。费马要求承认是他发明解析几何的理由是：他在 1636 年 9 月给罗伯瓦的一封信中说到,他有这个概念已经七年了。在他死后发表的论著《平面和立体的轨迹引论》(*isogoge ad locus planos et solidos*)中,记载了这项工作的一些细节。在这里,我们见到了一般直线和圆的方程,以及关于双曲线、椭圆、抛物线的讨论。在一部 1637 年前完成的、关于切线和求面积的著作中,费马解析地定义了许多新的曲线。笛卡儿只提出了很少几种由机械运动生成的新曲线,而费马则提出了许多以代数方程定义的新曲线。曲线 $x^m y^n = a$, $y^n = ax^m$ 和 $r^n = a\theta$, 现在还被称做**费马的双曲线**(hyperbolas)、**抛物线**(parabolas)和**螺线**(spirals of Fermat)。费马还和别人一起提出了后来被称做**阿涅泽的箕舌线**(witch of Agnesi)的三次曲线;这种曲线是以阿涅泽(Matia Haetana Agnesi, 1718—1799)的名字命名的,她是一位多才多艺的妇女,是杰出的数学家、语言学家、哲学家。这样,在很大程度上,笛卡儿从一个轨迹开始然后找它的方程,费马则从方程出发,然后来研究轨迹。这正是解析几何的基本原则的两个相反的方面。费马的著作用的是韦达的记号,并且因此,与笛卡儿的较为现代的记号相比,有点像古文。

有一个看来可靠的报告说,费马在 1601 年 8 月 17 日出生于图卢兹附近的博芒特·德·洛马格内。他在 1665 年 1 月 12 日死于卡斯特尔或图卢兹,这是人们都知道的。他的墓碑,原来在图卢兹的奥古斯丁教堂,后来移到当地的博物馆;在墓碑上写着上述的死的日期和死时的年龄：五十七岁。但是,这与通常标出的费马生卒年(1601? ～1665)相抵触。事实上,不同的作者对费马的出生年有不同的说法(当然都有其理由)：从 1590 年到 1608 年不等。

费马是一个皮革商的儿子,童年是在家里受的教育。三十岁,他得到图卢兹地方议会辩护士的职位。在那里,他谦虚谨慎地干他的工作。他在当卑微的律师时,把自己大量的业余时间用于数学研究。虽然他一辈子发表的著作不多,但他和同时代的许多第一流数学家有科学上的通信关系,并且以这种方式

费马

（David Smith 收藏）

给他的同行以相当大的影响。他以那么多的重要贡献丰富了那么多的数学分支,以致曾被称做 17 世纪最伟大的法国数学家。

在费马对数学的多种多样的贡献中,最杰出的是对现代数论的奠基。在这个领域中,费马有非凡的直觉和能力。最初吸引费马注意数论的,也许是梅齐利亚克(Bachet de Meziriac)1621 年翻译的丢番图《算术》(Arithmetica)的拉丁文译本。费马在此领域的许多贡献就写在他的梅齐利亚克译作手抄本的页边上。1670 年,在他死后五年,这些笔记由他的儿子萨穆埃尔(Clement - Samuel)编入《算术》新版(印得不大仔细)发表。许多由费马宣布的未被证明的定理,后来已被证明是正确的。现举例说明费马的研究趋向:

1.如果 p 是素数,并且 a 与 p 互素,则 $a^{p-1}-1$ 可被 p 整除。例如,如果 $p=5$, $a=2$,则 $a^{p-1}-1=15=(5)(3)$。此定理被称做费马小定理(little Fermat theorem),是费马在 1640 年 10 月 18 日给德贝西(Frenicle de Bessy)的信中给出的,未作证明。欧拉于 1736 年发表了第一个关于费马小定理的证明(参看问题研究 10.5)。

2.每一个奇素数可用且仅可用一种方式表为两个平方数之差。费马对此命题给了一个简单证明。如果 p 是一个奇数,则我们容易证明

$$p = (\frac{p+1}{2})^2 - (\frac{p-1}{2})^2$$

另一方面,如果 $p = x^2 - y^2$,则 $p = (x+y)(x-y)$。但是,因为 p 是素数,它只有因数 p 和 1。因此,$x+y=p$ 和 $x-y=1$,或 $x=(p+1)/2$ 和 $y=(p-1)/2$。

3.一个形式为 $4n+1$ 的素数可以表成两个平方数之和。例如,$5=4+1$,

355

$13 = 9 + 4, 17 = 16 + 1, 29 = 25 + 4$。此定理是费马在 1640 年 12 月 25 日给梅森的信中最先指出的。欧拉于 1754 年首先证明了它,并且还证明了这种表达式的唯一性。

4. 一个形式为 $4n + 1$ 的素数,作为整数边直角三角形的斜边,仅有一次;其平方有两次;其立方有三次,等。例如,$5 = 4(1) + 1$,这时有 $5^2 = 3^2 + 4^2$;$25^2 = 15^2 + 20^2 = 7^2 + 24^2$;$125^2 = 75^2 + 100^2 = 35^2 + 120^2 = 44^2 + 117^2$。

5. 每一个非负整数可以表成四个或少于四个平方数的和。这个难证的定理是 1770 年由拉格朗日证明的。

6. 整数边直角三角形的面积不能是一个平方数。这也是后来由拉格朗日证明的。

7. $x^2 + 2 = y^3$ 只有一个整数解;$x^2 + 4 = y^3$ 只有两个整数解。这是向英国数学家们提出的一个竞赛题。第一个方程的解是 $x = 5, y = 3$;第二个方程的解是 $x = 2, y = 2$ 和 $x = 11, y = 5$。

8. 不存在正整数 x, y, z,使得 $x^4 + y^4 = z^2$。

9. 不存在正整数 x, y, z, n,使得 $x^n + y^n = z^n$(当 $n > 2$ 时)。这个著名的猜想,称为费马最后"定理"(Fermat's last "theorem")。费马把它写在丢番图的梅齐利亚克译本的手抄本第二卷问题 8 的旁边,这个问题是:"分一给定的平方数为两个平方数。"费马的页边评注断定:"分一立方数为两个立方数,分一个四次幂(或者一般地,任何次幂)为两个同次幂,这是不可能的:我确定找到了一个巧妙的证明,但是页边太窄,写不下。"费马是否真有此问题的一个完善的证明,也许将永远是个谜!从那时起,许多卓越的数学家曾在此问题上试验他的技巧,但是这一般的猜想,至今仍然期待人们去解决。① 在别处,费马对 $n = 4$ 的情况给出了一个证明:欧拉给出了一个 $n = 3$ 的情况的证明(后来由别人加以完善)。大约 1825 年,勒让德和狄利克雷独立地对于 $n = 5$ 的情况给出了证明;拉梅于 1839 年对于 $n = 7$ 证明了此定理。德国数学家库默尔(E. Kummet, 1810—1893)对此问题的研究作了有意义的推进。1843 年,库默尔向狄利克雷提交了一个书面说明,后者指出了其推理中的一个错误。库默尔回过来重新研究它,又过了几年,在称做理想数理论(The theory of ideals)的高等代数中发展一个与之相联系的重要课题,为费马关系式的不可解性导出很一般的条件。现在知道:费马的最后"定理",对于 $n < 125\,000$ 和许多别的特殊的 n 值,确实成立。② 1908 年,德国数学家瓦尔夫斯克尔给哥廷根科学院留下十万马克,作为这个"定理"的第一个完全证明的奖金。结果,追求名利者提出的证明纷至沓来,并且从那以后,这个问题的业余爱好者简直到处都有,就像对于三等分角和化圆

356

---

① 校对注:费马最后定理已被怀尔斯证明。
② 这是最近几年借助于高速电子计算机完成的。

为方问题一样,费马的最后"定理"作为数学问题而享有盛名,原因就在于:对于它,已经发表了许多错误证明。

10. 费马的猜想:对于所有非负整数 n,$f(n) = 2^{2^n} + 1$ 是素数。这个猜想已被证明是错误的;欧拉证明了:$f(5)$ 是合数。已知:对于 $5 \leqslant n \leqslant 16$ 和 n 的至少四十七个其他值(也许最大的是 $n = 1\,945$),$f(n)$ 是合数。$f(5)$,$f(6)$ 和 $f(8)$ 的素因子已找到;$f(9)$ 的一个素因子已找到。

1879 年,在莱顿的图书馆中,在 C·惠更斯手稿中间,发现一篇论文,其中,费马讲到一种一般方法——他可能曾用它作出他的许多发现。这方法被称做费马的**无限递降法**(method of infinite descent)对于确立否定的结论很有用。这个方法,简单地说,是这样的:为了证明与正整数相联系的某关系式是不可能的,假定:反过来,该关系式被一些正整数的特定集合满足。从这个假定出发,证明:同样的关系式对另一较小的正整数的集合成立。于是,再用同方法证明:该关系式对于另一个更小的正整数集合成立,等,以至无穷。因为正整数不能无限减小,所以,开始的假定是站不住脚的,因而,原来的关系式不能成立。为了弄清这个方法,让我们用它重新证明 $\sqrt{2}$ 是无理数。假定 $\sqrt{2} = a/b$,在这里 a 和 b 是正整数。于是

$$\sqrt{2} + 1 = \frac{1}{\sqrt{2} - 1}$$

从而   357

$$\frac{a}{b} + 1 = \frac{1}{\dfrac{a}{b} - 1} = \frac{b}{a - b}$$

并且

$$\sqrt{2} = \frac{a}{b} = \frac{b}{a - b} - 1 = \frac{2b - a}{a - b} = \frac{a_1}{b_1}$$

但是,因为 $1 < \sqrt{2} < 2$,以 a/b 代替 $\sqrt{2}$ 后,再统统乘以 b,我们有 $b < a < 2b$。现在,因为 $a < 2b$,因而有 $0 < 2b - a = a_1$,并且,因为 $b < a$,从而有 $a_1 = 2b - a < a$。重新来一次我们的程序,得 $\sqrt{2} = a_2/b_2$,在这里,a_2 是小于 a_1 的正整数。此程序可以无限地重复。因为正整数不能无限减小;所以 $\sqrt{2}$ 不能是有理数。

我们在 9.9 节中已经讲过,帕斯卡与费马的通信关系为概率论奠了基。应该记得,它是从所谓**得分问题**(porblem of the points)开始的:"在两个被假定有同等技巧的博弈者之间,在一个中断的博弈中,如何来确定赌金的划分,已知两个博弈者在中断时的得分及在博弈中获胜所需的分数。"费马讨论了一个博弈者 A 需要 2 分获胜,另一个博弈者 B 需要 3 分获胜的情况,这是费马对于此种特殊情况的解。因为,显然最多四次就能决定胜负,令 a 表示 A 胜,b 表示 B 胜,

考虑 a 和 b 两个字母每次取 4 个的 16 种排列

aaaa	*aaab*	*abba*	*bbab*
baaa	*bbaa*	*abab*	*babb*
abaa	*baba*	*aabb*	*abbb*
aaba	*baab*	*bbba*	*bbbb*

a 出现等于或多于 2 次,则 A 获胜,有 11 种情况是这样的。b 出现等于或多于 3 次,则 B 获胜,有 5 种情况是这样的。所以,赌金应以 11:5 的比例划分。对于一般情况:A 需要 m 分获胜,B 需要 n 分获胜,我们能写出 a,b 两个字母每次取 $m+n-1$ 个的 2^{m+n-1} 种排列。然后,我们找 a 出现等于或多于 m 次的 α 种情况,和 b 出现等于或多于 n 次的 β 种情况。所以,赌金应以 $\alpha:\beta$ 的比例划分。

帕斯卡利用其"算术三角形"解得分问题,在 9.9 节中讲过。令 $C(n,r)$ 表

358 示从 n 件中每次取 r 件的组合数(参看问题研究 9.13(g)),我们能容易地证明:"算术三角形"的第五条对角线上的数分别为

$$C(4,4)=1,\ C(4,3)=4,\ C(4,2)=6,\ C(4,1)=4,\ C(4,0)=1$$

因为,回到上面讲的特殊的得分问题,$C(4,4)$ 是得 4 个 a 的方式数,$C(4,3)$ 是得 3 个 a 的方式数,等,由此得出:此问题的解为

$$[C(4,4)+C(4,3)+C(4,2)]:[C(4,1)+C(4,0)]=(1+4+6):(4+1)=11:5$$

对于一般情况,A 需要 m 分获胜,B 需要 n 分获胜,我们选择帕斯卡算术阵的第 $(m+n)$ 条对角线。然后,我们求此对角线的前 n 个数的和 α 和此对角线的最后 m 个数的和 β。于是,赌金应依 $\alpha:\beta$ 的比例划分。

帕斯卡和费马在他们 1654 年的有历史意义的通信中考虑到有关得分问题的其他问题,例如,当博弈者超过两个时,或两个博弈者的技巧参差不齐时,赌金该如何划分。帕斯卡和费马的这个工作开数学概率论之先河。惠更斯(Christiaan Huygens,1629—1695)写关于概率论的第一篇正式论文,就是以帕斯卡 - 费马的通信为基础的。雅科布·伯努利(Jakob Bernoulli,1654—1705)的《猜测术》(*Ars conjectandi*)在他死后 1713 年才出版;这部书是这门学科的最优讲述,它包括惠更斯的较早的论文。继这些先行者之后,促进此学科发展的有:棣莫费尔(De Moivre,1667—1754),丹尼尔·伯努利(Daniel Bernoulli,1700—1782),欧拉(1707—1783),拉格朗日(1736—1813),拉普拉斯(1749—1827),和一大批其他数学家。

引人入胜并且有些令人惊异的是:数学家们居然有能力发展这样一门学科(即,数学概率论),它证明的理性的定律能被应用于纯属机遇的场合。这门学科远不是不实际的:通过大试验室中进行的实验,通过与概率有密切关系的保险公司的存在,并通过大商业和战争的推理计算,表明了这一点。

我们在下一章(11.7节)中还要回过来讲费马:在那里,讲他将无穷小用于几何(尤其是他在极大值、极小值方面的工作);就凭这一点,他成了微积分的一位重要的先驱。

10.4　罗伯瓦和托里拆利

本节讲罗伯瓦和托里拆利,一位是法国人,另一位是意大利人,他们是同时代的人,并且都是有成就的几何学者和物理学家,具有类似的数学欣赏力和才能,而且,彼此之间有优先权之争。

罗伯瓦(Gilles Persone De Roberval)是一个好争吵的人,他1602年出生于博韦附近的罗伯瓦,1675年死于巴黎。他采用罗伯瓦(de Roberval)这个领地名,但是,他所著的书从未以此署名。在那还没有杂志的年代里,他的广泛的通信联系对数学的交流起到了媒介作用。他以其作切线的方法和在高次平面曲线领域中的发现而闻名。他致力于考虑一种曲线:它是由这样一个动点生成的,其运动由两个已知运动复合而成。例如,在抛物线的情况下,我们可以考虑离开焦点和离开准线这两个运动。因为此动点与焦点的距离和与准线的距离总是彼此相等的,所以这两个运动的速度矢量必定也是等量的。由此得出:抛物线上点上的切线,平分该点的焦半径与过该点所作准线的垂线的夹角(图92)。

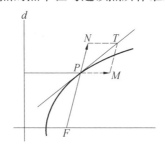

图 92

上述的切线的概念,托里拆利也有;并且发生了优先权之争。罗伯瓦还自称他是在微积分以前的卡瓦列利的不可分元法的发明者(将在11.6节中讨论),并且,在托里拆利之前解决了旋轮线的求积问题。这些优先权的问题难以解决,因为罗伯瓦经常迟迟不肯发表他的发现。有一件事能说明他为什么要推迟:自1634年开始,他保持皇家学院(College Royale)的讲座席位达四十年之久。这个席位每隔三年自动空缺,由公开的数学竞赛决定由谁担任,而竞赛的题目是由即将离职的教授出的。罗伯瓦为了保持其职位,常利用其未泄漏的发现出竞赛题,使得:他自己找到答案,而他的竞争者则也许难找到。不管怎样,罗伯瓦总是成功地运用不可分元法求出了许多面积、体积和形心。尽管他在几何上有不少成就,但是他的主要兴趣是在物理学。

托里拆利(Evangelista Torricelli)有些神经质,1608 年出生于意大利的法恩扎附近,1647 年死于佛罗伦萨。虽然他比伽利略小四十四岁,只在这位大师生命的最后五年,就师于他。他终年三十九岁,帕斯卡在这之后十五年逝世。也许颇有点传奇色彩的是:托里拆利因罗伯瓦指责他抄袭,在惶恐不安中死去。

我们曾经指出过:伽利略重视旋轮线的优美的形式,并建议用它作为建筑物的拱。1599 年,伽利略还试图:以旋轮线样板与其生成圆的样板相平衡的办法,确定此曲线一拱下的面积。他得出不正确的结论:一拱下的面积非常接近(但不准确地等于)其生成圆的面积的三倍。他的学生托里拆利 1644 年用古代的无穷小法给出如下结论:其一拱下的面积准确地(exactly)是其生成圆面积的三倍,并提供了第一个发表了的数学证明。托里拆利同时发表了在旋轮线的给定点上作该线的切线的方法。他没有提到罗伯瓦早就得到了此面积和此切线的事实,所以,1646 年,罗伯瓦写信指责托里拆利抄袭。现在清楚了:是罗伯瓦先发现,托里拆利也许独立地重新发现了这两个结果。

为了求切线,两个人都采用运动的合成方法,在前面联系到作抛物线的切线曾讲到。在旋轮线的场合,该曲线上的点 P 可被看做是:服从两个相等的运动,一个是位移,一个是转动。当其生成圆沿着水平基线 AB 转动(图 93)时,点 P 在绕其生成圆的圆心转动的何时又被带得作水平方向移动。所以,我们过 P 画一水平向量 $\overrightarrow{PR}$,表示其平移分量;再过 P 作其生成圆的切线方向向量 $\overrightarrow{PS}$,表示其转动分量由于这两个向量有相等的量,所求的该旋轮线的切线在由这两个向量形成的 RPS 的平分线上。

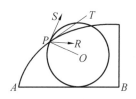

图 93

费马向托里拆利提出这么个问题,即:在一个三角形的平面上确定一个点,使得它与这三个顶点的距离的和为极小值。托里拆利的解,于 1659 年由其学生维维亚尼(Viviani)发表。此点现在以三角形的**等角心**(isogonic center)著称,它是自古希腊数学时期以来,所发现的三角形的最值得注意的点。雅科布·史坦纳(Jacob Steiner)后来提供了此问题的一个巧妙而简单的分析。[①]1640 年,托

---

① 参看,例如,R. A. Johnson. Modern Geometry. pp. 218-25. and Richard Courant and H. E. Robbins. What Is Mathematics? pp. 354-61.

托里拆利

（David Smith 收藏）

里拆利求得对数螺线的弧长。此曲线之求长，在两年前，笛卡儿就做出了；并且，此曲线是继圆之后，第一个被求长的曲线。

1641 年，托里拆利指出：一个无限的面积绕其所在平面的一个轴旋转，有时能生成有有限体积的回转体。例如，被双曲线 $xy = k^2$（在这里，横坐标 $x = b$（$b > 0$），并且，x 轴是无限的）界定的面积绕 x 轴旋转形成的回转体的体积是有限的。无论如何，托里拆利不是指出此异乎寻常的事实的第一人。 *361*

托里拆利以其对物理学的贡献而享有盛名：他发展了气压计的理论，对计算重力加速度的值做了不少工作，对抛射体理论和流体运动的研究有贡献。

10.5　惠更斯

伟大的荷兰天才惠更斯度过了他平静而顺利的，但有显著成果的一生。他 1629 年出生于海牙，在莱顿就学于小弗朗斯·范·朔滕。1651 年他 22 岁时，发表了一篇论文，指出圣文森特（Saint-Vincent）在其论述化圆为方问题的著作中犯的错误。接着又写了许多论述圆锥曲线的求积和以斯内尔的加细方法计算 π 的经典方法的小册子（参看 4.8 节）。1654 年他和他的兄弟设计了一种新的 *362* 研磨和抛光透镜片的方法，并因此他可能解决许多观察天文学（observational astronomy）中的问题，例如，土星的环和卫星的性质。从事天文学的工作需要有更为准确的计时手段，这使他在两年之后发明了摆钟。

1657 年，惠更斯在帕斯卡－费马通信的基础上，写出了关于概率论的第一篇正式论文。惠更斯解决了许多有趣而又不容易的问题，他还引进了"数学期

惠更斯

（David Smith 收藏）

望"这个重要概念。如果 p 表示一个人获得金额 s 的概率，则 sp 被称为他的**数学期望**（mathematical expectation）。特别是，他还证明了：如果 p 是一个人获得金额 a 的概率，q 是他获得金额 b 的概率，则他可以希望获得金额 $ap + bq$。

帕斯卡的《思想录》（或《关于宗教和其他主题的思想》）发表于他死后八年，在这部书中有数学期望概念的似是而非的应用。他争论说：因为永恒的快乐的价值是无限的，因而，即使宗教生活担保获得快乐的概率非常小，该期望（以二者的乘积来度量）必定足够使它（指宗教生活）成为值得的。

1665 年，惠更斯为了享受路易十四给他的年金迁到巴黎。1668 年，他从巴黎寄给伦敦皇家学会一篇论文，其中，他经验地证明了：两个物体在给定方向上的合动量，在碰撞前后是一样的。

惠更斯的最伟大的著作《钟表的摆动》（*Horologium oscillatorium*），1673 年于巴黎问世。这部著作分五部分（或五章）。第一部分讲作者 1656 年发明的摆种。第二部分讨论真空中的自由落体，在平滑斜面上滑动的物体或沿着平滑曲线滑动的物体。在这里他证明了侧旋轮线的等时性，即一个重质点，不管它从拱的哪一点开始下降，以同样长的时间达到侧旋轮拱的底。在第三部分中，论及渐屈线和渐伸线。平面曲线的**渐屈线**（evolute）是该曲线法线的包络，而任一以给定曲线为其渐屈线的曲线，称为给定曲线的**渐伸线**（involute）。作为他的一般理论的应用，惠更斯求出了抛物线和旋轮线的渐屈线。在前一种场合、他得到一条半三次抛物线。在后一种场合，得到同样大小的另一条旋轮线。在该书的第四部分中，可以找到复摆的论述，还有一个关于摆动中心和悬置点可以互换的证明。这部著作的最后一部分讲钟的理论。在这里，我们见到旋转摆的说

363

明(参看问题研究 10.7);在旋轮摆中,摆动周期与摆动幅度的大小无关,而对于单摆的摆动周期来说,这只是近似的。最后部分,以十三个关于圆周运动中离心力的定理结束,尤其是,讲到离心力的大小与线速度的平方成正比,与圆的半径成反比。1675 年,在惠更斯的指导下做成了第一个用平衡弹簧调整的表,送给路易十四。

1681 年,惠更斯回到荷兰,作了一些焦距很大的透镜,并且发明了望远镜上用的消色差的目镜。1689 年,他访问英国,结识了牛顿,并很赞赏牛顿的工作。不久他回到荷兰,几年后发表了一篇论述光的波动说的论文,并在此理论的基础上,用几何的方法推出反射和折射定律,解释了双折射现象。同时,牛顿提出了光的微粒说,他的名望促使同辈科学家们(比起波动说来)赞同他的微粒说。

惠更斯还写了许多小册子。他求了丢克莱斯蔓叶线的长,研究了悬链线的几何,悬链线是由假定挂在不同一垂线上的两个支点上的、有均匀线密度的、完全柔软的、不可伸展的链导出的。他写了关于对数曲线的论文,对于多项式给出了费马极大、极小法则的现代形式,并且使数学在物理学中得到许多应用。

和牛顿给出的许多证明一样,惠更斯的证明几乎都是用希腊几何方法很严格地完成的。从他的著作推测,他没有掌握解析几何的富有成效的新方法和微积分。惠更斯 1695 年死于他出生的城市。

10.6　17 世纪法国和意大利的一些数学家 364

有些 17 世纪的名声较小的数学家,也应该简短地提一提。我们在本节和下面两节中依地域介绍他们。

法国人梅齐利亚克(Bachet de Meziriac,1581—1638)是一位值得注意的研究丢番图方程的欧洲早期数学家。他的令人喜爱的《既有趣又令人惬意的问题》(problems plaisants et delectables)一书于 1612 年问世,又于 1624 年增订;它包括许多算术游戏和问题,它们曾再现于所有后来的数学谜语和游戏的汇编中。1621 年,他出版了丢番图《算术》的希腊文本的一种版本,附有拉丁文译文及注释。它就是费马作他的著名的页边注所用的版本。

另一位数论学家,并且在许多领域中有大量著述的作者,是天主教米尼玛派① 教士(the Minimite friar)梅森(Marin Mersenne,1588—1648)。他和同时代的最伟大的教学家保持经常的通信联系,并且被誉为:有定期数学杂志之前的数学概念的交换站。他编辑了许多希腊数学家的著作,并且对各种各样的课题有

---

① 译者注:指对教皇"万无一失论"持最低限度赞同态度的教派。

过论述。尤其是以所谓**梅森素数**(即 $2^p - 1$ 形式的素数)闻名,并在 1644 年发表的《物理数学随感》(*Cogitata physico-mathematica*)中两个地方讨论到它。在 3.3 节中,讲到过梅森素数与完全数的联系。$p = 4\,253$ 的梅森素数是第一个已知的超过 1 000 位(二进制)的素数,并且,$p = 216\,091$ 是截止到 1986 年已知的最大的素数。由于现代计算机有了显著改进,继续记录这方面的最新成果,也许没多大意义。

笛卡儿的一个朋友迈多治(Claude Mydorge, 1585—1647)是一位几何学家兼物理学家。他发表了一些关于光学的著作和一部分综合论述圆锥曲线的著作,他简化了阿波洛尼乌斯的许多冗长证明。他留下一部有趣的书,该书包括超过一千个几何问题的陈述和解法;还为洛伊雷颂著的《数学游戏》(*Recreations mathematiques*)编了个通俗本。

我们在 9.8 节中已经讲到过拉伊雷(Phillipe La Hire, 1640—1718)的著作,他曾被描述为多才多艺的人,是一位画家、建筑师、天文学家和数学家。除了前面讲过的他的关于圆锥曲线的著作外,他还写了关于图解法,多种类型的高次平面曲线和幻方的著作。他用**球状射影**(globular projection)作地球的地图,他不像托勒枚的球极平面射影那样,以球的极点为投影中心(参看问题研究 6.10),而是以半径延长过极点到球外距离为 $r \sin 45°$ 处为投影中心。

365

在较小的意大利数学家中,应该在这里提到的是:维维亚尼(Vicenzo Viviani, 1622—1703),他也是伽利略的弟子,对物理和数学都感兴趣。此人一生享有盛誉。他的几何成就有:确定旋轮线的切线,但是,在他之前,有几个人解决过这个问题。1692 年,他提出了下列的受到广泛注意的问题:在一个半球圆屋顶上取四个相等大小的窗口,使得余下的表面可被弄成正方形。证明这是可能的。许多著名的同时代数学家提供了正确解。维维亚尼利用等轴双曲线解决了三等分角的问题。

应该提到著名的意大利 - 法国卡西尼家族。这个家族中有好几个人,对天文学作出了值得注意的贡献,并把数学熟练地运用于天文学。卡西尼科学王朝始于 G·D·卡西尼(Giovanni Domenico Cassini),他 1625 年出生于意大利的佩里纳多(Perinaldo),1712 年死于巴黎。**卡西尼曲线**(Cassinian curve)是与两个固定的焦点距离的乘积为常数的动点的轨迹。在一族共焦点的卡西尼曲线中,得到了伯努利的横 8 字形双纽线,但这个事实直到 18 世纪才受到注意。卡西尼曲线可作为平行于圆环面的轴的平面与圆环面的交线而得到。G·卡西尼在波洛尼亚(意)任天文学教授,但是,1669 年,被路易十四请到巴黎,在那里,在 1671 年,成为法兰西的第一位皇室天文学家。因为他入了法国籍,他的第二个儿子 Jacques Cassini(1677—1756)在那里出生,卡西尼家族的这个分支就在法国延续。1712 年,J·卡西尼继承父业,任皇室天文学家;1756 年,J·卡西尼之子 Cesar

Francois Cassini 也继其父业；依次，又由他的一个儿子 Jacques Dominique Cassini (1748—1845)继任。这几个人都坚持了这个家族的传统，对科学作出了贡献。

10.7 17 世纪德国和低地国家的一些数学家

德国人 16 世纪在数学上得到的幸运的进展没能持续到 17 世纪。三十年战争(1618～1648)和后来在日耳曼国家中的不安宁，使得这个世纪在那里不宜于获得智力上的进展。开普勒和莱布尼茨出色地成为这个时期仅有的第一流德国数学家；我们将要在这里提到的唯一的德国小数学家是契尔恩豪森 (Ehrenfried Walthervon Tschirnhausen, 1651—1708)。契尔恩豪森长时间地致力于数学和物理学，在曲线的研究和方程论方面留下了他的印记。1682 年，他引进并研究了**回光曲线**(catacaustic curves)；它是这样一种曲线：从一个光源发出并由一给定曲线反射之后的光线的包络线。特殊的正弦螺线：$a = r \cos^3(\theta/3)$，被称做**契尔恩豪森的三次曲线**(Tschirnhausen's cubic)；一般的正弦螺线 $r^n = a\cos n\theta$(n 为有理数)，1718 年被麦克劳林研究过(请参看问题研究 10.8)。在方程论方面，契尔恩豪森特别以下列变换而闻名，它把一个 x 的 n 次多项式变成 y^{n-1} 和 y^{n-2} 的系数均为零的 y 的 n 次多项式。此变换，1786 年被布林(E.S. Bring)应用于五次多项式，并且，在用椭圆函数求五次方程的超越解中起重要作用。后来，1834 年，杰兰德发现一个契尔恩豪森变换，它把 x 的 n 次多项式方程变换成 y 的 n 次多项式方程，在其中，y^{n-1}，y^{n-2}，y^{n-3} 的系数均为零。

366

尽管处于动乱的时代，现在称做低地国的地区，17 世纪，还是产生了许多声望较小的数学家。斯内尔(Willebrord Snell, 1580 或 1581—1626)联系他的关于圆的量法的著作已经被提到过。他是一个神童，据说他十二岁就熟悉当时的标准数学著作。**斜驶线**(loxodrome，地球上，与经线成常角的轨道)起源于斯内尔，他是极球面三角形的性质的最早的研究者。这些，后来首先由韦达讨论过。

基拉德(Albert Girard, 1595—1632)看来主要生活于荷兰，也对球面几何和三角学感兴趣。1626 年，他发表了一篇关于三角术的论文，在其中最先使用了我们的缩写 sin(正弦)，tan(正切)，sec(正割)。他得到了球面三角形的面积以其球面角盈表达的公式。基拉德还是一位很强的代数学家。他编辑了斯蒂文 (Simon Stevin)的著作。

圣文森特(Gregoire de Saint-Vincent, 1584—1667)是 17 世纪的卓越的圆求积者。他应用微积分前的方法于多种求积问题。

小范·朔滕(Frans van Schooten, 1615—1660 或 1661)是一位数学教授，他编辑过笛卡儿的《几何学》的一个拉丁文译本，给惠更斯、胡德和斯卢兹都教过数学。他写了关于透视的著作，编辑过韦达的著作。他的父亲老范·朔滕和他的异母兄弟 P·范·朔滕(Petrus van Schooten)也是数学教授。

胡德(Johann Hudde,1633—1704)是阿姆斯特丹的市长。他写了关于极大值、极小值和方程论的论文。在后面这个课题上,他给出了一个与我们现在的方法等价的求一个多项式的多重根的灵巧的规则;我们现在是求多项式和它的导数的最高公因式的根。

斯卢兹(Rene Fransois Walter de Sluze,1622—1685)是教会的一名圣徒,写过许多数学方面的小册子。他讨论螺线、拐点,和几何平均值的求法。$y^n = k(a-x)^p x^m$(在这里,指数是正整数)这族曲线,以他的名字命名,称做**斯卢兹珍珠线**(pearls of Sluze)。

最后,我们讲一讲梅卡托(Nicolaus Mercator,大约 1620~1678),他出生于荷尔斯泰因(后来成为丹麦的一部分),但是,他大半辈子是在英国度过的。他编辑了欧几里得《原本》,写了关于三角学、天文学,对数计算和航行绘图学的书。级数

$$\ln(1+x) = x - \frac{x^2}{2} + \frac{x^3}{3} - \frac{x^4}{4} + \cdots$$

是圣文森特独立发现的,有时称做梅卡托级数(Mercator's series)。它对于 $-1 < x \leqslant 1$ 收敛;并且能很令人满意地用于对数计算(参看问题研究 10.11)。球的一种熟悉的投影被人们称做**梅卡托投影**(Mercator's projection)在其中,斜驶线表现为直线),不是起源于 Nicolaus Mercator,而是起源于 Gerhardus Mercator(1512—1594)。

10.8 17 世纪英国的一些数学家

大不列颠,在 17 世纪,有一些声名较小的数学家。在别处,我们已经讲到过布龙克尔(William Viscount Brouncker,1620—1684)。他是伦敦皇家学会的创始人之一,曾为第一任主席,并且与沃利斯、费马和其他第一流数学家保持联系。他写关于抛物线和旋轮线的求长法的论文,并且毫无顾虑地用无穷级数表达他不能用别的办法确定的量。例如,他证明:被等轴双曲线 $xy = 1$,x 轴和纵线 $x=1$,$x=2$ 围住的面积等于

$$\frac{1}{(1)(2)} + \frac{1}{(3)(4)} + \frac{1}{(5)(6)} + \cdots$$

而且也等于

$$1 - \frac{1}{2} + \frac{1}{3} - \frac{1}{4} + \cdots$$

布龙克尔是研究和使用连分数性质的第一位英国作者。我们曾在 4.8 节中给出 $4/\pi$ 的他的有趣的连分数展开式。

苏格兰数学家格雷哥里(James Gregory,1638—1675)也在别处(4.8节)被提到过。1668年和1674年,他相继地在安德鲁斯(St.Andrews)和爱丁堡任数学教授。他对物理学也同样感兴趣,还发表了一部关于光学的著作,在其中叙述了以他的名字命名的反射望远镜。在数学方面,他把 arctan x, tan x, arcsec x 展开成无穷级数(1667),并且是他最先区别开收敛级数与发散级数。他给出了用欧几里得工具化圆为方的不可能性的一个天才的但不令人满意的证明。在 π 的 368 计算中起重要作用的级数

$$\arctan x = x - \frac{x^3}{3} + \frac{x^5}{5} - \frac{x^7}{7} + \cdots$$

是以他的名字命名的。在他由于天文观察造成的眼疲劳而失明后不久,很年轻就死了。有趣的是:他的侄子戴维·格雷哥里(David Gregory,1661—1708)从1684到1691年也在爱丁堡任数学教授,之后,又被任命为牛津大学天文学的萨魏里讲座教授。他也对光学感兴趣,写过关于此科目以及关于几何学和牛顿理论的论文。

有人说:要不是1666年的伦敦大火,伍伦爵士(1632—1723)就不会以建筑师而以数学家闻名于世。从1661到1673年,他在牛津大学任天文学的萨魏里讲座教授,同时任皇家学会的主席。他写了关于物体碰撞的定律,涉及光学、流体力学及其他在数学物理和天体力学方面的课题。1669年,他发现在单叶双曲面上有两组母线(systems of rulings)。他是证明旋轮线的一拱与其生成圆半径的八倍等长的第一个人(1658)。但是,在大火之后,伍伦在重建圣保罗大教堂和也许不只50个别的教堂和公共建筑中,起到卓越的作用,这使得他作为建筑师的名望超过了他作为数学家的名望。他死后葬于圣保罗大教堂,并立了个适当的墓志铭:Si monumentum requiris,circumspice(如果你找纪念碑,就审视一下你四周)①。

也许还应该提一提虎克(Robert Hooke,1635—1703)和哈雷(Edmund Halley,1656—1742)虽然他们在与数学有密切联系的领域中的成就比在数学方面大得多。虎克在格雷沙姆学院任几何学教授差不多40年。由于他的关系到拉长的弹簧的应力和应变的定律,每一个学过初等物理的学生都知道他。他发明了圆锥形的摆,并试图求行星围绕太阳所遵从的力的定律(后来,牛顿证明是反平方定律)。他和惠更斯都设计了用平衡弹簧控制的钟。哈雷接替沃利斯任几何学的萨魏里讲座教授,后来成为皇家天文学者。他根据猜测,复原了阿波洛尼乌斯的《圆锥曲线》失传了的第八卷,编辑了多种古希腊著作,其中有些是从阿拉伯文译过来的(虽然他对这种文字连一个字也不认得)。他还编了一套死亡率

———————————

① 美国人之所以对他们感兴趣,是由于:弗吉尼亚威廉斯堡(Williamsburg)的 Colledge of William and Mary 有一座伍伦楼,它是 C·伍伦爵士设计的,建于1695年。这是美国至今仍在用的日子古老的学院建筑。在 William and Mary Law School 里还有在染色玻璃书板上画的伍伦的大肖像。

伍伦

（David Smith 收藏）

369　表,现在生命保险业务中用的表就是以它为基础的。他的主要贡献在天文学方面,而且是高水平的。他对其他学者是和善而慷慨的,不像虎克那样妒忌、好发脾气。他的大部分著作是 18 世纪写的。

问题研究

10.1　几何式代数

　　(a)给定一单位线段和长度为 x 的线段,用圆规和直尺作长度为 x^2, x^3, $x^4, \cdots$ 的线段。

　　(b)给定一单位线段和长度为 x, y, z 的线段,作长度为 xy 和 xyz 的线段。

　　(c)给定一单位线段,证明:如果 $f(x)$ 和 $g(x)$ 是 x 的具有以给定线段表示的系数的多项式,我们可对应于为 x 选定的任何线段作一长度为 $y = f(x)/g(x)$ 的线段。

　　(d)给定一个二次方程 $x^2 - gx + h = 0, g > 0, h > 0$。以长度为 g 的线段为直径作半圆 C,然后,在与直径的距离为 $\sqrt{h}$ 处作它的平行线,割 C 于点 P,从点 P 作圆 C 直径的垂线,分直径为 r 和 s 两部分。试证明: r 和 s 表示给定的二次方程的根。用此法解方程 $x^2 - 7x + 12 = 0$。

　　(e)给定一个二次方程 $x^2 + gx - h = 0, g > 0, h > 0$。以长度为 g 的线段为
370　直径作圆 C;然后,对 C 作一切线,从切点开始截一长度为 $\sqrt{h}$ 的线段。从此切

线段的另一个端点,作过圆心 C 的割线。令整个割线为 r,其圆外的一段为 s,试证明:$-r$ 和 s 表示给定的二次方程的根。用此法解方程 $x^2 + 4x - 21 = 0$。

10.2 笛卡儿的《几何学》

(a)给定五条直线 $L_1, \cdots, L_5$,如图 94 所示。令 p_i 表示点 P 到直线 L_i 的距离。取 L_4 和 L_5 为 x 轴和 y 轴,求依下述条件运动的点 P 的轨迹的方程

$$p_1 p_2 p_3 = a p_4 p_5$$

这轨迹是牛顿称之为**笛卡儿抛物线**(Cartesian parabola)的三次曲线,有时也称做**三叉戟**(trident),在《几何学》中常出现。

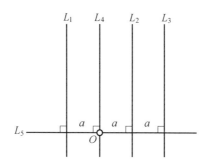

图 94

(b)证明我们可以用欧几里得工具作出任意多的处于轨迹(a)上的点。

(c)给定任何四条直线 L_1, L_2, L_3, L_4,令 p_i 表点 P 与直线 L_i 的距离。试证明:使得 $p_1 p_2 = k p_3 p_4$ 的点 P 的轨迹为二次曲线。

(d)用笛卡儿的作切线的方法,过抛物线 $y^2 = 2mx$ 上一点 (x_1, y_1) 作切线,并且证明它导出下列事实:次法距(即法线在抛物线和它的轴之间的一段在轴上的投影)是定长的,等于抛物线的正焦弦的一半。

10.3 笛卡儿的符号规则

(a)如果 $c_1, c_2, \cdots, c_m$ 是任何 m 个非零实数,并且,如果这个序列的两个相邻项异号,我们说:这两项呈现一个变号。用此概念,我们可以陈述笛卡儿符号规则(其证明可以在任何一本关于方程论的课本中找到)如下:设 $f(x) = 0$ 为一实系数多项式方程,并依 x 的降幂排列;则此方程的正根个数或等于 $f(x)$ 系数中呈现的变号数,或少于此变号数一个正偶数。负根个数或等于 $f(-x)$ 的系数中呈现的变号数,或少于此变号数的一个正偶数。一个 m 重根,看做是 m

371

个根。试用笛卡儿的符号规则研究下列方程的根的性质:

1. $x^9 + 3x^8 - 5x^3 + 4x + 6 = 0$;
2. $2x^7 - 3x^4 - x^3 - 5 = 0$;
3. $3x^4 + 10x^2 + 5x - 4 = 0$。

(b)试证明 $x^n - 1 = 0$,当 n 为偶数时,正好有两个实根,当 n 为奇数时,只有一个实根。

(c)试证明: $x^5 + x^2 + 1 = 0$ 有四个虚根。

(d)试证明:如果 p 和 q 是实根,并且 $q \neq 0$,则方程 $x^3 + px + q = 0$,当 p 为正数时,有两个虚根。

(e)试证明:如果一个多项式方程的根全是正的,则其系数的符号正负交替。

10.4 来自笛卡儿的问题

(a)作笛卡儿的叶形线

$$x^3 + y^3 = 3axy$$

直线 $x + y + a = 0$ 是一条渐近线。

(b)求此笛卡儿叶形线的对应的极坐标方程。

(c)设 $y = tx$,并且得出该叶形的以 t 为参数的方程。求当描出曲线上的圈、下臂和上臂时 t 值的范围。

(d)以笛卡儿叶形线的结点为原点,以其对称轴为 x 轴,求其笛卡儿方程。

(e)笛卡儿的分解四次方程的解法,采用待定系数法。作为一个例子,考虑四次方程

$$x^4 - 2x^2 + 8x - 3 = 0$$

令方程的左端等于 $x^2 + kx + h$ 和 $x^2 - kx + m$ 两个二次因式的乘积。通过使方程的两边对应系数相等,得出关于 k, h, m 的三个关系式。从三个关系式中消去 h 和 m,得 k 的六次方程,它可以看做是 k^2 的三次方程。于是,原来的四次方程的求解,被归结为求解一个相联系的三次方程。知道 k^2 的三次方程的一个根是 $k^2 = 4$,可以得到原四次方程的四个根。

372

10.5 费马定理

大约 1760 年,欧拉提出并解决了确定小于正整数 n 并与 n 互素的正整数的个数的问题。此数现通常用 $\phi(n)$ 表示,称为 n 的欧拉的 ϕ 函数(有时也称为 n 的指示数(indicator 或 totient))。例如,如果 $n = 42$,则可看出只有 1, 5, 11, 13,

17,19,23,25,29,31,37 和 41 这 12 个整数是小于 42 并与 42 互素的正整数。所以，$\phi(42) = 12$。

(a)对于 $n = 2, 3, \cdots, 12$，求 $\phi(n)$。对于所有的 $n \leqslant 10\,000$ 给出 $\phi(n)$ 的值的表已由 J·W·L·格雷舍(Glaisher, 1848—1928)算出。

(b)如果 p 是素数，求证 $\phi(p) = p - 1$ 和 $\phi(p^n) = p^n(1 - 1/p)$。

(c)可以证明：如果 $n = ab$，其中 a 与 b 互素，则 $\phi(n) = \phi(a)\phi(b)$，利用此事实，由(a)的结果计算 $\phi(42)$；并且证明：如果 $n = p_1^{a_1} p_2^{a_2} \cdots p_r^{a_r}$(其中 $p_1, p_2, \cdots,$ p_r 互素)，则

$$\phi(n) = n(1 - 1/p_1)(1 - 1/p_2) \cdots (1 - 1/p_r)$$

用这最后的公式计算 $\phi(360)$。

(d)欧拉证明了：如果 a 是任何与 n 互素的正整数，则 $a^{\phi(n)} - 1$ 可被 n 整除。证有费马小定理是这个结论的特殊情况。

(e)试证明：为了证明费马最后"定理"，只考虑素数 $p > 2$ 就够了。

(f)假定费马最后"定理"成立，试证明：曲线 $x^n + y^n = 1$(n 是大于 2 的正整数)，除了与坐标轴的交点外，不含有理坐标的点。

(g)假定 10.3 节的第 6 项(整数边直角三角形的面积不可能是平方数)，证明：$x^4 - y^4 = z^2$ 没有正整数 x, y, z 为它的解；然后，对于 $n = 4$ 的情况，证明费马最后"定理"。

(h)用费马的无限递降法证明 $\sqrt{3}$ 是无理数。

10.6　得分问题

在下列的随机博弈中，如何在两个有相等技巧的博弈者 A 和 B 之间划分赌金：

(a)用费马的方法算：正面数 $\geqslant 1$，A 胜；正面数 $\geqslant 4$，B 胜。

(b)用帕斯卡的方法算：正面数 $\geqslant 3$，A 胜；正面数 $\geqslant 4$，B 胜。

10.7　来自惠更斯的问题

(a)一个博弈者，掷单个骰子。得 6，则赢得 300 元，问他的数学期望是什么？

(b)假定一个博弈者，掷单个骰子，得 6，赢得 300 元；得 5，赢得 600 元，问他的数学期望是多少？

下面是惠更斯解的概率问题的一些例子：

1. 甲和乙交替地掷一对普通骰子。如果在乙得 7 后，甲得 6，则甲获胜；如

373

果甲得 6 之后,乙得 7,则乙获胜。如果甲先掷,则他获胜的机会与乙获胜的机会之比为 30:31。

2. 甲和乙每人取十二个筹码,用三个骰子进行博弈,方法如下:如果得 11,甲给乙一个筹码,如果得 14,乙给甲一个筹码;并且谁先得到所有的筹码,谁获胜,则甲获胜的机会与乙获胜的机会之比为 244 140 625:282 429 536 481。

3. 甲和乙用两个骰子进行博弈:如果得 7;甲获胜;如果得 10,乙获胜;如果得任何别的数就不分胜负,则甲获胜的机会与乙获胜的机会之比为 13:11。

(c)利用旋轮线的等时性和一条旋轮线的**渐屈线**(evolute)是同样大小的另一条旋轮线这个事实,证明:在一条反旋轮线的两个相继的拱之间摆动的摆(图 95)必定以常周期摆动。

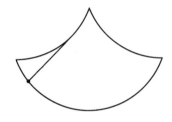

图 95

(d)一个系在绳的末端的球,作匀速圆周运动,每秒转一圈。如果绳长扩大一倍,而转动周期减半,那么离心力和第一种情况相比如何?

10.8　高次平面曲线

(a)取笛卡儿直角坐标系上的点 $(-a,0)$ 和 $(a,0)$ 为一条卡西尼曲线的焦点,并以 k^2 表示距离的不变的乘积,求此曲线之笛卡儿方程。

(b)试证明此曲线的对应的极坐标方程为

$$r^4 - 2r^2a^2\cos 2\theta + a^4 = k^4$$

注意:如果 $k = a$,此曲线就成了**伯努利双纽线**[①]（Lemniscate of Bernoulli）

$$r^2 = 2a^2\cos 2\theta$$

(c)试证明:伯努利双纽线是半径为 $a/2$ 的圆的蔓叶线(参看问题研究 4.4);并且,对于距离其中心 $a\sqrt{2}/2$ 的极点 0,是它本身。

(d)仔细描出等轴双曲线 $xy = k^2$,并且,画出以双曲线上的点为圆心又通过原点的一族圆中的几个。这族圆的包络线是伯努利双纽线。

374

———————————

① Jakob Bernoulli(1654—1705)于 1694 年如此命名(从意思为"丝带"的希腊字来的)。其主要性质于 1750 年被意大利 G·C·法尼亚诺伯爵(Fagnano,1682—1766)发现,他还证明了其求长导致椭圆积分。

(e)用这一事实,即过(b)中伯努利双纽线上的一点的法线与该点的向径的夹角为 2θ,说明如何作该双纽线的切线。

(f)试证明:我们有正弦螺线 $r^n = a\cos n\theta$(在这里,n 是有理数)的下述特殊情况:

n	曲线
-2	等轴双曲线
-1	直线
$-\dfrac{1}{2}$	抛物线
$-\dfrac{1}{3}$	契尔恩豪森三次曲线
$\dfrac{1}{2}$	心脏线
1	圆
2	伯努利双纽线

(g)**圆外旋轮线**(epicycloid)是在一个固定的基圆外面滚动的某圆上的一点的轨迹。对于处于无限远的一个光源,一个圆的回光线,是其基圆与给定圆共心,其半径为给定圆半径的一半的两个尖点的圆外旋轮线。两个尖点的圆外旋轮线称做**肾脏线**(nephroid)。以圆周上的点为光源的该圆的回光线是其基圆与给定圆同心,其半径为给定圈半径的1/3 的一个尖点的圆外旋轮线。一个尖点的圆外旋轮线是**心脏线**(cardioid)。雅可布·伯努利于 1692 年证明:心脏线的回光线,当光源在心脏线的尖点上时,是一条肾脏线。圆的回光线可被看做杯中咖啡表面上或圆餐巾环内餐桌上的光亮曲线。试用一杯液体和一个移动光源观察圆的一些回光线。

10.9 梅齐利亚克提出的数学游戏问题

下面是从梅齐利亚克的《既有趣又令人惬意的问题》中找到的一些算术游戏问题。它们和梅齐利亚克的其他问题,也能在 Ball - Coxeter 的《数学游戏和小品》(*Mathematical Recreation and Essays*)中找到。

(a)(1)要求一个人秘密地选定一个数,然后,三倍它。(2)问他,这两个数的乘积是偶数还是奇数。如果是偶数,要求他取其一半,如果是奇数,要求他加上 1 再取其一半,(3)告诉他,把(2)中的结果乘以 3,并且要他告诉你从这个乘积中最多可以取出 9 的多少个整数倍。譬如说 n 个。(4)于是原来选定的数是 $2n$ 或 $2n + 1$,依步骤(1)中的结果是偶数或奇数而定。试证明之。

375

(b)要求一个人秘密地选定一个小于 60 的数,要他宣布用 3、用 4、用 5 除此数所得的余数 a, b, c;则原来选定的数即 $40a + 45b + 36c$ 除以 60 所得的余数。试证明之。

(c)告诉甲秘密地选定多于 5 的任何数目的筹码,并且乙取 3 倍那么多。要求甲给乙 5 个筹码,然后,要求乙转给甲相当于甲余下的 3 倍。你现在可以告诉乙,他有 20 个筹码。说明为什么如此,并且推广到一般情况,将这里的 3 和 5 代以 p 和 q。

(d)甲秘密地从一对数(一个奇数,另一个是偶数)中选一个数,另一个数被给予乙。要求甲双倍他的数,乙三倍他的数。求两个乘积的和。如果这个和是偶数,则甲选的是奇数;否则,甲选的是偶数。试说明之。

(e)要求某人考虑一个钟点,譬如说 m;然后,触到表上标着某个别的钟点,譬如说 n。如果从触到的这个数开始按逆时针方向逐次地轻敲表上的数,同时,心里数着 $m, m + 1$ 等,一直数到 $n + 12$,则最后敲到的数就是他原来想的数。试证明之。

10.10　一些几何问题

(a)用罗伯瓦方法证明:有心圆锥曲线上一点的切线平分过该点的两个焦半径的夹角。

(b)**球面度**(spherical degree)定义为等于整个球面的 1/720 的任何球面面积。试证明:角为 $n°$ 的球面二角形的面积等于 $2n$ 球面度。

(c)试证明以球面度计算的球面三角形的面积等于该三角形的球面角盈。

(d)试证明球面角盈为 E 的球面三角形的面积 A 为

$$A = \frac{\pi r^2 E}{180°}$$

其中 r 是该球的半径。

(e)求直径为 28 英寸的球面上的三直角三面形的面积。

(f)试用积分法证明:由双曲线 $xy = 6$,纵线 $x = 2$ 和 x 轴界定的面积是无限的。另一方面,证明此面积绕 x 轴旋转所得的体积是有限的。

376　　此问题引起下列的**着色悖论**(*paint paradox*)。因为上述面积是无限的,给这个面积着色需要无限多的颜料。然而,因为上述体积是有限的,只要有限多的颜料就能填满该体积。但是,该体积把所考虑的面积包括于其本身之内。试解释此悖论。

10.11 用级数计算对数

梅卡托级数

$$\ln(1+x) = x - \frac{x^2}{2} + \frac{x^3}{3} - \frac{x^4}{4} + \cdots$$

对于 $-1 < x \leqslant 1$ 收敛。把 x 换成 $-x$,从而,级数

$$\ln(1-x) = -x - \frac{x^2}{2} - \frac{x^3}{3} - \frac{x^4}{4} - \cdots$$

必定对于 $-1 \leqslant x < 1$ 收敛。因为,一个级数,其各项为两个给定级数对应项的差,肯定对于使两个给定级数都收敛的所有 x 的值收敛,从而对于 $-1 < x < 1$,有

$$\ln\left(\frac{1+x}{1-x}\right) = \ln(1+x) - \ln(1-x) = 2\left(x + \frac{x^3}{3} + \frac{x^5}{5} + \frac{x^7}{7} + \cdots\right)$$

如果令 $x = 1/(2N+1)$,我们看到对于所有的正 N,有 $-1 < x < 1$,并且,$(1+x)/(1-x) = (N+1)/N$。代入最后一式,我们得到

$$\ln(N+1) = \ln N + 2\left(\frac{1}{2N+1} + \frac{1}{3(2N+1)^3} + \frac{1}{5(2N+1)^5} + \cdots\right)$$

此级数对于所有的正 N 收敛,并且,收敛得很快。

(a)令 $N = 1$,计算 $\ln 2$ 到四位小数。

(b)计算 $\ln 3$ 到四位小数。

(c)计算 $\ln 4$ 到四位小数。

论 文 题 目

10/1　变换－求解－反演技术。

10/2　解析几何,作为变换－求解－反演的最优实例。

10/3　解析几何——作为发现的方法。

10/4　谁发现了解析几何?

10/5　17 世纪最伟大的法国数学家。

10/6　17 世纪五位最重要的法国数学家。

10/7　费马的无限递降法。

10/8　概率论的起源。

10/9　无限的面积生成有限体积的回转体,这个异常现象。

10/10　罗伯瓦－托里拆利的画切线的方法。

10/11　惠更斯的完善的秒摆。

377

10/12 三角形的等偏角线心。

10/13 塞瓦（Ceva）和康曼丁那（Commandino）的定理。

10/14 头两个得到实际应用的高次平面曲线。

10/15 著名的卡西尼家族。

10/16 现代电子计算机和数论中的新发现。

参考文献

ADAMS, O. S. *A Study of Map Projections in General* [M]. Washington: Coast and Geodetic Survey, Special Publication No. 60, Department of Commerce, 1919.

——, and C. H. DEETZ *Elements of Map Projection*, *With Applications to Map and Chart Construction* [M]. Washington: Coast and Geodetic Survey, Special Publication No. 68, Department of Commerce, 1938.

ARCHIBALD, R. C. *Mathematical Table Makers* [M]. New York: *Scripta Mathematica*, Yeshiva University, 1948.

AUBREY, JOHN *Brief Lives* [M]. Edited by Richard Berber, B & N Imports, 1983.

BALL, W. W. R., and H. S. M. COXETER *Mathematical Recreations and Essays* [M]. 12th ed. Toronto: University of Toronto Press, 1974. Reprinted by Dover, New York.

BELL, A. E. *Christian* [sic] *Huygens and the Development of Science in the Seventeenth Century* [M]. London: Edward Arnold, 1948.

BELL, E. T. *Men of Mathematics* [M]. New York: Simon and Schuster, 1937.

—— *The Last Problem* [M]. Washington, D. C.: Math. Assoc. of Am., 1991.

BOYER, C. B. *History of Analytic Geometry* [M]. New York: *Scripta Mathematica*, Yeshiva University, 1956.

—— *The History of the Calculus and Its Conceptual Development* [M]. New York: Dover, 1959.

CONKWRIGHT, N. B. *Introduction to the Theory of Equations* [M]. Boston: Ginn, 1941.

COOLIDGE, J. L. *A History of Geometrical Methods* [M]. New York: Oxford University Press, 1940.

—— *A History of the Conic Sections and Quadric Surfaces* [M]. New York: Oxford University Press, 1947.

—— *The Mathematics of Great Amateurs*［M］. New York：Oxford University Press，1949.

COURANT, RICHARD, and HERBERT ROBBINS *What is Mathematics?*［M］. New York：Oxford University Press，1941.

DAVID, F. N. *Games*, *Gods and Gambling*［M］. New York：Hafner，1962.

DESCARTES, RENÉ *The Geometry of René Descartes*［M］. Translated by D. E. Smith and Marcia L. Latham. New York：Dover，1954.

HACKER, S. G. *Arithmetical View Points*［M］. Pullman, Wash.：Mimeographed at Washington State College，1948.

HACKING, IAN *The Emergence of Probability*［M］. London：Cambridge University Press，1975.

HALDANE, ELIZABETH S. *Descartes*：*His Life and Times*［M］. New York：E. P. Dutton，1905.

JOHNSON, R. A. *Modern Geometry*［M］. Boston：Houghton Mifflin，1929. Reprinted by Dover, New York.

KRAITCHIK, MAURICE *Mathematical Recreations*［M］. New York：W. W. Norton，1942.

MAHONEY, M. S. *The Mathematical Career of Pierre de Fermat*, 1601 – 1665 ［M］. Princeton, N.J.：Princeton University Press，1972.

MAISTROV, L. E. *Probability*：*A Historical Sketch*［M］. New York：Academic Press，1974.

MERRIMAN, MANSFIELD *The Solution of Equations*［M］. 4th ed. New York：John Wiley，1906.

MILLER, G. A. *Historical Introduction to Mathematical Literature*［M］. New York：Macmillan，1916.

MUIR, JANE *Of Men and Numbers*, *The Story of the Great Mathematicians*［M］. New York：Dodd, Mead，1961.

ORE, OYSTEIN *Number Theory and Its History*［M］. New York：McGraw-Hill，1948.

SMITH, D. E. *History of Modern Mathematics*［M］. 4th ed. New York：John Wiley，1906.

—— *A Source Book in Mathematics*［M］. New York：McGraw-Hill，1929.

SULLIVAN, J. W. N. *The History of Mathematics in Europe*, *From the Fall of Greek Science to the Rise of the Conception of Mathematical Rigour*［M］. New York：Oxford University Press，1925.

378

SUMMERSON, JOHN *Sir Christopher Wren* [M]. No.9 in a series of *Brief Lives*. New York: Macmillan 1953.

TODHUNTER, ISAAC *A History of the Mathematical Theory of Probability from the Time of Pascal to that of Laplace* [M]. New York: Chelsea, 1949.

TURNBULL, H. W. *The Great Mathematicians* [M]. New York: New York University Press, 1961.

VEITCH, JOHN *The Method*, *Meditation and Philosophy of René Descartes* [M]. New York: Tudor, 1901.

VROOMAN, JACK *René Descartes. A Biography* [M]. New York: C. P. Putnam's Sons, 1970.

WILLIAMSON, BENJAMIN *An Elementary Treatise on the Differential Calculus* [M]. London: Longmans, Green, 1899.

WINGER, R. M. *An Introduction to Projective Geometry* [M]. Boston: D. C. Heath, 1923.

YATES, R. C. *A Handbook on Curves and Their Properties* [M]. Ann Arbor, Mich.: J. W. Edwards, 1947.

第十一章 微积分和有关的概念

11.1 引论

我们已经看到,数学研究的许多新的、广泛的领域是在 17 世纪开辟的,使得这个时期成为数学发展中最富有成果的时期。无疑,其中最值得注意的成就是接近该世纪末牛顿和莱布尼茨作出的微积分的发明。有了这个发明,创造性的数学相当普遍地发展到一个高级的水平,使初等数学的历史基本结束。本章将对微积分的重要概念的起源和发展作一概述,这些概念具有深远的影响,几乎可以这样说:今天,如果一个人没有这方面的知识,就不能说他很好地受过教育。

有趣的是:在大学课程中通常的讲授次序是先微分后积分,而在历史上,积分的概念比微分的概念先产生。积分的概念最初是由于它在与求某些面积、体积和弧长相联系的求和过程中起作用而引起的。以后,微分是联系到对曲线作切线的问题和函数的极大值、极小值问题而产生的。再往后,才注意到:积分和微分彼此作为逆运算而相互关联。

虽然我们讲的主要部分在 17 世纪,但是,我们须从古希腊和公元前 5 世纪开始。

11.2 芝诺悖论

我们应该如何假定一个量? 它是无限可分的,还是由非常多的极微小的不可分的部分组成的? 第一个假定,对我们大多数人来说,似乎比较合理,但是,第二个假定在发现新事物过程中很有用,这使它表面上的一些荒谬之处显得不那么重要。有证据表明,在古希腊时代,数学推理的不同学派,有的用这个假定,有的用那个假定。

在这两种假定中都会遇到某些逻辑上的困难,公元前 5 世纪,由埃利亚 (Elea)哲类家芝诺(大约公元前 450 年)想出的四个悖论明显地暴露出来。这些对数学有深刻影响的悖论断言:不管我们假定量是无限可分的,还是由许多极微小的不可分的部分组成的,运动都是不可能的。我们以下列两条悖论为例来说明其性质。

二分法(The Dichotomy):如果一条直线段是无限可分的,则运动是不可能的;因为,为了越过此线段必须先通过中点,而要通过中点又必须首先通过四分之一点,要过四分之一点又必须首先过八分之一点等,以至无穷。因而,运动永远不能开始。

箭(The Arrow):如果时间是由极微小的不可分的瞬息组成,则运动的箭总是静止的,因为,在任何瞬息,箭都在一个固定位置上。这对每一瞬息都正确,因而箭永远不动。

对于芝诺悖论,曾有人给出许多解释。并且要说明它们与普通直觉的信念相抵触并不难。我们都有这样的直觉信念;无穷多个正量的和是无穷大,甚至当每一个量极小时也是如此($\sum_{i=1}^{\infty} \varepsilon_i = \infty$);有限多个或无限多个大小为零的量之和为零($n \times 0 = 0, \infty \times 0 = 0$)。不管这些悖论的动机是什么,其结果是,希腊证明几何中从此就排除了无穷小。[①]

11.3　欧多克斯的穷竭法

在微积分历史中出现的最初的问题是涉及计算面积、体积和弧长的,在关于它们的论述中,我们可以找到上面讲到的关于量的可分性的两个假定的论据。

苏格拉底的同时代人——巧辩学派安提丰(约公元前 430 年),是对圆的求积问题最先作出贡献的一个人。据说,安提丰提出了这样一个概念:随着一个圆的内接正多边形的边数逐次成倍增加,此圆与多边形的面积的差最终将被穷竭。因为我们能作出与任何给定的多边形面积相等的正方形,所以就能作出与该圆面积相等的正方形。这个论断当时立即受到批驳,其理由为:它违背了"量是无限可分的"这一原则,因此,安提丰的程序永远不能穷竭此圆的全部面积。尽管如此,安提丰的大胆论断包含著名的希腊**穷竭法**的萌芽。

穷竭法通常以欧多克斯(大约公元前 370 年)命名,并且,也许能被看做是柏拉图学派对芝诺悖论的解答。这个方法假定量的无限可分性,并且以下述命题为基础:

如果从任何量中减去一个不小于它的一半的部分,从余部中再减去不小于它的一半的另一部分等,则最后将留下一个小于任何给定的同类量的量。

让我们用穷竭法证明:如果 A_1 和 A_2 分别是直径为 d_1 和 d_2 的两个圆的面

---

① 关于芝诺悖论想要找一份更有教益的历史论述,请参看 Fiorian Cajori, "History of Zeno's Arguments on Motion," The American Mathematical Monthly 22(1915):1-6.39-47.77-82.109-115.145-149.179-186.215-220.253-258.292-297.

积,则

$$A_1 : A_2 = d_1^2 : d_2^2$$

我们首先借助于基础命题证明:圆与其内接正多边形的面积之差,可以成为任意小。令图 96 中的 AB 为一内接正多边形的边,且令 M 为 $\overset{\frown}{AB}$ 的中点。因为 $\triangle AMB$ 的面积为 $\square ARSB$ 面积的一半,从而大于弓形 AMB 的一半;所以,把内接正多边形的边数增加一倍,则所增加的面积超过圆与原多边形面积之差的一半。因此,充分持续地双倍其边数,我们就能使多边形与圆的面积之差小于无论多小的给定面积。

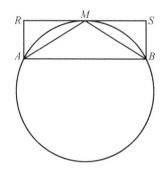

图 96

现在,回到我们的定理,并且假定代替等式而有

$$A_1 A_2 > d_1^2 : d_2^2$$

我们能在第一个圆内,作一内接正多边形,令其面积 P_1 与 A_1 之差如此之小,使得

$$P_1 : A_2 = d_1^2 : d_2^2$$

令 P_2 为相似于 P_1 的在第二个圆中的内接正多边形的面积。于是,根据关于相似正多边形的定理,得

$$P_1 : P_2 = d_1^2 : d_2^2$$

因此,$P_1 : A_2 > P_1 : P_2$,或 $P_2 > A_2$,矛盾;因为正多边形的面积不能超过其外接圆的面积。类似地,我们能证明:不可能有

$$A_1 : A_2 < d_1^2 : d_2^2$$

因而,用这种双归谬法(double reductio ad absurdum process)定理得证。于是,如果 A 是直径为 d 的圆的面积,则 $A = kd^2$(在这里,k 是对于所有圆都一样的一个常数(实际上是 π/4))。

阿基米德宣称:德谟克利特(Democritus,大约公元前 410 年)曾阐明,在任一多边形底上的棱锥的体积是等底等高棱柱体积的三分之一。关于德谟克利特我们知道得很少,他多半未能给出此定理的严格证明,因为一个棱柱能被分成全是三角形底的棱柱的和,而后这种棱柱又被分成三个两两等底高的三角形棱锥,由此得出:德谟克利特问题的关键在于证明:两个等底等高的棱锥有相等的体积,此定理的证明是后来由欧多克斯用穷竭法推出的。

德谟克利特是怎样得到这个最后结果的呢? 普鲁塔克提供了一个线索,他引述德谟克利特在把一个锥体看做由无穷多个平行于底的截面组成时曾经遇到的一个疑难。如果两个"相邻"截面的面积不一样,则立体的表面被分成一系列小阶梯(情况当然不是这样的)。在这里我们有一个涉及量的可分性的假定,它是已经考虑过的两个假定的某种中间物;因为,在这里,我们假定锥体的体积是无限可分的,即可分成无限多个不能再分的极薄截面,但是这些截面是可数的(即给定了它们的一个,就存在其相继的一个)。德谟克利特当时可能这样论证:如果两个等底等高的棱锥被平行于底的平面所截,且以同样的比例分其高,那么,形成的对应截面是相等的。所以,两个棱锥包含同样的无限多个相等的平面截面,因而必定具有相等的体积。这是将在下面 11.6 节中考虑的卡瓦列利的不可分元法的一个早期的例子。

但是,在古人中,阿基米德作出了穷竭法最巧妙的应用,并且他的方法最接近于现行的积分法。作为他的最早的例子之一,考虑他的抛物线弓形的求积。令 C, D, E 为抛物线弓形(图 97)的弧上的点;它们是这样作出的:过 AB, CA, CB 的中点 L, M, N,作平行于抛物线轴的 LC, MD, NE。阿基米德根据抛物线的几何性质证明

$$\triangle CDA + \triangle CEB = \frac{\triangle ACB}{4}$$

383　重复地应用此概念,得抛物线弓形的面积为

$$\triangle ABC + \frac{\triangle ABC}{4} + \frac{\triangle ABC}{4^2} + \frac{\triangle ABC}{4^3} + \cdots = \triangle ABC\left(1 + \frac{1}{4} + \frac{1}{4^2} + \frac{1}{4^3} + \cdots\right) =$$

$$\frac{4}{3}\triangle ABC$$

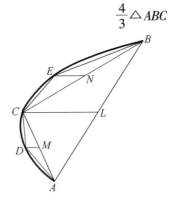

图 97

在这里,我们已经用求几何级数之和的极限方法把过程简化了。阿基米德用的是穷竭法的双归谬法。

阿基米德在其对某些面积和体积的论述中,得出了我们的初等微积分课本中出现的若干定积分的等价物。

11.4 阿基米德的平衡法

穷竭法是严谨的,然而是不能得出成果的。换句话说,一旦知道了一个公式,穷竭法就能提供证明它的灵巧工具;但是,这个方法对结果的最初发现不起作用,在这方面,穷竭法很像数学归纳法。阿基米德是怎样发现他用穷竭法很灵巧地证明了的那些公式呢?

上面这个疑问,直到 1906 年,海伯格(Heiberg)在君士坦丁堡发现阿基米德的一篇长期失传的论文《方法论》的手抄本,才被理出个头绪来;那是阿基米德给埃拉托塞尼的一封信。这个手抄本是在一个重写羊皮文件(参见 1.8 节)中发现的,那是在 10 世纪写上的,后来在 13 世纪被洗去而用于宗教上的经文。幸亏第一次原文的大部分还能被修复。

阿基米德方法的基本概念是这样的:为了找所求的面积或体积,把它分成很多窄的平行的条和薄的平行的层,并且(思想上)把这些片挂在杠杆的一端,便使平衡于容积和重心为已知的一个图形。让我们用这种方法求球体体积的公式,以此为例来说明这种方法。

令 r 为该球体的半径。这样安放球体:将其极直径放在水平 x 轴上,以其北极 N 为原点(图 98)。围绕 x 轴旋转矩形 $NABS$ 和 $\triangle NCS$,得回转的圆柱和圆锥。然后,从这三个立体上切下与 N 的距离为 x,厚为 Δx 的竖立的薄片(假定它们是平柱体)。这些薄片的体积近似地为

球体:$\pi x(2r - x)\Delta x$

柱体:$\pi r^2 \Delta x$

锥体:$\pi x^2 \Delta x$

让我们把球体和锥体的薄片挂在点 T(在这里,$TN = 2r$)上。它们的关于 N 的组合矩[①] 为

$$[\pi x(2r - x)\Delta x + \pi x^2 \Delta x]2r = 4\pi r^2 x \Delta x$$

我们注意到:这是从柱体上切下来的薄片放在左边与 N 的距离为 x 处的矩的四倍。把大量的薄片加在一起,得

$$2r[球体体积 + 圆锥体积] = 4r[圆柱体积]$$

---

① 一个体积关于一个点的矩是该体积与此点至该体积重心的距离的乘积。

384

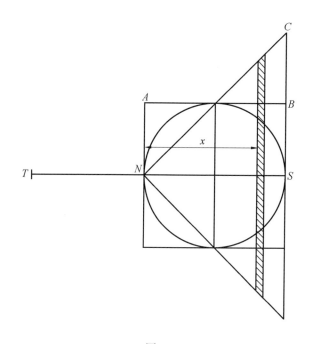

图 98

或

$$2r\left[球体体积 + \frac{8\pi r^3}{3}\right] = 8\pi r^4$$

或

$$球体体积 = \frac{4\pi r^3}{3}$$

据说,这就是阿基米德在《方法论》中求球体体积公式的途径。但是,他的数学良知不允许他把这样一种方法认作是证明,因此他用穷竭法给出了严格的证明。我们看到:把一个量当做由大量极微小部分组成的,这个没有严格根据的思想,在平衡法中获得了多么大的成果。更不待说,用现代的极限方法,可以使阿基米德的平衡法完全严格化,成为和现代积分法本质上相同的东西。

11.5 积分在西欧的起源

积分的理论,在阿基米德的值得注意的成就之后,在一个相当长的时期,没有多大发展。大约到 1450 年,阿基米德的著作才通过在君士坦丁堡的 9 世纪的一份手抄本的译本传到西欧。此译本由雷琼蒙塔努斯修订,于 1540 年出版。几年之后,又有了第二种译本。但是,一直到大约 17 世纪初,我们才见到阿基米德的概念的进一步的发展。

法兰特斯地方的工程师斯蒂文(Simon Stevin, 1548—1620)和意大利数学家瓦莱里奥(Luca Valerio,大约 1552—1618),这两位现代数学的早期作者所用的方法可以和阿基米德的方法相比。他们两位试图如同我们在 11.3 节末那样直接取极限,以免用穷竭法的双归谬法。斯蒂文在论流体静力学的著作中用下述方法来求流体对铅直矩形水闸的压力:他把水闸分成窄的水平条,然后让这些水平条围绕它们的上边和下边旋转直到它们与水平面平行。这基本上是我们今天在初等微积分课本中用的方法。 386

在发展与积分相联系的无穷小概念的较早的现代欧洲人中,应该特别提到开普勒。我们已经注意到(9.7 节中),为了计算行星运动第二定律中包含的面积和在他的论文中讨论的酒桶容量的体积,开普勒不得不借助于某种积分程序。但是,开普勒如同别的同时代人一样,对严格地使用穷竭法缺乏耐心,而为省事随意地采用阿基米德只认为是启发式的程序。于是,开普勒把圆周当做有无限多边的正多边形。如果这些边的每一条被取作顶点在圆心的三角形的底,则圆的面积被分成无限多个其高等于圆的半径的窄三角形。由于每一个这样的窄三角形的面积等于其底和高乘积的一半,从而推出:圆的面积等于其圆周和半径乘积的一半。类似地,把球体的体积看做是由无限多个以球心为公共顶点的窄圆锥组成的,又推出:球体的体积等于其表面积和半径乘积的三分之一。尽管从数学严格性的观点看,这样的方法是要不得的,但是,它们以很简单的方式得出了正确的结果。直到今天,人们看到:物理学家和工程师们经常使用这样的"微元"法,而让专业数学家去作严格的极限处理①。并且,几何学家常在一个参数的曲线或曲面族② 中使用"相邻的"点和"相邻的"曲线和曲面这种方便的概念。

11.6　卡瓦列利的不可分元法

卡瓦列利(Bonaventura Cavalieri)1598 年出生于米兰,十五岁成为耶稣会修士③,就学于伽利略,从 1629 年起直到 1647 年四十九岁逝世,是波洛尼亚大学 387
的数学教授。他是他那个时代最有影响的数学家之一,并且写了许多关于数学、光学和天文学的著作。最先把对数引进意大利的多半是他。但是他最伟大的贡献是 1635 年发表的一篇阐述**不可分元法**(method of indivisibles)的论文:《不可分元几何》,虽然这个方法可以追溯到德谟克利特(大约公元前 410 年)和阿基米德(大约公元前 287 ~ 公元前 212);也许开普勒在求某些面积和体积上的努力对卡瓦列利有直接的启发。

---

① 就一阶微分而论,曲线的一个小部分可当做直线处理,曲面的靠近一个点的部分可当做平面处理;在一个短时间 dt,一个质点可被看做常速运动,并且,一个物理过程可当做以恒速进行 H. B. Phillips,《Differential Equations》第三版,p.28。
② 换句话说,曲面(一个参数族曲面的)特征曲线是曲面族中相邻二曲面相交的曲线。参看 E.P. Lane. Metric Differential Geometry of Curces and Surfaces. p.81。
③ 不是像常错写的"a Jesuit",而是"a Jesuat"。

卡瓦列利

（David Smith 收藏）

卡瓦列利的论文写得啰嗦、不清楚,难于明确地知道所谓"不可分元"(indivisible)是什么。一个给定的平面片的一个"不可分元"似乎是指该片的一个弦;一个给定的立体的一个"不可分元"指的是该立体的一个平面截面。一个平面片被当做由平行弦的一个无限集合组成,一个立体被当做由平行的平面截面的一个无限集合组成。卡瓦列利然后说:如果我们使一些给定的平面片的平行弦的集合中的每一个元素沿着它自己的轴滑动,使得这些弦的端点仍然描出一个连续的边界,则这样形成的新的平面片的面积和原平面片的面积一样。一个给定立体的平面截面作类似的滑动,生成为与原立体的同样体积的另一个立体。(此最后结果可依下述方法给出引人注目的例证说明,即取竖放的一堆厚纸板,然后,令这堆的边成为曲面,则此重摆的堆的体积与原来的堆的体积一样)这些结论,略加推广,就给出所谓卡瓦列利原理:

388　　　　1.如果两个平面片处于两条平行线之间,并且平行于这两条平行线的任何直线与这两个平面片相交,所截二线段长度相等,则这两个平面片的面积相等。

　　　　2.如果两个立体处于两个平行平面之间,并且平行于这两个平面的任何平面与这两个立体相交,所得二截面面积相等,则这两个立体的体积相等。

　　卡瓦列利原理是计算面积和体积的有价值的工具;并且,其直观基础可用现代的积分学容易地给出。把这些原理当做直观显然的接受下来,我们就能解决许多通常需要高深得多的积分技术的量度问题。

　　让我们例证地说明卡瓦列利原理的用法:首先应用于求半轴长为 a 和 b 的椭圆的面积,这是平面情况;然后应用于半径为 r 的球的体积,这是立体情况。

　　考虑被置于同一个直角坐标系上的椭圆和圆

$$\frac{x^2}{a^2} + \frac{y^2}{b^2} = 1, a > b, x^2 + y^2 = a^2$$

如图 99 所示。从上列的每一个方程中解出 y 来,我们分别得到

$$y = \frac{b}{a}(a^2 - x^2)^{1/2}, y = (a^2 - x^2)^{1/2}$$

由此得出:椭圆和圆的对应的纵坐标之比为 b/a。继而又得出:椭圆和圆的对应垂直弦之比也是 b/a;并且,根据卡瓦列利第一原理,椭圆和圆的面积之比也是 b/a。我们的结论是

$$椭圆的面积 = \frac{b}{a}(圆的面积) = \frac{b}{a}(\pi a^2) = \pi ab$$

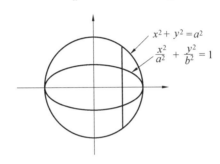

图 99

这基本上是开普勒求半轴长为 a 和 b 的椭圆面积之程序。

现在让我们来求半径为 r 的球的体积的熟悉公式。在图 100 中,在左边我们有一个半径为 r 的半球,在右边是半径为 r,高为 r 的一个圆柱和以圆柱的上底为底,以圆柱的下底的中心为顶点的圆锥。把半球和挖出圆锥的圆柱放在共同平面上,然后,用平行于底面、与底面距离为 h 的平面截两立体。此平面截一个立体呈圆形截面,并截另一个立体呈现环形截面。用初等几何不难证明:这两个截面的面积都等于 $\pi(r^2 - h^2)$。根据卡瓦列利原理可知:两个立体有相等的体积。所以,球体的体积为

$$V = 2(圆柱的体积 - 圆锥的体积) = 2\left(\pi r^3 - \frac{\pi r^3}{3}\right) = \frac{4\pi r^3}{3}$$

假定卡瓦列利原理成立并始终如一地使用它,可以简化在中学立体几何课程中遇到的许多公式的推导。此程序已被许多教材作者采用,并且在教学法的立场上受到了人们的拥护。例如,在推导四面形的体积的熟悉公式($V = Bh/3$)的过程中,讨厌的是:首先要证明:有等底且在这些底上有等高的两个四面形有相等的体积。在这里,反映出从欧几里得《原本》开始,立体几何所有论述中的固有困难。然而,用上卡瓦列利的第二原理,这个困难就消逝了。

卡瓦列利的不可分元的模糊概念,有点像图形的微小部分,引起了相当多

389

390

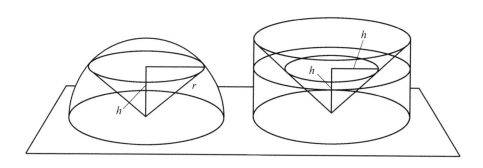

图 100

的讨论,并且受到此课题的一些研究者(尤其是瑞士的金匠和数学家古尔丹(Paul Guldin, 1577—1642))的严厉批评。卡瓦列利试图彻底改造他的论述来应付这些异议,未获成功。法国数学家罗伯瓦熟练地掌握了此方法,并且宣称是此概念的一个独立发明者,托里拆利、费马、帕斯卡、圣文森特,巴罗及其他人有效地使用了不可分元方法或某种和它很相似的方法。在这些人工作的过程中,得到了与 x^n, $\sin\theta$, $\sin^2\theta$ 和 $\theta\sin\theta$ 等表达式的积分等价的结果。

11.7 微分的起源

可以说,微分起源于作曲线的切线的问题和求函数的极大值、极小值。虽然这类问题可以追溯到古希腊,但是,看来微分方法的第一个真正值得注意的先驱工作起源于 1629 年费马陈述的概念,这样说是恰当的。

开普勒已经注意到:在寻常极大值或极小值的领域中函数的增量成为零。费马把此事实转化为确定这样极大值或极小值的方法。简单地说,这方法就是:如果 $f(x)$ 在点 x 上有一个寻常极大值或极小值,并且若 e 很小,则 $f(x-e)$ 的值几乎等于 $f(x)$ 的值。所以,我们暂时令 $f(x-e)=f(x)$,然后,令 e 取值零,使得等式成为正确的,所得方程的根就给出使 $f(x)$ 取极大值或极小值的那些 x 的值。

让我们考虑费马的最初的例题来说明上述程序。这个例题是:分一个量为两部分,使它们的乘积为极大,费马用韦达的记号:以大写辅音字母表示常数,以大写元音字母表示变数。按照这套记号,令 B 为给定的量,并以 A 和 $B-A$ 表示所求的两部分。形成

$$(A-E)[B-(A-E)]$$

并且令它与 $A(B-A)$ 相等,则

$$A(B-A)=(A-E)(B-A+E)$$

或

$$2AE-BE-E^2=0$$

除以 E 后,我们得

$$2A - B - E = 0$$

然后,令 $E = 0$,我们得 $2A = B$,于是,得到所求的划分。

虽然费马的说明在逻辑上是有许多缺点的,但是看来他的方法等价于:令

$$\lim_{h \to 0} \frac{f(x + h) - f(x)}{h} = 0$$

即令 $f(x)$ 的导数等于零。这是求函数 $f(x)$ 的寻常极大值或极小值的常用方法,在我们的初等课本中有时称之为**费马方法**(Fermat's method)。但无论怎样,费马不知道 $f(x)$ 的导数为零仅是寻常极大值或极小值的必要条件,而不是其充分条件。还有,费马方法对极大值和极小值不加区别。

费马还设计了当给定一条曲线的笛卡儿方程时,过曲线上一点作切线的一般程序。他的思想是:求该点的**次切距**(subtangent),即自该点向 x 轴所作垂线的垂足与过该点的切线和 x 轴的交点之间的 x 轴上的线段,此方法采用的切线的概念为:一条割线,当其与该曲线的两个交点趋于重合时的极限位置。用现代的记号,此方法有如下述:令曲线(图 101)的方程为 $f(x, y) = 0$,并且,让我们对点 (x, y) 求曲线的次切距 a。用相似三角形,我们容易求得在切线上一个临近点的坐标为 $[x + e, y(1 + e/a)]$。暂时把这点当做还在曲线上,于是,有

$$f\left[x + e, y\left(1 + \frac{e}{a}\right)\right] = 0$$

然后,令 e 取值 0,使等式成为正确的。我们来解所得方程,以切点的坐标 x 和
y 表示次切距 a。当然,这等价于令

$$a = -y \frac{\frac{\partial f}{\partial y}}{\frac{\partial f}{\partial x}}$$

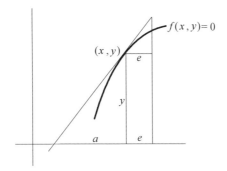

图 101

这就是迟些时在斯卢兹的著作中出现的一般公式。费马用这个方法求出椭圆、旋轮线、蔓叶线、蚌线、割圆曲线和笛卡儿叶形线的切线。让我们通过求

在笛卡儿叶形线

$$x^3 + y^3 = nxy$$

上的一般点的次切距来说明此方法。在这里

$$(x + e)^3 + y^3(1 + \frac{e}{a})^3 - ny(x + e)(1 + \frac{e}{a}) = 0$$

或 $$e(3x^2 + \frac{3y^3}{a} - \frac{nxy}{a} - ny) + e^2(3x + \frac{3y^3}{a^2} - \frac{ny}{a}) + e^3(1 + \frac{y^3}{a^3}) = 0$$

然后,以 e 除之,再令 $e = 0$,得到

$$a = -\frac{3y^3 - nxy}{3x^2 - ny}$$

费马不仅在微分方面做了先驱性的工作,而且,在积分方面也做了开创性的工作(见 11.6 节末尾)。费马是一位杰出的、多才多艺的数学家。

11.8 沃利斯和巴罗

牛顿在英国的直接前辈是沃利斯和巴罗。

沃利斯(John Wallis)出生于 1616 年,是当时最有能力、最有创造力的数学家之一,是一位在许多领域中多产而又博学的作者,据说还是最先设计出一套教授聋哑人的方法的一个人。1649,他被任命为牛津的萨魏里几何讲座教授,他保持这个职位 54 年,直到他逝世(1703)。他在分析方面的著作为他的伟大的同时代人牛顿开辟了道路。

393

沃利斯
(Library of Congress 供稿)

沃利斯是最先把圆锥曲线当做二次曲线(而不是作为圆锥的截线)来讨论的人之一。1655 年,他发表了《无穷的算术》(*Arithmetica infinitorum*)(献给奥特雷德)。尽管这本书有一些逻辑上的缺陷,但在许多年中,它不失为一部标准论著。在这本书中,笛卡儿和卡瓦列利的方法被系统化和推广,并且从一些特殊情况推出了许多值得注意的结果。例如,我们现在写成

$$\int_0^1 x^m \mathrm{d}x = \frac{1}{m+1}$$

(m 是正整数)的公式,就是由他推广到 m 为分数和负数(-1 除外)的。沃利斯是最先完整地说明零指数、负指数和分数指数意义的人,他还引进了我们现在用的无穷大符号(∞)。

沃利斯致力于通过求圆 $x^2 + y^2 = 1$ 的四分之一的面积 $\pi/4$ 的表达式来确定 π。这等价于计算 $\int_0^1 (1-x^2)^{1/2}\mathrm{d}x$,但是,沃利斯不会直接计算它,因为他不知道一般的二项式定理。因此,他计算 $\int_0^1 (1-x^2)^0 \mathrm{d}x$, $\int_0^1 (1-x^2)^1 \mathrm{d}x$, $\int_0^1 (1-x^2)^2 \mathrm{d}x$ 等,得到序列 $1, \frac{2}{3}, \frac{8}{15}, \frac{16}{35}, \cdots$。他然后考虑这么个问题:对于 $n = 0, 1, 2, 3, \cdots$ 上述序列产生什么规律。沃利斯要找的就是:对于 $n = \frac{1}{2}$,此规律之插值。通过一个长而复杂的程序,他终于得到其在 4.8 节中给出的 $\pi/2$ 的无限乘积表达式。他那个时代的数学家们常凭借插值法计算他们不能直接计算的量。

394

沃利斯在数学上还做了一些别的工作。他是最接近于解决帕斯卡的关于旋转线的竞赛题(参看 9.9 节)的数学家。可以公平地说:他得到了计算曲线弧长的公式

$$\mathrm{d}s = \left[1 + \left(\frac{\mathrm{d}y}{\mathrm{d}x}\right)^2\right]^{1/2}\mathrm{d}x$$

的等价物。他的《代数论著:纪事和实用》(*De algebra tractatus*: *historicus & practicus*)写于 1673 年,1685 年以英文发表,1693 年以拉丁文发表,被认为是英国数学史上第一次认真的尝试。在这部著作中,我们发现实二次方程复根的图解解释之最初的有记载的成果。沃利斯编辑过许多希腊数学家的部分著作,还写过关于许多种物理课题的东西。他是皇家学会的创始人之一,还在政府里担任了多年密码专家。

沃利斯对微积分发展的主要贡献是在积分理论方面,而巴罗最重要的贡献也许是与微分理论相联系的。

伊萨克·巴罗(Isaac Barrow)1630 年出生于伦敦。有个故事说,在他幼年上学时,很惹人讨厌,致使他的父亲祷告:要是上帝决定取走他的一个孩子,他宁愿抽出伊萨克(Issac)。巴罗在剑桥毕业,被尊为他那个时代的最好的希腊文学

395　者之一。他有很高的学术水平,在数学、物理学、天文学和神学上都有成就。关于他的体力、勇敢、敏捷的智力和一丝不苟,有些有趣的故事。他是担任剑桥的卢卡斯讲座教授的第一人,1669 年以高尚的精神将此席位让给他的学生伊萨克·牛顿。他是最先认出牛顿的超人才能的人之一。他于 1677 年死于剑桥。

巴罗

（David Smith 收藏）

　　巴罗最重要的数学著作《光学和几何学讲义》(*Lectiones opticae et geometricae*)发表于他在剑桥让出他的席位那年。在论著的序言中,感谢牛顿为该书提供了一些资料,也许指的是讲光学的那部分。在这本书中,我们见到很接近于现代微分方法的方法,用了我们今天课本中所谓的微分三角(*differential triangle*)。假如要求找出过给定曲线上的点 P 的切线,如图 102 所示。令 Q 为曲线上点 P 上的邻点,则 $\triangle PTM$ 和 $\triangle PQR$ 彼此十分接近相似,并且巴罗说,当小三角形变得无限小时,则

$$\frac{RP}{QR} = \frac{MP}{TM}$$

让我们令 $QR = e$ 和 $RP = a$。于是,如果 P 的坐标是 x 和 y,则 Q 的坐标为 $x - e$ 和 $y - a$。将这些值代入曲线的方程中,并略去 e 和 a 的二次以上的项,我们

396　算出比值 a/e。由此得

$$OT = OM - TM = OM - MP\left(\frac{QR}{RP}\right) = x - y\left(\frac{e}{a}\right)$$

并用,切线被确定。巴罗应用此方法作出下列曲线的切线:(a) $x^2(x^2 + y^2) = r^2 y^2$(Kappa 曲线(kappa curve)),(b) $x^3 + y^3 = r^3$(特殊的**拉梅曲线**(Lame' curve)),(c) $x^3 + y^3 = rxy$(**笛卡儿叶形线**(folium of Descartes)),但巴罗称之为**杏仁线**(la galande),(d) $y = (r - x)\tan \pi x/2r$(**割圆曲线**(quadratrix)),(e) $y =$

$r\tan \pi x/2r$ **正切曲线**(tangent curve)。在这里,我们有

$$(x - e)^3 + (y - a)^3 = r^3$$

或 $$x^3 - 3x^2e + 3xe^2 - e^3 + y^3 - 3y^2a + 3ya^2 - a^3 = r^3$$

略去 e 和 a 的二次以上的项,并且用 $x^3 + y^3 = r^3$ 这个事实,这归结为

$$3x^2e + 3y^2a = 0$$

从而,得到

$$\frac{a}{e} = -\frac{x^2}{y^2}$$

比值 a/e 当然是我们现代的 $\mathrm{d}y/\mathrm{d}x$,并且,巴罗那种成问题的做法能用极限理论加以严格化。

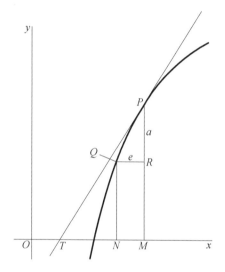

图 102

尽管别的证据不多,一般认为:巴罗是充分地认识到微分法为积分法的逆运算的第一人。这个重要的发现就是所谓**微积分的基本定理**(fundamental theorem of the calculus),并且看来这是在巴罗的《讲义》中被陈述和证明的。

巴罗在 1675 年,发表了阿波洛尼乌斯《圆锥曲线》前四卷及阿基米德同狄奥多修斯现今尚存的著作带注释的版本,虽然在他的晚年大部分精力用于神学。

在微分学和积分学发展的这个阶段,许多积分已经作出,许多求容积、面积和长度的方法已经得到,微分的程序已经推出,许多曲线的切线已经作出,极限的概念已经想到,并且,微积分基本定理也已被清楚地认识到。还有什么要做的呢?要创造一般的符号以及一整套形式的解析规则,还要对此课题的基础理论作前后一致的严格的推导。显然,这些事中首要的是创造适当的、可以运用的微积分学,而这是牛顿和莱布尼茨彼此独立地作出的。在可接受的严格的基

397

础上重新推导基本概念,必须等到此课题得到多方面应用的时期,这正是法国伟大的分析家柯西(Augustin-Louis Cauchy,1789—1857)和他的 19 世纪后继者的工作。这方面的详情将在下一章讲。

11.9 牛顿

伊萨克·牛顿(Isaac Newton)于 1642 年(旧历)①,即伽利略死的那年的圣诞节,出生于沃尔斯索普村。他的父亲是一个农民,在伊萨克出生前就死去了,而且死以前就计划让他的儿子也务农。幼年的牛顿在设计灵巧的机械模型和作试验上,就显示出才能和爱好。例如,他做了一个以老鼠为动力磨面粉的磨和一架用水推动的木制的钟。十八岁时他被允许进入剑桥大学三一学院。由于他在斯托桥(Stourbridge)的集市上偶然碰到一本占星学的书,在他上学之前,一直没有把注意力放在数学上,因此,他先读欧几里得《原本》,在他看来是太显然的了;然后看笛卡儿的《几何》,对他来说,又有些困难。他还读奥特雷德的《入门》(Clavis),开普勒和韦达的著作,以及沃利斯的《无穷的算术》。他从读数学到研究数学:开始发现推广的二项式定理,并且创造其流数法(今天我们称之为微积分学)从 1665 年夏末到 1667 年夏末,除了 1666 年 3 月中至 6 月中外,由于凶猛的鼠疫,剑桥大学停了课。1665 年,也就是剑桥大学停课的第一年,牛顿住在伍尔斯托普(Woolsthorpe)家中,研究其数学(过曲线上任意点作其切线,和计算其曲率半径),并有兴趣于各种物理问题,作他的第一个光学实验,并将其万有引力理论的基本原理系统化。无论如何,最近的研究表明:这种说法是虚构的(牛顿本人为了保证其在微积分发现中的首要地位,也散布这种说法);说什么:在 1666 年剑桥大学短期复课之前,他已得出了这些发现。

牛顿于 1667 年回到剑桥,有两年功夫主要从事于光学研究。1669 年,巴罗把他的卢卡斯讲座给牛顿,于是牛顿开始了他十八年的大学教授生活。他的第一个讲演是关于光学的,后来以一篇论文的形式由皇家学会发表,并引起相当大的兴趣和讨论。他的颜色理论和从他的光学实验中作出的某些推论,受到一些科学家的猛烈攻击。牛顿看到随之而来的争论很无聊,就发誓再也不发表任何关于科学的东西了。他对争论的厌恶简直到了病态的程度,这对数学史也产生重大影响,因为结果是几乎所有他的发现都在许多年后才发表。发表的推迟以致后来引出了他与莱布尼茨在微积分发现的优先权上不体面的争论。就是由于这场争论,英国的数学家们追认牛顿为他们的导师,割断他们与欧洲大陆的联系,从而使英国的数学进展实际上推迟了将近一百年。

---

① 译者注:旧历较新迟 12 天,牛顿的生日按旧历计为 1642 年 12 月 25 日,按新历计则为 1643 年 1 月 4 日。

牛顿

（David Smith 收藏）

牛顿继续研究光学。1675 年,他把关于光的粒子说理论的论文寄给皇家学会。他的声誉和他对理论的巧妙处理使该理论得到普遍采用,直到许多年后波动说被证明是研究用的较好假定为止。牛顿从 1673 年到 1683 年在大学的讲演是关于代数和方程论的。在这个时期中,1679 年,他把对地球半径进行的一次新的测量与对月球运动的研究相联系,并用来证实他的万有引力定律①。他还假定太阳和行星为重质点,证明了他的万有引力定律与开普勒的行星运动定律的一致性。但是这些重要的发现,有五年之久,没有告诉任何人,是 1684 年哈雷到剑桥拜访牛顿和他讨论使行星沿椭圆形轨道围绕太阳旋转的力的规律时,才讲出来。这重新激发了牛顿的天体力学方面的兴趣,他继续作出许多这方面的论断——后来成为他的《原理》第一册的基础。稍迟些时,哈雷看了牛顿的原稿,认识到其极大的重要性,得到作者的允许把这些成果送给皇家学会。牛顿从事这项工作的同时,他终于解决了已经冥思苦想了好些年的问题,即一个球体(其任何一点的密度依其与球心的距离而变化),吸引了一个外面的质点,就如同其全部质量集中在其中心一样。他以这个定理肯定了开普勒行星运动定律,因为,在行星运动问题中,太阳和行星与准确球体的微小偏差是可以忽略的。牛顿以后认真地搞他的理论,并且以艰苦的脑力劳动,于 1685 年夏写下了《原理》的第一册。一年之后完成第二册,开始第三册。虎克妒忌的指责,使牛顿很不痛快,致使第三册几乎停写下来,但是哈雷最后说服牛顿完成了这项工作。这本书的标题为《自然哲学的数学原理》(*Philosophiae naturalis principia*

399

---

① 宇宙间任何两个质点互相吸引。其引力与它们质量的乘积成正比,与它们之间的距离平方成反比。

mathematica），于 1687 年由哈雷出资发表，这立即对整个欧洲产生了巨大影响。

1689 年，牛顿代表大学进入议会。1692 他得了奇怪的病，持续了大约两年，致使他有些精神错乱。晚年，他主要从事化学、炼丹和神学的研究。其实，就在他早年从事数学和自然哲学的研究的同时，他也许就花了不少时间搞这些。虽然他在数学方面的创造性工作实际停止了，他还没有失去这方面的非凡的能力：他熟练地解决了提给他的很多数学竞赛题，而这些题是远远超过别的数学家的能力的。1699 年，被提升为造币厂厂长。1703 年，他被选为皇家学会主席，一直连选连任到他去世，并于 1705 年，被封为爵士。晚年，由于与莱布尼茨的不幸争论很不愉快。于 1727 年，在一场拖了很长时间的痛苦的病后死去，终年八十四岁，安葬于威斯敏斯特教堂（Westminister Abbey）。

如以上指出的，牛顿所有发表的重要著作，除《原理》外，都是在作者发现其内容好几年后才发表，而且，几乎都是由于朋友们的催促才发表的。这些著作依发表的次序排为：《原理》，1687 年；《光学》（*Opticks*）连同其关于三次曲线和用无穷级数解决曲线的求积及求长两个附录，1704 年；《通用算术》（*Arithmetica uniersalis*），1707 年；《运用级数、流数法等的分析学和微分法》（*Analysis per Series，etc.，and Methodus differentialis*），1711 年；《光学讲义》（*Lectiones opticae*），1729 年；

400 《流数法和无穷级数》（*The Method of Fluxions and Infinite Series*），1736 年，由 J·科尔森从牛顿的拉丁文本译出。还应该提到牛顿于 1676 年给皇家学会秘书 H·奥尔登伯格写的两封重要的信，在其中，牛顿讲了一些他的数学方法。

在给奥尔登伯格的信中，牛顿叙述了他早年对推广的二项式的定理的推导，他是以下列形式发表的

$$(P + PQ)^{m/n} = P^{m/n} + \frac{m}{n}AQ + \frac{m-n}{2n}BQ + \frac{m+2n}{3n}CQ + \cdots$$

在这里，A 代表第一项，即 $P^{m/n}$，B 代表第二项，即 $(m/n)AQ$，C 代表第三项等。这个二项式展开式对于所有复值指数（在适当的限制下）的正确性，是在大约 150 年后，由挪威数学家阿贝尔（N. H. Abel，1802—1829）证出的。

牛顿几乎同时作出的一个更为重要的发现是他的流数法，于 1669 年他把主要之点告诉了巴罗。他的《流数法》写在 1671 年，直到 1736 年才发表。在这部著作中，牛顿把一条曲线看做是由一个点的连续运动生成的。依照这个概念，生成点的横坐标和纵坐标，一般是变动的量。变动的量被称为**流**（Fluent），流的变化度称为它的**流数**（Fluxion）。如果一个流（比如，生成一条曲线的点的纵坐标）用 y 表示，则这个流的流数用 $\dot{y}$ 表示。我们知道：用现代的符号，这等价于 dy/dt，在这里，t 表示时间。尽管在几何中引进了时间，我们还是可以凭借假定某量（比如，动点的横坐标）依固定比率增加，把时间的概念躲过。某流增加的固定比率称为**主流数**（principal fluxion），可以将任何其他流的流数与主

流数比较。$\dot{y}$的流数被记作$\ddot{y}$;对于高次流数,如此类推。另一方面,流量y通过在符号y周围画一小正方形表示,或者有时也用$\overset{|}{y}$表示。牛顿还引进另一个概念,他称之为**流的矩**(moment),它指的是流(例如x)在无穷小的时间间隔o中增加的无穷小量。于是,流x的矩由乘积$\dot{x}o$给出。牛顿指出:在任何问题中,可以略去所有包含o的二次或二次以上幂的项;这样,我们得到曲线生成的坐标x和y与它们的流数$\dot{x}$和$\dot{y}$关系的方程。作为一个例子,我们考虑三次方程$x^3 - ax^2 + axy - y^3 = 0$以$x + \dot{x}o$代替$x$,以$y + \dot{y}o$代替$y$,我们得

$$x^3 + 3x^2(\dot{x}o) + 3x(\dot{x}o)^2 + (\dot{x}o)^3 - ax^2 - 2ax(\dot{x}o) - a(\dot{x}o)^2 +$$
$$axy + ay(\dot{x}o) + a(\dot{x}o)(\dot{y}o) + ax(\dot{y}o) -$$
$$y^3 - 3y^2(\dot{y}o) - 3y(\dot{y}o)^2 - (\dot{y}o)^3 = 0$$

然后,利用$x^3 - ax^2 + axy - y^3 = 0$这一事实把余下的项除以$o$,再舍弃所有包含$o$的二次或二次以上幂的项,我们得

$$x^2\dot{x} - 2a\dot{x}x + a\dot{y}x + ax\dot{y} - 3y^2\dot{y} = 0$$

牛顿考虑两种类型问题,在第一类型的问题中,给出联系一些流的关系式,要我们找出联系这些流和它们的流数的关系式。这就是我们上面讲的,这自然等价于微分。在第二种类型的问题中,给出联系的一些流和它们的流数的关系式,要我们找出仅仅联系流的关系式。这是逆问题,等价于解微分方程。后来牛顿用他的初步极限概念作为根据,证明略去包含o的二次或二次以上的项是正确的。他定义极大值和极小值,曲线的切线,曲线的曲率,拐点,曲线的凸性和凹性,并且他把他的理论应用于许多求积问题和曲线的求长。在一些微分方程的积分中,他显示了超人的能力,在这部著作中有对代数方程或超越方程都适用的实根近似值求法(此方法的一个修正,现在被称做牛顿法)。

《通用算术》包括牛顿从1673年到1683年讲演的内容。在其中,有方程论方面的许多重要成果,例如:实多项式的虚根必定成双出现,求多项式根的上界的规则,他以多项式的系数表示多项式的根的n次幂之和的公式,给出实多项式虚根个数的限制的笛卡儿符号规则的一个推广,及许多其他内容。

作为《光学》这部著作的附录发表的《三次曲线》,用解析几何的方法研究三次曲线的性质。在他给出的三次曲线分类中,牛顿列举了三次曲线可能的78种形式中的72种。这些中最吸引人、也最难的是:正如所有二次曲线能作为圆中心射影被得到一样,所有三次曲线都能作为曲线

$$y^2 = ax^3 + bx^2 + cx + d$$

的中心射影而得到。这一定理,在1731年发现其证明之前,一直是个谜。

自然,牛顿的最伟大的著作是他的《原理》,其中,第一次有了地球和天体主要运动现象的完整的动力学体系和完整的数学公式。事实证明,这在科学史上是最有影响、荣誉最高的著作。有趣的是,这些定理虽然也许是用流数法发现

401

402

的,却都是借助古典希腊几何熟练地证明的(只是各处用了些简单的极限的概念)。在相对论出现之前,整个物理学和天文学都是以牛顿在这部著作中作出的有一个特别合适的坐标系这种假定为基础的。在《原理》中,有许多涉及高次平面曲线的成果和一些引人入胜的几何定理的证明,比如:

1. 与一四边形的各边相切的所有圆锥曲线的中心的轨迹是通过其两对角线中点的直线(**牛顿线**(Newton's line))。

2. 把沿一条直线运动的点 P 与两固定点 O 和 O' 相连,如果 OQ 和 $O'Q$ 分别与 OP 和 $O'P$ 成固定的角,则 Q 的轨迹是一条圆锥曲线。

牛顿从来没有被在那个时候的数学家中流传的各种各样的数学竞赛题的任何一个难住过。针对莱布尼茨提出的一个问题,他解决了求一族曲线的正交轨线的问题。

牛顿是一位熟练的实验家和一位优秀的分析家。作为一个数学家,他几乎在全世界也要算是历史上最伟大的。他对物理问题的洞察力和他用数学方法处理物理问题的能力,都是空前卓越的。人们能找到由有能力的鉴赏者对他的伟大给予的高度评价,像莱布尼茨这样作了杰出贡献的人也说:"在从世界开始到牛顿生活的年代的全部数学中,牛顿的工作超过一半。"拉格朗日对牛顿的作用和影响也有过评语,说他是历史上最有才能的人,也是最幸运的人——因为宇宙体系只能被发现一次。他的成就被英国诗人波普(Pope)用诗表达:

自然和自然的规律沉浸在一片黑暗之中,上帝说:生出牛顿来,一切都变得明朗。

与这些颂扬相反,牛顿对他的工作有自己的谦虚的评价:"我不知道世间把我看成什么样的人;但是,对我自己来说,就像一个在海边玩耍的小孩,有时找到一块比较平滑的卵石或格外漂亮的贝壳,感到高兴,在我前面是完全没有被发现的真理的大海洋。"在尊重他的前辈的成果方面,他曾作过这样的解释:如果他比别人看得远些,那只是由于站在巨人的肩上。

曾有这样的报道:牛顿常常把 24 小时中的 18 或 19 个小时用于写作,并且他有超人的集中注意的能力。有几个有趣的故事,也许不足凭信,说的是他如何聚精会神忘记一切。

例如,有个故事说,一次他请一些朋友吃饭,他离席去拿一瓶酒,可是他跑回房间竟然把取酒这事忘了,而穿上白衣,进了祈祷室。

403　另一次,牛顿的朋友斯图克利博士请他吃鸡肉饭。牛顿出去了一会儿,但是,桌子上已经放好盖着的盘子,里面是烹调好的鸡肉。牛顿忘记吃饭这事,而超过了时间,斯图克利把鸡吃了,然后再把骨头放在盖着的盘子里。牛顿回来后,发现只剩下骨头了。他说:"亲爱的:我竟然忘了我们已经吃了饭。"

还有一次,他从格兰瑟姆骑马回家时,下了马步行牵着它上城外的斯皮特门山。牛顿不知道马在上山时滑脱了,到了山顶,准备再上马时,才发现手里只剩下个空缰绳。

11.10 莱布尼茨

莱布尼茨(Gottfried Wilhelm Leibniz),是 17 世纪伟大的全才,在微积分的发明上是牛顿的竞争者,于 1646 年出生于莱比锡城,当还是儿童的时候,就自学拉丁文和希腊文,不到二十岁,就熟练地掌握了一般课本上的数学、哲学、神学和法学知识。青年时代,他开始发展他的《万能算法》(*Characteristica Generalis*)的最初概念,它涉及通用数学(Uniuersal mathematics);后来,发展出布尔(George Boole,1815—1864)的符号逻辑(Symbolec logic);再靠后些,1910 年,发展出怀特黑德和罗素的伟大的《数学原理》(Principia mathematica)。当莱比锡大学以他年青为借口,拒绝授予他法学博士学位时,他迁到纽伦堡。在那里,他写了一篇关于用历史的方法教授法学的杰出论文,并且,把它献给美因茨的选帝候。这导致选帝候任命他重修一些法典。从这时起,他把大部分时间用于外事活动,这首先是为了美因茨选帝候;然后,从 1676 年直到他死,是为汉诺威的布龙斯威克公爵服务。

404

莱布尼茨
(David Smith 收藏)

1672 年,莱布尼莱在巴黎搞外事工作时遇见定居在那里的惠更斯,这位年轻的外交官请这位科学家给他讲数学。第二年,莱布尼茨因政治任务被派去伦敦。在那里,他结识了奥尔登伯格和其他人,并且,向皇家学会展示了一部计算机。在离开巴黎,去给布龙威克公爵当待遇优厚的图书馆长之前,他已经发现微积分的基本原理,给出此学科中的大部分符号,并且作出一些微积分的基本公式。

莱布尼茨被派到汉诺威工作,使他有空闲时间探讨他喜爱的研究。结果是:他写下的关于各种课题的论文几乎堆成了山。他是一位特殊天才的外语通,赢得了梵文学者的称号,他关于哲学的著作也在该领域中有很高的地位。他制定了许多宏伟的计划,比如,想把耶稣教和天主教联合起来,后来,又想把他那个时候的耶稣教的两个教派联合起来,但都落空了。1682 年,他和 O·门克(Otto Mencke)创办了《博学文摘》(*Acat eruditorum*),并且,他当了该杂志的主编。他的大部分数学论文(多半是从 1682 年到 1692 年这十年中写下的),发表在这个杂志上。这个杂志在欧洲大陆得到广泛流传。1700 年,莱布尼茨创办了柏林科学院,并且致力于在德累斯顿、维也纳和圣彼得堡创办类似的科学院。

莱布尼茨生命的最后七年,是在别人带给他和牛顿的关于他是否独立于牛顿发明了微积分的争论中难受地度过的。1714 年,他的东家成了英国的第一个德国人国王,而莱布尼茨被遗忘留在汉诺威。据说两年之后,1716 年他死后,只有他忠实的秘书参加他的葬礼。

莱布尼茨对其《万能算法》的研究,导出数理逻辑的理论和具有形式规则的符号法,用以避免思考的必要性。虽然这个设想,只是到今天,才达到了令人注目的实现阶段;但是,莱布尼茨已经用通行的术语陈述了逻辑的加法、乘法和否定的主要性质,已经考虑到空集和集的包含关系,并且,已经指出在集的包含关系和命题的蕴含关系之间的类似性(参看了问题研究 11.10)。

莱布尼茨是在 1673 年到 1676 年之间某时发明他的微积分的。1675 年 10 月 29 日,他第一次用长写字母 S(拉丁字母 Summa 的第一个字母)这个现代的积分符号表示卡瓦列利的"不可分元"之和。几周之后,他像我们今天这样写微分和微商,并有了像 $\int y\,dx$ 和 $\int y\,dy$ 这样的积分。直到 1684 年,才发表了他的关于微积分的第一篇论文。在这篇论文中,他引进 dx 作为任意有限区间,并且用比例

$$dy : dx = y : 次切距$$

定义 dy,在我们的初等微积分课中的微分的许多基本原则,是莱布尼茨推出的。求两个函数乘积的 n 阶导数的法则(参看问题研究 11.6)现在还称做**莱布尼茨法则**(Leibniz' rule)。

莱布尼茨对数学形式有超人的直觉,并且对于很好地设计符号的潜在可能性很敏感。他的微积分符号已被证明是很好的,并且无疑,比牛顿的流数记号方便、灵活。英国的数学家们可还固执地墨守他们导师的记号。直到 19 世纪,在剑桥成立分析学会(巴贝奇(Charlex Babbage)是其创始人之一)时,才提出来用"d"代替用"·"。应该记得:理性主义自然神论(*deism*)在那时的知识分子中

间很流行。①

通常说,行列式理论是莱布尼茨于 1693 年考虑关于齐次线性方程组的形式时创造的,虽然,日本人关孝和(Seki Kowa)比他早十年就有了类似的考虑。把二项式定理推广到论及

$$(a + b + \cdots + n)^r$$

的展开式的多项式定理,起源于莱布尼茨。他还为包络理论奠基作了许多工作,并且他定义了密切圆,说明了它在曲线研究中的重要性。

我们不准备在这里讨论牛顿和莱布尼茨之间的不幸的争论。今天,普遍的意见是:他们彼此独立地发现了微积分。牛顿发现在先,而莱布尼茨发表得早。如果说莱布尼茨没有像牛顿那样对数学研究得深,但他的知识面则较广,并且,作为一个分析学家和数学物理学家他虽都次于他的英国的敌手,但他也许对于数学形式有比较敏锐的想象力和卓越的本能。两派带给这两位主角的争论,导致英国长时间地忽视欧洲(指欧洲大陆——译者注)的发展,大有害于英国的数学。

在牛顿和莱布尼茨之后的若干时间,积分的基础还是不清楚的并且很少被人注意,因为早期研究者被此学科的显著的可应用性所吸引。到 1700 年,现在大学里学习的大部分微积分内容已经建立起来了,其中还包括较高等的内容,例如变分法。第一本微积分课本出版于 1696 年,是洛比达(Marpuis de l'hospital,1661—1704)写的。他还依据神秘的协议,发表了他老师约翰·伯努利的讲义,在这本书中有求分子、分母均趋于零的分式的极限值的所谓洛比达规则。

406

莱布尼茨是一位根深蒂固的乐观主义者。他不仅希望把他那个时代的互相斗争的宗教派别重新统一为一个单一的全世界的教会,而且他认为他有办法用他在创造二进制算术时的灵感让整个中国信基督教。因为上帝可用 1 表示,而无可用 0 表示一样。这个思想是如此令莱布尼茨满意,以致他写信告诉受到康熙皇帝重用的葡萄牙传教士闵明我(Philippe-Marie Grimardi,1657—1712),希望这能够使中国皇帝② 信基督教,并从而使整个中国信基督教。莱布尼茨还有一个神学的谬论,他说:虚数就像基督教义里的圣灵,介于存在和不存在之间。

在我们结束对莱布尼茨的无与伦比的天才的赞美时,要指出这样一个事实:存在数学思想的两个广阔而又互相反对的领域:连续数学和离散数学,莱布尼茨是数学史上在这两方面都达到了最高水平的人。

————————

① 释者注:原文是一句俏皮话"The principle of pure d-ism(deism)as opposed to the dot-age of the university"也可理解为"以自然神论的原则来对抗大学里的老耄昏庸"。

② 释者注:这里指的是清朝康熙皇帝,他颇为爱好科学。

洛比达
（David Smith 收藏）

问 题 研 究

11.1　穷竭法

（a）假定所谓阿基米德公理（axiom of Archimeds）成立：

如果我们有两个同类量，那么总能找到较小者的一个倍数，使之大于较大者。

试证明穷竭法的基础命题：

如果从任何量中减去不少于其半的部分，从余下的那部分中，再减去不少于其半的部分，如此类推，则最后留下的量将小于任何事先给定的同类量。
（阿基米德公理包含于欧几里得《原本》第五卷的第四个定义中；穷竭法的基础命题就是《原本》第十卷的第一个命题）

（b）借助穷端法的基础命题证明：可使圆和其外切正多边形面积之差为任意小。

11.2　平衡法

图 103 表示以 *AC* 为弦的抛物线弓形。*CF* 在点 *C* 与抛物线相切，并且，*AF* 平行于抛物线的轴。*OPM* 也平行抛物线的轴。*K* 是 *FA* 的中点，并且，*HK* =

KC,取 *K* 为支点。放 *OP* 令其中心在 *H* 上,并且,让 *OM* 还留在原处。

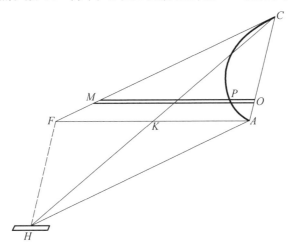

图 103

(a)利用几何定理:*OM* / *OP* = *AC* / *AO*,根据阿基米德平衡法证明,抛物线弓形的面积为△*AFC* 面积的三分之一。

(b)从(a)推演:抛物线弓形的面积是该弓形的弦与过该弦的端点所作该抛 *408* 物线的二切线围成的三角形的面积的三分之二。

11.3 阿基米德的一些问题

阿基米德写出许多解体积和面积问题的小册子。他用"穷竭法"证明他的结论。试用现代方法解下列阿基米德的问题:

(a)求高为 *h*,半径为 *r* 的球带的面积。

(b)求截球形的形心。

(c)以过直圆柱底直径的平面截直圆柱,求所得**圆柱楔形**(cylindrical wedge,或蹄形(hoof))的体积。

(d)两个等半径的直圆柱,其轴垂直相交,求其公共部分的体积。

11.4 不可分元法

(a)(1)试证明:任何三角形棱柱可被分成三个两两等底、等高的棱锥。
(2)根据卡瓦列利的第二条原理,证明:两个等底、等高的三角形棱锥有相等的体积。(3)然后证明:三角形棱锥的体积等于其底的面积和其高的乘积的 $\frac{1}{3}$。

（b）用现代积分法证明卡瓦列利原理。

（c）根据卡瓦列利的第二条原理，求圆柱楔形（或蹄形）的体积，以伴随的圆柱的半径和该蹄形的高表示之（参看问题研究 11.3（c））。（提示：以通过圆柱轴的平面 p 将该蹄形分成两个相等的部分，并且令 A 为所得的该蹄形的三角形截面的面积。作直棱柱，令其底为面积为 A 的正方形（此底置于平面 p 上），并且，其高等于 r。从此棱柱上割下一个棱锥：其底是棱柱的不在平面 p 上的底；其顶点是棱柱的另一个底上的一个点。这个被挖出的棱柱可作为该蹄形的一半的比较立体（以 1 表示））

（d）根据卡瓦列利的第二条原理，求从一球体中除去一个以球的极轴为轴的圆柱所得的**球环**（spherical ring）的体积（为了便于比较，令所取球的直径等于环的高）。

（e）试证明：所有等高的球环有相同的体积，它与环所属的球的半径无关。

（f）设计一个多面体（poyhedron）：能把它用作，根据卡瓦列利的第二条原理，求半径为 r 的球体体积的比较立体。（令 AB 和 CD 为空间中的两个线段，使得：（1）$AB = CD = 2r\sqrt{\pi}$，（2）AB 和 CD 均垂直于它们的中点连线，（3）连此二中点的线段，长 $2r$，（4）AB 垂直于 CD。四面体 $ABCD$ 可作为比较多面体）

409

（g）以半径为 r 的圆绕与该圆圆心的距离为 $c \geqslant r$ 且在该圆所在平面上的直线旋转，得一锚环；试根据卡瓦列利的第二条原理求其体积。（把该锚环置于与该锚环的轴垂直的平面 p 上。取半径为 r，高为 $2\pi c$ 的直圆柱作为比较立体，且把它纵长地放在平面 p 上）

（h）用卡瓦列利第一原理，求由曲线

$$b^2 y^2 = (b + x)^2 (a^2 - x^2)$$

包围的面积（在这里，$b \geqslant a > 0$）。

（i）试证明：不可能存在那样一个多边形，它能被用作，为了借助于卡瓦列利第一原理去得到一个给定圆的面积的比较面积。

11.5 平截头棱锥体的公式

旁面三角台（prismatoid）是这样一种多面体，其所有顶点在两个平行平面上。在这两个平行平面上的面称为旁面三角台的**底**（bases）。如果两个底有同样多的边，则该旁面三角台被称做**平截头棱锥体**（prismoid）。**推广的平截头棱锥体**（generalized prismoed）是：有两个平行底面且平行于底的截面面积由它们与一个底的距离的二次函数给出。

（a）试证明：棱锥、劈形（直三角形棱柱转到以其一个侧面为底）和棱锥的体积，由**平截头棱锥的公式**（prismoedal formula）

$$V = \frac{h(U + 4M + L)}{6}$$

给出,其中 h 是高,U,L 和 M 分别为上底、下底和中截面的面积。

(b)试证明:任何正凸旁面三角台的体积,由平截头棱锥体的公式给出。

(c)用卡瓦列利原理证明:任何推广的平截头棱锥体的体积由平截头棱锥体的公式给出。

(d)用积分法证明(c)。

(e)用积分法证明:具有两个平行底面且平行于底的截面面积是截面与一底的距离的三次函数的任何立体,其体积可由平截头棱锥体的公式给出。

(f)利用平截头棱锥体的公式求下列立体的体积:(1)球体,(2)椭球,(3)圆柱楔形,(4)问题研究 11.3(d)中的立体。

11.6 微分 410

(a)用下列方法求过圆 $x^2 + y^2 = 25$ 上点(3,4)的切线的斜率:

1. 费马的方法。

2. 巴罗的方法。

3. 牛顿的流数法。

4. 现代的方法。

(b)如果 $y = uv$,在这里,u,v 是 x 的函数,试证明:y 对于 x 的 n 阶导数为

$$y^{(n)} = uv^{(n)} + nu'v^{(n-1)} + \frac{n(n-1)}{2!}u''v^{(n-2)} +$$

$$\frac{n(n-1)(n-2)}{3!}u'''v^{(n-3)} + \cdots + u^{(n)}v$$

这称为**莱布尼茨法则**(Leibniz' rule)。

11.7 二项式定理

(a)试证明:牛顿发表的二项式定理(参看 11.9 节)等价于类似的展开式

$$(a+b)^r = a^r + ra^{(r-1)}b + \frac{r(r-1)}{2!}a^{(r-2)}b^2 +$$

$$\frac{r(r-1)(r-2)}{3!}a^{(r-3)}b^3 + \cdots$$

(b)用二项式定理证明:如果 $(a+ib)^k = p + iq$,在这里,a,b,p,q,是实数,k 是正整数,$i = \sqrt{-1}$,则 $(a-ib)^k = p - iq$。

(c)利用(b)中的结果证明:实系数多项式的虚根均以共轭对的形式出现

(这结果是牛顿给出的)。

11.8 多项式的根之上界

(a)利用二项式定理或别的方法证明:如果 $f(x)$ 是一个 n 次多项式,则

$$f(y+h) \equiv f(h) + f'(h)y + f''(h)\frac{y^2}{2!} + \cdots + f^{(n)}(h)\frac{y^n}{n!}$$

(b)试证明:使实系数多项式 $f(x)$ 及其所有导数 $f'(x), f''(x), \cdots, f^{(n)}(x)$ 均为正的任何数,是 $f(x)=0$ 的实根的一个上界(这结果是牛顿给出的)。

(c)试证明:如果对于 $x=a$, $f^{(n-k)}(x), f^{(n-k+1)}(x), \cdots, f^{(n)}(x)$ 均为正,则这些函数对于任何数 $x>a$ 也均为正。

411   (d)利用(b)和(c)的结果,求实系数多项式方程的实根的一个闭上界。其一般程序如下:取使 $f^{(n-1)}(x)$ 为下的最小整数。将此整数代入 $f^{(n-2)}(x)$。如果我们得到一个负的结果,就逐次加以 1,直到找到一个使此函数为正的整数。然后,用此新整数像前面一样进行。这样继续下去,最后得到一个使函数 $f(x), f'(x), \cdots, f^{(n-1)}(x)$ 均为正的整数。用此程序,求多项式

$$x^4 - 3x^3 - 4x^2 - 2x + 9 = 0$$

的根的一个上界。

11.9 方程的近似解

(a)牛顿设计了求数值方程的实根近似值的对代数方程和超越方程都适用的一种方法。此方法的修正,现在称为**牛顿方法**(Newton's method)。即:如果 $f(x)=0$ 在 $[a,b]$ 中只有一个根,并且 $f'(x)$ 和 $f''(x)$ 在此区间均为 0,而且,如果此选定 x_0,使得它是 a 和 b 两个数中的一个,并使 $f(x_0)$ 和 $f''(x_0)$ 同号,则

$$x_1 = x_0 - \frac{f(x_0)}{f'(x_0)}$$

比 x_0 更接近其根。试证明此结果。

(b)用牛顿的方法解三次方程 $x^3 - 2x - 5 = 0$(对于其在 2 与 3 之间的根)。

(c)用牛顿的方法解 $x = \tan x$(对于其在 4.4 与 4.5 之间的根)。

(d)用牛顿的方法求 $\sqrt{12}$,准确到第三位小数。

(e)借助于双曲线 $xy = k, k > 0$,证明:如果 x_1 是 $\sqrt{k}$ 是一个近似值,则 $x_2 = (x_1 + k/x_1)/2$ 是一个更好的近似值等(这是求平方根近似值的希罗方法,参看 6.6 节)。

(f)将牛顿方法应用于 $f(x) = x^2 - k$ 得(e)的程序。

(g)将牛顿方法应用于 $f(x) = x^n - k$（n 为正整数），证明:如果 x_1 是 $\sqrt[n]{k}$ 的一个近似值,则

$$x_2 = \frac{(n-1)x_1 + \dfrac{k}{x_1^{(n-1)}}}{n}$$

是一个更好的近似值等。

(h)在方程论的课本中,查出所谓傅里叶定理(Fourier's theorem),它阐明牛顿方法必定成功的保证。

(伦敦皇家学会会员拉福生(Joseph Raphson, 1684—1715)于 1690 年发表了一本标题为《通用方程分析》(*Analysis aequationum universalis*)的小册子,它主要是讲求数字方程的根的近似值的牛顿方法。由于这个理由,此方法今天也常被称做**牛顿－拉福生方法**(Newton-Raphson method)。牛顿在其《流数法》中讲了他的方法,例证地用之于(b)中的三次方程;该书虽然写于 1671 年,但一直到 1736年才发表。牛顿方法的最早书面记载发表于 1685 年沃利斯的《代数》中。)①

11.10 集合的代数

"对象的集合"是逻辑学的一个基本概念。莱布尼茨发表了集合的初等代数。利用现代记号,如果 A 和 B 是对象的集合,则 $A \bigcap B$(称做 A 和 B 的**交**(intersection)或**积**(product))表示既属于 A 又属于 B 的所有对象的集合;$A \bigcup B$(称做 A 和 B 的**并**(union)或**和**(sum))表示属于 A 或属于 B 的所有对象的集合。

集合的代数,可用所谓**维恩图**②(Venn diagrams)来说明。在这里,集合 A 由一个给定区域表示。例如,如果我们用 A 和 B 两个圆的内部表示集合 A 和 B,如图 104 所示,则两个圆的公有区域表示集合 $A \bigcap B$,包含在两个圆的任一个中的所有点构成的区域表集合 $A \bigcup B$。如果用长方形内的所有点来表示全集,则 A',称做 A 的**余集**(complement),指的是在长方形内但在 A 的面积外的区域。

(a)依照维恩图,将下列区域标上阴影:$A \bigcap (B' \bigcup C)$, $(A' \bigcap B) \bigcup (A \bigcap C')$, $(A \bigcup B') \bigcup C'$。

(b)用把维恩图的适当区域标上阴影的方法证明下列集合的代数中的等式:$A \bigcap (B \bigcap C) = (A \bigcap B) \bigcap C$, $A \bigcap (B \bigcup C) = (A \bigcap B) \bigcup (A \bigcap C)$, $(A \bigcup B)' = A' \bigcap B'$.

---

① 参看 F. Cajori"关于求近似值的牛顿－拉福生方法的历史记录"(Historical Notes on the Newton-Raphson Method of Approximation) The American Mathematical Monthly 18 (1911):29-33.
② 维恩图,以英国逻辑学家维恩(John Venn, 1834—1923)的名字命名,在他 1876 年发表的论述布尔逻辑系统的论文中有此图,他还在 1894 年出版了一部优秀的著作:Symbolic Logic(符号逻辑)。

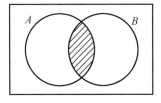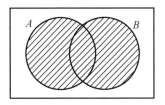

图 104

(c)用把维恩图的适当区域标上阴影的方法确定下列等式中哪些成立：

$$(A' \bigcup B)' = A \bigcap B', \quad A' \bigcup B' = (A \bigcup B)', \quad A \bigcup (B \bigcap C)' = (A \bigcup B') \bigcap C'.$$

论 文 题 目

11/1　芝诺悖论与微积分的关系。

11/2　古希腊对积分学发展的贡献。

11/3　在微积分学的发展中的现代先驱牛顿和莱布尼茨。

11/4　卡瓦列利第二原理在立体几何初级课程中的用途。

11/5　17 世纪最伟大的数学发现。

11/6　莱布尼茨的微分概念。

11/7　巴罗与微积分学基本定理。

11/8　牛顿 – 莱布尼茨之争。

11/9　17 世纪最伟大的四部数学著作。

11/10　17 世纪最重要的五位英国数学家。

11/11　17 世纪在数学和物理两方面均享盛名的人物。

11/12　17 世纪六个第一流的数学国家(依重要程度排次序)。

11/13　日本的牛顿。

11/14　连分式的历史。

11/15　17 世纪日本数学的决定因素。

11/16　科茨(Roger Cotes, 1682—1716)。

11/17　皇家学会。

参考文献

ANTHONY, H. D. *Sir Isaac Newton*[M]. New York: Abelard-Schuman, 1960.

BARON, M. E. *The Origins of the Infinitesimal Calculus*[M]. New York: Dover Publications, 1987.

BELL, E. T. *Men of Mathematics*[M]. New York: Simon and Schuster, 1937.

BOYER, C. B. *The History of the Calculus and Its Conceptual Development*[M]. New York: Dover Publications, 1959.

BREWSTER, SIR DAVID *Life of Newton*[M]. London: John Murray, 1831.

BRODETSKY, SELIG *Sir Isaac Newton: A Brief Account of His Life and Work* [M]. London: Methuen & Co., 1927.

CAJORI, FLORIAN *A History of the Conceptions of Limits and Fluxions in Great Britain, From Newton to Woodhouse*[M]. Chicago: Open Court, 1919.

—— *A History of Mathematical Notations*[M]. 2 vols. Chicago: Open Court, 1928 – 1929.

—— *Sir Isaac Newton's Mathematical Principles of Natural Philosophy and His System of the World* [M]. Revision of the translation of 1729 by Andrew Motte. Berkeley, Calif.: University of California Press, 1934.

CHILD, J. M. *The Early Mathematical Manuscripts of Leibniz* [M]. Chicago: Open Court, 1920.

—— *The Geometrical Lectures of Isaac Barrow*[M]. Chicago: Open Court, 1916.

CHRISTIANSON, G. E. *In the Presence of the Creator: Isaac Newton and His Times*[M]. New York: The Free Press, 1984.

COOLIDGE, J. L. *Geometry of the Complex Domain* [M]. New York: Oxford University Press, 1924.

—— *A History of Geometrical Methods*[M]. Mew York: Oxford University Press, 1940.

—— *The Mathematics of Great Amateurs* [M]. New York: Oxford University Press, 1949.

DE MORGAN, AUGUSTUS *Essays on the Life and Work of Newton*[M]. Chicago: Open Court, 1914.

EDWARDS, C. H., Jr. *The Historical Development of the Calculus* [M]. New York: Springer-Verlag, 1980.

GROWING, RONALD *Roger Cotes: Natural Philosopher* [M]. Cambridge: Cambridge University Press, 1983.

HALL, A. R., and M. B. HALL, eds. *Unpublished Scientific Papers of Isaac Newton*[M]. New York: Cambridge University Press, 1962.

—— *Philosophers at War: The Quarrel Between Newton and Leibniz*[M]. New York: Cambridge University Press, 1980.

HEATH, T. L. *History of Greek Mathematics*[M]. Vol. 2. New York: Oxford

414

University Press, 1921. Reprinted by Dover Publications, New York, 1981.

—— *A Manual of Greek Mathematics* [M]. New York: Oxford University Press, 1931.

—— *The Method of Archimedes Recently Discovered by Heiberg* [M]. New York: Cambridge University Press, 1912. Contained in *The Works of Archimedes*. Reprinted by Dover Publications, New York.

—— *The Works of Archimedes* [M]. New York: Cambridge University Press, 1897. Reprinted by Dover Publications, New York.

HERIVEL, JOHN *The Background to Newton's Principia* [M]. Oxford: Oxford University Press, 1965.

HOFFMAN, J. E. *Leibniz in Paris*, 1672-1676 [M]. Cambridge: Cambridge University Press, 1964.

KERN, W. F., and J. R. BLAND *Solid Mensuration*: *With Proofs* [M]. 2d ed. New York: John Wiley, 1938.

LANE, E. P. *Metric Differential Geometry of Curves and Surfaces* [M]. Chicago: University of Chicago Press, 1940.

LEE, H. D. P., ed. *Zeno of Elea* [M]. Cambridge: Cambridge University Press, 1936.

LOVITT, W. V. *Elementary Theory of Equations* [M]. Englewood Cliffs, N.J.: Prentice-Hall, 1939.

MACFARLANE, ALEXANDER *Lectures on Ten British Mathematicians of the Nineteenth Century* [M]. Mathematical Monographs, No. 17. New York: John Wiley, 1916.

MANHEIM, J. H. *The Genesis of Point Set Topology* [M]. New York: Macmillan, 1964.

MANUEL, F. E. *A Portrait of Isaac Newton* [M]. Cambridge, Mass.: Harvard University Press, 1968.

MELLONE, S. H. *The Dawn of Modern Thought*—*Descartes*, *Spinoza*, *and Newton* [M]. London: Oxford University Press, 1930.

MERZ, JOHN *Leibniz* [M]. New York: Hecker Press, 1948.

MESCHKOWSKI, HERBERT *Ways of Thought of Great Mathematicians* [M]. San Francisco: Holden-Day, 1964.

MEYER, R. W. *Leibniz and the Seventeenth Century Revolution* [M]. Translated by J. P. Stern. Cambridge: Bowes and Bowes, 1952.

MORE, L. T. *Isaac Newton*, *a Biography* [M]. New York: Dover Publications,

415

1962.

MUIR, JANE *Of Men and Numbers*, *The Story of the Great Mathematicians* [M].
New York: Dodd, Mead, 1961.

MUIR, THOMAS *The Theory of Determinants in the Historical Order of Development* [M]. 4 vols. New York: Dover Publications, 1960.

NEUGEBAUER, OTTO *The Exact Sciences in Antiquity* [M]. 2d ed. New York: Harper & Row, 1962.

NEWTON, SIR ISAAC *Mathematical Principles of Natural Philosophy* [M].
Translated by Andrew Motte. Edited by Florian Cajori. Berkeley, Calif.:
University of California Press, 1934.

—— *Mathematical Works* [M]. 2 vols. Edited by D. T. Whiteside. New York:
Johnson Reprint, 1964 – 1967.

—— *Mathematical Papers* [M]. 7 vols. Edited by D. T. Whiteside. New York:
Cambridge University Press, 1967.

PHILLIPS, H. B. *Differential Equations* [M]. 3d ed. New York: John Wiley,
1934.

PRIESTLEY, W. M. *Calculus*: *An Historical Approach* [M]. New York: Springer-
Verlag, 1979.

ROSENTHAL, A. "The History of Calculus" [J]. *The American Mathematical
Monthly* 58(1951): 75 – 86.

ROYAL SOCIETY OF LONDON *Newton Terecentenary Celebrations*, 15 – 19 *July*,
1946 [M]. New York: Macmillan, 1947.

SABRA, A. I. *Theories of Light*, *from Descartes to Newton* [M]. London:
Oldburne Book Company, 1957.

SCOTT, J. T. *The Mathematical Work of John Wallis* (1616 – 1703) [M].
London: Taylor and Francis, 1938.

SMITH, D. E. *History of Modern Mathematics* [M]. 4th ed. New York: John
Wiley, 1906.

—— *A Source Book in Mathematics* [M]. New York: Mc Graw-Hill, 1929.

SULLIVAN, J. W. N. *The History of Mathematics in Europe*, *From the Fall of
Greek Science to the Rise of the Conception of Mathematical Rigour* [M]. New
York: Oxford University Press, 1925.

—— *Isaac Newton* 1642 – 1727 [M]. New York: Macmillan, 1938.

TAYLOR, E. G. R. *The Mathematical Practitioners of Tudor and Stuart England*
[M]. Cambridge: Cambridge University Press, 1954.

THOMSON, THOMAS *History of the Royal Society from Its Institution to the End of the 18th Century*[M]. Ann Arbor, Mich.: University Microfilms, 1967.

TOEPLITZ, OTTO *The Calculus, a Genetic Approach*[M]. Chicago: University of Chicago, Press, 1963.

TURNBULL, H. W. *Mathematical Discoveries of Newton*[M]. Glasgow: Blackie & Sons, 1945.

—— *The Great Mathematicians*[M]. New York: New York University Press, 1961.

——, ed. *Correspondence of Isaac Newton*[M]. 7 vols. Cambridge: Cambridge University Press, 1959 – 1977.

WALKER, EVELYN *A Study of the Traité des Indivisibles of Gilles Persone de Roberval*[M]. New York: Teachers College, Columbia University, 1932.

WELD, CHARLES *A History of the Royal Society*[M]. Reprint ed. New York: Arno Press, 1975.

WESTFALL RICHARD *Never at Rest: A Biography of Isaac Newton* [M]. Cambridge: Cambridge University Press, 1980.

416

中产阶级的叛乱
欧洲和美洲的 18 世纪
（伴随第 12 章）

文明背景 VIII

欧洲和美洲的 18 世纪是动乱和改革的年代。新出现的中产阶级——资产阶级（bourgeoisie），推翻了英格兰、法兰西和美洲的君主政治。封建政治、社会和经济的思想，植根于没有多少剩余的农业之上。这些思想被经典自由主义哲学所取代。这种哲学强调有限制的民主，机会均等，私有财产神圣不可侵犯；因而，它促进了 19 世纪工业革命。

1690 年，英国哲学家洛克（John Locke, 1632—1704）在其《论统治》（Two Treatises of Government）一书中，把经典自由主义的思想作为社会、政治和经济的框架提出。洛克坚信：所有的人，无论是贫或富，是男人或女人，是贫民或地主，天生地都是平等的。正如他所说的："在法律的界限内，他们可以随心所欲地安排其财产和人。"洛克尤其重视宗教信仰自由。在政治学说上，这位骨瘦如柴的英国人好用革命的辞令。他坚持：领导者仅仅由于得到其臣民的许可才进行管理；这些臣民有权利罢免不称职的统治者。洛克坚信：财产应归私人所有，只有这样才能有效地进行管理。他说："一个人种多少地，能用多少农产品，他就有多少财产。"18 世纪自由主义的信条是：适度的财产属于私人所有；统治权是被统治者赋予的；法律面前人人平等。

417

洛克的思想在其他人身上产生了反响。法国哲学家卢梭(Jean Jacques Roussean,1712—1778)1755 年写道:"社会大家庭的所有成员,天生平等。"然而,卢梭和洛克不一样,他不认为:所有(all)的人是平等的;他坚信:妇女是下等人,他反对妇女有平等的权利。其他自由主义思想家,有的把黑人奴隶排除在外,有的把某些宗教教派(比如,犹太教徒)排除在外。

1776 年左右,自由主义成了革命的信条。杰斐逊(Thomas Jefferson,1743—1826),在洛克思想的影响下,为美国革命提供了理论根据。他在其著名的独立宣言(Declaration of Independence)中写道:"我们坚持的真理是自明的:所有的人天生是平等的,他们从他们的创造者那里得到不可放弃的权利,包括生活、自由和追求快乐的权利。为了保护这些权利,人们组织政府并在被统治者的允许下行使其权力。每当统治的形式有损于其根本目的时,人民有权改变或废除它。"

经典自由主义使新兴的财产私有阶级的期望具体化,这个阶级,我们称之为中产阶级,法国人称之为 bourgeoisie(资产阶级)。这个阶级(包括富裕农民、商人、银行家、生意兴隆的工匠、律师、医生、公务员及其他人)在 15,16 和 17 世纪的欧洲,越来越处于重要地位。在中世纪,大约百分之九十的欧洲人是农民,其中许多是无地农奴。农民们在政治上、经济上都没什么地位,政治、经济实力,大部分集中在贵族手中,他们只占人口百分之二左右,是一个相对地少数的阶级。余下的百分之八(工匠、商人、律师和乞丐)生活在城市里。

资产阶级(*bourgeoisie*),在中世纪和探险的时代,开始在数量上和势力上增长。都市发展的原动力:一是,乡村人口过剩,许多农村人进入城市找工作;二是,在探险的时代,商业大为扩展(这在文明背景Ⅶ中讲过了)。在工人和资金流入城市(例如,伦敦、巴黎、法兰克福、安特卫普、米兰和塞维利亚)之后,许多商人和工匠都在不断地扩大他们的经营范围。在少数情况下,他们积累了足够的财富,用不着再工作了,转而经营其业务,或把他们的钱投资到土地上,或把钱贷给贵族(当然是有利息的)。甚至在中世纪,欧洲的城市已经远离封建社会的主流;封建社会是受世袭贵族统治的。城市已经有他们自己的政府,都市居民享有其特权,有不为贵族服役的自由。用中世纪的话说:"城市的空气是自由的空气。"当然,这里的自由也是相对的。在商店和小工厂工作的都市贫民,也没有可能参与公民的事务,市政通常是由有钱的商人和银行家管理。

在 15 世纪到 18 世纪,资产阶级日益处于重要地位的时候,其成员对旧贵族的愤恨也在与日俱增。有钱的商人和高利贷者(rentiers,这个法文字的原意是:投资的资本家)受过很好的教育,了解国家事务,并且处于世界范围的贸易网络和国家财政的中心。但是,在政府中还给贵族留着地位,而不给他们:他们还要交税;并且,贵族能参加的某些事务,也没有他们的份。更令人苦恼的是:贵族们对新的都市居民的好运气持妒忌态度,把这些热心的高利贷者当做暴发户看待,贬低其社会地位。中产阶级成长起来了,贵族们更急于维持其控制欧洲社会的他位,努力压低资产阶级的权势。资产阶级,从其处境出发,开始想到革命。

洛克的自由主义为资产阶级的政治和经济变革提供了理论基础。在经济领域,苏格兰人亚当·史密斯(Adam Smith,1723—1790)在其1776年出版的《国富论》(Wealth of nations)一书中,在洛克的思想的基础上,建立了私有财产的首要地位,把资本主义作为一种经济体制来提倡。在英国,洛克本人介入了1688年的限制君主权力的光荣革命(Glorious Revolution),并且,他的思想为英国从绝对的君主政体转变为君主立宪提供了理论根据。在美国革命(1776~1783),法国革命(1789~1799)和拉丁美洲的革命(1800~1825)中,旧的统治受到指责,理由是:贵族的特权与平等的思想相对立,并且,人民有控制他们自己的政府的权利。

在1688年至1825年间,在英国、法国和美洲的绝大部分,资产阶级和平地或者暴力地攫取了权利。这些革命之火并不是资产阶级亲自点燃的。乡村农民和都市贫民,和中产阶级一样,也不喜欢欧洲社会的旧结构。尽管中资阶级叫苦连天,捐税的大部分还是压在农民身上。人口的过剩导致农田的超负荷,从而,农业减产,在世界范围内乡村贫困。农民们早就憎恶贵族的统治;在中世纪,就时有叛乱发生。再则,在欧洲的大部分地区,农民们也不喜欢资产阶级。农民们越来越穷,有时要从高利贷者手中借钱,以度过久旱不雨的灾年。农民很少有可能偿还这样的债务;常常,把农田作为抵押品归了高利贷者,迫使农民成为高利贷者或本地贵族的佃户。只有在美洲,农民们是有较多农田和较少债务的自由民,真正在和资产阶级一道参加反对旧秩序的革命;不过,即使在这里,农民们也常对都市中产阶级持不信任态度。对于资产阶级,反对贵族政治的最重要的盟友是都市贫民。由于政府的专卖权和很高的农业税,使得食物价格不断上升,都市贫民受到最大的威胁;因而,在革命中起积极作用的也是他们,尤其是在巴黎、波士顿和加拉加斯。在美国,许多革命的领导者是有钱的农民,这是罕有的例外;18世纪反对贵族统治的叛乱的领导权多半在都市资产阶级的手中。

让我们简短地考察一下这次革命的过程。

自1603年伊丽莎白一世(1558~1603年在位)逝世,英国就处于政治动乱的时期。继承她的是斯图亚特新王朝。大部分英国人是基督教徒,这个王朝赞成天主教,英国是一个联邦,而这个王朝把苏格兰人之外的人均视为外国人。加之,这个王朝倡导皇权至上的理论,因而,激怒了许多英国人。斯图亚特王朝的国君们谋求加强他们的势力的努力,导致与伦敦资产价级之间的冲突;资产阶级对皇室干预他们城市的内部事务很愤慨。伦敦人协会(他们的经济同盟)

和由克伦威尔(Oliver Cromwell, 1599—1658)领导的基督教清教徒们向斯图亚特的权力挑战,并且,在英国内战(1641 ~ 1649)中,废除了斯图亚特王。虽然斯图亚特王朝在1660年重新取得王位,内战中产生的敌对势力仍然潜伏着。当斯图亚特王在17世纪80年代试图以强力迫使英国信奉天主教时,军队以被称做光荣革命(1688)的不流血的政变废除了他。议院请比较温顺的玛利二世(1689 ~ 1694年在位)和她的丈夫威廉三世(1689 ~ 1702在位)就任女皇和国王,条件是:他们赞同公布大宪章(English Bill of Rights, 1689),废除绝对的君主制并代之以君主立宪制,在其中,由资产阶级控制的众议院掌握实权。英国的资产阶级掌握实权比任何其他地方都早。

英国的内战和光荣革命,对英国的美洲殖民地产生了影响:商人、富裕农民和土地投资者,这些殖民地的资产阶级享有重要的地方特权。自主权形成于18世纪60年代:那时,在与法兰西的耗资巨大的战争之后,本国政府在这些殖民地制定了一系列课税的规定,遭到殖民地议会的反对。关于税收、公民自由和贸易限制的争论,由宗主国的诏书规定的边界封锁,激发了美国革命,并以美国的独立而告终。美国革命,和其他地方的中产阶级革命不一样,是由都市资产阶级与富有的农场主和自由民农民的同盟进行的。革命的领导权掌握在这样一些人手中,例如,杰斐逊(Thomas Jefferson)和华盛顿(George Washington, 1732—1799)是乡下人;波士顿商人汉考克(John Hancock, 1737—1793),波士顿律师亚当斯(John Adams, 1735—1826),费城的出版商富兰克林(Benjamin Franklin, 1705—1799),纽约的锦衣玉食者哈密顿(Alexander Hamilton, 1755—1804)则都是城市资产阶级。在新的共和国中,这两个集团之间的势力斗争,一直延续到下一个世纪。

1789年,中产阶级与巴黎的都市贫民联合起来反对法国国王,这次运动是由巴黎面包涨价引起的。法国资产阶级和贵族政治之间的对立,持续了几十年。在18世纪90年代,在法兰西,革命的领导权落到巴黎群众的手中,他们处决了许多资产阶级领导者。资产阶级后来支持拿破仑(Napoleon, 1769—1821),以报仇雪恨;拿破仑于1799年夺得权力,成为独裁者,后来,还当了皇帝。拿破仑,一方面压制市民的自由,另一方面,又使资产阶级提倡的经济改革得以实现。

拿破仑在其1799年的政变之后发动战争:侵占了大部分欧洲,并把它们并入法兰西帝国。1800年,他兼并了西班牙,从而削弱了西班牙在美洲的势力;在西班牙的殖民地——墨西哥城、加拉加斯和布宜诺斯艾利斯爆发了资产阶级领导的叛乱。1825年左右,在绝大部分拉丁美洲,建立了由中产阶级控制的共和政府。再则,拿破仑就任傀儡政府的首脑;在被侵占的德国、意大利和波兰,如果不是在事实上至少在形式上,是共和政体。在那些地方的许多人希望这能

421

导致真正的共和政体或君主立宪的建立;这样的希望,从未被完全放弃。

所以,在 1688 至 1825 年之间,中产阶级反对旧党的贵族统治的革命席卷整个欧洲和美洲。在英国和美国,新出现的资产阶级在政治上得势。甚至在叛乱以失败告终的地方(比如,法兰西),在国家和经济事务中,中产阶级也是最有影响的。整个西方,在 1825 年左右,资产阶级取代了旧的中世纪的贵族,成为新的统治阶级。

拿破仑于 1815 年败于英国 – 普鲁士 – 俄罗斯 – 奥地利的联盟,法兰西帝国宣告结束,并且,在法国、德国、意大利和波兰重建贵族的统治。无论如何,这些新的贵族政权比较软弱,并且,在 19 世纪,遭到资产阶级共和主义者、国家主义者和社会主义者的反对。19 世纪欧洲的社会面临更多的政治骚扰;它还将经历工业革命。那将在文明背景 IX 中讲述。

第十二章 18世纪数学和微积分的进一步探索

12.1 引言与说明

如今通常在中小学讲授的算术、初等代数、几何和三角,连同在大学一、二年级讲授的大代数、解析几何和初等微积分,构成所谓"初等数学"。书写到这里,实际上我们已经结束了对初等数学(依今天所具备的形式)的历史论述。但指出下面这点仍是有益的(但是,不要言之过甚),在课堂上学习的一系列数学课程,是十分紧密地遵循这门学科的发展趋势而展开的。

完全可以断言,一个人没有某门学科本身的知识,就不能适当地研究该学科的历史。由此可见,一个人要想很有见地地去研究18世纪、19世纪和20世纪数学上发生了什么事,就必须对微积分以外的高等数学作广泛的研究。当学生具备这样的基础时,最好的参考书是 E·T·贝尔著的《数学的发展》(The Development of Mathematics),C·B·博耶著的《数学史》(A History of Mathematics)和M·克莱因著的《古今数学思想》(Mathematical Thought from Ancient to Modern Times)。尽管如此,再看一看本章和以后的三章,还是适当的,它可告诉本书读者18世纪、19世纪和20世纪数学上的一些重要情况,它简短地说明数学在初等基础上最近的发展趋势。初等数学作为现代数学的很突出的成就的序幕,将仍然有其适当的地位。

毋庸讳言,下面的叙述是不完全的、简单的。M·康托尔写到18世纪末的大部头数学史,有四大本,每本都差不多一千页。但是,如果要把19世纪的数学史写得同样详细,作最保守的估计:至少需要十四本这样的大书! 还没有人敢估计:要把20世纪这个最为活跃的时代的数学史写得同样详细,该要多少本这样的大书! 如前所述,普通的大学生,只能领悟最近二三百年的材料中的极小部分;事实上,要理解大量这类材料需要很深的数学素养。

当代的数学研究成果,有了几乎爆炸性的增长,下列事实能雄辩地说明:刊载数学论文的杂志,在17世纪末以前,只有17种;18世纪,有了210种;19世纪,有了950种;20世纪前半叶,粗略估计,达到2 600种。此外,在19世纪以前还没有主要地或专门地刊载数学内容的杂志。人们说(也许说得很恰当),这些学术性杂志中的论文,构成了现代数学的真实历史;并且必须承认,不是专家也能看懂的论文是很少的。

为了强调指出数学在 20 世纪发展得异常迅速,还可作这样的统计:所有已知的数学超过百分之五十是最近五十年创造的;并且,历史上所有的数学家中,有百分之五十现在还活着。

微积分学,靠解析几何的帮助,成为 17 世纪发现的最伟大的数学工具。早已表明,微积分对解决早年很难攻破的问题是非常有效的。吸引那个时代大量数学研究工作者的是此分支的广泛而又惊人的实用性,因而,发表了这方面的大量论文。然而,却很少考虑微积分的很不令人满意的薄弱的基础。这些方法之所以认为能采用,主要是因为它们能解决问题。但是,直到 18 世纪末,在许多混乱和矛盾渗入数学之后,数学家们才感到:从逻辑上审查并严格地确立他们工作的基础是必不可少的。把分析置于严格的逻辑基础上的艰苦努力,是对上一世纪直观地、形式主义地、乱七八糟地使用数学的正常反应。事实表明,这是一项困难的工作,其各种争论在往后几百年中占重要地位。从对微积分基础所作的认真细致的分析,导致对数学所有分支的基础进行同样的分析,并对许多重要概念加以准确化。例如,函数概念本身必须准确化,极限、连续性、可微性、可积性之类的概念必须很仔细、很明白地定义。对数学的基本概念重新精确化的工作,转而导致错综复杂的推广。像空间、维、收敛性和可积性(这里只指出很少几个)这样的概念,经历了引人注目的一般化和抽象化的过程。20 世纪数学的很大一部分就是致力于这类工作的;到现在,一般化和抽象化已经成为当代数学的显著特征,其中某些推论又转而导致一批新矛盾的发现。例如,超限数和集合的抽象研究已经使得数学的许多分支加宽加深,但同时也显现出一些很令人不安的矛盾,它们原来是潜存于数学深处的。这就是我们今天的处境,也许 20 世纪最后若干年会目睹某些关键问题的解决。

424

在总结本节的时候,我们可以有一定把握地说:18 世纪大半时间花在多方利用那个新的、功效卓著的微积分方法;19 世纪大半时间致力于把上个世纪建立起的巨大然而动摇的上层结构置于牢固的逻辑基础上;而 20 世纪大半时间用于尽可能地推广已经取得的成果;现在许多数学家则在考虑更深的基本问题。由于影响科学发展的各种社会因素,情况远不是这么简单。像生命保险事业的发达,18 世纪强大海军的建设,19 世纪由西欧和美洲工业化引起的经济和技术问题,20 世纪世界范围的战争气氛,以及今天在征服外层空间上所做的努力等,所有这些已经导致数学领域中许多实用数学的发展。数学已被划分为"纯粹的"和"应用的"。对前者的研究,在很大程度上是靠那些为数学本身的发展而钻研的专家们的努力;对后者的研究,则靠那些重视实际应用数学的人的努力。

在本书的余下部分,我们将对上面描述的一般轮廓补充一些细节。

12.2 伯努利家族

对 18 世纪数学作出主要贡献的是伯努利(Bernoulli)家族的成员,棣莫弗尔(Abrabam De Moivre),泰勒(Brook Taylor),麦克劳林(Colin Maclaurin),欧拉(Leonhatd Euler),克雷罗(Alexis Claude Clairaut),达兰贝尔(Jean-le-Rond d' Alembert),兰伯特(Johann Heinrich Lambert),拉格朗日(Joseph Louis Lagrange),拉普拉斯(Pierre-Simon Laplace),勒让德(Adrien-Marie Legendre),蒙日(Gaspard Monge)和卡诺(Lazare Carnot)。我们会注意到这些人的大多数的数学成就都来自微积分在力学和天文学领域的应用。直到完全进入 19 世纪,数学研究才普遍地从这个观点中解放出来。本节讲述著名的伯努利家族。

在数学和科学的历史上最著名的家族之一是瑞士伯努利家族,从 17 世纪末以来,它产生过不少有本领的数学家和科学家。这个家族的记录开始于雅科布·伯努利(Jakob Bernoulli,1654—1705)和约翰·伯努利(Johann Bernoulli,1867—1748)兄弟,他们的某些数学成就已经在本书中讲过。这两个人放弃了早年的本行,并且在莱布尼茨的论文开始在《博学学报》上发表时,成了数学家。他们属于最早认识到微积分的惊人力量并把此工具应用于各种各样问题的一批数学家。雅科布从 1687 年到去世一直担任瑞士巴塞尔大学的数学讲座教授。约翰在 1697 年成为荷兰格罗尼根大学的教授。1705 年雅科布死后,约翰继承了巴塞尔大学的讲座教授,并在这里度过了自己的余生。这兄弟二人,在学术上常是劲敌;他们与莱布尼茨及他们兄弟之间都经常交换思想。

雅科布·伯努利对数学的贡献主要有:极坐标的早期使用(参看 14.5 节);在直角坐标系和极坐标系中平面曲线曲率半径公式的推导;把悬链线的研究扩展到密度可变的链和在有心力作用下的链;许多其他高次平面曲线的研究;所谓**等时线**((isochrone),它是这样一种曲线,物体沿着它以均匀垂直速度下降)的发现。等时线,弄清楚原来是尖点处有垂直切线(cusptangent)的半三次抛物线。他还考虑过一端固定而另一端加上重量的弹簧棒所取的形状的确定;由一个有两个对边水平地固定在同样高度上,并负载有重液体的易弯矩形片所取的形状的确定;满风矩形帆的形状的确定。他还提出并讨论过**等周问题**(isoperimetric figures,周长固定且包括最大面积的给定种类平面闭曲线),并且是最先在变分法上做工作的数学家之一。他还是(如同在 10.3 节中指出过的那样)数学概率早期研究者之一。他在这个领域的著作《猜测术》是在他死后的 1713 年发表的。现在,以雅科布·伯努利的名字命名的数学成果主要有:统计学和概率论的伯努利分布(*Bernoulli distribution*)和伯努利定理(*Bernoulli theorem*);每一个学习初等微分方程的学生都会遇到的伯努利方程(*Bernoulli equation*);在数论中很有

雅科布·伯努利

（David Smith 收藏）

影响的伯努利数（*Bernoulli numbers*）和伯努利多项式（*Bernoulli polynomials*）；以及在任何一本初等微积分教程中都有的伯努利双纽线（*lemniscate of Bernoulli*）。在对等时线（*the isochrone curve*）问题的雅科布·伯努利解（1690 年发表于 Acta eruditorum）中，我们第一次遇到微积分学意义上的"integral"（积分）这个字，莱布尼茨曾经称积分为求和计算（*calculus summatorius*）；1696 年，莱布尼茨和约翰·伯努利赞同称之为积分计算（*calculus integralis*）。雅科布·伯努利用此法发现：等角螺线在多种变换下产生它自身；还模仿阿基米德，要求把这样的螺线连同碑文"Eadem mutata resurgo"（虽经沧桑，我仍将以故我出现）刻在他的墓碑上。

约翰·伯努利比起他哥哥雅科布来，是一位在数学上更为多产的贡献者。虽然他是一个爱妒忌的、脾气不好的人，但是他是他那个时代最成功的教师之一。他大大地丰富了微积分学，并且是使这门学科的作用在欧洲大陆得到正确评价的最有影响的人。我们已经说过（参看 11.10 节），洛比达（Marquis de l' Hospital, 1661—1704）与约翰订了个奇怪的财务上的协议，1696 年把约翰·伯努利的资料汇集进第一本微积分课本。求不定式 0/0 的值的熟悉的方法，在后来的微积分课本中，不正确地被人们称做**洛比达法则**（l'Hospital's rule），就是这么回事。约翰·伯努利的著作，内容很广泛，它包括：与反射和折射有联系的光学问题，曲线族的正交轨线的确定，用级数求曲线的长和区域的面积，解析三角学，指数演算以及其他内容。他最值得注意的工作之一是在**最速降线**（brachistochrone）问题上的贡献：确定在重力场中两个给定点间运动的重质点最快下降的曲线；该曲线原来是一条适当的摆线的一段弧，这问题也被雅科布·伯努利讨论过。摆线也是**等时曲线**（tautochrone）的解；这问题指的是：确定这样的曲线,一个重质点沿着它不管从曲线上那一点开始,总是以同样的时间,达到该曲线的给定点。这后一个问题,被约翰·伯努利、欧拉、拉格朗日更一般地讨论过,而且它早就被惠更斯(1673)和牛顿(1687)解决了,并被惠更斯用于摆钟的制作(参看问题研究 10.7(c))。

约翰·伯努利

(David Smith 收藏)

约翰·伯努利有三个儿子:尼古劳斯(Nicolaus,1695—1726),丹尼尔(Daniel,1700—1782)和约翰(Ⅱ)(Johann(Ⅱ),1710—1790),他们都赢得了 18 世纪数学家和科学家的盛名。尼古劳斯显示出在数学领域很有前途,被召到彼得堡科学院,到那里才八个月,不幸淹死。他写过关于曲线、微分方程和概率的论文,在彼得堡提出的一个概率上的问题,后来被人们称做**彼得堡悖论**(Petersburg paradox)。这个问题是:如果 A 第一次掷硬币出现"正面",收入一个便士;到第二次才出现"正面",两便士;到第三次才出现"正面",四便士等。问 A 的数学期望是什么?数学理论证明 A 的数学期望是无穷,这似乎是个矛盾的结果。这个问题,尼古劳斯的弟弟丹尼尔研究过。丹尼尔继承了尼古劳斯在彼得堡的职位,七年之后回到巴塞尔。他是约翰的三个儿子中最著名的,他的大部分精力贡献给概率论、天文学、物理学和流体动力学。在概率论中,他首先提出伦理道德方面的数学期望的概念;现在初等物理课本上以他的名字命名的流体动力学原理就发表于他在 1738 年写的《流体动力学》(Hydrodynamica)中。他写过关于潮汐的论文,建立了空气动力学理论,研究了振动弦,并且在偏微分方程方面是先驱者。约翰(Ⅱ)是约翰的三个儿子中最小的,他研究法律,并于晚年在巴塞尔大学任数学教授、他对热和光的数学理论特别感兴趣。

另外,18 世纪的尼古劳斯·伯努利(1687—1759),是雅科布和约翰的外甥,

427

在数学上有些名声。这位尼古劳斯一度任伽利略曾担任过的帕多瓦大学数学讲座教授。他写了不少关于几何学和微分方程的论文。他在晚年教逻辑和法律。

约翰·伯努利(Ⅱ)有个儿子约翰(Ⅲ)(1744—1807),他和他的父亲一样,先研究法律,后来转到数学上来。在他仅仅十九岁的时候,就被柏林研究院聘请为数学教授。他写过关于天文学、机会学说、循环小数和不定方程等论文。

伯努利家族中名气较小的有:约翰(Ⅱ)的另外两个儿子 Daniel(Ⅱ)(1751—1834)和 Jakob(Ⅱ)(1759—1789);Daniel(Ⅱ)的儿子 Christoph(1782—1863);以及 Christoph 的儿子 Johann Gustav(1811—1863)。 *428*

图 105 是伯努利的家谱。

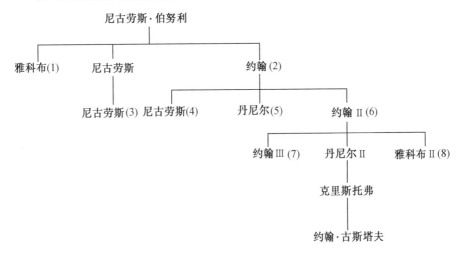

图 105

12.3 棣莫弗尔和概率论

在 18 世纪中,费马、帕斯卡和惠更斯在概率论方面的先驱思想得到相当详尽的阐述;而概率论之所以能快速发展,其中还有雅科布·伯努利的功劳,他在《猜测术》一书中对概率论作了进一步论述。棣莫弗尔(Abraham De Moivre,1667—1754)在概率论方面的贡献更大;他是法国的加尔文派教徒。1685 年废除南特法令后,他迁居到政治气氛较好的伦敦。他在伦敦以当家庭教师为生,并且成为牛顿的亲密朋友。

棣莫弗尔以其著作《人寿保险》(*Annuities upon Lives*)引人注目,这在实用数学上占重要位置。他的《机会论》(*Doctrine of chances*)包括概率论方面的许多新材料。他的《分析杂论》(*Miscellanea analytica*)对循环小数、概率论和解析三角

都有贡献。棣莫弗尔被誉为论述概率积分

$$\int_0^x e^{-x^2} dx = \frac{\sqrt{\pi}}{2}$$

和(在统计学的研究中很重要)正态频率曲线的第一个人

$$y = ce^{-hx^2} \qquad c \text{ 和 } h \text{ 为常数}$$

429 对于很大的 n

$$n! \approx (2\pi n)^{1/2} e^{-n} n^n$$

被**误称为斯特林公式**(Stirling's formula),其实起源于棣莫弗尔;这对大数的阶乘数的近似计算很有用。以棣莫弗尔的名字称呼的,熟悉的公式

$$(\cos x + i \sin x)^n = \cos nx + i \sin nx \quad i = \sqrt{-1}$$

在每一本方程论书上都有;对于 n 是正整数的情况,棣莫弗尔是熟悉的。此公式已成为解析三角学之基本原理。

更有趣的是常说的关于棣莫弗尔死的传说:棣莫弗尔发现,他每天需要比前一天多睡 $\frac{1}{4}$ 小时。当此算术级数达到 24 小时,棣莫弗尔就逝世了。

保险事业在 18 世纪大有进展,许多数学家对作为其基础的概率论发生了兴趣。接着,兴趣又发展到:致力于把概率论应用于新的领域。蒲丰的伯爵(Georges Louis Leclerc, 1707—1788)——巴黎皇家公园的执事,以其 36 卷关于自然历史的著作而引人注目。他于 1777 年给出了第一个几何概率的例子:用实验方法逼近 π 值的著名的"投针问题"(参看 4.8 节和问题研究 12.13)。他还对概率应用于审判场合作艰难尝试,例如:如果对每一个审判员规定个"数"(这个"数"度量其能理解真理或说出真理的机会),就能算出法庭作出正确判决的机会。这个审判的概率(*probabilite' des jugements*),连同其启蒙哲理的联想,在孔多尔塞侯爵 A·N·卡里塔特(Antoine Nicolas Caritat, 1743—1794)的著作中是有重要位置的。孔多尔塞虽然是法国革命的拥护者,但他又是革命后过激行为时期许许多多知识分子中的一名不幸的受害者。在孔多尔塞的结论中有这么一条,即:死刑应被废除,因为无论单个判断的正确性的概率有多大,在许多判决的程序中,某个无罪的人被错误处死的概率还是很大的。

12.4 泰勒和麦克劳林

学过微积分的人,从函数的很有用的泰勒展开式和麦克劳林展开式,而熟悉泰勒(Brook Taylor, 1685—1731)这个英格兰人的名字和麦克劳林(Colin Maclaurin, 1698—1746)这个苏格兰人的名字。泰勒发表(没有考虑到收敛性)他的展开式定理

$$f(a+h) = f(a) + hf'(a) + \frac{h^2}{2!}f''(a) + \cdots$$

是在 1715 年。1717 年,泰勒应用他的级数解数字方程,方法如下:令 a 为 $f(x)=0$ 的一个根的近似值;令 $f(a)=k$, $f'(a)=k'$, $f''(a)=k''$,和 $x=a+h$,将 $0=f(a+h)$ 用级数展开;略去 h 的高于二次的幂;以 k, k', k'' 值代入,于是解出 h。连续地应用这个程序,就能得到越来越精确的近似值。泰勒在透视理论上、在摄影测量(用在飞机上照相的方法进行测量的科学)的数学处理上研究出的成果,已经得到了最新的应用。

一直等到 1755 年,欧拉应用泰勒级数于他的微分学;稍后,拉格朗日用带余级数作为其函数理论的基础,泰勒级数的重要性才被确认。

泰勒受教于剑桥大学的圣约翰学院,并且,很早就显示出数学方面的才能。他被允许参加皇家学会并担任其秘书;后来,为了有可能把时间用于写作,在三十四岁时就辞去了这个职务。

泰勒

（David Smith 收藏）

麦克劳林是 18 世纪最有才能的数学家之一。所谓麦克劳林展开式并非什么别的,不过是泰勒展开式在 $a=0$ 时的情况,而且这种情况已由泰勒明确给出,并在麦克劳林以前二十五年由斯特林(James Stirling, 1692—1770)给出过。麦克劳林在 1742 年出的两册《流数论》中用到它,而且认可了泰勒和斯特林的工作。麦克劳林在几何学上做了很值得重视的工作,特别是在高次曲线的研究中;他在古典几何学在物理问题上的应用方面展示巨大的才能。在他的许多应用数学方面的论文中有:关于潮汐的数学理论的奖金获得者的学术论文。在他的《流数论》中讨论了转动的两个椭球相互吸引的问题。

麦克劳林

（David Smith 收藏）

麦克劳林也许早在 1729 年就知道今天称做克拉默规则（*Cramer's rule*）的用行列式解齐次线性方程组的规则。此规则首次以印刷品发表，是 1748 年在麦克劳林的死后发表的《代数论著》（*Treatise of Algebra*）。瑞士数学家克拉默（Gabriel Cramer，1704—1752）于 1750 年在《代教曲线分析引论》（*Introduction á l'analyse des lignes courbes algébriques*）中独立地发表此规则。之所以人们从他那里而不是从麦克劳林那里学到此规则，也许是由于他的符号优越。

麦克劳林是一位数学上的奇才，他十一岁就考上了格拉斯哥大学，十五岁取得硕士学位，并且为自己关于重力的功的论文作了杰出的公开答辩。十九岁就主持阿伯丁的马里沙学院数学系，并于二十一岁发表其第一本重要著作《构造几何》（*Geometria organica*）。他二十七岁成为爱丁堡大学数学教授的代理或助理。当时要给助理支付薪金是有困难的，是牛顿私人提供了这笔花费，才使该大学能得到一位如此杰出的青年人的服务。麦克劳林恰好继承了他所助理的教授。他关于流数的论文是在他四十四岁（只在死前 4 年）发表的，这是牛顿流数法的第一篇符合逻辑的、系统的解说；这是麦克劳林为了答复贝克莱（*Bishop Berkeley*）对微积分学原理的攻击面写的（参看问题研究 14.24）。

泰勒和麦克劳林已经讲过了。这两个人的名字是学习初等微积分的学生常遇到的。同样地常遇见的第三个名字是罗尔（Michel Rolle），他在 1652 年生于奥弗涅省的昂贝尔，1719 年死于巴黎。他与法国陆军部有联系，并且在几何学和代数学方面均有著述。他以其在初等微积分中以他的名字命名的定理，为所有学微积分的学生熟知；这个定理说的是：$f'(x)=0$，在 $f(x)=0$ 的两个相继的实根之间至少有一个实根。课本常从此定理推导出微积分课的很有用的

432

"中值定理"。无论如何,没有几个学微积分的学生知道罗尔是微积分的最有影响的批评家之一,并且,他竭力证明:这门学科给出错误的结果,而且奠基于不完善的推理之上。他曾一度称微积分为"一套天才的谬论"。他对微积分的攻击如此之猛烈,以致:法国科学院有好几次认为,有必要干涉。在他晚年,态度趋于缓和,承认微积分是有用的。

12.5   欧拉

欧拉(Leonhard Euler)的名字,在这本书里,已经提到许多次了。欧拉 1707 年诞生于瑞士巴塞尔。在神学领域作了一点尝试之后,欧拉发现他还是在数学方面有潜力。他的父亲是基督教喀尔文派本堂牧师,对数学感兴趣,给他的儿子讲授数学的基础知识。其父在雅科布·伯努利跟前学数学,并且,让欧拉就学于约翰·伯努利。

欧　拉
(Library of Congress 供稿)

1727 年,欧拉才二十岁,由于他的两个朋友:丹尼尔·伯努利和尼古劳斯·伯努利的推荐,接受彼得大帝设立的新圣彼得堡研究院的数学讲座职务。丹尼尔留在俄罗斯,担任巴塞尔的数学讲座,而欧拉成为研究院的首席数学家。

在圣彼得堡研究院的工作,使之增添光彩。十四年后,他受弗雷德里克大帝的邀请,到柏林主持普鲁士研究院。欧拉在普鲁士研究院工作了二十五年,但是他的淳朴的性格与弗雷德里克称赞为才智横溢的典范不谐调,因而在那里过得不大愉快。俄罗斯对欧拉仍然很尊敬,甚至,在他到了普鲁士后仍然给他薪水。

433

俄罗斯人的热情,正好与弗雷德里克宫廷的冷遇相对照,导致 1766 年欧拉接受加德琳大帝的邀请,回到圣彼得堡研究院。他生命的最后十七年就是在这里度过的。1783 年,他突然逝世,时年七十六岁。有趣的是:虽然欧拉的工作地点变更多次,但从未到学校任教。

欧拉确实是数学上的一位多产学者,事实上是这门学科的历史上著作最多的学者;他对该学科的每一分支都有贡献。有趣的是:在他回到圣彼得堡研究院后不久,他不幸双目失明,而那惊人的多产一点没有受到损伤。1735 年,他右眼就瞎了,相片上的样子是伪装的。双目失明,对于一个数学家来说,看来是不可克服的障碍;但是,像贝多芬失去听力一样,欧拉失去了视力,并没有影响他那惊人的多产。他依靠惊人的记忆和甚至在最嘈杂的扰乱中精力高度集中的能力继续进行创造性的工作:口述给他的秘书,或在大石板上写下公式让他的秘书抄下来。他在世时发表了 530 本书和论文,死时还留下的许多手稿丰富了后四十七年的《彼得堡科学院会报》。他的不朽的著作是包括 886 本书和论文的欧拉全集,由瑞士自然科学学会从 1909 年开始出版,预计出版超过一百本大四开本。

欧拉在数学上的责献太多了,以致没法在这里完全阐述它,但是我们可以指出他在初等领域中的一些贡献。首先,下述记号的正规化,该归功于欧拉:

$f(x)$ 表示函数,

e 表示自然对数的底,

a, b, c 表示三角形 ABC 的三个边,

s 表示三角形 ABC 的半周,

r 表示三角形 ABC 内切圆的半径,

R 表示三角形 ABC 外接圆的半径,

$\sum$ 表示求和符号,

i 表示虚单位 $\sqrt{-1}$。

最著名的公式

$$e^{ix} = \cos x + i \sin x$$

434   也起源于欧拉;当 $x = \pi$ 时,就成了

$$e^{ix} + 1 = 0$$

此关系式联系着数学中五个最重要的数[①]。借助于纯形式的程序,欧拉获得大量奇妙的关系式,例如

$$i^i = e^{-\pi/2}$$

并且,他成功地证明了:任一非零实数 r 有无穷多个对数(对于不同的底);如果

---

① 译者注:指的是 $e, i, \pi, 1, 0$

$r<0$，r 的对数全是虚数；如果 $r>0$，它的对数除了一个是实数以外，其余的全是虚数；在高等几何中，我们见到三角形的欧拉线（Euler Line）（参看问题研究 14.1）；在大学的方程论课程中，学生有时遇到解四次方程的欧拉方法（Euler's method），还有，人们在初等数论中遇到欧拉定理（Euler's theorem）和欧拉 ϕ 函数（Euler ϕ-fuction）参看问题研究 10.5）。高等微积分中的 β 和 γ 函数归功于欧拉，虽然沃利斯对它给过预示。欧拉运用积分因子于微分方程的求解，给予我们解带常系数的线性微分方程的系统方法，划分齐次和非齐次的线性微分方程。微分方程

$$x^n y^{(n)} + a_1 x^{n-1} y^{(n-1)} + \cdots + a_n y^{(0)} = f(x)$$

在这里，括号内的指数表示微分的阶数，今日以**欧拉微分方程**（Euler differential equation）著称。欧拉证明：代换 $x = e^t$ 将此方程归结为带常系数的线性微分方程。定理："如果 $f(x,y)$ 是 n 阶齐次的，则 $xf_x + yf_y = nf$"，今日以**欧拉的关于齐次函数的定理**（Euler's theorem on homogeneous fuctions）著称。欧拉是最先发展连分数理论的一个人；在微分几何，差分演算和变分法上也有贡献；并且相当大地丰富了数论。在他的一篇较小的论文中有关系式

$$v - e + f = 2$$

v, e, f 分别表示任一简单的闭多面体的顶点、边和面的个数。在另一篇论文中，他研究**环形曲线**（orbiform curves）；这种曲线像圆，是等横径的凸卵形线。他还有几篇论文是讲数学游戏的，例如，单行和多行网路（受柯尼斯堡七桥的启示），在一块国际象棋盘上重新进马之路，和希腊 – 拉丁方阵。当然，他发表的主要领域是在应用数学的范围内，尤其是月球运动理论、潮汐、天体力学的三体问题，椭球间的引力、水力学、船舶建造、火炮和音乐理论。用于检验演绎论证的有效性的**欧拉图**（Euler diagrams），是欧拉在给弗德里克的侄女——菲利皮内·冯·施韦特公主的信中提出的。在七年战争（1756 ~ 1763）时期，整个柏林宫廷寄居于马格德堡，欧拉从他在柏林的家给公主写信，这么样讲授数学。

欧拉是一位熟练的教材作者。他编的教材，非常明白、详细和完善地表达了他的资料。在这些教材中间有他的有声望的两册《无穷分析引论》（Introductio inanalysin infinitorum，1748），内容非常丰富的《微分学原理》（Institutiones calculi differentialis，1755）和三册《积分学原理》（Institutions calculi integralis，1768 ~ 1774）。这些书，连同其他关于力学和代数的书，比起任何别的著作来；对于今天的许多大学课本，在样式、范围和记号方面均够得上典范。欧拉的课本很著名并且长时期被普遍采用，今天读起来也很有趣、很有教益。人们不能不对欧拉对概念的异乎寻常的多产感到惊奇，无疑，在他之后的许许多多大数学家都承认受益于他。

这里指出欧拉的某些著作是 18 世纪形式（或搬弄算式）主义的突出样本，

435

也许是公正的:他没能适当地注意包含无限过程的公式的收敛性和数学存在性。他不小心地把只对有限和有效的定律应用于无限级数。他把幂级数当做无限次多项式,不留意地把有限多项式的著名性质推广到它们身上。他常靠这样的不谨慎的步骤,幸运地得到真正丰富的结果(参看问题研究 12.6)。

欧拉的知识和兴趣绝不仅限于数学和物理。他是一个卓越的学者,在天文学、医学、植物学、化学、神学和东方语言方面,都有广博的知识。他认真阅读罗马名著,对所有时代、所有国家的历史都感兴趣,而且,熟悉多种语言、多种文学。无疑,他受益于其不平凡的记忆能力。

赞美欧拉的话有许多。下面两句话是物理学家和天文学家阿拉戈(Francois Arago,1786—1853)说的:"欧拉堪称分析的典范,一点也不夸张。""欧拉计算起来,轻松自如,就像人们呼吸,老鹰在空中飞翔。"

欧拉有十三个孩子。他的长子 Johann Albrecht Euler(1734—1800)在物理学领域有些名声。

12.6 克雷罗、达兰贝尔和兰伯特

克雷罗(Claude Alexis Clairaut)1713 年出生于巴黎,1765 年死在那里。他是数学上的神童,11 岁就写了一篇关于三次曲线的论文。这篇早年的论文和以后的一篇关于空间挠曲线的微分几何的奇妙论文,使他未到法定的年龄(十八岁)就获得法国科学院的席位。1736 年,他随同德穆佩图斯(Pierre Louis Moreau de Maupertuis,1698—1759)到拉普兰达征,去测量一条地球子午线一度的长。这次远征是打算解决关于地球形状的争论。牛顿和惠更斯根据数学理论作出结论说:地球在两极是扁平的。但是在大约 1712 年,意大利的天文学家和数学家卡西尼(Giovanni Domenico Cassini,1625—1712)与他的在法国出生的儿子 Jacques Cassini(1677—1756)测量了从敦刻尔克到佩皮尼昂经线的一段弧,并且得到看来是支持笛卡儿论点的结论:地球在两极是延长的。在拉普兰做的测量,无疑证实了牛顿 – 惠更斯的结论,并且,德穆佩图斯赢得了"地球扁平说的证明者"的称号。克雷罗回到法国后,于 1743 年发表了他的权威性著作《关于地球形状的理论》(*Theorie de la figure dela Terre*)。1752 年,他以他的《关于月亮的理论》(*Theorie de la Lune*)获得圣彼得堡学院的奖金;在这篇论文中,对月亮运转作了数学研究,他解决了一些到那时为止没能解答的问题。他应用微分程序于此微分方程

$$y = px + f(p), p = \frac{\mathrm{d}y}{\mathrm{d}x}$$

现在,在初等的微分方程课本上称之为**克雷罗方程**(Clairaut's equation);并

436

且,他发现了奇解;但是,泰勒早就用过这个程序。他预测:哈雷彗星于 1759 年返回(有大约一个月的误差)。

克雷罗

(David Smith 收藏)

克雷罗的一个弟弟,比他小三岁,在数学史上以"小克雷罗"(1716—1732)著称;他十六岁就以天花病悲惨的死去,十四岁就在法国科学院宣读了一篇关于几何的论文,十五岁发表了一本几何学著作。他们的父亲 Jean Baptiste Clairaut(1765 年逝世),是一位数学教师,乃柏林科学院的通讯院士,写过几何学著作,他有十二个孩子,但是只有一个死在他后。

也许在这里讲述今天学初等微分方程的学生都知道的另一个微分方程,并且,介绍另一个著名的数学家族,是适宜的。这个方程就是所谓**里卡蒂方程**(Riccatie equation)

$$y' = p(x)y^2 + q(x)y + r(x)$$

它是以里卡蒂(Giacomo Riccati, 1676—1754)的名字命名的。里卡蒂,在尼古劳斯·伯努利(雅科布和约翰的侄儿)在帕多瓦任教时,在那里学习。除了对上述方程的深入研究外,里卡蒂还在物理学、测量学和哲学方面有著述,并且,把牛顿的著作介绍到意大利。里卡蒂方程的特殊情况,雅科布·伯努利及其他人曾研究过;欧拉最先指出:如果此方程的特殊解

$$v = f(x)$$

已知,则代换式 $y = v + 1/z$ 将此方程变成 z 的线性微分方程。G·里卡蒂的第二个儿子 V·里卡蒂(1707—1775),成为耶稣会的数学教授,并且,对微分方程、无穷级数、求积分和双曲函数作过研究。Giacomo 的第三个儿子 Giordamo 里卡蒂(1709—1790),对于牛顿的著作、几何学、三次方程和物理问题有过论述。其第

五个儿子 Francesco 里卡蒂(1718—1791)写过把几何学应用于建筑学的论述。

达兰贝尔(Jean-le-Rond d'Alembert, 1717—1783)和克雷罗一样,出生于巴黎,死于巴黎。当他是一个新生婴儿的时候,被遗弃在 Saint Jean-le-Rond 教堂附近,在那里被一位宪兵发现,这位宪兵仓促地以其被发现地方的名字给他起了教名。后来,不知由于什么原因,添上了达兰贝尔的名字。

达兰贝尔和克雷罗是常不友好的、科学上的对手。达兰贝尔二十四岁被接纳到法国科学院。1743 年,他在现在以他的名字命名的伟大的动力学原理的基础上,发表了他的《动力学论著》(*Traite de dynamique*)。他在 1744 年写的一篇关于流体的平衡和运动的论文及 1746 年写的一篇关于风的起因的论文中应用了他的原理。在这两篇论文和 1747 年写的一篇关于振动弦的论文中,他导出了偏微分方程,使他成为研究这种方程的先驱。他对于振动弦问题的研究导致偏微分方程

$$\frac{\partial^2 u}{\partial t^2} = \frac{\partial^2 u}{\partial x^2}$$

438　对于它,他于 1747 年给出解

$$u = f(x + t) + g(x - t)$$

在这里,f 和 g 是任意函数。他借助于其原理得到春(秋)分点岁差这个令人迷惑的问题的完全解。达兰贝尔如此勤勉地致力于证明代数的基本定理(每一个有复系数且次数 $n \geqslant 1$ 的多项式方程 $f(x) = 0$,至少有一个复根),使得今天此定理在法国以**达兰贝尔定理**(d'Alembert's theorem)著称。给上述微分方程以里卡蒂方程(*Riccati equation*)的名字的,是达兰贝尔。

达兰贝尔,和欧拉一样,知识广博,在法律、医学、数学和自然科学上,都颇有造诣。由于有许多共同的兴趣,这两个人在许多问题上彼此交流思想。达兰贝尔和当时的其他数学家一样,为负数的对数的性质所困惑,认为:我们必定有 $\log(-x) = \log(x)$,理由是 $(-x)^2 = (x)^2$,所以 $\log(-x)^2 = \log(x)^2$,因而 $2\log(-x) = 2\log(x)$,并且最终得到 $\log(-x) = \log(x)$。1747 年,欧拉曾写信给达兰贝尔,说明负数的对数的适当位置。在欧拉即将离任之时,弗雷德里克大帝邀请达兰贝尔到普鲁士研究院,达兰贝尔谢绝,声言:给任何一个同时代的人以优于欧拉的地位,是不适当的。达兰贝尔又被加德琳大帝邀请去为俄罗斯服务,但是,尽管薪水很高,他还是谢绝了那个邀请。1754 年,达兰贝尔成为法国科学院终身理事。晚年,他继续搞法兰西百科全书(*French Encyclopedie*),这是由狄德罗(Denis Diderot)和他本人开始的。达兰贝尔死于 1783 年,欧拉也于同年逝世。

达兰贝尔所说的,著名的并常被引用的话(在初等代数班上很值得提说的)是:"代数学是慷慨的,她给你的常比你要求于她的多。"他还恰当地指出:"几何

学的真理有一点渐近于物理学的真理;也就是说后者无限地趋近于前者,但是永远不能准确地达到它们。"也许达兰贝尔关于数学的下述谈论是最有洞察力的:"我毫不怀疑:如果人们彼此分离地生活,并且能在这样的情况下从事保全自己的任何事,他们会爱好研究准确的科学,甚于培养自己的艺术修养。一个人谋求后者时,主要是为了别人;献身于前者时,则是为了他自己。因此,我想:在一个荒凉的岛上,诗人少有能不空虚,而数学家则仍然能以其发现而自豪"。

比克雷罗和达兰贝尔年青一点的是兰伯特(Johann Heinrich Lambert,1728—1777),生于米卢兹(阿尔萨斯)——当时是瑞士领土。兰伯特是一位高水平的数学家。作为一个穷裁缝的儿子,他主要靠自学。他想象力很丰富,并且以高度的严谨性证明他的结论。事实上,兰伯特是严格证明 π 这个数是无理数的第一个人。他证明了:如果 x 是有理数(但不等于 0),则 $\tan x$ 不能是有理数。因为 $\tan(\pi/4) = 1$,所以,$\pi/4$ 或 π 不能是有理数。我们还把最先系统地发展双曲函数归功于兰伯特;并且我们现在表示这些函数的记号还是他定下来的。他是一位多才的学者,对数学的许多其他分支作了有价值的贡献,例如:画法几何学,彗星轨道的确定,将投影理论用于地图的绘制(其中非常有用的一种,现在以他的名字命名)。一个时期,他考虑过莱布尼茨曾一度概述过的数理逻辑的计划。在他死后,在 1766 年发表了他写的对欧几里得平行公设的研究,标题是《关于平行线的理论》(*Die Theorie der Parallellinien*),这使他置身于发现非欧几何的先驱者的行列(参看 13.7 节)。

439

440

达兰贝尔
(Library of Congress 供稿)

兰伯特
(David Smith 收藏)

兰伯特在普鲁士研究院曾与欧拉短时间共事。据说,弗雷德里克有一次问兰伯特:在哪门科学中,他是最能干的;他简短地答道:"所有。"兰伯特死于1777年,高斯就在这年出生。

12.7 阿涅泽和杜查泰莱特

天才而博学的阿涅泽(Maria Gaetana Agnesi)在数学上(并且,事实上,在其他许多领域)享有盛名。她1718年出生于米兰,是他父亲三次结婚二十一个孩子中最长者。她早年就精通拉丁文、希腊文、希伯来文、法文、西班牙文、德文和许多其他外文。在她才九岁时,就发表了一篇保护妇女受高等教育的权利的拉丁文论文。玛丽亚·阿涅泽童年时,在她的父亲(波洛尼亚大学的数学教授)款待知识分子的聚会上,能以有学问的教授们自己的母语与他们讨论任何课题。后来,她二十岁时,发表了《哲学命题》(*Propositiones Philosophicae*)一书;其中包括190篇短文,除数学外,有讲逻辑、力学、流体动力学、弹性学、天体力学、化学、植物学、动物学和矿物学的。这些论文是由她父亲举办的招待会上的讨论引起的。

441

阿涅泽

(David Smith 收藏)

1748年,三十岁时,阿涅泽发表了一部两卷的《分析讲义》(Instituzioni Analitiche)。她的一个弟弟对数学有兴趣且有才能,这部书是为了教他而写的。该书是讲授初等和高等数学的教材,尤其适合于年轻人。第一卷讲算术、代数、三角学、解析几何,并且,主要是微积分,是第一本给年轻人写的微积分课本。第二卷讲无穷级数和微分方程。这1 070页书是对数学教育的重要贡献。为了使年轻人能读,她避开惯用的拉丁文,用意大利文写。后来,在1801年,出版了其英文译本:它源自J·科尔森(Colson)的早先的未发表的译本;科尔森曾任剑桥的卢卡斯讲座。该书英文译本的书名为: *Analytical Institutions*。

442

INSTITUZIONI
ANALITICHE
AD USO
DELLA GIOVENTU' ITALIANA
DI D.ᴺᴬ MARIA GAETANA
AGNESI
MILANESE
Dell' Accademia delle Scienze di Bologna.
TOMO I.

IN MILANO, MDCCXLVIII.
NELLA REGIA-DUCAL CORTE.
CON LICENZA DE' SUPERIORI.

阿涅泽的《分析讲义》(1748)第一卷的封面(缩小了的)

1749 年,教皇贝内迪克蒂十四世,任命阿涅泽为波洛尼亚大学名誉教授,但是(和不正确地讲的故事相反)她从未在那里讲过课。

阿涅泽很不喜欢出风头,并且几次想去过隐居生活。在她父亲死于 1752 年时,她最终继承了他的事业:将其余生献给慈善事业和宗教研究。1771 年,她被任命为米兰慈善团体的董事,1799 年,她就在该城逝世。她有一个妹妹 Maria Teresa Agnesi (1724—1780),是位有成就的音乐家和作曲家。

当她在世时,阿涅泽不仅作为数学家、语言学家和哲学家,而且作为梦游症患者而闻名。有几次,她在梦游状态,点亮灯,进行其研究,解决了她在醒时没有完成的一些问题。到了早晨,发现仔细并完整地写在纸上的解就在桌上,自己也感到惊奇。

用今天的记号,由笛卡儿方程

$$y(x^2 + a^2) = a^3$$

表示的三次曲线,费马曾对它发生兴趣。费马没给这个曲线取名字,是后来格兰迪(Guido Grandi,1672—1742)研究它时,称之为 versoria。这是一个拉丁字,意思是:张帆的绳。不知道为什么格兰迪以此称呼此三次曲线。有一个相似的、作废了的意大利字 versorio,它的意思是在每个方向自由运动。也许格兰迪是由此曲线的双重渐近性联想起这个字的。无论如何,阿涅泽在写她的《分析讲义》时,把格兰迪的 versoria 或 versorio 写成了 versiera;这个字,拉丁文的意思是"魔鬼的祖母"或"女妖"。后来,在科尔森把阿涅泽的书译成英文时,把 versiera 译成 witch(巫婆)。自此以后,此曲线在英文中称做:阿涅泽的巫婆;虽然,在其他文字中,一般都更简单地称之为:阿涅泽曲线[①]。"阿涅泽的巫婆"有许多漂亮的性质,有一些可在问题研究 12.11 中找到。

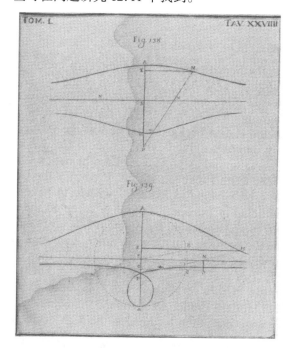

阿涅泽的《分析讲义》(1748)第一卷的一页(缩小了的,这里显示她研究的某些曲线)

与阿涅泽同时代,还有另一位女数学家——杜查泰莱特(Marquise du Chatelet);与其说她是一位数学创造者,不如说她是一位数学解释者。她 1706 年出生于巴黎,1749 年才四十三岁,就在该城逝世。她是数学家、物理学家、语

---

① 译者注:我国译作阿涅泽箕舌线。

杜查泰莱特

（David Smith 收藏）

言学家,并且是一位能娴熟地演奏大键琴(钢琴的古老形式)的音乐家。她以与伏尔泰① （Voltaire)长时间友好相处而普遍闻名。1740 年,她写了一本《物理讲义》(*Institutions de physique*);在这本书中传播了莱布尼茨的观点。她对数学最重要贡献是牛顿的《原理》的第一个法文译本;这本书是在她死后,1756 年出版的,有伏尔泰写的序,是在 A·C·克雷罗的指导下完成的。在她死后,还发表了许多关于哲学和宗教的论文,为使法国人的思想从对笛卡儿主义的屈从中解放出来做了不少工作。

443

12.8 拉格朗日

444

欧拉和拉格朗日(Joseph Louis Lagrange, 1736—1813)是 18 世纪的两位最伟大的数学家。关于他们二位中哪一位更伟大些的争论反映争论者的不同的数学感受。拉格朗日出生于意大利的都灵,这是个在法国和意大利颇有背景,以前很兴旺的家庭;他是十一个孩子中最小的一个,并且是过了童年唯一的幸存者。他在都灵受教育,并且,年轻时就在该地的军事学院任数学教授。1766 年当欧拉离开柏林时,弗雷德里克大帝在写给拉格朗日的信中说:"欧洲最伟大的国王"希望有"欧洲最伟大的数学家"在他宫里。拉格朗日接受了这个邀请,担任欧拉辞去的职位达二十年。在离开柏林几年之后,不顾法兰西的动乱局势,拉格朗接受了新建立的高等师范学院教授职位。拉格朗日在发展与高等工艺

---

① 译者注:伏尔泰(1694—1778),法国讽刺家、哲学家、剧作家及历史学家。

学院有联系的高水平的教学上，做了许多工作。

拉格朗日

（Brown Brothers 供稿）

拉格朗日对法国革命的恐怖行为的残暴表示反感。当大化学家拉瓦锡（Lavoisier）走上断头台时，拉格朗日对这愚蠢的判决表示愤慨，他说："暴徒在刹那间就能砍掉他的头，但是一百年也不能再生出这样的一个人才来！"

晚年，拉格朗日忍受着孤独和沮丧的剧痛。在他五十六岁时，受到了一位比他小将近四十岁少女的救援。她是他的朋友天文学家莱蒙尼尔（Lemonnier）的女儿。她对拉格朗日的不愉快深表同情，以致坚持要和他结婚。拉格朗日接受了她的爱，并且重新唤起了他生活的愿望。拉格朗日忠实而且单纯地宣称：关于他在世界上得到的全部荣誉，有他的温柔的、挚爱的年轻妻子的一份功劳。

拉格朗日的著作对后来的数学研究有很深的影响，因为他是认识到分析的基础处于完全不能令人满意的状态，从而试图使微积分严谨化的最早的第一流数学家。1797 年，他在其巨著《微分原理中的解析函数论》（*Theorie des fonctions analytiques contenant les principes du calcul differentiel*）中作了这种尝试，虽然是远不够成功的尝试。在这里，主要思想是以泰勒级数表达函数 $f(x)$，其导数 $f'(x)$，$f''(x)$，…，被定义为在 $f(x+h)$ 以 h 展开的泰勒展开式中 h，$h^2/2!$，…的系数。今天用得很普遍的记号 $f'(x)$，$f''(x)$，…就起源于拉格朗日。但是，拉格朗日没有充分注意到收敛性和发散性的问题。尽管如此，我们在这里有了最初的"实变函数论"。拉格朗日的另外两本巨著是《论高次数字方程的解法》（*Traite de la resolution des equations numeriques de tous degres*，1767）和不朽的《分析力学》（*Mecanique analytique*，1788）。前者给出用连分数求方程实根的近似值的方法，后者（曾被称做"科学的诗"）包括今天称做拉格朗日方程（*Lagrange's equations*）

的、动力系统运动的一般方程。他在微分方程方面的工作(例如,参数变值法),特别是在偏微分方程方面的工作,是很值得注意的,并且他对变分法的贡献大有助于该学科的发展。拉格朗日嗜好数论,在这个领域中,也写了几篇重要的论文,例如,每一个正整数可被表成不超过四个平方数的和,对这个定理他最先发表了自己的证明。他在方程论方面的早期工作,使伽罗瓦后来有可能得出他的群论。事实上,群论的重要定理:有限群 G 的子群的阶是 G 的阶的因子,被称做**拉格朗日定理**(Lagrange's theorem)。在本书的前面几章中,拉格朗日已被提到过几次。

欧拉写得过于细并且随便凭借直观,而拉格朗日写得简明并且谋求严格。摆弄数学形式的人常体验到,他的笔在智慧方面凌驾于自己之上;这就是欧拉承认自己常丢不开的那种感觉。拉格朗日似乎有较高的数学良知,他在风格上是"现代的",堪称第一个真正的分析家。所有伟大的音乐家可以分为:有成就的演奏家或作曲家,二者兼而有之的很少。类似地,所有伟大的数学家可被分为:形式运算专家或理论创造者,二者兼而有之的很少。欧拉主要是一位伟大的形式运算者,拉格朗日是一位伟大的理论家,高斯则在两方面都取得了卓越的成就。可以说欧拉像海菲茨,拉格朗日像贝多芬,而高斯则像巴赫(Johann Sebastian Bach)。①

446

拉格朗日说过,一个数学家对他自己的工作明白到这样的程度:能向街上遇到的第一个人说明它,并给他以深刻的印象时,才能说完全理解了它。虽然这个理想似乎是不可能的,时间又常表明它是可以达到的。牛顿的万有引力定律,最初受过高等教育的人都不理解,今天则成了常识。爱因斯坦的相对论,今天也经历着类似的变化。

拿破仑(Napoleon Bonaparte)与他那个时代的许多法国大数学家很亲近;他对拉格朗日总的评价是:"拉格朗日是数学科学方面的高耸的金字塔。"

12.9 拉普拉斯和勒让德

P·S·拉普拉斯(Pierre-Simon Laplace)和勒让德是拉格朗日的同时代的人,虽然他们的主要著作发表于 19 世纪。拉普拉斯 1749 年出生于一个贫穷的家庭。他的数学才能使他较早获得好的数学职位;并且,作为一个政治上的机会主义者,在法国革命动荡不定的日子里,无论那个党偶然得势,他都去逢迎。他在天体力学、概率论、微分方程和测地学领域内,都做了杰出的工作。他写了两部不朽的著作:《天体力学》(*Traite de mecanique celeste*,5 卷,1799～1825)和《关于

① 译者注:巴赫(1683—1750),德国风琴家及作曲家。

概率的分析理论》(*Theorie analytique des probabilities*, 1812);在这两部书的前面写了大量非技术性的说明。五卷《天体力学》使他赚得了"法兰西的牛顿"的称号;这部书包括所有以前在这个领域的发现和拉普拉斯自己的贡献,表明作者在这门学科上是一位无敌的大师。重复一下常讲的、与这部著作有关的两件轶事,也许是有益的。当拿破仑苛求地指出在他的论著中没有提到上帝时,拉普拉斯回答说:"陛下,我不需要那个前提。"美国天文学家鲍迪奇(Nathaniel Bowditch),在他把拉普拉斯的论著译成英文时指出:"每当我遇到拉普拉斯在书中说'显然可知'时,我就知道该花好多小时的冥思苦想去补充其脱节之处并确实证明它是多么显然可知"。拉普拉斯的名字是与宇宙起源的星云学说(*nebular hypothesis*),势论的所谓拉普拉斯方程(*Laplace equation*)分不开的,虽然这两项贡献没有一项是起源于拉普拉斯的;他的名字与后来成为黑维赛德(Heaviside)运算微积的开门钥匙的拉普拉斯变换(*Laplace transform*)和行列式的拉普拉斯展开式(*Laplace expansion*),也是分不开的。拉普拉斯死于 1827 年,正好是牛顿死后 100 年。据说,他的最后一句话是:"我们知道的甚少,不知道的甚广。"

拉普拉斯
(Brown Brothers 供稿)

下面讲的关于拉普拉斯的故事,颇有意思,而且向谋职业的人提供了有价值的建议。在巴黎时,拉普拉斯还很年轻,向达兰贝尔递交了一封某著名的人的推荐信,想找一份讲授数学的职位,达兰贝尔没有接受。拉普拉斯回到住处,给达兰贝尔写了一封信,讲述力学的一般原理,显示出他的才能。这敲开了门,达兰贝尔答道:"先生,你要记住:我对您的推荐信不感兴趣。您不需要什么别的;您已经很好地介绍了您自己。"几天后,拉普拉斯被任命为巴黎军事学院的数学教授。

拉格朗日和拉普拉斯常彼此矛盾。首先,他们两人的性格就有显著的差异,鲍尔(W.W.Rouse Ball)说得好:"拉格朗日在形式和内容上都是完美的:他仔细地解释其程序,虽然他的论证一般地说是我们容易跟上的。拉普拉斯则不作解释,不关心格式,只要他的结论是正确的,他就满意了。"这两个人对于数学的看法也有显著的差别:拉普拉斯认为,数学只不过是一套用于解释自然的工具;拉格朗日则认为,数学是崇高的艺术,它本身就有存在的价值。

拉普拉斯对数学研究的初学者很慷慨。他称这些初学者是他的干儿子①,并且,有好几次给初学者以首先发表的机会。遗憾的是,这样的慷慨,在数学界太少了。

最后我们讲拉普拉斯的两句常引用的话:"自然的全部效力仅在于少数几个不变的定律的数学结论。""在最终分析中,概率论仅仅是用数表示的共同意识。"

A·M·勒让德(Adrien-Marie Legendre,1752—1833)以其很通俗的《几何基本原理》(*Elements de geometrie*)在初等数学史上为人们熟知。在其中他试图以精心排列和简化许多命题来对欧几里得《原本》作教学方法上的改进。这部书在美国很受欢迎,并且成为这个国家几何课本的原型。事实上,勒让德几何学的第一个英文译本是哈佛大学的法勒(John Farrar)于1819年译的。三年之后,著名的苏格兰文学家卡莱尔(Thomas Carlyle)译出了另一个英文译本;后来由戴维斯(Charles Davies)修订,再靠后又由阿姆林(J.H.van Amringe)修订,在美国一直出了33版。在他的几何学的方面的较迟版本中,勒让德试图证明平行公设(参看13.7节)。勒让德在高等数学主要工作集中在数论、椭圆函数、最小二乘法和积分上;这些太高深,不能在这里讨论。他还是一位热衷于数学表的计算者。勒让德的名字,与今天的二阶微分方程

$$(1 - x^2)y'' - 2xy' + n(n + 1)y = 0$$

联系在一起的;这在应用数学上是相当重要的。满足此微分方程的函数被称做(n阶)**勒让德函数**(Legendre functions)。这种方程当 n 为非负整数时,有特别有趣的所谓**勒让德多项式**(Legendre polynomials)的多项式解。勒让德的名字还与数论的符号$(c|p)$联系在一起。**勒让德符号**(Legendre symbol)$(c|p)$是等于$+1$,还是-1,依与 p 互素的整数 c 是否为奇素数 p 的二次剩余而定(例如,$(6|19) = 1$,因为同余式 $x^2 \equiv 6(\bmod 19)$有解。$(39|47 = -1$,因为同余式 $x^2 = 39(\bmod 47)$无解)

除了《几何学基本原理》外,勒让德1794年还发表了一部859页,二卷的著作《数论》(*Essai sur la theorie des nombers*,1797—1798),它是专讲数论的第一部

---

① 译者注:stepchildren,原意是夫或妻前次结婚所生之子女。

勒让德

（David Smith 收藏）

论著。他后来还发表了一部三卷的论著《积分学习题集》（*Exercises du calcul integral*，1811～1819），内容丰富而且可信，可与欧拉的类似著作比美。勒让德后来把这部著作的部分内容扩展成另一部三卷的论著：《论椭圆函数和欧拉积分》（*Traite des fonctions elliptigues et des integrals euleriennes*，1825～1832）。在这里，勒让德对 β 和 γ 函数引进欧拉积分（*Eulerian intrgrals*）这个术语。在大地测量学中，勒让德以其法兰西三角测量术而享有盛名。

12.10　蒙日和卡诺

我们将在本章最后讲述的杰出的数学家是蒙日（Gaspsrd Monge，1746—1818）和卡诺（Lazare Carnot，1753—1823）这两位几何学者。不像三个 L（拉格朗日、拉普拉斯和勒让德）那样躲开法国革命，蒙日和卡诺支持革命，并在革命事业中起积极作用。

蒙日在他出生地博内（Beaunne）的奥拉托里安学院受过教育，并且十六岁就在里昂学院任物理学讲师。他熟练地以大比例尺绘出他家乡的地图，因而梅齐埃尔军事学院接受其为绘图员。为了从提供的数据算出要塞计划的炮兵阵地的位置，蒙日用快速的几何方法避开了冗长的、麻烦的算术运算。他那用在二维平面上的适当投影以表达三维对象的聪明方法被军队采用且被列为绝密，这种方法后来称为**射影几何学**（descriptive geometry）而被广泛讲授。1768 年，蒙日在梅齐埃尔担任数学教授；1771 年还在那里担任物理学教授；1780 年被任命为巴黎利瑟姆动力学讲座教授。

450

蒙日

蒙日担任过马林（Marine）的部长，并且参加了为军队制造武器和火药的工作。1795 年高等工艺学院（Ecole Polytechnique）建立，在该校董事会之下，他是主力，他还在那里担任数学教授。他与拿破仑有亲密的友谊，还受到过他的赞赏。他与数学家傅里叶（Joseph Fourier, 1768—1830）一道随拿破仑进行倒霉的 1798 年的埃及远征。回到法国后，蒙日继续担任他在高等工艺学院的职位，在那里他被证明是一位非凡的、天才的教师。他的演讲启发了许多后来有才能的几何学者，主要有：杜班（Charles Dupin, 1784—1873）和蓬斯莱（Jean Victor Poncelet, 1788—1867），前者在微分几何领域有贡献，后者对射影几何有贡献。

除了创造射影几何之外，蒙日还被认为是微分几何之父。他写的《分析在几何学上的应用》（*Application de l' analyse a' la geometrie*）出了五版，是曲面微分几何最重要的早期论著之一。在这里，别的且不说，蒙日还引进了三维空间的曲面曲率线的概念。蒙日对微分几何的贡献主要是在曲面的外在几何（*extrinsic geometry*）上（参看 14.7 节）。

由于蒙日在高等工艺学院所作的一系列讲演，立体解析几何得以建立。这些讲演的内容，在蒙日和阿舍特（Jean-Nicolas-Pierre Hachette, 1769—1834）于 1802 年发表的《代数在几何中的应用》一文中有详细记载；该文见于《高等工艺学院学报》（*Journal de l' Ecole Polytchnique*），是一篇内容广博的研究报告。该文的初始定理是 18 世纪对毕氏定理所作的著名的推广：

一个平面面积在三个相互垂直的平面上的正交投影的平方和，等于该平面面积的平方。

此外，在该文中，我们能找到许多今天立体解析几何课本中的内容，例如，坐标轴的平移和旋转的公式,空间上线和平面的习常处理,二次曲面的主平面的确定。被证明:过给定点(x', y', z'),与

$$ax + by + cz + d = 0 \quad 和 \quad ex + fy + gz + h = 0$$

两个给定平面的交正交的平面被

$$A(x - x') + B(y - y') + C(z - z') = 0$$

给出,在这里

$$A = bg - fc, B = ce - ga, C = af - eb$$

451　空间上点和线间的距离的公式,空间上两条偏斜线间最短距离的公式,均被给出。蒙日给出的新结果还有:

1. 过四面体的棱的中点垂直于其对棱的六个平面,在该四面体的外心在该四面体的形心上的反射点,共点。(此点现在被称做四面体的**蒙日点**)

2. 其面切给定的中心二次曲面的三直角角的顶点的轨迹是与该二次曲面共心的球。(此球现在被称做二次曲面的**蒙日球**(Monge sphere),或**准球面**(director sphere)。二维上的类似轨迹,今天被称做:该联系的中心二次曲线的**蒙日圆**(Monge circle),虽然此轨迹在一个世纪之前就曾被拉伊雷(La Hire)用综合法发现。

后来,在 1809 年,蒙日给出下述定理的几个证明:联四面体的相对的棱的中点的线,在该四面体的形心,共点。

蒙日有两个兄弟也是数学教授。

卡诺(Lazare Nicolas Marguerite Carnot)按照许多法国小康之家的习惯,参加了军队,并且进了梅齐埃尔军事学院,在那里跟蒙日学习,1783 年担任工兵上尉,1784 年写了他的关于力学的数学著作。这本书包括不完全弹性体的碰撞中动能会减小的最早证明。随着法国革命的来临,他投入了政治活动,并且全心全意地拥护革命。他接连担任许多重要的政治职位;并且在 1793 年,投票赞成把路易十六作为叛徒处决。还是在 1793 年,当联合欧洲发动百万部队反对法国时,他接受了看来不可能的任务:组织十四个兵团成功地反击了敌人,赢得了胜利组织者的称号。1796 年,他反对拿破仑的政变,并且不得不逃到日内瓦。在那里他写了论述微积分的形而上学这样一部半哲学的著作。他在几何学上的两部重要作品:《位置几何学》(*Geometrie de position*),《横截线论》(*Essai sur la theorie des transversals*)分别发表于 1803 和 1806 年。作为"国王的势不两立的敌人",1814 年,他在俄国战役之后,自告奋勇献身为法兰西而不是为帝国而战。复辟后,他被放逐,1823 年,他在贫困的境地中死于马德堡。

在卡诺《位置几何学》中,有指向的量第一次被系统地应用于综合几何中。借助于有指向的量,几个分离的陈述或关系常能被综合进一个单一的全都在内的陈述或关系之中,并且常能系统化为一个单一的证明,否则就要处理许多不

同情况(参看问题研究 12. 17)。有指向的量的概念后来被麦比乌斯(Augustus Ferdinand Mobius，1790—1868)在其 1827 年的《重心坐标法》(*Der barycentische Calcul*)中进一步作了发挥。

梅理劳斯(Menelaus)的定理(参看 6.5 节)是卡诺《横截线论》的基础。在这里，卡诺把梅理劳斯的定理扩展到这样的场合：以任意的 n 次代数曲线代替那个定理中的横截线。作为一个例证，举一个 $n = 2$ 的情况(图 106)：如果三角形 ABC 的边 BC，CA，AB 分别割二次曲线于(实的或虚的)点 A_1 和 A_2，B_1 和 B_2，C_1 和 C_2，则

$$(AC_1)(AC_2)(BA_1)(BA_2)(CB_1)(CB_2) = (AB_1)(AB_2)(BC_1)(BC_2)(CA_1)(CA_2)$$

在这里，所有线段都是有指向的量。可以将此定理推广到用任意多边形代替三角形。

452

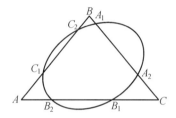

图 106

卡诺还发现了用四面体的六个边表达四面体的体积的公式；他并且得到了联接空间上五个任意点的十条线段之一以其余九条表达的公式(有 130 项)。

卡　诺

(David Smith 收藏)

卡诺有个儿子——Hippolyte,他于 1848 年担任公共教育部长;另一个儿子
Sadi,成为著名的物理学家;一个孙子也叫 Sadi,是 Hippolyte 的儿子,他成为第三
法兰西共和国的第四任总统,第二个孙子 Adolphe,也是 Hippolyte 的儿子,他成
为杰出的化学家。

蒙日和卡诺两人都是热情洋溢的革命者,但卡诺确实在理智上更忠实、更
加言行一致。两人都对路易十六的处决投了赞成票,虽然卡诺愿意在拿破仑手
下当一名战士或行政官员,但他是有一定勇气和信心投票反对拿破仑称帝的唯
一的护民官,并因此而被流放;蒙日则不然,他奴隶般地一直支持他所崇拜的偶
像;从早期理想主义的、革命的中士起到最后自私的、暴虐的皇帝,蒙日竟然愿
意接受如此可耻的任务:决定哪些艺术财富该作为战利品从意大利运回巴黎。

12.11 米制[①]

长度、面积、体积和重量的度量,在数学的实际应用中起重要作用,这些度
量单位中,最基本的是长度单位;因为,只要给定长度的单位,其他量的单位就
易于得出。把米制构造出来,用这样一种有秩序的、始终如一的、科学的、准确
的并且简单的度量衡制,取代世界上的混乱的、不科学的度量衡制,是 18 世纪
的重要成就之一。

我们现在的米制的发展,不是探求科学的度量制的最初尝试。1670 年,法
国数学家、里昂圣保罗教堂的牧师,穆通(Abbe Gabriel Mouton)提出:以地球周长
的一分为单位长,并且他依十进制除和乘此单位,对各种部分和倍数规定适当
的拉丁术语。同时,C·伍伦爵士提出:取半秒打一下的摆的长为单位长;这很
接近于古代的腕尺[②](从一个人的肘到伸展的中指尖的距离)。法国天文学家
皮卡尔德(Jean Picard)于 1671 年,荷兰物理学家 C·惠更斯于 1673 年提出:以纬
度 45 度的海平面上的秒摆的摆长为单位长;这只比现在的米短 6 毫米。1747
年,孔达明(La Condamine)建议:以赤道上的秒摆为单位长。1775 年,梅齐尔
(Messier)非常仔细地确定纬度 45 度的秒摆长,并且,想把它作为标准单位未成
功。

受新度量制的普及的宣传的激发,1789 年法国科学院责成一个委员会制
定一个可接受的计划。第二年,米勒爵士(John Miller)在英国国会下院提出大
不列颠的统一度量制。大约同时,杰斐逊(Thomas Jefferson)提出美国的统一度
量制,建议以纬度 38 度的秒摆长度为单位长(38 度是美国当时的平均纬度)。

法国科学院的该委员会赞同用十进制,并提出供选择的两种长度单位:一

---

① 译者注:指的是以公尺、公升及克为单位的十进位度量衡制度。
② 译者注:腕尺,古时的量度,约为十八英寸到二十二英寸。

个是秒摆的长度,因为,摆方程是 $T = 2\pi \sqrt{L/g}$,这样给出标准长,或米——g/π^2。因为 g 随纬度和高度而变,并且,从勒让德和其他人测量过的地球子午线的长度的准确性考虑,该委员会最终赞同取从北极到赤道的子午距离的千万分之一为一米。1793 年,法国科学院受政治力量的镇压,但是,该度量衡委员会被保留,只是部分成员被清除,例如拉瓦锡,并且,扩充了另一些人,后来包括拉格朗日、拉普拉斯、勒让德和蒙日。1799 年,该委员会的工作完成;于是,我们今天的米制得以实现。

法兰西共和国采用度量衡的米制,是在 1799 年 6 月;1837 年,强制使用它。今天,世界上的所有国家,除美国外,都采用这种度量衡制。美国也正在准备采用它。当然,美国在科学事业和许多其他事业上,采用米制已经很长时间了。

国际度量衡局设立在法国巴黎附近的塞夫勒(Sevres),这里有世界上所有国家的代表,并且,公斤和米的国际标准保存在那里。公斤的标准是由铂和铱的特殊合金制成的;并且,每一个有代表的国家持有此标准的一个准确的复制品。美国的那个,1890 年 1 月 2 日,由哈里森(Benjamin Harrison)总统接受,放在华盛顿标准局。1960 年以前,米的标准是铂-铱棒,但是,今天,标准米被更准确地确定为:在真空中测量的,从各向同性的氪-86 发出的橙红光线的1 650 763.73 波长。

12.12　总结

在我们结束对 18 世纪数学的简介时,要指出:这个世纪目睹了各个学科的快速发展,即三角学、解析几何学、微积分学、数论、方程论、概率论、微分方程和分析力学,还目睹了若干新的领域的开创,如保险统计科学(actuarial science)、变分法、高等函数①、偏微分方程、射影几何和微分几何。这个世纪的大部分数学研究,追其根源,多由于力学和天文学的需要;但是,达兰贝尔关于分析的基础不可靠的认识,兰伯特在平行公设方面的工作,拉格朗日在使微积分严谨化上做的努力,以及卡诺的哲学思想都给我们以启示。事实上,向我们发出了预告:几何学和代数学的解放即将来临;是深入考虑数学基础的时候了——它们将发生于 19 世纪。此外,开始出现专业化的数学家,像蒙日在几何学中那样。还应该指出:法国革命之后,在 1799 年 6 月 22 日,法兰西共和国在重量和量度上采用米制。

18 世纪该讲的另一件重要事情是:妇女在数学和精确科学领域上的成就,必须郑重考虑。作出最先的重要突破的是杜查泰莱特和阿涅泽,她们在数学领

_455_

---

① 译者注:指微分方程所定义的函数。

域给人们留下了深刻的印象。下一章中,将讲:由热曼(Sophie Germain,1776—1831)和萨默魏里(Mary Fairfax Somerville,1780—1872)的工作带来的 19 世纪上半叶出现的进一步解放。

问 题 研 究

12.1 伯努利数

表达和
$$S_n(k) \equiv 1^n + 2^n + 3^n + \cdots + (k-1)^n$$
(对于 $n=1,2,3$)为 k 的多项式的公式

$$1 + 2 + 3 + \cdots + (k-1) \equiv \frac{k^2}{2} - \frac{k}{2}$$

$$1^2 + 2^2 + 3^2 + \cdots + (k-1)^2 \equiv \frac{k^3}{3} - \frac{k^2}{2} + \frac{k}{6}$$

$$1^3 + 2^3 + 3^3 + \cdots + (k-1)^3 \equiv \frac{k^4}{4} - \frac{k^3}{2} + \frac{k^2}{4}$$

很远的年代就已经知道了。当 $S_n(k)$ 被表达为

$$S_n(k) = \frac{k^{n+1}}{n+1} - \frac{k^n}{2} + B_1 C(n,1) \frac{k^{n-1}}{2} - B_2 C(n,3) \frac{k^{n-3}}{4} + \cdots$$

(在这里,$C(n,r) = n(n-1)\cdots(n-r+1)/r!$)这种形式的 k 的多项式时,雅科布·伯努利对其系数 $B_1,B_2,B_3,\cdots$ 很感兴趣。这些系数在被称做**伯努利数**(Bernoulli numbers),它们在分析中起重要作用;并且,它们具有一些重要的算术性质。

(a)如果 $n = 2r+1$,则能证明
$$B_1 C(n,2) - B_2 C(n,4) + B_3 C(n,6) - \cdots + (-1)^{r-1} B_r C(n,2r) = r - 1/2$$
利用此公式,计算 B_1 到 B_5。

456　(b)素数 p 被说成是**正则的**(regular),如果 $B_1,B_2,B_3,\cdots,B_{(p-3)/2}$ 被写成它们的最低项时,p 不能整除其任何一个分子。否则,p 被说成是**非正则的**(irregular)。已知

$$B_{16} = \frac{7\ 709\ 321\ 041\ 217}{510}$$

证明 37 是非正则的。

1850 年,库麦尔(E.Kummer)证明费马的最后"定理",对于每一个指数是正

则素数或小于 100 的仅有的非正则素数 37,59 和 67,是正确的。

(c)斯陶特(K. C. G. Von Staudt)证明了一条值得注意的定理:$B_r = G + (-1)^r(1/a + 1/b + 1/c + \cdots)$,在这里,$G$ 是整数,$a,b,c,\cdots$ 全是使 $2r/(p-1)$ 为整数的素数 p。对于 $B_4 = 1/30$ 和 $B_8 = 3\,617/510$,证实斯陶特定理。

12.2 棣莫弗尔公式

(a)确立棣莫弗尔公式:

$$(\cos x + i\sin x)^n = \cos nx + i\sin nx$$

在这里,$i = \sqrt{-1}$ 并且 n 是正整数。

(b)利用(a)的公式,以 $\sin x$ 和 $\cos x$ 表达 $\cos 4x$ 和 $\sin 4x$。

(c)利用棣莫弗尔公式,证明:$(-1-i)^{15} = -128 + 128i$。

(d)证明:$i^n = \cos(n\pi/2) + i\sin(n\pi/2)$。

(e)利用棣莫弗尔公式,求 1 的八个八次根。

12.3 分布

(a)六块硬币同时投 1 000 次。在这 1 000 次中,9 次没出现"正面",99 次出现一个"正面",241 次出现两个"正面",313 次出现三个"正面",233 次出现四个"正面",95 次出现五个"正面",10 次出现六个"正面"。作频率曲线表示此频率分布。

(b)作图表示正态频率曲线 $y = 10e^{-x^2}$。

(c)计算(a)的实验中每掷一次,"正面"数的算术平均值。

(d)一个数值集合的**中位数**(median)是将这些数值依上升或下降的次序排列后的中项。(a)的试验中每掷一次"正面"数的中位数是什么?

(e)如果在一个数值的集合中,一个数比任何其他数出现得频繁,则它被称为该集合的**众数**(mode)。(a)的试验中每掷一次,"正面"数的众数是什么?

(f)考虑该场合:一个百万富翁参加进低收平民的小团体的居民中。对该团体的平均收入、中收入和众收入的影响是什么? *457*

(g)鞋商最感兴趣的是他的社会居民的鞋的大小的算术平均、中位数还是众数?

(h)关于正态频率的算术平均、中位数和众数,我们能说什么?

(i)用斯特林公式求 1 000! 的近似值。

12.4 级数的形式运算

(a)将 $\sin z, \cos z$ 和 e^z 依麦克劳林展开式展开。

(b)证明:将 $\sin z$ 的麦克劳林展开式逐项微分可得 $\cos z$ 的麦克劳林展开式。

(c)利用(a)的展开式形式地证明

$$\cos x + \mathrm{i}\sin x = e^{\mathrm{i}x}$$

(d)利用 $\sin z$ 的麦克劳林展开式,证明

$$\lim_{z \to 0}\left(\frac{\sin z}{z}\right) = 1$$

(e)利用 $f(x)$ 和 $g(x)$ 关于 $x = a$ 的泰勒展开式,证明:当

$$f(a) = f'(a) = \cdots = f^{(k)}(a) = 0$$
$$g(a) = g'(a) = \cdots = g^{(k)}(a) = 0, g^{(k+1)}(a) \neq 0$$

时,则

$$\lim_{x \to a}\frac{f(x)}{g(x)} = \frac{f^{(k+1)}(a)}{g^{(k+1)}(a)}$$

12.5 猜想和悖论

(a)欧拉推测:对于 $n > 2, n$ 次幂要提供本身也是 n 次幂的和,至少要 n 个。1966 年,兰德(L. J. Lander)和帕金(T. R. Parkin),利用高速电子计算机,发现

$$27^5 + 84^5 + 110^5 + 133^5 = 144^5$$

试核实此反例。

(b)试说明困扰欧拉时代的数学家们的下列悖论:因为 $(-x)^2 = (x)^2$,我们有 $\log(-x)^2 = \log(x)^2$,因此 $2\log(-x) = 2\log(x)$,并且,从而 $\log(-x) = \log(x)$。

12.6 欧拉和无穷级数

(a)奥尔登伯格在其 1673 年给莱布尼茨的信中,请他求出无穷级数

$$1/1^2 + 1/2^2 + 1/3^2 + 1/4^2 + \cdots$$

458 的和。莱布尼茨未能求出其解;1689 年,雅科布·伯努利也承认解不出来。下面,用欧拉的方法解之。

开始,用麦克劳林级数

$$\sin z = z - z^3/3! + z^5/5! - z^7/7! + \cdots$$

然后,$\sin z = 0$(并且 z 除后),可被看做是无穷多项式

$$1 - z^2/3! + z^4/5! - z^6/7! + \cdots = 0$$

或以 w 代替 z^2，得

$$1 - w/3! + w^2/5! - w^3/7! + \cdots = 0$$

根据方程论,此方程的根的倒数和为线性项的系数的负值——即 $\frac{1}{6}$。因为 z 多项式的根为 $\pi, 2\pi, 3\pi, \cdots$,由此得出:w 多项式的根为 $\pi^2, (2\pi)^2, (3\pi)^3, \cdots$,所以

$$1/6 = 1/\pi^2 + 1/(2\pi)^2 + 1/(3\pi)^2 + \cdots$$

或

$$\pi^2/6 = 1/1^2 + 1/2^2 + 1/3^2 + \cdots$$

　　(b)应用欧拉的程序(a)于 $\cos z$ 的麦克劳林展开式,得

$$\pi^2/8 = 1/1^2 + 1/3^2 + 1/5^2 + \cdots$$

　　(c)利用(a)和(b),形式地证明

$$\pi^2/12 = 1/1^2 - 1/2^2 + 1/3^2 - 1/4^2 + \cdots$$

欧拉在其 1748 年发表的《引论》中给出

$$1/1^n + 1/2^n + 1/3^n + \cdots$$

的和,对于从 $n = 2$ 到 $n = 26$ 的 n 的偶数值。n 是奇数的情况,今天还难处理,并且,还不知道:正整数的立方的倒数和是否 π^3 的有理数倍。欧拉不负责任地把适用于有限多项式的规则应用于无穷多项式(幂级数)得到许多现在已知是正确的结果。

12.7　环形曲线 459

　　一条**环形曲线**(orbiform curve)或**常宽的曲线**(curve of constant width)是以该曲线两条平行切线间的距离是常数为特征的平面凸卵形线。

　　(a)**雷劳克斯三角形**(Reuleaux triangle)是由以等边三角形的三个顶点为圆心,以该三角形的边长为半径的三个圆弧定义的;试证明它是一条环形曲线。(以雷劳克斯三角形的形状为基础的钻孔器已被设计用于钻方形孔)

　　(b)说明:人们如何能从任一三角形开始作由 6 个圆弧组成的环形曲线。

　　(c)从对角线全相等的五边形作由 5 个圆弧组成的环形曲线。

　　(d)说明:人们如何能从任一凸五边形开始作由 10 个圆弧组成的环形曲线。

　　(e)作一条不包括圆弧的环形曲线。

　　(f)环形曲线上一点 P 被称做**寻常点**(ordinary point),如果该曲线在点 P 有连续转动的切线的话。一条环形曲线的极大弦的反向端被称做该曲线的**反向点**(opposite points)。试确立关于环形曲线的下列定理:

　　1.环形曲线没有一部分是直的。

2.如果 P_1 和 P_2 是一条环形曲线的一对寻常的反向点,则 P_1P_2 在 P_1 和 P_2 点对于该曲线是正交的。

3.如果 r_1 和 r_2 是等宽 d 的环形曲线的一对寻常反向点 P_1 和 P_2 上的曲率半径,则 $r_1 + r_2 = d$。

4.**巴比尔定理**(Barbier's theorem):常宽环形曲线的周长为 πd。

(g)证明:如果一条雷劳克斯三角形围绕一个对称轴转动,我们得到常宽的立体。(关于常宽的立体我们知道得很少,比不上常宽的曲线。虽然没有巴比尔定理的直接模拟,闵可夫斯基曾指出:常宽的立体由正交射影形成的影是常周长的)

12.8 单行和多行网络

1736 年,欧拉解决了这么个问题,它讨论的是:在柯尼斯堡怎么样走,过该城的每座桥一遍,并且步行回到他的起点。该城处于普雷盖尔河口附近,有七座桥还包括一个岛,如图 107 所示。欧拉把该问题简化为一笔画图 108 的问题。

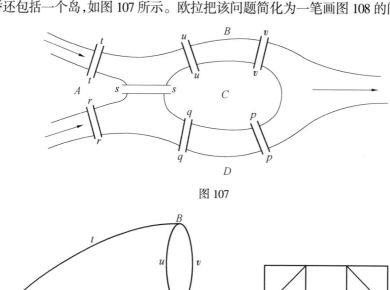

图 107

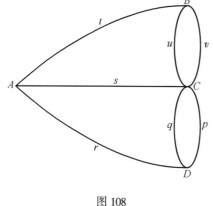

图 108

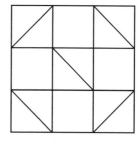

图 109

在考虑一般问题时,下述定义有用。**结点**(node)是线从它射出的点。连结 *460*
相邻结点的线叫**支**(branch)。结点的**级**(order)是从它射出的支数。结点被说成
是**偶的**(even)或**奇的**(odd),依其级是偶的或奇的而定。路线由能不通过两次
的支数组成。能一笔画成的网络被说成是**单行的**(unicursal),否则称做**多行的**
(multicursal)。围绕这些概念,欧拉在确立下述命题上获得成功:

1.在任一网络中,奇结点有偶数个。 *461*

2.没有奇结点的网络,能以结束于起点的重新进入的路线单行地画出。

3.正好有两个奇结点的网络,能从一个奇点开始,结束于另一个奇点单行
地画出。

4.多于两个奇点的网络是多行的。

(a)利用欧拉定理,以否定柯尼斯堡的问题。

(b)证明图 109 的网络是单行的,而图 110 的网络是多行的。

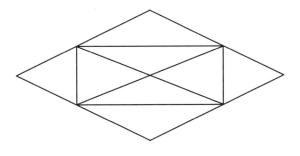

图 110

(c)图 111 表示标明了房间和门的房子。相继地走过每一个门一次且仅一
次,是可能的吗?

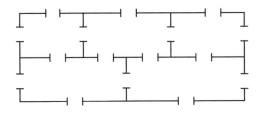

图 111

(d)试证明上面说的欧拉定理。

(e)试证明欧拉第四定理的利斯廷推论:正好有 $2n$ 个奇结点的网络可以 n
条分离的路线完全通过。对图 110 的网络,证实此推论。

12.9　某些微分方程

（a）微分方程

$$y^{n-1}(\mathrm{d}y/\mathrm{d}x) + a(x)y^n = f(x)$$

以**伯努利方程**（Bernoulli's equation）闻名。证明：代换式 $v = y^n$ 把伯努利方程变成线性微分方程。

（b）微分方程

$$y = px + f(p)$$

在这里，$p = \mathrm{d}y/\mathrm{d}x$，以**克雷罗方程**（Clairaut's equation）著称。证明：克雷罗方程的解是

$$y = cx + f(c)$$

（c）微分方程

$$x^n y^{(n)} + a_1 x^{n-1} y^{(n-1)} + \cdots + a_n y^{(0)} = f(x)$$

括号内的指数表示微分的阶数，以**欧拉方程**（Euler's equation）著称。证明：代换式 $x = e^t$，把欧拉方程归结为带常系数的线性微分方程。

（d）微分方程

$$\mathrm{d}y/\mathrm{d}x = p(x)y^2 + q(x)y + r(x)$$

以**里卡蒂方程**（Riccati's equation）著称。证明：如果 $v = f(x)$ 是此方程的特殊解，则代换式 $y = v + 1/z$ 把此方程变成 z 的线性微分方程。

12.10　双曲函数

（a）**双曲正弦**（hyperbolic sine）和**双曲余弦**（hyperbolic cosine）函数可被定义为

$$\sinh u = \frac{e^u - e^{-u}}{2}, \quad \cosh u = \frac{e^u - e^{-u}}{2}$$

然后，**双曲正切**（hyperbolic tangent）、**双曲余切**（hyperbolic cotangent）、**双曲正割**（hyperbolic secant）、**双曲余割**（hyperbolic cosecant）被定义为 $\tanh u = \sinh u / \cosh u$，$\coth u = 1/\tanh u$，$\mathrm{sech}\, u = 1/\cosh u$，$\mathrm{csch}\, u = 1/\sinh u$。

1.$\cosh^2 u - \sinh^2 u = 1$。

2.$\tanh u = (e^u - e^{-u})/(e^u + e^{-u})$。

3.$\coth^2 u - \mathrm{csch}^2 u = 1$。

4.$\tanh^2 u + \mathrm{sech}^2 u = 1$。

5.$\mathrm{csch}^2 u - \mathrm{sech}^2 u = \mathrm{csch}^2 u\ \mathrm{sech}^2 u$。

462

6. $\sinh(u \pm v) = \sinh u \cosh v \pm \cosh u \sinh v$。

7. $\cosh(u \pm v) = \cosh u \cosh v \pm \sinh u \sinh v$。

8. $d(\cosh u)/du = \sinh u, d(\sinh u)/du = \cosh u$。

(b)考虑单位圆 $x^2 + y^2 = 1$ 和单位等轴双曲线 $x^2 - y^2 = 1$,如图 112 所示。以 u 表示扇形面积 $OPAP'$。证明:对于该圆,$x = \cos u, y = \sin u$,对于该双曲线,$x = \cosh u, y = \sinh u$(在这里,(x, y) 为 P 的坐标)。

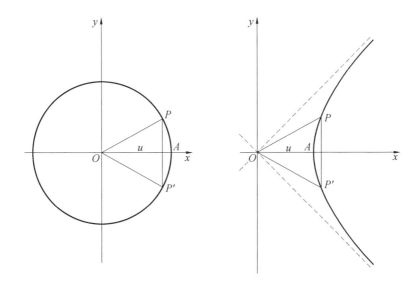

图 112

12.11　阿涅泽的箕舌线

阿涅泽的箕舌线(witch of Agnesi)可被精巧地描述为如下的点 P 的轨迹:考虑半径为 a 的圆,其直径 OK 在正 y 轴上;在这里,O 是坐标的原点。令变动的割线 OA 过 O,再割圆于 Q,并割该圆于点 K 的切线于 A。于是,此曲线是:平行于 x 轴的 QP 线与垂直于 x 轴的 AP 线的交点 P 的轨迹。

(a)证明:上述箕舌线的方程为 $y(x^2 + a^2) = a^3$。

(b)证明:上述箕舌线在 y 轴上的对称,以 x 轴为渐近线。

(c)证明:此箕舌线和其渐近线间的面积为 πa^2——这正好是相伴圆的面积的四倍。

(d)证明:(c)中的面积的形心处于 $(0, a/4)$ 点——即,从 O 到 K 的四分之一。

(e)证明:此箕舌线绕其渐近线旋转生成的体积为 $\pi^2 a^3/2$。

463

(f)证明:此箕舌线的拐点,在 OQ 与其渐近线成 60 度角处。

被称做**伪箕舌线**(pseudo-witch)的相伴曲线,由双倍上述箕舌线的纵坐标得到。此曲线 1658 年被格雷哥里(James Gregory)研究过,1674 年又被莱布尼茨用于导出其著名的表达式

$$\frac{\pi}{4} = 1 - \frac{1}{3} + \frac{1}{5} - \frac{1}{7} + \cdots$$

12.12 拉格朗日与解析几何

464

拉格朗日(基本上)给出下列公式

$$A = (1/2)\begin{vmatrix} x_1 & y_1 & 1 \\ x_2 & y_2 & 1 \\ x_3 & y_3 & 1 \end{vmatrix} \quad \text{和} \quad V = (1/6)\begin{vmatrix} x_1 & y_1 & z_1 & 1 \\ x_2 & y_2 & z_2 & 1 \\ x_3 & y_3 & z_3 & 1 \\ x_4 & y_4 & z_4 & 1 \end{vmatrix}$$

在这里,A 是以 $(x_1,y_1),(x_2,y_2),(x_3,y_3)$ 为顶点的三角形的面积,V 是以 $(x_1,y_1,z_1),(x_2,y_2,z_2),(x_3,y_3,z_3),(x_4,y_4,z_4)$ 为顶点的四面体的体积。他还给出公式

$$D = \frac{ap + bq + cr - d}{\sqrt{a^2 + b^2 + c^2}}$$

在这里,D 为 (p,q,r) 点与 $ax + by + cz = d$ 平面的距离。

(a)证明:三角形面积的上述公式。

(b)证明:点与平面的距离的上述公式。

12.13 蒲丰的投针问题

蒲丰(Comte de Buffon)于 1777 年提出并解决的问题是:令长为 l 的同质均匀针被随机地掷于用尺画上了距离为 $a > l$ 的平行线的平面上,并且,令 ϕ 表示针的方向与平行线方向的交角。针与一直线相交的概率有多大?

让我们假定:在这里,"随机"意指,针的中心的所有点和针的所有方向都是等概率的;并且,两个变量是不相关的。令 a 表示针的中心与平行线的最短距离,并且,令 ϕ 表示针的方向与平向线的方向的交角:

(a)试证明:图 113(a)针与线相交当且仅当 $x < (1/2)l\sin\phi$。

(b)在笛卡儿直角坐标 x 和 ϕ 的平面中,考虑(图 113(b))满足下列不等式的矩形 OA 之内点

$$0 < x < a/2, 0 < \phi < \pi$$

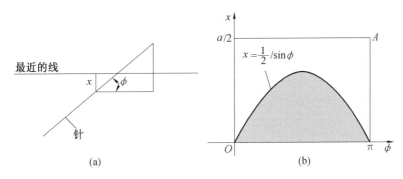

图 113

与些矩形中每一点,有针的一个且仅一个位置(x)和方向(ϕ)相对应;与图 113 (b)阴影面积中的每一点,有使针与平行线之一相交的一个且仅一个位置(x)和方向(ϕ)相对应。证明我们找的概率是阴影面积与矩 OA 的总面积的比值。

(c)然后证明我们要的概率由下式给出,即

$$p = \frac{\dfrac{1}{2}\displaystyle\int_0^\pi \sin\phi \,\mathrm{d}\phi}{\dfrac{\pi a}{2}} = \frac{2l}{\pi a}$$

(d)拉普拉斯在其 1812 年发表的《概率的解析理论》(*Theorie analytique des probabilites*)中推广了蒲丰的结果,证明:如果我们有两组正交的等距平行线,一组的距离为 a,另一组距离为 b;则随机地掷长为 $l < a, b$ 的针,与任一直线相交的概率为

$$p = \frac{2/(a+b) - l^2}{\pi ab}$$

在拉普拉斯的结果中,令 $b \to \infty$ 就得蒲丰的结果。

在 4.8 节中给出的 π 的年表的 1777 年那一条中,我们指出:实验者如利用蒲丰的结果求近似的 π 值。

12.14　圆中的随机弦

本例题例证地说明:在几何概率问题中常遇到决定什么等可能情况集合是最合乎需要的这个困难。在给定圆中作的随机弦长于内接等边三角形边长的概率有多大?

(a)在该给定圆中任选一点,并作过 A 的随机弦。假定所有过 A 的弦是等可能的,证明所求的概率是 $\dfrac{1}{3}$。

(b)任选一方向 d,并作平行于 d 的随机弦。假定所有平行于 d 的弦是等

可能的,证明所求的概率是 $\dfrac{1}{2}$。

(c)在给定的圆内任选一点为随机的中点,并作弦。假定给定圆内所有点作为中点是等可能的,证明所求的概率是 $\dfrac{1}{4}$。

12.15 最小二乘法

作为最小二乘法的基本问题的一个简单情况,假定观察值导出了,满足 x 和 y 两个变量的 $n > 2$ 近似线性方程

$$a_i x + b_i y + c_i = 0 \quad i = 1, 2, \cdots, n$$

于是,根据以概率论为基础的论证,已被证明:为 x 和 y 采用的"最优"值是由

$$(\sum a_i^2) x + (\sum a_i b_i) y + \sum a_i c_i = 0$$
$$(\sum b_i a_i) x + (\sum b_i^2) y + \sum b_i c_i = 0$$

两个方程的联立解给出的。

(a)利用最小二乘法,求满足联立方程

$$x - y + 1 = 0$$
$$3x - 2y - 2 = 0$$
$$2x + 3y - 2 = 0$$
$$2x - y = 0$$

的 x 和 y 的"最优"值。

(b)某金属棒在不同的温度下量得的长度为

温度(摄氏)	长度观察值(毫米)
20	1 000.22
40	1 000.65
50	1 000.90
60	1 001.05

用以确定该金属棒的线性展开式中的系数 c。令 L_0 表示 0℃时棒的长度,L 表示任何温度 T 时棒的长度,我们有

$$L_0 + Tc = L$$

试用最小二乘法求由给定的测量值提供的 c 的"最优"值。

(c)证明:如果依本问题研究开始引进的公式,我们取 $n = 2$,则 x 和 y 的"最优"值由

$$a_1 x + b_1 y + c_1 = 0, a_2 x + b_2 y + c_2 = 0$$

二方程的联立解给出。

12.16 蒙日的某些几何学

请有兴趣的学生试着(综合地或分析地)证明下列定理:

(a)一个平面面积在三个彼此垂直的平面上的正交投影的平方和等于该平面面积的平方。

(b)蒙日的关于四面体的定理,如 12.9 节中所述。

(c)**芒埃姆定理**(Mannheim's theorem):由四面体的四个高和对应面垂心确定的四个平面共点于四面体的蒙日点。

(d)四面体的蒙日点与四面体的任一个高和过其对应面垂心所作该面的垂线等距。

(e)由四面体中线的中点确定的球的中心处于四面体的欧拉线上。(此线包招外心、形心和蒙日点,以四面体的**欧拉线**(Euler line)著称)

(f)四面体的蒙日点和形心重合,当且仅当该四面体是等棱的(一个四面体是**等棱的**(isosceles),当且仅当该四面体的每一条边与其对边相等)。

(g)联五个给定的共球点的每一点与由其余四个给定点确定的四面体的蒙日点得的五条线共点。

12.17 指向的量

卡诺在他的 1803 年的《位置几何学》中介绍了指向的量的系统的使用。例如,依据此概念,我们在每一条直线上选定一个方向为正方向,另一个方向为负方向。则此直线上的线段 AB 被看做是正的或负的,依从点 A 到点 B 是正方向或负方向而定。利用有指向的线段,于是,我们有 $AB = -BA$ 和 $AB + BA = 0$。试证明下列定理(在其中,所有线段都是有指向的线段):

(a)对于任何三个共线点 A, B, C, $AB + BC + CA = 0$。

(b)令 O 为线段 AB 所在直线上的一点,则 $AB = OB - OA$。

(c)**欧拉定理**(Euler's theorem)(1747):如果 A, B, C, D 是任意四个共线点,则

$$(AD)(BC) + (BD)(CA) + (CD)(AB) = 0$$

(d)如果 A, B, P 是共线的,并且 M 是 AB 的中点,则 $PM = (PA + PB)/2$。

(e)加果 O, A, B, C 是共线的,并且 $OA + OB + OC = 0$,并且,如果 P 是 AB 线上的任一点,则 $PA + PB + PC = 3PO$。

468

(f)如果在同一直线上,我们有 $OA + OB + OC = 0$ 和 $O'A' + O'B' + O'C' = 0$,则 $AA' + BB' + CC' = 3OO'$。

(g)如果 A, B, C 是共线的,并且,P, Q, R 分别是 BC, CA, AB 的中点,则 CR 和 PQ 的中点重合。

(h)如果过点 P 的两条直线分别割一圆于 A, B 两点和 C, D 两点,则 $(PA)(PB) = (PC)(PD)$。

12.18　卡诺定理

(a)对于与 n 次代数曲线相交的三角形,陈述卡诺定理(参看 12.9 节)。

(b)陈述卡诺定理的推广,在其中,三角形被代之以任意多边形。

(c)通过不在给定的 n 次代数曲线上的任一点 O,以固定方向作二直线,分别割 n 次代数曲线于 $P_1, P_2, \cdots, P_n$ 和 $Q_1, Q_2, \cdots, Q_n$。采用平行于该二给定方向的轴的斜角笛卡儿坐标系,证明

$$(OP_1)(OP_2)\cdots(OP_n)/(OQ_1)(OQ_2)\cdots(OQ_n)$$

与 O 的位置无关。

(d)利用(c),证明(b)的卡诺定理之推广。

论 文 题 目

12/1　著名的数学家族。

12/2　在数学家墓碑上发现的题字(或碑铭)。

12/3　洛比达及其规则。

12/4　对数(或等角)螺线如何再生它本身。

12/5　贝克莱主教(George Berkeley,1685—1753)。

12/6　麦克劳林(Colin Maclaurin,1698—1746)。

12/7　小有名声的惠斯顿(William Whiston,1667—1752)。

12/8　斯特林(James Stirling,1692—1770)及其公式。

12/9　欧拉 – 狄德罗轶事。

12/10　欧拉图与韦氏图。

12/11　欧拉作为伟大的教材作者。

12/12　谁是 18 世纪最著名的数学家?

12/13　拿破仑(Napoleon Bonaparte)与数学。

11/14　达兰贝尔的教名的故事。

12/15　圣彼得堡和柏林研究院。

参考文献

BALL, W. W. R., and H. S. M. COXETER *Mathematical Recreations and Essays*[M]. 12th ed. Toronto: University of Toronto Press, 1974. Reprinted by Dover, New York.

BELL, E. T. *Men of Mathematics*[M]. New York: Simon and Schuster, 1937.

BOYER, C. B. *The History of the Calculus and Its Conceptual Development*[M]. New York: Dover, 1959.

BURLINGAME, A. E. *Condorcet, the Torch Bearer of the French Revolution* [M]. Boston: Stratford, 1930.

CADWELL, J. N. *Topics in Recreational Mathematics* [M]. New York: Cambridge University Press, 1966.

COOLIDGE, J. L. *The Mathematics of Great Amateurs*[M]. New York: Oxford University Press, 1949.

DICKSON, L. E. *History of the Theory of Numbers*[M]. 3 vols. New York:

Chelsea, 1952.

DUGAS, RENÉ *A History of Mechanics* [M]. New York: Central Books, 1955.

EULER, LEONHARD *Elements of Algebra* [M]. Translated by John Hewlett. New York: Springer-Verlag, 1984.

EVES, HOWARD *A Survey of Geometry*, vol. 2 [M]. Boston: Allyn and Bacon, 1965.

GILLESPIE, C. C. *Lazare Carnot, Savant* [M]. Princeton, N. J.: Princeton University Press, 1971.

GRIMSLEY, RONALD *Jean d'Alembert* (1717 – 83) [M]. Oxford: Clarendon Press, 1963.

HOFFMAN, J. E. *Classical Mathematics* [M]. New York: Philosophical Library, 1959.

LAGRANGE, J. L. *Lectures on Elementary Mathematics* [M]. 2d ed. Translated by T. J. McCormack. Chicago: Open Court, 1901.

LAPLACE, P. S. *The System of the World* [M]. 2 vols. Translated by H. H. Harte. London: Longmans, Green, 1830.

—— *A Philosophical Essay on Probabilities* [M]. Translated by F. Truscot and F. Emory. New York: Dover, 1951.

LEGENDRE, A. M. *Elements of Geometry and Trigonometry* [M]. Translated by Davis Brewster. Revised by Charles Davies. New York: A. S. Barnes, 1851.

MACLAURIN, COLIN *A Treatise of Fluxions* [M]. 2 vols. Edinburgh, 1742.

MAISTROV, L. E. *Probability Theory, A Historical Sketch* [M]. Translated by Samuel Kotz. New York: Academic Press, 1974.

MUIR, JANE *Of Men and Numbers, the Story of the Great Mathematicians* [M]. New York: Dodd, 1961.

NORTHROP, E. P. *Riddles in Mathematics, A Book of Paradoxes* [M]. New York: Van Nostrand Reinhold, 1944.

ORE, OYSTEIN *Number Theory and Its History* [M]. New York: McGraw-Hill, 1948.

ROEVER, W. H. *The Mongean Method of Descriptive Geometry* [M]. New York: Macmillan, 1933.

TAYLOR, E. G. R. *The Mathematical Practitioners of Tudor and Stuart England* [M]. New York: Cambridge University Press, 1954.

—— *The Mathematical Practitioners of Hanoverian England* [M]. New York:

470

Cambridge University Press, 1966.

TODHUNTER, ISAAC *A History of the Progress of the Calculus of Variations during the Nineteenth Century* [M]. London, 1861.

—— *History of the Mathematical Theory of Attraction and the Figure of the Earth* [M]. London, 1873.

—— *A History of the Mathematical Theory of Probability from the Time of Pascal to that of Laplace* [M]. New York: Chelsea, 1949.

TURNBULL, H. W. *Bi-centenary of the Death of Colin Maclaurin* [M]. Aberdeen: Aberdeen University Press, 1951.

—— *The Great Mathematicians* [M]. New York: New York University Press, 1961.

TWEEDIE, CHARLES *James Stirling. Sketch of His Life and Works* [M]. Oxford: The Clarendon Press, 1922.

WATSON, S. J. *Carnot* [M]. London: Bodley Head, 1954.

WEIL, ANDRE *Number Theory: An Approach through History from Hammurabi to Legendre* [M]. Boston: Birkhauser, 1984.

工业革命
19 世纪
（伴随第 13，14 章）

文明背景 IX

世界历史上，有两次伟大的全球性革命（全球性，意指：对整个世界上的为人类文化和社会，引起了深刻的变革）：公元前 3 世纪的农业革命和 19 世纪的工业革命。

在文明背景 II 中，我们仔细地察看了在公元前 3000 年左右，在埃及、中国和中东发生农业革命。在这之前，人们作为狩猎者和采集者而生活，分散在广阔的草原上的很小的地带，常常为了寻找食物搬来搬去。农业革命前的人们，不会读，不会写，科学知识也极少。公元前 3000 年后，人们开始成为定居的农业人。他们发明了书写、机械和复杂的政治体制。人类的文明起了不可逆转的变化，人类主要地作为农人而生活，到现在差不多有 5 000 年历史了。确实，不是每个人都是农人，还有：战士、工匠、诗人、国王、商人、科学家和哲学家。然而，大部分为了生活而经营土地，农业成了人类谋生的主要手段。

19 世纪的工业革命改变了世界的面貌。它标志人类文明的撤底重建。农人不再是人口的主要组成部分，农业也不再是人类经济的堡垒。耕种和畜牧的时代，被机器的时代所取代。工业工人成为劳动大军的主要组成部分，工业起到经济堡垒的作用。

471

工业革命带来了深远的社会变化,主要有:工业资本主义、日益都市化、工厂体制、庞大的公司、新社会阶级、工业工人或无产阶级的出现、全球性的帝国主义空前的发展、给人以深刻印象的技术突破、更加机械论的世界观,并且,试图纠正某些旧的(工业前的价值观)浪漫主义。让我们简短地考察一下工业革命的起因,发生过程及其对人类文明的影响。

472

工业革命的起因

根据经济历史学家的说法,为了使工业化自然地出现,必须具备以下几个条件:适合的技术、集中的投资资本,工业产品市场、大批工人、运输成批的原料和成品的有效手段,适于企业活动正常进行的社会环境。这里所说的有些条件,在欧洲已经存在了几个世纪。历史学家吉姆佩尔(Jean Gimpel)在其《中世纪机器》(Medieval Machine, 1976)中指出:早在 1300 年,欧洲人已经为工业化准备好了相应的技术。1400 年后,欧洲中央集权国家的发展,为国家市场的建立提供了可能性;虽然在某些国家,例如,法兰西,在商品运输上的某些习俗和税收令人眼花缭乱,因而阻碍了国家市场的形成和发展。1500 年后,投资资本大部分集中在有财富的都市。在中世纪欧洲甚至就有了运河等有效的手段。但仍缺少两条:大量可用的劳工,和控制欧洲国民经济的资产阶级(bourgeois)。

1500 年后,在欧洲的城市,随着都市贫民的集中,迅速增长,使 1750 年后颇具规模的劳工大军成为可能。自中世纪以来,在这类城市中,存在的一些小工厂,已经有了不少廉价的劳动力;并且,许多工厂主扩大了他们的生产。工人们得到的工资很少,而每周要工作 80 个小时。妇女和儿童也被雇用,因为他们能在工厂里做男人所做的工作,而得到的报酬更少。工人的工作条件恶劣,还常常发生严重事故。工人们生活于不卫生的、肮脏的住处,常常是大家庭聚居于狭小的、没有取暖设备的房屋中。德国哲学家恩格斯(Fridrich Engels, 1820—1895)在访问了英国曼彻斯特的工人家庭后,颇为震惊。他描述那可怜的、贫穷的情景:老鼠骚扰、阴沟无盖、工地黑暗,处于该城中产居民的视野之外。

除了准备好了的劳工外,工业化还需要:有投资资本的企业阶级掌握权力。18 世纪末,资产阶级(法文字的原意是,都市中产阶级)正好作为这样一个阶级出现。旧的封建贵族已经成了商业企业的仇敌。他们的土地资产不易转变为投资的现金,而且,贵族政治受利于高额捐税、内政习俗和政府垄断,这些都有碍于工业化的发展:在 18 世纪,贵族政治被推翻后(在文明背景Ⅷ中讨论过),欧洲和美洲的资产阶级,在他们的国家里,确立了经济和(有时)政治体制的控制。一旦有了权力,资产阶级就要创立适于工业资本主义发展的政治和经济环境。

工业革命的过程

和农业革命一样,工业革命是一个历史过程,它经历了许多年,并且,在地球的某些角落,至今仍未发生。工业革命,在大约1750年,在英格兰开始,不足为奇。这不是因为英格兰在文化上或技术上比其他国家"先进"。此过程之所以首先在这个岛屿王国发生,是由于历史的偶然性:在所谓光荣革命中,英格兰的资产阶级比任何其他地方更先掌握了权力。工业革命源于英格兰,传播到欧洲和美洲的其他部分。1900年左右,工业化的"中心地区"包括英格兰、苏格兰、法兰西、比利时、荷兰和日耳曼。此外,还有:意大利、美国和正在成为工业化国家的日本。

工业革命的影响

如上所述,工业革命的影响有:工厂制、庞大的工业公司,新的社会、经济阶级,新产业的创立和旧产业的粉碎,以至更迅速的都市化和更为机械论的世界观。事实上,要把工业化的所有影响列举出来,要用很多篇幅。其中有一些较为明显,例如,新技术;另外,还有,全球性帝国主义和浪漫主义。

全球性帝国主义(Global Imperialism)19世纪工业国家的迅速发展使得原料短缺成了他们面临的主要问题。比利时和英格兰的纺织工业发现需要从美国和印度输入棉花。钱和铜的筹造厂,到处寻找矿石和煤炭。锡、橡胶和其他重要原料,在欧洲不是很少就是没有。作为原料短缺的一个后果,工业国家的工厂主给他们的政府施加压力,要它们到世界上有丰富自然资源的地方建立殖民地。荷兰把东印度群岛变成橡胶园。英格兰把印度建成棉花殖民地,并且,在英国的几个非洲殖民地开采矿石、工业国家也对为过剩货物开拓国外市场感兴趣。在像中国这样的国家还闭关自守时,欧洲、美洲和日本的军队以武力推行其贸易,最可恶的是鸦片买卖。此外,工业国家为了进行国际贸易,还要为他们的商船在世界各地建立煤炭基地。19世纪,英国、法国、比利时、荷兰、意大利、德国、美国和日本,不是扩大现有的帝国,就是建立了新的帝国(这多半是在非洲和大西洋群岛)。在非洲,只有埃塞俄比亚,在东亚,只有中国、泰国和工业化的日本,还保持独立。大西洋群岛全成了殖民地。

增加工业生产(Increased Industrial Production)。19世纪,工业生产以天文数字增加。例如,1770年,英国只产铁三万吨;1850年,就达到二百万吨。1800年,英国只产煤二百万吨;1850年,则产五千万吨。工业生产的迅速增长,还出现于其他工业国家。

工厂制和社会变化(The Factory System and Social Change)。工厂制成为生产货物的最普通的方法。它效率高,并且,能大量生产。然而,同时,使许多工人陷入贫困的境地,引起了广泛的不满,其表现有:工业工人为争取选举权而做的种种努力,劳动工会的建立,和社会主义的兴起。1848 年,恩格斯和马克思(1818—1883),在《共产党宣言》中提倡:最终废除工业资本主义。

技术进步(Technological Progress)。工业革命创造了新技术的需要,19 世纪的发明家们适应了这种需要。例如,纺织工业在 1800 年前目睹飞梭(1733),多轴纺织机(1764)、水力纺纱机(1771)、蒸汽织布机(1789)和轧棉机(1793)的发明。19 世纪,改善了蒸汽发动机,发明了汽油发动机,发展了铁路运输,改进了钢铁生产,汽船则更普及。在该世纪末后不久,1903 年,发明了飞机。然而,那时,技术和纯科学还没有多大关系。大多数技术突破,不是科学家的成就,而是工匠们的成就。直到 20 世纪,纯科学和技术才融为一体。

浪漫主义(Romanticism)。机器的时代并不是每个人都满意的。在 19 世纪中叶,工业革命开始的同时发生了诗人、艺术家和其他学者所倡导的浪漫主义运动,他们把过去理想化了。浪没主义者把中世纪看做是勇敢的骑士和美丽的贵妇人的时代,并且,编造罗宾汉和亚瑟王的故事。最有影响的浪漫主义者,有:苏格兰小说家司各脱(Sir Walter Scott, 1771—1823)、法国作家夏多布里昂(Renede Chatesubriand, 1768—1848)和雨果(Victor Hugo, 1802—1885),德国文学家歌德(Johann Woltgang von Goethe, 1749—1832),和英国诗人济慈(John Keats, 1795—1821),雪莱(Percy Bysshe Shelly, 1792—1822),和渥兹华斯(William Wordsworth, 1770—1850)。与没有感情的机器相反,浪漫主义的文学有丰富的感情,并且,其音乐是忧郁的、游移不定的,然而又是生动有力的。

小 结

产生现代社会的工业革命,18 世纪在英国开始。19 世纪,它扩展到欧洲大陆和美洲。建设了大工厂和大城市,社会结构有了根本的变化。这些变化中有:技术的迅速进步,触发了对科学(尤其是力学和化学)的史无前例的需求。虽然,最初,大多数发现是工匠们作出的;但是,到了 20 世纪,工业的发展对受过大学教育的数学家和科学家们提出了要求。不是每个人都喜欢工业革命,社会主义者虽然不反对工业化,但是,他们公开谴责:作为 19 世纪特征的财富分配不均的现状。浪漫主义者,从他们的角度考虑,提倡回归过去的理想世界。

第十三章 19世纪早期数学、几何学和代数学的解放

476

13.1 数学王子

卡尔·弗里德里希·高斯(Carl Friedrich Gauss)这位令人敬畏的数学天才,像数学上的罗得岛上的阿波罗像(Clolssus of Rhodes)一样跨立在18世纪和19世纪之间。他不但被公认为是19世纪最伟大的数学家,而且与阿基米德和牛顿并称为历史上最伟大的三位数学家。

高斯,1777年出生于德国不伦瑞克。他的父亲是一位对正规教育怀有偏见的劳动者。而他的母亲却鼓励孩子学习并以她儿子的成就作为毕生的骄傲。

历史上间或出现神童,高斯就是其中之一。关于他,有一个令人难以置信的故事,说他三岁时就在他父亲簿记中的一处发觉了算术上的错误。还有一个常讲的故事,说他十岁时在公立学校里,他的老师为了让全班同学有事干,让学生们把从1到100这些数加起来。高斯立刻把它写好的石板反放在生气的老师的桌子上。当所有的石板最终被翻过时,这位老师惊讶地发现只有高斯得出正确的答案5 050,但是没有演算过程。高斯已经在脑子里对 $1+2+3+\cdots+98+99+100$ 这个算术级数求了和,他已注意到 $100+1=101,99+2=101,98+3=101$ 等50对数,从而答案是 50×101 或5 050。高斯晚年常幽默地宣称:在他会说话之前就会计算。

高斯的早熟受到不伦瑞克公爵的关心。这位公爵是一位通情达理的赞助人,他把十五岁的高斯送进不伦瑞克学院;他十八岁进哥廷根大学。起初高斯在当个语言学家还是当个数学家二者之间犹豫不决(虽然在勒让德独立地发表最小二乘法之前十年,他已经想出了它),他决定献身于数学是1796年3月30日的事。当他差一个月满十九岁时,就对正多边形的欧几里得作图理论作出了惊人的贡献,尤其是,发现了作正十七边形的方法。在5.6节中,我们已经讲过这件事。

在他发现有关正多边形的同一天,他开始了其著名的数学日记,他以密码式的文字吐露出许多伟大的数学成就。高斯像牛顿一样,不乐意公开发表他的东西。1898年才被发现的这本日记解决了关于优先权的许多争论。这本日记包括146条短条目,最后的日子是1814年7月9日。为了说明该日记中条目的

477

密码性质,让我们看 1796 年 7 月 10 日的记载

EYPHKA!   num = $\triangle$ + $\triangle$ + $\triangle$

并记载高斯发现"每个正整数是三个三角形数之和"这条定理的证明。在该日记的所有条目中,除两条以外,绝大部分已被解释。1797 年 3 月 19 日的那一条,表明高斯当时已经发现某椭圆函数的双周期性(那时他还不到二十岁),并且后面的条目表明他已经知道一般椭圆函数有这种双周期性。仅这一发现,要是高斯发表了它,也会为他赢得数学上的荣誉。但是,高斯从未发表它。

高斯二十岁在赫尔姆施泰特大学写的博士论文中,给出代数的基本定理(*fundamental theorem of algebra*)(n 次复系数多项式至少有一个复根)的第一个完全令人满意的证明。牛顿、欧拉、达兰贝尔和拉格朗日都曾试图证明此定理,但都没有成功。高斯的证明以下列思想为基础,即,以 $x + iy$ 代替一般多项式方程 $f(z) = 0$ 中的 z,然后,把所得方程的实部和虚部分开;生成实变量 x 和 y 的两个实方程:$g(x, y) = 0$ 和 $h(x, y) = 0$。高斯证明:$g(x, y) = 0$ 和 $h(x, y) = 0$ 的笛卡儿图形至少有一个实交点 (a, b)。由此得出,$f(z) = 0$ 有复根 $a + ib$。此证明涉及几何的考虑。大约二十年后,在 1816 年,高斯发表了两个新证明;再后些,于 1850 年,在寻找完整的代数证明的努力中,给出第四个证明。[①]

高斯最伟大的专著是他的《算术研究》(*Disquistitiones arithmeticae*),它在现代数论中十分重要。高斯发现的关于正多边形的作图和方便的同余记号(参看问题研究 13.2)就写在这部著作中;书中还有漂亮的二次互反律的首次证明。这条定理,用 12.9 节规定的勒让德的记号表示,即,如果 $p = 2P + 1$ 和 $q = 2Q + 1$ 是不相等的奇素数,则

$$(p \mid q)(q \mid p) = (-1)^{PQ}$$

478   高斯在天文学、大地测量学和电学上都作了显著的贡献。1801 年,他用一种新的方法,根据很少的数据算出最新发现的小行星谷神星(Ceres)的轨道,并且在第二年,又算出小行星智神星(Pallas)的轨道。1807 年,他在哥廷根任教授和天文台台长,并保持此职位直到他逝世。1821 年,他依汉诺威(Hanover)的三角测量法测量子午线的弧,并发明了回光仪。1831 年,他开始和他的同事威廉·韦伯(Wilhelm Weber, 1804—1891)合作进行电学和磁学的基础研究。这两位科学家于 1833 年发明电磁电报。

1812 年,高斯在一篇关于超几何级数的论文中,对级数的收敛性作了第一次系统的研究。高斯关于曲面理论的名著《一般曲面论》(*Disquisitiones generales circe superficies curvas*)发表于 1827 年,开创了空间上曲面的内蕴几何学的研究(参考 14.7 节)。他对非欧几何学的预见,将在 13.7 节中讨论。

---

① 关于第二个证明的英译本,参看 David Eugene Smith. A Source Book in Mathematics (1958). pp.292-306. 今天,人们相信:代数基本定理的证明必定涉及拓扑学的考虑。

高斯

（Library of Congress 供稿）

　　高斯有这样一句名言："数学是科学之王,而数论是数学之王。"高斯曾被形容为："能从九霄云外的高度按照某种观点掌握星空和深奥数学的天才。"高斯对自己的科学著作总是要求尽善尽美。他主张：一个大教堂在没有摆脱脚手架之前不是一个大教堂,他自己也身体力行,竭力使他的每一著作完全、简明、优美和令人信服,而把借以达到其结论的分析的每一步都去掉。这样一来,他实际上是让树上只长果子。他坚持这么个格言："宁肯少些,但要好些"(*Pauca sed matura*)。高斯选择了《李尔王》的下面几行诗作为他的第二格言：

　　　　　　你,自然,我的女神,

　　　　　　　我要为你的规律而献身。

高斯相信：数学,要有灵感,必须接触现实世界。如渥兹华斯所说："当我们不是在高飞而是在俯首于大地的时候,智慧离我们较近。"

　　高斯于 1855 年 2 月 23 日,在他的哥廷根天文台住所逝世。之后,汉诺威王命令：为高斯做一个纪念奖章。著名的雕刻家和奖章制作者,汉诺威的布雷歇尔(Friedrich Brehmer)及时(1877)地刻成了一枚七十毫米的奖章。上面刻着下列字句：

　　　　Georgius V. res Hannoverge

　　　　Mathematicorum principi

（汉诺威王乔治 V.献给数学王子）

　　自那以后,高斯就以"数学王子"著称。

479

𝕺𝖒

𝕯𝖎𝖗𝖊𝖈𝖙𝖎𝖔𝖓𝖊𝖓𝖘 𝖆𝖓𝖆𝖑𝖞𝖙𝖎𝖘𝖐𝖊 𝕭𝖊𝖙𝖊𝖌𝖓𝖎𝖓𝖌,

𝖊𝖙 𝕱𝖔𝖗𝖘𝖔𝖌,

𝖆𝖓𝖛𝖊𝖓𝖉𝖙 𝖋𝖔𝖗𝖓𝖊𝖒𝖒𝖊𝖑𝖎𝖌

𝖙𝖎𝖑

𝖕𝖑𝖆𝖓𝖊 𝖔𝖌 𝖘𝖕𝖍𝖆𝖗𝖎𝖘𝖐𝖊 𝕻𝖔𝖑𝖞𝖌𝖔𝖓𝖊𝖗𝖘 𝕺𝖕𝖑𝖔𝖘𝖓𝖎𝖓𝖌.

𝕬𝖋

𝕮𝖆𝖘𝖕𝖆𝖗 𝖂𝖊𝖘𝖘𝖊𝖑,

𝕷𝖆𝖓𝖉𝖒𝖆𝖆𝖑𝖊𝖗.

𝕶𝖎𝖔𝖇𝖊𝖓𝖍𝖆𝖛𝖓 1798.
𝕿𝖗𝖞𝖐𝖙 𝖍𝖔𝖘 𝕵𝖔𝖍𝖆𝖓 𝕽𝖚𝖉𝖔𝖑𝖕𝖍 𝕿𝖍𝖎𝖊𝖑𝖊.

韦塞尔 1797 年在丹麦皇家科学院宣读的《论向量的解析表示》(德文)的封面;1799 年又发表于科学院的《会刊》上。用平面上的实点表示复数,这是第一次
(Courtesy of the Department of Rare Books and Special Collections, The University of Michigan Library 供稿)

韦塞尔（Caspar Wessel, 1745—1818），阿甘特（Jean Robert Argand, 1786—1822）和高斯，是指出现在人们熟悉的、复数与平面上的实点之间的联系的最早作者。[①]韦塞尔和阿甘特都不是职业数学家，韦塞尔是一位测量员，出生于挪威的若塞鲁德(Josrud)，阿甘特是一位会计员，出生于瑞士的日内瓦。

毋庸置疑，此思想的优先权应归于韦塞尔，因为，1797 年，他在丹麦皇家科学院宣读了一篇论文，并且，1799 年，发表于科学研究院的《会刊》(Transactions)上。阿甘特 1806 年发表了关于该贡献的论文；并且，后来，于 1814 年，在热尔岗纳(Gergonne)的《数学年鉴》(Annales de Mathematiques)上有记载。但是，韦塞尔的论文被数学界遗忘了，直到他死后约九十八年，才被一位古董商人挖掘出来。然后，在其第一次发表的一百周年，被重新发表。韦塞尔的成就被人们认识的推迟，这就是为什么复数平面被称做**阿甘特平面**(Argand plane)，而不被称做**韦塞尔平面**(Wessel plane)的原因。

高斯的贡献被记载于 1813 年哥廷根皇家学会的研究报告中，后来，又被重录于其《选集》(Collected Works)中。高斯指出：这种表达法的基本思想，能在其1799 年的博士论文中找到。这就是，常称复数平面为**高斯平面**(Gauss plane)的理由。

把复数 $a+bi$ 的实部和虚部看做平面上点的直角坐标这个简单思想，使得数学家们处理虚数容易多了；因为，这么一来，复数就能在下述意义上实际地被想见，即：对每一复数，有平面上的一个点与之对应，并且，反之亦然。眼见为实，以前关于虚数不存在或虚构的思想，普遍地被丢弃。

13.2　热曼和萨默维里 *481*

现在我们简短地讲述另外两位数学家，她们和高斯一样，出生于 18 世纪最后四分之一，并且，在 19 世纪早期，作出了重要的贡献。热曼(Sophie Germain)和萨默维里(Mary Fairfax Somerville)这两位数学家，都以她们的工作显示了，妇女在数学发展中的作用。

热曼 1776 年出生于巴黎，并对数学有深厚的兴趣。作为妇女，她被拒绝进入高等工艺学院。虽然如此，她得到了那里好几位教授的讲课笔记，并且，以伪装的男人名字 M. Leblanc 提出的书写的札记，赢得了拉格朗日的高度评价。1816 年，她以一篇关于弹性的数学理论的论文，得到法国科学院的奖。19 世纪20 年代中期，她证明：对于每一个奇素数 $p<100$，费马方程 $x^p+y^p=z^p$ 没有不

---

① 早在 1673 年，沃利斯(John Wallis, 1616—1703)就提出过有关的初步设想：纯虚数应该能表示成实数轴垂直的线上。参看 F. Cajori, "Historical notes on the graphic representation of imaginarie before the time of Wessel." The American Mathematical Monthly 19(1912):167.

能被 p 除的整数解。1831 年,她把下列的有丰硕成果的概念引进微分几何,即:在曲面一点上的,曲面的平均曲率(*mean curvature*)(参看 14.7 节)。虽然她是一位更有才能的数学家,但常被称做 19 世纪的希帕奇娅(Hypatia)。

热曼以她的假名 M. Leblanc 与高斯通信,受到高斯热情洋溢的称赞。过了一段时间,高斯还不知道 M. Leblanc 是妇女。可惜的是,高斯和热曼从未见过面;并且,同样可惜的是:在热曼 1831 年死之前,哥廷根大学未能按照高斯的推荐,授予她荣誉博士学位。

据说,热曼决定研究数学是在这样的时刻:她在巴士底监狱陷落后的凶暴的日子里,入迷地读着阿基米德的生平,对他在西库那斯陷落后的类似的凶暴的日子里的遭遇十分同情。她在关于弹性的研究报告中说:"代数只不过是书写几何,而几何只不过是图形代数。"

热曼

(David Eugene Smith Collection, Rare
Book and Manuscript Library, Columbia
University 供稿)

482　　萨默维里(Mary Fairfax Somerville,1780—1872)是一位著名的自学成才的苏格兰妇女,她自学了拉普拉斯的《天体力学》,并且,被传播有用知识协会邀请为这部伟大的著作写一普及性的说明。虽然她差不多五十岁了,又没受过正式训练,她还是写出了这样一本有价值的说明(完成于 1830 年,标题是《天体力学》(The Mechanisms of the Heavens))。它曾多次再版,满足了英国学数学和天文学的学生的需要,达一百年之久。这部著作包括丰富的数学解释和图解,使拉普拉斯的难读的著作变得易于理解。所需要的数学基础,后来于 1832 年,另外以《天体力学初步》(*A Preliminary Dissertation on the Mechanisms of the Heavens*)的标题发表。

为了指出 19 世纪妇女遭受的荒谬的困难,在这里讲一个故事:青年妇女萨默维里想买一部欧几里得《原本》,不得不让她的男朋友到书店去买,欧几里得的著作被认为是青年妇女不宜读的书。她二十四岁与一个人结婚,他对妇女的智力探索不感兴趣。数学有幸:她的丈夫结婚后三年就死了,给她留下了一笔可观的财产,使她有可能买数学书。她再一次结婚,但是,这个人同情她的智力活动。

萨默维里最终被允许进入政府办的寄宿学校,并且,伦敦皇家学会把她的半身塑像置于大厅中。天文学家亚当斯(John Couch Adams)说,是萨默维里的《天体力学》引导他去考虑,找一个新的行星(海王星),以说明观察到的天王星的摄动。萨默维里继续工作直到她死,时年九十二岁。萨默维里学院(剑桥的五个妇女学院之一),以她的名字命名。

萨默维里

(David Eugene Smith Collection, Rare Book and Manuscript Library, Columbia University 供稿)

13.3 傅里叶和泊松

483

在 19 世纪,有能力和多产的数学家的人数几乎能组成个军团。我们不得不在令人眼花缭乱的数学太空中选择几个明星来讨论。琼·博普蒂斯特·约瑟弗·傅里叶(Jean Baptiste Joseph Fourier)和丹尼斯·泊松(Denis Poisson)是这些数学明星中的两颗(如果不是一等星,至少是二等星)。这两位接近同时代的人都出生于法国,都从事应用数学的研究,并且都在高等工艺学院任教。

傅里叶 1768 年出生于奥塞尔,1830 年逝世于巴黎。他是一个裁缝的儿子,八岁就成了孤儿,他在一个由天主教僧侣管理的军事学校受教育,后来在那里当数学讲师。他参加发动法国革命,并且被酬谢给予高等工艺学院的教授职位。他为了和蒙日一道随拿破仑到埃及远征,辞去了这个职位。1798 年,被任命为下埃及的总督。在 1801 年英国胜利和法国投降后,傅里叶回法国,并被任命为格勒诺布尔的地方行政长官。就是在格勒诺布尔,他开始了他的热学实验。

1807 年,傅里叶向法国科学院提交了一篇论文,开辟了数学史上富有成果的新篇章。这篇论文处理金属棒、盘和立体中热的传导问题。在该论文的表达过程中,他作出了令人惊讶的论断:由随意绘的图形、定义在有限闭区间上的任何函数,可被分解为正弦函数和余弦函数的和。说得更清楚些,他主张:任何(any)函数,不管它多么多变,它被定义于间隔 $(-\pi, \pi)$ 上,在那个间隔上就能表示为

$$\frac{a_0}{2} + \sum_{n=1}^{\infty} (a_n \cos nx + b_n \sin nx)$$

在这里,a 和 b 是适当的实数。这样一种级数,以**三角级数**(trigonometric series)著称,对今天的数学家们来说,不是什么新鲜事。但是,傅里叶宣称:定义于 $(-\pi, \pi)$ 上的任何函数,可被如此表示。科学院的著名学者们对傅里叶的论断持怀疑态度,并且,该论文,经拉格朗日、拉普拉斯和勒让德审定,被拒绝。然而,为了鼓励傅里叶进一步仔细地发展其思想,法国科学院于 1812 年为热传导这个课题授予他巨额奖金。傅里叶于 1811 年提出修订的论文,该文被交给一个小组审阅,该小组除以前三位数学家外,还包括其他人:该文虽然受到批评,认为不够严格,不能在科学院的《研究报告》(Memoires)上发表,还是获得了奖金。

傅里叶

(David Smith 收藏)

傅里叶愤恨地继续其关于热的研究,并且,在迁到巴黎后,在 1822 年,他发

484

表了一部伟大的数学经典《热的解析理论》(*Theorie analytique de la chaleur*)。在他的伟大著作发表后两年,傅里叶成为法国科学院的书记,这才有可能把他1811年的论文照原样发表于科学院的《研究报告》上。

虽然,已被证明:傅里叶的主张任何函数可用三角级数(今天,一般称做**傅里叶级数**(Fourier series))表示,未免太狂妄了;可是,能如此表示的函数确实很广泛。傅里叶级数已被证明:在声学、光学、电动力学、热力学及许多其他领域中,是很有价值的,并且,在谐波分析、梁和桥的问题以及微分方程的解中,起首要作用。事实上,在涉及受边界条件约束的偏微分方程的积分的数学物理中使用现代方法,就是受傅里叶级数的激发。在15.3节中,我们将看到傅里叶级数在函数概念的转变中起重要作用。

在傅里叶死后,在1831年,发表的著作中,我们还发现他的其他创造性成果,例如:多项式方程根的位置(现在,在方程论课本中讲)。从1789年起,他时断时续地对此课题感兴趣。傅里叶的同时代人卡诺(Sadi Carnot, 1796—1832),是在12.10节中讨论过的著名几何学家的儿子;他也对热的数学理论感兴趣,现代的热力学理论是他开创的。

凯尔文勋爵威廉·汤姆森(William Thomson, 1824—1907)自称他在数学物理上的全部经历受傅里叶热学著作的影响;C·麦克斯韦尔(Clerk Maxwell, 1831—1879)称傅里叶的论著为"一部伟大的数学诗。" *485*

关于傅里叶和他对热学的兴趣,有一个有趣的传说,说他在埃及的实验和他的热学工作,使他深信:沙漠地带的热是身体健康的理想条件。他因此穿许多湿衣服并且住在难以忍受的、温度很高的房子里,有人说,由于他对热如此地着迷,加剧了他的心脏病,使他在六十三岁时就离开人间,死前浑身热得像煮过的一样。

傅里叶的话被引用得最多的也许是:"对自然的深入研究是数学发现最重要的源泉。"

泊松于1781年出生于皮蒂维埃(Pithiviers),1840年死于巴黎。他受教育于他的父亲。他的父亲当过兵,退伍回来后在村里担任小职员,法国革命爆发时担任该村村长。泊松情不自愿地搞了一段医学。他的叔叔承担对他的教育,开始让这个孩子用刺血针拨开白菜叶的脉络。当他做得熟练之后,就让他去治疱疹病人。但是他第一次治疗的病人几个小时之后就死了。尽管医生们对他说:"这事很普通。"他还是决定不再干医生这一行。

由于对数学的浓厚兴趣,泊松于1798年进入高等工艺学院学习数学。在那里,他的才能给拉格朗日和拉普拉斯留下了深刻的印象。毕业后,被聘请为高等工艺学院的讲师。后来,他担任多种政府职位和讲座教授。他或多或少是一个社会主义者,在1815年参加正统派之前,他一直是一位坚定的共和派。 *486*

泊松

（David Smith 收藏）

泊松的数学著作数量很大,大约有 300 到 400 篇。他的主要论著是 1811 年和 1833 年出版的两册《力学论著》(*Traite de mecanique*),1831 年的《毛细管作用新论》(*Theorie nouvelle de l' action capillaire*),1835 年的《关于热的数学理论》(*Theorie mathematique de la chaleur*)和 1837 年的《对审判概率的探讨》(*Recherches sur la probabilite des jugements*)。在他的论文中,探讨过这样一些内容:电磁的数学理论、物理天文学、椭球间的引力、定积分、级数和弹性理论。大学生会遇到泊松括号(*Poisson's brackets*,在微分方程中),泊松常数(在电学理论中),泊松比(在弹性理论中),泊松积分和泊松方程(在势论中)和泊松定律(在概率论中)。

如同对于傅里叶一样,对于泊松,也有一个关于他职业兴趣的有意思的传说。他幼年由一个保姆照管。一天,当他的父亲去看他时,保姆出去了,见到保姆让这孩子坐在布袋里并挂在墙上的钉子上——保姆说,这样可以使孩子避免疾病并且不被地板弄脏;泊松说,被吊着摆来摆去,就是他的体育锻炼;他晚年用大部分时间从事摆的研究,是由于他早就熟悉摆。

泊松说过:"生命之所以美好,仅由于两件事:发现数学和讲授数学。"他在这两方面都擅长。

13.4　波尔查诺

波尔查诺(Bernhard Bolzano)1781 年出生于捷克斯洛伐克的布拉格,1848 年在那里逝世。他担任牧师,但由于信异教被解除职务,并且,免去了其在布拉格大学的宗教教授职位。他爱好逻辑、数学,尤其是分析;并且,称得上"分析的算术化"的先行者(参看 14.9 节)。事实上,在 1817 年左右,他就充分地认识到了:分析有严谨化的需要,以致 F·克莱因后来称他为:"算术化之父"。

不幸的是:波尔查诺的数学著作多半被他的同时代人忽视;他的许多成果等到后来才被重新发现。例如,1843 年,他造出了一个函数,它在一个间隔上连续,但是,令人惊讶地,在该间隔的任何点上没有导数。他的函数未被人们知晓,而魏尔斯特拉斯,在大约四十年后,提出了这类的例子,很快就被人们熟知;因而常把这种函数归功于魏尔斯特拉斯。分析上有一条著名的定理,常冠以两个人的名字,称做波尔查诺－魏尔斯特拉斯定理,说的是:任何有界无限点集,至少包括一个聚点。此定理最先被魏尔斯特拉斯在 19 世纪 60 年代的柏林讲演中证明,并且,在集合论基础中是基本的。微积分中用处很大的**中值定理**(intermediate-value theorem),**常被称做波尔查诺定理**(Bolzano's theorem),此定理说:如果 $f(x)$ 是开区间 R 上的实值连续函数,并且在 R 上的 a,b 二点取值 α 和 β;那么,在 R 上的 a 与 b 之间至少有一个点 c,f 在其上取的值处于 α 和 β 之间的任何值 γ。 *487*

伽利略的悖论,涉及正整数与其平方数之间的一一对应(参看问题研究 9.7(c)),波尔查诺讨论了许多类似的例子;并且,波尔查诺似乎已经认识到:所有实数的集合的无穷性,和所有整数的集合的无穷性,有差别。在他 1850 年死后发表的著作《无穷的悖论》(Paradoxien des Unendlichen)中,波尔查诺阐述了无穷集合的许多重要性质。

关于波尔查诺有一个令人发笑的故事。有一次,当他得了病,全身疼痛,发冷时,为了忘记他的烦恼,拿起了欧几里得《原本》。读到了欧多克斯的比和比例的学说,疼痛消失了。据说,自那以后,任何人类似地不舒服,波尔查诺总是劝他读欧几里得《原本》第五卷。

13.5　柯西

19 世纪分析学的严谨化是由拉格朗日和高斯创始的。法国数学家柯西(Augustin-Louis Cauchy)是 19 世纪前半叶最杰出的分析家,他对这项工作的发展起了很大作用。

柯西 1789 年出生于巴黎,幼年受教于他的父亲。后来,在中央神学院,他的古代经典学得很好。1805 年,他进入高等工艺学院,并且,赢得了拉格朗日和拉普拉斯的赏识。两年之后,他进了道路桥梁工程学院,准备将来当土木工程师。在拉格朗日和拉普拉斯的劝导下,他决定放弃土木工程而致力于纯科学,并且接受了高等工艺学院的教学职务。 *488*

柯西

（David Smith 收藏）

柯西在纯数学和应用数学两方面的著作渊博而深奥。他在写作数量上也许仅次于欧拉。他的全集,除几本书外,包括 789 篇论文,其中有些是巨著,计有 24 本大四开本。他著作的质量是参差不齐的,因此柯西(完全不像高斯)曾被人们评论为:高产而轻率。与柯西惊人的高产联系,有一个逗人发笑的故事:科学院的《会刊》(Comptes Rendus)于 1835 年创刊,柯西向它提供论文如此之快,以致科学院为印刷费的增加感到惊讶,并且因此通过了一条至今有效的规定:规定所有发表的论文最长为四页。柯西只得为其较长的论文(有的超过 100 页)另找出路。

柯西对高等数学的大量贡献包括:无穷级数的收敛性和发散性、实变和复变函数论、微分方程、行列式、概率和数学物理方面的研究。学微积分的学生,在正项级数的收敛性及发散性的所谓柯西根检验法和柯西比检验法以及两给定级数的柯西积中,就遇见过他的名字。甚至在复变函数的初级教程中,人们遇到:柯西不等式,柯西积分公式,以及柯西－黎曼微分方程。

我们现在的极限和连续性的定义,实质上是柯西给出的。柯西把 $f(x) = 0$ 对于 x 的导数定义为差商

$$\frac{\Delta y}{\Delta x} = \frac{f(x + \Delta x) - f(x)}{\Delta x}$$

在 $\Delta x \rightarrow 0$ 时的极限。虽然他对微分运算很熟练,但他把它们置于次要位置。如果 dx 是一个有限量,他定义:如果 $y = f(x)$,则 dy 为 $f'(x)dx$。18 世纪,积分一般被当做微分的逆处理,而柯西把定积分定义为:无穷多个无穷小的和的极限;很像我们今天的做法。积分与反导数的关系,于是由中值定理证明。

柯西在行列式理论方面的贡献,以其 1812 年的长达 84 页的研究报告开始,这标志他是此领域的最多产的学者。柯西在其 1812 年的论文中给出下列的重要且有用的定理的第一个证明,即:如果 A 和 B 都是 $n \times n$ 矩阵,则 $|AB| = |A||B|$。顺便提一下,1840 年将"特征的"这个词引进矩阵论,称方程 $|A - \lambda I| = 0$ 为矩阵 A 的**特征方程**(characteristic equation)的,就是柯西。

489

柯西的严谨激发别的数学家们努力从分析中排除形式的推演和直观。

柯西是衷心拥护波旁王朝的人,因而在 1830 年革命之后,被迫放弃他在高等工艺学院中的教授职位被排除于大学门外达十八年之久。其中一段时间他曾背井离乡到都灵(意大利)和布拉格(捷克)。还在巴黎的一些教会学校里教过书。1848 年他不用宣誓忠诚于新政府,就被允许回到高等工艺学院任教授。在宗教方面,他很执拗,根本不容忍别的教义;他花了很多时间努力使别人皈依他的特殊的信念。他是一位毕生孜孜不倦的学者,但是很遗憾,他心胸狭隘而自负,并且常忽视年轻人的功绩。但另一方面应该指出:柯西于 1843 年以公开信的形式宣传要保护良心和思想的自由。这封信有助于揭发政府在学术上的专制的笨拙行为,当路易·菲力普被取代,接替他的临时政府最先制定的法令之一就是取消可恶的忠诚誓约。

柯西于 1857 年 5 月 23 日突然病逝,终年六十八岁。他曾到家乡休养并治愈支气管炎,但因热病致命。他在临终之前还和巴黎大主教谈话,他对大主教谈的最后一句话是:"人总是要死的,但是,他们的业绩永存。"

13.6 阿贝尔和伽罗瓦

由于这样或那样的理由,在数学史上把某些人成对地联系起来是很自然的。例如:哈里奥特和奥特雷德(两位同时代的英国代数学家),沃利斯和巴罗(牛顿在积分领域的两位直接的前辈),泰勒和麦克劳林(两位主要以在无穷级数展开式方面的贡献而闻名的、同时代的英国数学家),蒙日和卡诺(两位同时代的法国几何学者),及傅里叶和泊松(在数学物理方面两位同时代的研究者)。阿贝尔(Ns Henrik Abel)和伽罗瓦(Evariste Galois)也是这样的一对。这两个人虽然是同辈,在这里相联系不是由于属于同一国度或类似的数学爱好,而是因为他们都像在数学天空中闪电般的流星,发射出早期的异彩,后来,突然可怜地不幸夭折,然而却给后世留下值得注意的材料供将来的数学家们探讨。阿贝尔二十六岁死于结核病和营养不良。伽罗瓦二十一岁死于荒谬的决斗。他们俩在世时都没有被正确地评价为天才。

阿贝尔于 1802 年出生于挪威的芬德,是一个乡村牧师的儿子。当他在克里斯蒂大学当学生时,他认为他已经发现了如何用代数方法解一般五次方程,

490

但是,不久自己纠正了这种想法,1824年发表的小册子中讲到此事。阿贝尔在其早年论文中证明了用根式解一般五次方程的不可能性,于是这个曾困扰从邦别利到韦达等数学家的难题最终被解决了(参看8.8节)。由于这篇论文,阿贝尔得到一笔不大的报酬,允许他到德国、意大利、法国去旅行。在这次旅行中,他在数学的多种领域中写了许多的论文,例如:关于无穷级数的收敛性,关于所谓阿贝尔积分和关于椭圆函数等论文。

阿贝尔

(David Smith 收藏)

阿贝尔在椭圆函数方面的研究引起了与雅科比之间的令人兴奋的友好竞赛。在椭圆函数方面曾做倡导工作的老勒让德对阿贝尔的发现大为夸奖。阿贝尔幸运地在新创刊的《纯数学和应用数学杂志》(普遍称之为克列尔杂志)上获得发表论文的阵地;事实上,该杂志第一卷(1826)包括五篇以上阿贝尔的论文,并且在第二卷(1827)中发表了阿贝尔的使双周期函数理论得以诞生的著作。

每一个学数学分析的学生都遇到过阿贝尔积分方程和关于导出阿贝尔函数的代数函数的积分的和的阿贝尔定理。在无穷级数著作中,有阿贝尔的收敛性检验法和关于幂级数的阿贝尔定理。在抽象代数中,交换群现在被称做阿贝尔群。

491　　　阿贝尔一辈子贫穷,并且由于得了肺病,没能得到一个教学职务。1829年,他悲惨地死于挪威的弗罗兰。他死后两天,一封被耽搁了的信才送到,在这封信中,柏林大学向阿贝尔提供了一个为时太晚的教学职位。

虽然阿贝尔在世时,没有得到他的政府的赏识,但是,现在在他的国家的小型人物邮票上有他的名字①。然而,数学家们以他们的特殊方式,为阿贝尔树立了更为持久的纪念碑:今天阿贝尔的名字在许多定理和理论中永存。对于阿贝尔,埃尔米特(Hermite)说过:"他给数学家们留下的事,够他们忙一百年。"阿贝尔的亲密的朋友凯浩(Mathias Keilhau),在阿贝尔最后安息的地方,为他树立了一座很像样的纪念碑。今天,来访者在通往弗罗兰德教堂(Froland Church)的路上,能见到凯浩为他的朋友建的纪念碑。

当人们问他,怎么他的公式造得那么快,有什么巧妙的方法时,阿贝尔答道:"要向专家们学习,而不是向他们的学生学习。"

伽罗瓦(Evariste Galois)的生命比阿贝尔更短、更悲惨。1811 年出生于巴黎附近,他是一个小镇镇长的儿子。刚过十五岁生日,他就显示出非凡的数学天才。他两次报考高等工艺学院,两次落榜,因为他不能满足考官们的死板的要求,他们根本理解不了伽罗瓦的天才。后来,又遭受另一场挫折,他父亲感到自己受牧师的残害而自杀。伽罗瓦坚持不懈,终于在 1829 年进了师范学院,准备当个教师。但是由于他同情 1830 年革命,被学校开除,还坐了几个月监牢。释放后不久,在 1832 年,当他还不到二十一岁时,在一场牵连爱情的手枪决斗中被打死。

伽罗瓦熟练地掌握他那个时候的数学课本,如同读小说一样容易;继而攻读勒让德、雅科比和阿贝尔的重要论文;而后搞他自己的数学创作。在他的第十七个年头里,获得很重要的成果,但是,他送给法国科学院的两篇研究报告被法国科学院不可原谅地丢失了,这对他又是一个挫折。他关于方程的短文于 1830 年发表,所给出的结果显然为一个更一般的理论奠定了基础。在他充分意识到很可能被杀的这场决斗的前夕,他以给一个朋友的信的形式写了他的科学遗嘱,这遗嘱只有伟大的数学家才能理解,它实际上包含关于群论和方程的所谓伽罗瓦理论。方程的伽罗瓦理论,奠定了群论的概念,提供了用欧几里得工具解几何作图题的可能性和用根式解代数方程的可能性的判别准则。

伽罗瓦的研究报告和手稿有几篇在他的论文中间找到,由刘维尔(Joseph Liouille, 1809—1882)发表于 1846 年的《数学杂志》(Journal de mathematique)。直等到 1870 年,伽罗瓦的成就才得到充分的评价:若尔当(Camille Jordan, 1838—1922)在其《论置换》(Traite des substitutions)中阐述过它们,再靠后些,F·克莱因

492

---

① 在邮票上出现的其他数学家的名字有:阿基米德、亚里士多德、F·鲍耶、J·鲍耶、博斯柯维奇(Boscovich),布腊、蒲丰、L·N·M·卡诺、N·L·S·卡诺、张衡、祖冲之、查普林金(Chaplygin)、哥白尼、克里斯特斯库(Cristescu)、丘萨努斯(Cusanus)、达兰贝尔、达·芬奇、笛卡儿、德威特(de Witt)、丢勒(Durer)、爱因斯坦、伽利略、高斯、热尔拜尔、哈密顿、赫尔姆霍兹(Helmholtz)、希帕克(Hipparchus)、惠更斯、开普勒、柯瓦列夫斯基(Kovalevsky)、克里洛夫(Krylov)、拉格朗日、拉普拉斯、莱布尼茨、利亚普诺夫(Liapunov)、罗巴切夫斯基、洛伦兹(Lorentz)、梅卡托(Mercator)、蒙日、纳瑟尔 – 埃德丁(Nasir-ed din)、牛顿、奥斯特罗格兰得斯基(Ostrogradsky)、帕斯卡、庞加莱、波波夫(Popov)、毕达哥拉斯、拉曼纽扬(Ramanujan)、里泽(Riese)、斯提文(Stevin)、泰克塞拉(Teixeira)、蒂泰萨(Titeica)和托里拆利(Torricelli)。俄国和法国,在邮票上显示数学家,做得最有风度;英国只是最近才这么做;美国只有两次。达·芬奇、伽利略、哥白尼和爱因斯坦,每个人曾被四个或多于四个国家印在邮票上。

伽罗瓦

（David Smith 收藏）

（Felix Klein,1849—1925）和 S·李（Sophus Lie,1842—1899）精彩地把它们应用到几何学上。[①]

　　伽罗瓦实质上创立了群的研究,他是最先(1830)在严格意义上用"群"(group)这个字的。在群论方面的研究,后来由柯西继续下去;他的继承者们对代换群作了专门的研究,由于凯利（Arthur Cayley,1821—1895）,L·西罗（Ludwig Sylow,1832—1918）,S·李（Sophus Lie）,夫罗贝纽斯（Georg Frobenius,1854—1917）,F·克莱因（Felix Klein）,庞加莱（Henri Poincare,1854—1912）,赫尔德（Otto Holder,1859—1937）及其他人所继续的宏伟工作,群论的研究采取其独立的抽象形式并大步迈进。群的概念在几何中起到立法分类的作用（参看 14.8 节）,在代数中,作为一个综合的基本结构,成为抽象代数在 20 世纪兴起的重要因素。群论,到 20 世纪后半叶,仍然是数学研究的一个很活跃的领域。

13.7　雅科比和狄利克雷

　　法国革命,以其在思想上与过去决裂和大刀阔斧的改革为数学的成长创造了有利条件。于是在 19 世纪,数学经历了一次前进的高潮,先在法国,然后扩展到北欧、德国,最后到英国。新数学开始从力学和天文学的束缚下解放出来,并以崭新的面目发展。雅科比（Carl Gustav Jacob Jacobi,1804—1851）和狄利克雷（Peter Gustav Lejeune Dirichlet,1805—1859）是将数学活动中心从法国移到德国

---

　　① 关于伽罗瓦及其著作的虚构的故事的讨论,请参看 Tony Rothman, "Genius and biographers: the fictionalization of Evariste Galois", The American Mathematical Monthly 89(1982):84～106.

方面起重要作用的两位著名的德国数学家。

雅科比于 1804 年出生于波茨坦的一个犹太家庭中,受教于柏林大学,1825 年在那里获得博士学位。两年之后,他被任命为柯尼斯堡编外数学教授;又过了两年,被提升为那里的正式数学教授。1842 年,他放弃柯尼斯堡的教授职位,迁到柏林定居,并向普鲁士政府领取津贴,直到 1851 年过早地死去。

雅科比
（David Smith 收藏）

一个杰出的数学研究工作者同时又是一个杰出的数学教师是很难的。雅科比就是个例外,无疑,他是那个时代最伟大的大学数学教师,激励并影响众多有才干的学生。他最著名的数学研究是关系到椭圆函数的那些工作,他与阿贝尔同时独立地建立这些函数的理论。雅科比实际上引进了我们今天有的那些记号。雅科比也许是继柯西后,在行列式理论方面最多产的作家。"*determinant*"（行列式）这个字最终是由他认可的。他最早使用函数行列式,因而,西尔维斯特后来称之为雅科比行列式;这就是学函数论的学生们都遇到的。他还在数论,常微分方程和偏微分方程的理论、变分法、三体问题和其他动力学问题等方面有贡献。

大多数学生认为:在进行研究之前,他们首先应该熟悉已有的成就。为了消除这种想法,并鼓励他们早些做独立研究工作,雅科比作了这么个比喻:"如果你主张,在和一个女子结婚之前先要认识世界上所有未婚女子的话,你父亲就一辈子不会结婚,你也就生不出来。"在为纯研究辩护并抵制应用研究上,他谈到:"科学的真实目的是发扬人类精神的光荣。"柏拉图说过:"上帝永远几何化,"雅科比仿效他说:"上帝永远算术化。"

雅科比的数学思想,常很慷慨地向其同辈讲述。关于阿贝尔的一篇杰作,

494

他说:"由于他的工作比我高明,我才对它赞美不绝。"

狄利克雷于 1805 年出生于迪伦,相继在布雷斯劳(波兰)和柏林任教授。在高斯于 1855 年逝世时,他被命为高斯在哥廷根的继承者;对于这样一位有才能的数学家,这是最恰当的荣誉,以前他是高斯的学生,又毕生钦佩他的良师。他在哥廷根曾想完成高斯的未完成的著作,但是他 1859 年过早逝世,使这项工作未能进行。

狄利克雷

(David Smith 收藏)

狄利克雷在德国和法国都有影响。他在两个国家的数学和数学家之间的联络作用是值得称赞的。他最著名的工作也许是对傅里叶级数收敛性的分析。这件事引导他将函数概念一般化(15.3 节)。他在使高斯的一些深奥方法易于理解上作了有价值的贡献;他的精彩的《数论讲义》(*Vorlesungen Uber Zahlentheorie*)至今仍然是对高斯数论研究最易懂的介绍之一。狄利克雷是雅科比最亲密的朋友、评述者和女婿。他的名字在大学数学中常遇到,主要有:狄利克雷级数(*Dirichlet's series*)、狄利克雷函数(*Dirichlet function*)和狄利克雷原理(*Dirichletprinciple*)。

有一个讲述狄利克雷和他伟大的老师高斯的动人故事。在 1849 年 7 月 16 日,高斯得博士学位五十周年。高斯高兴地参加在哥廷根为他举行的庆祝会。当会进行到某一程序时,高斯准备用他的《算术研究》(*Disquisitiones arithmeticae*)的一张原稿点烟,在庆祝会上狄利克雷像见到犯了渎圣罪一般吃了一惊。他立即冒失地从高斯手里挽救这一页,并一生珍藏它;他的编辑者在狄利克雷死后从他的论文中间找到了这张原稿。

人们说,狄利克雷是一个高贵、笃实、有同情心并且有礼貌的人,但是,不像

495

雅科比,看来难于与年轻人交流思想。当一个学生对狄利克雷的儿子常能得到他天才的父亲的帮助表示嫉妒时,这个儿子给出如此低劣而又值得纪念的回答:"噢!我的父亲不想再听到这类琐事。"狄利克雷的谐谑的外甥亨塞尔(Sebastian Hensel)在其回忆录中写道,他六七岁时受到他舅舅的数学教育,是他一生中最可怕的经历。

狄利克雷很懒于保持家族的通信关系。有一次,他的长子要到家了,他没有把这事告诉其岳父,而且他当时就在伦敦。这位岳父最后知道了此事,对狄利克雷说:"你至少能够给我写上 2 + 1 = 3 这么几个字吧!"这位诙谐的岳父,不会是别人,肯定是门德尔松(Abraham Mendelssohn),他是哲学家 Moses Mendelssohn 的儿子,是作曲家 Felix Mendelssohn 的父亲。

狄利克雷的脑,还有高斯的脑,都保存于哥廷根大学的生理学系。

13.8　非欧几何

19 世纪前半叶数学上出现两项引人注目的、具有革命性的发现。第一个是大约在 1829 年的发现:与通常的欧几里得几何不同的自相一致的几何;第二个是在 1843 年的发现:与熟知的实数系代数不同的一种代数。我们现在开始讲述这两项发展,先讨论几何领域的那个发现。

有证据表明平行理论的逻辑发展曾给古代希腊人带来相当大的麻烦。欧几里得在把平行线定义为在同一平面上无论向哪个方向延长总不相交的直线及在采用著名的平行公设上遇到困难。这个公设(5.7 节中有其陈述)不如别的简洁,并且根本没有"自明"的特征。实际上,它是命题 I 17 的逆,并且看来更像个命题而不像公设,再则,欧几里得在命题 I 29 以前,一直没有用过这条平行公设。数学家自然会想这公设是否真的必要,并且想也许它能作为一条定理从其余九条"公理"和"公设"导出,或者至少,它能被可接受的等价物取代。

欧几里得的平行公设曾有许多替代说法;最常用的是苏格兰物理学家和数学家普雷费尔(John Playfair, 1748—1819)提出的,虽然这个特殊的选择曾被别人用过,最早在 5 世纪普罗克拉斯曾陈述过。这就是中学课本中常用到的那种代替说法,即:过一定点能作一条且只能作一条直线平行于给定直线。① 对于平行公设提出的别的选择是:

(1)至少存在一个三角形,其三个角的和等于两个直角。(2)存在一对相似不全等的三角形。(3)存在一对直线彼此处处等距离。(4)通过任何三个不在同一直线上的点可作一圆。(5)通过小于 60° 的角内一点,总能作一直线与该角

① 命题 I 27 保证存在至少一条平行线。

的两边相交。

把这条平行公设作为一条定理从其余九条"公理"和"公设"导出的尝试使几何学者们忙碌了两千多年,并在现代数学的最有影响的一些发展中达到高潮。有人提出过该公设的许多"证明",但是,每一个证明或迟或早都要靠等价于该公设本身的一个默认的假定。

直到 1733 年才发表了该平行公设的第一个真正的科学的研究,这是意大利耶稣会教士萨谢利(Girolamo Saccheri,1667—1733)作出的。

对于萨谢利的生平,知道得很少。他出生于圣雷莫,年轻早熟,二十三岁就完成了耶稣会教职的见习,随后,就相继在大学担任教学职位。在米兰耶稣会学院讲授修辞学、哲学和神学时,萨谢利读欧几里得的《原本》,简直让其得力的归谬法(*reductio ad absurdum*)迷住了。后来,在都灵讲哲学时,萨谢利发表了他的《逻辑证明》(*Logica demonstrativa*),在其中,有创见的是:把归谬法应用于欧几里得平行公设的研究,并且,被允许印一本标题为《排除任何谬误的欧几里得》(*Euclides ab omni naevo vindicatus*)的小书;该书 1733 年在米兰出版,仅在他死前几个月。

萨谢利在其关于平行公设的著作中,接受欧几里得《原本》的不用平行公设证明的前二十八个命题。他然后,借助于这些定理,对四边形 ABCD 进行研究:如图 114 所示,$\angle A$ 和 $\angle B$ 是直角,AD 边和 BC 边相等。画对角线 AC 和 BD,并利用简单的全等定理(欧几里得的前二十八个命题中有),萨谢利容易地证明:$\angle D$ 和 $\angle C$ 相等。这里有三种可能的情况,即:$\angle D$ 和 $\angle C$ 是相等的锐角,相等的直角,和相等的钝角。这三种可能,以**锐角假定**(hypothesis of the acute angle),**直角假定**(hypothesis of the right angle),和**钝角假定**(hypothesis of the obtuse angle),被归功于萨谢利。他计划在这部著作中证明:无论是锐角假定或钝角假定,都会导致矛盾。然后,用归谬法推出:直角假定必定成立,并且萨谢利证明此假定蕴涵平行公设。暗中假定直线是无限的,萨谢利容易地否定了钝角假定;但对于锐角假定的情况则很难办。在得到现今所谓非欧几何中的许多经典定理之后,萨谢利硬把站不住脚的涉及关于无限元素的模糊概念的矛盾塞入其推理中。如果他不是迫不及待地在这时硬塞进矛盾,而承认他不能解释矛盾;那么,今天无疑会把非欧几何的发明归功于他。他的著作未被同辈注意,并且不久就被遗忘[①];1889 年,他的同乡贝尔特拉米(Eugenio Beltrami,1835—1900)才使它复活。

萨谢利的著作发表后 33 年,瑞士的兰伯特(Johann Heinrich Lanbert,1728—1777)写了标题为《平行线理论》(Die Theorie der Parallellinien)的类似的研究报

---

① 对于萨谢利的杰作长期被忽视还有另一种解释,说是与令人不愉快的压制的暗示有关。例如,参看 E.T.Bell. The Magic of Numbers.Chapter25.

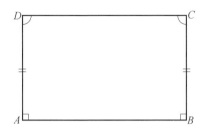

图 114

告,但是直到他死了也没有发表。兰伯特选一个包括三个直角的四边形(萨谢利的四边形的一半)作为他的基本图形,并且依第四个角是锐角,直角或钝角考虑三个假定。他比萨谢利以锐角和钝角假定推演命题又大大地跨进了一步。于是他也同萨谢利一样证明了:在这个假定下,三角形的内角和分别小于、等于或大于两个直角,此外,还证明:在锐角的假定下小于两个直角的亏量或在钝角的假定下大于两个直角的超出量,与该三角形的面积成比例;他看出了这钝角的假定导出的几何与球面几何相似,在那里,三角形的面积与其球面角盈成比例,并且猜想从锐角假定导出的几何也许能在虚半径的球上实现。钝角的假定可以像萨谢利做过的那样,以同样的隐假定来把它否定;但是,关于锐角假定的结论是不明确的,不能令人满意的。

498

勒让德(Adiren-Marie Legendre, 1752—1833),著名的 18 世纪法国分析数学家之一,重新开始并考虑:依三角形的内角和是小于、等于或大于两个直角而定的三个假定。暗中假定直线可无限伸长,也就能否定第三个假定;但是,虽然他做了几次尝试,仍未能处理第一个假定,他的《几何学基本原理》(*Elements de geometrie*)被广泛采用,他在此书的相继版本中发表过多种这类尝试;从而,他使平行公设问题得到普及。

无疑,从锐角假定出发没有发现什么矛盾;因为,我们知道:从包含基本公理组添上锐角假定的一组公理出发推出的几何,和从同样的基本组添上直角假定推出的欧氏几何一样是相容的;即平行公设独立于其余的公设,因而不能从它们导出。最先猜到这件事的是德国的高斯,匈牙利的鲍耶(Janos Bolyai, 1802—1860)和俄国的罗巴切夫斯基(Nicolai lvanovitch Lobachevsky, 1793—1856)。这些人,从普雷费尔给出的平行公理的陈述出发来考虑三个可能性,那就是:过一给定点能作多于一条(*more than one*),仅一条(*just one*)或没有(*no*)直线平行于给定直线。这些情况分别等价于锐角假定、直角假定和钝角假定。再则,假定直线可无限延长,第三种情况是容易被否定的。这三位数学家的每一位都猜想在第一种可能情况下能得出相容的几何,并实现了锐角假定的几何的和三角的推演。

499

很可能高斯是最先得到关于锐角假定这一深刻结论的,但是因为他毕生不注意发表其成果,发现这特殊的非欧几何的荣誉必须与鲍耶和罗巴切夫斯基分享。鲍耶于1832年以他父亲的数学著作的附录的形式发表其研究结果。后又获悉罗巴切夫斯基比他早在1829~1830年曾发表类似的研究结果,但是,由于语言的障碍和在那时候新发现的消息传得迟缓,罗巴切夫斯基的著作在若干年后才被西欧知道。要在这里讨论他们是否从别人那里得到一定的信息,没多大意思,也没事实根据。那时,却有相当多人怀疑有剽窃行为。

J·鲍耶(Janos(或 Johann)Bolyai)是奥地利军队的匈牙利军官;他是 F·鲍耶(Farks(或 Wolfgang)Bolyai)的儿子;F·鲍耶是地方上的数学教师,与高斯有长时间的个人友谊。老鲍耶早就对平行公设的研究显示浓厚的兴趣;无疑,小鲍耶受到相当大的激动,早在1823年,J·鲍耶就开始理解在他面前的这个问题的实质,并且,在这年,给他父亲写了一封信,表示出他要从事这项工作的热情。在这封信中,他显露出发表一本关于平行线理论的小册子的决心,希望把材料整理好后,能尽快地发表,并且,宣称:"从无到有,我创造了一个奇怪的新宇宙。"其父劝他,把那本准备出的小册子,作为他自己那部大的、两卷的半哲学的关于初等数学的著作的附录发表。思想的扩展和整理进行得很慢,小鲍耶没预料到;但是,1829年他最终向他的父亲提交了这份完成的手稿;三年以后,在1832年,这本小册子作为他父亲的著作的第一卷的二十六页附录发表①。小鲍耶虽然留下了大堆手稿,但从未再发表任何东西。他的主要兴趣在于他所说的"绝对的空间科学";这个,他意指:独立于平行公设,并且,因而在欧几里得几何和这种新几何中都成立的那些命题的汇集。

罗巴切夫斯基在喀山大学度过了大半生,先是当学生,后来当数学教授,最后当校长。他的关于非欧几何的最早的论文,1829~1830年发表于《喀山学报》(*Kasan Bulletin*),比鲍耶发表其著作早两三年。这份研究报告,在俄国没有引起多大注意,并且,是用俄文写的,别处更没有注意到它。罗巴切夫斯基在作出了此最初努力之后,就考虑再用其他文字发表。例如,为了得到更广泛的读者,1840年,他以德文发表题为《关于平行线理论的几何研究》(*Geometrische Untersuchungen zur Theorie der Parallellinien*)② 的小册子;并且,再靠后,在1855年,他死前一年而且已经双目失明后,更加浓缩地,以法文发表了《泛几何》(*Pangeometrie*)③。在那些时候,新发现的信息传递得很慢。在1840年以德文发表之前,高斯也许没听说过罗巴切夫斯基的著作;而 J·鲍耶恐怕到1848年才

---

① 此附录的译本,请参看 R. Bonola. Non-Euclidean Geometry. 或 D. E. Smith. A source Book in Mathematics. pp.375 – 388. 这两份材料都在本章末尾的参考文献中列出。
② 其译本,清参看 R. Bonola. Non-Euclidean Geometry. 在本章末尾参考文献中被列出。
③ 其译本,请参看 D. E. Smith. A Source Book in Mathematics. pp. 360-374,在本章末尾参考文献中被列出。

知道。罗巴切夫斯基活着没有见到他的著作受到广泛的承认,但是,他发展起来的非欧几何,今天常被称做罗巴切夫斯基几何(*Lobachevskian geometry*)。

罗巴切夫斯基
(New York Public Library 收藏)

平行公设对于欧几里得几何其他公设的现实的独立性,无疑,在锐角假定的相容性被证明之前未被证实。不久,这事就被证实了,是由贝尔特拉米、凯利、克莱因、庞加莱及其他人提供的。方法是:提出欧几里得几何的一个模型,使得锐角假定的抽象推论可在欧氏空间一部分上作具体解释。于是,非欧几何中的任何不相容性将蕴含着欧氏几何中的对应的不相容性(参看问题研究 13.11)。

1854 年,黎曼(Georg Friedrich Bernhard Riemann,1826—1866)证明:如果去掉直线可无限延长的假定,而只假定它没有终端(无界),则对其余公设作些别的小调整,另一套非欧几何便可从钝角假定推出。鲍耶和罗巴切夫斯基的、欧几里得的、和黎曼的,这三种几何,于 1871 年由克莱因定名为:**双曲几何**(hyperbolic geometry),**抛物几何**(parabolic geometry)和**椭圆几何**(elliptic geometry)。

13.9　几何学的解放[1]

内部相容的非欧几何的发现的直接结果,自然是:平行公设的老问题被最终解决。平行公设被证明是,独立于欧氏几何的其他假定的;所以,它不能作为一条定理,从其他那些假定推出。

比平行公设问题的解决有更深远的意义的结果是:把几何学从其传统的模

---

[1]　在 Howard Eves 和 C. V. Newsom. An Introduction to the Foundations and Fundamental Concepts of Mathematics. Revised edition. New York:Holt. Rinehart and Winston. 1965. 的第 3 章中,有更丰富的材料。

式中解放出来。"只能有一种可能的几何",这个几千年来根深蒂固的信念动摇了。创造许多不同体系的几何的道路打开了。几何学的公设,对于数学家们来说,仅仅是假定,其物理的真与假用不着考虑;数学家们可以随心所欲的取其公设,只要它们是彼此相容的。数学家采用一条公设。用不着考虑:它是否具有,自古希腊以来规定它必有的,"自明"或"真"的特征。有了创造纯粹"人造的"几何的可能性;物理空间必须被看做是由我们的外部经验导出的经验概念,用来描述物理空间的几何学的公设只不过是这种经验的表述,和物理科学的定律一样,就成为显然的了。例如,竭力谋求解释现实空间的欧几里得平行公设,看来就与伽利略的落体定律,有同类的效力;也就是说,它们都是在实验误差的限度内,能被证实的观察定律。

几何学,当其被应用于现实空间时,是一门经验科学的这种观点,与康德(Emmanuel Kant, 1724—1804)的空间理论尖锐矛盾;而康德的哲学思想在罗巴切夫斯基发现非欧几何的时代,居于统治地位。康德的理论宣称:空间是已经存在于人的思想中的框架;并且,欧几里得几何的公设是嵌入人脑的先验(*a priori*)判断;而且,没有这些公设,就不可能有关于空间的相容推论。此观点不能维持,已被罗巴切夫斯基几何的创造,无可能辩驳地证明。康德的理论,如此地深入人心,以致谁要是持相反的观点,就会被视为狂人。为了避免"笨蛋"找碴儿,连高斯都没敢发表其关于非欧几何的先进观点。

罗巴切夫斯基几何的创造,不仅解放了几何学,对整个数学也产生了类似的影响。数学成了人类思想的自由创造物,我们生活于其中的世界不再给我们什么约束。贝尔(E.T. Bell)的下列的话,对这件事说得最清楚:

小说家发明人物、对话和境遇,关于它们,他既是作家又是主人;数学家随心所欲地设计公设,其数学体系奠基于其上;二者十分相像。小说家和数学家在选择和处理他们的素材时,都可能受他们的环境的限制;但是,没有什么超人的、永恒的必然性,迫使他去创造某人物或发明某体系。

非欧几何的创造,以冲破传统信念并破除千百年来的思想习惯,对数学的绝对真理(*absolute truth*)观点,刮来一场暴风。用康托尔(Georg Cantor)的话说"数学的本质,在于其自由。"

13.10 代数结构的出现

在正整数集上进行的普通加法和乘法是二元运算,对于每一正整数 a 和 b 的有序对分别有指定的唯一的正整数 c 和 d 被称做 a 和 b 的和(*sum*)及 a 和 b 的积(*product*),并以符号

$$c = a + b, d = a \times b$$

表示。正整数集上进行的加法和乘法这两种二元运算具有某些基本性质。例如,如果 a,b,c 表示普通的正整数,我们有

1.$a+b=b+a$,所谓加法交换定律(*commutative law of addition*)。

2.$a\times b=b\times a$,所谓乘法交换定律(*commutative law of multiplication*)。

3.$(a+b)+c=a+(b+c)$,所谓加法结合律(*associative law of addition*)。

4.$(a\times b)\times c=a\times(b\times c)$,所谓乘法结合律(*associative law of multiplication*)。

5.$a\times(b+c)=(a\times b)+(a\times c)$,所谓乘法在加法上的分配律(*distributive law of multiplication over addition*)。

在 19 世纪早期,代数被单纯地看做是符号化的算术。换句话说,不像我们在算术中作的那样,在代数中不是对特定的数进行运算,而是采用字母来表示这些数。上述五条性质,于是成为在正整数的代数中总是成立的陈述。但是因为这些陈述是符号的,可以相信:只要我们对所涉及的二元运算给出适当的定义,它们可以被应用于正整数之外的元素的集合。情况确实如此(参看,例如,问题研究 13.13 中给的例子)。

因此,上述正整数的五条基本性质,也可以看做是其他完全不同的元素体系的性质。上述五条性质的推论构成可应用于正整数的代数;显然:这五条性质的推论也构成可应用于其他体系的代数。这就是说,许多不同的体系有共同的代数结构(*algebraic structure*)(五条基本性质和它们的推论)。这五条基本性质可看做是对特殊类型的代数结构的公设,并且,形式上隐含于这些公设的任何定理可被应用于满足这五条基本性质的任何解释。从这个观点考虑,则代数不再束缚于算术上,代数成为纯形式的假定演绎研究。

1830 年左右上述代数现代观点的思想萌芽出现在英国皮考克(George Peacock,1791—1858)的著作中,他是剑桥大学的毕业生和教师,后来担任依里大教堂的教长。皮考克是最先认真研究代数基本原则的人之一。1830 年,他发表了《代数论著》(*Treatise on Algebra*),试图对代数作堪与欧几里得《原本》比美的逻辑处理。这样,他赢得"代数的欧几里得"的称号。他把代数区分为"算术代数"和"符号代数"。前者,在皮考克看来是这样的研究:它来自用符号表示普通的正十进位数,将符号用于表示像加法和减法这样的运算(这些数可以受这种运算的支配)。于是,在"算术代数"中,某些运算可能受到它们应用上的限制。例如,在减法中,$a-b$,我们必须有 $a>b$。另一方面,皮考克的"符号代数"采取"算术代数"的运算,但是不受它们的限制。于是,"符号代数"中的减法和"算术代数"中的同样运算不同,它被看做是在任何情形下都可以应用的。把"算术代数"推广到"符号代数",被皮克称做**等价形式的持久性原则**(principle of the permanence of equivalent forms),皮考克的"符号代数"是通用的"算术代数",

504 在对两种代数都同样适用时,其运算由"算术代数"的运算确定;在所有其他情况下,则按等价形式的持久性原则来处理符号代数中的运算。

等价形式的持久性原则被看做是数学上的强有力的思想,在像复数系的算术的早期发展和指数定律从正整数指数向更一般种类的指数推广这类事中,它曾起过历史性的作用。在指数理论中,例如,如果 a 是正有理数,n 是正整数,则根据定义 a^n 为 n 个 a 连乘。从此定义易于推出:对于任何两个正整数 m 和 n,$a^m a^n = a^{m+n}$。依等价形式的持久性原则,皮考克断言:在"符号代数"中 $a^m a^n = a^{m+n}$,不管底 a 是什么性质的,也不管指数 m 和 n 是什么性质的,等价形式的持久性原则这个模糊的原则现在已被取消,但是当我们试图推广一个定义,陈述一般定义使得老定义的某些性质仍被保持时,我们仍常受这个原则的指引。

皮考克的英国同事们推进他的研究,并将代数的概念推进到接近于该学科的现代概念。例如,格雷哥里(Duncan Farquharson Gregory,1813—1844)在其1840 年发表的论文中清楚地阐明了代数上的交换定律和分配定律。对代数基础的理解所作的进一步改进是德·摩尔根(Augustus De Morgan,1806—1871)作出的,他是英国代数学派的另一个成员。在英国学派的探索性工作中,人们能找到代数结构概念的出现的踪迹和为建立代数的公设体系所作的准备,不久,英国学派的概念传到欧洲大陆;1867 年德国数学史家汉克尔(Hermann Hankel,1839—1873),对这些概念作了全面透彻的考虑。但是在汉克尔的论述未发表之前,爱尔兰数学家哈密顿(William Rowan Hamilton,1805—1865)和德国数学家格拉斯曼(Hermann Guntner Grassmann,1809—1877)就发表了具有深远意义的成果,它们导致代数的解放(就像罗巴切夫斯基和鲍耶的发现导致几何的解放一样),并且打开了现代抽象代数的大门。哈密顿和格拉斯曼的引人注目的工作,将在下一节细讲。

13.11 代数学的解放

我们知道:几何学长期受欧几里得对该学科看法的束缚,直到罗巴切夫斯基和鲍耶于 1829 ~ 1832 年把几何学从其束缚中解放出来,创造了一种同样相容的几何学。在这种几何学中,欧几里得的公设之一不能成立。有了这个成果,以前只能有一种可能的几何学的信念动摇了,并且为许多新的几何学的创立开辟了道路。

505 关于代数也有同样的说法,在 19 世纪早期,认为存在与一般的算术代数不同的代数是不可思议的。例如,试图作乘法的交换律不成立的一种代数结构,不仅那时候没有人会这么想,就是有人这么想,也会被认为是纯属邪说;怎么可

能会有 $a \times b$ 不等于 $b \times a$ 的逻辑代数? 当 1843 年哈密顿(William Rowan Hamiton)出于实际的考虑发明一种乘法交换定律在其中不成立的代数时,对代数的这样一种认识给他很大压力。取消交换律这根本的一步,对哈密顿来说,确实来之不易,这是他在对特殊问题深思了好几年之后才敢这么想的。

若要详细考查哈密顿得出这种代数的物理背景,那会使本书离题太远了。也许为了我们的目的,最好的办法是:通过哈密顿的把复数当做实数对的天才处理[1]。他那个时代的数学家们把复数看做是 $a + bi$ 形式的数(a 和 b 为实数,$i^2 = -1$)。复数的加法和乘法是靠 $a + bi$ 当做 i 的线性多项式处理(当 i^2 出现时,以 -1 代替它)来完成的。于是,对于加法

$$(a + bi) + (c + di) = (a + c) + (b + d)i$$

并且,对于乘法

$$(a + bi)(c + di) = ac + adi + bci + bdi^2 = (ac - bd) + (ad + bc)i$$

如果把这些结果取作复数对[2] 加法和乘法的定义,不难证明加法和乘法是服从交换律和结合律的。并且,乘法对于加法是服从分配律的。

然后,因为复数 $a + bi$ 完全由 a 和 b 这两个实数确定,使哈密顿想起用有序实数对 (a, b) 表示该复数。他定义两个这样的数对 (a, b) 和 (c, d) 为相等的,当且仅当,$a = c$ 并且 $b = d$。他定义这样的数对的加法和乘法(与上述结果一致)为

$$(a, b) + (c, d) = (a + c, b + d) 和 (a, b)(c, d) = (ac - bd, ad + bc)$$

用这些定义易于证明:如果我们假定(这是当然的)这些定律对实数的普通加法和乘法成立的话,有序实数对的加法和乘法是服从交换律和结合律的,并且乘法是在加法上服从分配律的。

必须指出:实数系被嵌入复数系。这么说的意思是:如果每一实数 r 等同 *506* 于对应的数对 $(r, 0)$,则对应性在复数的加法和乘法下保持,因为我们有

$$(a, 0) + (b, 0) = (a + b, 0) 和 (a, 0)(b, 0) = (ab, 0)$$

实际上,$(r, 0)$ 形式的复数可代之以其对应的实数 r。

为了用哈密顿的形式得出老式的复数,我们指出:任何复数 (a, b) 可被写成

$$(a, b) = (a, 0) + (0, b) = (a, 0) + (b, 0)(0, 1) = a + bi$$

在这里,$(0, 1)$ 用记号 i 表示,并且,$(a, 0)$ 和 $(b, 0)$ 等同于实数 a 和 b。最终,我们见到

$$i^2 = (0, 1)(0, 1) = (-1, 0) = -1$$

以前环绕着复数的神秘气氛已被排除,因为,关于有序数时,没有什么神秘的事。这是哈密顿的伟大成就。

---

① 哈密顿于 1837 年给爱尔兰皇家科学院的信。
② 译者注:"复数对"在这里是专门术语,指的是一对复数。

复数系,对于研究平面上向量和转动,是很方便的数系①。哈密顿曾试图设计供研究三维空间中向量和转动用的类似的数系。他在其学术研究中作过这样的考虑:不是把实数嵌入有序实数对(a,b),而是把实数和复数嵌入有序实数四元数组(a,b,c,d)。换句话说,定义两个这样的四元数组(a,b,c,d)和(e,f,g,h)为相等的,当且仅当$a=e,b=f,c=g,d=h$。哈密顿发现:必须这样定义有序实数四元数组的加法和乘法,使得有

$$(a,0,0,0)+(b,0,0,0)=(a+b,0,0,0)$$
$$(a,0,0,0)(b,0,0,0)=(ab,0,0,0)$$
$$(a,b,0,0)+(c,d,0,0)=(a+c,b+d,0,0)$$
$$(a,b,0,0)(c,d,0,0)=(ac-bd,ad+bc,0,0)$$

507 称这样的有序实数四元数组为(实)**四元数**(quaternion),哈密顿发现必须将四元数的加法和乘法的定义系统化如下

$$(a,b,c,d)+(e,f,g,h)=(a+e,b+f,c+g,d+h)$$
$$(a,b,c,d)(e,f,g,h)=(ae-bf-cg-dh,af+be+ch-dg,$$
$$ag+ce+df-bh,ah+bg+de-cf)$$

用这些定义能够证明:将实数和复数嵌入四元数,并且,如果我们令$(m,0,0,0)$等同于实数m,则

$$m(a,b,c,d)=(a,b,c,d)m=(ma,mb,mc,md)$$

用这些定义还能够证明:四元数的加法是服从交换律和结合律的,四元数的乘法是服从结合律并在加法上服从分配律的。但是,交换律对于乘法不成立。为了弄清这点,特别地考虑$(0,1,0,0)$和$(0,0,1,0)$这两个四元数。人们发现

$$(0,1,0,0)(0,0,1,0)=(0,0,0,1)$$

而 $$(0,0,1,0)(0,1,0,0)=(0,0,0,-1)=-(0,0,0,1)$$

即打破了乘法的交换律。事实上,如果我们用记号l,i,j,k分别表示**四元数单位**(*quaternionic units*)$(1,0,0,0),(0,1,0,0),(0,0,1,0),(0,0,0,1)$,我们能证明:下列乘法表奏效;即,从行的头上找第一个乘数,从列的头上找第二个乘数,交叉点就是我们要求的乘积

x	1	i	j	k
1	1	i	j	k
i	i	-1	k	$-j$
j	j	$-k$	-1	i
k	k	j	$-i$	-1

关于哈密顿在一闪念间想到取消乘法交换律的思想,还有一种传说:这是

---

① 之所以方便是由于:当复数$Z=a+bi$被看做代表有笛卡儿直角坐标(a,b)的点Z时,则复数Z也可被看做代表向量**OZ**,在这里,O是坐标系的原点。

在他经过十五年无效的冥思苦想之后,当他在黄昏前,和他的妻子一道,沿着都柏林附近的皇家运河(Royal Canal)散步时想到的。他受此思想的非正统性的冲击如此之大,以致他曾把上述乘法表的要点刻在布劳姆桥(Broughm Bridge)的石柱上。今天,在故事所说的那座桥的石柱上,嵌了一块碑。于是,这个数学史上重要的里程碑,被我们长久纪念。

508

Here as he walked by
on the 16th of October 1843
Sir William Rowan Hamilton
in a flash of genius discovered
the fundamental formula for
quaternion multiplication
$i^2 = j^2 = k^2 = ijk = -1$
& cut it in a stone of this bridge

我们能把四元数(a, b, c, d)写成$a + bi + cj + dk$这样的形式。当两个四元数被写成这种形式时,它们可以像i, j, k的多项式那样乘起来,然后,用上述乘法表把所得乘积变成同样形式。

1844年,格拉斯曼发表了他著名的《多元数理论》(*Ausdehungslehre*)第一版,其中,推演出了比哈密顿四元数代表更具有一般性的几类代数。格拉斯曼不只考虑实数有序四元数组,而是考虑实数有序n元数组。格拉斯曼使每一个这样的数组$(x_1, x_2, \cdots, x_n)$与一个$x_1 e_1 + x_2 e_2 + \cdots + x_n e_n$这样形式的结合代数相联系,在这里,$e_1, e_2, \cdots, e_n$是该代数的基本单位。两个这样的结合代数,像$e_1, e_2, \cdots, e_n$的多项式那样,被加被乘。于是,两个这样的数相加产生同样的数。为了做这样的两个数的乘积,就要像哈密顿为$1, i, j, k$制的乘法表那样,有单位$e_1, e_2, \cdots, e_n$的乘法表。在这里,人们有相当大的自由,并且做不同的乘法表就能创造不同的代数。乘法表受被作出来的代数的应用范围和我们希望它保持的代数规律的控制。

在结束本节之前,让我们再考虑一个不可交换的代数——矩阵代数,它是英国数学家凯利(Arthur Cayley, 1821—1895)在1857年设计的。凯利开始把矩阵与下列形式的线性变换相联系

$$x' = ax + by$$
$$y' = cx + dy$$

在这里,a, b, c, d是实数,并且,它可被认为是将(x, y)点投影到(x', y')上。显然,上述变换完全由a, b, c, d四个系数确定,因而,这变换可被符号化为方

509

阵

$$\begin{bmatrix} a & b \\ c & d \end{bmatrix}$$

我们称之为**二阶方矩阵**(matrix)。因为,当且仅当它们具有同样的系数,所考虑的两个变换才是等同的;我们定义两个矩阵

$$\begin{bmatrix} a & b \\ c & d \end{bmatrix} \quad 和 \quad \begin{bmatrix} e & f \\ g & h \end{bmatrix}$$

为相等的,当且仅当 $a = e, b = f, c = g, d = h$。如果在上面给出的变换后面还跟着个变换

$$x'' = ex' + fy'$$
$$y'' = gx' + hy'$$

可用初等代数证明:结果是变换

$$x'' = (ea + fc)x + (eb + fd)y$$
$$y'' = (ga + hc)x + (gb + hd)y$$

这导出下列两个矩阵的乘积的定义

$$\begin{bmatrix} e & f \\ g & h \end{bmatrix}\begin{bmatrix} a & b \\ c & d \end{bmatrix} = \begin{bmatrix} ea + fc & eb + fd \\ ga + hc & gb + hd \end{bmatrix}$$

矩阵的加法被定义为

$$\begin{bmatrix} a & b \\ c & d \end{bmatrix} + \begin{bmatrix} e & f \\ g & h \end{bmatrix} = \begin{bmatrix} a + e & b + f \\ c + g & d + h \end{bmatrix}$$

并且,如果 m 是任何实数,我们定义

$$m\begin{bmatrix} a & b \\ c & d \end{bmatrix} = \begin{bmatrix} a & b \\ c & d \end{bmatrix}m = \begin{bmatrix} ma & mb \\ mc & md \end{bmatrix}$$

在所得到的矩阵代数中,可以证明:加法既满足交换律也满足结合律;乘法满足
510 结合律;在加法上满足分配律。但是,乘法是不可交换的。用个简单例子可以
说明

$$\begin{bmatrix} 1 & 0 \\ 0 & 0 \end{bmatrix}\begin{bmatrix} 0 & 1 \\ 0 & 1 \end{bmatrix} = \begin{bmatrix} 0 & 1 \\ 0 & 0 \end{bmatrix}, \begin{bmatrix} 0 & 1 \\ 0 & 1 \end{bmatrix}\begin{bmatrix} 1 & 0 \\ 0 & 0 \end{bmatrix} = \begin{bmatrix} 0 & 0 \\ 0 & 0 \end{bmatrix}$$

哈密顿、格拉斯曼和凯利以推出不同于普通代数的遵守某种结构规律的代数的
方法打开了现代抽象代数的大门。实际上,用减弱或勾去普通代数的各种各样
的假定,或将其一个或多个假定代之以其他假定(与其余假定是相容的),就有
许多种体系能被研究。作为这些体系一部分,我们有广群、拟群、圈、半群、独异
点、群、环、整环、格、除环、布尔环、布尔代数、域、向量空间、若尔当代数和李代
数——最后两个是不服从结合律的代数的例子。到现在为止,数学家们已经研
究过200多种这样的代数结构:也许这样说是正确的。这些工作的绝大部分属

于 20 世纪,并且,使一般化和抽象化的思想在今日数学中得到充分的反映。抽象代数学已经成了当代大部分数学的通用语言,并被授予"数学的提纲挈领的钥匙"的称号。

13.12 哈密顿、格拉斯曼、布尔和德摩根

哈密顿(William Rowan Hamilton)无疑是使爱尔兰人在数学领域中享有盛誉的最伟大的人物。他 1805 年出生于都柏林,除了短时间到别处访问外,一辈子是在这里度过的。他很早就成了孤儿,在这之前,才一岁时,就被委托给一个叔叔教育,这位叔叔热心给他侧重在语言上的教育。哈密顿是个神童,他在十三岁时,就能流利地讲许多种外语。他逐步喜爱上了古典文学,沉醉于诗的写作,然而没有真正的成就。他成为伟大诗人渥兹华思(William Wordsworth)的亲密朋友和相互赞赏者。

哈密顿

(Granger 收藏)

直到十五岁,哈密顿的兴趣才转变,爱上了数学。这变化是由他认识美国快速心算家科尔伯恩(Zerah Colburn)引起的。这位计算家虽然只是个小孩子,但是他在都柏林表演了他的快速计算能力。不久以后,哈密顿偶然见到牛顿《通用算术》的抄本。他贪婪地读它,然后又掌握解析几何和微积分。继而,他读四卷《原理》(*Principia*)并接着读欧洲大陆的数学巨著。他读了拉普拉斯的《天体力学》(*Mecanique Céleste*),指出其中一个数学错误;1823 年,他写了一篇关于这件事的论文,受到相当的注意。第二年,他进了都柏林的三一学院。

511   哈密顿在大学的经历是独一无二的,因为在 1827 年,当他才二十二岁还是大学生时,就无异议地被任命为爱尔兰的皇家天文学者、邓辛克天文台台长和大学的天文学教授。不久以后,仅从数学理论方面,预见到二轴晶体中圆锥形的折射,后来,由物理学家们戏剧般地从实验上加以肯定。1833 年他把自己有价值的论文送给爱尔兰科学院,在这篇论文中,复数的代数被看做有序实数对的代数。(参看 13.10 节)1835 年,他被封为爵士。

      继他 1833 年的论文之后,哈密顿许多年断断续续地考虑实数的有序三元数组和有序四元数组的代数,但总是在如何定义乘法,使得保持人们熟悉的运算定律上处于困境。最后,在 1843 年,一闪念间(参看 13.10 节),直觉地想到:要求得太多了,必须牺牲交换律;于是,四元数的代数,第一个非交换的代数,突然诞生。

      在生命的最后二十多年中,哈密顿花费了大部分时间和精力推演其四元数,他认为这将在数学物理中引起巨大的变革。他的伟大著作《论四元数》(*Treatise on Quaternions*)发表于 1853 年;在这之后,他准备写一本扩展了的《四元数原理》,但是,他于 1865 年死于都柏林,实际上是由于不愉快的婚姻带给他的潦倒生活,而死于酒精中毒,使这项工作未能完成。四元数这个课题曾获得许多坚定的支持者,例如:爱丁堡大学的泰特(Peter Guthrie Tait, 1831—1901);还有爱丁堡大学(但后来到得克萨斯大学)的麦克法兰(Alexander Macfarlane, **512** 1851—1913);和哈密顿在邓辛克天文台的继承人,乔利(Charles Jasper Joly, 1864—1906)。但是,由于后来有了美国物理学家和数学家,耶鲁大学的吉布斯(Josiah Willard Gibbs, 1839—1903)的更方便的向量分析,有了格拉斯曼(Hermiann Gunther Grassman)的更一般的有序 n 元数组,四元数理论被淹没而成为数学史上一件有趣的古董。四元数于 1927 年,作为泡利(Wolfgang Pauli, 1900—1958)的量子论中的"自旋变量",又有几分复活,并且,将来也许会给予四元数新的生命。无论如何,四元数在数学史上的重要性在于:哈密顿 1843 年的创造,把代数学从受束缚于实数算术的传统中解放出来,并且,因而,打开了现代抽象代数的闸门。

      哈密顿除了关于四元数的著作外,还写了关于光学、动力学、五次方程的解,涨落函数、动点的速端曲线[①] 和微分方程的数值解的著作。

      物理学者常见到哈密顿的名字:哈密顿函数和动力学的哈密顿－雅科比微分方程,在矩阵论中的哈密顿－凯利定理,方程和多项式;在数学游戏中,有在十二面体上玩的哈密顿博弈(参看问题研究 13.24)。

      也许美国人乐于回忆;在哈密顿处于生病和婚姻争吵的可悲的最后年月

---

    ①   从定点画出并等于一个动点的速度向量之向量的端,追其迹得的曲线被称做该动点的速端曲线。

里,新成立的美国国家科学院选他为第一个外国的院士。1845年,哈密顿还得到另一个罕有的荣誉;那年,他参加不列颠协会的第二次剑桥会议,被安排在三一学院那间神圣的房子里住了一星期,牛顿就是在那间房子里撰写其《原理》的。

读者不要把 Sir William Rowan Hamilton 和他的同辈,著名的爱丁堡哲学家 Sir William Hamilton(1788—1856)弄混。后者继承了他的名字;前者是他自己。

格拉斯曼1809年出生于德国什切青(Stettin),并且,于1877年在那里逝世。他对智慧的探求有广泛的兴趣。他不仅是数学教师,而且是宗教、物理、化学、德文、拉丁文、历史和地理学的教师。他写过物理学的著作,还编过中学生学习德文、拉丁文和数学用的课本。在1848年,1849年的动乱的年代里,他是一份政治周报的联合出版商。他对音乐有兴趣;并且,在19世纪60年代,他为日报写歌剧评论。他写过一篇关于德国花草的语言学论文,编写过布道的文章;研究过语言规律;写了一本吠陀经的字典,并且,反过来,翻译了吠陀经;谐调三种声音的民族歌曲;撰写其伟大著作《多元数理论》(Ausdehnungslehre);并且,带大了他十一个孩子中的九个。

格拉斯曼

(David Eugene Smith Collection Rare Book and Manuscript Library, Columbia University 供稿)

1844年,格拉斯曼发表了其名著《多元数理论》。不幸的是,拙劣的说明和晦涩的表述使得这部著作实际上未被他的同辈人知道。修订版发表于1862年,改进也不大。他的著作未受到认可,使他丧失了勇气,格拉斯曼抛弃了数学,去从事梵文和梵文文学的研究;在这方面,他发表了许多光辉的论文。

513

格拉斯曼整个一生在他的家乡什切青度过；只有从 1834 年到 1836 年这几年在柏林的一所工业学校(继承史坦纳(Jacob Steiner)的职位)教数学。虽然他曾希望获得大学的教学职位，但他的教学水平是二等的。他的父亲是什切青大学预科学校的数学和物理教师。他的父亲写过两本数学书；他的儿子写过一篇关于射影几何的论文。

《多元数理论》有广泛的应用(在 13.10 节中讨论过)，不限于维的数。最近，格拉斯曼这部异常丰富且具有一般性的著作，受到了赞赏；并且，格拉斯曼的方法已普遍受到重视，尤其是欧洲大陆和美国，被认为比哈密顿的方法好。

我们现在简短地讲一下布尔(George Boole)和德摩根(Augustus De Morgan)这两位英国数学家；他们，除了其他工作外，继续由哈密顿和格拉斯曼开创的对代数的基本原理作科学的处理的事业。

514　　布尔 1815 年出生于英国的林肯(Lincoln)。其父是仅能谋生的低层商人，所以，布尔只能受到普通的学校教育，但是，他自学了希腊文和拉丁文。后来，他在初等学校任教期间学习数学：攻读拉普拉斯和拉格朗日的著作；学习外语；并且，由于他的朋友德摩根的关系，对形式逻辑发生了兴趣。布尔于 1847 年发表了一本标题为《逻辑的数学的分析》(*The Mathematical Analysis of Logic*)的小册子，德摩根称赞它是划时代的。布尔在其著作中强调：数学的本质特征在于其形式，而不在于其内容；数学不(像今天某些字典所主张的)仅是"计量和数的科学"，而是，广泛得多，包括符号连同在那些符号上运算的严格规则(这规则只受内部一致性需要的约束)的任何研究。两年以后，布尔被聘任为爱尔兰的科克的新建立的皇后学院(Queen's College)的数学教授。1854 年，布尔扩展并进一步说明了他 1847 年的著作，写成了《思想规律的研究》(*Investigation of the Laws of Thought*)；在其中，他建立了形式逻辑和一种新代数——集合代数，今天以**布尔代数**(Boolean algebra)著称。最近，发现了布尔代数的许多应用，例如，电路开关理论。1859 年，布尔发表了他的《微分方程论》(*Treatise on Differential Equations*)；然后，在 1860 年，发表了其《论有限差分计算》(*Treatise on the Calculus of Finite Differences*)。后一部书。直到今天仍然是该学科的标准著作。布尔 1864 年在科克逝世。

515　　德摩根的名字在本书中出现好几次，他 1806 年出生(一只眼是瞎的)于马德拉斯(Madras)，其父在那里与东印度公司联系。他受教于剑桥的三一学院，以数学荣誉考试甲等第四名的资格毕业；1828 年，在新成立的伦敦大学(University of London)(后来称做大学学院(Uinversity College))任教授；在那里，通过他的著作和他的学生，对英国数学产生广泛的影响。他对哲学和数学史很精通，写过关于代数基础，微分计算、逻辑和概率论的著作。他是一位高水平的解说者。他的富于机智的、引人入胜的书《一束悖论》(*A Budget of Paradoxes*)至

德摩根

（David Eugene Smith Collection. Rare
Book and Manuscript Libray, Columbia
University供稿）

今人们仍爱读。他继续布尔的关于集合代数的工作；发表集合论的对偶原理，即所谓**德摩根定律**（De Morgan Laws），就是一个例证：如果 A 和 B 是全集的子集，则 A 和 B 的并的补集是 A 和 B 的补集的交；并且，A 和 B 的交的补集是 A 和 B 的补集的并（用符号表示，为 $(A \cup B)' = A' \cap B'$，并且，$(A \cap B)' = A' \cup B'$。——在这里，加一撇，表示补集）。和布尔一样，德摩根把数学看做是受符号运算的集约束的符号的抽象研究。德摩根是学术自由和宗教宽容的直言不讳的辩护士。他笛子吹得很漂亮，并且，总是一位快乐的伙伴；他坚定地热爱大城市生活。他嗜好猜谜，每当有人问他年龄或出生年，他就会答道："我在 x^2 年是 x 岁"。他 1871 年在伦敦逝世。

13.13 凯利、西尔维斯特和埃尔米特

本节主要讲两位光辉的英国数学家：凯利（Arthur Cayley）和西尔维斯特（James Joseph Sylvester）。他们互相激动，常研究同一个数学问题，创造许多新数学，然而，在气质、风格和外表上，都很不一样。

凯利 1821 年出生于萨里的里士满；并且，受教于剑桥的三一学院，1842 年以数学荣誉考试甲等第一名的资格毕业，而且在同一年在为史密斯奖安排的更困难的考试中名列第一。有几年，他研究并且实际应用法律；他总是细心地安排，不让他的法律实践妨碍他搞数学。当他还是学生时就到都柏林去听哈密顿

关于四元数的演讲。当 1863 年剑桥大学建立萨德勒讲座（Sadlerian professorship）时,凯利被授予此席位;于是,为了从事科学研究,放弃了能赚钱的律师职业。然后,他才能把所有的时间用于数学。

凯利

（Library of Congress 供稿）

凯利是数学史上第三位最多产的数学作者,仅次于欧拉和柯西。他在剑桥大学上学时就开始写作;在担任律师的那些年里,写了二、三百篇论文;后来,又长时间地继续其多产的写作。凯利的巨著《数学论文汇编》（*Collected Mathematical Papers*）包括 966 篇论文,占满了十三本大四开本,平均每册 600 页左右。在纯数学中,几乎没有一个领域,未被凯利的天才涉及并丰富。在 13. 10 节中,我们已经讲过他的矩阵代数。他在解析几何,变换理论、行列式理论、高维几何、划分理论、曲线和曲面的理论,二元型和三元型、和阿贝尔 θ 和椭圆函数的理论方面,都做过开拓性的工作。但是,也许他的最重要的工作是其不变式理论的创造和发展。此理论的起源可在拉格朗日、高斯尤其是布尔的著作中找到。不变式理论的基本问题是,求给定的代数方程的系数的那些函数,使得:当该方程的变量受一般线性变换约束时,除了只涉及此变换的系数的一个因子外,均保持不变。西尔维斯特也对此领域的研究发生兴趣,并且,这二人那时都住在伦敦,很快相继作出许多新的发现。

凯利的数学风格反映其法律素养:他的论文精确、简洁、条理、明白。他具有非凡的记忆力,并且似乎任何东西,只要他看过或读过一次,就永远不会忘记。他还具有独特的安详、公正和文雅的气质。他曾被称做"数学家的数学家"。

凯利对于阅读小说有异乎寻常的贪婪。他旅行时,会议开始之前,和别人

516

看来是零碎的时间里,都读小说,毕其一生,读了成千本小说,不仅是英文的,还有希腊文、法文、德文和意大利文的。他对绘画(尤其是水彩画)也很喜爱,并且,他在水彩画方面表现出杰出的天才。他对植物学和自然科学也感兴趣。　　*517*

凯利,依真正的英国传统,是一位业余的爬山运动员,并且,他常到欧洲大陆去长途步行和爬山。据说,他宣称,他从事爬山运动的理由是:虽然他发现上坡费劲而且累,但是当他达到顶峰时得到异乎寻常的兴奋,就像他解决了一个数学难题和完成一个复杂的数学理论时的体会,但是,从爬山得到这个他想得到的体会,对他来说,比较容易。

凯利于1895年逝世。过后不久,埃尔米特在其《会刊》(*Comptes rendus*)中写道:凯利的数学天才,以分析的形式的清楚明白和极端优美为特征:由于他那使之成为堪与柯西比美的杰出学者的不可比拟的工作能力,又得以加强。

西尔维斯特(James Joseph Sylvester)1814年出生于伦敦,是七个孩子中最小的。这个家族的姓原来是Joseph,但是,长子由于现在不被人知的某种原因移往美国;他采用Sylvester这个新姓,这个家族的其他人也就跟着用。在美国的哥哥是一位保险统计专家,并且,向联邦的奖券发行承包商的董事们建议,把困扰他们的困难的排列问题,交给他的才十六岁的弟弟James(即西尔维斯特)去考虑。James对此问题给出了一个完全的并令人满意的解,使得理事会给予这位年轻的数学家五百美元奖金。

西尔维斯特

(David Eugene Smith Collection, Rare Book and Manuscipt Library, Columbia University供稿)

1831年,西尔维斯特进入剑桥的圣约翰学院,六年后,以数学荣誉考试甲　　*518*

等第二名的资格毕业留校。从 1838 年到 1840 年,他任伦敦大学的自然哲学教授;然后,在 1841 年,接受了美国弗吉尼亚大学的教授职位;几个月后,仅由于与他的两个学生争吵而辞职。他回到英国,当保险统计专家,并且,于 1850 年,取得律师资格。与凯利相识,是在 1846 年。

从 1855 年到 1870 年,西尔维斯特在伍尔维奇(Woolwich)皇家军事学院任数学教授。1876 年,他回到美国,在巴尔的摩的约翰·霍普金斯大学任数学教授,并且,在那里度过了他最愉快而又高产的年月,于 1878 年成为《美国数学杂志》(American Journal of Mathematics)的创始人。在他在约翰·霍普金斯任职期间,邀请凯利作了关于阿贝尔函数的系列讲座;西尔维斯特本人也参加听讲。1884 年,西尔维斯特接受牛津大学的萨魏里几何学讲座职位。他 1897 年在伦敦逝世,时年八十三岁。

西尔维斯特最早的数学论文是关于菲涅耳光学理论和斯图姆定理(Sturm's theorem)的。然后,由于凯利的激励,他开始为现代代数作重要贡献。他写过关于消去理论、变换理论、标准型、行列式、形式演算、划分理论、不变式理论,考虑在某限内素数的数目的柴贝谢夫(Tchebycheff)方法,矩阵的本征根、方程论、多重代数(multiple algebra)、数论、连杆装置(Limkage machines)①,概率论和微分不变式方面的论文。他对数学术语有很多贡献,提出了许多新的数学名词,以致人们称之为“数学的亚当”。②

凯利和西尔维斯特,彼此之间在气质、风格和外表上的正相反,早就展示出来了。凯利总是沉着、宁静,西尔维斯特则常性急、发怒。凯利的教学有准备、有秩序,西尔维斯特的教学则无准备、像漫谈。凯利的写作严谨、紧扣题;西尔维斯特的写作则奔放、无层次。凯利的讲演就是完成了的论文,西尔维斯特则常在课堂上创造数学。凯利有非凡的记忆力,西尔斯特则常常连自己的发现也记不住。凯利读别人的数学成果,西尔维斯特则懒于读别人做过的工作。凯利称赞欧几里得《原本》;西尔维斯特则轻视它。凯利虽然强壮有力,但是苗条;西尔维斯特则矮壮、宽肩、肌肉发达。

西尔维斯特毕生对诗有兴趣,并且,以写诗为乐。一个黄昏,在巴尔的摩的皮巴蒂研究所,他读其 Rosalind③ 诗;它包括 400 行,每个押韵的字都用“Rosalind”这个女英雄的名字。为了不在朗读过程中打断,他先花了一个半小时读他的说明性脚注,其中有许多还要随口作进一步的补充。然后,他对寥寥无几的听众,读他的诗的正文。1870 年,他发表了一本古怪的小册子,题为《诗的规律》(The Law's of Verse),其中颇有高明的见解。

519

---

① 译者注:连杆装置,参看 p.518 的脚注。
② 译者注:Adam,亚当,圣经中所称人类的始祖。
③ 译者注:Rosalind,莎士比亚的 As You Like It 剧中的女主角。

西尔维斯特对音乐也有兴趣,并且,是一位业余歌手,歌声很优美,还曾取法国著名作曲家贡诺德(Charles Francois Gounod)的歌来练习。有时,他以他的歌为工人的聚会助兴;并且,据说,他以其高 C 调的歌唱而自豪,胜过对他的在数学中的不变式理论的贡献。在其"关于牛顿发现虚根的规则"论文的脚注中,他大声疾呼:"音乐可否看做感觉的数学,数学可否看做推理的音乐?它们的实质一样!这样,音乐家感觉(*feels*)数学,数学家思考(*thinks*)音乐。"

也许有趣的是,指出,西尔维斯特在他早年困难的日子里,有几个跟他学数学的私人学生;其中有个最杰出的,她的名字是南丁格尔(Florence Nightingale),这位年轻妇女,后来以医院的护理的改革者而闻名世界。

凯利和西尔维斯特的许多著名的发现,出现于都柏林三一学院的院长萨蒙(George Salmon,1819—1904)的著名的论著中,他是他那个时代的高等数学课本的最优秀的作者之一。

凯利和西尔维斯特的大部分工作被天才的法国数学家埃尔米特(Charles Hermite)继续并扩展,他在代数和分析两方面都作出了杰出的贡献。埃尔米特1822 年出生于洛林的迪厄泽(Dieuze),受过时断时续的教育:先在路易大帝公立中学,然后,在高等工艺学院学了短时间;在 1848 年,得到高等工艺学院的正式的阅卷者和非正式的教师职位。他后来任高等工艺学院的和索邦的教授,在后者的职位上直到 1897 军退休。他 1901 年在巴黎逝世。

虽然埃尔米特不是一位多产的作者,但是他的大部分论文中讨论的问题很重要。甚至在路易大帝公立中学,埃尔米特就写了两篇论文,质量很高,被《数学新闻年鉴》(*Nouvelles annales de mathématiques*)接受;该杂志创刊于 1842 年,很受中学生欢迎。他的良师里查德教授(Louis Paul Emile Richard)认为:应该让埃尔米特的父亲相信 Charles(即埃尔米特)是"年轻的拉格朗日"。埃尔米特的研究,限于代数和分析。他写过数论、矩阵、代数的连分数、不变式和共变式、代数形式、出差(月球运动),定积分、方程论、椭圆函数、阿贝尔函数和函数论方面的著作。在最后这个领域,他是他那时代的首要的法国作者。埃尔米特的选集,由皮卡尔德(Émile Picard)编辑,共四册。

受到普遍重视的、来自埃尔米特的两个基本数学成果:1858 年他给出的,用椭圆函数作工具得到的一般五次方程的解;和 1873 年他给出的,数 e 的超越性的证明。埃尔米特后来由五次方程成功地导出:一般 n 次方程的根,可以用富克斯(Fuchs)函数作工具,以该方程的系数表示;而且,用来证明 e 是超越数的方法,在 1882 年被林德曼(Lindemann)采用来证明 π 也是超越的。

埃尔米特出生时右腿就残废了,一辈子跛足,靠手杖行动。此弱点的一个好处是,避免了任何种类的军事服务。坏处是,在高等工艺学院上了一年之后,仅因他的跛足,取消了他进一步学习的机会。不顾他的跛足和所遇到的许多困

520

埃尔米特

（David Eugene Smith Collection, Rare Book and Manuscript Library, Columbia University供稿）

难,埃尔米特一直保持好的性情,因而受到所有认识他的人的喜爱。许多数学家对为得到认可而努力奋斗的年轻人表现得很慷慨;埃尔米特无疑是整个数学史上具有这种最优性格的人。1856 年,在重病之后,他在柯西诱导下从一个宽容的不可知论者转变为天主教徒。

数学的存在的问题是一个争论不休的问题。例如,数学的实体和它们的性质已经存在于它们自己的不属于某一特定时间的、遥远不为人知的土地上;并且,我们在那块土地上漫游,偶然地发现它们? 在这块遥远不为人知的土地上,三角形的中线是,并且曾是,在每一中线的三分点处共点;并且,某些人,也许在古代,在这块遥远不为人知的土地上,在他的思想上漫游,想到三角形的中线的这个已经存在的性质。在这块遥远不为人知的土地上,几何图形的许多其他重要的性质总是存在的,但是还没有人们碰着它们,并且,可能多少年也碰不上,甚至永远。在这块遥远不为人知的土地上,自然数和它们的大量优美的性质已经存在,并且总是存在;但是,这些性质在人的现实的土地上成为存在的,只当在那块遥远不为人知的土地上漫游的某些人碰到它们时。

毕达哥拉斯持这样的数学存在的思想,有许多数学家追随他。埃尔米特是数学存在的这个遥远不为人知的土地的坚信者。对于他来说,数和所有它们的漂亮性质早就自己存在,某些数学上的哥伦布偶然地碰巧遇到这些已经存在的性质中的一个,然后,向这个世界发表他的发现(*discovery*)。

521

13.14 科学院、学会和期刊

科学和数学日趋活跃,有一个时期没有期刊,就靠定期开会交流信息。这些团体中一部分最后定形为科学院,最初一个是 1560 年在意大利那不勒斯成立的,随后有 1603 年在罗马建立的山猫学会① (Accademia dei lincei)。然后,随着 17 世纪数学活动北移,1662 年皇家学会在伦敦成立,1666 年法国科学院在巴黎成立。这些科学院成为发表和讨论学术论文的中心。

为了迅速传播科学和数学的新发现,对期刊的需要与日俱增;到今天为止,这类文献够多的了。人们估计:在 1700 年以前,包括数学课题的杂志只有 17 种;最初的,出于 1665 年。18 世纪,出了 210 种这样的期刊;19 世纪,这类新杂志达到 950 种。然而,它们中间包括纯数学的不多。也许主要或完全致力于高等数学的最早的流行杂志是法国的《高等工艺学院学报》(Journal de l'École Polytechnique),它创办于 1794 年。许多较为初等的数学杂志创办得更早,但是其中有许多旨在接受有疑难和问题的订户,对高等数学知识不那么注意。我们现在流行的高水平的数学期刊是 19 世纪上半叶创刊的。其中最早创刊的是德文的《纯数学和应用数学杂志》(Journal für die reine und angewandte Mathematik),1826 年由克列尔(A. L. Crelle)创办;法文的《纯数学和应用数学杂志》(Journal de mathématiques pures et appliquées),1836 年由刘维尔(J. Liouville)主编创刊。这两种杂志常以其创办者的名字称呼,被称做克列尔杂志和刘维尔杂志。《剑桥数学杂志》(Cambridge Mathematical Journal)1839 年创办于英国;在 1846～1854 年改名为《剑桥和都柏林数学杂志》(Cambridge and Dublin Mathematical Journal);1855 年又改名为《纯数学和应用数学季刊》(Quarterly Journal of Pure and Applied Mathematics)。《美国数学杂志》(American Journal of Mathematics)于 1878 年由西尔维斯特(J. J. Sylvester)主编创刊。最早以数学教师为对象的(不那么关心数学研究)延续时间较长的期刊是《数学和物理成就》(Archiv der Mathematik und Physik),它创刊于 1841 年;《新数学年刊》(Nouvells annales de mathematiques)迟一年创刊。

19 世纪后半叶,高质量数学杂志的数量有显著增加。这是因为许多大的数学学会以定期期刊为其机构的喉舌。这些学会中最早的是 1865 年组织的伦敦数学会(London Mathematical Society),它立即着手出它的《会报》(Proceedings),这个学会已成为英国的国家数学会。七年之后,法国数学会(Societe Mathematique de France)成立于巴黎,其机关杂志为《会刊》(Bulletin)。1884 年,

---

① 译者注:因为山猫眼睛特别明亮。

巴勒摩数学会在意大利成立;三年之后,它开始发表其《学报》(*Rendiconti*)。大约同时,爱丁堡数学会成立于苏格兰,从此以后也有它的《学报》(*Procedings*)。美国数学会(The American Mathematical Society)于 1888 年成立,当时用的是另一个名字;一开始就出了它的《会刊》(*Bulletin*),后来在 1900 年出的是《学报》(*Transactions*),在 1950 年又改名《会报》(*Proceedings*)。德国是先进数学国家中组织国家数学会最迟的,在 1890 年也组织了德国数学家协会(Deutsche Mathematiker-Vereingung),1892 开始发表其《年报》(*Jahresbericht*)。最后出了这样一种杂志,它发表数学不同分支中现代发展方面的大报告,有的长达好几百页。这些报告可看做是后来的数学大百科全书的先驱者。前苏联优秀的数学杂志,虽然创办得迟,然而不可忽视。

今天,差不多每个国家都有自己的数学会,而且,许多国家还在致力于各种水平的数学教育的团体。这些学会和团体已经成为组织和发展数学上的研究活动和改进该学科的教学方法的有利因素。一般地,每一个学会和团体至少办一种期刊。

随着 20 世纪数学专门化程度的增强,又出现了大量的新数学杂志,它们致力于该学科高度局限的范围。对于研究者很有价值的是《数学评论》(*Mathematical Reviews*);它是由美国国外的许多数学组织编的。这种杂志创刊于 1940 年,它包括全世界流行的数学文献的提要和评论。

问题研究

13.1 代数的基本定理

采取高斯在其给出的代数基本定理的第一个证明中所用的程序,证明:

523

(a)$z^2 - 4i = 0$ 有一复根。

(b)$z^2 + 2iz + i = 0$ 有一复根。

13.2 同余式的基本性质

高斯在《算术研究》第一章中给出下列的定义和记号(在这里,有点浓缩):
a 和 b 二整数被称做同余模 n(*congruent moduli n*,在这里,n 是一个正整数),用符号表示,即

$$a \equiv b(\mathrm{mod}\ n)$$

当且仅当用 n 除差为 $a - b$。然后,高斯继续发展同余关系的代数,它与寻常相

等关系的代数有很多相同之处,但是,也有许多差别。如果 n 是一个固定的整数,a,b,c,d 是任意整数,证明:

(a)$a \equiv a(\bmod n)$(自反性)。

(b)如果 $a \equiv b(\bmod n)$,则 $b \equiv a(\bmod n)$(对称性)。

(c)如果 $a \equiv b(\bmod n)$,并且 $b \equiv c(\bmod n)$,则 $a \equiv c(\bmod n)$(可递性)。

(d)如果 $a \equiv b(\bmod n)$,并且 $c \equiv d(\bmod n)$,则 $a + c \equiv b + d(\bmod n)$,并且 $ac \equiv bd(\bmod n)$。

(e)如果 $a \equiv b(\bmod n)$,则 $a + c \equiv b + c(\bmod n)$,并且 $ac \equiv bc(\bmod n)$。

(f)如果 $a \equiv b(\bmod n)$,则 $a^k \equiv b^k(\bmod n)$对于任何正整数 k。

(g)如果 $ca \equiv cb(\bmod n)$,则 $a \equiv b(\bmod n/d)$,在这里 d 是 c 和 n 的最大公因子。

(h)如果 $ca \equiv cb(\bmod n)$,并且,c 和 n 互素,则 $a \equiv b(\bmod n)$。

(i)如果 $ca \equiv cb(\bmod p)$,在这里,p 是不能整除 c 的素数,则 $a \equiv b(\bmod p)$。

(j)如果 $ab \equiv 0(\bmod n)$,并且,如果 a 和 b 互素,则或者 $a \equiv 0(\bmod n)$,或者 $b \equiv 0(\bmod n)$。

(k)如果 a 与 n 互为素数,则线性同余式 $ax \equiv b(\bmod n)$仅有一个不大于 n 的正解 x。

13.3 高斯和数

(a)实际用小学生高斯的方法求算术级数 n 项和(以首项 a 和末项 l 表示)。

(b)取 0 为第一个三角形数,将从 1 到 100 的自然数的每一个表成三个三角形数的和。

(c)根据二次互反律证明:如果 p 和 q 是不同的奇素数,又如果 $p \equiv q \equiv 3(\bmod 4)$,则 $(q/p) = -(p/q)$。

13.4 傅里叶级数

能证明:假定 13.2 节的三角级数能被从 $-\pi$ 到 π 逐项积分,并且,如果函数 $f(x)$ 可被表成这样的函数;则该级数中的系数由

524

$$a_n = \frac{1}{\pi}\int_{-\pi}^{\pi} f(x)\cos nx \, dx$$
$$n \geqslant 0$$
$$b_n = \frac{1}{\pi}\int_{-\pi}^{\pi} f(x)\sin nx \, dx$$

给出。

(a)证明 $\int_{-\pi}^{\pi} \sin nx\, \mathrm{d}x = \int_{-\pi}^{\pi} \cos nx\, \mathrm{d}x = 0$，在这里 $n \neq 0$。

(b)证明：对于由

$$f(x) = 2 \quad -\pi < x < 0$$
$$f(x) = 1 \quad 0 < x < \pi$$

定义的 $f(x)$，傅里叶级数是

$$f(x) = \frac{3}{2} - \frac{2}{\pi}\left(\sin x + \frac{1}{3}\sin 3x + \frac{1}{5}\sin 5x + \cdots\right)$$

(c)令在(b)的傅里叶级数中 $x = \dfrac{\pi}{2}$，得关系式

$$\frac{\pi}{4} = 1 - \frac{1}{3} + \frac{1}{5} - \frac{1}{7} + \cdots$$

(d)证明：(b)的函数可在由单个方程

$$f(x) = \frac{3}{2} - \frac{x}{2|x|}$$

给定的值域内被表示。

13.5 柯西与无穷级数

(a)用柯西比检验法证实下列级数的收敛性或发散性：

1. $1 + 1/2! + 1/3! + \cdots$

2. $1/5 - 1/5^2 + 3/5^3 - \cdots$

3. $1 + 2^2/2! + 3^3/3! + \cdots$

(b)用柯西检验法证实下列级数的收敛性或发散性：

1. $|\sin \alpha|/2 + |\sin 2\alpha|/2^2 + |\sin 3\alpha|/2^3 + \cdots$

2. $2|\sin \alpha| + 2^2|\sin 2\alpha| + 2^3|\sin 3\alpha| + \cdots$

(c)用柯西积分检验法证实下列级数的收敛性或发散性：

1. $1/e + 2e^2 + 3/e^3 + \cdots$

2. $1/(2\ln 2) + 1/(3\ln 3) + 1/(4\ln 4) + \cdots$

525

13.6 群论

一个群(group)是一个非空集合，在其元素上定义的二元运算 $*$ 满足下列公设。

G1：$(a * b) * c = a * (b * c)$ 对于所有的 $a, b, c \in G$。

G2：存在 G 的一个元素 i，使得：对于所有的 $a \in G$，$a * i = a$（元素 i 被称做该群的**单位元素**(identity element)）。

G3:对于 G 的每一个元素 a,存在 G 的一个元素 a^{-1},使得 $a * a^{-1} = i$(元素 a^{-1} 被称做 a 的**逆元素**(inverse element))。

关于群证实下列定理:

(a)如果 $a, b, c \in G$,并且 $a * c = b * c$,则 $a = b$。

(b)对于所有 $a \in G$,$i * a = a * i$。

(c)一个群有唯一的单位元素。

(d)对于 G 的每一个 a,$a^{-1} * a = a * a^{-1}$。

(e)如果 $a, b, c \in G$,并且 $c * a = c * b$,则 $a = b$。

(f)一个群的每一个元素有唯一的逆元素。

(g)如果 $a \in G$,则 $(a^{-1})^{-1} = a$。

(h)如果 a 和 $b \in G$,则存在 $x, y \in G$,使得 $a * x = b$,及 $y * a = b$。

13.7 群的例子

证明下列体系的每一个是群:

(a)所有正整数的集合在普通加法下。

(b)所有非零有理数的集合在普通乘法下。

(c)笛卡儿平面上所有变换

$$T : \begin{array}{l} x' = x + h \\ y' = y + k \end{array}$$

的集合,在这里,h 和 k 是实数;以 $T_2 * T_1$ 表示先进行 T_1 变换再进行 T_2 变换的结果。

(d)$1, -1, i, -i$(在这里 $i^2 = -1$)四个元素在普通乘法下。

(e)$1, 2, 3, 4$ 四个整数在模数 5 乘法下。

(f)六个表达式

$$r, 1/r, 1 - r, 1/(1 - r), (r - 1)/r, r/(r - 1)$$

以 $a * b$ 表示。

以表达式 b 取代表达式 a 中的 r(这个群被称做**交比群**(cross ratio group))。

13.8 阿贝尔群

一个群还满足下列假定:

G4:如果 a 和 $b \in G$,则 $a * b = b * a$,则被称做**交换群**(commutative)或**阿贝尔群**(Abelian group)。问题研究 13.7 中的那个群是阿贝尔群吗?

13.9　萨谢利四边形

萨谢利四边形(Saccheri quadrilateral)是这样的四边形,在其中,*AD* 和 *BC* 边相等,角 *A* 和角 *B* 相等。*AB* 边被称做**底**(base),对边 *DC* 被称做**顶**(summit),角 *D* 和角 *C* 被称做**顶角**(summit angles)。用简单全等定理(用不着平行公设)证明下列关系:

(a)萨谢利四边形的顶角是相等的。

(b)萨谢利四边形的底和顶的中点联线既垂直于底,也垂直于顶。

(c)如果从一个三角形的底的端点向其两腰中点联线作垂线,就形成一个萨谢利四边形。

(d)联结萨谢利四边形的相等的边的中点的线,垂直于联其底和顶的中点的线。

13.10　锐角假定

锐角假定(*hypothesis of the acute angle*),假定萨谢利四边形的相等的顶角是锐角或兰伯特四边形的第四个角是锐角。在下面,我们将以锐角假定为前提。

(a)令 *ABC* 为任何直角,令 *M* 为斜边 *AB* 的中点,在点 *A* 作∠*BAD* = ∠*ABC*,从点 *M* 作 *MP* 垂直于 *CB*。在 *AD* 上,截 *AQ* = *PB*,并作 *MQ*,证明:△*AQM* 与△*BPM* 全等,因而,证明∠*AQM* 是直角,*Q*,*M*,*P* 三点共线。则 *ACPQ* 是在点 *A* 上为锐角的兰伯特四边形。于是,证明:在锐角假定下,任何直角三角形的内角和小于两个直角。

(b)令△*ABC* 的∠*A* 既不小于∠*B*,也不小于∠*C*。过点 *A* 作高,并依靠(a)证明:在锐角假定下,任何三角形的内角和小于两个直角。在两个直角与三角形的内角和之间的差,被称做三角形的**亏量**(defect)。

(c)考虑两个三角形:*ABC* 和 *A'B'C'*,其对应角是相等的。如果 *A'B'* = *AB*,则这两个三角形全等。假定 *A'B'* < *AB*。在 *AB* 上截 *AD* = *A'B'*,并且,在 *AC* 上截 *AE* = *A'C'*,则△*ADE* 与△*A'B'C'* 全等。证明:*E* 不能落在 *C* 上,因为否则,∠*BCA* 会大于∠*DEA*。还证明:*E* 不能落在 *AC* 延长线上,因为否则 *DE* 会截 *BC* 于点 *F* 并且△*FCE* 的内角和会大于两个直角。所以,*E* 在 *A* 与 *C* 之间,并且,*BCED* 是凸四边形。证明:这个四边形的内角和等于四个直角。但是,在锐角假定下这是不可能的。由此得出:我们不能有 *A'B'* < *AB*,并且,在锐角假定下,两个三角形是全等的,如果一个的三个角等于另一个的三个角的话。换句话说,在双曲几何中,不存在不同大小的相似形。

(d) 联结三角形的一个顶点与其对边上一点的线段被称做横截线 (transversal)。横截线分一个三角形为两个子三角形,每一个可以类似地被再分,等。证明:如果一个三角形被若干横截线分成有限多个子三角形,则原三角形的亏量等于在划分中三角形亏量的和。

13.11　对于双曲几何的欧几里得模型

在欧几里得平面上取定圆 Σ,并且,将双曲线平面解释为 Σ 的内部,将双曲平面的"点"解释为 Σ 内的欧几里得点,双曲平面的"线"解释为欧几里得线的被包括在 Σ 内的那部分。在这模型中,证明下列陈述:

(a)两"点"确定一条且仅确定一条"线"。

(b)两条不同"线"最多交于一"点"。

(c)给定一"线" l 和不在 l 上的一"点" P,过 P 可作无限多条"线"不与"线" l 相遇。

(d)令由 P 和 Q 两"点"确定的欧几里得线交 Σ 于 S 和 T,次序是:S,P,Q,T。于是,我们把从 P 到 Q 的双曲"距离"解释为 $\log[(QS)(PT)/(PS)(QT)]$。如果 P,Q,R 是一条"线"上的三"点",证明

$$\text{"距离"}PQ + \text{"距离"}QR = \text{"距离"}PR$$

(e)令"点" P 为固定的,并且,令"点" Q 通过 P 向 T 沿着定"线"移动。证明:"距离" $PQ \to \infty$。

这个模型是 F·克莱因(Felix Klein)设计的。用上面的解释,再对两条"线"间的"角"给予适当解释,就能证明:欧几里得平面几何的所有公设,除了平行公设之外,在这个模型的几何中,也都是正确的陈述。我们在(c)中已经见到:欧几里得平行公设不是这样的一个陈述,而罗巴切夫斯基平行公设却取代它成立。这模型于是证明:欧几里得平行公设不能从欧几里得几何的其他公设推出,因为,如果它被隐含于其他公设中则它在该模型的几何中必定是正确的陈述。

13.12　非欧几何与物理空间

由于空间和物理的显然无法解决的纠缠,要用天文学的方法确定物理空间是欧几里得的还是非欧的,也许是不可能的。因为所有的测量都既涉及物理的也涉及几何的假定,只要在我们假定的空间和物质的性质上,作适当的补偿的改变,一个观察结果可用许多不同方法解。例如,对三角形内角和观察所得的差异被解释为:保持欧氏几何的假定,但同时以某物理定律(例如光学定律)修

528

正,就是十分可能的。再则,不存在任何这类差异也可与非欧几何的假定(连同我们关于物质的假定的某些适当的调整)相容。由于这些原因,庞加莱认为:问究竟哪种几何是正确的,是不应该的。为了说明这个观点,庞加来设计了一个虚宇宙,它占有半径为 R 的球的内部,在其中,他假定下列物理定律成立:

1.在 Σ 的任何一点 P,绝对温度被给定为 $T = k(R^2 - r^2)$;在这里,r 是点 P 与 Σ 的中心的距离,k 是常数。

2.一物体的线性维数直接依物体位置的绝对温度而变。

3.Σ 中所有物体直接假定它们的所在点的温度。

(a)证明:对于 Σ 的一个居民来说,根本不知道:上述三条物理定律在他的宇宙里成立,是可能的。

(b)证明:Σ 的一个居民会认为他的宇宙在范围值上是无限的,由于他取有限多的 N 步(不管 N 被选得多么大),总也达不到边界。

(c)证明:Σ 中的短程线是弯向 Σ 的中心的曲线。事实上,能证明:过 Σ 的 A 和 B 两点的短程线是过 A 和 B 的一个圆的弧,它正交地割边界球。

(d)让我们在宇宙 Σ 上再添上一条物理定律:假定光沿着 Σ 的短程线行进。这个条件可被物理学地理解为:在 Σ 中填满在 Σ 的每一点有适当的反射系数的玻璃。然后,证明:Σ 的短线,对于 Σ 的居民,将"看来是直的"。

(e)证明:在 Σ 的短程线几何中,罗巴切斯基平行公设成立,使得 Σ 的居民会相信,他生活于非欧世界中。在这里,我们有一块普通的、想象上的欧几里得空间,它由于不同的物理定律,看来是非欧的。

13.13 有普通代数结构的系统

证明下列的伴随有 + 和 × 的定义的集合满足在 13.9 节开始给出的五条基本性质。

(a)所有偶正数的集合,以 + 和 × 表示通常的加法和乘法。

529

(b)所有有理数集合,以 + 和 × 表示通常的加法和乘法。

(c)所有实数的集合,以 + 和 × 表示通常的加法和乘法。

(d)所有 $m + n\sqrt{2}$ 形式的实数的集合(在这里,m 和 n 是普通整数),以 + 和 × 表示通常的加法和乘法。

(e)高斯整数(Gaussian integers)的集合(复数 $m + in$,在这里,m 和 n 是普通整数,并且,$i = \sqrt{-1}$)以 + 和 × 表示通常的加法和乘法。

(f)所有有序整数对的集合,在这里,$(a, b) + (c, d) = (a + c, b + d)$ 和 $(a, b) \times (c, d) = (ac, bd)$。

(g)所有有序整数对的集合,在这里,$(a, b) + (c, d) = (ad + bc, bd)$ 和 $(a,$

$b) \times (c, d) = (ac, bd)$。

(h)所有有序整数对的集合,在这里,$(a, b) + (c, d) = (a + c, b + d)$和$(a, b) \times (c, d) = (ac - bd, ad + bc)$。

(i)所有实变量 x 的实多项式的集合,以 + 和 × 表示多项式的普通加法和乘法。

(j)在闭区间 $0 \leqslant x \leqslant 1$ 上定义的变量 x 的所有实值连续函数的集合,以 + 和 × 表示这样的函数的普通加法和乘法。

(k)只包括 m 和 n 两个元素的集合,在这里,我们定义

$$m + m = m \qquad\qquad m \times m = m$$
$$m + n = n + m = n \qquad m \times n = n \times m = m$$
$$n + n = m \qquad\qquad n \times n = n$$

(i)平面上所有点集的集合,以 $a + b$ 表示 a 集和 b 集的并,并且,以 $a \times b$ 表示 a 集和 b 集的交。作为平面的一个特定的点集,我们引进一个理想集**空集**(null set),在其中没有点。

13.14 代数定律

靠连续地利用结合律、交换律和分配律,从下列等式的每一个的左式推演出右式。根据习惯,在这里,乘法有时用点(·)表示,有时只是把因数并列。

(a)$5(6 + 3) = 3 \cdot 5 + 5 \cdot 6$。

(b)$5(6 \cdot 3) = 3 \cdot 5 + 5 \cdot 6$。

(c)$4 \cdot 6 + 5 \cdot 4 = 4(5 + 6)$。

(d)$a[b + (c + d)] = (ab + ac) + ad$。

(e)$a[b(cd)] = (bc)(ad)$。

(f)$a[b(cd)] = (cd)(ab)$。

(g)$(ad + ca) + ab = a[(b + c) + d]$。

(h)$a + [b + (c + d)] = [(a + b) + c] + d$。

13.15 进一步讨论代数定律 *530*

确定对正整数定义的下列二元运算 * 和 | 是否服从交换律和结合律,运算 | 是否在运算 * 上服从分配律。

(a)$a * b = a + 2b,\ a \mid b = 2ab$。

(b)$a * b = a + b^2,\ a \mid b = ab^2$。

(c)$a * b = a^2 + b^2,\ a \mid b = a^2 b^2$。

(d)$a*b = a^b, a \mid b = b$。

13.16　作为有序实数对的复数

在哈密顿的把复数当做有序实数对的处理中,证明:

(a)加法服从交换律和结合律。

(b)乘法服从交换律和结合律。

(c)乘法对加法服从分配律。

(d)$(a,0) + (b,0) = (a+b,0)$。

(e)$(a,0)(b,0) = (ab,0)$。

(f)$(0,b) = (b,0)(0,1)$。

(g)$(0,1)(0,1) = (-1,0)$。

13.17　四元数

(a)将$(1,0,-2,3)$和$(1,1,2,-2)$这两个四元数相加。

(b)将$(1,0,-2,3)$和$(1,1,2,-2)$这两个四元数以两种次序相乘。

(c)证明:四元数的加法服从交换律和结合律。

(d)证明:四元数的乘法服从结合律并对加法服从分配律。

(e)证明:实数被嵌入四元数。

(f)证明:复数被嵌入四元数。

(g)将$a+bi+cj+dk$和$e+fi+gj+hk$这两个四元数当做i,j,k的多项式相乘,并且,用四元单位的乘法表算出这两个四元数的乘积。

13.18　矩阵

(a)如果
$$x' = ax + by, \quad x'' = ex' + fy'$$
$$y' = cx + dy, \quad y'' = gx' + hy'$$

证明
$$x'' = (ea + fc)x + (eb + fd)y$$
$$y'' = (ga + hc)x + (gb + hd)y$$

(b)给定矩阵

531

$$A = \begin{bmatrix} 2 & -3 \\ 4 & 1 \end{bmatrix}, B = \begin{bmatrix} -2 & 2 \\ 0 & 3 \end{bmatrix}$$

计算 $A + B$, AB, BA 和 A^2。

(c)证明:矩阵的加法服从交换律和结合律。

(d)证明:矩阵的乘法服从结合律并对加法服从分配律。

(e)证明:在矩阵代数中,矩阵 $\begin{bmatrix} 1 & 0 \\ 0 & 1 \end{bmatrix}$ 起单位的作用,矩阵 $\begin{bmatrix} 0 & 0 \\ 0 & 0 \end{bmatrix}$ 起零的作用。

(f)证明

$$\begin{bmatrix} 0 & 1 \\ 0 & 1 \end{bmatrix}\begin{bmatrix} 1 & 0 \\ 0 & 0 \end{bmatrix} = \begin{bmatrix} 0 & 0 \\ 0 & 0 \end{bmatrix}$$

并且

$$\begin{bmatrix} 1 & 0 \\ 0 & 0 \end{bmatrix}\begin{bmatrix} 0 & 1 \\ 0 & 1 \end{bmatrix} = \begin{bmatrix} 1 & 0 \\ 0 & 0 \end{bmatrix}\begin{bmatrix} 0 & 1 \\ 1 & 0 \end{bmatrix}$$

普通代数中哪两条定律在这里被打破?

(g)证明:矩阵 $\begin{bmatrix} 0 & 1 \\ 0 & 0 \end{bmatrix}$ 没有平方根。

(h)证明:对于任何实数 k

$$\begin{bmatrix} k & 1+k \\ 1-k & -k \end{bmatrix}^2 = \begin{bmatrix} 1 & 0 \\ 0 & 1 \end{bmatrix}$$

因此,矩阵 $\begin{bmatrix} 1 & 0 \\ 0 & 1 \end{bmatrix}$ 有无限多个平方根。

(i)证明:我们可以将复数定义为矩阵的形式

$$\begin{bmatrix} a & b \\ -b & a \end{bmatrix}$$

(在这里,a 和 b 是实数),它受通常定义的矩阵的加法和乘法的约束。

(j)证明:我们可以定义实四元数为矩阵的形式

$$\begin{bmatrix} a+bi & c+di \\ -c+di & a-bi \end{bmatrix}$$

(在这里,a, b, c, d 是实数,$i^2 = -1$),它受通常定义矩阵的加法和乘法的约束。

13.19 若尔当和李代数
532

被用于量子力学的(特殊的)**若尔当代数**(Jordan algebra),以方阵为其元素,像在凯利矩阵代数中那样定义相等和加法,然而,A,B 两个矩的乘积 $A * B = (AB + BA)/2$ 定义(在这里,AB 表示矩阵 A 和 B 的凯利乘积)。虽然在这个代数中,乘法是不可结合的,它显然是可交换的。**李代数**(Lie algebra)不同于上述若尔当代数,在于:A 和 B 两个矩阵的乘积被 $A \circ B = AB - BA$ 定义(在这里,AB 还是表示矩阵 A 和 B 的凯利乘积)。在这个代数中,乘法既不可结合也不可交换。

(a)取

$$A = \begin{bmatrix} 1 & 0 \\ -1 & 0 \end{bmatrix}, \quad B = \begin{bmatrix} 1 & 1 \\ -1 & 1 \end{bmatrix}, \quad C = \begin{bmatrix} 1 & 1 \\ 0 & 1 \end{bmatrix}$$

为若尔当代数的元素,计算 $A + B, A * B, B * A, A * (B * C)$ 和 $(A * B) * C$。

(b)取(a)中的 A, B, C 为李代数的元素,计算 $A + B, A \circ B, B \circ A, A \circ (B \circ C)$ 和 $(A \circ B) \circ C$。

(c)证明下列关系在若尔当代数中成立。

J1: $A * B = B * A$。

J2: $(kA) * B = A * (kB) = k(A * B)$, k 为任意数。

J3: $A * (B + C) = (A * B) + (A * C)$。

J4: $(B + C) * A = (B * A) + (C * A)$。

J5: $A * (B * A^2) = (A * B) * A^2$, 在这里, $A^2 = A * A = AA$。

若尔当代数(Jordan algebra)的名字是艾伯特(A. A. Albert)于 1946 年引进的,因为这些代数的研究是物理学家若尔当(Pascual Jordan)于 1933 年创立的,他是现代量子力学的创立人之一。关系式 **J5** 是若尔当代数的特殊的结合律。

(d)证明下列关系式在李代数中成立。

L1: $A \circ B = -(B \circ A)$。

L2: $(kA) \circ B = B \circ (kA) = k(A \circ B)$, k 是任意数。

L3: $A \circ (B + C) = (A \circ B) + (A \circ C)$。

L4: $(B + C) \circ A = (B \circ A) + (C \circ A)$。

L5: $A \circ (B \circ C) + B \circ (C \circ A) + C \circ (A \circ B) = 0$。

李代数是以挪威数学家李(Marius Sophus Lie, 1842—1899)的名字命名的,他在连续群的研究中做了奠基性的工作。关系式 **L5**,以李代数的**雅科比恒等式**(Jacobi identity)著称。

(c)证明

$$A \circ (B * B) = 2[(A \circ B) * B]$$
$$A \circ (B \circ C) = 4[(A * B) * C - (A * C) * B]$$
$$AB = (A * B) + (A \circ B)/2$$

533

(f)方矩阵 A 的**转置** A'(Transpose A')是其相继的行为 A 的相继的列的那个矩阵。一个矩阵 A 被称做是**斜对称的**(skewsymmetric),如果 $A = -A'$ 的话。证明 **L6**:如果 A 和 B 是**斜对称的**,则 $A \circ B$ 是斜对称的。

关于斜对称矩阵的一个漂亮的定理,是雅科比(Jacobi)于 1827 年证明的。他证明奇阶斜对称矩阵的行列式等于零。

13.20　向量

哈密顿的四元数和在某种程度上格拉斯曼的多元数理论,是由它们的创造者们当做探讨物理空间的数学工具设计出来的。这些工具,要想快掌握、易应用,是太复杂了;但是,从它们产生了容易学习得多,容易应用得多的向量分析这门学科。这工作主要起源于美国物理学家 J·W·吉布斯(Josiah Willard Gibbs,1839—1903),并且,每一个学初等物理的学生都会遇到。在初等物理中,向量被图解地当做有向线段或箭状物;并作出这些向量的相等、加法和乘法的下列定义:

1. *a* 和 *b* 两个向量是相等的,当且仅当它们有相等的长度和相同的方向。

2. 令 *a* 和 *b* 为任何两个向量。通过空间上的一点作向量 *a′* 和 *b′* 分别等于向量 *a* 和 *b*,并完成由 *a′* 和 *b′* 确定的平行四边形。则向量 *a* 和 *b* 的和 *a* + *b* 是其长和方向为从 *a′* 和 *b′* 的共同原点到该平行四边形第四个顶点的对角线的长和方向。

3. 令 *a* 和 *b* 为任何两个向量。*a* 和 *b* 这两个**向量积**(vector product) *a* × *b*,指的是一个向量,其长度在数值上等于定义(2)中平行四边形的面积,其方向是被安放在既垂直于 *a′* 又垂直于 *b′* 的位置上,并扭一个 180° 以内的角(能把向量 *a′* 变到向量 *b′* 的位置上的角)。

(a)证明:向量加法是服从交换律和结合律的。

(b)证明:向量乘法是不服交换律和结合律的。

(c)证明:向量乘法是对向量加法服从分配律的。

新哈芬(New Haven)出生的吉布斯(Gibbs),在耶鲁大学学习数学和物理,1863 年得物理学博士学位。然后,他到巴黎、柏林和海德尔堡进一步研究数学和物理。1871 年,他被聘任耶鲁大学数学物理教授。这位富有创造性的物理学家,对数学物理作出了引人注目的贡献。他于 1881 年,并且于 1884 年再一次发表其《向量分析》(*Vector Analysis*),1902 年,他发表其《统计力学基本原理》(*Elementary Principles of Statistical Mechanics*)。每一个学调和分析的学生遇见傅里叶级数的奇怪的吉布斯现象(*Gibb's phenomenon*)。

13.21　有趣的代数

534

考虑所有有序实数对的集合并定义:

1. $(a, b) = (c, d)$,当且仅当 $a = c$,并且 $b = d$。

2. $(a, b) + (c, d) = (a + c, b + d)$。

3. $(a,b)(c,d) = (0,ac)$。

4. $k(a,b) = (ka,kb)$。

(a)证明:乘法是服从交换律、结合律,并在加法上服从分配律的。

(b)证明:三个或多于三个因素的乘积总等于$(0,0)$。

(c)对单位 $u = (1,0)$ 和 $v = (0,1)$ 作乘法表。

13.22　点代数

令大写字母 $P,Q,R,\cdots$ 表示平面上的点。以 $P+Q=R$ 定义点 P 和点 Q 的加法,在这里 PQR 是一个逆时针方向的等边三角形。

(a)证明:该平面上的点的加法是不服从交换律也不服从结合律的。

(b)证明:如果 $P+Q=R$,则 $Q+R=P$。

(c)证实下列等式:

1. $(P+(P+(P+(P+(P+(P+Q)))))) = Q$。

2. $P+(P+(P+Q)) = (Q+P)+(P+Q)$。

3. $(P+Q)+R = (P+(Q+R))+Q$。

13.23　一个无限的非阿贝尔群

(a)证明:所有 2×2 矩阵

$$\begin{bmatrix} a & b \\ c & d \end{bmatrix}$$

的集合(在这里 a,b,c,d 是有理数,使得 $ad-bc \neq 0$)在凯利矩阵乘法下,构成一个群。

(b)计算矩阵 $A = \begin{bmatrix} 2 & 1 \\ 3 & -1 \end{bmatrix}$ 的逆,并且,证有:乘积 AA^{-1} 是单位矩阵。

13.24　哈密顿博弈

哈密顿博弈包括:确定一条沿着正十二面体的棱的路线,它过十二面体的每一个顶点一次且仅过一次,这游戏是哈密顿爵士发明的,他用字母表示十二面体的顶点代表不同的城镇,哈密顿提出许多与其博弈有联系的问题:

1.第一个问题是"环世界一周",即从某给定城镇出发,访问每一个别的城镇一次且仅一次,并回到原来的城镇,在这里,环游时,头 ≤ 5 个城市的旅行次序可以事先规定好。哈密顿在都柏林开的 1875 年英国数学会上发表了这问题的一个解。

535

2.由哈密顿提出的另一个问题是:从某第一个给定的城镇出发,以给定的次序访向某特定的城镇,然后继续访问别的城镇一次且仅一次,并到某第二个给定的城镇结束这次旅行。

请学生读一下哈密顿博弈的理论,参看 W. W. Rouse 编并由 H. S. M. Coxeter 修订的《数学游戏及随笔》(*Mathematical Recreations and Essays*)。

论文题目

13/1   19 世纪最伟大的数学家。

13/2   关于高斯的故事和轶事。

13/3   韦塞尔 – 阿甘特 – 高斯平面。

13/4   柯西对今天大学数学的影响。

13/5   椭圆函数——它们是什么,它们为什么如此取名。

13/6   19 世纪上半叶几何学中,独立的并且接近同时的发现之实例。

13/7   两位哈密顿(Sir William Hamilton)。

13/8   德摩根,作为最常被引用的数学家之一。

13/9   等价形式的持久性原则。

13/10   分析学会(The Analytical Society)。

13/11   西尔维斯特在美国。

13/12   音乐与数学。

13/13   19 世纪的一些数学神童。

13/14   19 世纪的一些早逝的数学家。

13/15   19 世纪常被成对联想的一些数学家,并且,为什么如此联想。

13/16   计算神童科尔伯恩(Colburn),比德(Bidder)和达译(Dase)。

13/17   19 世纪的代数和常说的观点;最伟大的发现是年轻人作出的。

13/18   19 世纪的剑桥数学家们。

13/19   热曼(Sophie Germain,1776—1831)。

13/20   阿贝尔(Niels Abel,1802—1829)。

13/21   关于罗巴切夫斯基和 J·鲍耶的轶事。

13/22   格林(George Green,1793—1841),这位磨坊主数学家。

13/23   盖特莱(Adolphe Quetelet,1796—1874)。

13/24   南丁格尔(Florence Nightingale,1820—1910)与数学。

13/25   伽罗瓦的故事。

参考文献

536

ALTSHILLER-COURT, NATHAN *Modern Pure Solid Geometry*[M]. 2nd ed. New York:Chelsea, 1964.

BALL, W. W. R., and H. S. M. COXETER *Mathematical Recreations and Essays*[M]. 12th ed. Toronto: University of Toronto Press, 1974. Reprinted by Dover Publications, New York.

BELL, E. T. *Men of Mathematics*[M]. New York: Simon and Schuster, 1937. Reprinted by the Mathematical Association of America.

BOLYAI, JOHN *The Science of absolute space*[M]. Translated by G. B. Halsted, 1895. In *Non-Euclidean Geometry*. New York: Dover Publications, 1955.

BOLZANO, BERNHARD *Paradoxes of the Infinite*[M]. Translated by D. A. Steele. London: Routledge and Kegan Paul, 1950.

BONOLA, ROBERTO *Non-Euclidean Geometry*[M]. Translated by H. S. Carslaw. New York: Dover Publications, 1955.

BOYER, C. B. *The History of the Calculus and Its Conceptual Development*[M]. New York: Dover Publications, 1949.

BUCCIARRELLI, LOUIS, and NANCY DWORSKY *Sophie Germain: An Essay in the History of the Theory of Elasticity*[M]. Dordrecht, Holland: D. Reidel, 1980.

BÜHLER, W. K. *Gauss, A Biographic Study*[M]. New York: Springer-Verlag, 1981.

BURTON, D. M. *Elementary Number Theory*[M]. Revised edition. Boston: Allyn and Bacon, 1980. Available from Wm. C. Brown Company, Dubuque, Iowa.

CAYLEY, ARTHUR *Collected Mathematical Papers*[M]. 14 vols. Cambridge: 1889 – 1898.

CROWE, M. J. *A History o Vector Analysis: The Evolution of the Idea of a Vectorial System*[M]. Notre Dame, Ind.: University of Notre Dame Press, 1967.

DE MORGAN, AUGUSTUS *A Budget of Paradoxes*[M]. 2 vols. New York: Dover Publications, 1954.

DE MORGAN, SOPHIA ELIZABETH *Memoir of A. D. M. by His Wife Sophie Elizabeth De Morgan, with Selections from His Letters*[M]. London: 1882.

DUNNINGTON, G. W. *Carl Friedrich Gauss, Titan of Science: A Study of His Life and Work*[M]. New York: Hafner, 1955.

EVES, HOWARD *A Survey of Geometry*, vol. 2[M]. Boston: Allyn and Bacon, 1965.

—— *Elementary Matrix Theory*[M]. New York: Dover Publications, 1980.

—— *Foundations and Fundamental Concepts of Mathematics*[M]. 3rd ed.

Boston: PWS-KENT Publishing Company, 1990.

FORDER, H. G. *The Calculus of Extension* [M]. New York: Cambridge University Press, 1941.

FOURIER, J. B. J. *The Analytical Theory of Heat* [M]. New York: Dover Publications, 1955.

GALOS, E. B. *Foundations of Euclidean and Non-Euclidean Geometry* [M]. New York: Holt, Rinehart and Winston, 1968.

GANS, DAVID *An Introduction to Non-Euclidean Geometry* [M]. New York: Academic Press, 1973.

GAUSS, C. F. *Inaugural Lecture on Astronomy and Papers on the Foundations of Mathematics* [M]. Translated by G. W. Dunnington. Baton Rouge, La.: Louisiana State University, 1937.

—— *Theory of the Motion of Heavenly Bodies* [M]. New York: Dover Publications, 1963.

—— *General Investigation of Curved Surfaces* [M]. Translated by Adam Hiltebeitel and James Morehead. New York: Raven Press, 1965.

—— *Disquisitiones arithmeticae* [M]. English translation by A. A. Clarke. New Haven, Conn.: Yale University Press, 1966.

GIBBS, J. W., and E. B. WILSON *Vector Analysis* [M]. New Haven, Conn.: Yale University Press, 1901.

GRABINER, J. V. *The Origins of Cauchy's Rigorous Calculus* [M]. Cambridge, Mass.: M.I.T. Press, 1981.

GRATTAN-GUINESS, I., in collaboration with J. R. RAVETZ *Joseph Fourier, 1768 – 1830* [M]. Cambridge, Mass.: M.I.T. Press, 1972.

GRAVES, R. P. *Life of Sir William Rowan Hamilton* [M]. 3 vols. Dublin: Hodges, Figgis, 1882.

GRAY, JEREMY *Ideas of Space: Euclidean, Non-Euclidean, and Relativistic* [M]. Oxford: Clarendon Press, 1979.

GREENBERG, MARVIN *Euclidean and Non-Euclidean Geometry: Development and History* [M]. San Francisco: W. H. Freeman, 1974.

HALL, TORD *Carl Friedrich Gauss* [M]. Translated by A. Froderberg. Cambridge, Mass.: M.I.T. Press, 1970.

HALSTED, G. B., ed. *Girolamo Saccheri's Euclides Vindicatus* [M]. New York: Chelsea, 1986.

HERIVEL, J. *Joseph Fourier, The Man and the Physicist* [M]. Oxford: Clarendon Press, 1975.

537

HOYLE, FRED *Ten Faces of the Universe*（Chap. 1）[M]. San Francisco: W. H. Freeman, 1977.

INFELD, LEOPOLD, *Whom the Gods Love: The Story of Evariste Galois* [M]. New York: McGraw-Hill, 1948.

KAGAN, V. N. *Lobachevsky and His Contribution to Science* [M]. Moscow: Foreign Languages Publishing House, 1957.

KLEIN, FELIX *Development of Mathematics in the 19th Century* [M]. Translated by M. Ackerman. Brookline, Mass.: Mathematical Science Press, 1979.

LANGER, R. E. *Fourier Series, the Genesis and Evolution of a Theory* [M]. Oberlin, Ohio: The Mathematical Association of America, 1947.

LOBACHEVSKY, NICHOLAS "*Geometrical researches on the theory of parallels.*" [M]. Translated by G. B. Halsted, 1891. In R. Bonola, *Non-Euclidean Geometry*. New York: Dover Publications, 1955.

MACFARLANE, ALEXANDER *Lectures on Ten British Mathematicians of the Nineteenth Century* [M]. New York: John Wiley, 1916.

MACHALE, DESMOND *George Boole: His Life and Work* [M]. Boole Press, 1985.

MARTIN, GEORGE *The Foundations of Geometry and the Non-Euclidean Plane* [M]. New York: Intext Educational Publishers, 1975.

MESCHKOWSKI, HERBERT *Ways of Thought of Great Mathematicians* [M]. San Francisco: Holden-Day, 1964.

—— *Evolution of Mathematical Thought* [M]. San Francisco: Holden-Day, 1965.

MERZ, J. T. *A History of European Thought in the Nineteenth Century* [M]. New York: Dover Publications, 1965.

MIDONICK, HENRIETTAO. *The Treasury of Mathematics: A Collection of Source Material in Mathematics Edited and Presented with Introductory Biographical and Historical Sketches* [M]. New York: Philosophical Library, 1965.

MUIR, JANE *Of Men and Numbers: The Story of the Great Mathematicians* [M]. New York: Dodd, Mead, 1961.

MUIR, THOMAS *The Theory of Deteminants in the Historical Order of Development* [M]. 4 vols. New York: Dover Publications, 1960.

NAVY, LUBOS *Origins of Modern Algebra* [M]. Groningen: Noordhoff, 1973.

O'DONNELL, SEAN *William Rowan Hamilton: Portrait of a Prodigy* [M]. Boole Press, 1983.

ORE, OYSTEIN *Niels Henrik Abel, Mathematician Extraordinary* [M].

538

Minneapolis, Minn.: University of Minnesota Press, 1957.

PEACOCK, GEORGE *Treatise on Algebra*[M]. 2 vols. 1840 – 1845. New York: *Scripta Mathematica*, 1940.

PRASAD, GANESH *Some Great Mathematicians of the Nineteenth Century, Their Lives and Their Works*[M]. 2 vols. Benares: Benares Mathematical Society, 1933-1934.

Quaternion Centenary Celebration[M]. Dublin: Proceedings of the Royal Irish Academy, vol. 50, 1945. (Among the articles is "The Dublin Mathematical School in the first half of the nineteenth century," by A. J. McConnell.)

SARTON, GEORGE *The Study of the History of Mathematics*[M]. New York: Dover Publications, 1957.

SCHAAF, W. L. *Carl Friedrich Gauss*[M]. New York: Watts, 1964.

SIMONS, L. G. *Bibliography of Early American Textbooks on Algebra*[M]. New York: *Scripta Mathematica*, 1936.

SMITH, D. E. *Source Book in Mathematics*[M]. New York: Dover Publications, 1958.

——, and JEKUTHIEL GINSBURG *A History of Mathematics in America Before 1900*[M]. Chicago: Open Court, 1934.

SOMMERVILLE, D. M. Y. *Bibliography of Non-Euclidean Geometry*[M]. London: Harrison, 1911.

STIGLER, S. M. *The History of Statistics: The Measurement of Uncertainty Before 1900*[M]. Cambridge, Mass.: Belknap Press, 1986.

TAYLOR, E. G. R. *The Mathematical Practitioners of Hanoverian England*[M]. New York: Cambridge University Press, 1966.

TURNBULL, H. W. *The Great Mathematicians*[M]. New York: New York Unversity Press, 1961.

VAN DER WAERDON, B. L. *A History of Algebra from al-Khwarizmi to Emmy Noether*[M]. New York: Springer-Verlag, 1985.

WHEELER, L. P. *Josiah Willard Gibbs: The History of a Great Mind*[M]. New Haven Conn.: Yale University Press, 1962.

WOLFE, H. E. *Introduction to Non-Euclidean Geometry*[M]. New York: Holt, Rinehart and Winston, 1945.

WUSSING, HANS *The Genesis of the Abstract Group Concept*[M]. Cambridge, Mass.: M.I.T. Press, 1984.

YOUNG, J. W. A., ed. *Monographs on Topics of Modern Mathematics Relevant to the Elementary Field*[M]. New York: Dover Publications, 1955.

第十四章 19世纪后期数学及分析的算术化

14.1 欧几里得工作的继续

直到现代,还有人这样认为:关于三角形和圆的初等综合几何,希腊人已经阐述得尽善尽美了。但实际情况并非如此,整个19世纪,人们对此又进行了令人信服的深入研究,即使现在来看,这一研究领域仍然没有到头,因为,有关三角形和相关的点、线、圆的大量综合探讨性论文已经并且正在继续发表。不少研究资料已引申到四面体及伴随的点、线、面、球。在这里,要详细介绍这样一个丰富而又广泛的研究领域的历史,工作量太大了。这些特殊的点、线、圆、面、球的名称,有许多是以最初的研究者命名的。这些名字中,主要有:热尔岗纳、内格尔、费尔巴哈、哈特、凯西、布洛卡、勒穆瓦纳、塔克、诺伊贝格、西摩松、麦凯、欧拉、高斯、博登米勒、富尔曼、舒特、施皮克尔、泰勒、德劳茨–法诺尼、马利、米奎尔、哈格、珀奥瑟里尔、史坦纳、塔里,及许多其他人。

除了像1565年的康曼丁那(Commandino)定理(参看问题研究14.2)和1678年的塞瓦(Ceva)定理(参看问题研究9.10)这样几个孤立的较早的发现之外,19世纪以前,在三角形和四面体的综合几何中没有什么新的、有意义的发现。诚然,欧拉于1765年发现了三角形的欧拉线(参看问题研究14.1),但他的证明是分析的。第一个综合证明由卡诺在其1803年所著《位置几何学》(*Geometrie de position*)一书中给出。与三角形相关的许多重要的几何定理,例如九点圆和误称的布洛卡点,是19世纪前半叶发现的。但是,这一研究领域惊人的发展,是在19世纪后半叶。这些发现中有许多来自法国、德国和英国。今天,对此领域的贡献还在继续,它来自世界的所有地区。

上述大部分资料均以现代几何(*modern*)或高等几何(*college*)为题,总结编入了现代课本。给未来中学几何教师开一门论述这方面资料的课程,很有必要,这一点无论怎么强调也不过分。这些材料肯定是初等的,但并不是容易的,并且是非常引人入胜的。

14.2 用欧几里得工具解三个著名问题的不可能性

直到19世纪才最终证明:古代的三个著名问题用欧几里得工具是不可能

解的。此事实的证明如今能在许多当代关于方程论的课本中找到。其中证明了：可作图性的判断的必要依据，其本质是代数的。特别是证明了下面两个定理：[1]

1.按给定的单位长能用欧几里得工具作图的任何长度的大小是代数数。

2.按给定的单位长，用欧几里得工具作出这样的线段是不可能的：其长度的大小是带有理系数而不存在有理根的三次方程的根。

根据第一条定理，化圆为方问题已有结论。因为，如果我们取给定圆的半径为单位长，则所求相等的正方形的边为 $\sqrt{\pi}$。这样，如果此问题用欧几里得工具是可能的，我们就能从单位长作另一条长度为 $\sqrt{\pi}$ 的线段。但是，这是不可能的，因为，林德曼于1882年证明 $\sqrt{\pi}$ 是非代数数。

第二条定理使另两个问题得到结论。例如，在倍立方体问题中，取给定立方体的边为单位长，令 x 表示所求立方体的边。于是，必定有 $x^3 = 2$。如果这问题能用欧几里得工具解，我们就能从单位长作出长度为 x 的另一线段。但是，这是不可能的，因为，$x^3 = 2$ 是带有理系数而不存在任何有理根[2] 的三次方程。

我们可由证明某特殊角不能用欧几里得工具三等分，推出一般角也不能这样三等分。于是，三角学中恒等式

$$\cos\theta = 4\cos^3\left(\frac{\theta}{3}\right) - 3\cos\left(\frac{\theta}{3}\right)$$

取 $\theta = 60°$，并且令 $x = \cos\left(\frac{\theta}{3}\right)$，即为

$$8x^3 - 6x - 1 = 0$$

令 OA 为给定的单位线段。以 O 为圆心，以 OA 为半径，作圆；并且以 A 为圆心，以 AO 为半径作一弧交圆于 B（图115）。于是，$\angle BOA = 60°$。设三等分角线即 $\angle COA = 20°$ 的一边交圆于 C，并且令 D 为从 C 向 OA 所引垂线之垂足。于是，$OD = \cos 20° = x$。由此得出：如果一个 $60°$ 角可用欧几里得工具三等分（换句话说，如果 OC 可用上述方法作出），我们就能从单位长 OA 作出另一长度为 x 的线段。但是，根据第二定理，这是不可能的；因为上述三次方程具有有理系数但无有理根。

应该指出，我们并未证明：任何角都不能用欧几里得工具三等分，只证明了：不是所有的角都能这样三等分。事实上，$90°$ 角和无限多个其他角是可以用欧几里得工具三等分的。

541

---

① 参看，例如，Howard Eves, A Survey of Geometry，第二册，pp.30-38.
② 应该回忆一下：如果一个有整系数的多项式 $a_0x^n + a_1x^{n-1} + \cdots + a_n = 0$ 有一个化简了的有理根 a/b，则 a 是 a_n 的因子，b 是 a_0 的因子。这么一来，$x^3 - 2 = 0$ 的任何有理根不外乎 $1，-1，2，-2$。根据直接检验，这些数没有一个满足此方程，所以，该方程无有理根。

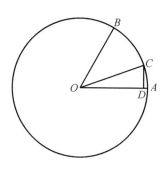

图 115

14.3 单独用圆规或直尺的作图①

18 世纪,意大利几何学者和诗人马斯凯罗尼(Lorenzo Mascheroni)作出惊人的发现:只要给定的和所求的元素都是点,那么一切欧几里得作图都可单独用圆规来完成;这么一来,直尺成了多余的工具。自然,直线不能用圆规绘出,但是用欧几里得作图得到的任何直线,可通过仅用圆规求出该直线的两点来确定。此发现于 1797 年发表于马斯凯罗尼的《圆规几何》(Geometria del compasso)一书中。

马斯凯罗尼

(David Smith 收藏)

---

① 为了对本书的内容连同其证明掌握得比较完全,可参看 Howard Eves, A Survey of Geometry,第一册,第四章。

因为在欧几里得几何作图中,从原点找新点不外乎:(1)求两个圆的交点;(2)求一条直线和一个圆的交点;(3)求两条直线的交点。所以,马斯凯罗尼全部要做的事是证明:如何仅用圆规能解问题(2)和(3)(这里,对于一条直线,我们只给出该直线的两个点)。

1928 年前不久,丹麦数学家 J·耶姆斯莱弗(1873—1950)的一个学生在哥本哈根一个书店里浏览时,偶尔见到一位无名作者 G·摩尔在 1672 年发表的丹麦文旧书《欧几里得》(Euclides danicus)。耶姆斯莱弗仔细研究了这本书,惊讶地发现:它包括了马斯凯罗尼的发现,并有证明,比马斯凯罗尼的发现早 125 年。1890 年,维也纳几何学者艾德勒(August Adler, 1863—1923)发表了马斯凯罗尼成果的一个新证明,用的是逆变换。 542

受马斯凯罗尼发现的启示,法国数学家蓬斯莱考虑到可以只用直尺作图。但并不是所有的欧几里得作图都能只用直尺得到,不过,奇怪的是只要在作图平面上有一个圆及其圆心存在,所有的欧几里得作图就能只用直尺实现。这个重要的定理于 1822 年被蓬斯莱想出;后来于 1833 年由瑞士 - 德国籍几何学天才史坦纳(Jacob Steiner, 1796—1863)彻底完成。在这里,有必要说明:当存在一个圆及其圆心时,仅用直尺能解作图(1)及(2),而在这里,圆是由圆心和圆周上的一点给定的。

大约在 980 年,阿拉伯数学家阿卜尔·维法提出用直尺和有**固定张度的圆规**(rusty compasses)作图。实际上,根据蓬斯莱 - 史坦纳定理,我们作图只要用一次圆规之后就可不必再用。1940 年,意大利人塞韦里(Francesco Severi)又前进了一步,他证明:全部需要的是一个圆的一段弧(不管多小)和它的圆心,有了这一条件就能单靠直尺完成欧几里得作图。艾德勒和其他人还证明过:任何欧几里得作图可用一双边直尺(不管这两条边平行与否)作出。有许多这类的令人感兴趣的作图定理,其证明需要相当巧妙的独创性。

最近[①],有证据表明:上面提到的 G·摩尔(Georg Mohr)是 1673 年发表的未署名的小册子《欧氏几何趣味补录》(Compendium Euclidis curiosi)的作者;该书实际上证明了:所有欧几里得的原始作图,用直尺和有固定张度的圆规来作都是可能的。

马斯凯罗尼 1750 年出生于意大利的卡斯塔内达(Castagneta)。他开始学习数学很迟,先是有兴趣于人文学科。他先在家乡后来又在帕维亚的学校教希腊文和诗。他取得了神职,并且,任大修道院的院长。继讲授人文学科之后,马斯凯罗尼对几何学发生了兴趣,并且,被聘请到帕维亚任数学教授。他写过物理学、微积分方面的著作;是米制的倡导者;并曾为欧拉的《积分学原理》作注。他

---

① 参看 A. E. Hallerberg, "The geometry of the fixed-compass." The Mathematics Teacher (April) 1959:230-244, and A. E. Hallerberg, "Georg Mohr and Euclidis curiosi," The Mathematics Teacher (February) 1960:127-132.

543 是拿破仑的朋友。拿破仑喜欢数学,是一位业余的几何学者;他还让他的将军们对圆规作图发生兴趣(参看问题研究 14.8(d))。马斯凯罗尼 1800 年在巴黎逝世。

蓬斯莱和史坦纳的传记资料见 14.4 节。

对于一个给定的作图题,求"最优的"欧几里得解的问题也曾被考虑过,而且几何作图学(*geometrography*)这样一门学科于 1907 年由勒穆瓦纳(Emile Lemoine,1840—1912)创立,开始是为了对两个作图做定量比较。为此目的,勒穆瓦纳考虑下列五种操作方法:

S_1:使直尺通过一给定点。

S_2:画一直线。

C_1:使一圆规腿与一给定点重合。

C_2:使一圆规腿与一给定轨迹的任何点重合。

C_3:绘一圆。

如果上述操作在一作图中分别进行 m_1, m_2, n_1, n_2, n_3 次,则可把 $m_1 S_1 + m_2 S_2 + n_1 C_1 + n_2 C_2 + n_3 C_3$ 看做该作图的**符号**(symbol)。操作的总数 $m_1 + m_2 + n_1 + n_2 + n_3$ 称为该作图的**单纯度**(simplicity),并且重合的总次数 $m_1 + n_1 + n_2$ 称为该作图的**确合度**(exactitude)。绘图轨迹的总次数是该作图的单纯度和确合度之差 $m_2 + n_3$。作通过 A 和 B 两点的直线的符号是 $2S_1 + S_2$,绘制以 C 为圆心,以 AB 为半径的圆的符号是 $3C_1 + C_3$。

勒穆瓦纳担任《数学家通信》(*l' Intermediare des mathematiciens*)的编辑。国际数学会(Internantional Mathematical Congress)在 1893 年芝加哥世界博览会(Chicago World Fair)上成立,他在国际数学会上发表了他的几何图解的建议

544 (1888 ~ 1889,1892,1893)。他的名字出现在几何学上,还与所谓三角形的勒穆瓦纳点(*Lemoine point*,或似中线(*Symmedian*)(参看问题研究 14.5)),和三角形的勒穆瓦纳线(*lemoine line*)、勒穆瓦纳圆(*Lemoine circle*),和第二勒穆瓦纳圆(*second Lemoine*,或余弦(*cosine*)圆)有关。在三维空间中,有勒穆瓦纳四面体(*Lemonine tetrahedron*),和四面体的勒穆瓦纳点(*Lemoine point*)和勒穆瓦纳平面(*Lemoine plane*)。

14.4 射影几何

19 世纪,除了非欧几何的发现之外,在几何学领域还有很多进展。已经指出过:构成欧几里得的工作的继续的惊人丰富的材料,内容颇为广泛。在本节中,将会看到:射影几何也作出了给人印象深刻的、丰富的成果。14.5 节讲解

析几何方法在 19 世纪的显著扩展。14.7 节对微分几何在那个世纪的异乎寻常的成长作一番仔细的考察。

虽然笛沙格、蒙日和卡诺曾最早对射影几何作过研究,其真正独立的研究是由蓬斯莱在 19 世纪开创的。蓬斯莱(Jean Victor Poncelet)1788 年出生于梅斯;在那里上公立中学;然后,从 1807 到 1810 年,进高等工艺学院;在那里,就教于蒙日。1812 年,作为义务,到梅斯军事学院当学生;参军时是中尉工程师;并且,参加了拿破仑的不幸的俄罗斯之战。在法国人从莫斯科撤退时,蓬斯莱在克拉斯诺伊战场上被俘;并且,在将近五个月强迫行军之后,被安置在伏尔加岸的萨拉托夫的监狱。在那里,在没有任何书的条件下,他开始构思其巨著《论图形的射影性质》;在他被释放,1814 年回到梅斯后,写成它,并于 1822 年在巴黎发表了该书。蓬斯莱后来在军队中任职,并穿插着写关于力学、水力学、无穷级数和几何学的著作。他发表了一篇关于应用力学的论文(1826),一篇关于水车(water mills)的有趣的研究报告,一篇关于在 1851 年伦敦国际展览会上演示的英国机械和工具的报告(也是 1826 年写的),其较早的 1822 年的著作的两卷(增订)本(1862,1865),和在《克列尔杂志》(Crdlle's Journal)上的许多篇几何论文。蓬斯莱一辈子身体强健,他在其军队的职位上,总是正直、高效、可靠;并且,他保持其数学上的创造能力,几乎一直到他逝世。他 1867 年在巴黎逝世,时年七十九岁。

蓬斯莱
(Culver 供稿)

蓬斯莱的《论图形的射影性质》是几何学上的一个里程碑。这部著作对射影几何的研究给予巨大的动力,并且开创了射影几何历史上的所谓"黄金时代"。跟着,有一大批数学家进入这个领域,主要有:热尔冈纳、布里安桑、夏斯莱、普吕克、史坦纳、斯陶特、罗斯和克里蒙纳。他们在几何学史(尤其是射影几何学史)上是重要人物。

545　　　我们在这里将只讲蓬斯莱在发展射影几何的过程中所用的两个数学工具:对偶原理(principle of duality)和连续原理(principle of continuity)。

在平面射影几何中,当在无穷远的理想元素被利用时,在点和线之间存在显著的对称性,使得:对于平面上一个只涉及"点"与"直线"的关联关系的一个定理,如果把其中的点和直线及其关联关系对换,就得到另一个关于"直线"与"点"的新定理。例如,下列的两个命题就是依此方式相关联的:

任何两个不同点确定且仅确定一条直线,它们两个点均在其上。

任何两条不同直线确定且仅确定一个点,它们两条直线均通过它。

使平面射影几何中命题成对的这种对称性,以对偶原理(principle of duality)著称,意义颇为深远。一旦对偶原理被证明,一个对偶对的一个命题的证明,就带来了其另一个命题的证明。让我们对偶化帕斯卡定理。我们先润色一下帕斯卡定理,使之较易对偶化。

一个六边形的六个顶点在一条圆锥曲线上,当且仅当,其三对对边的交点在一条直线上。

一个六边形的六条边切一条圆锥曲线,当且仅当,联接其三对顶点的直线交于一点。

546　　　这定理于 1806 年由布里安桑(Charles Julien Brianchon, 1785—1864)首先证明,这是在帕斯卡陈述此定理之后将近 200 年;布里安桑当时是巴黎高等工艺学院的学生。

证明对偶原理有几种方法。对于射影几何,有可能给出,本身就排成对偶对的一组公设。一旦线的"坐标"和点的"方程"的概念被系统表达,对偶原理还可以用解析方法证明(参看 14.5 节)。最后,熟悉关于某基本二次曲线的极点和极轴概念的学生能够这样证明:在极点和极轴之间如此建立的对应下:对每一个包括直线和点的图形,有一个包括点和直线的图形与之相伴。热尔岗纳和蓬斯莱最初证明对偶原理,就是用最后一种方法。极点(pole)这个术语是法国数学家塞瓦斯(F. J. Servais, 1767—1847)1810 年引进的;极轴(polar)这个对应的术语是热尔岗纳(Gergonne, 1771—1859)引进的。

有趣的是,指出:对偶原理在其他几个数学分支中也已被证明;例如,立体射影几何、布尔代数、三角恒等式的理论、球面三角、偏序集和命题演算。

蓬斯莱的另一个数学工具,连续原理(principle of continuity),可用下列的例子说明。考虑交于 A 和 B 两个实点两个圆的情形。初等几何的学生能容易地证明:对这两个圆有相等的势的点 P 的轨迹是线 AB。已证明了此性质,必定可用解析几何的方法证明。但是,解析几何的方法不能认知:这两个圆的交点

A 和 B 是实点,还是虚点。因此,证明 A 和 B 是实点情形下的命题的方程链,同时也证明 A 和 B 是虚点情形下的命题。由此得出,当我们的两个圆不相交时,对这两个圆有相等的势的点 P 的轨迹,仍然是直线。从对于实点情形的一个定理的证明得到对于虚点情形的定理的这种推理方法,被蓬斯莱称做几何学的连续原理(*Principle of continuity*)。在射影几何中,有许多这样的实例:对于实投影情形能成立的命题,能借助于连续原理推广到虚投影情形。

蓬斯莱的连续原理受到若干几何学者的反对,并且,蓬斯莱在《克列尔杂志》上发表许多篇论文来反驳,并例证地说明此原理。

史坦纳

(David Smith 收藏)

在射影几何中,蓬斯莱的许多思想被瑞士几何学家史坦纳进一步发展,他是世界已知的最伟大的综合几何学者之一。史坦纳 1796 年出生于乌曾多尔夫(Utzensdorf),到十四岁才开始学写。十七岁,他就学于著名的瑞士教育家佩斯塔洛奇(Johann Heinrich Pestalozzi,1746—1827);这位教育家向这个孩子灌输对数学的爱。后来,在 1818 年,进入海德尔堡大学,在那里,他很快显示出其数学才能。1821 年,他开始在数学上小试身手,不久就被聘任为吉维乐比卡德米(Gewerbeakademi)的教师。他的名字,通过他在新创编的《克列尔杂志》上发表的论文,而为人熟知。1834 年,由于雅科比、克列尔和冯洪堡特(von Humbolt)的影响,柏林大学为他设立了一个讲座,他余下的教学生涯就是在那里度过的。他的最后年月住在瑞士,身体状况很不好,1863 年在伯尔尼逝世。

史坦纳被人们称做"自阿波洛尼乌斯以来最伟大的几何学家",他在几何学的综合方法上具有信得过的能力。他成为这个领域的多产作者,写过许多高水平的论文。据说,他厌恶几何学中的解析方法,认为,那是几何学上的低能儿用

547

的拐杖。他创造新的几何是如此之快,以致来不及记下他的证明,结果关于他的许多发现,人们寻找其证明要花若干年。他的《系统发展》(*Systematische Entwicklungen*)1832 年发表,立即为他赢得了荣誉。这部著作全面地讨论了往复运动(reciprocation)、对偶原理,位似变程和位似束(homothetic ranges and pencils),调和分割,和奠基于把圆锥曲线(有丰富成果地)定义为有不同顶点的两个等交比束的对应直线的交点的轨迹的射影几何。他对于:空间上的 *n* 面体、曲线和曲面的理论、垂足曲线、一般旋转线和三次曲面上的二十七条直线的研究,作出了贡献。他用综合几何研究了极大、极小问题,而在其他人手里,变分法是必备的武器。他的名字在几何学的许多地方出现,例如:马尔发蒂(Malfatti)问题的史坦纳解和推广,史坦纳链,史坦纳不定设题(*porism*),和神秘的六线形的史坦纳点。

在蓬斯莱和史坦纳对射影几何的处理中,许多射影概念奠基于度量性质之上。1847 年,斯陶特(Karl Georg Christian von Staudt)发表了《位置几何学》(*Geometrie der Lage*),射影几何最终完全从任何度量基础上解脱出来。斯陶特 1798 年出生于罗腾堡,曾任爱尔兰根大学数学讲座,于 1867 年在爱尔兰根逝世。

对射影几何解析的一面,在麦比乌斯(Augustus Ferdinand Mobius, 1790—1868),夏斯莱(Michel Chasles, 1793—1880),尤其是普吕克(Julius Plucker, 1801—1868)的著作中,均有卓越的成果。普吕克在解析几何中的中坚地位,就像史坦纳在综合几何方面的地位那样重要。夏斯莱也是一位杰出的综合几何学者,并且他的《几何渊源与发展简史》(*Apercu historique sur l'origine et le developpement des methodes en geometrie*, 1837)至今仍然是几何学史方面的经典著作。夏斯莱 1841 年任高等工艺学院几何和数学教授,并且,在 1846 年,在理学院任几何教授。他以其 1865 年在巴黎发表的《论圆锥截面》(*Tratie des sections coniques*)得到皇家学会的科普利奖(Copley medal)。

后来证明:我们能靠采用度量的适当的射影定义,在射影几何的框架中研究度量几何;并且,把一个不变二次曲线添加到平面上的射影几何中,我们能得到传统的非欧几何。在 19 世纪晚期,和 20 世纪初,对射影几何作了多种公设处理,并且,有限射影几何也被发现。事实证明,逐渐地增添和改变公设,我们能从射影几何过渡到欧几里得几何,其间经历了其他许多重要的几何。

14.5 解析几何

有些平面坐标系不同于直角和斜角笛卡儿坐标系。事实上,人们能很容易地发明坐标系。我们的全部需要是一个适当地参考标架以及某些伴随的规则:

它告诉我们如何借助于有序数集来确定平面上的一个点相对于参考标架的位置。例如,对于直角笛卡儿坐标系,参考标架包括两个互相垂直的轴,每一个都有刻度;并且我们是熟悉其规则的;它告诉我们如何代表一个点与两轴的有正负号的距离的有序实数对,来确定该点相对于参考标架的位置。笛卡儿坐标系是使用的最普遍的坐标系,并且得以很大的发展。很多术语,像我们将曲线分为线性的、二次的、三次的等,都起源于使用这个坐标系。某些曲线(例如,许多螺线),用笛卡儿参考标架有难于处理的方程,而且某种灵巧地设计的别的坐标系,则有相对简单的方程。对螺线特别有用的是级坐标方程;我们应该记得:在 *549* 此,参考标架是一条无限长的射线;一个点由一对实数(其一代表距离,另一个代表角)来确定位置。极坐标的概念看来是雅科布·伯努利(Jakob Bernoulli, 1654—1705)提出的①。在 18 世纪末以前,进一步的坐标系很少被研究;这时,问题的特定需要给人以启示,某些别的代数结构更为适合,几何学者才想到挣脱笛卡儿坐标系的约束。毕竟坐标是为几何学设计的,而几何学并不是为坐标而设计的。

坐标体系的一个重大发展,是由普鲁士几何学者普吕克(Julius Plucker, 1801—1868)于 1829 年开创的。当时,他指出:我们的基本元素不一定是点,而可能是任何几何实体。这样,如果我们选直线为基本元素,则可以靠记下给定(不通过原点的)直线的截距 x 和 y 来给笛卡儿直角坐标系中的任何直线定位。普吕克实际上选取了这些截距的负倒数作为该直线的定位数;并且相当深入地探讨了这些所谓**线坐标**(line coordinates)的解析几何。现在可以说,一个点,不是有坐标而是有一个线性方程;也就是说这一方程被通过该点的所有直线的坐标满足(参看问题研究 14.15)。一对坐标,无论是点坐标或是线坐标的双重解,以及一个线性方程,无论是线的方程或是点的方程的双重解释,都为普吕克射影几何对偶原理的解析证明提供了基础。一条曲线可看做其点的轨迹或其切线的包络线(图 116)。如果不是用点或直线,我们就应当选择圆作为基本元素,这就需要用一个有序三元数组来完全确定我们的某一个元素。例如,在直 *550* 角笛卡儿参考标架上,我们可以取该圆圆心的两个笛卡儿坐标和该圆的半径。这些概念导致了维数论的产生和发展。一种几何的**维数**(dimensionality)被看做是为这种几何的基本元素定位所需的独立的坐标的数目。根据这个概念,平面在点几何中是二维的,但是在圆几何中是三维的。可证明:如果平面上所有圆锥曲线的总体被选为基本元素的流形(*manitold*),则平面是五维的。当然,维数论的发展远远超出了这一基本概念,今天是一个具有相当广度和深度的课题。

---

① 参看 C. B. Boyer, "Newton as an originator of polar coordinates." The American Mathematical Monthly (Feburary) 1949:73-78.

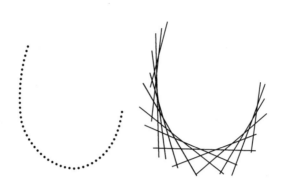

图 116

虽然笛卡儿曾提到过立体解析几何,但他没有详尽阐述。而像小弗朗斯·范·朔腾、拉伊雷和约翰·伯努利等另外一些人,提出了我们熟悉的立体解析几何;但是该领域最初的系统发展是在 1700 年以后,当时帕朗特(Antoine Parent, 1666—1716)把一篇关于立体解析几何的论文送给了法国科学院。1731 年,克雷罗(A.C.Clairaut, 1713—1765)成为解析地论述空间非平面曲线的第一人。后来欧拉将此领域向前推进,远远超过了其初级阶段。这些开创者们把点选作基本元素。虽然空间在点几何中是三维的,但还可以证明它在线几何和在球几何中是四维的;然而,在面几何中,它却是三维的(参看问题研究 14.16)。

当综合几何学者们做起来容易,并且取得丰富的收获时,解析几何学者们陷入了代数计算的困境。解析几何想要完全胜过综合几何,就必须推出新的、改进的程序。为了达到这个宏伟的目标,坐标方法的某些首要人物参加进解析几何的防线,并且,这门学科开始其黄金时代。为解析几何改进程序作出最突出贡献的是普吕克;他在一系列的论文和教科书中设计的方法表明:解析几何只要适当地使用,用不着技巧,而且比综合几何简单。

普吕克 1801 年出生于埃尔伯弗尔德,在波恩、柏林和海德尔堡上学,在巴黎学过短时间,在那里听了蒙日和他的学生们的讲演。在 1826 年和 1836 年之间,他在波恩、柏林和哈雷相继任教。1836 年,他回到波恩大学任数学教授,1847 年,在该校改任物理学讲座。他 1868 年在波恩逝世。

普吕克的两卷《解析几何的发展》(*Analytisch — geometrische Entwicklungen*)在 1828 年和 1831 年发表。**缩减符号法**(method of abridged notation)虽然早就被拉梅(Gabriel Lame)和博比利尔(Etienne Bobillier)采用过;但是,其第一次深刻的处理,还是在该著作的第一册中给出的。缩减符号的思想在于:以单个字母表示长的表达式;并且,依这个基本原理:如果 $\alpha(x, y) = 0$ 和 $\beta(x, y) = 0$ 是两条曲线,则 $u\alpha + v\beta = 0$(在这里,u 和 v 是 x 和 y 的任何常数或函数),是过曲线 $\alpha = 0$ 和 $\beta = 0$ 的交点的曲线。像笛沙格的两三角形定理和帕斯卡的神秘的六线形定理,这样看来代数上很复杂的定理,能借助于缩减符号给出显著简洁的证明。

551

普吕克

（David Eugene Smith Collection, Rare
Book and Manuscript Library, Columbia
University 供稿）

例如,考虑帕斯卡的神秘六线形定理:如果 $1,2,3,4,5,6$ 六个点在一条圆锥曲
线上,则 56 和 $23,16$ 和 $34,12$ 和 45 这三对直线的交点共线。

令 $\alpha = 0, \beta = 0$。$\gamma = 0, \alpha' = 0, \beta' = 0, \gamma' = 0$ 为直线 $12,34,56,45,61,23$ 的
方程(图 117)。考虑三次曲线

$$\alpha\beta\gamma + k\alpha'\beta'\gamma' = 0$$

不管 k 的值是什么,此三次方程过 $1,2,3,4,5,6,P,Q,R$ 九个点。取圆锥曲线
上另一个点 7,并如此确定 k;让该三次曲线也过点 7。然而,一条三次曲线和
一条二次曲线至多交于 $(3)(2) = 6$ 个点,除非该二次曲线是该三次曲线的一部
分,而余下的部分是某直线。这个必定是这种情况,并且,余下的三个点 $P, Q,$
R 必定处于一条直线上。

在《解析几何的发展》的第二册中,有平面上点的齐次坐标的表达法。在这
里,有笛卡儿坐标 (X, Y) 的点 P 的(笛卡儿)齐次坐标,被定义为:任何有序三
元数 $(triple)(x, y, t)$,使得 $X = x/t$ 和 $Y = y/t$。由此得出表示同一点的三元数
(x, y, t) 和 (kx, ky, kt)。齐次($homogeneous$)这个名字来自这个事实:当人们把
一个代数曲线在笛卡儿坐标上的方程 $f(X, Y) = 0$ 转换成这个形式:$f(x/t, y/t) = 0$ 时,新方程中的所有项对新变量来说是同次的。但是,更重要的是,在笛
卡儿坐标系中无法计数的齐次坐标的三元数 $(x, y, 0)$ 表示无穷远点;并且,这
么一来,开普勒,笛沙格和蓬斯莱的理想的无穷远点,有了坐标系中的表示法。

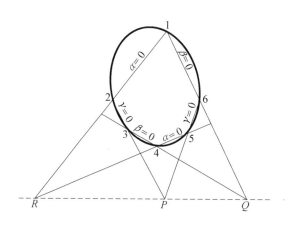

图 117

552　于是,方程 $t=0$ 就是理想的无穷远线的方程。由此得出:齐次坐标为射影几何的解析探讨提供了完善的工具;要知道,射影几何是既需要平面上的有限点,又需要平面上的无穷远点的。

普吕克的《解析 n 何的体系》(*System der analytischen Geometrie*,1835)一书,包括三次曲线的完全的分类;他的分类法是奠基于这些三次曲线的无穷远点的性质之上的。他在 1839 年发表的《代数曲线理论》(*Theorie der a algebraischen Curven*)中,给出了四次曲线的详细目录,和他的著名的、与代数曲线的奇异性相联系的四次方程。这些方程是

$$m = n(n-1) - 2\delta - 3\kappa,\ n = m(m-1) - 2\tau - 3\iota$$
$$\iota = 3n(n-2) - 6\delta - 8\kappa,\ \kappa = 3m(m-2) - 6\tau - 8\iota$$

在这里,m 是该曲线的类(当在线坐标上表示时,该曲线的方程的次数),n 是该曲线的阶(当在点坐标上表示时,该曲线的方程的次数),δ 是结点数,κ 是尖点数,ι 是拐点数,并且 τ 是双切点数。

在他担任物理学教授之后的大约二十年中,普吕克多半从事研究:光谱分析、磁学、和菲涅耳波面。后来,他又回过来研究他最先喜爱的数学,并且,发展空间上线的四维几何,连同他的空间上线的"线丛"和"线汇"的理论。

553　　要对 19 世纪解析几何的重大发展作更为详细的讲述,就应该还提到:热尔岗纳(Joseph Diaz Gergonne,1771—1859),炮兵军官、编辑和数学教授;麦比乌斯(Augustus Ferdinand Mobius,1790—1868),莱比锡的教授;博比利尔(Etienne Bobillier,1798—1840),力学教授;黑塞(Ludwig Otto Hesse,1811—1874),柯尼斯堡的教授;克列卜什(Rudolph Friedrich Alfred Clebsch,1833—1872),先是柯尼斯堡,后来是哥廷根的教授;哈芬(George-Henri Halphen,1844—1889),鲁昂人,并且在巴黎高等工艺学院任主考;及其他人。

把解析几何应用于 n 维($n > 3$)空间的研究,留在下一节讲。

14.6 n 维几何

在点几何中是 n 维(n > 3)的多维空间这个最初的模糊不清的概念,已经查不清是何年何月的事了,并且这一概念还被形而上学的思维方法弄混了。详细论述高维点几何所发表的第一篇论文是凯利(Arthur Cayley, 1821—1985)于 1843 年写的,从此以后,该领域受到凯利,西尔维斯特(J. J. Sylvester, 1814—1897)和克利福德(W. K. Clifford, 1845—1879)三位英国数学家的关注。同时代的开创性工作是大陆上的格拉斯曼(H. G. Grassmann, 1809—1877)和施莱弗利(Ludwing Schlafli, 1814—1895)做的,但那时未受到任何注意。事实上,施莱弗利的大多数著作,在他死后几年才发表,并且在那个时候,施勒格尔(Victor Schlegel, 1843—1905)及德国的其他人都曾使此领域为人们熟知。高维射影几何差不多完全是由意大利几何学者发展起来的,虽然,1878 年创立此项研究的是克利福德。

关于高维点几何的初期研究工作与上述研究领域根本无关,我们发现,这一研究工作的算术方面是由分析法的实际应用逐步发展起来的。在分析方法的实际应用中间,解析方法是很容易从两个或三个变量发展为任意多个变量的。这样,格林(George Green, 1793—1841)于 1833 年将两个椭球体相互吸引的问题归结到解析方法中,之后又解了任意多个变量的此类问题,也就是说:“不再局限于三维空间”。另外一些学者也提出若干发展到任意多个变量的类似方法,这不过是进一步把几何学术语应用于代数和分析学中的许多形式和方法中的一个步骤。柯西在 1847 年写的一篇关于解析轨迹的论文中讲到此方法,他说:“我们将称一 n 个变量的集合为一个解析点,称一个或一组方程为一个解析轨迹”等。毫无疑问,高维几何这个解析观点的最重要的早期论述发现于黎曼 1854 年所写的重要讲演稿中;这个讲演稿,直到 1866 年才发表。黎曼在讲演稿中确立了其 n 维流形的概念及它们的测度关系;并且在全部论述中,他总是在思考之前就有了几何概念和形象思维。

论述高维几何学的论文和著作,在 1870 年之后与日俱增。1911 年,萨默魏里(D. M. Y. Sommercille)发表了《非欧几何(包括平行线理论、几何学基础及 n 维空间)书目》(*Bibliography of Non-Euclidean Grometry*, *Including the Theory of Parallels*, *The Foundations of Geometry*, *and Space of n Dimensions*)。在此书目中,有 1832 年出的关于 n 维几何的书,其中大约三分之一是意大利的、三分之一是德国的,其余的多半是法国、英国和荷兰的。

人们通过将适当的概念引入 n 维算术空间的方法解析地研究 n 维几何。**n 维算术空间**(Arithmetic space of n dimensions)是所有有序 n 元实数数组 x =

554

$(x_1, x_2, \cdots, x_n)$ 的集合,并且,每一个这样的 n 元数组被称做该空间的点(point)。这些点之间的关系,由类似于二维和三维笛卡儿点空间上的点的对应关系式来定义。例如因为在二维直角笛形儿坐标系中两点 (x_1, x_2) 和 (y_1, y_2) 之间的距离被给定为

$$[(x_1 - y_1)^2 + (x_2 - y_2)^2]^{1/2}$$

在三维直角笛卡儿坐标系中两点 (x_1, x_2, x_3) 和 (y_1, y_2, y_3) 之间的距离被给定为

$$[(x_1 - y_1)^2 + (x_2 - y_2)^2 + (x_3 - y_3)^2]^{1/2}$$

我们定义 n 维算术空间中 $x = (x_1, x_2, \cdots, x_n)$ 和 $y = (y_1, y_2, \cdots, y_n)$ 之间的**距离**(distance)为

$$[(x_1 - y_1)^2 + \cdots + (x_n - y_n)^2]^{1/2}$$

类似地,我们将半径为 r,并以点 $(a_1, \cdots, a_n)$ 为球心的 n **维球**定义为所有点 $x = (x_1 \cdots x_n)$ 的集合,使得

$$(x_1 - a_1)^2 + \cdots + (x_n - a_n)^2 = r^2$$

我们将一对点定义为一**线段**(line segment),并且将任何有序 n 元数定义为形式

$$(k(y_1 - x_1), \cdots, k(y_n - x_n)) \quad k \neq 0$$

即由点 x 和点 y 确定的线段 xy 的**方向数**(direction numbers)。xy 和 uv 两个线段之间的**夹角** θ **的余弦**(cosine of the angle)被定义为

$$\cos\theta = \frac{(y_1 - x_1)(v_1 - u_1) + \cdots + (y_n - x_n)(v_n - u_n)}{d(x, y) d(u, v)}$$

555 在这里,$d(x, y)$ 是点 x 和点 y 之间的距离,$d(u, v)$ 是点 u 和点 v 之间的距离。两个线段被认为是**互相垂直的**(perpendicular),当且仅当,它们之间的夹角的余弦为零。将点 x 映射为点 y 的变换形式

$$y_i = a_i + x_i \quad i = 1, \cdots, n$$

被称做**平移**(translation)。空间其他点射影到它本身上能类似地被定义。易于给出一个 n 维二次曲线面($n - dimensional\ conicoid$)的定义,然后研究这些二次曲面的极点、极轴及其他性质。这类 n 维几何能被看做是采用几何术语的纯代数研究。

高维几何学在别的研究领域中不乏应用。事实上,物理学家和统计学家们的某些需要对该领域的扩充与发展确实大有促进。例如,今天甚至为外行普遍知道的:相对论使用四维空间的概念。但是在这里可以讲一个较容易的例子,说明空气动力学的数学处理是如何采用高维几何的。考虑一个盛气体的封闭容器,假定气体由 m 个分子组成。这些分子在容器里游来游去;若它们中任何特定的一个,在某一瞬间,位于普通空间的点 (x, y, z) 并在那一瞬间,有沿着坐标方向的某速度分量 u, v, w。只有当我们知道 x, y, z, u, v, w 所有六个数时,

我们才会知道该分子在给定的瞬间的位置以及其运动的方向和速度。容器中空气的 m 个分子,就这样依赖于 $6m$ 个坐标。在任何一瞬间,这 $6m$ 个坐标有确定的值,它们确定空气在该瞬间的状态(state)。现在,这 $6m$ 个值定义 $6m$ 维点空间中的一点,并且,在这样的点与空气的可能状态之间存在一一对应关系。当空气的状态由于分子的运动而变化时,该对应点生成 $6m$ 维空间中的一条路线或轨迹,从而空气的性态或变化过程被此轨迹用几何形式表示出来。

14.7 微分几何

微分几何是以微积分为工具研究曲线和曲面的性质及其推广应用的几何学。微分几何研究曲线和曲面,多半着眼于它们任何点的直接领域。这方面的微分几何以局部微分几何(*local differential geometry*)或小范围微分几何(*differential geometry in the small*)著称。无论如何,几何图形的总体结构的性质、有时蕴涵于该图形的某些局部性质之中,这些性质在该图形的每一点上都保持。这导致所谓**积分几何**(integral geometry)或**大范围微分几何**(global differential geometry in the large)。

虽然,在阿基米德关于面积和体积的测定、阿波洛尼乌斯对圆锥曲线的法线的处理以及后来在卡瓦列利的不可分元法和惠更斯的关于曲率和包络线的出色著作中,我们能找到由趋于无限小的图形的研究而推导出的几何定理,但是说微分几何(至少以其现代的形式)开始于 18 世纪初微分和积分在解析上的应用,也许是正确的。但是对这一领域最初的,起到重大推动作用的研究是由蒙日(1746—1818)完成的,他堪称是空间曲线和曲面微分几何之父。

蒙日是一位杰出的教师,他在巴黎埃克尔高等工艺学院的教学把一大批年轻人引入此领域。这些人中有:莫伊斯尼尔(J. B. Meusnier, 1754—1793)、莫吕斯(E. L. Malus, 1775—1812),杜班(C. Dupin, 1784—1873)和罗德里居埃(O. Rodrigues, 1794—1851)。他们都在微分几何中有以自己的名字命名的重要定理。例如,莫伊斯尼尔的一个定理陈述如下:

如果 PT 是给定的曲面 S 在 S 上的给定点 P 的切线,则 S 的过 PT 可变截面的在点 P 的曲率圆,是在截以 C_n 为球心,以 r_n 为半径的球的截面上的圆;在这里,C_n 和 r_n 是 S 的过切线 PT 的法截面的在点 P 的曲率圆的圆心和半径。

杜班的一个定理陈述如下:

在曲面 S 上的点 P,在任何两个互相垂直的方向上的法曲率之和是一个常数。

杜班指标图也是以杜班的名字命名的,这种方法向我们提供关于在曲面 S 的点 P 上,S 的性质的更多信息。

556

蒙日和他的学生们成为微分几何的法国学派的开创者。这个学派后来包括：柯西(Angustin Louis Cauchy, 1789—1857)；圣维南(B. De Saint-Venant, 1796—1886)，他在 1845 年给出了副法线(*binormal*)(与空间曲线的点的局部三面体有关)这个术语；弗勒纳特(F. Frenet, 1816—1888)和瑟勒特(J. A. Serret, 1819—1885)，弗勒纳特 - 瑟勒特公式(*Frenet-Serret formulas*)就是以他们的名字命名的，它在空间曲线的解析研究中起重要作用；皮伊瑟克斯(V. Puiseux, 1820—1883)；和贝特兰(J. Bertrand, 1822—1900)，一条空间曲线的主法线是另一条空间曲线的主法线，这样的成对的曲线是与他的名字相联系的。

柯西在微分几何方面的研究工作，标志着该领域的历史上第一个时期的结束。第二个时期是由高斯(Carl Friedrich Gauss, 1777—1855)开创的；他引进了曲线与曲面的参数表达式，使之成为研究曲线和曲面微分几何的特别有效的方法。然后有：G·梅纳尔迪(G. Mainardi, 1800—1879)和科达齐(D. Codazzi, 1824—1875)，该学科的重要方程是以他们的名字命名的；比利时盲人物理学家普拉托(J. Plateau, 1801—1883)，雅科比(C. G. J. Jacobi, 1804—1851)；邦纳特(O. Bonnet, 1819—1892)；克里斯托弗尔(E. B. Christoffel, 1829—1901)；贝尔特拉米(E. Beltrami, 1835—1900)；达尔布克斯(J. D. Darboux, 1842—1917)，与空间曲线上的每个点有联系的特殊向量是以他的名字命名的；以及完成杜班做的与**三正交族曲面**(triply or thogonal families of surfaces)(其中每一族与其他两族正交)有关的工作的人们和对空间上曲线和曲面的传统理论作出了贡献的许多其他人。

微分几何历史上第三个时期是由黎曼(George Bernhard Riemann, 1826—1866)创始的。从这里我们意识到：现代数学有竭力作最大可能推广的倾向。通常的熟悉的三维空间被丢在后面，研究集中于 n 维空间中的 m 维可微流形这类事物上。为了使之进一步发展，必须做两件事：一件是，改进记号；另一件是，依赖于流形的性质而不依赖于所采用的特殊坐标系的程序。从而，提出了张量演算(*tensor calculus*)，发展了一般研究，在这些方面作出重要工作的有诸如里奇 - 库尔巴斯特罗(G. Riccci Curbastro, 1853—1925)，列维 - 齐维塔(T. Levi-Civita, 1873—1941)和爱因斯坦(A. Einstein, 1879—1955)这样的数学家。推广了的微分几何被称做黎曼几何(*Riemannian geometries*)，人们正在对其作更深入的研究；而这些研究又导致非黎曼几何(*non - Riemannian geometries*)和别的几何的发展。今天，在微分几何方面的研究，注重的是一般和抽象，不像传统的研究那样被紧紧地束缚于具体问题。

曲面可以用两种方式验证：或当做立体的边界，或当做孤立的二维薄膜。前者是制图工程师看待曲面的方式，后者是测量员考虑它的方式。第一个观点引导人们去找出与其周围空间相关联的曲面的性质；第二个观点引导人们去找出独立于其周围空间的曲面的性质。第一类性质被称做曲面的**相关性质**

557

(relative properties)，对它们的研究被称做曲面的**外在几何**（extrinsic geometry），第二类性质被称做曲面的**绝对性质**（absolute properties），对它们的研究被称做曲面的**内蕴几何**（intrinsic geometry）。有趣的是，蒙日和高斯这两位在曲面微分几何上作出贡献的人，分别把曲面看做是立体的边界和孤立的二维薄膜。蒙日之所以引起人们的特别注意，是由于其作为军工建筑工程师所做的出色工作；高斯却是由于他的大地测量学方面所做的工作而格外引人注目。

高斯在他 1827 年发表的伟大著作《一般曲面论》（*Disquisitiones generales circa superficies curvas*）中引进了在曲面 S 上点 P 的曲面 S 的曲率这个重要概念。考虑由包括在 S 上点 P 的 S 的法线的平面做成的 S 的截面。在这些截面中，有一个在点 P 有极大曲率 k，还有一个在点 P 有极小曲率 k'。这两个截面一般是彼此成直角，并且，它们在点 P 的曲率被称做在点 P 的 S 的**主曲率**（principal curvatures）。乘积 $K = kk'$ 被称做在点 P 的 S 曲面的**高斯曲率**（Gaussian）或**全曲率**（total）。如果两个主曲率的指向相同，则 K 取正值；如果两个主曲率的指向相反，则 K 取负值；如果两个主曲率至少有一个为零，则 K 为零。高斯发现这个重要定理：

如果一个曲面是弯曲的（没有伸缩、皱褶、或破裂），则该曲面在每一点的全概率保持不变。

两个能弯曲以便叠合的曲面，被称做是彼此**可贴合的**（applicable）曲面，它们有相同的内蕴几何。例如，平面和圆柱有相同的内蕴几何，但是，在空间中，确实不像可贴合的。应该在脑子里记住：我们考虑的是局部（local）微分几何，而不是全局（global）微分几何。平面和圆柱有相同的局部内蕴几何，但是，显然，没有相同的全局内蕴几何。

全曲率 K 是曲面的绝对性质，是高斯关于曲面的最重要的发现之一。初看，这似乎不可信；因为在曲面上一点的曲面的全曲率，等于该曲面在该点的两个主法曲率的乘积。但是，一个点的法曲率是该曲面的相对性质："一个曲面的全曲率 K 是该曲面的绝对性质"，这个陈述被称做**高斯超群命题**（Gauss' therema egregium）。

高斯还证明了：如果我们在一个曲面上有以测地线（指的是，在该曲面上，以最短长度联结一对点的曲线）为边的一个三角形，并且，如果该三角形的角是 a_1, a_2, a_3，则

$$\iint_A K \mathrm{d}A = a_1 + a_2 + a_3 - \pi$$

在这里，A 是该三角形的面积。如果该曲面有常全曲率 K，则

$$a_1 + a_2 + a_3 - \pi = KA$$

而且，该三角形的角和与 π 之差为正、零或负，依 $K > 0$，$= 0$，或 < 0 而定；并且，

558

$K > 0$ 时的盈量和 $K < 0$ 时的亏量均与该三角形的面积成正比。由此得出：常全曲率非零的曲面的测地线的内蕴几何是非欧几何，而常全曲率为零的曲面的测地线的内蕴几何是欧氏几何。

热曼于 1831 年引进了：曲面上点 P 的该曲面的**平均曲率**（mean curvature）$M = (k + k')/2$ 的概念。特别有趣的 M 处处为零的曲面；这样的曲面被称做**极小曲面**（minimal surfaces）。由此得出：在极小曲面的任何点，两个主法曲率在量上相等而符号相反。极小曲面因下列事实而得名：它们有这样的特征，在所有由给定的空间封闭曲线界定的曲面上，这种曲面的面积最小。这可用肥皂泡的形状例证地说明：当任何形状的闭合金属环浸入肥皂溶液后取出时，金属环上肥皂泡的表面张力使它的表面积极小化。确定过给定封闭空间曲线的极小面积的问题，是拉格朗日最先提出的；但是，人们称之为**普拉托问题**（problem of Plateau），由于这位盲人物理学家是设计出"理解"这些曲面的肥皂泡方法的第一人。有趣的是，我们能以小范围的性质，或以大范围的性质，作为极小曲面的特征。普拉托问题的完全的数学解，1831 年由美国数学家道格拉斯（Jesse Douglas, 1897—1965）给出，那时他仅三十四岁；道格拉斯因此得到伯舍尔（Bocher）奖和菲尔兹奖（1936）的两个第一之一。

14.8　克莱因与爱尔兰根大纲

1872 年，克莱因（Felix Klein, 1849—1925）在二十三岁任教之前，根据惯例向爱尔兰根大学的哲学教授会和评议会作了专业就职演说，并且，以书面论文显示自己在数学领域的研究兴趣。这演说以大学的广大听众为对象，并且表达了：克莱因的知识统一性的教学法观点，和不应该因专业教育而忽视全面教育的思想。在演说了之后，他又精心地写作其书面论文。这么样，他就职的两件事，既显示了他对教学法的浓厚兴趣，也表现了他对数学研究的严谨态度。

这篇书面论文，以他自己和李（Sophus Lie, 1842—1899）在群论方面的工作为基础，详尽地阐述了"几何学"的定义，实际上对当时的几何学做了整理分类，并且提出了研究几何学的新的有效途径。它被人们称做**爱尔兰根大纲**（Erlanger Programm）。它正好出现在群论几乎渗入数学的各个领域的时候，使一些数学家们开始感到：全部数学不过是群论的某个方面，而不是什么别的东西。也许我们应该把大纲（*programm*）看做是克莱因的独特的、最重要的数学成就。

克莱因将群论应用于几何学方面，是依赖于**集合 S 到它本身的变换**（transformation of a set S onto itself）这个概念，依此变换，S 的每一个元素对应于 S 的一个唯一的元素，并且 S 的每一元素是 S 的一个唯一的元素的对应。元素

559

的集合 S 到它自身的两个变换 T_1 与 T_2 的**乘积**(product)T_2T_1,指的是:先进行变换 T_1 再进行变换 T_2 得到的合成变换。如果 T 是集合 S 到它自身的变换,它将 S 的每一元素 a 变换到 S 中的一个对应元素 b,而把变换 T 翻过来的变换,即把 S 的每一元素 b 变换到 S 的原来的元素 a 的变换,被称做变换 T 的**逆变换**(inverse transformation),并用 T^{-1} 表示。使 S 的每一元素对应于它本身的变换被称做集合 S 上的**恒等变换**(identity transformation)并用 I 表示。现在,下述事实不难证明:考虑

集合 S 到它本身的所有变换的集合 Γ,如果(1)集合 Γ 的任何两个变换的乘积均处于集合 Γ 中,(2)集合 Γ 的任何变换的逆变换均处于集合 Γ 中,则此集合 Γ 在变换的乘法下构成一个群。

(在抽象代数的专门意义上——参看问题研究 13.6)。这样的一个变换的群被简称为**变换群**(transformation group)。

我们现在叙述一下克莱因为几何学下的著名定义:**几何学**是当集合 S 的元素经受某变换群 Γ 所包含的变换时集合 S 保持不变的那些性质的研究。为方便起见,这种几何学以符号 $G(S,\Gamma)$ 表示。 560

为了举例说明克莱因的几何定义,设 S 为通常平面所有点的集合,考虑由平移、旋转和线上的反射组成的所有 S 变换的集合 Γ。因为任何两个这样的变换的乘积和任何这样的变换的逆变换还是这样的变换,所以,Γ 是一个变换群。得到的几何是通常的**平面欧几里得度量几何**(plane Euclidean metric geometry)。因为像长度、面积、全等、平行、垂直、图形的相似性,点的共线性和线的共点性这样一些性质在群 Γ 下是不变的,而这些性质是在平面欧几里得度量几何中研究的。现在如果把 Γ 扩大,除了平移、旋转和线上的反射外,还包括位似变换(其中,每一点 P 对应于一点 P',使得 $AP = k \cdot AP'$,在这里,A 是某固定点,k 是某固定常数,并且 A,P,P' 共线),则得到**平面相似几何**(plane similarity)在此扩大的群下,像长度、面积和全等这类性质下不再保持不变,因而不再作为研究的课题。但平行、垂直、图形的相似性、点的共线性、线的共点性仍然是不变的性质,因而仍然是这种几何中要研究的课题。从克莱因观点考虑,平面射影几何是研究射影平面的点的这样一些性质的:当点经受所谓射影变换时,这些性质保持不变。在前面讲到的性质中,只有点的共线性和线的共点性仍然保持不变。在此变换群下,四个共线点的交比是一个重要的不变量;这个不变量在射影几何的研究中起着重要作用。在前面章节中考虑过的平面非欧度量几何可看做是研究非欧平面的点的这样一些性质:它们在由平移、旋转和线上的反射组成的变换的群下,保持不变。

在所有上述几何中,使某变换群的变换起作用的基本元素是点,因此,上述几何均为所谓**点几何**(point geometries)的例子。14.5 节中曾谈到过,还有其他

一些几何学,这些几何学不是把点选作基本元素。这样,几何学者们就研究了线几何、圆几何、球几何和其他各种几何。于是,在建立一种几何时,人们首先是不受拘束地选择几何的基本元素(点、线、圆等);其次,是自由选择这些元素的空间或流形(点的平面、点的寻常空间、点的球面、线的平面、圆束等),第三,是自由选择作用于这些基本元素的变换群。这样,新几何的建立就成为相当简单的事了。

另一个有趣之处是一些几何包含另一些几何的方式。例如,因为平面欧几里得度量几何的变换群是平面相似几何的变换群的子群,因而得出:在平面相似几何中成立的任何定理在欧几里得度量几何中必定成立。从这个观点出发就可以证明:射影几何存在于平面欧几里得度量几何或平面相似几何之中,并且我们有一个套一个的几何序列。直到目前为止,射影几何的变换群把所研究过的所有别的几何的变换群当做子群包括在内。凯利说"射影几何包括所有几何",实质上所指的就是这一点,但是就几何定理而论,情况正相反——射影几何的定理包含于各种其他几何的定理之中。

大约五十年之后,克莱因对几何学的综合与整理,仍基本成立。但是 20 世纪一开始,便出现了一些数学家们认为是几何学的数学命题,这些数学命题不能纳入克莱因的几何分类中,于是一个与此有关的新观点应运而生,这一新观点是以重叠作图结构的抽象空间概念为基础的,这一基础是可能或者也不可能以某变换群来定义的。我们将在 15.3 节中详细研究这个观点,在此须注意的是:上述一些新的几何,已应用在包含爱因斯坦广义相对论在内的现代物理空间理论中。克莱因概念在其实际应用中仍然十分有用,因而我们可以将满足上述的克莱因定义的几何称为**克莱因几何**(Kleinian geometry)。20 世纪,维布伦(Oswald Veblen,1880—1960)和嘉当(Elie Cartan,1869—1951),极其成功地发展和推广了克莱因定义,甚至包括了克莱因初始大纲之外的几何。

克莱因 1849 年出生于迪塞尔多夫。就学于波恩、哥廷根和柏林,并在波恩给普吕克当助教。他最初当教授是在爱尔兰根大学(1872 ~ 1875)。在那里,他的就职演说阐述几何大纲。然后在慕尼黑、莱比锡大学(1880 ~ 1886)和哥廷根大学(1886 ~ 1913)任教,并任哥廷根大学的系主任。他是《数学年鉴》(*Mathematische Ammalen*)的编辑,是《数学全书》(*Encyklopadie*)的奠基人。他是一位说理清楚的讲解员,启发人的教师和天才的演说家。克莱因 1925 年死于哥廷根。

克莱因任哥廷根大学系主任期间,该校成为全世界数学学者向往的地方。有不少第一流数学家曾就学于这所大学,或者作为高斯、狄利克雷和黎曼的知名继承人在那里任教,使哥廷根数学学派成为现代最著名的学派之一。在这些数学家中有:希尔伯特(David Hilbert,1862—1943,近代最伟大的数学家),兰道

克莱因

（David Smith 收藏）

（Edmund Landau，1877—1938，著名的数论学者），闵可夫斯基（Hermann Minkowski，1864—1909，出生于俄国，是几何数论创始人），阿克曼（Wilhelm Ackermann，1896—1962，是希尔伯特在数理逻辑方面的合作者），卡拉吉奥多里（Constantin Caratheodory，1873—1950，在函数论方面享有盛名的希腊数学家），策梅罗（Ernst Zermelo，1871—1953，以 Zermelo 公设闻名），龙格（Carl Runge，1856—1927，以 Runge – Kutta 方法为学习微分方程的学生们所熟知），诺特（Emmy Noether，1882—1935，著名的女代数学家），戴德金（Richard Dedekind，1831—1916，以戴德金分割闻名），德恩（Max Dehn，1878—1952，解答希尔伯特的 23 个问题之一的第一流数学家），魏尔（Hermann Weyl，1885—1955，以其数学基础和哲学方面的工作而特别为人们熟悉），以及许许多多别的人。

　　奇斯霍姆（Grace Emily Chisholm）这位英国妇女是克莱因在哥廷根大学的学生中的佼佼者，她被称做克莱因的"最喜爱的学生"。那时，在英国，不允许妇女上大学；奇斯霍姆女士到哥廷根大学攻读数学。1895 年，她通过正规的考试程序，成为德国的第一个女博士；过了几年，她与英国数学家杨（William Henry Young）结婚。

　　关于集合论及其在函数论中的应用的第一部内容丰富的教科书《点集论》（*The Theory of Sets of Points*）就是杨（William Henry Young，1863—1942）和他的妻子奇斯霍姆（Grace Chisholm Young，1868—1944）合写的，1906 年在英国发表。他们夫妻二人此外还发表了两部超过 200 页的数学书。他们的儿子 Laurence C. Youn 也是一位值得注意的数学家。

　　伟大的哥廷根大学，在纳粹党兴起、希特勒（Adolph Hitler，1889—1945）毁灭

563 它之前,对世界数学一直保持巨大的影响。极权政府和高压手段迫使著名的学者们迁往世界的其他地方,美国也许是最大的受惠者。致使:20世纪上半叶,美国的数学成就显著增长。类似地,在古代也有学者们的迁移,也许规模小些,那是:毕达哥拉斯去克罗托内,和后来学者们从亚历山大学逃往别处的时候。

14.9 分析的算术化

除了几何和代数的发展之外,19世纪还发生了第三个有深远意义的数学事件。这第三个事件发生在解析领域,其发展较为缓慢,人们称之为分析的算术化(*arithmetization of analysis*)。

当数学运算理论还很少为人们理解时,就存在着这样的危机:运算以盲目的形式甚至以不合逻辑的方式予以应用。运算者不知道该运算可能会受到的限制,有时把运算用于没有必要应用它的事例上。数学教师们每天都见到他们的学生犯这类错误。例如,一个学初等代数的学生,坚信对于所有实数 a,都有 $a^0 = 1$,从而令 $0^0 = 1$;另一个这样的学生假定对于每一对给定的实数值 a 和 b,方程 $ax = b$ 总是正好有一个实数解。再则,一个学三角的学生可能认为公式

$$\sqrt{1 - \sin^2 x} = \cos x$$

对于所有实数 x 成立。有的学微积分的学生不知道广义积分,他们只是表面上正确地应用形式的积分规则,于是得出不正确的结果;或者,他把仅对于绝对收敛无穷级数成立的某规则应用于某收敛的无穷级数,从而得到矛盾的结果。在微积分发明之后的近一百年中,在分析运算中常发生这类事。数学家们为微积分强有力的应用性所吸引,对该领域必须建立于其上的基础缺乏真正的理解,几乎盲目地处理分析过程,常凭直觉感到它能够用,就进行推演。越来越多的谬论就积累了起来,一些认真的数学家深感:乱七八糟地采用直观主义和形式主义① 要不得,非下决心为这一领域建立严格的基础不可。

564 首先提出彻底改变分析基础之不能令人满意的状况的是达兰贝尔(Jean-le-Rondd'Alembert,1717—1783)。他于1754年十分准确地发现:需要有极限的理论;但是,在1821年以前,此理论未得到完善的发展。实际上,在微积分的严格化上最早做工作的第一流数学家是拉格朗日(Joseph Louis Lagrange,1736—1813)。他试图以泰勒级数展开式表示函数,但由于忽视了必要的有关收敛性和发散性的问题,因而进展不大,他的研究成果1797年发表在他的巨著《解析函数论》(*Theorie des fonctions analytiques*)中。拉格朗日是18世纪的第一流数学家。他的著作对以后的数学研究有深刻的影响。有了拉格朗日的著作,便开始

---

① 本节中的直观主义和形式主义的术语,不要与当代的关于数学哲学的讨论中的术语相混淆。我们将在本书第15章讲述它们哲学上的涵义。

了从分析中排除依靠直觉和形式运算的长期而艰巨的研究工作。

19世纪,分析的理论工作在不断加深的基础上继续加强,这无疑应归功于高斯,因为高斯超过当时任何别的数学家,从直观概念中解脱出来,并为数学的严谨化奠定了新的高标准。再则,高斯在1812年处理超几何级数时,最先对无穷级数收敛性作了真正充分的思考。

1821年分析的理论研究工作向前跨出一大步。当时,法国数学家柯西(Augustin Louis Cauchy,1789—1857)成功地实现了达兰贝尔的建议:发展可接受的极限理论,然后,给出连续性、可微性和用极限概念表示定积分的定义。今天,初等微积分课本中写的比较认真的内容,实质上是这些定义。极限的概念确实是分析的发展必不可少的,因为无穷级数的收敛性和发散性也与此概念有关。柯西的严谨推理激发其他数学家努力摆脱形式运算和单凭直观的分析。

1874年,德国数学家魏尔斯特拉斯提出一个引人注目的例子,要求人们对分析基础作更深刻的理解。这一例子的内容是:一个处处没有导数的连续函数,或者等价地说在任何点上无切线的连续曲线。黎曼创造了一个函数,它对于该变量的所有无理值是连续的。但是,对于所有有理值是不连续的。此例看来与人的直觉相矛盾,并使人们更清楚地认识到:柯西对于使分析具备完善基础所做的研究,并不彻底。极限理论曾建立在实数系的简单直觉观念上。事实上,实数系或多或少被认为是当然的,在大多数初等微积分课本中仍然用它。极限理论、连续性和可微性与实数系的性质有关,该性质比假设的更为深奥。因此,魏尔斯特拉斯提出一个设想:实数系本身首先应该严格化,然后分析的所有概念应该由此数系导出。实现这个被称做**分析的算术化**(arithmetization of analysis)的著名的设想是相当困难和复杂的,但是魏尔斯特拉斯及其后继者使此设想基本上得以实现,使今天的全部分析可以从表明实数系特征的一个公设集中逻辑地推导出来。

数学家们的研究远远超出了把实数系作为分析基础的设想。欧几里得几何通过其分析的解释,也可放在实数系中;并且数学家们已经证明:如果欧几里得几何是相容的,则几何的多数分支是相容的。再则,实数系(或其某部分)可用来解释代数的那么多分支,显然:可以使大量的代数相容性依赖于实数的相容性。事实上,今天可以这样说:如果实数系是相容的,则现存的全部数学也是相容的。这就表明:实数系对于数学基础是极其重要的。

因为能使多种现存的数学建立在实数系之上,人们自然就会想到:这一基础能否引申得更深些。19世纪后期,由于戴德金(Richard Dedekind,1831—1916),康托尔(Georg Cantor,1845—1918)和皮亚诺(Giuseppe Peano,1858—1932)的工作,这些数学基础已建立在更简单更基础的自然数系之上。也就是说,这些人证明了实数系(由此导出多种数学)能从确立自然数系的公设集导出。20

世纪初期,证明了自然数可用集合论概念来定义,因而各种数学能以集合论为基础来讲述。逻辑学家们在罗素(Bertrand Russell, 1872—1970)和怀特黑德(Alfred North Whitehead, 1861—1947)的引导下,曾致力将此基础进一步引伸,办法是从逻辑命题演算的基础导出集合论;尽管并不是所有的数学家都认为此步骤是很成功的。

14.10 魏尔斯特拉斯和黎曼

一般认为:将来可能成为第一流数学家的人,为了在其领域内获得成功,必须在早年就开始认真地数学研究,而不能被过度的初等数学教学消磨其智力。但是 1815 年出生于奥斯坦菲尔德的魏尔斯特拉斯却成为这两条一般规律的杰出的例外。他年青时代走错了方向,把时间花费在研究法律与财政经济上,这使他很迟才开始搞数学。直到四十岁,他才最终从中学教学工作中解脱出来,在柏林大学得到一个教员职位。又过了八年,到 1864 年,他才被授予大学的正教授,并能最终把他的全部时间贡献给高等数学。魏尔斯特拉斯对花费在初等数学的年月从不感到遗憾,而且他后来把他杰出的教学才能用于大学教学,使他成为世界知名的杰出的高等数学教师。

魏尔斯特拉斯
(David Smith 收藏)

566 魏尔斯特拉斯写了许多关于超椭圆积分,阿贝尔函数和代数微分方程的早期论文,但是其众所周知的数学贡献,是他用幂级数建立的复变函数论。在一定意义上来说,这是拉格朗日早年尝试过的概念对复平面的推广;但是,魏尔斯特拉斯绝对严格地采用它。魏尔斯特拉斯对整函数和由无穷乘积定义的函数特别感兴趣。他发现了均匀收敛性，像我们上面说过的那样，开创了所谓的分析算术化或将分析的原理归结为实数概念。他的数学发现中有许多成为世界数学的财富，这些财富并不完全存在于他发表的论著中，而更多的是在听其讲演下的笔记中。他非常大方地允许学生们和其他人把许多应归功于他的数学珍宝，即他所作的数学研究加以实现并由此而享受盛誉。这里有一个颇为感人的例子：他在 1861 年的讲演中，首先讨论了其连续处处不可微函数的例子；而最终的成果却是在 1874 年由利摩德（Paul du Bois-Reymond, 1831—1889）发表的。前面说过，波尔查诺已经给出过这样的函数。

在代数学中，魏尔斯特拉斯也许是给出行列式的所谓公设性定义的第一个人。他把方阵 *A* 的行列式定义为 *A* 中元素的多项式，这种多项式对方阵 *A* 的每一行元素说都是齐次和线性的；方阵 *A* 的两行元素被置换时，多项式只需变更符号；当方阵 *A* 是对应的单位矩阵时，多项式应归结为 1。他还对双线性型和二次型作过贡献；并且和西尔维斯特（J. J. Sylvester, 1814—1897）、史密斯（H. J. S. Smith, 1826—1883）一道，创立了 λ – 矩阵的初等因子理论。

魏尔斯特拉斯是一位很有影响的教师，他细心准备的讲稿，为许多未来的数学家树立了典范；"魏尔斯特拉斯式的严谨"成为"极仔细地推理"的同义词。魏尔斯特拉斯是"数学良知的杰出代表"（The mathematical conscience par excellence），并且被人们称做"现代分析之父"。他于 1897 年死于柏林，正好是 1797 年拉格朗日为使微积分严谨化作最初尝试之后 100 年。 *567*

随着数学严谨化过程的发展，出现了趋于抽象的一般化的倾向，这成为现代数学中一个很显著的发展过程。德国数学家黎曼（Georg Friedrich Bernhard Riemann）对现代数学这一特点的影响很可能超过了 19 世纪其他数学家。他对数学的许多分支，尤其是几何学和函数论，确实发挥了深远的影响；并为后人留下如此丰富的遗产——供数学进一步发展的概念。这样的数学家是为数不多的。

黎曼 1826 年出生于汉诺威一个小村。其父是一位路德派的牧师。从外表看，黎曼总是斯斯文文的；身体总是虚弱的。尽管他父亲收入有限，黎曼还是设法取得了良好的学习条件。他先在柏林大学学习，后进哥廷根大学。他以其在复变函数论领域中才华横溢的论文，在哥廷根大学取得博士学位。在这篇论文中，人们看到了保证复变函数分析性的所谓柯西 – 黎曼微分方程（Cauchy-Riemann differential equations）（虽然在黎曼的时代之前，人们就已知道），也看到了将拓扑学思考方法引进分析的富有成果的黎曼曲面（*Riemann surface*）的概念。黎曼使可积性的概念明确化，用的是我们现在称做黎曼积分（*Riemann integral*）的定义，该定义在 20 世纪中导致更一般的勒贝格积分（*Lebesgue integral*），并因而导致积分的进一步推广。

黎曼

（David Smith 收藏）

568　　　1854 年,黎曼成为哥廷根大学正式的但没有报酬的讲师(Privatdocent),为获得这个职位,他发表了关于建立在几何基础上的假设的著名讲演。这被认为是数学史上发表的内容最丰富的长篇论文。该论文中有:空间和几何的广泛的扩展。黎曼的出发点是两个无限靠近的点的距离的公式。在欧几里得几何中,这个距离为

$$ds^2 = dx^2 + dy^2 + dx^2$$

黎曼指出:可以使用许多别的距离公式,而每种不同的距离公式则决定了最终产生的空间和几何的性质。有

$$ds^2 = g_{11}dx^2 + g_{12}dxdy + g_{13}dxdz + g_{21}dydx + g_{22}dy^2 +$$
$$g_{23}dydz + g_{31}dzdx + g_{32}dzdy + g_{31}dz^2$$

(在这里,这些 g 是常数或 x, y, z 的函数)形式的度量的空间,现在被称做**黎曼空间**（Riemannian space）;而这种空间几何被称做**黎曼几何**（Riemannian geometry）。欧几里得几何是很特殊的情况:在那里 $g_{11} = g_{22} = g_{33} = 1$,此外所有其他 g 均为零。后来,爱因斯坦和其他人发现,黎曼的广义空间和几何是广义相对论所需要的数学背景。黎曼本人对理论物理的许多方面都作出了贡献。例如,他是对冲击波作数学处理的第一人。

　　所谓**黎曼 Zeta 函数**（Riemann zeta function）和伴随的**黎曼假设**（Riemann hypothesis）是在数学文献中闻名的。后者对传统分析是一个值得纪念的、未被证明的猜想,就像费马的"最后定理"对于数论一样。欧拉曾指出素数理论和级数

$$1/1^s + 1/2^s + 1/3^s + \cdots + 1/n^s + \cdots$$

(在这里,s 是一个整数)之间的联系。黎曼研究 s 为复数 $\sigma + i\tau$ 的同样的级数。此级数的和定义为函数 $\zeta(s)$,被称做黎曼的 zeta 函数。黎曼于 1859 年猜想,zeta 函数的所有虚零点都具有实部 $\sigma = 1/2$,1914 年英国数论学者哈代爵士(Godfrey Harold Hardy, 1877—1947)成功地证明了存在无穷多零点,其实部为 $\sigma = 1/2$。但是,到现在虽然有一百多年了,黎曼的猜想仍未解决。希尔伯特把解决黎曼假设作为其著名的 23 个问题之一。

1857 年,黎曼被任命为哥廷根大学副教授;后来,于 1859 年,继承狄利克雷的席位(此席位曾一度由高斯担任)升为正教授。1866 年,黎曼因患结核病死于北意大利,时年四十岁,他是因身体不好去那里休养的。

569

14.11　康托尔、克罗内克和庞加莱

本节将对康托尔和庞加莱作简短介绍。这两位数学家的一生横跨十九和 20 世纪,他们对当代数学的许多方面产生过重大影响。当然,对于克罗内克这位康托尔的无穷数学的严厉批评者,也要讲几句。

康托尔(Georg Ferdinand Ludwig Philip Cantor)1845 年出生于俄国圣彼得堡,双亲是丹麦人,并于 1856 年随双亲迁到德国法兰克福。康托尔的父亲是从犹太教转变成耶稣教徒的。他的母亲原是天主教徒。这个儿子对中世纪神学及其关于连续和无限的难懂的议论很感兴趣。结果他背离了父亲要把他培养成工程师的打算,而集中全力于哲学、物理和数学。他就学于苏黎世、哥廷根和柏林(他在魏尔斯特拉斯的影响下来到这里,于 1867 年取得博士学位),后来,从 1869 年到 1905 年,他在哈雷大学长期任教。1918 年因精神病死于哈雷。

康托尔早年就对数论、不定方程和三角级数很感兴趣。似乎是微妙的三角级数理论激发他去仔细研究了分析的基础。他对无理数作了出色的处理:这种处理方法利用了有理数的收敛序列,与戴德金从几何方面受到启发的处理方法截然不同。1874 年康托尔开始了在集合论和无限论方面的有变革意义的工作。后一项工作使康托尔创造了数学研究的一个全新领域。他在论文中发展了奠基于对实无穷作数学处理的超限数理论,他还创造了类似于有限数算术的超限数算术。这方面的问题,将在 15.4 节中作较详细的讲述。

570

康托尔是很虔诚的。他的工作在某种意义上来说,是与芝诺悖论有关争论的继续。这反映了他对中世纪无限性质的经验式推测是同情的。他的观点遭到强烈反对,这主要来自柏林大学的克罗内克(Leoplod Kronecker, 1823—1891)。在柏林大学坚决反对康托尔任教的也是克罗内克。今天,康托尔的集合论几乎已经渗入数学的每一个分支,事实证明,这在拓扑学和实变函数论中也具有特殊的重要性。当时存在着逻辑矛盾,并且悖论已经出现。20 世纪的形式主义

康托尔

（David Smith 收藏）

者（由希尔伯特带头）和直观主义者（由布劳尔带头）之间的论争,实质上是康托尔和克罗内克之间论争的继续。我们将在下一章更深入地探讨这一问题。

　　克罗内克(Kronecker)1823 年出生于布雷斯劳附近的利格尼兹;并且,在他的家乡的大学预科,库麦尔(Kummer)曾是他的老师。接着,他到柏林大学就教于雅科比、史坦纳和狄利克雷;然后,他到波恩大学,再一次就教于库麦尔。从学校出来后,在 1844 ~ 1855 年这十一年间,他经营商业,并且,作为一个天才的理财家,积聚了可观的个人财富。1855 年,他迁到柏林;并且,从 1861 年开始,在柏林大学任教。库麦尔也迁到了柏林;库麦尔、魏尔斯特拉斯和克罗内克在那里组成了一个很强的数学三重奏。克罗内克专攻方程论、椭圆函数和代数数论。他是 19 世纪的毕氏学派,坚信:所有数学必须以整数上的有限方法为基础。他有一次作出这样的祝酒词:“只有整数是上帝造的,其他一切都是人造的”(Die ganze hat Gott gemacht,alles andere ist Menschenwerk)。他 1891 年在柏林逝世。

　　人们认为庞加莱(Jules Henri Poincare)是他那个时代仅有的全能数学家。他于 1854 年出生于法国南希。他是第一次世界大战期间法兰西共和国著名政治家和总统 Raymond Poincare 的堂兄弟。1875 年他在高等工艺学院毕业之后,于 1879 年在矿冶学院取得采矿工程师学位,其间还得到巴黎大学科学博士学位。从矿冶学院毕业时,他被聘请到科恩大学任教,但是两年之后又转入巴黎大学,在那里他兼任数学和其他学科方面的教授,直到 1912 年逝世。

　　庞加莱曾被人们称做数学领域的最后一个多面手。他掌握了惊人的广泛的研究领域,并不断使之丰富,这确实是事实。在索邦,他才华横溢,每年讲一

克罗内克
（David Smith 收藏）

门不同的纯数学或应用数学课程。其中许多讲稿不久就发表了。他是一位高产作家，撰写了三十多本书和五百余篇专业论文。他还是数学和自然科学的天才普及者之一。他的平装本通俗文章价钱便宜，人们争相采购，并在各行各业中广泛流传。这些文章形式清晰，引人入胜，都是前所未有的杰作，而且被译成许多种文字。事实上，庞加莱通俗文章的文笔非常出色，以致获得了法国作家中最高的荣誉——被选为法国文学会会员。

572

庞加莱
（David Smith 收藏）

庞加莱在一个研究领域中从未停留很长时间，并且喜欢敏捷地从一个领域跳到另一个领域。一位同僚说他是"征服者，而不是殖民地开拓者"。他论述微分方程的博士论文涉及到存在定理。这一著作引导他去发展自守函数理论,尤其是所谓 zeta - Fuchsian 函数:庞加莱证明,它能用来解带有代数系数的二阶线性微分方程。和拉普拉斯一样,庞加莱对概率论这门学科作出了很有价值的贡献。他还预言了拓扑学在 20 世纪中的重要意义。如今,组合拓扑的庞加莱群(Poincare groups)就是以他的名字命名的。我们已经在 13.7 节和问题研究 13.12 中见到庞加莱在非欧几何方面的工作。在应用数学方面,这位多才多艺的数学天才在以下的广泛领域中均有过贡献:光学、电学、电报、毛细现象、弹性、热力学、势论、量子论、相对论和宇宙起源学说。

庞加莱一生身体虚弱,患有近视眼,做事心不在焉,但是,他的记忆力超人,几乎是过目不忘。他在不停地踱步时,脑子里却在思考数学问题;而当他思考成熟时,就很快地记在纸上,基本上用不着重写或涂改。人们还记得:与他的匆忙而又广泛的写作相反,高斯写作时小心谨慎并总结出如下警句"宁肯少些,但要好些"。

据传说,庞加莱不善于用手操作。他两只手都不利索,不管用哪只手都同样笨拙。他根本没有画画的能力,他在中学时图画课成绩总是零分。结业时,他的同学们开玩笑地组织了他的"艺术杰作"公开展览。他们在每一幅画上都用希腊文仔细地标明:"这是房子","这是马"等。

庞加莱也许是,在某种意义上,以整个(all)数学为其领域的最后一位。现代数学以令人难以置信的速度发展,以致人们相信:根本不可能再有人得到这样的荣誉。

14.12　柯瓦列夫斯卡娅、诺特和斯科特

克鲁柯夫斯基(Sophia Korvin-Krukovsky)后来以柯瓦列夫斯卡娅(Sonja Kovalevsky)著称,她 1850 年出生于莫斯科的俄罗斯贵族家庭。她十七岁到圣彼得堡,在那里的海军学校教师跟前学习微积分。由于她是女性,被禁止进入俄罗斯大学学习高深的知识,她不顾双亲的反对,否认名义上的婚姻,与同情她的 V·柯瓦列夫斯基一道到国外去学习。1868 年,她与 V·柯瓦列夫斯基(Vladimir Kovalevsky)结婚。并且,于第二个春天,夫妻二人迁往海德尔堡。V·柯瓦列夫斯基后来成为著名的古生物学家。

573　在海德尔堡 S·柯瓦列夫斯卡娅听过柯尼斯贝格尔(Leo Konigsberger, 1837—1921)和博伊斯 - 赖蒙德(du Bois-Reymond, 1831—1889)的数学讲演和基希霍夫(Kirchhoff, 1824—1887)和赫尔姆霍尔茨(Helmholz, 1821—1894)的物理学讲演。柯尼希斯贝格尔早年曾在柏林大学受教于 K·魏尔斯特拉斯;并且,他的良师的热情洋溢的数学讲演激发了 S·柯瓦列夫斯基跟这位伟大的教师学习的愿望。

柯瓦列夫斯卡娅

（David Smith 收藏）

她 1870 年到了柏林,才发现这所大学固执地拒绝接收女生。于是,她直接去找魏尔斯特拉斯;在柯尼希斯贝格尔的极力推荐下,魏尔斯特拉斯收她为私人学生。不久,柯瓦列夫斯就成为魏尔斯特拉斯喜爱的学生,并且,他把他在大学讲的课向她重讲了一遍。她赢得了魏尔斯特拉斯的赞誉,并且,在这位大师跟前学了四年(1870 ~ 1874);在这段时间里,她不仅学了大学里的全部数学课程,而且写了三篇论文:一篇是关于偏微分方程理论的,一篇是第三种阿贝尔积分的归约,还有一篇是对拉普拉斯土星环的研究的补充。

1874 年,S·柯瓦列夫斯卡娅被缺席授予哥廷根大学哲学博士学位;并且,由于她提出的关于偏微分方程的论文质量很高,免去了口试。1888 年,在她三十八岁时,以其"论立体稳定点旋转问题"的研究报告,被法国科学院授予声望很高的博丁奖(Prix Bordin)。在提交的十五篇论文中,S·柯瓦列夫斯卡娅的被评为最优,并且,破例地把奖金从 3 000 法郎提高到 5 000 法郎。

从 1884 到 1891 年她逝世时,S·柯瓦列夫斯卡娅在施托克霍尔姆大学任高等数学的教授。她的座右铭是:"说你知道的事,做你该做的事,担任可担任的角色。"

关于 S·柯瓦列夫斯卡娅童年就爱上了数学,有一个常说的故事。说的是:她童年住的一间房,贴满了她父亲学生时代微积分的课堂笔记。这些张笔记引起了她的兴趣;她花很多时间试图弄懂它们,并且以适当的次序排列它们。

诺特(Amalie Emmy Noether)——在抽象代数领域最杰出的数学家之一,1882 年出生于德国的爱尔兰根。虽然她出生在 19 世纪末,她的贡献是 20 世纪上半叶作出的。她的父亲 M·诺特(Max Noether, 1844—1921)是爱尔兰根大学的

574

一位卓越的数学家。戈丹(Paul Gordan,1837—1912)这位代数学家,也与这所大学有联系,并且是诺特家庭的好朋友;M·诺特和戈丹一样,也是代数学家。毫不奇怪:E·诺特就学于这所大学,并且也成为代数学家。她 1907 年在戈丹的指导下撰写她的博士论文:"论关于三元双二次型的不变量的完备系"。戈丹于 1910 年退休,此后她跟菲舍尔(Ernst Fischer,1875—1959)学了一年,他是对消去理论和不变量理论感兴趣的另一位代数学家。他对 E·诺特的影响很大;并且,在他的引导下,E·诺特从戈丹的算法方面的工作过渡到希尔伯特的抽象的公理化方面。

在离开爱尔兰根后,E·诺特到哥廷根学习,她 1919 年在那里通过了其大学教书资格考试,尽管当时教授评议会的某些成员反对妇女任教。他们叫喊:"当战士们回到大学时,发现他们要在妇女的脚下学习时,不知道他们会怎么想"。希尔伯特对这种论调感到厌烦,并且答复道:"先生们! 在评议她的大学讲师资格时,性别有什么关系。大学评议会毕竟不是澡堂。"1922 年,她成为哥廷根大学的杰出的教授,她保持这个职位一直到 1933 年;那时,在德国国家革命的暴乱中,她和许多其他人被禁止从事科学研究。她随即离开了德国,到宾夕法尼亚担任布林马尔(Bryn Mawr)大学教授,并且成为普林斯顿高级研究所的一名研究员。她在美国度过的很短的时间,也许是她最快乐、最富成果的时期。她于 1935 年逝世,时年五十三岁,那时她的创造能力还很高。

诺特

(Bryn Mawr College Archives 供稿)

诺特虽然是一位贫穷的讲师,并且没什么教学技巧;但是,她激励了惊人多的学生,他们也在抽象代数的领域留下了自己的脚印。她在抽象环和理想论方面的研究,对现代代数的发展尤为重要。

在 E·诺特的追悼会上,她受到爱因斯坦热情的赞扬。有人曾称她为 M·诺特的女儿。关于这,兰多(Edmund Landau)答道:"诚然,M·诺特是 E·诺特的父亲。但是,E·诺特是诺特家族坐标的起点。"韦尔(Hermann Weyl)说她"热得像块面包"。布林马尔大学在 1982 年举行了 E·诺特诞生一百周年纪念会。

在讲述 E·诺特的事迹时,很自然地联想起她在布林马尔大学的著名的前辈:斯科特(Charlotte Angas Scott,1858—1931)。C·斯科特于 1885 年成为英国第一位女博士(在任何领域):伦敦大学授予的数学方面的科学博士,并且,其考试成绩为上等水平。她在剑桥大学呆了九年,但是,未得到学位;因为该大学在 1948 年以前从未给予妇女学位。

斯科特不仅是一位数学研究工作者(在当时的研究杂志上发表了超过二十篇论文),而且是一位坚持最高科学标准的优秀教师。她主要从事曲线几何学的研究。她写过三部著作,她 1894 年发表的《简论平面解析几何中的某些现代思想和方法》(*An Introductory Account of Certain Modern Ideas and Methods in Plane Analytic Geometry*)是一部引人入胜的专著。[1]

自 1899 年至 1926 年,斯科特担任《美国数学杂志》(*American Journal of Mathematics*)的编委;该杂志是西尔维斯特(J. J. Sylvester,1814—1897)在 1878 年创立的,当时他是约翰·霍普金斯(Johns Hopkins)大学数学系主任。斯科特还在纽约数学会的创立上起了积极作用;该学会于 1894 年被重新归入美国数学会。[2]

阿特拉斯[3] 的七个女儿,曾被作为金牛宫的七星奉祀于北天之上。与之相仿,希帕提娅(Hypatia)、阿格内西(Maria Gaetana Agnesi)、热曼(Sophie Germain),萨默魏里(Mary Fairfax Somerville),柯瓦列夫斯卡娅(Sonja Kovalevsky)、杨(Grace Chisholm Young)和诺特(Amalie Emmy Noether)被称做数学七星或数学七仙女。这几位妇女不仅是能干的数学家,她们还鼓励了其他妇女进入数学领域。19 世纪和 20 世纪初,在数学方面设置的性别屏障被打破;并且,从此,大学和科研团体对妇女敞开了大门。

妇女数学家协会(接收女性和男性会员)1971 年在美国成立;在这里,男数学家和女数学家处于同等地位。男性公民在数学思考和数学创造力上,并没有先天的优越性;并且,在数学的第一流的创业者和创造者中,妇女的数目迅速增加。

576

---

① 1961 年,被 Chelsea 再版。参看本章末的参考文献。
② 关于斯科特的详细讲述,请参看 Patricia C. Kenschaft, "Charlotte Angas Scott, 1858—1931," The College Mathematics Journal (March) 1987,98-110.
③ 希腊神话中的擎天巨人。

斯科特

（Bryn Mawr College Archives 供稿）

14.13　素数

　　素数已经有很长的历史：从古希腊时代一直延续到现在。由于与素数有关的一些最重要的发现是在 19 世纪，看来，在这里讨论这些有趣的数比较合适。

　　算术基本定理说明：素数好比是建筑用的砖，所有其他整数能从它们的相乘得出。因此，对素数曾有大量的研究。为了确定它们在整数中的分布性质，数学家们花费了相当大的气力。在古代得到的主要结果是欧几里得的关于素数的无限性的证明，和求小于整数 n 的所有素数用的埃拉托色尼筛。

　　从埃拉托色尼筛得到一个复杂的公式，如果已知小于 $\sqrt{n}$ 的素数，它能确定小于 n 的素数的数目。1870 年，梅塞尔（Ernst Meissel）对此公式作了重大改进，他成功地证明了小于 10^8 的素数是 5 761 455 个。丹麦数学家伯泰森继续进行计算，并于 1893 年宣布小于 10^9 的素数是 50 847 478 个。1959 年，美国数学家 D·H·莱麦证明：后一结果是不正确的，应该是 50 847 534 个。他还证明：小于 10^{10} 的素数是 455 052 511 个。

　　用于检验大数的素数性的有实用价值的方法还没有找到，只是有许多人曾致力于检验某些特殊的数。超过 75 年，人们认定素数的最大的数是 39 位

$$2^{127} - 1 = 170\ 141\ 183\ 460\ 469\ 231\ 731\ 687\ 303\ 715\ 884\ 105\ 727$$

它是由法国数学家卢卡斯（Anatole Lucas）于 1876 年给出的。1952 年，英国剑桥的 EDSAC 计算机，证明了更大的（79 位）数

$$180(2^{127} - 1)^2 + 1$$

的素数性,别的电子计算机还证明了巨数 $2^n - 1$,$n = 521, 607, 1\ 279, 2\ 203$, $2\ 281, 3\ 217, 4\ 253, 4\ 423, 9\ 689, 9\ 941, 121\ 213, 19\ 937, 21\ 701, 23\ 209, 86\ 243$, $132\ 049, 216\ 091$ 的素数性。

一些数论学者曾有这样的想望:求出一个函数 $f(n)$,每给一个整数 n 只产生一个素数,如此得到的素数序列包括无穷多不同的素数。例如

$$f(n) = n^2 - n + 41$$

对于所有 $n < 41$,生成素数,但是 $f(41) = 41^2$ 是合数。二次多项式 $f(n) = n^2 - 79n + 1\ 601$ 对于所有 $n < 80$ 生成素数。能得到许多这样的多项式函数,它们将578成功的产生要多少有多少的素数;但是,总是生成素数的函数却一直找不到。大约在 1640 年,费马猜想:$f(n) = 2^{2^n} + 1$ 对于所有非负整数 n 是素数,但是,如我们在 10.3 节中指出过的那样,这是不正确的。在这方面有一个有趣的最新成果:米尔斯(W. H. Mills)于 1947 年证明这样的一个实数 A 存在,它使得不超过 A^{3^n} 的最大的整数,对应于每一个正整数 n 都是素数。可是,关于实数 A 的实际值,即使是大致的值,一点也不清楚。

关于素数无限性的欧几里得定理的重要推广,L·狄利克雷已成功地证明:每一个算术序列

$$a, a + d, a + 2d, a + 3d, \cdots$$

(在其中,a 和 d 互素)包括无限的素数。此定理的证明并不那么简单。

已发现的涉及素数分布的最惊人的结果,也许是所谓**素数定理**(prime number theorem)。假定我们令 A_n 表示小于 n 的素数的数目。素数定理就是:当 n 越来越大时,$(A_n \log_e n)/n$ 趋于 1。换句话说 A_n/n 称为在前 n 个数中间素数的**密度**(density),它以 $1/\log_e n$ 为近似值,随着 n 的增大而改变其近似程度。这个定理是高斯在研究素数大表时猜到,而由法国人阿达马和比利时人普辛于 1896 年独立地证明的。

扩大的因数表在研究素数方面是有价值的。此表适于高达 24 000 的所有数,1659 年由 J·H·腊恩作为一本代数书的附录发表。1668 年,英国的约翰·佩尔把此表扩大到 100 000。由于德国数学家 J·H·兰伯特号召,维也纳教师费克尔算了一个扩大的然而招致不幸的表。费克尔算出的第一册书给出直到 408 000 的数的因子,花费奥地利皇室的钱,出版于 1776 年。但是这本书只有很少的订户,因而国库几乎要收回全部出版物,并把纸变成子弹用于屠杀土耳其人的战争! 19 世纪,由于舍纳克(Chernac),布尔哈提(Burckhardt),克列尔(Crelle),格莱舍(Glaisher)和闪电计算家达瑟(Dase)的联合努力,研制出一个包括高达 10 000 000 的所有数的表,共出版十册。这类工作的最大成就无疑是布拉格大学 J·P·库利克(Kulik,1773—1863)计算的表。他那尚未发表的手稿是他

二十年业余消遣的成果,包括高达 100 000 000 的所有数。最便于利用的因数表是美国数学家 D·N·莱麦[①] (D. N. Lehmer, 1867—1938)的表。此表包括高达 10 000 000 的所有数,这些数被巧妙地安排在一本书中。由于发明了电子计算机,检验素数性和造特定的素数表的工作规模扩大了。例如,1980 年 11 月出版的《数学文摘》(*Crux mathematicorum*)发表了一个所有 93 个五位和所有 668 个七位的回文素数(回文数指的是:从两个方向读一样的数。例如,3 417 143)。在沃特卢(Waterloo)大学的 PDP – 11/45 上作此计算,只要一分多一点计算机时。特别有趣的九位回文素数是 345 676 543,是上述杂志的编辑索韦(Leo Sauve)给出的;他说有 5 172 个九位回文素数。

关于素数有许多未证明的猜想。其中之一是:存在无限多对**孪生素数**(twinprimes,即 p 和 $p + 2$ 这种形式的素数),如 3 和 5,11 和 13,29 和 31。另一个是哥德巴赫(C. Goldbach)于 1742 年给欧拉的信中提出的。哥德巴赫观察了除 2 外的每一个偶数,看来能表示成两个素数的和。例如,$4 = 2 + 2, 6 = 3 + 3, 8 = 5 + 3, \cdots, 16 = 13 + 3, 18 = 11 + 7, \cdots, 48 = 29 + 19, \cdots, 100 = 97 + 3,$ 等。关于这个问题,长时间没有得到什么进展,到 1931 年,前苏联数学家施尼雷尔曼(Schnirelmann, 1905—1935)证明每一个正整数能被表示成不超过 300 000 个素数的和!稍迟,前苏联数学家维诺格拉多夫(Vinogradoff, 1891 年生)证明:存在一个正整数 N,使得任何整数 $n > N$ 可被表示成最多四个素数的和,但是,该证明无法使我们估价 N 的大小。[②]

关于素数的下列问题(在其中 n 表示正整数),还一直未被解答:是否有无限多 $n^2 + 1$ 这种形式的素数?是否在 n^2 和 $(n + 1)^2$ 之间总有一个素数?是否从某数之后的任何 n,或是一个平方数,或是一个素数与一个平方数的和?是否有无限多**费马素数**(Fermat primes,$2^{2^n} + 1$ 形式的素数)?

问题研究

14.1 费尔巴哈构形

九点圆(*nine-point circle*)在三角形的现代初等几何中是重要的。在以 O 为外接圆心、以 H 为垂心(三个高的交点)的给定的三角形 $A_1A_2A_3$ 中,令 O_1, O_2, O_3 为边的中点,H_1, H_2, H_3 为三个高的垂足,C_1, C_2, C_3 为线段 HA_1, HA_2, HA_3

[①] D. H. Lehmer 的父亲 D. N. Lehmer 曾指出:库利克的表有错误。
[②] 译者注:哥德巴赫猜想,已由我国数学家陈景润作出显著推进。

的中点。则 O_1，O_2，O_3，H_1，H_2，H_3，C_1，C_2，C_3 九个点在一个圆上，称之为给定三角形的**九点圆**。由于后来错误地认为这个圆是欧拉最早发现的，有时称之为**欧拉圆**（Euler's circle）。在德国，它被标为**费尔巴哈圆**（Feuerbach's circle），因为费尔巴哈（Karl Wilhelm Feuerbach，1800—1834）发表了一个小册子，其中，他不仅证明了九点圆，还证明了：它与给定三角形的内切圆及三个旁切圆相切。后一证明称做**费尔巴哈定理**（Feuerbach's theorem），并且人们理所当然地认为这是三角形的现代几何最精巧的定理之一。九点圆与内切和旁切圆的四个接触点称做三角形的**费尔巴哈点**（Feuerbach points），人们曾十分重视这一研究。九点圆的圆心 F 在 OH 的中点上。重心（三角形的三条中线的交点）G 也在 OH 上，使得：$HG = 2(GO)$。O，F，G，H 的共线性线称做给定三角形的**欧拉线**（Euler line）。令 H_2H_3，H_3H_1，H_1H_2 交对边 A_2A_3，A_3A_1，A_1A_2 于 P_1，P_2，P_3。则 P_1，P_2，P_3 在一条称做三角形 $A_1A_2A_3$ 的**极轴**（polar axis）上，并且，该极轴垂直于该欧拉线。如果该九点圆与外接圆相交，则该极轴是这两个圆的公共弦线，并且以 HG 为直径的圆即给定三角形的所谓**垂心圆**（orthocentroidal circle），也通过同样的交点。

580

作出一钝角三角形的大而且仔细的构形图，连同绘出其形心、垂心、外接圆心、内心、三个外心、欧拉线、极轴、九点圆、费尔巴哈点、外接圆和垂心圆。

14.2 康曼丁那定理

1565 年，康曼丁那（Federigo Commandino，1509—1575）发表了希腊时代之后最早的四面体几何定理之一。该定理涉及四面体的中线，此处中线（median）被定义为四面体的顶点与其对面形心的联线。康曼丁那定理陈述如下：四面体的四条中线交于一点，且该点四等分每一条中线。

（a）分析地证明康曼丁那定理。

（b）综合地证明康曼丁那定理。

（c）证明：由一个四面体的三个面的形心确定的平面平行于该四面体的第四个面。

由通过一个四面体顶点且平行于各自的对面的平面形成的四面形称做给定四面体的**反余四面体**（anticomplementary tetrahedron）。

（d）证明：四面体的顶点是其反余四面体面的形心。

（e）证明：反余四面体的棱被给定四面体的交于该棱的两个面三等分。

14.3 四面体的高

三角形的三个高共点。四面体的四个高是否共点？

14.4　空间模拟

模拟下列平面上的定理,陈述三维空间中的定理。

(a)三角形的角的平分线在该三角形的内切圆圆心上共点。

(b)一个圆的面积等于这样一个三角形的面积,其底等于该圆的周长,其高等于该圆的半径。

(c)等腰三角形的垂足是其底边的中点。

14.5　等角的定理

通过一个角的顶点,并与该角平分线对称的两条线称做该角的**等角共轭线**(isogonal conjugate lines)。有一个关于三角形的吸引人的定理,即:通过一个三角形三顶点的三条线是共点的,则通过该三角形三个顶点的这三条等角共轭线也是共点的。这两个共点点称做该三角形的一对等角共轭点(*isogonal conjugate points*),从一对等角共轭点向一个三角形各边上落的六个垂足在一个圆上,其圆心是联结这对等角共轭点的线段的中点。

(a)作一图形证明上述事实。

(b)证明一个三角形的垂心和外心构成一对等角共轭点。

(c)试求此题开始陈述的定义和定理的三维模拟。

一个三角形的形心的等角共轭点称做该三角形的**类似重心**(symmedian point),或**勒穆瓦纳点**(Lemoine point)。此点是 Emile Lemoine(1840—1912)1873年在法兰西科学促进协会宣读的一篇论文中首先给出的,从而认真地开始了三角形几何学的现代研究。

14.6　不可能的作图

(a)证明恒等式:$\cos \theta = 4\cos^3(\theta/3) - 3\cos(\theta/3)$。

(b)证明:用欧几里得工具作正九边形是不可能的。

(c)证明:用欧几里得工具作 1° 角是不可能的。

(d)证明:用欧几里得工具作正七边形是不可能的。

(e)证明:用欧几里得工具作一其余弦为 2/3 的角是不可能的。

(f)给定一线段 s,证明:用欧几里得工具作线段 m 和 n 使得 $s:m = m:n = n:2s$ 是不可能的。

(g)证明:用欧几里得工具作这样一个球的半径,该球的体积是两个有给定半径的球的体积之和,是不可能的。

(h)证明:用欧几里得工具作这样一个线段,其长等于给定圆的圆周,是不可能的。

(i)给定角 *AOB* 及该角内一点 *P*。过 *P* 作交 *OA* 和 *OB* 于 *C* 和 *D* 的线,使得 *CE* = *PD*,在这里,*E* 是从 *O* 向 *CD* 作的垂线的垂足;该线称做角 *AOB* 和点 *P* 的 **菲朗线**(Philon's line)。可以证明:菲朗线是能过点 *P* 作的最小的弦 *CD*。证明:一般来说用欧几里得工具对给定角和给定点作菲朗线是不可能的。

582

14.7 一些近似作图

(a)为了作内接于一给定圆的近似正七边形,以内接正六边形的边心距为正七边形的边。其近似程度如何?

(b)为了三等分一个圆的给定的圆心角,有些人建议:先三等分该角割下的弧的弦,然后,连接这些三等分点和圆心。证明:这对于大钝角导致劣的近似。

(c)研究下列近似地三等分一个角的方法的准确程度。它由科普夫(Kopf)于 1919 年给出,然后,由佩兰(O. Perran)和奥卡内(M. d'Ocagne)改进。令给定角 *AOB* 作为以 *BOC* 为直径的圆的圆心角。求 *OC* 的中点 *D*,然后,作 *OC* 延长线的点 *P* 使得 *CP* = *OC*。在点 *D* 上作垂线交该圆于 *E*;然后,在 *C* 和 *D* 之间作点 *F*,使得 *DF* = (*DE*)/3。以 *F* 为圆心,*FB* 为半径,作弧交 *CA* 延长线于 *A'*,则角 *A'PB* 近似地等于角 *AOB* 的三分之一。

(d)研究下列近似地三等分一个角的方法之准确性。它由奥卡内于 1934 年给出,对于小角是惊人的准确。令给定角 *AOB* 作为以 *BOC* 为直径的圆的圆心角。令 *D* 为 *OC* 的中点,*M* 为弧 *AB* 的中点。则角 *MDB* 近似地等于角 *AOB* 的三分之一。

14.8 马斯凯罗尼作图定理

让我们用符号 *C*(*A*) 表示以点 *C* 为圆心且过点 *A* 的圆,用符号 *C*(*AB*) 表示以点 *C* 为圆心,半径等于线段 *AB* 的圆。证明下面一系列作图,并说明它们证明了马斯凯罗尼作图定理:

任何欧几里得作图,只要给定的和所求的元素是点,就能只用欧几里得圆规完成。

该作图以表的形式记录:在其中,上面一行表示要作的图,下面一行表示新得到的点。

(a)用欧几里得圆规作圆 *C*(*AB*)。

$C(A),A(C)$	$M(B),N(B)$	$C(X)$
M,N	X	

(注:此作图表明欧几里得作图工具与现代圆规是等价的)

(b)用现代圆规作 $C(D)$ 与由点 A 和 B 确定的线的交点。

第一种情况 C 不在 AB 上。

$A(C),B(C)$	$C(D),C_1(CD)$
C_1	X,Y

第二种情况 C 在 AB 上。

$A(D),C(D)$	$C(DD_1),D(C)$	$C(DD_1),D_1(C)$	$F(D_1),F_1(D)$	$F(CM),C(D)$
D_1	平行四边形 CD_1DF 的第四个顶点 F	平行四边形 CDD_1F_1 的第四个顶点 F_1	M	X_1Y

(c)用现代圆规作由点 A,B 和点 C,D 确定的线的交点。

$A(C),$ $B(C)$	$A(D),$ $B(D)$	$C(DD_1)$ $D_1(CD)$	$C_1(G)$ $G(D_1)$	$C_1(C)$ $G(CE)$	$C(F)$ $C_1(CF)$
C_1	D_1	与 C,C_1 共线的点 G	任何一个交点 E	与 C_1,E 共线的点 F	X

(d)在卡约里(Cajori)的《数学史》(*A History of Mathematics*)第 268 页上,我们看到:"拿破仑向法国数学家们提出了这样一个问题:只用圆规,将一个圆的圆周分成四等分。马斯凯罗尼是这么做的:用半径在圆周上量三次;他得到 AB,BC,CD 弧,则 AD 是直径;余下的是显然的。"试完成这作图的"显然"部分。

14.9 用直尺和有固定张度的圆规作图

用直尺和有固定张度的圆规解摩尔的《欧氏作图法总要》(*Compendium Euclidis Curiosi*)中找到的下列前十四个作图:

1.将给定线段分为二等分。

2.从一条线的给定点作该线之垂线。

3.在一给定边上作等边三角形。

4.从线外一点作该线的垂线。

5.过给定点作一直线平行于已知直线。

6.将二给定线段相加。

7.从给定线段中减去一较短的线段。

8.在一给定线段的端点上垂直地作出另一给定线段。

9. 将一线段分成任何数量的相等部分。

10. 给定两个线段，求第三比例项。

11. 给定三条线段，求第四比例项。

12. 求两条给定线段的比例中项。

13. 将给定长方形变成正方形。

14. 给定三条边，作一三角形。

14.10　勒穆瓦纳几何作图学

通过给定点 A 作平行于给定直线 MN 的直线，求出这个熟悉的作图的符号（*symbol*）单纯度（*simplicity*）和确合度（*exactitude*）。

(a) 过点 A 作任一直线交 MN 于 B。以任何半径 r 作圆 $B(r)$ 交 MB 于 C，AB 于 D。作圆 $A(r)$ 交 AB 于 E。作图 $E(CD)$ 交圆 $A(r)$ 于 X。作 AX，得所求的平行线。

(b) 以任一适当点 D 为圆心作圆 $D(A)$ 交 MN 于 B 和 C。作圆 $C(AB)$ 交圆 $D(A)$ 于 X。作 AX。

(c) 以任何适当半径 r 作圆 $A(r)$ 交 MN 于 B。作圆 $B(r)$ 交 MN 于 C。作圆 $C(r)$ 交圆 $A(r)$ 于 X。作 AX。

对在给定直线 m 上的点 P 作该线的垂线这个作图，求其符号、单纯度和确合度。

(d) 以 P 为圆心并以任何适当的半径作一圆交 m 于 A 和 B。以 A 和 B 为圆心并以任何适当半径作弧交于 Q。作 PQ，即所求垂线。

(e) 以任何不在 m 上的适当点为圆心，作圆过点 P 再交 m 于点 Q，并作此圆的直径 QR。作 PR，即所求垂线。

14.11　对偶原理

(a) 对偶化问题研究 9.12(a)（参看问题研究 9.12）。

(b) 给定五条线，在它们的任何一条上，求与这五条线相切的二次曲线的切点。

(c) 给定一条二次曲线上的四条切线及它们的任何一条的切点，作该二次曲线的其余切线。

(d) 对偶化问题研究 9.12(d)。

(e) 对偶化问题研究 9.12(e)。

(f) 给定一条二次曲线上的三条切线及它们中两条的切点，作第三个切点。

(g) 对偶化笛沙格的两三角形定理。

14.12 射影几何的自对偶公设集

(a)证明:门格尔(Karl Menger)1945 年给出的射影几何的下列公设集是自对偶的。

P1:任何两个不同的点确定一条且仅确定一条它们均在其上的线;并且,任何两条不同的线确定一个且仅确定一个它们均通过的点。

P2:存在两点和两线,使得:两点中的第一个只在两线中的一条线上,并且,两线中每一条只过两点中的一点。

P3:存在两点和两线,这两点不在这两线上,使得:这两线上的点在过这两点的线上。

(b)对于以字母 A,B,C,D,E,F,G,标记的 7"点"和以 (AFB),(BDC),(CEA),(AGD),(BGE),(CGF),(DEF)表示的 7"线",证实(a)的 3 条公设。此例证明有限(finte)射影几何的存在(有限射影几何指的是:只包括有限多点和线的几何)。

14.13 三角学的对偶原理

如果,在一个三角方程中,第一个三角函数被它的余函数所代替,则得到的新方程被称做原方程的**对偶**(dual)。证明下列的三角学的**对偶原理**(principle of duality):如果一个涉及单个角的三角方程是恒等式、则其对偶也是恒等式。

14.14 坐标系

让我们规定一种**双极坐标系**(bipolax coordinate system),其参考标架是一条长 a 的水平线段 AB:对于它,固定在该平面的一点 P,只要记录逆时针方向角 $\alpha = \angle BAP$ 和顺时针方向角 $\beta = \angle ABP$(图 118)。

(a)求下列双极方程:(1)AB 的垂直平分线,(2)以 AB 为弦的一个圆的弧。

(b)求双极坐标系与以 AB 线为 x 轴,以 AB 中点为原点的直角笛卡儿坐标系相关的变换方程。

(c)识别曲线:(1)$\cot \alpha \cot \beta = k$,(2)$\cot \alpha / \cot \beta = k$,和(3)$\cot \alpha + \cot \beta = k$,在这里 k 是常数。

(d)求给定了极坐标方程的下列曲线的直角笛卡儿坐标方程:(1)伯努利双纽线 $r^2 = a^2 \cos 2\theta$。(2)心脏线 $r = a(1 - \cos \theta)$。(3)阿基米德螺线 $r = a\theta$。(4)等角螺线 $r = e^{a\theta}$。(5)双曲螺线 $r\theta = a$。(6)四叶玫瑰线 $r = a\sin 2\theta$。

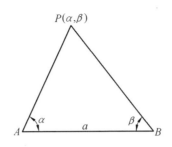

图 118

(e)在球面上绘制经线和纬线坐标系。 586

(f)对包括固定原点 O 的平面的极坐标系的空间作自然的扩张;然后,取径向量 OP 的长 r,点 P 的纬度 ϕ 和经度 θ 为点 P 的坐标。这些坐标被称做**球面坐标**(spherical coordinates)。求联系点 P 的球坐标 (r, ϕ, θ) 和该点的直角笛卡儿坐标 (x, y, z) 的方程。实质上这样的关系在拉格朗日(1736—1813)的著作中就讲到过。

(g)为(1)圆柱面,(2)环形圆纹曲面上的点设计坐标系。

14.15　线坐标

(a)证明:在直角笛卡儿参考标架上,我们能用一条线的斜率及 y 截距表示坐标,也可用从原点向该线作的垂线长及垂线与 x 轴的夹角为其坐标。

(b)一条线的 x 和 y 截距的负倒数 u 和 v 被称做该线的普吕克(Plucker)坐标。有其笛卡儿方程为 $5x + 3y - 6 = 0$ 及 $ax + by + 1 = 0$ 的线,试求其普吕克坐标。某直线有普吕克坐标 $(1, 3)$,试写出其笛卡儿方程。

(c)证明:所有通过笛卡儿坐标为 $(2, 3)$ 的点的直线的普吕克坐标 u, v 满足线性方程 $2u + 3v + 1 = 0$。此方程被取作点 $(2, 3)$ 的普吕克方程。什么是其普吕克方程为 $5u + 3v - 6 = 0$ 及 $au + bv + 1 = 0$ 的点的笛卡儿坐标? 某点之笛卡儿坐标为 $(1, 3)$,试写出其普吕克方程。

14.16　维数

(a)证明:平面在有向线段上是四维的。

(b)平面在给定长的有向线段上,维数是什么?

(c)证明:空间在线上是四维的。

(d)证明:空间在平面上是三维的。

(e)证明：空间在球上是四维的。

下列流形的维数是什么？

(f)割二斜线的线？

(g)过空间上一点的线？

(h)过空间上一点的平面？

(i)过一定点的空间上的圆？

(j)过一定点的空间上的球？

(k)给定球上的所有的圆？

(l)空间上的所有的圆？

(m)其平面过空间的定直线的所有圆？

587

(n)切给定球的所有直线？

(o)切给定球的所有平面？

14.17　简记法

证明下列定理。

(a)如果 $\alpha = 0$ 和 $\beta = 0$ 是两条不过原点的不同直线的正规（正交）方程；并且，如果 $m\alpha + n\beta = 0$（在这里，m 和 n 是常数）是过它们的交点的线，则 m/n 是直线 $m\alpha + n\beta = 0$ 上的一点与直线 $\beta = 0$ 的带符号的距离和与直线 $\alpha = 0$ 的带符号的距离的比的负值。

(b)如果 $\alpha = 0$ 和 $\beta = 0$ 是给定的两条不过原点的非平行直线的正规方程，则 $\alpha - \beta = 0$ 和 $\alpha + \beta = 0$ 是二给定直线形成的夹角的二等分线，第一个包括原点的角的二等分线。

(c)如果 $\alpha = 0$ 和 $\beta = 0$ 是两条不过原点的非平行直线的正规方程，则 $m\alpha + n\beta = 0$ 和 $n\alpha + m\beta = 0$（在这里，m 和 n 是常数）中，是原来的两条直线形成的角的等角线。

(d)如果 $\alpha = 0, \beta = 0, \gamma = 0$ 是一个三角形的边的方程；则三条塞瓦线：$m\beta - n\gamma = 0, r\gamma - s\alpha = 0$ 和 $u\alpha - v\beta = 0$ 共点，当且仅当 $mru = nsv$。

(e)如果 $\alpha = 0, \beta = 0, \gamma = 0$ 是一个三角形的边的方程；则任何三条共点的塞瓦线可被写作：$r\beta - s\gamma = 0, s\gamma - t\alpha = 0, t\alpha - r\beta = 0$。

(f)三角形的角的平分线共点。

(g)三角形的高共点。

(h)三角形的中线共点。

(i)如果一个三角形的三条塞瓦线共点，则它们也是其三条等角塞瓦线。

(j)一动点使得：其与四边形一对对边的距离的乘积，与另一对对边的距离的乘积成正比;其轨迹是过该四边形顶点的圆锥曲线。

(k)一动点使得:其与二直线的距离的乘积与第三条直线的距离的平方成正比;其轨迹是与最初的二直线切于第三条直线与之相交处的圆锥曲线。

4.18　齐次坐标

(a)写出点(2,3)(−1,0),(0,7)的对应的齐次笛卡儿坐标。

(b)写出 $x = y, 3x + 2y - 7 = 0, ax + by + c = 0$ 直线上无穷远点的齐次笛卡儿坐标。

(c)写出点(7,3, −4),(1,1,1),(0, −2,2)的对应的非齐次笛卡儿坐标。

(d)写出过理想点(1, −2,0)的直线的非齐次笛卡儿方程。

588

(e)写出与圆

$$x^2 + y^2 + 2fy + 2gx + c = 0$$

对应的齐次笛卡儿方程。

(f)证明:每一个圆过(1, −i,0)和(1,i,0)二虚理想点。这两个点被称做**圆上虚渺点**(circular points at infinity)。

(g)证明:过二圆上虚渺点的任何实圆锥曲线是圆。

14.19　普吕克数

利用与代数曲线的奇点相联系的普吕克方程,证明:

(a)每一个圆锥曲线是2类的。

(b)三次曲线 $y = x^3$ 是3类的,并且,有一个尖点在无穷远处。

(c)三次曲线 $y^2 = x^3$ 是6类的,并且,有一个拐点在无穷远处。

(d) $\iota - \kappa = 3(m - n)$。

14.20　n 维几何

(a)我们能如何解析地定义:由 $(x_1, \cdots, x_n)$ 和 $(y_1, \cdots, y_n)$ 二点确定的多维空间中的直线(straight line)?

(b)我们能如何定义:(a)中直线的方向余弦(direction cosines)?

(c)我们能如何定义:处于(a)中二点之间的点?

(d)我们如何定义:由(a)的二点确定的线段的中点(midpoint)?

(e)说明14.6节给出的多维空间中二线段夹角的余弦的定义是正确的;即,证明:$0 \leqslant |\cos \theta| \leqslant 1$。

(f)如果 x,y,z 是多维空间中的任何三点,并且,如果 $d(x,y)$ 表示 x 和 y 两点间的距离;证明:

1. $d(x,y) \geqq 0$,

2. $d(x,y) = 0$ 当且仅当 $x = y$,

3. $d(x,y) = d(y,x)$,

4. $d(x,z) \leqq d(x,y) + d(y,z)$。

14.21 高斯曲率

(a)是否存在一个二次曲面,其曲率处处为正?处处为负?处处为零?在有些地方为正,而在有些地方为负?

(b)如果一个曲面可弯得与另一个曲面重合,这两个曲面则可认为是彼此可贴的。证明:一对可贴的曲面,在它们的点之间存在一一对应,使得,在一对对应点上,两个曲面的曲率是相等的。

(c)证明:当一个曲面被弯进另一个曲面中时,第一个曲面的短程线进入第二个曲面的短程线。

589

(d)证明:半径为 r 的球有等于 $1/r^2$ 的不变的正曲率。

(e)证明:平面有不变的零曲率。

(f)证明:圆柱面有不变的零曲率。圆柱面是否可贴于平面?

(g)证明:如果一个曲面在所有位置上可贴于本身,其全曲率必定是常数。

(h)证明:只有在其上图形能自由变动的曲面,是有不变全曲率的。

(i)证明:球是不可贴于平面的。(这就是为什么在绘地球图时,图中必然有某种变形)

14.22 由悬链线生成的回转曲面

$y = k\cosh(x/k)$ 的图是**悬链线**(catenary),此线为挂于不在同一竖向线的两个支点上理想易弯而不能伸展的均匀密度链。令此悬链线(图119)交 y 轴于 A;令 P 为此曲线上任何一点,并且,令 F 为过点 P 的纵坐标的垂足;令过该曲线上点 P 之切线交 x 轴于 T,并且,令 Q 为从 F 向 PT 所作垂线之垂足。

(a)以简单计算,证明:QF 是常数且等于 k。

(b)借助于积分,证明:QF 等于 AP 弧之长。

(c)证明:如果线 AP 从悬链线上被舒展,线的端点 A 将描绘出曲线 AQ,它具有这样的性质:切线 QF 的长是常数并等于 k。换句话说,Q 的轨迹(该悬链线的一条渐伸线)是一条曳物线。

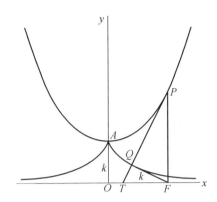

图 119

(d)能证明:对一个回转曲面,在该曲面上点 Q 主曲率(参看 14.7 节)为过点 Q 的子午线的曲率。如果曲面在点 Q 的法线交该曲面之回转轴于 T,则得知后一个曲率等于 $1/QT$。证明:绕 x 轴旋转(c)的曳物线得到的回转曲面在点 Q 的主曲率为 $1/QP$ 和 $1/QT$。 *590*

(e)证明:(d)的回转曲面的曲率(参看问题研究 14.21)是常数,并且处处等于 $-1/k^2$。

14.23　爱尔兰根大纲

(a)证明:将平面的定直线(称之为**无穷远线**(line at infinity))变换到它自身的射影平面上,则所有射影变换集合构成一个变换群。(关于此群的几何称做**平面仿射几何**(plane affine geometry))

(b)证明:将射影平面的定直线变换到它自身,并且将平面上的不在定直线上的定点变换到它自身的射影平面的所有射影变换的集合构成一个变换群。(关于此群的几何称做**平面中心仿射几何**(plane centro-affine geometry))

(c)证明我们有下列一套几何:
$$\{欧几里得度量,相似,中心仿射,仿射,射影\}$$
这套几何的任何一个变换群是该序列中其后的任一种几何的变换群之子群。

(d)证明:将平面的给定圆 S 变换到它本身,并且,把 S 的内部变换到它本身的射影平面的所有射影变换的集合构成一个变换群。(连同距离和角测量的适当的定义,能证明:与此变换群相联系的几何等价于罗巴切夫斯基平面度量几何)

14.24 早期微积分的神秘主义和悖论

(a)批判早期微积分错误基础的天才之一是著名的形而上学哲学家贝克莱（Bishop George Berkeley，1685—1753），他坚持认为：牛顿发展微积分有在假设中换位（shift in the hypothesis）的逻辑错误。他指出：在牛顿的下列的 x^3 的导数（或流数，像他称呼的那样）的确定中，在假设中有换位。我们在这里意译牛顿在其1704 年发表的《曲线的求积》（Quadrature of Curves）中所作的论述：

在 x 增长成 $x + o$ 的同时，x^3 成为 $(x + o)^3$，或

$$x^3 + 3x^2 o + 3xo^2 + o^3$$

并且，其增量为

$$o \text{ 和} + 3x^2 o + 3xo^2 + o^3$$

591 彼此间的比为

$$1 \text{ 对 } 3x^2 + 3xo + o^2$$

然后令增量消失，则它们最后的比将是 1 对 $3x^2$，因此，x^3 对于 x 的变化率为 $3x^2$。

(b)贝克莱将导数称之为"消失量的幽灵"，试解释之。

(c)像上面(a)中举例说明的那样，讨论对约翰·伯努利给(a)中那样的运算以合法性解释的下列公设："被增以或减以无限小量的量，既不被增加也不被减少。"

14.25 早期使用无穷级数遇到的困难

17 世纪和 18 世纪的数学家们对无穷级数缺乏理解。他们常把对有限级数保持，而只在一定条件下对无穷级数保持的运算应用于这样的级数。忽视这种限制，导致了矛盾。

(a)交错级数

$$1 - 1 + 1 - 1 + 1 - 1 + \cdots$$

是在微积分早年的讨厌的级数，应该把这个级数的和定成多少，曾引起许多争论。

证明：归组

$$(1 - 1) + (1 - 1) + (1 - 1) + \cdots$$

导致 $S = o$，并且归组

$$1 - (1 - 1) - (1 - 1) - (1 - 1) - \cdots$$

导致 $S = 1$，有些人证明：因为和 0 和 1 是等可能的，此级数正确的和是平均值 $1/2$。证明：此值也能以纯形式的方式归组为

$$1 - (1 - 1 + 1 - 1 + 1 - 1 + \cdots)$$

而得到。

（b）二项展开式

$$(a + b)^n = a^n + C(n,1)a^{n-1}b + C(n,2)a^{n-2}b^2 + C(n,3)a^{n-3}b^3 + \cdots$$

在这里

$$C(n,r) = \frac{n(n-1)(n-2)\cdots(n-r+1)}{(1)(2)(3)\cdots(r)}$$

只在某些限制下保持，即，右边的级数只在关于 a,b 和 n 的某些限制下收敛到 592 左边的表达式。不知道这些限制，把这个展开式当做普遍正确的来应用，则能导致谬论。像欧拉做的那样，形式地应用二项展开式于 $(1-2)^{-1}$，就得到这样一个谬论。

（c）以 $1-x$ 除 x 和 $x-1$ 除 x，然后将两个结果相加，就得到欧拉发现的可笑的结果

$$\frac{1}{x^2} + \frac{1}{x} + 1 + x + x^2 + \cdots = 0$$

对于所有不同于 0 和 1 的 x。

（d）解释下面的谬论。令 S 表示收敛级数

$$\frac{1}{(1)(3)} + \frac{1}{(3)(5)} + \frac{1}{(5)(7)} + \cdots = 0$$

的和，则

$$S = \left(\frac{1}{1} - \frac{2}{3}\right) + \left(\frac{2}{3} - \frac{3}{5}\right) + \left(\frac{3}{5} - \frac{4}{7}\right) + \cdots =$$

$$1 - \frac{2}{3} + \frac{2}{3} - \frac{3}{5} + \frac{3}{5} - \frac{4}{7} + \cdots = 1$$

因为第一项之后的所有项消去。再则

$$S = \frac{\left(\frac{1}{1} - \frac{1}{3}\right)}{2} + \frac{\left(\frac{1}{3} - \frac{1}{5}\right)}{2} + \frac{\left(\frac{1}{5} - \frac{1}{7}\right)}{2} + \cdots =$$

$$\frac{1}{2} - \frac{1}{6} + \frac{1}{6} - \frac{1}{10} + \frac{1}{10} - \frac{1}{14} + \cdots = \frac{1}{2}$$

因为第一项之后的所有项消去。由此得出 $1 = 1/2$。

14.26　初等代数中的一些谬论

当对数学运算理论还认识得很粗浅时，存在这么样一个危险：运算会以盲

目的形式并且也许以不合逻辑的方式被应用。运算者不知道在此运算下可能的限制,喜欢将该运算用于不必要应用它的场合。这实质上是在微积分发明后的一百年中在分析中发生的事;于是谬论越来越多。本题例证地说明:当某些代数运算在对那些运算下的限制没有认识的情况下来运算时,这种谬论在初等代数中如何发生。

(a)试解释下列谬论:

肯定地

$$3 > 2$$

而两边乘以 $\log(1/2)$,我们得

$$3\log(\frac{1}{2}) > 2\log(\frac{1}{2})$$

或

$$\log(\frac{1}{2})^3 > \log(\frac{1}{2})^2$$

因此

$$(\frac{1}{2})^3 > (\frac{1}{2})^2 \text{ 或 } \frac{1}{8} > \frac{1}{4}$$

(b)试解释下列谬论:

显然 $(-1)^2 = (+1)^2$ 对每边取对数,我们有 $\log(-1)^2 = \log(1)^2$。所以 $2\log(-1) = 2\log 1$,或 $-1 = 1$。

(c)大多数学初等代数的学生会赞同下列定律:

如果两个分式相等而且有相等的分子,则它们也有相等的分母。

现在考虑下列问题。我们希望解方程

$$\frac{x+5}{x-7} - 5 = \frac{4x-40}{13-x}$$

归并左边的项,我们得

$$\frac{(x+5)-5(x-7)}{x-7} = \frac{4x-40}{13-x}$$

或

$$\frac{4x-40}{7-x} = \frac{4x-40}{13-x}$$

依上述定理,得出:$7-x = 13-x$ 或对两边都加上 x,则 $7 = 13$。错在哪里?

(d)找出下列用数学归纳法证明中的谬误:

$P(n)$:在 n 个数的集合中的所有数彼此相等。

1. $P(1)$ 显然成立。

2. 假定 k 是一个自然数,对于它 $P(k)$ 成立,令 $a_1, a_2, \cdots, a_k, a_{k+1}$ 为任何有 $k+1$ 个数的集合。则依假定 $a_1 = a_2 = \cdots = a_k$ 和 $a_2 = \cdots = a_k = a_{k+1}$。所以 $a_1 = a_2 = \cdots = a_k = a_{k+1}$,并且 $P(k+1)$ 成立。

因此,$P(n)$ 对于所有自然数 n 成立。

(e)找出下列用数学归纳法证明中的谬误。

$P(n)$：如果 a 和 b 是任何两个自然数，使得 $\max(a,b)=n$，则 $a=b$。（注：$\max(a,b)$，当 $a\neq b$ 时，指的是 a 和 b 两个数之间的最大的。$\max(a,a)$ 即数 a。例如 $\max(5,7)=7$，$\max(8,2)=8$，$\max(4,4)=4$）

1. $P(1)$ 显然成立。

2. 假定 k 是自然数，对于它 $P(k)$ 成立。令 a 和 b 为任何两个自然数，使得 $\max(a,b)=k+1$，并且考虑 $\alpha=a-1$，$\beta=b-1$。则 $\max(\alpha,\beta)=k$，因此，根据假定 $\alpha=\beta$，所以 $a=b$，并且 $P(k+1)$ 成立。

由此得出：$P(n)$ 对于所有自然数 n 成立。

(f)试解释包含平方根号的最后三个谬论：

1. 因为 $\sqrt{a}\sqrt{b}=\sqrt{ab}$，我们有

$$\sqrt{-1}\sqrt{-1}=\sqrt{(-1)(-1)}=\sqrt{1}=1$$

但是，根据定义，$\sqrt{-1}\sqrt{-1}=-1$，因此，$-1=+1$。

2. 逐次地

$$\sqrt{-1}=\sqrt{-1}$$

$$\sqrt{\frac{1}{-1}}=\sqrt{\frac{-1}{1}}$$

$$\frac{\sqrt{1}}{\sqrt{-1}}=\frac{\sqrt{-1}}{\sqrt{1}}$$

$$\sqrt{1}\sqrt{1}=\sqrt{-1}\sqrt{-1}$$

$$1=-1$$

3. 考虑下列恒等式，它对 x 和 y 的所有值成立

$$\sqrt{x-y}=i\sqrt{y-x}$$

令 $x=a$，$y=b$，在这里 $a\neq b$，我们得

$$\sqrt{a-b}=i\sqrt{b-a}$$

然后令 $x=b$，$y=a$，我们得

$$\sqrt{b-a}=i\sqrt{a-b}$$

将最后两个方程两边对应相乘，得

$$\sqrt{a-b}\sqrt{b-a}=i^2\sqrt{b-a}\sqrt{a-b}$$

两边除以 $\sqrt{a-b}\sqrt{b-a}$，最后得

$$1=i^2，或 +1=-1$$

595

14.27 微积分中的一些谬论

(a) $\int_{-1}^{1} \dfrac{\mathrm{d}x}{x^2} = \left[-\dfrac{1}{x} \right]_{-1}^{1} = -1 - 1 = -2$。但是函数 $y = 1/x^2$ 总是非负的;因此上述"赋值"不能是正确的。

(b) 令 e 表示椭圆 $x^2/a^2 + y^2/b^2 = 1$ 的离心率。大家都知道:从该椭圆的左焦点向曲线上任何一点 $P(x, y)$ 作的径向量的工 r,由 $r = a + ex$ 给出。然后,$\mathrm{d}r/\mathrm{d}x = e$,因为不存在这样的 x 值,对于它 $\mathrm{d}r/\mathrm{d}x$ 为零,由此得出:r 没有最大值或最小值。但是,径向量没有最大值和最小值的唯一的一种闭曲线是圆。由此得出,每一个椭圆是圆。

(c) 考虑图 120 的等腰三角形,在其中底 $AB = 12$,高 $CD = 3$,无疑存在 CD 上一点 P。使得
$$S = PC + PA + PB$$
是最小值,让我们设法为点 P 定位。以 x 表示 DP,则 $PC = 3 - x$,并且 $PA = PB(x^2 + 36)^{1/2}$,所以
$$S = 3 - x + 2(x^2 + 36)^{1/2}$$

596 并且
$$\frac{\mathrm{d}S}{\mathrm{d}x} = -1 + 2x(x^2 + 36)^{-1/2}$$

令 $\mathrm{d}S/\mathrm{d}x = 0$,我们得 $x = 2\sqrt{3} > 3$,并且 P 处于该三角形外,在 DC 延长线上。因此,在线段 CD 上没有那样的点,对于它 S 是最小值。

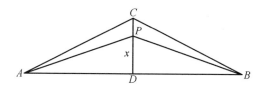

图 120

(d) 考虑积分
$$I = \int \sin x \cos x \, \mathrm{d}x$$
则我们有
$$I = \int \sin x (\cos x \, \mathrm{d}x) = \int \sin x \mathrm{d}(\sin x) = \frac{\sin^2 x}{2}$$
也有
$$I = \int \cos x (\sin x \, \mathrm{d}x) = -\int \cos x \mathrm{d}(\cos x) = -\frac{\cos^2 x}{2}$$

所以

$$\sin^2 x = -\cos^2 x$$

或

$$\sin^2 x + \cos^2 x = 0$$

但是对于任何 x

$$\sin^2 x + \cos^2 x = 1$$

(e) 因为 1[①]

$$\int \frac{\mathrm{d}x}{x} = \int \frac{-\mathrm{d}x}{-x}$$

则有 $\log x = \log(-x)$ 或 $x = -x$,因此 $1 = -1$。

14.28 没有切线的连续曲线

大家都知道:连续函数能被几何地定义为一系列多角曲线的极限,并且,此定义曾被许多数学家用于在其上任何点没有切线或半切线的连续曲线。我们在这里只考虑由瑞典数学家柯赫(Helge von Koch,1870—1924)创造的这种曲线。

以 C 和 D 点将水平线段 AB(图 121)分成三个相等的部分;在中间部分 CD 上,在有向线段 AB 的左侧,作等边三角形 CED,然后擦去开线段 CD,然后在有向线段 AC,CE,ED,DB 的每一条上,做同样图。无限地重复此作图。由此图形趋近的极限是柯赫曲线(Koch curve)。

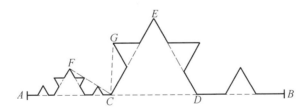

图 121

(a)把在曲线的点 P 上的切线看做过点 P 及曲线的邻点 Q 的割线,当 Q 沿着曲线移动重合于 P 之极限位置,证明:图 121 的柯赫曲线在点 C 无切线。

(b)证明:柯赫曲线在长度方面是无限的。

(c)在一个等边三角形的每一边上,在该三角形的外面,作柯赫曲线。结果得到的封闭曲线有时称做**雪花曲线**(snowflake curve)。

---

① 译者注:注意在本题中的 log 代表自然对数。

597

(d)令 T_1 为水平面的等边三角形区域。以连接 T_1 的边的中点,分 T_1 为四个全等部分。在中央片上,作处于 T_1 平面上的正四面体;抹去 T_1 的中央片;以 T_2 表示得到的曲面。试描述继续这个过程能生成三维空间中连续而无切线的曲面。

14.29 代数数和超越数

一个复数被说成是**代数的**(algebraic),如果它是某有理系数的多项式的根的话;否则,它被说成是**超越的**(transcendental)。最先于 1882 年证明 π 是超越数的是林德曼(F. Lindemann, 1852—1939)。

(a)证明:每一个有理数是代数数,并且因此每一个实超越数是无理数。

(b)每一个无理数是超越数吗?

(c)虚单位 i 是代数数,还是超越数?

(d)利用林德曼的结果,证明 π/2 是超越数。

(e)利用林德曼的结果,证明 π + 1 是超越数。

(f)利用林德曼的结果,证明 $\sqrt{\pi}$ 是超越数。

598

(g)推广(d),(e)和(f)。

(h)证明:任何代数数是有整系数的多项式的根。

14.30 界

实数 a 被称做实数非空集 M 的上界,如果对于 M 的每个数 m,我们有 $m \leqslant a$ 的话;a 被称做 M 的最小上界,如果对于 M 的任何其他上界 b,$a < b$ 的话。如果实数的非空集有上界,则它有最小上界,乃实数系的基本的、重要的性质。

(a)给出实数非空集的下界和最大下界的定义。

(b)证明:实数非空集至多有一个最小上界,并且至多有一个最大下界。

(c)给出下列数的实数非空集的例子:

1.上下界均有。

2.有上界无下界。

3.有下界无上界。

4.上下界均无。

5.最小上界在集合 M 中。

6.最小上界不在集合 M 中。

(d)证明:如果实数的非空集 M 有下界,则它有最大下界。

(e)令 M 为实数非空集,并且令 t 为任何定正实数。令 N 为 tx 形式的数集(在这里,x 是 M 中的数)。证明:如果 b 是 M 的最小上界,则 tb 是 N 的最小上界。

(f)令 M 和 N 分别为以 a 和 b 为最小上界的实数非空集。令 P 为 $x + y$ 形式的所有数的集合(在这里,x 是 M 中的数,y 是 N 中的数)。证明:$a + b$ 是 P 的最小上界。

(g)令 M 为实数 $x_n = (-1)^n(2 - 4/2^n)$,$n = 1, 2, \cdots$ 的集合。求 M 的最小上界和最大下界。对于数

$$y_n = (-1)^n + 1/n \quad n = 1, 2, \cdots$$

做同样的事。

(h)如果我们限制在有理数范围内,非空集 M 存在上界必然地蕴涵 M 存在最小上界吗?

(i)如果我们限制在非零实数范围内,非空集存在上界必然地蕴涵 M 存在最小上界吗?

14.31　素数 {.597}

599

(a)用埃拉托塞尼筛法,求小于 500 的所有素数。

(b)证明:如果正整数 p 没有其平方不超过 p 的最大整数素数因子的话,则此正整数 p 为素数。此定理表明:在埃拉托塞尼筛法的消去程序中,我们可以在达到素数 $p > \sqrt{n}$ 后立即停止,因为从 p 起每第 p 个数的相约,将仅是已经相约的重复。例如,在求小于 500 的素数时,我们可以在划去从 19 起每 19 个数后停止,因为其次一个素数 23 大于 $\sqrt{500}$。

(c)$n = 500, 10^8$ 及 10^9 时,计算:$(A_a \log_e n)/n$。

(d)证明:总能找到 n 个相继的合数,无论 n 有多大。

(e)有多少对小于 100 的孪生素数?

(f)将除了 2 以外小于 100 的每一偶数表示成两个素数的和。

(g)证明:公式 $2 + \sin^2(n\pi/2)$,$3(\cos 2n\pi)$ 和 $3(n^0)$ 对于 n 的所有正整数值,生成数。

(h)证明:对于从 1 到 16 的所有整数 n,$n^2 + n + 17$ 是素数;对于从 1 到 28 的所有整数 n,$2n^2 + 29$ 是素数。

(i)证明:11 是仅有的偶数位回文素数。

(j)求出所有 15 个三位回文素数(不知道是否有无穷多个回文素数)。

论文题目

14/1　皮奥瑟莱和哈特的工具。①

14/2　连捍装置(linkages)。

14/3　麦比乌斯(Augustus Ferdinand Mobius,1790—1868)。

14/4　费尔巴哈(Karl Feuerbach,1800—1834)。

14/5　克利福德(William Kingdom Clifford,1845—1879)。

14/6　道格森(Charles Lutwidge Dodgson,1832—1898)。

14/7　皮亚诺(Giuseppe Peano,1858—1932)。

14/8　极点－极轴理论和对偶原理。

14/9　平面射影几何的自对偶公设集。

14/10　球面三角研究中的对偶原理。

14/11　马尔法蒂(Malfatti)问题。

14/12　超立方体。

14/13　曲面的内蕴和外在几何。

14/14　克莱因任哥廷根大学数学系主任的年代。

14/15　作为不变量理论的几何,和作为结构理论的代数。

600　14/16　黎曼1854年的见习讲演。

14/17　作为科普作家的庞加莱。

14/18　没有坐标或参考标架的解析几何。

14/19　存在定理的重要性。

14/20　19世纪分析的发展受到数学中内在因素的激发。

14/21　在研究和教学两领域中均很卓越的一些19世纪数学家。

14/22　对比史坦纳(Jacob Steiner)和普吕克(Julius Plucker)。

---

①　根据作者的来信作如下说明:
　　连捍装置是由若干用铰链连接起来的捍做成,用来绘曲线的机械装置。如下图所示:*AB* 和 *CD* 等长;*A* 和 *D* 点被固定在绘图板上,在 *B* 和 *C* 处装有铰链,*M* 是 *BC* 捍中心的一个洞。如果一支钢笔插在 *M* 洞中,连捍装置自由运动描出一条伯努利双纽线。

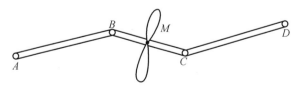

　　可以证明:任何代数曲线可以用适当的连捍装置绘出;并且,用连捍装置绘出的任何曲线都是代数曲线。
　　皮奥瑟莱的工具是绘直线用的7捍连捍装置。哈特的工具是作同样用的5捍连捍装置。

14/23 康托尔 – 克罗内克之争。

14/24 为什么著名的女数学家如此之少？

参考文献

ALTSHILLER-COURT, NATHAN *College Geometry*, *An Introduction to the Modern Geometry of the Triangle and the Circle* [M]. 2d ed. Revised and enlarged, containing historical and bibliographical notes. New York: Barnes & Noble, 1952.

—— *Modern Pure Solid Geometry* [M]. 2d ed., containing historical and bibliographical notes. New York: Chelsea, 1964.

BARON, MARGARET E. *The Origins of the Infinitesimal Calculus* [M]. Oxford: Pergamon Press, 1969.

BELL, E. T. *Men of Mathematics* [M]. New York: Simon and Schuster, 1937.

BIRKHOFF, GARRETT, ed. *A Source Book in Classical Analysis* [M]. Cambridge, Mass.: Harvard University Press, 1973.

BOYER, C. B. *The History of the Calculus and Its Conceptual Development* [M]. New York: Dover Publications, 1949.

—— *History of Analytic Geometry* [M]. New York: Scripta Mathematica, 1956.

BREWER, J. W., and MARTHA SMITH *Emmy Noether*: *A Tribute to Her Life and Work* [M]. New York: Marcel Dekker, 1981.

BURRILL, C. W. *Foundations of Real Numbers* [M]. New York: McGraw-Hill, 1967.

COHEN, L. W., and GERTRUDE EHRLICH *The Structure of the Real Number System* [M]. Princeton, N.J.: Van Nostrand Reinhold, 1963.

COOKE, ROGER *The Mathematics of Sonya Kovalevskaya* [M]. New York: Springer Verlag, 1984.

COOLIDGE, J. L *A Treatise on the Circle and the Sphere*. Oxford: The Clarendon Press, 1916.

—— *A History of Geometrical Methods* [M]. Oxford: The Clarendon Press, 1940.

DEDEKIND, RICHARD *Essays on the Theory of Numbers* [M]. Translated by W. W. Beman. Chicago: Open Court, 1901. Reprinted by Dover Publications, New York, 1963.

DICK, AUGUSTE *Emmy Noether* 1882 – 1935 [M]. Basel, Switzerland:

Birkhauser Verlad, 1970.

DICKSON, L. E. *History of the Theory of Numbers* [M]. 3 vols. New York: Chelsea, 1962.

—— "Construction with ruler and compasses." In *Monographs on Topics of Modern Mathematics* [M]. Edited by J. W. A. Young. New York: Longmans, Green, 1924.

DODGE, C. W. *Numbers and Mathematics* [M]. 2d ed. Boston: Prindle, Weber & Schmidt, 1975.

EVES, HOWARD *A Survey of Geometry* [M]. 2 vols. Boston: Allyn and Bacon, 1972 and 1965.

—— *Foundations and Fundamental Concepts of Mathematics* [M]. 3rd ed. Boston: PWS-KENT Publishing Company, 1990.

GRATTAN-GUINESS, IVOR *The Development of the Foundations of Mathematical Analysis from Euler to Riemann* [M]. Cambridge, Mass.: M. I. T. Press, 1970.

HANCOCK, HARRIS *Foundations of the Theory of Algebraic Numbers* [M]. 2 vols. New York: Dover Publications, 1931 and 1932.

—— *Development of the Minkowski Geometry of Numbers* [M]. 2 vols. New York: Dover Publications, 1939.

HUDSON, H. P. *Ruler and Compasses*. Reprinted in *Squaring the Circle, and Other Monographs* [M]. New York: Chelsea, 1953.

KAZARINOFF, N. C. *Ruler and the Round* [M]. Boston: Prindle, Weber & Schmidt, 1970.

KEMPE, A. B. *How to Draw a Straight Line*; *A Lecture on Linkages*. Reprinted in *Squaring the Circle, and Other Monographs* [M]. New York: Chelsea, 1953.

KENNEDY, D. H. *Little Sparrow*: *A Portrait of Sophia Kovalevsky* [M]. Athens, Ohio: Ohio University Press, 1983.

KENNEDY, HUBERT, Jr. *Peano*: *Life and Works of Giuseppe Peano* [M]. Dordrecht, Holland: D. Reidel, 1980.

——, ed. *Selected Works of Giuseppe Peano* [M]. Toronto: University of Toronto Press, 1973.

KLEIN, FELIX *Elementary Mathematics from an Advanced Standpoint* [M]. 2 vols. Translated by E. R. Hedrick and C. A. Noble. New York: Dover

601

Publications, 1939 and 1945.

—— *Famous Problems of Elementary Geometry*[M]. Translated by W. W. Beman and D. E. Smith. Reprinted in *Famous Problems, and Other Monographs*. New York: Chelsea, 1955.

KOBLITZ, ANN *A Convergence of Lives. Sofia Kovaleskaia: Scientist, Writer, Revolutionary*[M]. Boston: Birkhauser, 1983.

KOSTOVKII, A. N. *Geometrical Constructions Using Compasses Only* [M]. Translated by Halina Moss. New York: Blaisdell, 1961.

KOVALEVSKAYA, S. *A Russian Childhood* [M]. Translated by B. Stillman. Berlin: Springer-Verlag, 1978.

LANDAU, EDMUND *Foundations of Analysis*[M]. Translated by F. Steinhardt. New York: Chelsea, 1951.

LANG, SERGE *Algebraic Numbers* [M]. Reading, Mass.: Addison-Wesley, 1964.

MESCHOWSKI, HERBERT *Ways of Thought of Great Mathematicians*[M]. San Francisco: Holden-Day, 1964.

—— *Evolution of Mathematical Thought* [M]. San Francisco: Holden-Day, 1965.

MOORE, GREGORY *Zermelo's Axiom of Choice: Its Origins, Development and Influence*[M]. New York: Springer-Verlag, 1982.

MUIR, JANE *Of Men and Numbers, The Story of the Great Mathematicians*[M]. New York: Dodd, Mead, 1961.

NIVEN, IVAN *Irrational Numbers*[M]. Carus Mathematical Monograph No. 11. New York: John Wiley, 1956.

POINCARÉ, HENRI *The Foundations of Science* [M]. Translated by G. B. Halsted. Lancaster, Pa.: The Science Press, 1946.

POLLARD, HARRY *The Theory of Algebraic Numbers* [M]. Carus Mathematical Monograph No. 9. New York: John Wiley, 1950.

PRASAD, GANESH *Some Great Mathematicians of the Nineteenth Century*[M]. 2 vols. Benares: Benares Mathematical Society, 1933 and 1934.

PUKERT, WALTER, and H. J. ILGAUDS *Georg Cantor, 1845 – 1918*[M]. Boston: Birkhauser, 1981.

SANDHEIMER, ERNST, and ALAN ROGERSON *Numbers and Infinity, A Historical Account of Mathematical Concepts* [M]. New York: Cambridge

602

University Press, 1981.

SIEGEL, C. L. *Transcendental Numbers* [M]. Princeton, N. J.: Princeton University Press, 1949.

SMITH, D. E. *A Source Book in Mathematics* [M]. New York: McGraw-Hill, 1929.

SMOGORZHEVSKII, A. S. *The Ruler in Geometrical Construction* [M]. Translated by Halina Moss. New York: Blaisdell, 1961.

STEINER, JACOB *Geometrical Constructions with a Ruler* [M]. Translated by M. E. Stark. Edited by R. C. Archibald. New York: *Scripta Mathematica*, 1950.

TEMPLE, GEORGE 100 *Years of Mathematics, A Personal Viewpoint* [M]. New York: Springer-Verlag, 1981.

THURSTON, H. A. *The Number-System* [M]. New York: Interscience, 1956.

TURNBULL, H. W. *The Great Mathematicians* [M]. New York: New York University Press, 1961.

WAISMANN, FRIEDRICH *Introduction to Mathematical Thinking*: *The Formation of Concepts in Modern Mathematics* [M]. Translated by T. J. Benac. New York: Frederick Ungar, 1951.

YATES, R. C. *Geometrical Tools* [M]. St. Louis: Educational Publishers, 1949.

—— *The Trisection Problem* [M]. Ann Arbor, Mich.: Edward Brothers, 1947.

YOUNG, J. W. A., ed. *Monographs on Topics of Modern Mathematics Relevant to the Elementary Field* [M]. New York: Dover Publications, 1955.

原子和纺车
20世纪
（伴随第15章）

文 明 背 景 X

在前九篇文明背景中,我们曾竭力使所讲的每一个历史时期与一个中心主题融为一体。我们看到了:农业革命在古代中国、埃及和中东,开始于有记载的历史的黎明;民主在古典希腊发展;宏伟的帝国在罗马和中国兴起。印度和阿拉伯经历了象征那里的文明的、精力充沛的新宗教的诞生。中世纪,罗马帝国衰落,出现了新的、封建的欧洲文化。1500年以后,在探险的时代,欧洲社会扩展到其他大陆。18世纪中产阶级兴起;19世纪,中产阶级成为工业革命的主力军。

要把整个20世纪与那样一个单独的主题融为一体,是不可能的。如果我们把历史看做一幅宽阔的缀锦画,我们会看到:描画当代的那部分还只是部分地被织上了;并且我们还不知道这幅画的最终图景。然而,我们能细察已经织上了的丝线,并且从这些丝线中猜测:完成了的画该是怎样的。

在已经织好的这部分缀锦画中,我们能看到许多事物。19世纪大帝国的势力发动的流血的"结束所有战争的战争",第一次世界大战(1914～1918)并没有结束所有战争,落下的是:老工业帝国耗尽力气、崩溃。俄国革命(1917)推翻了有几百年历史的君主政权,代之以世界上第一个社会主义国家。同时,民族主义者们1920年在波兰、南斯拉夫、捷克斯洛伐克和匈牙利建立了新的政权。法西斯分子们,自以为是的极端民族主义者们,过度热心的教徒们,在20世纪30年代的大萧条时期,攫取了德国、西班牙、意大利和日本的控制权。在大毁灭中,在对无罪的人民进行的凶恶的大屠杀中,欧洲的法西斯分子们监禁并残酷地杀害成百万的犹太人和其他屈居少数的人们。德国、意大利和日本的法西斯分子们,滥用权利,穷兵黩武,导致在第二次世界大战(1939～1945)中败于英国、苏联、美国(连同其他国)和反法西斯革命党人的地下游击队之手。第二次世界大战之后,美国和苏联成为世界强国,他们划分各自的势力范围使全球成为互相对立的东西方两大集团。

第二次世界大战的结束还标志旧的 19 世纪的殖民的、经济的帝国的逐渐瓦解。数十个新的、独立的国家,在非洲、亚洲、大西洋和其他地方宣告成立;有巨大的印度和印度尼西亚(以前是荷属东印度群岛),有小的瑙鲁和格林纳达岛。这些以前的殖民地遭受巨大的损失。他们以前的帝国的主人们只把他们当做原料产地,而对于那里的工业化进展却毫无兴趣。贫穷、人口过剩、没有工业和缺少教育,就是这些"第三世界"国家的处境;他们竭力扫除文盲、饥饿和疾病。债台高筑和贫穷使那里的人们走向暴力革命。然而,有些第三世界国家在提高人民生活水平和达到政治稳定方面,取得了显著的成效。例如,沙特阿拉伯、埃及和中国就比较成功,而越南、扎伊尔、尼日利亚和乌干达就比较混乱;虽然,我们必须承认,至少就越南的情况来说,不稳定性是由外面强加的。第三世界国家,由于数目大,作为一个集团,在联合国这个第二次世界大战后形成的全球性组织中颇有影响。

现在让我们来浏览 20 世纪这幅画的剩余部分。如果我们看一下织这幅缀锦画的纵横交错的线条,我们就能指出两个互相矛盾的倾向:机械观点和有机观点。历史学家和哲学家麦钱特(Carolyn Merchant)曾在她的《自然之死》(The Death of Nature, 1980)一书中提出过:观察世界有两个基本方法,它们都可以追溯到古希腊。一个观点是机械论,它主张:自然和文明像机械那样运行,其组成部分受到人类的控制,并且,我们必须不断地修补它们。另一种观点是有机论,它把世界理解为活生生的整体,人类只不过是其一部分;并且,它处于精美的、自然的平衡状态。这两种世界观都是古老的,都与科学相容,都一直存在到今天。

在 20 世纪,对于许多人来说,原子成为机械论世界观的象征。控制原子能,有的为了破坏的目的,有的为了建设的目的,控制原子能,意味着:人类最终统治自然界和人类自我毁灭的潜在危机。对于第三世界国家来说,原子能常令他们联想起美国和苏联两个超级大国的重要地位和第三世界国家的次要地位。原子能是 20 世纪纯科学与技术融合的结果,这个融合创造了在政府和商业中对科学成果的空前的需求;并且,因此,数以千计的科学家以之为职业。原子能会把我们引向机械论的乌托邦,是走向原子战争,还是走向无望的污染的环境,不得而知。

在第三世界中,印度领袖甘地(Mohandas Gandhi,1869—1948)把纺车作为有机论哲学的象征。纺车这种简单的机械,是由人类的手而不是电来操作的;甘地认为它表示人类与自然之间的和谐。其圆形使甘地联想起球形的地球,其对称性则象征人类的和谐。虽然,原子似乎统治了20世纪,我们还能看到纺车的影响:19世纪殖民帝国的瓦解;1955以来美国和非洲的人权运动;欧洲、美洲和非洲的环境保护运动和妇女运动;反对核武器和"适当的技术"的口号;美国和伊朗的基督教基本主义——所有这一切都倾向于把世界看做非机械的。

我们不能把这两种思想完全分离开来纳入易于辨认的对立集团,要说表述原子和纺车的相互关系,谁也比不上20世纪伟大的科学家爱因斯坦(Albert Einstein,1879—1955)。爱因斯坦从事力学研究,又是一位有同情心的人文主义者。他认识宇宙的机械性质,但是,在他的相对论中,又把宇宙理解为可赞颂的结合的整体。他帮助控制原子能,但是,又很理智地警告人们:错误地使用它是危险的。

英国诗人但尼生(Alfred,Lord Tennyson)在描述一位古代英雄时写道:"取得的多,则保留的多。"后世人在讲述20世纪时,将决定取什么,保留什么,以及今天活着的人们是否遵守了美国宪章中的的豪言:"促进社会进步,提高生活水平,给人民以更大的自由,并且为达到这些目的坚持不懈;与所有的友邦和平共处。"

第十五章　进入 20 世纪

15.1　欧几里得《原本》在逻辑上的缺陷

20 世纪有许多数学著作曾致力于仔细考查这门科学的逻辑基础和结构。这反过来导致公理学的产生,即对于公设集合及其性质的研究。许多数学基础概念,经受了重大的变革和推广;并且像代数学和拓扑学这样深奥的基础科学也得到广泛发展。一般(或抽象)集合论导致一些意义深远而又困扰人的悖论,它们迫切需要处理。逻辑本身,作为在数学上以承认的前提去得出结论的工具,被认真地检查,从而产生数理逻辑(mathematical logic)。逻辑与哲学的多种关系导致数学哲学的各种重要的现代不同学派的出现。再则,20 世纪计算机的急剧变革也深刻地影响着数学的许多分支。总而言之,"数学之树"的老观点变得陈旧了。很奇怪,像数学的许多分支一样,现代的大多数见解,溯源于古希腊的著作,尤其是,欧几里得的《原本》。

欧几里得《原本》,作为巨著的公理化表达法的最初尝试,要是没有逻辑上的缺陷,那就是非常了不起的事了。后来评论的探照灯光揭示了该著作逻辑结构上的许多缺陷,也许这些缺陷中最严重的是:欧几里得在论述中作了许多默认的假定,是他的公设所不能承认的假定。例如,虽然公设 P2 断定直线可被无限延长[①],但是,它不一定意味着直线是无限的,而只是意味着,它是无端的,或无界的。联接球面上两点的大圆的弧可沿着大圆无限延长,使得延长的弧无端点,但必定不是无限的。德国大数学家黎曼在其 1854 年所作的著名的见习讲演《关于几何学基础的假定》(Über die Hypothesen welche der Geometrie zu Grunde Liegen)中,区别了直线的无界和无限。在许多场合,例如在命题 I 16 的证明中,欧几里得不自觉地假定了直线的无限性。再则,欧几里得默然假定(例如,在其命题 I 21 的证明中),如果一条直线从一个三角形的一个顶点进入该三角形,充分延长,必交其对边。帕什(Moritz Pasch, 1843—1930)认识到:有必要针对这种情况加个公设。欧几里得几何的另一个疏忽之处是,某些直线和圆存在交点的假定。例如:在命题 I 1 中,假定了以一线段的两个端点为圆心,以该线段为公共半径的两个圆相交,而不是另一种情况:没有公共点。某种连续性公设,

---

[①]　参看 5.7 节关于欧几里得的公理和公设的陈述。

例如:后来由戴德金(R.Dedekind)提供的公设,对于使我们确信这样一个交点的存在是必要的。还有,公设 P1 保证联接 A 和 B 两点的直线至少存在一条,但是不能使我们确信这样的联线不超过一条。欧几里得常假定联接两个不同点有唯一的一条线。对于欧几里得显然勉强地用叠合法证明他的某些较早的全等定理,也能提出异议,虽然这些异议能部分地用公理 A4 解释。

欧几里得的著作不仅因有许多默认的假定而逊色,他的某些原始定义也受到批评。欧几里得试图给他的论著中的所有术语下定义。然而,要明确地定义一篇论述中的所有术语,实际上是不可能的;因为,一个术语必须用另一个术语来下定义,而这些还要用别的术语定义,可以一直类推下去。为了开头,并且为了避免定义循环,人们在论述的最开头不得不制定一组原始的或基本的术语,它们的意义是不必追究的,该论述中的所有往后的术语最后必须用这些最初的原始术语来定义,于是,在最终分析中,该论述中的公设被假定为原始术语的表达。从这个观点看,原始术语可当做是暗含的(implicitly)定义为:在某种意义上它们是满足公设的某种事物或者概念的任何东西,并且,这隐定义是原始术语能被接受的唯一的一种定义。

在欧几里得几何学的推演中,像点(point)和线(line)这样的名词就应包括在该论述的原始术语集合中,无论如何,欧几里得点的定义"没有部分",和线的定义"有长无宽",显而易见是循环的;所以,从逻辑的观点看,是令人遗憾而不适当的。公理方法的希腊概念和现代概念之间的区别在于如何对待原始术语,在希腊的概念中,不存在原始术语表。希腊人这么做的理由是:对于他们来说,几何学不仅是抽象的研究,而且是试图对理想化的物理空间作逻辑上的分析。点和线,对于希腊人,是很小的质点和很细的线的理想化。欧几里得在他的一些最初的定义中试图表达的就是这种理想化。在公理化方法的希腊观点和现代的观点之间,还存在别的区别。

直到 19 世纪末 20 世纪初,几何学的基础被深入研究之后,才为欧几里得的平面和立体几何提供了令人满意的公设集合。提供这样的集合的,著名的主要有:帕什(M.Pasch),皮亚诺(G.Peano),皮罗(M.Piero),希尔伯特(D.Hilbert),伯克霍夫(G.D.Bikhoff)和布卢门塔尔(L.M.Blumenthal)。希尔伯特的集合包括 21 条公设,把点(point),直线(straight line),平面(plane)、其上(on),全等(congruent)和之间(between)作为原始术语,皮里公设集合包括 20 条,把点(point)和运动(motion)作为原始术语;维布伦公设集合包括 16 条,把点(point)和序(order)作为原始术语;韩廷顿公设集合包括 23 条,把球(sphere)和包含(inclusion)作为原始术语。

自 20 世纪中叶左右以来,有许多作者和写作组曾试图为高中的几何班,搞点教材:从公设的基础上严谨地推演几何学。在这些尝试中,通常不是采用希

608

尔伯特公设集合,就是采用伯克霍夫公设集合(常有些更动或补充)。

15.2 公理学①

现代的对于欧几里得几何以及在逻辑上可接受的公设集合的探求,由同样相容的非欧几何的发现所提供的启示,导致公理学的发展,或公设集合及其性质的研究。

用演绎体系进行工作的缺陷之一,是该体系的题材过于一般化。欧几里得《原本》上的缺点,大部分起因于此。为了避免这缺陷,不如把该论述的原始的,未定义的术语用像 x, y, z 之类符号代替。这时该论述的公设成为关于这些符号的陈述,从而失去了具体意思;所以,结论是没有直观因素的干扰,依据严格的逻辑基础得到的。公理学的研究,就是考虑这样的公设集合的性质。

显然,我们不能把关于原始术语的陈述的任何集合当做公设集合。有某些必要的和某些期望的性质是公设集合应该具备的。例如,有一点是必要的:公设应是**相容的**(consistent)——即,从这个集合推演不产生矛盾。

为证明一个公设集合的相容性而发明的最成功的方法是模型法。如果我们能对该集合的原始术语规定意义,将这些公设变成关于规定的概念的真实陈述,就得到一个公设集合的模型。有两种类型的模型——**具体的模型**(concrete models)和**理想的模型**(ideal models)。如果原始术语规定的意义是从现实世界抽取的对象和关系的话,这个模型被称做是具体的(*donerete*);如果原始术语规定的意义是从别的公理推演所抽取的对象和关系的话,则其模型被称做是理想的(*ideal*)。

当一个具体的模型已被展现时,我们感到,我们已经证明了公设体系的绝对(absolute)相容性。因为,如果在我们的公设中隐含着矛盾的定理,则对应的矛盾的命题会在我们的具体模型中保持下来。但是,在我们所相信的现实世界中的矛盾,则是不可能的。

为一个给定的公设集合找一个具体的模型并不总是可能的。例如,如果该公设集合包含无限多个原始元素,具体的模型就肯定是不可能的。因为现实世界不包括无限多个对象。在这样的情况下,我们试图安排一个理想模型,比方说,我们以某一个公设 B 的概念规定公设系 A 的原始术语,以这样的方式,即,公设系 A 是公设系 B 的逻辑推论。但是,我们现在对公设集合 A 的相容性的检验就称不上是绝对的检验,而只是相对的(*relative*)检验了。我们所能说的

左侧页码:609

---

① 关于公理学的较充分的论述,请参看:Howard Eves 和 C. V. Newson 著 An Introduction to the Foundations and Fundamental Concepts of Mathematics. Revised edition. New York:Holt. Rinehart and Winston 修订版。

是,如果公设集合 B 是相容的,则公设集合 A 是相容的。于是,我们把体系 A 的相容性归结为体系 B 的相容性。

会不会我们没有能力证明:一个公设集合是相容的,这是公理体系有趣的悬而未决的问题之一。对于相容性的研究导致几个令人困扰的和引起争论的结果,因为这些涉及数学知识的基础。用模型法证明相容性,是间接法。可以设想,绝对的相容性能用直接程序证明,这个直接程序谋求证明:根据演绎推理,不可能从一个给定的公设集合得出两个互相矛盾的定理来。在最近的年代里,希尔伯特考虑这样的直接法仅获得部分的成功。

如果这个集合里没有一个公设隐含于该集合的其他公设中的话,则这个公设集合称做是**独立的**(independent)。为了证明该集合中的任何一个特殊的公设是独立的,人们要为原始术语设计一种解释,它证明所考虑的公设是假的,又证明其余的公设的每一个是成立的。如果我们在寻找这样一种解释中获得成功,则所考虑的公设不会是别的公设的逻辑推论。因为,如果它是别的公设的逻辑推论,则将所有别的公设转化为真实命题的解释也必然把它转为真实命题。顺着这条路子对一个完整的公设集合作检验,显然是件麻烦事。因为,如果在该集合中有 n 个公设,就必须分别做 n 个检验(对每一个公设都检验一次)。独立性这个问题,对于非欧几何是很重要的。

一批给定事实的整体可从多于一个公设集合导出,要让 $P(1)$ 和 $P(2)$ 两个公设集合导出同样的推论,需要的是,每一个公设集合的原始术语可用另一个的原始术语来定义;并且,每一个集合中的公设可从另一个集合中的公设来导出。这样的两个公设集合被称做是**等价的**(equivalent)。等价公设集合的概念起因于试图求欧几里得平行公设的代替物。

610

除了相容性、独立性、等价性外,在公理学的研究中,还考虑公设集合的别的性质。这个课题和符号逻辑,和数学哲学密切相关。当代,有许多人在这个领域里有贡献,著名的有:希尔伯特、皮亚诺、皮里、维布伦、韩廷顿、罗素、怀特黑德、哥德尔及其他人。

15.3 一些基本概念的演变

自 19 世纪末叶康托尔发展了集合论以后,对这个理论的兴趣与日俱增。到今天,事实上数学的每一个领域都受到它的影响。例如,空间的概念和空间几何学就用集合论作了彻底的改革。再则,分析中的基本概念,例如,极限、函数、连续性、导数和积分的概念都用集合论的概念作了很巧妙的描述。几十年前想也想不到的新数学的发展,现在已成为现实。例如,随着对数学中的公理化程序给出了新的评价,抽象空间产生了,维数和测度的一般理论创立了,称做拓扑学(*topology*)的数学分支也有了引人注目的发展。简而言之,在集合论的影响下,新数学以爆炸性速度被创立。

为阐明基本数学概念的历史性变革,让我们首先考虑空间的概念和空间几何学。这些概念,自古希腊以来,已经经历了显著的变化。对于古希腊人来说,只有一个空间和一种几何学,这些是绝对的概念。空间不被视为点的集合,而被看做是物体可在其中自由移动或彼此比较的范围或轨迹。出于此观点,几何学的基本关系不外乎全等或可叠合的关系。

随着 17 世纪解析几何的发展,空间才被看做是点的集合。伴随 19 世纪经典非欧几何的创立,数学家们承认不止有一种几何学。但空间仍被看做图形可在其中相互进行比较的轨迹,得出此结论的主导思想是空间变换到它自身的全等变换群,几何学也逐步发展为当闭合空间在这种变换中保持不变的点的结构的特性之研究。我们在 14.8 节中已经见到 F·克莱因(Felix Klein)于 1872 年在爱尔兰根大纲(*Erlanger Programm*)中是如何将此观点推广的。在该大纲中,几何学被定义为变换群的不变理论,此理论综合并推广了所有较早的几何概念,并且为大量的重要的几何学提供了一种非常简练的分类。

19 世纪末,随着数学的分支作为从一个公设集合推演出定理的抽象体系的思想的发展,每一种几何学(从这个观点看)成为数学的一个特殊分支。多种几何学的公设集合被研究,但是克莱因的爱尔兰根大纲并没有被推翻,因为几何学能被看做变换群的不变理论数学这样一个分支。

然而,弗雷谢(Maurice Frechet,1878—1973)在 1906 年开辟抽象空间的研究(参看问题研究 15.15),从而,一些很一般的几何学产生了,而这些几何学没有必要再适合于克莱因的分类。一个空间仅成为通常称做点的一组对象,连同被包含于其中的一组关系;并且,几何学单纯地成为这样的一个空间的理论。点所受约束的关系集合,被称做该空间的**结构**(structure);此结构可能或不可能用变换群的不变理论的术语解释。尽管抽象空间的概念于 1906 年被形式地引进,但几何学作为加上某种结构的点的集合的研究思想实际上已被包括于黎曼在 1854 年的伟大讲演的评述之中。有趣的是,这些新几何学中的一些已经在爱因斯坦的相对论中和现代物理的其他发展中找到了有价值的应用。

函数的概念,像空间概念和几何学一样,经历了显著的变革。每一个学数学的学生,当他从初等数学进展到大学研究生水平的比较高级的和深奥的课程时,都遇到函数种种精细的变化。

函数(*function*)这个术语的历史,为数学家推广和延伸他们的概念提供了另一个有趣的例子。莱布尼茨于 1694 年最先从拉丁文中引进函数这一个用以作为表示与曲线相联系的任何量的术语,它指的是:像曲线上点的坐标,曲线的斜率,曲线的曲率半径,诸如此类的量。约翰·伯努利于 1718 年把函数归结为

611

由一个变量和一些常数构成的任何总表达式;以后,欧拉把函数看做是变量和常数的任何方程或公式,后者是大多数学过初等数学的学生具备的概念。欧拉的概念,直到傅里叶(Joseph Fourier,1768—1830)在其关于热流的研究中考虑所谓三角函数级数时,才有所改变。这些级数涉及变量之间的从未研究过的更为一般的关系;在为函数提供一个能包括这样的关系的充分广的定义的努力中,狄利克雷(Lejeune Dirichlet,1805—1859)得到下列定义:**变量**(variable)是表示一组数中任何一个数的符号;如果 x 和 y 两个变量如此地相关连:只要给 x 规定一个值,则依某种规则或对应,自动地规定给 y 一个值,则我们称 y 是 x 的(单值)**函数**。变量 x(它的值随意指定)称做**独立变量**(independent variable)(或自变量);变量 y(它的值随 x 的值而变)称做**因变量**(dependent variable)。x 可以假定的允许值构成函数的**定义域**(domain of definition),被 y 取的值构成函数的**值域**(range of values)。

612

学初等微积分的学生,通常见到的是狄利雷函数定义。这定义很广泛,并不意味着它有可能给出变量 x 与 y 间的某种解析表达式,它只强调两组数之间的一种关系这个基本概念。

集合论已经将函数的概念扩展到包括任何两个元素之间的关系,不管元素是数或是别的什么。因此,在集合论中,**函数** f 被定义为有序元素对的任何集合,假如 $(a_1,b_1) \in f,(a_2,b_2) \in f$,并且 $a_1 = a_2$,则 $b_1 = b_2$。有序对的所有第一个元素的集合 A 被称做函数的**定义域**,并且,有序对的所有第二个元素的集合 B 被称做函数的**值域**。这样,函数关系就成为笛卡儿乘积集 $A \times B$ 的一个特殊子集。**一一对应**(one-to-one correspondence)也是一个特殊函数,即,函数 f,例如:如果 $(a_1,b_2) \in f,(a_2,b_2) \in f$,并且 $b_1 = b_2$,则 $a_1 = a_2$(如果对于函数关系 $f,(a,b) \in f$,我们写 $b = f(a)$)。

函数的概念渗入大部分数学中,并且自 20 世纪初,许多有影响的数学家就曾以此概念作为统一的和重要的原则编写初等数学课程。函数这一概念成为编写教科书时,选择、发展基础教材显然而有效的指南。学数学的学生早一些熟悉函数概念,无疑是有好处的。

15.4 超限数

集合的现代数学理论,是人类思想的最引人注目的创造之一。由于在其研究中某些大胆的发现,并且由于因它引起某些奇异的证明方法,集合论具有难以描绘的引人入胜之处。除此以外,该理论对于几乎整个数学都起着极为重要的作用。它大为丰富、简练、扩张和推广了数学的许多领域,并且,在数学基础的研究中,它的作用是很基本的。同时它还是形成数学与哲学和逻辑之间联系的环节之一。

当且仅当两个集合中的元素一一对应时,才称它们为**等势**(equivalent)。两个等势的集合具有同样的**基数**(Cardinal number),有限集合的基数可与自然数等同。无限集合的基数被称为**超限数**(transfinite numbers),它的理论是首先由康托尔于其 1872 年开始撰写的一系列重要论文中提出的,主要是发表于德文数学杂志《数学年鉴》(*Mathematische Annalen*)和《数学杂志》(*Journal für Mathematik*)中。在康托尔之前,数学家只承认用像 ∞ 这样的符号表示的无限,并且不分青红皂白地将此符号用来表示所有自然数的集合和所有实数的集合这类集合中元素的"个数"。有了康托尔的工作,引进了全新的看法,得到了无限的标度和运算。

而等势集具有相同基数这个基本原理,介绍给我们许多有趣的和诱人的情况。伽利略(Galieo Galilei)早于 16 世纪下半叶就看出:用 $n \leftrightarrow 2n$,所有正整数的集合可以与所有正偶数的集合一一对应。因此,对这两个集合应该规定同样的基数;并且从这个观点看,我们必须说正偶数和正整数同样多。立即看出:欧几里得的"整体大于部分"的公设,在考虑无限集合的基数的前提下,不能成立。事实上,戴德金大约于 1888 年,已将一个**无限集合定义为**(defined an infinite set)与其某真子集等势的集合。

我们将以 d[①] 表示所有自然数的集合的基数,并且称任何有此基数的集合为**可数的**(denumerable)。由此得出:一个集合 S 是可数的,当且仅当其元素可写作无限序列 $\{s_1, s_2, s_3, \cdots\}$。因为不难证明:任何无限的集合有此基数的子集,从而得出,d 是"最小的"超限数。

康托尔在一篇最早的关于集合论的论文中,证明过乍看不具有可数性这个性质的两个重要的集合。

第一个集合是所有有理数的集合。此集合有重要的性质:**稠密性**(dense)。意思是:在任何两个不同的有理数之间存在另一个有理数——事实上,有无限多别的有理数,例如:在 0 和 1 之间有有理数

$$1/2, 2/3, 3/4, 4/5, 5/6, \cdots, n/(n+1), \cdots$$

在 0 和 1/2 之间有有理数

$$1/3, 2/5, 3/7, 4/9, 5/11, \cdots, n/(2n+1), \cdots$$

在 0 和 1/4 之间有有理数

$$1/5, 2/9, 3/13, 4/17, 5/21, \cdots, n/(4n+1), \cdots$$

等。由于这个性质,人们可以期望所有有理数的集合的超限数大于 d[②]。康托

---

① 康托尔用的是带脚码的希伯来字母,即 $\aleph_0$。
② 集合 A 的基数被说成是大于集合 B 的基数,当且仅当,B 与 A 的真子集等势,而 A 不与 B 的真子集等势。

尔证明这是不可能的,而且反之,所有有理数的集是可数的。他的证明是有趣的,现陈述如下:

定理 1:所有有理数的集合是可数的。

考虑阵列:

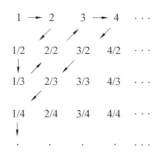

在其中,第一行依大小次序,包括所有自然数(即,所有以 1 为分母的正分数);第二行,依大小次序,包括所有以 2 为分母的正分数;第三行,依大小次序,包括所有以 3 为分母的正分数等。显然,每一个正有理数出现于此阵列中;如果我们依箭头所示的相继次序排数,略去已经出现过的数,我们得到无穷序列

$$1,2,1/2,1/3,3,4,3/2,2/3,1/4,\cdots$$

在其中,每一个正有理数出现一次且仅出现一次。以 $\{r_1, r_2, r_3, \cdots\}$ 表示此序列,于是,序列 $\{0, -r_1, r_1, -r_2, r_2, \cdots\}$ 包括所有有理数的集合;并且,此集合的可数性已被证明。

康托尔所考虑的第二个集合,表面上看,是比有理数集合大得多的集体。我们首先给出下列定义。

定义 1:一个复数被称做是**代数的**(algebraic),如果它是某多项式

$$f(x) = a_0 x^n + a_1 x^{n-1} + a_{n-1} x + a_n$$

的根(在这里,$a_0 \neq 0$,且所有 a_k 是整数)。一个复数,它不是代数的,则被称做是**超越的**(transcendental)。

显然,代数数,包括所有的有理数和有理数的根,当然还有其他。因此,下列定理有点令人惊讶。

定理 2:所有代数数的集合是可数的。

令 $f(x)$ 为定义 1 中所描述的多项式中的一个(在这里,不失一般性,我们可以假定 $a_0 > 0$),考虑该多项式的所谓**高**(height),这样定义

$$h = n + a_0 + |a_1| + |a_2| + \cdots + |a_{n-1}| + |a_n|$$

显然,h 是一个大于等于 1 的整数。并且,容易明白:给定高 h 的多项式只有有限个。我们现在可以列出(理论上说)所有代数数,去掉任何已经列过的数,先取从高为 1 的多项式中得出的,再取从高为 2 的多项式中得到的,再取从高为 3 的多项式中得到的,等。于是,我们看到:所有代数数的集合可被列成无穷序

列,因而此集合是可数的。

由于这两条定理,看来存在这样一种可能性:所有无限集合都是可数的。然而,并不是这么回事;康托尔在下列有意义的定理的杰出证明中,证实了这一点。

定理 3: 在 $0 < x < 1$ 间隔内的所有实数的集合是不可数的。

此定理的证明是间接的,并且采用称为**康托尔对角线程序**(Cantor diagonal process)的非同寻常的方法。然后,让我们假定这集合是可数的,则我们可以列该集合的数于序列 $\{p_1, p_2, p_3, \cdots\}$ 之中。这些数 p_i 的每一个可被唯一地写作无限十进制小数;在这方面,回忆一下每一个有理数可被写作"循环小数",是有好处的。例如,像 0.3 这样的数可被写成 $0.299\,99\cdots$。我们于是能将此序列显示于下列阵列中

$$p_1 = 0.\,a_{11}\,a_{12}\,a_{13}\cdots$$
$$p_2 = 0.\,a_{21}\,a_{22}\,a_{23}\cdots$$
$$p_3 = 0.\,a_{31}\,a_{32}\,a_{33}\cdots$$
$$\vdots$$

(在这里,每一个符号 a_{ij} 表示数字 0,1,2,3,4,5,6,7,8,9 中的某一个)。然而,无论你在取 0 和 1 之间的所有实数来排列时是如何仔细认真,总有一个数排不上。$0.\,b_1 b_2 b_3\cdots$,(比如,如 $a_{kk} \neq 7$;则取 $b = 7$;并且如果 $a_{kk} = 7$,则取 $b_k = 3$,对于 $k = 1,2,3,\cdots,n,\cdots$)就是这样的一个数。显然,此数处于 0 与 1 之间,并且它一定不同于每一个数 p_i;因为,它和 p_1 至少第一位数不同等。于是,原来的假定:0 与 1 之间的所有实数可排列成一个序列,是站不住脚的,所以,该集合必定是不可数的。

康托尔还从定理 2 和 3 推出下列著名的推论。

定理 4: *超越数存在。*

根据定理 3,0 和 1 之间的所有实数的集合中是不可数的。易于证明:所有复数的集合也是不可数的。但是,根据定理 2,所有代数数是可数的。由此得出:必定存在非代数数的复数,于是,本定理得证。

不是所有的数学家愿意接受定理 4 的上述证明。是否接受此证明在于怎样理解"数学上存在";有些数学家认为:数学上存在,只有在对于其存在性有疑问的对象之一确实构造和显示出来时才成立。然而,上述证明并没有以作出这样一个数的特例,来证明超越数的存在。数学上有许多存在性证明是非构造型的,在那里,存在性仅仅以因不存在而导致矛盾来证明的。例如,代数的基本定理的大多数证明,就是顺着这样的路子作出来的。

由于一些数学家对非构造的存在证明的不满意,人们在用实际上产生一个有关对象来代替这种证明方面作过不少努力。

616

超越数存在性的证明和某特殊的数为超越的证明,是完全不同的两件事,而后者是一个很困难的问题。埃尔米特(Hermite)于1873年证明自然对数的底e是超越数;林得曼(Lindemann)于1882年首先证明π这个数的超越性。很遗憾,对我们来说,在这里证明这些有趣的事,是不方便的。辨别一个给定的数是代数数还是超越数的困难,可以下列事实来说明,即:到现在还不知道π^{π}是代数数还是超越数。在这方面的最新成果是:a^b这种形式(在这里,a是不等于0或1的代数数,b是任何无理代数数)的任何数是超越数。此成果于1934年由盖方德(Alexsander Gelfond,1906—1968)给出,现在以盖方德定理著称;它是为了证明所谓**希尔伯特数**(Hilbert number)$2^{\sqrt{2}}$是超越数的近30年努力而达到的顶峰。

因为在$0 < x < 1$间隔内的所有实数的集合是不可数的,所以,此集合的超限数大于d。我们将以c表示之,并且,把它当做是**连续统的基数**(continuum hypothesis)。一般认为:c是d之后次一个超限数;即,没有一个集合有大于d而小于c的超限数。这个信念以连续统假定著称。但是,尽管做了很大的努力,还是没有找到确立它的证明。此假定的许多推论已被推出,并且,于大约1940年,奥地利逻辑学家哥德尔(Kurt Gödel,1906—1978)成功地证明了:连续统假定与集合论的著名的公设集是相容的(只要这些公设它们本身是相容的)。哥德尔猜到:连续统假定的否定也与集合论的公设是相容的。这个猜想,于1963年由斯坦福大学的科恩博士(Dr. Paul J. Cohen)证明,于是证明了连续统假定是独立于集合论的公设的,因而永远不能从这些公设推出它来。这类似于平行公设在欧几里得几何中的处境。

已经证明:定义于$0 < x < 1$间隔上的所有单值函数$f(x)$的集合有大于c的基数,但是这个基数是否在c之后的次一个基数,尚不可知。康托尔的理论为超限数的无穷序列作了准备,并证明了下列事实:大于连续统的基数的无限多个基数确实存在。

617

15.5 拓扑学

拓扑学开始是几何学的一个分支,但是在20世纪的第二个四分之一世纪,它得到推广,从而与数学的许多分支相关联,以致现在它和几何学、代数学和数学分析(analysis),都可以看做是数学的基础部分。今天,拓扑学可以粗略地定义为连续性的数学研究。在本节中,我们仅局限于此学科的反映其几何根源的那些方面。从这个观点看,拓扑学可被看做是几何图形的这样一些性质的研究,即:在所谓**拓扑变换**(topological transformations)下保持不变的那些性质;而拓扑变换指的是:具有单值连续逆的单值连续映射。所谓几何图形,我们指的是三维(或多维)空间上的点集,单值连续映射就是:在空间中给定一个笛卡儿坐标系,能以坐标的单值连续函数表示的映射。

因为一个几何图形的所有拓扑变换的集合构成一个变换群;从我们的观点看,拓扑学可以看做一种克莱因的几何,因而被整理进克莱因的爱尔兰根大纲。一个几何图形,在拓扑变换下保持不变的那些性质被称做该图形的**拓扑性质**(topological properties);并且,两个图形能由一个拓扑变换成另一个,被称做**同胚的**(homeomorphic)或**拓扑地相等**(topologically equivalent)的。

拓扑变换的映射函数用不着限定在几何图形被安放于其中的整个空间上,只要限定在构成几何图形的点集上。于是,我们能把图形的内在的(intrinsic)拓扑性质看做是在所有拓扑变换下保持不变的那些性质,而把图形的外在的(extrinsic)拓扑性质看做只是在图形所嵌入的整个空间上的拓扑变换下保持不变的那些性质。图形的内在的拓扑性质是独立于所嵌入的空间的,而图形的外在的拓扑性质则依赖于所嵌入的空间;并且我们记得,在 14.7 节,联系到三维空间上曲面的微分几何,考虑过类似的情况。

拓扑学,在 19 世纪中叶之前,几乎没有自成一体的研究,因而只能找到一些关于它较早的零碎的阐述。接近 17 世纪末,莱布尼茨用**位置几何**(geometriasitus)这个术语描述一种定性数学(今天,可能看做是拓扑学),并且预言到此领域的重要研究,但是,他的预言很迟才得到实现。简单封闭多面曲面的一个早期发现的拓扑性质是关系式 $v - e + f = 2$(在这里,v, e, f,分别表示多面曲面的顶点、棱和面的数目)。笛卡儿在 1640 年就知道这个关系式,但是此公式的第一个证明是欧拉于 1752 年给出的。早在 1736 年欧拉就在其关于柯尼斯堡七桥问题(the Konigsberg bridge problem)的论述中考虑过线状图的某种拓扑学(请参看问题研究 12.8)。高斯对拓扑学有几个贡献。在他为代数基本定理提供的几个证明中,有两个明显的是拓扑学的。他为此定理给出的第一个证明采用拓扑技术,那是他二十二岁(1799 年)写的博士论文。他初步考虑到结点问题,这在今天是拓扑学上的重要课题,1850 年左右,F·居特里(Francis Guthrie)提出四色问题[①] 的猜想,后来,被德·摩尔根(Augustus De Morgan)、凯利(Arthur Cayley)及其他人着手处理。在那个时候,拓扑学被称做**位置几何学**(analysis situs)。**拓扑学**(topology)这个术语是高斯的一个学生利斯廷(J. B. Listing, 1808—1882)1847 年在《拓扑学概论》(Vorstudien Zur Topologie)中最先引进的,那是讲拓扑学的第一本书。普林斯顿大学教授莱夫谢茨(Solomon Lefschetz)后来把德文字 Topologie 英文化为 topology。高斯的另一个学生基尔霍夫(G. B. Kirchoff, 1824—1887)1847 年在其电纲络研究中采用线状网络的拓扑

① 指的是:任何一张一平面或球面上的地图,只用四种颜色就够了。

学(topology of linear graphs)。在高斯的所有学生中,对拓扑学贡献最大的是黎曼(Bernhard Riemann),他在 1851 年写的博士文中,把拓扑学的概念引进复变函数理论的研究。黎曼对拓扑学提供的主要的促进因素是**黎曼曲面**(Riemann surface)的概念,将多值复函数转变成单值函数的拓扑学的方法。1854 年黎曼那篇关于几何基础假设的任教讲演,对拓扑学也具有重要性。这篇讲演提供通向高维的突破点,并且流形(*manifold*)的概念在这里被引进。大约在 1865 年,麦比乌斯(A. F. MObius,1790—1868)写了一篇论文,文中将多面曲面简单地看做被结合的多边形集成(collection)。这将 2 - 复形(2-complexes)的概念引进了拓扑学。在其对 2 - 复形的系统的推演中,麦比乌斯被引入现在称做麦比乌斯带(*Mobius strip*)的一边和一棱的曲面的研究。1873 年,麦克斯韦尔(J. C. Maxwell,1831—1879)把拓扑学的连通性理论用于他在电磁领域的研究。还有别的人,例如赫尔姆霍兹(H. Helmholtz, 1821—1894)和凯尔文文(Lord Kelvin William Thomson,1824—1907),也该列入成功地应用拓扑学作过早期贡献的人中是属于第一流的。他 1895 年写的《位置分析》(*Analysis Situs*)一文,在拓扑学方面是最有意义的。重要的 n 维同调理论(homology theory of n dimensions)就是在这篇论文中提出来的。把贝蒂群引进拓扑学的是庞加莱。由于庞加莱的工作,拓扑学这门学科走上了宽广的道路,越来越多的数学家进入这个领域。庞加莱之后,在拓扑学方面的著名人士有:维布伦(O. Veblen,1880—1960),亚历山大(J. W. Alexander,1888—1971),莱夫谢茨(S. Lefschetz,1884—1972),布劳尔(L. E. J. Brouwer,1881—1966)和弗雷谢(M. Frechet,1878—1973)。

619

麦比乌斯、黎曼和庞加莱强调几何图形是由有限个基本片连接构成的这个观念,逐渐让位给康托尔的随意点集概念(Cantorian concept of an arbitrary set of points)。后来,科学家们又认识到:任何事物的集合——不管是数的集合,代数实体的集合、函数的集合,或非数学对象的集合——都能在某种意义或别的意义上构成拓扑空间。后者和很一般的拓扑学观点被称为**点集拓扑**(set topology),而紧密地与较早的观点相联系的研究则被称做**组合拓扑**(combinatorial)或**代数拓扑**(algebraec topology),点集拓扑的经典公式由豪斯多夫(Felix Hausdorff,1868—1942)在其 1914 年出版的《集合论基础》(*Grundzuge der Mengenlehre*)中给出。在这里,我们见到此学科的系统的阐述;在该学科中,基本元素的性质是不重要的。在该著作的较后部分中,我们见到拓扑空间的发展;今天我们称之为豪斯多夫空(*Hausdorff spaces*)(参看问题研究 15.27)。

15.6 数理逻辑

数学理论源于公设集和逻辑这两个因素的相互作用。公设集构成基础,理论从它开始;逻辑构成规则,基础有了它才可能扩展成定理的整体。显然,两个因素都重要,因此,每一个因素都曾被仔细地检查和研究。第一个因素的研究形成公理学,这个我们在 15.2 节中已经考虑过了;在本节中,我们考察两个因素中的第二个。

虽然古代希腊人对形式逻辑做了引人注目的发展,并且亚里士多德(Aristotle,公元前 384—公元前 322)把材料系统化了,但是,早期的工作完全是用日常用语实现的。今天的数学家们发现:在现代以类似的方法对逻辑问题进行讨论几乎无望。为了使此课题得到准确的科学论述,符号语言已经成为必不可少的了。由于推行符号化,最终的论述被称做**符号逻辑**(symbolic)或**数理逻辑**(mathematical)。在符号逻辑中,命题、类等之间的关系被以公式表达,其意义是把逻辑从日常用语容易出现的含糊中解脱出来,从一组初始公式开始,根据某些清楚地事先规定的形式变换的规则,发展这门学科,这很像部分普通代数的发展。再则,在一段普通代数的发展中,符号语言比日常语言的高明之处在于其易于理解与简明扼要。

莱布尼茨被认为是认真地考虑符号逻辑之必要性的第一人。他最早的著作之一是 1666 年发表的一篇论文《组合方法》(*De arte Combinatoria*),文中他阐述了他对通用科学语言可能性的信念;那种语言将以经济的、行之有效的符号指导推理程序。在 1679 年和 1690 年之间,莱布尼茨又回到这些概念上,对创立符号逻辑作了重要贡献;他论述了许多即使对现代研究也非常重要的概念。

1847 年布尔(Genorge Boole,1815—1864)发表题为《逻辑的数学分析——关于走向演绎推理》(*The Mathematical Analysis of Logic, Being an Essay towards a Calculus of Deductive Reasoning*)的一篇短文,重又引起人们对研究符号逻辑的兴趣。接着于 1848 年发表另一篇,最后于 1854 年,布尔在《逻辑与概率数学理论奠基于其上的思想规律的研究》(*An Investigation into the Laws of Thought, on Which Are Founded The Mathematical Theories of Logic and Probability*)中提出他的值得注意的说明。

德摩根(Augustus De Morgan,1806—1871)是布尔的同时代的人。1847 年他发表的《关于必然与可能推论的算法》(*the Calculus of Inference, Necessary and Probable*),在某些方面显著地超过了布尔。后来,德摩根又对以前忽视的关系逻辑做了广泛的研究。

在美国,为此领域作出贡献的是 C·S·皮尔斯(Charles Sanders Peirce,1839—1914),他是著名的哈佛数学家本杰明·皮尔斯(Benjamin Peirce)的儿子。C·S·皮尔斯重新发现了他的前辈发表过的某些原则。不幸的是 C·S·皮尔斯的工作显得有点超出正常发展趋势之外;只是在最近,他的思想才得到适当的评价。

布尔代数的概念,是由施履德(Ernst Schröder,1841—1902)在其 1890 ~ 1895

年间出版的巨著《逻辑代数讲义》(*Vorlesungen uber die Algebra derLogic*)内赋予它特别可观的完整形式。事实上,现代的逻辑学家倾向于以**布－施氏代数**(Boole-Schröder Algebra)来称呼布尔传统的符号逻辑。在布尔代数方面,目前还进行着重要的研究工作,在当代的研究杂志上找得到关于该学科的许多论文。 621

对于符号逻辑研究的一个更为现代的途径,起源于 1879～1903 这个时间内德国逻辑学家弗雷格(Gottlob Frege, 1848—1925)的工作和皮亚诺(Giuseppe Peano, 1858—1932)的研究。皮亚诺的工作打算是受到用逻辑演算的术语表达全部数学的理想而激发起来的;弗雷格的工作则起源于给数学奠立较完善的基础的需要。弗雷格的《概念论》(*Begriffsschrift*)发表于 1879 年,他具有历史性重要意义的《算术基本原理》(*Grundgesetze der Arithmetik*)发表于 1893～1903 年之间;皮亚诺与他的合作者共同撰写的《数学的形式化》(*Formulaire de mathematiques*)于 1894 年问世。弗雷格和皮亚诺的工作导致 1910～1913 年出版的很有影响的和很宏伟的《数学原理》(*Principia mathematica*),该书是怀特黑德(Alfred North Whitehead, 1861—1947)和罗素(Bertrand Russell, 1872—1970)合写的。这部著作的基本概念是用自然数系的演绎法把大部分数学和逻辑等同起来,因而可把大量现存的数学,从逻辑本身的一组约定或公设推出。希尔伯特(David Hilbert, 1862—1943)和贝奈斯(Paul Bernays, 1888—1977)写的内容广泛的《数学基础》(*Grundlager der Mathematik*)发表于 1934～1939 年。这部著作,以希尔伯特的一系列论文和大学讲演为基础,试图以有可能确立数学的相容性的一条新的路子使用符号逻辑,使数学这一学科更加完善。

当前许多数学家在符号逻辑领域所进行的精心研究,主要是受到《数学原理》一书的鼓励。名为《符号逻辑学报》(*Journal of Symbolic Logic*)的杂志,创刊于 1935 年,就专门发表这类作品。

在力的平行四边形定律和公理化方法之间存在有趣的相似性(如果不言之过甚的话)。依据平行四边形定律,两个分力合成单一的合力。改变分力的一个或两个,就得到不同的合力,虽然取不同初始分力也有可能得到同样的合力。然而,正像合力由两个初始分力决定一样,数学理论由一组公设和一种逻辑决定(图 122)。即构成数学理论的这组陈述是从称做公设的最初的陈述组和称 622 做逻辑或程序规则的另一个最初的陈述组相互作用得到的。数学家们意识到,在数学这个领域有改变第一组最初陈述(即公设)的可能性,但直到现在,第二组最初阵述(即逻辑)还被普遍地认为是固定的、绝对的和不可改变的。这在大多数人中间仍然是占优势的观点,假如要说亚里士多德在公元前 4 世纪陈述的逻辑的定律可以改变,那么这观点除了极少数此学科的学者外,其他人是根本不可以接受的。一般认为这些定律的存在在某种程度上应归咎于宇宙的构造,并且它们起源于人类推理的本性。与许多别的过去被认为是绝对的东西一样,这种看法也被推翻了,只不过是迟些,那是 1921 年的事。杰出的美国逻辑学家丘奇(Aolnzo Church)的下面这段话,对描述现代的观点,是最简练不过的了:

我不把任何特殊体系的逻辑看做是具有任何唯一性或绝对真理的特性。形式逻辑里的实体是(为描述和系统化试验或观察事实而发明的)抽象概念,而为此目的粗略地确定的它们的性质又依赖于创建者的任意选择。我们可以拿用于描述现实空间的三维几何来进行类比,对于这种描述我们深信:这样一种情况的出现是被较多的人所认可的。几何学里的实体显然是具有抽象特性的,例如:无厚的平面,平面中不占面积的点,包括无穷点的点集,无限长的线及其他不能在任何物理实验中再现的东西。尽管如此,几何学可以以这样的方式被应用于物理空间,即在几何学的定理和关于空间上的物体的看得见的事实之间建立极为重要而有用的对应。在建立几何学中,有目的地应用于物理空间,对于决定抽象东西应具有哪些性质,起着粗略的引导作用,但并不完全指定这些性质。结果可能有,并且实际上有多于一种的几何,它们在描述物理空间上的使用是可行的。类似地,无疑存在多于一种的形式系统,它们在逻辑上的使用是可行的,并且在这些系统中,可以更喜欢这个或认为这个比那个方便,而不能说这个对或那个错。

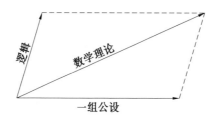

图 122

应该记得:新几何学最初是通过对欧几里得平行公设的否定形式出现的,而新代数学最初是通过对乘法交换律的否定形式出现的。类似地,新的所谓"多值逻辑"的最初出现却是由于否定亚里士多德排中律,根据这条定律,析取的命题 $p \vee (\sim p)$ 是同义反复;并且命题 p 在亚里士多德逻辑中总是非真即假。由于一个命题可能具有两个可能的真值(即,真和假)中的任一个,这种逻辑被称做双值逻辑。1921 年,卢凯西维奇(J. Lukasiewicz)在一篇两页的短论文中考虑了三值逻辑,或者说是这样一种逻辑:命题 p 在其中可以具有三个可能真值中的任一个。不久,独立于卢凯西维奇的工作,波斯特(E. L. Post)考虑了 m 值逻辑,在这种逻辑中,命题 p 可以具有 m 个可能的真值中的任一个(在这里,m 是大于 1 的任何整数)。如果 m 大于 2,这种逻辑被称做**多值的**(many-valued)。m 值逻辑的另一个研究成果是卢凯西维奇和塔斯基(A. Tarski)于 1930 年给出的。1932 年,m 值真值体系被赖兴巴赫(H. Reichenbach)推广到无限值逻辑。

623

在其中,命题 p 可假定为无限多的可能值中的任一个①。

并不是所有的新逻辑都属于刚才讨论过的类型。例如海廷(A. Heyting)曾发展符号双值逻辑为数学家的直观主义学派服务,它与亚里士多德逻辑的区别,就在于它一般不接受排中律或双重否定律。于是和多值逻辑一样,这种特殊目的逻辑(special-purpose logic)显示了和亚里士多德定律的差异。这样的逻辑被称做**非亚里士多德式的逻辑**(non-Aristotelian lolgics)。

和非欧几何一样,非亚里士多德逻辑已被证明不是没有应用的。赖兴巴赫实际设计了其无限值逻辑来充当概率的数学理论基础。1933 年,兹维基(F. Zwicky)注意到多值逻辑可应用于现代物理的量子论。这类应用的许多细节,曾由伯克霍夫(Garrett Birkhoff),冯·诺伊曼(J. von Neumann)和赖兴巴赫(H. Reichenbach)提供。非亚里士多德式的逻辑在数学的将来发展中的作用是未定的,但是正在引起重视;海廷的符号逻辑在直观主义的数学上的应用,表明新逻辑可能在数学上是有价值的。在下一节中我们将指出:这些逻辑在解决数学基础方面的现代危机中利用的可能性。

综上所述,产生"发现"和"进步"的重要原则,就在于对传统信念的建设性怀疑。当爱因斯坦被问及他如何达到发明相对论时,他答复:"靠与一条公理挑战。"罗巴切夫斯基(Lobachevsky)和鲍耶(Bolyai)向欧几里得的平行公理挑战;哈密顿(Hamilton)和凯利(Cayley)向乘法可交换的公理挑战;卢凯西维奇(Lukasiewicz)和波斯特(Post)向亚里士多德的排中律挑战;伽利略与较重的物体落得比较快的公理挑战;爱因斯坦与两个不同瞬间其中之一必定先于另一个的公理挑战。对公理的这种建设性挑战已成为在数学上作出进步的较普通的方法之一;并且,这无疑与康托尔的下列著名格言相吻合:"数学的本质在于其自由。"

624

15.7　集合论中的悖论

从古希腊到现代数学史的研究揭示:数学的基础曾经受到三次令人严重困扰的危机,每一次危机中都有相当大的一部分曾被认为业已确立无疑的数学成为可疑的并且亟待改造。

数学基础的第一次危机起于公元前 5 世纪。事实上,这样的危机不可能更早出现,因为,正如我们所知,数学作为演绎研究,也许是从泰勒斯、毕达哥拉斯和他们的学生创始的,不早于公元前 6 世纪。这次危机是由这样一个意想不到

---

① 作为历史上有意思的事,1936 年,明恰尔斯基(M. Michalski)发现:三值逻辑实际早已于 10 世纪被中世纪的奥科姆经院哲学家威廉(William)预见了了。三值逻辑的可能性,哲学家黑格尔曾考虑过;1869 年,麦科尔(Hugh MacColl)也曾考虑过。然而这些推侧,对后来的思想没有多大影响,因而不能认为是真有决定意义的贡献。

的发明引起的:同类几何量中彼此之间并非都是可通约的,例如已证明:一个正方形的对角线和边不包含公共的度量单位。由于毕氏学派的量的推论是在所有的同类量可通约这个根深蒂固的直观信念上建立的,同类量存在不可通约的发现具有很大的破坏性。例如,全部毕氏学派的比例理论连同其所有推论必然会作为不完善的理论而被丢弃。数学基础的第一次危机并没有轻易地很快解决。最后的成功是在大约公前 370 年,那是卓越的欧多克斯的功绩。他修改的量度和比例的理论是所有划时代的伟大数学杰作之一。欧多克斯的关于不可通约量的杰出论述在欧几里得《原本》第五卷中可以找到;它实质上与戴德金于1872 年给出的无理数的现代解释一致。我们在 3.5 节中讲过数学基础的第一次危机,并且在 5.5 中讲过欧多克斯的解决方案。十分可能,这次危机多半归结于随后在数学中采用和阐述的公理化方法。

数学基础的第二次危机是随着 17 世纪末牛顿和莱布尼茨发现微积分而产生的[①]。我们曾看到其后继者如何为这一新数学工具的威力和应用的可能所陶醉,他们没能充分地考虑该学科基础的坚实性,以至于不是用证明为结论辩护,而是用结论为证明辩护。随着时间的推移,矛盾和悖论越来越多,数学基础的一次严重危机变得明显了。使人们越来越认识到:分析的大厦是建立在沙滩上的;而后来在 19 世纪早期,柯西对解决这项危机采取了第一个步骤:用精确的极限法代替模糊的无穷小法。再后,由魏尔斯特拉斯及其追随者作出了所谓分析的算术化。这时一般认为:数学基础的第二次危机已经克服,并且,数学的整个结构已被恢复并使之立于无懈可击的基础之上。数学基础第二次危机的起源和解决构成 14.9 的主要内容。

数学基础的第三次危机是由 1897 年的突然冲击而出现的。这次危机是由于在康托尔的一般集合论的边缘发现悖论造成的。由于那么多数学被集合概念渗透并且因此在实际上能把集合论当做基础,集合论中悖论的发现自然地引起了对数学的整个基本结构的有效性的怀疑。

1879 年意大利数学家布拉里 – 福尔蒂(B.Forti)揭示了集合论的第一个公开的悖论。要照福尔蒂那样理解、讲述此悖论,所涉及的术语和概念超出本书范围,我们没有那么多篇幅来讲它。无论如何,这一悖论的实质可以用康托尔在两年之后发现的很相似的悖论的非技术性的描述给出。康托尔曾成功地证明了:对于任何给定的超限数,总存在一个比它大的超限数,以致像不存在最大的自然数那样,也不存在最大超限数。现在,考虑这样一个集合,其元素是所有可能的集合。肯定没有集合能比这个所有集合的元素多。但是,如果情况如此,怎样可能有一个超限数比这个集合的超限数大?

---

① 这次危机的预言可以在公元前大约 450 年芝诺的著名悖论中见到。

福尔蒂和康托尔的悖论涉及到集合论中的结果,但罗素于 1902 年发现一个悖论,它除了集合概念本身外不需要别的概念。在描述罗素悖论之前,我们注意:集合,或者是它们本身的成员,或者不是它们本身的成员。例如,抽象概念的集合本身是抽象概念,但是所有人的集合不是一个人。再则,所有集合本身是一个集合,但是,所有星的集合不是一个星。让我们以 M 表示是它们本身的成员的所有集合的集合。而以 N 表示不是它们本身的成员的所有集合的集合。然而,我们向自己提问:集合 N 是否为它本身的成员。如果 N 是它本身的成员,则 N 是 M 的成员而不是 N 的成员,于是,N 不是它本身的成员。另一方面,如果 N 不是它本身的成员,则 N 是 N 的成员,而不是 M 的成员,于是,N 是它本身的成员。悖论在于:无论哪一种情况,我们都被导致矛盾。

罗素悖论的更紧凑、文字更精练的表示法可给出如下:令 X 表示任何集合,则根据 N 的定义

$$(X \notin N) \leftrightarrow (X \notin X)$$

然后,取 X 为 N,并且我们有矛盾

$$(N \notin N) \leftrightarrow (N \notin N)$$

罗素正好在弗雷格已经完成他的关于算术基础的两册巨著的最后一册时,将这个悖论通信告诉他。弗雷格在其论著的末尾以下列悲哀的并相当拘谨的话句告诉他收到这封信:"一个科学家遇到的最不痛快的事莫过于:在工作完成时,把基础丢弃。在这部著作即将付印时,我收到罗素先生的信时的处境就是这样。"于是终结了这不止十二年的辛勤劳动。

罗素的悖论曾被多种形式通俗化。这些形式中最著名的是罗素于 1919 年给出的,它涉及某村理发师的困境。理发师宣布了这样一条原则:他给所有不给自己刮脸的人刮脸,并且,只给村子里这样的人刮脸。当我们试图答复下列疑问时,就认识到了这种情况的悖论性质:"理发师是否自己给自己刮脸?"如果他给自己刮脸,那他就不符合他的原则;如果他不给自己刮脸,那他就该为自己刮脸。

自从在康托尔的集合论中发现上述矛盾之后,还产生了许多附加的悖论。集合论的现代悖论与逻辑的几个古代悖论有关系。例如,公元前 4 世纪的欧伯利得(Eubulides)被认为是作出下列陈述的人:"我现在正在做的这个陈述是假的。"(This statement I am now making is false)如果欧伯利得的陈述是真的,则,该陈述是假的;然而,若欧伯利得的陈述是假的,则他的陈述必定是真的。于是,欧伯利得的陈述既不能是真的,又不能是假的,怎么也逃避不了矛盾。也许埃皮门尼德悖论比欧伯利得的悖论还要早。埃皮门尼德(Epimenides)本人是公元前 6 世纪的克利特的哲学家,被认为是曾作出下列陈述的人:"克利特人总是说谎的人。"(Cretans are always liars)只要简单分析一下,就揭示出这句话也是自相

矛盾的。

集合论中悖论的存在,像上面讲的那些,明白地表示某些地方出了毛病。自从他们的发现之后,关于这课题发表了大量的文献,并且为解决它作过大量的尝试。

就数学而论,看来有一条容易的出路:人们只要把集合论建立在公理化的基础上,加以充分限制以排除所知道的矛盾。第一次这样的尝试是策梅罗(Zermelo)于 1908 年作出的,并且,以后由费兰克尔(Frankel, 1922, 1925),斯科莱姆(Skolem, 1922, 1929),冯·诺伊曼(Von Neumann, 1924, 1928),贝奈斯(Bernays, 1937—1948)及其他人进行加工。但是,此程序曾受到批评,因为,此程序只是避开了某些悖论,而肯定未能说明它们。再则,此程序不能保证不会在将来出现别种悖论。

627

有另一样程序显然既能理解又能排除已知的悖论。如果仔细地检查,就会看到:上面考虑的悖论的每一个涉及一个集合 S 和 S 的一个成员 m(而 m 是靠 S 定义的)。这样的一个定义被称做是非断言的(impredicative),而非断言的定义在某种意义上是循环的。例如,考虑罗素的理发师悖论,让我们用 m 标志理发师,用 S 标志理发师那个村的所有成员的集合。则 m 被非断言地定义为"S 的给并且只给不给自己刮脸的人刮脸的那个成员"(that member of S who shaves all those members and only those members of S who do not shave themselves)。此定义的循环性质是显然的——理发师的定义涉及村子的成员,并且,理发师本身就是村子的成员。

庞加莱认为出现矛盾的原因在于非断言的定义,并且,罗素在其恶性循环原则(Vicious Circle Principle)中表示过同样的观点:

没有一个集合 S 被允许包括只能用 S 定义的成员 m,或,涉及或先假定 S 的成员 m。

康托尔曾试图给集合的概念以很一般的意义,即:

对一个集合 S,我们可理解为在我们的直观或思想上确定的或分离的对象 m 的整体之任何选择;这些对象 m 被称做 S 的元素。

在康托尔的一般集合概念上构造的集合论,如同我们见到过的,导致了矛盾;但是,如果集合的概念被恶性循环原则限制,产生的理论则避免了已知的矛盾。因此,不允许有非断言的定义便可能是集合论的已知悖论的一种解决方法。然而,对这种解决办法有一个严重的责难,即包括非断言定义的那几部分数学是数学家很不愿意丢弃的。

数学中非断言定义的一个例子是给定的实数非空集之最小上界(上确界)的例子——此给定集合的最小上界是这个给定的集合所有上界的集合之最小元素。在数学中有许多类似的非断言定义的例子,虽然他们之中有一些可以设法避开。魏尔(Hermann Weyl)于1918年从事于找出数学分析中有多少概念能从自然数系中不用非断言定义衍生式地构造出来。虽然他在分析的重要部分获得成功,但他还是不能导出这个重要定理:每一个具有上界的实数非空集有最小上界。

解决集合论的悖论的其他尝试是从逻辑上去找问题的症结,并且必须承认:在一般集合论中悖论的发现会带来逻辑基础的全面研究。设想:可能通过三值逻辑的使用摆脱悖论的困难,这是一种很引人入胜的想法。例如,在上面给出的罗素悖论中,我们看到:"N是它自己的成员"这句话既不是真的又不是假的。在这里,第三种可能性是会有帮助的。用 T 表示一个命题的真性,用 F 表示假性,而第三种既非 T 又非 T 的性质用问号"?"来表示(意即,不确定的(undecidable))。如果我们能将此陈述简单地分类为"?",这个问题也许就解决了。

在这里兴起了涉及数学基础的三种主要哲学或思想的学派——所谓逻辑主义学派、直观主义学派和形式主义学派。自然,数学基础的任何现代哲学,必定能这样或那样地对付数学基础的现代危机。在下一节中,我们将简短地考虑数学哲学的三种学派,并且,将指出:各个学派打算如何处理一般集合论中的悖论。

15.8 数学哲学

一种哲学可看做是一种解释,它试图从一套经验中排除自然混乱并给予某种意义。从这种观点看,可能有几乎关于任何事物的哲学——艺术的、生活的、宗教的、教育的、社会的、历史的、科学的、数学的、甚至哲学本身的哲学。一种哲学就是改进和整理经验和价值的一种方法;它在正常地被认为无联系的事物之间找关系,同时在正常地被当做是同样的事物之间找重要的差别;它是涉及某事物的本质的理论描述。特别地,数学哲学本质上就是一种尝试的再构造:对历史积累的无秩序的一堆数学知识,给予一定意义或秩序。显然哲学是时间的函数,并且特殊的哲学能成为过时的或必须根据新增加的经验而改变的。我们在这里只涉及数学的当代哲学——关于数学的最新进展和该学科中流行的危机的哲学。

数学有三种当代的主要哲学,每一种吸引了相当多的一群依附者,并且写出了大量的有关文献。逻辑主义学派以罗素和怀特黑德为主要倡导者,直观主义学派由布劳尔领导,而形式主义学派则主要是由希尔伯特发展起来的。数学的当代哲学自然还有不同于这三种哲学的。有一些独立的哲学和由此三种主要哲学构成的各种混合的哲学,但是,这些不同的观点不会被广泛的发展,或不构成类似程度的数学再构造。

逻辑主义 逻辑主义的主题是:数学乃逻辑的一个分支。逻辑不仅是数学的工具,它还成为数学的祖师。所有数学概念要用逻辑概念的术语来表达,所有数学定理要作为逻辑的定理被推演,把数学和逻辑区别开只是为了实用上的方便。

逻辑是一门科学,它包括构成所有其他科学的基础的原则和概念:这样的概念至少可以追溯到莱布尼茨(1666)。把数学概念实际地归结为逻辑概念,戴德金(1888)和弗雷格(1884~1903)参加了这项工作;用逻辑符号作数学定理的陈述是皮亚诺(1889~1908)曾从事的工作。于是这些人成为逻辑学派的先驱;该学派的思想在怀特黑德和罗素的不朽著作《数学原理》(1910~1913)中得到明确的表述。这部大而难理解的著作意图把整个数学详细地归结为逻辑。此规划后来的修正和改进,曾由维特根斯坦(Wittgenstein, 1992),克威斯特克(Chwistek, 1924—1925),拉姆齐(Ramsey, 1926),兰福德(Langford, 1927),卡纳普(Carnap, 1931),基纳(Quine, 1940)及其他人提供。

逻辑主义的主题自然地从将数学基础尽可能追溯到最深远的程度上的努力中发生。我们已经看到:这些基础是怎样建立在实数系上的,然后,它们如何从实数系追溯到自然数系,且从而进入集合论的。因为类的理论乃是逻辑的必不可少的部分,将数学归结为逻辑的思想肯定就会产生。于是,逻辑主义的主题,由于公理化方法的应用在历史中的重要趋向,作为综合处理的一种尝试被提出来了。

《数学原理》开始用"原始概念"和"原始命题"与形式的抽象推演的"不定义的术语"和"公设"相对应。这些原始的概念和命题无需加以解释,但是仅限于逻辑的直观概念;他们被认为是,或至少被承认是,关于现实世界的直观上可信赖的描述和前提。简言之,具体的观点比抽象的观点占优势,因此并不设法去证明原始命题的相容性。《数学原理》的目的在于:从这些原始概念和原始命题推出数学概念,这就是,从命题演算出发,进而通过类和关系的理论,到自然数系的建立。在此发展中,自然数以我们通常对它们规定的独一无二的意义出现,而不是非单一定义为满足其抽象公设的集合的任何事物(any things)。

为了消去集合论的矛盾,《数学原理》采用"类型论"。简单地说,这样一种理论提出元素的各种等级。初级的元素构成类型 0 的元素;类型 0 的元素的类构成类型 1 的元素;类型 1 的元素的类构成类型 2 的元素;等。在类型论的应用中,人们根据这条规则:任何类的所有元素必须是同一类型的。按照这条规则,就可排除非断言的定义,于是消除掉集合论的悖论。最初在《数学原理》中还有各种等级内的各种等级,导致所谓"盘根错节式的"类型论。为了得到建立分析所需的非断言定义,必须引进"可化归性公理"。此公理的非原始性和随意性引起严重的批评,并且,逻辑主义规划的往后的改进多半在于试图设计某种方法来消去这不可取的可化归性公理。

逻辑主义的主题是否已被证明,看来还有争论。虽然有些人将些规划接受下来,认为它是令人满意的,而别人已经找到许多反对它的理由。首先,对逻辑主义的主题可以根据下述情况对它提出疑问:逻辑(或任何有组织的研究)的系统发展以其系统阐述中的数学概念(就像必须用的反复申述的基本概念)为前提,例如,从给定的约定出发描述类型的理论或演绎的概念。 *630*

怀特黑德(Alfred North Whitehead)1861 年出生于英国拉姆斯盖特,并且,受教于舍伯恩学校和剑桥三一学院。他 1885 到 1911 年在三一学院讲授数学,然后,在伦敦大学的大学学院讲授应用数学和力学。他 1914 年到 1924 年在伦敦大学的帝国科学技术学院任数学教授;之后,他到美国哈佛大学任哲学教授,在1936 年他退休之前一直保留这个职位。他 1947 年在马萨诸塞的坎布里奇逝世。和他的杰出的学生罗素一样,怀特黑德从数学的立场看哲学,并且,1910到 1913 年,他们二人合写了划时代的著作《数学原理》(*Principia mathematica*)。怀特黑德发表了许多引人注目的数学和哲学著作。

罗素(Bertrand Arthur William Russell)是贵族的后裔,1872 年出生于威尔士的特雷勒克附近。他是剑桥三一学院公开奖学金(open schlarship)的获得者,在数学和哲学方面享有盛誉,并且,受教于怀特黑德。他在数学、逻辑、哲学、社会学和教育学方面写了超过四十本著作。他得过多次奖,例如,皇家学会的西尔维斯特和摩尔根奖(1934),功勋章(1940)和诺贝尔文学奖(1950)。他发表的观点常使自己陷入论争。第一次世界大战时,由于他的反战主义者观点和他反对征兵制度,被剑桥大学解除职务,并且,被监禁四个月。20 世纪 60 年代早期,他把反战主义者们引向禁止原子弹,并且,再一次受到短时间的监禁。这位先生思想卓越,能力超群,智力活跃直到最后一刻,在 1970 年以九十八岁的高龄逝世。 *631*

直观主义 直观主义者的主题是:在直观地给定的自然数列上,仅用有限次构造性的方法建立数学。根据这个观点,数学的真正基础在于原始的直观,无疑,这直观与我们在时间上的"之前"和"之后"的意识相联系,它允许我们来设想单个的对象,然后加上一个,再加上一个,以致无穷。这样,我们得到无穷尽的序列,其最为人们熟知的是自然数列。从自然数列的直观基础上,任何别的数学对象,可以用有限多的步骤或运算以纯构造的方式被建立。在直观主义的主题中,我们将数学的追根究底推向极端。

直观主义学派(作为一个学派)是荷兰数学家布劳尔(L. E. J. Brouwer)于1908 年创始的;虽然人们见到像克罗内克(19 世纪 80 年代)和庞加莱(1902 ~1906)这样的人较早就说过某些直观主义的概念。此学派随着时间的推移逐渐

罗素

（New York Public Library 收藏）

扩展,已经赢得了某些当代杰出数学家的支持,并且在涉及数学基础的所有思想上产生了重大的影响。

直观主义主题的某些推论是很有改革意义的。对构造法的支持使得数学存在性的概念不为所有讲求实际的数学家所接受。对于直观主义者,一个条款的存在性被证明,它必须被证明可以用有限的步骤构造出来,只证明该条款的不存在导致矛盾是不充分的。这意味着:在现行的数学中找得到的许多存在性的证明,是不被直观主义者承认的。

直观主义者对于构造程序的主张的一个重要的例子是在集合论中。对于直观主义者,一个集合不能被看做是已经做好的集,而必须被当做是一种规律,借助于它,该集合的元素可被一个一个地构造出来。集合的概念排除了像"所有集合的集合"(The set of all sets)这样的矛盾的集合的可能性。

直观主义者关于有限的可构造性的主张有另一个重要的推论;并且这是普遍接受的排中律的否定。例如,考虑数 x,它被定义为 $(-1)^k$,在这里,k 是 π 的十进位展开式中第一次连续出现 123 456 789 的那个地方的位数,并且,如果没有这样的 k 存在,则 $x = 0$。然而,虽然 x 这个数已被很好地定义,但在直观主义者的限制下,我们不能立即说:"$x = 0$"这个命题是真的,还是假的。这个命题能被说成是真的,只当这个命题的一个证明已被以有限步骤构造出来时;它能被说成是假的,只当这种情况的一个 k 确已被以有限步骤构造出来时。在这些证明的一个或另一个被构造之前,此命题既不是真的也不是假的,而排中律是不能应用的。无论如何,如果 k 被进一步限制为小于十亿(billion),那么,说这命题不是真的就是假的,就完全对,因为,k 小于十亿,真或假可确实地

632

被以有限多步证实。

于是,对于直观主义者,排中律保存于有限集合中,但是在对付无限集合时不能用。事情的这种说法被布劳尔归咎于逻辑学的社会学发展上。当人有了一种完美的语言来表达现象的有限集合时,逻辑的定律出现在人类的进化中;他后来错误地把这些定律应用于数学的无限集合,因而产生了矛盾。

在《数学原理》中,排中律和矛盾律是等价的。对于直观主义者,这种情况就不再存在;如果可能的话,创立这种逻辑结构(直观主义者的概念将我们引向它),倒是个有趣的问题。这就是海廷(A. Heyting)1930 年做的工作。他在发展直观主义者符号逻辑方面取得成功。直观主义者的数学于是产生了其自己类型的逻辑;并且结果使数理逻辑成为数学的一个分支。

应该强调的是:现存的数学中有多大一部分能在直观主义的限制内被建立? 如果用不着再费多大劲,它们全能这样重新建立,则数学基础的现代的问题好像被解决了。现在,直观主义者已经在重新建立现代数学的大部分(包括连续统理论和集合论)上取得成功,但是,有相当大的部分还没有。到目前,直观主义者数学不如古典数学那样功效卓著;并且,在许多方面,它很难以发展。直观主义方法的缺点是——它要牺牲很多数学家所珍视的东西。但这种情况不会永远不变,因为还可能有这样的情况:以不同的和较为成功的方式来实现对古典数学的直观主义改造。同时,尽管对直观主义者主题有当前的责难,但一般承认:其方法不导致矛盾。

布劳尔,除了作为领袖坚持不懈地倡导数学的直观主义观点外,还在这门学科的其他领域留下了脚迹。他被认为是现代拓扑学的奠基人之一,尤其以他的**不变性定理**(invariance theorem)和他的**定点定理**(fixed-point theorem)著称。前者断言笛卡儿 n 维数-流形的维数是拓扑不变量,后者断言 n 维球的每一个到它自身的连续映射至少有一个定点。

布劳尔 1881 年出生,其大部分教授生涯是在阿姆斯特丹大学度过的,于 1966 年逝世。他为了其信仰无情地战斗。在担任《数学年鉴》(*Mathematische Annalen*)的编辑负责处理提交的论文时,他公开攻击随便使用归谬法(reductio ad absurdum),拒绝所有的把排中律应用于不能以有限的步骤决定其真或假的命题的所有论文。编辑部由于收到许多辞呈,不得不改选;在改选中,布劳尔落选了。荷兰政府对他们的第一流的数学家遭到冷遇表示愤慨,并且,创办了与之对立的数学杂志,让布劳尔负责。

当魏尔(Hermann Weyl)加入了直观主义者的队伍后,直观主义者的力量大为加强。魏尔 1885 年出生于汉堡附近。他十八岁进哥廷根大学,成为希尔伯特的最天才的学生之一,并且,留在那里(除了一年在慕尼黑外),直到 1913 年他被邀请到苏黎世;在那里,他遇见爱因斯坦。1930 年,他访问哥廷根,成为希

633

尔伯特的继承者。他只在哥廷根呆了三年,之后,由于纳齐斯(Nazis)解雇了他的许多同事而辞职。1933年,他接受新成立的普林斯顿高级研究所授予他的终身会员。在他最后的年代里,每年一半时间在普林斯顿,另一半时间在苏黎世。他于1955年突然逝世。

形式主义 形式主义者的主题是:数学是与形式的符号体系有关的。事实上,数学被看做是这样的抽象推演的汇集;其中,术语只是符号,而陈述是包含这些符号的公式;数学的最终基础不在于逻辑而只在先于逻辑的记号或符号和以这些标记运算的集合。因为从这个观点看,数学没有具体内容,只包括理想的符号元素;数学的不同分支的相容的确立,成为形式主义者规划的一个重要的、必不可少的部分。没有这样一个伴随的相容性证明,整个研究根本没有意义。在形式主义者的主题中,我们将数学的公理化发展推向极端。

形式主义者学派是希尔伯特在完成其几何的公设研究后建立的。希尔伯特在其《几何基础》(1899)中曾把从欧几里得的实质公理学到当代的形式公理学的数学方法深刻化。形式主义者的观点后来被希尔伯特发展去应付由集合论的悖论引起的危机和由直观主义的批评引起的对古典数学的挑战。虽然希尔伯特早在1904年就以形式主义的术语讲过,然而,直到1920年以后,他和他的合作者们:贝奈斯、阿克曼、冯·诺伊曼及其他人,才认真着手做现在被称做形式主义者的规划的工作。

希尔伯特规划对于解救古典数学是成功还是失败全在于相容性问题的解决与否。矛盾的排除只有用相容性证明来保证,而基于解释和模型的较老的相容性证明,通常只将相容性问题的疑问从数学的一个领域移到另一个领域。换句话说,模型法的相容性证明只是相对的。所以,希尔伯特构想出解决相容性问题的一条新的直接的途径。正像人们可以用博弈规则证明:某些情况不会出现于博弈中一样,希尔伯特希望以适当的程序规则集合(要求得到可以接受的只用基本符号的公式)来证明:矛盾的公式永远不可能出现。用逻辑的符号,矛盾的公式是 $F \wedge (\sim F)$ 这种形式的任何公式(在这里,F 是此体系中某承认的公式)。如果一个人能证明:不可能有这样一个矛盾的公式,则他就证明了该体系的相容性。

对数学中相容性直接检验的上述思想的发展,根据希尔伯特的意见,被称做**证明论**(proof theory)。希尔伯特和贝奈斯计划在他们的巨著《数学基础》中给出证明论的详细说明(并应用于整个古典数学);这部书可看做是形式主义学派的"数学原理"(Principia mathematica)。《数学基础》最后以两册发表,第一册于1934年,第二册于1939年;但是,在这部著作刚完成时,发生了意料之外的困难;并且完成证明论是不可能的。对于某些初等体系,相容性的证明被实现,它例证地说明希尔伯特想对古典数学做些什么工作,但是,就该体系的整体来说,

634

希尔伯特

（David Smith 收藏）

相容性问题还难于解决。

　　事实上,希尔伯特规划,至少在希尔伯特原来想象的形式上,看来注定是要失败的;这条真理是哥德尔(Kurt Godel)于 1931 年指出的,这实际上是在《数学基础》发表之前。哥德尔用数学哲学三个学派任何一个后继者可接受的无懈可击的方法证明:想要像希尔伯特体系对于整体古典数学那样,用属于此体系的方法证明此体系的相容性,将演绎体系充分丰富地形式化,是不可能的。此著名的结论是一个更为基本的成果之推论;哥德尔证明希尔伯特体系的不完全性——即,他证明在这样的体系内存在"不可判定的"问题(体系的相容性就是其一)。在这里,详细地讨论哥德尔的这些定理太困难了。它们确实在整个数学中属于最重要之列,并且,它们揭示了形式的数学方法中意料不到的局限。它们证明:"已知对于数学的推导是充分的形式系统,在下述意义上是不可救药的,即它们的相容性不能用该体系内形式化的有限次步骤的方法证明,在这个意义上被认为是可靠的任何体系都是不充分的。"①

　　希尔伯特 1862 年出生于柯尼斯堡,并且,1885 年在那里得到哲学博士学位。他在柯尼斯堡大学任教:开始任不拿薪金的大学讲师(1886~1892),然后任教授(1893~1894)。1895 年,他任哥廷根大学教授,这个职位一直保持到 1930 年他退休。他 1943 年逝世于哥廷根。

635

---

　　① F. He. Sua "Consistency and completeness: Aresume" The American Mathematical Monthly 63(1956):295-305。在这里我们还找到下列的有趣的议论:"假定我们粗略地定义一种宗教为一门学科,其基础奠基于一个信念的原理上,而不管是否还存在理性的原理。那么,例如量子力学在这个定义下也是一种宗教。但是,数学是能够被严格证明属于这一分类的唯一的一门神学。"还参看 Howard Eves and C. V. Newsom. An Introduction to the Foundations and Fundamental Concepts of Mathematics. 修订版,附录 Section A. 7 (Holt Rinehart and Winston 1965)。

希尔伯特涉猎范围广,在许多领域有重要贡献,常常清楚地完成一个领域又进入次一个领域。这些领域包括:代数不变量理论(1885~1892);代数数理论(1893~1899);他以公理方法开创的几何基础的研究(1898~1899);狄利克雷问题和变分学(1900~1905);积分方程,包括谱论和希尔伯特空间的概念(到1912);接着,在把数学物理方法用于气体分子运动论和相对论方面作出了贡献;最后,对数学基础和数理逻辑作了重要的研究。他的激发人的演讲吸引了世界各地的学生。他是哥廷根大学的动力,并且,有一群伟大的同事;他使哥廷根成为数学家们的麦加①,直到 20 世纪 30 年代政治形势恶化。希尔伯特得到许多荣誉,并且,于 1902 年任《数学年鉴》编辑。1900 年在巴黎国际数学会上,他提出二十三个未解决的意义深远的数学问题;此后对这些问题的研究大大地丰富了数学。

636

15.9 计算机

在数学领域中 20 世纪的一个很重要的成就是从较早的时期简单的机械计算器发展到今天的值得注意的、惊人的大型电子计算机。指令程序连同一组运算的数据合并进入机器的观念,尤其是革命的。我们将在本节讲从机械计算器到电子计算机的发展简历。

除了由大自然以十指的形式(今天在小学还用)给予人的计算辅助物和古代创始的效率高,花费不大的算盘(今天在世界上的许多地方还用)外,第一架计算机的发明该归功于帕斯卡;他于 1642 年设计加法机以帮助他父亲在鲁昂市政府里查账,这种装置可以计算不超过六位数的数字。它包括一系列啮合的拨号盘(每个拨号盘标上从 0 到 9),这样的设计使得此系列的一个拨号盘从 9 到 0,则位于前边的拨号盘自动转一个单位。于是,加法的"进位"过程被机械地完成。帕斯卡造了不止 50 种机器,其中有些还保存于巴黎的技术博物馆(Conservatoire des Arts et Metiers)。有趣的是,正像我们今天所知道的,帕斯卡还是独轮手推车的发明者。

该世纪迟些时,莱布尼茨(1671)于德国,莫兰(Sir Samuel Morland, 1673)于英国发明了乘法机。其他许多人做过类似的尝试,但是这些机器的大多数被证明是迟缓的,不实用的。德科尔玛(Thomas de Colmur)虽然不熟悉莱布尼茨的工作,但他于 1820 年将一种莱布尼茨型的机器改革成能进行减法和除法运算的。这机器被证明是 1875 年前制造的几乎所有商业用的机器的样板;也是那时以后许多机器的原型。1875 年,美国人博尔德温(Frank Stephen Boldwin)得到一部

---

① 译者注:麦加,指圣地。

实用计算机的专利：它能进行算术的四种基本运算，用不着对机器作重新安排。 *637*
1878 年，瑞典人奥德纳（Willigods Theophile Odhner）得到美国授予的一部计算机的专利，这与博尔德温的设计很相似。今天，有好几种电动台式计算机，例如弗里登（Friden）、马钱特（Marchant）和蒙罗（Monroe）的，它们本质上和博尔德温的计算机有相同的基本结构。

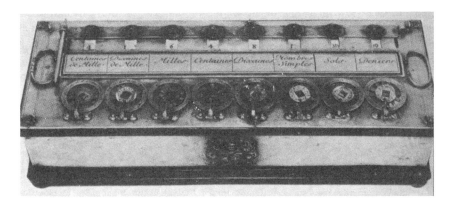

帕斯卡算术机之一（1642 年设计出）

大约于 1812 年，英国数学家巴贝奇（Charles Babbage，1792—1871）开始考虑一种帮助计算数学表的机器之构造。为了将他的全部精力用于他的机器的建造，他辞去剑桥大学的卢卡斯讲座教授职位。1823 年，在冒险地投入试制并消耗他自己的私人财产之后，他从英国政府得到经济帮助，并且着手做一个能用 *638*
26 位有效数字，还能计算并打出到六阶的相继的差的差分机（*difference engine*）。但是，巴贝奇的工作没有令人满意地向前进展，十年之后，政府取消了资助。巴贝奇因此放弃他的差分机，开始研究他的称做分析机（*analytic engine*）的更为有雄心的机器，是想用它完全自动地作出开始由操作者指定给它的一系列算术运算。这机器也永远没有完成；多半由于必要的精确工具还没有造出来。

巴贝奇的分析机的第一个直接后裔是大 IBM 自动程序控制计算机（*Automatic Sequence Controlled Calculator*，即 ASCC）；1944 年按照哈佛大学与海军部的合同，该大学和国际商业机器公司（International Business Machines Corporation）联合搞的计划被完成。该机器 51 英尺长，8 英尺高，有两个 6 英尺长的仪表板，重约 5 吨。一个改进了的第二种式样的 ASCC 于 1948 年开始在弗吉尼亚·达格里海军试验基地制造。巴贝奇的分析机的另一个后裔是电子数字积分计算机（*ENIAC*）。这种多功能电子计算机在宾夕法尼亚大学完成，是与国防部阿伯丁试验基地的弹道试验室订的合同。这部机器需要一个 30×50 英尺的房间，包括 19 000 个真空管，重约 30 吨；它现在可以在华盛顿特区的史密森

巴贝奇的差分机的一部分

研究所找到。根据类似的方案造出的惊人的高速计算机,还有:国际商业机器公司的选择程序电子计算机(*Selective Sequence Electronic Calculator*,即 SSEC),宾夕法尼亚大学的电子离散变量计算机(*Electronic Discrete Variable Calculator*,即 EDVAC),普林斯顿高级研究所的机械数字积分计算机 MANIAC,标准局(the Bureau of Standards)的通用自动计算机(*Universal Automatic Computer*,即 UNIVAC),甚至功效更为神奇的机器,如各种微分分析机(*differential anal-yzers*)。每过几年,就出现新的一代计算机,在速度、可靠性和存储能力上,都使其前一代相形见拙。下列的在电子计算机上进行 π 的计算的比较表,表明:在从 1949 到 1961 年的短短的十来年中,计算速度有很快的增长。

639

巴贝奇

（David Smith 收藏）

作　者	机器	年代	十进制位数	时间
Reitwiesner	ENIAC	1949	2 037	70 小时
Nicholson 和 Jeenel	NORC	1954	3 089	13 分
Felton	Pegasus	1958	10 000	33 小时
Genuys	IBM704	1958	10 000	100 分
Genuys	IBM704	1959	16 167	4.3 小时
Shanks 和 Wrench	IBM7090	1961	100 265	8.7 小时

最近,计算速度更有惊人的增长;作为证据有:贝利(D. H. Bailey)1986 年在 Cray-2 超计算机上,用 28 个小时计算 π 值达小数点后 29 360 000 位。除了速度提高外,计算机还造得比以前小巧多了;这主要是由于从真空管到晶体管,再到微片的进步。

早期的计算机大部分是为了解决军事问题设计的,但是在今天,也有为商业、工程、管理和其他目的设计的。它们已经从奢侈品变成当代发展中重要的、必不可少的工具。由于这种情况,数值分析在最近已经受到很大的激发,并且已经成为重要性与日俱增的学科。在中等学校中开设介绍计算机科学课程和为了合作把计算机放在附近的学院或大学的情况,已经不是罕见的了。巴贝奇的梦想实现了。

遗憾的是:有一种想法不仅在一般民众中间有,在学数学的青年学生中间也有,并且与日俱增,即认为从今以后,任何复杂的数学问题都能用电子计算机解决,因而今天的全部数学应该面向计算机。数学教师必须与这种"计算机病"作斗争,应该指出:机器只不过是非常快而有效的计算者,并且只是在大量计算或计数能被利用的那些数学问题中才有用。

尽管如此,在这种机器的应用范围内,它们已经获得一些显著的数学上的成果。例如,在 3.3 节中讲到的涉及亲和数和完全数的最新成果;和在 14.13 节中的涉及素数的成果,要是没有计算机的帮助,是根本不可能的。这些机器,不仅在数论的某些部分,而且在别的数学研究,例如,群论、有限几何学和数学游戏中,也已被证明是有价值的。例如在数学游戏中,1958 年斯考特(Dana S. Scott)给 MANIAC 数字计算机指令,要它找下列问题的所有解:将所有十二个"五方"(pentomion)① 放到一起,形成一个 8×8 的正方形,在其中有一个 2×2 的孔。在机器操作大约 $3\frac{1}{2}$ 小时之后,它出示 65 个不同的解的完全的表;这里说的"不同",指的是,没有一个解能靠旋转或反射从另一个得到。类似地,所有 880 个不同的正规四阶幻方的计数和构造也用计算机得到;并且,要处理与正规五阶或高阶幻方规划对应的问题,并不困难。

计算机的一项十分壮观的数学成就是:著名的拓扑学的四色猜想;此猜想断言:平面或球面上的任何地图最多只要用四种颜色染它,就能使任何两个有公共界的国家不用同一种颜色。该猜想大约产生于 1850 年,自那时以来,为了证明或否证它,付出了大量的努力;虽然,也作出了许多部分成果或有关的成果,但是,猜想本身终究没有被解决。1976 年夏,伊利诺斯大学的阿佩尔(Kenneth Appel)和哈肯(Wolfgang Haken)借助于大规模的错综复杂的以计算机为基础的分析,证明了该猜想。其证明包括几百页复杂的细节,在计算机上计算了超过一千小时。证明方法涉及仔细审查 1 936 个可约构形,其每一个需要研究高达五十万个证实可约性的逻辑选择。得到这个结果用了六个月;并且,最终完成于 1976 年 6 月。最后校对,用了七月的多半个月,该结果发表于 1976 年 7 月 26 日出版的《美国数学会会刊》(*Bulletin of the American Mathematical Society*)上。

阿佩尔 – 哈肯解无疑是惊人的成就,但是,对接近 2 000 个情况作高达千万个逻辑选择,奠基于这样的计算机化的分析得到的解,对于许多数学家来说,根本不是什么优美的数学。无疑,与一个问题的解至少有同等地位的是这个解本身的优美。虽然,阿阑尔(F. Allaire)在第二年即 1977 年给出的四色猜想的计算机证明,比第一个证明简单得多,对数学问题的存在性和作如此处理的必要性,仍然可以提出哲学上的疑问:怎么样才算构成了一个数学命题的证明。

袖珍计算器对学生、商人和工程师都很有用,现在用不了 10 美元就可以买

---

① 五方(pentomino)是沿着正方形的边联在一起的五个单位正方形的平面排列。

640

到,并且,一年比一年功能多。1971 年鲍马尔仪器公司向消费市场推出第一代
这种计算器;它 3 英寸宽、5 英寸长,售价 249 美元。一年半之内,有十来个公司
在商店里卖袖珍计算器。由于竞争猛烈,这类计算器的最低价跌到 100 美元以 *641*
下;第二年迟些时,低于 50 美元。早在 1974 年,袖珍计算器的年销售金额就达
到一千万美元。这类计算器价钱越来越便宜,配置上新的电池,缩小到其大小
和厚度和信用卡差不多大;今日,已进入销售量最大的消费品的行列,年销售金
额高达数千万美元。这类计算器:能处理大约八位数,有存储器,能立即进行任
何算术运算;有的还能作三角函数计算。在中学和大学里,它们被广泛使用;在
大学里,还有专门设置的与计算机配合的课程(连同教科书)。在美国数学会成
立一百周年会上,HB28S(原来的批发价为 235 美元)被推出。它以图形表示函
数,做函数的微分、定积分和不定积分,处理代数函数,解方程和线性方程组,对
复数、向量和实数进行运算,有 16K 存储器,能进行很复杂的程序设计。

要讨论现代计算机,至少要简短地讲述一下伟大的匈牙利数学家冯·诺伊
曼(John von Neumann),因为他为创造第一代电子计算机和存储程序数字计算
机的思想,作出了卓越的贡献。他对人脑和逻辑的研究,被证明对计算机的发
展是有用的。

冯·诺伊曼 1903 年出生于布达佩斯,不久,就显示出他是科学奇才。1926
年,他在布达佩斯取得博士学位;1930 年,迁到美国;1933 年,成为普林斯顿高
级研究所终身研究员。由于他在算子理论、量子论和博弈论方面的贡献,他在
国际上享有盛誉。他在确定 20 世纪数学的方向上做了大量的工作。他的工作
相当大胆和具有创造性。第二次世界大战期间,他参与了有关氢弹和原子弹以
及大范围气象预报的科学管理工作。他 1957 年因患癌症逝世。

15.10 新数学与布尔巴基

20 世纪数学的两个特征是:强调抽象和与对基本结构和模式的分析的关
系日益密切。在 20 世纪中叶,这些特征被有兴趣于中学数学教学的人注意到;
他们认为:中学数学教学应该与这些特征协调一致。因此,旨在于修改并补充
中学数学内容,而且使之"现代化"的能干而又热心的写作班子形成;于是,所谓
新数学(new math)运动诞生。

因为数学的抽象思想常能以集合概念和集合记号最优美而又最简洁地表
述出来,并且,因为集合论被人们认作数学的基础,新数学开始对集合论作初步 *642*
的介绍,然后,持续地使用集合思想和集合记号。新数学,和 20 世纪数学一样,
强调这门学科的基本结构。于是,在初等代数中,对于代数的基本结构和定律
(例如,交换律、结合律、分配律和其他)比以前重视得多。正如同有了新思想就

常发生的一样,在某些热心家身上存在一种倾向:做得太过火,并且,把新方法的教条甚至用于它们并不导致清楚或简化的场合;某些爱卖弄学问的教人者表示:在数学中要竭力强调为什么(*why*),只讲如何(*how*)是不够的。看来用不着怀疑:他们在应用新数学的基本思想时,头脑不够清醒。

自 1939 年以来,在法国,以布尔巴基(Nicolas Bourbaki)的名义出版了一部包罗万象的数学著作,它旨在于:在较高水平上反映 20 世纪数学的发展趋势。布尔巴基是笔名,最先出现于法国科学院的《会刊》(*Comptes rendus*)上发表的某些札记、评论和论文上。然后,开始逐步地构造布尔巴基的主要论著。这部主要论著的宗旨在一篇翻成英文发表的论文中作了解释;1950 年,又以《数学的建筑》(*The architecture of mathematics*)为题发表在《美国数学月刊》上。在这篇文章的脚注中写道:"布尔巴基教授,以前在皇家波达维亚科学院(Royal Poldavian Academy),现在住在法国南希;他是这部当代数学巨著的作者。此书发表时用的是《数学原本》(*Eléments de Mathématique*)这个书名;出版社是 Herman et Cie,Paris(1939 ~),迄今已出版十册。"到 1970 年,已出版三十余册。

Nicolas Boubaki 这个名字是希腊文,他是法国国民,并且,该列为 20 世纪最有影响的数学家之一。他的著作被许多人阅读和引用。他有热心的支持者,也有苛刻的评论者,但是,最有意思的是:没有这么个人。

Nicolas Boubaki 是一个非正式的数学家团体所采用的集体假名。虽然这个组织的成员没有宣誓保密,但是,他们之间有着某种神秘的约定。尽管如此,他们的名字对于大多数数学家来说是公开的秘密。据说,在最初的成员中有:谢瓦莱(C. Chevalley)、德尔萨尔泰(J. Delsarte)、让·迪多内(J. Dieudonne)和韦尔(A. Weil),成员年复一年地变动,有时包括多达二十位数学家。这个集团仅有的一条规定是:成员到五十岁,强制退休。这个集团的工作奠基于这样一个不能证明,难以了解的信念之上,即对于每一个数学问题来说,在所有可能的处理它的方法当中,总存在一个最优的。虽然布尔巴基集团的奠基者们曾想在 Nicolas Bourbaki 这个名字的来源上覆盖一层神秘之雾,还是有两种说明这种选择的传说。

643　　富有传奇色彩的布尔巴基(Charles Denis Sauter Bourbaki)在法普战争中有些名声。1862 年,四十六岁时,被授予希腊的王位,他拒绝了。在 1871 年的一次招致不幸的战役中,他被迫退到瑞士,在那里,他被禁闭并试图自杀。显然他自杀未成,因为他活到八十三岁的高龄。据说在法国南希有他的雕像。之所以把他与这个数学家集团联系起来,也许是因为:这个集团几个成员曾与南希大学有联系。这种解释对于名字中的 Nicolas 还是说明不了。

另一个关于布尔巴基的名字的来源的传说是以下面的故事为基础的:很多法国数学家曾在高等师范学院(Ecole Normale Supérieure)学习;1930 年左右,新入学的学生都受到过名叫 Nicolas Boubaki 的卓越的访问者的讲演的影响;实际上,他只不过是一个伪装的业余演员或是一个大学三四年级的学生,可能对于数学的含糊其辞的言谈颇有技巧。

布尔巴基的当代数学的观念,或者,至少让·迪多内的观念是:今天,数学像有许多线团的球,在球中心那些线团以不可预测的方式彼此紧紧地相作用(图123)。在此线团中,有线和伸向各种方向的线头,它们彼此没有任何内在的联系。布尔巴基方法要把这些线团解开,让它们都集中到该球的紧密的核心(所有其余的全解开)。紧密的核心包括数学的基本结构和基本程序或工具——这部分数学已经从巧计演变为方法,并且已经具有相当程度的固定性。布尔巴基试图逻辑地排列并形成连贯的、易于应用的理论的,只是这部分数学。因此,许多数学被布尔巴基置于视野之外。

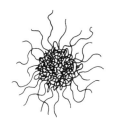

图 123

15.11　数学之树

若干年前,把数学描绘成一棵树(通常是一棵大栎树)的样子,成为众所周知的了。在树根上标着代数(*algebra*),平面几何(*plane geometry*),三角(*trigonometry*),解析几何(*analytic geometry*)和无理数(*irrational numbers*)这样的名称。从这些根上长出该树的强大的树干,上面写着微积分(*calculus*)。然后,从树干的顶端发出许多枝,并且再分为较小的枝。这些枝上写着这样的名称:复变(*complex variables*),实变(*real variables*)、变分法(*calculus of variations*),概率(*probability*)等,包括高等数学的所有各个"分支"。

644

数学之树的目的是:不仅向学生指出数学曾如何历史地成长,并且要学生知道在该学科的探索性研究中该遵循什么途径。例如,在中学中,也许在大学一年级中,他应该使自己掌握形成这树的根的基础学科。然后,在其大学学业的早期,他应该通过一个特殊繁重的规划,完全掌握微积分。在这被完成后,学生才能上升到他们想追求的该学科的那些高级分支。

由数学之树倡导的数学法原则也许是可取的,因为它建基于生物学家精辟论述的著名定律:"个体发育重演种系发生史",意思就是:"个体复制群的发展。"即至少在粗略的外观上,一个学生要把一门学科学好,得顺着该学科历史发展的顺序学。作为一个特殊例子,我们来看一看几何学。最早的几何学可被称为**潜意识的几何学**(subconscious geometry),它来源于人类认识物理形式和比较形状与大小的能力的简单观察。几何学后来成为**科学的**(scientific),或**经验几何学**(experimental geometry),并且该学科的此阶段发生于这样的时候,即人类的智能从一组具体的几何关系中抽出把前者(指具体的几何关系)作为特例包括在内的一般的抽象关系(几何的定律)的时候。在本书较前的几章中,我们曾指出:大量的希腊以前的几何如何是属于这经验类的。后来,实际上在希腊时期,几何学提高到高级阶段,并且成为**证明几何学**(demonstrative geometry)。在这里考虑的基本教学法原则主张:应该先以几何学的潜意识形式向年轻孩子们显示,也许通过简单的技术和对自然的简单观察。然后,稍迟些,这潜意识的基础被转变为科学的几何学,在那时,学生们用圆规和直尺,用尺和延长器,并且用剪刀和糨糊,导致一批重要的几何事实。再迟些,当学生已经变的相当世故时候,几何学才能以其证明的或演绎的形式被显示,并且较早的归纳过程的优缺点才能被指出。

所以我们在这里没有责备数学之树倡导的教学法原则。但是,这树本身怎么样?它仍然显示着当代数学的合理的正确的图景吗?我们不这样认为。数学之树显然是时间的函数。例如,上面描述的栎树肯定不能作为伟大的亚历山大时期的数学之树。栎树很好地代表 18 世纪和 19 世纪相当一部分数学的情况。因为在那些年代里,主要的数学工作是微积分的发展、推广和使用。但是随着 20 世纪数学的大量增长,栎树给出的数学的一般图景不再保持了。这么说也许十分正确:今天,数学的较大部分与微积分及其推广没有或很少联系。例如,考虑包括抽象代数、有限数学、集合论、组合学、数理逻辑、公理学、非解析数论、几何学的公设研究、有限几何,等。

我们必须重绘数学之树,如果它要代表今天的数学的话。幸而存在作为这种新代表的一种理想的树——榕树。榕树是一种多干树,而且不断生长新干。这样,从榕树的一枝上,一根像针一样的生长物向下伸展,直到它达到地。它在那里生根,并且,在一些年后,这针状物长得越来越粗壮,及时地将自己长成有许多枝的干,每一枝又在地下投下它们的针状生长物。

在世界上有一些榕树有许多(以二十计)树干,并且覆盖住整个城区。像大橡树一样,这些树既美丽又长寿;人们传说释边牟尼讲经时依靠着它休息的那棵榕树还活着并且在生长。我们于是在榕树上找到了配得上的并对于今天更为确切的数学之树。再过若干年,更新的干会形成,而一些较老的干可能萎缩和死去。不同的学生能选择树的不同的干攀升;每一个学生先得学习由他选择的干的根盖住的基础。所有这些树干自然与该树的复杂枝系在上方相联系。

微积分干仍然活着并且很好地工作着,而且还有线性代数干、数理逻辑干及其他。

数学已经成为如此广泛的领域,以致今天一个人能是一位很多产的并且有创造力的数学家,但是,他对于微积分及其推广仍然缺乏知识。我们现在在大学里教数学的人,由于主张所有的学生必须先攀升数学之树的微积分干,也许危害了我们的某些学数学的学生。尽管微积分是那样地吸引人、那样地美,并不是所有学数学的学生都对它感兴趣。由于强迫所有学数学的学生上微积分干,我们可能扼杀某些非微积分领域的潜在的天才数学家。简言之,调整我们的数学教学法更好地反映该学科最新历史发展的数学之树,也许是时候了。

15.12 前景

没有一个水晶球①向我们显示数学发展的未来途径;过去的失败,也未能为我们预言它增添多少智慧。历史告诉我们数学中特别活跃的领域曾忽然沉寂,而看来枯萎了的领域曾忽然复活并且再一次出现高产时期。在数学的发展中常常有出乎意料的事情,例如,范畴论、分形(factals)和突变理论,在几年之前连做梦也没有想到过。在 20 世纪开头那几年,谁能预见到电子计算机的今天?

646

尽管如此,对它提出以下几点预言还是可以信赖的,这指的是:

1.计算机的 20 世纪的巨大的、难以置信的发展将持续到未来,其计算速度和应用范围是今天难以想象的。

2.妇女们在数学领域最终获得解放,将起到更加重要的作用。②

3.纯数学和实用数学之间的分裂将日益模糊;G·H·哈代曾指出:一方面,纯数学是真正的实用数学,因为在数学中最重要的是技术,并且纯数学需要技术。另一方面,作为例证,古希腊的圆锥曲线研究最终被应用于现代的天体力学,所有(all)数学都是实用数学,至于何时被应用,只是时间问题。

数学家们自己关于他们的学科的未来有什么认识呢?大多数认为:数学的源泉是取之不尽,用之不竭的。他们指出:数学的永不停息的生命在于:有不断提出的未解决的问题。数学家们永不放弃解决问题的尝试,而在这些尝试中,他们的学科就得到新的发展。库利奇(Julian Lowell Coolidge)曾指出过:数学是如此美妙,每解决一个问题总会创造新的问题。

另一方面,不是所有的数学家曾持或者现在持乐观态度;有些人曾表示出对数学之泉枯竭的忧虑。拉格朗日曾向达兰贝尔讲他的看法,说:"数学开始衰

---

① 译者注:此处指占卜用的水晶球。
② Edna E. Kramer 在她的天才著作 The Nature and Growth of Modern Mathematics 的最后一章中对此预言给予了支持。

落";持他这种看法的有创造力的数学家不只一个;今天持类似忧虑的数学家也不少,他们认为:今日数学越来越抽象的倾向,敲响了这门学科的丧钟。

对于数学的未来,还有更为悲观的观点。他们认为:数学将成弗兰斯泰因怪物①,最终将杀害自己。数学在我们的核时代起重要作用。原子弹和其他全球性的毁灭性武器,曾经靠数学得以发展;并且,不言而喻,数学有可能被应用于破坏的目的。与关于数学的这个观点相联系,让我们看看维纳(Norbert Wiener)在1945年在广岛和长崎扔下原子弹之后写的那封著名的信,在信中,他公开谴责损害了数学家奉献他们的知识和发现的自由;再看看爱因斯坦等人说了些什么,他们对于数学在核武器时代所起的这种作用感到痛苦。最近,在美国数学会(American Mathematical Society)和美国数学协会(Mathematical Association of America)1987年1月在圣安东尼奥举行的联合会上,一群数学家呼叫他们的同事们拒绝参加主动战略防卫(Strategic Defense Initiative)"星球大战"计划。

越来越多的数学家认识到:我们今天有两个对立的数学领域,一个是安全的领域,一个是不安全的领域,并且,这些数学家从良心出发,在他们的研究中努力抑制不安全的领域。在未来,我们能让埃及帝国瓦解时和纳粹发狂的时代数学家们的遭遇重演吗? 这个世界是否会被一次全球性的核战争或者核污染引向另一个黑暗时代? 数学和军队之间现在的这种关系,是否合乎情理?

我们希望更多的数学家头脑清醒,宏伟的数学学科持续无限期地繁荣。雅科比(Carl Gustav Jacobi)说得好(意译的):它将继续提高人类的思想和精神。

问 题 研 究

15.1 欧几里得做的不言而喻的假定

查阅(例如,在 T·L·希思著的 The Thirteen Books of Euclids Elements 中)命题 I 1 中, I 16 及 I 21,并且证明:

(a)在命题 I 1 中,欧几里得不言而喻地假定两个以一线段的端点为圆心并以该线段为公共半径的圆彼此相交。

(b)在命题 I 16 中,欧几里得不言而喻地假定了直线的无限性。

(c)在命 I 21 中,欧几里得不言而喻地假定:如果一条直线从一个三角形的一个顶点进入,它必定(如果充分延长的话)交其对边。

---

① 译者注:Mary Shelly 著 Frankenstein 中的男主角名。它是一个年轻的医学研究生首创的怪物,但结果自己为怪物所杀。

15.2 三个几何上的悖论

如果在演绎推理中不言而喻地提出一个包括错误概念的假定,它的引进不仅导致不遵从演绎体系的公设的命题,并且导致一个实际上与该体系的某个以前证明了的命题相矛盾的命题。从这个观点评论下列三个几何上的悖论。 *648*

(a)证明任何三角形是等腰的。

令 *ABC* 为任意三角形(图 124)。作∠*C* 的平分线和 *AB* 边的垂直平分线。

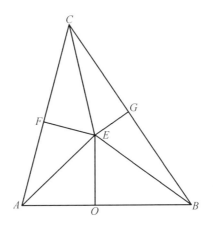

图 124

从它们的交点 *E* 作 *AC* 和 *BC* 的垂线 *EF* 和 *EC*,并且画 *EA* 和 *EB*。现在,直角三角形 *CFE* 和 *CGE* 是全等的,因为每一个直角三角形以 *CE* 为斜边,并且,因为∠*FCE* = ∠*GCE*,所以 *CF* = *CG*。再则,直角三角形 *EFA* 和 *EGB* 是全等的,因为一个直角边 *FE* 等于另一个直角边 *EG*(角 *C* 的平分线上的点与该角的两边等距离),并且因为一个的斜边 *EA* 等于另一个的斜边 *EB*(线段 *AB* 的垂直平分线的任意一点与那个线段的两个端点等距离),所以,*FA* = *GB*。然后,由此得出 *CF* + *FA* = *CG* + *GB*,或 *CA* = *CB*,并且该三角形是等腰的。

(b)证明直角等于钝角。

令 *ABCD* 为任何矩形(图 125)。在矩形之外作与 *BC* 等长的 *BE*,因而它也等于 *AD*。作 *DE* 和 *AB* 的垂直平分线;因为它们垂直于不平行的直线,它们必定交于一点 *P*。连 *AP*,*BP*,*DP*,*EP*。于是,*PA* = *PB* 和 *PD* = *PE*(在一条线段的垂直平分线上任意一点与该线段的两个端点等距离)。还根据作图,*AD* = *BE*,所以三角形 *APD* 和 *BPE* 是全等的,因为一个的三条边与另一个的三条边相等。因此,∠*DAP* = ∠*EBP*。但是,∠*BAP* = ∠*ABP*,因为这两个角是等腰三角形 *APB* 的底角。用减法,则得出直角 *DAG* = 钝角 *EBA*。

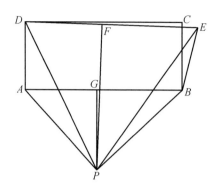

图 125

(c)证明从一点到一线有两条垂线。

令任何两圆交于 A 和 B(图 126)。作直径 AC 和 AD,并且,令 C 和 D 的联线割各个圆于 M 和 N。于是,∠AMC 和∠AND 是直角,因为每一个角内接一个半圆。因此,AM 和 AN 是 CD 上的两条垂线。

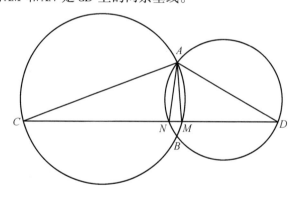

图 126

15.3 戴德金的连续统公设

为了保证某些交点(线和圆以及圆和圆)的存在,戴德金(Richard Dedekind,1831—1916)在几何学中引进下列连续性公设:

如果一条直线的全部点落在两类中,使得第一类的每一个点处于第二类的每一个点的左边,则存在一个点并且仅仅一个点,它将所有的点划分为两类,即:该点将直线分成两部分。

(a)有这么一条定理:联接圆内的一点 A 与圈外一点 B 的直线段与该圆周有一个公共点。试完成其细节。

令 O 为给定圆的圆心,r 为半径(图127),并且令 C 为从 O 到 AB 线段的垂

线的垂足。线段 AB 上的点可被分为两类:对于一些点 P,$OP < r$,和对于一些 650
点 Q,$OQ \geqslant r$。可证明:对每一种情况,$CP < CQ$。因此,根据戴德金的公设,在
AB 上存在一个点 R,使得:所有位于它之前的点属于第一类,并且所有位于它
之后的点属于第二类。于是,$OR \nless r$,否则我们能在 R 和 B 之间选 AB 上的点
S,使得 $RS < r - OR$,但是,因为 $OS < OR + RS$,这意味着谬论 $OS < r$。类似地,
能证明 $OR \ngtr r$。因此,我们必定有 $OR = r$,于是定理得证。

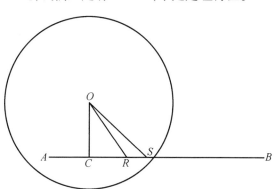

图 127

(b)戴德金的公设如何能扩展到包括角?

(c)戴德金的公设如何能扩展到包括圆弧?

15.4　欧几里得公设的坐标解释

为了方便起见,让我们以下列等价的形式重述欧几里得的前三个公设:

1.任何两个不同的点决定一条直线。

2.直线是无界的。

3.存在以任何给定点为圆心并通过任何第二个给定点的圆。

证明:上述部分的欧几里得公设成立,如果平面上的点被局限于其对于某
固定的参考标架的笛卡儿直角坐标是有理数的那些点。然后证明:在此限制
下,一个圆和过其圆心的线不一定彼此相交。

15.5　欧几里得公设的球面解释

证明:欧几里得公设(在问题研究 15.4 中部分地重述的)成立;如果把平面
解释为球面,把直线解释为球上的大圆,并且,把点当做球上的点的话。则在此
解释下,下列陈述是正确的。

(a)平行线不存在。

(b)对于一条给定的线,所有的竖立在该线一边的垂线交于一点。

(c)联接同样的两个点有两条不同的线,是可能的。

651

(d)三角形的内角和大于两个直角。

(e)存在所有三个角是直角的三角形。

(f)一个三角形的一个外角不总大于其不相邻的两个内角之一。

(g)一个三角形的两边之和能小于第三边。

(h)一个有一对相等的角的三角形可能有两个与它们相对的不等边。

(i)一个三角形的最大边不一定处于该三角形的最大角的对面。

15.6 帕什的公设

帕什(Morit Pasch)于 1882 年将下列公设公式化:

令 A, B, C 为不在同一直线上的三点,并且令 m 为不在 ABC 平面上并不通过 A, B, C 中任何一点的直线。于是,如果直线 m 通过线段 AB 的一点,它也会通过线段 BC 的一点或线段 AC 的一点。

此公设是由现代几何学者归类为数序公设的那些假定之一,并且他主张用明确的表示出"之间"的概念。

(a)作为帕什的公设的一个推论,证明:如果一条线从一顶点进入三角形,它必定与对边相交。

(b)证明:帕什的公设对于以一个大圆割一个球面三角形不恒成立。

15.7 一个抽象的数学体系

考虑不定义的元素(我们将以小写字母表示这些元素)集合 K,并且,令 R 表示在 K 的给定的一对元素之间可能保持也可能不保持的不定义的双积关系。如果 K 的元素 a 与 K 的元素 b 以 R 关系相联系,我们将写 $R(a, b)$。然后,我们假定下列四个涉及 K 的元素双积关系 R 的公设。

P1:如果 a 和 b 是 K 的两个不同的元素,则我们有或 $R(a, b)$,或 $R(b, a)$。

P2:如果 a 和 b 是 K 的任何两个元素,使得我们有 $R(a, b)$,则 a 和 b 是不同的元素。

P3:如果 a, b, c 是 K 的任意三个元素,使得我们有 $R(a, b)$ 和 $R(b, c)$,则我们有 $R(a, c)$。(换句话说,R 关系是可传递的)

P4:K 包括正好四个不同的元素。

从上面四个公设推演下列七条定理:

T1:如果我们有 $R(a,b)$,则我们不会有 $R(b,a)$(换句话说,R 关系是非对称的)。

T2:如果我们有 $R(a,b)$,并且如果 c 在 K 中,则我们有或 $R(a,c)$,或 $R(c,b)$。

T3:至少存在 K 中的一个元素,与 K 的任何元素无 R 关系。(存在定理)

T4:至多存在 K 中的一个元素,与 K 的任何元素无 R 关系。(唯一性定理)

定义 1:如果我们有 $R(b,a)$,则我们说我们有 $D(a,b)$ *652*

T5:如果我们有 $D(a,b)$ 和 $D(b,c)$,则我们有 $D(a,c)$。

定义 2:如果我们有 $R(a,b)$,并且不存在一个元素 c 使得我们还有 $R(a,c)$ 和 $R(c,b)$,则我们说我们有 $F(a,b)$。

T6:如果我们有 $F(a,c)$ 和 $F(b,c)$,则 a 恒等于 b。

T7:如果我们有 $F(a,b)$ 和 $F(b,c)$,则我们不会有 $F(a,c)$。

定义 3:如果我们有 $F(a,b)$ 和 $F(b,c)$,则我们说我们有 $G(a,c)$。

15.8 公理学

(a)用下列的每一个解释去证明问题研究 15.7 的公设集的相容性。

1.令 K 包括:一个人,他的父亲,他的父亲的父亲,和他的父亲的父亲的父亲,并令 $R(a,b)$ 指"a 是 b 的被继承人"。

2.令 K 包括水平线上四个不同的点,并且令 $R(a,b)$ 指"a 必定在 b 的左边"。

3.令 K 包括 1,2,3,4 四个整数,并且令 $R(a,b)$ 指"$a < b$"。

此集合的公设是关于四个元素之间序列关系的。解释公设的任何 R 被称做**序列关系**(sequential relation),并且,K 的元素被说成是形成**序列**(sequence)的。上面提出的解释提供问题研究 15.7 中发展的数学的抽象分支的三种应用。

(b)对于(a)的解释的每一种,写出问题研究 15.7 中的定理和定义的陈述。

(c)用下列四个不完全的解释,证明:问题研究 15.7 的公设集的独立性。

1.令 K 包括两兄弟、他们的父亲和他们的父亲的父亲,并且令 $R(a,b)$ 意指"a 是 b 的被继承人"。此证明公设 P1 的独立性。

2.令 K 包括 1,2,3,4 四个整数,并且令 $R(a,b)$ 意指"$a \leqslant b$",此证明公设 P2 的独立性。

3.令 K 包括 1,2,3,4 四个整数,并且令 $R(a,b)$ 意指"$a \neq b$",此证明公设 P3 的独立性。

4.令 K 包括 $1,2,3,4,5$ 五个整数,并且令 $R(a,b)$ 意指"$a < b$",此证明公设 P4 的独立性。

(d)证明 P1,T1,P3,P4 构成与 P1,P2,P3,P4 等价的公设组。

15.9 发生联系的假言命题

(a)证明命题:如果一个三角形是等腰的,则其底角的平分线是相等的。

(b)陈述(a)的命题的逆命题(*converse*)。(这个有点难证明的逆定理,已成为人们熟知的史坦纳–莱姆斯问题 *Steiner-Lehmus problem*)

(c)陈述(a)的命题的反命题(*opposite*)。

(d)如果"若 A 则 B"形式的一个命题是真的,是否必然地推出其逆命题是真的? 其反命题呢?

(e)证明:如果"若 A 则 B"形式的一个命题及其反命题均真,则其逆也真。

(f)陈述下列情况下必真的命题:如果 A 是 B 的必要条件;是 B 的充分条件,是 B 的必要和充分条件。(如果 A 对于 B 既是必要的,又是充分的,则 A 被称做是 B 的**判别准则**(criterion))

15.10 直观与证明

直观地答复下列问题,然后根据计算检验你的答案。

(a)一辆汽车以每小时 40 英里的速度从 P 向 Q 行驶,然后,以每小时 60 英里的速度,从 Q 向 P 返回。对于这来回的旅行,平均速度是什么?

(b)A 能在四天内完成一件工作,B 能在六天内完成它,两个人一起做这件工作,要多长时间?

(c)一个人以每 3 个 17 分卖出他的苹果的一半,然后,以每 5 个 17 分卖其余的一半。问他该以什么价格卖他的全部苹果,才能得到同样的收入?

(d)如果直径 4 英寸的一团纱值 20 分,买直径 6 英寸的一团纱,你该付多少钱?

(e)两项工作有同样的开始薪金:每年 6 000 美元,和同样的最大薪金每年 12 000 美元。一项工作,每年长 800 美元;另一项工作,每半年长 200 美元。问做那项工作收入大?

(f)在某培养液中的细菌每分钟分成两个。如果在一小时末有两千万细菌出现,什么时候正好有一千万细菌出现?

(g)头半个月 1 分钱工资,第二个半月 2 分钱,第三个半月 4 分钱,第四个半月 8 分钱,直到这年结束;这年的总工资是高还是低?

(h)一个钟 5 秒钟打六下,它打十二下需多长时间?

(i)一个瓶子和一个软木塞共值 1.10 元,如果瓶子比软木塞贵 1 元,软木塞值多少钱?

(j)假定在一个玻璃杯中有若干量液体 A,并且,在第二个玻璃杯中有相同量的另一种液体 B。从第一个玻璃杯中取一些液体 A 放入第二个玻璃杯,然后,从第二个玻璃杯中取一些混合物放回第一个玻璃杯。在第二个玻璃杯中的液体 A 是否比第一个玻璃杯中的液体 B 多?

(k)假定一张千分之一英寸厚的大纸,被裁成两半,一张在另一张上面,两张放在一起。然后又被裁成两半,并且四张堆在一起。如果这个裁成两半堆到一起的工序被做 50 次,最后的纸堆是大于还是小于一英里? *654*

(l)对一件商品的卖价打 15% 的折扣和对卖价打 10% 的折扣,并且在缩减后的价格上再打 5% 的折扣是否一样?

(m)四分之四(4/4),以什么分数部分超过四分之三(3/4)?

(n)一个男孩想求他八个年级的算术的平均。他先求前四个年级的平均,再求后四个年级的平均,然后求这些平均的平均。是否正确?

15.11　一个小型数学体系

考虑下列公设集:

P1:每一个 *abba* 是一组 *dabba*。

P2:存在至少两个 *dabba*。

P3:如果 *p* 和 *q* 是两个 *dabba*,则存在一个且仅有一个既包括 *p* 又包括 *q* 的 *abba*。

P4:如果 *L* 是一个 *abba*,则存在一个不在 *L* 中的 *dabba*。

P5:如果 *L* 是一个 *abba*,并且,*p* 是不在 *L* 中的 *dabba*,则存在一个且仅一个包括 *p* 但不包括 *L* 中任何的 *dabba* 的 *abba*。

(a)此公设集中原始术语是什么?

(b)证明此公设集是绝对地相容的。

(c)证明公设集中 P3 和 P5 的独立性。

(d)从此公设集推演出下列定理:

1.每一个 *dabba* 被包含于至少两个 *abba* 中。

2.每一个 *abba* 包括至少两个 *dabba*。

3.存在至少四个不同的 *dabba*。

4.存在至少六个不同的 *abba*。

15.12　一组不相容的命题

如果 p,q,r 代表命题,证明下列的一组四个命题是不相容的。

1.如果 q 是真的,则 r 是假的。

2.如果 q 是假的,则 p 是真的。

3. r 是真的。

4. p 是假的。

15.13　与相对论有关的公设集

令 S 是一组元素的集并且 F 是满足下列公设的双积关系。

P1:如果 a 和 b 是 S 的一个元素,并且,如果 bFA,则 aFb。(在这里,bFa 意指元素 b 与元素 aF 相关。)

P2:如果 a 是 S 的一个元素,则至少存在 S 的一个元素 b,使得 bFa。

P3:如果 a 是 S 的一个元素,则至少存在 S 的一个元素 b,使得 aFb。

P4:如果 a,b,c 是 S 的元素,使得 bFa 和 cFb,则 cFa。

P5:如果 a 和 b 是 S 的元素,使得 bFa,则至少存在 S 的一个元素 c,使得 cFa 和 bFc。

(a)证明陈述"如果 a 是 S 的一个元素,则至少存在一个不同于 a 的,S 的元素 b,使得 bFa 和 aFb"是与上述公设相容的。(此公设集,添上上面这个陈述,已被用于相对论中,在那里,S 的元素被解释为时间的瞬间(*instants of time*),并且 F 意指"跟着发生")

(b)以(a)中说的解释的术语重写上述公设和(a)的陈述。

15.14　蜜蜂和蜂群

考虑下列公设集,在其中蜜蜂和蜂群是原始术语.

P1:每一个蜂群是一群蜜蜂。

P2:任何两个不同的蜂群有一个且仅有一个蜜蜂是共有的。

P3:每一个蜜蜂属于两个且仅属于两个蜂群。

P4:正好存在四个蜂群。

(a)证明这组公设是绝对地相容的。

(b)证明公设 P2,P3 和 P4 是独立的。

(c)从给定的公设集推出下列定理。

T1:正好存在六个蜜蜂。

T2:每一个蜂群里正好有三个蜜蜂。

T3:对于每一个蜜蜂正好存在一个别的蜜蜂与它不在同样的蜂群中。

15.15   度量空间

弗雷谢(Maurice Frechet)于 1906 年引进度量空间(metric space)的概念。度量空间是称做点(points)的元素的集合 M,连同与满足下列四个公设的 M 的点 x 和 y 的每一个有序对相联系的称做空间的距离函数(distance function)或度量(metric)的实数 $d(x,y)$。

M1:$d(x,y) \geqslant 0$。

M2:$d(x,y) = 0$,当且仅当 $x = y$。

M3:$d(x,y) = d(x,y)$。

M4:$d(x,y) \leqslant d(x,y) + d(z,y)$,在这里 x,y,z 是 M 中的不一定不同的三个点(这被称做**三角不等式**(triangle inequality))。

(a)证明:所有实数 x 的集合 M,连同下式

$$d(x_1, x_2) = |x_1 - x_2|$$

是度量空间。

(b)证明:实数的所有有序对 $p = (x,y)$ 的集合 M,连同

$$d(p_1, p_2) = [(x_1 - x_2)^2 + (y_1 - y_2)^2]^{1/2}$$

是度量空间。在这里,$p_1 = (x_1, y_1)$ 和 $p_2 = (x_2, y_2)$。

(c)证明:实数的所有有序对 $p = (x,y)$ 的集合 M,连同

$$d(p_1, p_2) = |x_2 - x_1| + |y_2 - y_1|$$

是度量空间。在这里 $p_1 = (x_1, y_1)$ 和 $p_2 = (x_2, y_2)$。(以点在笛卡儿平面上的办法,人们容易地看出:为什么度量空间有时被称**出租汽车空间**(taxicab sppace)) *656*

(d)证明:实数的所有有序对 $p = (x,y)$ 的集合 M,连同

$$d(p_1, p_2) = \max(|x_2 - x_1|, |y_2 - y_1|)$$

是度量空间。在这里 $p_1 = (x_1, y_1)$ 和 $p_2 = (x_2, y_2)$。

(e)证明:度量空间的公设 M1,M2 和 M4 可以被单个公设 M1′代替。M1′即 $d(x,y) \leqslant d(y,z) + d(z,x)$。在这里 x,y,z 是 M 的任何三个不一定不同的点。

(f)证明:任何元素的集合 M 能被引进一个度量空间,依靠令 $d(x,y) = 1$,如果 $x \neq y$,和令 $d(x,y) = 0$,如果 $x = y$。

(g)证明:如果 $d(x,y)$ 是对于集合 M 的度量,则我们还可以用以下所列的

作为 M 的度量：

1. $kd(x,y)$，在这里 k 是正实数；

2. $[d(x,y)]^{1/2}$；

3. $d(x,y)/[1+d(x,y)]$。证明这里所有的距离小于 1。

(h)令 c 为度量空间的一个点，并且令 r 为一个正实数。定义 M 为所有点 x 的集合，使得 $d(c,x)=r$ 为度量空间中以 c 为**圆心**，以 r 为**半径**的圆。以 (a),(b),(c)和(d)的度量空间的笛卡儿表示法，描述圆的外貌。

15.16　相等的线段

(a)线段 AB 的端点 A(或 B)要被考虑为属于或不属于该段，将分别对字母 A(或 B)用方括号或圆括号表示。使用此记号，证明：被考虑为点集的线段 $[AB]$,(AB),$[AB)$,$(AB]$ 是彼此相等的。

(b)证明：组成任何有限线段的点集和组成任何无限线段的点集是彼此相等的。

15.17　一些可数的和不可数的集合

(a)证明：有限个可数集合的并是可数的。

(b)证明：可数个可数集合的并是可数的。

(c)证明：所有无理数的集合是不可数的。

(d)证明：所有超越数的集合是不可数的。

15.18　高为 1,2,3,4 和 5 的多项式

(a)证明：1 是高为 1 的唯一的多项式。

(b)证明：x 和 2 是高为 2 的仅有的多项式。

657　　(c)证明：$x^2,2x,x+1,x-1$ 和 3 是高为 3 的仅有的多项式；并且，它们生成不同的代数数 $0,1,-1$。

(d)建立高为 4 的所有可能的多项式，并且证明：生成的仅有的新实代数数为 $-2,-1/2,1/2,2$。

(e)证明：高为 5 的多项式再生成 12 个新的实代数数。

15.19 可数点集的测度

(a)在下面证明线段 AB 上所有点的集合是不可数的,请完成其细节:

取 AB 的长为 1 个单位,并且假定 AB 上的点构成可数的集合。则 AB 上的点可被排列于序列 $\{P_1, P_2, P_3, \cdots\}$ 中。将点 P_1 围入 $1/10$ 长的区间,点 P_2 围入 $1/10^2$ 长的区间,点 P_3 围入 $1/10^3$ 长的区间等。由此得出:单位区间 AB 被可能交叠的长为 $1/10, 1/10^2, 1/10^3, \cdots$ 的子区间全部覆盖。但是,这些子区间的长之和是

$$1/10 + 1/10^2 + 1/10^3 + \cdots = 1/9 < 1$$

(b)依靠选择(a)部分中的子区间为 $\varepsilon/10, \varepsilon/10^2, \varepsilon/10^3, \cdots$(在这里 ε 是任意小的正数),证明一个可数点集可被其长和能被做得任意小的区间的集遮盖住。(利用测度论的术语,我们说:可数点集有**零测度**(zero measure))

15.20 超限数和维数论

令 E_1 表示单位线段上所有点的集合,并且令 E_2 表示单位正方形上所有点的集合。E_1 的点 Z 可由处于 0 和 1 之间的不尽小数 $z = 0.z_1z_2z_3\cdots$ 指定,而 E_2 的点 P 可由不尽小数的一个有序对

$$(x = 0.x_1x_2x_3\cdots, y = 0.y_1y_2y_3\cdots)$$

指定,在这里,每个小数都处于 0 和 1 之间。假定我们令这些表达式中的每一个 z_i, x_i, y_i 表示非零数字或可能的零块之前的非零数字。例如:如果,$z = 0.730\,280\,07\cdots$,则 $z_1 = 7, z_2 = 3, z_3 = 02, z_4 = 8, z_5 = 007, \cdots$。证明:可以用将 E_1 的点 $0.z_1z_2z_3\cdots$ 和 E_2 的点

$$(0.z_1z_3z_5\cdots, 0.z_2z_4z_6\cdots)$$

相联系,并且,用把 E_2 的点

658

$$(0.x_1x_2x_3\cdots, 0.y_1y_2y_3\cdots)$$

与 E_1 的点 $0.x_1y_1x_2y_2x_3y_3\cdots$ 相联系的办法在 E_1 的点和 E_2 的点之间建立一一对应。这样,证明单位正方形中所有点的集合有超限数 c。(这说明:一个流形的维数可以与该流形的超限数不一样)

15.21 圆和线

(a)证明:如果一个圆有至少带一个无理坐标的圆心,则在该圆上至多有两个点带有理坐标。

(b)证明:如果一个圆有至少带一个超越坐标的圆心,则在该圆上至多有两个点带代数坐标。

(c)对于笛卡儿坐标平面上的直线或圆,是否可能只包括有理坐标的点?或只包括代数坐标的点?

(d)证明:在一条直线上彼此在外的封闭的区间的任何无限集合是可数的。

(e)证明:在一平面上彼此在外的圆的任何无限集合是可数的。

15.22 同胚曲面

若能以伸展、收缩和弯曲(没有撕破或熔接)甚至截割(将每一剖面的两个边以未截之前的方式重新结合)的程序从一个曲面变换到另一个曲面,那么,我们就称该二曲面**同胚**(homeomorphic)或称它们为**拓扑地相等**(topologically equivalent)。

(a)把由 26 个英文字母形成的曲面排列进拓扑地相等的类。

(b)证明:用铁丝代替正四面体的棱所构成的曲面与附于一个球体的三个茶杯把手所组成的曲面同胚。

(c)解释下列滑稽看法:"一位拓扑学者不能说出炸面饼圈和他的咖啡杯之间的差别。"

15.23 边和棱

(a)将一条纸扭转 180°,然后两端绞合在一起形成的曲面被称做**麦比乌斯带**(Mobius strip)。证明:麦比乌斯带是单侧的并有一个无结点的棱。

(b)作一单侧的并有一有结点的棱的曲面。

(c)作一双边的并有一有结点的棱的曲面。

(d)作一双边的并有一无结点的棱的曲面。

659

15.24 帕拉德罗姆环

一对未婚夫妻拿不准是否该结婚了,巫师向他们讲了下面一段话。如果他预言婚姻破裂,他将割裂一条未扭的带,如果他预言这一对不甚和睦但仍然能维持婚姻,他将割裂有完全扭的带;如果他预言完美的婚姻,他就割裂一条麦比乌斯带。试讨论此巫师的话。

15.25　多面曲面

(a)对每一个正多面曲面用公式 $v - e + f$ 来进行计算。(能证明:对于所有与球同胚的正多面曲面, $v - e + f = 2$)

(b)给出有六条棱的和有八条棱的简单封闭多面曲面的例子,并证明不存在七条棱的简单封闭多面曲面。

(c)根据关系式 $v - e + f = 2$,证明:不存在多于五种正多面体。

15.26　多面曲面的面和顶点

考虑 v 个顶点, e 个棱和 f 个面的简单封闭多面曲面 P。令 f_n 代表有 n 条棱的面数,并且令 v_n 表示从它发出 n 条棱的顶点数。

(a)证明:

1. $f = f_3 + f_4 + \cdots$

2. $v = v_3 + v_4 + \cdots$

3. $2e = 3f_3 + 4f_4 + 5f_5 + \cdots$

4. $2e = 3v_3 + 4v_4 + 5v_5 + \cdots$

根据关系式 $v - e + f = 2$ 证明:

5. $2(v_3 + v_4 + \cdots) = 4 + f_3 + 2f_4 + 3f_5 + 4f_6 + \cdots$

以同样方法证明:

6. $2(f_3 + f_4 + \cdots) = 4 + v_3 + 2v_4 + 3v_5 + 4v_6 + \cdots$

二倍(6)再加(5)。得

7. $3f_3 + 2f_4 + f_5 = 12 + 2v_4 + 4v_5 + \cdots + f_7 + 2f_8 + \cdots$

(b)从(a)部分的 7 推演下列结论:

1. 不存在其每一个面超过 5 个棱的 P。

2. 如果 P 没有三角形的或四边形的面,则 P 至少有 12 个面是五边形的。

3. 如果 P 没有三角形的或五边形的面,则 P 至少有 6 个面是四边形的。

4. 如果 P 没有四边形的或五边形的面,则 P 至少有 4 个面是三角形的。

(c)如果从每一顶点准确地发出三条棱,则 P 被称做是**三面形**(trihedral)。

1. 如果 P 是三面形,并且只有五边形和六边形的面,则 P 具有 12 个五边形面。

2. 如果 P 是三面形,并且只有四边形和六边形面,则 P 具有六个四边形面。

660

3. 如果 P 是三面形,并且只有三角形和六边形的面,则 P 具有四个三角形面。

15.27 豪斯多夫空间

1914 年,豪斯多夫发展了一种抽象的拓扑空间;自那时以来,它以**豪斯多夫空间**(Hausdorff space)著称。这种空间是满足下列四条公设,称做点(points)的元素的集合 H,连同称做**邻域**(neighborhoods)的 H 的子集:

H1:对于 H 的每一个点 x,至少存在一个领域 N_x,它包括 x。

H2:对于 x 的任何两个领域 N_x 和 N'_x,存在第三个领域 N''_x,它把 N_x 和 N'_x 都包括进去。

H3:如果 y 是 N_x 的一点,则存在 y 的一领域 N_y,使得 N_y 被包括进 N_x。

H4:如果 x 和 y 是 H 的距离点,则存在一个 N_x 和一个 N_y,它们没有共同点。

(a)证明:一条直线上所有点的集合可被做进豪斯多夫空间,只要把以 x 为中点的开线段选作点 x 的邻域。(此豪斯多夫空间的算术对立物在解析研究中是重要的)

(b)证明:平面上所有点的集合可被做进豪斯多夫空间,只要把以 P 为圆心的圆的内部选作点 P 的邻域。

(c)证明:平面上所有点的集合可被做进豪斯多夫空间,只要把以 P 为中心且其边平行于该平面的 2 给定的垂直线的正方形的内部选作点 P 的邻域。

(d)证明:点的任何集合可被做进豪斯多夫空间,如果我们把这点本身选作邻域的话。

(e)证明:任何度量空间可被做进豪斯多夫空间,如果我们把"圆"的内部选作邻域的话。(参看问题研究 15.15)

定义:豪斯多夫空间的点 x 被称做 H 的子集 S 的**极限点**(limit point),只要 x 的每一个邻域至少包括 S 的不同于 x 的一个点。

(f)证明:豪斯多夫空间的子集 S 的极限点 x 的任何邻域 N_x,包括 S 的无穷多点。

15.28 有密切联系的命题

与命题"若 P,则 q"有联系的命题有下列三个:

1.其逆命题(converse)"若 q,则 p"。

2.其反命题(inverse)"若不 p,则不 q"。

3.其逆否命题(contrapositive)"若不 q,则不 p"。

661 证明:

(a)真蕴涵的逆命题不一定真。

(b)真蕴涵的反命题不一定真。

(c)真蕴涵的逆否命题是真的。

(d)一个蕴涵的逆否命题是该蕴涵的反命题的逆命题。

(e)一个蕴涵的逆命题的反命题是否和该蕴涵的反命题的逆命题一样?

15.29 三值逻辑

(a)证明:对于三值逻辑中的合取作真值表,有 256 种不同的方法;在这里,我们假定"p 和 q"是真的当且仅当 p 和 q 都是真的。

(b)证明:对三值逻辑中的否定作真值表,有 12 种不同的方法;在这里,我们假定:当 p 是真的,非 p 必定不会是真的,并且,当 p 是假的,非 p 必定不会是假的。

(c)假定像通常二值逻辑中的情况,所有别的逻辑上的连接词可以用合取和否定的术语定义来建立,证明总共有 3 072 种可能的三值逻辑。

(d)类似于 3 072 种可能的三值逻辑,有多少种可能的 m 值逻辑?

15.30 罗素悖论

考虑罗素悖论的下列的通俗化问题:

(a)一个国家的每个市政府必定有一个市长,没有两个市政府是由同一个市长主持。一些市长不住在他们管理的市内。若通过一条法律,强迫不住在工作地点的市长住在某特定的地区 A,但有很多不住在工作地点的市长,以至于使 A 被宣布为市,那么 A 的市长将住在哪里?

(b)英语中的一个形容词,如果它被应用于它本身,这个形容词被称为自身逻辑的(autological);否则,该形容词被说成是异逻辑的(heterological)。例如,形容词"short"(短的),"English"(英语的)和"polysyllabic"(多音节的)全应用于他们本身,因此,是自身逻辑的;而形容词"long"(长的)"French"(法国的)和"monosyllabic"(单音节的)不应用于它们本身,所以是异逻辑的。现在,形容词"heterological"(异逻辑的)是自身逻辑的还是异逻辑的?

(c)假定一个图书馆管理员,要给他的图书馆编辑一本参考书目:仅列入所有那些在他的图书馆里不把它们自己列入的参考书目的参考书目。

15.31 一个悖论

检查下列悖论。每一个自然数,能不用数字符号而以简单的英文表示。例如,5可被表示为"five"或"half of ten"(半个十)或"the second odd prime"(第二个奇素数)或"the positive square root of twenty-five"(二十五的正平方根)等。然后,考虑这个语句"不能以少于二十三个音节表示的自然数(the least natural number not expressible in fewer than twenty-three syllables)。此语句以二十二个音节表示一个不能以少于二十三个音节表示的自然数。

15.32 二难推理和疑问

(a)一个假慈悲者偷了一个小孩,他允许孩子的父亲取回小孩,但要以父亲推测孩子是否被归还为条件。如果父亲推测孩子不会被归还,这个假慈悲者该如何去做?

(b)一个探险者被吃人的吐番抓住,探险者有在下述条件下供述的机会,即:如果吐番抓他是真的,他将被煮;如果吐番抓他是假的,他将被烤。如果该探险者说"我将被烤",吐番该如何去做?

(c)"每一个一般陈述都有其例外"这句话是否自相矛盾?

(d)如果一个不可抵抗的力量与一个不能动的东西发生冲突,该发生什么情况?

(e)如果宙斯能做任何事,他能否举一块他不能举的石头?

15.33 数学游戏

(a)构造所有12种"五方",(pentomino)并且凭经验至少找出:把它们放在一起,形成在中间带一个2×2孔的一个8×8正方形的65种方式之中的一种。

(b)在棋盘上放8个王后,使得没有一个王后能吃掉其他王后。(此问题是脑克(Franz Nauck)于1850年最先提出的。有12个基本解,即没有一个解能靠旋转或反射从另一个解得到)

论文题目

15/1　罗素(Bertrand Russell,1872—1970)。

15/2　关于希尔伯特(David Hilbert)的故事和轶事。

15/3　闵可夫斯基(Hermann Minkowski,1864—1909)。

15/4　哈代(Hardy)和利特尔伍德(Littlewood)。

15/5　爱因斯坦(1879—1955)。

15/6　惠勒(Anna Johnson Pell Wheeler,1883—1966)。

15/7 拉曼扭杨(Srinivasa Ramanujan,1887—1920)。

15/8 维纳(Norbert Wiener,1894—1964)。

15/9 公理系统的性质。

15/10 布尔代数的公设集。

15/11 布尔代数的对偶原理。

15/12 作为数学游戏的麦比乌斯带。

15/13 同胚曲面(Homeomorphic surface)。 *663*

15/14 非断言定义。

15/15 哥德尔定理。

15/16 用电子计算机计算的技巧(Computerized art)。

15/17 荷兰出的计算机邮票。

15/18 庭园设计中的第四维。

15/19 波兰数学学派。

15/20 数学创造心理学。

15/21 数学被发明还是被发现?

15/22 数学的美学和美学的数学。

15/23 数学家的道德规范。

15/24 对于几何是什么的观点的演变。

15/25 关于布尔巴基的故事和轶事。

15/26 新数学的不幸后果。

15/27 来自数学之树的课程。

15/28 为什么要研究数学史?

15/29 作为教学手段的数学史。

15/30 中学课堂上的数学史实例。

15/31 希特勒(Adolph Hitler)对数学的"贡献"。

15/32 普林斯顿高级研究所。

参考文献

ALEXANDROFF, PAUL *Elementary Concepts of Topology*[M]. Translate by A.
　　N. Obolensky. New York: Frederick Ungar, 1965.

AMBROSE, ALICE, and MORRIS LAZEROWITZ *Fundamentals of Symbolic
　　Logic*[M]. New York: Holt, Rinehart and Winston, 1948.

APOSTLE, H. G. *Aristotle's Philosophy of Mathematics*[M]. Chicago:
　　University of Chicago Press, 1952.

AUGARTEN, STAN *Bit by Bit*, *An Illustrated History of Computers* [M]. New York: Picknor & Fields, 1986.

BARKER, S. F. *Philosophy of Mathematics* [M]. Englewood Cliffs, N. J.: Prentice-Hall, 1964.

BEGLE, E. G., ed. *The Role of Axiomatics in Problem Solving in Mathematics* [M]. Boston: Ginn, 1966.

BENACERRAF, PAUL, and HILARY PUTNAM, eds. *Philosophy of Mathematics*: *Selected Readings* [M]. Englewood Cliffs, N. J.: Prentice-Hall, 1964.

BERKELEY, E. C. *Giant Brains*; *Or*, *Machines that Think* [M]. New York: John Wiley, 1949.

BERNAYS, PAUL *Axiomatic set Theory* [M]. Amsterdam, Holland: North-Holland, 1958.

BERNSTEIN, JEREMY *The Analytical Engine*: *Computers—Past*, *Present and Future* [M]. New York: Random House, 1963.

BETH, E. W. *The Foundations of Mathematics* [M]. Amsterdam, Holland: North-Holland, 1959.

—— *Mathematical Thought*: *An Introduction to the Philosophy of Mathematics* [M]. New York: Gordon & Breach Science Publishers, 1965.

BIGGS, N. L., E. K. LLOYD, and R. J. WILSON *Graph Theory*, 1736 – 1936 [M]. Oxford: Clarendon Press, 1976.

BIRKHOFF, G. D., and RALPH BEATLEY *Basic Geometry* [M]. Chicago: Scott, Foresman, 1940; New York: Chelsea, 1959.

BLACK, MAX *The Nature of Mathematics*: *A Critical Survey* [M]. London: Routledge & Kegan Paul, 1965.

—— *Critical Thinking*: *An Introduction to Logic and Scientific Method* [M]. 2d ed. Englewood Cliffs, N. J.: Prentice-Hall, 1952.

BLANCHÉ, ROBERT *Axiomatics* [M]. Translated by G. B. Kleene. London: Routledge & Kegan Paul, 1962.

BLUMENTHAL, L. M. *A Modern View of Geometry* [M]. San Francisco: W. H. Freeman, 1961.

BOCHENSKI, J. M. *A Precis of Mathematical Logic* [M]. Translated by Otto Bird. Dordrecht, Holland: D. Reidel, 1959.

—— *A History of Formal Logic* [M]. Translated by Ivor Thomas. Notre Dame, Ind.: University of Notre Dame Press, 1961.

664

BOOLE, GEORGE *An Investigation of the Laws of Thought* [M]. New York: Dover Publications, 1951.

BRADIS, V. M., V. L. MINKOVSKII, and A. K. KHARCHEVA *Lapses in Mathematical Reasoning* [M]. New York: Macmillan, 1959.

BREUER, JOS. H. *Introduction to the Theory of Sets* [M]. Translated by H. F. Fehr. Englewood Cliffs, N.J.: Prentice-Hall, 1958.

BROWDER, FELIX, ed. *Mathematical Developments Arising from Hilbert's Problems* (*Proceedings of Symposia in Pure Mathematics*, vol. 28) [M]. Providence, R. I.: American Mathematical Society, 1976.

BYNUM, T. W. *Gottlob Frege: Conceptual Notations and Related Articles* [M]. Oxford: Oxford University Press, 1972.

CANTOR, GEORG *Contributions to the Founding of the Theory of Transfinite Numbers* [M]. Translated by P. E. B. Jourdain. La Salle, Ill.: Open Court, 1952.

CARMICHAEL, R. D. *The Logic of Discovery* [M]. Chicage: Open Court, 1930.

CARNAP, RUDOLF *The Logical Syntax of Language* [M]. New York: Brace & World, 1937.

CARTWRIGHT, M. L. *The Mathematical Mind* [M]. New York: Oxford University Press, 1955.

CHAPMAN, F. M., and PAUL HENLE *The Fundamentals of Logic* [M]. New York: Charles Scribner, 1933.

CHURCH, ALONZO *Introductin to Mathematical Logic* (*Part* 1), Annals of Mathematical Studies, No. 13 [M]. Princeton, N.J.: Princeton University Press, 1944.

COHEN M. R., and ERNEST NAGEL *Introduction to Logic and Scientific Method* [M]. Harcourt, Brace & World, 1934.

COHEN, PAUL *Set Theory and the Continuum Hypothesis* [M]. New York: W. A. Benjamin, 1966.

COOLEY, J. C. *A Primer of Formal Logic* [M]. New York: Macmillan, 1942.

COURANT, RICHARD, and HERBERT ROBBINS *What is Mathematics? An Elementary Approach to Ideas and Methods* [M]. New York: Oxford University Press, 1941.

CURRY, H. B. *Outlines of a Formalist Philosophy of Mathematics* [M]. Amsterdam, Holland: North-Holland, 1951.

DAVIS, MARTIN *Computability & Unsolvability* [M]. New York: McGraw-Hill,

665

1958.

DELACHET, ANDRÉ *Contemporary Geometry* [M]. Translated by H. G. Bergmann. New York: Dover Publications, 1962.

DUBBEY, J. M. *Development of Modern Mathematics* [M]. London: Butterworth, 1970.

DUMMETT, MICHAEL *Frege: Philosophy of Language* [M]. New York: Harper & Row, 1973.

—— *Elements of Intuitionism* [M]. Oxford: Oxford University Press, 1977.

ENDERTON, HERBERT *Elements of Set Theory* [M]. New York: Academic Press, 1977.

ENRIQUES, FEDERIGO *The Historic Development of Logic* [M]. Translated by J. Rosenthal. New York: Holt, Rinehart and Winston, 1929.

EVES, HOWARD *A Survey of Geometry*, vol. 2 [M]. Boston: Allyn and Bacon, 1965.

—— *Foundations and Fundamental Concepts of Mathematics* [M]. 3rd ed. Boston: PWS-KENT Publishing Company, 1990.

EXNER, R. M., and M. F. ROSSKOPF *Logic in Elementary Mathematics* [M]. New York: McGraw-Hill, 1959.

FANG, J *Hilbert: Towards a Philosophy of Modern Mathematics* [M]. Hauppauge, N. Y.: Paideia Press, 1970.

FEARNSIDE, W. W., and W. B. HOLTHER *Fallacy, the Counterfeit of Argument* [M]. Englewood Cliffs, N.J.: Prentice-Hall, 1959.

FÉLIX, LUCIENNE *The Modern Aspect of Mathematics* [M]. Translated by J. H. and F. H. Hlavaty. New York: Basic Books, 1960.

FORDER, H. G. *The Foundations of Euclidean Geometry* [M]. New York: Cambridge University Press, 1927.

FRAENKEL, ABRAHAM *Abstract Set Theory* [M]. 3d revised edition. Amsterdam, Holland: North-Holland, 1966.

—— *Set Theory and Logic* [M]. Reading, Mass.: Addison-Wesley, 1966.

——, and Y. BAR-HILLEL *Foundations of Set Theory* [M]. Amsterdam, Holland: North-Holland, 1958.

FRÉCHET, MAURICE, and KY FAN *Initiation to Combinatorial Topology* [M]. Translated and augmented with notes by Howard Eves. Boston: Prindle, Weber & Schmidt, 1967.

FREGE, GOTTLOB *The Foundations of Arithmetic* [M]. Translated by J. L.

Austing. Evanston, Ill.: Northwestern University Press, 1968.

GALILEO GALILEI *Dialogue Concerning Two New Sciences*[M]. Translated by H. Crew and A. deSalvio. New York: Dover Publications, 1951.

GARDNER, MARTIN *Logic Machines and Diagrams*[M]. New York: McGraw-Hill, 1958.

GÖDEL KURT *On Undecidable Propositions of Formal Mathematical Systems*[M]. Princeton, N.J.: Princeton University Press, 1934.

—— *Consistency of the Axiom of Choice and of the Generalized Continuum Hypothesis with the Axioms of Set Theory*[M]. Revised edition. Princeton, N. J.: Princeton University Press, 1951.

—— *On Formally Undecidable Propositions of Principia Mathematica and Related Systems*[M]. New York: Basic Books, 1962.

GOLDSTINE, H. H. *The Computer from Pascal to Von Neumann*[M]. Princeton, N.J.: Princeton University Press, 1972.

GOODSTEIN, R. L. *Essays in the Philosophy of Mathematics*[M]. Leicester, England: Leicester University Press, 1965.

GRADSHTEIN, I. S. *Direct and Converse Theorems*[M]. Translation by T. Boddington. New York: Macmillan, 1963.

HADAMARD, JACQUES *An Essay on the Psychology of Invention in the Mathematical Field*[M]. Princeton, N. J.: Princeton University Press, 1945.

HALMOS, PAUL *Naive Set Theory*[M]. Princeton, N.J.: D. Van Nostrand, 1960.

HALSTED, G. B. *Rational Geometry*[M]. New York: John Wiley, 1904.

HARDY, G. H. *Bertrand Russell and Trinity*[M]. Cambridge: Cambridge University Press, 1970.

—— *A Mathematician's Apology*[M]. New York: Cambridge University Press, 1941.

HATCHER, WILLIAM *Foundations of Mathematics*[M]. Philadelphia: W. B. Saunders, 1968.

HAUSDORFF, FELIX *Mengenlehre*[M]. New York: Dover Publications, 1944.

—— *Grundzüge der Mengenlehre*[M]. New York: Chelsea, 1949.

HEATH, T. L. *The Thirteen Books of Euclid's Elements*[M]. 2d ed., 3 vols. New York: Dover Publications, 1966.

HEYTING, A. *Intuitionism: An Introduction*[M]. Amsterdam, Holland: North-

666

Holland Publishing Company, 1956.

HILBERT, DAVID *The Foundations of Geometry* [M]. 10th ed. Revised and enlarged by Paul Bernays. Translated by Leo Unger. Chicago: Open Court, 1971.

—— and WILHELM ACKERMANN *Principles of Mathematical Logic* [M]. Translated by L. M. Hammond, et al. New York: Chelsea, 1950.

HYMAN, ANTHONY *Charles Babbage, Pioneer of the Computer* [M]. Princeton, N.J.: Princeton University Press, 1982.

INFELD, LEOPOLD *Albert Einstein: His Work and Its Influence on Our World* [M]. New York: Charles Scribner's, 1950.

JAMES, GLENN, ed. *The Tree of Mathematics* [M]. Pacoma, Calif.: The Digest Press, 1957.

JOHNSON, P. E. *A History of Set Theory* [M]. Boston: Prindle, Weber & Schmidt, 1972.

KAMKE, E. *Theory of Sets* [M]. Translated by F. Bagemihl. New York: Dover Publications, 1950.

KATTSOFF, LOUIS *A Philosophy of Mathematics* [M]. Freeport, N.Y.: Books for Libraries Press, 1969.

KELLY, J. L. *General Topology* [M]. Princeton, N.J.: Van Nostrand Reinhold, 1955.

KENELLY, J. W. *Informal Logic* [M]. Boston: Allyn and Bacon, 1967.

KEYSER, C. J. *Mathematical Philosophy: A Study of Fate and Freedom* [M]. New York: E. P. Dutton, 1922.

—— *Mathematics and the Question of Cosmic Mind, with Other Essays* [M]. New York: Scripta Mathematica, 1935.

—— *Thinking about Thinking* [M]. New York: *Scripta Mathematica*, 1942.

KILMISTER, C. W. *Language, Logic and Mathematics* [M]. New York: Barnes & Noble, 1967.

KING, AMY, and C. B. READ *Pathways to Probability* [M]. New York: Holt, Rinehartand Winston, 1963.

KLEENE, S. C. *Introduction to Metamathematics* [M]. Princeton, N. J.: Van Nostrand Reinhold, 1952.

—— *Mathematical Logic* [M]. New York: John Wiley, 1967.

KLINE, MORRIS *Mathematics: The Loss of Certainty* [M]. New York: Oxford University Press, 1979.

KNEALE, WILLIAM and MARTHA *The Development of Logic* [M]. New York: Oxford University Press, 1962.

KNEEBONE, G. T. *Mathematical Logic and the Foundations of Mathematics* [M]. 667 Princeton, N.J.: Van Nostrand Reinhold, 1963.

KÖRNER, STEPHAN *The Philosophy of Mathematics: An Introduction* [M]. New York: Harper & Row, 1962.

KURATOWSKI, K., and A. FRAENKEL *Axiomatic Set Theory* [M]. Amsterdam, Holland: North-Holland, 1968.

LANGER, S. K. *An Introduction to Symbolic Logic* [M]. 2d revised edition. New York: Dover Publications, 1953.

LASALLE, J. P., and SOLOMON LEFSCHETZ, eds [M]. *Recent Soviet Contributions to Mathematics*. New York: Macmillan, 1962.

LEIBNIZ, G. W. *Logical Papers* [M]. Edited and translated by G. A. R. PARKINSON. New York: Oxford University Press, 1966.

LE LIONNAIS, F., ed. *Great Currents of Mathematical Thought* [M]. 2 vols. Translated by R. A. Hall and H. G. Bergmann. New York: Dover Publications, 1971.

LEVY, AZRIEL *Basic Set Theory* [M]. Berlin: Springer-Verlag, 1979.

LUCHINS, A. S. and E. H. *Logical Foundations of Mathematics for Behavioral Scientists* [M]. New York: Holt, Rinehart and Winston, 1965.

LUKASIEWICZ, JAN *Elements of Mathematical Logic* [M]. Translated by O. Wojtasiewicz. New York: Macmillan, 1963.

MACH, ERNST *Space and Geometry* [M]. Translated by T. J. McCormack. Chicago: Open Court, 1943.

MANHEIM, J. H. *The Genesis of Point Set Topology* [M]. New York: Macmillan, 1964.

MAOR, ELI *To Infinity and Beyond: A Cultural History of Infinity* [M]. Boston: Birkhäuser, 1987.

MAZIARZ, E. A. *The Philosophy of Mathematics* [M]. New York: Philosophical Library, 1950.

MESCHKOWSKI, HERBERT *Ways of Thought of Great Mathematicians* [M]. Translated by John Dyer-Bennet. San Francisco: Holden-Day, 1964.

—— *Evolution of Mathematical Thought* [M]. Translated by J. H. Gayl. San Francisco: Holden-Day, 1965.

MONNA, A. F. *Methods, Concepts and Ideas in Mathematics*: Aspects of an

Evolution[M]. CWI Tract V. 23. Math Centrum, 1986.

MOORE, GREGORY *Zermelo's Axiom of Choice*: *Its Origins*, *Development and Influence*[M]. New York: Springer-Verlag, 1982.

MORRISON, PHILIP and EMILY *Charles Babbage and His Calculating Engines* (*selected writings of Charles Babbage and others*)[M]. New York: Dover Publications, 1961.

MOSTOWSKI, ANDRZEJ *Thirty Years of Foundational Studies*[M]. New York: Barnes & Noble, 1966.

NAGEL, ERNEST, and J. R. NEWMAN *Gödel's Proof*[M]. New York: New York University Press, 1958.

NEWMAN, M. H. A. *Elements of the Topology of Plane Sets of Points*[M]. New York: Cambridge University Press, 1939.

NEWSOM, C. V. *Mathematical Discourses*: *The Heart of Mathematical Science* [M]. Englewood Cliffs, N.J.: Prentice-Hall, 1964.

NICOD, JEAN *Foundations of Geometry and Induction* [M]. New York: The Humanities Press, 1950.

POINCARÉ, HENRI *The Foundations of Science* [M]. Translated by G. B. Halsted. Lancaster, Pa.: The Science Press, 1913.

POLYA, GEORGE *How to Solve It*: *A New Aspect of Mathematical Method*[M]. Princeton, N.J.: Princeton University Press, 1945.

—— *Induction and Analogy in Mathematics*[M]. Princeton, N.J.: Princeton University Press, 1954.

—— *Patterns of Plausible Inference*[M]. Princeton, N.J.: Princeton University Press, 1954.

—— *Mathematical Discovery*[M]. 2 vols. New York: John Wiley, 1962 and 1965.

PRASAD, GANESH *Mathematical Research in the Last Twenty Years*[M]. Berlin: Walter de Gruyter, 1923.

QUINE, W. V. *Mathematical Logic*[M]. New York: W. W. Norton, 1940.

—— *Elementary Logic* [M]. Revised edition. Cambridge, Mass.: Harvard University Press, 1980.

—— *Methods of Logic*[M]. New York: Holt, Rinehart and Winston, 1950.

RAMSEY, F. P. *The Foundations of Mathematics and Other Logical Essays*[M]. New York: The Humanities Press, 1950.

RASHEVSKY, N. Looking at *History Through Mathematics* [M]. Cambridge,

668

Mass.: The M.I.T. Press, 1968.

REICHENBACH, HANS *The Theory of Probability*: *An Inquiry into the Logical and Mathematical Foundations of the Calculus of Probability*[M]. Berkeley, Calif.: University of California Press, 1949.

REID, CONSTANCE. *Hilbert*[M]. New York: Springer-Verlag, 1970.

—— *Courant in Göttingen and New York. The Story of an Improbable Mathematician*[M]. New York: Springer-Verlag, 1976.

RESCHER, NICHOLAS *Hypothetical Reasoning* [M]. Amsterdam, Holland: North-Holland, 1964.

ROBB, A. A. *A Theory of Time and Space*[M]. New York: Cambridge University Press, 1914.

ROBINSON, G. DE B. *The Foundations of Geometry* [M]. 2d ed. Toronto: University of Toronto Press, 1946.

ROSENBLOOM, P. C. *The Elements of Mathematical Logic* [M]. New York: Dover Publications, 1950.

ROSSER, J. B. *Logic for Mathematicians*[M]. New York: McGraw-Hill, 1953.

——, and A. R. TURQUETTE *Many-valued Logics*[M]. Amsterdam, Holland: NorthHolland, 1951.

RUSSELL, BERTRAND *Introduction to Mathematical Philosophy*[M]. 2d ed. New York: Macmillan, 1924.

—— *Mysticism and Logic*[M]. New York: W. W. Norton, 1929.

—— *Principles of Mathematics*[M]. 2d ed. New York: W. W. Norton, 1937.

—— *An Essay on the Foundations of Geometry* [M]. New York: Dover Publications, 1956.

—— *The Autobiography of Bertrand Russell*, 3 vols[M]. London: George Allen and Unwin, Ltd., 1967-1969.

SCHAAF, W. L. *Mathematics*, *Our Great Heritage*: *Essays on the Nature and Cultural Significance of Mathematics* [M]. Revised edition. New York: Collier Books, 1963.

SCHOLZ, HEINRICH *Concise History of Logic* [M]. Translated by K. F. Leidecker. New York: Philosophical Library, 1961.

SIERPÍNSKI, WACLAW *Introduction to General Topology*[M]. Translated by C. C. Krieger. Toronto: University of Toronto Press, 1934.

—— *Cardinal and Ordinal Numbers* [M]. 2d ed. Warsaw: Polish Scientific Publications, 1965.

669   SINGH, JAGJIT *Great Ideas of Modern Mathematics : Their Nature and Use* [M]. New York: Dover Publications, 1959.

STABLER, E. R. *An Introduction to Mathematical Thought* [M]. Reading, Mass.: Addison-Wesley, 1953.

STEIN, DOROTHY *Ada : A Life and a Legacy* [M]. Cambridge, Mass.: The M. I.T. Press, 1985.

STIBITZ, G. R., and J. A. LARRIVEE *Mathematics and Computers* [M]. New York: McGraw-Hill, 1957.

STOLL, R. R. *Sets, Logic and Axiomatic Theories* [M]. San Francisco: W. H. Freeman, 1961.

STYAZHKIN, N. I. *History of Mathematical Logic from Leibniz to Peano* [M]. Cambridge, Mass.: The M.I.T. Press, 1969.

SUPPES, PATRICK *Axiomatic Set Theory* [M]. Princeton, N.J.: Van Nostrand Reinhold, 1960.

TARSKI, ALFRED *Introduction to Logic and to the Methodology of Deductive Sciences* [M]. Translated by O. Helmer. New York: Oxford University Press, 1954.

TEMPLE, GEORGE 100 *Years of Mathematics, A Personal Viewpoint* [M]. New York: Springer-Verlag, 1981.

VAN HEIJENOORT, JEAN *From Frege to Gödel* [M]. Cambridge, Mass.: Harvard University Press, 1967.

VON NEUMANN, JOHN *The Computer and the Brain* [M]. New Haven: Yale University Press, 1959.

WAISMANN, FRIEDRICH *Introduction to Mathematical Thinking* [M]. Translated by T. J. Benac. New York: Frederick Ungar, 1951.

WANG, HOA *A Survey of Mathematical Logic* [M]. Amsterdam, Holland: North-Holland, 1963.

WEDBERG, ANDERS *Plato's Philosophy of Mathematics* [M]. Stockholm, Sweden: Almqvist and Wiksell, 1955.

WEYL, HERMANN *Philosophy of Mathematics and Natural Science* [M]. Revised and augmented English edition, based on translation by O. Helmer. Princeton, N.J.: Princeton University Press, 1949.

WHITEHEAD, A. N., and B. RUSSELL *Principia Mathematica* [M]. 2d ed., 3 vols. Cambridge: Cambridge University Press, 1965.

WIENER, NORBERT *I Am a Mathematician : The Later Life of a Prodigy* [M].

Garden City, N. Y.: Doubleday, 1956.

WILDER, R. L. *Introduction to the Foundations of Mathematics*[M]. 2d ed. New York: John Wiley, 1965.

—— *The Evolution of Mathematical Concepts*: A Historical Approach[M]. New York: John Wiley, 1968.

—— *Mathematics as a Cultural System*[M]. New York: Pergamon Press, 1981.

WOLFF, PETER *Breakthroughs in Mathematics*[M]. New York: New American Library, 1963.

WOODGER, J. H. *The Axiomatic Method in Biology*[M]. New York: Cambridge University Press, 1937.

YOUNG, J. W. *Lectures on Fundamental Concepts of Algebra and Geometry*[M]. New York: Macmillan, 1936.

YOUNG, J. W. A., ed. *Monographs on Topics of Modern Mathematics Relevant to the Elementary Field*[M]. New York: Dover Publications, 1955.

ZUCKERMAN, MARTIN *Sets and Transfinite Numbers* [M]. New York: Macmillan, 1974.

670

总参考文献

ALBERS, D. J., G. L. ALEXANDERSON, and CONSTANCE REID *International Mathematical Congresses: An Illustrated History* 1893-1986 [M]. New York: Springer Verlag, 1986.

——, and G. L. ALEXANDERSON, eds. *Mathematical People: Profiles and Interviews* [M]. Boston: Birkhauser, 1987.

ARCHIBALD, R. C. "Outline of the history of mathematics." [J]. Herbert Ellsworth Slaught Memorial Paper No. 2. Buffalo, N.Y.: The Mathematical Association of America, 1949.

BALL, W. W. R. *A Primer of the History of Mathematics* [M]. 4th ed. New York: Macmillan, 1895.

—— *A Short Account of the History of Mathematics* [M]. 5th ed. New York: Macmillan, 1912.

BELL, E. T. *The Development of Mathematics* [M]. 2d ed. New York: McGraw-Hill, 1945.

—— *Mathematics, Queen and Servant of Science* [M]. New York: McGraw-Hill, 1951. Reprinted by the Mathematical Association of America, Washington, D.C., 1987.

BOCHNER, SALOMON *The Role of Mathematics in the Rise of Science* [M]. Princeton, N.J.: Princeton University Press, 1966.

BOYER, C. B. *A History of Mathematics* [M]. 2d ed. New York: John Wiley. Revised by U.C. Merzbach, 1991.

BURTON, D. M. *The History of Mathematics, An Introduction* [M]. Dubuque, Iowa: Wm. C. Brown Company Publishers, 1983.

BOTTAZZINI, UMBERTO *The Higher Calculus: A History of Real and Complex Analysis from Euler to Weierstrass* [M]. Translated by W. Van Egmond. New York: Springer-Verlag, 1986.

CAJORI, FLORIAN *The Teaching and History of Mathematics in the United States* [M]. Washington, D.C.: Government Printing Office, 1890. Reprinted by Scholarly Press, 1974.

—— *A History of Mathematics* [M]. 4th ed. New York: Macmillan, 1924.

Reprinted by Chelsea, 1985.

—— *A History of Elementary Mathematics*[M]. 4th ed. New York: Macmillan, 1924. Reprinted by Chelsea, 1985.

—— *A History of Mathematical Notations* [M]. 2 vols. Chicago: Open Court, 1929.

CALINGER, RONALD, ed. *Classics of Mathematics*[M]. Oak Park, Ill.: Moore Publishing Co., 1982.

CAMPBELL, D. M. *The Whole Craft of Number*[M]. Boston: Prindle, Weber & Schmidt, 1976.

——, and J. C. HIGGINS, eds. *Mathematics: People, Problems, Results*[M]. 3 vols. Pacific Grove, Calif.: Wadsworth & Brooks/Cole, 1984.

CARRUCCIO, ETTORE *Mathematics and Logic in History and in Contemporary Thought*[M]. Translated by Isabel Quigly. Chicago: Adline, 1964.

DAUBEN, J. W. *The History of Mathematics from Antiquity to the Present: A Selected Bibliography*[M]. New York: Gadland Publishing, 1985.

DAVID, PHILIP, and REUBEN HERSH *The Mathematical Experience* [M]. Boston: Birkhauser, 1981.

DEDRON, P., and J. ITARD *Mathematics and Mathematicians*[M]. 2 vols. Translated by J. V. Field. London: London Transworld Publications, 1973.

DÖRRIE, HEINRICH 100 *Great Problems of Elementary Mathematics: Their History and Solution* [M]. Translated by D. Antin. New York: Dover Publications, 1965.

DUBIN, J. R. *Mathematics: Its Spirit and Evolution*[M]. Boston: Allyn and Bacon, 1973.

EVES, HOWARD *Great Moments in Mathematics (Before 1650)* [M]. Washington, D.C.: The Mathematical Association of America, 1981.

—— *Great Moments in Mathematics (After 1650)*[M]. Washington, D.C.: The Mathematical Association of America, 1982.

—— *Foundations and Fundamental Concepts of Mathematics* [M]. 3rd ed. Boston: PWS-KENT Publishing Company, 1990.

FAUVEL, JOHN, and JEREMY GRAY, eds. *The History of Mathematics: A Reader*[M]. London: Macmillan, 1987.

FINK, CARL *A Brief History of Mathematics*[M]. Translated by W. W. Beman and D. E. Smith. Chicago: Open Court, 1900.

FREEBURY, H. A. *A History of Mathematics* [M]. New York: Macmillan,

671

1961.

GILLISPIE, C. C., ed. *Dictionary of Scientific Biography* [M]. 16 vols. New York: Charles Scribner, 1970-1980.

GITTLEMAN, ARTHUR *History of Mathematics* [M]. Columbus, Ohio: Charles E. Merrill 1975.

GRATTAN-GUINESS, I., ed. *From the Calculus to Set Theory*, 1630-1910 [M]. London: Duckworth, 1980.

GRINSTEIN, L. S., and P. J. CAMPBELL, eds. *Women of Mathematics*: *A Bibliographical Sourcebook* [M]. Westport, Conn.: Greenwood Press, 1987.

HOFMANN, J. E. *The History of Mathematics* [M]. New York: Philosophical Library, 1957.

—— *Classical Mathematics*, *A Concise History of the Classical Era in Mathematics* [M]. New York: Philosophical Library, 1959.

HOGBEN, L. T. *Mathematics for the Millions* [M]. New York: W. W. Norton, 1937.

HOOPER, ALFRED *Makers of Mathematics* [M]. New York: Random House, 1948.

HOWSON, GEOFFREY *A History of Mathematics Education in England* [M]. Cambridge: Cambridge University Press, 1982.

ITÔ, KIYOSI, ed. *Encyclopedic Dictionary of Mathematics* [M]. 2d ed., 4 vol. Cambridge, Mass.: M. I. T. Press, 1987.

JAMES, GLENN, and R. C. JAMES *Mathematical Dictionary* [M]. 2d ed. Princeton, N.J.: Van Nostrand Reinhold, 1959.

KITCHER, PHILIP *The Nature of Mathematical Knowledge* [M]. New York: Oxford University Press, 1983.

KLINE, MORRIS *Mathematics in Western Culture* [M]. New York: Oxford University Press, 1953.

—— *Mathematics and the Physical World* [M]. New York: Thomas Y. Crowell, 1959.

—— *Mathematics*, *a Cultural Approach* [M]. Reading, Mass.: Addison-Wesley, 1962.

—— *Mathematical Thought from Ancient to Modern Times* [M]. New York: Oxford University Press, 1972.

672 —— *Mathematics and the Search for Knowledge* [M]. New York: Oxford University Press, 1985.

KRAMER, E. E. *The Main Stream of Mathematics* [M]. Greenwich, Conn.: Fawcett Publications, 1964.

—— *The Nature and Growth of Modern Mathematics* [M]. New York: Hawthorn Books, 1970.

KUZAWA, SISTER MARY GRACE *Modern Mathematics, The Genesis of a School in Poland* [M]. New Haven, Conn.: College & University Press, 1968.

LARRETT, DENHAM *The Story of Mathematics* [M]. New York: Greenberg Publishers, 1926.

LE LIONNAIS, F., ed. *Great Currents of Mathematical Thought* [M]. Translated by S. Hatfield. Freeport, N.Y.: Books for Libraries Press, 1970.

MAY, K. O. *Bibliography and Research Manual of the History of Mathematics* [M]. Toronto: University of Toronto Press, 1973.

MESCHKOWSKI, HERBERT *The Ways of Thought of Great Mathematicians* [M]. San Francisco: Holden-Day, 1964.

MIDONICK, H. O. *The Treasury of Mathematics* [M]. New York: Philosophical Library, 1965.

MORGAN, BRYAN *Men and Discoveries in Mathematics* [M]. London: John Murray, 1972.

MORITZ, R. E. *On Mathematics and Mathematicians* [M]. New York: Dover Publications, 1958.

NEWMAN, JAMES, ed. *The World of Mathematics* [M]. 4 vol. New York: Simon and Schuster, 1956.

OSEN, L. M. *Women in Mathematics* [M]. Cambridge, Mass.: M.I.T. Press, 1974.

PEARSON, E. S. *The History of Statistics in the 17th and 18th Centuries* [M]. New York: Macmillan, 1978.

PERI, TERI *Math Equals: Biographies of Women Mathematicians + Related Activities* [M]. Reading, Mass.: Addison-Wesley, 1978.

PHILLIPS, E. R., ed. *Studies in the History of Mathematics, MAA Studies in Mathematics, vol. 26* [M]. Washington, D.C.: Mathematical Association of America, 1987.

PLEDGE, H. T. *Science Since 1500: A Short History of Mathematics, Physics, Chemistry, and Biology* [M]. New York: Harper Brothers, 1959.

SANFORD, VERA *A Short History of Mathematics* [M]. Boston: Houghton Mifflin, 1930.

SARTON, GEORGE *The Study of the History of Mathematics* [M]. New York: Dover Publications, 1954.

SCOTT, J. F. *A History of Mathematics from Antiquity to the Beginning of the Nineteenth Century* [M]. London: Taylor & Francis, 1958.

SHARLAU, W., and H. OPALKA *From Fermat to Minkowski: Lectures on the Theory of Numbers and Its Historical Development* [M]. New York: Springer-Verlag, 1985.

SMITH, D. E. *Mathematics* [M]. Boston: Marshall Jones, 1923.

—— *History of Mathematics* [M]. 2 vols. Boston: Ginn & Company, 1923-25. Reprinted by Dover Publications, 1958.

—— *A Source Book in Mathematics* [M]. New York: McGraw Hill, 1929. Reprinted by Dover Publications, 1959.

——, and JEKUTHIEL GINSBURG *A History of Mathematics in America Before 1900* [M]. Carus Mathematical Monograph No. 5. Chicago: Open Court, 1934. Reprinted by Arno Press, New York, 1980.

SMITH, S. B. *The Great Mental Calculators* [M]. New York: Columbia University Press, 1983.

STRUIK, D. J. *A Concise History of Mathematics* [M]. Revised edition. New York: Dover Publications, 1987.

—— *A Source Book in Mathematics*, 1200-1800 [M]. Cambridge, Mass.: Harvard University Press, 1969. Reprinted by Princeton University Press, 1986.

TARWATER, D., ed. *The Bicentennial Tribute to American Mathematics*, 1776-1976 [M]. Washington, D.C.: The Mathematical Association of America, 1977.

TIETZE, HEINRICH *Famous Problems of Mathematics* [M]. New York: Graylock, 1965.

TURNBULL, H. W. *The Great Mathematicians* [M]. New York: New York University Press, 1969.

WEIL, ANDRÉ *Number Theory: An Approach Through History from Hammurabi to Legendre* [M]. Boston: Birkhauser, 1984.

WILLERDING, MARGARET *Mathematical Concepts, A Historical Approach* [M]. Boston: Prindle, Weber & Schmidt, 1967.

YOUNG, L. C. *Mathematicians and Their Times* [M]. Amsterdam, Holland: North-Holland, 1981.

673

Journal literature on the history of mathematics is vast. For an excellent beginning, one may consult the following list:

READ, C. B. "The history of mathematics—a bibliography of articles in English appearing in six periodicals."[J]. *School Science and Mathematics*, February 1966:147-59. This is a bibliography of over 1000 articles devoted to the history of mathematics and appearing prior to September 15, 1965 in the following six journals: *The American Mathematical Monthly*, *The Mathematical Gazette* (New Se-ries), *The Mathematics Teacher*, *National Mathematics Magazine* (volumes 1-8 were published as *Mathematics News Letter*; starting with volume 21, the title became *Mathematics Magazine*), *Scripta Mathematica*, *and School Science and Mathematics*. The articles are classified into some thirty convenient categories.

Of particular value to the researcher and the serious worker in the history of mathematics is the international journal *Historia Mathematica* (volume 1 appeared in May, 1974). It is published by Academic Press in Orlando, Florida.

Highly useful for any teacher of mathematics is *Historical Topics for the Mathematics Classroom* (31st yearbook), National Council of Teachers of Mathematics, Washington, D.C., 1969.

For stories and anecdotes about mathematics and mathematicians, see the following collections:

EVES, HOWARD *In Mathematical Circles*[M]. 2 vols. Boston: Prindle, Weber & Schmidt, 1969.

—— *Mathematical Circles Revisited*[M]. Boston: Prindle, Weber & Schmidt, 1971.

—— *Mathematical Circles Squared*[M]. Boston: Prindle, Weber & Schmidt, 1972.

—— *Mathematical Circles Adieu*[M]. Boston: Prindle, Weber & Schmidt, 1977.

—— *Return to Mathematical Circles*[M]. Boston: PWS and KENT, 1988.

There are some films and videotapes involving the history of mathematics. Many of *674* these may be found in the following catalogue:

SCHNEIDER, D. I. *An Annotated Bibliography of Films and Videotapes for College*

Mathematics [M]. Washington, D.C.: The Mathematical Association of America, 1980.

A *Mathematical Sciences Calendar* is published yearly by Rome Press, Inc., Crabtree Valley Station, Box 31451, Raleigh, N.C. 27632.

Excellent and copious is *A Calendar of Mathematical Dates*, composed by V. F. Rickey. This work is computer generated for continual updating and is available from the author, Department of Mathematics and Statistics, Bowling Green State University, Bowling Green, Ohio 43403.

年 表①

估计：太阳创始于大约 5 亿万年前，地球于大约 50 亿年前，人于 2 百万年前。

－50000　计数的证据。

－25000　原始的几何的艺术。

－6000　伊尚戈骨的大致年代。

－4700　巴比伦历法可能始于此时。

－4228　埃及历法可能始于此时。

－3500　使用书写；陶工的轮。

－3100　陈列于牛津博物馆中的埃及王室权标可能是这个时代的。

－3000　青铜的发现；使用轮车。

－2900　吉泽的宏伟的金字塔建立。

－2400　乌尔的巴比伦书板；在美索不达米亚使用位置记数法。

－2200　发现于尼普尔的许多数学书板，幻方的已知最早实例——中国的洛书。

－1850　莫斯科(或戈朗尼谢夫)纸草书(二十五个数值问题，"最宏伟的埃及金字塔")；现存的最古老的天文仪器。

－1750　汉谟拉比的统治；普林顿的第 322 号收藏品，其年代大约在公元前 1900 年到公元前 1600 年之间。

－1700　英格兰的大石柱。

－1650　兰德(或阿默士)纸草书(85 个数值问题)。

－1600　在耶鲁收藏馆的许多巴比伦书板的大致年代。

－1500　现存最古老的方尖塔，埃及现存最古老的日晷仪。

－1350　腓尼基字母，发现铁；在尼普尔发现的时间最近的数学书板；罗林纸草书(精心制作的伙食账)。

－1200　特洛伊战争。

－1167　哈里斯纸草书(寺庙财产一览表)。

－1105　中国最古老的数学著作《周脾算经》可能是这个年代的。　

－776　第一次奥林匹克运动会。

－753　建立罗马城。

---

① 年代前的负号表示这个年代是公元前的。许多年代是大致的。

	−740	荷马的著作。
	−650	纸草书被介绍到希腊。
	−540	泰勒斯(证明几何开始)。
	−540	毕达哥拉斯(几何、算术、音乐)。
	−516	根据达里乌斯大帝的命令在贝希斯通岩石上刻的碑铭。
	−500	绳法经(表明熟悉毕氏三数和几何作图的宗教著作)的可能年代;中国筹算的出现。
	−480	色摩比利山之战。
	−461	培里克里斯时代的开始。
	−460	巴门尼德(地球的球形)。
	−450	芝诺(运动的悖论)。
	−440	希俄斯的希波克拉底(倍立方问题的简化,新月形,几何命题依科学方式排列);阿那克萨哥拉(几何)。
	−430	安提丰(穷竭法)。
	−429	雅典的瘟疫。
	−425	伊利斯的希皮阿斯(用割圆曲线三等分任意角),昔兰尼的狄奥多鲁斯(无理数);苏格拉底。
	−410	德谟克利特(原子论)。
	−404	雅典最终败于斯巴达。
	−400	阿契塔(塔兰图姆的毕氏学派领袖,数学在力学上的应用)。
	−399	苏格拉底逝世。
	−380	柏拉图(数学对训练思想的作用,柏拉图学园)。
	−375	狄埃泰图斯(不可通约量,正多面体)。
	−370	欧多克斯(不可通约量,穷竭法,天文学)。
	−350	梅纳科莫斯(圆锥曲线),狄诺斯特拉德斯(用割圆曲线化圆为方,梅纳科莫斯的兄弟),色诺克拉底(几何学的历史),塞马力达斯(解简单方程组)。
	−340	亚里士多德(把演绎逻辑系统化)。
	−336	亚历山大大帝开始其统治。
	−335	欧德姆斯(数学史)。
	−332	建立亚历山大里亚城。
	−323	亚历山大大帝逝世。
	−320	阿利斯蒂乌斯(圆锥曲线、正多面体)。
	−306	埃及的托勒密一世(索特尔)。
677	−300	欧几里得(《原本》,完全数,《光学》,《数据》)。

− 280	阿利斯塔克(哥白尼体系)。
− 260	科诺(天文学,阿基米德螺线);多西托斯(阿基米德的几篇论文受惠于他)。
− 250	乌索库王建立的石柱(上面有我们现在的数字符号保存下来的最早实例)。
− 240	尼科梅德斯(用蚌线三等分角)。
− 230	埃拉托塞尼(素数筛,地球的大小)。
− 225	阿波洛尼乌斯(圆锥曲线,平面轨迹,切线,阿波洛尼乌斯圆);阿基米德(古代最伟大的数学家,圆和球的测量,π 的计算,截抛物线所得的面积,阿基米德螺线,无穷级数,平衡法,力学,流体静力学)。
− 213	中国焚书。
− 210	中国长城开始建筑。
− 180	希普西克(天文学,数论),丢克莱斯(用蔓叶线倍立方)。
− 140	希帕克(三角学、天文学、星表)。
− 100	浦那附近墙上的雕刻可能是这个时代的。
− 75	西塞罗发现阿基米德的墓。
− 50	《孙子》(不定方程)。
− 44	凯撒逝世。
75	希罗(机械,平面和立体的量度,求根法,测量)。
100	尼科马库斯(数论),梅理劳斯(球面三角学),狄奥多修斯(几何学,天文学);《九章算术》;普鲁塔克。
150	托勒密(三角学,弦表,行星理论,星表,大地测量,《大汇编》)。
200	在纳西克发现的碑文可能是这时的。
250	丢番图(数论,代数的简化)。
265	王蕃(天文学,$\pi = 142/45$);刘徽(《九章算术》注)。
300	帕普斯(《数学汇编》,为《原本》和《大汇编》作注,等周问题,交比在射影下不变,卡斯奇伦 – 克拉默问题,鞋匠刀形的"古代命题",毕氏定理的推广,形心定理,帕普斯定理)。
320	亚姆利库(数论)。
390	亚历山大里亚的泰奥恩(编注欧几里得的《原本》)。
410	亚历山大里亚的希帕提娅(注释者,数学史上讲到的第一位女数学家,亚历山大里亚的泰奥恩的女儿)。
460	普罗克拉斯(注释者)。
476	阿利耶波多诞生;罗马陷落。
480	祖冲之以 355/113 作为 π 的近似值。

678

500	梅特多鲁斯和《希腊选集》。
505	弗腊哈米希拉(印度天文学)。
510	博埃齐(其几何学和算术方面的著作成为僧侣学校的标准课本);大阿利耶波多(天文学和算术)。
530	辛普里休斯(注释者)。
560	欧托修斯(注释者)。
622	穆罕默德从麦加逃往麦地那。
625	王孝通(三次方程)。
628	波罗摩笈多(代数学,圆内接四边形)。
641	亚历山大里亚最后一个图书馆被焚。
710	比德(历法,指算)。
711	萨拉森人侵入西班牙。
766	婆罗摩笈多的著作被带到巴格达。
775	阿尔克温访问查理曼的宫廷;印度著作译成阿拉伯文。
790	哈龙·兰希(赞助学术的哈里发)。
820	花拉子密(在代数学方面写了有影响的论著和一本关于印度数码的书,天文学,"代数","算法");马姆(赞助学术的哈里发)。
850	摩诃毗罗(算术、代数学)。
870	泰比特·伊本柯拉(希腊著作的翻译者,圆锥曲线,代数学,幻方,亲和数)。
871	阿弗雷德大帝开始其统治。
900	阿布 – 卡密耳(代数学)。
920	阿尔巴塔尼(天文学)。
950	《巴卡舍里书稿》(时间很难确定)。
980	阿卜尔 – 维法(用有固定张度的圆规作几何图形,三角学表)。
1000	阿尔哈岑(光学,几何的代数);热尔拜尔,或教皇西尔维斯特二世(算术,星球)。
1020	阿尔卡西(代数学)。
1042	爱德华登基为王。
1048	阿尔 – 比鲁尼逝世。
1066	诺曼人战胜。
1095	第一次十字军。
1100	海牙姆(三次方程的几何解,历法)。
1115	《九章算术》的重要版本问世。
1120	蒂沃利的柏拉图(自阿拉伯文转译);巴思的阿德拉特(自阿拉伯文转译)。
1130	格伯(Jabir ibn Aflah,三角学)。

679

1140	约翰尼斯·希斯帕伦西斯(自阿拉伯文转译);切斯特的罗伯特(自阿拉伯文转译)。
1146	第二次十字军。
1150	克雷莫纳的格拉多(译自阿拉伯文);婆什迦罗(代数学,不定方程)。
1170	英国坎特伯雷大主教贝开特被谋杀。
1202	斐波那契(算术、代数、几何、斐波那契序列,《算盘书》)。
1215	英国大宪章。
1225	奈莫拉里乌斯(代数学)。
1250	萨克罗巴斯科(印度数码,球);纳瑟尔－埃德－丁(三角学,平行公设);罗吉尔·培根(赞美数学),秦九韶(不定方程,表示零的符号,霍纳方法);李冶(代表负数的符号);欧洲大学的兴起。
1260	坎帕努斯(翻译欧几里得的《原本》,几何学);杨辉(十进制小数,帕斯卡算术三角形的现存最古老的表示法);元世祖(忽必烈汗)开始其统治。
1271	马可波罗开始其旅行。
1296	眼镜的发明。
1303	朱世杰(代数学,方程的数值解,帕斯卡算术三角形)。
1325	布雷德华丁(算术,几何学,星多边形)。
1349	欧洲大部分人死于黑死病。
1360	奥雷斯姆(坐标,分数指数)。
1431	贞德(法国民族英雄)被烧死。
1435	乌卢·贝格(三角学表)。
1450	尼古拉·库萨(几何学,历法改革);活字印刷术。
1453	君士坦丁堡陷落。
1460	波伊尔巴赫(算术,天文学,正弦表)。
1470	雷琼蒙塔努斯(或约翰·缪勒,三角学)。
1478	意大利《特雷维索算术》第一版问世。
1482	欧几里得《原本》第一版问世。
1484	丘凯(算术、代数学);博尔吉算术。
1489	约翰·魏德曼(算术、代数、＋和－号)。
1491	卡兰德利算术。
1492	哥伦布发现新大陆。
1494	帕奇欧里(《摘要》,算术,代数学,复式簿记)。
1500	达·芬奇(光学,几何学)。
1506	费尔洛(三次方程);菲奥(三次方程)。
1510	丢勒(曲线,透视,近似的三等分,折叠正多面体的模型)。

680

1514	克贝尔(算术)。
1517	宗教改革。
1518	里泽(算术)。
1521	马丁路德被逐出教会。
1522	汤斯托耳算术。
1525	鲁道夫(代数学,小数);彪特(算术)。
1530	达科伊(三次方程);哥白尼(三角学,行星理论)。
1544	施蒂费尔《综合算术》。
1545	费尔拉里(四次方程);塔尔塔里亚(三次方程,算术,炮术);卡尔达诺(代数学,《大衍术》)。
1550	雷提库斯(三角函数表);朔伊贝尔(代数学);康曼丁那(翻译家,几何学)。
1556	新大陆第一本数学书出版。
1557	雷科德(算术,代数学,几何学, = 号)。
1558	伊丽莎白女王登基。
1564	莎士比亚诞生;米开朗琪罗逝世。
1570	比林斯利和迪伊(《原本》的第一部英译本)。
1572	邦别利(代数学,三次方程的不可约情形)。
1573	奥托发现古代中国已有的 π 值,即 355/113。
1575	昔兰德,或威廉·霍尔兹曼(翻译家)。
1580	韦达(代数、几何、三角、符号、方程的数值解,方程论,收敛于 2/π 的无穷乘积)。
1583	克拉维乌斯(算术、代数、几何、历法)。
1584	奥伦治的威廉被暗杀。
1588	杜累克击败西班牙舰队。
1590	卡塔尔迪(连分数);斯蒂文(小数,复利表,静力学,流体静力学)。
1593	罗芒乌斯(π 值,阿波洛尼乌斯问题)。
1595	彼提库斯(三角学)。
681 1598	南特诏书。
1600	哈里奥特(代数,符号体系)。比尔吉(对数);伽利略(落体,摆,抛射体,天文学,望远镜,旋轮线);莎士比亚。
1603	建立山猫学会(罗马)。
1608	发明望远镜。
1610	开普勒(行星运动的规律,体积,星多边形,连续原理);路多耳夫(π 的计算)。
1612	梅齐利亚克(数学游戏,编辑丢番图的《算术》)。

1614	纳皮尔(对数,圆形计算尺,计算棒)。
1619	在牛津设立萨魏里讲座。
1620	冈特(对数尺度,测量上用的冈特链);古尔丹(帕普斯的形心定理);斯内尔(几何学,三角学,改进计算 π 的古典方法,斜驶线);参遏圣地的清教徒定居。
1624	布里格斯(常用对数表)。
1630	梅森(数论,梅森数,数学思想的交换站);奥特雷德(代数,符号体系,滑尺,第一本自然对数表);迈多治(光学,几何学);基拉德(代数,球面几何学)。
1635	费马(数论,极大值和极小值,概率,解析几何,费马的最后"定理"),卡瓦列利(不可分元法)。
1636	建立哈佛大学。
1637	笛卡儿(解析几何,叶形线,卵形线,符号规则)。
1640	笛沙格(射影几何);德博内(笛卡儿几何);托里拆利(物理学,几何学,等角心);德贝西(几何学);罗伯瓦(几何学,切线,不可分元);卢贝勒(曲线,幻方)。
1643	路易十四加冕。
1649	查理一世被处决。
1650	帕斯卡(圆锥曲线,旋轮线,概率,帕斯卡三角形,计算机);沃利斯(代数,虚数,弧长,指数,无穷的符号,收敛于 π/2 的无穷乘积,早期积分);弗朗斯·范·朔腾(编辑笛卡儿和韦达的著作);格雷哥里·圣文森特(化圆为方,其他面积);文加特(算术);梅卡托(三角学,天文学,对数的级数计算);佩尔(代数学,误归功于他的所谓佩尔方程)。
1660	斯卢兹(螺线,拐点);菲菲安尼(几何学);布龙克尔(皇家学会第一任主席,抛物线和旋轮线的求长,无穷级数,连分数),英国王权复兴。
1662	皇家学会成立(伦敦)。
1663	剑桥设立卢卡斯讲座。
1666	法国科学院成立(巴黎)。
1670	巴罗(切线,微积分的基本定理);格雷哥里(光学,二项式定理,函数的级数展开,天文学),惠更斯(化圆为方,概率,渐伸线,摆钟,光学);伍伦(建筑学,天文学,物理学,单叶双曲面的母线,旋轮线的弧长)。
1671	卡西尼(天文学,卡西尼曲线)。
1672	摩尔(用有限制的工具作几何图形)。
1675	建立格林尼治天文台。
1680	牛顿(流数,动力学,流体静力学,流体动力学,万有引力,三次曲线,

682

级数,方程的数值解,竞赛题);胡德(方程论);虎克(物理学,弹簧平衡表);关孝和(行列式,微积分)。

1682 莱布尼茨(微积分,行列式,多项式定理,符号逻辑,符号,计算机);Acta eruditorum(博学文摘)创刊。

1685 科献斯基(圆的近似求长)。

1690 洛比达(应用微积分,不定式);哈雷(天文学,死亡率和生命保险,翻译家);雅科布·伯努利(等时线,回旋曲线,对数螺线,概率);拉伊雷(曲线,幻方,地图);契尔恩豪森(光学,曲线,方程论)。

1691 微积分中的罗尔定理。

1700 约翰·伯努利(应用微积分);塞瓦(几何学),戴维·格雷哥里(光学,几何学),帕朗特(立体解析几何)。

1706 威廉·琼斯(首次以 π 作为圆比)。

1715 泰勒(级数展开式,几何学)。

1720 棣莫弗尔(保险统计数学,概率,复数,斯特林公式)。

1731 克雷罗(立体解析几何)。

1733 萨谢利(非欧几何的先驱)。

1734 贝克莱(攻击微积分)。

1740 杜查德莱特(牛顿《原理》的法文译本),弗雷德里克大帝成为普鲁士国王。

1743 麦克劳林(高次平面曲线,物理学)。

1748 阿涅泽(解析几何,阿涅泽箕舌线)。

1750 欧拉(符号,$e^{i\pi} = -1$,欧拉线,$v - e + f = 2$,四次方程,ϕ 函数,β 和 γ 函数,应用数学);克拉默规则。

683　1770 兰伯特(非欧几何,双曲函数,地图投影,π 的无理性)。

1776 美国独立。

1777 蒲丰(用概率方法计算 π)

1780 拉格朗日(变分法,微分方程,力学,方程的数值解,试图使微积分严谨化(1797),数论)。

1789 法国革命。

1790 莫伊斯尼尔(曲面)。

1794 建立高等工艺学院和高等师范学院(法国);蒙日(画法几何,曲面的微分几何)。

1797 马斯凯罗尼(圆规几何学);韦塞尔(复数的几何表示法)。

1799 法兰西共和国采用重量和度量的米制,罗塞塔石板出土。

1800 高斯(多边形作图,数论,微分几何,非欧几何,代数的基本定理,天文学,大地测量学)。

1803 卡诺(现代几何学)。

1804 拿破仑称帝。

1805 拉普拉斯(天体力学,概率,微分方程);勒让德(《几何原本》(1794),数论,椭圆函数,最小二乘法,积分)。

1806 阿甘特(复数的几何表示)。

1810 热尔冈纳(几何学,《年鉴》编辑)。

1815 剑桥"分析学会";滑铁卢之战。

1816 热曼(弹性理论,平均曲率)。

1819 霍纳(方程的数值解)。

1820 珀素特(几何学)。

1822 傅里叶(热的数学理论,傅里叶级数);蓬斯莱(射影几何,直尺作图);费尔巴哈定理。

1824 卡莱尔(勒让德《几何学》的英译本)。

1826 《克列尔杂志》,对偶原理(蓬斯莱,普吕克,热尔岗纳);椭圆函数(阿贝尔,高斯,雅科比)。

1827 柯西(分析的严谨化,复变函数,无穷级数,行列式);阿贝尔(代数,分析)。

1828 格林(数学物理)。

1829 罗巴切夫斯基(非欧几何);普吕克(高维解析几何)。

1830 泊松(数学物理,概率);皮考克(代数);波尔查诺(级数);巴贝奇(计算机);雅科比(椭圆函数,行列式)。

684

1831 萨默魏里(拉普拉斯《天体力学》的解释)。

1832 鲍耶(非欧几何);伽罗瓦(群,方程论)。

1834 史坦纳(高等综合几何)。

1836 《刘维尔杂志》。

1837 三等分任意角和倍立方被证明为不可能。

1839 《剑桥数学杂志》(1855年改为《纯数学和应用数学》)。

1841 《数学和物理文献》(德文)。

1842 《新数学年刊》(法文)。

1843 哈密顿(四元数)。

1844 格拉斯曼(张量演算)。

1846 罗林森破译贝希通岩石上的碑铭。

1847 斯陶特(度量基的自由射影几何)。

1849 狄利克雷(数论,级数)。

1850	芒埃姆(现代滑尺的标准化)。
1852	夏斯莱(高维几何,几何学史)。
1854	黎曼(分析,非欧几何,黎曼几何),布尔(逻辑)。
1855	达泽(闪电计算家)。
1857	凯利(矩阵,代数,高维几何)。
1865	伦敦数学学会成立;《伦敦数学学会会报》。
1872	法国数学学会成立;克莱因的爱尔兰根纲领;戴德金(无理数)。
1873	埃尔米特证明 e 是超越数;布罗卡(三角形的几何学)。
1874	康托尔(集合论,无理数,超越数,超限数)。
1877	西尔维斯特(代数,不变量理论)。
1878	《美国数学杂志》。
1881	吉布斯(向量分析)。
1882	林德曼(π 的超越性,证明化圆为方不可能)。
1884	巴勒摩数学会成立(意大利)。
1887	《Rendiconti》(意大利巴勒摩数学会学报)。
1888	勒穆瓦勒(三角形的几何,作图学);美国数学会成立(开始是用另一个名称);Bulletin of the American Mathematical Society(美国数学学会公报);柯瓦列夫斯卡娅(偏微分,阿贝尔积分,博尔丁奖)。
1889	皮亚诺(关于自然数的公理)。
1890	魏尔斯特拉斯(数学的算术化);德国数学会成立。
1892	《年鉴》(德国)。
1894	斯考特(曲线的几何学);《美国数学月刊》。
1895	庞加莱(拓扑学)。
1896	素数定理被阿达马和波辛证明。
1899	希尔伯特(几何学基础,形式主义)。
1900	Transactions of American Mathematical Society(美国数学学会会报)。
1903	勒贝格积分。
1906	杨(通过正规考试程序得到德国博士学位的第一位妇女,集合论);弗雷谢(泛函分析,抽象空间)。
1907	布劳尔(直观主义)。
1909	罗素和怀特黑德(《数学原理》,逻辑主义)。
1914	第一次世界大战开始。
1916	爱因斯坦(广义相对论)。
1917	哈代和拉曼纽扬(解析数论);俄国革命。
1922	诺特(抽象代数,环,理想论)。

685

1923	巴拿赫空间。
1927	林德伯格飞越大西洋。
1931	哥德尔定理。
1933	希特勒任德国的首相;建立普林斯顿高级研究所。
1934	盖尔方德定理。
1939	布尔巴基的著作问世。
1941	珍珠港被炸。
1944	IBM 自动程序控制计算机(ASCC)。
1945	电子数字积分计算机(ENIAC);广岛被炸。
1948	改进的 ASCC 被安置于弗吉尼亚 Dohlgren 海军试验基地。
1963	科恩在连续统假设方面的工作;肯尼迪总统被刺。
1971	第一个袖珍计算器投放消费市场。女数学家协会成立。
1976	阿佩尔和哈肯证明四色猜想。
1985	巨型计算机投入使用。
1987	证明比贝巴赫猜想。

686

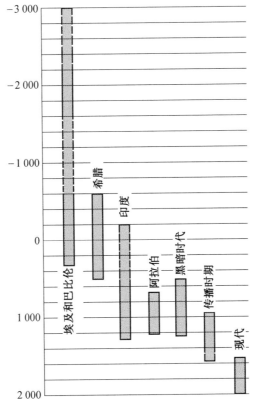

图 128 数学史分期

问题研究的答案和提示

1.1　(a)"一个人" = 20(10 个手指加 10 个脚趾),等。

　　(b) 如果我们在张开的手上一个一个地扳手指,数到 5 就全都扳下来;也可以说,手"终止"了,或"死了"。

　　(c) 用我们的手指数数,从小指数起,数到 3 是中指,它是最长的手指。

　　(d) 这起源于以前用来表示数的手势。

　　(e) 丈夫和妻子睡在这同一个床垫上。

　　(f) 这指的是:怀孕 9 个月。

1.3　(a) 27,3,2。

　　(b) $5\,780 = \varepsilon'\psi\pi$, $72\,803 = \zeta M\beta'\omega\gamma$, $450\,082 = \mu M\varepsilon M\pi\beta$,

　　　$3\,257\,888 = \tau M\kappa M\varepsilon M\zeta'\omega\pi\eta$ 。

1.4　(d) $360 = 2(5^3) + 4(5^2) + 2(5) = ((()))^{**}$,

　　　$252 = 2(5)^3) + 2(1) = ((//,$

　　　$78 = 3(5^2) + 3(1) =)))///,$

　　　$33 = 1(5^2) + 1(5) + 3(1) =)^*///$ 。

　　(e) $360 = {}^*({}^*\#, 252 = {}^*\#\#^*, 78 =)\#).33 = //)$ 。

1.5　(a) 注意: $ab = [(a-5)+(b-5)]10 + (10-a)(10-b)$ 。

1.6　(b) 以 b 乘该十进小数,然后以 b 乘此乘积的小数部分,等。

　　(c) $(.3012)_4 = 99/128 = .7734375$ 。

1.8　(a) 先以 10 为基,再以 8 为基表示之。

　　(b) 9,8,7。

　　(c) 非,是,是,非。

　　(d) 在第一种情况下,我们有 $79 = b^2 + 4b + 2$ 。

　　(e) 以 a,b,c 表示数字,我们有 $49a + 7b + c = 81c + 9b + a$ 。(在这里, a,b,c 是小于 7 的)

　　(f) 我们必定有 $3b^2 + 1 = t^2$, t 和 b 是正整数, $b > 3$ 。

1.9　(a) 以二进制表示 W 。

1.10　(a) 今 r 为十位数, u 为个位数。根据题意,我们有

$$2(5t + 7) + u = (10t + u) + 14$$

　　作为宣布的最终结果,此戏法于是显然。

　2.1　(a) 假定 n 是正则的,则,比如说

$$\frac{1}{n} = \alpha_0 + \frac{a_1}{60} + \cdots + \frac{a_r}{60^r} = \frac{a_0 60 + a_1 60^{-1} + \cdots + a^r}{60^r} = \frac{m}{60^r}$$

由此得出 $mn = 60^r$ 和 n 没有不同于 60 的素因子。

(e) 3。

2.2 (a) 我们有 $(1.2)^x = 2$,因此 $x = (\log 2)/(\log 1.2)$。

2.4 (a) 我们有 $x^2 + y^2 = 1\,000$,$y = 2x/3 - 10$。

(d) 20,12。

(e) 梯形的高 $= 24$。

(f) 0;18。

(g) 是。

2.5 (c) 31;15。

(d) 以 a 和 b 分别表示给定方程的右边的项,你会发现 $x^8 + a^2 x^4 = b^2$。

2.6 (b) 令 $x = 2y$。

(c) 消去 x 和 y,得一个 z 的三次方程。

(d) 使 x 的三次方程取单位主系数,并且对它作 $x = y + m$ 类型的线性变换。确定 m,使得最终的 y 的三次方程缺线性项。

2.8 (b) 以二进制表示被相继剖成两半的因子。

2.9 (c) 依次取 $p = 1,3,9$。

(e) 如果 $n = 3a$,另一个单位分数是 $1/2a$。

(f) 如果 $n = 5a$,另一个单位分数是 $1/3a$。

(h) 应用 (d) 中给出的关系。

2.10 (a) $2/7 = 1/4 + 1/28$。

(b) $2/97 = 1/49 + 1/4\,753$。

(c) 以 a/b 表示给定的分数,在这里,$a < b$;并且,令

$$b/a = x + r/a \quad r < a$$

则 $\qquad a/b = 1/(x + r/a) \quad 0 < r/a < 1$

但是 $1/x > 1/(x + r/a) > 1/(x + 1)$。

2.11 (b) 是。

(c) $5\frac{1}{2}$。

(d) $(35)^2/13$ 腕尺。

2.12 (a) 阿默士在这里说的分数 (fraction) 指的是单位分数 (unit fraction)。只 *689* 写出单位分数的分母。

(c) 令 x 为该算术级数中的最大一份,d 为其公差,则我们得到 $5x - 10d = 100$,和 $11x - 46d = 0$。

2.13 (a) 256/81,或近似地,3.16。

(c) 考虑以 a 和 b 为直角边的直角三角形 T_1 和以 a 和 b 为边的任何别的三角形 T_2。放置 T_2 于 T_1 之上,使得一对相等的边重合,或利用公式 $K = (1/2)ab\sin C$。

(d) 作对角线 DB 并利用(c)。

(e) $(a + c)(b + d)/4 = \big[(ad + bc)/2 + (ab + cd)/2\big]/2$。然后利用(d)。

(f) 推论是不正确的。

2.14　(b) 以 $\sqrt{m} - \sqrt{n} \geqslant 0$ 作为开始。

(c) 使平截头体完整成为棱锥体,并且,将平截头体的体积表作完整的和增添的棱锥体的体积之差。

2.15　(a) $3,4$。

(b) $4,10$。

2.16　四个其直角边的长为 3 和 4 的直角三角形,连同小的单位正方形,构成面积为 25 的正方形。由此得出:有直角边 3 和 4 的直角三角形斜边是 5。因为三角形是由其三个边决定的,于是得出 3,4,5 三角形是直角三角形。

3.2　(a) 证明 $2^{mn} - 1$ 包括因子 $2^m - 1$。

(b) $8\,128$。

(c) 如果 $a_1, a_2, \cdots, a_n$ 代表 N 的所有因子,则 $N/a_1, N/a_2, \cdots, N/a_n$ 也代表 N 的所有因子。

(d) p^n 的真因子的和是 $(p^n - 1)/(p - 1)$。

(h) 对 $n = 7$ 我们有 $2^6(2^7 - 1) = 2^{13} - 2^6 \approx 2^{13}, \log 2^{13} = 13\log 2 = 4^+$,所以答案是 4。

(i) 五环亲和链是:$12\,496, 14\,288, 15\,472, 14\,536, 14\,264$。

(j) 120 的因子是:$1,2,3,4,5,6,8,10,12,15,20,24,30,40,60,120$。

(k) 是。

3.3　(a) $1,6,15,28$。

(b) 长方形数(oblong number)是 $a(a + 1)$ 形式的。

(d) 参看图 129。

(g) $2^{n-1}(2^n - 1) = 2^n(2^n - 1)/2$。

(h) $a = (m - 2)/2, b = (4 - m)/2$。

(i) $a = 5/2, b = -3/2$。

3.4　(a) 利用事实:$(a - b)^2 \geqslant 0$。

(c) 以 b 乘第一个方程,以 a 乘第二个方程,然后消去 ab/n。

(e) 一个立方体有 8 个顶点、12 个棱和 6 个面。

(f) 令 $m = a/(b + c)$ 和 $n = c/(a + b)$。利用事实 $b = 2ca/(c + a)$,证明 $2mn/(m + n) = b/(c + a)$。

690

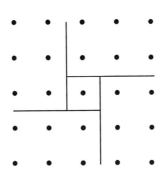

图 129

3.6 (c) 如果有一个带整数边的等腰三角形,则 $\sqrt{2}$ 应该是有理数。

(d) 如果有正整数 $a,b,c(a \neq 1)$,使得 $a^2 + b^2 = c^2$,并且 $b^2 = ac$,则 a,b,c 不能互素。但是,如果有一组毕氏三数,在其中,一个整数是其余两个的比例中项,则必定有这种素毕氏三数。

(g) 证明:$(3a + 2c + 1)^2 + (3a + 2c + 2)^2 = (4a + 3c + 2)^2$,如果 $a^2 + (a + 1)^2 = c^2$。

(h) 利用(g)。

(i) 在 2.6 节给出的素毕氏三数的参数表达式中,u 或 v 必定是偶数,因此直角边 a 是 4 的倍数。如果 u 或 v 是 3 的倍数,则直角边 a 是 3 的倍数。如果 u 和 v 都不是 3 的倍数,则 u 是 $3m \pm 1$ 形式的,v 是 $3n \pm 1$ 的形式的,并且,由此得出 $u^2 - v^2$ 是 3 的倍数,所以直角边 b 是 3 的倍数。如果 u 或 v 是 5 的倍数,则直角边 a 是 5 的倍数。如果 u 和 v 都不是 5 的倍数,则 u 是 $5m \pm 1$ 或 $5m \pm 2$ 的形式的数,v 是 $5n \pm 1$ 或 $5n \pm 2$ 的形式的数。如果 $u = 5m \pm 1$,$v = 5n \pm 1$,或如果 $u = 5m \pm 2$,$v = 5n \pm 2$,则 $u^2 - v^2$ 是 5 的倍数。如果 $u = 5m \pm 1$,$v = 5n \pm 2$,或如果 $u = 5m \pm 2$,$u = 5n \pm 1$,则 $u^2 + v^2$ 是 5 的倍数。由此得出:或 b 是 5 的倍数,或斜边 c 是 5 的倍数。

(j) 如果 n 是奇数并且 > 2,则 $(n,(n^2 - 1)/2,(n^2 + 1)/2)$ 是毕氏三数。如果 n 是偶数并且 > 2,则 $(n,n^2/4 - 1,n^2/4 + 1)$ 是毕氏三数。

(k) 因为 $a^2 = (c - b)(c + b)$,由此得出 $b + c$ 是 a^2 的因子。所以,$b < a^2$,$c < a^2$,并且,这样的自然数 b 和 c 的组合数是有限的。

3.7 (a) 如果该线通过坐标格的点 (a,b),我们会有 $\sqrt{2} = b/a$,一个有理数。

(c) 假定 $\sqrt{p} = a/b$,在这里,a 和 b 是互素的。

(d) 假定 $\log_{10}2 = a/b$,在这里 a 和 b 是整数,则我们必定有 $10^a = 2^b$(这是不可能的)。

(f) 令(图 130)AC 和 BC 关于 AP 可通约,证明:DE 和 DB 也关于 AP 可通

约,等。

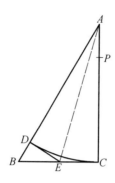

图 130

3.9 (b) ab 是 $1, a, b$ 的第四比例项。

(c) a/b 是 $b, 1, a$ 的第四比例项。

(d) $\sqrt{a}$ 是 1 和 a 的比例中项。

(g) 作 a 和 na 的比例中项。

(h) 利用定理:$a^3 + b^3 = (a + b)(a^2 + b^2 - ab)$。

(i) 利用定理:$a(1 + \sqrt{2} + \sqrt{3})^{1/2} = [a(a + a\sqrt{2} + a\sqrt{3})]^{1/2}$。

(j) 利用定理:$(abcd)^{1/4} = [(ab)^{1/2}(cd)^{1/2}]^{1/2}$。

(k) $60°$

3.10 (a) 用 3.9(d) 中的方法得 $\sqrt{12}$。

(c) 以 x 和 $a - x$ 表示其部分,则 $x^2 - (a - x)^2 = x(a - x)$,或 $x^2 + ax - a^2 = 0$。

(e) 证明 $OM + ON = g, (OM)(ON) = h$。

(g) 令 A 为点 $(0,2)$,并且令 RS 割 x 轴于点 L 和 A 上圆的切线于 T。我们有下列方程。

$$圆:x^2 + y(y - 2) = 0$$
$$线\ AR:2x + r(y - 2) = 0$$
$$线\ AS:2x + s(y - 2) = 0$$

所以(线 AR)(线 AS) $- 4$(圆) $= 0$ 生成

$$(y - 2)[2x(r + s) + rs(y - 2) - 4y] = 0$$

线 AR 和线 AS 与圆的交点上的一对线。由此得出:等于 0 的第二个因子代表线 RS。令 $y = 0$,我们得 $OL = rs/(r + s) = h/g$;令 $y = 2$,我们得 $AT = 4/(r + S) = 4/g$。

3.11 (b) 先以点 E 和 F 三等分对角线 BD。于是,折线 AEC 和 AFC 将该图形分成三个相等的部分。依靠作过 E 和 F 平行于 AC 的线,将这些部分变换得满足该条件。

(d) 过 B 作 BD 平行于 MN，交 AC 于 D，于是，如果所求的三角形是 $AB'C'$，AC' 是 AC 和 AD 的比例中项。

(e) 令 ABC 为给定的三角形。作 AB' 与 AC 构成给定的顶角，并且，令它割过 B 平行于 AC 的线于 B'。然后，利用(d)。

3.12　(a) 一个凸多面角必定包括至少 3 个面，并且，其面角的和必定小于 $360°$。

(b) $V = e^3\sqrt{2}/3,\ A = 2e^2\sqrt{3}$。

3.13　有的学生能仔细查阅例如 CRC 标准数学表(Standard Mathematical Tables)中给出的关于正则多面体的求积公式；对于这样的基础好的学生，此问题研究会成为其研究方案。

3.14　(a) 以 y 表示较长的段，以 x 表示较短的段，则 $x + y : y = y : x$ 或 $x^2 + xy - y^2 = 0$ 或 $(x/y)^2 + x/y - 1 = 0$，或 $x/y = (\sqrt{5} - 1)/2$。

(b) 在图形 131 中，等腰三角形 DAC 和 DGC 是相似的。所以，$AD : DG = DC : GC$，因此，$DB : DG = DG : GB$。 ^692^

(c) $AG : AH = AG : GB = AB : AG = AB - AG : AG - AH = GB : HG = AH : HG$。

(d) 令图 131 中的 HG 为给定的边，作其直角边 PQ 和 QR 分别等于 HG 和 $HG/2$ 的直角三角形 PQR。在 PQ 延长线上划 $QT = QR$，则 $PT = GB = GC = HC$，等。

(e) 令图 131 中的 DB 为给定的对角线。作其直角边 PR 和 QR 分别等于 $DB/2$ 和 DB 的直角三角形 PQR。在 PQ 上划 $PT = PR$，则 $TQ = DG = DC$，等。

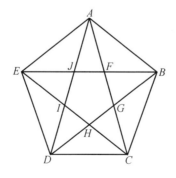

图 131

3.16　参看 The Mathematical Gardner (Prindle, Weber Schmidt, 1980)，pp.276，277.

4.1　(b) 令 A 为给定的点，BC 为给定的线段。根据命题 1 作一等边三角形 ABD。作圆 $B(C)$，并且，令 DB 延长线交此圆于 G。然后，画圆 $D(G)$

交 *DA* 延长线于 *L*，则 *AL* 是所求的线段。

(c) 利用第一卷的命题 2。

4.2　(a) 参看 T. L. Heath 著 A Manual of Greek Mathematics, pp, 155-57.

(b) (1) 该抛物线的方程可被取为 $x^2 = sy$ 和 $y^2 = 2sx$（在这里，s 和 $2s$ 是该二抛物线的正焦弦）。(2) 该抛物线和双曲线的方程或被取为 $x^2 = sy$ 和 $xy = 2s^2$。

4.3　(a) 令 *M* 为 *OA* 的中点，并且，令 *E* 为矩形 *OADB* 的中心，则根据第二卷命题 6（参看 3.6 节），$(OA')(AA') + (MA)^2 = (MA')^2$，将 $(ME)^2$ 加到两边上，我们得

$$(OA')(AA') + (EA)^2 = (EA')^2$$

类似地，$(OB')(BB') + (EB)^2 = (EB')^2$，所以

$$(OA')(AA') = (OB')(BB')$$

4.4　(a) 我们有 $r = P_1P_2 = AP_1\tan\theta = 2a\sin\theta\tan\theta$。由此得出：$r = 2a(y/r)(y/x)$，或 $r^2x = 2ay^2$。

(b) 以 (x, y) 表示 *P* 的坐标，则 $(AQ)^3/(OA)^3 = y^3/x^3 = y/(2a - x) = RP/RA = OD/OA = n$，在这里，*R* 是从 *P* 在 *OA* 上作垂直线的垂足。

(c) 令 *S* 为从 *R* 作 *MN* 的垂直线的垂足，并且，令 *T* 为 *RS* 的中点。作圆 *S*(*T*) 交 *TP* 于 *U*，则 *SCPU* 是一个平行四边形。令 *TP* 交 *MN* 于 *V*，交在直径对着点 *T* 的点 *Q* 上的 *S*(*T*) 的切线于点 *W*。三角形 *SUV* 和 *APV* 是全等的，并且，*UV* = *VP*。于是，易于证明：*TP* = *UW*。于是，*P* 处于 *S*(*T*) 和 *QW* 对于极点 *T* 的蔓叶线上。

4.5　(a) 以坐标轴为其渐近线的双曲线的方程为 $xy = ab$，在这里，$(b/2, a/2)$ 是该矩形的中心。该矩形的外接圆为 $x^2 + y^2 - ay - bx = 0$。该双曲线和圆的交点，除了点 (b, a) 外，是 $(\sqrt[3]{a^2b}, \sqrt[3]{ab^2})$。但是，$\sqrt[3]{a^2b}$ 和 $\sqrt[3]{ab^2}$ 是 a 和 b 之间的两个比例中项。

4.6　(a) 以 a 表示 *AB*，b 表示 *AC*，c 表示 *BC*，并且以 θ 表示角 *ADB*，则先将正弦定律应用于三角形 *BCD*，再应用于三角形 *ABD*，$\sin 30°/\sin\theta = a/c$，$\sin\theta/\sin 120° = a/(b + a)$。从而，$1/\sqrt{3} = \tan 30° = a^2/c(b + a)$。将两边平方，并且记住 $c^2 = b^2 - a^2$，我们得 $2a^3(2a + b) = b^3(2a + b)$，或 $b^3 = 2a^3$。

(b) 作 *CO*，并利用定理：三角形的一个外角等于其两个不相邻内角之和。

4.7　(a) 令 *R* 为从 *Q* 作 *x* 轴的垂线之垂足，并且令 *RQ* 交 *c* 于 *S*，则 *OQ*/*RQ* = *PQ*/*SQ*。

(b) 参看问题研究 4.6(a)。

(c) 参看问题研究 4.6(b)。

(d) 参看问题研究 4.4。

4.8　(a) 令 Q 和 N 为从 P 和 M 作 OA 的垂线之垂足,并且,令 QP 交 OM 于 S。因为 P 和 R 在该曲线上,我们有 $(OQ)(QP) = (ON)(NR)$,或 $NR = (OQ)(NM)/ON$。因此,$SP = RM$。但是,根据相似三角形 OQS 和 ONM,$QS = (OQ)(NM)/ON$。由此得出:$SRMP$ 是矩形。如果 T 是此矩形之中心,$OP = PT = TM$。

　　(b) 取半径 $OA = 1$,并且,以 3θ 表示角 AOB。取 AB 弧上点 P,使得角 $AOP = 1/3$ 角 AOB,并且,令 Q 为从 P 作 OC 垂线之垂足。则 $AP = 2\sin \theta/2 = 2PQ$。

4.9　(a) 利用定理:无穷几何级数 $1/2 - 1/4 + 1/8 - 1/16 + \cdots$ 的和是 $1/3$。对于三等分问题的另一个渐近解,参看 American Mathematical Monthly (December)1945:587-589.

4.10　(a) 当 $OM = k(OA) = k$ 时,角 $AOP = k\pi/2$;所以,如果我们以 (x, y) 表示 P 的坐标,$y = k = x\tan(k\pi/2) = x\tan(\pi y/2)$。

　　(c) 令该割圆曲线交 OA 于 Q。于是根据微积分中的洛比达规则

$$OQ = \lim_{y \to 0} \frac{y}{\tan \dfrac{\pi y}{2}} = \frac{2}{\pi}$$

然后,易于证明

$$AC : OA = OA : OQ$$

4.11　(a) 3.141 4。

　　(b) 3.141 53。

　　(c) $GB/BA = EF/FA = (DE)^2/(DA)^2 = (DE)^2/[(BA)^2 + (BC)^2]$。所以 $GB = 4^2/(7^2 + 8^2) = 16/113 = 0.141\ 592\ 9\cdots$。这导致以 355/113 作为 π 的近似值。 *694*

4.13　(a) 令 $\alpha = \tan^{-1}(1/5)$ 和 $\beta = \tan^{-1}(1/239)$。然后依靠证明,$\tan(4\alpha - \beta) = 1$,证明:$4\alpha - \beta = \pi/4$。

　　(b) 考虑一个单位半径的圆。于是,内接正方形的边由 $\sec \theta$ 给出,在这里,$\theta = 45°$。正内接八边形的两个边的和由 $\sec \theta \sec \theta/2$ 给出;正内接十六边形的四个边的和由 $\sec \theta \sec(\theta/2)\sec(\theta/4)$ 给出;等。由此得出

$$\sec \theta \sec \frac{\theta}{2} \sec \frac{\theta}{4} \cdots \to \frac{\pi}{2}$$

该圆的一个象限的长。所以

$$\frac{2}{\pi} = \cos \theta \cos \frac{\theta}{2} \cos \frac{\theta}{4} \cdots$$

然后利用定理:$\cos\theta = \sqrt{2}/2$, $\cos\theta/2 = [(1 + \cos\theta)/2]^{1/2}$, $\cos\theta/4 = [(1 + \cos\theta/2)/2]^{1/2}$,等。

(c) 在格雷哥里级数中,令 $x = \sqrt{1/3}$。

(f) 令 θ 表示 $\pi/2n$,则 $\sin\theta = s_{2n}/2R$, $\cos\theta = s_{2n}/2s_{2n}$ 然后利用定理 $\sin^2\theta + \cos^2\theta = 1$。

(g) 令 θ 表示 $\pi/2n$,则 $\tan 2\theta = S_n/2r$, $\tan\theta = S_{2n}/2r$。然后,利用定理 $\tan 2\theta = (2\tan\theta)/(1 - \tan^2\theta)$。

(h) 先证明:$p_n = 2nR\sin(\pi/n)$, $P_n = 2nR\tan(\pi/n)$。

(i) 先证明:$a_n = nR^2\sin(\pi/n)\cos(\pi/n)$, $A_n = nR^2\tan(\pi/n)$。

4.14 (a) arc $AR = \pi/2$, $AT = 3/2$。

(b) 令 M 为从 P 作 OA 垂线之垂足。则 $PM = \sin\theta$, $OM = \cos\theta$,因此 $\tan\phi = \sin\theta/(2 + \cos\theta)$。

(c) 令 PS 再一次交圆于 N。于是,因为 $ON < SN$,角 $SON = \phi + \varepsilon$,在这里,$\varepsilon > 0$。所以角 $ONP = 2\phi + \varepsilon$,并且 $\theta = 3\phi + \varepsilon$。

4.15 (a) π 的展开式第 32 位小数被 0 占有。

5.1 (c) 假定 $a > b$,则此算法可被摘要如下

$$a = q_1 b + r_1 \qquad 0 < r_1 < b$$
$$b = q_2 r_1 + r_2 \qquad 0 < r_2 < r_1$$
$$r_1 = q_3 r_2 + r_3 \qquad 0 < r_3 < r_2$$
$$\vdots$$
$$r_{n-2} = q_n r_{n-1} + r_n \qquad 0 < r_n < r_{n-1}$$
$$r_{n-1} = q_{n+1} r_n$$

于是,从最后一步,r_n 整除 r_{n-1}。从倒数第二步,r_n 整除 r_{n-2},因为它整除右边的两项。类似地,r_n 整除 r_{n-3}。相继地,r_n 整除每一个 r_i,并且,最终地整除 a 和 b。

另一方面,从第一步,a 和 b 的任何公因子 c 整除 r_1。于是,从第二步,c 整除 r_2,相继地,c 整除每一个 r_i。于是,c 整除 r_n。

695

(d) 从此算法中的第二步到最后一步,我们能以 r_{n-1} 和 r_{n-2} 表示 r_n。从上述的步骤,我们于是能以 r_{n-2} 和 r_{n-3} 表示 r_n。这样连续下去,我们最终得到:以 a 和 b 表示 r_n。

5.2 (a) 如果 p 不整除 u,则存在整数 P 和 Q,使得 $Pp + Qu = 1$,或 $Ppv + Quv = v$。

(b) 假定存在整数 n 的两种素因式分解。如果 p 是第一种因式分解中的素因子,则它必定(根据(a))整除第二个因式分解中的因子之一,即

与该因子之一等同。

(c) 我们指出:$273 = (13)(21)$。求[参看问题研究5.1(e)]整除 p 和 q,使得 $13p + 21q = 1$。以273除其两边。于是,我们有 $p/21 + q/13 = 1/273$。类似地求整数 r 和 s,使得 $1/21 = r/3 + s/7$。

5.5 (c) 对于(b)中每一个 b_i,可以有 $a_i + 1$ 个值。

(f) 因为 b 整除 ac,我们有 $b_i \leq a_i + c_i$,还因为 a 和 b 互素,我们有 $a_i = 0$ 或 $b_i = 0$。在任一情况下,$b_i \leq c_i$。

(h) 假定 $\sqrt{2} = a/b$,在这里,a 和 b 是正整数。于是,因为 $a^2 = 2b^2$,我们有 $(2a_1, 2a_2, \cdots) = (1 + 2b_1, 2b_2, \cdots)$,从而 $2a_1 = 1 + 2b_1$,但这是不可能的。

5.6 (c) 令 ABC 为给定的三角形,并且,令 XY 平行于 BC,交 AB 于 X,AC 于 Y。画 BY 和 CX。证明:$\triangle BXY : \triangle AXY = \triangle CXY : \triangle AXY$。但是,根据 Ⅵ 1,$\triangle BXY : \triangle AXY = BX : XA$ 和 $\triangle CXY : \triangle AXY = CY : YA$。

5.7 (c) 由于(参看问题研究5.1(f))存在正整数 p 和 q 使得 $pr - qs = \pm 1$,所以在 s 边形的中心对着其边 p 的角与 r 边形的中心对着其边 q 的角之间的差是

$$p\left(\frac{360°}{s}\right) - q\left(\frac{360°}{r}\right) = (pr - qs)\frac{360°}{rs} = \frac{\pm 360°}{rs}$$

(f) 为了弄明白欧几里得如何建立此命题,查阅 Heath 著 The Thirteen Books of Euclid's Elements。一个漂亮的三角学的证明,能沿着下列途径,被公式化。令 $u = 18°$,则 $\sin 4u = \cos u$,并且 $\cos 4u = \sin u$。证明:这些关系分别蕴涵着

$$-8\sin^4 u + 4\sin^2 u = \sin u$$

和
$$8\sin^4 u - 8\sin^2 u + 1 = \sin u$$

从这,我们得

$$-16\sin^4 u + 12\sin^2 u = 1$$

于是,如果 p 和 d 代表单位圆中正五边形和正十边形的边,证明 $p = 2\sin 2u$ 和 $d = 2\sin u$,从而

$$p^2 - d^2 = -16\sin^4 u + 12\sin^2 u = 1$$

于是此命题得证。

(g) 证明:$\tan(180°/17)$ 近似地等于 $3/16$。

5.12 (c) $h_c = b \sin A$。 696

(f) $h_a = t_a \cos[(B - C)/2]$。

(g) $4h_a^2 + (b_a - c_a)^2 = 4m_a^2$。

(h) $b_a - c_a = 2R \sin(B - C)$。

(i) $4R(r_a - r) = (r_a - r)^2 + a^2$。如果 M 和 N 是 BC 边和 BC 弧的中点，则 $MN = (r_a - r)/2$；显然，R, a, MN 的任何两个决定第三个。

(j) $h_a = 2rr_a/(r_a - r)$。

5.13　(b) 参看 The American Mathematical Monthly, August 1929. Problem 3336。

(c) 参看 The American Mathematical Monthly, September 1961. Problem E 1447。在此参考资料中给出的解是数据法的非常好的应用。

5.14　(b) 令 M 为 BC 的中点、折线 EMA 平分该面积，过 M 作 MN 平行于 AE 交三角形 ABC 的一个边于 N。于是，EN 是所找的线。

(c) 令 a, b, h 表示给定的梯形的底和高，令 c 为所找的平行线，令 p 为以 a 和 c 为底的梯形的高，并且，令 q 为以 c 和 b 为底的梯形的高。于是，我们有 $(a + c)p = (c + b)q \cdot p + q = h$, $(a + c)2p = (a + b)h$。消去 p 和 q 并对 c 求解，我们得 $c = [(a^2 + b^2)/2]^{1/2}$。——$a$ 和 b 的均方根(roo-mean-square)。

6.1　(a) $\sec[(29/30)90°] = \sec 87° = 19.11$。

6.2　(d – 1) 该段的体积等于球心角体的体积减去锥体的体积。还有，$a^2 = h(2R - h)$。

(d – 2) 该段是同底，而高为 u 和 v 的两段之差，于是

$$V = \pi R(u^2 - v^2) - \frac{\pi(u^3 - v^3)}{3} =$$

$$\pi h\left[(Ru + Rv) - \frac{u^2 + uv + v^2}{3}\right]$$

但是，$u^2 + uv + v^2 = h^2 + 3uv$，并且还有 $(2R - u)u = a^2$ 和 $(2R - v)v = b^2$，所以

$$v = \pi h\left(\frac{a^2 + b^2}{2} + \frac{u^2 + v^2}{3} - \frac{h^2}{3} - uv\right) =$$

$$\pi h\left(\frac{a^2 + b^2}{2} + \frac{h^2}{2} + uv - \frac{h^2}{3} - uv\right)$$

等。

(f) 过该球直径的三等分点作与直径垂直的平面。

6.4　(a) $(GC)^2 + (TW)^2 = 4r_1 r_2$。

6.5　(a) 将 CB 延长至 E 使得 $BE = BA$。证明三角形 MBA 和 MBE 是全等的。另有一个灵巧的证明，可参看 Crux Mathematicorum (June – July)1980:189 中(Problem 466 的 Solution I)

6.7　(b) 令 A 和 B 为点，C 为直线。延长 AB 交线 C 于 S。然后求线 C 上的点 T，使得 $(ST)^2 = (SA)(SB)$。一般地说，有两个解。

(c) 将给定点反射到由两给定直线决定的角的平分线中。

(d) 将焦点 F 反射到线 m 中,得一点 F'。然后,根据(b),求过 F 和 F' 并与给定准线相切的圆之圆心。

6.8　(b) 对于问题(1)取在 x 轴上并彼此是对原点的反射的 A、B 两点。

(c) 1.令角 APB 的内和外平分角线交 AB 于 M 和 N,则 M 和 N 在所求的轨迹上,并且,MPN 是直角。

2.令 A 和 B 为固定点,P 为动点,O 为 AB 的中点。将余弦定律应用于三角形 PAO 和 PBO,给出 $(PA)^2$ 和 $(PB)^2$ 的表达式,相加之。

6.9　(a) 令 $ABCD$ 为圆内接四边形。求对角线 AC 上的 E 使得 $\angle ABE = \angle DBC$。从相似三角形 ABE 和 DBC 得 $(AB)(DC) = (AE)(BD)$。从相似三角形 ABD 和 EBC 得 $(AD)(BC) = (EC)(BD)$。

(b－1) 在(a)中,取 AC 为直径,$BC = a$,$CD = b$。

(b－2) 在(a)中,取 AB 为直径,$BD = a$,$BC = b$。

(b－3) 在(a)中,取 AC 为直径,$BD = t$ 并垂直于 AC。

(d－1) 取该等边三角形的边为一个单位,应用托勒密定理于四边形 $PACB$。

(d－2) 取该正方形的边为一个单位,应用托勒密定理于四边形 $PBCD$ 和 $PCDA$。

(d－3) 取该五边形的边为一个单位,应用托勒密定理于四边形 $PCDE$,$PCDA$,$PBCD$。

(d－4) 取该六边形的边为一个单位,应用托勒密定理于四边形 $PBCD$,$PEFA$,$PBCF$,$PCFA$。

6.11　(b) 令光线从点 A 发射,在点 M 打中镜,并反射向点 B。如果 B' 是 B 在镜中的像,则 BB' 被镜的平面垂直平分,并且 AMB' 必定为一条直线。

(c) 应用(b)。

6.12　(b) 根据图形表明：$ab = 2rs$ 和 $a + b = r + s$。然后,联立求解。

6.13　(a)120 个苹果。

(b) 六十岁。

(c)960 塔兰(talent,古希腊货币)。

(d) 每一位女神(Grace)有 $4n$ 个苹果,去掉 $3n$ 个,留下 n 个。

6.14　(a) 一天的 2/5。

(b)144/37 小时。

(c)30.5 米纳克金,9.5 米纳克铜,14.5 米纳克锡,5.5 米纳克铁。[①]

6.15　(a) 八十四岁。

(b)7,4,11,9。

(c) 令 $CD = 3x, AC = 4x, AD = 5x, CB = 3y$。于是,因为 $AB/DB = AC/CD$,我们得 $AB = 4(y - X)$。根据毕氏定理,可导出 $7y = 32x$。我们最后得:$AB = 100, AD = 35, AC = 28, BD = 75, DC = 21$。

(d)1 806。

6986.16　(a)$481 = 20^2 + 9^2 = 16^2 + 15^2$。

(b) 我们有 $5 = 2^2 + 1^2, 13 = 3^2 + 2^2, 17 = 4^2 + 1^2$ 利用(a) 的恒等式,我们得

$$(5)(13) = 8^2 + 1^2 = 7^2 + 4^2$$
$$(5)(17) = 9^2 + 2^2 = 7^2 + 6^2$$
$$(13)(17) = 14^2 + 5^2 = 11^2 + 10^2$$

再一次,根据(a) 的恒等式,我们得
$$1\ 105 = 33^2 + 4^2 = 32^2 + 9^2 = 31^2 + 12^2 = 24^2 + 23^2$$

6.17　(a) 根据相似三角形 DFB 和 DBO,$FD/BD = DB/OD$。所以,$FD = (DB)^2/OD = 2(AB)(BC)/(AB + BC)$。

(b) 根据相似直角三角形,$OA/OB = AF/BD = AF/BE = AC/CB = (OC - OA)/(OB - OC)$,然后,对 OC 求解。

(c) 令 HA 交 BC 于 R,LM 于 S,并且令 LB 交 DH 于 U,MC 交 FH 于 V。于是 $\square ABDE = \square ABUH = \square BRSL$ 和 $\square ACFG = \square ACVH = \square RCMS$。

(e) 一个分析解是容易得到的,如果我们记得:分联(a, b) 和 (c, d) 两点的线段成比例 m/n 的坐标是$(na + mc)/(m + n)$ 和 $(nb + md)/(m + n)$,并且,由$(a, b), (c, d), (e, f)$ 决定的三角形的形心的坐标是$(a + c + e)/3$ 和 $(b + d + f)/3$ 的话。

综合解则不那么容易得到。富尔曼(Fuhrmann) 提出了一个,在 R.A. Johnson 著 Modern Geometry, Section276,p.175 中给出。

6.18　(a)$V = 2\pi^2 r^2 R, S = 4\pi^2 rR$。

(b) 半圆弧的形心处于半圆的平分半径上,并且在与半圆的直径距离 $2r/\pi$ 处(在这里,r 是半圆的半径)。

(c) 半圆面积的形心处于半圆的平分半径上,并且在与半圆的直径距离 $4r/3\pi$ 处(在这里,r 是半圆的半径)。

---

① 译者注:米纳克(minac),古代重量单位及货币名称。

6.19 (a) 令 P 为点 (x, y)。于是,根据相似三角形,$x^2/a^2 = (OB)^2/(AB)^2$ 和 $y^2/b^2 = (OA)^2/(AB)^2$,因此 $x^2/a^2 + y^2/b^2 = 1$。

(b) Keuffel and Esser Company 曾制造一个以椭圆规构造为基础的椭圆绘图器。

6.20 参看 Howard Eues 著 A Survey of Geometry,第一册,Section 2-3。

6.21 此问题研究,连同问题研究 2.14,3.4,4.13(h) 和(i),以及 6.17(a) 和(b) 为好学的青年提供中等程度的研究方案。

7.1 (d)37/4 斗,17/4 斗,11/4 斗。

7.2 (a) 高为 9.6 尺,宽为 2.8 尺。

(b)12 英尺。

7.3 (a) 该幻方常数(magic constant) = $(1 + 2 + 3 + \cdots + n^2)/n$。

(c) 以字母表示幻方中的数,然后,将中间那行,中间那列和两条对角线的字母加到一起。

(d) 利用(c) 和一个间接的论证。

7.4 (a)$x = hd/(2h + d)$。 699

(b)8 腕尺和 10 腕尺①。

(c)40。

7.5 (a)8 天。

(b)18 个芒果。

(c) 一个香木橼为 8,一个苹果为 5。

(d)36 头。

7.6 (a)72 只蜜蜂。

(b)20 腕尺。

(c) 每天的加速度为 22/7 约居奴。

(d)10!,4!。

(e)100 支箭。

7.7 (a) 假定 $\sqrt{a} = b + \sqrt{c}$,于是 $\sqrt{c} = (a - b^2 - c)/2b$。

(b) 如果 $a + \sqrt{b} = c + \sqrt{d}$,则 $\sqrt{b} = (c - a) + \sqrt{d}$。然后利用(a)。

7.8 (b) 易于证明 $x = x_1 + mb$ 和 $y = y_1 - ma$ 构成一个解。反过来,假定 x 和 y 形成一个解,则 $a(x - x_1) = b(y_1 - y)$ 或 $x - x_1 = mb$ 和 $y_1 - y = ma$。

(c) 以 7 除,我们得

$$x + 2y + \frac{2}{7}y = 29 + \frac{6}{7}$$

① 译者注:腕尺(cubit),古代长度单位,相当于 18 ~ 22 英寸。

所以,存在一个整数 z 使得

$$\frac{2}{7}y + z = \frac{6}{7}$$

或 $$2y + 7z = 6$$

一眼看出,$z_1 = 0$,$y_1 = 3$ 是它的解;于是 $x_1 = 23$。原方程式的一般解于是根据(b) 为

$$x = 23 + 16m, y = 3 - 7m$$

因为根据需要,$x > 0$,$y > 0$,我们必定有 $m \geqslant -1$ 和 $m \leqslant 0$。对于 m 仅有的允许值为 0 和 -1。这样,我们给出两个解

$$x = 23, y = 3 \quad 和 \quad x = 7, y = 10$$

或,如同在问题研究 5.1(f) 中,求 p 和 q 使得 $7p + 16q = 1$。于是我们可取 $x_1 = 209p$ 和 $y_1 = 209q$。

(d) 存在四个解:$x = 124, y = 4$;$x = 87, y = 27$;$x = 50, y = 50$;$x = 13$, $y = 73$。

(e) 令 x 表示 dime(美国一角银币) 数,y 表示 quarter(美国二角五分银币) 数。则我们必定有 $10x + 25y = 500$。

(f) 令 x 表示每一推的果子数,y 表示每个旅行者收到的果子数。则我们有:$63x + 7 = 23y$。对 x 的最小允许值是 5。

700　7.9　(a) 画过该高通过的顶点的周径,并利用相似三角形。

　　　(b) 应用(a) 的三角形 DBA 和 DCB。

　　　(c) 利用(b) 的结果,连同托勒密的关系式 $mn = ac + bd$。

　　　(d) 在这里,$\theta = 0^\circ$ 并且 $\cos \theta = 1$。然后,利用(b) 和(c)。

7.10　(b) 因为该四边形有一内切圆,我们有:$a + c = b + d = s$。所以,$s - a = c$,$s - b = d$,$s - c = a$,$s - d = b$。

　　　(c) 在图 132 中,我们有

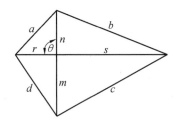

图 132

$$a^2 + c^2 = r^2 + s^2 + m^2 + n^2 - 2(rn + sm)\cos \theta$$
$$b^2 + d^2 = r^2 + s^2 + m^2 + n^2 + 2(sn + rm)\cos \theta$$

所以 $a^2 + c^2 = b^2 + d^2$,当且仅当 $\cos \theta = 0, \theta = 90°$。

(d) 利用(c)。

(e) 该四边形的相邻边为 $39, 60, 52, 25$,对角线为 56 和 63;外接圆直径为 65;其面积为 $1\,764$。

7.11　(c) 参看 T. L. Heath, A Manual of Greek Mathematics, pp. 340-42。

7.12　(a) 我们将对于有 a, b, c, d 为其千位、百位、十位、个位数的四位数 N,讲该定理的一个证明;该证明易于被推广。于是

$$N = 1\,000a + 100b + 10c + d$$

令 $S = a + b + c + d$,则

$$N = 999a + 99b + 9c + S = 9(111a + 11b + c) + S$$

等。

(b) 令 M 和 N 为有超出量 e 和 f 的任何两个数,于是存在整数 m 和 n 使得

$$M = 9m + e, N = 9n + f$$

然后

$$M + n = 9(m + n) + (e + f)$$

和 701

$$MN = 9(9mn + ne + mf) + ef$$

等。

(d) 令 M 为给定的数,N 为由 M 的数字的某种排列得到的数。于是,因为 M 和 N 包括同样的数字,它们有(根据(a))样的超出量 e。这样,我们有

$$M = 9m + e, N = 9n + e$$

并且

$$M - N = 9(m - n)$$

(e) 根据(d),最后乘积必定可被 9 整除;因此,根据(a),对于该乘积中数字和的超出量必定为 0。

(f) 以 $(b - 1)$ 代替 9。

7.14　(b) $x = 2.369\,6$。

(c) $x = 4.493\,4$。

7.15　(a) 求 z 使得 $b/a = a/z$,则 m 使得 $n/z = a/m$。

(c) 正根是 2 和 4;负根是 -1。

7.16　(a) 由直线 $ay + bx + c = 0$ 和三次曲线 $y = x^2$ 的交点的横坐标,给出其实根。

(b) $x = 1.7^+$。

(c)$x = -3.5, 1, 2.5$。

(d)$x = -6, -2, -1$。

7.17 (a) 在该球上作任何圆 Σ，并且，在其圆周上标任何三点 A, B, C。在平面上作一三角形全等于三角形 ABC，求其外接圆，并且，这样得到 Σ 的半径。作一直角三角形，以 Σ 的半径为其一个直角边，以 Σ 的极弦为斜边，于是易于求得给定的球之直径。

(b) 如果 d 是该球的直径，e 是内接立方体的棱，则 $e = (d\sqrt{3})/3$，因此，e 是边长 $2d$ 的等边三角形的高的三分之一。

(c) 如果 d 是该球的直径，e 是内接正四面形的棱，则 $e = (d\sqrt{6})/3$，因此，e 是其直角边等于内接立方体的棱的等腰直角三角形的斜边。参看(b)。

8.1 (a) 令 x, y, z 表示男人，女人和小孩的数目。则我们必定有

$$6x + 4y + z = 200 \quad 和 \quad x + y + z = 100$$

或 $5x + 3y = 100$。由此得出：y 必定是 5 的倍数，比如说：$5n$。则 $x = 20 - 3n$ 和 $z = 80 - 2n$。人们易于求得：对于 n 仅有的允许值为 $1, 2, 3, 4, 5, 6$。在阿尔克温的汇编中给出的解对应于 $n = 3$，即，11 个男人，15 个女人，74 个小孩。

(b) 易于证明：每个儿子必定收到和满瓶一样多的全空的瓶。有许多解。

(c) 令 x 表示所求的跳跃数，则 $9x - 7x = 150$。

(d) 求两个解。关于这类的其他问题，参看 Maurice Kraitchik 著 Mathematical Recreations, pp. 214-22。

(e) 你认为母亲 5/27，儿子 15/27，女儿 7/27 怎么样？

(f) 令该三角形的直角边、斜边和面积为 $a, b, c, K, a \geqslant b$。于是

$$a^2 + b^2 = c^2, ab = 2K$$

对 a 和 b 解之，我们得

$$a = \frac{\sqrt{c^2 + 4K} + \sqrt{c^2 - 4K}}{2}, \quad b = \frac{\sqrt{c^2 + 4K} - \sqrt{c^2 - 4K}}{2}$$

8.2 (b - 1) 用数学归纳法。假定此关系式对于 $n = k$ 正确。则

$$u_{k+2}u_k = (u_{k-1} + u_k)u_k = u_{k+1}u_k + u_k^2 =$$
$$u_{k+1}u_k + u_{k+1}u_{k-1} - (-1)^k =$$
$$u_{k+1}(u_k + u_{k-1}) + (-1)^{k+1} =$$
$$u_{k+1}^2 + (-1)^{k+1}$$

等。或利用(b - 2) 中给出的 u_n 的表达式。

(b - 2) 令 $v_n = [(1 + \sqrt{5})^n - (1 - \sqrt{5})^n]/2^n\sqrt{5}$，证明 $v_n + v_{n+1} = v_{n+2}$，并且，$v_1 = v_2 = 1$。于是，$v_n = u_n$。

(b – 3) 利用(b – 2) 中给出的 u_n 的表达式。

(b – 4) 利用(b – 1) 中给出的关系式。

8.3 (a)A 有 121/17 银币，B 有 167/17 银币。

(b)33 天。这可以作为变分(variation) 问题被解。

(c) 令 x 代表财产的价值，y 代表每个儿子接受的总数。则大儿接受 $1 + (x - 1)/7$，二儿接受

$$2 + \frac{x - (1 + \frac{x - 1}{7}) - 2}{7}$$

使之相等，我们得 $x = 36, y = 6$，并且儿子的数目为 $36/6 = 6$。

8.4 (b) 下列的实质上是斐波那契对这题的解。令 s 表示原来的和，$3x$ 为归还的总和。在每一个人得到归还总和的三分之一之前，三个人占有 $s/2 - x, s/3 - x, s/6 - x$，因为这些是在放回他们先已取的 $1/2, 1/3, 1/6$ 后占有的金额，先取的金额为 $2(s/2 - x), (3/2)(s/3 - x), (6/5)(s/6 - x)$，并且，这些金额加到一起等于 s。所以 $7s = 47x$，并且，该问题是不定的。斐波那契取 $s = 47$ 和 $x = 7$。于是，由这几个人从原来的大数目中取的金额为 $33, 13, 1$。

(c)382 个苹果。

8.6 (a) 以 y 表示给定的角，以 x 表示角 AOF。因为 OF 等于且平行于 DE，$OFED$ 是平行四边形。由此得出：$FE = OD = FO$，并且 $\triangle OFE$ 是等腰的。于是，$\angle OFE = \angle ODE = \angle OAE = x$。所以，$\triangle OFE$ 三个角的和，$2(90 - y + x) + x = 180$，或 $x = 2y/3$。

(b) 称这两部分为 x 和 y，我们有 $x + y = 10, x^2 + y^2 = 58$。所以，我们取 $x = 7, y = 3$。

8.8 (a) 下列的本质上是雷琼蒙塔努斯给出的解。给定(图 133)$p = b - c, h, q = m - n$。然后，$b^2 - m^2 = h^2 = c^2 - n^2$，或 $b^2 - c^2 = m^2 - n^2$，或 $b + c = qa/p$。所以

$$b = \frac{qa + p^2}{2p} \quad 和 \quad m = \frac{a + q}{2}$$

将这些表达式代入关系式 $b^2 - m^2 = h^2$，我们得未知数 a 的二次式。

(b) 下列的本质上是雷琼蒙塔努斯给出的解。在这里，我们是给定(图 133)$a, h, k = c/b$。令 $2x = m - n$。于是

$$4n^2 = (a - 2x)^2, 4c^2 = 4h^2 + (a - 2x)^2$$
$$4m^2 = (a + 2x)^2, 4b^2 = 4h^2 + (a + 2x)^2$$

于是

$$k^2[4h^2 + (a + 2x)^2] = 4h^2 + (a - 2x)^2$$

703

解此二次式,我们得 x,然后又得 b 和 c。

利用阿波洛尼乌斯的圆,该三角形易于被作出。参看问题研究 6.8(b)。

(c) 在 AD 延长线上(图 134)取 $DE = bc/a$——给定线段 a, b, c 的第四比例项。这样,C 被安置于阿波洛尼乌斯圆和以 D 为圆心,以 c 为半径的圆这两个轨迹的交接处。

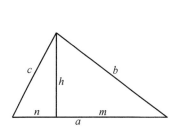

图 133

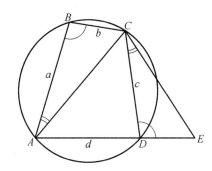

图 134

8.9   (a)29 元。

    (b)180/11 天。

    (c) 每桶的价格是 120 法郎,一桶的税是 10 法郎。

    (d) 假定 $a/c < b/d$,于是,$ad < bc$,$ac + ad < ac + bc$,$a(c + d) < c.$ $(a + b)$,$a/c < (a + b)/(c + d)$,等。

8.10   (a) 利用标准记号,我们有

$$(rs)^2 = s(s - a)(s - b)(s - c)$$

或 $$16s^2 = s(s - 14)(6)(8)$$

并且 $s = 21$。所求的边于是为 $21 - 6 = 15$ 和 $21 = 8 = 13$。这不是帕奇欧里解此题的方法;没有必要讲他的解。

8.11   (a)463 又 7/23。

    (f) 利润与资金在公司服务的时间以及金额成正比。

    (g) 超过 16%。

8.14   (b)$H = (3ac - b^2)/9a^2$,$G = (2b^3 - 9abc + 27a^2d)/27a^3$。

    (d)$x = 4$,另外两个根是虚数。

8.15   (a)$(3 \pm \sqrt{5})/2$,$(- 5 \pm \sqrt{21})/2$。

    (c)$y^3 + 15y^2 + 36y = 450$,$y^6 - 6y^4 - 144y^2 = 2\ 736$。

8.16   (a)$Rq \llcorner Rc \llcorner Rq68p2 \lrcorner mRc \llcorner Rq68m2 \lrcorner \lrcorner$。

    (b)$\sqrt[3]{4 + (- 11)^{1/2}} + \sqrt[3]{4 - (- 11)^{1/2}}$。

(c) A cub $-B$ 3 in A quad $+C$ plano 4 in A aequatur D solido 2。

8.17　(b)$\cos 5\theta = 16\cos^5\theta - 20\cos^3\theta + 5\cos\theta$。

(c)$x = 243$。

(d)$x_2 = (r - qx - px^2 - x^3)/(3x^2 + 2px + q)$。

8.18　(a)10。

(b)28 个乞丐,2.20 元。

(c)92 元。

8.19　(a) 伯贝利解答如下:将所要求的正方形标为 $DEFG$,D 在 AB 上且 G 在 AC 上,使 $\triangle ABC$ 的高 AM 交 DG 于 N。由希罗定理,$\triangle ABC'$ 的面积为 84,所以 $AM = 12$。令 $DG = 14x$,则 $AN = 12x$,所以 $12x + 14x = 12$,得 $x = 6/13$。所以正方形的边长为 $14 \times 6/13 = 84/13$。

(b) $(BP)^2 = (VC)^2 = (AV)(VB)$。将直角坐标的原点放在 V 上,且正 X 轴放在 VW 上,以 (x,y) 来表示点 P 的位置,由此可得 $y^2 = PX$。

9.1　(a) 可参看几乎任何关于高等代数或三角形学的课本。

(b) 1.令 $y = \log_b N$,$z = \log_a N$,$w = \log_a b$,则 $b^y = N$,$a^z = N$,$a^w = b$,从而,$a = b^{1/w}$ 或 $a^z = b^{z/w} = b^y$。这样 $y = z/w$。

2.令 $y = \log_b N$ 和 $z = \log_N b$,则 $b^y = N$,$N^z = b$,因此,$N = b^{1/z} = b^y$,这样,$y = 1/z$。

3.令 $y = \log_N b$ 和 $z = \log_{1/N}(1/b)$,则 $N^y = b$,$(1/N)^z = 1/b$,从而 $N = b^{1/z} = b^{1/y}$,这样,$y = z$。

(c)$\log 4.26 = 1/2 + 1/8 + 1/256 + \cdots = 0.629\ 4\cdots$。

9.2　(b)$\cos c = \cos a\cos b$。

(c) (1)$A = 122°39'$,$C = 83°5'$,$b = 109°22'$。

(2)$A = 105°36'$,$b = 44°0'$,$c = 78°46'$。

9.3　冰棍的棍或压板提供很好的棒。

9.5　(a) 加速度是在单位时间内速度的增加量。

9.6　(a) 张开圆规使得给定的线段 AA' 伸展在该圆规的两个简单标度的 100 个标记之间(图 135)。于是,在两个 20 标记之间的距离为给定的线段的五分之一。如果给定的线段太长,没法放进工具的腿之间,我们如何解此题?

(b) 张开圆规使 AA'/OA 为所要的刻度比,则 BB' 是与旧长 OB 有联系的新长。

(c) 将一臂上的 a 与别的臂上的 b 相联接,过第一臂上的 c 作刚才画的线的平行线,交另一臂于所求的第四比例项。

(d) 张开圆规,使得 106 个标记之间的距离等于 150,则 100 个标记之间的距离代表一年前投资的金额,这样做五次,就得所求的金额。

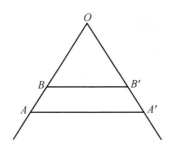

图 135

9.7 (b) 证明$(HG)^2 = (HB)^2 = (BF)^2 - (HF)^2 = (HE)^2 - (HF)^2$ 等。

(c) 能被找到一一对应的两类, 被称做: 是**相等的**(equivalent), 或有**同样的基数**(cardinality)。比如说, 这么样确定男孩和女孩的关系是可能的: 说男孩数和女孩数一样, 如果每一个男孩有一个且仅有一个女孩中的配手并且反之亦然的话。有限的和无限的类之间的差别在于: 无限的类等于它本身的一部分。

9.8 (c)1000 年。

(d)25A.U。

(f)1 小时又 24 分。

9.10 (a) 对 π' 选择一个平面, 平行于由点 O 和线 l 所确定的平面。

(c) 将 OU 线段影到无限。

(d) 将 LMN 线段射影到无限, 并且利用基本定理: 两个相似的并相似地定位的三角形的对应顶点联线是共点的。

(e) 选择平行于该椭圆的短轴的平面 π' 并使得 π' 与给定椭圆的平面的交角为 θ, 使得 $\cos\theta = b/a$, 在这里, a 和 b 是该椭圆的半长轴和半短轴。然后, 将该椭圆正交地射影于 π' 上。

(g) 令 c 为过 a 和 b 的交点的任何线(图 136)。令 PA 交 c 于 Q, QB 交 MP

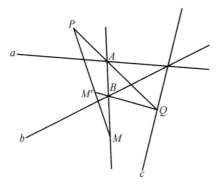

图 136

于 M'。

9.12 (a) 令点 1 和 6 重合,使得线 16 成为该圆锥在点 1 的切线。 *706*

(b) 利用(a)。

(c) 令 1,2,3,4 为四个点,并且 45 为在 4 ≡ 5 的切线,并且令 12 交 45 于 P。过 1 作任何线 16 交 34 于 R;然后,作帕斯卡线 PR 交 23 于 Q。于是,5Q 交 16 于该圆锥上的点 6。

(d) 取 1 ≡ 6 和 3 ≡ 4,并且然后取 2 ≡ 3 和 5 ≡ 6。

(e) 取 1 ≡ 2,3 ≡ 4,5 ≡ 6。

(f) 利用(e)。

9.13 (a) 根据 9.9 节中给出的算术三角形的定义。

(b) 依靠相继地应用(a)。

(c) 用数学归纳法和(a)。

(d) 根据(c)。

(e) 根据(a)。

(f) 根据(e)。

(g) 根据(c)。

10.1 (a) 参看图 137。

(c) 根据(a) 和(b) 和问题研究 3.9(c)。

(d) 我们有 $r + s = g$ 和 $rs = h$。

(e) 我们有 $- r + s = - g$ 和 $- rs = - h$。

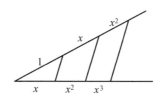

图 137

10.2 (a) $x^3 - 2ax^2 - a^2x + 2a^3 = axy$。

(b) 参看问题 10.1(c)。

(c) 以正交(normal)(或垂直(perpendicular))的形式(form) 考虑 L_1, L_2, L_3, L_4 的方程。我们易于证明:该轨迹的方程是二次的。

(d) 我们求 $x_2 - x_1 = m$。

10.4 (b) $r = (3a\sin\theta\cos\theta)/(\sin^3\theta + \cos^3\theta)$。 *707*

(c) $x = 3at/(1 + t^3), y = 3at^2/(1 + t^3)$;环$(0, \infty)$,下臂$(-\infty, -1)$,上臂$(-1, 0)$。

(d) $y = \pm x \sqrt{\dfrac{3 - x\sqrt{2}}{3x\sqrt{2} + 3}}$。

(e) 我们得 $h + m - k^2 = -2, k(m - h) = 8, mh = -3$，以 k 解 h 和 m 的前两个关系式，然后代入第三个关系式，我们得

$$k^6 - 4k^4 + 16k^2 - 64 = 0$$

k^2 的三次式。

10.5 (a) $\phi(n)$，对于 $n = 2, \cdots, 12$，是 $1, 2, 2, 4, 2, 6, 4, 6, 4, 10, 4$。

(b) 仅有的不超过 p^a 并且不与 p^a 互素的正整数是 p 的 p^{a-1} 倍

$$p, 2p, \cdots, p^{a-1}p$$

(e) 令 $n = ab$，则如果 $x^n + y^n = z^n$，我们有 $(x^a)^b + (y^a)^b = (z^a)^b$。

(f) 假定点 $(a/b, c/d)$（在这里，a, b, c, d 是整数）在该曲线上，则 $(ad)^n + (bc)^n = (bd)^n$。

(g) 考虑其边被

$$a = 2mn, \quad b = m^2 - n^2, \quad c = m^2 + n^2$$

给定的直角三角形。此三角形的面积为

$$A = (1/2)ab = mn(m^2 - n^2)$$

取 $m = x^2$ 和 $n = y^2$，并且令 $x^4 - y^4 = z^2$，我们得

$$A = x^2 y^2 (x^4 - y^4) = x^2 y^2 z^2$$

所以，如果 $x^4 - y^4 = z^2$ 有正整数 x, y, z 为其解，就存在面积为正方形数的整数边直角三角形。

最后，如果 $x^4 + v^4 = z^4$，则 $z^4 - v^4 = (x^2)^2$。

(h) 假定 $\sqrt{3} = a/b$，在这里，a 和 b 是正整数。于是

$$\sqrt{3} + 1 = 2(\sqrt{3} - 1)$$

把 a/b 取代上式右边的 $\sqrt{3}$，我们得

$$\sqrt{3} = (3b - a)/(a - b)$$

因为 $3/2 < a/b < 2$，由此得出 $3b - a$ 和 $a - b$ 是正整数，并且，$3b - a < a$ 而且 $a - b < b$。

10.6 (a) $15 : 1$。

(b) $21 : 1$。

708 10.8 (c) 因为根据蔓叶线的定义（参看问题研究 4.4）

$$r = OP = AB$$

将正弦定理应用于 $\triangle OBC$（图 138）

$$\frac{\sin \alpha}{\dfrac{a\sqrt{2}}{2}} = \frac{\sin \theta}{\dfrac{a}{2}}$$

因此 $\qquad r = AB = a\cos\alpha = a\sqrt{1 - 2\sin^2\theta}$

并且 $\qquad r^2 = a^2\cos 2\theta$

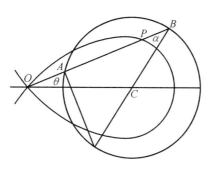

图 138

10.9 (b) 令所选之数为 x，则

$$x = 3a' + a = 4b' + b = 5c' + c$$

因此

$$\frac{40a + 45b + 36c}{60} = \frac{2(x - 3a')}{3} + \frac{3(x - 4b')}{4} + \frac{3(x - 5c')}{5} =$$

$$2x - (2a' + 3b' + 3c') + \frac{x}{60}$$

(c) 在一般情况下，B 以 $q(p + 1)$ 个筹码结束。

10.10 (a) 在椭圆的情况下，考虑在该曲线上离开一个焦点向另一个焦点移动的点；在双曲线的情况下，考虑在该曲线上或离开或趋向两个焦点的点。于是，在第一种情况下，动点的焦半径和是常数；在第二种情况下，焦半径的差是常数。

(b) **球面二角形**（lune）是球面被两个大圆的半圆周围住的部分，球面二角形的**角**（angle）是两个半圆周之间的角。

(c) 扩展给定的三角形 ABC 的边使充满大圆；令 A'，B'，C' 为分别对于 A，B，C 是对映的点。三角形 $A'BC$ 和 $AB'C'$ 是对称的，并且，因而是相等的。由此得出

$$\triangle ABC + \triangle AB'C' = \text{球面二角形 } ABA'C$$

还有

$$\triangle ABC + \triangle AB'C = \text{球面二角形 } BAB'C$$

$$\triangle ABC + \triangle ABC' = \text{球面二角形 } CAC'B$$

于是

$$ABC + AB'C' + AB'C + ABC' = 360\text{ 球面度}$$

而且

709

$$ABA'C + BAB'C + CAC'B = 2(A + B + C) \text{ 球面度}$$

所以

$$2ABC + 360 \text{ 球面度} = 2(A + B + C) \text{ 球面度}$$

(d) 令 S 为球的面积。则 $A : S = E : 720$。但是 $S = 4\pi r^2$。

(e) 98π 方英寸。

10.11   (a) $\ln 2 = 0.693\,15$。

       (b) $\ln 3 = 1.098\,61$。

       (c) $\ln 4 = 2\ln 2 = 1.386\,3$。

11.1   (a) 令 M 表示给定的数量，并且，m 取作小于 M 的同类的任何指定的数量。根据阿基米德的公理，存在一个整数 $n \geqslant 2$ 使得 $nm > M$。因为 $n \geqslant 2$，由此得出：$n/2 \leqslant n - 1$。令 M_1 为从 M 中减去不小于其一半的部分除下的。于是

$$M_1 \leqslant \frac{M}{2} < \frac{nm}{2} \leqslant (n-1)m$$

继续此程序，我们最终得 $M_{n-1} < m$。

       (b) 在图 139 中，$HA = HB < HD$。所以，$\triangle HBD > \triangle HBA$，或 $\triangle HKD > (1/2)(ABCD)$。

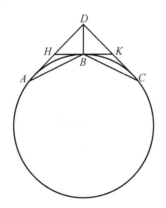

图 139

11.2   (a) 我们 $(OM)(AO) = (OP)(AC)$。求和，于是我们得

$$(\text{弓形的面积})(HK) = (\triangle AFC)KC/3$$

11.3   (a) $2\pi rh$。

       (b) 参考微积分课本。

       (c) $V = 2r^2h/3$，$r = $ 圆柱的半径，$h = $ 楔形的高。

       (d) $V = 16r^3/3$。

11.4   (a) 考虑三棱柱 $ABC - A'B'C$。以 $B'AC$ 和 $B'A'C$ 平面剖此棱柱。

(c)$V = 2r^2h/3$。

(d)$V = \pi h^3/6$。

(e)参看(d)。

(g)$V = 2\pi^2 cr^2$。

(h)$A = \pi a^2$。

(i)多边形 2 边间的等距一致地变化长度,而圆中的等距弦不然。

11.5 (b)令 O 为中截面上的任何点,并且,从该旁面三角台移去以 O 为顶点并分别以上、下底为底的棱锥 P_U 和 P_L,则 P_U 和 P_L 的体积被给定为 $hU/6$ 和 $hL/6$。然后,如果必要,作些对角线,使得该旁面三角台的所有侧面为三角形,并且经过过 O 和侧棱的平面,分该旁面三角台的余下部分为一组棱锥(每一个以 O 为顶点并以该旁面三角台的侧三角面为其对着的底)。证明这些棱锥之一的体积为 $4hS/6$(在这里,S 是包括在这棱锥中的,旁面三角台的中截面的面积)。

(c)为一个底的距离的二次函数的任何截面等于棱柱的不变截面面积、楔形的截面面积(与和底的距离成正比)以及棱锥的截面面积(与和底的距离之平方成正比)的代数和。这样,旁面三角台等于平行六面体、楔形和棱锥的体积的代数和。然后,应用(a)。

(d)令 $A(x) = ax^2 + bx + c$。证明

$$V = \int_o^h A(x)\,\mathrm{d}x = \frac{h}{6}\left[A(O) + 4A\left(\frac{h}{2}\right) + A(h)\right]$$

11.6 (b)用数学归纳法。

11.8 (b)令 $x = y + h$,于是,根据(a)

711

$$f(x) \equiv f(y + h) \equiv f(h) + f'(h)y + \cdots + f^{(n)}(h)\frac{y^n}{n!}$$

如果 h 使得 $f(h), f'(h), \cdots, f^{(n)}(h)$ 全为正数,则(y 的)方程 $f(y + h) = 0$ 不能有正根。即,$f(x) = 0$ 没有大于 h 的根,并且,h 是 $f(x)$ 的根之上界。

(c)我们有

$$f^{(n-k)}(a + h) \equiv f^{(n-k)}(a) + f^{(n-k+1)}(a)h + \cdots + f^{(n)}(a)\frac{h^k}{k!}$$

这表明:如果 $f^{(n-k)}(a), f^{(n-k+1)}(a), \cdots, f^{(n)}(a)$ 全为正的,则 h 也是正的,则 $f^{(n-k)}(a + h)$ 必定为正。类似地,其他函数对于 $x = a + h$ 也是正的。

(d)最大的根在 3 与 4 之间。

11.9 (a)考虑图 140 中表明的四种情况。

(b)2.094 551 4,准确到七位。

(c)4.493 4。

(h) 参看,例如,W.V.Lovitt,Elementary Theory of Equations,p.144.

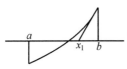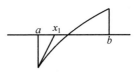

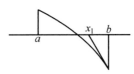

图 140

12.1　(a)$B_1 = 1/6, B_2 = 1/30, B_3 = 1/42, B_4 = 1/30, B_5 = 5/66$。

　　　(b)7 709 321 041 217 = 37(208 360 028 141)。

　　　(c)$B_4 = -1 + 1/2 + 1/3 + 1/5; B_8 = 6 + 1/2 + 1/3 + 1/5 + 1/17$。

12.2　(a) 用数学归纳法。

　　　(b) $\cos 4x = 8\cos^4 x - 8\cos^2 x + 1$。

　　　　 $\sin 4x = 4\sin x \cos x - 8\sin^3 x \cos x$。

　　　(c) $(-1-i)^{15} = 2^{15/2}(\cos 225° + i\sin 225°)^{15} =$

　　　　　　　　　　　$2^{15/2}(\cos 3\ 375° + i\sin 3\ 375°) =$

　　　　　　　　　　　$2^{15/2}(\cos 135° + i\sin 135°) = 2^7(-1+i)$

　　　(d)$\cos(n\pi/2) + i\sin(n\pi/2) = [\cos(\pi/2) + i\sin(\pi/2)]^n = i^n$。

　　　(e)$\pm 1, \pm(\sqrt{2} + i\sqrt{2})/2, \pm i, \pm(\sqrt{2} - i\sqrt{2})/2$。

712　12.3　(c) 每掷一次,平均出现 2.996 个正面。

　　　(d) 每掷一次,平均出现 2 个正面。

　　　(e) 每掷一次,平均出现 3 个正面。

　　　(f) 平均值大为增长;中位数增加不多;众数保持不变。

　　　(g) 众数。

　　　(h) 它们全一样。

12.4　(a) $\sin z = z - z^3/3! + z^5/5! - z^7/7! + \cdots$

　　　　　 $\cos z = 1 - z^2/2! + z^4/4! - z^6/6! + \cdots$

　　　　　 $e^z = 1 + z + z^2/2! + z^3/3! + z^4/4! + \cdots$

12.7　参看,例如 Cadwell 著 Topics in Recreational Mathematics,第 15 章。

12.8　参看,例如 Ball 著 Mathematical Recreations and Essays (第 11 版)pp.
　　　242-254。

12.10 (b) 我们有 $\mathrm{d}u = x\mathrm{d}y - y\mathrm{d}x$。对于此圆,这成为

$$\mathrm{d}u = x\mathrm{d}(1 - x^2)^{1/2} - (1 - x^2)^{1/2}\mathrm{d}x = -\frac{\mathrm{d}x}{(1 - x^2)^{1/2}}$$

从而

$$u = \int_1^x \frac{-\mathrm{d}x}{(1 - x^2)^{1/2}} = \cos^{-1} x$$

对于该双曲线,我们有

$$\mathrm{d}u = x\mathrm{d}(x^2 - 1)^{1/2} - (x^2 - 1)^{1/2}\mathrm{d}x = \frac{\mathrm{d}x}{(x^2 - 1)^{1/2}}$$

从而

$$u = \int_1^x \frac{\mathrm{d}x}{(x^2 - 1)^{1/2}} = \ln[x + (x^2 - 1)^{1/2}]$$

12.16 为了综合地处理(b)、(c)、(d)、(f),分别参看 1964 年 Chelsea Publishing Company 出版的 Altshiller-Court 著 Modern Pure Solid Geometry(第二版)第 228,232,233,299 节。此问题研究的这几部分的分析处理为好学的青年提供立体解析几何的研究课题。

12.17 (a) 考虑三种情况:(1)C 在 A 与 B 之间;(2)B 在 A 与 C 之间;(3)A 在 C 与 B 之间。

(b) 利用(a)。

(c) 根据(b),我们有:左边的项

$$AD(DC - DB) + BD(DA - DC) + CD(DB - DA)$$

(d) 从 $AM = MB$ 开始,然后以点 P 为原点。

(e) 以点 P 为原点。

(f)$AA' = OA' - OA = (O'A' - O'O) - OA$,等。

(g) 引入原点 O,并且令 M 和 N 表示 CR 和 PQ 的中点。于是,$4OM = 2OR + 2OC = OA + OB + 2OC = OB + OC + 2OQ = 2OP + 2OQ = 4ON$。或,如果 A,B,C 不共线,M 和 N 显然重合;然后,令 C 趋近与 A 及 B 共线。

713

12.18 (a) 如果 $\triangle ABC$ 的边 BC,CA,AB 遇 n 次代数曲线于 $P_1,P_2,\cdots,P_n;Q_1,Q_2,\cdots,Q_n;R_1,R_2,\cdots,R_n$,则

$$(AR_1)(AR_2)\cdots(AR_n)(BP_1)(BP_2)\cdots(BP_n)(CQ_1)(CQ_2)\cdots(CQ_n) =$$
$$(AQ_1)(AQ_2)\cdots(AQ_n)(BR_1)(BR_2)\cdots(BR_n)(CP_1)(CP_2)\cdots(CP_n)$$

(b) 如果一个多边形的边 $AB,BC,CD,\cdots$ 交一圆锥于 A_1 和 A_2,B_1 和 B_2,C_1 和 $C_2,\cdots$,则

$$(AA_1)(AA_2)(BB_1)(BB_2)(CC_1)(CC_2)\cdots =$$

$$(BA_1)(BA_2)(CB_1)(CB_2)(DC_1)(DC_2)$$

    (c) 证明：将原点移到点 (x_0, y_0)，多项式 $f(x, y)$ 最高次项系数不变，常数项成为 $f(x_0, y_0)$。

    (d) 过多边形所在平面上任何一点 O 画平行于多边形的边的直线。然后，应用(c)于该多边形的每一对邻边上。

13.1   (a) 我们有 2 直线：$x \pm y = 0$ 和双曲线 $xy = 2$。

    (b) 我们有 2 双曲线：$x^2 - y^2 - 2y = 0$ 和 $2xy + 2x + 1 = 0$。

13.2   参看，例如，D. M. Burton, Elementary Number Theory, 修订版第 4 章。

13.3   (a) $n(a + 1)/2$。

    (c) 令 $p = 4m + 3$，$q = 4n + 3$，则 $P = (p - 1)/2$ 和 $Q = (q - 1)/2$ 二者均为奇数，从而 $(-1)^{PQ} = -1$。

13.5   (a)(1) 收敛，(2) 绝对收敛，(3) 发散。

    (b)(1) 收敛，(2) 发散。

    (c)(1) 收敛，(2) 发散。

13.6   (a) 根据 G3，存在 c^{-1}。由于 $a * c = b * c$，于是我们有 $(a * c) * c^{-1} = (b * c) * c^{-1}$ 或根据 G1，$a * (c * c^{-1}) = b * (c * c^{-1})$，采用 G3，我们于是有 $a * i = b * i$，从而最后根据 G2，$a = b$。

    (b) 根据 G3，存在 a^{-1}，因此，逐次应用 G1, G3, G2, G3，我们有 $(i * a) * a^{-1} = i * (a * a^{-1}) = i * i = i = a * a^{-1}$，根据(a)，我们于是有 $i * a = a$。但是根据 G2，我们有 $a * i = a$，于是由此得出 $i * a = a * i$。

    (c) 令 i 和 j 为该群的两个单位元素。于是，将 G2 应用于单位元素 j，$i * j = i$，再根据(b)，$i * j = j * i$。但是将 G2 应用于单位元素 i，$j * i = j$。然后，由此得出 $i = j$。

    (d) 逐次应用 G1, G3, 和(b)，$(a^{-1} * a) * a^{-1} = a^{-1} * (a * a^{-1}) = a^{-1} * i = i * a^{-1}$。所以根据(a)，$a^{-1} * a = i$。但是，根据 G3，$a * a^{-1} = i$，于是由此得出 $a^{-1} * a = a * a^{-1}$。

13.8   问题研究 13.7 中的(a)、(b)、(c)、(d)、(e) 哪几个群是阿贝尔群。

13.9   (a) 令 M 为底 AB 的中点。作 DM 和 CM。

    (c) 从该三角形的顶点向该三角形两边中点联线作一垂线。

13.15   (a) $*$ 既不是可交换的又不是可结合的；丨既是可交换，又是可结合的；分配律成立。

    (b) 定律中没一个成立。

    (c) 只有两个交换律成立。

    (d) 丨是可结合的，并且分配律成立。

714

13.18　(f) 不存在零因子；乘法在左消去律被打破。

(g) 证明 $\begin{bmatrix} 0 & 1 \\ 0 & 1 \end{bmatrix} = \begin{bmatrix} a & b \\ c & d \end{bmatrix}^2$ 蕴涵：(1) $b(a + d) = 1$,(2) $c(a + d) = 0$,

(3) $a^2 + bc = 0$,(4) $cb + d^2 = 0$,由(1) 推出 $a + d \neq 0$。所以,由(2)
$c = 0$,因此,由(3) 和(4), $a = d = 0$。这和 $a + d \neq 0$ 的结论矛盾。

13.19　参看,例如,H. Eves, Elementary Matrix Theory, Sections 1.7 A and 6.7.

13.20　(c) 这可用几种方法证明,但是,每一个都是复杂的。到关于向量分析
的某些课本中去查询此证明。

14.2　(b) 参看,例如,Altshiller-Court 著 Modern Pure Solid Geometry,第二版,第
170 节,P.57。

(c) 参看上述引文中第 172 节,P.58。

(d) 参看上述引文中第 176.1 节,P.59。

14.3　只当四面形的每一个棱与其对边下交时(这样的四面形被称做**垂心四面
形**(orthocentric tetrahedron))。

14.5　(c) 代替平面角的等角共轭线,考虑二面角的等角共轭面(isogonal
conjugateplanes)。

14.6　(a) $\cos \theta = \cos(2\theta/3 + \theta/3)$。

(b) 正九边形的中心角为 $40° = (2/3)60°$。

(d) 令 $7\theta = 360°$,则 $\cos 3\theta = \cos 4\theta$,或令 $x = \cos \theta, 8x^3 + 4x^2 - 4x - 1 = 0$。

(f) $m^3 = 2s^3$。

(h) 令 c 为单位圆的周长,则 $c = 2\pi$。

(i) 取 $AOB = 90°$,并且令 M 和 N 为从 P 在 OA 和 OB 上作垂线之垂足。
令 R 为矩形 $OMPN$ 之中心。然后,如果 CD 是对于 $\angle AOB$ 和点 P 之
菲朗线,证明 $RE = RP$,并且因此 $RD = RC$。我们于是有倍立方问题
阿波洛尼乌斯解(参看问题研究 4.3)。

14.7　(c),(d) 参看 R.C.Yates 著 The Trisection Problem。

14.8　参看 Howard Eves 著,A Survey of Geometry,第一册,Section 4-4。

14.9　参看 A.E.Hallerberg, "The geometry of the fixed-compass," The
Mathematics Teacher (April) 1959:230-224 和 A.E.Hallerberg, "Georg
Mohr and Euclidis Curiosi," The Mathematics Teacher (February)1960:
127-132.

14.10　(a) 单纯度 13,确合度 8。

(b) 单纯度 9,确合度 6。

(c) 单纯度 9,确合度 5。

(d) 单纯度9,确合度5。

(e) 单纯度8,确合度5。

14.11 (g) 此定理是自对偶的。

14.14 (a)(1)$\alpha = \beta$。(2)$\alpha + \beta = k$。

(b) $x = \alpha(\cot \alpha - \cot \beta)/2(\cot \alpha + \cot \beta), y = a/(\cot \alpha + \cot \beta), \alpha = \cot^{-1}[(a - 2x)/2y], \beta = \cot^{-1}[(a - 2x)/2y]$,在这里,$a = AB$。

(c)(1) 椭圆;(2) 竖立的直线;(3) 直线。

(d)(1)$(x^2 + y^2)^2 = a^2(x^2 - y^2)$,(2)$x^2 + y^2 + ax = a\sqrt{x^2 + y^2}$。

(f)$x = r\cos \phi \cos \theta, y = r\cos \phi \sin \theta, z = r\sin \phi$。

14.16 (f)2;(g)2;(h)2;(i)4;(j)3;(k)3;(l)6;(m)4;(n)3:(o)2。

14.17 参看,例如,H. Eves, A Survey of Geometry, vol. 2, section 9 – 2。

14.18 (b)$(b, - a, 0)$。

(d)$2x + y + k = 0$。

(e)$x^2 + y^2 + 2fyz + 2gxz + cz^2 = 0$。

(g) 参看,例如,H. Eves, A Survey of Geometry, vol. 2, Theorem 10.3.9(P.83)。

14.20 (a) 所有点 z 的集合,使得

$$z_i = (1 - t)x_i + ty_i$$

在这里,t 是任意实数。

(b) 数$(y_i - x_i)/d$ 的有序集,$i = 1, \cdots, n$,在这里,d 是两个给定点之间的距离。

(c) 在(a) 中限制 t,使得 $0 < t < 1$。

(d)z 点,使得 $z_i = (x_i + y_i)/2$。

(f) "1","2" 和 "3" 是显然的。往证"4":先证明点 2 之间的距离在平移下不变。所以,如果点 x, y, z 受到把 y 带到原点的平移的变换,"4" 的有效性不变。于是,"4" 归结为不等式

$$\left[\sum (x_i - z_i)^2 \right]^{1/2} \leqslant \left(\sum x_i^2 \right)^{1/2} + \left(\sum x_i^2 \right)^{1/2}$$

这可用简单的代数证明。

14.22 (a) 利有问题研究 12.10 的关系式。

(c) 这是(a) 和(b) 的直接推论。

(e)$k = - (1/OP)(1/QT) = - 1/(QF)^2 = - 1/k^2$。

14.26 (a)$\log(1/2) < 0$。

(c) 如果两个分数是相等的并且有相等的非零(nonzero)分子,则它们也有相等的分母。

(d) 对于 $k = 2$,检验第 2 步。

(e) 对于 $a = 1$ 或 $b = 1$,检验第 2 步。

14.27　(a) 因为该被积函数在 $x = 0$ 不连续,该积分是反常的。

(b) 对端点检验极大值和极小值。

(c) 对端点检验极大值和极小值。

(d) 不要忘记积分常数。

14.28　参看,例如,Howard Eves 著 A Survey of Geometry,第二册,Section 13.4。

14.29　(b) 否,例如,$\sqrt{2}$ 是代数的,因为它是 $x^2 - 2 = 0$ 的一个根。

(c) 代数的。它是 $x^2 + 1 = 0$ 的根。

(d) 如果 $\pi/2$ 是多项式方程的根,则 π 是多项式方程 $f(x/2) = 0$ 的根。

(e) 如果 $\pi + 1$ 是多项式方程 $f(x) = 0$ 的根,则 π 是多项式方程 $f(x + 1) = 0$ 的根。

(f) 如果 $\sqrt{\pi}$ 是多项式方程 $f(x) = 0$ 的根,则 π 是多项式方程 $f(\sqrt{x}) = 0$ 的根。对于 $\sqrt{x}$ 求解,将左右两边平方,等。

14.30　(d) 考虑 $-x$ 形式的所有数的集合 N,在这里,x 是在 M 中的。

(g) 最小上界 $= 2$,最大下界 $= -2$;最小上界 $= 3/2$,最大下界 $= -1$。

(h) 不。

(i) 不。

14.31　(b) 如果 p 是合数,则 $p = ab$,在这里 $a \leqslant b$;并且,从而 $a^2 \leqslant p$。

(c) 对于 $n = 10^9$,我们有 $(A_n \log_e n)/n = 1.053\cdots$。

(d) 考虑 $(n + 1)! + 2, (n + 1)! + 3, \cdots, (n + 1)! + (n + 1)$。

15.4　前四个公设的证实没有多大困难。为了证实第五个公设,只要证明两条寻常地相交直线(每一条由一对约束点确定),交于约束点。依靠证明:由两个有有理坐标的点确定的直线之方程有有理系数,并且,两条这样的直线,如果它们相交,必定相交于有有理坐标的点;这可被完成。对于该问题的后部分,考虑中心在原点的单位圆和过原点斜率为 1 的线。于是,根据反证法,此定理得证。

15.6　(a) 令该线过顶点 A 进入该三角形。取在该线上并处于三角形内的任何一点 U。令 V 为线段 AC 上任何一点,并且,画 UV 线。根据帕什公设,UV 会(1)交 AB,或(2)交 BC,或(3)过点 B。如果 UV 交 AB,以 W 表示其交点,并画 WC,然后将帕什公设依次应用于 $\triangle VWC$ 和 BWC。如果 UV 交 BC,以 R 表示其交点;然后,将帕什公设应用于 $\triangle VRC$。如果 UV 过点 B,将帕什公设应用于 $\triangle VBC$。

15.7　T1　假定我们既有 $R(a, b)$,又有 $R(b, a)$。则根据 P3,我们有 $R(a, a)$。但是根据 P2 它是不可能的。因此,这定理归结为矛盾。

T2 因为 $c \neq a$,根据 P1,我们有:或 $R(a,c)$ 或 $R(c,a)$。如果我们有 $R(c,a)$,因为我们还有 $R(a,b)$,则根据 P3,我们有 $R(c,b)$。从而,此定理成立。

T3 假定这定理是错误的,并且令 K 为 a 的任何元素。于是,存在 K 的一个元素 b 使得我们有 $R(a,b)$。根据 P2,$a \neq b$。这样,a 和 b 是 K 的不同元素。

根据我们的假定,存在 K 的一个元素 d 使得我们有 $R(b,c)$。根据 P2,$b \neq c$,根据 P3,我们还有 $R(a,c)$。根据 P2,$a \neq c$。这样,a,b,c 是 K 的不同元素。

根据我们的假定,存在 K 的一个元素 d 使得我们有 $R(c,d)$。根据 P2,$c \neq d$,根据 P3,我们还有 $R(b,d)$ 和 $R(a,d)$。根据 P2,$b \neq d$,$a \neq d$。这样,a,b,c,d 是 K 的不同元素。

根据我们的假定,存在 K 的一个元素 e 使得我们有 $R(d,e)$。根据 P2,$d \neq e$,根据 P3,我们还有 $R(c,e)$,$R(b,e)$,$R(a,e)$。根据 P2,$c \neq e$,$b \neq e$,$a \neq e$,这样,a,b,c,d,e 是 K 的不同元素。

这样,与 P4 矛盾。因此根据反证法,此定理得证。

T4 根据 T3,存在至少一个这样的元素,比如说 a。令 $b \neq a$ 为 K 的任何别的元素。根据 P1,我们有:或 $R(a,b)$,或 $R(b,a)$,但是,根据假定,我们没有 $R(a,b)$。所以,我们必定有 $R(b,a)$,并且,此定理得证。

T5 根据定义 1,我们有,$R(b,a)$ 和 $R(c,b)$。根据 P3,我们则有 $R(c,a)$;或根据定义 1,我们有 $D(a,c)$。

T6 假定 $a \neq b$。于是,根据 P1,我们有:或 $R(a,b)$,或 $R(b,a)$。假定我们有 $R(a,b)$。因为我们有 $F(b,c)$;我们根据定义 2 还有 $R(b,c)$。因为已给定:我们有 $F(a,c)$;这是不可能的。假定我们有 $R(b,a)$。因为我们有 $F(a,c)$,我们根据定义 2 还有 $R(a,c)$。因为已给定:我们有 $F(b,c)$;这是不可能的。这样,无论在哪一种情况下,都与我们的假定有矛盾。因此,根据反证法,此定理得证。

T7 因为根据定义 2 我们有 $R(a,b)$ 和 $R(b,c)$。所以根据定义 2,我们不能有 $F(a,c)$。

717 15.8 (a) T1:如果 a 是 b 的被继承人,则 b 不是 a 的被继承人。

T2:如果 a 是 b 的被继承人,并且如果 c 是 K 的不同于 a 和 b 的某第三成员,则:或 a 是 c 的被继承人,或 c 是 b 的被继承人。

T3:存在 K 中的某人不是 K 中任何人的被继承人。

T4:K 中仅存一人不是 K 中任何人的被继承人。

定义 1:如果 b 是 a 的被继承人,我们说:a 是 b 的继承人(descendant)。

T5:如果 a 是 b 的被继承人,并且 b 是 c 的继承人,则 a 是 c 的继承人。

定义 2:如果 a 是 b 的被继承人,并且不存在 K 的个别 c 使得 a 是 c 的被继承人,并且 c 是 b 的被继承人,则我们说:a 是 b 的父亲(father)。

T6:K 的一个人,在 K 中至多有一个父亲。

T7:如果 a 是 b 的父亲并且 b 是 c 的父亲,我们说:a 不是 c 的父亲。

定义 3:如果 a 是 b 的父亲并且 b 是 c 的父亲,我们说:a 是 c 的祖父(grandfather)。

(d) 因为 T1 已从 P1,P2,P3,P4 被导出。所有余下的工作是从 P1,T1,P3,P4 推导 P2。

15.9   (b)"若 A 则 B" 的逆(converse)是"若 B 则 A"。

     (c)"若 A 则 B" 的反(opposite)是"若非 A,则非 B"。

15.10   (a) 每小时 48 英里。

     (b)2.4 天。

     (d)$67\frac{1}{2}$ 分。

     (e) 第二项。

     (f) 在 59 秒末。

     (g) 很高的工资。

     (h)11 秒。

     (i)5 分。

     (j) 哪个也不;总量相等。

     (k) 最后的堆将超过 17 000 000 英里高。

     (l) 否。

     (m) 三分之一。

     (n) 是。

15.13   (a) 将 S 的元素解释为彼此平行的但没有轴彼此理合的直角笛卡儿参考标架的集合,并且,令 bFa 意指 b 标加的原点在 a 标架的第一象限内。或将 S 的元素解释为所有有序实数对 (m,n) 的集合;并且,令 $(m,n)F(u,v)$ 意指:$m > u, n > v$。

15.14   (a) 将这些蜜蜂看做 A,B,C,D,E,F 六个人,并且把四个蜂群看做 $(A,B,C),(A,D,E),(B,F,E)$ 和 (C,F,D) 四个委员会。或把这些蜜蜂和蜂群分别看做形成完全四边形的顶点和边的六棵树和四行树。

     (b) 为了证明 P2 的独立性,把这些蜜蜂形成正方形的顶点和边的四棵树和四行树。为了证明 P3 的独立性,把这些蜜蜂看做位于等边三角形的顶点及一个高的垂足上的四棵树。为了证明 P4 的独立性，把这些蜜蜂和蜂群看做由一个三角形的顶点和边形成的三棵树和三行树。

718

(c) 以 a, b, c, d 表示四个蜂群，并且，以自然数 $1, 2, 3, \cdots$ 表示这些蜜蜂。此公设必然地导致图 141 的图表；在其中，任何格中的自然数表示由包括该格的行和列的表首给定的两个蜂群共有的唯一的蜂。于是，根据此图表，所有三条定理是显然的。

	a	b	c	d
a		1	2	3
b	1		4	5
c	2	4		6
d	3	5	6	

图 141

15.15 (e) 根据 M1′，我们有

$$d(x, y) \leqslant d(y, z) + d(z, x)$$

并且将 x 和 y 对换，$d(y, x) \leqslant d(x, z) + d(z, y)$。令第一个不等式中 $z = x$，并且令第二个不等式中 $z = y$，我们得（记住 M2）

$$d(x, y) \geqslant d(y, x) \leqslant d(x, y)$$

由此得出：$d(x, y) = d(y, x)$。

在 $d(x, z) \leqslant d(z, y) + d(y, x)$ 中，令 $z = x$。于是，因为根据 M2，$0 = d(x, x)$，根据上述，$0 \leqslant d(x, y) + d(y, x) = 2d(x, y)$。从而 $d(x, y) \geqslant 0$，等。

(g – 3) 只是证实三角形不等式有些困难。以 a, b, c 分别表示 $d(y, z)$，$d(z, x), d(x, y)$。于是，我们有

$$\frac{b}{1 + b} = \frac{1}{\frac{1}{b} + 1} \leqslant \frac{1}{\frac{1}{c + a} + 1} = \frac{c + a}{1 + c + a} =$$

$$\frac{c}{1 + c + a} + \frac{a}{1 + c + a} \leqslant \frac{c}{1 + c} + \frac{a}{1 + a}$$

(h) 对于(c)，该圆(circle)呈现为以 c 为中心，并且，其对角线长 $2r$ 且平行于坐标轴的正方形。

15.16 (a) 令 M_1 为 AB 的中点，M_2 为 $M_1 B$ 的中点，M_3 为 $M_2 B$ 的中点，等。以

E 表示 $[AB]$ 上除去 $A,B,M_1,M_2,M_3,\cdots$ 点外的所有点的集合。于是,我们有

$$[AB] = E,A,B,M_1,M_2,M_3,\cdots$$
$$(AB] = E,B,M_1,M_2,M_3,\cdots$$
$$[AB) = E,A,M_1,M_2,M_3,\cdots$$
$$(AB) = E,M_1,M_2,M_3,\cdots$$

于是,显然,在这四个线段的任一个的点,与四个线段的任何另一个的点之间能建立一一对应。

(b) 从图 142 开始。

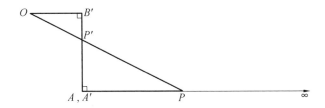

图 142

15.17 (b) 利用 15.4 节定理 1 的证明采用的概念。

(c) 用间接的论证,连同 15.4 节的定理 1 及本题中的(a)。

(d) 用间接的论证,连同 15.4 节的定理 2 及本题中的(a)。

15.21 (a) 参看 Problem E832. The American Mathematical Monthly 56(1949):407。

(c) 否,因为在直线或圆上有 c 个点,并且只有 d 个有理数和 d 个代数数。

(d) 在该给定直线上取数轴。在每一区间中选一个有有理坐标的点。这些点全不相同,所以与区间一一对应;并且,它们组成所有有理数的可数集合的一个无限子集。

15.23 (b) 将一条纸扭过 540°,然后将其端胶到一起形成的曲面。

(c) 参看图 143。此曲面由 F.Frankel 和 L.S.Pontryagin 发现于 1930 年。

(d) 圆盘。

15.25 (b) 一个四面形有六条棱,一个有正方形底的棱锥有八条棱。假定存在一个七棱简单闭合多面形。专注在该多面形的任何个别的面上,并且假定那个面有 n 条棱。因为从此面的每一顶点至少发出三条棱,我们知道 $2n \leqslant 7$ 或 $n < 4$。由此得出,该多面形的所有的面必定是三角形,从而,$3f = 2e = 14$。但是,这是不可能的,因为 f 是整数。

719

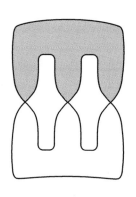

图 143

15.26 (a) 关系式(1) 和(2) 是显然的,关系(3) 和(4) 结果发生,因为每一条棱正好从两个顶点发出。为了得到(5),注意: $v - e + f = 2$,或 $2v + 2f = 4 + 2e$。代入(1)、(2)、(3),我们于是得

$$2(v_3 + v_4 + \cdots) + 2(f_3 + f_4 + \cdots) = 4 + 3f_3 + 4f_4 + 5f_5 + \cdots$$

或 $\qquad 2(v_3 + v_4 + \cdots) = 4 + f_3 + 2f_4 + 3f_5 + 4f_6 + \cdots$

为了得到(6),我们类似地将(1)、(2)、(3),代入 $2v + 2f = 4 + 2e$。双倍(6),加上(5),生成

$$4(f_3 + f_4 + \cdots) + 2(v_3 + v_4 + \cdots) = 8 + (2v_3 + 4v_4 + 6v_5 + 8v_6 + \cdots) +$$
$$4 + (f_3 + 2f_4 + 3f_5 + 4f_6 + \cdots)$$

或

$$3f_3 + 2f_4 + f_5 = 12 + (2v_4 + 4v_5 + 6v_6 + \cdots) +$$
$$(f_7 + 2f_8 + 3f_9 + \cdots)$$

它是式(7)。

(b) (a) 的关系式(7) 有些容易得到的推论。

(c) 由于(1),(a) 的关系式(7) 归结为 $f_5 = 12$;由于(2),它归结为 $2f_4 = 12$,或 $f_4 = 6$;由于(3),它归结为 $3f_3 = 12$,或 $f_3 = 4$。

15.27 (e) H1 和 H2 的证实,显然,略去。

往证 H3:令 $d(x, y) < r$,并且令 $R = r - d(x, y) > 0$。三角不等式说: $d(x, y') \leqslant d(x, y) + d(y, y') = (r - R) + d(y, y') < r$,如果 $d(y, y') < R$ 的话。以 $S(c, r)$ 表示以 c 为圆心,以 r 为半径的圆的内部,则我们有 $S(y, R)$ 被包括于 $S(c, r)$ 中。

往证 H4:令 x 为不同于 y 的点,并且令 $r = d(x, y) > 0$。于是,易于证明: $S(x, r/3)$ 和 $S(y, r/3)$ 没有公共点。

(f) 因为 x 是 S 的一个极限点, x 的任何邻域 N_x 包括 S 的一点 y_1(在这里, $y_1 \neq x$)。根据 H4,存在 y_1 和 x 的不相交的邻域 N_{y_1} 和 N'_x。再则,

根据 H2,存在 x 的一个邻域 N''_x,同时包括于 N_x 和 N'_x 中。由此得出:y_1 不在 N''_x 中,但是,因为 x 是 S 的一个极限点,N''_x 并且因此 N_x,包括 S 的一点 y_2(在这里,y_2 不同于 x 和 y_1)。继续这样做,我们得到:N_x 包括 S 的不同点 $y_1,y_2,\cdots$ 的无限序列,并且,此定理得证。

15.39　(a) 以 T(真),F(假),?(其他)表示一个命题的三种可能的真值。我们可以对图 144 中表述的合取作真值表:在这里,根据我们的涉及"p 和 q"的意义的约定,表的左上格必定是 T,并且,此表中没有别的格能填 T。因为还留下八信格,并且,每一个必定以两个可能(F 或?)之一被填写,填写这八个格总共有 $2^8 = 256$ 种可能的方法。

　　　 (b) 关于否定的真值表可被作出,如图 145 所示。在其中,填非 p 列顶上面那格有两种方法(即以 F 或?);填中间那格有三种方法(即以 T,F,或?)填最下面那格有两种方法(即以 T 或?)。

　　　 (c)$(256)(12) = 3\ 072$。

　　　 (d)$m^{m-2}(m-1)^{m^2+1}$。

∧		q	
	T	?	F
T	T		
?			
F			

(P 在左侧标注 T, ?, F 行)

p	非 $-p$
T	
?	
F	

图 144　　　　　　　　　　　图 145

15.33　(a) 参看,例如,Howard Eves, Mathematical Circles Squard, Boston: Prindle, Weber & Schmidt, 1972, pp. 53-55.

　　　 (b) 参看,例如,Ball-Coxeter, Mathematical Recreations and Essays. New York: Macmillan, 1939, pp, 165-170.

索 引

（条目后所注页码为原书页码，即排在本书切口处的页码）

G

I

Z

编
辑
手
记

世界著名大数学家莱布尼茨(Leibniz)指出:"历史学的用处不只是可以给每一个人应得的公道以及其他人可以期盼类似的称赞,也通过辉煌的事例促进发现的艺术,昭示其发现的方法。"

1941年4月,钱穆应邀在江苏同乡会以题为《我所提倡的一种读书方法》做演讲,批评"现在人太注意专门学问,要做专家。事实上,通人之学尤其重要。做通人的读书方法,要读全书,不可割裂破碎,只注意某一方面;要能欣赏领会,与作者精神互起共鸣;要读各方面高标准的书,不要随便乱读。……读一书,不要预存功利心,久了自然有益"。(原载:治史三书·钱穆宾四先生与我.严耕望,著.沈阳:辽宁教育出版社,1988:242.)①

写过小说《奋斗》的畅销书作家石康曾在一篇题为《1999年我对写作生涯的一点想法》的文章中写了一段令笔者惊奇的话,他说:"一天,我因为等一个人早到了一会儿,就逛了一家书店,我随手买了一本美国伊夫斯(Eves)所著的《数学史概论》扔进车里。没想到,在以后的几个月内,这本书成了我的主要读物。当然,读这本书需要买更多的书作为参考读物,如果参与讨论,还需要纸、笔、直尺与圆规,需要清醒的头脑,需要通宵的灯火与艰难的思索。我忽然明白了,以前我的所谓文化生涯是多么的轻松,我三天便可读完《存在与虚无》,并手拿笔记,在第四天的酒桌上,理直气壮地说出萨特理论十弊,我想我对我说过的话是思考

---

① 摘编自《承接与延续》,桑兵著.杭州:浙江古籍出版社,2021:73.

过的,我是真诚的,我是认真的。可悲的是,我的话毫无价值,因为那是即兴之作,那是无法检验的,那是说者一说,听者一听就万事大吉的事情,对于很多骗子来讲,那是一笔好买卖。"

很少有被文人认可的数学史读物,本书即是这少数中的极品。

历经多年对外在的、实用的、有形的东西的狂热追求,今天人们终于认识到那些内在的、暂时无用的、看似无形的东西也有其自身的价值,比如文化,所以曾经有一句时兴的口号就叫作:文化是软实力(这个词是哈佛大学的约瑟夫·奈伊(J. Nye)提出的,后来又开始流行一个巧实力(Smart power)的词)。对于数学来说数学文化就藏身于数学史中,随着对文化的重视,沉寂多年的数学史又重新走进了课堂,从中学到大学都再次受到青睐。

数学史著作易写难精,钱穆还曾说:"历史研究的史料边际,首先是整体的规模、范围与系统。史学为综合的学问,须先广博而后专精,由博返约(专、精、博、通的关系,牵扯繁多),读完书然后再做研究,所谓'通学在前,专精在后,先其大体,缓其小节,任何一门学问,莫不皆然,此乃学问之常轨正道'。"(原载:钱穆,《〈新亚学报〉发刊辞》,《新亚学报》,1955:6。)①史学研究需要很长时间的积累。用邓广铭先生的话来说,就是"史学没有神童"。要想有创新是要通过相当长时间的训练和积累的,史学的训练不像搞科学那样需要有天才和创新能力的人,是一般人通过一定的程序和艰苦的积累就可以达到一定的境界。②

国内出版过不少数学史书,但能称为名著的似乎只有克莱因(F. C. Klein)的《古今数学思想》(1~4卷)和亚历山大洛夫(A. D. Aleksandrov)的《数学——它的内容思想方法和意义》(1~3卷),专门一点的有克莱因的《数学在19世纪的发展》(1~2卷),至于其他都略显"山寨"。教而不研则浅,研而不教则空,上面这三部巨著适合于自我攻读或存于书架,不便于教学,而那些国内的教程又不够权威。而伊夫斯这本《数学史概论》则既有名著之誉,又兼利于教学之便,所以这本书的再版对于复兴数学史在数学教育中的地位无疑是有益的。

举个例子,在华南师范大学主办的《中学数学研究》(2024年第7期(下半月))中就刊登了一篇题为《"代数基本定理"阅读材料的教学与反思》的文章。文章的作者河南省濮阳市油田第三高级中学的熊万红老师在讲授复数的引入时就采用了本书中所述的数学史上复数产生所经历的过程。丢番图时代认为

---

① 摘编自《承接与延续》,桑兵,著. 杭州:浙江古籍出版社,2021:136.
② 摘编自《三升斋续笔》,荣新江,著. 杭州:浙江古籍出版社,2021:4.

一元二次方程有两个根,但当其中有一个根为虚数时,方程不可解。卡丹(C. Cardan)在 1545 年出版的著作《重要的艺术》一书中,全面介绍了求解一元三次方程的代数方法,给出了不同方程类型的求根公式,但在使用求根公式、因式分解两种方法同时求解一些特殊的一元三次方程时,得到了无法理解的结果。如求解 $x^3 = 15x+4$ 时,利用求根公式可以求出三个根 $x = -2\pm\sqrt{3}$ 或 $x = \sqrt[3]{2+\sqrt{-121}} + \sqrt[3]{2-\sqrt{-121}}$。而通过因式分解可得,$(x-4)(x^2+4x+1) = 0$,由此可得方程的三个根为 $x = 4$ 或 $x = -2\pm\sqrt{3}$。由此得到了在当时无法理解的等式 $\sqrt[3]{2+\sqrt{-121}} + \sqrt[3]{2-\sqrt{-121}} = 4$。

在解决这些问题时,数学家们当时遇到的最大困扰就是,负数能不能开平方? 如何开平方?

对于一家公司来讲兴衰成败在于两点:做对事,找对人。对于我们数学工作室来讲也是一样,从大势上讲,数学史书该做,而且现在恰是时候,高等教育出版社在我们之前推出的 Victor J. Katz 的《数学史通论》(第二版)就说明了这点。那么谁来写,谁来译呢? 我们要请对人,著名经济学家张维迎(注意不是张维维)先生曾有高论:买土豆不需要品牌,而因为信息对称,质量好判断,但买电脑绝对需要品牌,因为制造者和消费者信息不对称,所以越是知识含量高的东西越需要品牌。图书是知识集合体所以尤其需要品牌,而作者往往是品牌的第一标志,无怪乎有人说他从不看某个人写的所有书,就是在强调作者的品牌作用。

伊夫斯在美国是一位重量级人物,经常与大名鼎鼎的爱因斯坦(A. Einstein)在一起大吃香草冰激凌,它的这部大作也畅销多年出到了今天的第 6 版。

韦伊(A. Weil)曾说过:"一个人应该掌握多少数学知识才能做数学史? 根据有些人的说法,所需的知识与计划写的那些作者所知的差不多;有些人甚至说,知道得越少,在以开放的心态阅读那些作者和避免时代误植上就准备得更好。事实上恰恰相反。没有远超其表面主题的知识,几乎都不可能做到深刻理解任何特定时期的数学,更常见的是,让它有趣的正是那些早期出现的要领和方法注定只是在后来显现在数学家的自觉意识中;历史学家的优先生长策略是分离它们,并追踪它们对后续发现的影响或没有影响,时代误植在于把这种(显)意识知识归因于某个从未有过(这种知识)的作者;把阿基米德(Archimedes)看作积分和微分学的先驱,其对微积分的奠基人的影响几乎不可能被高估和想从他身上看见,正如有时所做的那样,一个微积分的早期实践者,这两者之间有巨大的差别。另外,把笛沙格(Desargues)看作圆锥曲线中射影几何的创始人不存在时代误植,但历史学家必须指出他的工作和帕斯卡(Pascal)的工作不久就陷入最深的被遗忘,只是在庞斯莱(Poncelet)和沙勒(Chasles)独立地重新发现这整个学科后才被拯救出来。"

一部严肃的科学著作也是可以迅速被市场接受的。伟大的生物学家、地质学家和博物学家查尔斯·罗伯特·达尔文(C. R. Darwin, 1809—1882)在1859年11月24日出版了他的皇皇巨著《物种起源》。这本书第一次印刷的1 250本在发行当天就宣告售罄,预示着它巨大的影响力。

而貌似人人都爱读的小说却也有被冷漠的时候。斯坦纳(J. Steiner)曾说过:"我告诉您一个让我后背发凉的数字。在伦敦很不错的书店里,一本新的小说只能存留十九天。如果十九天后它还没在报纸、传媒上获得成功,书店就会宣布:'抱歉,我们没地方摆放它了。'然后它会被退回,用来垫桌脚,或者以三分之一的价格出现在廉价商店里,或者直接被丢弃在大街上。"①

至于译者欧阳绛先生也是一位资深人士,他早年毕业于北京大学数学系且与伊夫斯本人有所交往,一著一译皆为大家鸿儒,我们应该也算请对了人。

下面说说笔者是如何找到这本书的。笔者最早接触到这本书是在1990年,27岁。哈代(G. H. Hardy)曾说过:"数学是年轻人的竞技。"而数学史则一般是数学大家在数学界有了一定地位后开始修身养性的选择,所以以老年人居多。具有代表性的人物有:康托(M. Cantor, 1829—1920)德国数学史家。他最重要的作品是四卷本的《数学史讲座》(*Vorlesungen uber Geschichte der Mathematik*),出版时间跨度28年(从1880年到1908年),讲述了1200—1799年的数学史,被称赞:建立了新学科。1900年他在巴黎国际数学家大会上做了一小时大会报告。埃内斯特罗姆(G. Eneström, 1852—1923)瑞典数学家、统计学家和数学史家。他以引进埃内斯特罗姆指数而闻名,该指数用于识别欧拉(Euler)的著作,大多数历史学者通过埃内斯特罗姆指数来应用欧拉的著作;1884—1914年,他部分出资创立了数学史杂志《数学图书馆》(*Bibliotheca Mathematica*)并作为其出版商;在数学史学科,他是康托观点的批判者;他与Soichi Kakeya的Eneström-Kakeya定理确定了包含实多项式诸根的圆环。坦内里(P. Tannery, 1843—1904)法国数学家和数学史家。虽然坦内里从事烟草行业,但他一生都在研究数学家和数学发展。1883年他开始编辑丢番图(Diophantus)的手稿,1885年他与他人一起开始编辑费马(Fermat)的作品,均在日后出版。他还编

---

① 摘编自《漫长的星期六:斯坦纳谈话录》,乔治·斯坦纳,洛尔·阿德勒,著;秦三澍,王子童,译.桂林:广西师范大学出版社,2020:106.

辑了笛卡儿(Descartes)的工作和书信。他还是 1904 年海德堡国际数学家大会的受邀报告人。外尔(H. Weyl)(写过数论史 *From Hammurapi to Legendre*),中国数学大家中如吴文俊先生等。所以年轻人很少有人愿意搞数学史(也缺少汤因比(A. J. Toynbee)那种历史观),都在摩拳擦掌搞硬东西,如分析,代数之类,及至中年创造力减退眼看成为大师无望便开始搞相对软的数学史之类,像 Reuben Hersh 50 岁之后便再也不能有所创造,随即开始做普及工作及哲学式思考,而布尔巴基集体则把到 50 岁的成员就除名。笔者当时由于受到吴文俊先生中国古算史研究影响也尝试写过一篇中国古代数学史方面的题为《中国古算题觅踪》的小文章。经时任天津师范大学数学系主任李兆华先生推荐发表在《中等数学》杂志上,缘此,后来 1990 年在北京召开《数学辞海》编委会,我便加入了数学史与数学教育小组并结识了马国选(华东师范大学)、杜瑞芝(辽宁师范大学)、张有余(陕西师范大学)等诸位老师,大家都提及此书。30 多年过去了,当时的各位先生均已退休,所以再版此书既算是对那段中国数学史研究黄金时代的一个纪念,也算是对新一轮的数学史热潮的一个献礼。

梁启超在《五十年中国进化概论》中述评道:"其中最可纪念的,是制造局里头译出几部科学书。这些书现在看起来虽然很陈旧,很肤浅,但那群翻译的人,有几位颇忠实于学问。他们在那个时代,能够有这样的作品,其实是多亏了他。"

英国科学史家丹皮尔(W. C. Dampier)曾说过:"再没有什么故事能比科学思想发展的故事更有魅力了。"所以我们相信大中学生会喜欢本书。

美国著名大数学家外尔也曾说过:"除天文学以外,数学是所有学科中最古老的一门科学,如果不去追溯自古希腊以来各个时代所发现与发展起来的概念、方法和结果,我们就不能理解前 50 年数学的目标,也不能理解它的成就。"所以我们相信研究生读本书后也会大有益处。

法国大数学家庞加莱(J. H. Poincaré)认为:如果我们希望预知数学的将来,适当的途径是研究这门学科的历史和现状。所以研读本书对从事科研的教师来说也不无帮助。

英国数学家格莱舍(J. W. L. Glaisher)则是从另一个角度强调了数学史的重要性,他说:"任何一种企图将一种科目和它的历史割裂开来,我确信没有哪一种科目比数学的损失更大。"这就提醒我们千万别做光学知识不了解历史的傻事。

德国数学家汉克尔(H. Hankel)也曾有一段精彩的论述:"在大多数学科里,一代人的建筑往往被另一代人所摧毁,一个人的创造被另一个人的创造所破坏。唯独数学,每一代人都在古老的大厦上添加一层楼。"

意大利的货币单位里拉面值很小,买东西动辄上万里拉,议会曾讨论是否去掉货币单位后面的三个零,结果是否定的,因为教育部门认为:让儿童从小就接触大数,有利于开发他们的智力。我们每个人,包括有权力决策的人的理智都是有限的,而事物诸多方面的联系是隐蔽的,都是互相影响的,所以千万不要将暂时看起来无用的东西轻率地砍掉,文学如此,数学史也是如此。唐代史学家吴兢(670—749)在《贞观政要·任贤》中说道:"以铜为镜,可以正衣冠;以古为镜,可以知兴替;以人为镜,可以明得失。"

历史上,早在 18 世纪法国实证主义哲学家、社会学创始人孔德(A. Comte,1798—1857)就指出:由于个体知识的发生与历史上人类知识发生是一致的,所以对儿童的教育必须符合历史的顺序。基于此美国著名数学史家卡约黎(F. Cajori,1859—1930)认为:如果孔德的理论正确的话,那么数学史对于数学教学来说就是一种十分有效,不可或缺的工具(F. Cajori. *A History of Elementary Mathematics*. New York:Macmillan,1917)。

据华东师范大学数学系的汪晓勤博士介绍,英国人 E. Harper 曾在两所文法学校的一至六年级各选 12 名学生(共 144 人)进行测试,测试内容为丢番图(Diophantus)《算术》中的问题:"已知两数的和与差,证明这两数总能求出"。结果发现:学生对符号代数的认知发展过程是相似的。意大利学者 G. T. Bagni 对一理工科中学的 88 名 16~18 岁,尚未学过无穷级数概念(但已学过无穷集合概念)的高中生进行过一次测试,测试的问题是无穷级数求和。G. T. Bagni 就各种答案对参加测试者进行了访谈,结果发现:就无穷级数而言,历史发展与个体认知发展是相似的,所以懂数学史的教师更会教学。在福柯(M. Foucault)看来,我们今天被普遍接受的知识、思想和信仰,很可能是被后来历史掩饰过或建构过的,它的合理性与合法性其实大有疑问。因此必须对我们现有的知识做层层的追寻和挖掘,弄清其被建构的过程(原载《博览群书》2014 年第 5 期)①。

另外教师适当在课堂上讲点数学史会使课堂变得活跃而有趣,在 30 多年前笔者曾在师范院校数学系讲过几次,很受学生欢迎。2000 年诺贝尔生理医学奖得主发现了神经系统中的信号传递过程,人在轻松的时候,神经递质就多,神经通络连接就顺畅,反之则不然。所以在数学教学中应根据这一原理增强学习者的学习兴趣。现在的数学课已不只是埋头做习题,人文数学的理念已被越来越多的教师所接受。

---

① 摘编自《书山有道》,张剑,著.杭州:浙江古籍出版社,2023:119.

英国科学家查尔斯·罗伯特·达尔文早在 1859 年就向世人揭示了一个规律:但凡存活下来的物种,不是那些最强壮的物种,也不是那些智力最高的种群,而是那些对变化做出最积极反应的物种。现在许多大学的自主招生考试中已经开始有了这样一些渗透着数学史的考题出现,如 2009 年上海交通大学自主招生数学科目第一题是:是谁最早将《几何原本》翻译成中文?

数学家带给人们的惊喜永远多于人们的期待。在 2009 年 2 月份出版的国际著名期刊《天文学与地球物理学》上,一位英国的历史学家 Allan Chapman 报告说:英国数学家 Thomas Harriot 是第一个用望远镜研究天空的人,并于 1609 年 7 月 26 日绘制了第一幅月球表面图。这一时间要比意大利物理学家伽利略(G. Galileo)发表月面环形山图画的时间早几个月,那么是什么原因导致 Harriot 没有公布自己的发现? Chapman 认为:这是因为 Harriot 是一位贵族,他觉得没有必要发表自己的结果,他要的是自得其乐。这也是我们数学工作室的行事风格:低调、内敛、自娱自乐。

许多读者反映说我们工作室出版的图书内容不错,就是有点小贵。记得著名作家奥威尔(G. Orwell)曾算过一笔账:假设一本书卖 8 先令,4 小时就读完,1 小时的花费是 2 先令。这个价格跟去电影院雅座看电影价格差不多……读书是不用花很多钱的消遣,除了收听广播之外,或许最便宜的消遣就是读书。

也许还有读者质疑东北现在这么落后能出来好书吗?

曾经看过一篇写东北的文章。标题为《一种模糊现实与虚构的东北叙事》,其中有两个细节令人记忆深刻。

一是有人发现北京老大爷们的象棋水平严重不如沈阳老大爷们。因为 20 世纪 80 年代是东北老工业基地最后的黄金期。工厂的更衣室和车间都是出象棋高手的好地方。

二是截止到 1988 年,沈阳市仅铁西区就有工厂图书馆 130 个,占全市图书馆总数的近一半!

所以东北不是人不行而是环境使然。再者说哈尔滨工业大学也是可以的。

1931 年年底,梅贻琦从清华留美学生监督处回国就任清华大学校长,在就职演说中,为了强调一个大学之所以为大学,全在于有没有好教授,仿孟子故国说,提出"所谓大学者,非谓有大楼之谓也,有大师之谓也"。此说当时未必引起广泛反响,而近年来却被反复征引,到处流传,作为大学教育今不如昔的铁证,甚或变成所谓世纪之问。可是不知不觉间,意思有了不小的改变。人们普遍质疑在大学的重点建设热潮中,只见大楼起,不见大师出。殊不知梅贻琦的

"大学有大师",所指是要聘请好的师资,并未赋予大学以培养大师的责任。①

2009 年 2 月 3 日的《科学时报》有一篇专访王元先生的文章题目是《陈景润是如何做数学的》,王元先生说:"今天,陈景润值得我们学习的地方,第一条就是他对数学的热爱和追求,一心一意做数学的精神,如果不热爱数学而又要做数学,对国家和个人讲都不好。"我们数学工作室一心一意做数学就是源于我们对数学的热爱。

刘培杰
2013 年 3 月 31 日初稿
2024 年 8 月 25 日修改

---

① 摘编自《承接与延续》,桑兵,著.杭州:浙江古籍出版社,2021:110.

刘培杰数学工作室
已出版(即将出版)图书目录——初等数学

书　名	出版时间	定　价	编号
新编中学数学解题方法全书(高中版)上卷(第2版)	2018—08	58.00	951
新编中学数学解题方法全书(高中版)中卷(第2版)	2018—08	68.00	952
新编中学数学解题方法全书(高中版)下卷(一)(第2版)	2018—08	58.00	953
新编中学数学解题方法全书(高中版)下卷(二)(第2版)	2018—08	58.00	954
新编中学数学解题方法全书(高中版)下卷(三)(第2版)	2018—08	68.00	955
新编中学数学解题方法全书(初中版)上卷	2008—01	28.00	29
新编中学数学解题方法全书(初中版)中卷	2010—07	38.00	75
新编中学数学解题方法全书(高考复习卷)	2010—01	48.00	67
新编中学数学解题方法全书(高考真题卷)	2010—01	38.00	62
新编中学数学解题方法全书(高考精华卷)	2011—03	68.00	118
新编平面解析几何解题方法全书(专题讲座卷)	2010—01	18.00	61
新编中学数学解题方法全书(自主招生卷)	2013—08	88.00	261
数学奥林匹克与数学文化(第一辑)	2006—05	48.00	4
数学奥林匹克与数学文化(第二辑)(竞赛卷)	2008—01	48.00	19
数学奥林匹克与数学文化(第二辑)(文化卷)	2008—07	58.00	36'
数学奥林匹克与数学文化(第三辑)(竞赛卷)	2010—01	48.00	59
数学奥林匹克与数学文化(第四辑)(竞赛卷)	2011—08	58.00	87
数学奥林匹克与数学文化(第五辑)	2015—06	98.00	370
世界著名平面几何经典著作钩沉——几何作图专题卷(共3卷)	2022—01	198.00	1460
世界著名平面几何经典著作钩沉(民国平面几何老课本)	2011—03	38.00	113
世界著名平面几何经典著作钩沉(建国初期平面三角老课本)	2015—08	38.00	507
世界著名解析几何经典著作钩沉——平面解析几何卷	2014—01	38.00	264
世界著名数论经典著作钩沉(算术卷)	2012—01	28.00	125
世界著名数学经典著作钩沉——立体几何卷	2011—02	28.00	88
世界著名三角学经典著作钩沉(平面三角卷Ⅰ)	2010—06	28.00	69
世界著名三角学经典著作钩沉(平面三角卷Ⅱ)	2011—01	38.00	78
世界著名初等数论经典著作钩沉(理论和实用算术卷)	2011—07	38.00	126
世界著名几何经典著作钩沉(解析几何卷)	2022—10	68.00	1564
发展你的空间想象力(第3版)	2021—01	98.00	1464
空间想象力进阶	2019—05	68.00	1062
走向国际数学奥林匹克的平面几何试题诠释.第1卷	2019—07	88.00	1043
走向国际数学奥林匹克的平面几何试题诠释.第2卷	2019—09	78.00	1044
走向国际数学奥林匹克的平面几何试题诠释.第3卷	2019—03	78.00	1045
走向国际数学奥林匹克的平面几何试题诠释.第4卷	2019—09	98.00	1046
平面几何证明方法全书	2007—08	48.00	1
平面几何证明方法全书习题解答(第2版)	2006—12	18.00	10
平面几何天天练上卷·基础篇(直线型)	2013—01	58.00	208
平面几何天天练中卷·基础篇(涉及圆)	2013—01	28.00	234
平面几何天天练下卷·提高篇	2013—01	58.00	237
平面几何专题研究	2013—07	98.00	258
平面几何解题之道.第1卷	2022—05	38.00	1494
几何学习题集	2020—10	48.00	1217
通过解题学习代数几何	2021—04	88.00	1301
圆锥曲线的奥秘	2022—06	88.00	1541

书　名	出版时间	定　价	编号
最新世界各国数学奥林匹克中的平面几何试题	2007—09	38.00	14
数学竞赛平面几何典型题及新颖解	2010—07	48.00	74
初等数学复习及研究(平面几何)	2008—09	68.00	38
初等数学复习及研究(立体几何)	2010—06	38.00	71
初等数学复习及研究(平面几何)习题解答	2009—01	58.00	42
几何学教程(平面几何卷)	2011—03	68.00	90
几何学教程(立体几何卷)	2011—07	68.00	130
几何变换与几何证题	2010—06	88.00	70
计算方法与几何证题	2011—06	28.00	129
立体几何技巧与方法(第2版)	2022—10	168.00	1572
几何瑰宝——平面几何500名题暨1500条定理(上、下)	2021—07	168.00	1358
三角形的解法与应用	2012—07	18.00	183
近代的三角形几何学	2012—07	48.00	184
一般折线几何学	2015—08	48.00	503
三角形的五心	2009—06	28.00	51
三角形的六心及其应用	2015—10	68.00	542
三角形趣谈	2012—08	28.00	212
解三角形	2014—01	28.00	265
探秘三角形:一次数学旅行	2021—10	68.00	1387
三角学专门教程	2014—09	28.00	387
图天下几何新题试卷.初中(第2版)	2017—11	58.00	855
圆锥曲线习题集(上册)	2013—06	68.00	255
圆锥曲线习题集(中册)	2015—01	78.00	434
圆锥曲线习题集(下册·第1卷)	2016—10	78.00	683
圆锥曲线习题集(下册·第2卷)	2018—01	98.00	853
圆锥曲线习题集(下册·第3卷)	2019—10	128.00	1113
圆锥曲线的思想方法	2021—08	48.00	1379
圆锥曲线的八个主要问题	2021—10	48.00	1415
论九点圆	2015—05	88.00	645
近代欧氏几何学	2012—03	48.00	162
罗巴切夫斯基几何学及几何基础概要	2012—07	28.00	188
罗巴切夫斯基几何学初步	2015—06	28.00	474
用三角、解析几何、复数、向量计算解数学竞赛几何题	2015—03	48.00	455
用解析法研究圆锥曲线的几何理论	2022—05	48.00	1495
美国中学几何教程	2015—04	88.00	458
三线坐标与三角形特征点	2015—04	98.00	460
坐标几何学基础.第1卷,笛卡儿坐标	2021—08	48.00	1398
坐标几何学基础.第2卷,三线坐标	2021—09	28.00	1399
平面解析几何方法与研究(第1卷)	2015—05	28.00	471
平面解析几何方法与研究(第2卷)	2015—06	38.00	472
平面解析几何方法与研究(第3卷)	2015—07	28.00	473
解析几何研究	2015—01	38.00	425
解析几何学教程.上	2016—01	38.00	574
解析几何学教程.下	2016—01	38.00	575
几何学基础	2016—01	58.00	581
初等几何研究	2015—02	58.00	444
十九和二十世纪欧氏几何学中的片段	2017—01	58.00	696
平面几何中考.高考.奥数一本通	2017—07	28.00	820
几何学简史	2017—08	28.00	833
四面体	2018—01	48.00	880
平面几何证明方法思路	2018—12	68.00	913
折纸中的几何练习	2022—09	48.00	1559
中学新几何学(英文)	2022—10	98.00	1562
线性代数与几何	2023—04	68.00	1633
四面体几何学引论	2023—06	68.00	1648

刘培杰数学工作室
已出版(即将出版)图书目录——初等数学

书 名	出版时间	定 价	编号
平面几何图形特性新析.上篇	2019—01	68.00	911
平面几何图形特性新析.下篇	2018—06	88.00	912
平面几何范例多解探究.上篇	2018—04	48.00	910
平面几何范例多解探究.下篇	2018—12	68.00	914
从分析解题过程学解题:竞赛中的几何问题研究	2018—07	68.00	946
从分析解题过程学解题:竞赛中的向量几何与不等式研究(全2册)	2019—06	138.00	1090
从分析解题过程学解题:竞赛中的不等式问题	2021—01	48.00	1249
二维、三维欧氏几何的对偶原理	2018—12	38.00	990
星形大观及闭折线论	2019—03	68.00	1020
立体几何的问题和方法	2019—11	58.00	1127
三角代换论	2021—05	58.00	1313
俄罗斯平面几何问题集	2009—08	88.00	55
俄罗斯立体几何问题集	2014—03	58.00	283
俄罗斯几何大师——沙雷金论数学及其他	2014—01	48.00	271
来自俄罗斯的5000道几何习题及解答	2011—03	58.00	89
俄罗斯初等数学问题集	2012—05	38.00	177
俄罗斯函数问题集	2011—03	38.00	103
俄罗斯组合分析问题集	2011—01	48.00	79
俄罗斯初等数学万题选——三角卷	2012—11	38.00	222
俄罗斯初等数学万题选——代数卷	2013—08	68.00	225
俄罗斯初等数学万题选——几何卷	2014—01	68.00	226
俄罗斯《量子》杂志数学征解问题100题选	2018—08	48.00	969
俄罗斯《量子》杂志数学征解问题又100题选	2018—08	48.00	970
俄罗斯《量子》杂志数学征解问题	2020—05	48.00	1138
463个俄罗斯几何老问题	2012—01	28.00	152
《量子》数学短文精粹	2018—09	38.00	972
用三角、解析几何等计算来解来自俄罗斯的几何题	2019—11	88.00	1119
基谢廖夫平面几何	2022—01	48.00	1461
基谢廖夫立体几何	2023—04	48.00	1599
数学:代数、数学分析和几何(10—11年级)	2021—01	48.00	1250
直观几何学:5—6年级	2022—04	58.00	1508
几何学:第2版.7—9年级	2023—08	68.00	1684
平面几何:9—11年级	2022—10	48.00	1571
立体几何.10—11年级	2022—01	58.00	1472

谈谈素数	2011—03	18.00	91
平方和	2011—03	18.00	92
整数论	2011—05	38.00	120
从整数谈起	2015—10	28.00	538
数与多项式	2016—01	38.00	558
谈谈不定方程	2011—05	28.00	119
质数漫谈	2022—07	68.00	1529

解析不等式新论	2009—06	68.00	48
建立不等式的方法	2011—03	98.00	104
数学奥林匹克不等式研究(第2版)	2020—07	68.00	1181
不等式研究(第三辑)	2023—08	198.00	1673
不等式的秘密(第一卷)(第2版)	2014—02	38.00	286
不等式的秘密(第二卷)	2014—01	38.00	268
初等不等式的证明方法	2010—06	38.00	123
初等不等式的证明方法(第二版)	2014—11	38.00	407
不等式·理论·方法(基础卷)	2015—07	38.00	496
不等式·理论·方法(经典不等式卷)	2015—07	38.00	497
不等式·理论·方法(特殊类型不等式卷)	2015—07	48.00	498
不等式探究	2016—03	38.00	582
不等式探秘	2017—01	88.00	689
四面体不等式	2017—01	68.00	715
数学奥林匹克中常见重要不等式	2017—09	38.00	845

刘培杰数学工作室
已出版(即将出版)图书目录——初等数学

书　名	出版时间	定价	编号
三正弦不等式	2018-09	98.00	974
函数方程与不等式:解法与稳定性结果	2019-04	68.00	1058
数学不等式.第1卷,对称多项式不等式	2022-05	78.00	1455
数学不等式.第2卷,对称有理不等式与对称无理不等式	2022-05	88.00	1456
数学不等式.第3卷,循环不等式与非循环不等式	2022-05	88.00	1457
数学不等式.第4卷,Jensen不等式的扩展与加细	2022-05	88.00	1458
数学不等式.第5卷,创建不等式与解不等式的其他方法	2022-05	88.00	1459
不定方程及其应用.上	2018-12	58.00	992
不定方程及其应用.中	2019-01	78.00	993
不定方程及其应用.下	2019-02	98.00	994
Nesbitt不等式加强式的研究	2022-06	128.00	1527
最值定理与分析不等式	2023-02	78.00	1567
一类积分不等式	2023-02	88.00	1579
邦费罗尼不等式及概率应用	2023-05	58.00	1637
同余理论	2012-05	38.00	163
[x]与{x}	2015-04	48.00	476
极值与最值.上卷	2015-06	28.00	486
极值与最值.中卷	2015-06	38.00	487
极值与最值.下卷	2015-06	28.00	488
整数的性质	2012-11	38.00	192
完全平方数及其应用	2015-08	78.00	506
多项式理论	2015-10	88.00	541
奇数、偶数、奇偶分析法	2018-01	98.00	876
历届美国中学生数学竞赛试题及解答(第一卷)1950—1954	2014-07	18.00	277
历届美国中学生数学竞赛试题及解答(第二卷)1955—1959	2014-04	18.00	278
历届美国中学生数学竞赛试题及解答(第三卷)1960—1964	2014-06	18.00	279
历届美国中学生数学竞赛试题及解答(第四卷)1965—1969	2014-04	28.00	280
历届美国中学生数学竞赛试题及解答(第五卷)1970—1972	2014-06	18.00	281
历届美国中学生数学竞赛试题及解答(第六卷)1973—1980	2017-07	18.00	768
历届美国中学生数学竞赛试题及解答(第七卷)1981—1986	2015-01	18.00	424
历届美国中学生数学竞赛试题及解答(第八卷)1987—1990	2017-05	18.00	769
历届国际数学奥林匹克试题集	2023-09	158.00	1701
历届中国数学奥林匹克试题集(第3版)	2021-10	58.00	1440
历届加拿大数学奥林匹克试题集	2012-08	38.00	215
历届美国数学奥林匹克试题集	2023-08	98.00	1681
历届波兰数学竞赛试题集.第1卷,1949～1963	2015-03	18.00	453
历届波兰数学竞赛试题集.第2卷,1964～1976	2015-03	18.00	454
历届巴尔干数学奥林匹克试题集	2015-05	38.00	466
保加利亚数学奥林匹克	2014-10	38.00	393
圣彼得堡数学奥林匹克试题集	2015-01	38.00	429
匈牙利奥林匹克数学竞赛题解.第1卷	2016-05	28.00	593
匈牙利奥林匹克数学竞赛题解.第2卷	2016-05	28.00	594
历届美国数学邀请赛试题集(第2版)	2017-10	78.00	851
普林斯顿大学数学竞赛	2016-06	38.00	669
亚太地区数学奥林匹克竞赛题	2015-07	18.00	492
日本历届(初级)广中杯数学竞赛试题及解答.第1卷(2000～2007)	2016-05	28.00	641
日本历届(初级)广中杯数学竞赛试题及解答.第2卷(2008～2015)	2016-05	38.00	642
越南数学奥林匹克题选:1962—2009	2021-07	48.00	1370
360个数学竞赛问题	2016-08	58.00	677
奥数最佳实战题.上卷	2017-06	38.00	760
奥数最佳实战题.下卷	2017-05	58.00	761
哈尔滨市早期中学数学竞赛试题汇编	2016-07	28.00	672
全国高中数学联赛试题及解答:1981—2019(第4版)	2020-07	138.00	1176
2024年全国高中数学联合竞赛模拟题集	2024-01	38.00	1702

刘培杰数学工作室
已出版(即将出版)图书目录——初等数学

书　名	出版时间	定　价	编号
20世纪50年代全国部分城市数学竞赛试题汇编	2017—07	28.00	797
国内外数学竞赛题及精解:2018~2019	2020—08	45.00	1192
国内外数学竞赛题及精解:2019~2020	2021—11	58.00	1439
许康华竞赛优学精选集.第一辑	2018—08	68.00	949
天问叶班数学问题征解100题.Ⅰ,2016—2018	2019—05	88.00	1075
天问叶班数学问题征解100题.Ⅱ,2017—2019	2020—07	98.00	1177
美国初中数学竞赛:AMC8准备(共6卷)	2019—07	138.00	1089
美国高中数学竞赛:AMC10准备(共6卷)	2019—08	158.00	1105
王连笑教你怎样学数学:高考选择题解题策略与客观题实用训练	2014—01	48.00	262
王连笑教你怎样学数学:高考数学高层次讲座	2015—02	48.00	432
高考数学的理论与实践	2009—08	38.00	53
高考数学核心题型解题方法与技巧	2010—01	28.00	86
高考思维新平台	2014—03	38.00	259
高考数学压轴题解题诀窍(上)(第2版)	2018—01	58.00	874
高考数学压轴题解题诀窍(下)(第2版)	2018—01	48.00	875
北京市五区文科数学三年高考模拟题详解:2013~2015	2015—08	48.00	500
北京市五区理科数学三年高考模拟题详解:2013~2015	2015—09	68.00	505
向量法巧解数学高考题	2009—08	28.00	54
高中数学课堂教学的实践与反思	2021—11	48.00	791
数学高考参考	2016—01	78.00	589
新课程标准高考数学解答题各种题型解法指导	2020—08	78.00	1196
全国及各省市高考数学试题审题要津与解法研究	2015—02	48.00	450
高中数学章节起始课的教学研究与案例设计	2019—05	28.00	1064
新课标高考数学——五年试题分章详解(2007~2011)(上、下)	2011—10	78.00	140,141
全国中考数学压轴题审题要津与解法研究	2013—04	78.00	248
新编全国及各省市中考数学压轴题审题要津与解法研究	2014—05	58.00	342
全国及各省市5年中考数学压轴题审题要津与解法研究(2015版)	2015—04	58.00	462
中考数学专题总复习	2007—04	28.00	6
中考数学较难题常考题型解题方法与技巧	2016—09	48.00	681
中考数学难题常考题型解题方法与技巧	2016—09	48.00	682
中考数学中档题常考题型解题方法与技巧	2017—08	68.00	835
中考数学选填压轴好题妙解365	2024—01	80.00	1698
中考数学:三类重点考题的解法例析与习题	2020—04	48.00	1140
中小学数学的历史文化	2019—11	48.00	1124
初中平面几何百题多思创新解	2020—01	58.00	1125
初中数学中考备考	2020—01	58.00	1126
高考数学之九章演义	2019—08	68.00	1044
高考数学之难题谈笑间	2022—06	68.00	1519
化学可以这样学:高中化学知识方法智慧感悟疑难辨析	2019—07	58.00	1103
如何成为学习高手	2019—09	58.00	1107
高考数学:经典真题分类解析	2020—04	78.00	1134
高考数学解答题破解策略	2020—11	58.00	1221
从分析解题过程学解题:高考压轴题与竞赛题之关系探究	2020—08	88.00	1179
教学新思考:单元整体视角下的初中数学教学设计	2021—03	58.00	1278
思维再拓展:2020年经典几何题的多解探究与思考	即将出版		1279
中考数学小压轴汇编初讲	2017—07	48.00	788
中考数学大压轴专题微言	2017—09	48.00	846
怎么解中考平面几何探索题	2019—06	48.00	1093
北京中考数学压轴题解题方法突破(第9版)	2024—01	78.00	1645
助你高考成功的数学解题智慧:知识是智慧的基础	2016—01	58.00	596
助你高考成功的数学解题智慧:错误是智慧的试金石	2016—04	58.00	643
助你高考成功的数学解题智慧:方法是智慧的推手	2016—04	68.00	657
高考数学奇思妙解	2016—04	38.00	610
高考数学解题策略	2016—05	48.00	670
数学解题泄天机(第2版)	2017—10	48.00	850

刘培杰数学工作室
已出版(即将出版)图书目录——初等数学

书　名	出版时间	定　价	编号
高中物理教学讲义	2018—01	48.00	871
高中物理教学讲义.全模块	2022—03	98.00	1492
高中物理答疑解惑65篇	2021—11	48.00	1462
中学物理基础问题解析	2020—08	48.00	1183
初中数学、高中数学脱节知识补缺教材	2017—06	48.00	766
高考数学客观题解题方法和技巧	2017—10	38.00	847
十年高考数学精品试题审题要津与解法研究	2021—10	98.00	1427
中国历届高考数学试题及解答.1949—1979	2018—01	38.00	877
历届中国高考数学试题及解答.第二卷,1980—1989	2018—10	28.00	975
历届中国高考数学试题及解答.第三卷,1990—1999	2018—10	48.00	976
跟我学解高中数学题	2018—07	58.00	926
中学数学研究的方法及案例	2018—05	58.00	869
高考数学抢分技能	2018—07	68.00	934
高一新生常用数学方法和重要数学思想提升教材	2018—06	38.00	921
高考数学全国卷六道解答题常考题型解题诀窍:理科(全2册)	2019—07	78.00	1101
高考数学全国卷16道选择、填空题常考题型解题诀窍.理科	2018—09	88.00	971
高考数学全国卷16道选择、填空题常考题型解题诀窍.文科	2020—01	88.00	1123
高中数学一题多解	2019—06	58.00	1087
历届中国高考数学试题及解答:1917—1999	2021—08	98.00	1371
2000~2003年全国各省市高考数学试题及解答	2022—05	88.00	1499
2004年全国及各省市高考数学试题及解答	2023—08	78.00	1500
2005年全国及各省市高考数学试题及解答	2023—08	78.00	1501
2006年全国及各省市高考数学试题及解答	2023—08	88.00	1502
2007年全国及各省市高考数学试题及解答	2023—08	98.00	1503
2008年全国及各省市高考数学试题及解答	2023—08	88.00	1504
2009年全国及各省市高考数学试题及解答	2023—08	88.00	1505
2010年全国及各省市高考数学试题及解答	2023—08	98.00	1506
2011~2017年全国及各省市高考数学试题及解答	2024—01	78.00	1507
2018~2023年全国及各省市高考数学试题及解答	2024—03	78.00	1709
突破高原:高中数学解题思维探究	2021—08	48.00	1375
高考数学中的"取值范围"	2021—10	48.00	1429
新课程标准高中数学各种题型解法大全.必修一分册	2021—06	58.00	1315
新课程标准高中数学各种题型解法大全.必修二分册	2022—01	68.00	1471
高中数学各种题型解法大全.选择性必修一分册	2022—06	68.00	1525
高中数学各种题型解法大全.选择性必修二分册	2023—01	58.00	1600
高中数学各种题型解法大全.选择性必修三分册	2023—04	48.00	1643
历届全国初中数学竞赛经典试题详解	2023—04	88.00	1624
孟祥礼高考数学精刷精解	2023—06	98.00	1663

新编640个世界著名数学智力趣题	2014—01	88.00	242
500个最新世界著名数学智力趣题	2008—06	48.00	3
400个最新世界著名数学最值问题	2008—09	48.00	36
500个世界著名数学征解问题	2009—06	48.00	52
400个中国最佳初等数学征解老问题	2010—01	48.00	60
500个俄罗斯数学经典老题	2011—01	28.00	81
1000个国外中学物理好题	2012—04	48.00	174
300个日本高考数学题	2012—05	38.00	142
700个早期日本高考数学试题	2017—02	88.00	752
500个前苏联早期高考数学试题及解答	2012—05	28.00	185
546个早期俄罗斯大学生数学竞赛题	2014—03	38.00	285
548个来自美苏的数学好问题	2014—11	28.00	396
20所苏联著名大学早期入学试题	2015—02	18.00	452
161道德国工科大学生必做的微分方程习题	2015—05	28.00	469
500个德国工科大学生必做的高数习题	2015—06	28.00	478
360个数学竞赛问题	2016—08	58.00	677
200个趣味数学故事	2018—02	48.00	857
470个数学奥林匹克中的最值问题	2018—10	88.00	985
德国讲义日本考题.微积分卷	2015—04	48.00	456
德国讲义日本考题.微分方程卷	2015—04	38.00	457
二十世纪中叶中、英、美、日、法、俄高考数学试题精选	2017—06	38.00	783

刘培杰数学工作室
已出版(即将出版)图书目录——初等数学

书 名	出版时间	定 价	编号
中国初等数学研究 2009卷(第1辑)	2009—05	20.00	45
中国初等数学研究 2010卷(第2辑)	2010—05	30.00	68
中国初等数学研究 2011卷(第3辑)	2011—07	60.00	127
中国初等数学研究 2012卷(第4辑)	2012—07	48.00	190
中国初等数学研究 2014卷(第5辑)	2014—02	48.00	288
中国初等数学研究 2015卷(第6辑)	2015—06	68.00	493
中国初等数学研究 2016卷(第7辑)	2016—04	68.00	609
中国初等数学研究 2017卷(第8辑)	2017—01	98.00	712
初等数学研究在中国.第1辑	2019—03	158.00	1024
初等数学研究在中国.第2辑	2019—10	158.00	1116
初等数学研究在中国.第3辑	2021—05	158.00	1306
初等数学研究在中国.第4辑	2022—06	158.00	1520
初等数学研究在中国.第5辑	2023—07	158.00	1635
几何变换(Ⅰ)	2014—07	28.00	353
几何变换(Ⅱ)	2015—06	28.00	354
几何变换(Ⅲ)	2015—01	38.00	355
几何变换(Ⅳ)	2015—12	38.00	356
初等数论难题集(第一卷)	2009—05	68.00	44
初等数论难题集(第二卷)(上、下)	2011—02	128.00	82,83
数论概貌	2011—03	18.00	93
代数数论(第二版)	2013—08	58.00	94
代数多项式	2014—06	38.00	289
初等数论的知识与问题	2011—02	28.00	95
超越数论基础	2011—03	28.00	96
数论初等教程	2011—03	28.00	97
数论基础	2011—03	18.00	98
数论基础与维诺格拉多夫	2014—03	18.00	292
解析数论基础	2012—08	28.00	216
解析数论基础(第二版)	2014—01	48.00	287
解析数论问题集(第二版)(原版引进)	2014—05	88.00	343
解析数论问题集(第二版)(中译本)	2016—04	88.00	607
解析数论基础(潘承洞,潘承彪著)	2016—07	98.00	673
解析数论导引	2016—07	58.00	674
数论入门	2011—03	38.00	99
代数数论入门	2015—03	38.00	448
数论开篇	2012—07	28.00	194
解析数论引论	2011—03	48.00	100
Barban Davenport Halberstam 均值和	2009—01	40.00	33
基础数论	2011—03	28.00	101
初等数论100例	2011—05	18.00	122
初等数论经典例题	2012—07	18.00	204
最新世界各国数学奥林匹克中的初等数论试题(上、下)	2012—01	138.00	144,145
初等数论(Ⅰ)	2012—01	18.00	156
初等数论(Ⅱ)	2012—01	18.00	157
初等数论(Ⅲ)	2012—01	28.00	158

刘培杰数学工作室
已出版(即将出版)图书目录——初等数学

书　名	出版时间	定　价	编号
平面几何与数论中未解决的新老问题	2013－01	68.00	229
代数数论简史	2014－11	28.00	408
代数数论	2015－09	88.00	532
代数、数论及分析习题集	2016－11	98.00	695
数论导引提要及习题解答	2016－01	48.00	559
素数定理的初等证明.第2版	2016－09	48.00	686
数论中的模函数与狄利克雷级数(第二版)	2017－11	78.00	837
数论:数学导引	2018－01	68.00	849
范氏大代数	2019－02	98.00	1016
解析数学讲义.第一卷,导来式及微分、积分、级数	2019－04	88.00	1021
解析数学讲义.第二卷,关于几何的应用	2019－04	68.00	1022
解析数学讲义.第三卷,解析函数论	2019－04	78.00	1023
分析·组合·数论纵横谈	2019－04	58.00	1039
Hall代数:民国时期的中学数学课本:英文	2019－08	88.00	1106
基谢廖夫初等代数	2022－07	38.00	1531
数学精神巡礼	2019－01	58.00	731
数学眼光透视(第2版)	2017－06	78.00	732
数学思想领悟(第2版)	2018－01	68.00	733
数学方法溯源(第2版)	2018－08	68.00	734
数学解题引论	2017－05	58.00	735
数学史话览胜(第2版)	2017－01	48.00	736
数学应用展观(第2版)	2017－08	68.00	737
数学建模尝试	2018－04	48.00	738
数学竞赛采风	2018－01	68.00	739
数学测评探营	2019－05	58.00	740
数学技能操握	2018－03	48.00	741
数学欣赏拾趣	2018－02	48.00	742
从毕达哥拉斯到怀尔斯	2007－10	48.00	9
从迪利克雷到维斯卡尔迪	2008－01	48.00	21
从哥德巴赫到陈景润	2008－05	98.00	35
从庞加莱到佩雷尔曼	2011－08	138.00	136
博弈论精粹	2008－03	58.00	30
博弈论精粹.第二版(精装)	2015－01	88.00	461
数学 我爱你	2008－01	28.00	20
精神的圣徒　别样的人生——60位中国数学家成长的历程	2008－09	48.00	39
数学史概论	2009－06	78.00	50
数学史概论(精装)	2013－03	158.00	272
数学史选讲	2016－01	48.00	544
斐波那契数列	2010－02	28.00	65
数学拼盘和斐波那契魔方	2010－07	38.00	72
斐波那契数列欣赏(第2版)	2018－08	58.00	948
Fibonacci数列中的明珠	2018－06	58.00	928
数学的创造	2011－02	48.00	85
数学美与创造力	2016－01	48.00	595
数海拾贝	2016－01	48.00	590
数学中的美(第2版)	2019－04	68.00	1057
数论中的美学	2014－12	38.00	351

刘培杰数学工作室
已出版(即将出版)图书目录——初等数学

书　名	出版时间	定　价	编号
数学王者　科学巨人——高斯	2015—01	28.00	428
振兴祖国数学的圆梦之旅:中国初等数学研究史话	2015—06	98.00	490
二十世纪中国数学史料研究	2015—10	48.00	536
数字谜、数阵图与棋盘覆盖	2016—01	58.00	298
数学概念的进化:一个初步的研究	2023—07	68.00	1683
数学发现的艺术:数学探索中的合情推理	2016—07	58.00	671
活跃在数学中的参数	2016—07	48.00	675
数海趣史	2021—05	98.00	1314
玩转幻中之幻	2023—08	88.00	1682
数学艺术品	2023—09	98.00	1685
数学博弈与游戏	2023—10	68.00	1692
数学解题——靠数学思想给力(上)	2011—07	38.00	131
数学解题——靠数学思想给力(中)	2011—07	48.00	132
数学解题——靠数学思想给力(下)	2011—07	38.00	133
我怎样解题	2013—01	48.00	227
数学解题中的物理方法	2011—06	28.00	114
数学解题的特殊方法	2011—06	48.00	115
中学数学计算技巧(第2版)	2020—10	48.00	1220
中学数学证明方法	2012—01	58.00	117
数学趣题巧解	2012—03	28.00	128
高中数学教学通鉴	2015—05	58.00	479
和高中生漫谈:数学与哲学的故事	2014—08	28.00	369
算术问题集	2017—03	38.00	789
张教授讲数学	2018—07	38.00	933
陈永明实话实说数学教学	2020—04	68.00	1132
中学数学学科知识与教学能力	2020—06	58.00	1155
怎样把课讲好:大罕数学教学随笔	2022—03	58.00	1484
中国高考评价体系下高考数学探秘	2022—03	48.00	1487
数苑漫步	2024—01	58.00	1670
自主招生考试中的参数方程问题	2015—01	28.00	435
自主招生考试中的极坐标问题	2015—04	28.00	463
近年全国重点大学自主招生数学试题全解及研究.华约卷	2015—02	38.00	441
近年全国重点大学自主招生数学试题全解及研究.北约卷	2016—05	38.00	619
自主招生数学解证宝典	2015—09	48.00	535
中国科学技术大学创新班数学真题解析	2022—03	48.00	1488
中国科学技术大学创新班物理真题解析	2022—03	58.00	1489
格点和面积	2012—07	18.00	191
射影几何趣谈	2012—04	28.00	175
斯潘纳尔引理——从一道加拿大数学奥林匹克试题谈起	2014—01	28.00	228
李普希兹条件——从几道近年高考数学试题谈起	2012—10	18.00	221
拉格朗日中值定理——从一道北京高考试题的解法谈起	2015—10	18.00	197
闵科夫斯基定理——从一道清华大学自主招生试题谈起	2014—01	28.00	198
哈尔测度——从一道冬令营试题的背景谈起	2012—08	28.00	202
切比雪夫逼近问题——从一道中国台北数学奥林匹克试题谈起	2013—04	38.00	238
伯恩斯坦多项式与贝齐尔曲面——从一道全国高中数学联赛试题谈起	2013—03	38.00	236
卡塔兰猜想——从一道普特南竞赛试题谈起	2013—06	18.00	256
麦卡锡函数和阿克曼函数——从一道前南斯拉夫数学奥林匹克试题谈起	2012—08	18.00	201
贝蒂定理与拉姆贝克莫斯尔定理——从一个拣石子游戏谈起	2012—08	18.00	217
皮亚诺曲线和豪斯道夫分球定理——从无限集谈起	2012—08	18.00	211
平面凸图形与凸多面体	2012—10	28.00	218
斯坦因豪斯问题——从一道二十五省市自治区中学数学竞赛试题谈起	2012—07	18.00	196

刘培杰数学工作室
已出版(即将出版)图书目录——初等数学

书 名	出版时间	定 价	编号
纽结理论中的亚历山大多项式与琼斯多项式——从一道北京市高一数学竞赛试题谈起	2012—07	28.00	195
原则与策略——从波利亚"解题表"谈起	2013—04	38.00	244
转化与化归——从三大尺规作图不能问题谈起	2012—08	28.00	214
代数几何中的贝祖定理(第一版)——从一道IMO试题的解法谈起	2013—08	18.00	193
成功连贯理论与约当块理论——从一道比利时数学竞赛试题谈起	2012—04	18.00	180
素数判定与大数分解	2014—08	18.00	199
置换多项式及其应用	2012—10	18.00	220
椭圆函数与模函数——从一道美国加州大学洛杉矶分校(UCLA)博士资格考题谈起	2012—10	28.00	219
差分方程的拉格朗日方法——从一道2011年全国高考理科试题的解法谈起	2012—08	28.00	200
力学在几何中的一些应用	2013—01	38.00	240
从根式解到伽罗华理论	2020—01	48.00	1121
康托洛维奇不等式——从一道全国高中联赛试题谈起	2013—03	28.00	337
西格尔引理——从一道第18届IMO试题的解法谈起	即将出版		
罗斯定理——从一道前苏联数学竞赛试题谈起	即将出版		
拉克斯定理和阿廷定理——从一道IMO试题的解法谈起	2014—01	58.00	246
毕卡大定理——从一道美国大学数学竞赛试题谈起	2014—07	18.00	350
贝齐尔曲线——从一道全国高中联赛试题谈起	即将出版		
拉格朗日乘子定理——从一道2005年全国高中联赛试题的高等数学解法谈起	2015—05	28.00	480
雅可比定理——从一道日本数学奥林匹克试题谈起	2013—04	48.00	249
李天岩－约克定理——从一道波兰数学竞赛试题谈起	2014—06	28.00	349
受控理论与初等不等式:从一道IMO试题的解法谈起	2023—03	48.00	1601
布劳维不动点定理——从一道前苏联数学奥林匹克试题谈起	2014—01	38.00	273
伯恩赛德定理——从一道英国数学奥林匹克试题谈起	即将出版		
布查特－莫斯特定理——从一道上海市初中竞赛试题谈起	即将出版		
数论中的同余数问题——从一道普特南竞赛试题谈起	即将出版		
范·德蒙行列式——从一道美国数学奥林匹克试题谈起	即将出版		
中国剩余定理:总数法构建中国历史年表	2015—01	28.00	430
牛顿程序与方程求根——从一道全国高考试题解法谈起	即将出版		
库默尔定理——从一道IMO预选试题谈起	即将出版		
卢丁定理——从一道冬令营试题的解法谈起	即将出版		
沃斯滕霍姆定理——从一道IMO预选试题谈起	即将出版		
卡尔松不等式——从一道莫斯科数学奥林匹克试题谈起	即将出版		
信息论中的香农熵——从一道近年高考压轴题谈起	即将出版		
约当不等式——从一道希望杯竞赛试题谈起	即将出版		
拉比诺维奇定理	即将出版		
刘维尔定理——从一道《美国数学月刊》征求问题的解法谈起	即将出版		
卡塔兰恒等式与级数求和——从一道IMO试题的解法谈起	即将出版		
勒让德猜想与素数分布——从一道爱尔兰竞赛试题谈起	即将出版		
天平称重与信息论——从一道基辅市数学奥林匹克试题谈起	即将出版		
哈密尔顿－凯莱定理:从一道高中数学联赛试题的解法谈起	2014—09	18.00	376
艾思特曼定理——从一道CMO试题的解法谈起	即将出版		

刘培杰数学工作室
已出版(即将出版)图书目录——初等数学

书　　名	出版时间	定　价	编号
阿贝尔恒等式与经典不等式及应用	2018—06	98.00	923
迪利克雷除数问题	2018—07	48.00	930
幻方、幻立方与拉丁方	2019—08	48.00	1092
帕斯卡三角形	2014—03	18.00	294
蒲丰投针问题——从2009年清华大学的一道自主招生试题谈起	2014—01	38.00	295
斯图姆定理——从一道"华约"自主招生试题的解法谈起	2014—01	18.00	296
许瓦兹引理——从一道加利福尼亚大学伯克利分校数学系博士生试题谈起	2014—08	18.00	297
拉姆塞定理——从王诗宬院士的一个问题谈起	2016—04	48.00	299
坐标法	2013—12	28.00	332
数论三角形	2014—04	38.00	341
毕克定理	2014—07	18.00	352
数林掠影	2014—09	48.00	389
我们周围的概率	2014—10	38.00	390
凸函数最值定理:从一道华约自主招生题的解法谈起	2014—10	28.00	391
易学与数学奥林匹克	2014—10	38.00	392
生物数学趣谈	2015—01	18.00	409
反演	2015—01	28.00	420
因式分解与圆锥曲线	2015—01	18.00	426
轨迹	2015—01	28.00	427
面积原理:从常庚哲命的一道CMO试题的积分解法谈起	2015—01	48.00	431
形形色色的不动点定理:从一道28届IMO试题谈起	2015—01	38.00	439
柯西函数方程:从一道上海交大自主招生的试题谈起	2015—02	28.00	440
三角恒等式	2015—02	28.00	442
无理性判定:从一道2014年"北约"自主招生试题谈起	2015—01	38.00	443
数学归纳法	2015—03	18.00	451
极端原理与解题	2015—04	28.00	464
法雷级数	2014—08	18.00	367
摆线族	2015—01	38.00	438
函数方程及其解法	2015—05	38.00	470
含参数的方程和不等式	2012—09	28.00	213
希尔伯特第十问题	2016—01	38.00	543
无穷小量的求和	2016—01	28.00	545
切比雪夫多项式:从一道清华大学金秋营试题谈起	2016—01	38.00	583
泽肯多夫定理	2016—03	38.00	599
代数等式证题法	2016—01	28.00	600
三角等式证题法	2016—01	28.00	601
吴大任教授藏书中的一个因式分解公式:从一道美国数学邀请赛试题的解法谈起	2016—06	28.00	656
易卦——类万物的数学模型	2017—08	68.00	838
"不可思议"的数与数系可持续发展	2018—01	38.00	878
最短线	2018—01	38.00	879
数学在天文、地理、光学、机械力学中的一些应用	2023—03	88.00	1576
从阿基米德三角形谈起	2023—01	28.00	1578
幻方和魔方(第一卷)	2012—05	68.00	173
尘封的经典——初等数学经典文献选读(第一卷)	2012—07	48.00	205
尘封的经典——初等数学经典文献选读(第二卷)	2012—07	38.00	206
初级方程式论	2011—03	28.00	106
初等数学研究(Ⅰ)	2008—09	68.00	37
初等数学研究(Ⅱ)(上、下)	2009—05	118.00	46,47
初等数学专题研究	2022—10	68.00	1568

刘培杰数学工作室

已出版(即将出版)图书目录——初等数学

书　名	出版时间	定　价	编号
趣味初等方程妙题集锦	2014—09	48.00	388
趣味初等数论选美与欣赏	2015—02	48.00	445
耕读笔记(上卷):一位农民数学爱好者的初数探索	2015—04	28.00	459
耕读笔记(中卷):一位农民数学爱好者的初数探索	2015—05	28.00	483
耕读笔记(下卷):一位农民数学爱好者的初数探索	2015—05	28.00	484
几何不等式研究与欣赏.上卷	2016—01	88.00	547
几何不等式研究与欣赏.下卷	2016—01	48.00	552
初等数列研究与欣赏·上	2016—01	48.00	570
初等数列研究与欣赏·下	2016—01	48.00	571
趣味初等函数研究与欣赏.上	2016—09	48.00	684
趣味初等函数研究与欣赏.下	2018—09	48.00	685
三角不等式研究与欣赏	2020—10	68.00	1197
新编平面解析几何解题方法研究与欣赏	2021—10	78.00	1426
火柴游戏(第2版)	2022—05	38.00	1493
智力解谜.第1卷	2017—07	38.00	613
智力解谜.第2卷	2017—07	38.00	614
故事智力	2016—07	48.00	615
名人们喜欢的智力问题	2020—01	48.00	616
数学大师的发现、创造与失误	2018—01	48.00	617
异曲同工	2018—09	48.00	618
数学的味道(第2版)	2023—10	68.00	1686
数学千字文	2018—10	68.00	977
数贝偶拾——高考数学题研究	2014—04	28.00	274
数贝偶拾——初等数学研究	2014—04	38.00	275
数贝偶拾——奥数题研究	2014—04	48.00	276
钱昌本教你快乐学数学(上)	2011—12	48.00	155
钱昌本教你快乐学数学(下)	2012—03	58.00	171
集合、函数与方程	2014—01	28.00	300
数列与不等式	2014—01	38.00	301
三角与平面向量	2014—01	28.00	302
平面解析几何	2014—01	38.00	303
立体几何与组合	2014—01	28.00	304
极限与导数、数学归纳法	2014—01	38.00	305
趣味数学	2014—03	28.00	306
教材教法	2014—04	68.00	307
自主招生	2014—05	58.00	308
高考压轴题(上)	2015—01	48.00	309
高考压轴题(下)	2014—10	68.00	310
从费马到怀尔斯——费马大定理的历史	2013—10	198.00	I
从庞加莱到佩雷尔曼——庞加莱猜想的历史	2013—10	298.00	II
从切比雪夫到爱尔特希(上)——素数定理的初等证明	2013—07	48.00	III
从切比雪夫到爱尔特希(下)——素数定理100年	2012—12	98.00	III
从高斯到盖尔方特——二次域的高斯猜想	2013—10	198.00	IV
从库默尔到朗兰兹——朗兰兹猜想的历史	2014—01	98.00	V
从比勒巴赫到德布朗斯——比勒巴赫猜想的历史	2014—02	298.00	VI
从麦比乌斯到陈省身——麦比乌斯变换与麦比乌斯带	2014—02	298.00	VII
从布尔到豪斯道夫——布尔方程与格论漫谈	2013—10	198.00	VIII
从开普勒到阿诺德——三体问题的历史	2014—05	298.00	IX
从华林到华罗庚——华林问题的历史	2013—10	298.00	X

刘培杰数学工作室
已出版(即将出版)图书目录——初等数学

书　名	出版时间	定　价	编号
美国高中数学竞赛五十讲.第1卷(英文)	2014—08	28.00	357
美国高中数学竞赛五十讲.第2卷(英文)	2014—08	28.00	358
美国高中数学竞赛五十讲.第3卷(英文)	2014—09	28.00	359
美国高中数学竞赛五十讲.第4卷(英文)	2014—09	28.00	360
美国高中数学竞赛五十讲.第5卷(英文)	2014—10	28.00	361
美国高中数学竞赛五十讲.第6卷(英文)	2014—11	28.00	362
美国高中数学竞赛五十讲.第7卷(英文)	2014—12	28.00	363
美国高中数学竞赛五十讲.第8卷(英文)	2015—01	28.00	364
美国高中数学竞赛五十讲.第9卷(英文)	2015—01	28.00	365
美国高中数学竞赛五十讲.第10卷(英文)	2015—02	38.00	366
三角函数(第2版)	2017—04	38.00	626
不等式	2014—01	38.00	312
数列	2014—01	38.00	313
方程(第2版)	2017—04	38.00	624
排列和组合	2014—01	28.00	315
极限与导数(第2版)	2016—04	38.00	635
向量(第2版)	2018—08	58.00	627
复数及其应用	2014—08	28.00	318
函数	2014—01	38.00	319
集合	2020—01	48.00	320
直线与平面	2014—01	28.00	321
立体几何(第2版)	2016—04	38.00	629
解三角形	即将出版		323
直线与圆(第2版)	2016—11	38.00	631
圆锥曲线(第2版)	2016—09	48.00	632
解题通法(一)	2014—07	38.00	326
解题通法(二)	2014—07	38.00	327
解题通法(三)	2014—05	38.00	328
概率与统计	2014—01	28.00	329
信息迁移与算法	即将出版		330
IMO 50年.第1卷(1959—1963)	2014—11	28.00	377
IMO 50年.第2卷(1964—1968)	2014—11	28.00	378
IMO 50年.第3卷(1969—1973)	2014—09	28.00	379
IMO 50年.第4卷(1974—1978)	2016—04	38.00	380
IMO 50年.第5卷(1979—1984)	2015—04	38.00	381
IMO 50年.第6卷(1985—1989)	2015—04	58.00	382
IMO 50年.第7卷(1990—1994)	2016—01	48.00	383
IMO 50年.第8卷(1995—1999)	2016—06	38.00	384
IMO 50年.第9卷(2000—2004)	2015—04	58.00	385
IMO 50年.第10卷(2005—2009)	2016—01	48.00	386
IMO 50年.第11卷(2010—2015)	2017—03	48.00	646

刘培杰数学工作室
已出版(即将出版)图书目录——初等数学

书　　名	出版时间	定　价	编号
数学反思(2006—2007)	2020—09	88.00	915
数学反思(2008—2009)	2019—01	68.00	917
数学反思(2010—2011)	2018—05	58.00	916
数学反思(2012—2013)	2019—01	58.00	918
数学反思(2014—2015)	2019—03	78.00	919
数学反思(2016—2017)	2021—03	58.00	1286
数学反思(2018—2019)	2023—01	88.00	1593
历届美国大学生数学竞赛试题集.第一卷(1938—1949)	2015—01	28.00	397
历届美国大学生数学竞赛试题集.第二卷(1950—1959)	2015—01	28.00	398
历届美国大学生数学竞赛试题集.第三卷(1960—1969)	2015—01	28.00	399
历届美国大学生数学竞赛试题集.第四卷(1970—1979)	2015—01	18.00	400
历届美国大学生数学竞赛试题集.第五卷(1980—1989)	2015—01	28.00	401
历届美国大学生数学竞赛试题集.第六卷(1990—1999)	2015—01	28.00	402
历届美国大学生数学竞赛试题集.第七卷(2000—2009)	2015—08	18.00	403
历届美国大学生数学竞赛试题集.第八卷(2010—2012)	2015—01	18.00	404
新课标高考数学创新题解题诀窍:总论	2014—09	28.00	372
新课标高考数学创新题解题诀窍:必修1~5分册	2014—08	38.00	373
新课标高考数学创新题解题诀窍:选修2—1,2—2,1—1,1—2分册	2014—09	38.00	374
新课标高考数学创新题解题诀窍:选修2—3,4—4,4—5分册	2014—09	18.00	375
全国重点大学自主招生英文数学试题全攻略:词汇卷	2015—07	48.00	410
全国重点大学自主招生英文数学试题全攻略:概念卷	2015—01	28.00	411
全国重点大学自主招生英文数学试题全攻略:文章选读卷(上)	2016—09	38.00	412
全国重点大学自主招生英文数学试题全攻略:文章选读卷(下)	2017—01	58.00	413
全国重点大学自主招生英文数学试题全攻略:试题卷	2015—07	38.00	414
全国重点大学自主招生英文数学试题全攻略:名著欣赏卷	2017—03	48.00	415
劳埃德数学趣题大全.题目卷.1:英文	2016—01	18.00	516
劳埃德数学趣题大全.题目卷.2:英文	2016—01	18.00	517
劳埃德数学趣题大全.题目卷.3:英文	2016—01	18.00	518
劳埃德数学趣题大全.题目卷.4:英文	2016—01	18.00	519
劳埃德数学趣题大全.题目卷.5:英文	2016—01	18.00	520
劳埃德数学趣题大全.答案卷:英文	2016—01	18.00	521
李成章教练奥数笔记.第1卷	2016—01	48.00	522
李成章教练奥数笔记.第2卷	2016—01	48.00	523
李成章教练奥数笔记.第3卷	2016—01	38.00	524
李成章教练奥数笔记.第4卷	2016—01	38.00	525
李成章教练奥数笔记.第5卷	2016—01	38.00	526
李成章教练奥数笔记.第6卷	2016—01	38.00	527
李成章教练奥数笔记.第7卷	2016—01	38.00	528
李成章教练奥数笔记.第8卷	2016—01	48.00	529
李成章教练奥数笔记.第9卷	2016—01	28.00	530

刘培杰数学工作室
已出版(即将出版)图书目录——初等数学

书　　名	出版时间	定　价	编号
第19～23届"希望杯"全国数学邀请赛试题审题要津详细评注(初一版)	2014—03	28.00	333
第19～23届"希望杯"全国数学邀请赛试题审题要津详细评注(初二、初三版)	2014—03	38.00	334
第19～23届"希望杯"全国数学邀请赛试题审题要津详细评注(高一版)	2014—03	28.00	335
第19～23届"希望杯"全国数学邀请赛试题审题要津详细评注(高二版)	2014—03	38.00	336
第19～25届"希望杯"全国数学邀请赛试题审题要津详细评注(初一版)	2015—01	38.00	416
第19～25届"希望杯"全国数学邀请赛试题审题要津详细评注(初二、初三版)	2015—01	58.00	417
第19～25届"希望杯"全国数学邀请赛试题审题要津详细评注(高一版)	2015—01	48.00	418
第19～25届"希望杯"全国数学邀请赛试题审题要津详细评注(高二版)	2015—01	48.00	419
物理奥林匹克竞赛大题典——力学卷	2014—11	48.00	405
物理奥林匹克竞赛大题典——热学卷	2014—04	28.00	339
物理奥林匹克竞赛大题典——电磁学卷	2015—07	48.00	406
物理奥林匹克竞赛大题典——光学与近代物理卷	2014—06	28.00	345
历届中国东南地区数学奥林匹克试题集(2004～2012)	2014—06	18.00	346
历届中国西部地区数学奥林匹克试题集(2001～2012)	2014—07	18.00	347
历届中国女子数学奥林匹克试题集(2002～2012)	2014—08	18.00	348
数学奥林匹克在中国	2014—06	98.00	344
数学奥林匹克问题集	2014—01	38.00	267
数学奥林匹克不等式散论	2010—06	38.00	124
数学奥林匹克不等式欣赏	2011—09	38.00	138
数学奥林匹克超级题库(初中卷上)	2010—01	58.00	66
数学奥林匹克不等式证明方法和技巧(上、下)	2011—08	158.00	134,135
他们学什么:原民主德国中学数学课本	2016—09	38.00	658
他们学什么:英国中学数学课本	2016—09	38.00	659
他们学什么:法国中学数学课本.1	2016—09	38.00	660
他们学什么:法国中学数学课本.2	2016—09	28.00	661
他们学什么:法国中学数学课本.3	2016—09	38.00	662
他们学什么:苏联中学数学课本	2016—09	28.00	679
高中数学题典——集合与简易逻辑·函数	2016—07	48.00	647
高中数学题典——导数	2016—07	48.00	648
高中数学题典——三角函数·平面向量	2016—07	48.00	649
高中数学题典——数列	2016—07	58.00	650
高中数学题典——不等式·推理与证明	2016—07	38.00	651
高中数学题典——立体几何	2016—07	48.00	652
高中数学题典——平面解析几何	2016—07	78.00	653
高中数学题典——计数原理·统计·概率·复数	2016—07	48.00	654
高中数学题典——算法·平面几何·初等数论·组合数学·其他	2016—07	68.00	655

刘培杰数学工作室
已出版(即将出版)图书目录——初等数学

书　名	出版时间	定　价	编号
台湾地区奥林匹克数学竞赛试题.小学一年级	2017－03	38.00	722
台湾地区奥林匹克数学竞赛试题.小学二年级	2017－03	38.00	723
台湾地区奥林匹克数学竞赛试题.小学三年级	2017－03	38.00	724
台湾地区奥林匹克数学竞赛试题.小学四年级	2017－03	38.00	725
台湾地区奥林匹克数学竞赛试题.小学五年级	2017－03	38.00	726
台湾地区奥林匹克数学竞赛试题.小学六年级	2017－03	38.00	727
台湾地区奥林匹克数学竞赛试题.初中一年级	2017－03	38.00	728
台湾地区奥林匹克数学竞赛试题.初中二年级	2017－03	38.00	729
台湾地区奥林匹克数学竞赛试题.初中三年级	2017－03	28.00	730
不等式证题法	2017－04	28.00	747
平面几何培优教程	2019－08	88.00	748
奥数鼎级培优教程.高一分册	2018－09	88.00	749
奥数鼎级培优教程.高二分册.上	2018－04	68.00	750
奥数鼎级培优教程.高二分册.下	2018－04	68.00	751
高中数学竞赛冲刺宝典	2019－04	68.00	883
初中尖子生数学超级题典.实数	2017－07	58.00	792
初中尖子生数学超级题典.式、方程与不等式	2017－08	58.00	793
初中尖子生数学超级题典.圆、面积	2017－08	38.00	794
初中尖子生数学超级题典.函数、逻辑推理	2017－08	48.00	795
初中尖子生数学超级题典.角、线段、三角形与多边形	2017－07	58.00	796
数学王子——高斯	2018－01	48.00	858
坎坷奇星——阿贝尔	2018－01	48.00	859
闪烁奇星——伽罗瓦	2018－01	58.00	860
无穷统帅——康托尔	2018－01	48.00	861
科学公主——柯瓦列夫斯卡娅	2018－01	48.00	862
抽象代数之母——埃米·诺特	2018－01	48.00	863
电脑先驱——图灵	2018－01	58.00	864
昔日神童——维纳	2018－01	48.00	865
数坛怪侠——爱尔特希	2018－01	68.00	866
传奇数学家徐利治	2019－09	88.00	1110
当代世界中的数学.数学思想与数学基础	2019－01	38.00	892
当代世界中的数学.数学问题	2019－01	38.00	893
当代世界中的数学.应用数学与数学应用	2019－01	38.00	894
当代世界中的数学.数学王国的新疆域(一)	2019－01	38.00	895
当代世界中的数学.数学王国的新疆域(二)	2019－01	38.00	896
当代世界中的数学.数林撷英(一)	2019－01	38.00	897
当代世界中的数学.数林撷英(二)	2019－01	48.00	898
当代世界中的数学.数学之路	2019－01	38.00	899

刘培杰数学工作室
已出版(即将出版)图书目录——初等数学

书　名	出版时间	定　价	编号
105 个代数问题:来自 AwesomeMath 夏季课程	2019—02	58.00	956
106 个几何问题:来自 AwesomeMath 夏季课程	2020—07	58.00	957
107 个几何问题:来自 AwesomeMath 全年课程	2020—07	58.00	958
108 个代数问题:来自 AwesomeMath 全年课程	2019—01	68.00	959
109 个不等式:来自 AwesomeMath 夏季课程	2019—04	58.00	960
110 个几何问题:选自各国数学奥林匹克竞赛	2024—04	58.00	961
111 个代数和数论问题	2019—05	58.00	962
112 个组合问题:来自 AwesomeMath 夏季课程	2019—05	58.00	963
113 个几何不等式:来自 AwesomeMath 夏季课程	2020—08	58.00	964
114 个指数和对数问题:来自 AwesomeMath 夏季课程	2019—09	48.00	965
115 个三角问题:来自 AwesomeMath 夏季课程	2019—09	58.00	966
116 个代数不等式:来自 AwesomeMath 全年课程	2019—04	58.00	967
117 个多项式问题:来自 AwesomeMath 夏季课程	2021—09	58.00	1409
118 个数学竞赛不等式	2022—08	78.00	1526
紫色彗星国际数学竞赛试题	2019—02	58.00	999
数学竞赛中的数学:为数学爱好者、父母、教师和教练准备的丰富资源.第一部	2020—04	58.00	1141
数学竞赛中的数学:为数学爱好者、父母、教师和教练准备的丰富资源.第二部	2020—07	48.00	1142
和与积	2020—10	38.00	1219
数论:概念和问题	2020—12	68.00	1257
初等数学问题研究	2021—03	48.00	1270
数学奥林匹克中的欧几里得几何	2021—10	68.00	1413
数学奥林匹克题解新编	2022—01	58.00	1430
图论入门	2022—09	58.00	1554
新的、更新的、最新的不等式	2023—07	58.00	1650
数学竞赛中奇妙的多项式	2024—01	78.00	1646
120 个奇妙的代数问题及 20 个奖励问题	2024—04	48.00	1647
澳大利亚中学数学竞赛试题及解答(初级卷)1978~1984	2019—02	28.00	1002
澳大利亚中学数学竞赛试题及解答(初级卷)1985~1991	2019—02	28.00	1003
澳大利亚中学数学竞赛试题及解答(初级卷)1992~1998	2019—02	28.00	1004
澳大利亚中学数学竞赛试题及解答(初级卷)1999~2005	2019—02	28.00	1005
澳大利亚中学数学竞赛试题及解答(中级卷)1978~1984	2019—03	28.00	1006
澳大利亚中学数学竞赛试题及解答(中级卷)1985~1991	2019—03	28.00	1007
澳大利亚中学数学竞赛试题及解答(中级卷)1992~1998	2019—03	28.00	1008
澳大利亚中学数学竞赛试题及解答(中级卷)1999~2005	2019—03	28.00	1009
澳大利亚中学数学竞赛试题及解答(高级卷)1978~1984	2019—05	28.00	1010
澳大利亚中学数学竞赛试题及解答(高级卷)1985~1991	2019—05	28.00	1011
澳大利亚中学数学竞赛试题及解答(高级卷)1992~1998	2019—05	28.00	1012
澳大利亚中学数学竞赛试题及解答(高级卷)1999~2005	2019—05	28.00	1013
天才中小学生智力测验题.第一卷	2019—03	38.00	1026
天才中小学生智力测验题.第二卷	2019—03	38.00	1027
天才中小学生智力测验题.第三卷	2019—03	38.00	1028
天才中小学生智力测验题.第四卷	2019—03	38.00	1029
天才中小学生智力测验题.第五卷	2019—03	38.00	1030
天才中小学生智力测验题.第六卷	2019—03	38.00	1031
天才中小学生智力测验题.第七卷	2019—03	38.00	1032
天才中小学生智力测验题.第八卷	2019—03	38.00	1033
天才中小学生智力测验题.第九卷	2019—03	38.00	1034
天才中小学生智力测验题.第十卷	2019—03	38.00	1035
天才中小学生智力测验题.第十一卷	2019—03	38.00	1036
天才中小学生智力测验题.第十二卷	2019—03	38.00	1037
天才中小学生智力测验题.第十三卷	2019—03	38.00	1038

刘培杰数学工作室
已出版(即将出版)图书目录——初等数学

书　名	出版时间	定　价	编号
重点大学自主招生数学备考全书:函数	2020－05	48.00	1047
重点大学自主招生数学备考全书:导数	2020－08	48.00	1048
重点大学自主招生数学备考全书:数列与不等式	2019－10	78.00	1049
重点大学自主招生数学备考全书:三角函数与平面向量	2020－08	68.00	1050
重点大学自主招生数学备考全书:平面解析几何	2020－07	58.00	1051
重点大学自主招生数学备考全书:立体几何与平面几何	2019－08	48.00	1052
重点大学自主招生数学备考全书:排列组合·概率统计·复数	2019－09	48.00	1053
重点大学自主招生数学备考全书:初等数论与组合数学	2019－08	48.00	1054
重点大学自主招生数学备考全书:重点大学自主招生真题.上	2019－04	68.00	1055
重点大学自主招生数学备考全书:重点大学自主招生真题.下	2019－04	58.00	1056
高中数学竞赛培训教程:平面几何问题的求解方法与策略.上	2018－05	68.00	906
高中数学竞赛培训教程:平面几何问题的求解方法与策略.下	2018－06	78.00	907
高中数学竞赛培训教程:整除与同余以及不定方程	2018－01	88.00	908
高中数学竞赛培训教程:组合计数与组合极值	2018－04	48.00	909
高中数学竞赛培训教程:初等代数	2019－04	78.00	1042
高中数学讲座:数学竞赛基础教程(第一册)	2019－06	48.00	1094
高中数学讲座:数学竞赛基础教程(第二册)	即将出版		1095
高中数学讲座:数学竞赛基础教程(第三册)	即将出版		1096
高中数学讲座:数学竞赛基础教程(第四册)	即将出版		1097
新编中学数学解题方法1000招丛书.实数(初中版)	2022－05	58.00	1291
新编中学数学解题方法1000招丛书.式(初中版)	2022－05	48.00	1292
新编中学数学解题方法1000招丛书.方程与不等式(初中版)	2021－04	58.00	1293
新编中学数学解题方法1000招丛书.函数(初中版)	2022－05	38.00	1294
新编中学数学解题方法1000招丛书.角(初中版)	2022－05	48.00	1295
新编中学数学解题方法1000招丛书.线段(初中版)	2022－05	48.00	1296
新编中学数学解题方法1000招丛书.三角形与多边形(初中版)	2021－04	48.00	1297
新编中学数学解题方法1000招丛书.圆(初中版)	2022－05	48.00	1298
新编中学数学解题方法1000招丛书.面积(初中版)	2021－07	28.00	1299
新编中学数学解题方法1000招丛书.逻辑推理(初中版)	2022－06	48.00	1300
高中数学题典精编.第一辑.函数	2022－01	58.00	1444
高中数学题典精编.第一辑.导数	2022－01	68.00	1445
高中数学题典精编.第一辑.三角函数·平面向量	2022－01	68.00	1446
高中数学题典精编.第一辑.数列	2022－01	58.00	1447
高中数学题典精编.第一辑.不等式·推理与证明	2022－01	58.00	1448
高中数学题典精编.第一辑.立体几何	2022－01	58.00	1449
高中数学题典精编.第一辑.平面解析几何	2022－01	68.00	1450
高中数学题典精编.第一辑.统计·概率·平面几何	2022－01	58.00	1451
高中数学题典精编.第一辑.初等数论·组合数学·数学文化·解题方法	2022－01	58.00	1452
历届全国初中数学竞赛试题分类解析.初等代数	2022－09	98.00	1555
历届全国初中数学竞赛试题分类解析.初等数论	2022－09	48.00	1556
历届全国初中数学竞赛试题分类解析.平面几何	2022－09	38.00	1557
历届全国初中数学竞赛试题分类解析.组合	2022－09	38.00	1558

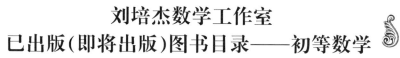

刘培杰数学工作室
已出版(即将出版)图书目录——初等数学

书 名	出版时间	定 价	编号
从三道高三数学模拟题的背景谈起:兼谈傅里叶三角级数	2023—03	48.00	1651
从一道日本东京大学的入学试题谈起:兼谈π的方方面面	即将出版		1652
从两道2021年福建高三数学测试题谈起:兼谈球面几何学与球面三角学	即将出版		1653
从一道湖南高考数学试题谈起:兼谈有界变差数列	2024—01	48.00	1654
从一道高校自主招生试题谈起:兼谈詹森函数方程	即将出版		1655
从一道上海高考数学试题谈起:兼谈有界变差函数	即将出版		1656
从一道北京大学金秋营数学试题的解法谈起:兼谈伽罗瓦理论	即将出版		1657
从一道北京高考数学试题的解法谈起:兼谈毕克定理	即将出版		1658
从一道北京大学金秋营数学试题的解法谈起:兼谈帕塞瓦尔恒等式	即将出版		1659
从一道高三数学模拟测试题的背景谈起:兼谈等周问题与等周不等式	即将出版		1660
从一道2020年全国高考数学试题的解法谈起:兼谈斐波那契数列和纳卡穆拉定理及奥斯图达定理	即将出版		1661
从一道高考数学附加题谈起:兼谈广义斐波那契数列	即将出版		1662
代数学教程.第一卷,集合论	2023—08	58.00	1664
代数学教程.第二卷,抽象代数基础	2023—08	68.00	1665
代数学教程.第三卷,数论原理	2023—08	58.00	1666
代数学教程.第四卷,代数方程式论	2023—08	48.00	1667
代数学教程.第五卷,多项式理论	2023—08	58.00	1668

联系地址:哈尔滨市南岗区复华四道街10号　哈尔滨工业大学出版社刘培杰数学工作室

邮　编:150006

联系电话:0451—86281378　　13904613167

E-mail:lpj1378@163.com